中国科学技术大学物理学研究生教材

电子顺磁共振波谱
——原理与应用

Electron Paramagnetic Resonance Spectroscopy
Principles and Applications

苏吉虎　杜江峰　著

科学出版社

北　京

内 容 简 介

本书是中国科学技术大学物理学院的研究生基础课系列教材中的交叉学科分册，也是基于电子自旋的物理、化学、生物、材料等学科交叉的一本专著。全书共8章，第1~5章分别是电子顺磁共振波谱的基本原理、谱仪原理、各向同性、各向异性和脉冲理论等内容，第6、7章是化学、生物、材料等领域的应用范例，第8章重点介绍了应用电子顺磁共振波谱解析基本生命活动中的电子传递。

本书可作为高等院校和科研机构的物理、化学、生物、材料等专业的研究生教材，也可供相关专业的教师和科研人员参考。

图书在版编目(CIP)数据

电子顺磁共振波谱：原理与应用/苏吉虎，杜江峰著. —北京：科学出版社，2022.3

中国科学技术大学物理学研究生教材

ISBN 978-7-03-070574-7

Ⅰ. ①电… Ⅱ. ①苏… ②杜… Ⅲ. ①电子自旋共振-磁共振波谱学-研究生-教材 Ⅳ. ①O482.4

中国版本图书馆CIP数据核字（2021）第228238号

责任编辑：周 涵 孔晓慧 杨 探／责任校对：彭珍珍
责任印制：吴兆东／封面设计：无极书装

科学出版社 出版
北京东黄城根北街16号
邮政编码：100717
http://www.sciencep.com
北京虎彩文化传播有限公司 印刷
科学出版社发行 各地新华书店经销
*
2022年3月第 一 版 开本：720×1000 B5
2023年6月第三次印刷 印张：41
字数：827 000

定价：198.00元

(如有印装质量问题，我社负责调换)

作 者 简 介

苏吉虎，中国科学技术大学物理学院、中国科学院微观磁共振重点实验室教授。长期从事基于电子顺磁共振波谱及其应用的物理、化学、生物等交叉学科的研究和教学，并主办国内的电子顺磁共振波谱学术会议。

杜江峰，中国科学院院士，中国科学技术大学物理学院、中国科学院微观磁共振重点实验室教授。长期从事自旋磁共振及其应用的研究和教学，并主办国内的电子顺磁共振波谱学术会议。

丛 书 序

从 1958 年建校至今，中国科学技术大学（以下简称中国科大）一直非常重视基础学科，尤其是数学、物理的教学工作。中国科大创建初期的物理教学特点是大师授课，几乎所有主干课程都是由中国科学院各研究所物理专家担任，包括吴有训、严济慈、马大猷、张文裕、赵九章、钱临照、梅镇岳、郑林生、朱洪元等。这批老科学家有着不同的学习和科学研究经历，因此在教学中，每个物理学家有不同的风格和各自的独到之处，在中国科大的物理教学中，呈现了百花齐放、朝气蓬勃的局面。老一代科学家知识渊博，专业功底深厚，既了解物理学发展史，又了解科学发展前沿和科学研究方法，不仅使学生打下了深厚的物理基础，还掌握了科学思维和科研方法。老一代科学家治学的三严精神：严肃 (的态度)，严格 (的要求)，严密 (的方法)，也都深刻地影响了一代又一代青年学生，乃至青年教师的成长，对中国科大良好学风的形成，起了不可估量的作用。

中国科大也是国内最早开展物理学研究生学位教育的大学。1978 年中国首个研究生院——中国科大研究生院经国务院批准成立。为了提高研究生学术水平，1979 年，李政道先生应中国科大研究生院邀请，回国开设“统计力学”以及“粒子物理与场论”两门课程。在短短两个月内，李政道先生付出大量心血备课与授课，其“统计力学”讲稿后经整理成书出版（1984 年，北京师范大学出版社）。2006 年值李政道先生八十华诞之际，又由中国科学院研究生院重新整理出版（2006 年，上海科学技术出版社）。这本教材涵盖了截至当时平衡态统计力学所涉及的大多数内容，在今天看来也并未过时，而且无论从选材上还是讲述方式上都体现了李政道先生的个人特色。1981 年，中国科大物理学被国务院批准为首批博士、硕士学位授予点。1983 年，在人民大会堂举行的我国首批 18 名博士学位授予仪式中，其中有 6 名来自中国科大（数学和物理学博士）。至今为止，中国科大物理学领域已经培养了数千名物理学博士，他们大多数都成为国际和国内学术研究领域、科技创新领域的领军人物。2013 年中国科学院物理研究所赵忠贤院士（中国科大物理系 59 级校友）和中国科大陈仙辉教授的“40 K 以上铁基高温超导体的发现及若干基本物理性质研究”荣获国家自然科学一等奖并列第一，2015 年中国科大潘建伟院士团队的“多光子纠缠及干涉度量”再获国家自然科学一等奖；在教育部第四轮学科评估中，中国科大的物理学和天文学都是 A+ 学科。

中国科大的物理学领域主要包含物理学、天文学、电子科学技术和光学工程等四个一级学科，涉及的二级学科有理论物理、天体物理、粒子物理与原子核物理、等离子体物理、原子分子物理、凝聚态物理、光学、微电子与固体电子学、物理电子学、生物物理、医学物理、量子信息与量子物理、光学工程等，目前正在建设精密测量物理、单分子物理、能源物理等交叉学科。中国科大物理学的研究生教学和培养是一个完整的大物理培养体系，研究生课程按一级学科基础课和一级学科专业课设置，打破了二级学科的壁垒，这更有利于学科交叉和创新人才的培养。

四十多年来，中国科大物理学研究生教学体系逐渐完整，也积累了不少的教学经验和一些优秀的讲义，但是一直缺乏一套完整的物理学研究生教材。从 2009 年至 2019 年，我担任中国科大物理学院院长，经常与一线教学科研老师交流，他们都建议编写一套物理学研究生教材。从 2016 年开始，学院每年组织一批从事研究生教学的一线老师召开一次研究生教材建设研讨会，最终确定了第一批 15 本教材撰写与出版计划。每一本教材的撰写提纲都由各学科仔细讨论和修改，教材的编写力争做到基本理论严谨、语言生动活泼，尽量把物理学各领域中最前沿的研究成果、最新的科学方法、最先进的科学技术体现在本教材中，使老师好教、学生好用。本套教材编写集中了中国科大物理学研究生教学的一线老、中、青骨干，每本教材成书都经过多次反复讨论和征求意见并反复修改，在此向所有参与本书编写的老师致以感谢！

希望中国科大的这套物理学研究生教材可以让更多的同学受益。

欧阳钟灿

2021 年 6 月

前　言

物质的物理和化学性质，都是由其内部的精确结构和显微组织所决定的。物质显微结构的精确匹配，由原子间的不同轨道重叠所决定，最终使不同物质具有不同动态行为的电子，表现为物质的不同性质。这些特征决定着该物质在材料科学、信息科学、生命科学和医学、药学等领域 (或学科) 的应用。比如，各类化学键、导体和半导体的能带等，均涉及原子轨道和分子轨道的组合和再组合等纷繁杂化的相互作用。因此，人们若想精确揭示物质微观结构，势必需要掌握原子轨道和分子轨道的能级结构和相互重叠情况。轨道间的不同重叠程度，造成原子核外价电子层的电子排布呈现差异，甚至使原子或分子具有完全不同的性质。

实验上，从电子、轨道和原子核等不同维度阐释微观原子和分子的几何结构和电子结构，是我们了解该物质性质的基础。技术上，电子顺磁共振波谱 (electron paramagnetic resonance spectroscopy，EPR) 是唯一能直接跟踪未配对电子的研究方法。它提供着原位和无损的电子、轨道和原子核等微观尺度的信息。EPR 的特征 $g_i(i=x,y,z)$ 因子反映着微结构的稳定性、对称性和有序性：对于孤立 (或弱配位) 的原子，它的轨道量子数是个好量子数，用朗德因子 g_j 即可描述该孤立原子的状态；当配位变强、化学结构变稳定时，轨道因重叠而被部分冻结 (或淬灭)，轨道被冻结的程度表现为 g_i 因子的各向异性，且 g_i 与自由电子 g_{e} 的差别越小，晶体场越强和自旋-晶格弛豫时间亦越长；g_i 同时还反映着该原子结构的对称性，并验证群论和其他光谱理论和数据。原子核与电子之间的磁性相互作用，用超精细耦合常数 A_i 表示，它反映着电子自旋的离域或定域情况。每个核的超精细分裂都不一样，因此，超精细结构被用于原子核的有规定位。一个原子内部多个未配对电子之间的相互作用，用零场分裂 D_i 来描述；相邻原子间多个未配对电子之间的铁磁或反铁磁耦合 J_i，反映着宏观物质的铁磁性、反铁磁性或抗磁性；当未配对电子之间的距离比较远时，彼此间以偶极相互作用为主，表现为电子之间的相干性，可用于量子操控、精密测量等。实际上，EPR 提供了一个深入学习量子理论的实验方法，让读者更深入地学习贯穿于物理、化学和材料科学的光、声、电、磁等基本现象。

然而，初学者若想学习和掌握 EPR 的基础知识，只能去浩如烟海的文献里检索和过滤，因为新文献往往都是有意无意地蜻蜓点水或一笔带过这些基础知识。这显然不利于初学者有效地学习和掌握 EPR，最终势必造成人才队伍的萎缩，甚至断层。2011 年春，笔者因故尝试组织一次全国性的电子顺磁共振波谱学术研讨会。虽然此次会议成功召开，但是其间交流时，与会人员都非常忧虑国内人才队伍断层的现况，鼓励我们日后组办一个周期性的会议，为国内创造一个学术交流的氛围和平台，同时希望我们能带头开设相关课程和学习班。同期，笔者也正式开设研究生专业课“电子顺磁共振波谱：原理和应用”。自 2012 年起，在每次全国电子顺磁共振波谱学学术研讨会期间和会后，举办约 10 学时的课程，为国内培养人才队伍。2015 年起，EPR 培训班开始独立举办，时长由四天约 50 学时逐渐延长到七八天，学习效果也益加显著。通过学术会议和学习班两个渠道的持续努力，国内 EPR 学术氛围日益浓厚，人才队伍逐渐壮大，应用研究水平也日渐趋高，影响力日益扩大。在这些学术活动中，所使用的辅助教材基本上都是国外的，国内的专著 (详见第 1 章末的阅读材料) 普适性不是很好，制约着初学者的学习和消化。在此背景下，本书呼之欲出，然而，知易行难。写书的初心，早就有之。笔者在国外留学期间，留意到每家实验室都收藏不少专著，为学习在业余时间将部分章节译成中文。但是，笔者在与国内不计其数的同行交流中，觉得不能翻译已有的外文专著应付了事，而是必须立足国内现状和当前物质科学研究的发展趋势，从头写一本能惠及尽可能多读者的全新专著，压力顿显。

EPR 是一门实验学科，也是一门理论学科。本书立足于实验，强调谱图解析和归属及其所需基础知识，不拘泥于严格的数学推导，这样的选材才能惠及尽可能多的读者。EPR 谱图分析，读者也不能拘泥于所谓的“常识”，这样会遗漏某些重要信息。恰如科学案例，许多极具吸引力的，甚至完全不可思议的物质结构和化学现象，都已经被证明是被这些极具欺骗性的“常识”外壳所掩盖了。非物理背景的读者，通过学习和掌握 EPR 解谱与归属，除了能解释和掌握物质的精确结构和显微组织，还能深入学习结构化学和与之相辅相成的量子化学、量子理论。对于那些想致力于提升理论知识的读者，通过学习和掌握 EPR 解谱与归属，同样也能提升自身的理论知识，并用理论指导应用研究。

本书所使用的未加以标明的原始谱图，主要有三个不同来源：① 笔者之一苏吉虎曾经做过博士后的两个课题组，即 Stenbjörn Styring 教授 (瑞典乌普萨拉大学) 课题组和 Wolfgang Lubitz 教授 (德国马普生物无机化学研究所) 课题组；② 中国科学技术大学结构中心，陈家富教授提供；③ 国内不少同行提供了许多素材，但不能一一采纳，被采纳后会在图例中作说明和致谢，有些则按要求隐匿不标。有些图例，因出版时间较早造成网络电子版的分辨率较低，笔者尽力向原文作者索要，并在图例中一一作说明和致谢。首先，S. Styring 教授给笔者之一苏吉虎提供了一个从零基础扫盲的两年 EPR 应用研究；之后，W. Lubitz 教授给予四年博士后的访问工作，让笔者之一苏吉虎不仅全面、深入、系统地学习连续波和脉冲基础知识，并直接应用于具体实验中，而且有机会浏览实验室多年积累的、丰富多样的原始谱图，其中不少谱图用来做成本书的范例。W. Lubitz 教授非常关心本书的写作进程，并提供了许多图例和关键文献。他是 EPR 和光合作用结合研究领域中的著名学者，一生致力于 EPR 的应用研究。2015 年 7 月，正值他退休之际，*J. Phys. Chem. B*(2015，119: 13475-13944) 作一特别专刊，以表彰他在该领域的贡献。

本书力求图文并茂，但因篇幅有限，不能列举更多的谱图范例，在此笔者向读者表示歉意。

中国科学技术大学和中国科学院微观磁共振重点实验室对本书的撰写工作给予了充分的重视，并提供资助；部分国内同行曾经阅读过本书撰写过程中的文稿，并提出了许多宝贵的修改意见。我们谨向他们表示衷心的感谢。

本书涉及内容较广，由于笔者的学识水平和工作能力所限，书中难免有不少缺点，我们恳切地希望广大读者及各位同仁予以批评、指正。

作　者
壬寅年 (2022 年) 春分

部分 EPR 数据库

❶ 过渡离子和稀土离子：

含有 d 区过渡离子和 f 区稀土离子等的无机物、配合物、金属蛋白与金属酶等, 收录在以下系列专著中，供读者学习和检索。

系列专著是：

(1) Springer-Verlag 的 Landolt-Börnstein *Group II—Molecules and Radicals* 系列，收集了大量的文献。截至 2021 年，该系列已出版 107 册。

(2) Springer-Verlag 的 *Biological Magnetic Resonance* 系列, 收集了大量含有过渡离子和自由基的生理生化反应。截至 2021 年，该系列已出版 34 卷。

(3) 英国皇家化学会的专家定期报告 *Electron Paramagnetic Resonance* 系列，收集了大量过渡离子的文献。截至 2021 年, 该系列已出版 26 卷。

(4) Elsevier 的 *Advances in Inorganic Chemistry* 系列, 收集了大量文献。截至 2021 年，该系列已出版 76 卷。

以过渡元素和稀土元素为主的各个时期的数据库专著是：

(Ⅰ) Al'tshuler S A, Kozyrev B M. *Electron Paramagnetic Resonance* (Poole C P 将俄文版译成英文，1964, Academic Press)。

(Ⅱ) Landolt-Börnstein. *Group II—Molecules and Radicals*, Vol 12b (1984, Springer)。

(Ⅲ) 1975~1992, Poole C P, Farach H A. *Handbook of Electron Spin Resonance*, Vol 2 (1999, AIP Press, Springer Verlag)。

(Ⅳ) 1993~2012, Misra S K. *Multifrequency Electron Paramagnetic Resonance: Data and Techniques* (2014, Wiley-VCH Verlag)。

❷ 重要的自由基数据库：

自由基主要由 p 区元素构成, 如单/双/多核自由基、π 自由基等。据不完全统计, 有机物约有 8000 万种，相应的自由基根据中心原子分成碳-、氮-、氧-、硫-、磷-中心等几大类。这些有机或无机自由基的特征参数, 被收录到诸多专著（包括系列专著) 中，以下罗列最主要的一部分专著，供读者学习和检索：

(Ⅴ) Gerson F, Huber W. *Electron Spin Resonance Spectroscopy of Organic Radicals* (2003, Wiley-VCH Verlag)。

(Ⅵ) 同上系列专著 (1)，参考 3.5.4 节。

(Ⅶ) 部分自由基捕获数据库, 请参考: Buettner G R. Spin trapping: ESR parameters of spin adducts. *Free Radical Biology and Medicine*, 1987, 3(4): 259-303。

在本书正文中，经常会提到这些专著，用如专著 (I)、(Ⅳ) 或系列 (2)、(3) 等标注。其余专著，参考每一章所引的目录。

魔法五角形与 g 因子，各个 p 、d 轨道函数之间的演化关系

$$g_{\alpha\beta}=g_e\delta_{\alpha\beta}\pm2\lambda\sum_{n\neq0}\frac{\langle0|L_\alpha|n\rangle\langle n|L_\beta|0\rangle}{E_0-E_n},$$
$$(\alpha,\beta=x,y,z)$$

表4.2.5

	$\hat{L}_x$	$\hat{L}_y$	$\hat{L}_z$
$\|p_x\rangle$	0	$-i\|p_z\rangle$	$i\|p_y\rangle$
$\|p_y\rangle$	$i\|p_z\rangle$	0	$-i\|p_x\rangle$
$\|p_z\rangle$	$-i\|p_y\rangle$	$i\|p_x\rangle$	0
$\|d_{xy}\rangle$	$i\|d_{xz}\rangle$	$-i\|d_{yz}\rangle$	$-2i\|d_{x^2-y^2}\rangle$
$\|d_{yz}\rangle$	$i\|d_{x^2-y^2}\rangle+\sqrt{3}i\|d_{z^2}\rangle$	$i\|d_{xy}\rangle$	$-i\|d_{xz}\rangle$
$\|d_{xz}\rangle$	$-i\|d_{xy}\rangle$	$i\|d_{x^2-y^2}\rangle-\sqrt{3}i\|d_{z^2}\rangle$	$i\|d_{yz}\rangle$
$\|d_{x^2-y^2}\rangle$	$-i\|d_{yz}\rangle$	$-i\|d_{xz}\rangle$	$2i\|d_{xy}\rangle$
$\|d_{z^2}\rangle$	$-\sqrt{3}i\|d_{yz}\rangle$	$\sqrt{3}i\|d_{xz}\rangle$	0

p 轨道

$$p_x=\frac{1}{\sqrt{2}}\{|1,-1\rangle-|1,+1\rangle\}$$
$$p_y=\frac{i}{\sqrt{2}}\{|1,-1\rangle+|1,+1\rangle\}$$
$$p_z=|1,0\rangle$$

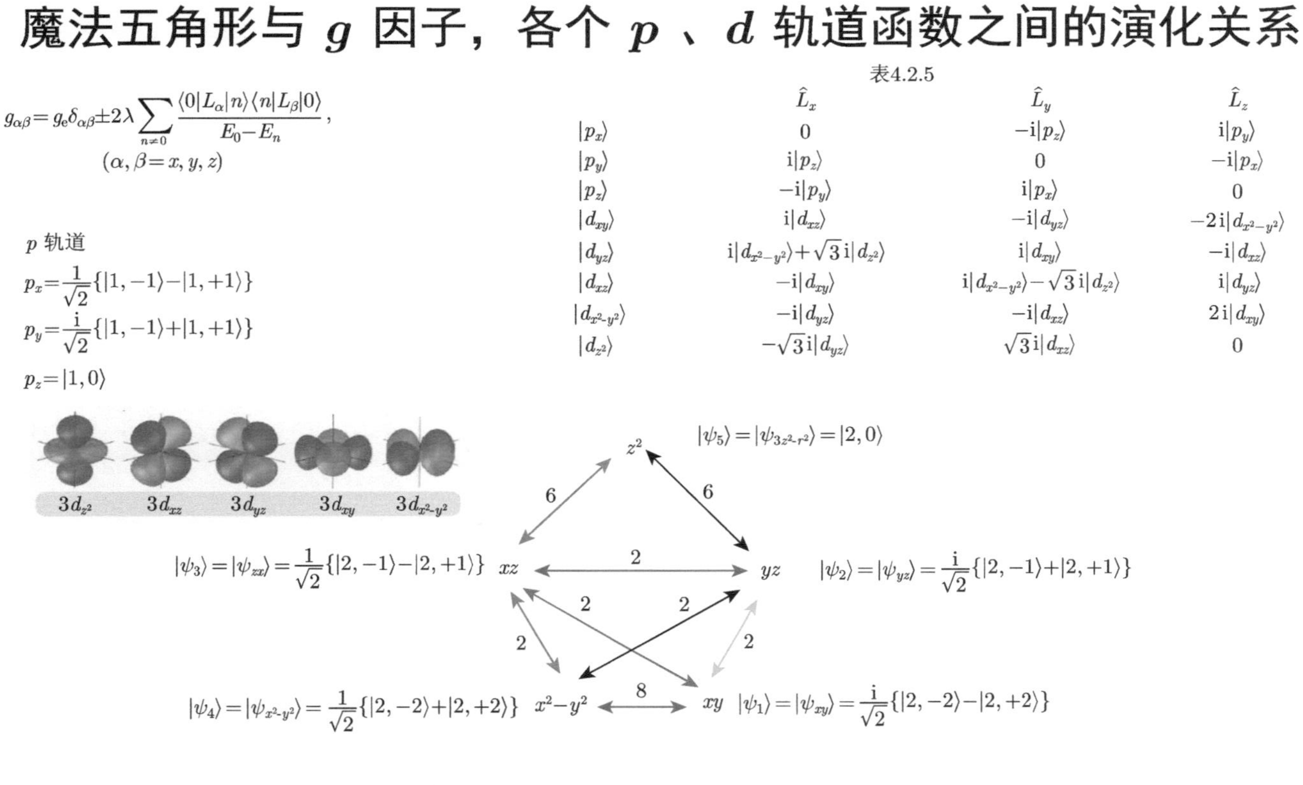

$\hat{O}=\hat{O}_x+\hat{O}_y+\hat{O}_z$,

令 $\hat{O}_+=\hat{O}_x+i\hat{O}_y$, $\hat{O}_-=\hat{O}_x-i\hat{O}_y$,

得 $\hat{O}_x=(\hat{O}_++\hat{O}_-)/2$, $\hat{O}_y=(\hat{O}_+-\hat{O}_-)/2i$.

取态 $|j,m\rangle$, $m=-j,\ -j-1,\cdots,\ j-1,\ j$, 得

$\hat{O}^2|j,m\rangle=j(j+1)|j,m\rangle$,

$\hat{O}_z|j,m\rangle=m|j,m\rangle$

$$\hat{O}_\pm|j,m\rangle=\sqrt{j(j+1)-m(m\pm1)}|j,m\pm1\rangle$$
$$=\sqrt{j(j+1)-mm'}|j,m'\rangle(m'=m\pm1)$$

目　录

丛书序

前言

部分 EPR 数据库

魔法五角形与 g 因子，各个 p 、d 轨道函数之间的演化关系

第 1 章　电子顺磁共振波谱的基本原理 ······ 1

1.1　电子顺磁共振波谱概论 ······ 1

1.1.1　电子顺磁共振波谱在整个波谱学中的地位 ······ 1

1.1.2　部分能量单位的相互换算 ······ 7

1.1.3　EPR 常用物理量的称谓和表述 ······ 8

1.1.4　EPR 发展简史 ······ 9

1.2　物质的磁性 ······ 10

1.2.1　原子核的磁性 ······ 10

1.2.2　电子的本征磁矩和轨道磁矩 ······ 11

1.2.3　原子核外电子排布规律 ······ 12

1.2.4　原子总磁矩，自旋-轨道耦合，朗德因子 g_J ······ 16

1.2.5　宏观物质的磁性 ······ 19

1.2.6　EPR 与其他磁化率探测方法的比较 ······ 20

1.3　电子顺磁共振的基本原理 ······ 21

1.3.1　经典小磁体的磁场作用能 ······ 21

1.3.2　电子自旋的磁场作用能 ······ 21

1.3.3　磁共振现象 ······ 23

1.3.4　g 因子是共振吸收峰的指纹 ······ 26

1.3.5　EPR 谱的规范描述 ······ 28

1.4　不确定性原理，谱型和展宽 ······ 29

1.4.1　洛伦兹谱型，自旋-晶格相互作用和弛豫时间 T_1 ······ 29

1.4.2　高斯谱型，自旋-自旋相互作用和弛豫时间 T_2 ······ 32

1.5　量子力学基础 ······ 34

1.5.1　算符和力学量，正交性和归一性 ······ 34

1.5.2　波函数和概率幅 ······ 36

1.5.3 升降算符，跃迁选择定则 ······ 37
1.5.4 完整的和等效的自旋哈密顿算符 $\hat{\mathcal{H}}$ ······ 40
1.5.5 久期方程 ······ 41
1.5.6 微扰理论 ······ 43
1.6 基本磁性粒子的物理性质 ······ 45
参考文献 ······ 50
阅读材料 ······ 51
第 2 章 谱仪原理和操作 ······ 57
2.1 跃迁和跃迁概率 ······ 57
2.1.1 静磁场中的自旋角动量 ······ 57
2.1.2 含时微扰，跃迁概率，同相和异相 ······ 60
2.1.3 单量子跃迁，g 因子的正与负 ······ 62
2.1.4 多量子跃迁 ······ 63
2.2 谱仪构造和工作原理 ······ 64
2.2.1 磁场系统，g 值制约 ······ 64
2.2.2 微波波源 ······ 66
2.2.3 微波频率，大气透明窗口 ······ 67
2.2.4 微波功率 ······ 68
2.2.5 波导和波模 ······ 70
2.2.6 谐振腔，垂直和平行模式 ······ 73
2.2.7 谐振腔的品质因子，Q 值 ······ 77
2.2.8 填充因子，连续波信号的形成 ······ 78
2.2.9 终端检测系统，固有噪声抑制 ······ 79
2.2.10 调制系统 ······ 80
2.2.11 锁相放大器 ······ 81
2.2.12 其他部件 ······ 82
2.2.13 脉冲式谱仪简介 ······ 82
2.2.14 新型的 1~15 GHz 宽带谱仪 ······ 83
2.3 灵敏度和谱仪操作 ······ 86
2.3.1 灵敏度，低、高频 EPR 的简要比较 ······ 87
2.3.2 操作 X-波段谱仪的注意事项 ······ 88
2.3.3 样品浓度，信号淬灭 ······ 93
参考文献 ······ 96
阅读材料 ······ 98
第 3 章 各向同性和自由基 ······ 102

3.1 各向同性 …… 102
3.1.1 各向同性的 g 因子 …… 103
3.1.2 各向同性的超精细相互作用 …… 104
3.1.3 同位素丰度和同位素示踪 …… 111
3.2 烃基自由基 …… 112
3.2.1 电子密度，自旋密度 …… 113
3.2.2 氢原子，自旋布居 …… 114
3.2.3 甲基自由基，自旋极化，自旋离域，α-H …… 115
3.2.4 乙基自由基，超共轭，β-H …… 117
3.2.5 其他开链烷基和单环烷基自由基 …… 118
3.2.6 共轭自由基 …… 120
3.2.7 含共轭结构的烃自由基 …… 122
3.2.8 氘代影响着共轭自由基的电子结构 …… 125
3.2.9 烃类自由基的谱图解析，杨辉三角 …… 126
3.2.10 碳族其他元素的自由基 …… 128
3.2.11 理论计算和分子轨道理论 …… 130
3.3 杂原子自由基 …… 131
3.3.1 N 中心自由基 …… 132
3.3.2 O/S 中心的醚/硫醚自由基 …… 135
3.3.3 O 中心的烷基酰/酮自由基 …… 137
3.3.4 烷氧、酚、醌和半醌自由基 …… 139
3.3.5 P 和 S 中心自由基 …… 140
3.3.6 部分双原子、三原子等多核中心的自由基 …… 142
3.3.7 共轭的杂环自由基 …… 145
3.3.8 B 或 Al 中心的有机自由基 …… 148
3.3.9 含有多个 N 或 P 的共轭杂环自由基 …… 150
3.4 氮氧自由基和自旋捕获 …… 151
3.4.1 NO-和 NO_2-中心自由基 …… 151
3.4.2 自旋捕获反应 …… 156
3.4.3 MNP 捕获 …… 161
3.4.4 DMPO 捕获 …… 164
3.4.5 自由基转变，捕获剂的选择 …… 168
3.4.6 BMPO、DEPMPO 及其衍生物的同分异构现象 …… 172
3.4.7 PBN 捕获 …… 174
3.4.8 金属离子捕获剂 …… 175

3.5 自由基形成 ··· 176
3.5.1 中性自由基 ··· 176
3.5.2 阴离子自由基 ··· 179
3.5.3 阳离子自由基 ··· 180
3.5.4 自由基化学的展望 ··· 181
参考文献 ··· 182
第 4 章 各向异性 ··· 186
4.1 晶体场中 p 和 d 轨道的能级分裂 ··· 186
4.1.1 s、p、d、f 等原子轨道的空间取向 ··· 187
4.1.2 晶体场理论和 d 轨道能级分裂 ··· 187
4.1.3 过渡离子的高、低自旋，EPR 沉默态和活跃态 ··· 192
4.1.4 p 和 d 轨道角动量的淬灭 ··· 193
4.1.5 稀土离子 ··· 195
4.2 低自旋体系 $S = 1/2$ 的 g 各向异性 ··· 195
4.2.1 含单个未配对电子的自旋-轨道耦合 ··· 195
4.2.2 含两个以上未配对电子的自旋-轨道耦合 ··· 197
4.2.3 低自旋体系 $S = 1/2$ 的 g 因子各向异性 ··· 199
4.2.4 粉末谱的规范标识 ··· 208
4.2.5 涉及分子轨道的双原子自由基 ··· 210
4.2.6 有机自由基的 g 因子和紫外-可见光谱 ··· 212
4.2.7 π 共价效应 ··· 213
4.2.8 Ni^{III} 离子随不同配位而变的 d 轨道能级分裂 ··· 215
4.2.9 单晶谱和粉末谱，g_{ij} 的规范标识和含义 ··· 216
4.3 低自旋体系的超精细耦合各向异性 ··· 220
4.3.1 孤立原子的超精细结构和零场 EPR ··· 220
4.3.2 $S = 1/2$ 低自旋体系超精细相互作用的各向异性 ··· 222
4.3.3 A 各向异性而 g 各向同性或各向异性的特征谱图 ··· 224
4.3.4 磁性核配体的有规取向，核间距离探测 ··· 227
4.3.5 A 的二阶效应，正负号，额外吸收峰 ··· 229
4.3.6 分子翻转运动对各向异性谱型的影响 ··· 232
4.4 高自旋 $(S \geqslant 1)$ 体系 ··· 235
4.4.1 低场近似的 $S = 3/2$ 的高自旋体系 ··· 238
4.4.2 低场近似的 $S = 5/2$ 高自旋体系 ··· 241
4.4.3 低场近似的 $S = 1, 2, 3, 4, \cdots$ 高自旋体系 ··· 246
4.4.4 低场近似下简单判断自旋量子数 S 的方法 ··· 250

4.4.5 高场近似的 $S=1,2,3,\cdots$ 体系 ······ 251
4.4.6 高自旋体系的跃迁概率 ······ 253
4.4.7 高场近似时 D 值正与负的判断 ······ 254
4.4.8 三重态基态的有机自由基 ······ 255
4.4.9 核电四极矩 ······ 257
4.5 交换作用和磁性物理 ······ 259
4.5.1 氢分子 ······ 261
4.5.2 原子间力，交换作用 ······ 262
4.5.3 含 n 个未配对电子的交换作用 ······ 264
4.5.4 交换耦合的双核中心 ······ 267
4.5.5 三核和三核以上的交换耦合结构 ······ 272
4.5.6 有机自由基与过渡离子的弱交换耦合，裂分 EPR 信号 ······ 273
4.5.7 自由基淬灭和自旋中心转移 ······ 276
4.6 三重态和双自由基 ······ 278
4.6.1 光激发而成的三重态，自旋极化 ······ 278
4.6.2 双自由基，交换变窄，交换展宽，高浓度样品 ······ 281
4.7 气相原子和分子的 EPR ······ 291
4.7.1 气相单原子 ······ 291
4.7.2 双原子分子和线性多原子分子 ······ 293
4.7.3 $^2\Pi$ 的双原子分子或自由基 ······ 295
参考文献 ······ 300
第 5 章 脉冲 EPR ······ 310
5.1 理论基础 ······ 311
5.1.1 右旋和左旋进动 ······ 311
5.1.2 旋转坐标系 ······ 312
5.1.3 单脉冲，正交检测 ······ 314
5.1.4 弛豫，布洛赫方程，自由感应衰减 ······ 315
5.1.5 Baker-Hausdorff 公式，泊松括号 ······ 317
5.1.6 自旋翻转不对易，密度算符，泡利矩阵 ······ 319
5.2 单脉冲实验 ······ 321
5.2.1 纵向和横向弛豫时间 ······ 322
5.2.2 FID 检测 ······ 324
5.2.3 均匀和非均匀展宽 ······ 325
5.2.4 单脉冲实验 ······ 327
5.3 自由演化 ······ 328

5.3.1 自旋哈密顿量，希尔伯特空间 ······ 329
5.3.2 单自旋和系综，纯态和混态，相干叠加 ······ 329
5.3.3 各向同性的电子-核双自旋耦合系统，同相，反相 ······ 332
5.3.4 各向异性的电子-核双自旋耦合系统 ······ 339
5.3.5 热平衡态，非平衡态，动态极化 ······ 342
5.3.6 数据分析 ······ 344
5.4 多脉冲序列及主要应用 ······ 346
5.4.1 原初回波 ······ 347
5.4.2 T_1 对回波的影响，两脉冲序列的应用 ······ 349
5.4.3 多脉冲组合中的回波，受激回波，盲点，相循环 ······ 350
5.4.4 电子自旋回波包络调制，盲点现象 ······ 352
5.4.5 电子-核双、三共振，超精细增益 ······ 361
5.4.6 电子-电子双共振，自旋标记和距离探测 ······ 366
5.4.7 与光激发相结合的脉冲 EPR，瞬态 EPR，拉比振荡 ······ 368
5.4.8 自旋弛豫 ······ 371
参考文献 ······ 374
第 6 章 EPR 范例 (一) ······ 379
6.1 s 区原子 ······ 379
6.1.1 氢原子 ······ 380
6.1.2 碱金属原子 ······ 380
6.1.3 碱土金属 +1 价离子 ······ 381
6.1.4 铜族原子 ······ 381
6.1.5 锌族 +1 价离子 ······ 381
6.1.6 硼族 +2 价离子 ······ 383
6.1.7 碳族 +3 价离子 ······ 383
6.1.8 氮族 +4 价离子 ······ 384
6.2 p 区元素和辐射化学研究 ······ 385
6.2.1 p 区原子和自由基 ······ 385
6.2.2 辐射化学研究 ······ 386
6.3 f 区元素 ······ 388
6.3.1 f^n 组态的结构特征 ······ 389
6.3.2 弱晶体场中的自旋哈密顿量 ······ 391
6.3.3 克拉默斯二重态离子 ······ 397
6.3.4 非克拉默斯二重态离子 ······ 405
6.3.5 $4f^7$ 的 S 基态离子 ······ 406

6.3.6 稀土离子的掺杂和替代 ······ 409
参考文献 ······ 410
第 7 章　EPR 范例 (二) ······ 415
7.1　d 区元素 ······ 415
7.1.1 过渡离子的高、中、低自旋态 ······ 417
7.1.2 两种不同低自旋的 Fe^{5+} 配合物 ······ 418
7.1.3 第四和五周期过渡元素的自旋-轨道耦合常数 ······ 423
7.1.4 单核过渡离子的自旋哈密顿量 ······ 423
7.2　单核中心 ······ 425
7.2.1 低自旋的 nd^q 组态 ($q=1$、3、5、7、9) ······ 426
7.2.2 $q=3$、5、7 的高自旋 nd^q 组态 ······ 431
7.2.3 $q=2$、4、6、8 的高自旋 nd^q 组态 ······ 432
7.2.4 +3、+4、+5 的锰离子，平行和垂直模式 EPR ······ 433
7.2.5 含血红素的金属蛋白和金属酶 ······ 434
7.3　金属团簇 ······ 438
7.4　传导电子自旋共振，掺杂和缺陷 ······ 441
7.4.1 固体的能带 ······ 441
7.4.2 第 ⅣA 族硅和锗的掺杂 ······ 444
7.4.3 Ⅲ-V 化合物的掺杂 ······ 449
7.4.4 传导电子自旋共振，Dysonian 谱型 ······ 450
7.4.5 传导电子自旋共振的应用 ······ 451
7.4.6 固体缺陷 ······ 453
7.4.7 金属氧化物的点缺陷化学 ······ 456
7.4.8 点缺陷的缔合和色心 ······ 461
参考文献 ······ 463
第 8 章　生物中的电子过程 ······ 470
8.1　生物电子传递，辅酶和维生素 ······ 471
8.1.1 生物电子传递和自由基传递，能量转换 ······ 472
8.1.2 辅酶和辅基 ······ 474
8.1.3 维生素，生物体内的氧还平衡 ······ 478
8.2　金属蛋白和金属酶 ······ 481
8.2.1 含铁的金属蛋白 ······ 483
8.2.2 含铜的金属蛋白 ······ 498
8.2.3 含锰的金属蛋白 ······ 514
8.2.4 含镍、钴的金属蛋白 ······ 520

8.2.5 含钼、钨的金属蛋白 ······ 535
8.2.6 含钒、锌的金属蛋白 ······ 540
8.2.7 过渡离子与配体的有规取向 ······ 541
8.3 放氧光合电子传递 ······ 543
8.3.1 光合或原初电子传递链，光合磷酸化 ······ 544
8.3.2 光系统 Ⅱ 和光系统 I 的基本结构 ······ 546
8.3.3 光系统 Ⅱ 的原初电子传递 ······ 549
8.3.4 细胞色素 b_6f，环式和非环式电子传递链 ······ 568
8.3.5 质蓝素和细胞色素 c_6 ······ 571
8.3.6 PSI、Fd、FNR 的电子传递，$NADP^+$ 还原 ······ 572
8.3.7 跨膜质子动力势，ATP 合酶，Rubisco，CO_2 固定 ······ 576
8.3.8 类囊体膜的侧向异质性，光合调控 ······ 579
8.4 线粒体呼吸链 ······ 581
8.4.1 呼吸作用，糖酵解，底物水平磷酸化 ······ 581
8.4.2 呼吸电子传递链，氧化磷酸化 ······ 583
参考文献 ······ 599
附表 1 部分基本物理量和数学常数的名称、符号和值 ······ 632
附表 2 磁性同位素，按核自旋量子数 *I* 由小到大排列 ······ 633

千里之行，始于足下。

——《道德经》

第 1 章　电子顺磁共振波谱的基本原理

磁性是电子、中子、质子等微观粒子和电子运动轨道所具有的内禀属性 (intrinsic property)。电子顺磁共振波谱 (electron paramagnetic resonance spectroscopy，EPR) 是研究含有一个及以上未配对电子 (或未成对电子，unpaired electron) 的磁性物质的电磁波谱法 (spectroscopy，常称为光/波谱)。对于有机自由基 (free radical)，其磁性主要由未配对电子的自旋磁矩所贡献，因此电子自旋共振波谱 (electron spin resonance spectroscopy，ESR) 也经常被使用。在本书中，我们沿用电子顺磁共振这个术语。不含有未配对电子的抗磁性物质，若含有 ^{1}H、^{13}C、^{15}N、^{19}F 等磁性同位素，则是核磁共振波谱 (nuclear magnetic resonance spectroscopy，NMR) 的研究对象。EPR 和 NMR 又常被合称为磁共振波谱，简称为狭义的波谱学。

每一本学术专著的第一章都会或多或少地起到开宗明义、提纲挈领的作用，所以难写。写好了，会揽人入胜；写深了，会让初学者觉得高深莫测而裹足不前；写浅了，则会招致行家的批评。本章内容作如此安排：1.1 节概述电子顺磁共振波谱在整个波谱学中的地位，1.2 节介绍物质磁性起源和原子核外电子排布规律，1.3 节和 1.4 节分别介绍电子顺磁共振现象和 EPR 谱型与展宽现象，1.5 节简要介绍学好 EPR 所必须掌握的量子力学基本概念和数学运算，1.6 节概括基本磁性粒子的物理性质。

1.1　电子顺磁共振波谱概论

1.1.1　电子顺磁共振波谱在整个波谱学中的地位

物质的结构决定其性质，性质是物质结构的外在表现。自然界中物质的主要形态有固态、液态和气态。在物态转变过程中，在液态和固态间还可能存在由液态到非晶态的过渡或转变态，称为玻璃态。固态又分为晶体和非晶体两大类。粉末的多晶和非晶、玻璃态物质、冷冻的溶液等固态物质，称为粉末或粉末样品。

宏观物质都是由原子、分子等基本质点组成的。物质的结构主要是由其构成原子或离子的核外价电子所占据的轨道空间排布所决定，而核外价电子排布会随着周围环境的变化而变化，最终体现为由孤立原子的轨道能级简并向键合束缚原子中轨道能级去简并的转变。原子、分子及其晶格微环境，以及它们与物质性质间的关系，是物质结构研究的对象：该结构是由哪些更基本的质点构成的，其结构对称性如何，是原子还是离子；若是离子，其化合价是多少，外围价电子占据哪些轨道，轨道的空间取向与化学键的夹角是多少度，自旋-轨道耦合强度如何；基本质点间存在哪些相互作用，如化学键 (类型、键长、键角、键能)、静电相互作用、磁性耦合等，这表明原子是孤立态还是耦合态 (uncoupled or coupled states)。物质具备什么样的几何结构 (geometric structure)，就具有什么样的电子运动状态和能级等电子结构 (electronic structure)，而后者又决定着何种几何结构是最稳定的。

实际工作中，波谱学是我们获取物质结构的物理方法。波谱学是将一定频率的电磁波 (即光或无线电波) 与待研究物质内部分子、原子、原子核或电子等相互作用，引起物质某一个物理量的变化 (或微扰) 而进行的。在此过程中，待研究物质会吸收所施加电磁波的能量，电子从低能级跃迁到较高的能级，也可以从较高能级发生受激辐射而跃迁到低能级。被吸收的电磁波频率 (或波长) 取决于如图 1.1.1 所示的高、低两能级的能级差。我们通过测量被吸收或辐射的电磁波频率 (或波长) 和强度，解析其所反映的物理量和现象，从而获取待研究对象某个结构特征的特征频率 (或波长)，最终获得相应的电子状态、结构和化学活性等几何结构、电子结构及各种动力学信息，并用于定性和 (或) 定量分析。根据线性响应理论 (linear response theory)，这个过程简单概括成

$$y(t) = \varPhi\{x(t)\} \tag{1.1.1}$$

$x(t)$ 表示已知的用于激励样品的输入电磁波，$y(t)$ 表示经样品响应后所输出的、待分析的电磁波，$\varPhi$ 是研究对象的特征参数。与不同电磁波区域相匹配的常见波谱分析方法，概括于图 1.1.2 中。

电磁波 (或光) 具有波粒二象性，其波长 λ、频率 ν 和光速 c 等三者的关系是

$$c = \lambda \cdot \nu \tag{1.1.2}$$

光速 $c = 2.99792458 \times 10^8\ \mathrm{m \cdot s^{-1}}$；频率 ν 一般用赫兹为单位，如 Hz、kHz、MHz、GHz 等；波长 λ 用长度单位表示，如纳米 (nm)、微米 (μm)、厘米 (cm)、米 (m) 等。

电磁波光量子的能量 E 为

$$E = h\nu = hc/\lambda \tag{1.1.3}$$

h 为是普朗克常数，$6.62607015 \times 10^{-34}\ \mathrm{J \cdot s}$(常用 $\hbar$ 代替，$\hbar = h/2\pi = 1.05457182 \times 10^{-34}\ \mathrm{J \cdot s}$)。波长越长，频率越小，能量越低；反之亦然。光量子的能量与其频率成正比、与波长成反比的变化趋势，如图 1.1.2 所示。

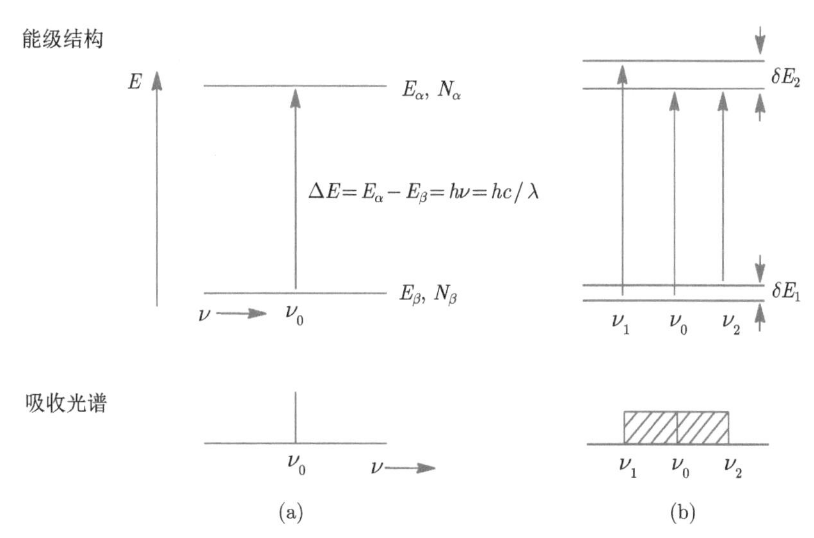

图 1.1.1 以简单二能级系统示意波谱学的基本原理。其中，E_α 和 E_β 指能级高低，N_α 和 N_β 指相应能级上的分子布居数 (population)，$N_\alpha < N_\beta$，δE_1 和 δE_2 指每个能级的分布宽度，吸收谱形状用谱型 (line shape，或线型) 来描述。(a) 没有能级增宽，吸收峰的线宽 $\delta\nu$(linewidth) 无限窄，$\Delta E > 0$ 时表示吸收谱，$\Delta E < 0$ 时表示辐射谱。(b) 存在能级增宽，其中半幅全宽 (full width at half maximum，FWHM) 可简化成 $\delta\nu = \nu_2 - \nu_1 = (\delta E_1 + \delta E_2)/h$。根据量子力学中的不确定原理 (即能量与时间不能同时精确测定，uncertainty principle)，$\delta E \cdot \delta t \sim \hbar(\hbar = h/2\pi)$，布居于各个相应能级上的电子、原子或分子的平均寿命 δt(或滞留时间) 越长，该能级宽度 δE 越小，线宽 $\delta\nu$ 越窄。反之，线宽增宽 (或展宽) 越严重。线宽 $\delta\nu$ 越窄，灵敏度就越高

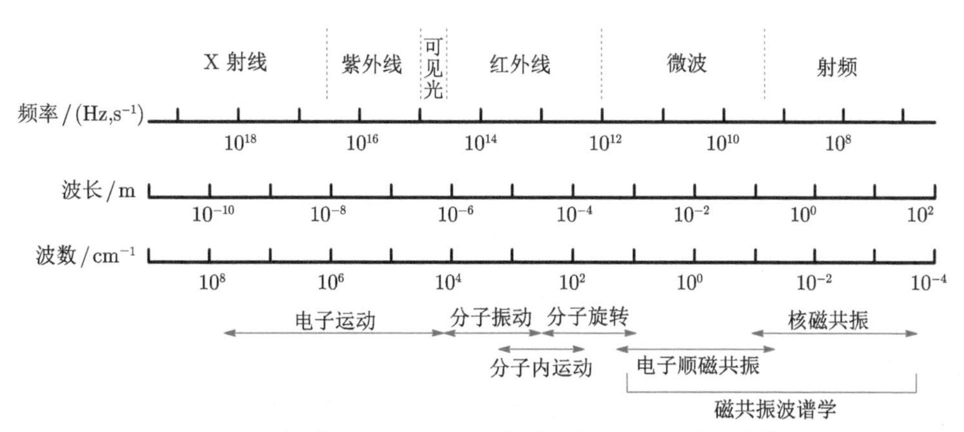

图 1.1.2 电子、原子核、原子和分子等各种能级跃迁及其相应波谱学的范围

波谱测试和分析中，也常用波数 $\tilde{\nu}\,(\mathrm{cm}^{-1})$ 作为能量单位，它与波长 λ 的关系是

$$\text{波长}\lambda(\mathrm{nm}) \times \text{波数}\tilde{\nu}\left(\mathrm{cm}^{-1}\right) = 10^7 \tag{1.1.4a}$$

或

$$波长\ \lambda(\mu m)\times\ 波数\ \tilde{\nu}\left(cm^{-1}\right)=10^4 \tag{1.1.4b}$$

波长 $\lambda = 250$ nm 的紫外光量子的能量 E_1 为

$$E_1=\frac{hc}{\lambda}=7.94578\times10^{-19}\ J \tag{1.1.5}$$

频率 $\nu = 10$ GHz (X-波段，EPR 的经典频率) 的微波光量子的能量 E_2 为

$$E_2=h\nu=6.62607015\times10^{-24}\ J \tag{1.1.6}$$

显然，紫外光量子的能量 E_1 是微波光量子的能量 E_2 的 10^5 倍，前者可探测更大的能级差。若换成 400 MHz 或 800 MHz 的 NMR，射频光量子的能量就更低了。

如图 1.1.1 所示，在一定浓度样品中，分布在高、低二能级的分子布居数 ($N = N_\alpha + N_\beta$) 呈玻尔兹曼分布 (即平衡态分布，Boltzmann or equilibrium distribution)，

$$N_\alpha/N_\beta=\exp\left(-\Delta E/k_BT\right) \tag{1.1.7}$$

k_B 是玻尔兹曼常数，$1.380649\times10^{-23}J\cdot K^{-1}$ 或 $0.6950356\ cm^{-1}\cdot K^{-1}$。这表明 ΔE 越大或温度 T 越低，N_α/N_β 值越大，布居数差 (population difference) $N_\beta - N_\alpha = \Delta N$ 也越大。取高温近似，即 $\Delta E \ll k_BT$ (k_BT 是周围晶格环境的热动能或热噪声，thermal energy)，待研究对象对特定频率电磁波的净吸收 (net absorption) 强度与布居数差 ΔN 成正比，即

$$净吸收强度 \propto \Delta N = n = N_\beta - N_\alpha \tag{1.1.8}$$

实验上，我们若想增大净吸收强度，一是使用较高频光量子以增大能级差 ΔE，二是降低测试温度 T 以提高布居数差 ΔN。室温下 ($T = 300$ K)，在紫外光谱实验中，布居数几乎全部处在基态中，激发态近乎全空，即 $N_\alpha \ll N_\beta$；在基于微波和射频的磁共振波谱中，布居数差 ΔN 寥寥，详见 1.4 节。所以，紫外-可见光谱的吸收峰，既可直接探测，又可以使用浓度非常稀的样品，其吸收信号强度近似成正比于样品浓度。对于磁共振波谱实验，吸收信号一般是不能直接探测的，须采用调制放大、谐振腔等较为复杂的技术手段，把微弱的磁电耦合信号放大后才能读出。为提高信号强度，EPR 实验有三种不同的选择：① 增大样品浓度，但样品浓度不可以无限增大，较高的浓度会带来其他更为严重的问题；② 降低测试温度，但温度也不是可以无限降低的，而且维持低温所需的液氦还是一种稀缺资源；③ 提高 ΔE，这也是近年来人们大力研制和发展高频高场 EPR 谱仪的目的之一，但是高频谱仪造价昂贵，维护和运行成本高。

在各个不同频段的波谱学实验中，谱图表述形式各有不同。相关研究人员会自然地选择学习和使用那些相对直观易学且有标准谱可以比对的谱学方法。不得不说，EPR 对许多研究人员而言，都是非常陌生的。它的特色是什么，研究对象有哪些，测试方法怎么样，谱图解析难易如何，是否有标准谱比对，等等，都是初学者所关心的问题。

EPR 的特色是提供原位和无损的电子、轨道和原子核等微观尺度的信息，是唯一能直接跟踪未配对电子的研究方法。

EPR 研究对象分直接对象和间接对象两类。直接对象还会再细分成两类。第一类直接对象是含有至少一个未配对电子的物质。它们分布广泛，日常实验研究中经常碰到，如金属单质、导体、孤立原子、磁性分子、过渡离子及其配合物、稀土离子及其配合物、离子团簇、掺杂材料、缺陷材料、自由基化学和生物学、金属蛋白/酶、辐照样品、金属催化、氧化还原反应等。一些久置的溶液会积累自氧化、光激发或电解等反应中所形成的自由基，例如，氨水和苯胺试剂中因溶剂化电子而形成氨基自由基，硫酸盐溶液有羟基自由基，四氢呋喃和苯甲醇等自氧化形成过氧自由基，过渡元素的无机盐、光敏试剂和材料诱发而成的自由基。第二类直接对象是光激发后形成的、含有两个未配对电子的三重态物质，未经光激发时不含有未配对电子，广泛应用于光化学、光生物、光物理等领域。间接对象是指直接对象与周围环境相互作用所形成的物理和化学现象，如能量交换与弛豫时间、距离、温度、湿度、黏滞度、pH、溶氧量 pO_2、分子翻转频率 (或运动速率)、自由基重组速率与化学键解离能 (参考文献 [1])、电子传递快慢等时间或空间信息。间接对象的 EPR 研究，主要以范例形式分散于各个章节中。

根据工作方式的差异，EPR 谱仪可简单分成连续波 (continuous wave EPR, cw-EPR) 和脉冲式 (pulsed EPR) 两种。X-波段连续波谱仪根据微波磁场与外磁场是相互垂直还是相互平行，又分成垂直模式和平行模式。连续波实验容易操作，而脉冲实验往往耗时。因此，需要调研清楚实验目的，再着手使用连续波还是脉冲式。

EPR 谱图解析需要综合各个物质学科的知识，如晶体场理论和配位场理论解析 g 各向异性与 p 或 d 轨道去简并的相互联系，化学诱导效应和电子离域等电子效应是引起有机自由基 A 因子大小和各向异性的因素，相邻原子间的交换耦合则阐示原子是耦合的抑或未耦合的 (coupled or uncoupled states)。在氧化还原反应中，EPR 揭示着电子传递的来龙去脉；在自由基化学和自由基生物学中，EPR 能有效地跟踪自由基的生成、重组、消耗等具体反应进程，从而阐明反应途径或历程；在材料和掺杂改性材料中，EPR 反映了缺陷是否存在，或掺杂物质是否进入预期的晶格格位 (lattice site)，最终反映该缺陷或掺杂对相关物理、化学性质的影响。

EPR 没有标准谱可比对，必须严格地基于直接对象的几何结构与电子结构和与其相关的间接对象等来层层推导。EPR 能同时提供原子化合价和自旋态 (即未配对电子数量)、原子轨道的淬灭程度、原子和分子轨道的能级分裂、原子核 (包括周围原子核)、化学结构的对称性、不同能级上的布居数等多种不同时空维度的几何结构和电子结构。只有这些因素一一满足了，EPR 谱图才可能相同，否则，实验条件的任一变化，哪怕是间接因素，测试所得的 EPR 谱图都可能是全新的。如高自旋、铁磁性材料和金属离子团簇等体系中，不同能级的布居数会随着测试温度而变，造成它们在 EPR 谱图中的贡献也随着温度而变，且往往是此消彼长的过程，反映着磁性相变、Jahn-Teller 相变、材料储能等性质。几何结构和电子结构会因时而异、因物而异、因地而异，如几何结构 0.01 nm(0.1 Å) 的畸变，或更换一个原子 (或配体)，或改变周围环境的极性和非极性或者氢键的环境，都会得到不一样的电子结构和 EPR 谱。间接对象的影响，如：紫外辐照含有光敏剂的水溶液时，pH 低，形成 ·OH；pH 高，形成 ·OOH；在水溶液中，自由基加成产物 DMPO—·OOH 会迅速衰变成 DMPO—·OH。超氧阴离子自由基 $O_2^{-\cdot}$ 在预先干燥处理的二甲基亚砜 (DMSO) 中比较稳定，从而被 5,5-二甲基-1-吡咯啉-N-氧化物 (DMPO) 所捕获，若 DMSO 含痕量水或酚则会迅速转变成 ·OOH，这个方法可以用来跟踪金属氧化物中 $O_2^{-\cdot}$ 是否具备可转移性。许多催化剂还兼具 p 型或 n 型半导体的物理性质，会将甲醇电解成 $\cdot OCH_3$ 和 ·H，其中 $\cdot OCH_3$ 常被错误归属成其他自由基，如 ·OH、$O_2^{-\cdot}$、·OOR 等。

EPR 谱是一个整体谱，不是由一系列离散的、无限窄的谱图构成，因此，不能参考其他常见谱学所使用的分峰法来分析 EPR 谱图。

如何学好 EPR？首先，掌握升降算符的运算规律和跃迁选择定则 (即光谱选律，spectroscopic selection rule)，掌握哪些能级是耦合的、哪些能级是无耦合的。其次，经常画能级图和树状图，EPR 主要特征参数 (如 g、A、D、J、轨道能级分裂次序) 不仅有大小差异，而且有正负之分。这意味着能级结构会因正、负号的变化而发生次序的颠倒，并颠覆布居分布，最后影响到每个跃迁所对应吸收峰的强弱和宽窄。比如，较高能级的吸收峰强度一般比较低能级的低，且相应吸收峰的线宽也比较低能级的宽。再次，经常查阅各个学科的资料，尤其是结构化学、配位化学、生物无机化学、自由基化学、分子轨道理论、磁性物理、物质结构、材料化学等学科。最后，掌握一款以上的模拟软件，见文献部分。现在计算机技术日新月异，唾手可得。除了实验，读者还须掌握至少一款模拟软件。这样，既可以预判可能获得的谱图，又可以基于文献报道参数或实验结果进行读谱、模拟或谱图还原，再根据已知或可能的几何结构和电子结构，判断这些 EPR 数据和归属是否正确。

综上所述，未配对电子所占据的最外围 s、p 或 d 轨道对周围微环境的变化非常敏感，需综合各学科的基础知识，才能对实验结果作准确解析和归属。当有不周考虑时，张冠李戴或无中生有的错误归属，就在所难免了。因教训深刻，所以本领域里有一句不成文的术语——“EPR 的第一原则是永远不相信任何人”。不能人云亦云，对错不分，贻笑大方。故引兵书《六韬 · 龙韬 · 立将第二十一》的“五勿四不”片段共勉：“…… 勿以三军为众而轻敌，勿以受命为重而必死，勿以身贵而贱人，勿以独见而违众，勿以辩说为必然 …… 臣闻国不可从外治，军不可从中御，二心不可以事君，疑志不可以应敌 ……”

1.1.2 部分能量单位的相互换算

如图 1.1.2 所示，在不同波段的电磁波应用研究中，人们自然地使用各自所熟悉的或比较直观的能量单位，这使得波谱学实验所使用的能量单位让人眼花缭乱，甚至无所适从。例如，X 射线用电子伏特 (eV)，紫外-可见光谱用波长 (nm) 或波数 (cm^{-1})，红外和拉曼光谱用波数，在光化学领域中用波长 λ、eV、$kJ{\cdot}mol^{-1}$ 等表示光子所携带的能量和化学键解离能 (bond dissociation energy，BDE) 等。我们先来学习这些能量单位的相互换算，参考表 1.1.1。① λ 和 eV、K 的关系，$E\,(\mathrm{eV}) = 1240/\lambda\,(\mathrm{nm})$，且 $1\ \mathrm{eV} = 1.1604505 \times 10^4\ \mathrm{K}$。例如，波长 λ 是 200 nm 和 500 nm 的光子能量分别是 6.2 eV 和 2.48 eV，相当于 7.1947931×10^4 K 和 2.87791724×10^4 K 的高温。因此，在光半导体化学、光催化化学反应等研究中，可见光或紫外光辐照是用来引发反应的第一步。② 电子伏特与键能的关系，$1\ \mathrm{eV} = 1.60\times10^{-19}$ J，或 $1\ \mathrm{eV} = 96.15\ \mathrm{kJ{\cdot}mol^{-1}}$。有机化合物中，单键的 BDE 约 $300{\sim}400\ \mathrm{kJ{\cdot}mol^{-1}}$(图 1.1.3)，将其打断形成自由基所需要光子的能量 $E > 3 \sim 4$ eV，即 $\lambda \leqslant 400$nm 的蓝光、紫光、近/远紫外的光子，或波长更短的如 X 射线/γ 射线等高能射线粒子。在经典的烷烃卤代反应 (或链式反应) 中，可见光光子所携带的能量就可轻易打断卤素分子 X_2 的 X—X 键 (图 1.1.3)，形成自由基，从而加速反应进程。

表 1.1.1 波谱学部分常用能量单位的相互换算关系

	$1\ cm^{-1}$	1 GHz	1 K	1 eV
$1\ cm^{-1}$	1	29.9792458	1.4387752	$1.239841875 \times 10^{-4}$
1 GHz	0.03335640951	1	0.047992374	$4.13566733 \times 10^{-6}$
1 K	0.6950356	20.836644	1	8.617343×10^{-5}
1 eV	8.06554465×10^3	2.417989454×10^5	1.1604505×10^4	1

在 EPR 领域，所使用的能量和磁学单位就更加混乱了，如 cm^{-1}、K、T 或 mT、Gauss(G)、Oersted(Oe)、GHz、MHz、ppm 等，应有尽有。这些能量单位的相互换算关系，如表 1.1.1 所示。

其中，磁场强度：$1\ \mathrm{T} = 10^3\ \mathrm{mT} = 10^4\ \mathrm{G}$；在空气中，$1\ \mathrm{Oe} = 1\ \mathrm{G}$。

磁场强度与波数：1 T = 0.934812 cm^{-1}，或 10^{-4} cm^{-1} = 1.0697338 G。

磁场强度与频率：1 T = 28.0249514242 GHz，或 1 G = 2.80249514242 MHz，换算系数是电子的旋磁比 (gyromagnetic ratio)，$\gamma_e = \dfrac{g_e\mu_B}{h} = 28.0249514242$ $MHz{\cdot}mT^{-1}$。

绝对温度与波数、频率：1 K = 0.6950356 cm^{-1} = 20.836644 GHz。

经典 X-波段和 Q-波段的频率分别是 ~10 GHz (0.333564 cm^{-1})、~34 GHz (1.131176 cm^{-1})，见表 1.3.1。显然，EPR 通过揭示非常细微的能量差异而获得相应的微观结构信息。

436	366	385	463	243
O—O	H—OOH	HO—CH_3	H—H	Cl—Cl
497	210	438	157	194
H—OH	HO—OH	H—OCH_3	F—F	Br—Br

图 1.1.3　部分小分子断裂第一个化学键的解离能 (单位：$kJ{\cdot}mol^{-1}$)

1.1.3　EPR 常用物理量的称谓和表述

EPR 是广泛应用于各个物质学科的物理方法。不同领域的研究人员，对物理量的熟悉程度也不一样，因此有必要先对物理量的数学形式做一简要介绍。在物理学中，物理量的区分是非常严格的，有标量 (scalar)、矢量 (vector)、张量 (tensor) 等。据数学表达式，我们就可以判别该物理量是标量、矢量还是张量：

(　)：表示标量。

[　]：表示矢量。

[　] × [　] × ··· × [　]：两个或两个以上矢量间的相互作用，形成张量，也常用 {···} 表示。数学上，张量是矢量概念和矩阵概念的推广，如矢量是一阶张量，矩阵 (方阵) 是二阶张量，标量则是零阶张量。

表示某个物理量的斜体字母，有大小写之分，大写还有粗体和常规体，或是否带上重音符号“ ˆ ”等。一般地，粗体是表示某种物理相互作用或矢量和，前者如哈密顿函数中的各种相互作用，后者如自旋-轨道耦合 $\boldsymbol{J}=\boldsymbol{L}-\boldsymbol{S}$ 或 $\boldsymbol{J}=\boldsymbol{L}+\boldsymbol{S}$。它们的具体取值用普通斜体来表示，如 $J=|L-S|, |L-S|+1, \cdots, L+S-1, L+S$。

各向异性参数如 g_{ij}、A_{ij}、D_{ij}、J_{ij} $(i, j = x, y, z)$ 等均为张量，但文献中常常不作区分。如特征参数 g，描述形式有 g 值 (g-value)、g 因子 (g-factor)、g 张量 (g-tensor) 等。本书尽量统一使用“因子” (factor)。各向同性参数如 g_{iso} 和 A_{iso}(或 a_{iso}) 是标量，下标 “iso”(isotropic) 有时直接省略。在图例中，横轴和纵轴是一般磁场强度和相对信号强度的数值描述。有时会用 g 值作为横轴标识，用以区分不同物质的指纹，对此，请勿混淆，更不要把横轴标识等规范常识给绘错。

1.1.4 EPR 发展简史

早期的一系列重要实验基础是：1896 年，Zeeman 观察到钠原子在外磁场中的 p 轨道能级分裂，称为塞曼分裂 (Zeeman splitting)；1922 年，Stern 和 Gerlach 发现银原子蒸气通过非均匀磁场时形成两个投影。1925 年，Uhlenbeck 和 Goudsmit 率先提出了自旋 (spin) 这个重要的物理概念，后经 van Vleck 等将磁学理论发展和完善。这些实验和理论为磁共振诞生奠定了基础。1944 年，Zavoisky 在苏联喀山大学成功检测到 $CuCl_2 \cdot 2H_2O$ 的室温粉末谱，当时所使用的磁场和频率分别是 4.76 mT 和 133 MHz(属于射频段)，这标志着 EPR 的诞生。两年后，Zavoisky 将频率提高到 S-波段 (3 GHz)。

在脉冲技术领域，Hahn 于 1950 年首先提出了自旋回波的基本理论。随后，Blume 于 1958 年首次成功探测到电子自旋回波，但是磁场和频率都很小，分别是 0.62 mT 和 17.4 MHz。同年，Gordon 和 Bowers 将探测回波的频率提高到 K-波段 (23 GHz)。在这之后，美国贝尔实验室的 Mims 组和苏联新西伯利亚的 Tsvetkov 组，承担着脉冲技术的主要探索工作，因各种原因造成进展缓慢。直至 20 世纪 80 年代末，布鲁克 (Bruker) 公司推出商用脉冲式谱仪后，该领域才得到迅猛发展。时至今日，读者如果不具备一些脉冲 EPR 的基础知识，那么哪怕置身于不同场合的 EPR 学术交流中，也无法感知该领域的新进展。

我国的发展情况，详见赵保路和徐元植两位老前辈为本书精心撰写的《电子自旋共振波谱在中国的发展历程》，作为阅读材料，附在本章末。国产自主谱仪方面，由国仪量子 (合肥) 技术有限公司生产的、中国科学技术大学自主研制的 X-波段 (~9.4 GHz) 连续波和脉冲谱仪 (图 1.1.4)，业已于 2018 年 10 月正式发布上市。

图 1.1.4 左图是笔者在操作国仪量子 X-波段 EPR-100 谱仪，右图是笔者二人与石致富 (左一) 在首台国仪量子 W-波段 EPR 谱仪前的合影。EPR-100 型谱仪兼备连续波和脉冲两种制式，可从事 4~300 K 的变温实验；该型谱仪已衍生出多款不同型号的系列谱仪，包括 X-波段立式连续波谱仪 (EPR200、EPR200-Plus) 和 X-波段台式谱仪，以针对不同用户之所需。EPR200-Plus 谱仪易于进行整体移动，根据实验需求在不同实验室之间往返运输使用，提高谱仪使用效率

W-波段 (~96 GHz) 高频高场谱仪，采用新式的干式制冷超导技术，已于 2021 年下半年正式投入生产和科研应用。同样位于合肥的中国科学院强磁场科学中心正在稳步发展强磁场下的平台和技术，目前已依托稳态强磁场实验装置的 25 T 水冷磁体建成了国内首台超宽频带稳态高场多频 EPR 谱仪 (50~690 GHz，2~320 K，0~25 T)，并应用于科学研究。基于脉冲磁场的研究平台，业已在华中科技大学国家脉冲强磁场科学中心投入使用，详细内容作为阅读材料附在第 2 章末。

1.2　物质的磁性

宏观世界气象万千，物质的性质千差万别，可以使两个物体性质十分接近但找不到完全相同的物体。然而，深入到物质的微观结构后看到的却是另一番景象，电子、中子、质子、原子核、原子、离子、分子等基本粒子的种类都是有限的，每一种微观粒子均具有完全相同的性质，如相同的质量、电荷、自旋…… 性质完全相同的粒子叫做全同粒子，如电子、质子、中子等分别各自组成一类全同粒子。从一种粒子性质到另一种粒子性质的变化是不连续的，两个粒子要么种类不同要么性质完全相同。每类全同粒子都有一种确定的、不随着时间而改变的对称性。简而言之，这些都是微观世界的量子化现象，即不连续性。用于描述这些微观系统状态的函数是波函数 (wave funtion)。波函数对称的全同粒子，服从玻色-爱因斯坦统计，简称玻色子 (Boson)，这一类粒子的自旋量子数是 0 或整数，如光子。波函数反对称的全同粒子，服从费米-狄拉克统计，简称费米子 (Fermion)，这一类粒子的自旋量子数是半整数，如本书中所重点关注的电子、中子、质子等。奇数个费米子组成的复合粒子，依然是费米子；偶数个费米子组成的复合粒子，则是一个玻色子。任意玻色子组成的复合粒子，都是玻色子。这表明，复合粒子究竟是费米子还是玻色子，取决于费米子，而与玻色子无关。

宏观物质是由原子或离子组成。^{1}H 除外，原子核由质子和中子两类全同粒子组成，原子或离子由原子核及核外电子组成，在分子内，原子间的化学键是由两个自旋方向相反的全同电子构成。质子、中子和电子等都具有内禀的特征自旋磁矩，因此，宏观物质毫无例外地都是磁性物质。宏观物质的磁性主要由未配对电子的磁矩来决定，这是因为电子质量比由质子和中子组成的原子核质量小至少三个数量级，这使电子自旋磁矩比原子核磁矩至少大三个数量级。

1.2.1　原子核的磁性

除了质子 (^{1}H$^+$)，原子核都是由两类全同粒子——质子和中子 (亦称核子) 组成，类似于复合费米子或玻色子。它们的组合方式非常复杂，非本书所能解释清楚。质子带有一个电子电量的正电荷，自旋角动量为 $I\hbar = \dfrac{1}{2}\hbar$，用 I 来表示它的

自旋角动量量子数 (spin angular momentum quantum number)。在原子单位制中，常将单位 “$\hbar$” 省略，简化成 $I=1/2$。中子不带电荷，却具有磁性，$I=1/2$(详见表 1.6.1)。当构成原子核的质子和中子的数目同时为偶数时，原子核磁矩为零，$I=0$ (零核自旋，zero nuclear spin)；反之，质子和中子的数目不同时为偶数时，原子核具有非零的内禀磁矩，$I>0$(非零核自旋，non-zero nuclear spin)。根据核自旋量子数 I，原子核被分成三类：

(1) 原子核质量数 (质子数和中子数的总和) A 为奇数，I 为半整数，是费米子，如：^{1}H、^{3}He、^{15}N 等同位素，$I=1/2$；^{11}B、^{23}Na、^{39}K、^{41}K，$I=3/2$；^{17}O、^{27}Al、^{55}Mn，$I=5/2$；^{43}Ca、^{45}Sc、^{51}V、^{59}Co，$I=7/2$；^{73}Ge、^{93}Nb，$I=9/2$。

(2) 原子核质量数 A 为偶数但质子数与中子数同为奇数，I 为整数，是玻色子，如：^{2}H(氘)、^{14}N，$I=1$；^{10}B，$I=3$；^{138}La，$I=5$；^{50}V，I=6；^{176}Lu，$I=7$；^{180}Ta，$I=9$。其中，$I=9$ 是目前已知的核自旋角动量量子数的极大值。

(3) 质子数和中子数同为偶数，$I=0$，如 ^{4}He、^{12}C、^{16}O 等，它们是原子序数 Z 为偶数的化学元素的大量同位素，如第二 (碱土金属)、第四 (碳族)、第六 (氧族) 主族元素和惰性气体，第二、第四、第六副族过渡元素等。质量数等于 4 的 ^{4}He，是最小的非磁性核。

其中，第一类和第二类又称为磁性核/同位素 (magnetic nucleus or isotopes)，详见磁性同位素附表和 1.6 节，第三类称为非磁性核/同位素 (non-magnetic nucleus or isotopes)。$I\geqslant 1$ 的磁性核还具有内禀的核电四极矩 (intrinsic nuclear electric quadrupole moment)。

磁性核的核磁矩 $\boldsymbol{\mu}_{\mathrm{N}}$ 是

$$\boldsymbol{\mu}_{\mathrm{N}}=+g_{\mathrm{N}}\beta_{\mathrm{N}}\boldsymbol{I} \tag{1.2.1}$$

正号 (+) 表明核自旋磁矩 $\boldsymbol{\mu}_{\mathrm{N}}$ 与自旋角动量 $\boldsymbol{I}$ 是同向的。g_{N}(或 γ_{N}) 是特定磁性核的磁旋比，β_{N}(或 μ_{N}) 是核磁子 (nuclear magneton)，$\beta_{\mathrm{N}}=\dfrac{|e|\,\hbar}{2M_{\mathrm{p}}}=5.05078343\times 10^{-27}\ \mathrm{J\cdot T^{-1}}$，$M_{\mathrm{p}}$ 是质子质量，e 是电子电荷 ($1.602176634\times10^{-19}$ C)。不同磁性核的 g_{N} 大小不一，正负无常。对于 $g_{\mathrm{N}}<0$ 的原子核，其质量数 A 与 4 的关系是 $(A-1)/4$，或 $(A+1)/4$ 为一整数值；反之，不一定成立，详见表 1.6.1。

1.2.2 电子的本征磁矩和轨道磁矩

自由电子带有一个单位的负电荷，自旋角动量是 $\boldsymbol{S}\hbar=\dfrac{1}{2}\hbar$，自旋角动量量子数 $S=1/2$，自旋磁矩 (即本征磁矩，eigen magnetic moment) 和磁矩大小是

$$\left.\begin{aligned}\boldsymbol{\mu}_S&=-g_{\mathrm{e}}\mu_{\mathrm{B}}\boldsymbol{S}\\ \boldsymbol{S}&=\sqrt{S\,(S+1)}\end{aligned}\right\} \tag{1.2.2a}$$

负号 “−” 表明 $\boldsymbol{\mu}_S$ 与 $\boldsymbol{S}$ 的方向是相反的 (图 1.2.1(a))，这是因为电子携带负电荷。类似地，携带电荷为 q 的、质量为 m 的经典物体，它的角动量与磁矩的关系是

$$\boldsymbol{\mu} = \frac{q}{2m}\boldsymbol{S} \tag{1.2.2b}$$

电子的 $g_{\mathrm{e}} \approx -2.00231930436256$；$\mu_{\mathrm{B}}$(或 β_{e}) 是玻尔磁子 (Bohr magneton)，$\mu_{\mathrm{B}} = \dfrac{|e|\hbar}{2m_{\mathrm{e}}} = 9.2740100783 \times 10^{-24}\ \mathrm{J{\cdot}T^{-1}}$，$m_{\mathrm{e}}$ 是电子静止质量。磁学中，常用 μ_{B} 作为有效磁矩的单位，如电子自旋磁矩的绝对值是 $\mu_s = 2.00231930436256\cdot\sqrt{S(S+1)}\mu_{\mathrm{B}} \approx \sqrt{3}\mu_{\mathrm{B}}$。电子质量是质子 (或中子) 质量的 1/1836.5(或 1/1839)，故将质子和电子的静止质量分别代入式 (1.2.1) 和式 (1.2.2a)，得二者磁矩比例 $\mu_{\mathrm{e}}/\mu_{\mathrm{p}} = -658.21068482$。这个比值既表明未配对电子磁矩远大于核磁矩，又是 ^{1}H NMR 动态核极化 (dynamic nuclear polarization，DNP) 的理想值。

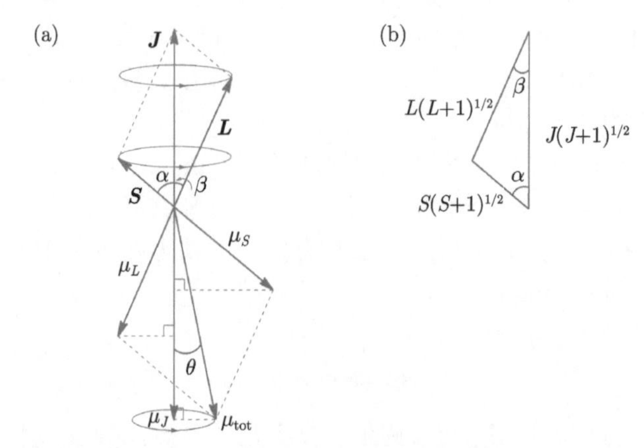

图 1.2.1 (a) 矢量形式示意的电子自旋与轨道的角动量和磁矩；(b) 三角形式示意自旋-轨道耦合

除了本征磁矩，电子绕原子核作轨道运动时还产生轨道角动量 $\boldsymbol{L}$ 和轨道磁矩 $\boldsymbol{\mu}_L$，

$$\left.\begin{aligned} \boldsymbol{\mu}_L &= -g_L\mu_{\mathrm{B}}\boldsymbol{L} \\ \boldsymbol{L} &= \sqrt{L(L+1)} \end{aligned}\right\} \tag{1.2.3}$$

其中，负号 “−” 表明 $\boldsymbol{\mu}_L$ 与 $\boldsymbol{L}$ 的方向相反 (图 1.2.1(a))，$g_L = 1$，轨道磁矩的绝对值是 $\mu_L = \sqrt{l(l+1)}\mu_{\mathrm{B}}$，轨道角动量 $\boldsymbol{L}$ 的量子数 L 取值范围见 1.2.3 节。

1.2.3 原子核外电子排布规律

由上所述，物质磁性主要由未配对电子的磁性所决定，因此我们必须先掌握原子 (含离子) 的核外电子排布规律。据量子力学，核外电子的运动状态用波函数

$\psi_{n,l,m_l,m_s}(\boldsymbol{r})$ 表示，它含有模 $|\psi(r)|$ 和相位 $\varphi(r)$ 两部分 (详见 1.5.2 节)，电子在核外 r 处出现的概率用概率幅 $|\psi_{n,l,m_l,m_s}(\boldsymbol{r})|^2$(或电子云密度) 来描述。概率幅的下标 n、l、m_l、m_s 表示核外电子的运动状态：n、l、m_l 是空间量子数，m_s 是电子自旋量子数。这四个量子数的物理意义及其与原子核外电子排布的具体关系是 (详见表 1.2.1)：

表 1.2.1 核外电子排布和四个量子数的关系①

	n	l	m_l	s	m_s	子壳层可容纳最大电子数
K 壳层	1	0	0	1/2	±1/2	$1s^2$
L 壳层	2	0	0	1/2	±1/2	$2s^2$
		1	$1,0,-1$	1/2	±1/2	$2p^6$
M 壳层	3	0	0	1/2	±1/2	$3s^2$
		1	$1,0,-1$	1/2	±1/2	$3p^6$
		2	$2,1,0,-1,-2$	1/2	±1/2	$3d^{10}$
N 壳层	4	0	0	1/2	±1/2	$4s^2$
		1	$1,0,-1$	1/2	±1/2	$4p^6$
		2	$2,1,0,-1,-2$	1/2	±1/2	$4d^{10}$
		3	$3,2,1,0,-1,-2,-3$	1/2	±1/2	$4f^{14}$
···	···	···	···	···	···	···

(1) **主量子数** n，$n=1, 2, 3, \cdots$，反映电子出现概率最大区域的离核远近和决定电子能量的高低，对应着化学元素周期表的周期次序 (图 1.6.1)，即 K(第一周期)、L(第二周期)、M(第三周期)、N(第四周期)、O(第五周期)、P(第六周期)、…壳层 (shell，或周期)。

(2) **轨道角量子数** l，$l=0, 1, 2, 3, \cdots, n-1$，决定电子绕核运动的轨道角动量的大小，以及反映电子在核外空间的分布情况或运动形式，对应着核外电子分布的子壳层 (subshell)，即 s、p、d、f 等原子轨道。每个子壳层最多可容纳 $2(2l+1)$ 个电子，同一主壳层最多可容纳 $2n^2$ 个电子。这些字母源自原子光谱的锐线系、主线系、漫线系和基线系英文单词 (sharp，principal，diffuse and fundamental series) 的首写字母。

(3) **轨道磁量子数** (magnetic quantum number) m_l(或 m_L、M_L)，$m_l=0, \pm1, \pm2, \cdots, \pm l$，决定电子所占据原子轨道在三维空间中的取向数量 $2l+1$。例如，$l=0$ 的 s 子壳层只有一个球形轨道，$l=1$ 的 p 子壳层有三个相互垂直的纺锤形轨道，$l=2$ 的 d 子壳层有五个轨道，$l=3$ 的 f 子壳层有七个轨道 (图 4.1.1)。

球坐标系中，s、p、d 轨道的复球谐函数 $\boldsymbol{Y}_{l,m_l}(\theta,\phi)$ 和相应的态矢 $|l,m_l\rangle$ 是

① 注意，在 $n \leqslant 5$ 时，即第五周期以前的化学元素内没有 f 壳层电子。只有当 $n=6$ 和 7 时，才有分布于 f 壳层的外围电子，分别是 $4f^{1-14}$(镧系元素) 和 $5f^{1-14}$(锕系元素)，见本章附后的元素周期表。

$$\left.\begin{aligned}
\boldsymbol{Y}_{0,0}(\theta,\phi)&=|0,0\rangle=\sqrt{\frac{1}{4\pi}}\\
\boldsymbol{Y}_{1,0}(\theta,\phi)&=|1,0\rangle=\sqrt{\frac{3}{4\pi}}\cos\theta\\
\boldsymbol{Y}_{1,\pm1}(\theta,\phi)&=|1,\pm1\rangle=\mp\sqrt{\frac{3}{4\pi}}\sqrt{\frac{1}{2}}\sin\theta\mathrm{e}^{\pm\mathrm{i}\phi}\\
\boldsymbol{Y}_{2,0}(\theta,\phi)&=|2,0\rangle=\sqrt{\frac{5}{4\pi}}\sqrt{\frac{1}{4}}\left(3\cos^2\theta-1\right)\\
\boldsymbol{Y}_{2,\pm1}(\theta,\phi)&=|2,\pm1\rangle=\mp\sqrt{\frac{5}{4\pi}}\sqrt{\frac{3}{2}}\sin\theta\cos\phi\mathrm{e}^{\pm\mathrm{i}\phi}\\
\boldsymbol{Y}_{2,\pm2}(\theta,\phi)&=|2,\pm2\rangle=\sqrt{\frac{5}{4\pi}}\sqrt{\frac{3}{8}}\sin^2\theta\mathrm{e}^{\pm\mathrm{i}2\phi}
\end{aligned}\right\}\tag{1.2.4a}$$

对于广大读者，上述三角公式的空间形式并不直观。因此，在直角坐标系，这些复球谐函数改成更直观的形式，$\boldsymbol{Y}_l^{m_l}(x,y,z)$：

$$\left.\begin{aligned}
\boldsymbol{Y}_0^0(|0,0\rangle)&=\sqrt{\frac{1}{4\pi}}\\
\boldsymbol{Y}_1^0(|1,0\rangle)&=\sqrt{\frac{3}{4\pi}}\frac{z}{r}\\
\boldsymbol{Y}_1^{\pm1}(|1,\pm1\rangle)&=\mp\sqrt{\frac{3}{4\pi}}\frac{x\pm\mathrm{i}y}{r}
\end{aligned}\right\},\quad
\left.\begin{aligned}
\boldsymbol{Y}_2^0(|2,0\rangle)&=\sqrt{\frac{5}{16\pi}}\frac{3z^2-r^2}{r^2}\\
\boldsymbol{Y}_2^{\pm1}(|2,\pm1\rangle)&=\mp\sqrt{\frac{15}{8\pi}}\frac{(x\pm\mathrm{i}y)z}{r^2}\\
\boldsymbol{Y}_2^{\pm2}(|2,\pm2\rangle)&=\sqrt{\frac{15}{32\pi}}\frac{(x\pm\mathrm{i}y)^2}{r^2}
\end{aligned}\right\}\tag{1.2.4b}$$

对于 $|0,0\rangle$、$|1,0\rangle$、$|2,0\rangle$ 等 $|l,0\rangle$ 轨道，公式右边的变量较为简单；对于其他轨道，我们使用线性组合的复球谐函数 $\boldsymbol{Y}_l^{m_l}$ 或态 $|l,m_l\rangle$，以消除右边分子中的某些变量而凸显所剩的变量，从而获得实球谐函数和原子轨道的信息，如：

$$\left.\begin{aligned}
|1,-1\rangle+|1,+1\rangle&=-2\mathrm{i}\sqrt{\frac{3}{4\pi}}\frac{y}{r}\\
|1,-1\rangle-|1,+1\rangle&=2\sqrt{\frac{3}{4\pi}}\frac{x}{r}\\
|2,+2\rangle+|2,-2\rangle&=2\sqrt{\frac{5}{4\pi}}\sqrt{\frac{3}{8}}\frac{x^2-y^2}{r^2}\\
|2,+2\rangle-|2,-2\rangle&=2\mathrm{i}\sqrt{\frac{5}{4\pi}}\sqrt{\frac{3}{8}}\frac{xy}{r^2}
\end{aligned}\right\}\tag{1.2.5}$$

上式右侧分子中的 x、y、(x^2-y^2)、xy 等变量，就分别对应着 p_x、p_y、$d_{x^2-y^2}$、d_{xy} 等 p、d 原子轨道的下标。经归一化，变成式 (4.2.19) 和 (4.2.20) 的形式。

(4) **电子自旋磁量子数** m_S(或 m_s、M_S)，决定电子自旋角动量在外磁场中的两个取向，$m_s=+\dfrac{1}{2}$(自旋朝上，用 "↑" 或 "α" 表示) 和 $m_s=-\dfrac{1}{2}$(自旋朝下，用 "↓" 或 "β" 表示)，即每个轨道最多只能容纳 2 个自旋方向相反的电子。不施加外磁场时，电子的这两种自旋取向是无法获知的。

原子核外电子在 s、p、d、f 等各个子壳层的填充次序，遵循两个基本原则：

(1) **能量最低原理**：电子优先占据能量最低的原子轨道。

(2) **泡利不相容原理** (Pauli exclusion principle)：每个原子中，不存在四个量子数完全相同的电子，即每个波函数 $\boldsymbol{\psi}_{n,l,m_l,m_s}(\boldsymbol{r})$ 只能描述一个电子的运动状态。

在原子中，已充满电子的子壳层，如 p^6、d^{10}、f^{14} 等，称为闭子壳层 (closed subshell)。在未充满电子的开子壳层 (open subshell) 中，轨道自旋与电子自旋的关系用**洪特规则** (Hund rule) 来描述：

(1) 未配对电子在简并轨道上排布时，尽可能占据不同的轨道，保持自旋方向平行，使原子获得最大的总电子自旋量子数 $S=\sum m_{si}$，能量最低。

(2) S 相同时总轨道量子数 $L=\sum m_{li}$ 值取最大者能量最低，各个轨道磁量子数 m_{li} 的具体取值如表 1.2.2 所示。注：空轨道或已充满的轨道中，电子自旋 $S=0$，相应的轨道磁量子数 m_{li} 被忽略，不计入总轨道量子数 L 中；若形成激发态，则另当别论。

(3) 半充满壳层 (half-filled shell) 是指 ns^1、np^3、nd^5、nf^7 等电子组态 (参考 6.3.5 节)。若该子壳层电子总数少于半充满时 (如 $np^{1,2}$、$nd^{1\sim4}$、$nf^{1\sim6}$)，$\boldsymbol{S}$ 与 $\boldsymbol{L}$ 反向；反之，该子壳层总电子数多于半充满时 (如 $np^{4,5}$、$nd^{6\sim9}$、$nf^{8\sim13}$)，$\boldsymbol{S}$ 与 $\boldsymbol{L}$ 同向。其中，p^n 和 p^{6-n}、d^n 和 d^{10-n}、f^n 和 f^{14-n} 等，称为互补组态 (complementary states)，其中一个少于半充满，一个多于半充满。互补组态的能级结构恰好互逆，如 p^1 与 p^5、d^2 与 d^8、f^3 与 f^{11} 等。

原子核外电子的量子态，常用光谱学的表达形式 $^{2S+1}L_J$ 来描述 (原子轨道光谱项符号①，又称为电子组态，electronic configuration，简称组态)。总轨道量子数的取值，即 $L=0$、1、2、3、4、5、6，用特定的大写字母 S、P、D、F、G、H、I 等来表示。一般地，少于或等于半充满的组态，原子总角动量量子数 J 最小者 (即 $J=|L-S|$，又称内量子数)，能量最低，又称为正常次序；多于半充满时，原子总角动量子数 J 最大者 (即 $J=L+S$)，能量最低，又称为倒转次序 (inverted order)。不同组态单原子的光谱项，详见表 1.2.2。

---

① 分子轨道也有类似的光谱符号 (spectroscopic notation)，小写形式是 σ、π、δ、⋯，分别对应分子轨道角动量在以双原子连线为对称轴上的投影值量子数 $|\lambda|=0$、1、2、3、⋯ 。若轨道是成键的就分别称它们为 σ 键、π 键、δ 键、⋯。σ 键最为常见，π 键常见于 p_x,p_y 等肩并肩的成键，δ 键则常见于 d_{xy} 、d_{xz}、d_{yz} 等面对面的成键。相应的分子轨道光谱项是大写的希腊字母 Σ、Π、Δ、⋯。

表 1.2.2　s、p、d 、f 区部分电子组态的核外电子排布和原子基态

核外电子构型	轨道磁量子数 m_{li}							总轨道量子数 L	总自旋量子数 S	原子基态 $^{2S+1}L_J$
	3	2	1	0	−1	−2	−3			
s 区										
$1s^1$				↑				0	1/2	$^2S_{1/2}$
$1s^2$				↑↓				0	0	$^1S_0$
p 区										
$2p^1$			↑					1	1/2	$^2P_{1/2}$
$2p^2$			↑	↑				1	1	$^3P_0$
$2p^3$			↑	↑	↑			0	3/2	$^4S_{3/2}$
$2p^4$			↑	↑	↑↓			1	1	$^3P_2$
$2p^5$			↑	↑↓	↑↓			1	1/2	$^3P_{3/2}$
$2p^6$			↑↓	↑↓	↑↓			0	0	$^1S_0$
d 区										
$3d^1$		↑						2	1/2	$^2D_{3/2}$
$3d^2$		↑	↑					3	1	$^3F_2$
$3d^3$		↑	↑	↑				3	3/2	$^4F_{3/2}$
$3d^4$		↑	↑	↑	↑			2	2	$^5D_0$
$3d^5$		↑	↑	↑	↑	↑		0	5/2	$^6S_{5/2}$
$3d^6$		↑	↑	↑	↑	↑↓		2	2	$^5D_4$
$3d^7$		↑	↑	↑	↑↓	↑↓		3	3/2	$^4F_{9/2}$
$3d^8$		↑	↑	↑↓	↑↓	↑↓		3	1	$^3F_4$
$3d^9$		↑	↑↓	↑↓	↑↓	↑↓		2	1/2	$^2D_{5/2}$
$3d^{10}$		↑↓	↑↓	↑↓	↑↓	↑↓		0	0	$^1S_0$
f 区										
$4f^1$	↑							3	1/2	$^2F_{5/2}$
$4f^2$	↑	↑						5	1	$^3H_4$
$4f^3$	↑	↑	↑					6	3/2	$^4I_{9/2}$
$4f^4$	↑	↑	↑	↑				6	2	$^5I_4$
$4f^5$	↑	↑	↑	↑	↑			5	5/2	$^6H_{5/2}$
$4f^6$	↑	↑	↑	↑	↑	↑		3	3	$^7F_0$
$4f^7$	↑	↑	↑	↑	↑	↑	↑	0	7/2	$^8S_{7/2}$
$4f^8$	↑	↑	↑	↑	↑	↑	↑↓	3	3	$^7F_6$
$4f^9$	↑	↑	↑	↑	↑	↑↓	↑↓	5	5/2	$^6H_{15/2}$
$4f^{10}$	↑	↑	↑	↑	↑↓	↑↓	↑↓	6	2	$^5I_8$
$4f^{11}$	↑	↑	↑	↑↓	↑↓	↑↓	↑↓	6	3/2	$^4I_{15/2}$
$4f^{12}$	↑	↑	↑↓	↑↓	↑↓	↑↓	↑↓	5	1	$^3H_6$
$4f^{13}$	↑	↑↓	↑↓	↑↓	↑↓	↑↓	↑↓	3	1/2	$^2F_{7/2}$
$4f^{14}$	↑↓	↑↓	↑↓	↑↓	↑↓	↑↓	↑↓	0	0	$^1S_0$

注：未配对电子尽可能占据轨道磁量子数 m_{li} 较大的轨道，m_{li} 较小者是空轨道或已充满轨道。

1.2.4　原子总磁矩，自旋-轨道耦合，朗德因子 g_J

若给定原子有 n 个未配对电子，其总自旋角动量 $\boldsymbol{S}=n/2$，总自旋磁矩 $\boldsymbol{\mu}_S$ 是

$$\boldsymbol{\mu}_S = -g_{\mathrm{e}}\mu_{\mathrm{B}}\sqrt{S(S+1)} \tag{1.2.6}$$

这 n 个未配对电子分别占据不同的轨道，其总轨道角动量之和 $\boldsymbol{L}=m_{l1}+m_{l2}+m_{l3}+\cdots+m_{li}$(表 1.2.2)，总轨道磁矩 $\boldsymbol{\mu}_L$ 是

$$\boldsymbol{\mu}_L=-g_L\mu_{\rm B}\sqrt{L\left(L+1\right)} \tag{1.2.7}$$

原子总角动量 $\boldsymbol{J}$ 是总电子自旋角动量 $\boldsymbol{S}$ 和总轨道角动量 $\boldsymbol{L}$ 的矢量和，

$$\boldsymbol{J}=\boldsymbol{S}+\boldsymbol{L} \tag{1.2.8}$$

总角动量量子数 J 取值为

$$J=|L-S|,|L-S|+1,\cdots,L+S \tag{1.2.9a}$$

或

$$|L-S|\leqslant J\leqslant L+S \tag{1.2.9b}$$

原子因 J 取值不同而对应不同的能级。一般地，少于半充满的电子组态，$\boldsymbol{J}=\boldsymbol{L}-\boldsymbol{S}$，取 $J=|L-S|$ 作为原子的基态，能级由低到高所对应的 J 值依次是 $|L-S|$, $|L-S|+1$, $\cdots$, $L+S$；多于半充满的电子组态，$\boldsymbol{J}=\boldsymbol{L}+\boldsymbol{S}$，取 $J=L+S$ 作为原子的基态，能级由低到高所对应的 J 值依次是 $L+S$, $L+S-1$, $\cdots$, $|L-S|$。这两种能级结构次序恰好互逆的情况，是初学者务必掌握的基本规律，尤其是不同价态离子的电子组态：当原子总自旋量子数 J 有多个取值时，须知道何种情形 J 值最小是基态，何种情形 J 值最大是基态。各个能级间的能级差，将在 4.2 节作详细展开。

对于实实在在的原子，我们无法直接根据总角动量 $\boldsymbol{J}$ 而获得其磁矩 $\boldsymbol{\mu}_J$ 的大小。电子自旋磁矩 $\boldsymbol{\mu}_S$ 和轨道磁矩 $\boldsymbol{\mu}_L$ 分别反向平行于 $\boldsymbol{S}$ 和 $\boldsymbol{L}$，且 $g_{\rm e}\approx 2.002319$ 是 $g_L=1$ 的两倍，这造成了原子总磁矩 $\boldsymbol{\mu}_{\rm tot}$ 的方向并不与原子总角动量 $\boldsymbol{J}$ 反向延长线重合在一起，而是有一夹角 θ，如图 1.2.1(a) 所示。若将 $\boldsymbol{\mu}_S$ 和 $\boldsymbol{\mu}_L$ 分解成平行和垂直于 $\boldsymbol{J}$ 的两个分量：垂直分量 $\boldsymbol{\mu}_{S\perp}$ 和 $\boldsymbol{\mu}_{L\perp}$ 围绕着 $\boldsymbol{J}$ 作周期进动 (precession)，平均值为 0，故对原子总磁矩没有贡献。因此，原子的实际总磁矩 $\boldsymbol{\mu}_J$（或有效磁矩 $\boldsymbol{\mu}_{\rm eff}$）是平行分量 $\boldsymbol{\mu}_{S\parallel}$ 和 $\boldsymbol{\mu}_{L\parallel}$ 的矢量和，

$$\boldsymbol{\mu}_J=\boldsymbol{\mu}_S\cos\alpha+\boldsymbol{\mu}_L\cos\beta=\boldsymbol{\mu}_{\rm tot}\cos\theta \tag{1.2.10}$$

其中，角动量大小如图 1.2.1(b) 所示，即三角形各条边的边长是 $\sqrt{k\left(k+1\right)}, k=J,S,L$。

利用三角关系式，$\cos\alpha=\dfrac{J\left(J+1\right)+S\left(S+1\right)-L\left(L+1\right)}{2\sqrt{J\left(J+1\right)\cdot S\left(S+1\right)}}$，$\cos\beta=$

$\dfrac{J(J+1)-S(S+1)+L(L+1)}{2\sqrt{J(J+1)\cdot L(L+1)}}$，得

$$\boldsymbol{\mu}_J = -g_\mathrm{e}\mu_\mathrm{B}\frac{J(J+1)+S(S+1)-L(L+1)}{2\sqrt{J(J+1)}} - g_L\mu_\mathrm{B}\frac{J(J+1)+L(L+1)-S(S+1)}{2\sqrt{J(J+1)}} \tag{1.2.11}$$

已知 $g_L=1$，令 $g_\mathrm{e}\approx 2$，上式简化成

$$\boldsymbol{\mu}_J = -\mu_\mathrm{B}\frac{3J(J+1)+S(S+1)-L(L+1)}{2\sqrt{J(J+1)}} \tag{1.2.12}$$

分子、分母同时乘以 $\sqrt{J(J+1)}$，得

$$\boldsymbol{\mu}_J = -\mu_\mathrm{B}\cdot\frac{3J(J+1)+S(S+1)-L(L+1)}{2J(J+1)}\cdot\sqrt{J(J+1)} = -g_J\mu_\mathrm{B}J \tag{1.2.13}$$

其中，

$$\left.\begin{aligned} \boldsymbol{J} &= \sqrt{J(J+1)} \\ g_J &= \frac{3J(J+1)+S(S+1)-L(L+1)}{2J(J+1)} \\ \chi &= \frac{Ng_J^2\mu_\mathrm{B}^2}{3k_\mathrm{B}\mathrm{T}}J(J+1) \end{aligned}\right\} \tag{1.2.14}$$

μ_J 的绝对值是

$$\mu_J = g_J\sqrt{J(J+1)}\mu_\mathrm{B} \tag{1.2.15}$$

式中，g_J 是光谱分裂项，又称朗德 g 因子 (Landé g-factor)；χ 是宏观物质的磁化率。在纯粹自旋磁矩的情形下，如 ns^1 组态，$L=0$，$J=S$，$g_J=g_\mathrm{e}$；反之，纯轨道磁矩时，$S=0$，$L=J$，$g_J=1$。读者请自行将其展开到各个化学元素和同一元素不同化合价的原子或离子，以加深理解。g_J 是一个非常重要的物理常数，稀土离子的 EPR 解析，就以它为基础，详见 6.3 节。

以上这些有关核外电子、自旋、轨道等特征，适用于孤立的非键原子 (free or isolated atom)，或处于球形对称的原子 (cubic or spheric symmetry)。对于键合体系 (bonded system)，中心原子受到周围键合原子的影响，使轨道角动量发生淬灭或冻结。比如，在非球形对称的键合体系中，p、d 轨道的轨道角动量 $\boldsymbol{L}$ 不再是一个完整的好量子数，g_J 不再适用于式 (1.2.14)。磁学上，超导量子干涉仪 (superconducting quantum interference device，SQUID) 探测近似的或

平均的 g_J；EPR 实验则可探测 p、d 轨道的淬灭情况，体现在 g 因子的各向异性中。初学者也许会问，电子是一类全同粒子，其自旋角动量是否也可以被部分冻结？

1.2.5 宏观物质的磁性

由式 (1.2.1) 和 (1.2.2) 可知，电子和质子 ($^1H^+$) 磁矩比 $\mu_S/\mu_p \approx -658$，这表明原子、离子和分子等微观粒子和宏观物质的磁性主要由包含于其中的未配对电子磁矩所贡献。不含未配对电子的物质，其磁性主要由原子核磁性和轨道磁矩所贡献。宏观上，我们会用式 (1.2.14) 的磁化率 χ 来描述。根据 χ 的大小、符号、净自旋的自发存在与否等，宏观物质被简单分成五大类。

(1) **铁磁性物质** (ferromagnetic substance)。该类物质 $\chi > 0$，且数值很大。不论外磁场存在与否，电子自旋之间的强交换作用使自旋呈有规排列 (orientation)，从而产生净自旋和自旋磁矩，如图 1.2.2(a) 所示。金属 Fe、Co、Ni、Gd 及其合金等都是铁磁性物质。磁化率 χ 与温度 T 的关系是

$$\chi = \frac{C}{T - T_C} \tag{1.2.16}$$

$C = Ng^2\mu_B^2 J(J+1)/3k$ 是居里常数，$T_C > 0$ 是顺磁居里温度 (paramagnetic Curie temperature)。使用高斯单位制 (cgsemu) 时，真空磁导率 $\mu_0 = 1$，略去不示。该类物质在高温 $T > T_C$ 时呈顺磁性，$T < T_C$ 时呈自发的铁磁性。实验上，用 χT 对温度 T 作图可区分不同的磁性物质。

(2) **反铁磁性物质** (antiferromagnetic substance)。该类物质的基态至少含有一个未配对电子，$\chi > 0$，数值很小，仅比顺磁性物质大 (如图 1.2.2(b) 所示)。过渡金属的氧化物、硫化物和卤化物 (如 MnO、FeO、CoO、Cr_2O_3) 等属于常见的反铁磁性物质。净自旋有非常明显的温度依赖。若 $S = 0$ 是基态，那么温度很低时会转变成抗磁性物质。过渡离子通过氧桥或硫桥而形成的反铁磁或亚铁磁的间接交换作用，详见磁性物理专著。

(3) **亚铁磁性物质** (ferrimagnetic substance)。该物质 $\chi > 0$，其数值介于第一类和第二类之间，如各类铁氧体材料，Fe_3O_4、$LaFeO_3$、Co_3S_4、$CoSe_2$ 等，有净自旋和自旋磁矩，特征 EPR 谱图如图 4.5.9、图 7.4.14 等所示。

(4) **顺磁性物质** (paramagnetic substance)。该物质的基态含有一个及以上的未配对电子，$\chi > 0$，数值很小；在外磁场中，磁化强度与外磁场同向，因故得名。其 $1/\chi$ 与温度 T 呈线性关系：

$$\chi = \frac{C}{T} = \frac{Ng^2\mu_B^2}{3k_B \mathrm{T}} J(J+1) \tag{1.2.17}$$

对于这一类物质，由于 χ 值很小，所以在没有外加磁场时，热运动使自旋的取向变成随机的和无规的 (randomization and disorientation)，净自旋为零 (如图 1.2.2(c) 所示)。只有在外磁场作用下，自旋沿外磁场方向排列或投影，才产生净自旋。例如，气体分子 (O_2、NO、NO_2)、碱金属原子、大部分过渡金属原子和离子、稀土原子和离子、自由基等。

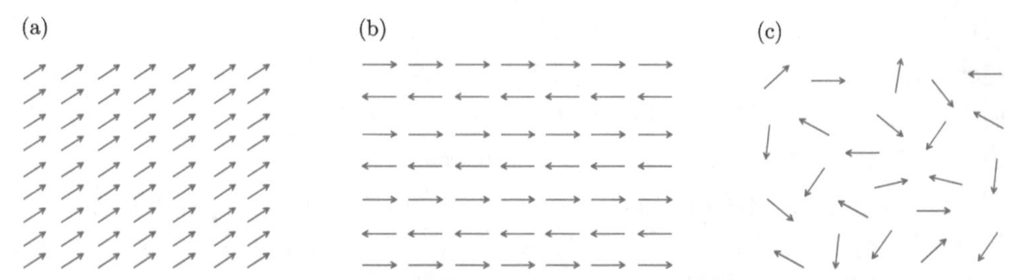

图 1.2.2　物质的磁性状态示意图：(a) 铁磁性；(b) 反铁磁性；(c) 顺磁性

(5) **抗磁性物质** (diamagnetic substance)。与前面四类物质均含有未配对电子不同，该类物质的基态不含有未配对电子，$S=0$，其磁矩主要由轨道贡献，$\chi<0$ 且 $|\chi|$ 很小，负值表示磁矩方向和外加磁场方向相反，即在外磁场中磁化强度与外磁场反向，因故得名，亦称逆磁物质。若原子核 $I\geqslant 1/2$，该类物质就是核磁共振和核电四极矩共振 (nuclear quadrupole resonance) 的研究对象，如惰性气体、有机化合物、主族金属离子等。在没有外加磁场时，热运动使核自旋的取向变成随机的和无规的，净磁矩为零。有些抗磁性物质，如共轭有机物等，经热或光激发所形成的第一激发态或更高能态是顺磁性，它们能参与光化学反应中的能量转换和电子传递。

在有些专著中，第六类是变磁物质 (metamagnetic substance)。有关物质磁性的进一步描述，请参考磁性物理专著，不再赘述。

前面四类物质，都是含有一个或一个以上未配对电子的物质，是 EPR 的研究对象。

1.2.6　EPR 与其他磁化率探测方法的比较

式 (1.2.14) 和 (1.2.17) 表明，热动能 $k_{\rm B}$T 是 SQUID 探测静态磁化率的基准函数。当轨道角动量被冻结 (或淬灭) 时，将 $\boldsymbol{S}$ 替代 $\boldsymbol{J}$，此时磁化率纯属自旋相关。常规磁化率的温度极限是 2 K($\sim$1.4 cm^{-1})，即可探测灵敏度是 1.4 cm^{-1} 的磁性相互作用，较 EPR 探测灵敏度差至少两个数量级 (表 1.3.1 和表 1.5.2)。与 EPR 相比，SQUID 是检测样品中全部自旋的集体贡献，获得平均值，因此无法获得自旋中心的电子结构和几何结构等信息。EPR 则是揭示每个自旋中心的电子结构和几何结构，可轻而易举地探测 0.01$\sim$0.001 cm^{-1} 的电子-电子、电子-核的弱偶极或弱磁性的相互作用。在双自由基中，两个自旋间距为 0.5 nm 时零场分裂相互作用是 ~223 G(~0.02085 cm^{-1})，间距 1 nm 时 ~0.0026 cm^{-1}。采用脉冲电子-电子双共振技术，理论上最远可探测 ~15 nm 的电子间距，此时偶极相互作用仅为 0.5 nm 时的 1/27000。基于金刚石氮空位 (nitrogen-vacancy，NV) 色心的光学探测磁共振，理论上可探测 50 nm 的电子间距，此时二者的偶极相互作用仅为 0.2229 mG，远远弱于地球的平均地磁场 50 mG，参考表 4.6.3。

1.3 电子顺磁共振的基本原理

在 1.2 节中，我们用波函数 $\boldsymbol{\psi}_{n,l,m_l,m_s}(\boldsymbol{r})$ 的四个量子数描述了物质磁性的起源，以及电子本征磁矩与轨道磁矩的静态行为。不施加外磁场时，热运动使电子自旋磁量子数 m_s 和自旋磁矩处于随机的无规状态，表观上净自旋磁矩为零。施加外磁场后，自旋磁矩沿外磁场方向作重新排列，从而产生如图 1.1.1 所示的能级结构和布居数分布，并诱导净自旋的生成。这使我们得以开展对电子自旋动态行为的实验研究。

1.3.1 经典小磁体的磁场作用能

在经典电磁学中，如果将一个磁矩为 $\boldsymbol{\mu}$ 的条形小磁体置于一个均匀的静磁场 $\boldsymbol{B}$ 中，它们的磁相互作用和指南针与地球磁场的相互作用一样，小磁体的北极一直指向地球的北极，即只有一个取向。此时，若再施加一个与磁场垂直的外力 $\boldsymbol{F}$，那么小磁体磁矩 $\boldsymbol{\mu}$ 与外磁场 $\boldsymbol{B}$ 间的夹角会随着 $\boldsymbol{F}$ 的大小不同而取各种数值，即 $\boldsymbol{\mu}$ 随 $\boldsymbol{F}$ 而任意取向 (图 1.3.1(a))。若外磁场 $\boldsymbol{B}$ 是均匀的，那么抽去外力 $\boldsymbol{F}$ 后小磁体并不会立刻发生转动而回到施加外力前的那个方向。此时，它与外磁场的磁相互作用能 (或势能) 是

$$E = -\boldsymbol{\mu} \cdot \boldsymbol{B} = -\mu B\cos\theta \tag{1.3.1}$$

显而易见，当 $\theta = 0$ 时，$E_- = -\mu B$，体系具有最大的吸引能 (负号 “−” 表示吸引能)，这时能量最低，系统最稳定；当 $\theta = \pi$ 时，$E_+ = +\mu B$，体系具有最大的排斥能 (正号 “+” 表示排斥能)，这时能量最高，系统最不稳定。小磁体由状态 E_- 变成 E_+，需要由外力 $\boldsymbol{F}$ 提供能量；反之，由状态 E_+ 变成 E_-，则向外界释放能量。

1.3.2 电子自旋的磁场作用能

1922 年，Stern 和 Gerlach 将银原子束通过一个非均匀磁场，发现电子自旋磁矩在磁场中的投影只有两种可能，这与经典小磁体磁矩 $\boldsymbol{\mu}$ 与外磁场 $\boldsymbol{B}_0$ 间可取任意夹角不同。该著名实验，使人们认识到电子具有 $S = 1/2$ 的内禀自旋量子数。

由式 (1.2.2) 已知电子自旋磁矩与自旋角动量量子数的关系，电子自旋磁矩的绝对值

$$|\mu_S| = g_e\mu_B\sqrt{S(S+1)} = g_e\mu_B\sqrt{3}/2 \tag{1.3.2}$$

令 $g_e \approx 2.0$，得 $|\mu_S| = \sqrt{3}\mu_B$。电子自旋在任意方向 (如 z 轴向) 的投影 M_S(或 m_s) 是量子化的，分别取值 $M_S = -1/2$ 和 $M_S = +1/2$。电子自旋磁矩在 z 方向的投影 (projection) 绝对值是

$$|\mu_{S,z}| = g_e\mu_B|M_S| = g_e\mu_B/2 \tag{1.3.3}$$

得如图 1.3.1(b) 所示的夹角 θ，

$$\theta = \arccos\frac{|\mu_{S,z}|}{|\mu_S|} = 54.7356° \tag{1.3.4}$$

这个角值又称为魔角 (magic angle)，广泛用于平均化处理。将式 (1.2.2a) 代入式 (1.3.1)，电子自旋磁矩 $\boldsymbol{\mu}$ 与沿着 z 方向施加的外磁场 B_0 的相互作用能为

$$E = -\boldsymbol{\mu}\cdot\boldsymbol{B} = -(-g_e\mu_B S)B_0 = g_e\mu_B B_0 M_S \tag{1.3.5}$$

如图 1.3.2 所示，$M_S = -1/2$ 即自旋方向与磁场反向 (自旋朝下，用“↓”或“β”表示) 时，$E_- = -\frac{1}{2}g_e\mu_B B_0$，能量最低；$M_S = +1/2$ 即自旋方向与磁场同向 (自旋朝上，用“↑”或“α”表示) 时，$E_+ = +\frac{1}{2}g_e\mu_B B_0$，能量最高。读者务必注意式 (1.3.5) 中两个负号“−”的不同含义，见 1.3.1 节。

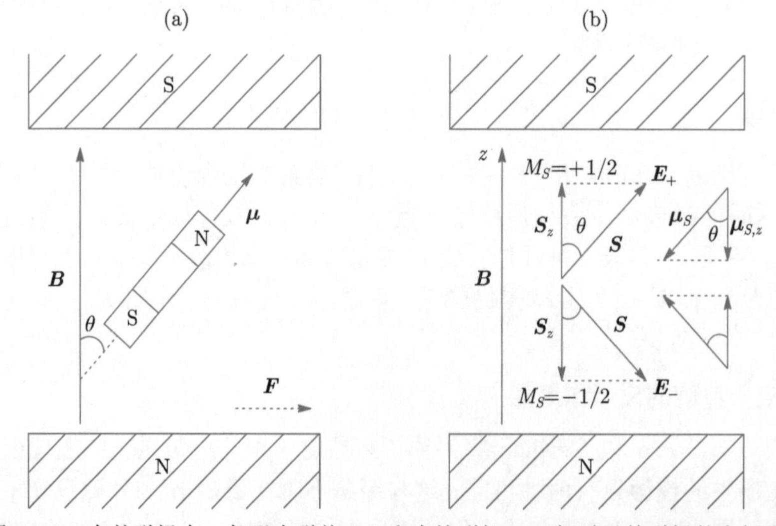

图 1.3.1 在外磁场中，条形小磁体 (a) 和自旋磁矩 (b) 相对于外磁场的空间取向

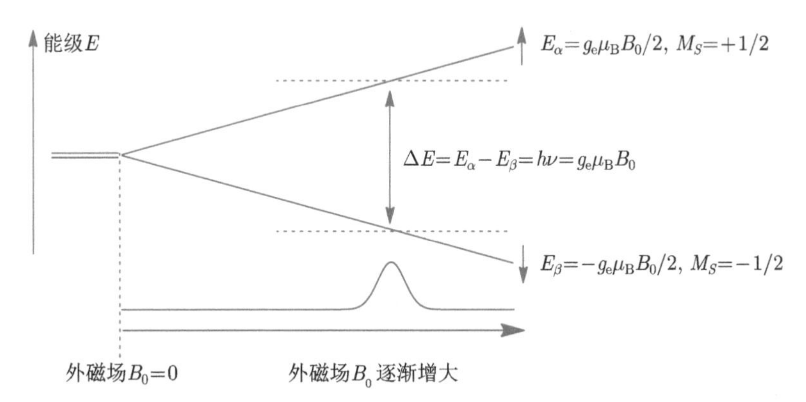

图 1.3.2 电子自旋在外磁场 $\boldsymbol{B}$ 中的塞曼分裂和共振现象。共振吸收谱的半高宽为 $\delta\nu$，参考图 1.1.1，虚线表示外磁场所致的两个能级，朝上、朝下的箭头分别表示 α、β 态

类似地，若将电子自旋由状态 E_- 变成 E_+，需要从外界吸收能量 $\Delta E = g_e\mu_B B_0$，然后电子自旋由朝下变成朝上，$\Delta M_S = +1$。反之，电子自旋由状态 E_+ 变成 E_- 时，则向外界释放能量 $\Delta E = g_e\mu_B B_0$，然后电子自旋由朝上变成朝下，$\Delta M_S = -1$。这些跃迁所需要的能量，随着外磁场 B_0 的增大而增加。在此过程中，跃迁除了需要能量 ΔE，还需要电子自旋磁量子数 M_S 发生 $\alpha \rightleftharpoons \beta$ 的翻转，即 $|\Delta M_S| = 1$，称为选择定则，见 1.5 节。这与只需要能量的经典光谱跃迁不同。技术上，满足电子自旋跃迁所需要能量的光量子，位于微波区域，如图 1.1.2，常用微波频率 ν 列于表 1.3.1 中。这些光量子不仅携带能量 $E = h\nu$，还携带 +1 的自旋角动量。

相应地，如果我们将电子自旋 $\boldsymbol{S}$ 置换成核自旋 $\boldsymbol{I}$，将微波换成射频，也将得到类似的结果。

到此，我们非常粗略地介绍了磁共振现象。与其他波谱学方法相比 (图 1.1.2)，EPR 和 NMR 使用的微波和射频光量子，其能量 $h\nu$ 仅仅足够使电子和核自旋发生进动角度的变化，即特定方向上 (一般选定 z 方向的外磁场) 不同投影值 M_S 或 M_I 间的跃迁。

1.3.3 磁共振现象

在前文，我们用比较容易接受的经典物理来描述磁共振现象。接下来，我们基于量子力学对磁共振现象作较为严格的展开；若将电子自旋 $\boldsymbol{S}$ 换成核自旋 $\boldsymbol{I}$，可应用于 NMR。电子自旋算符 $\hat{S}$ 是一个矢量，在直角坐标系中可分解成三个分量 $\hat{S}_x$、$\hat{S}_y$、$\hat{S}_z$，

$$\hat{S}^2 = \hat{S}_x^2 + \hat{S}_y^2 + \hat{S}_z^2 \tag{1.3.6}$$

$\hat{S}^2$ 是可观测量。根据不确定原理，三个分量 $\hat{S}_x$、$\hat{S}_y$、$\hat{S}_z$ 中的任一个确定后，另外两个就是不确定的，但它们的平方和是可观测的。比如单电子，$S = 1/2$，$\hat{S}^2 =$

$S(S+1)$，$\hat{S}_z^2 = M_S^2$，$\hat{S}_x^2 + \hat{S}_y^2 = \hat{S}^2 - \hat{S}_z^2 = 1/2$。

如图 1.3.2，当将外磁场 B_0 方向选定为 z 方向后，式 (1.3.5) 的算符形式是

$$\hat{\mathcal{H}} = -\boldsymbol{\mu} \cdot \boldsymbol{B} = -(-g_{\mathrm{e}}\mu_{\mathrm{B}}S)B_0 = g_{\mathrm{e}}\mu_{\mathrm{B}}B_0\hat{S}_z \tag{1.3.7}$$

其中，$\hat{\mathcal{H}}$ 是能量算符 (或哈密顿算符)，$\hat{S}_z$ 是自旋算符 $\hat{S}$ 在 z 轴向的分量。另外两个分量 $\hat{S}_x$ 和 $\hat{S}_y$ 在垂直于 z 方向作周期进动，其平均值为 0。

$\hat{S}_z$ 的本征值只有两个，即 $\alpha = +\dfrac{1}{2}$ 和 $\beta = -\dfrac{1}{2}$，分别用本征函数 $|\alpha\rangle$ 和 $|\beta\rangle$ 表示自旋朝上 $|\uparrow\rangle$ 和自旋朝下 $|\downarrow\rangle$(这些符号的含义详见 1.5 节)，

$$\left.\begin{aligned} \hat{S}_z|\alpha\rangle &= +\frac{1}{2}|\alpha\rangle \\ \hat{S}_z|\beta\rangle &= -\frac{1}{2}|\beta\rangle \end{aligned}\right\} \tag{1.3.8}$$

$|\alpha\rangle$ 和 $|\beta\rangle$ 两个自旋态的能量积分是

$$\left.\begin{aligned} E_\alpha &= \langle\alpha|\hat{\mathcal{H}}|\alpha\rangle = +\frac{1}{2}g_{\mathrm{e}}\mu_{\mathrm{B}}B_0 \\ E_\beta &= \langle\beta|\hat{\mathcal{H}}|\beta\rangle = -\frac{1}{2}g_{\mathrm{e}}\mu_{\mathrm{B}}B_0 \end{aligned}\right\} \tag{1.3.9}$$

该结果与式 (1.3.5) 的结果相同。式 (1.3.9) 表明，外磁场 $B_0 = 0$ 时，$E_\alpha = E_\beta = 0$，这两种自旋态具有相同的能量，即简并；$B_0 > 0$ 时，$E_\alpha \neq E_\beta$，电子自旋能级由一分裂成二，即塞曼效应/分裂 (Zeeman effect or splitting)，相应能级差 ΔE 与外磁场 $\boldsymbol{B}_0$ 强度成正比 (图 1.3.2)：

$$\Delta E = E_\alpha - E_\beta = g_{\mathrm{e}}\mu_{\mathrm{B}}B_0 \tag{1.3.10}$$

此时，在垂直于外磁场的方向上施加一频率为 ν 的微波，若光量子能量满足

$$h\nu = \Delta E = g_{\mathrm{e}}\mu_{\mathrm{B}}B_0 \tag{1.3.11}$$

即处于 $|\beta\rangle$ 态的电子在吸收一个携带能量为 $h\nu$ 的光量子后跃迁到 $|\alpha\rangle$ 态，处于 $|\alpha\rangle$ 态的电子在辐射一个携带能量为 $h\nu$ 的光子后跃迁到 $|\beta\rangle$ 态。我们将这个受迫的变化过程，称为共振现象 (resonance phenomenon)。显然，如果没有外磁场，电子分布于这两个能态的布居是相同的，这时施加微波时系统所吸收的能量和所辐射的能量是一样的，因此宏观上检测不到样品对微波的净吸收。

式 (1.3.11) 还表明，为提供共振所需要能量 ΔE，技术上有两种方式：① 固定频率 ν，改变磁场强度使之满足 $\Delta E = g_{\mathrm{e}}\mu_{\mathrm{B}}B_0$，这种方式称为扫场法；② 固定外磁场强度 B_0，改变频率 ν 使之满足 $\Delta E = h\nu$，这种方式称为扫频法。它们谱

图的比较，如图 1.3.3 所示。扫频法需要对很宽的频率吸收范围作宽带扫描，这在技术上存在许多难以应对的困难。因此，常见 EPR 谱仪都是采用扫场法，技术上对磁场容易做到均匀、连续、细微的变化。如许多溶液自由基的线宽，只有 0.1 G 甚至更窄，这需要谱仪具备非常稳定的磁场和频率。常用微波频率和字母代号见表 1.3.1，读者从中一眼就可以看出，这些频率不是连续的，为什么？这主要考虑到研究对象及其空气环境中 O_2、CO_2、H_2O 等气体物质对某段微波电场部分的强烈吸收，实验所选择的频段均是上述物质吸收最小的频率范围，即大气透明窗口，详见第 2 章。字母代号的跳跃性，是因为在第二次世界大战期间微波技术首先被大量应用于军事通信，为保密而使用字母代替具体通信频率，所以字母是不连续的，沿用至今。最常用的频率是 9~10 GHz，称为 X-波段 (X-band)。如表 1.3.1 所示，10 GHz 微波光量子所携带的能量 $h\nu = g_e\mu_B B_0$ 约 0.3 cm^{-1}，Q-波段 (30 GHz) 的能量约 1 cm^{-1}，250 GHz 的高频谱仪的微波能量约 7.5 cm^{-1}。

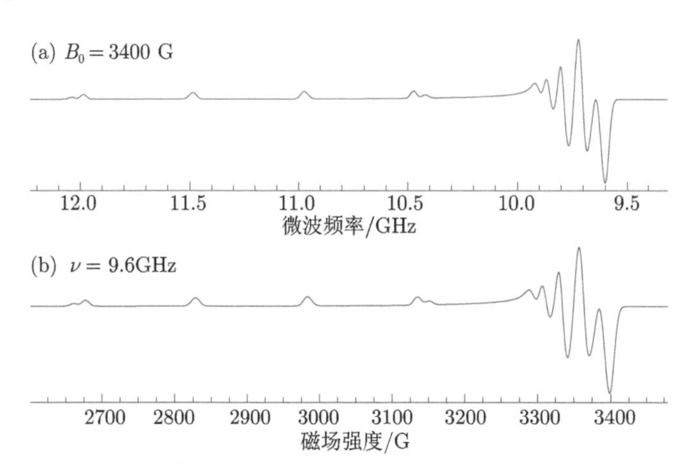

图 1.3.3 典型轴对称结构 Cu^{2+} 的 X-波段 EPR 模拟谱：(a) 固定磁场 ($B_0 = 3400$ G) 的扫频法；(b) 固定频率 ($\nu = 9.6$ GHz) 的扫场法，模拟参数：$g_x = g_y = 2.04$，$g_z = 2.36$；$A_x = A_y = 20$，$A_z = 180$ G。注意两图中横轴大小变化趋势的描述差异

用于 EPR 测试的样品，都含有一定数量 (或浓度) 的自由基或顺磁原子，称为系综 (ensemble)①。若每个顺磁中心只含有一个未配对电子，那么电子总数为 N。取高温近似，即 $k_B T \gg h\nu = g_e\mu_B B_0$，热平衡时分布于 E_α 和 E_β 的布居数分别是 N_α 和 N_β，如图 1.3.2 所示。在外磁场 B_0 中，遵循玻尔兹曼分布的平衡态是

$$\left.\begin{aligned} N_\alpha/N_\beta &= \exp(-\Delta E/k_B T) \\ n \equiv N_\beta - N_\alpha &= \frac{N g_e \mu_B B_0}{2k_B T} \end{aligned}\right\} \tag{1.3.12}$$

① 系综 (ensemble)，是一个统计理论的基本概念，指在一定的宏观条件下，大量性质和结构完全相同的、处于各种运动状态的、各自独立的系统的集合。

表 1.3.1 部分常见 EPR 谱仪所使用频率及其相关参数

波段名称	代表频率及范围 /GHz	波长 /cm	光量子能量 $h\nu/\mathrm{cm}^{-1}$	$g=2.0$ 共振场强 B_r/G
L	1 (1~2)	30	0.033	360
S	3 (2~4)	10	0.1	1100
C	6 (4~8)	5	0.2	2100
X	9.5 (8~12)	3.16	0.32	3390
P	15	2	0.5	5358
K	24 (18~26)	1.25	0.80	8600
Q	35 (26~40)	0.86	1.2	12500
W	95 (75~110)	0.33	3.03	36900
—	240	0.13	7.69	86000

这表明，施加外磁场 B_0 后会导致自旋朝上 $|\alpha\rangle$ 态的布居数减少而自旋朝下 $|\beta\rangle$ 态的布居数增加，最终造成整个系综总能量的下降 (磁致冷，magnetic cooling)，即等效于自旋系综向周围环境辐射能量。ΔE 越大或温度越低，磁致冷越明显，布居数差 n 和磁化率 χ 都随着增大。在强度为 3500 G($\Delta E\sim 0.33\ \mathrm{cm}^{-1}$) 的外磁场 B_0 作用下，室温时 $N_\alpha/N_\beta\sim\dfrac{998.4}{1000}$，液氮温度 80 K 时 $N_\alpha/N_\beta\sim\dfrac{994.1}{1000}$，液氦温度 2 K 时 $N_\alpha/N_\beta\sim\dfrac{790.3}{1000}$，完整趋势如图 1.3.4 所示。因此，$\Delta E$ 恒定而温度下降时，EPR 信号净吸收强度在增加，主要是由布居数差 n 增大所致。若换成 NMR，这个布居数差就更加微弱了。无论如何，这点能量差，都是无法与紫外-可见光谱、红外/拉曼光谱等相比拟的。在可见光谱中，$n\cong N$，即 N 几乎全部布居于基态中，故吸收峰强度可近似成与样品浓度成正比。

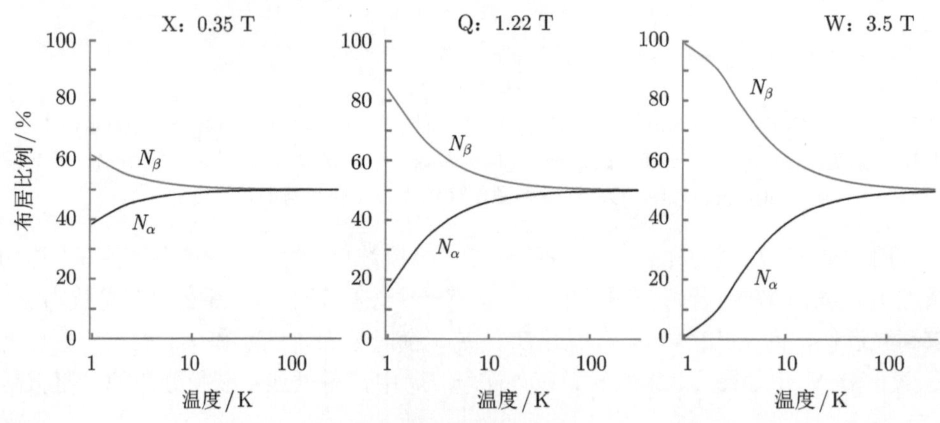

图 1.3.4 X、Q、和 W 三个经典波段所对应的磁场强度中，$S=1/2$ 系综随着温度 (1~300 K) 而变的玻尔兹曼分布，$g_e=2.002319$

1.3.4 *g* 因子是共振吸收峰的指纹

如式 (1.3.11) 所描述的共振满足条件，将自由电子 g_e 换成特定样品的 g 因子，将 B_0 换成实际的共振磁场强度 B_r，有如下关系：

$$g = \frac{h}{\mu_B} \cdot \frac{\nu}{B_r} \tag{1.3.13a}$$

或

$$B_r = \frac{h}{\mu_B} \cdot \frac{\nu}{g} \tag{1.3.13b}$$

其中，$h/\mu_B = 0.7144773506 \times 10^{-11}$，实际使用的是式 (1.3.14)。对于特定结构的顺磁中心，其 g 值是固定不变的内禀参数，又被称为指纹，反映着中心原子所处配体结构 (或晶体场) 的强弱或分子构象的柔性。

由式 (1.3.13) 可知，微波频率 ν 固定后，g 因子越大，其所对应的共振磁场强度 B_r 就越小；反之亦然。式 (1.3.13b) 还指出，在频率固定后，特定样品的共振场强 B_r 也就随之确定了。以两种自由基为例，它们的 g 因子分别是 g_1 =2.004 和 g_2 =2.003，共振场强是 B_{1r} 和 B_{2r}，两个吸收峰的间隔是 $\Delta B = B_{2r} - B_{1r} = \frac{h\nu}{\mu_B}\left(\frac{1}{g_2} - \frac{1}{g_1}\right)$。如图 1.3.5 所示，在 9.5 GHz 的 X-波段谱图中，ΔB= 1.69 G，在谱线展宽情况下，这两个自由基信号重叠在一起而无法解析；在 34 GHz 的 Q-波

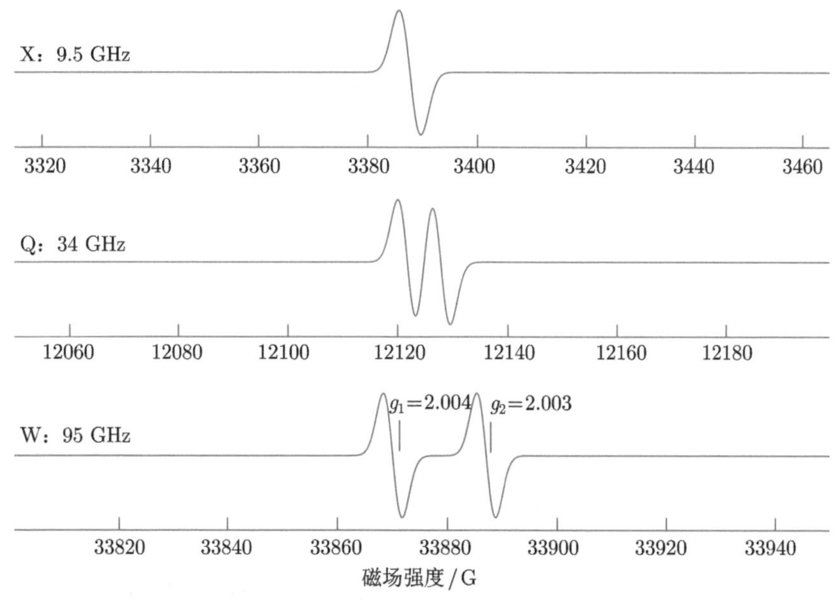

图 1.3.5 多频信号的模拟，由上到下依次是 X-波段、Q-波段、W-波段。谱线的分辨率会随着频率上升而增大。两种信号在三种不同频率的分布，二者在低频中的重叠在高频中得到解除，因彼此的共振场强间隔随着频率增加而增大。注意，理论上的这种高频优势，实验上因展宽而不一定得到体现

段谱图中，$\Delta B= 6.05$ G，这两个自由基的吸收峰仍有部分重叠；在 95 GHz 的 W-波段谱图中，$\Delta B= 16.9$ G，这两个自由基的吸收峰不再重叠，可单独解析。因此，高频高场 EPR 可提高 g 因子的分辨率。

1.3.5　EPR 谱的规范描述

由式 (1.3.13) 可知，当外磁场 B_0 从 0 开始作均匀、缓慢的增大时，样品并没有吸收微波，只有当 B_0 逐渐靠近或等于 $B_{\rm r}$ 时样品才对微波产生具有一定宽度的共振吸收，在外磁场 B_0 继续增大后，样品又不再有共振吸收。在常规的扫场 EPR 中，横轴通常使用磁场强度 (G 或 mT，1 mT = 10 G) 表示，纵轴是相对强度。有时为区别具有不同 g 因子的物质 (图 1.3.5) 或显示 g 因子各向异性 (图 1.3.6)，横轴也会偶尔转换成 $g_{\rm eff}$ 值形式，换算关系是

$$g_{\rm eff} = 0.7144773506 \times \frac{\nu({\rm MHz})}{B_0({\rm G})} \tag{1.3.14}$$

在此，$g_{\rm eff}$ 表示横轴的宽度和标识而非特定物质的 g 因子，ν 是每条谱图的实际频率 (单位是 MHz)，B_0 是实验所扫描的磁场范围 (单位是 G)。在图 1.3.6 中，我们分别用这两种不同横轴表征沸石分子筛 ZSM-5 中超氧阴离子自由基 $O_2^{-\cdot}$ 的 EPR 谱图。

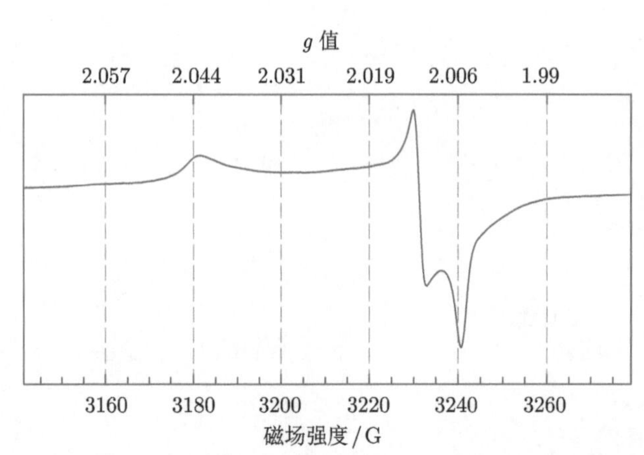

图 1.3.6　沸石分子筛 ZSM-5 中超氧阴离子自由基 $O_2^{-\cdot}$ 的 X-波段 (9.068 GHz)EPR 谱，上、下横轴分别用 g 值和磁场强度来表示，参考图 1.3.3。读者请注意上、下横轴大小变化趋势的差异

我们通过对比图 1.3.3 和图 1.3.6 可以观察到，横轴使用磁场强度表示时磁场强度和能量 ΔE 都是由小到大变化，若使用频率或 $g_{\rm eff}$ 值来描述横轴时，自左向右数值是由大到小的趋势。初学者绘图时，一定要规范横轴的标识。在文献中，横轴标识不规范甚至错误等低级的图例错误，一直在接二连三地发生着。

1.4 不确定性原理，谱型和展宽

EPR 吸收谱的形状特征分洛伦兹型、高斯型和 Dysonian 型等三种 (Lorentzian, Gaussian and Dysonian lineshapes)。前两种源自于束缚或小范围离域的未配对电子，最后一种源自于自由运动的导电电子。本节讨论前两种谱型，后一种在 7.4 节展开。

经典的宏观世界中，如果我们已知任意宏观物体初始时刻 ($t=0$) 的确切位置和动量，那么该物体受力以后在某时刻 $t>0$ 的位置和动量，通过求解运动方程即可获知。而且，在我们人为探测结束后，该目标物体仍继续作其固有运动。这相当于我们可假设每个能级的分布范围无限窄，即处于外磁场中的电子自旋所吸收的微波能量 (即 $h\nu_0 = g\mu_B B_r$) 全部集中在某个非常窄的单一频率 ν_0 或共振场强 B_r，表现为一条线宽无限窄的吸收峰 (如图 1.1.1(a))。但是，这是不符合微观粒子的实际情况的。一方面，对于光子，在人为检测时，它就已经被探测仪器所吸收而发生坍塌，不能像宏观物体那样继续作原来的运动，使检测可累加。另一方面，分布于各个能级的微观粒子都具有一定的滞留时间 (或寿命，life time)，所以我们只能获得该粒子处于某个能级上的分布概率。这种概率主要有两种形式，分别是洛伦兹分布和高斯分布。我们可以将不确定原理，$\delta E\cdot\delta t\sim\hbar(\hbar=h/2\pi)$，更换成另一种等价形式，即

$$\delta\nu\cdot\delta t=\gamma_e\Delta B\cdot\delta t\sim\hbar \tag{1.4.1}$$

δt 是处于特定能级上自旋态的滞留时间，γ_e 是电子的磁旋比 (28.0249514242 $MHz\cdot mT^{-1}$)，吸收谱线宽 (line width) 可用频率 ($\delta\nu=\gamma_e\Delta B$，Hz) 或磁场强度 ($\Delta B$，mT 或 G) 表示。若存在如图 1.1.1(b) 所示的能级结构，线宽可简化成 $\delta\nu=(\delta E_1+\delta E_2)/h$，其中 δE_1 和 δE_2 与自旋寿命 δt 成反比，即自旋寿命 δt 越长，吸收谱的线宽 $\delta\nu$ 就越窄，反之，δt 越短，$\delta\nu$ 越宽。自旋寿命 δt 的长短则取决于顺磁中心与周围晶格环境、自旋之间的能量交换或传递的速率。其中，自旋与晶格 (或环境)、自旋与自旋等两种作用，分别用弛豫时间 T_1 和 T_2 来表示。弛豫 (relaxation) 是指某一个渐变物理过程中，系统从某一个不稳定状态逐渐地恢复到平衡态的过程。在磁共振谱学中，自旋体系由被微波或射频激励后的不稳定态趋于平衡态所需要的时间，称为弛豫时间。

1.4.1 洛伦兹谱型，自旋-晶格相互作用和弛豫时间 T_1

由上文已知，施加外磁场后 $|\alpha\rangle$ 态的布居数总是比 $|\beta\rangle$ 态的少。在辐照微波激励样品发生共振的过程中，电子自旋吸收微波而发生跃迁后，相应原子或分子的自旋温度 T_S 会升高，高于周围晶格环境的温度 T。为了能够连续地观测到样

品对微波的吸收，$|\beta\rangle$ 态吸收微波能量跃迁到 $|\alpha\rangle$ 态后，后者应能通过某种途径将其所吸收的微波能量传递给周围晶格环境而衰变回到 $|\beta\rangle$ 态，以维持着 $|\beta\rangle$ 和 $|\alpha\rangle$ 的布居平衡。这种能量交换过程是不可逆的，用来描述微波激励后自旋与晶格间能量交换快慢的参数是自旋-晶格相互作用和弛豫时间 T_1 或 τ_1 (spin-lattice interaction and relaxation time)。如果顺磁原子能将其吸收的微波快速有效地传递给周围的环境，那么 $|\beta\rangle$ 和 $|\alpha\rangle$ 两能级上的布居数差 n(或 ΔN) 将得到有效维持，使系统能不断地吸收微波而形成 EPR 信号。相反地，如果这个能量传递非常缓慢，即顺磁离子无法将其吸收的微波有效地传递给周围的环境，那么 $|\beta\rangle$ 和 $|\alpha\rangle$ 两能级上的布居数因跃迁而趋于等同，使系统吸收和辐射的微波能量相同，即没有净吸收，造成 EPR 信号消失，称为饱和效应 (saturation effect)。因此，我们需要全面了解 T_1 的重要性。

只施加外磁场时，某一温度 T 的热平衡分布是

$$\left.\begin{aligned} &N_\alpha/N_\beta = \exp(-\Delta E/k_\mathrm{B}\mathrm{T}) \\ &n = N_\beta - N_\alpha \end{aligned}\right\} \tag{1.4.2}$$

此时，$|\beta\rangle$ 态的布居数多于 $|\alpha\rangle$ 态，向上 $(E_\beta \to E_\alpha)$ 和向下 $(E_\alpha \to E_\beta)$ 的跃迁概率分别是 $W_{\beta\alpha}$ 和 $W_{\alpha\beta}$，且 $W_{\beta\alpha} > W_{\alpha\beta}$。在导入微波辐照后，处于两个能级 E_β 和 E_α 上的自旋开始吸收微波而发生向上或向下的跃迁，打破了原先的热平衡。令微波辐照所引起的瞬态平衡，即

$$n_\alpha/n_\beta = \exp(-\Delta E/k_\mathrm{B}\mathrm{T}) \tag{1.4.3}$$

则初始平衡时分布于较低能级 E_β 的布居数 n_β 随微波辐照时间而变的关系为

$$\mathrm{d}n_\beta/\mathrm{d}t = N_\alpha W_{\alpha\beta} - N_\beta W_{\beta\alpha} \tag{1.4.4}$$

这时，布居数差 n 随着时间的变化规律：若处于低能级 E_β 的一个自旋吸收微波能量而跃迁至 E_α，那么 E_β 的布居数变成了 $N_\beta - 1$，E_α 的变成 $N_\alpha + 1$，上、下能级瞬态布居数差变成 $n-2$，即比初始平衡态少了两个自旋，随时间变化是

$$\mathrm{d}n/\mathrm{d}t = 2\mathrm{d}n_\beta/\mathrm{d}t \tag{1.4.5}$$

若没有不可逆能量交换的发生，那么微波持续激励一段时间后这两个态的布居数会相同，即 $n_\beta = n_\alpha$，呈饱和状态。

结合式 (1.4.2) 和 (1.4.3)，引入 T_1，建立由平衡态布居向瞬态布居过渡的变化趋势，

$$\mathrm{d}(n_\beta - n_\alpha)/\mathrm{d}t = \frac{1}{T_1}\left\{(N_\beta - N_\alpha) - (n_\beta - n_\alpha)\right\} \tag{1.4.6}$$

在沿 x 轴向所施加的微波持续作用下，单位自旋对微波的吸收概率是 ω_{e}，$|\beta\rangle$ 态和 $|\alpha\rangle$ 态自旋与微波的相互作用是 $-\mathrm{d}n_\beta/\mathrm{d}t=\mathrm{d}n_\alpha/\mathrm{d}t=\omega_{\mathrm{e}}(n_\beta-n_\alpha)$，经变换，得

$$d\,(n_\beta-n_\alpha)/\mathrm{d}t=-2\omega_{\mathrm{e}}(n_\beta-n_\alpha) \tag{1.4.7}$$

将式 (1.4.6) 和 (1.4.7) 相加，得

$$\mathrm{d}(n_\beta-n_\alpha)/\mathrm{d}t=\frac{1}{T_1}(N_\beta-N_\alpha)-\left(\frac{1}{T_1}+2\omega_{\mathrm{e}}\right)(n_\beta-n_\alpha) \tag{1.4.8}$$

假设在某个瞬态，布居数不再随时间而变，即 $\mathrm{d}(n_\beta-n_\alpha)/\mathrm{d}t=0$，上式将直观化，

$$\frac{n_\beta-n_\alpha}{N_\beta-N_\alpha}=\frac{1}{1+2\omega_{\mathrm{e}}T_1} \tag{1.4.9}$$

实际上，系综样品中自旋体系对微波功率 W 的净吸收取决于初始平衡的布居数差 n，

$$\mathrm{d}W/\mathrm{d}t=\frac{n\omega_{\mathrm{e}}\,(h\nu)}{1+2\omega_{\mathrm{e}}T_1} \tag{1.4.10}$$

式 (1.4.10) 又称为饱和因子 (saturation factor)。它表明，当 T_1 很短时，我们需要施加较大的微波功率才能致上、下两能级上的布居数达到相等；反之，如果 T_1 很长，即使施加较弱的微波功率，也能致饱和现象发生。理想条件下，T_1 和晶体场分裂能 $\varDelta$(详见 4.1 节)、温度 T 存在如下近似关系：

$$T_1\propto\frac{\varDelta^4}{T} \tag{1.4.11}$$

键合越牢固 (即 $\varDelta$ 越大)，或检测温度 T 越低，T_1 就越长；反之亦然。有机自由基，$\varDelta\sim10^5\ \mathrm{cm}^{-1}$(位于蓝紫区)，所以室温下就可探测其 EPR 谱；过渡金属离子，T_1 主要受到自旋-轨道耦合的影响，相同离子在不同的配位结构中，对测试温度的要求也会相差甚远。自旋与环境的能量传递越有效，T_1 和自旋寿命 δt 势必就越短，这会使 EPR 谱变得非常宽，所以室温下难以观测；相反，如果 T_1 和 δt 都比较长，这时 EPR 谱比较窄，但容易发生饱和现象，当微波输入功率过大时，谱线强度反而下降，且谱形发生畸变。在实际的连续波实验中，我们通过设置合理的微波功率 P 和温度 T，一方面能获得真实的而不是畸变的 EPR 谱，另一方面，当存在不同 EPR 信号叠加时，根据 T_1 差异来改变测试温度或微波功率，最终将不同信号作去卷曲而解析。然而，在普通的连续波实验中，我们无法直接获知 T_1 的具体数值，而是通过半饱和功率 $P_{1/2}$ 的大小或测试温度的高低，来间接地反映 T_1 的长短。T_1 的具体值，需要使用脉冲技术，详见第 5 章。

在没有发生饱和的、非常稀的可流动溶液中，EPR 跃迁只取决于自旋-晶格相互作用时，吸收峰呈洛伦兹型，

$$f(\omega)=\frac{1}{\pi}\cdot\frac{T_2}{1+T_2^2(\omega-\omega_0)^2} \tag{1.4.12}$$

如图 1.4.1 所示。ω_0 是共振频率，T_2 是自旋-自旋相互作用时间 (见下文)。其中，吸收谱的半幅全宽 (FWHM) $\Delta\omega$ 处，有 $\Delta\omega=2/T_2$；一阶微分谱中，峰-峰宽或峰-谷宽 (peak-to-peak or peak-to-trough line width)$\Delta\omega_{\mathrm{pp}}=2/\sqrt{3}T_2$，或 $\Delta\omega_{\mathrm{pp}}=\Delta\omega/\sqrt{3}$。EPR 吸收峰的这种展宽形式，被称为寿命增宽 (lifetime broadening)。

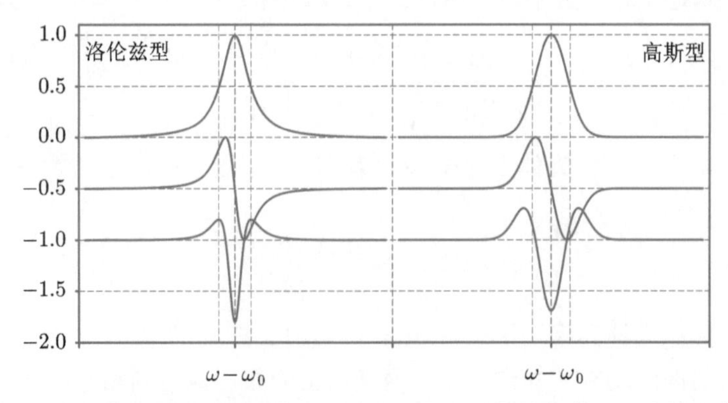

图 1.4.1　标准化的洛伦兹型和高斯型线型，由上到下分别是吸收谱、一阶微分谱和二阶微分谱。竖虚线标示半幅全宽 $\Delta\omega$ 在微分谱上的位置，同时请参考第 2 章的调制原理

1.4.2　高斯谱型，自旋-自旋相互作用和弛豫时间 T_2

图 1.4.2 示意了任意一个电子自旋 S_1 及其磁矩 μ_1 在距其周围 r 处 (如 j 点) 的局域磁场 (localized magnetic field) $H_{\mathrm{loc},j}$ 分布，

$$H_{\mathrm{loc},j}=\left(\frac{g_{\mathrm{e}}\mu_{\mathrm{B}}}{r^3}\right)\left[S_1-3r\left(\frac{r\cdot S_1}{r^2}\right)\right] \tag{1.4.13}$$

局域磁场的强弱，影响和改变着与之相邻电子自旋或核自旋所感受到的实际磁场。令 $g_{\mathrm{e}}\sim 2.0$，对于携带一单位玻尔磁子 μ_{B} 的 $S=1/2$ 的顺磁原子，在半径 $r=0.6\sim 0.7$ nm 的周围位置，产生 $\mu_{\mathrm{B}}/r^3\sim 50$ G 的局域磁场 (又称内场)；相应地，$r=6\sim 7$ nm 时，$\mu_{\mathrm{B}}/r^3\sim 0.5$ G(~ 1.4 MHz)；若 r 趋于 0，顺磁原子的内场将变得非常大。

该电子与相邻 r 处的第二个同源电子自旋 S_2 及其磁矩 μ_2 的磁偶极相互作用 $\hat{\mathcal{H}}_{\mathrm{dd}}$ (dipole-dipole interaction) 是

$$\hat{\mathcal{H}}_{\mathrm{dd}}(r)=\frac{\mu_1\cdot\mu_2}{r^3}=\frac{\mu_0}{4\pi}\cdot\frac{g_{\mathrm{e}}^2\mu_{\mathrm{B}}^2}{r^3}\left[S_1S_2-\frac{3(r\cdot S_1)(r\cdot S_2)}{r^2}\right] \tag{1.4.14}$$

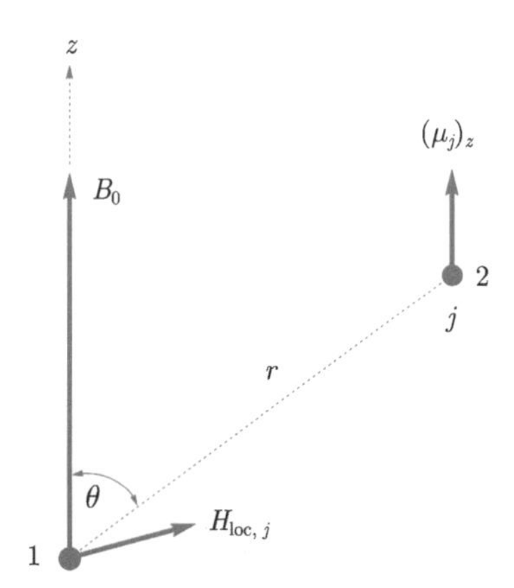

图 1.4.2 电子周围的磁场分布和电子自旋-自旋相互作用

因 $S_1 = S_2$，则 $S^2 = S(S+1)$，施加足够强的外磁场 B_0 后，$\hat{\mathcal{H}}_{\text{dd}}$ 简化成

$$\hat{\mathcal{H}}_{\text{dd}}(r) = \frac{g_{\text{e}}^2\mu_{\text{B}}^2}{r^3}\left(1-3\cos^2\theta\right)\cdot S(S+1) \tag{1.4.15}$$

θ 是 B_0 与自旋间连线 r 间的夹角。若 $S_1 \neq S_2$，那么 $\hat{\mathcal{H}}_{\text{dd}}$ 将减少 2/3。换言之，自旋量子数相同的偶极相互作用，要比自旋量子数不同的强 1.5 倍。在高浓度样品中，这种自旋-自旋相互作用导致 EPR 谱的展宽，在固态样品中尤其严重。当 $\cos^2\theta = 1/3$ 时，$\theta = 54.7356^\circ$ (又称魔角)，此时可施加外力将两自旋间的相互作用平均化，形成去耦 (decoupling) 动力学。在浓度极稀的样品中，这种偶极相互作用可以忽略不计。

在施加微波激励自旋跃迁的共振过程中，被吸收的微波能量会在不同的自旋间发生接力。比如，$|\beta\rangle$ 态的电子吸收微波能量 $h\nu$ 跃迁到 $|\alpha\rangle$ 态后，又将这一部分能量传递给周围另外一个 $|\beta\rangle$ 态自旋，使后者受到激励，而自身再返回到初始的 $|\beta\rangle$ 态。在这个接力中，被吸收的微波能量并没有传递给自旋以外的其他媒介而发生损耗。因此，这个接力是一个可逆的过程。这种能量接力传递的速率，用自旋-自旋相互作用弛豫时间 (spin-spin interaction relaxation time) T_2 来描述。未发生功率饱和时，自旋-自旋相互作用所导致的 EPR 吸收谱呈高斯型，

$$f(\omega) = \frac{T_2}{\sqrt{2\pi}}\cdot\exp\left\{-\frac{1}{2}T_2^2(\omega-\omega_0)^2\right\} \tag{1.4.16}$$

如图 1.4.1 所示。其中，吸收谱的半幅全宽 $\Delta\omega = 4\sqrt{\ln 2}/T_2$；一阶微分谱的峰-谷宽 $\Delta\omega_{\text{pp}}\approx 0.58\Delta\omega$。这种展宽被称为久期展宽 (secular broadening)。在原子和分子光谱学中，这种展宽被称为碰撞展宽 (collision broadening)。理想条件下，$T_2 = hr^3/2\pi\mu^2$；比如 $6\times10^{17}\text{cm}^{-3}$ 的自旋浓度，$T_2 = 20\ \mu\text{s}$。

以上介绍的两种谱型，都是由 T_2 决定。实验上，若想获得真实的谱图，就需要制备合适浓度的样品。样品自旋浓度越高，自旋间距离 r 就越短，自旋偶极相互作用 $\hat{\mathcal{H}}_{\rm dd}$ 就越强，能量接力传递就越有效，T_2 越小，谱图展宽就越严重，甚至畸变。自旋弛豫时间 T_1 和 T_2 的探测，详见第 5 章。

1.5　量子力学基础

微观粒子或系统的研究对象可归结为求它们的能级、定态和跃迁的问题。求能级 (energy level) 就是问系统的能量可取哪些值；求定态 (stationary state) 就是当能量取定一个可能值后系统运动状态如何；施加外加扰动 (perturbation) 时，系统各定态间的跃迁 (transition) 过程如何，如跃迁性质 (电偶极跃迁、磁偶极跃迁、电四极跃迁、电磁跃迁)、跃迁振幅和概率、跃迁选择定则 (或光谱选律)、跃迁过程的能量守恒和自旋守恒、能量和时间不确定原理等。我们若想很好地了解微观世界和描述微观世界，那必须先了解微观世界的描述方式，尤其是学习和掌握升降算符，来求解哪些能级间的跃迁是允许的，而哪些能级间的跃迁是禁戒的 (allowed and forbidden transitions)。

1.5.1　算符和力学量，正交性和归一性

所谓算符 (operator)，就是对一个函数施行某种运算或者动作的符号 $\hat{A}$，比如$\sqrt{\ }$ (开方)、lg(对数)、$\dfrac{\rm d}{{\rm d}t}$(求导)、绕某轴旋转 (空间点群)…… 一般地，一个算符作用在一个函数上，会把该函数映射 (mapping) 成另外一个函数。比如，我们对初函数 $y=\sin x$ 进行求导 $\hat{A}=\dfrac{\rm d}{{\rm d}x}$，得

$$\hat{A}\sin x=\frac{\rm d}{{\rm d}x}\sin x=\cos x \tag{1.5.1}$$

初函数 $\sin x$ 与结果函数 $\cos x$ 是各自不同的。但在某些特殊情况下，存在这么一个函数，使得算符 $\hat{A}$ 作用之后，所得结果等于初始函数自身乘以一个常数，如对函数 $y=a^x$ 求导，得

$$\hat{A}a^x=\frac{\rm d}{{\rm d}x}a^x=a^x\cdot \ln a \tag{1.5.2}$$

注意，初函数与结果函数间只相差一个常数 $\ln a$(即 $\log_{\rm e}a$)。当 $a={\rm e}$ 时，

$$\hat{A}{\rm e}^{nx}=\frac{\rm d}{{\rm d}x}{\rm e}^{nx}=n\cdot {\rm e}^{nx} \tag{1.5.3}$$

这个样子的初函数 ${\rm e}^{nx}$(为生动说明，保留系数 n) 叫做算符 $\hat{A}$(求导 $\dfrac{\rm d}{{\rm d}x}$) 的本征

函数 (eigenfunction)[①]，而系数 n 则称为本征值 (eigenvalue)。统一写成

$$\hat{A}\psi_a(x) = n \cdot \psi_a(x) \tag{1.5.4}$$

即 $\psi_a(x)$ 是算符 $\hat{A}$ 对应本征值 n 的本征函数。若一个本征值对应 n 个本征函数，则称这一本征函数 n 重简并 (degenerate)，如孤立原子的 p、d、f 轨道分别是三重、五重、七重简并。

在经典物理学中，将动能 $p^2/2m$ 与势能 V 之和 $(p^2/2m+V)$ 称为哈密顿函数，是决定量。在量子力学中，我们只能研究特定微观粒子在空间某处 r 出现的概率，必须使用算符形式。将动能 $p^2/2m$ 和势能 V 分别换成算符形式 $-\dfrac{\hbar^2\nabla^2}{2m}$ 和 $V(r)$，得自由微观粒子的哈密顿算符 (Hamiltonian) $\hat{\mathcal{H}}$，

$$\hat{\mathcal{H}} = -\frac{\hbar^2\nabla^2}{2m} + V(r) \tag{1.5.5}$$

∇^2 是拉普拉斯算符 (Laplace operator)。对于在核外特定轨道上运动的电子，我们关心的是它的能量，所以需要对定态薛定谔 (Schrödinger) 方程 ψ_{n,l,m_l} 进行求解[②]，

$$\hat{\mathcal{H}}\psi_{n,l,m_l} = E\psi_{n,l,m_l} \tag{1.5.6a}$$

其中，哈密顿算符 $\hat{\mathcal{H}}$ 表示整个体系的总能量，E 是能量本征值。这个求解的物理意义是：如果 ψ_{n,l,m_l} 能够正确反映处于核外某轨道上的电子运动状态，则对其进行算符 $\hat{\mathcal{H}}$ 操作，就是求 $\hat{\mathcal{H}}$ 在该电子运动状态下的期望值。为方便对薛定谔方程求解，将波函数 ψ_{n,l,m_l} 写成 $|\psi_i\rangle$，称为右矢；相应地，称为左矢，$|\psi_j\rangle$。式 (1.5.6a) 的全空间积分形式是

$$\langle\psi_i|\hat{\mathcal{H}}|\psi_j\rangle = E\langle\psi_i \mid \psi_j\rangle \tag{1.5.6b}$$

左、右矢都能代表微观系统量子状态的态矢 (state vector)，它们满足

$$\langle\psi_i \mid \psi_j\rangle = \delta_{ij} = \begin{cases} 0, & i \neq j(\text{正交性}) \\ 1, & i = j(\text{归一性}) \end{cases} \tag{1.5.7}$$

δ_{ij} 是克罗内克 (Kronecker) 符号。对于式 (1.5.6b)，我们已经在 1.3.3 节使用过，说明共振现象。缺乏量子力学背景的读者，需要注意以上这几个数学公式的含义，

① eigen 是德语，英语解释是 “own”，意思是 “自己的”。顾名思义，“本征” 二字，就是本身的特征。

② 所谓定态，就是没有涉及实质性变化的运动状态，即能量不变，出现在空间某处的概率亦不随时间而变。比如，电子在 ns 轨道运动，就是一个定态；在 np 轨道运动，是另一种定态；$\cdots$ $(n=1,2,3,\cdots)$。跃迁：当电子从 ns 轨道跃迁到 np 轨道时，电子的能量、运动状态和分布概率均已发生变化。

可尝试用式 (1.5.7) 对式 (1.5.6b) 展开计算。它们是我们后面诸多推导所必须掌握的先决条件。

正交性 (orthogonality)，即一个粒子不能在给定的空间区域里同时满足两个波函数的方程，在形式上一个波函数与另一个波函数的共轭的乘积在给定区间积分是零，称为定态波函数互相正交；或者说，这两个波函数不能发生诸如跃迁等耦合作用。归一性 (normalization) 是指任一时刻波函数的模的平方 $|\psi(r)|^2$ 在整个空间中的体积分是 1，就是说粒子在整个空间中的各种状态概率加起来要等于 1，即 100%。

1.5.2　波函数和概率幅

在上文，我们提到核外电子的运动状态可以用波函数 $\boldsymbol{\psi}_{n,l,m_l,m_s}(\boldsymbol{r})$ 来描述，但是并没有交代其来源。波函数 $\boldsymbol{\psi}(\boldsymbol{r})$ 是一个复数，是量子力学中最基本、最重要的概念，称为概率幅 (probability amplitude)，可以描述任何微观粒子的运动状态。核外运动的电子，由于受到不确定原理 ($\delta E\cdot\delta t\sim\hbar$) 的限制，不能同时具有确定的能量与时间 (或位置与速度)。在某一时刻，电子出现在核外空间 $\boldsymbol{r}$ 处的概率 $\boldsymbol{P}$ 满足

$$\boldsymbol{P}(\boldsymbol{r})=\boldsymbol{\psi}^*(\boldsymbol{r})\cdot\boldsymbol{\psi}(\boldsymbol{r})=|\boldsymbol{\psi}(\boldsymbol{r})|^2 \tag{1.5.8}$$

波函数 $\boldsymbol{\psi}(\boldsymbol{r})$ 含有模 $|\psi(r)|$ 和相位 $\varphi(r)$ 两个组成部分，

$$\boldsymbol{\psi}(\boldsymbol{r})=|\psi(r)|\,\mathrm{e}^{\mathrm{i}\varphi(r)} \tag{1.5.9}$$

据此，波函数 $\boldsymbol{\psi}_{n,l,m_l,m_s}(\boldsymbol{r})$ 分解成

$$\boldsymbol{\psi}_{n,l,m_l,m_s}(r,\theta,\phi)=\boldsymbol{R}_{n,l,}(r)\cdot\boldsymbol{Y}_{l,m_l}(\theta,\phi) \tag{1.5.10}$$

其中，$\boldsymbol{R}_{n,l,}(r)$ 相当于波函数的径向部分，又称为径向波函数；$\boldsymbol{Y}_{l,m_l}(\theta,\phi)$ 或 $\boldsymbol{Y}_l^{m_l}(x,y,z)$ 是角度部分，又称为复球谐函数。在分析分子的静态结构及其在化学反应中发生的化学键变化问题时，我们更关心的是轨道和电子云的角度部分，因为共价键具有方向性和饱和性等角度特征。轨道是否重叠以形成化学键和角度部分 $\boldsymbol{Y}_{l,m_l}(\theta,\phi)$ 有关，因此 $\boldsymbol{R}_{n,l,}(r)$ 常常被忽略。在使用示意图来描述 $\boldsymbol{Y}_{l,m_l}(\theta,\varphi)$ 的空间分布时，$\boldsymbol{Y}$ 值在不同的区域内有正、负号，并非正、负电荷。原子轨道的实球谐函数是复球谐函数 $\boldsymbol{Y}_l^{m_l}(x,y,z)$ 的线性组合，如式 (1.2.5)。任意两个原子轨道或分子轨道间的耦合 (或跃迁)，都是通过升降算符来对实球谐函数进行操作，详见 1.5.3 节。

在球坐标系中 (图 1.5.1)，任意 r 处的坐标是

$$\begin{cases} r = \sqrt{x^2+y^2+z^2} \\ \theta = \arctan\dfrac{\sqrt{x^2+y^2}}{z} \\ \phi = \arctan\dfrac{y}{x} \end{cases}, \quad \begin{cases} x = r\sin\theta\cos\phi \\ y = r\sin\theta\sin\phi \\ z = r\cos\theta \end{cases} \tag{1.5.11}$$

实际研究中，$0^\circ \leqslant \theta \leqslant 90^\circ$，$0^\circ \leqslant \phi \leqslant 180^\circ$。EPR 特征参数如 g_{ij}、A_{ij}、D_{ij}、Q_{ij} 等张量的理论推导，常借助方向余弦 (direction cosine) 作展开，即将式 (1.5.11) 的 x、y、z 分别置换成 l_x、l_y、l_z，且满足 $\sqrt{\cos^2\alpha+\cos^2\beta+\cos^2\gamma}=1$；反之亦然，详见 4.2.9 节。

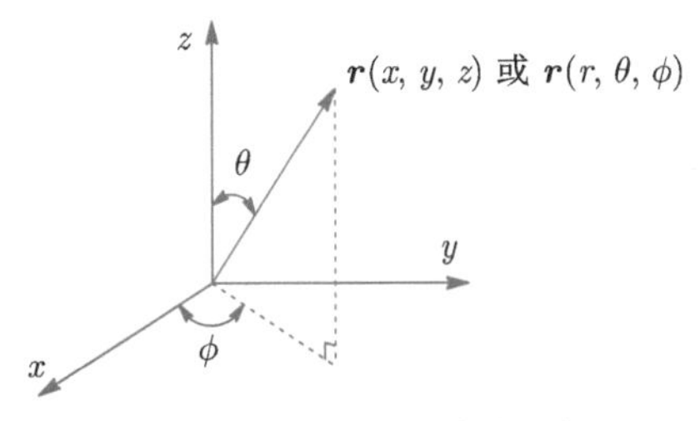

图 1.5.1　球坐标和直角坐标

1.5.3　升降算符，跃迁选择定则

在直角坐标系中，任何一个角动量算符 $\hat{O}$，都可以分解成三个空间分量，

$$\left.\begin{aligned} \hat{O} &= \hat{O}_x + \hat{O}_y + \hat{O}_z \\ \hat{O}^2 &= \hat{O}_x^2 + \hat{O}_y^2 + \hat{O}_z^2 \end{aligned}\right\} \tag{1.5.12}$$

注意，我们在此用算符 (operator) 的首写字母 $\hat{O}$ 来表示。在实际应用中，它可以是自旋角动量 $\hat{\boldsymbol{S}}$、轨道角动量 $\hat{\boldsymbol{L}}$、核自旋角动量 $\hat{\boldsymbol{I}}$、超精细耦合相互作用 $\hat{\boldsymbol{A}}$、零场分裂 $\hat{\boldsymbol{D}}$ 等 EPR 特征参数。在描述运算或公式推导过程中，重音符号 “^” 常常因简化而被省略。

升降算符 (或阶梯算符，shift or ladder operators)，是可以将另一算符的本征值分别做增加或减少，从而把相邻的能级或本征态等联系起来，形成一个连续谱的算符。升、降算符称又常被称为产生算符和湮灭算符 (creation and annihilation operators)。其定义为两个阶梯算符，

$$\left.\begin{aligned} \hat{O}_+ &= \hat{O}_x + \mathrm{i}\hat{O}_y \\ \hat{O}_- &= \hat{O}_x - \mathrm{i}\hat{O}_y \end{aligned}\right\} \tag{1.5.13}$$

$\mathrm{i}=\sqrt{-1}$，是复数单位。经变换，算符分量 $\hat{O}_x$ 与 $\hat{O}_y$ 和 $\hat{O}_+$ 与 $\hat{O}_-$ 间的相互关系是

$$\left.\begin{aligned}\hat{O}_x&=(\hat{O}_+ + \hat{O}_-)/2\\ \hat{O}_y&=(\hat{O}_+ - \hat{O}_-)/2\mathrm{i}\\ \hat{O}_x^2 - \hat{O}_y^2 &= (\hat{O}_+^2 + \hat{O}_-^2)/2\end{aligned}\right\}\tag{1.5.14}$$

为了方便理解，我们做如下假设：某微观体系内存在某任意角动量 J，它在 z 方向的投影为 m，m 取值为 $-J$, $-J+1$, $\cdots$, $+J$，将该体系的波函数记为态 $|J,m\rangle$。算符 $\hat{O}$ 及其 $\hat{O}_z$ 分量分别作用在态 $|J,m\rangle$ 上，所得的结果是

$$\left.\begin{aligned}\hat{O}^2\,|J,m\rangle &= J(J+1)\,|J,m\rangle\\ \hat{O}_z\,|J,m\rangle &= m\,|J,m\rangle\end{aligned}\right\}\tag{1.5.15}$$

从中可以看出，$\hat{O}^2 = J(J+1)$；分量 $\hat{O}_z$ 作用在态 $|J,m\rangle$ 时，只改变其大小和符号 (仅当 $m<0$ 时)。接着，我们用升、降算符 $\hat{O}_\pm$ 作用在态 $|J,m\rangle$ 上，得

$$\left.\begin{gathered}\hat{O}_\pm\,|J,m\rangle = \sqrt{J(J+1)-m(m\pm 1)}\,|J,m\pm 1\rangle\\ \text{或}\\ \hat{O}_\pm\,|J,m\rangle = \sqrt{(J\mp m)\,(J\pm m+1)}\,|J,m\pm 1\rangle\end{gathered}\right\}\tag{1.5.16}$$

然后，再用分量 $\hat{O}_x$ 和 $\hat{O}_y$ 作用在态 $|J,m\rangle$ 上，得

$$\left.\begin{aligned}\hat{O}_x\,|J,m\rangle &= \frac{1}{2}(\hat{O}_+ + \hat{O}_-)\,|J,m\rangle\\ &= \frac{1}{2}\left\{\begin{aligned}&\sqrt{(J-m)\,[J+(m+1)]}\,|J,m+1\rangle\\ &+\sqrt{(J+m)\,[J-(m-1)]}\,|J,m-1\rangle\end{aligned}\right\}\\ \hat{O}_y\,|J,m\rangle &= \frac{1}{2i}(\hat{O}_+ - \hat{O}_-)\,|J,m\rangle\\ &= \frac{1}{2i}\left\{\begin{aligned}&\sqrt{(J-m)\,[J+(m+1)]}\,|J,m+1\rangle\\ &-\sqrt{(J+m)\,[J-(m-1)]}\,|J,m-1\rangle\end{aligned}\right\}\end{aligned}\right\}\tag{1.5.17}$$

当将 J 和 m 的具体数值代入时，可获知 $|J,m\rangle$ 在 x 和 y 方向激发态都有哪些可能。式 (1.5.17) 右边的两个根号，至少有一个不为零时，说明 $\hat{O}_x$ 或 $\hat{O}_y$ 把态 $|J,m\rangle$ 与态 $|J,m\pm 1\rangle$ 耦合起来，形成 m 到 $m\pm 1$(即 $\Delta m = \pm 1$) 的跃迁或激发选择；反之，如果两个根号同时为零，则说明态 $|J,m\rangle$ 与态 $|J,m\pm 1\rangle$ 不能发生耦合作用。一般地，若 $|J,m\pm 1\rangle$ 存在，那么可以把 $|J,m+1\rangle$ 当作 $|J,m\rangle$ 的激发态；同理，$|J,m\rangle$ 是 $|J,m-1\rangle$ 的激发态。算符 $\hat{O}$ 的三个空间分量具有有规取向 (orientation)，所以，这种耦合若存在，则具有内禀的空间取向，即各向异性。这些演绎过程非常重要，读者必须熟悉诸如 $|l,m_l\rangle$、$|J,m\rangle$、$|J,m_J\rangle$、$|S,m_S\rangle$、$|S,m\rangle$ 等态矢的数学形式及其所对应的具体含义。

在共振过程中，各个能级与外加微波磁场的耦合、相互间跃迁、跃迁概率等均可通过升降算符来理论推导。电子占据核外轨道所形成的基态和激发态及它们间的相互耦合，也可以通过升降算符来推导，这就是 g_{ij} 各向异性的内禀来源。根据选择定则，跃迁主要发生在相互耦合的能级间，如在某种外加扰动 $\hat{O}_{\pm}$ 作用下 $|J,m\rangle$ 与 $|J,m\pm 1\rangle$ 间的耦合和允许跃迁，这对应着大家平时见到的常规 EPR 谱仪。此时，微波磁场 B_1 与 $\hat{O}_{\pm}$ 同向，但与外加静磁场 B_0 垂直，简称垂直模式，用符号“⊥”标注，如 ⊥EPR。在特殊情况下，$|J,m\rangle$ 与 $|J,m'\rangle$ 间的禁戒跃迁也会发生，但跃迁概率比较低，要求较高浓度的样品。不同的跃迁方式，选择定则各有不同。

以单电子为例，$J=S=1/2$，它在沿外场 z 方向的投影 $m=\pm\dfrac{1}{2}$，态 $|J,m\rangle$ 的具体形式是 $\left|\dfrac{1}{2},\pm\dfrac{1}{2}\right\rangle$，算符 $\hat{O}$ 三个不同空间分量作用于其上所得的结果是

$$\left.\begin{aligned}\hat{O}_z\left|\frac{1}{2},\pm\frac{1}{2}\right\rangle&=\pm\frac{1}{2}\left|\frac{1}{2},\pm\frac{1}{2}\right\rangle\\ \hat{O}_x\left|\frac{1}{2},\pm\frac{1}{2}\right\rangle&=+\frac{1}{2}\left|\frac{1}{2},\mp\frac{1}{2}\right\rangle\\ \hat{O}_y\left|\frac{1}{2},\pm\frac{1}{2}\right\rangle&=\pm\frac{1}{2\mathrm{i}}\left|\frac{1}{2},\mp\frac{1}{2}\right\rangle\end{aligned}\right\}\tag{1.5.18}$$

这表明，$\hat{O}_x$ 和 $\hat{O}_y$ 作用在 $\left|\dfrac{1}{2},\pm\dfrac{1}{2}\right\rangle$，均发生 $\Delta m=\pm 1$ 的变化，如表 1.5.1 所示。当 $S\geqslant 1$ 时，其投影 m 取值较多，$\hat{O}_x$ 和 $\hat{O}_y$ 作用后结果会更加丰富。若将电子自旋哈密顿算符 $\hat{\mathcal{H}}=g_{\mathrm{e}}\beta_{\mathrm{e}}B_0\hat{S}$ 变换成

$$\hat{\mathcal{H}}=g_{\mathrm{e}}\mu_{\mathrm{B}}B_0\hat{S}=g_{\mathrm{e}}\mu_{\mathrm{B}}B_0(\hat{S}_x+\hat{S}_y+\hat{S}_z)\tag{1.5.19}$$

将 $\hat{S}$ 三个分量作用在 $|\alpha\rangle$ 态和 $|\beta\rangle$ 态所得的结果，列于表 1.5.1 中。这种依方向而得不同的结果，称为有规选律 (orientation selection)，它贯穿于 EPR 的理论和应用中。

表 1.5.1 $\hat{S}$ 三个分量作用在 $|\alpha\rangle$ 态和 $|\beta\rangle$ 态的结果

	$\hat{S}_x$	$\hat{S}_y$	$\hat{S}_z$
$\|\alpha\rangle$	$+\frac{1}{2}\|\beta\rangle$	$\frac{\mathrm{i}}{2}\|\beta\rangle$	$\frac{1}{2}\|\alpha\rangle$
$\|\beta\rangle$	$+\frac{1}{2}\|\alpha\rangle$	$-\frac{\mathrm{i}}{2}\|\alpha\rangle$	$-\frac{1}{2}\|\beta\rangle$

技术上，外磁场 B_0 是沿着 z 轴施加，故只有分量 $\hat{S}_z$ 起作用。将 $\hat{\mathcal{H}}$ 作用在 $|\alpha\rangle = \left|\frac{1}{2}, +\frac{1}{2}\right\rangle$ 和 $|\beta\rangle = \left|\frac{1}{2}, -\frac{1}{2}\right\rangle$ 上，再作如式 (1.5.6b) 所示的全空间积分，

$$\begin{array}{lcc} & |\alpha\rangle & |\beta\rangle \\ \langle\alpha| & \langle\alpha|\widehat{\mathcal{H}}|\alpha\rangle = +\frac{1}{2}g_{\mathrm{e}}\mu_{\mathrm{B}}B_0 & \langle\alpha|\widehat{\mathcal{H}}|\beta\rangle = 0 \\ \langle\beta| & \langle\beta|\widehat{\mathcal{H}}|\alpha\rangle = 0 & \langle\beta|\widehat{\mathcal{H}}|\beta\rangle = -\frac{1}{2}g_{\mathrm{e}}\mu_{\mathrm{B}}B_0 \end{array} \tag{1.5.20}$$

这就是式 (1.3.9) 的结果。$\langle\alpha|\,\hat{\mathcal{H}}\,|\alpha\rangle$ 和 $\langle\beta|\,\hat{\mathcal{H}}\,|\beta\rangle$ 间的能级差 $\Delta E = g_{\mathrm{e}}\mu_{\mathrm{B}}B_0$。在下文中，$\langle\alpha|\,\hat{\mathcal{H}}\,|\alpha\rangle$、$\langle\alpha|\,\hat{\mathcal{H}}\,|\beta\rangle$ 等积分形式往往被省略，而只出示相应结果。理论计算也表明，电子自旋在外磁场中的投影是量子化的。

对于 $S \geqslant 1$ 的体系，如 $nd^{2\sim8}$、$nf^{2\sim12}$ 等电子组态，$\hat{\mathcal{H}}$ 作用于各个态 $|J,m\rangle$ 上的结果将更复杂，感兴趣的读者可以尝试推导这个过程。

1.5.4　完整的和等效的自旋哈密顿算符 $\hat{\mathcal{H}}$

孤立原子的哈密顿算符 $\hat{\mathcal{H}}$ 是

$$\hat{\mathcal{H}} = -\frac{\hbar^2\nabla^2}{2m} + V(r) \tag{1.5.5}$$

若原子不是孤立的，而是镶嵌于特定的键合结构中，那么该原子还和周围环境形成各种各样的相互作用。为了方便解析，我们将这些相互作用分门别类。在外加磁场 B_0 中，未配对电子和周围环境相互作用的完整自旋哈密顿算符 (complete spin Hamiltonian) $\hat{\mathcal{H}}$ 是

$$\hat{\mathcal{H}} = \hat{\mathcal{H}}_{\text{free}} + \hat{\mathcal{H}}_{\text{CFT}} + \hat{\mathcal{H}}_{\text{SJS}} + \hat{\mathcal{H}}_{\text{LS}} + \hat{\mathcal{H}}_{\text{SDS}} + \hat{\mathcal{H}}_{\text{HFI}} + \hat{\mathcal{H}}_{\text{EZ}} + \hat{\mathcal{H}}_{\text{NZ}} + \hat{\mathcal{H}}_{\text{NQI}} \tag{1.5.21}$$

其中各项含义及其强弱，列于表 1.5.2 中。核-核相互作用非常微弱，被省略。除了第一项，其余各项均在后续章节给予分析。

表 1.5.2　完整自旋哈密顿算符的各项组成及一般能量范围

哈密顿算符	描述对象	能量范围/$\mathrm{cm^{-1}}$
$\hat{\mathcal{H}}_{\text{free}}$	自由原子的动能和库仑能	$10^4\sim10^5$
$\hat{\mathcal{H}}_{\text{CFT}}$	晶体场分裂能	$10^3\sim10^5$
$\hat{\mathcal{H}}_{\text{SJS}}$	电子自旋间的交换作用	0~100
$\hat{\mathcal{H}}_{\text{LS}}$	电子自旋-轨道耦合	$0\sim10^3$
$\hat{\mathcal{H}}_{\text{SDS}}$	电子间的偶极作用	0~10
$\hat{\mathcal{H}}_{\text{HFI}}$	电子自旋-核自旋的超精细相互作用	0~0.1
$\hat{\mathcal{H}}_{\text{EZ}}$	电子自旋塞曼分裂	0~10
$\hat{\mathcal{H}}_{\text{NZ}}$	核自旋塞曼分裂	0~0.001
$\hat{\mathcal{H}}_{\text{NQI}}$	核电四极矩相互作用	0~0.01

在 EPR 中，可用微波的频率范围是 1~500 GHz(约合 0.03~15 cm^{-1})，这些能量仅仅足够激励基态或与基态相邻的、能级较低的一个或多个激发态内的自旋跃迁。所以，$\hat{\mathcal{H}}_{\text{free}}$ 和 $\tilde{H}_{\text{CFT}}$ 因太大常被省略不计，只保留含有自旋的项，简化成自旋或等效哈密顿算符 $\hat{\mathcal{H}}_{\text{S}}$(或 $\hat{\mathcal{H}}_{\text{eff}}$，spin or effective Hamiltonian)，

$$\hat{\mathcal{H}}_{\text{S}}\left(\hat{\mathcal{H}}_{\text{eff}}\right)=\hat{\mathcal{H}}_{\text{SJS}}+\hat{\mathcal{H}}_{\text{LS}}+\hat{\mathcal{H}}_{\text{SDS}}+\hat{\mathcal{H}}_{\text{HFI}}+\hat{\mathcal{H}}_{\text{EZ}}+\hat{\mathcal{H}}_{\text{NZ}}+\hat{\mathcal{H}}_{\text{NQI}} \tag{1.5.22}$$

它被用来描述顺磁中心的结构和动态信息，是 EPR 的理论中轴。在第 3、第 4 章，我们将对此作完整的展开。

总而言之，一条看似非常简单的 EPR 谱图，所蕴含信息是非常丰富的。首先，在孤立原子内，电子、轨道都是简并的；在化学结构中，p、d 等轨道会发生去简并，造成未配对电子的分布也随之作相应变化，而属于内层的 f 轨道则基本上保留着与孤立原子类似的简并状态；简并的降低程度，与相邻原子的成键稳定性 (如强或弱场配体) 有关，造成高、低自旋之别；自旋态变化后，电子与电子的相互作用、电子与轨道的耦合、电子与磁性核之间的超精细耦合等各种相互作用，也将发生变化；在导体中，谱型和谱宽反映着电子的扩散速度和穿越速度。这当中的演绎，环环相扣，若有一着不慎而产生毫厘之差，则可能谬之千里了。知识储备上，首先需要掌握物理学中最一般性的规律和基本数学推导，而外部因素的叠加变化，则需要物理、化学、生物、材料等诸多领域的丰富知识。比如，日常生活中，我们都知道红细胞运输着呼吸作用所需要的氧气 O_2 和代谢产物 CO_2，可为什么吸入 CO 后会让人呼吸困难，甚至死亡？

1.5.5 久期方程

久期方程 (secular function) 和微扰理论 (perturbation theory)，广泛应用于 EPR 谱图的理论解析。在本小节和 1.5.6 节，我们对它们作简要展开，供大家学习和掌握。

首先，我们来求简并态定态薛定谔方程的本征值，这类问题较为常见。例如，自由态 $3d$ 离子能级为五重简并态，在六配位立方晶体场中分裂成一个二重态和一个三重态，这时可以将立方晶体场作为微扰项，然后求解能级分裂情况；自旋简并态 ($S=1/2$ 为二重简并态) 在外磁场中分裂为两个自旋非简并态，同样地，将外磁场做微扰求解能级分裂情况。

为利于展开运算，将式 (1.5.6a) 的本征方程简写成

$$\hat{\mathcal{H}}\left|\psi\right\rangle=E\left|\psi\right\rangle \tag{1.5.23}$$

$\hat{\mathcal{H}}$ 为微扰项。本征值 E 是一个具体的数值，上式可改写成

$$\left(\hat{\mathcal{H}}-E\right)\left|\psi\right\rangle=0 \tag{1.5.24}$$

若存在这么一组基矢 $|\phi_i\rangle(i=1,2,\cdots,n)$，它们具有相同的能量 E_0，即简并态，将 ψ 用 ϕ_i 展开，

$$|\psi\rangle=\sum_i c_i\,|\phi_i\rangle \tag{1.5.25}$$

方程两边同时乘以 $\langle\phi_i\,|$，

$$\langle\phi_i\,|\psi\rangle=\sum_i c_i\,\langle\phi_i\,|\phi_i\rangle=c_i \tag{1.5.26}$$

其中，c_i 是矢量 $|\phi_i\rangle$ 在这组基矢上的分量。因此，若知道了一组 c_i，也就知道了一个 $|\psi\rangle$。$|\phi_i\rangle$ 是正交归一的，即

$$\langle\phi_i\,|\phi_j\rangle=\delta_{ij}=\begin{cases}1 & (i=j)\\ 0 & (i\neq j)\end{cases} \tag{1.5.27}$$

$|\psi\rangle$ 也是归一的，即

$$\sum_i c_i^* c_i=1 \tag{1.5.28}$$

c_i^* 是 c_i 的共轭。将式 (1.5.25) 代入式 (1.5.24)，得

$$\sum_i\left\{\hat{\mathcal{H}}\,|\phi_i\rangle-|\phi_i\rangle\,E\right\}c_i=0 \tag{1.5.29}$$

方程两边先同时乘以 $|\phi_j\rangle$，再作积分，得

$$\sum_i\left\{\langle\phi_j|\,\hat{\mathcal{H}}\,|\phi_i\rangle-\langle\phi_j|\phi_i\rangle\,E\right\}c_i=0 \tag{1.5.30}$$

取 $H_{ji}=\langle\phi_j\,|\,\hat{\mathcal{H}}\,|\,\phi_i\rangle$ 和 $\langle\phi_i\,|\phi_j\rangle=\delta_{ij}$，上式简化成

$$\sum_i\{H_{ji}-E\delta_{ij}\}\,c_i=0 \tag{1.5.31}$$

c_i 是等待求解的，此式是关于 n 个未知数 $\{c_i\}$ 的线性齐次方程组，

$$\begin{cases}(H_{11}-E)c_1+H_{12}c_2+\cdots+H_{1n}c_n=0\\ H_{21}c_1+(H_{22}-E)c_2+\cdots+H_{2n}c_n=0\\ \qquad\qquad\cdots\cdots\\ H_{n1}c_1+H_{n2}c_2+\cdots+(H_{nn}-E)c_n=0\end{cases} \tag{1.5.32}$$

其中，E 就是待定的本征值。要使 c_i 有非零解，式 (1.5.32) 中的系数为零，即

$$|H_{ji} - E\delta_{ij}| = 0 \tag{1.5.33}$$

展开成行列式，

$$\begin{vmatrix} H_{11} - E & H_{12} & \cdots & H_{1n} \\ H_{21} & H_{22} - E & \cdots & H_{2n} \\ \vdots & \vdots & & \vdots \\ H_{n1} & H_{n2} & \cdots & H_{nn} - E \end{vmatrix} = 0 \tag{1.5.34}$$

这个是关于 E 的 n 次方程，称为久期方程。在磁共振中，我们经常碰到 2×2 的久期方程，下面以此展开，令

$$|\psi\rangle = c_1 |\phi_1\rangle + c_2 |\phi_2\rangle \tag{1.5.35}$$

代入式 (1.5.28)，得久期方程

$$\begin{vmatrix} H_{11} - E & H_{12} \\ H_{21} & H_{22} - E \end{vmatrix} = 0 \tag{1.5.36}$$

展开成一元二次方程，

$$E^2 - (H_{11} + H_{22}) E + H_{11}H_{22} - H_{12}H_{21} = 0 \tag{1.5.37}$$

本征值 E 的解析解为

$$E = \frac{1}{2} (H_{11} + H_{22}) \pm \frac{\sqrt{(H_{11} - H_{22})^2 + 4H_{12}H_{21}}}{2} = 0 \tag{1.5.38}$$

如果式 (1.5.36) 可对角化，即 $H_{12} = H_{21} = 0$ 时，E 的两个解分别是

$$\left.\begin{aligned} E_1 = H_{11} \\ E_2 = H_{22} \end{aligned}\right\} \tag{1.5.39}$$

以上的这些推导过程，也将应用到 1.5.6 节的微扰理论中。

1.5.6 微扰理论

薛定谔方程，只有少数几个简单的实例可以求解，而对于大多数实例，只能近似地求其本征值和本征函数。微扰理论 (或定态微扰法，state perturbation)，是其中一个非常有用的逐级近似法。在物理上，我们往往把一个具体问题的哈密顿算符中的次要因素忽略掉，以求得一个数学上较精确而物理上较粗略的解，然后

逐级把次要因素加进来，使所求的解精确化。因此，定态微扰法非常有用，以下作不含时的、无简并情况的展开。

令 $\hat{\mathcal{H}}_0$ 的本征函数可精确求解，

$$\hat{\mathcal{H}}_0 \left|\psi_n\right\rangle = E_n \left|\psi_n\right\rangle \tag{1.5.40}$$

本征函数 $|\psi_n\rangle$ 具有正交性和归一性，

$$\langle\psi_m|\psi_n\rangle = \delta_{mn} \tag{1.5.41}$$

取 ψ_0 为基态，其系数 $c_0 = 1$，且 E_0 非简并，这反映着系统内的强相互作用。此时，给系统施加一个弱的相互作用，用 $\hat{\mathcal{H}}_1$ 表示，

$$\left(\hat{\mathcal{H}}_0 + \hat{\mathcal{H}}_1\right)\Psi = E\Psi \tag{1.5.42}$$

它的解包含在零阶方程 ψ_n 的线性方程组中，

$$\Psi = \sum_n c_n\psi_n \tag{1.5.43}$$

新的基态是 Ψ^0，与 ψ_0 有一些微小的差别，其系数 c_0^0 仍然接近 1(注：系数 c_0^0 中的上角标 0 表示基态)，其余系数则非常微小。将式 (1.5.43) 以相应格式的项代入式 (1.5.42)，然后方程两边乘以 $|\psi_0\rangle$，再作积分，

$$\left\langle \psi_0|\hat{\mathcal{H}}_0|\sum_n c_n^0\psi_n \right\rangle + \left\langle \psi_0|\hat{\mathcal{H}}_1|\sum_n c_n^0\psi_n \right\rangle = E\sum_n \left\langle \psi_0|c_n^0\psi_n\right\rangle \tag{1.5.44}$$

基于式 (1.5.40) 和 δ_{mn}，只保留

$$c_0^0E_0 + \sum_n c_n^0\langle\psi_0\,|\,\hat{\mathcal{H}}_1\,|\,\psi_n\rangle = Ec_0^0 \tag{1.5.45}$$

除了系数 c_0^0，微扰项 $\hat{\mathcal{H}}_1$ 的其他矩阵元都很小。作一阶近似以消去系数，得

$$(E - E_0) = \langle\psi_0\,|\,\hat{\mathcal{H}}_1\,|\,\psi_0\rangle = E_1 \tag{1.5.46}$$

这表明基态能量 E_0 的一阶修正 E_1，等于微扰项与基态未受微扰波函数矩阵的对角元。同理，对任意未受扰动的激发态本征态的能量作一阶近似，均满足 $\langle\psi_n\,|\,\hat{\mathcal{H}}_1\,|\,\psi_n\rangle$。只取 c_n^0 的第一项，由式 (1.5.41)，得

$$\sum_n c_n^0c_n^0\left\langle\psi_n|\psi_n\right\rangle = 1 \tag{1.5.47}$$

如果 $c_0^0 c_0^0 = 1$，那么波函数将得到优化。将优化函数代入式 (1.5.42)，方程两边乘以 $\langle\psi_1|$，再积分，得

$$\left\langle \psi_1 \,|\, \hat{\mathcal{H}}_0 \,|\, \sum_n c_n^0 \psi_n \right\rangle + \left\langle \psi_1 \,|\, \hat{\mathcal{H}}_1 \,|\, \sum_n c_n^0 \psi_n \right\rangle = E \sum_n c_n^0 \langle \psi_1 | \psi_n \rangle \tag{1.5.48}$$

简化成

$$c_1^0 E_1 + \sum_n c_n^0 \langle \psi_1 \,|\, \hat{\mathcal{H}}_1 \,|\, \psi_n \rangle = E c_1^0 \tag{1.5.49}$$

对于左边的求和，只保留 c_0^0 一项而忽略其他较小的 c_n^0，并将右边的 E 用未受微扰的基态 E_0 替换，上式简化成

$$c_1^0 = -\frac{\langle \psi_1 \,|\, \hat{\mathcal{H}}_1 \,|\, \psi_0 \rangle}{E_1 - E_0} \tag{1.5.50}$$

同理，推广到其他 c_n^0 项的求解。将一阶波函数代入式 (1.5.45)，可得二阶修正，

$$c_0^0 E_0 + c_0^0 E_1 - \sum_n \frac{\langle \psi_0 \,|\, \hat{\mathcal{H}}_1 \,|\, \psi_n \rangle \langle \psi_n \,|\, \hat{\mathcal{H}}_1 \,|\, \psi_0 \rangle}{E_n - E_0} = E c_0^0 \quad (n \neq 0) \tag{1.5.51}$$

能量的二阶修正值是

$$E_2 = -\sum_n \frac{\langle \psi_0 \,|\, \hat{\mathcal{H}}_1 \,|\, \psi_n \rangle \langle \psi_n \,|\, \hat{\mathcal{H}}_1 \,|\, \psi_0 \rangle}{E_n - E_0} \quad (n \neq 0) \tag{1.5.52}$$

这个二阶修正项，是用于分析 g_{ij} 各向异性的基础，详见 4.2.3 节。以上取基态为例说明了非简并态二阶微扰方法，该方法同样适用于激发态。

致谢：1.5.5 节和 1.5.6 节由重庆科技学院方旺老师协助撰写，特此感谢。

1.6 基本磁性粒子的物理性质

严格来讲，本节内容是中子、质子、磁性同位素等基本微观磁性粒子的物理常数，不能算是一节正式的内容。但其所涵盖的数据与后续的内容如超精细耦合相互作用、电子-核双共振 (ENDOR)、自旋退相干机制等相关密切，独立成一节，便于检索和引用。而且，研究物质结构，若缺少了元素周期表 (图 1.6.1)，那将是无源之水。同时，本节内容也适用于 NMR 的学习。注：表 1.6.1 中，并没有展示 $I \geqslant 1$ 磁性核的电四极矩。相关说明如下：

(1) 第六列：各向同性 a_{iso} 是指当未配对电子自旋密度 100%分布在该磁性核上时的理论近似值，该值因计算过程的差异而有些差异，并不是统一值 [2,3]。

(2) 第七列：$B_0 = 350\text{mT}$ 的磁性核拉莫尔角频率 $\nu_{\text{N}} = g_{\text{N}}\beta_{\text{N}}B_0(\text{MHz})$，不分正负。

(3) 对于 $g_{\text{N}} < 0$ 的磁性原子核，其质量数一定满足 $4i \pm 1(i = 1, 2, 3, \cdots)$，如 ^{3}He、^{9}Be、^{15}N、^{17}O、^{21}Ne、^{25}Mg、^{29}Si 等。反过来，不一定成立，如 ^{7}Li、^{13}C、^{19}F、^{23}Na、^{27}Al、^{31}P 等，$g_{\text{N}} > 0$。其中，4 是 ^{4}He 的质量数。

(4) 自由电子的参数，详见附表 1 部分基本物理量和数学常数的名称、符号和值。

表 1.6.1　磁性同位素的物理性质，节选自 Weil(2007)，根据文献 [2, 3] 有所改动

序数 Z	磁性核	天然丰度/%	核自旋 I	磁旋比 g_{N}	a_{iso}/mT	ν_{N}/MHz
0	^{1}n		1/2	−3.8260854	—	10.2076
1	^{1}H	99.985	1/2	5.58569468	50.6850	14.9021
	^{2}H	0.015	1	0.8574388228	7.78027	2.2876
2	^{3}He	0.000137	1/2	−4.25499544	226.83	11.3519
3	^{6}Li	7.59	1	0.8220473	5.43	2.1931
	^{7}Li	92.41	3/2	2.170951	14.34	5.7919
4	^{9}Be	100	3/2	−0.78495	−16.11	2.0942
5	^{10}B	19.9	3	0.600215	30.43	1.6013
	^{11}B	80.1	3/2	1.7924326	90.88	4.782
6	^{13}C	1.07	1/2	1.4048236	134.77	3.7479
7	^{14}N	99.632	1	0.403761	64.62	1.0772
	^{15}N	0.368	1/2	−0.56637768	−90.65	1.511
8	^{17}O	0.038	5/2	−0.757516	−187.8	2.021
9	^{19}F	100	1/2	5.257736	1886.53	14.0271
10	^{21}Ne	0.27	3/2	−0.441198	221.02	1.1771
11	^{23}Na	100	3/2	1.478348	31.61	3.9441
12	^{25}Mg	10	5/2	−0.34218	17.338	0.9129
13	^{27}Al	100	5/2	1.4566028	139.55	3.8861
14	^{29}Si	4.6832	1/2	−1.11058	−163.93	2.9629
15	^{31}P	100	1/2	2.2632	474.79	6.038
16	^{33}S	0.76	3/2	0.429214	123.57	1.1451
17	^{35}Cl	75.78	3/2	0.5479162	204.21	1.4618
	^{37}Cl	24.22	3/2	0.4560824	169.98	1.2168
19	^{39}K	93.2581	3/2	0.26098	8.238	0.6963
	^{41}K	6.7302	3/2	0.1432467	4.525	0.3822
20	^{43}Ca	0.135	7/2	−0.37637	−22.862	1.0041
21	^{45}Sc	100	7/2	1.35899	100.73	3.6257
22	^{47}Ti	7.44	5/2	−0.31539	−27.904	0.8414
	^{49}Ti	5.41	7/2	−0.315477	−27.91	0.8417
23	^{50}V	0.25	6	0.5576148	56.335	1.4877
	^{51}V	99.75	7/2	1.47106	148.62	3.9246
24	^{53}Cr	9.501	3/2	−0.31636	−26.698	0.844
25	^{55}Mn	100	5/2	1.3813	179.7	3.6852

续表

序数 Z	磁性核	天然丰度/%	核自旋 I	磁旋比 g_N	a_{iso}/mT	ν_N/MHz
26	^{57}Fe	2.119	1/2	0.1809	26.662	0.4826
27	^{59}Co	100	7/2	1.322	212.20	3.527
28	^{61}Ni	1.14	3/2	−0.50001	−89.171	1.334
29	^{63}Cu	69.17	3/2	1.4824	213.92	3.9549
	^{65}Cu	30.83	3/2	1.5878	228.92	4.2361
30	^{67}Zn	4.10	5/2	0.350192	74.47	0.9343
31	^{69}Ga	60.108	1/2	1.34439	435.68	3.5867
	^{70}Ga	38.892	3/2	1.70818	553.58	4.5573
32	^{73}Ge	7.73	9/2	−0.1954373	−84.32	0.5214
33	^{75}As	100	3/2	0.95965	523.11	2.5603
34	^{77}Se	7.63	1/2	1.07008	717.93	2.8549
35	^{79}Br	50.69	3/2	1.404267	1144.34	3.7465
	^{81}Br	49.31	3/2	1.513708	1233.52	4.0384
36	^{83}Kr	11.49	9/2	−0.215704	−211.85	0.5755
37	^{85}Rb	72.17	5/2	0.541192	36.11	1.4438
	^{87}Rb	27.83	3/2	1.83421	122.38	4.8935
38	^{87}Sr	7	9/2	−0.24284	−30.46	0.6479
39	^{89}Y	100	1/2	−0.2748308	−44.60	0.7332
40	^{91}Zr	11.22	5/2	−0.521448	−98.23	1.3912
41	^{93}Nb	100	9/2	1.3712	235.15	3.6582
42	^{95}Mo	15.92	5/2	−0.3657	−70.79	0.9757
	^{97}Mo	9.55	5/2	−0.3734	−72.3	0.9962
44	^{99}Ru	12.76	5/2	−0.256	−62.94	0.683
	^{101}Ru	17.06	5/2	−0.288	−70.52	0.7684
45	^{103}Rh	100	1/2	−1.178	−43.85	3.1428
46	^{105}Pd	22.33	5/2	−0.257	−2.683	0.6857
47	^{107}Ag	51.839	1/2	−0.22714	−65.33	0.606
	^{109}Ag	48.161	1/2	−0.26112	−75.25	0.6966
48	^{111}Cd	12.8	1/2	−1.18977	−487.07	3.1742
	^{113}Cd	12.22	1/2	−1.244602	—	3.3205
49	^{113}In	4.29	9/2	1.2286	—	3.2778
	^{115}In	95.71	9/2	1.2313	720.07	3.285
50	^{113}Sn	0.34	1/2	−1.8377	—	4.9028
	^{117}Sn	7.68	1/2	−2.00208	−1497.98	5.3414
	^{119}Sn	8.59	1/2	−2.09456	−1567.18	5.5881
51	^{121}Sb	57.21	5/2	1.3454	1252.4	3.5894
	^{123}Sb	42.79	7/2	0.72851	678.38	1.9436
52	^{123}Te	0.89	1/2	−1.473896	—	3.9322
	^{125}Te	7.07	1/2	−1.7770102	−1983.6	4.7409
53	^{127}I	100	5/2	1.12531	1484.4	3.0022
54	^{129}Xe	26.44	1/2	−1.55595	−2418.92	4.1511
	^{131}Xe	21.28	3/2	0.461	717.06	1.2299
55	^{133}Cs	100	7/2	0.7377214	82.00	1.9682
56	^{135}Ba	6.592	3/2	0.55863	126.67	1.4904
	^{137}Ba	11.232	3/2	0.62491	141.70	1.6672
57	^{138}La	0.09	5	0.742729	—	1.9815

续表

序数 Z	磁性核	天然丰度/%	核自旋 I	磁旋比 g_N	a_{iso}/mT	ν_N/MHz
	^{139}La	99.91	7/2	0.795156	214.35	2.1214
59	^{141}Pr	100	5/2	1.7102	445.7	4.5627
60	^{143}Nd	12.18	7/2	−0.3043	−84.82	0.8118
	^{145}Nd	8.3	7/2	−0.187	−52.39	0.4989
62	^{147}Sm	14.99	7/2	−0.232	−71.86	0.619
	^{149}Sm	13.82	7/2	0.1908	59.26	0.509
63	^{151}Eu	47.81	5/2	1.3887	462.33	3.7049
	^{153}Eu	52.19	5/2	0.6134	204.17	1.6365
64	^{155}Gd	14.8	3/2	−0.1715	−69.48	0.4575
	^{157}Gd	15.65	3/2	−0.2265	−90.85	0.6043
65	^{159}Tb	100	3/2	1.343	486.35	3.583
66	^{161}Dy	18.91	5/2	−0.192	−75.12	0.5122
	^{163}Dy	24.9	5/2	0.269	105.73	0.7177
67	^{165}Ho	100	7/2	1.668	483.86	4.4501
68	^{167}Er	22.93	7/2	−0.1611	−69.01	0.4298
69	^{169}Tm	100	1/2	−0.462	−208.21	1.2326
70	^{171}Yb	14.28	1/2	0.98734	476.02	2.6341
	^{173}Yb	16.13	5/2	−0.2592	−130.96	0.6915
71	^{175}Lu	97.41	7/2	0.6378	379.31	1.7016
	^{176}Lu	2.59	7	0.4517	—	1.2051
72	^{177}Hf	18.6	7/2	0.2267	157.36	0.6048
	^{179}Hr	13.62	9/2	−0.1424	−98.84	0.3799
73	^{180}Ta	0.012	9	0.5361	—	1.4303
	^{181}Ta	99.988	7/2	0.67729	535.95	1.8069
74	^{183}W	14.31	1/2	0.2355695	206.14	0.6285
75	^{185}Re	37.4	5/2	1.2748	1253.6	3.401
	^{187}Re	62.6	5/2	1.2879	1266.38	3.436
76	^{187}Os	1.96	1/2	0.1293038	—	0.345
	^{189}Os	16.15	3/2	0.439956	471	1.1738
77	^{191}Ir	37.3	3/2	0.1005	112.96	0.2681
	^{193}Ir	62.7	3/2	0.1091	124.6	0.2911
78	^{195}Pt	33.832	1/2	1.219	1227.84	3.2522
79	^{197}Au	100	3/2	0.097164	102.62	0.2592
80	^{199}Hg	16.87	1/2	1.011771	1494.4	2.6993
	^{201}Hg	13.18	3/2	−0.373484	−551.6	0.9964
81	^{203}Tl	29.524	1/2	3.24451574	6496.7	8.6561
	^{205}Tl	70.476	1/2	3.27643	—	8.7412
82	^{207}Pb	22.1	1/2	1.18512	—	3.1618
83	^{209}Bi	100	9/2	0.9134	—	2.4369

元素周期表

s区 | p区 | d区 | f区

原子序数
43 Tc* —— 元素符号，红色指放射性元素，注*的指人造元素
锝 dé —— 元素名称和汉语拼音
$4d^5 5s^2$ —— 外围电子排布
2.10 —— 鲍林电负性
[99] —— 相对原子质量（加方括号表示该放射性元素半衰期最长同位素的质量数）

族 / 周期	IA 1	IIA 2	IIIB 3	IVB 4	VB 5	VIB 6	VIIB 7	VIIIB 8	9	10	IB 11	IIB 12	IIIA 13	IVA 14	VA 15	VIA 16	VIIA 17	0 18	电子层	0族电子数
1	1 H 氢 qīng $1s^1$ 1.008 2.20																	2 He 氦 hài $1s^2$ 4.003	K	2
2	3 Li 锂 lǐ $2s^1$ 6.941 0.98	4 Be 铍 pí $2s^2$ 9.012 1.57											5 B 硼 péng $2s^2 2p^1$ 10.81 2.04	6 C 碳 tàn $2s^2 2p^2$ 12.01 2.55	7 N 氮 dàn $2s^2 2p^3$ 14.01 3.04	8 O 氧 yǎng $2s^2 2p^4$ 16 3.44	9 F 氟 fú $2s^2 2p^5$ 19 3.98	10 Ne 氖 nǎi $2s^2 2p^6$ 20.18	L K	8 2
3	11 Na 钠 nà $3s^1$ 22.99 0.93	12 Mg 镁 měi $3s^2$ 24.31 1.31											13 Al 铝 lǚ $3s^2 3p^1$ 26.98 1.61	14 Si 硅 guī $3s^2 3p^2$ 28.09 1.90	15 P 磷 lín $3s^2 3p^3$ 30.97 2.19	16 S 硫 liú $3s^2 3p^4$ 32.06 2.58	17 Cl 氯 lǜ $3s^2 3p^5$ 35.45 3.16	18 Ar 氩 yà $3s^2 3p^6$ 39.95	M L K	8 8 2
4	19 K 钾 jiǎ $4s^1$ 39.1 0.82	20 Ca 钙 gài $4s^2$ 40.08 1.00	21 Sc 钪 kàng $3d^1 4s^2$ 44.96 1.36	22 Ti 钛 tài $3d^2 4s^2$ 47.87 1.54	23 V 钒 fán $3d^3 4s^2$ 50.94 1.63	24 Cr 铬 gè $3d^5 4s^1$ 52 1.66	25 Mn 锰 měng $3d^5 4s^2$ 54.96 1.55	26 Fe 铁 tiě $3d^6 4s^2$ 55.84 1.83	27 Co 钴 gǔ $3d^7 4s^2$ 58.93 1.88	28 Ni 镍 niè $3d^8 4s^2$ 58.69 1.91	29 Cu 铜 tóng $3d^{10} 4s^1$ 63.55 1.90	30 Zn 锌 xīn $3d^{10} 4s^2$ 65.41 1.65	31 Ga 镓 jiā $4s^2 4p^1$ 69.72 1.81	32 Ge 锗 zhě $4s^2 4p^2$ 72.64 2.01	33 As 砷 shēn $4s^2 4p^3$ 74.92 2.18	34 Se 硒 xī $4s^2 4p^4$ 78.96 2.55	35 Br 溴 xiù $4s^2 4p^5$ 79.9 2.96	36 Kr 氪 kè $4s^2 4p^6$ 83.8	N M L K	8 18 8 2
5	37 Rb 铷 rú $5s^1$ 85.47 0.82	38 Sr 锶 sī $5s^2$ 87.62 0.95	39 Y 钇 yǐ $4d^1 5s^2$ 88.91 1.22	40 Zr 锆 gào $4d^2 5s^2$ 91.22 1.22	41 Nb 铌 ní $4d^3 5s^2$ 92.91 1.60	42 Mo 钼 mù $4d^5 5s^1$ 95.94 2.16	43 Tc* 锝 dé $4d^5 5s^2$ [99] 2.10	44 Ru 钌 liǎo $4d^7 5s^1$ 101.07 2.20	45 Rh 铑 lǎo $4d^8 5s^1$ 102.91 2.28	46 Pd 钯 bǎ $4d^{10}$ 106.42 2.20	47 Ag 银 yín $4d^{10} 5s^1$ 107.9 1.93	48 Cd 镉 gé $4d^{10} 5s^2$ 112.4 1.69	49 In 铟 yīn $5s^2 5p^1$ 114.82 1.78	50 Sn 锡 xī $5s^2 5p^2$ 118.71 1.96	51 Sb 锑 tī $5s^2 5p^3$ 121.76 2.05	52 Te 碲 dì $5s^2 5p^4$ 127.6 2.10	53 I 碘 diǎn $5s^2 5p^5$ 126.9 2.66	54 Xe 氙 xiān $5s^2 5p^6$ 131.29	O N M L K	8 18 18 8 2
6	55 Cs 铯 sè $6s^1$ 132.9 0.79	56 Ba 钡 bèi $6s^2$ 137.3 0.89	57~71 La~Lu 镧系	72 Hf 铪 hā $5d^2 6s^2$ 178.5 1.30	73 Ta 钽 tǎn $5d^3 6s^2$ 180.9 1.50	74 W 钨 wū $5d^4 6s^2$ 183.84 1.70	75 Re 铼 lái $5d^5 6s^2$ 186.21 1.90	76 Os 锇 é $5d^6 6s^2$ 190.23 2.20	77 Ir 铱 yī $5d^7 6s^2$ 192.22 2.20	78 Pt 铂 bó $5d^9 6s^1$ 195.08 2.20	79 Au 金 jīn $5d^{10} 6s^1$ 197 2.40	80 Hg 汞 gǒng $5d^{10} 6s^2$ 200.6 1.90	81 Tl 铊 tā $6s^2 6p^1$ 204.38 1.80	82 Pb 铅 qiān $6s^2 6p^2$ 207.2 1.90	83 Bi 铋 bì $6s^2 6p^3$ 209 1.90	84 Po 钋 pō $6s^2 6p^4$ [209] 2.00	85 At 砹 ài $6s^2 6p^5$ [210] 2.20	86 Rn 氡 dōng $6s^2 6p^6$ [222]	P O N M L K	8 18 32 18 8 2
7	87 Fr 钫 fāng $7s^1$ [223] 0.70	88 Ra 镭 léi $7s^2$ [226] 0.90	89~103 Ac~Lr 锕系	104 Rf*	105 Db*	106 Sg*	107 Bh*	108 Hs*	109 Mt*	110 Ds*	111 Rg*	……								

镧系	57 La 镧 lán $5d^1 6s^2$ 138.91 1.10	58 Ce 铈 shì $4f^1 5d^1 6s^2$ 140.12 1.12	59 Pr 镨 pǔ $4f^3 6s^2$ 140.91 1.13	60 Nd 钕 nǚ $4f^4 6s^2$ 144.24 1.14	61 Pm* 钷 pǒ $4f^5 6s^2$ [145] 1.13	62 Sm 钐 shān $4f^6 6s^2$ 150.36 1.17	63 Eu 铕 yǒu $4f^7 6s^2$ 151.96 1.19	64 Gd 钆 gá $4f^7 5d^1 6s^2$ 157.25 1.20	65 Tb 铽 tè $4f^9 6s^2$ 158.93 1.13	66 Dy 镝 dí $4f^{10} 6s^2$ 162.5 1.22	67 Ho 钬 huǒ $4f^{11} 6s^2$ 164.93 1.23	68 Er 铒 ěr $4f^{12} 6s^2$ 167.26 1.24	69 Tm 铥 diū $4f^{13} 6s^2$ 168.93 1.25	70 Yb 镱 yì $4f^{14} 6s^2$ 173.04 1.26	71 Lu 镥 lǔ $4f^{14} 5d^1 6s^2$ 174.97 1.00
锕系	89 Ac 锕 ā $6d^1 7s^2$ [227] 1.10	90 Th 钍 tǔ $6d^2 7s^2$ 232.04 1.30	91 Pa 镤 pú $5f^2 6d^1 7s^2$ 231.04 1.50	92 U 铀 yóu $5f^3 6d^1 7s^2$ 238.03 1.70	93 Np* 镎 ná $5f^4 6d^1 7s^2$ [237] 1.30	94 Pu* 钚 bù $5f^6 7s^2$ [244] 1.30	95 Am* 镅 méi $5f^7 7s^2$ [243] 1.30	96 Cm* 锔 jú $5f^7 6d^1 7s^2$ [247] 1.30	97 Bk* 锫 péi $5f^9 7s^2$ [247] 1.30	98 Cf* 锎 kāi $5f^{10} 7s^2$ [251] 1.30	99 Es* 锿 āi $5f^{11} 7s^2$ [252] 1.30	100 Fm* 镄 fèi $5f^{12} 7s^2$ [257] 1.30	101 Md* 钔 mén $5f^{13} 7s^2$ [258] 1.30	102 No* 锘 nuò $5f^{14} 7s^2$ [259] 1.30	103 Lr* 铹 láo $6d^1 7s^2$ [262] 1.30

注：此表为便于分析EPR谱图参数（如g、D因子）与原子、离子外围电子排布的一一映射而绘制，详见相关章节。

图 1.6.1 元素周期表

参 考 文 献

本章参考的主要专著和教材：

戴道生. 物质磁性基础. 北京：北京大学出版社，2016.
姜寿亭，李卫. 凝聚态磁性物理. 北京：科学出版社，2003.
金汉民. 磁性物理. 北京：科学出版社，2013.
罗渝然. 化学键能数据手册. 北京：科学出版社，2005.
裘祖文. 电子自旋共振波谱. 北京：科学出版社，1980.
徐克尊，陈向军，陈宏芳. 近代物理学. 3 版. 合肥：中国科学技术大学出版社，2015.
许长存，过已吉. 原子和分子光谱学. 大连：大连理工大学出版社，1989.
张启仁. 量子力学. 北京：科学出版社，2002.
张耀宁. 原子和分子光谱学. 武汉：华中理工大学出版社，1989.
赵凯华，罗蔚茵. 量子物理. 2 版. 北京：高考教育出版社，2008.
Abragam A, Bleaney B. Electron Paramagnetic Resonance of Transition Ions. Oxford: Oxford University Press, 2012.
Alger R S. Electron Paramagnetic Resonance: Techniques and Applications. New York: Interscience Publishers, 1968.
Atherton N M. Principles of Electron Spin Resonance. New York: Ellis Horwood. 1993.
Ballhausen C J. Introduction to Ligand Field Theory. New York: McGraw Hill,1962.
Bertrand P. Electron Paramagnetic Resonance Spectroscopy: Applications. Cham: Springer, 2020.
Bertrand P. Electron Paramagnetic Resonance Spectroscopy: Fundamentals. Cham: Springer, 2020.
Brustolon M, Giamello E. Electron Paramagnetic Resonance: A Practitioners Toolkit. Hoboken: John Wiley & Sons, 2009.
Eaton G R, Eaton S S, Salikhov, K M. Foundations of Modern EPR. Singapore: World Scientific, 1998.
Goldfarb D, Stoll S. EPR Spectroscopy: Fundamentals and Methods. West Sussex: John Wiley & Sons, 2018.
Gordy W. Theory and Applications of Electron Spin Resonance. New York: John Wiley & Sons, 1980.
Kahn O. Molecular Magnetism. New York: VCH Publisher, 1993.
King R B, Crabtree R H, Lukehart C M, Atwood D A, Scott R A. Encyclopedia of Inorganic Chemistry. 2nded. New York: John Wiley & Sons, 2006.
Misra S K. Multifrequency Electron Paramagnetic Resonance: Theory and Applications. Weinheim: Wiley-VCH, 2011.
Molin Y N, Salikhov K M, Zamaraev K I. Spin Exchange—Principles and Applications in Chemistry and Biology. Berlin: Springer-Verlag, 1980.
Schweiger A, Jeschke G. Principles of Pulse Electron Paramagnetic Resonance. Oxford: Oxford University Press, 2001.
Scott R A, Lukehart C M. Applications of Physical Methods to Inorganic and Bioinorganic Chemistry. New York: Wiley, 2007.

Sugano S, Tanabe Y, Kamimura H. Multiplets of Transition-Metal Ions in Crystals. New York: Academic Press, 1970.

Weil J A, Bolton J R. Electron Paramagnetic Resonance: Elementary Theory and Practical Applications. 2nded. Hoboken: John Wiley & Sons, 2007.

Yalcin O. Ferromagnetic Resonance: Theory and Applications. London: IntechOpen, 2013.

本书部分图例的模拟软件及其参考文献：

(1) EasySpin. 文献: Stoll S, Schweiger A. EasySpin, a comprehensive software package for spectral simulation and analysis in EPR[J]. Journal of Magnetic Resonance, 2006, 178(1): 42-55.

(2) Biomolecular EPR Spectroscopy Software. 文献: Hagen W R. Biomolecular EPR Spectroscopy[M]. Boca Raton: CRC Press, 2009.

主要参考文献：

[1] 谭天, 杨佳慧, 朱春华, 等. 利用原位变温 EPR 研究富勒烯双体笼间的弱 C—C 键 [J]. 物理化学学报, 2016, 32(8): 1929-1932.

[2] KOH A K, MILLER D J. Hyperfine coupling constants and atomic parameters for electron paramagnetic resonance data [J]. Atomic Data and Nuclear Data Tables, 1985, 33(2): 235-253.

[3] MORTON J R, PRESTON K F. Atomic parameters for paramagnetic resonance data [J]. Journal of Magnetic Resonance, 1978, 30(3): 577-582.

阅读材料

电子自旋共振波谱在中国的发展历程

赵保路

中国科学院生物物理研究所

电子自旋共振波谱 (ESR 或 EPR) 在中国的发展大致可分为三个阶段: 第一阶段是 1958 年到 1978 年改革开放，这一阶段是自力更生研发 ESR 谱仪并奠定了应用研究的基础；第二阶段是改革开放到中国科学技术大学自主研发脉冲 ESR 谱仪，这一阶段是大量进口国外仪器，国内自主研发被扼杀，但 ESR 应用研究获得较大发展；第三阶段以中国科学技术大学自主研发脉冲 ESR 谱仪为起点至今，中国的 ESR 事业获得新生和迎来大发展。

第一阶段：1958 年到 1978 年改革开放

1958 年中国科学院长春应用化学研究所从苏联进口我国第一台顺磁共振谱仪，并立项研制我国第一台顺磁共振谱仪，在吴钦义先生领导下独立自主完成。确切地讲只能算仿制，但在西方和苏联对我们技术保密、商贸封锁的当时，实属不易，也几乎等同于研制。吴钦义先生应当是我国磁共振 (包括顺磁共振和核磁共振) 谱仪制造的开山鼻祖。第一台顺磁共振谱仪于 1962 年研制成功，并交付中国科学院科学仪器厂批量生产 (DSG 型号，X-波段电子管的 ESR 谱仪)，供给中国科学院一些研究所和一些大学使用，例如中国科学技术大学就有一台，浙江大学物理系也买了一台，一直使用到 1985 年进口仪器，还可以正常工作。

当年同时申请立项的还有中国科学院化学研究所和大连化学物理研究所，但中国科学院只批准长春应用化学研究所一家立项。化学研究所的项目负责人是徐广智先生，他是学化学出身的，但他的团队中有一位 1951 年圣约翰大学毕业的电子工程师黄寿林先生，主要负责谱仪的研制工作。尽管中国科学院没有立项支持，但他们还是在 1963 年也研制成功了。由于中国科学院没有立项支持，不可能推广生产，只能留作自己使用。大连化学物理研究所的项目负责人是徐元植先生，由于他的团队缺乏电子工程技术力量，没有再度申请立项就主动下马了。高校中，只有北京大学物理系董太乾先生 (当时的年轻教师) 曾经开了个头，那个年代的高校科研经费 (包括人力物力) 远远不如中国科学院，只能是无疾而终。

中国科学院生物物理研究所 404 课题组在万谦、卢景雰的带领下也研制成功一台 X-波段、404 型的电子管的 ESR 谱仪。这台仪器达到了国外同类产品的水平，获得中国科学院科技成果奖一等奖 (1980 年)，一直使用到 1986 年。但是，当时因技术、设备和资金所限，没能生产。

与此同时，国内一些学者翻译和出版了一些 ESR 著作。例如在科学出版社就出版了一批，其中有 1965 年向仁生先生的《顺磁共振测量和应用的基本原理》，1975 年北京大学量子电子学教研组等翻译的《顺磁共振译文集》，1978 年孙琦、吴钦义、詹瑞云、忻文娟、施定基、盛沛根、林克鯑等翻译的 H. M. Swartz、J. R. Bolton 和 D. C. Borg 编著的《电子自旋共振的生物学应用》。

在此基础上，国内一些科研单位和大学进行了一些科研工作，发表了一些研究论文。裘祖文先生早在 1958 年就在《科学通报》上发表了用顺磁共振研究有机自由基结构的论文，是我国顺磁共振波谱学应用和理论的开山鼻祖。一些大学开设了 ESR 课程，如陈贤镕教授，1951 年从美国获硕士学位回来，在厦门大学物理系任教，可能是我国最早开设电子自旋共振实验课的老师。他著有《电子自旋共振实验技术》，于 1986 年由科学出版社出版。中国科学技术大学张建中老师除了为近代化学系进行一些科研外，还开设了 ESR 课程，培养一些这方面的人才，为以后 ESR 工作奠定了一定基础。

注：本节由浙江大学的徐元植老师补充撰写，他还同时审阅了整个阅读材料，特此感谢！

第二阶段：改革开放到中国科学技术大学自主研发脉冲 ESR 谱仪

随着改革开放，中国进口了一些国外的 ESR 谱仪，其中包括进口美国 Varian E-109、德国的布鲁克 E-200 X-波段谱仪，另外还从日本和英国进口了少量仪器。世界银行贷款的到来，使我国一下子就进口了 11 台 ESR 谱仪，由于德国布鲁克公司中标，后来几乎全部进口 ESR 谱仪都是从布鲁克公司购买的。为此，美国 Varian 公司宣布，停止生产 ESR 谱仪。这一方面促进了中国 ESR 研究工作的开展，但同时扼杀了中国自主研发，当时中国科学院生物物理研究所研制的晶体管的 404 型 ESR 谱仪已经有几个单位订购了，并且也有公司准备生产，就因为进口仪器的冲击，被扼杀在摇篮里。

后来在国家自然科学基金委员会重点基金支持下，由中国科学院生物物理研究所赵保路教授主持，军事科学院和吉林大学参加，研制成功了 L-波段 ESR 谱仪和 L-波段 ESR 成像系统；在中国科学院基金的支持下，中国科学院生物物理研究所赵保路教授和万谦教授又在 Varian E-109 仪器改装了 X-波段 ESR 成像系统。通过验收，都到达了国际同类产品的水平，而且做了一些研究工作，发表了论文。但由于缺乏后续支持和进口仪器的冲击，没有推广使用，死于胎中。浙江大学徐元植教授研制出了方便型 ESR 仪器，也没能产业化。

1977 年德国布鲁克公司在北京办了一个科学仪器展览会，其中就有顺磁共振 ER-420 谱仪，会后留下，中国科学院把它分配给了福建物质结构研究所。时任所长卢嘉锡教授请来了他的老同学、加拿大不列颠哥伦比亚大学的顺磁专家林慰祯教授，面向全国举办了两期 (1978 年、1979 年两年) 顺磁共振讨论班。在中国科学技术大学也举办了一期顺磁共振讨论班 (年份不详)。1983 年清华大学化学系举办了一期顺磁共振讨论班，邀请徐元植教授主讲。1985 年、1986 年徐元植教授在浙江大学又举办了两期顺磁共振讨论班在全国又掀起了一个高潮。

在此时期，国内 ESR 应用研究达到了一个高峰期，在国内外杂志发表了大量文章，也出版了一些专著。其中 ESR 在生物学和医学领域的研究工作比较突出，特别是基于自旋标记和自选捕捉技术的应用，从而建立了很多新方法，发表了高质量的研究文章，被邀请在国内外的 ESR 会议和自由基研究会议上报告，在国内外产生了比较大的影响。当时在全国波谱学会议上，参加人数和论文数量在高峰时期一度达到与 NMR 平分秋色的程度。这一时期出版了一些著作，从改革开放初期的 1978 年到 2009 年，据不完全统计，就达七部之多，连同 2010 年之后出版的专著有：

徐广智：电子自旋共振波谱基本原理，科学出版社，1978，北京

裘祖文：电子自旋共振波谱，科学出版社，1980，北京

张建中，赵保路，张清刚：自旋标记 ESR 波谱的基本理论和应用，科学出版社，1987，北京

张建中，孙存普：磁共振教程，中国科学技术大学出版社，1996，合肥

张建中，杜泽涵：生物学中的磁共振，科学出版社，2003，北京

徐元植：实用电子磁共振波谱学——基本原理和实际应用，科学出版社，2008，北京

赵保路：电子自旋共振技术在生物和医学中的应用，中国科学技术大学出版社，2009, 合肥

卢景雰：现代电子顺磁共振波谱学及其应用，北京大学医学出版社，2012，北京

徐元植：电子磁共振原理，清华大学出版社，2015，北京

徐元植，姚加：电子磁共振波谱学，清华大学出版社，2016，北京

赵保路：一氧化氮自由基生物学和医学，科学出版社，2016，北京

改革开放后，掀起国际交流热潮，在北海道大学相马纯吉教授 (日方主席) 和浙江大学徐元植教授 (中方主席) 的共同倡导下，于 1987 年 11 月在杭州 (浙江大学) 举行第一届“中日双边 ESR 学术研讨会”。第二届于 1989 年在日本京都大学举行，中方赴日代表 25 人参加。1997 年在香港城市大学举行“亚太地区 ESR/EPR 学术研讨会”。第二届于 1999 年在浙江大学 (杭州) 举行，执行主席是徐元植教授，与会者包括南北美洲、大洋洲、亚洲，甚至也包括欧洲共计 200 余人。2012 年第 8 届再次轮到中国举办，在清华大学举行，李勇担任执行主席 (注：2020 年第 12 届再次轮到中国举办，在中国科学技术大学举行，杜江峰担任执行主席，因新冠疫情而推迟)。

但是随着时间的推移，在每两年一次的全国波谱学学术会议上，ESR

方面参加的人数和投稿论文的数量越来越少，与 NMR 的比例严重失衡，一度达到严重不足的程度。记得当时，每届全国波谱学学术会议上都要有一个 ESR 方面的大会报告，中国科学院生物物理研究所赵保路教授和中国科学院化学研究所的刘扬教授不得不交替完成这个任务。2010 年底，海南的波谱大会上竟然选不出一个 ESR 方面的墙报获奖，说明 ESR 研究已经出现了严重危机。可是调查发现，这一时期国内进口的 ESR 仪器大量增加，很多大学和一些研究单位都花费巨资进口了 ESR 仪器，但是真正能够利用起来的却很少，甚至一些单位购买安装之后，几乎就没有用过，只是为了应付领导和外面的参观。出现这种状况有几个方面的原因，一方面是 NMR 在国内有以叶朝辉院士为代表的中国科学院武汉物理与数学研究所研发力量和其应用领域非常广阔，特别是人体内含有丰富的、具有强磁性核——氢核的水分子，使得 NMR 不仅在仪器研发方面获得了飞速发展，也在生物和医学方面获得广泛应用。

与 NMR 相比，ESR 在国内研发得虽然比较早，也有些专家和学者不断试图进行研发，但没有形成一支强大而又持续的研发力量，加上进口仪器的冲击，就没有发展起来。而在应用方面，ESR 虽然有其独特的功能，也进口了很多台谱仪，但是含有电子自旋的自由基寿命短、浓度稀，限制了其广泛应用。再加上真正要把一台 ESR 仪器使用起来，发挥其作用，需要几方面的人才结合起来。首先需要一个懂仪器的工程技术人员，能够把仪器性能开发出来并且维持其正常运转。其次需要一个能够解析 ESR 波谱的专业人员，因为不像 NMR 有标准波谱图可以查找和对比，ESR 波谱没有标准波谱图，得到一个新 ESR 图谱，需要计算、模拟和解析过程，才能明白得到的图谱所对应的结构。最后还需要有持续维持仪器运转的经费，需要申请到基金或者单位给以支持。这三方面缺一不可，否则就是再好的仪器，也很难发挥作用。

第三阶段：以中国科学技术大学自主研发 ESR 谱仪为起点至今

就在中国 ESR 发展的低谷，平地一声春雷，以杜江峰院士为代表的中国科学技术大学的年轻学者研发出了具有国际先进水平的脉冲 ESR 仪器，而且做出国际领先的应用工作，在物理学和生物学研究中做出了出色的成果，发表了高水平的研究论文。另外，中国科学技术大学自 2011 年起每年组织召开一次全国电子顺磁共振波谱学学术研讨会，并举办一些电子顺磁共振波谱研讨班等。这不仅大大推动了 ESR 波谱学在国内的学术交流，而且培养了大批 ESR 人才，为我国 ESR 事业发展发挥了巨大作用。

2018 年 5 月 3~4 日，以“顺磁共振的科学研究与医学应用”为主题的，由科技部发起，科技部和中国科学院共同支持下的第 624 次香山科学会议学术讨论会在北京香山饭店成功召开，会议聘请香港大学沈剑刚教授、中国科学技术大学杜江峰教授、上海交通大学张志愿教授、美国达特茅斯学院哈罗德 • 斯沃茨教授、美国新墨西哥大学刘克建教授和中国科学院化学研究所刘扬研究员担任会议执行主席。来自国内外 20 余个单位的 50 名专家学者应邀出席了会议。会议围绕 ① EPR 在临床医学中的应用；② EPR 仪器设备发展与应用；③ EPR 生物医学应用中的分子探针技术等中心议题进行了深入讨论。

近年来，我国电子顺磁共振波谱学在物理、化学、材料科学、生命科学、医学和环境科学等研究领域取得许多瞩目的最新研究成果，并保持着良好的发展势头。中国的 ESR 事业必将在他们的带领下走向辉煌！

最后值得一提的是，2015 年，82 岁高龄的浙江大学徐元植教授捐款 100 万元，设立中国 ESR 基金，每年对有突出贡献的 ESR 工作者给予奖励，这必将促进中国 ESR 事业的发展。徐元植教授不仅一生致力于 ESR 事业，而且在晚年把自己毕生所积蓄的 100 万元捐赠给中国的 ESR 事业，这种精神必将鼓励我国 ESR 工作者更加努力为中国的 ESR 奋起而工作！向徐元植教授致敬！

附：卢景雰，刘扬. 2011. 中国电子顺磁共振 (EPR) 发展 50 年回顾. 波谱学杂志，28: 564-572.

最后，再次感谢赵保路、徐元植两位老师的辛苦付出！

工欲善其事，必先利其器。

——《论语 • 卫灵公》

第 2 章 谱仪原理和操作

根据微波辐照的持续性，EPR 谱仪分成连续波谱仪 (continuous wave EPR, cw-EPR) 和脉冲式谱仪 (pulsed EPR)。连续波谱仪根据谐振腔内谐振波电磁场的空间分布，又分成垂直 (⊥EPR) 和平行 (∥ EPR) 两种模式 (perpendicular and parallel modes)。垂直模式，即常规 EPR(conventional EPR)。X-波段实验，若以 $nd^{2,4,6,8}$ 等组态的过渡离子为研究对象，须使用 ∥ EPR 才可检测其源自禁戒跃迁的微弱吸收峰。

谱仪原理涉及电动力学的许多基础知识，建议读者在学习本章的同时，去阅读郭硕鸿主编的《电动力学》，加深对原理性问题的理解。

2.1 跃迁和跃迁概率

跃迁和跃迁概率既是磁共振谱仪的基本工作原理，也是磁共振波谱的核心内容，详细的推导，参考所引的 Mabbs 和 Collison(1992) 与 Atherton(1993) 等的专著。

2.1.1 静磁场中的自旋角动量

自由电子 ($S=1/2$) 在没有外加静磁场时，能级是简并的，详见 1.3.3 节。沿 z 轴施加静磁场 B_0 后，电子自旋发生能级分裂，形成两个不同自旋取向的能态 $|\alpha\rangle=\left|\frac{1}{2},+\frac{1}{2}\right\rangle$ 与 $|\beta\rangle=\left|\frac{1}{2},-\frac{1}{2}\right\rangle$，能级间隔是

$$\left.\begin{aligned}\widehat{\boldsymbol{\mathcal{H}}}_{\mathbf{0}}=-\boldsymbol{\mu}\cdot\boldsymbol{B}&=g_{\mathrm{e}}\mu_{\mathrm{B}}B_0\hat{S}_z\\ \Delta E=E_\alpha-E_\beta&=g_{\mathrm{e}}\mu_{\mathrm{B}}B_0\end{aligned}\right\}\tag{2.1.1}$$

$\widehat{\boldsymbol{\mathcal{H}}}_{\mathbf{0}}$ 又称为磁场作用能。电子自旋围绕外磁场 B_0 所作的周期运动，称为拉莫尔进动 (Larmor precession)，进动频率用拉莫尔频率 (Larmor frequency)ω_{e} 表示，

$$\omega_{\mathrm{e}}=\gamma_{\mathrm{e}}B_0\tag{2.1.2}$$

电子的旋磁比 $\gamma_{\mathrm{e}}=\dfrac{g_{\mathrm{e}}\mu_{\mathrm{B}}}{h}=28.0249514242\ \mathrm{MHz\cdot mT^{-1}}$，$B_0$ 是静磁场强度，故 $\omega_{\mathrm{e}}>0$，遵循右手螺旋定则，即握住右手，让大拇指指向外加静磁场 B_0 的方向，

四指弯曲指向是拉莫尔进动的旋转方向；反之，遵循左手螺旋定则。对于系综，静磁场 B_0 还诱导形成一布居数差 ΔN 和一个宏观磁化率 M_0(图 2.1.1)，算符 $\hat{O}$ 对态矢 $|S, m_S\rangle$($|\alpha\rangle$ 态、$|\beta\rangle$ 态) 作操作时所得结果是

$$\left.\begin{aligned}\hat{O}_z\left|\frac{1}{2},\pm\frac{1}{2}\right\rangle &= \pm\frac{1}{2}\left|\frac{1}{2},\pm\frac{1}{2}\right\rangle\\ \hat{O}_x\left|\frac{1}{2},\pm\frac{1}{2}\right\rangle &= +\frac{1}{2}\left|\frac{1}{2},\mp\frac{1}{2}\right\rangle\\ \hat{O}_y\left|\frac{1}{2},\pm\frac{1}{2}\right\rangle &= \pm\frac{1}{2\mathrm{i}}\left|\frac{1}{2},\mp\frac{1}{2}\right\rangle\end{aligned}\right\}\tag{2.1.3}$$

其中，算符分量 $\hat{O}_x$ 或 $\hat{O}_y$ 作用在 $|\alpha\rangle$ 或 $|\beta\rangle$ 上，均发生 $m=\pm1$ 的磁量子数变化，即潜在的允许跃迁。技术上，优先选择沿 x 轴 (即 $\hat{O}_x$) 作为微波或射频的辐照方向。

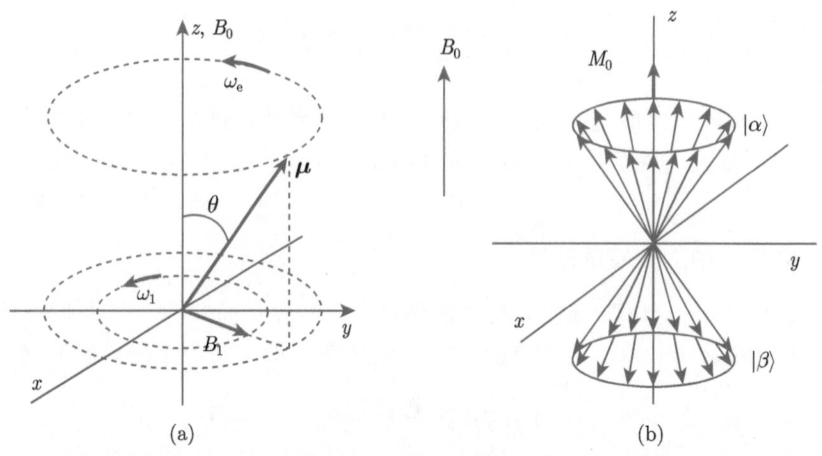

图 2.1.1　(a) 电子自旋角动量在外磁场中的运动；(b) 系综样品在外磁场形成一个平衡态分布。角频率 ω_{e} 和 ω_1 分别是电子自旋和偏振磁场的拉莫尔频率和振荡频率。注意电子的自旋 $\boldsymbol{S}$ 与磁矩 $\boldsymbol{\mu}$ 的方向相反

接下来，我们先讨论单自旋，然后再扩展到常规的系综样品。

在外磁场 $\boldsymbol{B}$ 中，电子自旋角动量 $\boldsymbol{S}$ 的运动是

$$\frac{\mathrm{d}\boldsymbol{S}}{\mathrm{d}t}=\boldsymbol{\mu}\cdot\boldsymbol{B}\tag{2.1.4}$$

由式 (1.2.2)，已知 $\boldsymbol{\mu}=-g_{\mathrm{e}}\mu_{\mathrm{B}}\boldsymbol{S}$，代入上式，得

$$\frac{\mathrm{d}\boldsymbol{\mu}}{\mathrm{d}t} = -g_{\mathrm{e}}\mu_{\mathrm{B}}(\boldsymbol{B}\cdot\boldsymbol{S}) \tag{2.1.5}$$

对于单电子自旋，在外磁场的投影只能取 $|\alpha\rangle$ 或 $|\beta\rangle$ 中的一个，图 2.1.1(a) 示意了取 $|\beta\rangle$ 时的运动状态。用 $(\boldsymbol{i},\boldsymbol{j},\boldsymbol{k})$ 描述 x,y,z 坐标系的单位矢量时，沿 z 轴施加的强度为 B_0 的外磁场 $\boldsymbol{B}$ 可被分解成

$$\left.\begin{aligned} &\boldsymbol{B} = B_0\boldsymbol{k} && (z\text{轴}) \\ &\boldsymbol{\mu}\cdot\boldsymbol{B}=(\boldsymbol{\mu_x j}-\boldsymbol{\mu_y i}) && (xy\text{平面}) \end{aligned}\right\} \tag{2.1.6}$$

其中，$\boldsymbol{\mu}\cdot\boldsymbol{B}=(\boldsymbol{\mu_x j}-\boldsymbol{\mu_y i})$ 是 $\boldsymbol{B}\cdot\boldsymbol{S}$ 的交叉积。对 $\boldsymbol{\mu}$ 作偏导，得

$$\left.\begin{aligned} \frac{\mathrm{d}\boldsymbol{\mu_x}}{\mathrm{d}t} &= -g_{\mathrm{e}}\mu_{\mathrm{B}}B_0\boldsymbol{\mu_y} \\ \frac{\mathrm{d}\boldsymbol{\mu_y}}{\mathrm{d}t} &= g_{\mathrm{e}}\mu_{\mathrm{B}}B_0\boldsymbol{\mu_x} \\ \frac{\mathrm{d}\boldsymbol{\mu_z}}{\mathrm{d}t} &= 0 \end{aligned}\right\} \tag{2.1.7}$$

它们的解是

$$\left.\begin{aligned} \mu_x &= \mu\sin\theta\cos\omega_{\mathrm{e}}t \\ \mu_y &= \mu\sin\theta\sin\omega_{\mathrm{e}}t \\ \mu_z &= \mu\cos\theta \end{aligned}\right\} \tag{2.1.8}$$

由式 (1.3.2)，已知 $\mu = -\sqrt{3}g_{\mathrm{e}}\mu_{\mathrm{B}}/2$。这表明，磁矩 $\boldsymbol{\mu}$ 在 z 轴向的投影分量 μ_z 是一个不变量，是可被探测的物理量，参考图 1.3.1(b) 的 $\mu_{S,z}$；μ_x 和 μ_y 两个分量在 xy 平面内作周期振荡，平均值为零，无法探测。此时，若在 x 或 y 方向施加一个角频率为 ω_1 的偏振磁场 $\boldsymbol{B}_1$，只要满足 $\omega_{\mathrm{e}} = \omega_1$，哪怕其幅值 B_1 非常微弱，其所提供的能量也足够激励电子自旋投影由 $|\alpha\rangle$ 向 $|\beta\rangle$ 态跃迁，可探测的磁矩由 μ_z 变成 $-\mu_z$，即 θ 发生变化 (图 1.3.1)。对于 $S \geqslant 1$ 的高自旋体系，详见 4.4 节。

系综内所有电子磁矩 μ_i 的总和，构成系综的宏观磁矩，$\mu = \sum \mu_i$。在外磁场 B_0 中，$|\alpha\rangle$ 和 $|\beta\rangle$ 态根据玻尔兹曼原则作布居分布。理想情况下，若每个自旋磁矩都与外磁场平行 (即所有自旋角动量均处于 $|\beta\rangle$ 态)，系综能量最低。如 $T = 0\,\mathrm{K}$ 时，含 N 个电子的系综，其磁矩 $\mu = N\mu_i$。实际上，实验探测温度都在液氦温度 (4.2 K) 或更高，这时系综内的自旋将会形成如图 2.1.1(b) 所示的热平衡态，其净磁矩 $M_0 \propto \Delta N\mu_i$($\Delta N$ 详见 1.3 节和 1.4 节)。M_0 在外磁场 B_0 中的进动情况，与单自旋的类似，将式 (2.1.8) 中的 μ 替换成 M 即可，

$$\left.\begin{aligned}M_x &= M\sin\theta\cos\omega_{\mathrm{e}}t\\ M_y &= M\sin\theta\sin\omega_{\mathrm{e}}t\\ M_z &= M\cos\theta\end{aligned}\right\}\tag{2.1.9}$$

依此类推到式 (2.1.7) 之前的其他式子。在 5.1 节，我们还对上述推导作更深入的展开，形成脉冲技术的理论基础。

2.1.2　含时微扰，跃迁概率，同相和异相

对业已在外磁场 B_0 建立平衡态的自旋系综，若沿 x 轴施加一频率为 ω_1 的圆偏振或线偏振磁场 (circularly or linearly polarized magnetic field)，就可以激励 $|\alpha\rangle \leftrightarrow |\beta\rangle$ 的跃迁。以圆偏振磁场 (电磁波是交变磁场存在的基本形式) 为例，它可分解成两个组分，

$$2B_1\cos\omega_1 t = B_1(\mathrm{e}^{\mathrm{i}\omega_1 t}+\mathrm{e}^{-\mathrm{i}\omega_1 t})\tag{2.1.10}$$

当满足共振条件 $\omega_1=\omega_{\mathrm{e}}$ 时，括号内两项：一项是有效项，它的旋转方向与电子拉莫尔进动方向一致，且频率差为零，能激励跃迁，称为共振 (on resonance)；另一项是无效项，它的旋转方向与拉莫尔进动方向相反，频率差是 $2\omega_1$，称为偏共振 (off resonance)。$g>0$，有效项是右手偏振磁场部分；$g<0$，有效项是左手偏振磁场部分。

当微波磁场部分也是沿着 x 轴时，$\boldsymbol{B}_1$ 的表达式变成

$$\widehat{\boldsymbol{\mathcal{H}}}_{\mathbf{1}}(t) = \mu_x B_{1x} = \frac{1}{2}g_{\mathrm{e}}\mu_{\mathrm{B}}S_x B_1(\mathrm{e}^{\mathrm{i}\omega_1 t}+\mathrm{e}^{-\mathrm{i}\omega_1 t})\tag{2.1.11}$$

自旋哈密顿量 $\widehat{\boldsymbol{\mathcal{H}}}_S$ 变成

$$\widehat{\boldsymbol{\mathcal{H}}}_S = \widehat{\boldsymbol{\mathcal{H}}}_0 + \widehat{\boldsymbol{\mathcal{H}}}_1(t)\tag{2.1.12}$$

$\widehat{\boldsymbol{\mathcal{H}}}_1(t)$ 是电子自旋在静磁场 $\boldsymbol{B}_0$ 与微波辐射场 $\boldsymbol{B}_1$ 的含时相互作用，具体形式与谐振腔的构造或辐照模式等有关。同样地，满足共振时，$\omega_1=\omega_{\mathrm{e}}$，$\widehat{\boldsymbol{\mathcal{H}}}_1(t)$ 的一个分量与 ω_{e} 同向平行，可激励跃迁，另一个分量则与 ω_{e} 反向平行，不会激励跃迁。一般地，微波交变磁场 B_1 远小于静磁场 B_0，即 $B_1\ll B_0$(详见 2.1.3 节)，故 $\widehat{\boldsymbol{\mathcal{H}}}_1(t)\ll\widehat{\boldsymbol{\mathcal{H}}}_0$。于是，我们可以把 $\widehat{\boldsymbol{\mathcal{H}}}_1(t)$ 视为 $\widehat{\boldsymbol{\mathcal{H}}}_0$ 的一阶微扰，它激励后者 $|\alpha\rangle$ 和 $|\beta\rangle$ 两个本征态间的跃迁。

我们先作一个一般性的描述。$t=0$ 时，$\widehat{\boldsymbol{\mathcal{H}}}_1(t)$ 作用在波函数为 ψ_m 的 $|m\rangle$ 态上，使其跃迁到波函数为 ψ_n 的 $|n\rangle$ 态上的含时概率 $P_{m\to n}(t)$ 是

$$P_{m\to n}(t) = a_n(t)a_n^*(t)\tag{2.1.13}$$

省略具体推导过程，$a_n(t)$ 的积分形式是

$$a_n(t) = \frac{g_e\mu_B B_1}{2\hbar} \cdot \langle n|\hat{S}_x|m\rangle \cdot \frac{1 - e^{-i(\omega_1-\omega_{mn})t}}{\omega_1 - \omega_{mn}} \tag{2.1.14}$$

其中，$\omega_{mn} = (E_n - E_m)/2$ 是 $|n\rangle$ 态与 $|m\rangle$ 态的能级差，$\dfrac{1 - e^{-i(\omega_1-\omega_{mn})t}}{\omega_1 - \omega_{mn}}$ 是吸收峰的线型方程。令 $\theta = (\omega_1 - \omega_{mn})t$，上式简化成

$$a_n(t) = \frac{g_e\mu_B B_1}{2\hbar} \cdot \langle n|\hat{S}_x|m\rangle \cdot \frac{1 - \cos\theta + i\sin\theta}{\theta} \tag{2.1.15}$$

$\widehat{\mathcal{H}}_1(t)$ 在某个时刻 $t > 0$ 所引发的跃迁概率是

$$a_n(t)\,a_n^*(t) = \left(\frac{g_e\mu_B B_1}{2\hbar}\right)^2 \cdot \left|\langle n|\hat{S}_x|m\rangle\right|^2 \cdot t^2 \cdot \left[\frac{\sin^2\dfrac{\theta}{2}}{\dfrac{\theta^2}{2}}\right] \tag{2.1.16}$$

对上式第四项 (中括号内的项) 对频率 ν 作积分，

$$\int_{-\infty}^{\infty} \frac{\sin^2\dfrac{\theta}{2}}{\dfrac{\theta^2}{2}} d\nu = \frac{2}{\pi t}\int_0^{\infty} \frac{\sin^2\dfrac{\theta}{2}}{\dfrac{\theta^2}{2}} d\left(\frac{\theta}{2}\right) = \frac{1}{t} \tag{2.1.17}$$

注：$d\nu = \dfrac{1}{\pi t} d\left(\dfrac{\theta}{2}\right)$，$\displaystyle\int_0^{\infty} \frac{\sin^2\dfrac{\theta}{2}}{\dfrac{\theta^2}{2}} d\left(\frac{\theta}{2}\right) = \frac{\pi}{2}$。于是，某一具体时刻 t 的跃迁概率 $P_{m\to n}(t)$ 是

$$P_{m\to n}(t) = \left(\frac{g_e\mu_B B_1}{2\hbar}\right)^2 \cdot \left|\langle n|\hat{S}_x|m\rangle\right|^2 \cdot t \tag{2.1.18}$$

当静磁场 B_0 和微波交变磁场 B_1 同时施加时，方向余弦表示的实际磁场 B 是

$$B = iB_1\cos\omega_1 t + jB_1\sin\omega_1 t + kB_0 \tag{2.1.19}$$

相应地，磁化矢量分量布洛赫 (Bloch) 方程是

$$\left.\begin{aligned}
\frac{dM_x}{dt} &= \gamma_e(-M_yB_0 + M_zB_1\sin\omega_1 t) - \frac{M_y}{T_2}\\
\frac{dM_y}{dt} &= \gamma_e(-M_zB_1\cos\omega_1 t + M_xB_0) - \frac{M_x}{T_2}\\
\frac{dM_z}{dt} &= \gamma_e(-M_xB_1\sin\omega_1 t + M_yB_1\cos\omega_1 t) + \frac{M_0 - M_z}{T_1}
\end{aligned}\right\} \tag{2.1.20}$$

将其置于旋转坐标系中，这组方程就很容易求解，详见 5.1 节。令

$$\left.\begin{aligned} u &= M_x \cos\omega_1 t + M_y \sin\omega_1 t \\ v &= M_x \sin\omega_1 t - M_y \cos\omega_1 t \end{aligned}\right\} \tag{2.1.21}$$

其中，u 与 B_1 相位相同，v 与 B_1 有 $\pi/2$ 的滞后相位，称为 $\pi/2$ 异相，相应的磁化矢量分量被称为同相分量和异相分量 (in-phase and out-of-phase components)。

2.1.3 单量子跃迁，g 因子的正与负

技术上，EPR 谱仪采用频率为 ω_1 的线偏振磁场 B_1，沿 x 方向施加，

$$\left.\begin{aligned} B_1^x &= V(t) = 2g_e\mu_B B_1 \cos\omega_1 t \\ B_1^y &= B_1^z = 0 \end{aligned}\right\} \tag{2.1.22}$$

不考虑含时部分时，$|\beta\rangle \to |\alpha\rangle$ 的跃迁概率 $P_{\beta\to\alpha}$ 是

$$P_{\beta\to\alpha} = \frac{8\pi^3}{h^2} \cdot \left|\langle\alpha|\, g_e\mu_B B_1 \hat{S}_x |\, \beta\rangle\right|^2 \cdot \delta\left(E_\alpha - E_\beta - h\nu\right) \tag{2.1.23}$$

其中，$\delta\left(E_\alpha - E_\beta - h\nu\right)$ 是描述吸收峰的一般形式的线型方程 (图 1.1.1)。由 1.5.3 节，已知 $\left|\langle\alpha|\, \hat{S}_x |\, \beta\rangle\right|^2 = 1/4$，略去线型方程，上式简化成

$$P_{\beta\to\alpha} = \frac{8\pi^3}{h^2} \cdot g_e^2\mu_B^2 B_1^2 \left|\langle\alpha|\, \hat{S}_x |\, \beta\rangle\right|^2 = \frac{2\pi}{h^2} \cdot g_e^2\mu_B^2 B_1^2 \tag{2.1.24}$$

同样地，$\left|\langle\beta|\, \hat{S}_x |\, \alpha\rangle\right|^2 = 1/4$，故概率 $P_{\alpha\to\beta} = P_{\beta\to\alpha}$。或者，将 $h = 2\pi\hbar$ 代入，得

$$P_{\beta\to\alpha} = \frac{\pi}{2\hbar^2} \cdot g_e^2\mu_B^2 B_1^2 \tag{2.1.25}$$

这表明,实验探测所得的跃迁强度正比于 $g_{ij}^2 B_1^2$,而无关于 g_{ij} 的正负。因此,$g_{ij} > 0$ 是一般的默认情况。但是，在不少情况下，g_{ij} 是存在正、负的，尤其是含血红素的蛋白质和类似的配合物，详见文献 [1-4]。若想区分 g_{ij} 的正与负，则须使用圆偏振磁场 B_1。

微波或射频施加的方向由 x 轴变成 y 轴时，并不影响以上的推导过程。在高级 EPR 中，会在 x 和 y 轴同时施加不同频率的微波来激发电子-电子双共振，或 x 轴微波、y 轴射频一起激励电子自旋与核自旋的双或三双共振，详见第 5 章。

以上跃迁，电子自旋磁量子数 m_S 发生 $\Delta m_S = \pm 1$ 的变化，其他的磁量子数如 m_I 等不发生变化，即 $\Delta m_I = 0$，称为允许跃迁和单量子跃迁 (single-quantum transitions, SQ)。这个过程,能量守恒,自旋亦守恒,$\Delta = h\nu$, $\Delta m_S=\pm1$,自旋守恒由光量子来保证。用于激励自旋跃迁的微波或射频光量子的自旋角动量 $J=1$,有三个自旋态,分别是 $m_J=0$ 和 $m_J=\pm1$。$m_J=0$ 的光量子称为 π 光子,角动量的 z 分量为 0;$m_J=\pm1$ 的光量子称为 σ^+ 和 σ^- 光量子,角动量的 z 分量分别是 $+\hbar$ 和 $-\hbar$。

2.1.4 多量子跃迁

上文的讨论是适用于各个能级等间隔的理想体系。实际的研究对象,大多数是能级非等间隔的复杂体系。例如,电子自旋和核自旋不再是好的量子数,还可能检测到禁戒跃迁:如 $S=\dfrac{1}{2}$、$I\geqslant\dfrac{1}{2}$ 的体系,或 $S\geqslant1$ 的体系,会发生双、三、$\cdots$ 等多量子跃迁,如 $\Delta m_S=\pm1$、$\Delta m_I=\pm1,\pm2,\cdots$,如图 3.1.5 所示。在高自旋体系,$\Delta m_S=\pm2, \pm3, \pm4,\cdots$ 等多量子跃迁,如图 2.1.2 所示。

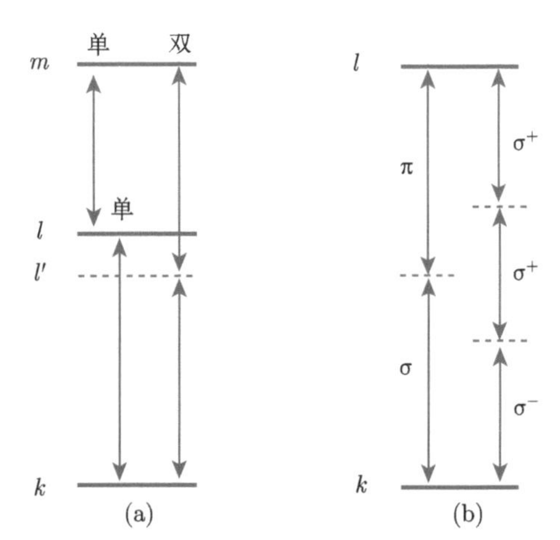

图 2.1.2 多量子的禁戒跃迁。单、双表示单、双量子跃迁,各个能级的用态矢 $\phi_{k,l,m}$ 表示

以图 2.1.2(a) 所示的非等间隔三能级体系的双量子跃迁为例,k 与 l、l 与 m 间的能级间隔分别是 $\Delta E_{lk}=E_l-E_k$,$\Delta E_{ml}=E_m-E_l$,且 $\Delta E_{ml}\neq\Delta E_{lk}$。$k$ 与 m 间的能级间隔恰好是光量子能量的两倍,即 $\Delta E_{mk}=E_m-E_k=2h\nu$,这两能级间的跃迁幅度 $a_{k\to m}$ 是

$$a_{k\to m}\propto B_1^2\cdot\frac{\langle\phi_k|\,\hat{S}_+|\phi_l\,\langle\phi_l|\,\hat{S}_+|\,\phi_m\rangle}{\Delta E_{ml}-\dfrac{\Delta E_{mk}}{2}} \tag{2.1.26}$$

显然,$\varDelta=\Delta E_{ml}-\dfrac{\Delta E_{mk}}{2}$,将导致吸收峰幅度变小。这个跃迁过程相当于自旋态 k 吸收第一个光量子,先跃迁到理论存在的拟中间态 l',然后吸收第二个光量

子再由 l' 态跃迁到 m 态。有时，两个能级间还可发生图 2.1.2(b) 所示的另外一种多量子跃迁形式：① 单量子跃迁，跃迁所需能量由一个 σ^+ 或 σ^- 光量子提供；② 双量子跃迁，能量由一个 σ^+ 和一个 π 光量子一起提供；③ 三量子跃迁，能量由两个 σ^+ 和一个 σ^- 光量子共同提供。

2.2　谱仪构造和工作原理

EPR 谱仪分连续波和脉冲式两种。所谓连续波，是指在探测样品共振响应过程中，作用微波不间断地辐照在样品上。相应地，脉冲式是指微波辐照是间断的，样品响应信号的探测是在微波停止辐照之后的某时段。EPR 谱仪的主要结构有磁场系统、微波波源、微波输送、谐振腔、探测系统、调制系统、低温系统、样品容器、辅助冷却系统等，图 2.2.1 示意了国仪量子 X-波段 EPR-100 型谱仪的外观模型图，电路图如图 2.2.2 所示。其中，电磁波的产生、输送、吸收、反馈和检测等过程，是电动力学基本知识的应用，读者需阅读《电动力学》教材，以掌握基本理论。对谱仪工作原理特别感兴趣的读者，请参考 Alger (1968) 和 Poole (1983) 等的技术专著。

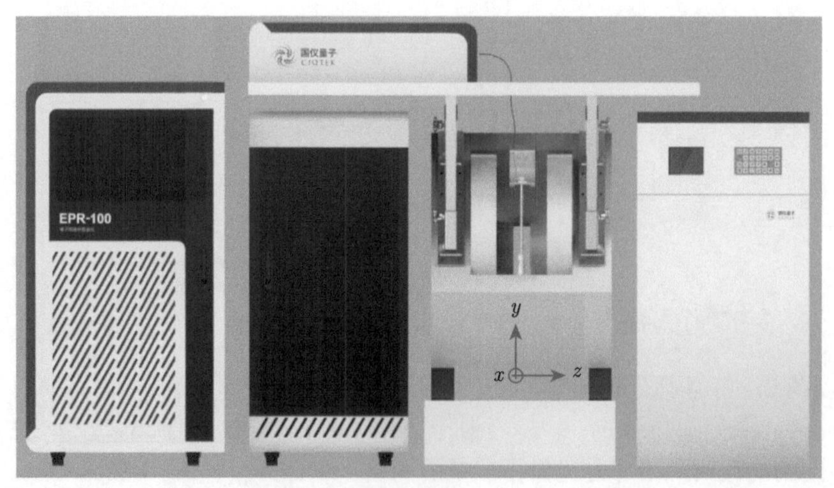

图 2.2.1　国仪量子 EPR-100 型谱仪的外观模型图。自左到右：控制柜，微波桥 (中上)，稳压电源 (中左)，磁体和谐振腔 (中右)，水冷系统。水平向：z 轴；纵向：y 轴；垂直于纸面：x 轴

2.2.1　磁场系统，g 值制约

磁场系统提供一个稳定、均匀且线性变化的静磁场 B_0，用来诱导如图 2.2.3 所示的塞曼分裂，使电子自旋由简并转变成二能级，形成呈玻尔兹曼分布的平衡态。对存在零场能级结构的体系，塞曼分裂将使能级结构变得愈加复杂 (详见第

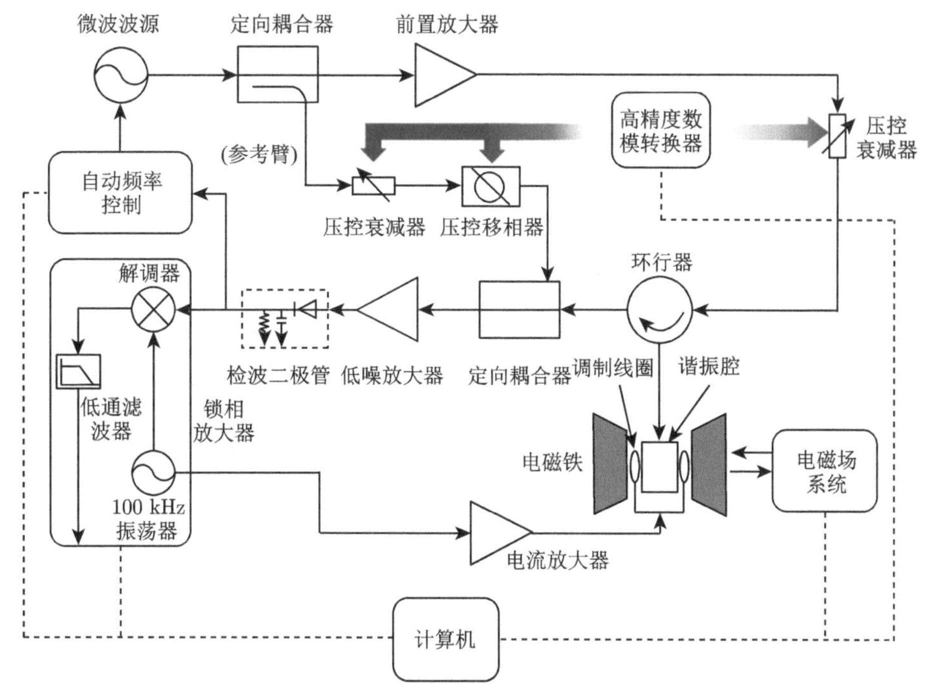

图 2.2.2 国仪量子 X-波段 EPR-100 型谱仪的基本电路图

4 章)。目前，常用的磁体有四种：永磁体、电磁体、超导磁体和脉冲强磁场。顾名思义，永磁体是指能够长期保持其磁性的磁体，常用于成像技术或扫频 EPR。电磁体是最常用的磁体，其核心线圈由铜线 (圆、扁均有) 或铜带绕成，放置样品所在特定空间位置的磁场强度 B_0 与电流强度 I 成正比，

$$B_0 \propto \mu_0 I \tag{2.2.1}$$

如常规 X-波段谱仪，磁场 1000 G、2000 G、3000 G、4000 G、5000 G 等所对应的电流强度 ~ 3.1 A、~ 6.2 A、~ 9.4 A、~ 12.5 A、~ 15.7 A，平均 ~ 322.58 G/A。如此强电流所产生的热量，用循环冷却水加以耗散。注：当磁极间隙存在磁化率较强的材料 (如特意放置的铁芯或铁磁性样品) 时，式 (2.2.1) 将失效，必须考虑感应磁场强度。

电磁体所能产生的最大磁场强度是 2 T，满足 35 GHz 以下谱仪的需要：$g=2.0$ 的共振磁场强度是 B_r= 1250 mT(Q-波段，35 GHz)、715 mT(K-波段，20 GHz)、340 mT(X-波段，9.5 GHz)、125 mT(S-波段，3.5 GHz)、35.7 mT(L-波段，1 GHz) 等，如图 2.2.3 所示。选择多大的磁场范围，与具体研究对象的最小 g_{ij} 因子有关，称为 g 值制约 (g-factor limitation)。例如，$g\sim 1.25$ 的共振吸收峰，在 X-波段 (9.5 GHz)B_r =543 mT，K-波段 (20 GHz)B_r = 1143 mT，而 Q-波段

(35 GHz)B_r= 2 T，已超出电磁体所能提供的范围。因此，X-波段 (9.5 GHz) 谱仪可探测 $g \leqslant 0.34$($B_r \leqslant 2000$ mT) 的吸收峰，Q-波段谱仪则无法探测 $g<1.25$ 的吸收峰。例如，大部分稀土离子的吸收峰位于 $g \sim 1.0$ 附近，不适用于 Q-波段以上高频谱仪的研究。

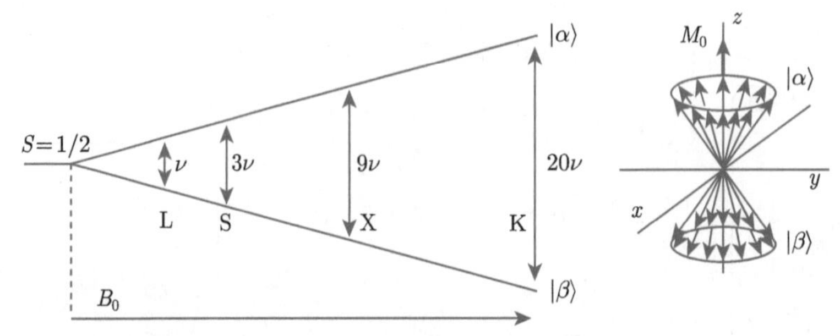

图 2.2.3 塞曼分裂趋势。令 $\nu = 1$ GHz，自左到右即分别对应 L-、S-、X-和 K-等波段

W-波段 (94 GHz) 谱仪，使用混合磁体 (hybrid magnet system)，即一个 6 T 的超导磁体和一个 30 mT 的水冷磁体。其中，超导体磁场的核心部件浸在液氦中，外围是液氮保护。$g = 2.0$ 的吸收峰 B_r= 3.358 T，此时电流强度是 ~ 55.8 A。目前，新型的不使用液氦的干式制冷超导磁体也已经被成功研制，并应用于国仪的 W-波段谱仪。

以上这三种磁体产生的磁场都是稳态的，称为稳态磁场。另外一种磁体是脉冲强磁场，该技术可以在很短的时间内 (~ 10 ms)，将磁场由 0 迅速增至 100 T。该技术已经在华中科技大学国家脉冲强磁场科学中心建成并得到广泛应用，参考本章末的阅读材料。

图 2.2.3 进一步表明，布居数差 ΔN 和宏观磁化率 M_0 随着静磁场 B_0 增大而增大，即等效于温度的逐渐下降，这会有效地提高信号强度。但是，高频谱仪可以盛放的样品量远较 X-波段少，如 X-波段圆柱形 EPR 管外径 ~ 4 mm，Q-段波减小至 ~ 2 mm，W-波段则仅为 0.6 mm。

谱仪实际的静磁场强度，是通过固定在磁极之间的霍尔探头来测量，该探头会给出一个正比于静磁场强度的输出电压，谱仪控制系统再根据该电压来反馈修正磁体电流。现代 EPR 谱仪是使用 24 比特数字模拟转换器来控制磁体电流。磁场均匀性对于某些带宽小于 0.01 mT 的样品是非常重要的，倘若辐照至样品上的外磁场不够均匀，那么吸收峰会展宽。商用谱仪的电磁铁，其磁头直径是 30 cm，能够在中心轴线附近的 1 mL 左右的空间内产生偏差小于 1 μT 的均匀磁场。

2.2.2 微波波源

微波波源系统 (又称微波桥)，用于产生所需的激励电磁波 B_1 场。它主要由波源、定向耦合器、前置放大器、衰减器等电子器件组成，用于对所产生的微波进行调谐、增益放大、衰减等处理。波源主要构件是电子振荡器，是用来产生具有周期性的模拟信号 (通常是正弦波或方波) 的电子电路。普通的射频振荡器可以提供 $\nu < 1\,\text{GHz}$ 的射频和微波。介于 $1\text{GHz} <\nu < 100\,\text{GHz}$ 微波，有多种不同形式的管状振荡电路，如磁控管 (magnetron)、速调管 (klystron)、行波管 (travelling wave tube，TWT)、反波管 (backward wave oscillator)、特制的二极管和三极管 (如固态的耿氏二极管，Gunn diode)、回旋管 (gyrotron)、自由电子激光管等。其中，速调管曾是最常用的波源，如今已大部分被性能稳定的耿氏二极管波源所代替。回旋管能提供 20∼ 250 GHz 的微波，主要应用于 100 GHz 以上的高频谱仪。

反射式速调管的基本结构和工作原理，如图 2.2.4 所示。它是一个真空装置，是靠周期性地调制电子束的速度来实现振荡功能的微波电子管。管芯含有三个电极和一个控制栅极，管芯外面有多个腔体和激励线圈。三个电极的功能分别是：阴极，发射电子；阳极，相对于阴极处于正电位；反射极，用于反射电子，相对于阴极为高负电位。工作时，先施加工作电压 V_{A}，电子束首先从阴极发射出来，经阳极加速，从控制栅极穿过，抵达反射极后反射回阳极。带电电子自控制栅极 → 反射极 → 阳极的运动过程，产生一个振荡的交变电场。真空中，电场和磁场互相激发，形成所需的电磁波。这过程所需的时间 t 对应着交变电场的频率 $\nu= 1/t$。通过改变阳极与反射极的间隔或施加一个反射极电压 V_{R}，可将频率 ν 锁定于某个具体值。实际上，电子离开阴极后，会经过一个高频电场，对电子束作速度调制，故而得名速调管。速调管还能用于微波功率放大。

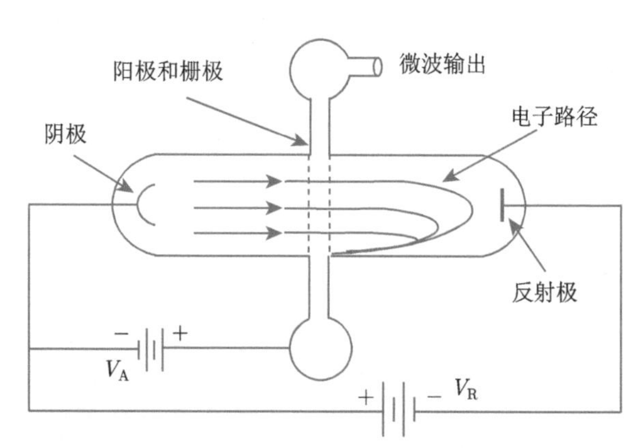

图 2.2.4 反射式速调管的基本结构

2.2.3 微波频率，大气透明窗口

一般地，磁场系统能提供我们想要的任意磁场强度 B_{r}，即 $\Delta E = E_\alpha - E_\beta$ 可以任意大。这是否也意味着我们可以连续地选择任意频率用来激励自旋跃迁呢？答案是否定的。微波属于毫米波 (表 1.3.1)，其在大气中传播时，衰减随频率增加

而线性增大。如图 2.2.5 所示，在 22.4 GHz、59.8 GHz、118.8 GHz、183.3 GHz 等附近有明显的、因水蒸气或氧气吸收而造成的衰减峰。在 35 GHz、95 GHz、140 GHz、225 GHz 附近的衰减明显较小，习惯上将它们称为大气透明窗口。EPR 谱仪的实际操作，直接敞露在大气中，工作频率无一例外地落在大气透明窗口中。

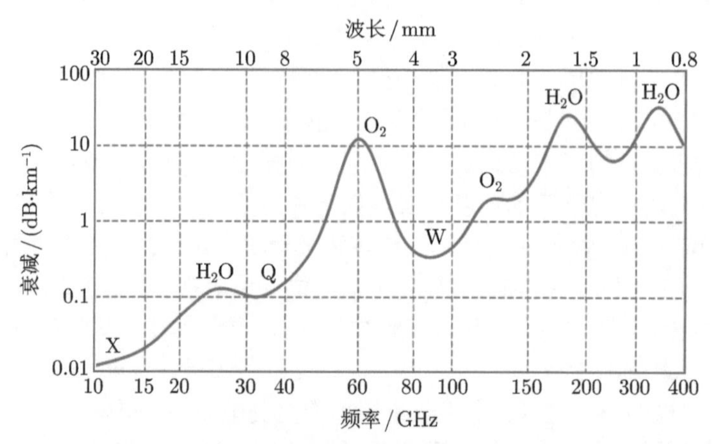

图 2.2.5　海平面的毫米波平均大气吸收，以及水蒸气、氧气等的吸收峰

微波源的输出频率必须和带宽很窄的谐振腔谐振频率 (见 2.2.6 节) 相匹配，才能在谐振腔内获得最大的能量存储，为激励自旋跃迁提供足够的能量。连续波谱仪使用相敏探测器检测信号，为避免频率漂移而采用电子反馈回路的自动频率控制 (automatic frequency control，AFC) 系统，将微波频率锁定在谐振腔的中心谐振频率上，并有效地去除色散。样品在吸收微波能量激励跃迁的同时，还会造成样品的功率损耗，导致谐振腔频率的漂移。这种现象称为色散。

2.2.4　微波功率

在 X-波段谱仪中，微波由波源发射出来后，经过定向耦合和增益放大，形成一个 ~ 400 mW 的初级功率。然后经一衰减器，将实际输出的最大功率设定为 $P_{波源}\sim 201$ mW，称为源功率。在日常工作中，波源会逐渐老化使初级功率逐渐下降，但由 400 mW 衰减到 $P_{波源}\sim 201$ mW 的过程，比较漫长，可长达数十万小时。因此，人们并不关心初级功率的变化，只要 $P_{波源}$ 能稳定在 ~ 201 mW 即可。类似的技术处理，在高频谱仪也同样采用，如 W-波段 ~ 80 mW。其他不同频率的谱仪，$P_{波源}$ 大小不一，如 Q-波段 $P_{波源}\sim 20$ mW，W-波段 $P_{波源}\sim 4$ mW。

化学结构的差异，使每类物质具有各自的特征半饱和微波功率 $P_{1/2}$；相同物质，$P_{1/2}$ 也会随着测试温度的下降而减小。因此，根据待测样品和测试条件的变化，微波功率需由压控衰减器做适当衰减处理，才能成为用于测试的实际功率。实际功率的强弱有两种表达方式，分别是 $P_{输出}$ [mW](即实际功率) 或 P [dB](与源功率的比值)，换算关系是

$$P\,[\mathrm{dB}] = 10 \times \log_{10} \frac{P_{波源}\,[\mathrm{mW}]}{P_{输出}\,[\mathrm{mW}]} \tag{2.2.2}$$

或

$$P_{输出}\,[\mathrm{mW}] = P_{波源}\,[\mathrm{mW}] \times 10^{(-P[\mathrm{dB}]/10)} \tag{2.2.3}$$

由表 2.2.1 可以看出，每任意相差 3 dB，输出功率相差约一倍。液氦低温，0~60 dB 是经常使用的功率范围；室温，在 0~ 20 dB 间。

表 2.2.1　经典 X-波段谱仪两种微波强度表示方式的转换关系

P [dB]	$P_{输出}$ [mW]	P [dB]	$P_{输出}$ [mW]
0	201	13	10.08
1	159.7	14	8.0
2	126.8	15	6.36
3	100.7	16	5.05
4	80.02	17	4.01
5	63.6	18	3.14
6	50.5	19	2.53
7	40.1	20	2
8	31.9	25	0.64
9	25.3	30	0.2
10	20.1	40	0.02
11	15.9	50	0.002
12	12.7	60	0.0002

在脉冲 EPR 中，“dBm” 也是一种常用的微波或射频功率表达方式，

$$P\,[\mathrm{dBm}] = 10 \times \log_{10} P\,[\mathrm{mW}] \tag{2.2.4}$$

其中，字母 “m” 是毫瓦 “milliwatt” 的首写字母。例如，−20 dBm = 0.01 mW，−10 dBm = 0.1 mW，0 dBm = 1 mW，10 dBm = 10 mW，20 dBm = 100 mW，30 dBm = 1000 mW，等等。

微波桥所输出的微波强度用功率 $P(P_{输出})$ 来表示，可是在激励电子自旋发生跃迁时，我们却用磁场强度 B_1 来描述微波的强弱，二者的转换关系是

$$B_1\,[\mathrm{G}] = C \times \sqrt{P\,[\mathrm{W}]} \tag{2.2.5a}$$

常数 C 与谐振腔有关。当考虑到不同谐振腔的带宽 $\Delta\nu$ 时，上式变成

$$B_1\,[\mathrm{G}]=C'\times\frac{\sqrt{P\,[\mathrm{W}]}}{\sqrt{\Delta\nu\,[\mathrm{MHz}]}} \tag{2.2.5b}$$

部分常用谐振腔的 C 和 C' 值，列于表 2.2.2 中。C' 与谐振腔的容积反相关，腔越小，C' 越大，B_1 越强，

$$B_1=\sqrt{\frac{2\mu_0 Q_L P}{V\omega_1}} \tag{2.2.6}$$

其中，V 是谐振腔有效容积，Q_L 见下文。频率 ω_1 固定时，谐振腔容积 V 越小，B_1 转化效率越高，EPR 信号越容易发生饱和。

2.2.5 波导和波模

微波自波源生成后，如何被输送到目的地谐振腔用于激励自旋跃迁，是一个比较复杂的过程。常规波源所形成的交变电磁场都是线偏振的微波，是一种平面电磁波 (plane electromagnetic wave)。电磁波是横波，电场和磁场相互垂直、相互激发，二者在垂直于电磁波传播方向作横向振荡 (图 2.2.6(a))。这种平面电磁波，又称为横电磁波 (transverse electromagnetic wave，TEM)，它只能用同轴电缆进行运输。

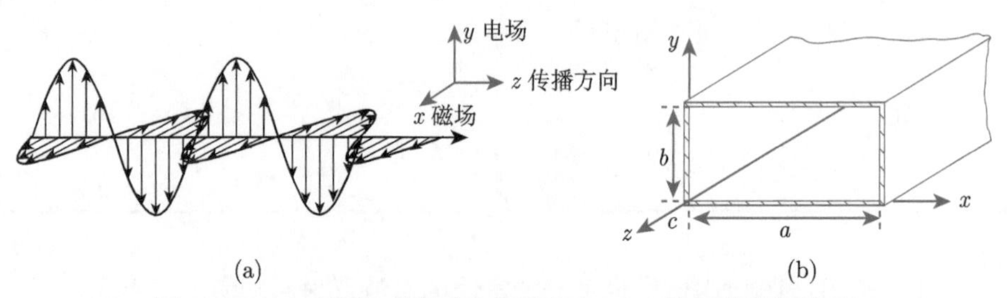

图 2.2.6 (a) 电磁波的组成和传播方向；(b) 波导管的横截面

电磁波的导向输送导体主要是同轴电缆、波导 (或波导管，waveguide) 等。金属导体内有自由电子，在电磁波电场作用下，自由电子运动形成传导电流，由电流产生的焦耳热使电磁波能量不断损耗，造成色散。因此，在导体内部的电磁波是一种衰减波，在传播过程中，电磁能量转化成热量。这种衰减，一方面会导致色散，另一方面使电磁波只能透入导体表面薄层内，穿透深度 δ 与电导率及频率的平方根成反比，$\delta=c/\sqrt{2\pi\sigma\omega_1}$(见 7.4.4 节)。以理想的金属铜为例，$\omega_1=10$ GHz 时，$\delta\sim 0.66$ μm。这种现象，称为趋肤效应 (skin effect)，它使高频电磁波以及和它相互作用的高频电流仅集中于导体表面很薄一层内。以 9.6 GHz 的微波为例，

趋肤深度是银 0.656 μm，金 0.802 μm，钨 1.216 μm，黄铜 (brass)1.359 μm，铅 2.409 μm。

用于描述电磁波的麦克斯韦方程组是

$$\left.\begin{aligned}\nabla\times\boldsymbol{E}&=-\frac{\partial\boldsymbol{B}}{\partial t}\\ \nabla\times\boldsymbol{H}&=\boldsymbol{J}+\frac{\partial\boldsymbol{D}}{\partial t}\end{aligned}\right\}\tag{2.2.7}$$

$\boldsymbol{E}$ 和 $\boldsymbol{H}$ 分别是电磁波的电矢量和磁矢量，如图 2.2.6(a)。沿 z 轴传播的、频率为 ω_1 的电磁波，具有一个传播因子 $\mathrm{e}^{\mathrm{j}\omega_1 t-\gamma z}$($\gamma$ 是传播常数，ω_1 是微波频率)，上式变成

$$\left.\begin{aligned}\frac{\partial E_z}{\partial y}+\gamma E_y&=-\alpha H_x\\ -\gamma E_x-\frac{\partial E_z}{\partial x}&=-\alpha H_y\\ \frac{\partial E_y}{\partial x}-\frac{\partial E_x}{\partial y}&=-\alpha H_z\\ \frac{\partial H_z}{\partial y}+\gamma H_y&=\beta E_x\\ -\gamma H_x-\frac{\partial H_z}{\partial x}&=\beta E_y\\ \frac{\partial H_y}{\partial x}-\frac{\partial H_x}{\partial y}&=\beta H_z\end{aligned}\right\}\tag{2.2.8}$$

其中，$\alpha=\mathrm{j}\omega_1\mu$，$\beta=\mathrm{j}\omega_1\epsilon$，$\mu$ 和 ϵ 分别是磁导率和介电常数。具体推导过程非本书所能及，读者请参考郭硕鸿著的《电动力学》。电磁波的传播形式有三种，

$$\left.\begin{aligned}&\text{TEM：}E_z=H_z=0\\ &\text{TE：}E_z=0,H_z\neq 0\\ &\text{TM：}E_z\neq 0,H_z=0\end{aligned}\right\}\tag{2.2.9}$$

横电磁波 TEM 的电矢量 $\boldsymbol{E}$、磁矢量 $\boldsymbol{H}$ 和传播方向 $\boldsymbol{k}$ 两两垂直，在传播方向上没有电场和磁场分量，即 $E_z=H_z=0$。它只能用同轴电缆进行传输，不能沿波导传播。波导是一根空心金属管，截面是矩形或圆形 (图 2.2.6(b))。在波导管内传播的平面波，电场和磁场的分量 E_z 和 H_z 不能同时为零：$E_z=0$ 的波模，即在传播方向上有磁场分量但无电场分量，电磁场分量是 E_y、H_x、H_z，称为横电波 (transverse electric wave，TE)；$H_z=0$ 的波模，即在传播方向上无磁场分量但有电场分量，电磁场分量是 E_x、E_z、H_y，称为横磁波 (transverse magnetic wave，

TM)。简而言之，横电磁波就是电和磁都是横着的，横电波只有 E_y 电场是横的，横磁波只有 H_y 磁场是横的。波导中，波模 TE 和 TM 再细分成 TE_{mn} 和 TM_{mn}，m 和 n 的范围是

$$\left.\begin{array}{l} k_x = \dfrac{m\pi}{a}, k_y = \dfrac{n\pi}{b} \\ m, n = 0, 1, 2, 3, \cdots \end{array}\right\} \tag{2.2.10}$$

k_x、k_y 是波矢量 $\boldsymbol{k}$ 的分量，m、n 分别代表沿矩形两条边的半波长数目。本书对波矢量 $\boldsymbol{k}$ 不作展开，读者请参考《电动力学》。对于每一组 (m,n) 值，对应一种特定的波模。在波导管中传播的微波，可避免传播过程的焦耳损耗和介质中的热损耗等不利因素。每一种型号的波导管，都有一个能够传播的最低频率，称为截止频率 (cut-off frequency)。每种 (m,n) 波模的截止频率是

$$\omega_{\mathrm{c},mn} = \frac{\pi}{\sqrt{\mu\epsilon}}\sqrt{\left(\frac{m}{a}\right)^2 + \left(\frac{n}{b}\right)^2} \tag{2.2.11}$$

当 $a > b$ 时，$m = 1$、$n = 0$ 的 TE_{10} 波模的截止频率满足

$$\frac{1}{2\pi}\omega_{\mathrm{c},mn} = \frac{1}{2a\sqrt{\mu\epsilon}} \tag{2.2.12}$$

波导管内处于真空状态时，截止频率是 c/a，截止波长是

$$\lambda_{\mathrm{c},10} = 2a \tag{2.2.13}$$

即波导管能通过的最大波长是 $2a$。X-波段使用的波导管，是 $12.7\,\mathrm{mm} \times 25.4\,\mathrm{mm}$ 的矩形黄铜管。

实际谱仪中，TE_{10} 波最常用 (表 2.2.2)，它的截止频率最低，电磁场和波导管壁电流分布如图 2.2.7 所示。其中，TE_{10} 波的一个重要基本特征是

$$E_x = E_z = H_y = 0 \tag{2.2.14}$$

余下三个分量均正比于实际的微波功率 $P_{输出}$。对于 TE_{10} 波，电流横过长度为 b 的波导管窄边，没有纵向电流。波导管窄边的任何裂缝都会扰动 TE_{10} 波的传播，并向外辐射电磁波，但横向裂缝不会影响电磁波在波导内的传播。在长度为 a 的宽边中线上，横向电流为零，开在波导宽边中部的纵向裂缝不会影响 TE_{10} 波的传播，将这个位置设计成放置探针或盛放样品的合适装置 (参考图 2.2.10(a))，即可广泛用于测量波导内物理量的变化情况。这就是谐振腔的构造原理。

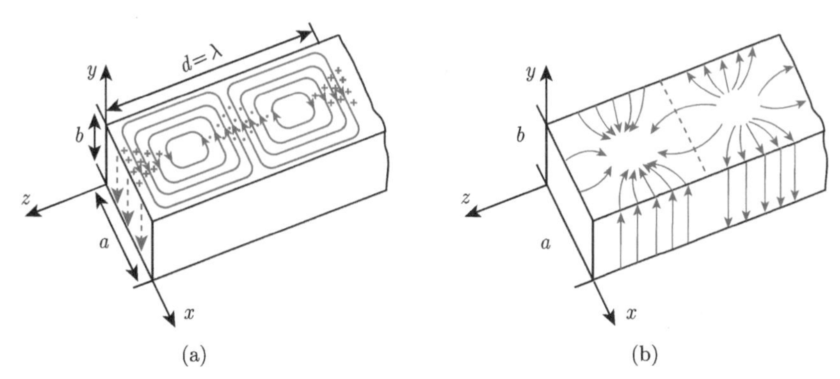

图 2.2.7 TE_{10} 波的电磁场分布 (a) 和矩形波导管壁电流分布 (b)。环形线表示磁场磁力线，+、· 表示电场方向垂直于其所在平面向外、向内

2.2.6 谐振腔，垂直和平行模式

谐振腔 (resonant cavity，或谐振器，resonator) 是一中空的金属腔，外形如图 2.2.8 所示。根据形状和结构，谐振腔分成矩形腔和圆柱腔两大类。矩形腔品质因子高，操作方便，适应性强，因而得到广泛应用；圆柱腔主要用于脉冲 EPR 和高频谱仪。在谐振腔内，电磁波以谐振波模分布，作某种特定频率的振荡，这与传播形式的电磁波有所差别。以矩形腔为例，波矢量 $\boldsymbol{k}$ 在腔内表面的三个分量是

$$\left.\begin{array}{c}k_x=\dfrac{m\pi}{a}, k_y=\dfrac{n\pi}{b}, k_z=\dfrac{p\pi}{d} \\ m, n, p=0,1,2,3,\cdots\end{array}\right\} \tag{2.2.15}$$

字母 c 易与光速相混淆，故跳跃，a、b、d(图 2.2.7(a)) 表示 x、y、z 等三个方向的取值，m、n、p 分别代表沿三条边的半波长数目。电磁波在谐振腔内振荡的谐振频率或本征频率是

$$\omega_{mnp}=\frac{\pi}{\sqrt{\mu\epsilon}}\sqrt{\left(\frac{m}{a}\right)^2+\left(\frac{n}{b}\right)^2+\left(\frac{p}{d}\right)^2} \tag{2.2.16}$$

若 m、n、p 中任两个为零，则电场 $\boldsymbol{E}=\boldsymbol{0}$。对于每一组 (m, n, p) 波模，谐振腔有相应的本征频率。取谐振波模为 (1,1,0) 时，最小的谐振频率 f_{110} 是

$$f_{110}=\frac{\pi}{2\sqrt{\mu\epsilon}}\sqrt{\frac{1}{a^2}+\frac{1}{b^2}} \tag{2.2.17}$$

根据 (m,n,p) 取值，矩形谐振腔的型号和模式用 TE_{mnp} 或 TM_{mnp} 来表示，见表 2.2.2，圆柱腔则不受此限。m 和 n 的取值，已在 2.2.5 节作讨论，以下主要讨论 TE 和 TM 谐振腔内的基本结构、电磁场分布等。

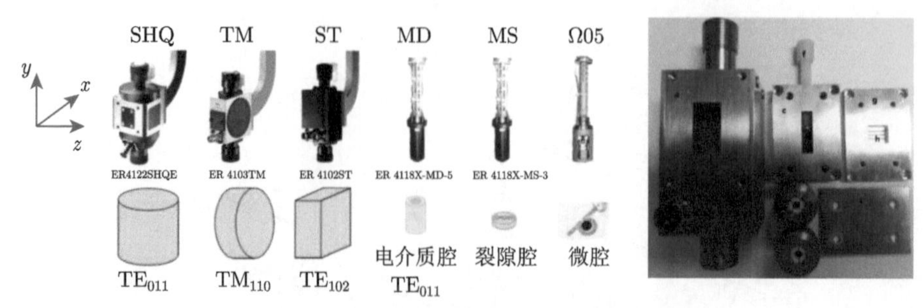

图 2.2.8 部分商用谱仪的矩形腔和圆柱腔

表 2.2.2 部分常用的布鲁克公司谐振腔的参数

谐振腔型号和说明	波模和制式	Q 值	C	C'
ER 4102ST(矩形腔)	TE_{102}	2500	1.4	2.7
ER 4116DM(双模腔)[①]	$TE_{102}\perp$, $TE_{012}\parallel$	3000	1.3	2.3
ER 4105DR(双矩形腔)	TE_{104}	3000	0.6	1.1
ER 4106ZRC(圆柱腔)	TE_{011}	7500	1.5	1.7
ER 4103TM(TM 圆柱腔)	TM_{110}	3500	1.0	1.7
ER 4108TMH(高灵敏 TM 腔)	TM_{110}	2500	1.2	2.4
EN 801(cw-ENDOR 腔)	TM_{110}	1000	0.7	2.2
EN 4118 X-MD	TE_{011}	4000	4.2	6.5
(介质腔)	(过耦合)	150	1.0	9
EN 4118 X-MD	TE_{011}	500	1.8	7.9
(脉冲电子-核双共振腔)	(过耦合)	150	1.0	8
EN 4118 X-MS5	—	500	2.0	8.8
(裂隙腔)	(过耦合)	150	1.2	9.6

对应于 TE_{10} 波模的矩形腔，常取 $p=2,4,6,\cdots$，是半波长 $\lambda/2$ 的偶数倍 (或 λ 的整数倍)；其他波模，$p=0,1,2,3,\cdots$(表 2.2.2)。单波导的矩形腔，p 一般是偶数，圆柱腔则变化多样。图 2.2.9 比较了 TE_{102} 和 TE_{012} 两种矩形腔内的电磁场分布。

在 TE_{102} 矩形腔内，在半波长的位置微波磁场 B_1 最强，与 z 轴垂直的磁力线最密集，而微波电场 E_1 最强的中心部位是 $\lambda/4$ 和 $3\lambda/4$ 处。技术上，将样品放置在 $d=\lambda/2$ 的位置，该处 B_1 最强、E_1 最弱。当 $p=4$ 时，B_1 和 E_1 在 $d=3\lambda/2$ 处的分布，与 $d=\lambda/2$ 的情形一样，这是 TE_{104} 双矩形腔的理论基础。TE_{012} 矩形腔内的电磁波分布与 TE_{102} 相似，但是方位明显不同，比如，在磁力线最密集的半波长位置，磁场 B_1 的方向与 z 轴平行。实际谱仪中，静磁场 B_0 沿 z 轴施加，

① 布鲁克双模腔空载时，垂直 (TE_{102}) 和平行 (TE_{012}) 的微波模式是 9.8 GHz 和 9.9 GHz；装载样品时，如在液氮或液氦低温，垂直和平行模拟的谐振频率 ~9.6 GHz(⊥) 和 ~9.4 GHz(∥)。

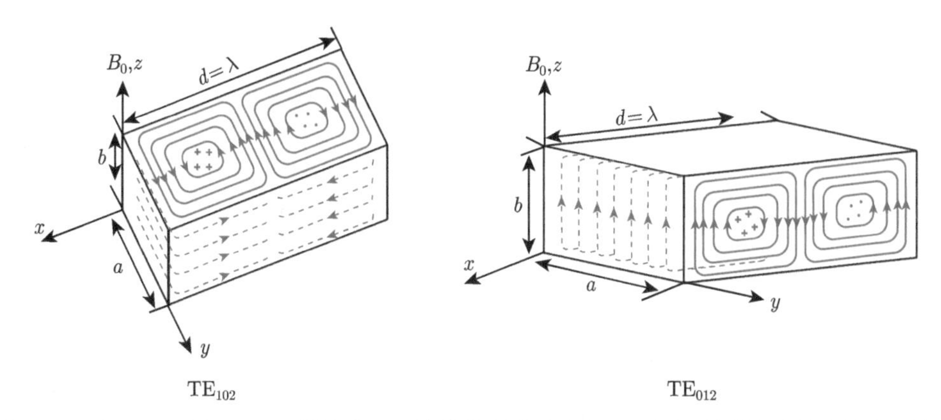

图 2.2.9 TE_{102} 和 TE_{012} 矩形腔内谐振波模的电磁场分布，$d=\lambda/2$ 的半波长位置是 B_1 最强的部位。实际谱仪中，静磁场 B_0 沿 z 轴施加。TE_{102} 腔内，B_1 和 B_0 相互垂直，构成垂直模式 EPR；TE_{012} 矩形腔内，B_1 和 B_0 相互平行，构成平行模式 EPR；二者结合为一体成双模腔。环形线表示磁场磁力线，+、• 表示电场方向垂直于其所在平面向外、向内

它与 B_1 有垂直或平行两种不同的空间取向。在 TE_{102} 矩形腔内，B_0 与 B_1 相互垂直，构成垂直模式 EPR，记为 ⊥EPR；在 TE_{012} 矩形腔内，B_0 与 B_1 相互平行，构成平行模式 EPR，记为 ∥ EPR。布鲁克公司的 ER 4116DM 双模腔，就是将这两类腔的功能融合在一起。X-波段的 ⊥EPR 用于检测允许跃迁，∥ EPR 用于检测禁戒跃迁 (图 2.3.1)。前者除了允许跃迁，还会检测到部分的禁戒跃迁 (详见第 4 章)，而后者则只检测到禁戒跃迁，且信号比较微弱，常需较高浓度的样品。

图 2.2.10(a) 是 TE_{102} 矩形腔沿水平向 z 轴的侧视图，用以观察 xy 平面内电磁波磁场和电场分布，从中可看出在样品管放置的半波长位置，磁场 B_1 最强，电场 E_1 最弱。中间圆柱管在谐振腔上、下各延伸出一小段，既可用来锚定样品管的放置，还能防止微波泄漏。TE_{102} 矩形腔外部参数如高、宽、长等的设定要求是高度 $A\sim 0.9\,\lambda$，宽度 $B\sim A/2$(但没有严格要求)，长度 $C=d=\lambda$。自波导传播而至的微波，通过左边的虹膜孔 (或耦联孔，iris or coupling hole) 耦联进入谐振腔内，这种耦联通过虹膜螺丝来调节。虹膜孔是一条窄缝结构，它的尺寸不是随机的，而是有严格要求的，$2a'>\lambda$，且 $a'/a>b'/b$，如图 2.2.10(c) 和 (d) 所示。虹膜孔通过其上的螺丝钉 (特氟龙材质) 向上或向下旋转，调节波导和谐振腔间的能量传输效率 (参考图 2.2.12)：临界耦合 (critical coupling)，波导中的微波能量全部输送至谐振腔，不发生反射；未耦合 (under coupling)，波导中的微波能量只有一部分被输送至谐振腔内，无法有效地激励跃迁，严重时甚至没有跃迁发生；过耦合 (over coupling)，严重过耦合时，造成品质因子 Q 值降低，致使灵敏度下降。其中，过耦合主要是由水溶液、吸波材料、导体等有损样品 (lossy samples) 造成。

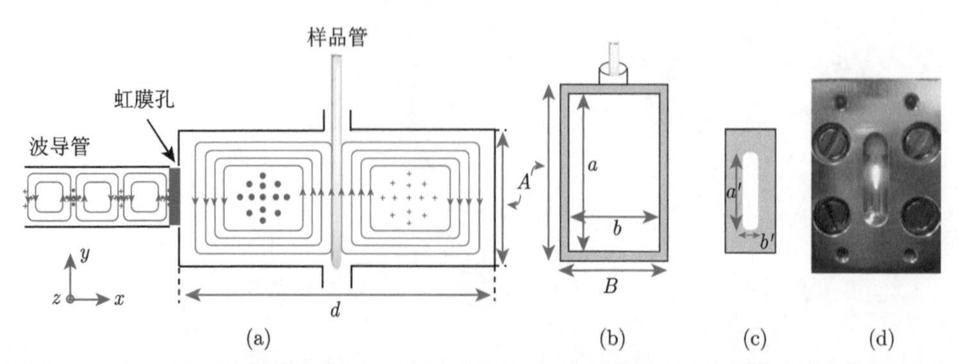

图 2.2.10 (a) TE_{102} 矩形腔侧视图，z 轴垂直于纸面，微波通过左边的虹膜孔耦合进入谐振腔内，这种耦合通过调节虹膜螺丝来实现。环形线表示磁场磁力线，+、• 表示电场方向垂直于其所在平面向外、向内。(b) TE_{102} 矩形腔的纵切面，外部参数是高度 $A\sim 0.9\lambda$，宽度 $B\sim A/2$，长度 $C=d=\lambda$。(c) 和 (d) 虹膜孔的尺寸和实物。参数要求：$2a'>\lambda$，且 $a'/a>b'/b$，a、b 是 (b) 中参数

矩形谐振腔腔壁上的微波磁场 B_1 很小，造成其背景噪声信号在各类谐振腔中是最微弱的，因此用途广泛。采用 TE_{011} 模式所设计的圆柱形谐振腔 (图 2.2.11)，则拥有一个相对很高的能量密度，该密度比 TE_{102} 矩形谐振腔高约 3 倍。在 X-波段脉冲式谱仪中，圆柱腔可以承受 1 kW 脉冲辐照，用于探测电子-核双共振等。EPR 成像使用 TM_{110} 腔，腔内磁场 B_1 和电场 E_1 的分布如图 2.2.11 所示。

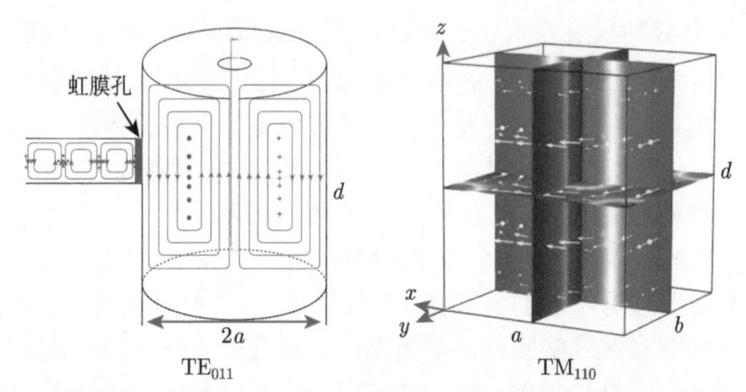

图 2.2.11 TE_{011} 圆柱腔和 TM_{110} 矩形腔的电磁场分布。部分图例说明如图 2.2.10。TM_{110}：白色箭头表示磁力线方向；蓝色，磁场越强，红色，磁场越弱

除了这些常见的矩形腔和圆柱腔外，还有一些特殊用途的谐振腔。介质腔 (dielectric resonator) 是用电介质材料如蓝宝石等制成的谐振腔。它与金属谐振腔的不同之处是，金属腔腔壁外微波电磁场为零，而介质腔腔壁外微波电磁场不为零。介质腔内微波磁场 B_1 沿电介质圆柱体的轴线方向分布，使其能将 B_1 集中于样品所在空间，以提高填充因子。裂隙腔 (loop-gap resonator)，又称为劈裂环谐振

腔 (split-ring resonator) 或集总电路谐振腔，由一个开有许多缝隙的小圆柱筒和一个与之同轴的作为屏蔽层的大圆柱筒构成，可替代常用谐振腔。裂隙腔拥有极好的填充因子，对不饱和样品和脉冲实验具有较高的应用价值，也可用于色散研究，主要应用于电子-电子双共振和探测样品的表面自旋。例如，活体样品的低频 (1 GHz) 检测，EPR 信号是通过在“谐振腔外”的微波磁场来采集。谐振腔的发展是为了满足实际实验需求而设计的，如 ENDOR 腔、探测液体样品的三平板微带线谐振腔、变温谐振腔 (低温谐振腔和高温谐振腔)、可变压力的谐振腔等。时至今日，微波谐振腔种类很多，能满足绝大部分的 EPR 实验需求，未来谐振腔的发展将以朝着某些特殊研究对象而设计为主。

2.2.7 谐振腔的品质因子，Q 值

谐振腔理论最早出现在声波共振中，如大家所熟悉的管风琴或相似的封闭容器中的声波共振现象。若声波的半波长等于腔体尺寸，其频率被称为基础共振频率，该频率会随着腔体尺寸的减小而增加；若声波的波长不是该谐振腔尺寸的约数，那么从腔体壁反射回的声波会与原声波发生干涉相消。一个腔体能够被激发，并产生不止一个驻波模型 (共振模式)；形成驻波时，波导管中的行波能量密度是非常小的，相当多的声波能量被贮存在谐振腔的驻波中。人耳感受声音的波长范围是 17 mm~ 17 m(声波传播速度是 340 m·s^{-1})，因此我们日常就能够轻易地观察到声波的共振现象。EPR 谐振腔内微波能量的存储和损耗，决定着谐振腔的品质，用品质因子 (quality factor) Q 来描述，

$$Q=\frac{2\pi\,(\text{energy stored})}{\text{energy dissipated per cycle}} \tag{2.2.18}$$

分母表示每微波周期的能量损耗量，如电磁波与金属腔壁相互作用形成电流，最终变成热损耗。Q 值越大，品质就越好，灵敏度也越高，技术上用网络分析仪检测 Q 值大小。实验上，我们用如图 2.2.12(a) 所示的下沉线 (dip) 来检测微波自谐振腔中反射的强弱。下沉线的半幅全宽 $\Delta\nu$ 与共振频率 ν_{res} 的关系，即为 Q 值，

$$Q=\frac{\nu_{\text{res}}}{\Delta\nu} \tag{2.2.19}$$

下沉线越窄，Q 值高；下沉线越宽，Q 值低。

调节虹膜孔使波导与谐振腔从未耦合逐渐向临界耦合过渡时，下沉线向下逐渐增强，即微波反射功率逐渐减弱，在此过程中不涉及能量交换，Q 值几乎不变，如图 2.2.12(b) 所示。调节虹膜孔由临界耦合逐渐向过耦合过渡时，下沉线逐渐展宽并上升，Q 值逐渐变小，如图 2.2.12(c) 所示。过耦合，主要是由水溶液、导体

等有损样品所引起，会影响到谱仪调谐和使用。因此，低温测试时，须用压缩空气或氮气往波导和谐振腔吹以保持干燥，防止冷凝水的形成。

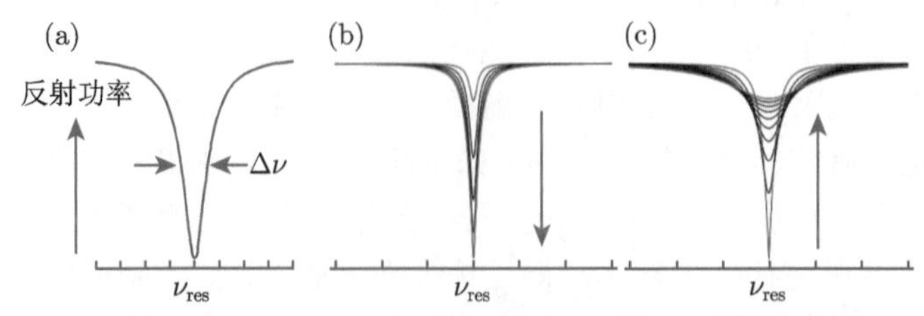

图 2.2.12　(a) 谐振腔下沉线与 Q 值；(b) 虹膜孔由未耦合逐渐向临界耦合过渡时，下沉线向下强度的增大趋势；(c) 虹膜孔由临界耦合逐渐向过耦合过渡时，下沉线的向上展宽趋势

谐振腔没有装载样品时，该 Q 值又称为空载 Q 值 (unloaded Q)，$Q_{\rm U}$。装载样品后，谐振频率变小，Q 值随之发生变化。此时，谐振腔的 Q 值称为负载 Q 值 (loaded Q)，$Q_{\rm L}$，定义成

$$\frac{1}{Q_{\rm L}}=\frac{1}{Q_{\rm U}}+\frac{1}{Q_{\varepsilon}}+\frac{1}{Q_{r}}+\frac{1}{Q_{\chi}}+\frac{1}{Q_{\mu}} \tag{2.2.20a}$$

其中，Q_ε 由介电损耗引起；Q_r 是波导和谐振腔耦合所引起的损耗；Q_χ 由共振时样品吸收微波所引起；Q_μ 是高电导率样品才具备的，与 B_1^2 成正比。当虹膜孔处于临界耦合时，Q_r 所造成的效果等于另外四个组分之和，上式简化成

$$\frac{0.5}{Q_{\rm L}}=\frac{1}{Q_{\rm U}}+\frac{1}{Q_{\varepsilon}}+\frac{1}{Q_{\chi}}+\frac{1}{Q_{\mu}} \tag{2.2.20b}$$

一般样品的电导率都很小，$1/Q_\mu$ 可忽略；共振时，若样品量比较少，$1/Q_\chi$ 也可忽略，$Q_{\rm L}$ 最终近似成

$$\frac{0.5}{Q_{\rm L}}=\frac{1}{Q_{\rm U}}+\frac{1}{Q_{\varepsilon}} \tag{2.2.21}$$

即 $Q_{\rm L}$ 主要由谐振腔材质和样品介电损耗共同决定。空腔时，$Q_\varepsilon=0$，得 $Q_{\rm L}=2Q_{\rm U}$。频率越高，介电损耗越严重，常见的介电损耗样品是水溶液、导体或吸波材料等。

2.2.8　填充因子，连续波信号的形成

谐振腔内的磁场 B_1 并不是均匀分布的，样品只能选择占据腔内磁力线最密集的空间，如图 2.2.10(a) 所示。填充因子 (filling factor)η，直观意义，就是样品占据谐振腔空间的程度，用样品所占局部空间的 B_1^2 积分与腔内全空间的 B_1^2 积

分比值来表示，

$$\eta = \frac{\int_{\text{sample}} B_1^2 \mathrm{d}V}{\int_{\text{cavity}} B_1^2 \mathrm{d}V} \tag{2.2.22}$$

即谐振腔越小，η 越大，微型谐振腔填充因子高。X-波段 TE_{102} 矩形腔，$\eta \sim 0.7\%$，裂隙腔和介质腔，$\eta = 6\% \sim 10\%$，但后者的样品体积比前者小许多。

若换成 RLC 电路，谐振腔的 Q_{U} 和 Q_{L} 可分别被定义成

$$Q_{\mathrm{U}} = \frac{\omega_0 L}{R} \tag{2.2.23a}$$

和

$$Q_{\mathrm{L}} = \frac{\omega_0 L}{R + r_{\text{sample}}} \tag{2.2.23b}$$

L 和 R 是谐振腔的电感和电阻，r_{sample} 是样品的电阻，ω_0 是装载样品的谐振腔谐振频率。由此可见，总电阻越小，Q 值越大，故矩形腔材质的电导率都非常高。

从直观的经典角度来看，xy 平面内电子自旋的跃迁，会在波导末端形成一个电压 V_S，其强度由填充因子 η、负载 Q 值 Q_{L}、微波功率 P、波导阻抗 Z_0、射频场参数 χ'' 等共同决定，

$$V_S = \chi'' \eta Q_{\mathrm{L}} \sqrt{P Z_0} \tag{2.2.24}$$

实验操作时，我们会预先把谱仪调谐至波导和谐振腔处于临界耦合的状态。发生共振时，有效电阻 $(R + r_{\text{sample}})$ 会增大，导致 Q_{L} 减小，波导与谐振腔不再处于临界耦合的状态，此时会有一部分微波能量自谐振腔反射出来 (等效于微波泄漏)，并进入检测终端，经转换和放大等处理后形成了最终的 EPR 谱图。倘若装载分子筛、纳米管等具有丰富孔隙结构的样品，也会产生所谓的 “EPR” 信号，但这是本底信号。

本质上，电子自旋在静磁场 B_0 中作拉莫尔进动时会形成一个平衡态的磁矩 M_0，如图 2.1.1 所示。当 $\omega_{\mathrm{e}} = \omega_1$ 时，样品对微波的共振吸收，会产生新的净磁矩 M'。M' 的进动 (频率为 ω_{e}) 在谐振腔上形成一电压，该电压与波导的耦合将减少微波往谐振腔的输送，导致谐振腔内的微波发生反射而进入检测终端。这个过程是通过改变静磁场或微波频率来完成的，检测终端所提供的微波信号就是扫场谱或扫频谱。

2.2.9 终端检测系统，固有噪声抑制

连续波谱仪最常用的终端探测器是肖特基二极管。它作为微波辐射的整流器，维持低频交流信号 (alternating current，AC)，与微波载波进行调制。这种整流器

装置由钨触须 (cat whisker) 与硅相接触而构成，结构非常脆弱，易被静电火花损坏。脉冲谱仪的探测器，是一排晶体构成的双平衡混合器 (double balanced mixer, DBM)。探测器电流正比于微波功率 P 的平方根，与微波磁场 B_1 呈线性关系，参考式 (2.2.5)。若发生饱和，探测器探头电流会因最优探测的限制而随着减小。为克服这个问题，技术上增设了参考臂 (reference arm)，它的作用是预先读取波导管中的微波功率 (即参考功率)，然后微波经循环器进入谐振腔中，抵达谐振腔的实际微波功率，经修正功率电平和相位，还原成参考功率。参考臂不仅能实现在探测器上功率电平的恰当偏压 (使从谐振腔上反射回来的功率非常小)，还能选择样品的吸收谱或色散谱作为被探测的对象。

任意探头固件，都具有一个与探测信号频率 f 成反比的固有噪声 ($1/f$ 探头噪声)。为了抑制该噪声，技术上广泛地采用频率为 100 kHz 的调制场 (modulated field)，在这个频率上，$1/f$ 探头噪声比较小。将 100 kHz 调制场引入早期的 EPR 谱仪，是一项重大进步，虽然该调制频率会影响吸收峰较窄的 EPR 信号的分辨率。在当代谱仪中，调制频率是可调的 (探测噪声会有细微的增加)，能够在不损失灵敏度的情况下改善谱仪的分辨率。例如，将调制频率降至 12.5 kHz，可提高较窄吸收峰的分辨率，如分辨有机自由基比较小的超精细结构等，但噪声会增大。另外一种噪声抑制方法是将探头冷却，如将高频探头和脉冲探头等置于低温的氮气或氦气中，即液氮或液氦。

2.2.10 调制系统

调制场 (一般采用 100 kHz 射频场) 和探测系统用来监控、放大和记录信号，其核心是利用场调制对吸收谱图信息进行编码，再通过相敏探测器 (phase-sensitive detector) 提取这些编码信息。其中，参考臂是实现相敏探测的基础。连续波谱仪所采用的相敏振幅探测技术，就是将小振幅正弦调制磁场叠加到外磁场 B_0 上，调制过程如图 2.2.13(a) 所示。在此过程中，随着磁场强度逐渐增加，吸收谱的斜率从基线的 0 值开始逐渐增大 ($\Delta I > 0$)，然后达到某一极大值，再变小，在吸收峰顶点斜率为 0；然后，自吸收峰顶部向下时 $\Delta I < 0$，斜率由 0 变成负值，达到某一极负值，再向基线的 0 值靠近回归。最终的读出信号，形状如图 2.2.13(a) 所示的调制谱，即一阶微分谱。

这种调制技术有许多好处，主要是：① 用交流电技术对 EPR 信号进行放大；② 将噪声抑制，能消除大部分的噪声成分；③ 提高谱仪的分辨率；④ 技术成熟，用一对亥姆赫兹线圈就可以产生频率为 100 kHz 的射频场。调制场线圈紧贴的谐振腔壁厚度变薄 (约是微波穿透深度的数倍)，既要允许 100 kHz 的调制场能顺利地抵达谐振腔内，又要确保微波能量不会经此处辐射出谐振腔而发生泄漏。

磁场调制和相敏探测相结合，能改善 EPR 信号的信噪比 S/N 和稳定信号基

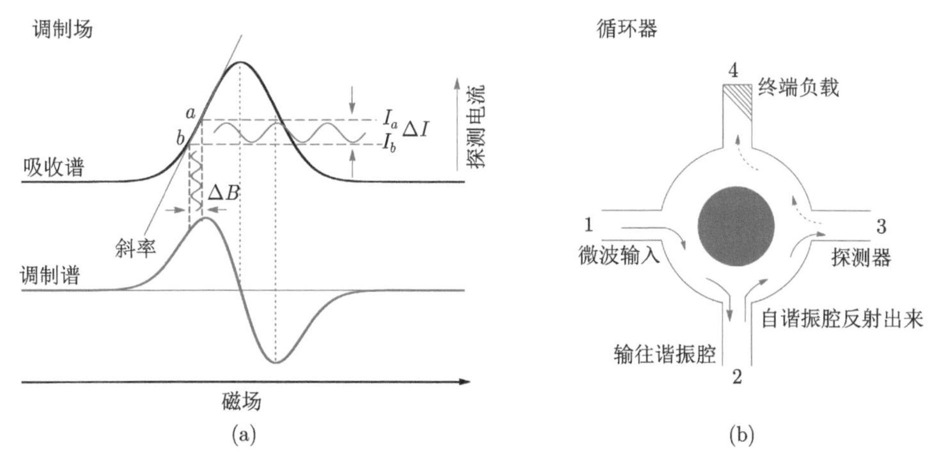

图 2.2.13　(a) 小振幅 100 kHz 的场调制对探头输出电流的影响；(b) 四端口微波循环器。图 (a) 中，调制场的变化幅度 (称为调制幅度) 是 $\Delta B=B_a-B_b$，$B_a>B_b$，探测器的调制电流强度是 $\Delta I=I_a-I_b$，任意区间 ab 的斜率是 $k=\Delta I/\Delta B$，k 越大，调制谱的信号也越强。吸收谱的左半幅，$\Delta I>0$，$k>0$，信号出现在水平线以上；在这个趋势中，ΔI 初始由基线水平的 0 点，逐渐增大到一个极大值，再逐渐减小，在吸收峰的顶点降至 0 点 (即吸收谱的最高点，斜率为 0)。吸收峰右半幅斜率 k 的变化，与左半幅的趋势恰好相反，且 $\Delta I<0$，$k<0$，信号出现在水平线以下

线，故常规 EPR 谱都是一阶微分谱。若想将谱线上任意 a、b 分辨出来，那么将调制幅度 (modulation amplitude) 设为这两点间隔 $\Delta B=B_a-B_b$ 的 1/5 或更小，或加倍采样的点数，如由 1024 点增加到 4096 点。当调制幅度过大时，谱线失真、畸变。对于有机自由基中较小的超精细结构，需结合较小的调制频率 (如 12.5 kHz) 才能被解析。对此类技术问题感兴趣的读者，请查阅 Brustolon 和 Giamello(2009) 撰写的专著。

2.2.11　锁相放大器

锁相放大器 (或相位检测器，lock-in amplifier) 是一种可以从干扰极大的环境 (信噪比低至 −60 dB 及以下) 中分离出特定载波频率信号的放大器。它的工作原理是基于正弦函数的正交性：将一个频率为 ω_a 的正弦函数 a 与另一个频率为 ω_b 的正弦函数 b 相乘，然后对乘积作积分 (积分时间远大于两个函数的周期)，所得结果为零；若 $\omega_a=\omega_b$，且两个函数相位相同，该积分平均值等于幅值乘积的一半。

锁相放大器采用零差检测方法和低通滤波技术，测量相对于周期性参考信号的信号幅值和相位，提取以参考频率为中心的指定频带内的信号，并有效滤除所有其他频率分量。这类放大器，可以在噪声幅值超过期望信号幅值百万倍的情况下实现精准测量，广泛用作精密交流电压仪和交流相位计、噪声测量单元、阻抗

谱仪、网络分析仪、频谱分析仪以及锁相环中的鉴相器等。这种从极强噪声环境中提取信号幅值和相位信息的电子技术，自 20 世纪 30 年代问世后，历经近百年的发展，日臻成熟。

2.2.12 其他部件

以上所提到的部分谱仪结构，我们在测试过程常常会对它们作各种操作。谱仪中还有许多我们平时不会触及的、具有重要功能的固件，比如：

循环器，通过内部固有磁场 (由永磁材料制成) 来完成对微波传输方向的改变，使微波进入谐振腔中同时使自谐振腔反射回来的微波进入终端探测器中。图 2.2.13(b) 示意了四端口循环器中微波的前进方向，微波从端口 1 传输到端口 2 再传输到端口 3，最后传输到终端负载 4。这种设置使微波入射到端口 2 后不会直接反射回端口 1，而是传输进入端口 3。端口 4 处的终端负载能够吸收从探测器上可能反射回来的任意微波功率，因此不会对端口 1 的微波入射功率产生影响。

隔离器，使向前传输的微波能够轻易地通过，但反射回来的任意微波都会被大幅度地衰减，防止从系统反射回来的微波对波源形成干扰。循环器和隔离器会受外部磁场的影响，因此要远离强磁场系统。

衰减器，用来校正输送到样品上的实际微波功率，它包含一个功率吸收元件，相当于光吸收测量过程中的中性滤光镜。

2.2.13 脉冲式谱仪简介

技术上，脉冲式谱仪的关键点是产生一系列可靠的、合适形状的微波脉冲，主要参数是脉冲功率、每个脉冲的精确时间和相邻脉冲的时间间隔。典型的脉冲长度为几十到几百纳秒，现在商业谱仪最短脉冲能够达到 4 ns 或更短，这比 NMR 实验所用的脉冲长度要短得多。根据需要，相邻两脉冲的时间间隔从纳秒到数微秒。在普通实验中，脉冲形状其实并不很重要。

脉冲式 EPR 谱仪的波源与连续波波源相同，只是其输出要经过一个计算机程序控制的开关。微波经过开关后，用行波管 (TWT) 对其功率进行放大以达到所需的高功率，放大后的微波脉冲导入谐振腔中，激励 EPR 或 NMR 跃迁。如经典的 X-波段 TWT 输出功率为 1 kW，才可满足实验需求，但美国对我国实施禁运，只提供 300 W 以下的 TWT。相比于连续波探测，脉冲实验的探测不需要调制场，但仍需要和连续波实验相同的外部静磁场。微波脉冲激励后，样品产生的微波信号从谐振腔中传输到适当的低噪声放大器后再传输到二极管功率探头。与连续波谱仪一样，脉冲式谱仪也需要安装衰减器、隔离器和循环器等各种元器件，其电路结构详见文献。为了满足不同 EPR 实验的需要，许多实验室相继研制出了一系列的、由共振微波和射频结构组成的不同谐振腔，尤其是 ENDOR 腔 [5]，如常用的种类繁多的介质腔 (集总电路谐振腔或裂隙腔)，其在 X-波段或更低频率的脉冲实验上具有很多优势。矩形谐振腔由于品质因子高导致微波能量耗散慢，探测死时间过长，故不适用于脉冲实验。

与上文提到的常规反射式谐振腔不同，在脉冲式谱仪和基于电感谐振腔的 cw-EPR 谱仪中，则是向腔内辐射微波而形成耦合，信号呈电子相干，表现为 xy 平面的宏观横向磁化。脉冲作用之后引起电子磁矩的翻转，在谐振腔内产生一个电动势或自由基感应衰减 (free induction decay，FID)，导致微波自腔向耦联波导管的辐射，适用于正交检测方法，详见第 5 章。

现代脉冲 EPR 谱仪要求的相位相干微波脉冲，比应用在 NMR 上的射频脉冲短，因此需要快速开关用来形成 1~100 ns 的脉冲。X-波段脉冲式谱仪，常使用 1 kW 的 TWT 对微波功率进行放大，才能最大程度地激励 EPR 谱。为了避免探测系统被高功率脉冲微波所烧坏，一般在探头前使用一个限制器或开关，并利用快速相移器来过滤不需要的信号。另外，探测系统的带宽要足够大，用来包含信号的所有频率成分。商用脉冲 EPR 谱仪现在能够实现 4 ns 的分辨率和使用 250 MHz 的模拟数字转换器。

2.2.14 新型的 1~15 GHz 宽带谱仪

常规 EPR 谱仪，为了提高信噪比而采用谐振腔技术，这势必造成微波频率只能以谐振频率为中心作一个较小范围的波动，如 (9.5 ± 0.3) GHz、(34 ± 0.5) GHz 等。因此，常规谱仪又称为窄带谱仪。相应地，若谐振频率能在较大范围内变化，如 1~15 GHz 或更宽，则称之为宽带谱仪。为实现宽带磁扫描，探头须重新设计，因传统高品质因子的谐振腔已经不再适用。以此为目标，我们实验室成功地设计了一款基于金属共平面波导微波探头的宽带谱仪，微波频率可在 1~15 GHz 间变化 [6]。

金属共平面波导微波探头的结构，如图 2.2.14(a) 所示。探头一共有三层结构，最上面是 30 μm 厚的金属层，下面两层都是 1.52 mm 厚的高频电路 PCB 板材 (RO4350 和 FR-4 S1000-2)。中心导体是由两端向中间不断收窄的“×”形结构，形成如图中黑框所示的一个 2 mm 长的中心收束区，用于增强微波电磁场强度。中心导体和水平面间有一个宽 100 μm、深 30 μm 的沟槽。图 2.2.14(b) 的 CST 仿真表明，收束区沟槽内微波磁场沿 y 方向均匀分布，且与外加静磁场 B_0 相垂直。探头的实物图和样品装载部位，如图 2.2.14 (c)、(d) 所示。

该宽带 EPR 谱仪微波桥可搭载连续波和脉冲式两套系统，如图 2.2.15 所示。对于连续波系统，微波自波源发出，经功分器一分为二：一路通过主路径用于激励样品；另一路通过由衰减器和移相器组成的参考路，用于调节接收机接收到的微波信号幅度和相位。接收机对信号进行低噪放大，并由二极管检波器对信号进

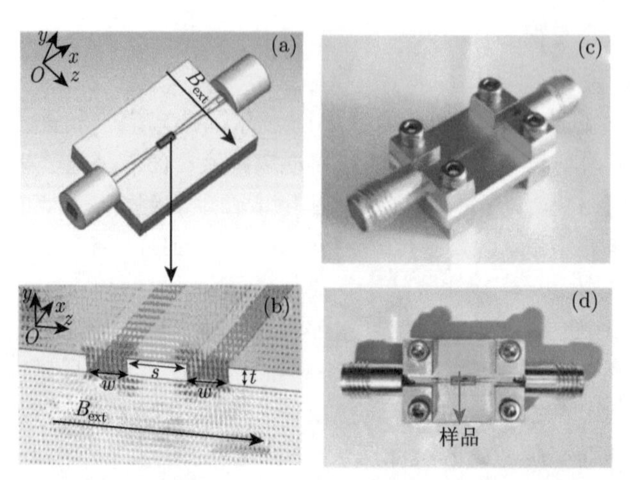

图 2.2.14　(a) 金属共平面波导微波探头结构图；(b) 收束区 yOz 截面微波场分布仿真结果；(c) 和 (d) 共平面波导实物图，方框示意样品的装载部位

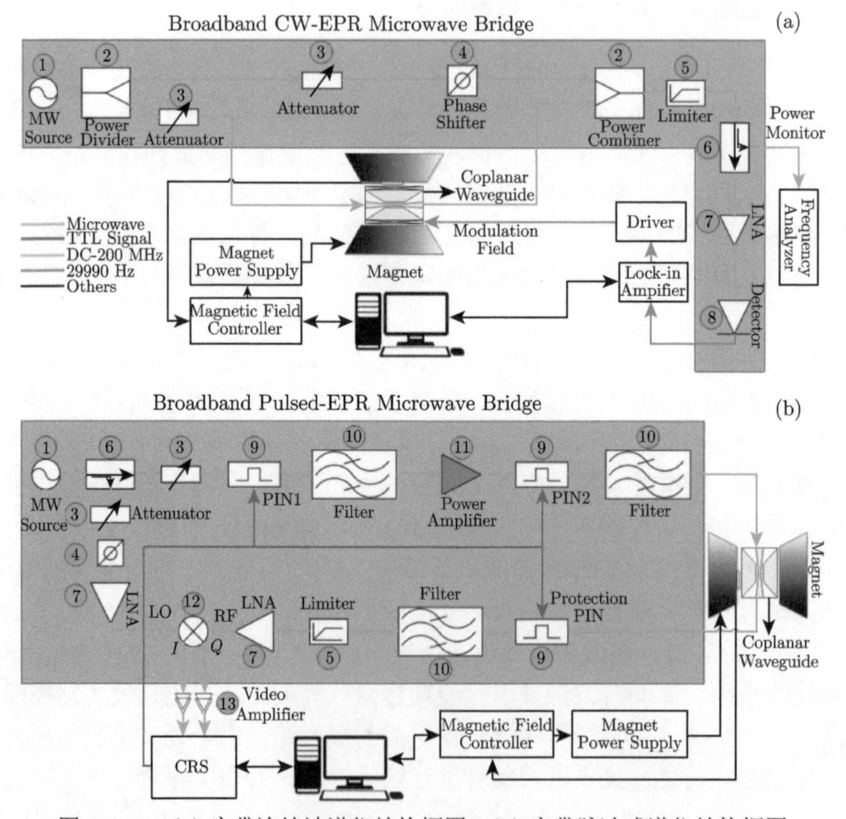

图 2.2.15　(a) 宽带连续波谱仪结构框图；(b) 宽带脉冲式谱仪结构框图

行解调。限幅器用于保护后端器件，功率检测部分作为一个参考窗口用于调节传到检波器的微波功率，使其工作在最灵敏区间，提高信噪比。调制场信号由锁相放大器产生，经自制的驱动器和一对小型亥姆霍兹线圈叠加到稳恒磁场上。

对于脉冲系统，微波自波源处发出，经定向耦合器一分为二：一路作为本振路，直接馈入解调器线性输出 (LO) 端口；另一路被高速微波开关切成微波脉冲，经高功率放大器后用于激励样品。样品共振所耦合的信号被低噪放大后馈入解调器的射频 (RF) 端口，最终解调得到的 I(in-phase，表示同相)、Q(quardrature，表示正交，与 I 相位差 90°) 信号经两个射频放大器放大后，被采集和处理。高速微波开关的时序控制和数据的采集处理，由控制与读出系统 (control and readout system，CRS) 来完成。

该宽带谱仪同时兼具扫场和扫频两种探测模式。图 2.2.16 示意了 1,1-二苯基-2-三硝基苯肼 (l,1-diphenyl-2-picrylhydrazinyl，DPPH) 粉末的常规扫场谱，检测参数是微波功率 −6 dBm，调制频率 29.99 kHz，调制幅度 1.61 G。图 2.2.16(a) 示意了各个频点下校准后的 DPPH 粉末谱，线宽 1.74 G。图 2.2.16(b)、(c) 分别示意了信号幅度与微波频率在 1∼15 GHz 范围内的线性关系，以及微波频率与共振磁场强度的比值，实验所得的未经校对 DPPH 粉末谱的 $g_{\rm eff} \sim 2.0026$(DPPH 粉末的实际 $g_{\rm iso} \sim 2.0036$，这个差值可通过磁场反馈系统等加以后期修正)。这些 EPR 谱图，均为经校准接收机增益后所得的结果。优化样品所感受到的微波功率

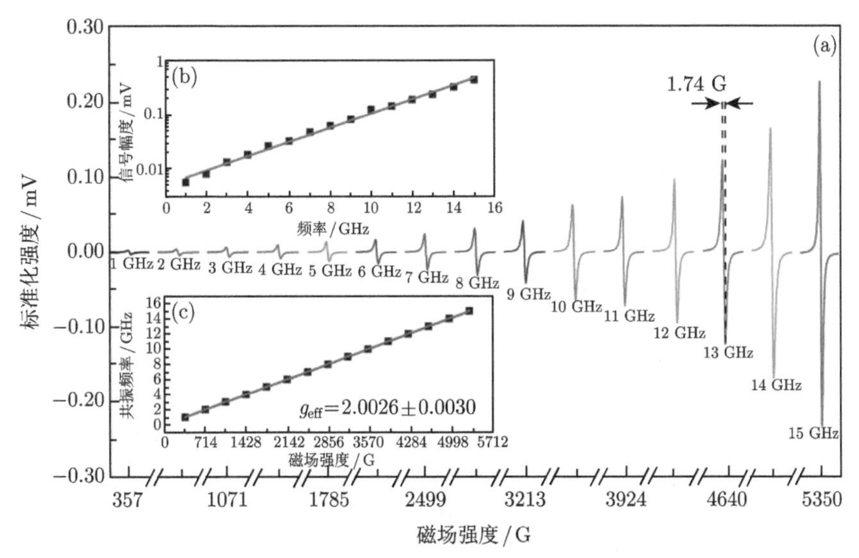

图 2.2.16 (a) DPPH 粉末的室温 EPR 谱；(b) 信号幅度随微波频率变化关系；(c) 不同频点所检测到未经校对 DPPH 粉末的 $g_{\rm eff} \sim 2.0026$，略小于实际值 $g_{\rm iso} \sim 2.0036$，这个差值经磁场反馈系统等加以修正

并对谱仪的最优灵敏度作标定，然后将功率设定为 4 dBm、频率 13 GHz，检测所得 DPPH 粉末谱的信噪比为 1351，线宽 3.5 G，结合样品体积 (样品体积 = 收束区两条沟道的体积 = (2 mm × 0.1 mm × 0.03 mm) × 2)，最终获得该谱仪灵敏度是 3.3×10^{12} spins/$\left(\mathrm{G}\cdot\sqrt{\mathrm{Hz}}\right)$。

图 2.2.17(a) 示意了 DPPH 粉末四个不同频段的扫频 EPR 谱。相比于扫场模式，扫频模式微波桥电子线路上的唯一改动是锁相放大器输出的正弦电压信号不再经过自制的驱动器，而是直接输入给波源，作为频率调制的调制信号。实验参数是微波功率 −33 dBm，调制频率 29.99 kHz，调制幅度 2.46 MHz，实际谱线线宽为 4.85 MHz。这些扫场谱和扫频谱，可与图 1.3.3 所示的对比。脉冲应用方面，用反转恢复两脉冲序列所检测的 2~15 GHz 各个代表频段的 DPPH 粉末室温 T_1 平均值约为 80 ns(图 2.2.17(b))，与常规脉冲式谱仪所得结果相一致。

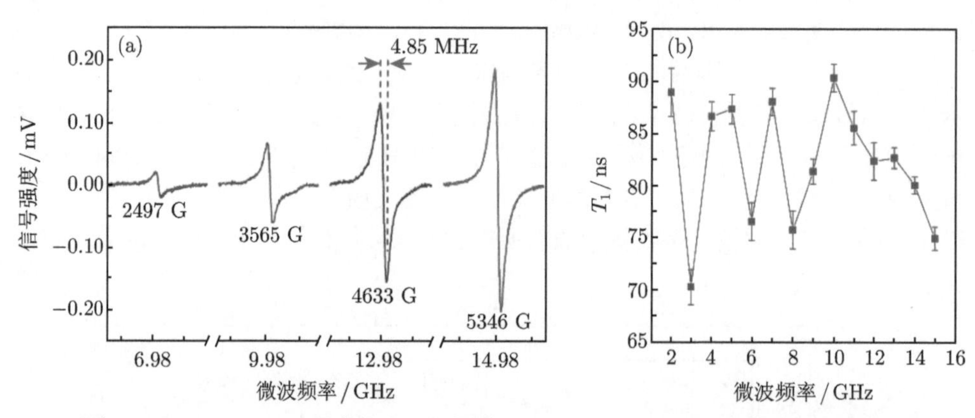

图 2.2.17 (a) DPPH 粉末的室温扫频谱；(b) 2~15 GHz 各个频点所检测的 T_1

以上这些连续波和脉冲测试结果均表明该宽带谱仪可应用于实质性的研究工作。该技术还可扩展到 15 GHz 以上的微波频率，以满足应用研究所需。

2.3 灵敏度和谱仪操作

本节由连续波谱仪的灵敏度和仪器操作两大部分构成。在实际操作中，读者和实际操作人员务必了解实验中常见的问题，学会优化各种测试参数，如样品浓度、磁场范围、微波功率、调制幅度、调制频率、测试温度等的合理搭配，以防止本来一次具体测试就可以完美解决的实验，最后给弄得七零八落或东拼西凑。

2.3.1 灵敏度，低、高频 EPR 的简要比较

所谓灵敏度 (sensitivity)，就是在保持一个较好信噪比 (S/N) 的情况下，可以探测的最少自旋数量 $N_{\min}$。$N_{\min}$ 越小，灵敏度越高。理想情况下，

$$N_{\min}=\frac{12\pi V_c k_B T_S \Gamma}{\mu_0 g^2 \mu_B^2 S(S+1) B_r Q_U}\sqrt{\frac{F k_B T_d b}{P_0}} \tag{2.3.1}$$

其中，V_c 为样品体积 (m^3)；k_B 为玻尔兹曼常数 ($J\cdot K^{-1}$)；T_S 为样品温度 (K)；Γ 为吸收峰的半幅全宽 (mT)；μ_0 为真空磁导率；B_r 为共振吸收的中心磁场 (mT)；Q_U 为空载 Q 值；T_d 为探测器温度 (K)；b 为探测器和放大系统的带宽 (s^{-1})；P_0 为微波功率 ($J\cdot s^{-1}$)；F 为噪声系数 (理想谱仪，$F=1$；一般情况下，$F>1$)。

上式引自 Weil 和 Bolton(2007) 一书。

以 TE_{102} 矩形腔为例，令 $V_c=1.1\times10^{-5}\ m^3$(11 mL)，$T_S=T_d=300$ K，$g=2.0$，$\Gamma=0.1$ mT，$Q_U=5000$，$b=1\,s^{-1}$，$P_0=0.1$ W(100 mW)，$F=100$，得 $N_{\min}\approx10^{11}$(即 10^{-12} M)。一般地，这个数据只具有参考意义，没有实际意义，如水溶液样品的灵敏度 $N_{\min}\sim6\times10^{13}\ mT^{-1}\cdot cm^{-3}$。实际上，有机自由基的最低检测浓度可达 $\sim$ μM 水平，即 $\sim10^{-6}$ M。而对于金属离子，由于谱图展宽、超精细分裂、自旋-自旋相互作用、能量交换等，测试所需浓度会更高。

灵敏度的另一种表达形式是

$$N_{\min}=\frac{KV_c}{Q_U\eta\omega_1^2\sqrt{P_0}} \tag{2.3.2}$$

K 是式 (2.3.1) 中各个常数的集成。相同条件下，使 $N_{\min}$ 变小，有多种不同的方式：① 使式 (2.3.2) 分子变小，即采用微腔技术，减小谐振腔的有效容积 V_c，$N_{\min}$ 随之变小，灵敏度随之增大，这是微腔的优势。② 提高 Q_U 值，这个是相对比较容易做到的技术改进。③ 增大频率使式 (2.3.2) 分母变大，即灵敏度与频率平方 ω_1^2 成反比，这是高频率谱仪的一个优势。但是，频率越高，衰减线性增大 (图 2.2.5)，且趋肤深度变浅，谐振腔可利用空间 (即样品体积 V_c) 急剧减少。这在样品管的尺寸上明显反映出来，常规 X-、Q-、W-波段谱仪所使用的石英管外径分别是 $\sim$4 mm、$\sim$ 2 mm、$\sim$ 0.6 mm。综合技术难易、制造成本、研究对象、谱仪普适性等多方面的因素，最理想的频率范围是 8~12 GHz。频率自 X-波段再往上增加，成本和困难也会相应增加。

由式 (2.3.2) 可知，谱仪的 $N_{\min}$ 与微波频率 ω_1 的平方成反比，即 ω_1 越大，$N_{\min}$ 越小，灵敏度越高。但是，介电损耗也随之上升，造成谱仪难以调谐和操作，同时，磁场的均匀性和稳定性会下降而不适合多次累加。一般地，高频高场 EPR($\omega_1\geqslant35$ GHz) 具有的优势是：① 提高 g 因子的分辨率；② 消除超精细耦

合作用 A 的二阶效应；③ 减小过冲 (overshoot) 现象；④ 增强电四极矩和其他禁戒跃迁；⑤ 探测较强零场分裂作用。常规或低频 EPR($\omega_1 \leqslant 10$ GHz，含 S-波段以下) 具有的优势是：① 探测配体磁性核所引起的超精细分裂，这种超精细结构在高频高场 EPR 中因展宽而无法分辨；② 弱化 g 因子应变或展宽，这在高频中同样因展宽而无法在谱图中分辨；③ 线宽变窄，分辨率上升；④ 减少 $I \geqslant 1$ 磁性核的电四极矩和塞曼作用；⑤ 探测 g 和 A 是否同轴；⑥ 利于探测比较弱的超精细分裂，如低频 ESEEM(电子自旋回波包络调制)。实际工作中，选择什么频段的谱仪，取决于实验目标，尺有尺短，寸有寸长，每个频段的谱仪不可全面兼顾。理论、技术、成本和具体实验的折中，最终形成了以 X-波段为最普适的常规谱仪。

高频 EPR 谱仪由于工作在高场和高频微波下，相较于低频 EPR，具有更高的 g 因子分辨率、探测灵敏度和克服大的零场分裂能等诸多优势，近年来得到越来越多的重视，参考 1.3.4 节。随着高频微波技术与超导磁体技术的发展和突破，高频高场谱仪将会应用于更加广泛的科研中。由合肥国仪量子公司生产的具有我国自主知识产权的 W-波段谱仪，采用新式的干式制冷超导技术，极大地降低了谱仪的制造和运行成本，提高了谱仪的运行稳定性。该型谱仪兼具连续波和脉冲两种制式，具备液氦低温测试能力，将会极大地提高我国在相关领域的研究水平。

2.3.2 操作 X-波段谱仪的注意事项

X-波段谱仪是应用最为广泛的 EPR 谱仪。本小节对 X-波段连续波谱仪的操作事项做简要介绍，让读者学习和掌握谱仪操作的要领，详情则需参考相关仪器专著或操作手册。首先需要明确的是，谱仪测试参数不是一成不变的。一条平滑的特征 EPR 谱，是谱仪多个参数共同优化的结果。若稍有一个参数没有被优化，那么都有可能得到另外一个完全不同的结果。因此，任何一个谱仪操作人员，都必须全面了解操作界面上各个仪器参数对检测所得谱图的不同影响。以下简要介绍几个常用的参数，其余详见谱仪的操作手册和附后的专著，如 *Electron Paramagnetic Resonance: A Practitioners Toolkit*、*Quantitative EPR* 等。

(1) 谐振腔的选择。根据研究对象，选择相应的谐振腔。国内外众多实验室一般都只配标准腔，忽视了兼具垂直和平行模式的双模腔，这直接导致了许多实验无法进行，如图 2.3.1、图 2.3.4(a)、图 7.2.6 等。对于 S= 1, 2, 3, $\cdots$, n 的整数自旋体系，当 $D>h\nu$(即弱场近似) 时，平行模式才是有效的测试方法 (图 2.3.1 和图 4.4.8，以及参考 7.2 节)[7]。整数自旋的中心，可以是单核、双核、三至多核等的局部微结构，详见第 4 章。过渡离子的化合价经常是连续变化的，这使其总自旋数 S 在整数和半整数之间转变，如 $Mn^{2+} \leftrightarrow Mn^{3+} \leftrightarrow Mn^{4+} \leftrightarrow Mn^{5+}$，$Fe^{2+} \leftrightarrow Fe^{3+} \leftrightarrow Fe^{4+} \leftrightarrow Fe^{5+}$，$Co^{1+} \leftrightarrow Co^{2+} \leftrightarrow Co^{3+}$，$Ni^{1+} \leftrightarrow Ni^{2+} \leftrightarrow Ni^{3+}$，$Cu^{1+} \leftrightarrow$

$Cu^{2+} \leftrightarrow Cu^{3+}$，诸如此类，不计其数。然而，在许多文献中，过渡离子化合价的指认，却呈让人不可思议的跳跃，而非如图 7.2.6 那样的连续价态的归属，这都是缺乏双模腔所造成的。

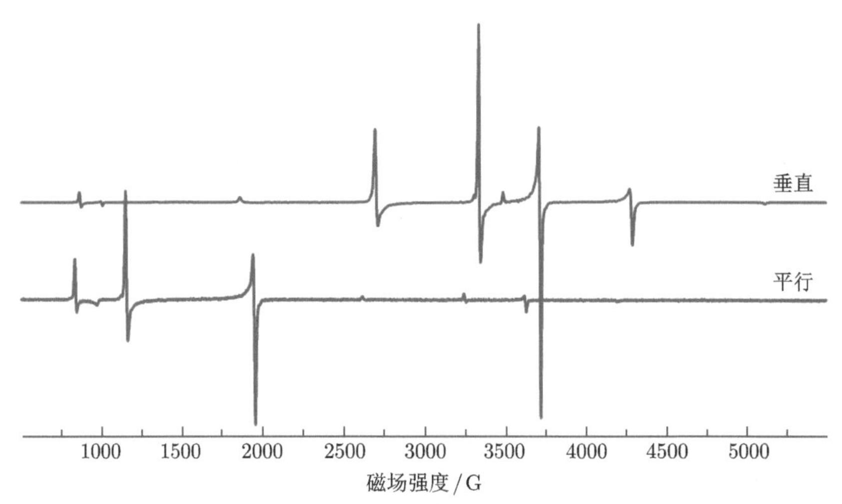

图 2.3.1 掺杂在 $CsAl(SO_4)_2 \cdot 12H_2O$ 中的 Cr^{3+} 的垂直和平行模式谱。平行模式 9.39 GHz，垂直模式 9.64 GHz，100 K；$S = 3/2$，$g_{iso} = 1.979$，$D = 0.0774\,\mathrm{cm}^{-1}$。高浓度的 Cr^{3+}，局部形成双核、三核等耦合结构，产生了低场的源自禁戒跃迁的吸收峰。平行模式谱图各个吸收峰的归属，参考图 4.4.8

(2) 谐振腔和样品管的本底信号。谐振腔是用导电最好的黄铜 (铜锌合金) 镀金制成的，在液氦温度如 10 K 以下，当用比较大的微波功率扫描谐振腔的空白谱时，也会检测到 $g \sim 2.07$ 的传导电子自旋共振 (conduction electron spin resonance，CESR) 信号，该信号在脉冲谱中得到增强。并且，连续波和脉冲谐振腔的本底信号也不一样的，如图 2.3.2 所示。常用的盛放样品的容器，都是石英材质的毛细管、2~5 mm 外径的圆柱管、扁平池 (图 2.3.3) 等。一般地，石英材质没有本底信号，只有在烧结密封时才会引入杂质信号。相比之下，普通玻璃制成的毛细管、试管等容器，因含有 Fe_2O_3、Fe_3O_4 等各种金属杂质，有非常强的源自不同结构的杂质 Fe^{3+} 的信号 (图 2.3.2)。因此，在每次实验之初，都必须检测仪器的本底信号和空白对照样品的基本信号，防止污染等发生。如脉冲介质腔 ER 4118 的本底信号，就曾被错误地归属为源自 V_{15} 络合物的基态 $S = 1/2$ 的信号 [8]，正确归属请参考我们实验室的研究报道 [9]。

(3) 临界耦合。这一步尽可能在室温完成调谐，此时外界条件稳定；如需降温，在低温时再稍微调谐即可。不同公司的谱仪调谐过程有些差别，详见操作手册。

(4) 磁场范围。任何一个样品，第一条扫描的谱，都是宽谱，如 500~6000 G

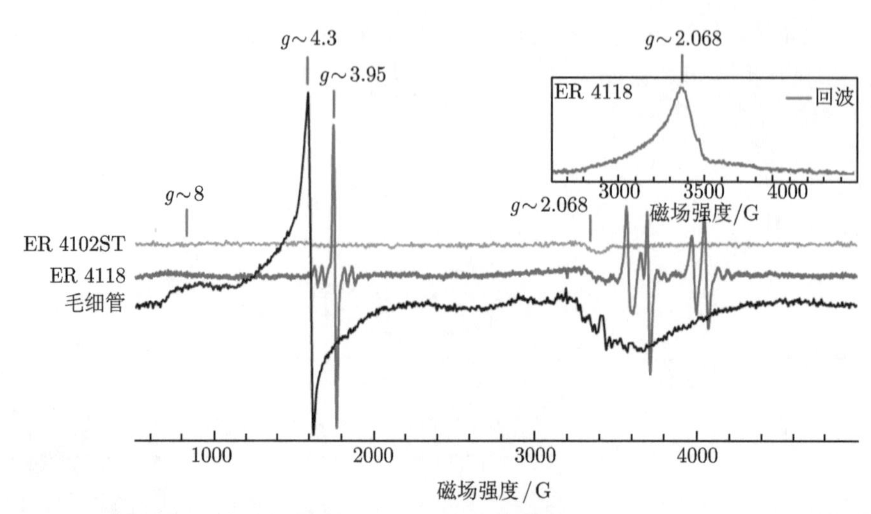

图 2.3.2　不同谐振腔 (布鲁克的标准腔 ER 4102ST 和脉冲介质腔 ER 4118) 和普通玻璃毛细管的本底信号，9.6 GHz。插图是脉冲介质腔 ER 4118 回波扫场所得的本底信号

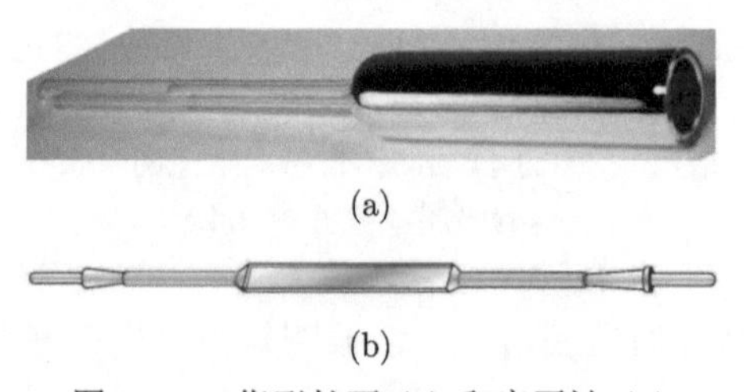

(a)

(b)

图 2.3.3　指形杜瓦 (a) 和扁平池 (b)

范围或更宽 (微波功率和调制幅度都采用较大的值，如 1~20 mW、5~10 G)；第二条才开始限定磁场范围，尽可能窄，减小空白区域或不需要区域的范围，如以目标信号为中心、左右两侧的空白噪声范围占全谱宽度的 1/4 或更少，同时还要优化其他参数；第三条往后，适当增大或减小功率，或者减小或增大调制幅度等其他测试参数，同时增加采样点数再重新扫描，以获得较为精确的 g、A、D 等特征参数。

(5) 测试温度。常用的低温保持器 (cryostat)，由牛津公司生产，有 ESR 900、910 和 935 等三种型号，可变温度由 1.9 K 到室温。最简单的 77 K 液氮低温装置是如图 2.3.3 所示的指形杜瓦 (finger dewar)。检测温度越高，自旋与周围晶格环境的能量交换越迅速，即 T_1 非常短。有机自由基和 ns^1 组态离子的 T_1 都比较长，于室温即可被检测，而大部分的过渡离子、稀土离子，需要液氮或液氦低温才可被检测。许多耦合体系均有各自特征的检测温度，以铁硫簇 $[Fe_3S_4]^{1+}$ 为例，维持其他测试参数不变而只改变温度，那么信号最强一般出现在 40 K 左右，当温度高于或者低于 40 K 时信号强度下降，直至消失，形成一个钟形的温度相关性 (参考图 2.3.4 和图 8.4.4)。

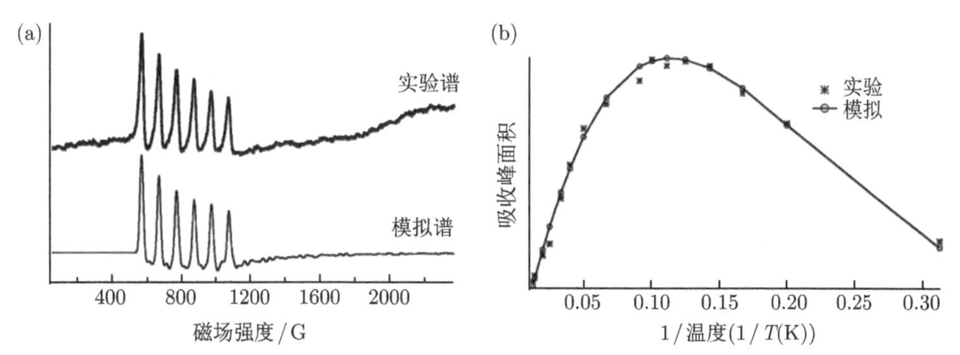

图 2.3.4 (a)Mn-SOD 中 Mn^{3+} 的平行模式 EPR 谱；(b) 温度相关图和模拟，相关分析详见 7.2.4 节，图例引自文献 [10]

对于过渡金属和自由基的研究，常需要室温的溶液谱和低温冷冻的粉末谱相结合。室温溶液检测时，各类高自旋的跃迁均已被平均为零，只能检测到各向同性的、低自旋的谱图，此时 EPR 谱图的分析和归属就相对直观和简单。低温冷冻后，电子与电子 (的交换作用和库仑作用)、电子与轨道、电子与核自旋等相互作用被固化而体现为各向异性。因此，交换作用、零场分裂、各向异性的 g_{ij} 和 A_{ij} 等的归属会变得复杂，测试时还需要结合变温检测以区分相应参数的正、负号。冷冻溶液中，电子与电子的相互作用情况有三种形式：① 高自旋离子内的电子与电子相互作用；② 结构相邻的过渡离子或自由基间，以及过渡离子与自由基配体间；③ 高浓度的或长程有序的样品中，电子与电子相互作用 (主要是反铁磁耦合和零场分裂) 导致电子离域，甚至形成传导电子 (或超导)。

对于自旋量子数 S 是整数的原子或耦合体系，如果最低能级是 $S = 0$ 或 $M_S = 0$，那么 EPR 信号强度的温度相关性将呈如图 2.3.4 以 Mn^{3+} 为例的钟形变化趋势。当温度逐渐下降时，自旋-晶格弛豫时间 T_1 逐渐延长，因此信号强度会随着温度下降而逐渐上升；当温度下降至与 D(或 J) 同一个水平时，信号强度达到峰值；然后温度继续下降时，布居数将以最低能级 $S = 0$ 或 $M_S = 0$ 为主，信号强度将从最高值逐渐下降直至消失，详见文献 [10, 11]。

(6) 调制幅度和调制频率。一般地，如果想分辨谱图中任意相邻 A、B 两点，那么调制幅度是 A、B 间隔的 1/5 左右，若 A、B 间隔 1 G 则调制幅度 ~ 0.2 G，若间隔是 15 G 则调制幅度 ~ 3 G。调制幅度越小，分辨率越高，但信号越弱。但是，当采样点数增大一倍或两倍时，调制幅度可以设为该间隔的 1/2 甚至 1 倍，同样可以解析相应的谱图精细结构，即增大采样点数可抵消调制幅度过大造成的展宽。每个样品的线形都是有差别的，通过降低调制幅度，可以分辨相互叠加的多个不同来源的信号。若以二次积分为定量目的，则需要较大的调制幅度才能获得完整的吸收峰。

谱仪预设的调制频率一般是 10 kHz 和 100 kHz，默认是 100 kHz。100 kHz 会导致 70 mG 的展宽，而 10 kHz 只导致 12 mG 的展宽，但较高的调制可以有效地压制噪声。某些有机自由基的超精细耦合常数比较小，如 0.1 G 或更小，此时须使用 100 kHz 以下的调制频率，实际谱仪中只有 10 kHz 或 12.5 kHz 供选择，但是噪声会比较大，需要多次累加以提高信噪比。

(7) 微波功率。依具体情况而定，防止功率饱和。相同来源的 EPR 信号，其功率饱和曲线应该一致，如图 2.3.5(a) 所示 $I=0$ 和 $I=7/2$ 的 Zn^{1+} 的变化趋势。大部分室温的溶液谱的功率约 5~20 mW；粉末样品则需比较几个不同功率的检测结果，选择最好的、谱图精细结构最清晰的功率。

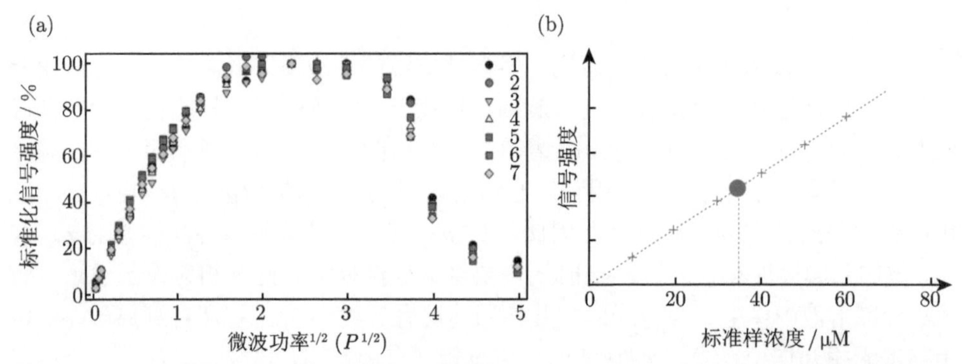

图 2.3.5 (a) 以 ^{67}Zn(~ 87%) 示踪的锌改性 ZSM-5 分子筛室温 EPR 谱的标准化微波功率饱和曲线，参考图 6.1.2。(b) 标准溶液样品的浓度曲线与待测样品的信号强度的关系示意图 (参考图 2.3.6(b))。标识：+ 表示标准样浓度和相应的信号强度；● 表示待测样品的信号强度和可能的自旋浓度 (竖虚线表示)。浓度较稀的溶液样品，自由基是各自独立存在的，且彼此间没有相互作用，所以 EPR 谱线比较窄。这个方法适用于较稳定的自由基，如果自由基比较活泼，则容易发生形成二聚物等重组反应，需加倍小心

(8) 扫描时间和采样点数。时间越长，信噪比 S/N 越高；S/N 与累加次数 n 的开方 $\sqrt{n}$ 成正比；采样点数越多，扫描时间越长，分辨率越高。调制幅度固定时，增加采样点数同样可以解析谱图中较微弱的分裂结构。比如，有些稀土离子、高自旋等，吸收峰范围非常宽，如 500~8000 G，甚至更宽，因此采样点数要足够多。比如，100 G 宽的窄谱，扫描时间 ~ 60 s，采样点数为 1024 或 2048；5000 G 宽的宽谱，扫描时间 4~16 min，点数是 2048、4096 或 8192。扫描时间越长和

累加次数越多，谱图就越平滑，清晰度或分辨率就越高。

(9) 时间常数 (time constant)，40~80 ms。它是用来压制噪声，该值过大时导致谱形失真、畸变，过小则导致信号减弱。在参数界面上，还有转换时间 (conversion time)，表示在每个采样点的滞留时间 (dwelling time)：转换时间 × 采样点数 = 扫描时间。采样点数固定时，增大转换时间，也就延长了扫描时间。

(10) 如有叠加现象时，需要做变温、变功率、变调制幅度等，才可分辨各个不同来源的信号。对于有机自由基的超精细分裂，超精细分裂峰的峰谷宽度随着磁性中心原子周围环境的变化而展宽或变窄。在 DMPO 等自旋捕获反应中，常常存在多个自由基加成产物，通过降低调制幅度，有助于分析相互重叠的加成自由基信号。金属离子和有机自由基的微波功率饱和曲线存在明显差别。

(11) 空气湿度。水蒸气会显著降低 Q，谱仪尽量安置于相对干燥的密闭房间内。若碰到潮湿气候，如雨雾、回南天、冰雪消融等，测试时需要留意谱仪是否有异常。

(12) g 值换算。真实 g 值是待测对象的指纹，但需要严格校对，并不是将原始数据简单换算那么简单。谱仪的各个电子元器件都是逐渐老化的，这种老化随着操作不规范、工作环境不稳定等而加剧。因此，实验操作人员至少每半年用标准样品核对谱仪的磁场强度是否存在偏差，即标准样的 g_{iso} 是否发生变化。此外，测试参数如果没有优化，也会使 g_{ij} 发生变化，避免这种偶然误差的办法是将扫描范围收窄、采用较小的微波功率和调制幅度及较长的扫描时间。许多凝聚态材料、无机材料和有机自由基，$g \sim 2.003 \pm 0.004$。可见，差之毫厘，谬以千里。

以上这些参数，读者可以自行制备几个唾手可得的样品，然后设置不同的参数，重点是微波功率、调制幅度、采样点数、扫描时间、宽谱与窄谱等五个参数的优化过程，以观察谱图的整体和细节变化，尤其是超精细结构的变化。谱仪参数经优化后所得的谱图，才可用于后续解析、归属。这类代表性的标准样品很多，如将邻苯二酚置于 NaOH 的乙醇溶液形成半醌自由基 (超精细耦合常数详见图 3.3.5)，DPPH 溶液和粉末，金属氧化物 + 甲醇 +DMPO 体系中检测 DMPO−·OCH_3，用 DMPO 检测芬顿反应 (Fenton reaction) 所释放的羟基自由基 (·OH)，$CuSO_4$ 的溶液和冷冻样品，普通玻璃或流锈中的菱形 Fe^{3+}，老化废旧轮胎或烤焦面包中的非晶碳或无定形碳，诸如此类。

2.3.3 样品浓度，信号淬灭

实验待测样品按物理状态，有气态、液态、粉末、单晶、多晶和粉末多晶等，有些还是导体、半导体。按介电耗损，分为介电损耗和非介电损耗样品，表 2.3.1 示意了水等常见溶剂的介电常数。

表 2.3.1　常见溶剂的介电常数 ε

溶剂	ε	溶剂	ε	溶剂	ε
甲酰胺	110	DMF	36.7	叔丁醇	17.7
碳酸亚乙酯	89.6	硝基甲烷	35.9	一氯甲烷	12.6
水	80.1	硝基苯	35.6	吡啶	12.4
DMSO	46.7	甲醇	32.6	1,2-二氯乙烷	10.4
甘油	42.5	HMPA	30.6	二氯甲烷	9.0
三氟乙酸	42.1	乙醇	24.5	四氢呋喃	7.5
DMAC	37.8	丙酮	20.7	氯仿	4.81
乙二醇	37.7	异丙醇	19	四氯化碳	2.22
乙腈	37.5	2-丁酮	18.5	苯	2.27

注：DMSO-二甲基亚砜；DMAC-二甲基乙酰胺；DMF-N,N-二甲基甲酰胺；HMPA-六甲基磷酰三胺。
未在表中的其他常见溶剂，大部分 $\varepsilon < 10$。

介电常数 ε 是衡量静电场在真空中和浸没在溶剂或其他物质中电场降低的程度，即外加电场引起分子极化的程度，包括极性分子的定向排列和非极性分子的诱导极化。溶剂的介电常数表征了偶极定向和电荷分离两种能力，也反映了溶剂屏蔽静电的本领。表 2.3.1 摘选了部分常见溶剂，极性溶剂 $\varepsilon > 15$，非极性溶剂 $\varepsilon < 15$。室温溶液样品对溶剂的介电损耗非常敏感。高介电损耗的溶液样品，会部分或完全吸收电磁波的电场 E_1，类似于微波炉的工作原理，造成磁场 B_1 的减弱甚至消失，若低温检测则不需要考虑样品的介电性质。我国江南和华南地区的雨、雾、回南天等潮湿天气比较常见，水蒸气会凝结在波导、谐振腔等器件内部，使微波无法正常输导而造成谱仪不能正常工作。室温溶液实验中，高介电损耗溶剂样品需要用石英制作的扁平池 (图 2.3.3) 或毛细管盛放。低介电损耗的溶液样品，则可以直接盛放于普通的 EPR 样品管作室温检测。EPR 灵敏度非常高，所用样品管都是用高纯度石英制成，以防止杂质或缺陷信号的干扰。普通的玻璃点样毛细管，常具有很强的、高自旋 Fe^{3+} 的杂质信号 (图 2.3.2)，有时还含有杂质 Mn^{2+}。

EPR 测试所用的样品量很少，普通石英管，外径 2~5 mm。X-波段 TE_{102} 矩形腔的有效测试高度大约 25 mm，这个高度对 4.2 mm 外径的样品管而言，可盛放的有效样品体积 ~ 150 μL。X-波段 TE_{011} 圆柱腔，有效高度 ~ 50 mm，样品量较矩形腔增加一倍，故可检测更低浓度的样品。

水溶液样品冷冻时，体积会鼓胀至 ~ 110%，这会导致样品管爆炸。这一类样品，一般是先将样品管在 −80 °C 的乙醇溶液中预处理，然后再转移到液氮 (77 K) 中保存或检测。对于低温测试的生物样品，为防止冰晶对蛋白质等的机械损伤，需要添加甘油 (体积分数 10% ~ 30%) 或蔗糖 (0.1~0.4 M) 等作抗冻剂。如果需除氧，那么样品在 −80 °C 的干冰/乙醇溶液预处理时，通氩气 ~ 10 min 或抽真空以除氧，再保存。如需密封，样品管浸在液氮中，抽真空，用氢焰烧结、封装，保存。

一般地，样品浓度尽可能控制在 1 mM 以下，防止交换展宽和交换变窄。若浓度过高，会导致许多其他物理问题，详见第 4 章。待测样品的自旋浓度，是每个研究人员都关心的问题，都会把它当成检测目标之一。这需要选择一个与待测样品化学性质相似的标准样，将其配成一系列浓度梯度，如锰离子的浓度梯度 [12]；如果化学性质相差太远，误差会很大。对于自由基溶液样品，可用 DPPH 配制成几个已知浓度，如 10 μM、20 μM、40 μM、60 μM、80 μM，在这个浓度范围内信号积分强度与浓度成正比。先测试待测样品，再用相同参数测试已知的标准样，取积分，绘制标准浓度相关谱 (如图 2.3.5(b) 所示，参考图 2.3.6(b))。将待测样品的信号积分强度绘到标准浓度相关谱的相应位置，该位置所对应的横轴即为待测样的大概浓度；如果将待测样品配成多个不同倍数的比例浓度，那么定量结果将更精确。对于固体、粉末等样品，容易形成局部的双核、三至多核的局部团簇或交换耦合的结构 (如图 2.3.1 所示) 或结成微晶，那势必造成检测所得浓度远低于实际样品浓度。

类似的线性关系还有 EPR 信号强度与辐照剂量的关系，如图 6.2.3 所示。

一些有机螯合剂和生物大分子，能螯合过渡离子。比如，缓冲液中常含有乙二胺四乙酸 (EDTA，~ 1 mM)，除去游离金属离子如 Fe^{3+}、Mn^{2+} 的污染 (EDTA 还会影响铁、锰等离子的氧化还原电势，参考表 8.2.1)。这些螯合会不同程度地淬灭这些游离离子的 EPR 信号。如图 2.3.6(a) 所示室温溶液谱的变化情况：初

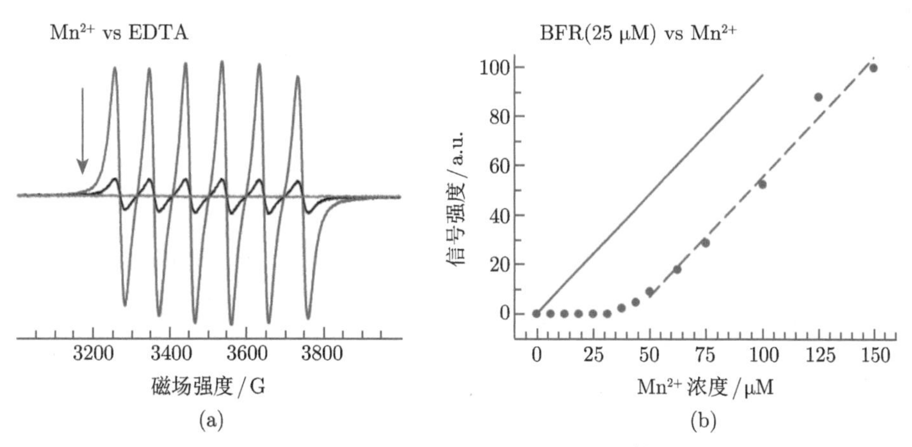

图 2.3.6 (a) 室温溶液中，乙二胺四乙酸 (EDTA) 对游离 Mn^{2+} 的 (9.839 GHz)EPR 信号的淬灭。$MnCl_2$ 初始体积 10 μL(10 mM)，然后分别添加 0 μL、10 μL、100 μL EDTA(10 mM，如箭头所示)，混合后取 20 μL 用于测试。(b) 室温溶液中，Mn^{2+} 滴定细菌铁蛋白 (BFR，25 μM) 时 EPR 信号强度的变化趋势。实线表示 EPR 信号强度与 $MnCl_2$ 浓度的变化趋势

始 Mn^{2+} 浓度为 10 mM，其溶液谱非清晰；添加 EDTA 后，使 EDTA:Mn^{2+} 接近 1:1 时，Mn^{2+} 的信号强度就大幅下降；当二者比例接近 10:1 时，Mn^{2+} 的信号被完全淬灭。类似地，体外表达的细菌铁蛋白 (bacterioferritin，BFR) 是一个双中心的蛋白质，每个中心是由单核锰构成 [13]。BFR 与 Mn^{2+} 在体外重组时，只有当 BFR:Mn^{2+} 接近或超过 1:2 时，才能较为明显地检测到 Mn^{2+} 的吸收峰；在 50~150 μM 的范围内，EPR 信号强度与 Mn^{2+} 浓度成正比 (图 2.3.6(b))。在以 $MnCl_2$ 溶液为对照的实验中，EPR 信号强度同样和 Mn^{2+} 浓度成正比，如实线表示。蛋白样品中，氨基酸通过氨基 (—NH_2) 与羧基 (ROO—) 和过渡离子发生络合 (参考图 8.2.36)，若与 Mn^{2+} 螯合也会起到类似 EDTA 的效果。

参考文献

本章参考的主要专著和教材：

郭硕鸿. 电动力学. 3 版. 北京：高等教育出版社，2008.

Alger R S. Electron Paramagnetic Resonance: Techniques and Applications. New York: Interscience Publishers, 1968.

Atherton N M. Principles of Electron Spin Resonance. New York: Ellis Horwood, 1993.

Berliner L J, Bender C J. EPR: Instrumental Methods. New York: Springer Science, 2004.

Brustolon M, Giamello E. Electron Paramagnetic Resonance: A Practitioners Toolkit. Hoboken: John Wiley & Sons, 2009.

Eaton G R, Eaton S S, Barr D P, Weber R T. Quantitative EPR. Wien: Springer-Verlag, 2010.

Goldfarb D, Stoll D. EPR Spectroscopy: Fundamentals and Methods. West Sussex: John Wiley & Sons, 2018.

Grinberg O Y, Berliner L J. Very High Frequency (VHF) ESR/EPR. New York: Springer Science, 2004.

Hagen W R. Biomolecular EPR Spectroscopy. Boca Raton: CRC Press, 2009.

Mabbs F E, Collison D. Electron Paramagnetic Resonance of d Transition Metal Compounds. Amsterdam: Elsevier 1992.

Misra S K. Multifrequency Electron Paramagnetic Resonance: Theory and Applications. Weinheim: Wiley-VCH, 2011.

Möbius K, Savitsky A. High-field EPR Spectroscopy on Proteins and Their Model Systems. Cambridge: RSC Publishing, 2008.

Poole C P, Farach H A. Handbook of Electron Spin Resonance. New York: American Institute of Physics, 1994.

Poole C P. Electron Spin Resonance: A Comprehensive Treatise on Experimental Techniques. 2nd ed. New York: John Wiley & Sons, 1983.

Schweiger A, Jeschke G. Principles of Pulse Electron Paramagnetic Resonance. Oxford: Oxford University Press, 2001.

Weil J A, Bolton J R. Electron Paramagnetic Resonance: Elementary Theory and Practical Applications. 2nd ed. Hoboken: John Wiley & Sons, 2007.

主要参考文献：

[1] WALKER F A. Models of the bis-histidine-ligated electron-transferring cytochromes. Comparative geometric and electronic structure of low-spin ferro- and ferrihemes [J]. Chemical Reviews, 2004, 104(2): 589-615.

[2] SHAIK S, KUMAR D, DE VISSER S P, et al. Theoretical perspective on the structure and mechanism of cytochrome P450 enzymes [J]. Chemical Reviews, 2005, 105(6): 2279-2328.

[3] ALONSO P J, MARTINEZ J I, GARCIA-RUBIO I. The study of the ground state Kramers doublet of low-spin heminic system revisited—A comprehensive description of the EPR and Mössbauer spectra [J]. Coordination Chemistry Reviews, 2007, 251(1-2): 12-24.

[4] TAYLOR C P. The EPR of low spin heme complexes. Relation of the t_{2g} hole model to the directional properties of the g tensor, and a new method for calculating the ligand field parameters [J]. Biochimica et Biophysica Acta, 1977, 491(1): 137-148.

[5] REIJERSE E, LENDZIAN F, ISAACSON R, et al. A tunable general purpose Q-band resonator for CW and pulse EPR/ENDOR experiments with large sample access and optical excitation [J]. Journal of Magnetic Resonance, 2012, 214: 237-243.

[6] JING K, LAN Z, SHI Z, et al. Broadband electron paramagnetic resonance spectrometer from 1 to 15 GHz using metallic coplanar waveguide [J]. Review of Scientific Instruments, 2019, 90(12): 125109.

[7] HENDRICH M P, DEBRUNNER P G. Integer-spin electron paramagnetic resonance of iron proteins [J]. Biophysical Journal, 1989, 56(3): 489-506.

[8] BERTAINA S, GAMBARELLI S, MITRA T, et al. Quantum oscillations in a molecular magnet [J]. Nature, 2008, 453(7192): 203-206.

[9] YANG J, WANG Y, WANG Z, et al. Observing quantum oscillation of ground states in single molecular magnet [J]. Phys Rev Lett, 2012, 108(23): 230501.

[10] BRITT R D, PELOQUIN J M, CAMPBELL K A. Pulsed and parallel-polarization EPR characterization of the photosystem Ⅱ oxygen-evolving complex [J]. Annual Review of Biophysics and Biomolecular Structure, 2000, 29(1): 463-495.

[11] CAMPBELL K A, YIKILMAZ E, GRANT C V, et al. Parallel polarization EPR characterization of the Mn(Ⅲ) center of oxidized manganese superoxide dismutase [J]. Journal of the American Chemical Society, 1999, 121(19): 4714-4715.

[12] STEHR J E, LUNDSTROM I, KARLSSON J O G. Evidence that fodipir (DPDP) binds neurotoxic Pt^{2+} with a high affinity: An electron paramagnetic resonance study [J]. Scientific Reports, 2019, 9(1): 15813.

[13] CONLAN B, COX N, SU J H, et al. Photo-catalytic oxidation of a di-nuclear manganese centre in an engineered bacterioferritin "reaction centre" [J]. Biochimica et Biophysica Acta, 2009, 1787(9): 1112-1121.

阅读材料

我国脉冲强磁场 ESR 测量系统现状

王振兴　欧阳钟文

华中科技大学国家脉冲强磁场科学中心

美国、欧洲和日本的强磁场实验室均已发展了强磁场高频 ESR 实验装置。其中，欧美主要是基于超导磁体的稳态磁场，而日本大多数 ESR 装置是基于脉冲强磁场，主要是因为脉冲磁场建造费用低廉，并能产生比稳态磁场更高的磁场强度。依托这些大型实验装置，有关强磁场 ESR 的研究也非常活跃，主要包括强关联电子系统的自旋动力学、低维量子自旋系统的元激发和磁结构、纳米分子磁体 (如单分子/单链磁体) 的磁各向异性和自旋交换耦合、磁性物质的顺磁共振、铁磁共振、反铁磁共振以及磁相变等。

长期以来，我国物质科学研究人员主要利用商业的低场低频 X-波段 ESR 谱仪进行有关科学研究。在利用强磁场高频 ESR 方面一直是空白，这主要是因为缺少强磁场这一极端条件。目前，国家脉冲强磁场科学中心已完成建设磁场强度为 10~90.6 T、孔径为 12~34 mm、脉宽为 15~2250 ms 的系列脉冲磁体，以及 28 MJ 电容储能型和 100 MVA/100 MJ 脉冲发电机型脉冲电源系统，配备低温和极低温等实验环境。为了满足我国物质科学研究对强磁场高频 ESR 实验日益增长的需求，国家脉冲强磁场科学中心建成了我国第一套脉冲强磁场 ESR 装置。该装置为广大从事化学、物理和生物等领域的科研人员提供了一个强大的、开放的、公共的实验平台。

1. 脉冲强磁场 ESR 实验装置概况

国家脉冲强磁场科学中心的 ESR 实验装置由高频微波源 (包括 BWO 返波振荡管、Gunn 微波管和 VDI 固态微波源)、InSb 微波探测器、QMC 前置放大器、脉冲磁体系统、低温系统 (液 ^{4}He 和液 N_2 杜瓦)、波导管、数据采集和测量系统等部分构成 (图 1)。

强磁场高频 ESR 实验装置的主要测量参数为：磁场强度 0~30 T(如图 2 所示)，频率范围 50~750 GHz，样品温度 2~40 K。主要设备的详细参数如下：

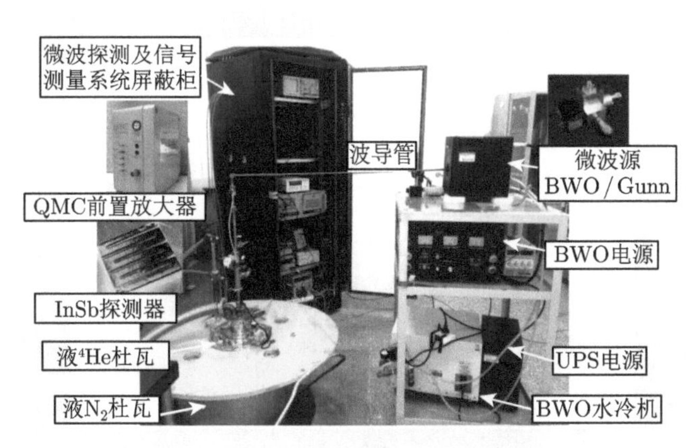

图 1　强磁场高频 ESR 装置实物图

➢ 高频微波源

BWO 返波振荡管：频率 160~520 GHz；输出功率 1~100 mW。

Gunn 微波管：频率 50~170 GHz；输出功率 20 mW。

VDI 固态微波源：频率 50~750 GHz；输出功率 1~200 mW。

➢ QMC 微波探测系统

ULN95 预前放大器：带宽 (−3 dB)：0.5~1 MHz。

QFI/X 热电子 InSb 探测器：频率范围 60~1000 GHz。

➢ 脉冲磁体系统

电容器组：25 kV，1 MJ。

脉冲磁体：最高磁场 30 T，脉宽 25 ms，孔径 28 mm。

➢ 低温系统

液 N_2 杜瓦：温度 77 K，用于冷却脉冲磁体，并为液 ^{4}He 杜瓦提供外围低温环境。

液 ^{4}He 杜瓦：温度最低为 2 K，主要为 InSb 探测器和待测样品提供低温测量环境。系统由真空多层绝热双层杜瓦、真空减压泵 (旋片机械泵)、温控仪及其他附件组成。

➢ ESR 测量杆

外层：填充 ^{4}He 交换气体，为 InSb 探测器和待测样品提供保护。

中层：安装 InSb 探测器、磁场探测线圈、二极管温度计等。

内层：安装待测样品、热电偶温度计、加热器，并用于传送微波。

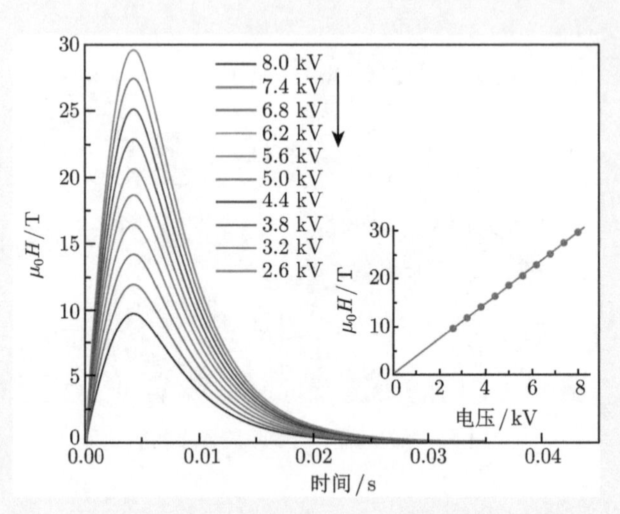

图 2　不同脉冲电压下的磁场波形，插图为磁场-电压关系

2. 原理与测量方法

ESR 实验装置的工作原理和测量方法如图 3 所示。高频微波源在外部电源的驱动下产生一定频率的微波，其光子能量为 $h\nu$。该微波经水平放置的铜制圆形波导管、高反射率的金膜反射镜和竖直放置的 ESR 测量杆传输至脉冲磁体中心的待测样品处。此时，对样品施加连续变化的脉冲磁场 B，如果满足共振条件 $h\nu = g_e\mu_B B$，电子将通过吸收微波能量在不同能级之间发生跃迁，宏观上表现为样品在某一磁场附近对微波能量的共振吸收。安装于磁体外部的 InSb 探测器能灵敏地感受到微波能量的变化，并将这一信号通过 QMC 前置放大器、低通 Stanford 前置放大器和高速数据采集卡送至计算机存储器。同时，脉冲磁场数据也通过该数据采集卡传入计算机。如此获得的磁场和 ESR 信号是脉冲时间的函数，最后需将这些原始数据转换为 ESR 信号随磁场的变化关系。

在上述 ESR 测量过程中，脉冲磁场大小由国际通用的 ESR 标准样品 DPPH 来标定，这是因为该样品的共振峰很窄，易于精确确定磁场，其 $g_{iso} = 2.0036$，对温度非常稳定。BWO 返波振荡管由于发热，需要连续的水冷装置。探测器外围需安装一定厚度的铜制屏蔽罩，以减少脉冲磁场对信号的影响。

3. 展望

国家脉冲强磁场科学中心自开放运行以来，为用户和中心研究人员开

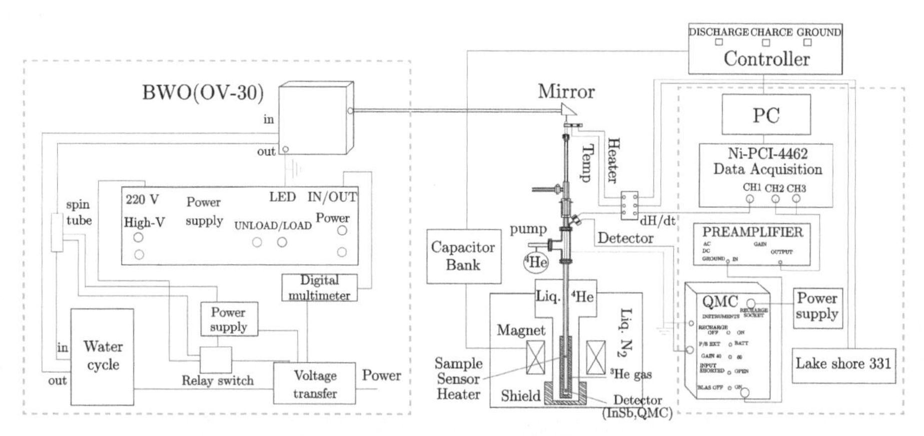

图 3 脉冲强磁场 ESR 测量原理图

展了多项科学研究，主要包括低维和阻挫系统的磁性和单分子磁体的磁各向异性等。大量的实验测量结果表明，脉冲强磁场 ESR 装置获得的 ESR 谱曲线锐利、光滑、可靠，磁场、温度均达到初始设计要求。

国际上，物质科学研究的蓬勃发展和需求，决定了 ESR 的发展趋势是从低场低频到强磁场高频。国家脉冲强磁场科学中心的强磁场 ESR 装置的主要参数为：磁场强度 0~30 T，频率 50~750 GHz，样品温度 2~40 K。在可预见的未来几年，强磁场中心将进一步升级和优化目前的 ESR 实验装置，如充分利用中心的脉冲强磁场技术将磁场提高到 50 T 左右，通过商业采购将频率扩展到 THz，针对不同用户的需求将测量温度范围扩展至室温，以便充分满足来自物理、化学、生物、生命等多学科的需求。

附：王绍良，李亮，欧阳钟文，夏正才，夏念明，彭涛，张凯波. 2012. 脉冲强磁场高频电子自旋共振装置的研制. 物理学报，61: 107601. doi: 10.7498/aps.61.107601.

见微知著，睹始知终。

——《越绝书 • 越绝德序外传》

第 3 章　各向同性和自由基

宏观物质的内禀磁性，根据来源而分成各向同性和各向异性两个不同组成部分。本章，我们先来学习相对简单的各向同性，各向异性则在第 4 章再展开。各向同性有内禀各向同性和各向异性平均两种不同形式，主要有四种不同情形。① 具有 $ns^1(n=1, 2, 3, \cdots)$ 组态的原子或离子，具有内禀的各向同性，反映了 s 轨道是球形对称的且自旋-轨道耦合作用为零的内禀属性。② 处于如球形对称等高对称维度配位场的原子，这是空间对称造成的各向同性，如八配位的正方体结构、$N@C_{60}$ 富勒烯等。③ 溶液谱和气态谱 (fluid solution and gas-phase EPR)，若分子翻转速率远快于谱仪的微波频率，那么各向异性部分被平均 (时间平均，time averaging)，只表现出各向同性的特征参数，如低黏滞度的稀溶液和气态自由基或原子。气态自由基详见 4.7 节。④ 交换变窄 (exchanged narrowing，详见 4.6 节)，这存在于高浓度的样品或强耦合的体系中，任意相邻顺磁原子或分子间的自旋-自旋交换作用使各向异性被平均 (空间平均，space averaging)，如经常被用来标定 g 因子或检查谱仪工作状况的 DPPH 粉末 ($g_{\rm iso}$ 约 2.0036~2.0037)，其参数见表 3.3.1 末。在实际实验中，我们要尽可能避免第四种情况的发生，尽可能将浓度控制在 1 mM 以下，详见 4.5 节。在本章，各向同性泛指低黏滞度的稀溶液谱，分子快速翻转运动使溶液谱具有非常高的分辨率，调制幅度调低至 0.5 G 或更小。

相同元素在不同化学环境中 $g_{\rm iso}$ 和 $A_{\rm iso}$ 大小的差异，可反映离域、诱导、极性等电子效应；$A_{\rm iso}$ 依核自旋 I 的分裂情况和各个超精细分裂峰的强弱比例，同时反映配位原子种类和数量的原子核信息，从而实现磁性核的有规定位和同位素的示踪。第 ⅣA、ⅥA 族元素的磁性同位素 (^{13}C、^{29}Si、^{17}O、^{33}S) 比较昂贵，若自由基是由这两个主族元素所构成，在没有磁性同位素标记的情况下，需要结合相应的化学反应或间接的物理信息，才能对其作正确归属。

本章所引用的自由基数据，主要源自所附数据库目录中的 V 和 Ⅵ。在阅读本书之余，读者务必参考这两个丰富的资料宝库。

3.1　各 向 同 性

EPR 各向同性的特征参数是各向同性的 g 因子 (isotropic g-factor，$g_{\rm iso}$) 和超精细耦合常数 (isotropic hyperfine coupling constant)$A_{\rm iso}$ 或 $a_{\rm iso}$。文献中，若

没有标注诸如 “x、y、z”、“ij” 或 “∥、⊥” 等下标，则泛指 $g_{\rm iso}$ 和 $A_{\rm iso}$，下标 “iso” 也常被省略。

3.1.1 各向同性的 g 因子

宏观物质是由电子、质子、中子、原子核、原子、分子等多种全同粒子构成，每一种微观粒子具有完全相同的性质，如相同的电荷、质量、自旋 …… 因此，讨论 EPR 谱图 g 因子的各向同性或各向异性时，总会让人觉得奇怪。对于自由电子，$g_{\rm e}=-2.00231930436256$，这本身就是众所周知的一个物理常数；即使存在自旋-轨道耦合，孤立原子的朗德因子 g_J 也是一系列已知的、不连续的离散值。若用自旋哈密顿量 $\widehat{\mathcal{H}}_S$ 将式 (1.3.7) 作完整展开，此问题的复杂性就能一目了然，

$$\widehat{\mathcal{H}}_S=\mu_{\rm B}\hat{B}\cdot\hat{g}\cdot\hat{S}=\mu_{\rm B}\left[B_x,B_y,B_z\right]\begin{bmatrix}g_{xx} & g_{xy} & g_{xz}\\ g_{yx} & g_{yy} & g_{yz}\\ g_{zx} & g_{zy} & g_{zz}\end{bmatrix}\begin{bmatrix}\hat{S}_x\\ \hat{S}_y\\ \hat{S}_z\end{bmatrix} \tag{3.1.1}$$

显然，要使 g_{ij} 呈各向同性，那么就必须让未配对电子在其分布空间任意相同 $\boldsymbol{r}$ 处所感受到的外磁场 B_i 是一样的。能在内禀上满足这种情形的只有 ns^1 电子组态，分别是第一主族的氢原子和碱金属，铜、银、金、钌、铑、铂等过渡金属原子，以及 Zn^{1+}、Ge^{3+} 等离子 (详见 6.1 节)。在黏滞度低的稀溶液或者气相中，当顺磁分子的翻转速率 ($\tau_{\rm c}$ 或 $\tau_{\rm r}$，翻转运动相关时间，rotation or motion corelation time) 远快于探测所使用的微波频率 (如 10 GHz)，g_{ij} 被平均 (time average g-factor)，即 $g_{\rm iso}=(g_{xx}+g_{yy}+g_{zz})/3$，从而表现出各向同性。

只考虑各向同性时，式 (3.1.1) 简化成

$$\left.\begin{aligned}\widehat{\mathcal{H}}_S&=g_{\rm iso}\,\mu_{\rm B}B_0M_S\\ h\nu&=g_{\rm iso}\,\mu_{\rm B}B_0\end{aligned}\right\} \tag{3.1.2}$$

其中，$M_S=\pm\dfrac{1}{2}$，$\Delta E=h\nu$ 是允许跃迁所需能量。此时，吸收峰是对称的窄单峰，参考图 1.3.5。例如，煤炭的碳自由基、^{60}Co(γ 射线) 辐照木质素后产生的碳自由基、金属氧化物中的氧缺陷等非金属的无机顺磁物质，它们的 EPR 信号均为对称的窄单峰，这是空间平均所引起的。这些信号解析和归属，往往比较棘手，有时还需要使用高频高场实验以排除是否存在吸收峰的重叠。

黏滞度很小的 π-自由基稀溶液：π-碳氢自由基，$g_{\rm iso}\approx 2.0026\sim 2.0028$(如中性稠环自由基 $g_{\rm iso}\sim 2.00257$，阴离子自由基 $g_{\rm iso}\sim 2.00267$，苯和六并苯的阴离子自由基 $g_{\rm iso}$ 分别是 2.0028 和 2.003)，含 N 和 P 的 π-阴离子自由基 $g_{\rm iso}\approx$

2.0035 ~ 2.004 和 2.004~2.005，含硝基和亚硝基的分别是 $g_{\text{iso}} \approx 2.004 \sim 2.005$ 和 2.0055~2.0065，含 S 的 π-阴离子自由基 $g_{\text{iso}} \approx 2.007 \sim 2.008$。相比之下，σ-碳氢自由基的 g_{iso} 就比较小，约是 2.002 ~ 2.0023，与自由电子的 g_{e} 或无定形碳的 g_{iso} 相当。

同样地，式 (3.1.2) 可以推广到 $S = 1, \dfrac{3}{2}, 2, \cdots$ 的情形 (图 3.1.1)，此时，各个允许跃迁相互重叠在一起形成单峰信号。

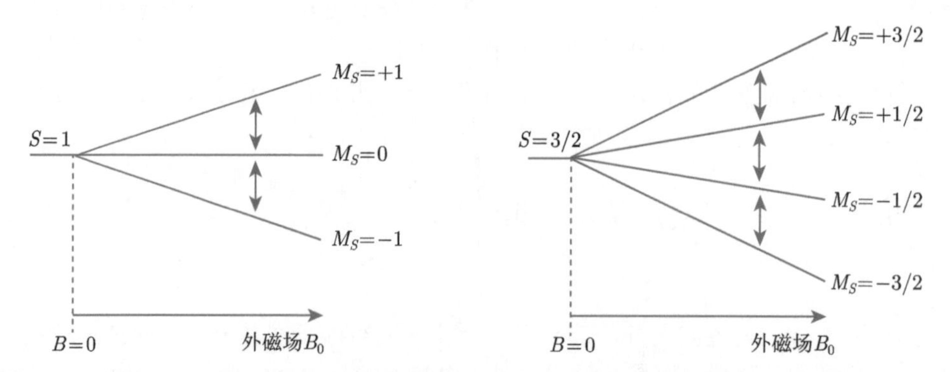

图 3.1.1 自旋 $S=1$ 和 $S=3/2$ 在外磁场 $\boldsymbol{B}_0$ 中各向同性的塞曼能级劈裂 (零场分裂平均为 0)。各向异性时，$S \geqslant 1$ 体系存在零场分裂，参考 4.4 节

3.1.2 各向同性的超精细相互作用

电子在作绕原子核运动时，彼此间存在着静电荷的相互吸引 (即库仑作用)。当原子核是 $I \geqslant 1/2$ 的磁性核时，电子和核之间还存在另外一种内禀的、电子自旋 S 与核自旋 I 间的磁性相互作用 (图 3.1.2)，称为超精细相互作用 (magnetic or hyperfine interaction，hfi 或 HFI)，用 A(或 a) 表示超精细耦合常数 (hyperfine coupling constant，hfc)，自旋哈密顿量 $\widehat{\mathcal{H}}_S$ 是

$$\widehat{\mathcal{H}}_S = \hat{S} \cdot \hat{A} \cdot \hat{I} = \left[\hat{S}_x, \hat{S}_y, \hat{S}_z\right] \begin{bmatrix} A_{xx} & A_{xy} & A_{xz} \\ A_{yx} & A_{yy} & A_{yz} \\ A_{zx} & A_{zy} & A_{zz} \end{bmatrix} \begin{bmatrix} \hat{I}_x \\ \hat{I}_y \\ \hat{I}_z \end{bmatrix} \tag{3.1.3}$$

与式 (3.1.1) 同理，要使 A_{ij} 呈各向同性，那就必须使原子核外任意方向上相同 $\boldsymbol{r}$ 处的电子自旋密度 $|\boldsymbol{\psi}(\boldsymbol{r})|^2$ 是相同的 (图 3.1.2)；如果不相同，则呈各向异性，详见第 4 章。

理论上，能满足核外空间相同 $\boldsymbol{r}$ 处电子自旋密度 $|\boldsymbol{\psi}(\boldsymbol{r})|^2$ 相同的电子组态依然是以 ns^1 组态和处于球形对称/立方对称的结构的原子或离子。在低黏滞度的稀溶液中，分子翻转速率 (τ_{c}=10^{-12} ~ 10^{-10} s) 快于微波频率 (如 X-波段，

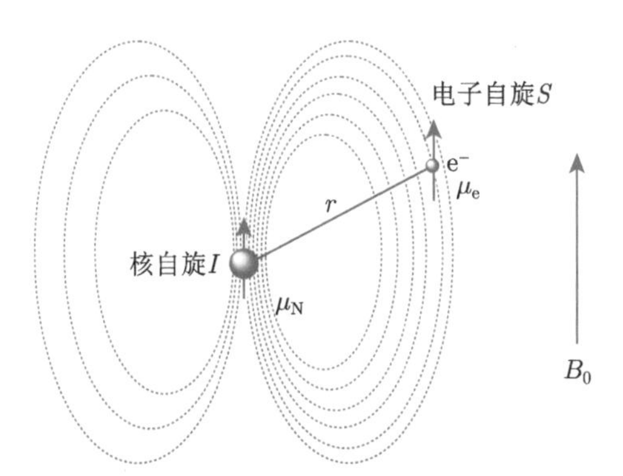

图 3.1.2 电子自旋、核自旋间的磁性相互作用 (超精细相互作用)

$\sim 10^{-10}\,\mathrm{s}^{-1}$)，使 A_{ij} 被时间平均，即 $A_{\mathrm{iso}}=(A_{xx}+A_{yy}+A_{zz})/3$(time average A-factor)，从而造成 A_{ij} 在宏观上呈现各向同性，这种运动致窄 (motion narrowing) 有助于研究溶液中的有机自由基。类似的平均现象，还存在于高自旋 ($S\geqslant 1$) 的体系 (4.4 节) 和强交换耦合体系 (交换作用 $J\gg A$，如铁磁性材料、双自由基) 等中，后者类似于电子离域，属于空间的有规平均 (orientation average A-tensor)。

各向同性的超精细耦合常数，A_{iso}(或 a_{iso})，主要是由 s 轨道电子所贡献，又常称为费米接触相互作用 (Fermi contact interaction)，

$$A_{\mathrm{iso}}=\frac{8\pi}{3}\,g_{\mathrm{e}}\mu_{\mathrm{B}}g_{\mathrm{N}}\beta_{\mathrm{N}}\left|\psi(r)\right|^{2} \tag{3.1.4}$$

若只考虑各向同性，可用 g_{iso} 代替 g_{e}；$|\psi(r)|^2$ 是电子处于核外 r 处的费米接触自旋密度 (Fermi contact spin density，与 3.2 节中的自旋密度略有差异)。氢原子各个标准化的轨道波函数 $\psi_{n,l,m_l}(r)$，详见表 3.1.1。氢原子，$Z=1$，$\psi_{n,l,m_l}(r)$ 简单化：在 $r=0$ 的原子核上，$|\psi_{1s}(r)|^2$ 和 A_{iso} 有非零极大值，而 p 轨道的 $|\psi_{np}(r)|^2$ 和 d 轨道的 $|\psi_{nd}(r)|^2$ 均为零；当 r 由 0 逐渐增大时，A_{iso} 随着 $|\psi_{1s}(r)|^2$ 的减小而减小 (图 3.1.3)。这形成了以氢原子核为中心的概率分布，因费米率先对这种电子状态作计算，故称为费米接触相互作用。其他轨道的变化趋势如图 3.1.3 所示。

对于同一化学元素的不同磁性同位素，只需替换式 (3.1.4) 中 g_{N}(见 1.6 节) 即得相应的 A_{iso}；因此，相应同位素的 EPR 信号强度比例可反映不同磁性同位素的丰度比例和磁性与非磁性同位素的丰度比例 (图 3.1.6)。因此，常用磁性同位素替换来做示踪实验，如 $^{1}\mathrm{H}/^{2}\mathrm{H}$、$^{12}\mathrm{C}/^{13}\mathrm{C}$、$^{14}\mathrm{N}/^{15}\mathrm{N}$、$^{16}\mathrm{O}/^{17}\mathrm{O}$、$^{57}\mathrm{Fe}$、$^{61}\mathrm{Ni}$、$^{67}\mathrm{Zn}$ 等置换。这要么根据 g_{N} 的大小差别，要么根据 I 的差别，或二者兼顾。如 1.6 节所列，有些磁性同位素的 $g_{\mathrm{N}}>0$，也有些同位素的 $g_{\mathrm{N}}<0$，所以，A_{iso} 依情形可正可负。

表 3.1.1　氢原子的标准化波函数 $\psi_{n,l,m_l}(r)$

		n	l	m_l	$\psi_{n,l,m_l}(r)$
s	$1s$	1	0	0	$\psi_{1s}=\dfrac{1}{\sqrt{\pi}}\left(\dfrac{Z}{r_0}\right)^{\frac{3}{2}}\cdot \mathrm{e}^{-\frac{Zr}{r_0}}$
	$2s$	2	0	0	$\psi_{2s}=\dfrac{1}{4\sqrt{2\pi}}\left(\dfrac{Z}{r_0}\right)^{\frac{3}{2}}\left(2-\dfrac{Zr}{r_0}\right)\cdot \mathrm{e}^{-\frac{Zr}{2r_0}}$
	$3s$	3	0	0	$\psi_{3s}=\dfrac{1}{81\sqrt{3\pi}}\left(\dfrac{Z}{r_0}\right)^{\frac{3}{2}}\left(27-\dfrac{18Zr}{r_0}+\dfrac{2Z^2r^2}{r_0^2}\right)\cdot \mathrm{e}^{-\frac{Zr}{3r_0}}$
p	$2p$	2	1	0	$\psi_{2p_z}=\dfrac{1}{4\sqrt{2\pi}}\left(\dfrac{Z}{r_0}\right)^{\frac{3}{2}}\cdot\dfrac{Zr}{r_0}\cdot \mathrm{e}^{-\frac{Zr}{2r_0}}\cdot\cos\theta$
		2	1	±1	$\psi_{2p_x,2p_y}=\dfrac{1}{4\sqrt{2\pi}}\left(\dfrac{Z}{r_0}\right)^{\frac{3}{2}}\cdot\dfrac{Zr}{r_0}\cdot \mathrm{e}^{-\frac{Zr}{2r_0}}\cdot\sin\theta\cos\phi$
	$3p$	3	1	0	$\psi_{3p_z}=\dfrac{\sqrt{2}}{81\sqrt{\pi}}\left(\dfrac{Z}{r_0}\right)^{\frac{3}{2}}\left(\dfrac{6Zr}{r_0}-\dfrac{Z^2r^2}{r_0^2}\right)\cdot \mathrm{e}^{-\frac{Zr}{3r_0}}\cdot\cos\theta$
		3	1	±1	$\psi_{3p_x,\,3p_y}=\dfrac{\sqrt{2}}{81\sqrt{\pi}}\left(\dfrac{Z}{r_0}\right)^{\frac{3}{2}}\left(\dfrac{6Zr}{r_0}-\dfrac{Z^2r^2}{r_0^2}\right)\cdot \mathrm{e}^{-\frac{Zr}{3r_0}}\cdot\sin\theta\cos\phi$
d	$3d$	3	2	0	$\psi_{3d_{z^2}}=\dfrac{1}{81\sqrt{6\pi}}\left(\dfrac{Z}{r_0}\right)^{\frac{3}{2}}\cdot\dfrac{Z^2r^2}{r_0^2}\cdot \mathrm{e}^{-\frac{Zr}{3r_0}}\cdot\left(3\cos^2\theta-1\right)$
		3	2	±1	$\psi_{3d_{xz},3d_{yz}}=\dfrac{\sqrt{2}}{81\sqrt{\pi}}\left(\dfrac{Z}{r_0}\right)^{\frac{3}{2}}\cdot\dfrac{Z^2r^2}{r_0^2}\cdot \mathrm{e}^{-\frac{Zr}{3r_0}}\cdot(\sin\theta\cos\theta\cos\phi)$
		3	2	±2	$\psi_{3d_{xy},\,3d_{x^2-y^2}}=\dfrac{\sqrt{2}}{81\sqrt{\pi}}\left(\dfrac{Z}{r_0}\right)^{\frac{3}{2}}\cdot\dfrac{Z^2r^2}{r_0^2}\cdot \mathrm{e}^{-\frac{Zr}{3r_0}}\cdot\left(\sin^2\theta\cos 2\phi\right)$

注：Z 是元素序数，玻尔半径 $r_0=5.29177208\times10^{-11}$ m。

各向同性时，式 (3.1.3) 简写成

$$\widehat{\mathcal{H}}_S=A_{\text{iso}}\,\hat{S}\cdot\hat{I}\tag{3.1.5}$$

在外磁场 $\boldsymbol{B}_0$ 中，核自旋也发生类似的塞曼分裂，

$$\widehat{\mathcal{H}}_{\mathrm{N}}=g_{\mathrm{N}}\,\beta_{\mathrm{N}}B_0M_I\tag{3.1.6}$$

其中，$M_I=-I,-I+1,\cdots,I-1,I$，取值总数是 $2I+1$(暂时不考虑核电四极矩)。在外磁场 $\boldsymbol{B}_0$ 中，式 (3.1.5) 随着 M_S、M_I 的取值范围而有多个不同组合，

$$\widehat{\mathcal{H}}_S=A_{\text{iso}}\,M_SM_I\tag{3.1.7}$$

将式 (3.1.2)、(3.1.6)、(3.1.7) 合并，完整的塞曼能级是

$$\widehat{\mathcal{H}}_S=g_{\text{iso}}\,\mu_{\mathrm{B}}B_0M_S+A_{\text{iso}}\,M_SM_I+g_{\mathrm{N}}\,\beta_{\mathrm{N}}B_0M_I\tag{3.1.8}$$

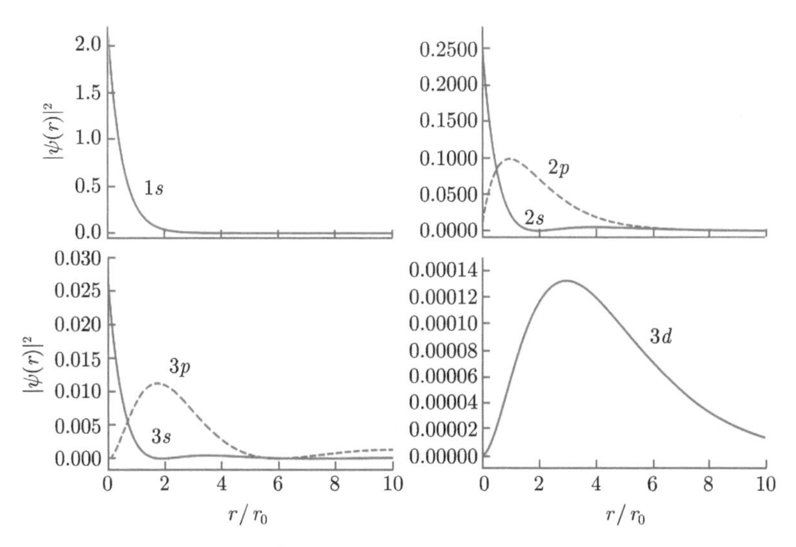

图 3.1.3 氢原子各个波函数 $|\psi(r)|^2$ 随 r 的变化趋势。纵轴的单位是 $10^{-30}\,\mathrm{m}^3$；$2p$、$3p$、$3d$ 分别以 $2p_z$、$3p_z$、$3d_{z^2}$ 为代表

注意，此处的第二项现在取“+”号 (在具体运用时，文献会根据 A_{iso} 的正负而取“+”或“−”号)。在分析能级结构的过程中，常将第一和第三项简写成

$$\left.\begin{aligned}\omega_{\mathrm{e}} &= -g_{\mathrm{e}}\,\mu_{\mathrm{B}}B_0 = -\gamma_{\mathrm{e}}B_0 \\ \omega_{\mathrm{N}} &= -g_{\mathrm{N}}\,\beta_{\mathrm{N}}B_0 = -\gamma_{\mathrm{N}}B_0\end{aligned}\right\} \tag{3.1.9}$$

ω_{e} 和 ω_{N} 分别是描述电子自旋和核自旋在外磁场 $\boldsymbol{B}_0$ 中进动的拉莫尔频率。其中，进动方向与 γ_{e}、γ_{N} 的正负值有关，

$$\left.\begin{aligned}\gamma_{\mathrm{e}} &= -\frac{g_{\mathrm{e}}\,\mu_{\mathrm{B}}}{\hbar} < 0 \\ \gamma_{\mathrm{N}} &= \frac{g_{\mathrm{N}}\,\beta_{\mathrm{N}}}{\hbar}\end{aligned}\right\} \tag{3.1.10}$$

对于电子自旋，$\gamma_{\mathrm{e}}<0$，$\omega_{\mathrm{e}} > 0$，电子自旋磁矩围绕外磁场 $\boldsymbol{B}_0$ 的进动方向遵循右旋进动 (或右手定则)，如图 3.1.4(a) 所示。对于磁性同位素 (1.6 节)，如 $g_{\mathrm{N}} > 0$，那么 $\gamma_{\mathrm{N}} > 0$，$\omega_{\mathrm{N}} < 0$，则遵循左旋进动 (或左手定则)，如图 3.1.4(b) 所示；如 $g_{\mathrm{N}} < 0$，那和电子自旋一样，右旋进动 (图 3.1.4(a))。

将式 (3.1.7) 简化成直观形式，

$$\widehat{\mathcal{H}}_S = \omega_{\mathrm{e}}M_S + A_{\text{iso}}\,M_SM_I + \omega_{\mathrm{N}}M_I \tag{3.1.11}$$

以氢原子 (H^0) 为例，有一个外围的电子，$1s^{\,1}(S=1/2)$，核自旋 $I=1/2$，$\omega_{\mathrm{H}} < 0$ ($g_{\mathrm{N}} = 5.58569468$)。根据式 (3.1.4)，氢原子的 $A_{\text{iso}} > 0$，实验所得的 g_{iso}= 2.00223。

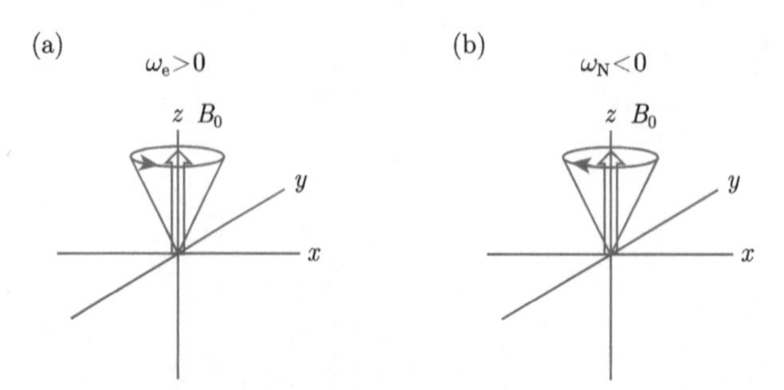

图 3.1.4 电子和核自旋磁矩在实验坐标系中的右旋 (a) 和左旋 (b) 进动

当电子自旋密度全部分布其上时，A_{H^0} 的理论值是 507.6 G。在外磁场中，氢原子由高到低的四个塞曼能级依次为 (图 3.1.5(a))

$$\left.\begin{aligned} E_1 &= +\frac{\omega_e}{2} + \frac{A_{iso}}{4} + \frac{\omega_H}{2} \quad \left(M_S = +\frac{1}{2}, M_I = +\frac{1}{2}\right) \\ E_2 &= +\frac{\omega_e}{2} - \frac{A_{iso}}{4} - \frac{\omega_H}{2} \quad \left(M_S = +\frac{1}{2}, M_I = -\frac{1}{2}\right) \\ E_3 &= -\frac{\omega_e}{2} + \frac{A_{iso}}{4} - \frac{\omega_H}{2} \quad \left(M_S = -\frac{1}{2}, M_I = -\frac{1}{2}\right) \\ E_4 &= -\frac{\omega_e}{2} - \frac{A_{iso}}{4} + \frac{\omega_H}{2} \quad \left(M_S = -\frac{1}{2}, M_I = +\frac{1}{2}\right) \end{aligned}\right\} \quad \left(\begin{array}{c} A_{iso} > 0 \\ \omega_H < 0 \\ |A_{iso}| > |2\omega_H| \end{array}\right) \tag{3.1.12}$$

等式右侧自左向右的各项,是按照其绝对值由大到小,依次排列。用 α 表示 $M_{S/I} = +\frac{1}{2}$，β 表示 $M_{S/I} = -\frac{1}{2}$，这四个能级由高到低依次是 $|\alpha\alpha\rangle$、$|\alpha\beta\rangle$、$|\beta\beta\rangle$、$|\beta\alpha\rangle$，或参考图 5.3.2(b)。根据跃迁选择定则，即 $|M_S| = 1$ 和 $|M_I| = 0$，只有 $E_1 \leftrightarrow E_4$ 和 $E_2 \leftrightarrow E_3$ 的跃迁是允许的，能级差或微波能量是

$$\left.\begin{aligned} h\nu(\Delta E) &= \varDelta_1 = E_1 - E_4 = \omega_e + \frac{A_{iso}}{2} \quad \left(M_I = +\frac{1}{2}\right) \\ h\nu(\Delta E) &= \varDelta_2 = E_2 - E_3 = \omega_e - \frac{A_{iso}}{2} \quad \left(M_I = -\frac{1}{2}\right) \end{aligned}\right\} \tag{3.1.13a}$$

若 $A_{iso} = 0$，$\varDelta_1 = \varDelta_2$，则简化成式 (3.1.2) 的情形。如图 3.1.5(b) 所示，对于 $M_I = +1/2$，电子感受的外加静磁场 B_0 与 $A_{iso}/2$ 方向相同，二者叠加为 $\omega_e + A_{iso}/2$，因此，使用一个小于 B_r 的实际磁场 B_0 就能够引起共振，即 $\varDelta_1$。对于 $M_I = -1/2$，电子感受的外加静磁场 B_0 与 $A_{iso}/2$ 方向相反，二者相差为 $\omega_e - A_{iso}/2$，因此，需要增大磁场抵消 $A_{iso}/2$，才会引起共振，故共振时的实际磁场

B_0 大于 B_r，即 Δ_2。若将上式改写成下式，则更显而易见了，

$$\left.\begin{aligned} h\nu-\frac{A_\mathrm{iso}}{2}&=\omega_\mathrm{e}\quad\left(M_I=+\frac{1}{2}\right)(1)\\ h\nu+\frac{A_\mathrm{iso}}{2}&=\omega_\mathrm{e}\quad\left(M_I=-\frac{1}{2}\right)(2)\end{aligned}\right\}\tag{3.1.13b}$$

在频率 ν 固定的情况下，与 $M_I=+\dfrac{1}{2}$ 相对应的吸收峰位置将由原先 g_iso 所对应的共振磁场 B_r 向低场移动 $\dfrac{A_\mathrm{iso}}{2}$，变成 $B_\mathrm{r}-\dfrac{A_\mathrm{iso}}{2}$；与 $M_I=-\dfrac{1}{2}$ 相对应的吸收峰则向高场移动 $\dfrac{A_\mathrm{iso}}{2}$，变成 $B_\mathrm{r}+\dfrac{A_\mathrm{iso}}{2}$。这两个相邻超精细分裂峰的间隔是 A_iso，如图 3.1.5(b) 和图 3.1.6 所示。对于 $A_\mathrm{iso}<0$ 的原子，超精细结构的变化趋势恰好相反，不再赘述。

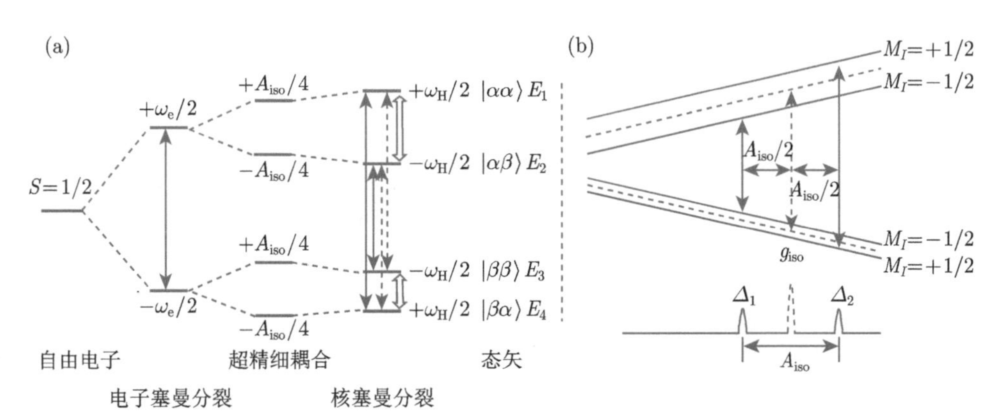

图 3.1.5 (a) 氢原子 H^0 在外加磁场中的能级结构，$A_\mathrm{iso}>0$，$\omega_\mathrm{H}<0$。允许跃迁 ($\Delta M_S=\pm1$，$\Delta M_I=0$)，实线箭头；禁戒跃迁，虚线箭头 ($E_1\leftrightarrow E_3$ 是双量子跃迁，$\Delta M_S=\pm1$，$\Delta M_I=\pm1$；$E_2\leftrightarrow E_4$ 是零量子跃迁，$\Delta M_S=\pm1$，$\Delta M_I=\mp1$)。空心箭头，ENDOR 跃迁 ($\Delta M_S=0$，$\Delta M_I=\pm1$)。(b) 氢原子 H^0 在外加磁场中的塞曼分裂和 g_iso、A_iso 的标注，虚线表示核自旋 $I=0$ 时 $M_S=\pm\dfrac{1}{2}$ 的情形，对比于图 3.1.1

氢元素的另外一个常见同位素 $^2\mathrm{H(D)}$，$I=1$，将 $M_I=-1, 0, +1$ 代入式 (3.1.11)，在外磁场中将衍生六个能级，一共有三个 $(2I+1)$ 允许跃迁，

$$\left.\begin{aligned} h\nu-A_\mathrm{iso}&=\omega_\mathrm{e}\quad(M_I=+1)\\ h\nu&=\omega_\mathrm{e}\quad(M_I=0)\\ h\nu+A_\mathrm{iso}&=\omega_\mathrm{e}\quad(M_I=-1)\end{aligned}\right\}\tag{3.1.14}$$

超精细结构如图 3.1.6 所示。当 I 是整数时，$M_I = 0$ 的吸收峰与 g_{iso} 所对应的共振磁场相重叠，并没有发生位置移动，这与 I 是半整数的情形不一样；与 $M_I = +1$ 相对应的吸收峰将由原先 g_{iso} 所对应的共振磁场 B_{r} 向低场移动 A_{iso}，得 $B_{\text{r}} - A_{\text{iso}}$；与 $M_I = -1$ 相对应的吸收峰 B_{r} 则向高场移动 A_{iso}，得 $B_{\text{r}} + A_{\text{iso}}$。^{2}H 原子的 EPR 谱一共有三个超精细分裂峰，对应式 (3.1.14) 括号内的 M_I，其中任意两个相邻的间隔恰好是 A_{iso}(图 3.1.6)。超精细分裂规律：单磁性核的超精细分裂峰数量，由 M_I 取值数量决定，它们是 $M_I = -I, -I+1, \cdots, I-1, I$，一共可取 $2I+1$ 个值，故超精细分裂峰总数是 $2I+1$，每个超精细分裂峰的强度分别是 $I = 0$ 的 $1/(2I+1)$，如 $1/2, 1/3, 1/4, \cdots, 1/(2I+1)$。

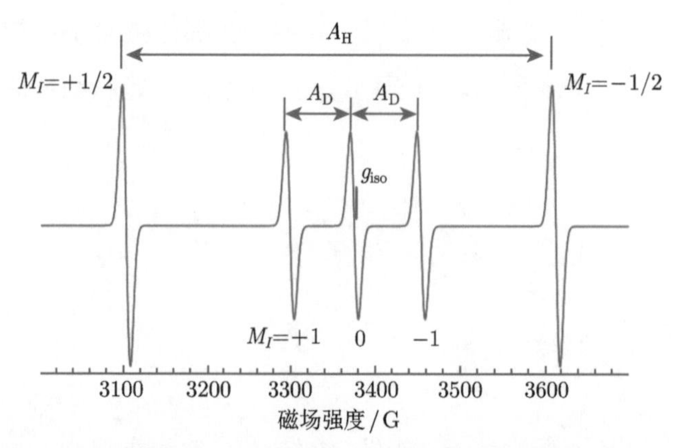

图 3.1.6　氢原子的 X-波段模拟谱，同位素 H 和 D 的丰度被任意设为 50:50(%)。$A_{\text{H}^0} = 507.6\,\text{G}$，^{2}H(D) 的磁旋比 $g_{\text{D}} = 0.8574388228$。对于单个磁性核，超精细分裂峰的数量是 $2I+1$ 个，每个超精细分裂峰的强度分别是 $I = 0$ 的 1/2、1/3，即 $1/(2I+1)$

含有多个等性核 (equivalent nuclear) 时，式 (3.1.11) 各个共振场强 $B_{\text{r}i}$ 变成

$$\left.\begin{aligned}\widehat{\mathcal{H}}_S &= g_{\text{iso}}\mu_{\text{B}}B_0M_S + \sum_i A_{\text{iso}}\, M_S\, M_{Ii}\\ B_{\text{r}i} &= B_0 + \sum_i A_{\text{iso}}\, M_{Ii}\end{aligned}\right\}\tag{3.1.15a}$$

其中，$h\nu = g_{\text{iso}}\,\mu_{\text{B}}B_0$。如果磁性核是不等性的，用 A_i 替换 $A_{\text{iso}}(i = 1, 2, \cdots, n)$，

$$\left.\begin{aligned}\widehat{\mathcal{H}}_S &= g_{\text{iso}}\,\mu_{\text{B}}B_0M_S + \sum_i A_iM_SM_{Ii}\\ B_{\text{r}i} &= B_0 + \sum_i A_iM_{Ii}\end{aligned}\right\}\tag{3.1.15b}$$

相关例子详见后续内容。

依此类推到其他 $g_{\rm N}>0$ 的磁性核，参考 1.6 节。请读者自行展开到 $|A_{\rm iso}|<|\omega_{\rm N}|$、$A_{\rm iso}<0$、$\omega_{\rm N}>0$(N 指任意磁性同位素) 等不同组合的情形中，如 $\omega_{^{14}\rm N}<0$，而 $\omega_{^{15}\rm N}>0$。这种练习可加深对能级结构的理解，并为后续学习奠定基础。相应地，对于 $g_{\rm N}<0$，如 ^{3}He、^{9}Be、^{14}N、^{17}O、^{21}Ne 等磁性同位素，上述能级结构刚好相反。部分常见磁性同位素是 $^1{\rm H}(I=1/2)$、$^2{\rm H}(I=1)$、$^{11}{\rm B}(I=3/2)$、$^{13}{\rm C}(I=1/2)$、$^{14}{\rm N}(I=1)$、$^{15}{\rm N}(I=1/2)$、$^{17}{\rm O}(I=5/2)$、$^{19}{\rm F}(I=1/2)$、$^{27}{\rm Al}(I=5/2)$、$^{31}{\rm P}(I=1/2)$、$^{51}{\rm V}(I=7/2)$、$^{55}{\rm Mn}(I=5/2)$、$^{57}{\rm Fe}(I=1/2)$、$^{59}{\rm Co}(I=7/2)$、$^{63}{\rm Cu}(I=3/2)$、$^{65}{\rm Cu}(I=3/2)$、$^{67}{\rm Zn}(I=5/2)$，天然丰度等参数详见表 1.6.1。

3.1.3 同位素丰度和同位素示踪

图 3.1.6 示意了单核氢原子两种不同磁性同位素的 EPR 谱图。首先，虽然同位素丰度被任意设为 50:50(%)，但是由于 ^{1}H 与 ^{2}H 核自旋量子数 I 的差异体现在超精细分裂峰的数量上，如 ^{1}H 的超精细分裂峰是两个，^{2}H(D) 是三个。对于单个磁性核，每个超精细分裂峰的强度分别是 $I=0$ 的 1/2 或 1/3，即 $1/(2I+1)$，故两种同位素任意一个超精细分裂峰的信号强度对比，如 $M_I=1/2$ 与 $M_I=1$ 相比，结果是 3:2；当考虑到超精细分裂数量是 $2I+1$，即将全部超精细分裂峰的强度相加，获得任意一个同位素的全部信号强度，那么同位素的总信号强度比例将变成 $\dfrac{3\times(2I_{\rm H}+1)}{2\times(2I_{\rm D}+1)}=1$，从而获得同位素丰度比例是 50:50(%)。其次，每种同位素均具各自内禀的磁旋比 $g_{\rm N}$ (表 1.6.1)。在相同自旋密度 $|\psi(r)|^2$ 的空间位置 r 处，不同磁性同位素的 $A_{\rm iso}=\dfrac{8\pi}{3}g_{\rm e}\mu_{\rm B}g_{\rm N}\beta_{\rm N}|\psi(r)|^2$ (式 (3.1.4))，也各不相同。最后，在实际谱图中，若每种同位素的信号均可以分辨，那么信号强度比例则反映着实验使用化学试剂的实际天然丰度比例。这些特征，读者需用 EPR 软件模拟每一个化学元素，才能切身感受其中的变化趋势与规律。

EPR 谱图具有随着磁性同位素 I 而变的超精细结构和 $A_{\rm iso}$ 随同位素磁旋比 $g_{\rm N}$ 而变的特征，是 EPR 实验中常使用同位素示踪的基础。例如，用天然丰度低的微量磁性同位素来替代天然丰度高的磁性或非磁性同位素，如 H/D、^{12}C/^{13}C、^{14}N/^{15}N、^{16,18}O/^{17}O、^{56,58}Fe/^{57}Fe、^{58,60,62,64}Ni/^{61}Ni、^{64,66,68,70}Zn/^{67}Zn 等。除 ^{2}H 外，大部分微量磁性同位素因价格比较昂贵而限制了应用。元素周期表中偶数序号的化学元素中，只含有一种磁性同位素的部分元素是：6 号元素 C，$^{12}{\rm C}(I=0)$、$^{13}{\rm C}(I=1/2)$；8 号元素 O，$^{16,18}{\rm O}(I=0)$、$^{17}{\rm O}(I=5/2)$；14 号元素 Si，$^{28,30}{\rm Si}(I=0)$、$^{29}{\rm Si}(I=1/2)$；24 号元素 Cr，$^{50,52,54}{\rm Cr}(I=0)$、$^{53}{\rm Cr}(I=3/2)$；28 号元素 Ni，$^{58,60,62,64}{\rm Ni}(I=0)$、$^{61}{\rm Ni}(I=3/2)$。实验上，我们只能区分磁性和非磁性同位素的丰度比例情况；非磁性同位素的 EPR 谱图是一致的，因而无法区分其丰度。同样地，可以推广到含有两种或者两种以上磁性同位素的化学元素，

如 22 号元素 Ti，$^{46,48}Ti$、$^{47}Ti(I = 5/2)$、$^{49}Ti(I = 7/2)$。

3.2 烃基自由基

化学反应就本质而言是物质化学键的改变，即旧键的断裂和新键的生成。根据化学键的断裂方式，有机反应的反应历程一般分为离子型、自由基型和协同反应等三种类型。现今的研究进展表明，自由基反应，涉及有机化学的方方面面。在自由基反应中，绝大多数有机自由基 (free radical，简称自由基) 都是活泼的反应中间产物，自由基检测和甄别是阐明反应历程的实验基础。除了化学反应过程中生成的自由基，常用金属钾 (还原)、浓硫酸 (氧化)、电解、超声波、紫外线、X 射线或 γ 射线辐照等化学或物理方法，诱导自由基的形成。其中，光照是最便捷的方法，如用光照甲醇的 H_2O_2 溶液时能诱导羟化甲基自由基 (或羟甲基自由基，$\cdot CH_2OH$) 的形成，而光照 CH_3ONO 溶液时则诱导形成甲氧自由基 ($\cdot OCH_3$)。若以甲醇作为溶剂，以金属氧化物如 MnO_2 等半导体材料作为催化剂，也会催化 $\cdot OCH_3$ 的形成。

本章针对含有两个或两个以上磁性核的普通自由基，双自由基在 4.6 节展开。根据自由基所携带电荷，分成中性 (neutral)、阳离子 (cation) 和阴离子 (anion) 自由基等三类，它们的生成反应详见 3.5 节。一般地，阴、阳离子自由基的自旋中心与电荷中心是相互重叠的；在某些自由基中，自旋中心与电荷中心分别位于自由基内的不同原子上，如低温辐照氟利昂基质诱导，形成 $CH_3X^{+\cdot}$ 和异构体 $\cdot CH_2X^+H$(X = F、OH、NH_2)。在低黏滞度的稀溶液中，若有机自由基含有 H、B、N、Al、P 等磁性核，那么自由基的归属就会变得非常容易。但是，若把自由基制备成冷冻或粉末样品，那么这些磁性核大小不一的超精细耦合常数，会导致谱图展宽而无法被解析和正确归属。

根据未配对电子占据的轨道，自由基分成 σ 和 π 两大类自由基。辐照产生的环丙烷自由基，兼具 σ 和 π 的特点；由 N—N、S—S、P—P、Se—Se 等形成局部双原子、三电子的化学键，时而 σ 时而 π，被称为化学变色龙 (chemical chameleon)。因 π 电子的共轭离域，在热力学方面较 σ 的稳定，但不意味着它的寿命就比 σ 的长。一般地，烃基 σ 和 π 自由基的 $g_{\mathrm{iso}} \sim 2.003 \pm 0.001$，$g_{阴} > g_{中} \sim g_{\mathrm{e}} > g_{阳}$；同时存在 σ-和 π-异构体的自由基，$g_\pi > g_\sigma$。例如，芳基 π 自由基的 g_{iso} 约是 2.002~2.0025，烷基自由基的 g_{iso} 约是 2.0026 ~ 2.0027。含杂原子的烷基自由基，g_{iso} 略微偏大，约是 2.0032 ~ 2.0033；含杂原子的 π 自由基，g_{iso} 可增大至 2.008 甚至更高，有时 $g_{阴} < g_{阳}$。

根据碳原子个数，π 自由基分成交替烃和非交替烃两大类自由基 (alternant and non-alternant radicals)。前者又分成偶交替烃、奇交替烃 (even and odd alternants)。这种排列方式，使同一类磁性核的超精细耦合常数也随着奇、偶原子位置而发生正、负交替的现象。命名和编号是有机化学的基础知识。在有机自由基中，与中心原子 X(X=C、O、N、S、$\cdots$) 连接的碳原子称为 α-碳原子，与之依次相连的远端原子分别称为 β-、γ-、$\cdots$ 位原子，如图 3.2.1 所示。在烷基自由基中，官能团就是携带未配对电子的碳原子，C 和 H 的命名次序与图 3.2.1 所示相一致，注意 C、H 等原子编号次序的异同。

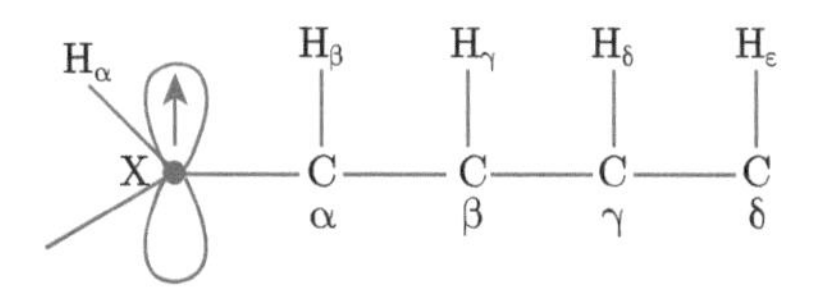

图 3.2.1 有机自由基中 X 和 H 原子的编号顺序，X 指 C、Si、N、P、O、S、Se 等

元素周期表中，碳族和氧族元素等偶数位元素的磁性同位素天然丰度都很小，而硼族、氮族和卤素等奇数位元素的同位素都属于磁性同位素，因此根据 EPR 谱图的超精细分裂结构，可初步判断自由基中心的位置。然后，结合不同元素的电负性、相同元素但不同形式的 s-p 轨道杂化、孤电子对及其占据轨道差异等结构，再分析自由基内部的诱导效应和共轭效应等电子效应。有机化合物主要构成元素的电负性是 H(2.1)、C(2.5)、Si(1.8)、N(3.0)、P(2.1)、O(3.5)、S(2.5)、F(4.0)、Cl(3.0)、Br(2.8)、I(2.5)。氮族和氧族元素呈不等性杂化，且具有孤电子对。这些不同电子效应，都会不同程度地影响 A_{iso} 和 g_{iso}：g_{iso} 较大，说明电子处于弱配位场 (参考 4.1 节)，易离域；反之，电子定域于某个原子，致 A_{iso} 较大。是故，$\Delta g = |g_{\text{iso}} - g_{\text{e}}|$ 小则 A_{iso} 大，Δg 大则 A_{iso} 小。

3.2.1 电子密度，自旋密度

电子密度 (electron density)$\rho(x,y,z)$ 是指原子或分子内指定空间体积 V 内的电子密度，可用 X 射线衍射检测或用量化计算估其理论值。若一个轨道内分布两个已经配对的电子，它们的取向分别朝上 (↑) 和朝下 (↓)，这两个电子的电子密度相等，即 $\rho^{\uparrow}(x,y,z) = \rho^{\downarrow}(x,y,z)$。此时，原子 (或分子) 的总电子密度是

$$\rho(x,y,z) = \rho^{\uparrow}(x,y,z) + \rho^{\downarrow}(x,y,z) \tag{3.2.1}$$

自旋密度 (spin density) 是

$$\rho_s(x,y,z) = \rho^{\uparrow}(x,y,z) - \rho^{\downarrow}(x,y,z) \tag{3.2.2}$$

在抗磁性物质中，电子已两两配对，故 $\rho^{\uparrow}(x,y,z) = \rho^{\downarrow}(x,y,z)$，$\rho_s(x,y,z) = 0$。其他磁性物质至少含有一个未配对电子，以自旋朝上 ↑ 的自旋密度 $\rho^{\uparrow}(x,y,z)$ 为

正值，相应地，自旋朝下 ↓ 的 $\rho^{\downarrow}(x,y,z)$ 为负值，故中心原子恒有 $\left|\rho^{\uparrow}(x,y,z)\right| > \left|\rho^{\downarrow}(x,y,z)\right|$，即 $\rho_s(x,y,z) > 0$，鲜见 $\rho_s = 0$。在有机自由基中，根据碳原子的奇偶交替，有 $\rho_s > 0$ 与 $\rho_s < 0$ 相交替的排列趋势。这种交替排列，可用电子-核-核三共振 (5.4.5 节) 验证，也可用分子轨道理论等作初步估算。

3.2.2 氢原子，自旋布居

最简单的自由基结构是由一个自旋恒朝上 ↑ 的电子和一个质子构成的氢原子 (H^0)，单核中心，原子核外空间 r 处的电子状态，可直接用 1s 原子轨道 (1s atomic orbital，1s-AO，表 3.1.1)ψ_{1s} 作描述。其中，$\rho(x,y,z) = \rho_s(x,y,z) = \rho^{\uparrow}(x,y,z) = |\psi_{1s}|^2$，费米接触自旋密度是

$$|\psi_{1s}|^2 = \frac{1}{\pi r_0^3}\,\mathrm{e}^{-\frac{2r}{r_0}} \tag{3.2.3}$$

$r_0 = 5.29177208 \times 10^{-11}\,\mathrm{m}$ 是玻尔半径 (Bohr radius)，$r = \sqrt{x^2+y^2+z^2}$。当电子全部分布在原子核上时，即 $r = 0$ 处，有

$$|\psi_{1s}|^2 = \frac{1}{\pi r_0^3} = 2.148 \times 10^{30}\,\mathrm{m}^{-3} \tag{3.2.4}$$

将其代入式 (3.1.4) 并计算，得氢原子的 $A_{\mathrm{H}^0} = +50.76$ mT(参考表 1.6.1)，相应地，$A_{\mathrm{D}^0} = +7.79\,\mathrm{mT}$，EPR 谱如图 3.1.6 所示 (其余原子见 1.6 节)。r 逐渐增大时，H^0 核外不同 r 处的 A_{H^0} 详见表 3.2.1。低温下，用 X 射线或 γ 射线照射水的单晶或多晶可同时诱导 ·H 和 ·OH 的形成。在某些无机材料中，氢原子会被囚禁在某些环状的空隙结构内。

表 3.2.1 氢原子 H^0 核外 r 处的 A_{iso}

r	A_{iso}
0	50.76 mT
1×10^{-11} m	34.79 mT
r_0	6.871 mT
10×10^{-10} m	1.160 mT
20×10^{-10} m	0.026 mT

有机自由基中每个质子所携带自旋密度的理论计算，都非常烦冗。因此，常使用自旋布居 (spin population) 来描述有机自由基中某个磁性原子 X 的自旋密度，

$$\rho_{\mathrm{X}}^{\psi} = \rho_{\mathrm{X}}^{\psi\uparrow} - \rho_{\mathrm{X}}^{\psi\downarrow} \tag{3.2.5}$$

ψ 是相应的轨道波函数。氢原子 $1s$ 轨道只有一个电子，自旋恒朝上 ↑ 分布，自旋布居 $\rho_{\mathrm{H}}^{1s}\equiv+1$。与 ρ_s 类似，在有机自由基分子的不同部位，ρ_{X}^{ψ} 有正、零或负值。$\rho_{\mathrm{X}}^{\psi}>0$ 时，在 X 原子的 ψ 轨道内找到自旋朝上 ↑ 的概率高于自旋朝下 ↓ 的；反之，$\rho_{\mathrm{X}}^{\psi}<0$ 时，在 X 原子的 ψ 轨道内找到自旋朝下 ↓ 的概率高于自旋朝上 ↑ 的。这种正、负分布，尤其适用于奇、偶交替烃的分析过程，详见下文。

3.2.3 甲基自由基，自旋极化，自旋离域，α-H

最简单的有机自由基是甲基自由基 $\cdot CH_3$，呈 D_{3h} 对称的平面结构 (轴对称)。碳原子 sp^2 杂化，与三个质子形成键角是 120° 的三个 σ(C—H$_\alpha$) 键，未配对电子占据与该平面相垂直的 $2p_z$ 轨道。碳原子的理论自旋布居是 $\rho_{\mathrm{C}}^{2p_z}=+1$，自旋密度由 $2p_z$ 轨道决定。考虑到 p 轨道波函数不经过原子核 (式 (1.2.4) 和图 4.1.1)，理论上 C 原子和三个 σ 键上的 α-H(H$_\alpha$) 的自旋密度 $|\psi_{2p_z}|^2$ 均为 0。若用 ^{13}C 标记，$\cdot{}^{13}CH_3$ 自由基中 ^{13}C 和 ^{1}H 的各向同性超精细耦合常数 $A_{13\mathrm{C}}$ 和 $A_{1\mathrm{H}}$ 应均为 0。事实并非如此，实验上所测得的溶液谱 (图 3.2.7(d)) 表明，$A_{^{13}\mathrm{C}}=38.3\,\mathrm{G}$ 和 $A_{\mathrm{H}\alpha}=-23.0\,\mathrm{G}$，均非零，而且还有正、负之分。由前文，可知 $\cdot CH_3$ 中每个 α-H 所携带的自旋密度是

$$\rho_{\mathrm{H}}^{\sigma(1s)}=\rho_{\mathrm{H}}^{1s}\times\frac{A_{\mathrm{H}\alpha}}{A_{\mathrm{H}^0}}=+1\times\frac{-23.0}{507.6}=-0.045 \tag{3.2.6}$$

显然，H$_\alpha$ 携带的自旋密度 $\rho_{\mathrm{H}}^{\sigma(1s)}=-0.045$，应该源自甲基自由基内的某种电子效应。这表明，在多原子构成的自由基中，每个原子上的自旋密度并不是由单一原子轨道所决定。

在分子中，若两个电子自旋方向相反，那它们很容易相互靠近而形成单态基态，分子自旋密度 $\rho_s=0$，如 H_2 分子；若两个电子自旋方向相同，那它们因相互排斥而远离，形成三重态基态，如 O_2 分子。假设，某个分子中有三个电子，其中两个电子已配对并占据一个轨道，剩下的另外一个单电子占据另外一个轨道。此时，未配对电子将会引起已配对的那一孤电子对发生极化，呈非均衡分布，这种现象称为自旋极化 (spin polarization)，它虽然受到诱导效应 (inductive effect) 的影响，但与诱导效应有着本质上的差别。

甲基自由基共有 9 个电子，未配对电子占据碳原子的 $2p_z$ 轨道，其余 8 个电子两两占据三个 C—H$_\alpha$(σ) 键和一个内层 $1s$ 轨道。$\cdot CH_3$ 自由基内存在两种自旋极化，分别是 $2p_z$-$1s$ 自旋极化和 $2p_z$-σ 自旋极化 ($2p_z$-$1s$ and $2p_z$-σ spin polarization)，如图 3.2.2 所示。以一个 $2p_z$-σ 自旋极化为例：在构型 I 中，σ 键 C 原子的电子自旋朝上 ↑，与 $2p_z$ 的电子自旋同向，因相斥而远离；在构型 II 中，σ 键 C 原子的自旋朝下 ↓，与 $2p_z$ 中的电子自旋反向，因相吸而靠近。洪特规则

同样适用于电子在分子轨道的分布，即自旋方向相同的电子排布，能量最低：构型 I 中碳原子上的两个自旋方向相同，处于较低能级的能态，在布居分布上属于优势构型，这导致 σ 键中的自旋密度偏向 H_α；构型 Ⅱ 中碳原子则处于较高能级的能态，在布居分布上属于劣势构型，这导致 σ 键中的自旋密度偏离 H_α。在这两种构型中，σ 键中两个配对电子的取向刚好互逆。因此，在优势构型 I 中，H_α 的电子自旋朝下 ↓，且自旋布居因极化而增加，而在劣势构型 Ⅱ 中，H_α 的自旋朝上 ↑，但是自旋布居因极化而减少。

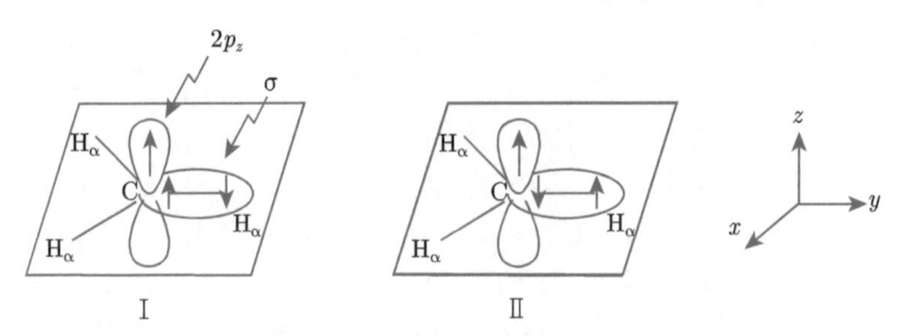

图 3.2.2　甲基自由基中 C—H 键的两种自旋极化构型

有机化学中，常用原子轨道线性组合 (linear combination of atomic orbitals, LCAO) 来描述成键轨道。在甲基自由基中，我们用 ψ_h 表示碳原子的 sp^2 杂化轨道 (hybrid orbital)，用 ψ_{1s} 表示氢原子的 $1s$ 轨道，用分子轨道 $\text{C}_\text{h}\psi_\text{h}+\text{C}_{1s}\psi_{1s}$ 表示 $\sigma_{\text{C-H}}$ 成键轨道。在 $2p_z$-σ 自旋极化作用下，构型 I 是能量较优构型，即碳原子自旋取向使 $\left|\text{C}_\text{h}^\uparrow\right|^2 > \left|\text{C}_\text{h}^\downarrow\right|^2$，氢原子自旋取向使 $\left|\text{C}_{1s}^\uparrow\right|^2 < \left|\text{C}_{1s}^\downarrow\right|^2$。这种极化，导致 C—$H_\alpha$(σ) 键中碳原子获得了一部分正的自旋布居，即 $\rho_\text{C}^{\sigma(\text{h})}=\left|\text{C}_\text{h}^\uparrow\right|^2-\left|\text{C}_\text{h}^\downarrow\right|^2=+0.045$，而 H_α 则相应地获得了负的自旋布居，即 $\rho_\text{H}^{\sigma(1s)}=\left|\text{C}_{1s}^\uparrow\right|^2-\left|\text{C}_{1s}^\downarrow\right|^2=-0.045$。

以类似于 $\cdot CH_3$ 自由基的 $^{13}CHC_2$ 平面片段作理论模型，计算结果所得 ^{13}C—H_α 键的超精细耦合常数是 $A_{^{13}\text{C}}=19.5$ G 和 $A_{\text{H}\alpha}=23.72$ G，参考 3.2.11 节。其中，$A_{\text{H}\alpha}$ 与实验值 23 G 非常接近 (见 3.2.10 节)。甲基自由基有三个 $\sigma_{\text{C—H}}$ 键，所以碳原子仅 sp^2 杂化轨道就应有自旋布居数 $\rho_\text{C}^{\sigma(\text{h})}=3\times(+0.045)=+0.135$，即 $3\times(+19.5)=58.5\,(\text{G})$。若将 $2p_z$-$1s$ 自旋极化囊括，那么碳原子的自旋布居还会有所变化。相比于 $2p_z$ 轨道，$1s$ 是碳原子的内层电子轨道，更靠近原子核。$2p_z$ 轨道内的未配对电子对 $1s$ 轨道配对电子的极化，将导致与 $2p_z$ 电子自旋方向一同朝上的一个 $1s$ 电子偏向于远离原子核，即运动轨道半径增大；因此，碳原子 $1s$ 轨道电子自旋密度将由自旋朝下 ↓ 的那个 $1s$ 电子所决定，这种极化势必造成碳原子自旋密度减少，即 $\rho_\text{C}^{1s}<0$。理论上，这种极化作用形成相当于 −12.7 G 的

自旋密度。最终，这两种极化作用之和是 $+58.5+(-12.7)=45.8$(G)，与实验值 (+38.3 G) 还有较大的偏差。这是因为 $A_{^{13}\mathrm{C}}=38.3\,\mathrm{G}$ 是溶液谱的参数，呈时间平均的各向同性，而理论值则包含了各向异性的超精细耦合相互作用。甲基自由基是一个轴对称的 D_{3h} 平面结构，未配对电子占据 $2p_z$ 轨道，存在各向异性的 ^{13}C 核自旋和电子自旋之间的偶极相互作用。这种有规取向 (orientation dependence) 的相互作用如图 4.3.7 所示：令两自旋间连线与外磁场的夹角为 θ，那么超精细耦合的三个主值与 θ 的关系是 $3\cos^2\theta-1$，即 $A_{xx}=A_{yy}=5.8$ G，$A_{zz}=103.3$ G，$A_{\mathrm{iso}}=(A_{xx}+A_{yy}+A_{zz})/3=38.3\,\mathrm{G}$，详见 4.3.4 节。

在 ^{13}C 同位素标记的 $^{13}CH_3$，存在两类不同的磁性核，一类是携带未配对电子的 ^{13}C 中心原子，另一类是三个分别与 ^{13}C 形成 σ(C_α—H) 键的 ^{1}H。对于 σ 自由基和过渡离子配合物，一般从其化学结构就可推测未配对电子占据哪个中心原子的哪个轨道，以及哪些原子是与中心原子形成化学键的。

3.2.4 乙基自由基，超共轭，β-H

甲基自由基 ($\cdot CH_3$) 中的一个 α-H 被甲基 (—CH_3) 取代后，变成乙基自由基。甲基上每个 σ(C_α—H) 键的电子结构，可人为分解成分别与 $2p_z$ 轨道平行或垂直的两个分量 (图 3.2.3(a))，使 $2p_z$ 轨道的电子自旋会通过 C_α—H_β 的平行分量而离域到甲基的 H_β 上。这种电子效应被称为 $2p_z$-$1s$ 自旋离域 (spin delocalization) 或 σ-p 超共轭 (hyperconjugation)，用 $\langle\cos^2\theta\rangle$ 表示，它与 π 共轭存在明显差别。乙基自由基中唯一的 C—C 键，可随机翻转，为说明而引入二面角 θ，即任意一个 C_α—H_β 键和轴向 $2p_z$ 轨道的夹角，如图 3.2.3 所示。

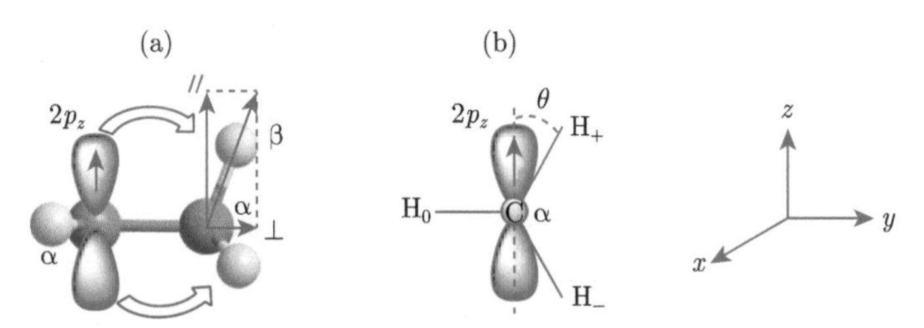

图 3.2.3 乙基自由基的几何和电子结构、自旋离域和超共轭

由图 3.2.3 可直观获知，这种自旋离域取决于 $\cos^2\theta$：当二面角 $\theta=0°$ 或 180° 时，形成最大共轭，$\cos^2\theta=1$；当 $\theta=90°$ 时，超共轭为 0。乙基自由基中，C_α 有三个 σ(C_α—H_β) 键，所以这种超共轭是这三个 C_α—H_β 键总和的平均值。令 C_α—H_+、C_α—H_- 和 C_α—H_0 与 $2p_z$ 轨道的夹角分别是 30°、150° 和 270°(如图 3.2.3(b) 所示)，$\langle\cos^2\theta\rangle=(3/4+3/4+0)/3=0.5$，等效于 $\theta=45°$。于是，用 H_+

和 H_- 可组成一个等效的成键分子轨道，即 $\frac{1}{\sqrt{2}}(\psi_{H_+}^{1s}-\psi_{H_-}^{1s})$。这种超共轭增大了 β-H 上自旋朝上 ↑ 分布的概率，即 $A_{H\beta}>0$，而 $^{13}C\alpha$ 则与甲基自由基中的 α-H 类似，自旋朝下 ↓ 的密度在增加，故 $A_{^{13}C\alpha}<0$。总而言之，β-H(H_β) 的自旋密度构成，比 α-H(H_α) 复杂多了。实验所得的乙基自由基的参数是 $A_{H\alpha}=-22.38$ G，$A_{^{13}C}=39.07$ G，$A_{H\beta}=26.87$ G，$A_{^{13}C\alpha}=-13.57$ G。

若 H_α 被—OH 取代，则形成常见的羟乙基自由基，HO—·$CHCH_3$(又甲基酮自由基，或乙醛自由基)，$A_{H\alpha}=-15.24$ G，$A_{H\beta}=22.11$ G。注：该自由基有一种类似物，$CH_3CH=O^{+\cdot}$，$A_{H\beta}=136.5$ G。

3.2.5 其他开链烷基和单环烷基自由基

在不影响 ·CH_3 平面结构的情况，将 α-H 用基团—R_i(i = 1~3) 取代形成诸如 ·CH_2R、·CHR_1R_2、·$CR_1R_2R_3$ 等结构 (如亚甲基、次甲基自由基、叔丁基、三苯甲基自由基等)。在开链烷烃自由基中，$A_{H\alpha}$ 几乎不受到—R 取代基的影响，约 $-23\sim-22$ G(表 3.2.2)。除环丙基 ($A_{H\alpha}=-6.51$ G) 外，单环环烷基自由基中 $A_{H\alpha}$ 约 $-22\sim-21$ G。

在乙基自由基中，当 β-H 被其他烷基—R 取代时，$A_{H\beta}$ 则会受到较显著的影响。R =—H，$A_{H\beta}=26.87$ G；R =—CH_3，$A_{H\beta}=33.32$ G；R =—C_2H_5，$A_{H\beta}=29.33$ G；R = —C_3H_7，$A_{H\beta}=29.33$ G。这与基团—R 的给电能力 (或诱导效应) 强弱有关。若取代 H_β 的是—OH、—OOH、—OR 等吸电基团，那么 $A_{H\alpha}$ 的变化趋势刚好相反。这是 DMPO 自旋捕获实验中，根据 $A_{H\beta}$ 大小来甄别自由基给电或吸电属性的基础，详见 3.4 节。

在甲基及其衍生自由基中，·C 中心原子呈 sp^2 杂化的轴对称结构 (类似于 π 中心)，当 α-H 被电负性更强的原子或基团 (如—OH、—CN、—F 等) 等取代时，这种平面的轴对称结构将逐渐变成棱锥形 (pyramidalization) (图 3.2.4)。在棱锥形结构中，·C 中心原子的 $2p_z$ 轨道会部分地参与杂化，最终形成介于 sp^2 和 sp^3 间的杂化，即 sp^n 杂化 ($2<n<3$)，使中心碳原子由 π 中心逐渐过渡成 σ 中心。σ 自由基的中心原子，s 轨道的贡献一定是正值的，参考氢原子。在由 sp^2 等性杂化的平面结构向不等性的 sp^n 棱锥形结构过渡时，s 轨道的贡献值由 0 逐渐增大。在此过程中，$A_{H\alpha}$ 由甲基自由基的负值开始趋向 0，再变成正值并继续增大；$A_{^{13}C}>0$ 和 $A_{^{19}F}>0$ 也会逐渐增大 (表 3.2.2)。碳原子 $2s^1$ 电子的理论值是 $A_{^{13}C}=+1347.7$ G(表 1.6.1)，据实验结果可知 $2s$ 轨道参与 sp^n 杂化的程度。例如，·CF_3 自由基，$A_{^{13}C}=+217.6$ G，$2s$ 轨道自旋密度是 $\rho_C^{2s}=\frac{271.6}{1347.7}\approx0.2$，接近于等性的 sp^3 杂化，$\rho_C^{2s}\sim0.25$，$A_{^{13}C}=336.9$ G。类似地，甲基自由基，$A_{^{13}C}=38.34$ G，$\rho_C^{2s}\sim0.028$；在 ·CH_2F 和 ·CHF_2 中，$A_{^{13}C}$ 分别是 54.8 G、148.8 G，相应地，ρ_{C}^{2s} 分别是 ~ 0.04 和 ~ 0.11。此外，若考虑空间位阻和电子效应等，那么 $A_{^{13}\mathrm{C}}$ 的影响因素就会愈加复杂，造成 ^{13}C 标记 EPR 谱的实际解析是比较冗长的。

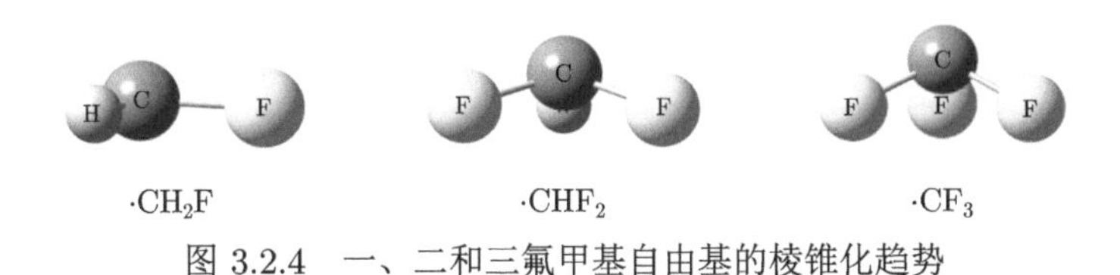

图 3.2.4 一、二和三氟甲基自由基的棱锥化趋势

表 3.2.2 示意了部分简单烷基自由基的超精细耦合常数。从中可知，σ 自由基的自旋密度主要分布在少数几个与中心原子相邻的原子上，如 α/β-H，且 A_{iso} 都比较大。较远距离的原子，如 γ 质子，$|A_{\mathrm{H}\gamma}|$ 只有 ~ 1 G，再往外，A_{iso} 可被忽略。这种长程耦合 (long-range coupling) 与诱导效应类似，一般只影响到第四个化学键，而 π 自由基的共轭离域则不受距离的影响。文献中，部分有机自由基的中心原子和配位原子往往不会被详细指出，因构成自由基的 C、O、Si、S 等偶数位化学元素的原子需要使用同位素标记，才可解析。因此，读者务必时刻清楚有机自由基的化学结构，尤其是双原子或多原子中心的自由基。

表 3.2.2 部分直链烷烃和环烷烃自由基的 A_{iso}

自由基	结构	磁性核及数量	A_{iso}/G
甲基	$\cdot\overset{\alpha}{\mathrm{C}}\mathrm{H_3}$	3 H_α	−23.04
		^{13}C·	+38.34
乙基	$\cdot\overset{\alpha}{\mathrm{C}}\mathrm{H_2}\overset{\alpha\ \beta}{\mathrm{C}}\mathrm{H_3}$	2 H_α	−22.38
		3 H_β	+26.87
		^{13}C·	+39.07
		$^{13}\mathrm{C}_\alpha$	−13.57
丙基	$\cdot\overset{\alpha}{\mathrm{C}}\mathrm{H_2}\overset{\beta}{\mathrm{C}}\mathrm{H_2}\overset{\gamma}{\mathrm{C}}\mathrm{H_3}$	2 H_α	−22.08
		2 H_β	+33.32
		3 H_γ	0.038
正丁基	$\cdot\overset{\alpha}{\mathrm{C}}\mathrm{H_2}\overset{\beta}{\mathrm{C}}\mathrm{H_2}\overset{\gamma}{\mathrm{C}}\mathrm{H_2}\overset{\delta}{\mathrm{C}}\mathrm{H_3}$	2 H_α	−22.08
		2 H_β	+29.33
		2 H_γ	0.074
正戊基	$\cdot\overset{\alpha}{\mathrm{C}}\mathrm{H_2}\overset{\beta}{\mathrm{C}}\mathrm{H_2}\overset{\gamma}{\mathrm{C}}\mathrm{H_2}\mathrm{C_2H_5}$	2 H_α	−21.96
		2 H_β	+28.57
		2 H_γ	0.075
正己基	$\cdot\overset{\alpha}{\mathrm{C}}\mathrm{H_2}\overset{\beta}{\mathrm{C}}\mathrm{H_2}\overset{\gamma}{\mathrm{C}}\mathrm{H_2}\mathrm{C_3H_7}$	2 H_α	−21.95
		2 H_β	+28.54
		2 H_γ	0.075

续表

自由基	结构	磁性核及数量	A_{iso}/G
异丙基	$\cdot\overset{\alpha}{C}H(\overset{\alpha}{C}\overset{\beta}{H}_3)_2$	H_α	−22.11
		6 H_β	+24.68
		$^{13}C^{\cdot}$	+41.30
		2 $^{13}C_\alpha$	−13.20
叔丁基	$\cdot C(\overset{\alpha}{C}\overset{\beta}{H}_3)_3$	9 H_β	−22.72
		$^{13}C^{\cdot}$	+45.20
		3 $^{13}C_\alpha$	−12.35
羟甲基	$HO\dot{C}\overset{\alpha}{H}_2$	2 H_α	−17.98
		H(O)	−1.150
		$^{13}C^{\cdot}$	+47.37
氰甲基	$NC\dot{C}\overset{\alpha}{H}_2$	2 H_α	−20.98
		^{14}N	+3.51
环丙基	$\overset{\beta}{H_2}C$, H_2C 环与 $\dot{C}\overset{\alpha}{H}$ 相连	H_α	−6.51
		4 H_β	+23.42
		$^{13}C^{\cdot}$	+9.59
环丁基	$\overset{\beta}{H_2}C$, $\overset{\gamma}{H_2}C$, $\dot{C}\overset{\alpha}{H}$ (四元环)	H_α	−21.20
		4 H_β	+36.66
		2 H_γ	0.112
环戊基	$\overset{\beta}{H_2}C$, $\overset{\gamma}{H_2}C$, $\dot{C}\overset{\alpha}{H}$ (五元环)	H_α	−21.48
		4 H_β	+35.16
		4 H_γ	0.053
一氟甲基	$\cdot C\overset{\alpha}{H}_2F$	2 H_α	+21.1
		^{19}F	+64.3
		^{13}C	+54.8
二氟甲基	$\cdot C\overset{\alpha}{H}F_2$	H_α	+22.2
		2 ^{19}F	+84.2
		^{13}C	+148.8
三氟甲基	$\cdot CF_3$	3 ^{19}F	+145.5
		$^{13}C^{\cdot}$	+271.6

3.2.6　共轭自由基

共轭自由基，是一大类自由基，本小节只作简单介绍。对此类自由基感兴趣的读者，请参考数据库专著 V 的第八章，含杂原子的共轭自由基分散在后续各部分内容中。

甲基自由基 ($\cdot CH_3$) 是一个 sp^2 杂化的、只由一个碳原子构成的、独特的原生型 π 中心。当用不饱和基团取代 α-H 时，即形成 π 自由基，未配对电子通过 sp^2 杂化的相邻碳原子而发生长程离域。共轭烃类自由基是一类广泛分布的自由基，如烯丙基自由基、苯基自由基、非苯基的芳香自由基、苯基取代的自由基 (如苄基自由基、三苯基甲基自由基) 等。结构上，σ 键可绕着键轴作随机翻转，而共

轭的 π 键则将围绕 π 键的全部或部分结构固化。例如，乙烯分子中所有原子都分布在一个平面上，丙二烯分子中则是分布在两个相互垂直的平面内，而乙烷、丙烷和正丁烷等则存在各种构象 (读者请参考有机化学教材，不再赘述)。理论上，σ 自由基以原子轨道线性组合为基础，π 自由基以分子轨道理论 (又称前线轨道理论，frontier orbital theory) 为基础，如最高占据、最低未占据、非键等分子轨道 (highest-occupied，lowest-unoccupied or non-bonding molecular orbital，HOMO、LUMO、NBMO，参考图 4.2.6) 的能级结构。

最简单的 π 自由基是烯丙基自由基，是一个结构固化的自由基，所有原子都分布在同一个略呈弧形的平面内 (图 3.2.5(a))。其中，1 位和 3 位碳原子上的质子分占内侧和外侧两个位置 (endo and exo positions)，$A_{\mathrm{H(1,3)exo}} = -14.83$ G，$A_{\mathrm{H(1,3)endo}} = -13.93$ G，$A_{\mathrm{H2}} = +4.06$ G。以烯丙基自由基为基本结构衍生而来的类似自由基，详见数据库专著 V 的表 8.2。

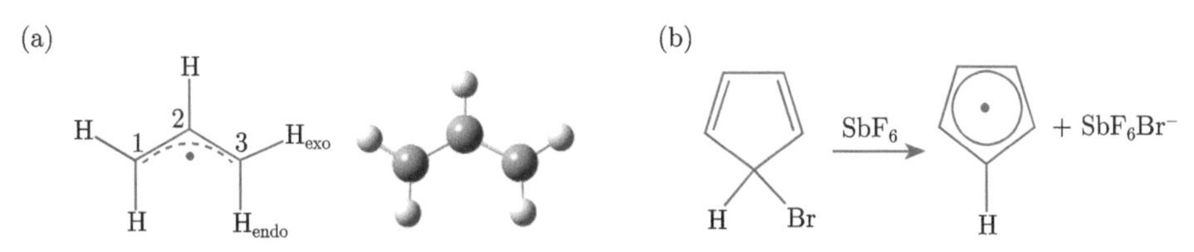

图 3.2.5 (a) 烯丙基自由基的结构；(b) 环戊二烯自由基的诱导反应

常见的单环和双环共轭自由基是环戊二烯 (茂)、苯、苯并茂 (茚)、萘等，特征参数列于表 3.2.3 中。在茂和苯自由基中，所有 H 和 C 都是等性的，在萘自由基中，则至少分成两组。

表 3.2.3 环戊二烯、苯和萘的阳、阴自由基衍生物的 A_{iso} (单位：G)

环戊二烯	苯		萘	
$H_{1\sim5}$：6.02 $^{13}C_{1\sim5}$：2.66	$H_{1\sim6}$：−4.45	$H_{1\sim6}$：−3.75 $^{13}C_{1\sim6}$：+2.8	$H_{1,4,5,8}$：−5.87 $H_{2,3,6,7}$：−1.67	$H_{1,4,5,8}$：−4.95 $H_{2,3,6,7}$：−1.83 $^{13}C_{1,4,5,8}$：+7.26 $^{13}C_{2,3,6,7}$：−1.09 $^{13}C_{9,10}$：−5.73

苯可用金属钾还原成苯阴离子自由基；光照苯与浓硫酸混合物，则生成苯阳离子自由基，若使用 H_2SO_4 和 D_2SO_4，还可研究 H/D 的替代动力学；萘自由基

用 X 射线于 77 K 低温辐照获得。芘 (pyrene)、二萘嵌苯 (perylene，苝) 等稠环化合物，可形成中性、阳离子和阴离子自由基等三种。其中，阳离子自由基最容易制备，只需将原材料浸于浓硫酸中再烘干即可。这类阳或阴离子自由基，需平衡离子，如 Na^+、HSO_4^-、$SbCl_6^-$ 等，才能较稳定存在。

当用 γ 辐照打断苯环上的一个 C—H 键时能形成各类苯基自由基，如 $\cdot C_6H_5$、α-/β-萘自由基 $\cdot C_{10}H_7$ 等，g_{iso} 约 2.002~2.0025。这一类自由基内存在复杂的 σ-π 共轭和/或 σ -π 自旋极化，理论解析较为烦琐。

环戊二烯被还原后，会断裂一个化学键，形成自由基，如图 3.2.5(b) 所示。

在结构对称的共轭自由基中，等性原子 (如 ^1H、^{14}N、^{31}P) 的种类和数量能提供准确的信号，故 EPR 谱图解析比较容易。

3.2.7 含共轭结构的烃自由基

含有共轭结构的有机化合物，在不同条件中可形成以共轭区域为核心的共轭自由基，也能形成以共轭区域作为取代基团的烃基自由基，参考表 3.2.4。如甲苯，能形成苄基自由基，也可氧化或还原成苯基阳/阴离子自由基，苯环上邻、间、对三个位置的极化变化显著 (参考图 3.3.5)。它们或等效于甲基自由基 $\cdot CH_3$ 的质子被一个、二个或三个苯基所取代，或等效于苯阴/阳离子自由基的邻/间/对质子被一至多个烃基所取代。这类自由基的共轭结构，易受给电或吸电基团、强极性基团、含孤电子对基团等活化基或钝化基的不同影响，造成自旋密度的不同离域。根据碳原子的排序，这些有机物又可分成奇、偶交替烃，以及非交替烃。

这一类自由基，含有多组等性的质子、其他磁性核 (表 3.2.4)，因此谱图解析过程较为复杂。发生取代以后，若存在手性，那么自由基还具有不同的空间构象和 EPR 特征。

表 3.2.4 含有共轭结构的烃自由基的 A_{iso}。用 “/” 表示 “阴/阳” 离子自由基，其余在自由基结构上标出；当用 o、m、p 来描述邻、间、对位质子时，表明存在至少两种构象

自由基	结构	磁性核	A_{iso}/G
苄基	(苯环 1–6 位，1 位连 $\dot{C}H_2$ (7))	$H_{2,6}$	−5.15
		$H_{3,5}$	+1.79
		H_4	−6.18
		2 H_7	−16.3
		$^{13}C_1$	−15.45
		$^{13}C_7$	+24.45
4-甲基苄基	H_3C(β)–苯环(4)…(1)–$\dot{C}H_2$ (7)	$H_{2,6}$	−5.13
		$H_{3,5}$	+1.75
		2 H_7	−16.07
		3 $H_β$	+6.7

续表

自由基	结构	磁性核	A_{iso}/G
7-甲基苄基		$H_{2,6}$	−4.9
		$H_{3,5}$	+1.7
		H_4	−6.1
		H_7	−16.3
		3 H_β	+17.9
二苯甲基		$H_{2,2',6,6'}$	−3.7
		$H_{3,3',5,5'}$	+1.35
		$H_{4,4'}$	−4.2
		H_7	−14.7
二苯乙基		$H_{2,2',6,6'}$	−3.24
		$H_{3,3',5,5'}$	+1.24
		$H_{4,4'}$	−3.35
		3 H_β	+15.14
三苯甲基		$H_{2,2',2'',6,6',6''}$	−2.61
		$H_{3,3',3'',5,5',5''}$	+1.14
		$H_{4,4',4''}$	−2.86
		$C_{2,2',2'',6,6',6''}$	+6.4
		$C_{3,3',3'',5,5',5''}$	−5.3
		$C_{4,4',4''}$	6.1
		C_7	20.1
三甲苯甲基		$H_{2,2',2'',6,6',6''}$	−2.6
		$H_{3,3',3'',5,5',5''}$	+1.14
		9 H_β	+3.04
三苯硅甲基	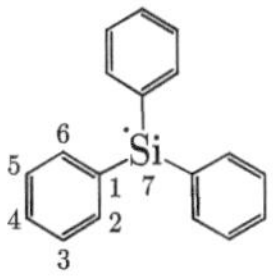	^{29}Si	−79.6
甲苯		$H_{2,6}$	−5.15/−1.93
		$H_{3,5}$	−5.44
		H_4	−0.51/−9.78
		3 H_7	−0.77/ + 20.34
		$^{13}C_7$	+0.79
苯甲醚	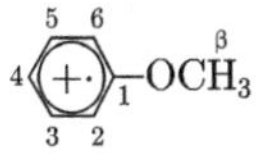	H_2	−5.15
		H_6	−4.52
		H_3	−1.0
		H_5	−0.21
		H_4	+9.97
		3 H_β	+4.83

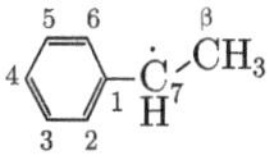

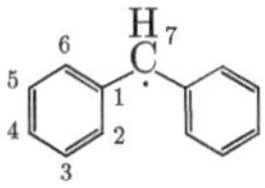

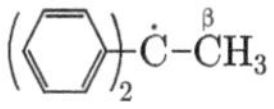

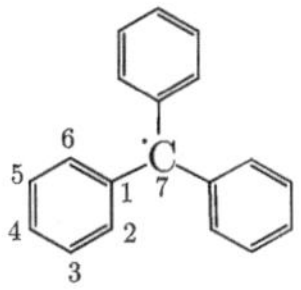

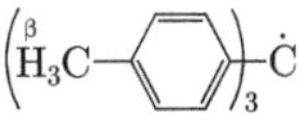

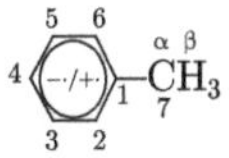

续表

自由基	结构	磁性核	A_{iso}/G
乙苯	$C_6H_5^{\cdot -/+}$–CH_2CH_3（环位 1–6，β, γ）	$H_{2,6}$	−4.99
		$H_{3,5}$	−5.19
		H_4	−0.85/−12
		2 H_β	−0.79/ + 29
		3 H_γ	+0.002
叔丁苯	$C_6H_5^{\cdot -/+}$–$C(CH_3)_3$（环位 1–6，γ）	$H_{2,6}$	−4.67
		$H_{3,5}$	−4.71
		H_4	−1.77
		9 H_γ	<0.05
苯胺	$C_6H_5^{+\cdot}$–NH_2（环位 1–6，α）	^{14}N	+7.68
		$H_{2,6}$	−5.82
		$H_{3,5}$	+1.52
		H_4	−9.58
		2 H_α	−9.58
二苯胺	C_6H_5–$\dot{N}$–C_6H_5（环位 1–6）	$H_{2,2',6,6'}$	−3.68
		$H_{3,3',5,5'}$	+1.52
		$H_{4,4'}$	−4.28
		^{14}N	+8.80
二苯胺	$C_6H_5^{+\cdot}$–NH–C_6H_5（o, m, p，α）	^{14}N	+9.03
		$4H_o$	−3.46
		$4H_m$	+1.31
		$2H_p$	−4.86
		H_α	−10.98
苯甲醛	$C_6H_5^{-\cdot}$–CHO（o, o′, m, m′, p，α）	H_o	−4.69
		$H_{o'}$	−3.40
		H_m	−1.31
		$H_{m'}$	0.75
		H_p	+6.74
		H_α	−8.51
7-甲基苯甲醛	$C_6H_5^{-\cdot}$–C(=O)–CH_3（o, o′, m, m′, p，β）	H_o	−4.25
		$H_{o'}$	−3.79
		H_m	−1.13
		$H_{m'}$	+0.91
		H_p	+6.55
		$3H_\beta$	−6.74
二苯甲酮	$C_6H_5^{-\cdot}$–C(=O)–C_6H_5（o, o′, m, m′, p，α）	$4H_o$	−2.52
		$4H_m$	+0.82
		$2H_p$	−3.50
		^{17}O	−8.18

续表

自由基	结构	磁性核	A_{iso}/G
苯磺酸	p, m, o 位苯基—$\dot{S}O_2$	$2H_o$	−1.06
		$2H_m$	+0.33
		H_p	−0.05
		^{33}S	+83.2
二甲基苯基磷	(苯环 1~6)—$P(\overset{\gamma}{C}H_3)_2$	$H_{2,6}$	−3.31
		$H_{3,5}$	−0.39
		H_4	−9.06
		6 H_γ	0.78
		^{31}P	+8.28
二苯基磷	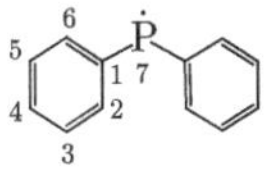 (苯环 1~6)—$\dot{P}$(7)—苯基	^{31}P	+78.7
二苯基磷酰基	(苯环 1~6)—P(=O)·—苯基	^{31}P	+361.6

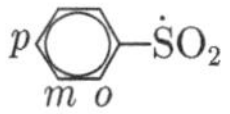

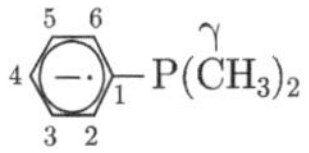

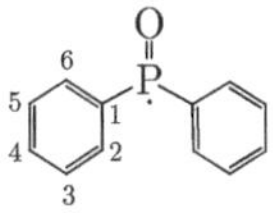

注：读者务必理解表 3.2.4 所罗列的部分代表性自由基的 EPR 参数，以及后续章节的例子，这有利于从事自由基化学和自由基生物学方面的研究。

3.2.8 氘代影响着共轭自由基的电子结构

一般地，同位素的化学性质是相似的，除非质量相差比较大。如 ^1H 和 ^2H，理论上反应速率与分子质量的开方成反比 (质量相关，mass-dependent fractionation)，二者的化学速率就相差比较大。磁性方面，^1H 和 ^2H 的磁旋比 $g_H/g_D \sim 6.514$ (表 1.6.1)。单氘代或间/对位双氘代苯阴离子的实验表明，氘代会影响到分子轨道的简并情况，详见表 3.2.5。在苯阴离子自由基中，六个质子是等性的，说明分子轨道是简并的。单或多氘代时，分子轨道将发生去简并。对于阴离子自由基，—D 和—R 都具有给电的诱导效应，从而增大自由基中心原子 LCAO 的系数，使其变得更不稳定。

表 3.2.5 氘代对共轭自由基电子结构的影响 (参考表 3.2.3)

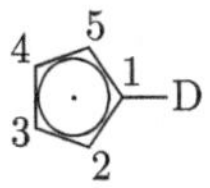 1-D 环戊二烯基	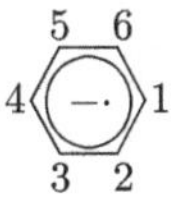 苯阴离子	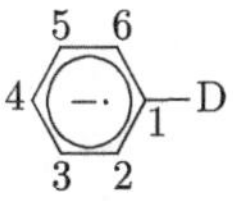 1-D 苯阴离子	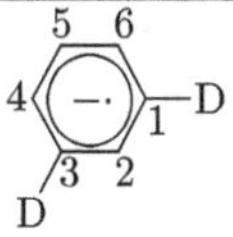 1,3-D 苯阴离子	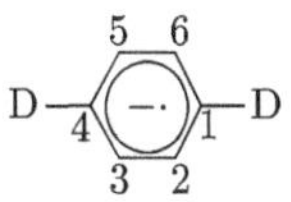 1,4-D 苯阴离子
$H_{2,5}$: −6.14 G	$H_{1\sim6}$: −3.75 G	$H_{2,3,5,6}$: −3.98 G	$H_{2,5}$: −4.19 G	$H_{2,3,5,6}$: −4.16 G
$H_{3,4}$: −6.00 G		H_4: −3.45 G	$H_{4,6}$: −3.63 G	$D_{1,4}$: −0.51 G
D_1: −0.89 G		D_1: −0.56 G	$D_{1,3}$: −0.58 G	

3.2.9　烃类自由基的谱图解析，杨辉三角

在 3.1 节中，我们已经介绍了单个磁性核的超精细分裂情况，

$$\Delta E = g_{\text{iso}}\mu_{\text{B}}B_0 + A_{\text{iso}}M_I \tag{3.2.7}$$

M_I 取值总数是 $2I+1$。当磁性核数量 $n \geqslant 2$ 时，上式变成

$$\Delta E = g_{\text{iso}}\mu_{\text{B}}B_0 + A_1M_{1I} + A_2M_{2I} + \cdots + A_nM_{nI} \tag{3.2.8}$$

在此略去 A 的下标 iso，超精细分裂峰数量变成 $2nI+1$。

在有些自由基中，这些磁性核 (^{1}H、^{13}C、^{14}N 等) 是等性的，即具有相同的 A_{iso}，如甲基自由基 ($n=3$)、环戊二烯自由基 ($n=5$)、苯自由基 ($n=6$) 的质子，式 (3.2.8) 简化成

$$\Delta E = g_{\text{iso}}\mu_{\text{B}}B_0 + A(M_1 + M_2 + \cdots + M_n) \tag{3.2.9a}$$

或

$$\Delta E = g_{\text{iso}}\mu_{\text{B}}B_0 + \sum_{i=1}^{n} A_iM_{iI} \tag{3.2.9b}$$

$n=0$ 和 1 的情况，见 3.1 节。将等性质子 $n=2,3,4$ 代入式 (3.2.9)，与 n 相对应的跃迁数量由括号内 M_{iI} 组合所决定，

$$\left.\begin{matrix} n=2 \\ \alpha\alpha \\ \alpha\beta,\ \beta\alpha \\ \beta\beta \end{matrix}\right\},\quad \left.\begin{matrix} n=3 \\ \alpha\alpha\alpha \\ \alpha\alpha\beta,\ \alpha\beta\alpha,\ \beta\alpha\alpha \\ \alpha\beta\beta,\ \beta\alpha\beta,\ \beta\beta\alpha \\ \beta\beta\beta \end{matrix}\right\},\quad \left.\begin{matrix} n=4 \\ \alpha\alpha\alpha\alpha \\ \alpha\alpha\alpha\beta,\ \alpha\alpha\beta\alpha, \alpha\beta\alpha\alpha,\ \beta\alpha\alpha\alpha \\ \alpha\alpha\beta\beta, \alpha\beta\beta\alpha, \alpha\beta\alpha\beta, \beta\alpha\alpha\beta, \beta\alpha\beta\alpha, \beta\beta\alpha\alpha \\ \alpha\beta\beta\beta, \beta\beta\alpha\beta, \beta\alpha\beta\beta, \beta\beta\beta\alpha \\ \beta\beta\beta\beta \end{matrix}\right\} \tag{3.2.10}$$

能级结构如图 3.2.6 所示。$n=2$ 时，$\alpha\beta$、$\beta\alpha$ 这两个超精细分裂峰重叠在一起；$n=3$ 时，吸收峰重叠的组合有两组，分别是 $\alpha\alpha\beta$、$\alpha\beta\alpha$、$\beta\alpha\alpha$ 和 $\alpha\beta\beta$、$\beta\alpha\beta$、$\beta\beta\alpha$；$n\geqslant 4$，这种组合数量越多且组合也更加复杂，相互重叠的超精细分裂峰也就越多。显然，重叠的组合数量越多，该超精细分裂峰的强度也就越高 (图 3.2.7)。对于 n 个 $I=1/2$ 的等性核，超精细分裂峰的总数是 $2nI+1=n+1$，即 $n+1$ 定律，任意相邻超精细分裂峰的强度比例满足杨辉三角 (图 3.2.7(a)、(b))，即二项式展开式的系数。

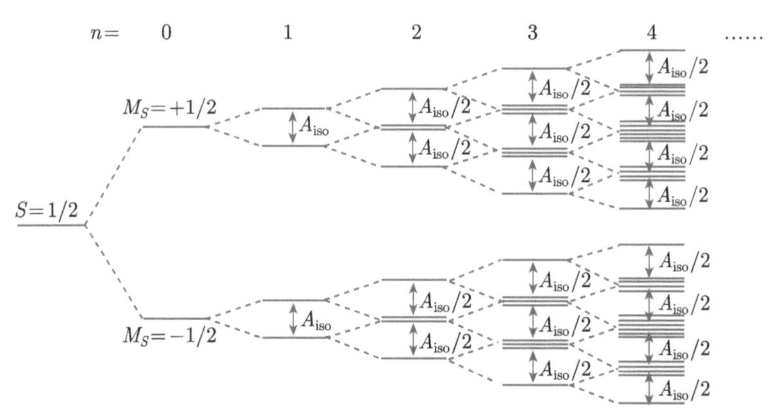

图 3.2.6 n 个等性 ^{1}H 引起的能级图和超精细分裂。每个线段对应一个能级和一个跃迁，多个线段叠在一起，对应着式 (3.2.10) 的组合。为简洁明了而省略质子核自旋 I 的塞曼分裂。注意，上半部和下半部的能级次序是恰好相反的

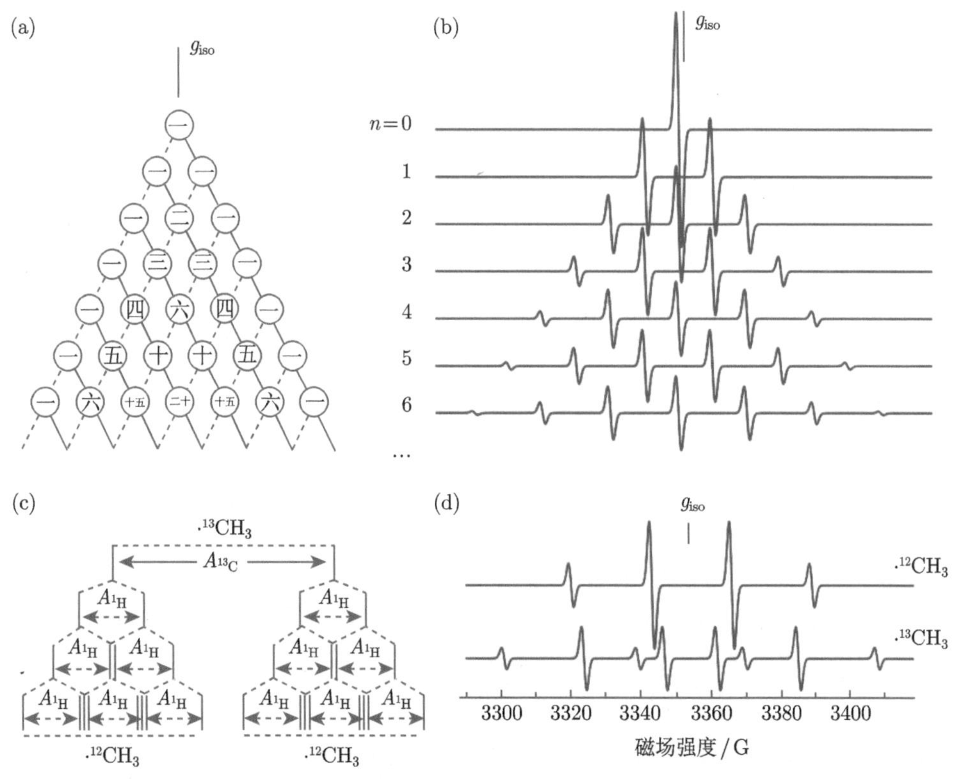

图 3.2.7 (a) 杨辉三角和 (b)n 个等性质子 ^{1}H 的超精细分裂图，在此吸收峰面积是相同的。(c)、(d) 甲基自由基 ($\cdot^{12}CH_3$ 和 $\cdot^{13}CH_3$) 的超精细分裂树状示意图和模拟谱 (9.4 GHz)，每个线段代表一个吸收峰；中间的线段是叠加的，在此只是为了表明线段的个数而将其分开表示。注意 g_{iso} 的位置，以及 EPR 谱图中吸收面积均标准化，可直接对比信号强度

氢原子数量 n 的初步判断：由杨辉三角，可知低或高场最外侧两个相邻超精细分裂峰的强度比例分别是 1:1、1:2、1:3、1:4、··· 、1:n。

甲基自由基 $\cdot^{12}CH_3$(图 3.2.7)、环戊二烯自由基、苯阴/阳离子自由基等，全部质子都是等性的，只有一组杨辉三角。同位素标记的 $\cdot^{13}CH_3$ 自由基，同时有两种核自旋 $I=\dfrac{1}{2}$ 的磁性核，EPR 和超精细分裂如图 3.2.7 所示。^{13}C 的核自旋，形成了两组由三个质子构成的杨辉三角，如图 3.2.7(c)、(d) 所示。在乙基自由基中，等性质子分成 α 和 β 质子两组，数量分别是 $n=2$ 和 $n=3$，EPR 谱如图 3.2.8，其树状结构请读者自行展开。在更复杂的自由基中 (如表 3.2.2 所列)，等性质子会有三组、四组或者更多，乍看很复杂，实质上只是多个杨辉三角的叠加 (图 3.2.8 和图 3.2.9)。因此，对于 $I=1/2$ 磁性核的 EPR 谱，都可根据杨辉三角进行分析，对于 $I\geqslant 1$ 情形，则更加复杂，见 3.2.10 节和参考图 3.2.10。

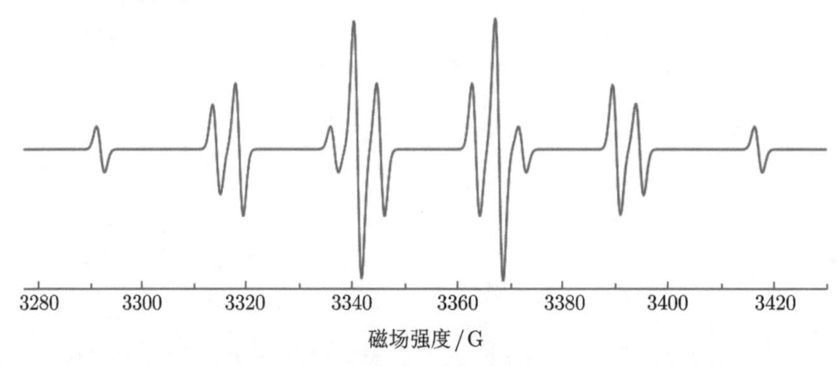

图 3.2.8　乙基自由基 ($\cdot CH_2CH_3$) 的模拟谱 (9.4 GHz)，参数见表 3.2.2

图 3.2.9 显示了几种同分异构或接近同分异构的 σ 和 π 自由基的 EPR 模拟谱，供读者学习和认真思考 EPR 归属过程的奥秘与重要性，差之毫厘，谬以千里。

注：为了便于对等性磁性核种类和数量的分析，EPR 测试参数设置的准确性就变得非常重要，如微波功率不能超过半饱和 $P_{1/2}$、调制幅度要等于或小于最小 $A_{\rm iso}$ 的 1/5、延长扫描时间防止快速扫描导致的谱图畸变、多次累加提高信噪比 S/N、调低调制频率等，详见 2.3.2 节。否则，很容易因为错误参数引起谱图展宽而发生遗漏，最终导致 EPR 信号的错误归属和结论。

3.2.10　碳族其他元素的自由基

碳族元素有 C、Si、Ge、Sn、Pb 共五种元素。

Si 中心自由基与上述的 C 中心自由基的情况类似 (表 3.2.6)，常用 t-BuO˙ 拔氢或者 γ 射线辐照硅烷诱导生成。与 ^{13}C 相比，硅烷自由基因 ^{29}Si(4.6832%，

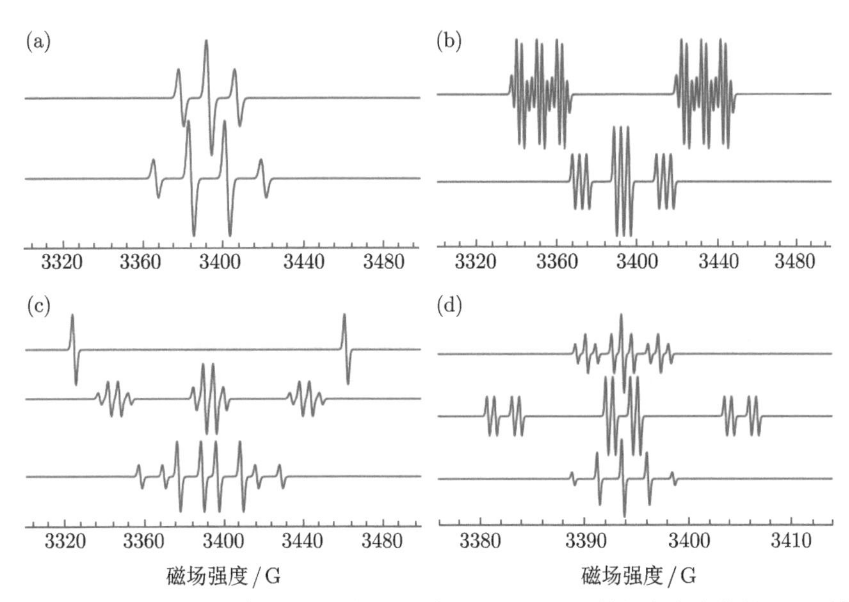

图 3.2.9 (a) 甲醇、(b) 乙腈、(c) 乙醇、(d) 邻/间/对苯二酚等衍生自由基的 EPR 模拟谱。图 (d) 为半醌自由基，参数见图 3.3.5。读者请留意图 (a)～(c)(σ 自由基) 与图 (d)(π 自由基) 横轴范围的差异

天然丰度) 磁旋比 $g_{^{29}\mathrm{Si}}$ 小于零 (−1.11058)，相应地，$A_{\mathrm{iso}}< 0$(式 (3.1.4))。实际上，^{29}Si 的 $|A_{\mathrm{iso}}|$ 都比较大，而 H_α 的 A_{iso} 明显小于相应的烷基自由基 (表 3.2.2)。这表明 Si 中心原子呈棱锥形结构，形成 Si-3p_z-AO 的自旋构型，g_{iso} 范围约是 2.0031 ～2.0032，略大于 g_{e}。无定形硅的特征谱图，见图 7.4.14(b)。

表 3.2.6 部分硅烷自由基的 A_{iso}

自由基	结构	磁性核	A_{iso}/G
硅甲基	$\cdot\mathrm{Si\overset{\alpha}{H}_3}$	3 H_α	−7.96
		^{29}Si	−266
甲基硅甲基	$\cdot\mathrm{Si\overset{\alpha}{H}_2\overset{\beta}{C}H_3}$	2 H_α	−11.82
		3 H_β	+7.98
		^{29}Si	−181
二甲基硅甲基	$\cdot\mathrm{Si\overset{\alpha}{H}(\overset{\beta}{C}H_3)_2}$	1 H_α	−16.99
		6 H_β	+7.19
		^{29}Si	−183
三甲基硅甲基	$\cdot\mathrm{Si(\overset{\beta}{C}H_3)_3}$	9 H_β	+6.28
		^{29}Si	−181
三乙基硅甲基	$\cdot\mathrm{Si(\overset{\beta}{C}H_2\overset{\gamma}{C}H_3)_3}$	6 H_β	+5.69
		9 H_γ	1.6
三苯硅甲基	$\cdot\mathrm{SiPh_3}$	^{29}Si	−7.96

$Ge^{1+}(4s^24p^1)$ 和 $Ge^{3+}(4s^1)$ 均是不稳定的化合价，呈顺磁性。前者是各向异性的，后者是各向同性的，详见第 7 章。依此类推到 Sn、Pb 另外两个元素。

其他主族元素的有机自由基，核自旋 I 的波动较大。若含 n 个 $I \geqslant 1$ 的等性核，无法直接使用杨辉三角来直接描述。图 3.2.10 比较了 $I= 1/2$(如 ^{15}N)、1(如 ^{14}N)、3/2(如 ^{11}B) 三种不同核自旋的超精细分裂结构随着原子个数 n 由 1 至 4 的变化趋势。对于单个磁性核，自左向右，随着 I 增大，每个超精细分裂峰的强度迅速下降，其强度分别是 $I = 0$ 的 1/2、1/3、1/4、$\cdots$ 、$1/(2I+1)$。随着磁性核个数的增加，这种下降趋势更加显著，尤其是最外侧的超精细分裂峰，实验上会因强度变弱而无法分辨，或被测试人员所忽略，这会影响谱图的正确解析和自由基的客观归属。

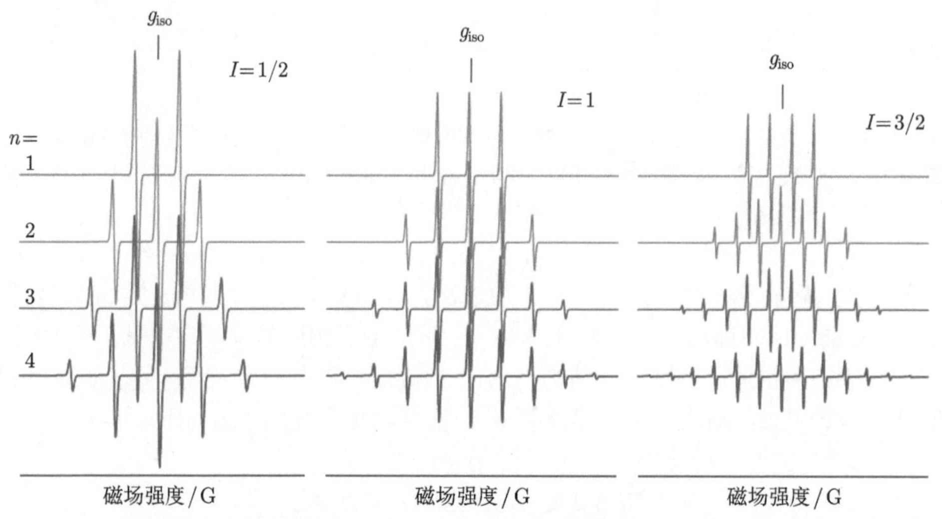

图 3.2.10　三个不同核自旋量子数 (I= 1/2，1，3/2) 的超精细分裂结构 ($2nI$+1) 随着原子个数 n 由 1 至 4 的变化趋势

3.2.11　理论计算和分子轨道理论

对于结构较为简单的有机自由基，可根据一些经验公式或分子轨道理论，作简要计算。以 $\cdot CH_3$ 为核心模型，即以 sp^2 杂化并与另外三个原子形成 σ 键的碳中心 $\cdot CX_i$(X 是任意相邻原子，$i= 1, 2, 3$) 自由基，中心碳原子 (^{13}C) 的超精细耦合常数 $A_{^{13}C}$ 有如下形式 (为了公式表达，将元素符号 C 作为上标，如 A^C)[1]：

$$A^{\mathrm{C}} = \left(S^{\mathrm{C}} + \sum_{i=1}^{3} Q_{\mathrm{CX}_i}^{\mathrm{C}}\right)\rho^{\pi} + \sum_{i=1}^{3} Q_{\mathrm{X}_i\mathrm{C}}^{\mathrm{C}}\rho_i^{\pi} \tag{3.2.11}$$

其中，ρ^{π} 和 ρ_i^{π} 分别是 π 电子在 C 和 X_i 原子的自旋密度。对于中心碳原子，S^{C} 是 1s 电子自旋极化的贡献，是负值；三个 $Q_{CX_i}^{C}$ 是 2s 电子对三个 C—X_i 键的极化自旋密度，是个正值。相邻原子 X_i 对 C 原子自旋密度的影响是 $Q_{X_iC}^{C}$。将上式用于计算 $^{13}CHC'_2$ 平面模型所得的结果分别是：$S^{C}=-12.7$，$Q_{CH}^{C}=19.5$ G，$Q_{CC'}^{C}=14.4$ G，$Q_{C'C}^{C}=-13.9$ G。注意，$\left|Q_{CC'}^{C}\right|$ 不一定等于 $\left|Q_{C'C}^{C}\right|$。这些理论值，可广泛应用于相应自由基的分析。

π 自由基中相应位点第 i 个原子 (如 ^{1}H、^{13}C、^{14}N、^{17}O、^{19}F、^{31}P 等) 的 A_i，可粗略地应用休克尔分子轨道理论 (Hückel molecular orbital theory，HMO) 和 McConnell 经验公式，

$$A_i = Q\rho_i \tag{3.2.12}$$

其中，ρ_i 是第 i 个原子所携带的自旋密度，Q 是一个常数，详见 3.4.1.1 节。

以上这两个理论推导，只适用于平面结构的共轭自由基，虽然粗糙，但也能够较好地反映真实情况。当存在诱导效应、p-π 共轭、自旋极化等电子相互作用时，这两种理论就无法有效地说明问题，尤其是无法解析 σ 自由基的电子结构。按照归一化要求，一个自由基分子内，自旋密度的代数和为 1。所以，分子中某个原子上的自旋密度为“正”，那么其他相应位置的自旋密度必须为“负”，如甲基自由基和乙基自由基 (3.2.3 节和 3.2.4 节)。HMO 只能给出正自旋密度，也不能预测 $A_i \geqslant 20$ G 的情形；McConnell 经验公式则可以给出负自旋密度。

3.3 杂原子自由基

有机化学中，C 和 H 以外的原子，统称为杂原子 (部分氟代烃已在 3.2.5 节中提到)，如碳族 (Si、Ge)、硼族 (B、Al、Ga)、氮族 (N、P)、氧族 (O、S、Se)、卤素 (F、Cl、Br、I) 等。杂原子自由基，自由基可分布在碳原子上，也可分布在杂原子上，有单核、双核、三个以上的多核中心，或共轭的 π 结构。氮族和氧族原子，核外电子超过半满，分别含有一个和二个孤电子对。孤电子对的存在会形成不等性的 sp 轨道杂化，容易形成棱锥形结构，如图 3.3.1 所示。孤对电子的亲核性，使其容易受到微环境 (如酸碱性和质子化、极性和非极性溶剂等) 的影响。因此，对于这一类自由基，请读者切记不可生搬硬套。

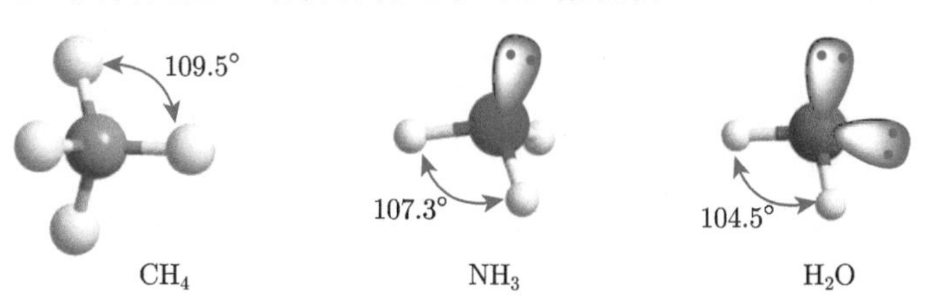

图 3.3.1 sp^3 杂化的 CH_4、NH_3 和 H_2O 的几何结构示意图

一般地，氮族和氧族中心自由基的 g_{iso} 均略大于碳族中心的自由基。这些杂原子中心或配位的自由基，需牢记各个元素主要同位素核自旋 I 的大小：

(1) 第 ⅢA 族——硼族，^{10}B(I= 3,19.9%),^{11}B(I= 3/2,80.1%),^{27}Al(I= 5/2，100%)，^{69}Ga(I= 3/2，60.108%) 和 ^{71}Ga(I= 3/2，39.892%)。

(2) 第 VA 族——氮族,^{14}N(I= 1,99.632%),^{31}P(I= 1/2,100%),^{75}As(I= 3/2，100%)。

(3) 第 ⅦA 族——卤素，^{19}F(I= 1/2，100%)，^{35}Cl(I= 3/2，75.78%) 和 ^{37}Cl(I= 3/2,24.22%),^{79}Br(I= 3/2,50.69%) 和 ^{81}Br(I= 3/2,49.31%),^{127}I(I = 5/2，100%)。

(4) 碳族 (第 ⅣA 族) 和氧族 (第 ⅥA 族) 元素的磁性同位素的天然丰度都非常小，所引起的超精细分裂难以在谱图中体现出来。如果 σ 自由基中心分别是由这两族元素组成，那么需要基于 g_{iso} 和相邻磁性核的超精细分裂，才能作准确归属；否则，需要使用同位素标记，如 ^{13}C(I= 1/2，1.07%)、^{29}Si(I= 1/2，4.6832%)、^{17}O(I= 5/2，0.038%)、^{33}S(I= 3/2，0.76%) 等。

在本节中，含杂原子的共轭自由基并不加区分对待，而是放在一起进行比较。许多含有杂原子的自由基，如酚 (酪氨酸)、半醌和醌 (质醌、泛醌、维生素 K 等) 等，作为天然抗氧化剂或电子递体，参与生物体内如呼吸或光合电子传递链、转移酶和氧化还原酶等生物催化过程中的电子传递，详见 8.1 节。

3.3.1 N 中心自由基

元素 N 有两种稳定同位素，^{14}N (I = 1，$g_{^{14}N}$ = +0.403761，99.632%) 和 ^{15}N (I = 1/2，$g_{^{15}N}$= −0.56637768，0.368%)，$g_{^{15}N}/g_{^{14}N} \sim 1.4$。天然丰度 ^{15}N 超精细分裂，除了富勒烯 N@ C_{60} 外，在普通自由基中均无法被解析。^{15}N 经常被应用于同位素示踪，因为不论核自旋量子数 I 还是磁旋比 $g_{^{15}N}$，都和 ^{14}N 有显著差异。

腈 (RCN) 衍生的部分自由基，参考文献 [2, 3]。

3.3.1.1 中性氮基自由基

1. σ 自由基

N 原子核外电子排布是 $1s^2 2s^2 2p^3$，在化合物中呈不等性杂化，如 NH_3 分子是一个 C_{3v} 对称的棱锥形结构 (图 3.3.1)。一个 N—H 键均裂后所形成的 $\cdot NH_2$ 自由基，是一个轴对称的平面结构：三个 sp^2 杂化轨道中，有两个分别与质子形成 σ(N—H) 键，第三个杂化轨道被孤对电子所占据，未配对电子占据与该平面垂直的 $2p_z$ 轨道。因此，$\cdot NH_2$ 的电子结构基本上和 $\cdot CH_3$ 等价。孤对电子所具有的亲核性和碱性等极性特征，意味着随着环境极性的变化，这个轴对称的平面结构也会发生变化，故 N 中心自由基的理论分析远较 C 中心的复杂。$\cdot NH_2$ 自由基的特征超精细耦合常数受到 H—N—H 键角的影响，$A_{^{14}\mathrm{N}} \approx 10.3 \sim 15.2\,\mathrm{G}$ 和 $A_{\mathrm{H}\alpha} \approx -25.4 \sim -23.9\,\mathrm{G}$；$H_3N^{+\cdot}$ 阳离子自由基的参数，列于表 3.3.1 中。其他胺类自由基 $\cdot NR_2$(R：甲基、乙基等烃基)，$A_{^{14}\mathrm{N}} \approx 14 \sim 15\,\mathrm{G}$(乙烯亚氨基除外，$A_{^{14}\mathrm{N}} \sim 12.5\,\mathrm{G}$)，$A_{^{1}\mathrm{H}\beta}$ 的变化范围比较大，约在 $+14 \sim +57\,\mathrm{G}$，这些特征值与乙基自由基的类似，由 $\cos^2\theta$ 决定，详见表 3.3.1。

氨基自由基的 g_{iso} 是 $2.0044 \sim 2.0048$。

表 3.3.1 部分氨基、磷基和氨基自由基的 A_{iso}(ax 和 eq 分别表示是直立键和平伏键)

自由基	结构	磁性核	A_{iso}/G
氨基	$\overset{\alpha}{H}_2N\cdot$	^{14}N	+15.2
		2 H_α	−25.4
氨基阳离子	$\overset{\alpha}{H}_3N^{+\cdot}$	^{14}N	+19.2
		3 H_α	−27.4
二甲氨基	$(\overset{\beta}{C}H_3)_2N\cdot$	^{14}N	+14.78
		6 H_β	+27.36
二甲氨基阳离子	$(\overset{\beta}{C}H_3)_2\overset{+\cdot}{N}\overset{\alpha}{H}$	^{14}N	+19.28
		1 H_α	−22.73
		6 H_β	+34.27
三甲氨基阳离子	$(\overset{\beta}{C}H_3)_3\overset{+\cdot}{N}$	^{14}N	+20.7
		9 H_β	+28.5
三乙氨基阳离子	$(CH_3\overset{\beta}{C}H_2)_3\overset{+\cdot}{N}$	^{14}N	+20.8
		6 H_β	+19
二异丙基氨基	$[(\overset{\gamma}{C}H_3)_2\overset{\beta}{C}H]_2\dot{N}$	^{14}N	+14.31
		2 H_β	+14.31
		12 H_γ	0.66
二异丙基磷基	$[(\overset{\gamma}{C}H_3)_2\overset{\beta}{C}H]_2\dot{P}$	^{31}P	+97
		2 H_β	+13
二苯基磷基	$Ph_2\dot{P}$	^{31}P	+78.7
二苯基磷酰基	$Ph_2\dot{P}{=}O$	^{31}P	+361.6
氮杂环丁烷	环状结构：$\overset{\beta}{C}H_2$，$\dot{N}$	^{14}N	+13.99
		4 H_β	+38.25
氮杂环丁烷	环状结构：$\overset{\beta}{C}H_2$，$\overset{+\cdot}{N}H$	^{14}N	+
		H_α	−22.7
		4 H_β	+54.1

续表

自由基	结构	磁性核	A_{iso}/G
四氢吡咯烷基		^{14}N	+14.3
		2 $H_{\beta(ax)}$	+54.2
		2 $H_{\beta(eq)}$	+27.1
四氢吡咯烷基阳离子		^{14}N	+20
		H_{α}	−24.5
		2 $H_{\beta(ax)}$	+70.5
		2 $H_{\beta(eq)}$	+34.0
吡咯烷基		^{14}N	−2.91
		$H_{2,5}$	−13.26
		$H_{3,4}$	−3.55
吡啶		^{14}N	+6.28
		$H_{2,6}$	−3.55
		$H_{3,5}$	+0.82
		H_4	−9.70
哒嗪		$^{14}N_{1,2}$	+5.90
		$H_{3,6}$	+0.16
		$H_{4,5}$	−6.47
嘧啶		$^{14}N_{1,3}$	+3.26
		H_2	+0.72
		$H_{4,6}$	−9.78
		H_5	+1.31
吡嗪		$^{14}N_{1,4}$	+7.18
		$H_{2,3,5,6}$	−2.64
吖啶		^{14}N	+6.28
		$H_{2,6}$	−3.55
		$H_{3,5}$	+0.82
		H_4	−9.70
DPPH		$^{14}N_1$	+9.74
		$^{14}N_2$	+7.95
		质子，略	

2. π 自由基

对于含一至多个氮原子的共轭自由基，由于自旋离域，$A_{^{14}N}$ 和 A_H 都普遍变小，且 g_{iso} 约是 2.0035 ~ 2.0038，略大于 π-烃基自由基 ($g_{iso} \approx 2.0025 \sim 2.0030$)。用于仪器 g 因子校对的二苯基苦酰肼基自由基 (DPPH) 粉末样品，$g_{iso} \approx 2.0036$

~2.0037，而且是单峰的。为什么？这是初学读者必须思考的问题。为什么 DPPH 的稀溶液和粉末样品的谱差别如此之大？除了表 3.3.1 所列，其他类似的共轭双核氮，还可参考文献 [4] 或数据库专著 V 等。

3.3.1.2 氨基阳离子自由基

NH_3 分子很稳定，很难离子化成氨基阳离子自由基 ($H_3N^{+\cdot}$)。若用 γ 射线辐照 NH_4ClO_4 时，可诱导 $H_3N^{+\cdot}$ 自由基的形成。然后，α-H 再被 1~3 个—R 取代衍生成各种氨基阳离子自由基，$g_{iso} \approx 2.0036 \sim 2.0038$。同样地，后者大多是光照诱导生成的氨基阳离子自由基 $R_3N^{+\cdot}$，与 NH_3 类似，都是棱锥形结构，像氟代烷基自由基那样向 σ 自由基结构转变。它们的 $A_{^{14}N}$ 和 $A_{H\beta}$，均大于氨基自由基 (表 3.3.1)，变化趋势与氟代烷基自由基类似。

3.3.1.3 N 中心自由基的谱图解析

^{14}N 的核自旋 $I = 1$，这造成氮中心自由基的 EPR 谱图较为复杂，参考图 3.2.7 中 ^{13}C 标记的甲基自由基。图 3.3.2 以三乙氨基阳离子自由基和 α-二亚氨自由基为代表，展示这一类自由基复杂的 EPR 谱。对于 $I \geqslant 1$ 的超精细分裂，不再遵循杨辉三角，因此，读者需要熟练掌握树状图的描述方式，才能准确解析 EPR 所反映的结构信息。表 3.3.1 同时展示了部分含有两个等性或不等性 N 原子的情况，三个或三个以上 N 的结构将更加复杂，见 3.3.9 节。在多个 N 核中，倘若存在某一个 ^{14}N 的 $A_{^{14}N} = nA_H(n= 1, 2, 3, \cdots)$，即呈倍数关系或接近倍数关系，那么谱图的超精细结构将变得复杂，读者需要学会模拟，才能体会其中的奥妙。

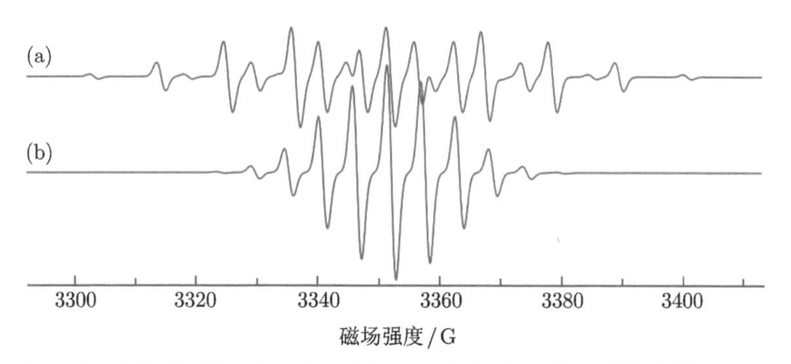

图 3.3.2 (a) 三乙氨基阳离子自由基；(b) α-二亚氨自由基。模拟参数，$g_{iso} \sim 2.0036$，9.4 GHz。(a) $A_{^{14}N} = 30.98$ MHz，$A_{H\beta} = 43.69$ MHz[5]；(b) $A_{^{14}N} = A_H = 5.58$ G [6]

3.3.2 O/S 中心的醚/硫醚自由基

第六主族氧族元素的 O 和 S 等，大量同位素核自旋 $I = 0$，不会引起 EPR 谱的超精细分裂，除非使用 ^{17}O、^{33}S 等同位素标记。$^{17}O(0.038\%)$ 的磁旋比 $g_{^{17}O} =$

-1.11058，小于零，相应地，$A_{iso}<0$(式 (3.1.4))。在此，暂不考虑氧空位 V_O、超氧阴/阳离子 ($O_2^{-\cdot}$、$O_2^{+\cdot}$)、O^- 等无机结构中心，详见 4.2 节。

最简单的含氧自由基是羟基自由基 HO·(各向异性部分，详见 4.3.3 节) 和水阳离子自由基 $H_2O^{+\cdot}$，电子结构分别与 $H_2N\cdot$ 和 $H^3N^{+\cdot}$ 等价，但是孤电子对由一个变成了两个。这两个自由基中，孤电子对和氢键均对周围环境的变化比较敏感，所以 $A_{H\alpha}$ 和 g_{iso} 都会随着 pH 的变化而变化。当 H_α 被烃基—R 取代时，衍生成醇、醚、环醚、醛、酮、酚、醌/半醌等各类含氧自由基 (表 3.3.2)。若—R 取代 HO· 的质子，则衍生成烷氧/烃氧自由基 RO·，如甲氧自由基 $\cdot OCH_3$。若—R 取代 $H_2O^{+\cdot}$ 的一个质子，则形成醇阳离子自由基 $RHO^{+\cdot}$；如果两个质子都被—R 所取代，将形成醚阳离子自由基 $R_1R_2O^{+\cdot}$。

水和甲醚自由基的 g_{iso} 分别是 2.0093 和 2.0085，硫醚自由基的 g_{iso} 在 $2.014\sim2.019$ 之间，硒醚自由基尚未见报道，预计其 $g_{iso}\sim2.04$ 或更大 (见 3.3.6 节)。一般地，同主族元素自上而下，C—O、C—S、C—Se 键的稳定性逐渐下降，故 g_{iso} 逐渐增大。

表 3.3.2 部分 O 和 S 中心的水和醚自由基的 A_{iso}(注意 β-H 的 A_{iso} 变化规律)

自由基	结构	磁性核	A_{iso}/G
羟基	$\cdot O\overset{\alpha}{H}$	H_α	−25.5
		^{17}O	
水	$\overset{\alpha}{H_2}O^{+\cdot}$	$2\ H_\alpha$	−26.3
		^{17}O	+39.8
甲醚	$(\overset{\beta}{C}H_3)_2O^{+\cdot}$	$6\ H_\beta$	+43
二甲硫醚	$(\overset{\beta}{C}H_3)_2S^{+\cdot}$	$6\ H_\beta$	+20.4
乙醚	$(CH_3\overset{\beta}{C}H_2)_2O^{+\cdot}$	$4\ H_\beta$	+68.7
环氧丙烷	环状结构：$^\beta H_2C$、$^\gamma H_2C$、$O^{+\cdot}$	$4\ H_\beta$	+64
		$2\ H_\gamma$	+11
环硫丙烷	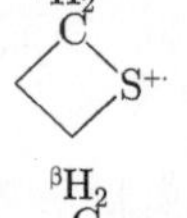 环状结构：$^\beta H_2C$、$S^{+\cdot}$	$4\ H_\beta$	+31.1
四氢呋喃	环状结构：$^\beta H_2C$、$O^{+\cdot}$	$2\ H_{\beta(ax)}$	+89
		$2\ H_{\beta(eq)}$	+40
四氢吡喃	环状结构：$\overset{\gamma}{H_2C}-\overset{\beta}{CH_2}$、$O^{+\cdot}$	$2\ H_{\beta(ax)}$	+34.5
		$2\ H_{\beta(eq)}$	+14
		$2\ H_{\gamma(ax)}$	11
		$2\ H_{\gamma(eq)}$	3

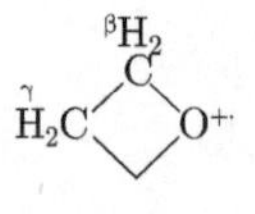

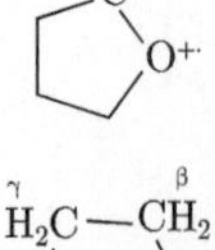

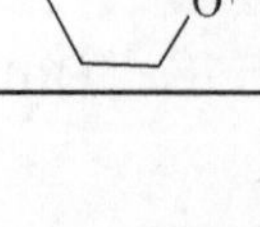

续表

自由基	结构	磁性核	A_{iso}/G
苯磺酸自由基	(苯环，位置 2–6，$\dot{S}O_2$)	^{33}S	+83.2
		$H_{2,6}$	−1.06
		$H_{3,5}$	+0.33
		H_4	−0.50

3.3.3 O 中心的烷基酰/酮自由基

羰基>C═O 既能形成 C 中心的自由基，也能形成 O 中心的自由基。前者属于 3.2 节的烃基自由基，后者是本节展开介绍的对象。

3.3.3.1 阴离子自由基

羰基>C═O 是吸电基团，碳和氧都是 sp^2 杂化。碳原子的一个杂化轨道与氧原子形成 σ 键，未杂化的 $2p_z$ 和氧原子的 $2p_z$ 轨道相互重叠形成 π 键 (bonding π*-MO)，$c_C\phi_C+c_O\phi_O$(ϕ 表示碳原子和氧原子的 $2p_z$ 轨道)。在碳氧双键中，因氧原子的电负性较碳原子大，羰基上的 π 电子云偏向于氧原子一侧，即 $c_C<c_O$，使碳原子带部分正电荷，氧原子带部分负电荷，如图 3.3.3 所示，即氧原子的贡献大于碳原子，呈> C^+—O^-。注: 在 CO 分子中，电荷分布呈 C^-—O^+，详见潘道皑等编著的《物质结构》。对于反键 π* 轨道 (anti-bonding π*-MO)，$c_C\phi_C-c_O\phi_O$，情形刚好相反，碳原子的贡献大于氧原子，即 $c_C>c_O$。在羰基接受一个电子时，未配对电子分布于反键 π* 键中，从而形成酮阴离子自由基 (ketyl anion)，即>C˙—O^-，实际上等效于碳中心自由基。

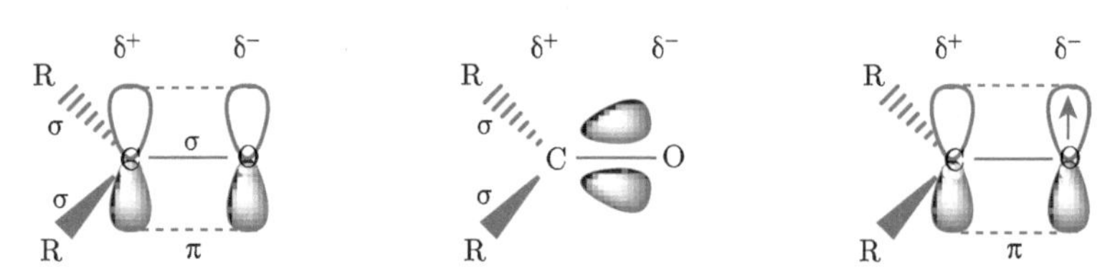

图 3.3.3 羰基和酮阴离子自由基的几何结构和电子结构

诱导酮阴离子自由基>C˙—O^- 的反应是金属钾加光照一起还原，或在酸性条件下用 t-BuO˙ 自由基作拔氢反应，

$$R^1R^2CHOH \xrightarrow{t\text{-Bu}\dot{O}} R^1R^2\dot{C}\text{—OH} \xrightarrow{HO^-} R^1R^2\dot{C}\text{—}O^-$$

显然，>C˙−O^- 的共轭酸自由基是>C˙—OH，即羟化烷基自由基 (hydroxyalkyl radical)，因此，pH 影响着自由基的 g_{iso} 和 A_{iso}，如表 3.3.3 所列。

除了甲醛 (H_2C˙—O^-，$g_{iso}=2.0039$)，其他>C˙−O 酮基自由基的 g_{iso} 约是 $2.0032\sim2.0036$，略大于其共轭酸自由基——羟化烷基自由基的 $2.003\sim2.0033$。

表 3.3.3　部分酮阴离子自由基及其共轭酸自由基的 A_{iso}(注意 β-H 的变化规律)

自由基	结构	磁性核	碱/酸 A_{iso}/G
甲醛	$\overset{\alpha}{H}_2\dot{C}$—O⁻/ $\overset{\alpha}{H}_2\dot{C}$—OH	2 H_α	−14.02/−17.27
		H(O)	−/1.11
		^{13}C	+37.7/ + 47.37
乙醛或甲基酮	$(\overset{\beta}{C}H_3)\overset{\alpha}{H}\dot{C}$—O⁻/$(\overset{\beta}{C}H_3)\overset{\alpha}{H}\dot{C}$—OH	1 H_α	−12.05/−15.24
		3 H_β	+19.85/ + 22.11
		H(O)	−/2.7
丙醛	$(\overset{\gamma}{C}H_3\overset{\beta}{C}H_2)\overset{\alpha}{H}\dot{C}$—O⁻/$(\overset{\gamma}{C}H_3\ \overset{\beta}{C}H_2)\overset{\alpha}{H}\dot{C}$—OH	1 H_α	−11.72/−14.94
		2 H_β	+20.99/ + 21.14
		6 H_γ	0.4/0.32
丙酮	$(\overset{\beta}{C}H_3)_2\dot{C}$—O⁻/$(\overset{\beta}{C}H_3)_2\dot{C}$—OH	6 H_β	+16.9/ + 19.62
		^{13}C	+52.2/ + 65
二乙基酮	$(CH_3\overset{\beta}{C}H_2)_2\dot{C}$—O⁻/$(CH_3\overset{\beta}{C}H_2)_2\dot{C}$—OH	4 H_β	+14.3/ + 16.75
环戊酮	${}^{\gamma}H_2C$, ${}^{\beta}H_2C$ 环 $\dot{C}$—O⁻/ ${}^{\gamma}H_2C$, ${}^{\beta}H_2C$ 环 $\dot{C}$—OH	4 H_β	+26.3/ + 28.0
		4 H_γ	< 0.2/0.32
环己酮	环 ${}^{\beta}CH_2$ $\dot{C}$ − O⁻/ 环 ${}^{\beta}CH_2$ $\dot{C}$ − OH	2 $H_{\beta(ax)}$	+32.9/ + 35.5
		2 $H_{\beta(eq)}$	+8.4/10.1

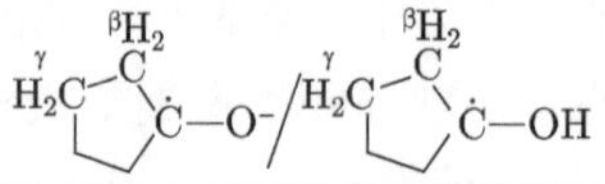

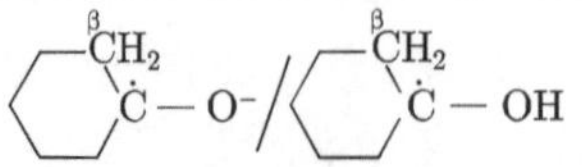

3.3.3.2　中性和阳离子自由基

图 3.3.4 所示的四种自由基，均含有 11 个电子：前两种是 C 中心，第三、第四种分别是 N 和 O 中心，代表性结构是 $R^1R^2C{=}C^{\cdot}R^3$、O=C˙R、$R^1R^2C{=}N\cdot$、$R^1R^2C{=}O^{\cdot+}$。乙烯自由基上的亚甲基—CH_2 被—O 所取代时形成甲酰基自由基，中心基团—˙CH 被—N 或—O 取代分别形成亚甲氨基和甲醛阳离子自由基。结构上，携带未配对电子的轨道与双键共平面，可视为 σ 自由基，体现在 H_α 和 H_β 的 A_{iso} 大小之别。所不同的是，第一、第二种自由基均有 s 轨道贡献于 sp^n 杂化，第三、第四种自由基的 SOMO 都是 p 轨道构成的。在第二种自由基——甲酰基自由基中，s 轨道对 SOMO 的贡献是 +131.75 G/+507.6 G ≈ 0.26。较大的 $A_{H\beta}$，源自>C_α=X·(X· = HC·、N·、$O^{+\cdot}$) 双键所具有的超共轭作用，O 原子上的自旋密度需同位素 ^{17}O 示踪。

部分常见中性自由基和阳离子自由基的 A_{iso}，列于表 3.3.4 中。

烯类自由基和氨基自由基的 g_{iso} 分别是 ~2.0021 和 ~2.0029，甲酰基的是 ~2.0029，其他醛基和酮基自由基的是 2.003~2.005。

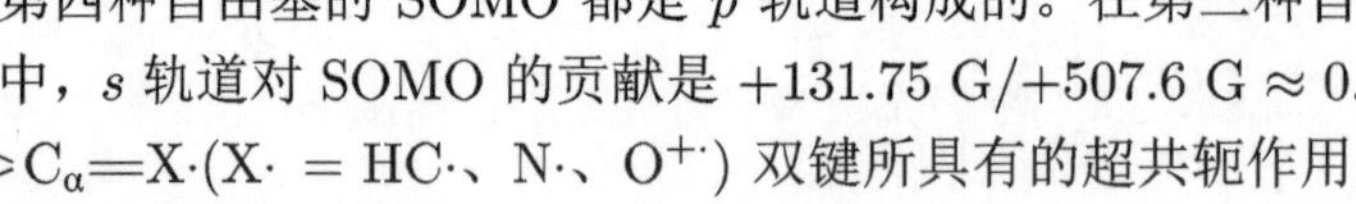

图 3.3.4　乙烯基、甲酰基、甲亚氨基、甲醛阳离子等四种不同自由基的结构

表 3.3.4 部分含双键的中性和阳离子自由基的 A_{iso}

自由基	结构	磁性核	A_{iso}/G
乙烯基	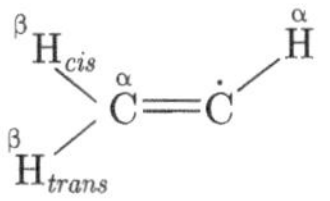 $(H_{cis}^{\beta})(H_{trans}^{\beta})\overset{\alpha}{C}=\dot{C}\overset{\alpha}{H}$	1 H_α 1 $H_{\beta(cis)}$ 1 $H_{\beta(trans)}$ $^{13}C^{\cdot}$ $^{13}C_\alpha$	+13.3 +68.5 +34.2 +107.6 −85.5
甲基乙烯基	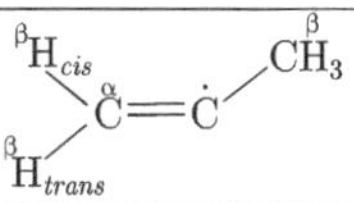 $(H_{cis}^{\beta})(H_{trans}^{\beta})\overset{\alpha}{C}=\dot{C}\overset{\beta}{C}H_3$	3 H_β 1 $H_{\beta(cis)}$ 1 $H_{\beta(trans)}$	+32.92 +57.89 +19.48
甲酸基	$O=\dot{C}\overset{\alpha}{H}$	H_α ^{17}O ^{13}C	+131.75 −15.1 +133.9
乙酸基	$O=\dot{C}C\overset{\beta}{H}_3$	3 H_β	+4.0
甲亚氨基	$\dot{N}=C\overset{\beta}{H}_2$	2 H_β ^{14}N	+85.2 +9.8
乙亚氨基	$\dot{N}=C\overset{\beta}{H}C\overset{\gamma}{H}_3$	1 H_β 3 H_γ ^{14}N	+81.98 +2.49 +10.2 14.0
异丙亚氨基	$\dot{N}=C(C\overset{\gamma}{H}_3)_2$	6 H_γ ^{14}N	+9.6
苯甲亚氨基	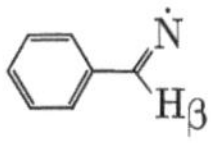 $C_6H_5C(=\dot{N})H_\beta$	^{14}N H_β	13.3 +78
二苯甲亚氨基	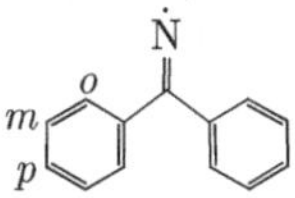 $(C_6H_5)_2C=\dot{N}$ (o, m, p)	^{14}N 4 H_o,4 H_m 2 H_p	+10 +0.37 < 0.2
甲醛阳离子	$\overset{\beta}{H}_2C=O^{+\cdot}$	2 H_β	+90.3
乙醛阳离子	$H_3C\overset{\beta}{H}C=O^{+\cdot}$	1 H_β	+136.5
正丙醛阳离子	$\overset{\delta}{H}_3CH_2C\overset{\beta}{H}C=O^{+\cdot}$	1 H_β 1 H_δ	+135 +12.5
异丁醛阳离子	$(\overset{\delta}{H}_3C)_2HC\overset{\beta}{H}C=O^{+\cdot}$	1 H_β 6 H_δ	+120.3 +20.4
丙酮阳离子	$(\overset{\gamma}{H}_3\overset{\beta}{C})_2C=O^{+\cdot}$	1 H_γ 2 $^{13}C_\beta$	+1.5 15.3
环己酮阳离子	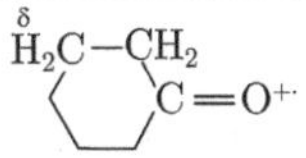 $\overset{\delta}{H}_2C-CH_2$, $C=O^{+\cdot}$（环）	2 $H_{eq}\gamma$	+27.5

3.3.4 烷氧、酚、醌和半醌自由基

对于 $\cdot OCH_3$、$\cdot OCH_2CH_3$ 等烷氧自由基 (或烃氧自由基)，超精细分裂主要由 H_α 和 H_β 所引起，这与烃类自由基的类似，差别是自由基中心原子由 C 原子移到 O 原子上，导致电子结构存在明显差异。醇钠是有机强碱，碱性强于 NaOH、

KOH 等苛性碱，因此，这一类自由基化学性质活泼，需要在较为惰性的环境中才能积累到可探测的浓度，否则就容易发生自我二聚反应生成过氧化物而被消耗，如叔丁氧自由基形成二叔丁基过氧化物的二聚反应是 $2(H_3C)_3CO\cdot \longrightarrow (H_3C)_3COOC(CH_3)_3$。

酚、半醌和醌自由基都涉及 p-π 共轭，若苯环还连接第一类定位基 (给电基团，如—O^-，—NR_2，—NH_2，—OH，—OR，—Ar，—X 等，与苯环连接的原子是饱和的且多数带有孤对电子或携带负电荷，是活化基团) 或第二类定位基 (吸电基团，如—NH_3^+，—NO_2，—CN，—CX_3，—SO_3H，—CHO，—COOH，—$COOCH_3$ 等，与苯环连接的原子是不饱和的或者携带正电荷，是钝化基团)，那么自旋极化效果更是千差万别了。图 3.3.5 示意了苯、甲苯、苯酚、硝基苯、苯甲腈、邻/间/对二甲苯、邻/间/对苯二酚、邻/间/对二硝基苯、邻/间/对苯二甲腈等阴、阳自由基的电子结构 (同时参考 3.2.7 节)。对甲基苯酚自由基 (图 8.1.7)、对氨基苯酚自由基等，请参考 8.1.3 节或文献 [7-9]。

3.3.5　P 和 S 中心自由基

较稳定的 P 中心自由基如 $R^1R^2P\cdot$ 鲜见，相关报道也很少，常需使用自旋捕获技术才能开展相关研究，部分代表性的 P 中心自由基，列于表 3.3.1 中。^{31}P(天然丰度 100%) 的核自旋 $I = 1/2$，相当于引入一个不等性质子，A_{iso} 一般大于 α-/β-H，谱图解析与烃类自由基类似。与富勒烯 C_{60} 相连的磷酯中心自由基，^{31}P 的 A_{iso} 也比较大 [10]。以二异丙基氨基和二异丙基磷基两个相似自由基为例，自由基中心原子的 A_{iso} 比，$\dfrac{A_{^{31}P}}{A_{^{14}N}} = \dfrac{+97}{+14.31} \approx 6.8$，接近于旋磁比的比值，$\dfrac{g_{^{31}P}}{g_{^{14}N}} = \dfrac{2.2632}{0.403761} \approx 5.6$，这表明二者的电子结构是相似的，主要由自旋布居为 +1 的 P-$3p_z$ 和 N-$2p_z$ 轨道所贡献。

硫醇、硫酚、硫醚等化合物所含有的巯基—SH 或硫醚键 R—S—R 均比醇、酚的—OH 或醚键 R—O—R 活泼。相应地，它们的含硫自由基衍生物也非常活泼。元素 S 是第三周期元素，原子半径较大而电负性较小 (2.5)，外围电子是 $3s^23p^4$，当其与第一周期的 H 元素或第二周期的 C、N、O 等元素成键时匹配性较差，即 S 中心自由基处于较弱的配体场。这造成巯基 RS· 自由基等 S 中心自由基的 g_{iso} 都比较大，约是 2.024~2.03，共轭二硫自由基 (S—S) 的 g_{iso} ≈2.01~2.02，而超精细耦合常数都比较小。比如，甲硫自由基 $\cdot SCH_3$ 中 $A_{H\beta} \sim 0.8$ G，在 EPR 谱显示不出这种超精细结构。

部分 S 中心自由基，列于表 3.3.2 中。

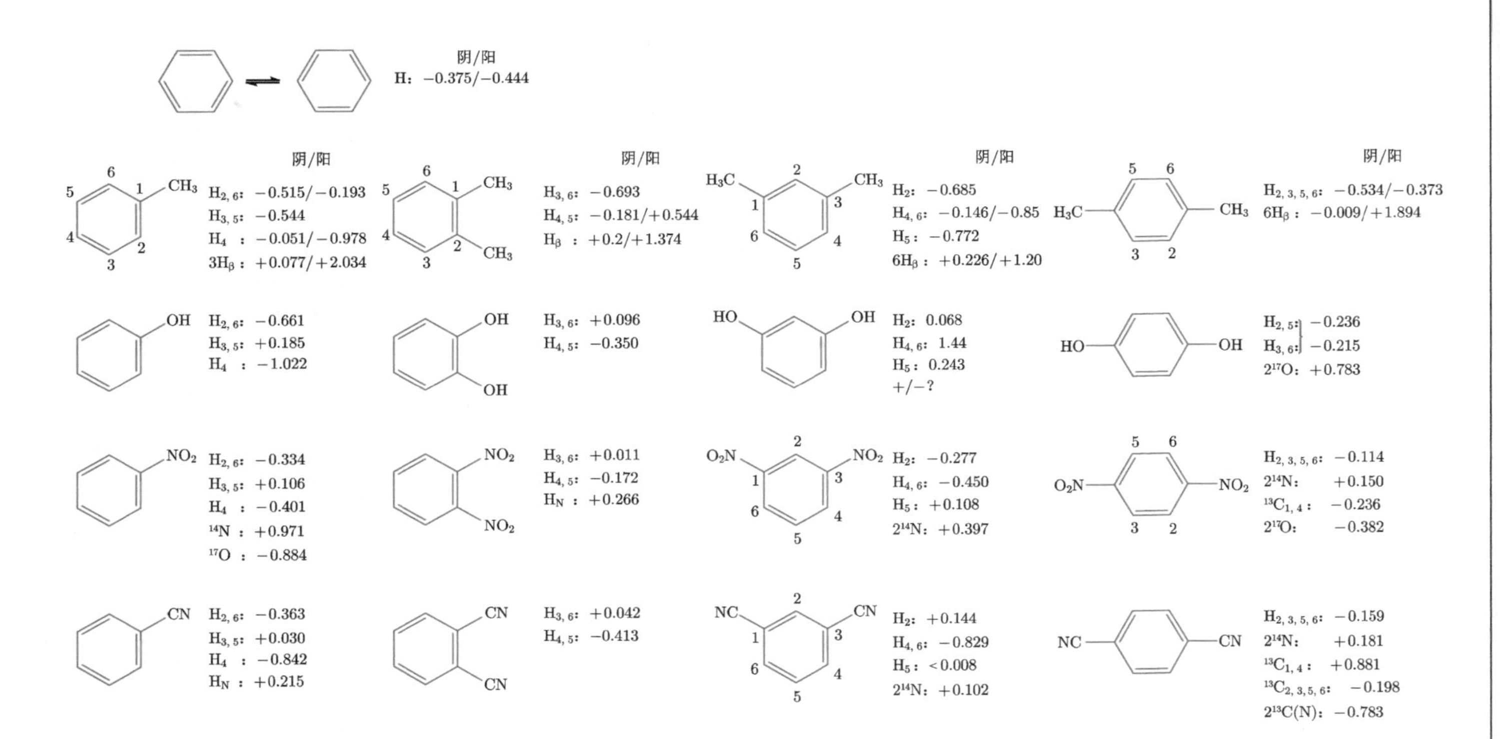

图 3.3.5 部分苯基衍生物所形成自由基的特征参数 A_{iso} (单位：mT)，参考图 8.1.7

3.3.6　部分双原子、三原子等多核中心的自由基

这一类自由基，泛指未配对电子定域于如 CC—、NN—、OO—、PP—、SS—、PO—、SO—、SO_2—、NO—、NO_2—等局部结构，其中 NO—和 NO_2—放在 3.4 节中。作为对比，芳香类、烯丙基和含杂原子的共轭自由基，都是多原子中心的自由基，未配对电子共轭离域于整个分子内。

CC-中心自由基　主要是烯烃阳离子自由基，如 2-顺/反丁烯阳离子。这一类自由基的 g_{iso} 约在 2.0025~2.0037 之间。

肼及衍生物的 N—N-中心自由基　肼 H_2N—NH_2(又称联氨)，通过拔氢反应或夺走孤电子对中的一个电子，可形成中性的 H_2N—$\dot{N}H$ 肼基自由基和 $H_2N^{+\cdot}$—NH_2 阳离子自由基；然后，质子再被烷基—R 取代形成 R^1R^2N—$\dot{N}R^3$ 和 $R^1R^2N^{+\cdot}$—NR^3R^4 自由基等，后者具有顺、反异构体。这一类自由基的 g_{iso} 约是 2.0032~ 2.0038。注：在开链肼阳离子中，N—N 双原子间形成三电子 π 键，结构稳定；在环状肼阳离子中，N—N 双原子间形成三电子 σ 键，同样也非常稳定，类似结构还有 P—P、S—S、Se—Se、As—As 等三电子 σ 键。

PP-和 SS-中心自由基　这是一类阳离子自由基。实验上，先用金属氧化或者 γ 辐照叔膦 $R^1R^2R^3P$ 或硫醚 R^1R^2S 形成活泼中间产物，这些中间产物通过 P—P 和 S—S(σ) 键配对和重组，最终形成阳离子自由基，结构上与肼的 N—N 类似 (表 3.3.5)。在此类自由基中，P—P 或 S—S 间通过三电子 σ 键所连接。六甲基二磷基和四甲基二硫醚基自由基的 g_{iso} 分别是 2.005 和 2.0103，中心原子 P 的 $A_{^{31}P} = 482\,G$[11]。

二亚胺及衍生物的 N═N-中心自由基　二亚胺中的偶氮基—N═N—很容易获得一个电子，纳入反键轨道 π*-SOMO 中，形成 $HN{=}HN^{\cdot-}$ 阴离子自由基，这一类自由基相对比较稳定，g_{iso} 约在 2.0037~2.0042 之间。与之相应的阳离子自由基不稳定，以顺式构象为主，g_{iso} 约是 2.0022~2.0042，常用 γ 辐照诱导生成。

重氮中心的 N—NR^1R^2 中心自由基　这一类自由基往往具有 σ-或 π-两种异构体，因此 ^{14}N 的 A_{iso} 变化幅度比较大，约 7.5~26 G，取决于 N 原子的几何结构是平面的还是棱锥形的 (参考前文)，g_{iso} 约在 2.0022~2.0042 之间。σ-或 π-二苯重氮甲烷阳离子自由基的差异，见表 3.3.5。

ROO· 烷过氧自由基　烷基—R 可能是开链或环状结构，如 $CH_3COO\cdot$、$CH_3CH_2COO\cdot$、$(CH_3)_2COO\cdot$、$CH_3CH_2CH_2COO\cdot$、$(CH_3)_3COO\cdot$、环己过氧自由基等。这一类自由基的超精细分裂不明显，$|A_{H\beta}| < 5$ G，g_{iso} 约是 2.011~ 2.016，未配对电子占据着反键的 π* 轨道 (见 4.2.5 节)。若 ^{17}O 同位素标记，可检测—$CO^2O^1\cdot$ 中 ^{17}O 的超精细分裂常数，$A_{O1}\sim -21.8$ G 和 $A_{O2} \sim -16.4$ G(取负值，

因磁旋比 $g_{^{17}O}<0$)。此类自由基可由烷基自由基衍生而来，或γ辐照诱导，如 $R\cdot + O_2 \longrightarrow ROO\cdot$ [12, 13]。冷冻捕获的 t-BuOO· 自由基，具有与 $O_2^{-\cdot}$ 相似的特征 EPR 谱 (图 1.3.6)，$g_x \sim g_y = 2.007$，$g_z = 2.0354$[14]。

磷酰基 $R^1R^2P^\cdot{=}O$ 自由基 以二甲基磷酰自由基 $(CH_3)_2P^\cdot{=}O$ 为例，$A_{^{31}P}$=+373 G 和 $A_{H\beta} = +56$ G，$g_{iso} \sim 2.005$；相似结构的 $(CH_3)_2N{-}O^\cdot$，$A_{^{14}N} = 15.2$ G 和 $A_{H\beta} = +12.3$ G，$g_{iso}\sim 2.0055$，详见 3.4 节。其中，$A_{^{31}P}/A_{^{14}N} \approx 24.5$，三倍于 P-3$p_z$-AO 或 N-2$p_z$-AO 自旋极化间的比值。若令自旋布居为 +1，这比值表明 $(CH_3)_2P^\cdot{=}O$ 自由基中 P 原子呈棱锥形结构，而 $(CH_3)_2N{-}O^\cdot$ 中 N 原子呈平面结构。

亚磺酰基 $RS^\cdot{=}O$ 和磺酰基 $R^1R^2S^\cdot{-}O_2$ 自由基 较为常见的有 $CH_3S^\cdot{=}O$($A_{^{33}S} = +8$, $A_{H\beta} = +11.6$ G，$g_{iso} \sim 2.012$) 和 $CH_3S^\cdot O_2$($A_{H\beta} = +0.58$ G，$g_{iso} \sim 2.049$) 等。其中，$CH_3S^\cdot{=}O$ 的电子结构等与 $SO_2^{-\cdot}$ 等价，较小的 $A_{^{33}S}$ 表明—$S^\cdot{=}O$ 构象优于—$\ddot{S}{-}O\cdot$。而对于磷酰基自由基，是否存在 $R^1R^2P^\cdot{=}O$ 和 $R^1R^2\ddot{P}{-}O\cdot$ 两种构象的转变，目前还尚未见到实验报道。

表 3.3.5 部分双核中心的中性和阳离子自由基的 A_{iso}

自由基	结构	磁性核	A_{iso} /G
2-顺丁烯阳离子	$H_\alpha(H_3C^\beta)C\overset{+\cdot}{=}C(H)CH_3$	2 H_α 6 H_β	−9.0 +22.1
2-反丁烯阳离子	$H_\alpha(H_3C^\beta)C\overset{+\cdot}{=}C(CH_3)H$	2 H_α 6 H_β	−8.8 +23.4
2,3-二甲基-2-丁烯阳离子	$(H_3C)(H_3C^\beta)C\overset{+\cdot}{=}C(CH_3)_2$	12 H_β	+17.2
环戊烯	环戊烯阳离子（$^\gamma H_2$C, $^\beta CH_2$, H^α）	2 H_α 4 H_β 2 H_γ	−9.4 +47.3 7.0
肼基	$\overset{\alpha'}{H_2}\underset{2}{N}-\underset{1}{\dot{N}}\overset{\alpha}{H}$	$^{14}N_1$ $^{14}N_2$ H_α $H_{\alpha'}$ $H_{\alpha'}$	+11.7 +8.8 −16.3 −4.3 −1.6
肼基阳离子	$H_2N\overset{+\cdot}{-}N\overset{\alpha}{H}_2$	4 H_α 2 ^{14}N	−11.54 +11.6

续表

自由基	结构	磁性核	A_{iso} /G
二甲基肼基	$(C\overset{\beta}{H}_3)_2\underset{2}{N}—\underset{1}{\dot{N}}\overset{\alpha}{H}$	$^{14}N_1$ $^{14}N_2$ H_α 6 H_β	+9.58 +11.14 −13.78 −6.73 +16.05
二甲基肼基阳离子	$(C\overset{\beta}{H}_3)_2\underset{2}{N}\overset{+\cdot}{—}\underset{1}{N}\overset{\alpha}{H}_2$	$^{14}N_1$ $^{14}N_2$ 2 H_α 6 H_β	+16.05 +9.69 −6.91 +14.39
1-吡咯氨基	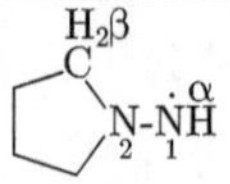 吡咯烷环（$H_2\beta$ C）$\underset{2}{N}$-$\underset{1}{\dot{N}}\overset{\alpha}{H}$	2 ^{14}N 1 H_α 4 H_β	+10.6 −13.4 +10.6
三苯肼基	$(Ph)_2\underset{2}{N}—\underset{1}{\dot{N}}Ph$	$^{14}N_1$ $^{14}N_2$	+9.05 +4.28
顺 1,2-二甲基肼基	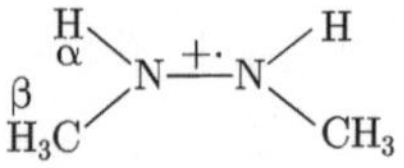 (α)H, (β)H_3C—N$\overset{+\cdot}{—}$N—H, CH_3	2 $^{14}N_2$ 2 H_α 6 H_β	+14.7 −10.8 +12.6
反 1,2-二甲基肼基	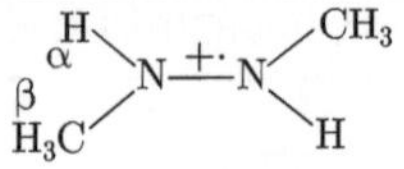 (α)H, (β)H_3C—N$\overset{+\cdot}{—}$N—CH_3, H	2 $^{14}N_2$ 2 H_α 6 H_β	+13.03 −9.77 +12.19
六甲基二磷基	$(\overset{\beta}{H}_3C)_3P\overset{+\cdot}{\underset{---}{—}}P(CH_3)_3$	2 ^{31}P 2 H_β	+482 ∼ +20
四甲基二硫醚基	$(\overset{\beta}{H}_3C)_2S\overset{+\cdot}{\underset{---}{—}}S(CH_3)_2$	2 H_β	+6.8
二乙基亚胺	$H_3C\overset{\beta}{H}_2CN\overset{-\cdot/+\cdot}{—}NCH_2CH_3$	2 ^{14}N 4 H_β	阴/阳离子 +7.75/ + 21 +12.8/+17.8
二异丙基亚胺	$(H_3C)_2\overset{\beta}{H}CN\overset{-\cdot/+\cdot}{—}NCH(CH_3)_2$	2 ^{14}N 2 H_β	阴/阳离子 +8.0/ + 20 +9.73/+ 16.0
π-二苯重氮甲烷	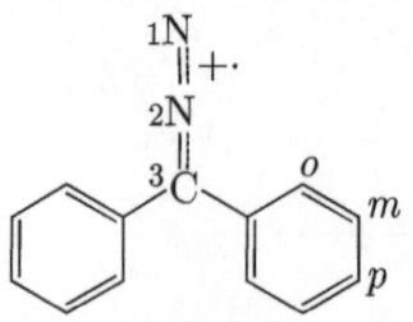 $_1N$=$_2N$ (+·)=$_3C(Ph)_2$（o, m, p）	$^{14}N_1$ $^{14}N_2$ 4 H_o 4 H_m 2 H_p $^{13}C_3$	+4.4 −3.3 −2.5 +1.0 −3.4 +11.3
σ-二苯重氮甲烷	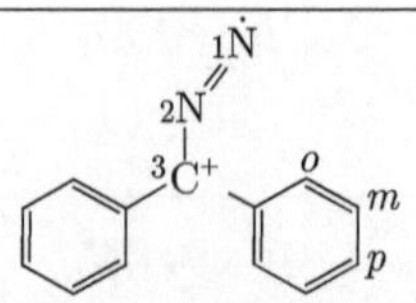 $_1\dot{N}$=$_2N$—$_3C^+(Ph)_2$（o, m, p）	$^{14}N_1$ $^{14}N_2$ 4 H_o, 4 H_m 2 H_p $^{13}C_3$	+10.1 +16.8 < 2 < 2 +33.5

3.3.7 共轭的杂环自由基

杂环化合物 (heterocyclic compounds) 是一大类非常重要的有机物，约占已知有机物的一半，参与许多化学和生物的反应过程。限于篇幅，在此选择一部分代表性的共轭杂环自由基，列于表 3.3.6 中，参考 3.3.9 节。吡啶及其衍生物自由基，请参考文献 [15]。

共轭离域，致使未配对电子离域于整个分子中，造成各个原子的 A_{iso} 都比较小。

表 3.3.6 部分共轭杂环中性和阳离子自由基的 A_{iso}，参考图 3.3.5

自由基	结构	磁性核	A_{iso}/G
吡咯自由基		^{14}N $H_{2,5}$ $H_{3,4}$	~ -2.91 ~ -13.26 ~ -3.55
吡咯阳离子		^{14}N H_1 $H_{2,5}$ $H_{3,4}$	~ -3.5 $\sim +1.0$ ~ -18 ~ -2.0
2,5-二甲基吡咯阳离子		^{14}N H_1 $H_{3,4}$ $6\ H_\beta$	~ -4.0 $\sim +0.9$ ~ -3.6 $\sim +16$
呋喃阳离子		$H_{2,5}$ $H_{3,4}$	-14.4 -3.8
2,5-二甲基呋喃阳离子		$H_{3,4}$ $6\ H_\beta$	-3.6 $+16.6$
噻吩阳离子		$H_{2,5}$ $H_{3,4}$	-11.8 -3.2
2,5-二甲基噻吩阳离子		$H_{3,4}$ $6\ H_\beta$	-3.1 $+17.0$
吡啶阴离子		^{14}N $H_{2,6}$ $H_{3,5}$ H_4	$+6.28$ -3.55 $+0.82$ -9.70

续表

自由基	结构	磁性核	A_{iso}/G
磷杂苯阴离子	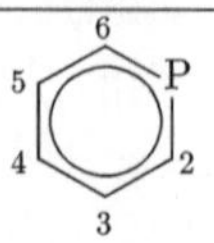	^{31}P	+35.6
		$H_{2,6}$	−3.7
		$H_{3,5}$	< 1.0
		H_4	−7.6
二氢吡嗪阳离子	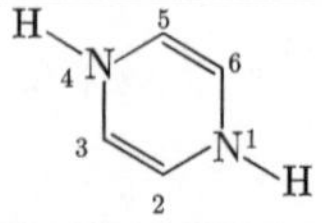	$^{14}N_{1,4}$	+7.40
		$H_{1,4}$	−7.94
		$H_{2,3,5,6}$	−3.13
二噻烯阳离子	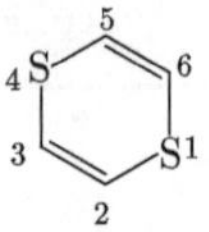	$^{33}S_{1,4}$	+9.84
		$H_{2,3,5,6}$	−2.82
苯胺自由基	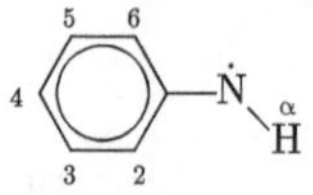	^{14}N	+7.95
		1 H_α	−12.94
		$H_{2,6}$	−6.18
		$H_{3,5}$	+2.01
		H_4	−8.22
硝酰基苯自由基	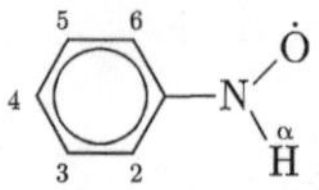	^{14}N	+9.75
		1 H_α	−12.75
		$H_{2,4,6}$	−3.0
		$H_{3,5}$	+1.0
亚硝基苯自由基	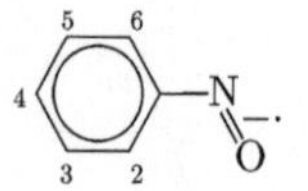	^{14}N	+8.34
		H_2	−4.11
		$H_{3,5}$	+1.03
		H_4	−3.91
		H_6	−3.02
硝基苯自由基	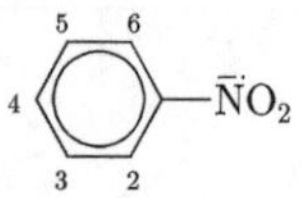	^{14}N	+9.71
		$H_{2,6}$	−3.34
		$H_{3,5}$	+1.06
		H_4	−4.01
邻硝基甲苯自由基	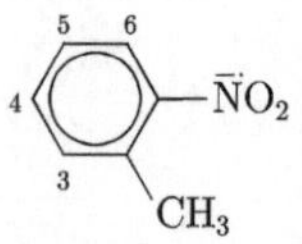	^{14}N	+10.19
		$H_{3,5}$	+1.06
		H_4	−3.87
		H_6	−3.37
		3 H_β	+3.24
间硝基甲苯自由基	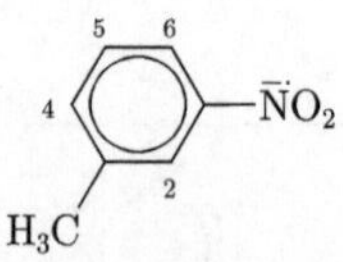	^{14}N	+10.7
		$H_{2,6}$	−3.39
		H_4	−3.84
		H_5	+1.09
		3 H_β	−1.09

续表

自由基	结构	磁性核	A_{iso}/G
对硝基甲苯自由基	$H_3C-C_6H_4-\dot{N}O_2$ (5, 6; 3, 2)	^{14}N	+10.4
		$H_{2,6}$	−3.4
		$H_{3,5}$	+1.1
		$3\ H_\beta$	+3.94
苯胺阳离子自由基	$C_6H_5-\dot{N}\overset{\alpha}{H}_2$ (5, 6; 3, 2)	^{14}N	+7.68
		$H_{2,6}$	−5.82
		$H_{3,5}$	+1.52
		H_4	−9.58
		$2\ H_\alpha$	−9.58
对苯二胺阳离子自由基	$H_2N-C_6H_4-\dot{N}\overset{\alpha}{H}_2$ (5, 6; 3, 2)	$2\ ^{14}N$	+5.29
		$H_{2,4,5,6}$	−2.13
		$4\ H_\alpha$	−5.88
4-硝基苯胺阳离子自由基	$\underset{i}{H_2N}-C_6H_4-\underset{j}{\dot{N}O_2}$ (5, 6; 3, 2)	$^{14}N_i$	+8.01
		$^{14}N_j$	+2.06
		$H_{2,6}$	−6.42
		$H_{3,5}$	+2.06
		$2\ H_\alpha$	+10.23
2-三氟甲基硝基苯阴离子自由基	$C_6H_4(\dot{N}O_2)(CF_3)$ (3, 4, 5, 6)	^{14}N	+7.67
		H_3	+0.87
		H_4	−4.36
		H_5	+1.26
		H_6	−3.06
		$3\ ^{19}F$	+9.64
3-三氟甲基硝基苯阴离子自由基	$C_6H_4(\dot{N}O_2)(CF_3)$; F_3C (2, 4, 5, 6)	^{14}N	+8.73
		$H_{2,6}$	−3.27
		H_4	−4.03
		H_5	+1.01
		$3\ ^{19}F$	−1.28
4-三氟甲基硝基苯阴离子自由基	$F_3C-C_6H_4-\dot{N}O_2$ (5, 6; 3, 2)	^{14}N	+7.6
		$H_{2,6}$	−3.13
		$H_{3,5}$	+0.84
		$3\ ^{19}F$	+9.05
对硝基苯酚阴离子	$HO-C_6H_4-\dot{N}O_2$ (5, 6; 3, 2)	^{14}N	+13.9
		$H_{2,6}$	−3.08
		$H_{3,5}$	+0.76
六甲基二磷基	$(\overset{\beta}{H_3}C)_3P \overset{+\cdot}{\text{---}} P(CH_3)_3$	$2\ ^{31}P$	+482
		$2\ H_\beta$	~ +20
四甲基二硫醚基	$(\overset{\beta}{H_3}C)_2S \overset{+\cdot}{\text{---}} S(CH_3)_2$	$2\ H_\beta$	+6.8
二乙基亚胺	$H_3C\overset{\beta}{H}_2CN \overset{-\cdot/+\cdot}{\text{---}} NCH_2CH_3$		阴/阳离子
		$2\ ^{14}N$	+7.75/+21
		$4\ H_\beta$	+12.8/17.8

续表

自由基	结构	磁性核	A_{iso}/G
二异丙基亚胺	$(H_3C)_2\overset{\beta}{H}CN \overset{-\cdot/+\cdot}{=\!=\!=} NCH(CH_3)_2$	$2\ ^{14}N$ $2\ H_\beta$	阴/阳离子 +8.0/ + 20 +9.73/+16.0
π-二苯重氮甲烷	(1N=2N=3C, +·，二苯基，标注 o, m, p)	$^{14}N_1$ $^{14}N_2$ $4\ H_o$ $4\ H_m$ $2\ H_p$ $^{13}C_3$	+4.4 −3.3 −2.5 +1.0 −3.4 +11.3
σ-二苯重氮甲烷	(1N·=2N−3C+，二苯基，标注 o, m, p)	$^{14}N_1$ $^{14}N_2$ $4\ H_o$, $4\ H_m$ $2\ H_p$ $^{13}C_3$	+10.1 +16.8 < 2 < 2 +33.5

3.3.8　B 或 Al 中心的有机自由基

有机硼化合物和有机铝化合物是非常重要的化合物。其中，有些化合物会衍变成含硼和含铝的有机自由基。硼原子外围电子排布为 $1s^22s^22p^1$。在含硼有机化合物中，硼原子以 sp^2 杂化形成三个 σ 键 ($R^1R^2R^3B$)，形成一个平面的结构；未杂化的、空置的 p_z 轨道，作为孤电子对的受体，易与含有未共用孤电子对的胺、膦等化合物形成配位。当三个 R 基团有一个不同或全部不同时，$R^1R^2R^3B$ 将转变成棱锥形结构。硼有两种稳定磁性同位素，^{10}B(19.9%，$I = 3$)、^{11}B(80.1%，$I = 3/2$)；在相同电子结构中，$\frac{A_{^{11}B}}{A_{^{10}B}} = \frac{g_{^{11}B}}{g_{^{10}B}} \approx 2.987$，可取近似值为 3，即在 EPR 谱中基本上只分析 ^{11}B 的 A 值，详见表 3.3.7。有机硼化合物可形成阴离子、中性、阳离子等自由基 [16]，因基团 R 的给/吸电能力、共轭与非共轭和孤电子对供体情况，$\Delta g(g_{iso} - g_e)$ 可大于零，也可小于零。中性和阳离子硼中心自由基的 $A_{^{11}B}$，明显小于阴离子自由基。

表 3.3.7　部分含硼自由基的 A_{iso}(后半部分自由基因名称过长而省略，见文献 [17-19])

自由基	结构	磁性核	A_{iso}/G
三苯甲基自由基	$Ph_3C\cdot$	^{13}C $3\ H_p$ $6\ H_m$ $6\ H_o$	+20.1 −2.86 +1.14 −2.61

续表

自由基	结构	磁性核	A_{iso}/G
三苯硼基自由基	$Ph_2\dot{B}$—Ph	^{11}B	7.84
		3 H_p	2.73
		6 H_m	0.67
		6 H_o	1.99
三均三苯硼基自由基	$Mes_2\dot{B}$—Mes	^{11}B	9.87
		3 H_p	1.10
		6 H_m	0.88
		6 H_o	1.98
三叔丁硼基自由基	$^tBu_2\dot{B}$—^tBu	^{11}B	38.5
二叔丁基，新戊基硼基自由基	$^tBu_2\dot{B}$—$\overset{\beta}{C}H_2{}^tBu$	^{11}B	34.6
		2 H_β	6.6
三新戊基硼基自由基	$(^tBuH_2C)_2\dot{B}$—$\overset{\beta}{C}H_2{}^tBu$	^{11}B	28.0
		2 H_β	8.0
	Me_3N—$\dot{B}\overset{\alpha}{H}_2$	^{11}B	51.3
		^{14}N	1.4
		2 H_α	9.6
		9 H_γ	1.4
	Me_3N—$\dot{B}\overset{\alpha}{D}_2$	^{11}B	51.2
		^{14}N	1.4
		2 D_α	1.5
		9 H_γ	1.4
	Et_3N—$\dot{B}\overset{\alpha}{H}_2$	^{11}B	47.5
		^{14}N	2.2
		2 H_α	12.9
		9 H_γ	2.2
	$Et_3\overset{+}{P}$—$\overset{\cdot -}{B}\overset{\alpha}{H}_2$	^{11}B	17.6
		^{31}P	43.6
		2 H_α	16.8
	$(MeO)_3\overset{+}{P}$—$\overset{\cdot -}{B}\overset{\alpha}{H}_2$	^{11}B	15.1
		^{31}P	43.4
		2 H_α	16.6
	$tBu_3\overset{+}{P}$—$\overset{\cdot -}{B}\overset{\alpha}{H}_2$	^{11}B	17.4
		^{31}P	43.8
		2 H_α	17.2
	$Ph_3\overset{+}{P}$—$\overset{\cdot -}{B}\overset{\alpha}{H}_2$	^{11}B	19.3
		^{31}P	41.4
		2 H_α	15.3

烃基铝是一类非常重要的化合物。铝只有一种稳定同位素 (^{27}Al, 100%, $I = 5/2$)，这使含铝有机自由基的 EPR 谱图具有特征的超精细结构，极易解析和归属，如图 3.3.6 所示。苊醌双亚胺镍与烷基铝反应，形成了苊醌双亚胺自由基阴离子，反应过程和结构如图 3.3.6 所示，特征 $A_{\rm iso}$ 是 $A_{\rm Al} = 27.4$ G、$A_{\rm N} = 5.4$ G、$A_{\rm H} = 1.2$ G。

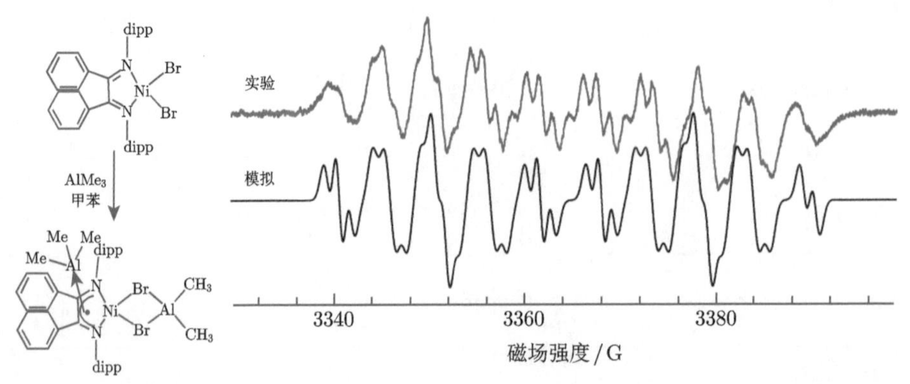

图 3.3.6 甲苯中，苊醌双亚胺自由基阴离子的形成反应和室温 EPR 谱、模拟，模拟未考虑分子翻转运动效应，微波频率 9.4368 GHz，g 值未经校对故略去不示，参考文献 [20]

3.3.9 含有多个 N 或 P 的共轭杂环自由基

有些共轭杂环自由基，含有三个以上的杂原子，如图 3.3.7(a) 所示的四唑 (tetrazole) 衍生物、四嗪 (tetrazine)、均三嗪 (triazine)、嘌呤 (purine)、卟啉 (porphyrin) 等。有些自由基同时含有 N 和 P，如均三嗪的三磷酸衍生物，详见数据库专著 V 和 IV。若侧链基团导致分子对称性下降，N、P、H 等原子不再等性，那么 EPR 谱图将变得非常复杂，往往不易解析，如图 3.3.7(b) 所示的四唑、均三嗪和四嗪等三种不同衍生物自由基的模拟谱图，$A_{\rm iso}$ 详见图例说明。

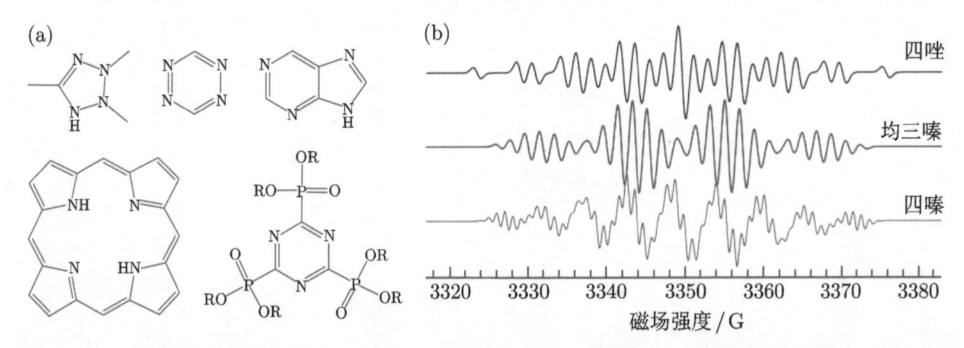

图 3.3.7 (a) 四唑衍生物、四嗪、嘌呤、卟啉和 1,3,5-三磷酸均三嗪等的分子结构。(b) 三种自由基的 9.4 GHz 模拟，$g_{\rm iso} = 2.005$。由上至下依次是 2,3,5-三苯基四唑 ($A_{^{14}\rm N}(\times 2) = 5.6$ G, $A_{^{14}\rm N}(\times 2) = 7.5$ G)，1,3,5-三磷酸均三嗪 ($A_{^{14}\rm N}(\times 3) = 1.85$ G, $A_{^{31}\rm P}(\times 3) = 11.87$ G)[21]，以及 3-叔丁基 1,5-二苯基四嗪 (四个氮原子不等性，$A_{^{14}\rm N}$ 依次是 5 G、5.3 G、5.7 G、6.3 G，四个邻位氢和两个对位氢，$A_{\rm H} = 1$ G)

3.4 氮氧自由基和自旋捕获

绝大多数自由基都是非常活泼的反应中间产物，易参与如自由基加成、聚合、重组、异构等不同级别的化学反应而湮灭。然而，自由基中间产物的跟踪和甄别是阐明相应化学历程所不可或缺的实验步骤。自由基越活泼，意味着其寿命也就越短，所能积累的浓度也就越低。如何将这些活泼的自由基中间体积累到可探测的浓度水平，是研究人员所必须解决的问题。实验上，有两种截然不同的处理方法，分为直接的物理方法和间接的化学方法。

直接方法是基于冷冻为主要手段的物理捕获方法，即将样品快速保存至饱和干冰/乙醇混合液 (≈ -80℃，即 $\sim$ 190 K)、液氮 (77 K) 等低温液体中，然后用于测试。这种方法又称为冷冻捕获或冷冻淬灭 (freeze trapping or frozen quench)。冷冻保存的样品，既可直接检测其各向异性的冷冻粉末谱 (详见第 4 章)，也可将其快速升温、融化，检测较低温度的溶液谱。若结合毫秒级的快速截流技术，冷冻捕获还可进一步揭示自由基形成或重组、电子传递等反应动力学，参考 8.2.4.5 节。

间接方法是将活泼的自由基通过加成或拔氢等化学反应，转变成另外的稳定或半稳定自由基，再作进一步的间接研究。这种方法称为自旋捕获 (spin trapping，又称自旋俘获) 或化学捕获 (chemical trapping)。在此类反应中，自由基与自旋是等价的，故又称为自由基捕获 (free radical trapping)。若往抗磁性物质上桥连上稳定的氮氧自由基，然后进行跟踪和定位等研究，称为自旋标记 (spin labeling)，主要应用于高分子聚合物和生物大分子如蛋白质、RNA、DNA 等的构象研究。

3.4.1 NO-和 NO_2-中心自由基

3.4.1.1 中性的硝酰烷基自由基 $R^1R^2NO\cdot$

无机分子 NO(或自由基描述形式 $NO\cdot$，与 O_2^+ 呈等价电子结构，isoelectronic) 是一个稳定的 π 无机自由基，N 和 O 原子均是 sp^2 杂化，共有 11 个价电子 (图 3.4.1)，未配对电子占据一个反键 π^* 轨道，参考图 4.2.5 的 O_2^+ 阳离子自由基。双质子化时，N 原子上的一个孤电子对被拆开，分别与两个质子形成 σ 键，形成 $H_2NO\cdot$ 自由基。然后，若质子再被烷基—R 取代，则形成开链或环状的硝酰烷基自由基 (alkylnitroxyl radicals)$R^1R^2NO\cdot$(在环状 $R^1R^2NO\cdot$ 自由基中，N 原子参与成环)，N 原子形成三个 σ 键和一个 π 键。在 $R^1R^2NO\cdot$ 自由基中，N 原子处于一个平面结构内，未配对电子占据与该平面垂直的反键 π^* 轨道。该轨道同样是由 N 和 O 原子的 $2p_z$ 轨道组成，参考图 3.4.1 或上文的羰基>C=O。该结构有共价和离子两种构象，如图 3.4.1 所示或参考图 3.3.3 的羰基。因此，极性环境和温度等外界因素会影响到 N、O 及相邻原子 (如 α/β-H) 等所携带的自旋密度 (ρ_N^π、ρ_O^π、$\rho_{H\alpha/\beta}$) 和 $A_{^{14}N}$、$A_{^{17}O}$、$A_{H\alpha/\beta}$ 等，如表 3.4.1 所列。

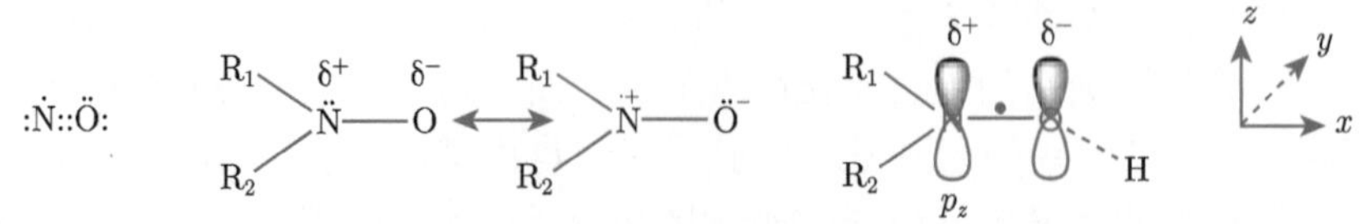

:Ṅ::Ö:　R_1, R_2, δ^+, δ^-, N—O ⟷ $\overset{+}{N}$—O^-, p_z, H, x, y, z

图 3.4.1 NO 和 $R^1R^2NO\cdot$ 自由基结构，参考图 3.3.3 的羰基

表 3.4.1 部分 $R^1R^2NO\cdot$ 的 A_{iso}，同时参考 3.3.1 节的相关内容

自由基名称	结构	磁性核	A_{iso}/G
一氧化氮	N—Ȯ	^{14}N	+10.6
氢化一氧化氮	$\overset{\alpha}{H_2}$N—Ȯ	^{14}N	+11.9
		2 H_α	−11.9
甲基氮氧自由基	$(\overset{\beta}{H_3}C)\overset{\alpha}{H}$N—Ȯ	^{14}N	+13.8
		1 H_α	−13.8
		3 H_β	+13.8
二甲基氮氧自由基	$(\overset{\beta}{H_3}C)_2$N—Ȯ	^{14}N	+15.2
		6 H_β	+12.3
二乙基氮氧自由基	$(H_3C\overset{\beta}{H_2}C)_2$N—Ȯ	^{14}N	+16.7
		4 H_β	+11.2
二叔丁基氮氧自由基	$[(\overset{\gamma}{H_3}C)_3\overset{\alpha}{C}]_2$N—Ȯ	^{14}N	+16.2
		^{17}O	−19.41
二环戊烷氮氧自由基	(环戊基-$\overset{\beta}{C}$H)$_2$—N—Ȯ	^{14}N	+14.9
		2 H_β	+4.4
吡咯-1-氧自由基	β H_2C, γ H_2C, N—Ȯ, a	^{14}N	+16.6
		4 H_β	+22.3
		4 H_γ	0.47
哌啶-1-氧自由基	γ H_2C—β CH_2, δ H_2C, N—Ȯ, a	^{14}N	+16.9
		2 $H\beta_{eq}$	+20.15
		2 $H\beta_{ax}$	+3.45
2,2,6,6-四甲基哌啶-1-氧自由基	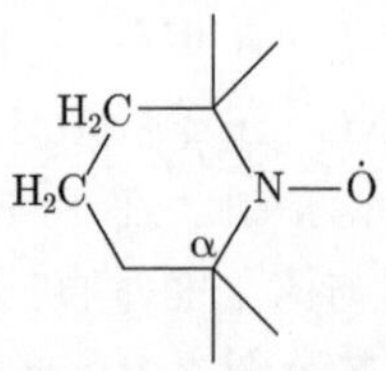 H_2C, H_2C, N—Ȯ, α	^{14}N	+16.15
		$^{17}O\cdot$	−18.05

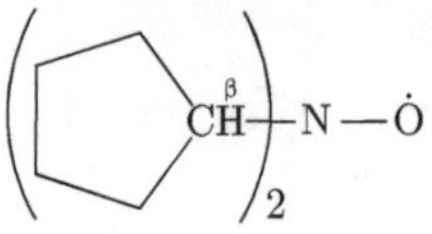

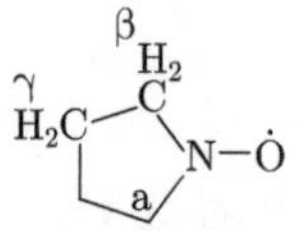

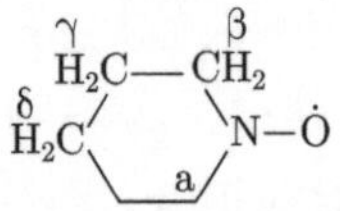

续表

自由基名称	结构	磁性核	A_{iso}/G
2,2,6,6-四甲基-4-氧-哌啶-1-氧自由基 (TEMPO)	[TEMPO 结构式：H_2C, O═C, N—Ȯ, α]	^{14}N $^{17}O\cdot$	+14.45 −19.29

元素 N(3.0) 和 O(3.5) 的电负性相差不大，即未配对电子分布在 N 和 O 的密度 ρ_N^π 和 ρ_O^π 应相当。根据 McConnell 公式，

$$A_N = Q_N\rho_N^\pi + Q_N^{NO}\rho_O^\pi \tag{3.4.1}$$

对于 $R^1R^2NO\cdot$ 自由基，$|Q_N| \gg |Q_N^{NO}|$。若 $\rho_N^\pi = \rho_O^\pi$，即均为 +50% ，根据式 (3.1.4)，得 $A_{^{14}N} > 0$ 和 $A_{^{17}O} < 0$：令 $Q_N \sim 28$ G，得 $A_N \sim 14$ G；或令 $Q_O = -41$ G，得 $A_{^{17}O} \sim -20$ G。在实际结构中，ρ_N^π 和 ρ_O^π 分别是 ~ 40%和 ~ 60%，如表 3.4.1 所示的 H_2NO 和 NO 自由基的 A_N、A_H。在溶液中，高介电常数的极性溶剂 (表 2.3.1) 能增大 ρ_N^π 和 A_N，而减小 ρ_O^π 和 $A_{^{17}O}$；或者，当 O 原子形成氢键时，也起到相同的效果。在直链分子中，取代基—R 给电能力越强，A_N(由 10.6 G 增大到 16.9 G) 和 $A_{H\beta}$(由 11.2 G 增大至 22.3 G) 增大的幅度就越大 (表 3.4.1)。常见简单烷基给电能力的次序是

$$—C(CH_3)_3 > —CH(CH_3)_2 > —CH_2CH_3 > —CH_3 > —H \tag{3.4.2}$$

这个次序与不同烷基对烃基自由基中 H_β 自旋密度的影响恰恰相反 (见 3.2 节和后续 DMPO 的捕获)。

对于吡咯和哌啶的衍生自由基 (如 TEMPO 等)，若 α-碳原子没有质子，那么此类自由基能稳定存在，所以，常用此性质说明化学反应中存在自由基过程，但不能对自由基中间物进行归属。

在 $R^1R^2NO\cdot$ 自由基中，未配对电子占据 N—O 键中 N 和 O 的 $2p_z$ 轨道，$2p_z$ 具有内禀的各向异性 (见第 4 章)，各向异性的 g_{ij} 由 O 原子的自旋-轨道耦合强度主导，正比于 ρ_O^π。在介电常数较高的极性溶剂中或形成氢键 O---H 时，ρ_N^π 增加而 ρ_O^π 下降，ρ_O^π 的下降导致氧原子的自旋-轨道耦合变弱，最终导致 g_{iso} 变小。若邻近基团—R 有利于增大 ρ_O^π，那么 g_{iso} 会增加。溶液中，$g_{iso} = (g_{xx}+g_{yy}+g_{zz})/3$，大约是 2.0055~2.0065。$R^1R^2NO\cdot$ 自由基由于对质子 H^+ 敏感的特点，可用来作 pH 探针 [22-24]，另外一个 pH 探针是三苯甲基自由基及其衍生物 [25]。

3.4.1.2 亚硝基烷基和硝烷基阴离子自由基 (radical anions of nitrosoalkanes and nitroalkanes)

假定化合物 HN═O 的电子结构等价于 HN═NH(即 O 取代了—NH 基团)，是连二次硝酸 $H_2N_2O_2$ 的单体；当加成一个 O 原子后，则形成了亚硝酸 (HNO_2)。这两种化合物的质子被烷基—R 取代后，分别形成 RN═O 和 RNO_2。亚硝基—N═O 能获得一个电子，纳入反键 π^* 轨道中；硝基—NO_2 由于极强的亲电性而更容易接纳一个电子，化学性质更稳定。对于亚硝酸根，存在着图 3.4.2 所示的共轭结构，显然，$RN{=}O^{\cdot-}$ 中 N 原子呈平面结构，而 $RNO_2^{\cdot-}$ 中 N 则倾向于棱锥形结构。以 $(CH_3)_3CN{=}O^{\cdot-}$ 自由基为例，$A_N = +12.1\,G$ 和 $A_{^{17}O} = -14.2\,G$，不仅均以约 20%~25%的比例小于 $R^1R^2NO^{\cdot}$ 自由基 (表 3.4.1) 中相应的值，而且也仅是 $RNO_2^{\cdot-}$ 自由基的约 50%(表 3.4.2)。A_N 和 $A_{^{17}O}$ 由亚硝烷基阴离子自由基到烷硝基阴离子自由基的增加过程，不能仅归结于 ρ_N^π 的增加，而且还需要知道图 3.4.2 中哪种构象更具有优势。又如，$(CH_3)_3COO^{\cdot-}$ 中 $A_{^{17}O} = -5.1\,G$，远小于 $(CH_3)_3CN{=}O^{\cdot-}$ 的 $A_{^{17}O}$。

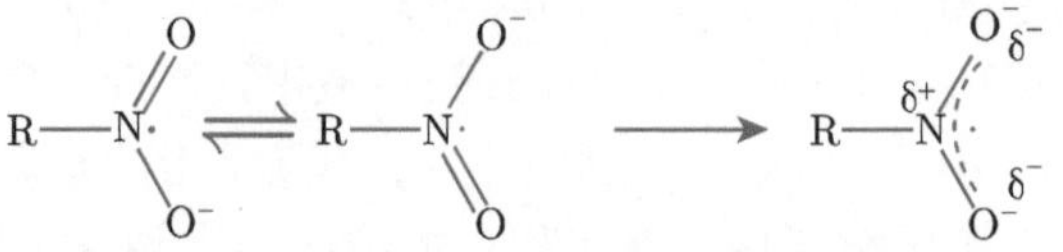

$$R{-}\dot{N}({=}O)({-}O^-) \rightleftharpoons R{-}\dot{N}({-}O^-)({=}O) \longrightarrow R{-}\overset{\delta+}{N}(O^{\delta-})_2$$

图 3.4.2　$RNO_2^{\cdot-}$ 自由基的共轭结构

$RNO_2^{\cdot-}$ 自由基的 g_{iso} 约是 2.005~2.006。

表 3.4.2　部分 $RNO_2^{\cdot-}$ 自由基的 A_{iso}，同时参考 3.4.1.1 节的相关内容

自由基名称	结构	磁性核	A_{iso}/G
硝基甲烷	$(\overset{\beta}{C}H_3)NO_2^{\cdot-}$	^{14}N	+25.55
		3 H_β	+12.02
硝基乙烷	$(\overset{\beta}{C}\overset{\gamma}{H}_3\overset{\alpha}{C}\overset{\beta}{H}_2)NO_2^{\cdot-}$	^{14}N	+25.97
		2 H_β	+9.63
		3 H_γ	~ 0.45
		$^{13}C_\alpha$	~ 2.5
		$^{13}C_\beta$	+6.05
2-硝基丙烷	$[(\overset{\beta}{C}\overset{\gamma}{H}_3)_2\overset{\alpha}{C}\overset{\beta}{H}]NO_2^{\cdot-}$	^{14}N	+25.4
		H_β	+4.8
		6 H_γ	~ 0.3
		$^{13}C_\alpha$	~ 3
		2 $^{13}C_\beta$	+5.11
2-硝基-3-甲基丙烷	$(\overset{\beta}{C}\overset{\gamma}{H}_3)_3CNO_2^{\cdot-}$	^{14}N	+26.59
		9 H_γ	~ 0.2
		3 $^{13}C_\beta$	+3.7
		^{17}O	−5.1

续表

自由基名称	结构	磁性核	A_{iso}/G
硝基环丙烷	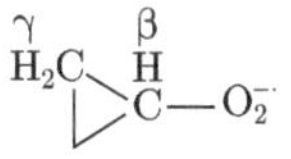 γ H_2C, β H, $>C—O_2^{-}$	^{14}N H_{β} 4 H_{γ} $^{13}C_{\alpha}$	+23.8 +7.3 ~ 0.3 ~ 0.6
硝基环戊烷	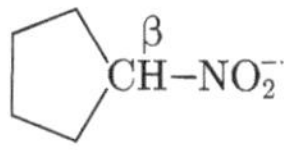 β $CH—NO_2^{-}$ (环戊基)	^{14}N H_{β}	+27 +8.3

3.4.1.3 氧化亚胺自由基 $R^1R^2C{=}NO\cdot$

氧化亚胺自由基 (iminoxyl radicals) 的结构通式是 $R^1R^2C{=}NO\cdot$。其中 R 是质子或直链烷基，若是环烷基则参考表 3.4.3 末所示的部分结构。该类自由基的中心结构如图 3.4.3 所示，自旋布居几乎平均分布于 O 原子的一个 $2p$ 轨道和 N 原子的一个 sp^n 杂化轨道中。这两个轨道均垂直于 C═N 所构成的 π 平面，不与 C═N 形成共轭结构。因此，氧化亚胺自由基都是以 NO· 为中心的 σ 自由基，A_{N} 均大于 30 G(表 3.4.3)，这是 N 原子 s 轨道贡献的结果。这些 A_{N} 还表明烷基或芳基 (—R 基团) 的变化对—NO· 自旋布居的影响是非常有限的。与表 3.3.4 的烯烃自由基类似，$A_{\text{H}\beta}$ 大小和顺式或反式结构有关。

这类自由基的 g_{iso} 约是 2.0051~2.0064。

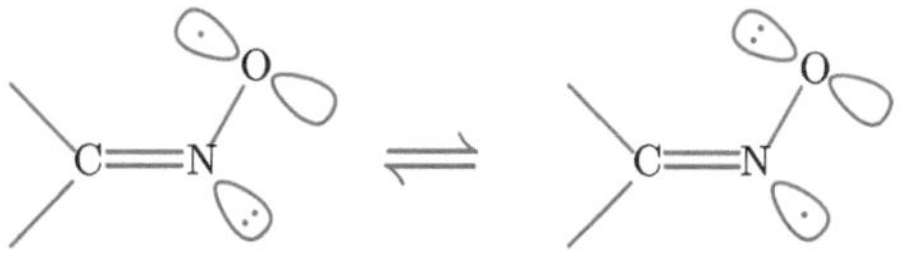

图 3.4.3 $R^1R^2C{=}NO\cdot$ 自由基的构象

表 3.4.3 部分 $R^1R^2C{=}NO\cdot$ 自由基的 A_{iso}，同时参考 3.4.1.1 节和 3.4.1.2 节的相关内容

自由基	结构	磁性核	A_{iso}/G
甲基氧化亚胺	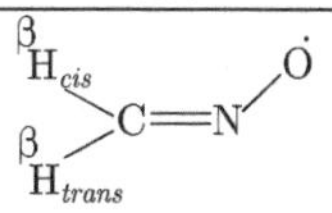 β H_{cis}, β H_{trans} $>C{=}N—\dot{O}$	^{14}N $H_{\beta(cis)}$ $H_{\beta(trans)}$	+33.3 +26.2 +2.8
乙基氧化亚胺	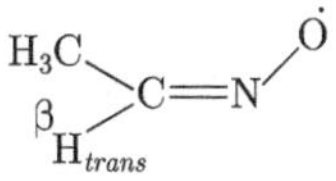 H_3C, β H_{trans} $>C{=}N—\dot{O}$	^{14}N $H_{\beta(trans)}$	+32.5 +5.2
2,2-二甲基丙基氧化亚胺 (反式)	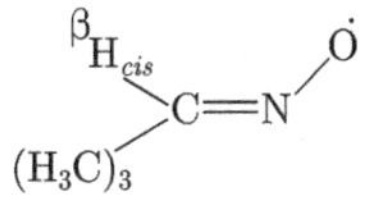 β H_{cis}, $(H_3C)_3$ $>C{=}N—\dot{O}$	^{14}N $H_{\beta(cis)}$	+30.5 +27.0

续表

自由基	结构	磁性核	A_{iso}/G
2,2-二甲基丙基氧化亚胺 (顺式)	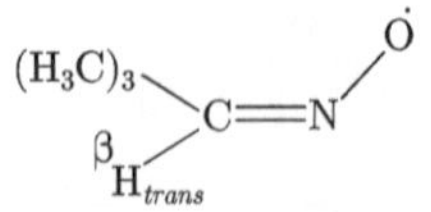 $(H_3C)_3$C(=N—Ȯ)H_{trans} (β)	^{14}N $H_{\beta(trans)}$	+32.2 +7.4
2,2,4,4-四甲基戊基 3-氧化亚胺	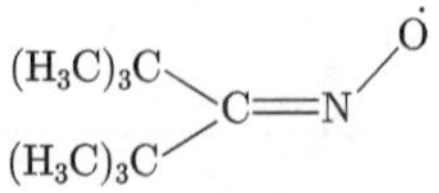 $((H_3C)_3C)_2$C=N—Ȯ	^{14}N ^{17}O	+31.32 −22.6
环丁基氧化亚胺	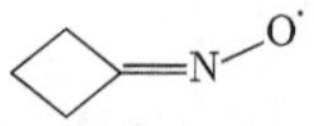 (环丁基)=N—Ȯ	^{14}N	+31.6
环戊基氧化亚胺	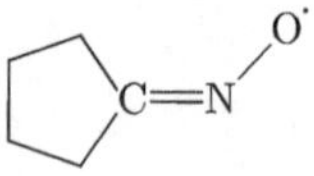 (环戊基)C=N—Ȯ	^{14}N	+32.2
环己基氧化亚胺	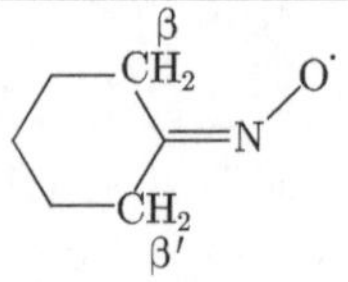 (环己基, β CH_2, β′ CH_2)=N—Ȯ	^{14}N 2 H_β 2 $H_{\beta'}$	+30.7 +2.8 +1.4
顺-苯甲基氧化亚胺	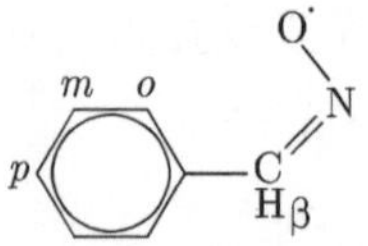 (苯基, *m*, *o*, *p*)—C(H_β)=N—Ȯ	^{14}N H_β 2 H_o	+32.6 +6.5 +1.4
反-苯甲基氧化亚胺	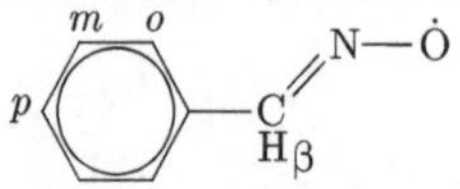 (苯基, *m*, *o*, *p*)—C(H_β)=N—Ȯ	^{14}N H_β 2 H_o	+30 +27 ~ 0.5

3.4.2　自旋捕获反应

任何能与自由基络合或反应的物质，都是自由基清除剂，根据成分可简单分为有机和无机清除剂。下文先来讨论有机部分，无机部分在 3.4.7 节展开。

自旋捕获其实是自由基的相互转变，利用捕获剂将活泼的自由基变成稳定的或半稳定的自由基加成产物，加成反应如图 3.4.4 所示。自由基捕获剂本身就是一种自由基清除剂，分子内含有一个能被活泼自由基进攻的异核或同核双键。基于自由基加成产物的稳定性，实际研究工作中都使用—NO 化合物，并尽量将 α-碳原子的质子进行取代，因 α-碳原子没有质子时自由基加成产物更稳定 (见 3.4.1 节)。部分常用的自旋捕获剂，如图 3.4.4 所示。

图 3.4.5 示意了以 MNP、PBN 和 DMPO 为代表的三种捕获反应历程，每个反应都各具特色。

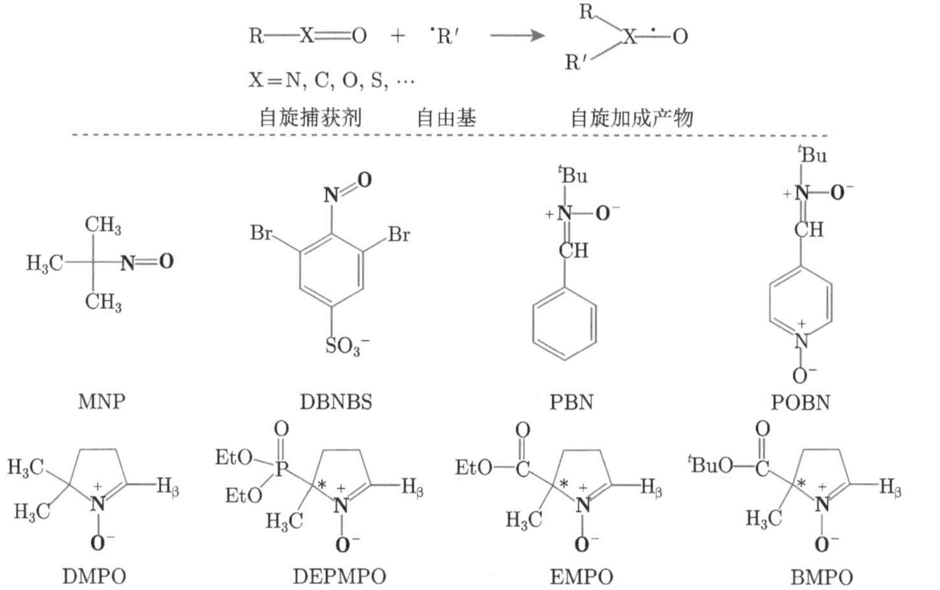

R—X=O + ·R′ ⟶ (R)(R′)X—·O

X = N, C, O, S, ⋯

自旋捕获剂　自由基　自旋加成产物

MNP　DBNBS　PBN　POBN

DMPO　DEPMPO　EMPO　BMPO

图 3.4.4 代表性的自旋捕获反应 (上图) 和常用的捕获剂 (下图)，手性碳原子用 * 标注。MNP: 2-甲基-2-亚硝基丙烷二聚物，2-methyl-2-nitrisopropane; DBNBS: 3,5-bibromo-4-nitrosobenzenesulfonate; PBN: *N*-叔丁基-α-苯基硝酮, *N*-*t*-Butyl-α-phenylnitrone; POBN: α-(4-pyridyl 1-oxide)-*N*-*tert*-butylnitrone; DMPO: 5,5-二甲基-1-吡咯啉-N-氧化物, 5,5-dimethyl-1-pyrroline-*N*-oxide; DEPMPO: 5-(diethoxyphosphoryl)-5-methyl-1-pyrroline-*N*-oxide; EMPO: 2-ethoxycarbonyl-2-methyl-3,4-dihydro-2*H*-pyrrole-1-oxide; BMPO: 5-*tert*-Butoxycarbonyl-5-methyl-1-pyrroline-*N*-oxide

(1) MNP 捕获反应。自由基 R′ 直接进攻 MNP 中 R—N=O 中的 N 原子，基团 R′ 的 “+” 或 “ − ” 诱导效应会增大或减小—NO· 局部的电子云密度和自旋密度 (ρ_N^π 和 ρ_O^π)，而 ρ_O^π 的变化又会造成 g_{iso} 发生相应的变化。例如，ρ_N^π 和 A_N 的减小，势必造成 ρ_O^π 和 g_{iso} 的增大，表现为 g_{iso} 小则 A_N 大，反之亦然。如果 R′ 携带磁性的核如 H、N、P 等，这些进一步的超精细分裂特征有助于对自由基 R′ 的归属。但是，MNP 溶于环己烷等非极性溶剂，不溶于水，应用范围受到限制。

(2) PBN 捕获反应。自由基 R′ 进攻 PBN 中与—N=O 相邻的 C_α 原子。—N=O 的两侧分别是苯基和叔丁基，这会使—NO· 上的自旋密度 (ρ_N^π 和 ρ_O^π) 几乎不会受到加成基团 R′ 的影响。因此，PBN 一般不能对自由基 R′ 的属性进行甄别，除非与 C_α 原子连接的原子是 ^{1}H、^{2}H、^{10}B、^{13}C、^{14}N、^{31}P 等磁性核。

(3) DMPO 捕获反应。自由基 R′ 进攻 DMPO 中 $R^1H_\beta C_\alpha$ =N—O 的 C_α 原子，形成 R^1R'—$H_\beta C_\alpha$—NO· 自由基加成产物。在此自由基加成产物中，—NO· 上的自旋密度 (ρ_N^π 和 ρ_O^π，A_N 和 g_{iso}) 和 $A_{H\beta}$ 均受到基团 R′ 的 “+” 或 “−” 诱导效应的影响，从而能对 R′ 基团作有效的甄别。另一方面，DMPO 较好的溶解

性，使其获得广泛的应用。

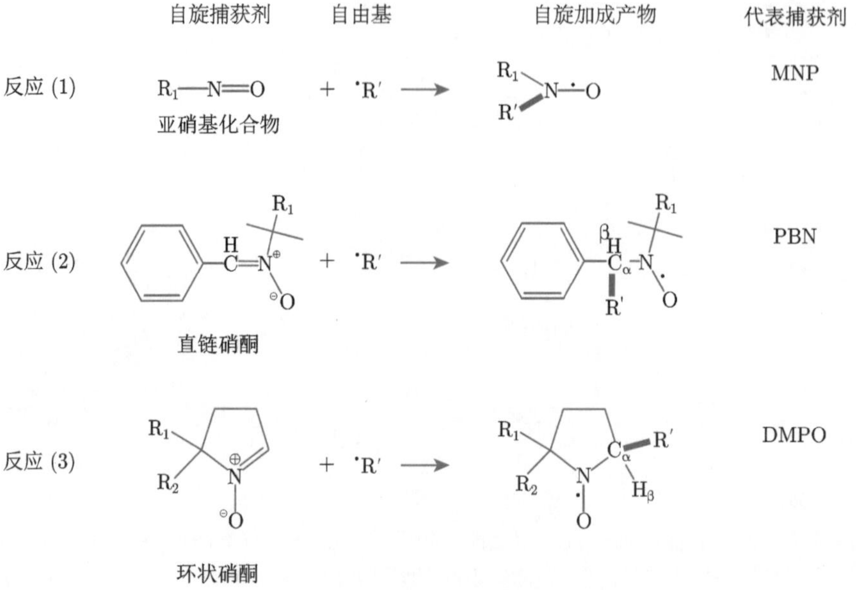

自旋捕获剂　自由基　自旋加成产物　代表捕获剂

反应 (1)　R_1—N═O　+　$\cdot R'$　⟶　MNP

亚硝基化合物

反应 (2)　+　$\cdot R'$　⟶　PBN

直链硝酮

反应 (3)　+　$\cdot R'$　⟶　DMPO

环状硝酮

图 3.4.5　三种典型的自旋捕获反应

为了说明自旋捕获对自由基的甄别，我们先来回顾之前的相关内容。在 3.2 节、3.3 节和 3.4.1 节中，我们已经不同程度地比较了不同基团—R 对自由基中心结构和邻近原子如 α -^{13}C 和 H_β 等电子结构的影响，体现在 ρ_N^π、A_N、$A_{H\beta}$ 和 g_{iso} 等特征参数的变化。

以甲基自由基 $\cdot CH_3$ 为例，当 H_α 被 1~3 个甲基—CH_3 取代时，$A_{H\alpha}$由 -23 G 增加至 -22 G，而 $A_{H\beta}$ 由 +26.8 G 减小到 +22.7 G，$A_{^{13}C}$ 则由 +38 G 增至 +45 G。羟甲基自由基 HO—$\cdot CH_2$ 中，$A_{^{13}C}$ =47.4 G，均大于表 3.4.4 中的其余自由基。若羟甲基自由基 HO—$\dot{C}H_2$ 中 H_α 再被 1 个或 2 个甲基—CH_3 取代，$A_{H\alpha}$ 由甲基的 -23 G 增加至 -15 G，而 $A_{H\beta}$ 则由乙基自由基的 +26.8 G 减小到 +20 G。当自由基内存在诸如—OH、—OR、—OOR 等一至多个吸电基团时，$A_{H\alpha}$ 和 $A_{H\beta}$ 都会得到影响，以 $A_{H\beta}$ 所受到的影响最明显。当甲基自由基 $\cdot CH_3$ 中 H_α 被吸电能力更强的基团 (如—NO、—NO_2) 取代时，自由基中心也随之由 C 原子转移到吸电基团上。因 ^{13}C 天然丰度只有 1.07%，这些变化对中心碳原子的影响难以受到广泛而深入的研究。表 3.4.4 表明，由上到下，$A_{H\alpha}$ 由 $\cdot CH_3$(平面结构) 的 -23.04 G 逐渐增大 HO—$\dot{C}HCH_3$ 的 -15 G，相应地，已有的数据表明，中心碳原子 $A_{^{13}C}$. 由 $\cdot CH_3$ 的 38.34 G 增至 HO—$\dot{C}H_2$ 的 47.37 G。这两组大致相同的增大趋势，表明中心碳原子的几何结构由 $\cdot CH_3$ 的平面结构逐渐向 HO—$\dot{C}HCH_3$

的棱锥形发生畸变，与 3.2.5 节提到的一、二和三氟甲基自由基相似。

表 3.4.4 不同的 H_{α} 和 H_{β} 取代基对烷基自由基 $A_{H\alpha}$、$A_{H\beta}$、$A_{^{13}C\cdot}$ 的影响

自由基	H_{α} 取代基	H_{β} 取代基	$A_{H\alpha}$/G	$A_{H\beta}$/G	$A_{^{13}C\cdot}$/G
$\cdot\overset{\alpha}{C}H_3$			−23.04		+38.34
$\cdot\overset{\alpha}{C}H_2\overset{\alpha}{C}\overset{\beta}{H}_3$	1×—CH_3		−22.38	+26.87	+39.07
$\cdot\overset{\alpha}{C}H(\overset{\alpha}{C}\overset{\beta}{H}_3)_2$	2×—CH_3		−22.11	+24.68	+41.30
$\cdot C(\overset{\alpha}{C}\overset{\beta}{H}_3)_3$	3×—CH_3			+22.72	+45.20
$\cdot\overset{\alpha}{C}H_2C\overset{\beta}{H}_2C\overset{\gamma}{H}_3$	—CH_2CH_3	—CH_3	−22.08	+33.32	
$\cdot\overset{\alpha}{C}H_2C\overset{\beta}{H}_2C\overset{\gamma}{H}_2\overset{\delta}{C}H_3$	—$(CH_2)_2CH_3$	—CH_2CH_3	−22.08	+29.33	
$\cdot\overset{\alpha}{C}H_2\overset{\beta}{C}H_2\overset{\gamma}{C}H_2C_2H_5$	—$(CH_2)_3CH_3$	—$(CH_2)_2CH_3$	−21.96	+28.57	
$\cdot\overset{\alpha}{C}H_2\overset{\beta}{C}H_2\overset{\gamma}{C}H_2C_3H_7$	—$(CH_2)_5CH_3$	—$(CH_2)_4CH_3$	−21.95	+28.54	
环状：$^{\beta}H_2$C，$^{\gamma}H_2$C，$\dot{C}\overset{\alpha}{H}$（四元环）			−21.20	+36.66	
环状：$^{\beta}H_2$C，$^{\gamma}H_2$C，$\dot{C}\overset{\alpha}{H}$（五元环）			−21.48	+35.16	
$HO\dot{C}\overset{\alpha}{H}_2$	—OH		−17.98		+47.37
$HO\dot{C}\overset{\alpha}{H}C\overset{\beta}{H}_3$	—OH —CH_3		−15.0	+22.0	
$HO\dot{C}(C\overset{\beta}{H}_3)_2$	1×—OH 2×—CH_3			+20.0	

甲基自由基的 H_{α} 被不同烷基—R 取代后，衍生成其他烷基自由基。其中，开链烷基—R 对 $A_{H\beta}$ 影响比对 $A_{H\alpha}$ 的强烈，而环烷基—R 对 $A_{H\beta}$ 的影响较开链—R 还要显著，如表 3.4.4 所列的正戊基和环戊基自由基。甲基自由基 $\cdot CH_3$ 是原生 π 中心的不饱和结构，当 H_{α} 被一个烷基—R 取代时，$A_{H\alpha}$ 由大到小的次序则是—H < —CH_3< — $(CH_3)_2$< —CH_2CH_3< —$(CH_2)_2CH_3$< —$(CH_2)_3CH_3$< —$(CH_2)_5CH_3$。据已有的但不全面的数据，这个次序也适用于中心碳原子 $A_{^{13}C\cdot}$，这表明给电基团能不同程度地促进 s 轨道的贡献 (3.2.5 节)。这种变化趋势，同样体现在 H_{α} 被羟基取代的系列自由基中。

若比较乙基、丙基、丁基、戊基、己基等开链烷基自由基，我们可以发现 C_{α} 原子上一个 H_{β} 被一个烷基取代时，$A_{H\beta}$ 由大到小的次序是—CH_3> —CH_2CH_3> —$(CH_2)_2CH_3$> —$(CH_2)_3CH_3$> —H。这个次序恰好和 $A_{H\alpha}$ 或 $A_{^{13}C\cdot}$ 的相反，可能是取代烷基—R 的稳定构象固化了 H_{β} 的空间取向，有利于 C_{α}—$H_{\beta}(\sigma)$ 键与 $2p_z$

电子形成超共轭作用，增大了 $\langle\cos^2\theta\rangle$，详见 3.2.4 节。烷基自由基的 $A_{H\beta}$ 不能用 McConnell 公式作简单描述，这是由二者的本源差异造成的：中心碳原子 $\rho_{^{13}C\cdot}$ 和 $\rho_{H\alpha}$ 源自自旋极化，分别呈正、负值，对应自旋密度是 ρ_C^σ 和 ρ_H^σ；$\rho_{H\beta}$ 则是源自电子超共轭 (即自旋离域)，呈正值，参考乙基自由基的电子结构。不同基团取代 H_β 后，剩下 H_β 的 $A_{H\beta}$ 值由大到小的变化次序与加成基团的关系，是 DMPO 捕获实验的理论基础。

接着，我们再以 $R^1R^2NO\cdot$ 自由基为对象，了解不同烷基—R 对中心原子 ^{14}N 的影响，如表 3.4.5 所列。自由基中心—NO· 是一个不饱和的结构，详见图 3.4.1。$H_2NO\cdot$ 自由基中若一个 H_α 被甲基取代，A_N 由 11.9 G 增至 13.8 G，若被两个甲基取代，A_N 增至 15.2 G；这个变化趋势与 $\cdot{}^{13}CH_3$ 中自由基，三个 H_α 逐一被甲基取代时 $A_{^{13}C\cdot}$ 和 $A_{H\beta}$ 的增大趋势是一致的。当 $H_2NO\cdot$ 自由基中两个 H_α 都被其他烷基—R 取代时，A_N 大约由 11.9 G 增至 15~17 G 之间，这表明中心 N 原子由 $H_2NO\cdot$ 的近似平面结构略微呈棱锥形畸变。在 N—O(π) 键中，ρ_N^π 的增大，则意味着 ρ_O^π 的相应减小，最终造成 g_{iso} 或 $\Delta g(\Delta g = g_{iso} - g_e > 0)$ 的减小。这是因为 $R^1R^2NO\cdot$ 自由基的 g_{iso} 主要由 O 原子上携带孤对电子的 $2p_z$ 轨道的自旋-轨道耦合强弱所决定，且该作用与 ρ_O^π 成正比。简而言之，Δg 与 ρ_O^π 和 $A_{^{17}O}$ 成正比，与 ρ_N^π 和 A_N 成反比，这是 MNP 实验或直接使用 NO 作内源捕获剂的理论基础。

表 3.4.5　不同的 H_α 和 H_β 取代基对 $R^1R^2NO\cdot$ 中 A_N、$A_{H\alpha}$、$A_{H\beta}$ 的影响

自由基	H_α 取代基	H_β 取代基	A_N/G	$A_{H\alpha}$/G	$A_{H\beta}$/G
$\overset{\alpha}{H}_2N—O\cdot$			+11.9	−11.9	
$(\overset{\beta}{H}_3C)\overset{\alpha}{H}N—O\cdot$	1×—CH_3		+13.8	−13.8	+13.8
$(\overset{\beta}{H}_3C)_2N—O\cdot$	2×—CH_3		+15.2		+12.3
$(H_3C\overset{\beta}{H}_2C)_2N—O\cdot$	2×—CH_2CH_3	2×—CH_3	+16.7		+11.2
$[(\overset{\gamma}{H}_3C)_3\overset{\alpha}{C}]_2N—O\cdot$	2×—$C(CH_3)_3$		+16.2		—
(环戊基 $\overset{\beta}{C}H$)$_2$—N—O·	环戊基 CH—		+14.9		+4
$\overset{\gamma}{H_2C}$—$\overset{\beta}{C}H_2$—N(—O·)—$\overset{\alpha}{C}H_2$ (五元环)			+16.6		+22.3

自旋捕获实验，就是在以上这些变化规律的基础之上根据 A_N、$A_{H\beta}$、g_{iso} 等主要参数和相应超精细结构来进行，并识别—R′ 基团的极性及其极性的强弱，最终对所捕获的自由基作甄别和归属。常见官能团极性大小顺序是：烷烃 (—CH_3,

—CH_2—)< 烯烃 (—CH=CH—)< 醚类 (—O—CH_3，—O—CH_2—)< 硝基化合物 (—NO_2)< 二甲胺 (CH_3—N—CH_3)< 脂类 (—COOR)< 酮类 (—CO—)< 醛类 (—CHO)< 硫醇 (—SH)< 胺类 (—NH_2)< 酰胺 (—NHCO—CH_3)< 醇类 (—OH)< 酚类 (Ar—OH)< 羧酸类 (—COOH)。

简单地，极性较强的自由基大多都是 O 中心自由基和卤代烃，如 RO·、ROO·、HO·、HOO·、O_2^-·、卤代烃等。烷基 R·、芳基 Ar·、H·、RS·、R(O)C·、R^1R^2N·、P 中心自由基等，都是非极性或弱极性的自由基。如果自由基 ·R′ 的中心原子是氮族元素 (^{14}N、^{31}P、$^{14}N_\gamma$)、同位素标记 (^2H、$^{13}C_\beta$、$^{17}O_\beta$)，或含有邻近的 $^1H\gamma$、^{19}F、^{35}Cl 等，它们的超精细分裂将为自由基归属提供更加翔实的证据。目前较为全面的自旋捕获数据库网站是 https://tools.niehs.nih.gov/stdb/index.cfm，读者请自行查阅和参考。

3.4.3 MNP 捕获

MNP 作捕获剂时，自由基直接进攻 N 原子，如图 3.4.6。实验所得 EPR 谱图解析的难点是那些没有 α-和 β-磁性核 (X_α—和 X_α—Y_β，X 和 Y 是任意元素) 的

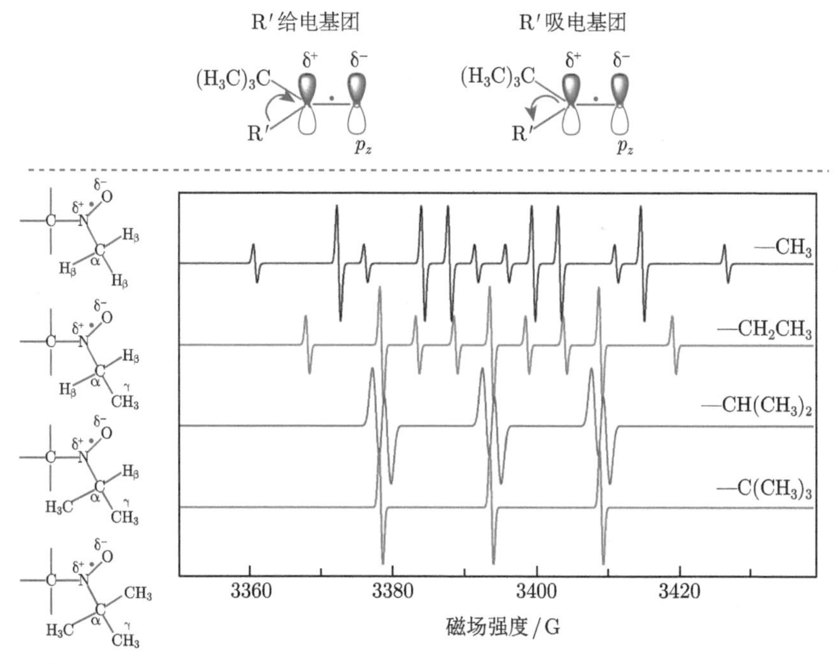

图 3.4.6 MNP—R′ 自由基加成产物的结构 (上图，箭头方向示意诱导效应)，以及捕获甲基、乙基、异丙基、叔丁基等自由基的加成产物及其 9.4 GHz 模拟谱 (下图)

自由基。O 中心自由基的加成产物非常不稳定，需要结合其他捕获实验如 DMPO 捕获等。

图 3.4.6 示意了 MNP 捕获甲基、乙基、异丙基、叔丁基自由基等四个实验，以展示 H_β 由三个逐一减小到 0 的过程中 EPR 谱图的变化趋势 (A_N、$A_{H\beta}$、g_{iso} 等详见表 3.4.6)。表 3.4.6 从上到下是大致按照 A_N 由大到小排序。同时，由上到下，自由基极性下降的趋势是 $\cdot OH \sim \cdot OCH_3 > \cdot N(CH_3)_2 \sim \cdot SCH_3 > \cdot H$。强极性的自由基如羟基、羧基、烷氧基等，能增大 ρ_N^π，即 $A_N \approx 27 \sim 29\,G$；极性较弱的胺基、巯基等，$A_N \approx$ 15~19 G；烷基、氢自由基等，$A_N \approx$ 14~17 G；卤代烃自由基，$A_N \approx$ 11~13 G；膦和磷酰基自由基，$A_N \approx$ 10.5~11.6 G；酰基自由基，$A_N \approx$ 6.5~8.5 G。虽然现有实验数据还不是很充分，但由上到下 g_{iso} 随着极性减弱而逐渐增大的趋势还是较为明显的。一方面，自由基直接与 N 原子成键，降低了 N 原子的菱形结构，造成 A_N 的逐渐下降。另一方面，自由基与 N 原子的结合能力会改变 N 原子的几何结构，最终改变了 N 和 O 原子的 p 轨道能级分裂，表现为 g_{iso} 逐渐增大。

表 3.4.6 MNP 的代表性自旋捕获反应 (自上而下，大致以 A_N 由大到小次序排列)

自由基种类	自由基	常用溶剂	A_N/G	A_X/G	g_{iso}
羟基、羧基					
	$\cdot OH$	水	28.0	4.4(H_β)	
	$\cdot OOCCl_3$	四氯化碳	27.0		
烷氧基					
	$\cdot OCH_3$	甲醇	29.7		
	$\cdot OCH_2CH_3$	乙醇	29.1		
	$\cdot OCH(CH_3)_2$	异丁醇	28.4		
	$\cdot OC(CH_3)_3$	苯	27.17		2.0054
	n-BuO$\cdot$	苯	28.40		
	$tert$-BuO$\cdot$	甲苯	26.8		
氨基烷基					
	$\cdot N(CH_3)_2$	苯	18.4	0.95(N_α)	
	$\cdot N(CH_2CH_3)_2$	苯	17.9		
烷硫基					
	$\cdot SCH_3$	苯	18.8	0.8(H_γ)	2.0066
	$\cdot SCH_2CH_3$	苯	17.9		2.0070
	$\cdot SCH(CH_3)_2$	苯	17.1		2.0069
	$\cdot SC(CH_3)_3$	苯	15.4		2.0067
	$SO_3^{-\cdot}$	水	14.87		
烷基					
	$\cdot CH_3$	水	17.20	14.20(3 H_β)	2.0055

续表

自由基种类	自由基	常用溶剂	A_N/G	A_X/G	g_{iso}
	$\cdot CH_2CH_3$	苯	15.25	10.40(2 H_β)	
	$\cdot CH_2CH_3$	水	17.10	11.30(2 H_β)	
	$\cdot CH_2OH$	甲醇	14.20	4.80(2 H_β)	
	$\cdot CH_2OH$	水	15.00	10.50(2 H_β)	2.0055
	$\cdot CH(CH_3)_2$	苯	15.25	1.49(H_β) 0.36(6 H_γ)	
	$\cdot CH(CH_3)_2$	水	16.83	1.80(H_β) 0.30(6 H_γ)	
	$\cdot C(CH_3)_3$	苯	15.36		2.0060
	$\cdot C(CH_3)_3$	水	17.19		
氢自由基					
	$\cdot H$	水	14.55	14.0 (H_β)	2.0059
	$\cdot D$	水	14.34	2.2 (D_β)	
卤代烃					
	$\cdot CCl_2CHCl_2$	二氯甲烷	12.80	4.5(2 Cl_β)	—
	$\cdot CCl_3$	氯仿	12.73	2.2(3 Cl_β)	2.0065
	$\cdot CF_2CF_3$	二氯甲烷	11.30	20.8(2 F_β) 3.9(3 F_γ)	2.0065
	$\cdot CF_3$	二氯甲烷	12.20	12.5(3 F_β)	
膦/磷酰基					
	$\cdot P(CH_2CH_3)_2$	苯	11.62	1.39(P)	2.0068
	$\cdot P(O)(CH_2CH_3)_2$	苯	10.61	12.55(P)	2.0067
	$\cdot P(O)(Ph)_2$	二氧六环	10.54	11.76(P)	2.0071
羰基/酰基					
	$\cdot CHO$	二氯甲烷	7.00	1.40	
	$\cdot C(O)CH_3$	甲苯	7.25		2.0066
	$\cdot C(O)CH_2CH_3$	苯	8.20		
	$\cdot C(O)C(CH_3)_3$	丙烯酸甲酯	8.00		
	$\cdot COCl$	四氯化碳	6.75		

图 3.4.7 比较了 MNP 的氢、甲基、甲氧基、甲酰基等四种较为简单自由基加成产物的结构模型。① 氢原子直接通过 N—H(σ) 键结合，形成自旋极化的相互作用，类似于甲基自由基的电子结构；② 甲基上的 C 与自旋中心 N 形成 C—N(σ) 键结合，甲基上的质子通过超共轭作用获得自旋分布，类似于乙基自由基，体现为较大的 $A_{H\beta}$；③ 甲氧基加成时，N 与 O 间的自旋极化，增大了 N 原子的自旋密度 ρ_N^π；④ 当自由基中心存在不饱和的 π 键时 (如甲酰基、磷酰基等)，C═O 或 P═O 与自旋中心>N∸O 形成一个类似于丁二烯的共轭结构，导致自旋离域，

造成自旋密度 ρ 和 A 的减小，以及 g_{iso} 的增大。由于 N 和 O 原子本身的不等性杂化，所以自旋中心的>N∸O 的电子结构还可能受到其他因素的影响。总之，MNP 自由基加成产物的 EPR 谱分析，需要同时考虑到 α-H 和 β-H(图 3.4.6) 所引起的超精细分裂和 g_{iso} 两个方面的差别。这种 A_{N} 增大 g_{iso} 则减小或反之的变化趋势，同样存在于其他 $R^1R^2NO_2\cdot$ 和不同配位的过渡离子中。

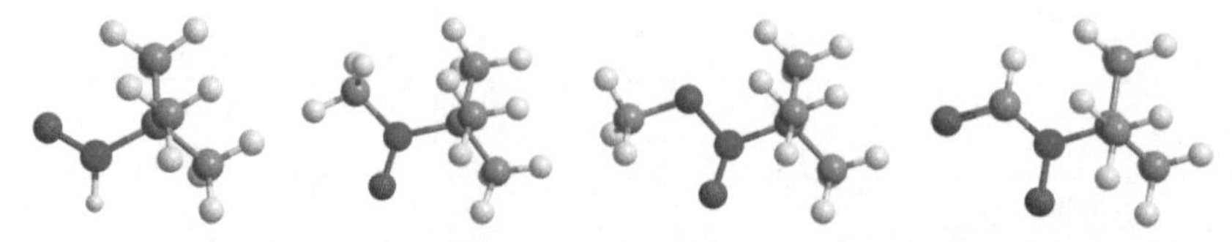

图 3.4.7 MNP 的氢、甲基、甲氧基、甲酰基等四种自由基的加成产物的结构示意图

3.4.4 DMPO 捕获

DMPO 是一个环状的吡咯酮衍生物，在捕获自由基反应中，自由基 $\cdot R'$ 进攻 C_α ═N 极性双键上的 C_α 原子，形成 DMPO-R′ 加成自由基 (图 3.4.8)。在加成产物中，C_α 由不饱和变成了饱和结构，使 H_β 与自由基中心>N∸O 的相互作用以超共轭为主 (参考乙基自由基)。$A_{\mathrm{H}\beta}$ 由 C_α—H_β 键与 N 原子的 p_z 的投影夹角 $\langle\cos^2\theta\rangle$(即空间结构) 和 R′ 的给电或者吸电能力两个方面来共同决定。其中，A_{N} 的波动范围比较小，这是因为自由基加成发生在 DMPO 的 α-C 上，并不像 MNP 那样直接加成到 N 原子上。H_β 感受的超共轭效应由 R′ 的给电或吸电能力所决定。部分原子或基团电负性由大到小的次序是—OCH_3> —OH> —C_6H_5> —CH═CH> —H> —CH_3> —C_2H_5> —$CH(CH_3)_2$> —$C(CH_3)_3$，排在 H 前面的是吸电基团 (大多是含有孤对电子或 π 电子的路易斯碱)，排在 H 后面的是给电基团 (诱导效应)；—CR_1 ═CR_2> —CR_2—CR_3，数字下标表明基团—R 的个数。对于不饱和基团，还存在着 π-π、p-π、σ-π 等相互作用，较为复杂。

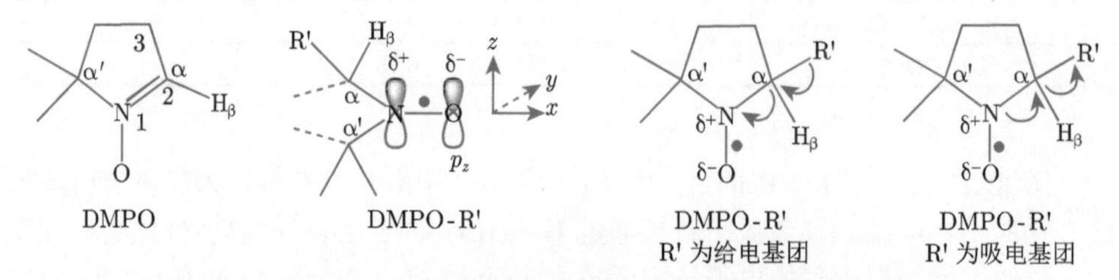

图 3.4.8 DMPO 及其自由基 ·R′ 加成产物的平面结构和诱导效应

表 3.4.7 由上到下是大致按照 $A_{\mathrm{H}\beta}$ 由大到小作排序。氢自由基和烷基自由基加成后，$A_{\mathrm{H}\beta}$ 约 22~23 G，相差微小，表明氢自由基 (·H) 和烷基自由基 (·R) 的给电能力相差无几。若加成基团是苯环、烯丙基等 π 结构时，$A_{\mathrm{H}\beta}$ 增大到约 24~28 G，有

两个主要因素增强了 C_α—$H_\beta(\sigma)$ 键与 N—O(π) 键间的超共轭作用而增大了 $A_{H\beta}$：一个是 C_α—$H_\beta(\sigma)$ 键与 π 中心的 σ-π 共轭作用；另一个是不饱和碳原子的吸电能力强于饱和碳原子，与丙烯或甲苯中甲基和 C═C 或苯环的电子效应相似。类似地，还有其他双键的基团，如>C═O、>P═O 等自由基。若自由基中心是—OH、—OR 等强极性的吸电基团，会减弱 C_α—$H_\beta(\sigma)$ 键与 N—O(π) 键间的超共轭作用，从而降低了 DMPO 加成产物的分子极性，最终造成 $A_{H\beta}$ 变小。对于极性或非极性自由基 A_{iso} 的大小和分布情况，同样体现在苯酚、对甲基 (或乙基) 苯酚、对苯二酚、对氨基苯酚等自由基中 (参考图 8.1.7)。

表 3.4.7 DMPO 的代表性自旋捕获反应 (自上而下，$A_{H\beta}$ 大致由大到小，A_X 表示其他原子)

自由基种类	自由基	常用溶剂	A_N/G	$A_{H\beta}$/G	A_X/G	g_{iso}
不饱和烃基						
	亚油酸 (烯丙基)	乙腈	16.20	25.00		
	间苯三酚 (苯基)	水	16.94	28.91		2.0059
	苯基	水/苯	15.80	24.80		2.0045
氢自由基						
	·H	水	16.64	22.61(×2)		2.0054
	·D	水	16.70	22.70	3.4(D_β)	2.0054
烷基						
	$\cdot CH_3$	水	16.10	23.00		2.0054
	$\cdot CH_2CH_3$	水/苯	16.20	23.60		2.0054
	$\cdot CH_2CH_2OH$	水	15.98	22.83		2.0057
	$\cdot CH(OH)CH_3$	水	15.80	22.90		2.0054
	$\cdot CH(CH_3)_2$	苯	14.30	21.80		2.0059
	苯甲基	苯	16.00	22.00		
	$\cdot CH_2OH$	苯	14.20	20.49		2.0055
	$\cdot CH_2Cl$	CH_3Cl	14.80	19.90		
甲酸根						
	$CO_2^{-\cdot}$	水	15.80	19.10		2.0058
氨基烷基等						
	$\cdot N_3$	水	14.70	14.70	3.10(N_β)	2.0060
	$\cdot NH_2$	水	15.85	19.03	1.71(N_β)	2.0054
	$\cdot NHC_4H_9$	苯	13.94	16.64	1.85(N_β)	
	$\cdot N(CH_3)Ph$	二氧六环	13.68	13.68	2.84(N_β)	2.0059
羰基碳						
	$\cdot C(O)CH_2\ C_6H_5$		13.30	17.50		
	$\cdot C(O)CH_3$	丙酮	13.30	17.50		

续表

自由基种类	自由基	常用溶剂	A_N/G	$A_{H\beta}$/G	A_X/G	g_{iso}
	$\cdot C(O)N(CH_3)_2$	水	14.30	17.30		
含硫自由基						
	$\cdot SCH_3$	水	15.33	18.00		2.0061
	$\cdot SCH_2CH_3$	水	15.33	17.07		
	$\cdot SCH_2CH_2OH$	水	15.20	16.80		
	$\cdot SCH_2CHOOH$	水	15.30	17.07		
	$\cdot SC_6H_5$	苯	13.09	14.03		2.0064
	$SO_3^{-\cdot}$	水	14.55	16.16		2.0055
	DMSO 氧化 ($RSO^{\cdot}$)	DMSO	13.9	11.9		
	$HSO_4^{-\cdot}$	水	13.82	10.10	1.4 ($H_{\gamma1}$) 0.8 ($H_{\gamma1}$)	2.0059
膦/磷酰基						
	$\cdot P(CH_2CH_3)_2$	苯	13.50	18.60	29.6(P_β)	2.0059
	$\cdot P(O)(CH_2CH_3)_2$	苯	13.20	16.90	45.0(P_β)	
	$\cdot P(O)(RO)_2$	三乙胺	14.3	18.9	46.7(P_β)	2.0065
卤代烃						
	$\cdot CF_3$	苯	13.22	15.54	1.01(F_γ)	
	$\cdot CCl_3$	水	14.60	14.60		
	$\cdot OOCCF_3$	水	15.5	18	3.6(F_γ)	
羟基/过氧类						
	$\cdot OH(^{\cdot 17}OH)$	水	14.80	14.80	4.60($^{17}O_\beta$)	2.0059
	$O_2^{-\cdot}$	DMSO/甲醇	12.90	10.2		
	$\cdot OOH$	水	14.30	11.70	1.40(H_γ)	2.0061
	$\cdot OOC_2H_5$	水	14.60	11.00		
	$\cdot OOCH(CH_3)_2$	水	14.70	11.50		
	tert-BuOO·	水	14.50	10.50		
	$\cdot OOCCl_3$	水	14.5	10.00		
烷氧基						
	$\cdot OCH_3$	甲醇	13.60	7.50		2.0058
	$\cdot OCH_2CH_3$	乙醇	13.50	7.40		
	$\cdot OC(CH_3)_3$		13.15	7.45	1.95(9 H_γ)	2.0059
	n-BuO·	苯	13.61	6.83		
	tert-BuO·	苯	13.19	8.16		
DMPO 氧化						
	$R^1R^2NO\cdot$ (A)	水	15.50			
	DMPOX (B)	水	7.20		4.10($2H_\gamma$)	2.0048
	DMPOX (B)	乙腈	6.88		3.46($2H_\gamma$)	2.0069

图 3.4.9 的树状示意图直观地阐释只要获知低场与高场两个最外侧超精细分裂峰的间隔，可大致判断自由基的种类：饱和烷基的间隔是 $A_{H\beta}+2A_N\sim 52\,G$，不饱和类的 $A_{H\beta}+2A_N\geqslant 56\,G$；烷氧自由基，间隔是 $A_{H\beta}+2A_N<35\,G$；羟基自由基，间隔是 $A_{H\beta}+2A_N\sim 45\,G$；超氧阴离子、过氧和烷过氧自由基，间隔是 $A_{H\beta}+2A_N\sim 38\,G$。参照表 3.4.7，可类推到其他自由基。除了超精细分裂常数的变化，O、S、C 等不同中心原子自由基及其 DMPOX 的超精细分裂峰的峰-谷宽度也不一样，把握这些细微差别将会加速对谱图的解析。若自由基中心是氮族元素的 N 或 P 和同位素标记的 ^{17}O 等，各自特征的超精细结构会使谱图解析和归属变得容易。

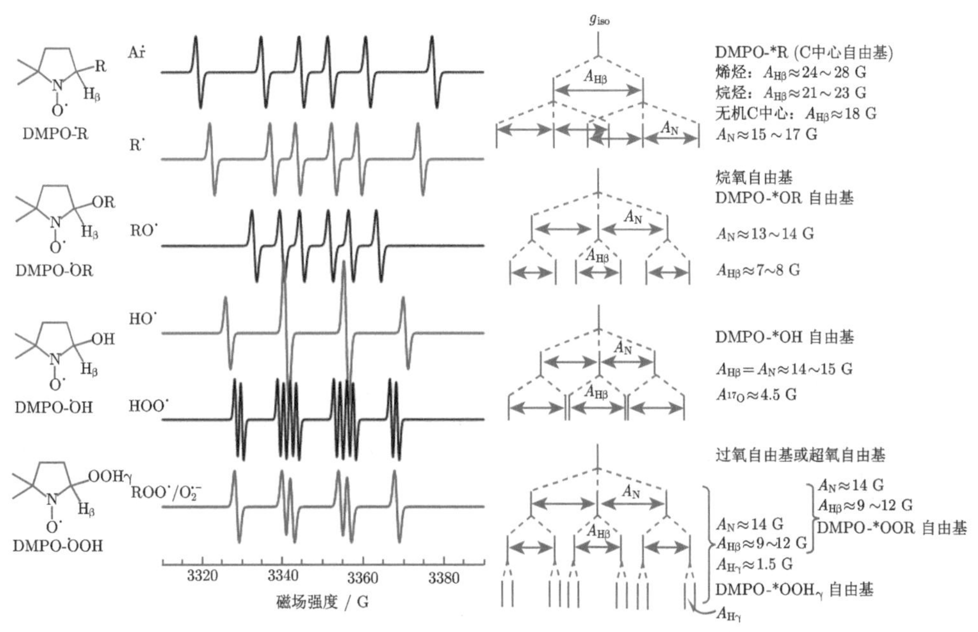

图 3.4.9 代表性的 DMPO 自由基加成产物的 EPR 模拟谱和超精细分裂的树状示意图 (9.4 GHz)。Ar·，代表苯基、烯烃基等不饱和自由基；R·，代表烷基自由基；RO·，代表烷氧自由基；HO·，即羟基；HOO·，即过氧化氢；ROO· 和 $O_2^{\cdot-}$，即烷过氧和超氧阴离子自由基。右图文字说明，用 * 标注自由基所在的原子。DMPO 自由基加成产物谱图的宽度差异，详见正文

DMPO 自由基加成反应及其产物 DMPO-·R(·R 泛指自由基) 的 EPR 检测，都是在室温或较低温度的溶液中进行。溶液谱呈各向同性，因此文献中并不关注加成产物的具体结构或构象，或往往默认是单一结构。目前尚存争议的主要是 DMPO-·OOH 的具体结构，有文献报道认为存在两种构象，其中一种构象中 C_3 上的一个 H_γ 的 $A_{H\gamma}\sim 1.2$ G，另一种构象中该 H_γ 的 $A_{H\gamma}$ 无法分辨 [26]。这

两种构象的不同比例，有时会导致不对称的 DMPO-·OOH 谱图 (参考 3.4.6 节的 BMPO)。这种不对称谱图，实验上有助于确认 ·OOH 的形成。

碳族和氧族元素的大量同位素，核自旋量子 $I = 0$，相应 DMPO 自由基加成产物的 EPR 模拟谱和超精细分裂的树状解析图，如图 3.4.9 所示。对于活性硫 (reactive sulfur species，RSS) 如烷硫基、$SO_3^{-\cdot}$ 等，与烷基加成类似，只是 $A_{H\beta}$ 增加幅度较小，与 S 的原子半径较大而电负性与 C 相同有关 (电负性：S，2.6；C，2.5)。$SO_3^{-\cdot}$ 和 $SO_4^{-\cdot}$ 加成后的 $A_{H\beta}$，与 · OOH 相似。然而，S=O 双键和 C_α 手性原子，造成 DMPO-$SO_3^{-\cdot}$ 和 DMPO-$SO_4^{-\cdot}$ 存在顺反异构 (参考图 3.4.4 的 DEPMPO、EMPO，以及 3.4.6 节)，$SO_3^{-\cdot}$ 和 $SO_4^{-\cdot}$ 还容易质子化而引入一个或两个弱耦合的 H_γ。因此，这两种自由基的具体结构和归属，存在争议。

表 3.4.7 还表明，DMPO 只能给出自由基种类，如烷基、烷氧、烷过氧等自由基，不能直接甄别相似自由基，如甲基、羟甲基、乙基、羟乙基、丙基与异丙基，或甲氧、乙氧与叔丁氧，或甲酸与乙酸等。这是 DMPO 不如 MNP 的地方。但是，由于 DMPO 良好的溶解性，只要设计严格的对比实验，就能准确地解析 EPR 谱图和阐明相应的自由基反应历程或电子传递。

在电解法或金属催化等反应中，容易形成氢自由基，H·，但其寿命比较短，往往仅能持续数分钟。因此，在历时数小时甚至更长的有机反应中，它经常会被人们所忽略。

3.4.5　自由基转变，捕获剂的选择

一般地，需要捕获的自由基都是活泼的中间产物，它们在不同环境中还可能引发其他副反应。所以，需要根据反应条件，选择相应的捕获剂种类，如图 3.4.10 示意的 MNP 和 DMPO 捕获磷酰基自由基 {· P(O)(CH_2CH_3)$_2$} 的模拟谱，A_P、A_N 和 A_H 的大小存在显著差别。应注意的实验细节主要有：

(1) 选择有利于自由基较稳定积累的化学环境，如 pH、溶剂及其活性、温度等。对于非常活泼的自由基，根据溶解性，可选择 MNP、PBN、POBN、DMPO、BMPO 等，作迅速捕获。有些自由基，会发生质子化或者去质子化的过程：pH 低，有利于形成 ·OH；pH 高，形成 ·OOH 或 $O_2^{-\cdot}$。$O_2^{-\cdot}$ 在甲醇和 DMSO 等醇类溶剂中能较稳定地存在，而易被 DMPO 所捕获，若含有痕量的水或人为添加酚类试剂，DMPO-·OO 会转变成 DMPO-·OOH，并且会影响 A_N、$A_{H\beta}$ 的大小；随着水含量逐渐上升，$A_{H\beta}$ 和 $A_{H\gamma}$ 才会趋向一个稳定值。甲醇，会被某些具有半导体性质的金属氧化物类催化剂所氧化或电解，产生 ·OCH_3，在文献中被屡次错误归属为 $O_2^{-\cdot}$。若催化剂预先经酸化处理，那么在甲醇溶液中可检测到 DMPO-·OO 向 DMPO-·OOH 快速转变的动力学过程，$O_2^{-\cdot}$ 质子化所需的质子源自于催化剂的释放。在水溶液中，$O_2^{-\cdot}$/HOO^- 的加成速率比较慢，而它的 DMPO 加成产物

分解成 DMPO-·OH 的速度又非常迅速，因此往往无法被有效地检测。

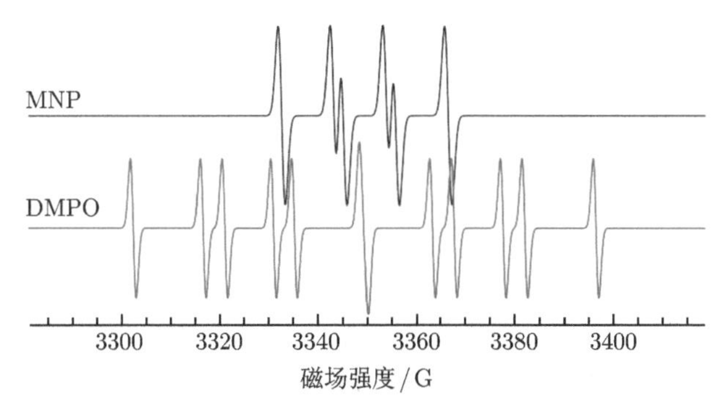

图 3.4.10 磷酰基自由基 {$^{\bullet}P(O)(CH_2CH_3)_2$} 分别被 MNP 和 DMPO 所捕获的 EPR 模拟谱。DMPO：A_N =14.4 G, A_H =18.8 G, A_P =46.7 G [27]；MNP：A_N =10.6 G, A_P =12.6 G。其余的相同模拟参数是 g = 2.005，9.5 GHz [28]

自由基加成产物本身还是一个自由基，也会再发生重组、歧化或降解等反应，并且 EPR 测试以室温溶液为主，因此，捕获实验条件的控制非常重要，以防止二级反应等后续副反应。少数自由基加成产物比较活泼，需用液氮迅速冷冻保存然后再快速升温、融化和检测；若低温检测，g 和 A_N 的各向异性占主导，不同来源和不同自由基加成所引起的谱图变化，微乎其微，无法作归属。

与此同时，在实际的化学反应中，所生成的自由基不止一种，而往往有两种、三种，甚至更多。这些自由基同时被 DMPO 捕获后，它们各自的超精细结构会叠加在一起，这增大了谱图分析和归属的困难。因此，读者需要多利用表 3.4.7 等的参数，使用模拟软件，练习模拟单个自由基的谱图和两个以上自由基组分随着不同比例的谱图的变化趋势，以加深对谱图的直观掌握。图 3.4.11 示意 DMPO 同时捕获到 ·H、·R(饱和烃)、·R(不饱和烃) 等三种自由基的谱图及其模拟。

(2) 因生成速度非常慢需较长时间积累的化学反应中，可用 BMPO 作较长时间的积累。例如，BMPO-·OH 自由基加成产物非常稳定，可以进行数日的连续捕获，以积累到适合探测的浓度，或观测不同时间段的自由基种类和动力学 [29]。

捕获剂在生产、贮存、分装和使用等过程中，会发生失活、变性、降解等反应。因此，新买的捕获剂都要做活性检测，甚至再纯化。图 3.4.12 展示了 DMPO 在不同氧化环境中的氧化产物，二者的 A 因子差异见表 3.4.7 的末尾。其中，自氧化产物 A 较为常见，可用活性炭过滤处理而去除。产物 B，形成于氧化性较强的生物、化学环境中，较小的 A_N 和 A_H 表明它具有一个共轭的自由基中心。因此，在正式实验之前，务必检测捕获剂活性是否正常和是否存在自氧化的 DMPO，然后再合理设计实验，并防止错误。简单的活性检测有芬顿反应、紫外光照双氧水、黄嘌呤氧化酶体系等，诱导 ·OH 或 ·OOH 的生成。芬顿反应是亚铁离子与过氧化

氢的混合物 (铁离子的价态变化，可用冷冻捕获和低温检测，详见第 4 章)[30,31]，

$$Fe^{2+} + H_2O_2 \longrightarrow Fe^{3+} + OH^- + \cdot OH$$

黄嘌呤氧化酶体系，

$$\text{黄嘌呤} + H_2O_2 + 2O_2 \longrightarrow \text{尿酸} + 2O_2^{-\cdot} + 2H^+$$

紫外光辐照双氧水，

$$H_2O_2 \longrightarrow 2 \cdot OH$$

或使用光敏剂如核黄素等的水溶液，pH 低有利于 ·OH，pH 高有利于 ·OOH。羟基自由基 ·OH 的氧化还原电势是 2.8 eV，是自然界中仅次于氟 (2.87 eV) 的氧化剂。

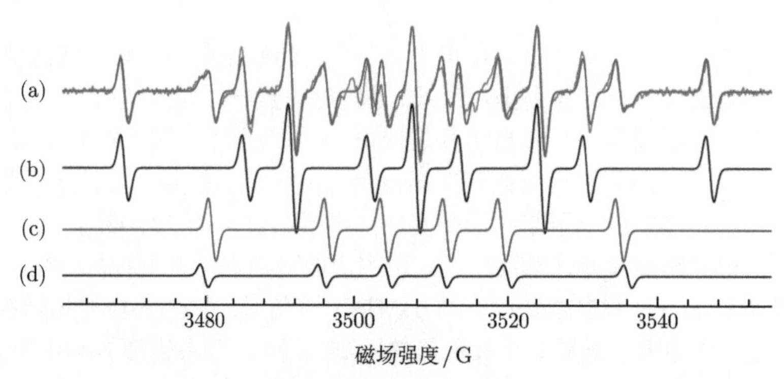

图 3.4.11　DMPO 同时捕获到三种自由基的 EPR 谱图：(a) 9.85 GHz 的室温谱和模拟；(b) DMPO-·H，$A_N = 16.45$ G, $A_{H\beta}(\times 2) = 22.5$ G；(c) DMPO-·R(饱和烃自由基)，$A_N = 15.6$ G, $A_{H\beta} = 22.9$ G；(d) DMPO-·R(不饱和烃自由基)，$A_N = 15.9$ G, $A_{H\beta} = 24.5$ G。省略其余较为微弱的信号

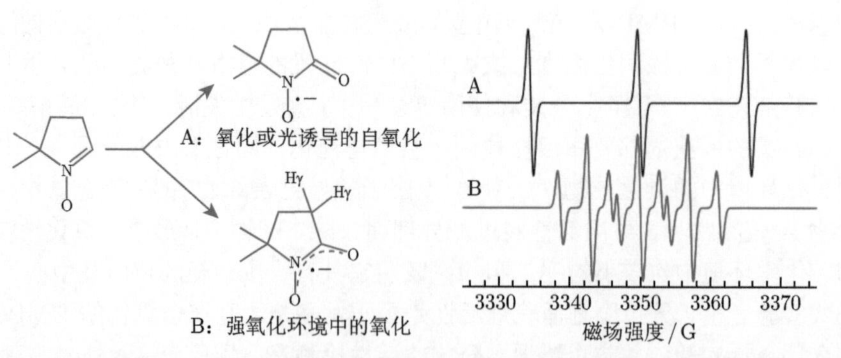

图 3.4.12　不同环境中 DMPO 氧化产物的差异和 9.4 GHz 的模拟谱 (其他参数见表 3.4.7 末)

活泼自由基，容易发生歧化、重组、拔氢反应。因此，对照实验必须严格，才能准确获知自由基的来源和正确阐明相应的反应历程。有些自由基，会取代 α-活泼氢等而形成新自由基，甲醇、乙醇、DMSO、脂质等常见溶剂是 ·OH 清除剂 [31−33]：

$$CH_3OH + \cdot OH \longrightarrow \cdot CH_2OH + H_2O \quad (需钛离子)$$

$$CH_3CH_2OH + \cdot OH \longrightarrow C\dot{H}_3CHOH + H_2O$$

$$CH_3\ S(O)CH_3 + \cdot OH \longrightarrow CH_3SOOH + \cdot CH_3$$

$$LH + \cdot OH \longrightarrow \cdot L + H_2O$$

甲酮自由基 ($C\dot{H}_3CHOH$) 的超精细分裂，随着酸或碱而变，详见表 3.3.3。脂质自由基 ·L 或烷基 ·R 能再被 O_2 氧化，形成烷过氧化物，

$$\cdot L + O_2 \longrightarrow LOO\cdot$$

$$\cdot R + O_2 \longrightarrow ROO\cdot$$

这些反应的自由基产物，同样可用于捕获剂的活性检测。与醇不同，硫醇是在—SH 基的硫原子形成 RS· 自由基，参考辐照半胱氨酸所形成的自由基 [34−36]。

许多催化剂，化学领域的研究人员会重点关注催化中心的化合价的变化性，而忽略了很多催化剂本身是导体或半导体 (详见 7.4.6 节，或参考半导体光电化学的专著)。以水为例，正常情况下，发生电离平衡时，

$$H_2O \rightleftharpoons HO^- + H^+$$

这种情况下，水的活性是非常弱的，只会发生一些离子型反应。通电时，所形成的中间产物就不一样了，

$$H_2O \longrightarrow (通电)HO\cdot + H\cdot \quad (或O_2\uparrow + H_2\uparrow)$$

这个反应，等效于从水上脱氢。有机催化脱氢的反应，经常使用金属催化剂 Pt、Ni、Cu，如 Pt 基双金属合金催化丙烷脱氢变成丙烯等。类似的催化剂，是一些具有半导体性质的过渡金属氧化物、硫化物等催化脱氢 (有时需结合光照等其他手段)，

$$RH + 金属氧/硫化物 \rightleftharpoons R\cdot + H\cdot$$

其中 R· 可被 DMPO 所捕获，H· 会迅速地扩散到催化剂体相中而难以被 DMPO 等捕获剂所俘获。因此，需要了解每一种试剂和溶剂可能参与的化学反应，做到慎之又慎。以甲醇为例，如反应体系中存在过渡离子或含有比较活泼空位的材料等催化剂时，

$$过渡金属氧化物\ (或加光照) + CH_3OH \longrightarrow CH_3O\cdot$$

甲醇既是溶剂，也是自由基引发剂。文献中，$CH_3O\cdot$ 被错误归属为 $O_2^{-\cdot}$ 或 $\cdot OH$ 的文献报道，屡见不鲜。

N, *N*-二甲基四酰胺 (DMF) 是一种被广泛使用的极性非质子溶剂，然而，在紫外光照射或某些催化剂处理时，能形成羰基碳中心自由基，—·C(O)—。紫外辐照甲酸时，则形成 $CO_2^{-\cdot}$ 自由基 [37]。这两种自由基的 EPR 参数非常接近 (表 3.4.7)，它们的归属尚存争论，还需要其他严格的对照实验或同位素示踪。

单 (线或重) 态氧分子 $^1\Delta_g$ 等活性物质呈 EPR 沉默态，需用 2,2,6,6-四甲基哌啶 (TEMP) 及其衍生物捕获 [38]，形成 2,2,6,6-四甲基哌啶氮氧自由基 (TEMPO radical)，如图 3.4.13 所示。通过 TEMPO 自由基 EPR 信号强度随着反应进程的变化趋势，可获知单态氧分子 $^1\Delta_g$ 的生成速率和浓度变化，但需要注意的是，TEMPO 自由基可继续接受一个电子而还原成中性分子或阴离子，致使 EPR 信号消失。类似的常用捕获剂是 2,2,5,5-四甲基吡啶 (TEPY)，其反应与 TEMP 类似。实验上，为了确认单态氧的形成和生理功能，还需用 β-胡萝卜素、类胡萝卜素、维生素 C 和 E、质醌、NaN_3 等单态氧清除剂做佐证实验，参考专著 [39,40]。

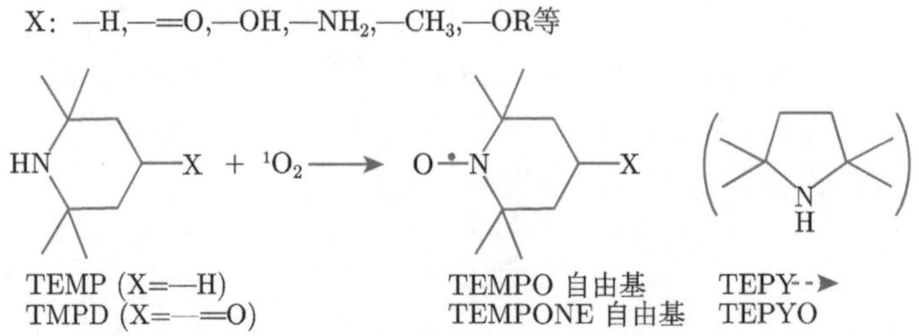

X: —H,—=O,—OH,—NH_2,—CH_3,—OR等

HN —X + $^1O_2$ ⟶ O$\cdot$N —X

TEMP (X=—H)
TMPD (X=—=O)

TEMPO 自由基
TEMPONE 自由基

TEPY ⟶
TEPYO

图 3.4.13 单线态氧分子 $^1\Delta_g$ 的捕获过程，详见文献 [36]

3.4.6 BMPO、DEPMPO 及其衍生物的同分异构现象

DMPO 的酰基化衍生物 (BMPO、EMPO 等) 和磷酰化衍生物 (DEPMPO 及其衍生物 DIPPMPO、CYPMPO 等)，具有手性碳原子和手性平面，如图 3.4.4 所示 [41-43]；自由基加成后，还会形成一个新的手性碳原子 C_α。因此，它们的自由基加成产物会形成至少两种构象。BMPO 的吡咯环上有一个手性碳原子，且 N—O_σ 键偏向吡咯环的一侧，与吡咯环不共面，形成一平面手性结构，如图 3.4.14 所示。氧化的 BMPO 谱图表明，只有一种手性平面异构，两个 H_γ 是不等性的 (类似于直立键和平伏键，axial and equatorial bonds)，具有不同的 $A_{H\gamma}$。自由基—R$'$(氢自由基除外) 加成后，加成产物 BMPO-R$'$ 的吡咯环上会再形成另外一个手性碳原子，使整个分子一共具有两个手性碳原子和一个手性平面，形成反式和顺式两种主要构象，分别对应图 3.4.14 的构象 I 和 II。顺式构象中，极性的酯键与基团

R′ 的相互作用 (如氢键、极性相互作用等)，起到类似于吸电作用的效果，这种相互作用在反式构象中不会发生或很弱。因此，BMPO 加成产物中反式构象的 $A_{\mathrm{H\beta}}$ 大于顺式构象的 (见表 3.4.8)，和 DMPO 加成产物中 $A_{\mathrm{H\beta}}$ 随着基团 R′ 的给电或吸电能力而变的情况类似。这两种构象的比例会随着 pH、不同溶剂或不同催化剂等具体反应条件而变，不是固定值。图 3.4.15 以 BMPO-·OH 和 BMPO-·OOH 为例，示意了构象 I 和 II 的谱图差异。在文献中，也曾经有研究人员错误地将这两种构象分别归属成不同的自由基。

R′ (自由基): —OH, —OOH, —SH,···

构象I　　　　构象II

图 3.4.14　BMPO 自由基加成产物的两种立体异构体 (stereoisomers)：构象 I 是反式结构，自由基—R′ 与酯键异侧；构象 II 是顺式结构，自由基—R′ 与酯键同侧。∗ 表示手性碳原子

表 3.4.8　BMPO 自由基加成产物两种异构体的代表性参数。构象 I：反式；构象 II：顺式

自由基种类	构象	比例	A_{N}/G	$A_{\mathrm{H\beta}}$/G	A_{γ}/G
·OH	I	∼ 18%	13.47	15.31	0.62
	II	∼ 82%	13.56	12.30	0.66
·OOH	I	∼ 55%	13.4	12.1	
	II	∼ 45%	13.37	9.42	
·SG (谷胱甘肽)	I	∼ 43%	14.36	16.6	1.8
	II	∼ 57%	14.3	14.7	1.3

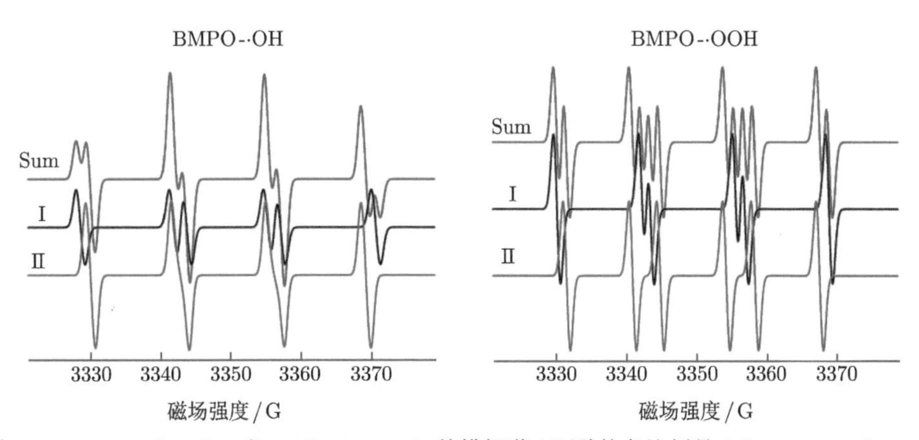

图 3.4.15　BMPO−·OH 和 BMPO−·OOH 的模拟谱，两种构象比例是 I:II = 0.5:1，Sum 是二者的叠加，参数见表 3.4.8

3.4.7 PBN 捕获

PBN 及其衍生物水溶性好，自由基加成产物比较稳定，因此应用也非常广泛。如图 3.4.5 所示，自由基 ·R′ 加成到 C_α 原子上，该 C_α 原子还连接一个苯基。苯基的共轭效应和叔丁基的稳定作用，使基团—R′ 对 A_N 和 $A_{H\beta}$ 的影响非常小，如表 3.4.9 所示。A_N 的变化范围大致是 (15 ± 1)G，除了 H· 外，$A_{H\beta}\sim(3\pm1.5)$ G，二者的变化范围，远远不如 MNP、DMPO 等。若自由基中心原子是 H、N、B、P 等磁性核，PBN 和 POBN 等都能准确甄别；若中心原子核自旋为零，那么 PBN 等对自由基 ·R′ 的辨别能力就比较有限了。图 3.4.16 比较了 PBN-H、PBN-CH_3、PBN-OH 三种自由基加成产物的模拟谱。

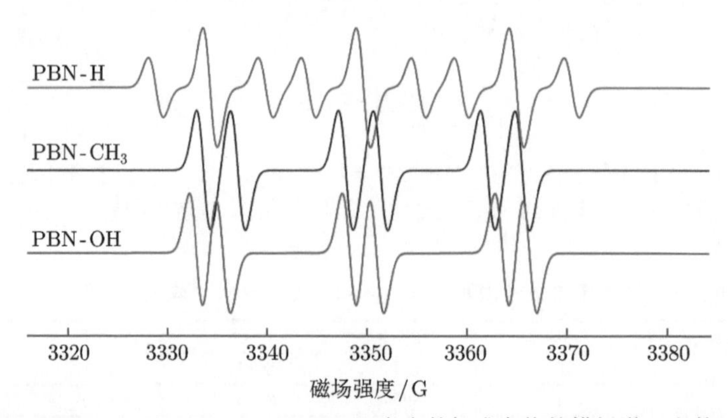

图 3.4.16　PBN-H、PBN-CH_3、PBN-OH 自由基加成产物的模拟谱，参数见表 3.4.9

表 3.4.9　PBN 的代表性自旋捕获反应 (自上而下是 $A_{H\beta}$ 由大到小的大致趋势)

自由基种类	自由基	常用溶剂	A_N/G	$A_{H\beta}(X_\beta)$/G	g_{iso}
质子					
	·H	水	16.7	10.9(×2)	2.0059
	·H	苯	14.3	7.1(×2)	
	·D	甲苯	14.6	7.4, 1.25 (D_β)	
氮族、硼族					
	·NH_2	水	16.14	3.54, 1.2(N_β)	
	·$NHNH_3$	$CHCl_3$	16.6	3.1	
	·BR_2	乙腈	15.2	2.3, 4.3($^{10}B_\beta$)	
	·PR_3	乙腈	14.6	4.3, 14.6($^{31}P_\beta$)	
烷基					
	·CH_3	苯	14.2	3.45	2.0061
	·CH_2CH_3	苯	14.3	3.4	
	·CH_2OH	甲醇	15.6	3.7	2.0056

续表

自由基种类	自由基	常用溶剂	A_N/G	$A_{H\beta}(X_\beta)$/G	g_{iso}
	$\cdot CH_2CH_2OH$	乙醇	14.6	3.6	
	$CH_3\cdot CHOH$	乙醇	15.4	3.6	
	苯基	苯	14.41	2.2	
含氧自由基					
	$\cdot OH$	水	15.3	2.7	2.0057
	$\cdot OOH$	水	14.8	2.8	2.0057
	$\cdot OCH_3$	甲醇	14.3	2.8	
	$\cdot OCH_2CH_3$	乙醇	14.5	2.6	
	tert-BuO·	甲苯	14.4	1.8	2.0064
	tert-BuOO·	苯	13.4	1.5	
卤代烃等					
	$^{13}CO_2^{-\cdot}$(甲酸根)	水	15.80	4.6, 11.7($^{13}C_\beta$)	
	$\cdot CF_3$	苯	13.3	1.54, 1.54(F_β)	
	$\cdot CCl_3$	CCl_4	14.4	1.8	
	$\cdot CBr_3$	甲苯	13.5	1.76	
	$\cdot CHCl_2$	苯	13.6	1.8	
	$\cdot C(O)CH_3$	苯	14.4	2.3	
	$\cdot C(O)NH_2$	水	15.05	3.2	
	$\cdot CN$	乙腈	15.04	1.98	
	丙酮	水	15.9	3.9	
	DMSO	DMSO	13.9	2.31	

3.4.8 金属离子捕获剂

有些化学、生物和医学体系，常用一些金属离子配合物或金属蛋白质作为内源性的自旋捕获剂，如 Fe、Co、Ni、Cu、Mn 等的离子，作为载体参与 O_2、NO 等的输运，详见第 8 章。根据金属离子的自旋态，分为抗磁性和顺磁性两类不同的捕获剂。自由基与 Fe^{2+}、Ni^{2+} 等抗磁性离子的络合，一方面，将自由基累积到可探测的浓度范围；另一方面，未配对电子仍然分布在自由基配体上，EPR 谱图的解析仍然基于自由基结构，若存在自旋离域，将造成超精细耦合常数变小。如果未配对电子转移到金属离子 M^{2+} 上，把后者还原成一个赝离子 M^{1+}。该赝离子 M^{1+} 与孤立 M^{1+} 的电子结构相差很大 (详见 4.5.7 节)。信使分子 NO 是一个顺磁分子，其分子轨道等效于 O_2^+(图 4.2.5)。在溶液中，微量的 NO 难以用 EPR 直接检测，需要借助自旋捕获 (NO 的气相 EPR 在 4.7 节展开)，除非用 Griess 试剂盒 (Griess reagent system) 把亚硝酸盐 NO_2^- 大量还原成 NO [44]。NO 不仅是血管平滑肌内皮细胞的松弛因子和神经传导的逆信使分子，能防止血小板凝聚，还参与免疫响应、损伤修复等生理活动。在研究 NO 的生理功能时，常用含有抗磁性的 Fe^{2+} 配合物、血/肌红蛋白作为 NO 变化的指示剂。

若金属离子是顺磁性的，那自由基结合后，二者的反铁磁性耦合导致它们的信号消失 (详见 4.5.7 节)。比如，含 Fe^{3+} 的肌红蛋白与信使分子 NO 结合后，EPR 信号消失。其中，EPR 信号的逐渐减弱过程，可用于 NO 自由基的指示剂及其动力学研究。相反地，抗磁性的血红素 Fe^{2+} 和 NO 结合，形成 Fe^{I}-NO^{+} 的耦合结构，具有特征的 EPR 谱图，如图 4.5.13 和图 8.2.3 所示。此类方法在生物和医学领域有着广泛的应用。对此类研究感兴趣的读者，请参考赵保路著的《一氧化氮自由基生物学和医学》(2016，科学出版社)。

3.5　自由基形成

在前文中，我们着重于分析自由基结构与 EPR 谱图间的一一映射，而对自由基是如何产生的，并没有过多涉及。自由基形成意味着脱氢、加氧或电子传递，这需具体问题具体分析，不能照搬。在本节，我们对此问题只作一般性展开。诱导自由基的物理方法有超声波、各种机械方法、热裂解、紫外、γ 射线、X 射线、其他高能粒子等。生物和化学环境中自由基的来源多种多样，如紫外-可见光照、氧化还原/电子传递、各类自由基引发剂 (radical initiator) 等。自第一个被人们发现的三苯甲基自由基 (trityl) 以来，EPR 的广泛应用甄别了不计其数的自由基和相同自由基的不同来源。下面简要介绍常见的诱导自由基的物理和化学方法，生命过程中的自由基详见第 8 章。

严格的对照实验非常重要，防止张冠李戴或无中生有，许多广泛使用的溶剂和试剂，可发生自氧化、光照或加热分解，易被催化剂氧化或还原，或者发生含活泼氢键 (如—C—H、—N—H、—O—H、—SH 等) 的均裂等与自由基有关的反应。有些溶剂在贮藏过程中，含有溶解氧等活性物质，因此，有些自由基反应研究还需要预先作除氧处理。

光激发形成的三重态自由基，详见 4.6 节和 8.3 节。

3.5.1　中性自由基

中性自由基 (neutral radical) 主要是在共价键均裂或拔氢反应中形成。比如，C—C 或 C—H 均裂形成的碳中心自由基，R· 和 H·。C—C 或 C—H 的键解离能比较高，约 $300 \sim 400$ kJ· mol^{-1}，因此，这一类自由基活性高、寿命短，需要在惰性溶剂 (防止自由基重组) 或固相基质 (限制自由基的自由移动而起到防止自由基重组的效果) 中才能积累到可直接检测的较高浓度。部分氧/硫中心的自由基 (如酚、硫酚) 和 N/P 中心自由基 (如 DPPH、TEMPO、氮杂环等) 也是中性的。

物理上，γ 射线选择性打断 C—H 键，如丙二酸自由基是用 ^{60}Co 处理的。紫外光也能打断活泼的 C—H 键。可见光辐照水可诱导超氧阴离子自由基或羟基自由基的生成，二者的比例因 pH 不同而变化；添加光敏色素时，自由基会累积到较高浓度。

化学上，常用卤素、碘代烷、偶氮化合物 (如偶氮二异丁腈、偶氮二异庚腈等)、过氧化物 (烷基过氧化物、酰基过氧化物、其他过氧化物等三大类，如过氧化环己酮、过氧化二苯甲酰、叔丁基过氧化氢、氢过氧化物、过硫酸盐等)、部分有机金属化合物等作为自由基反应的前体和引发剂。其中，—O—O—、—N═N—和—C—M 的 BDE 约为 100 ~ 160 kJ· mol^{-1}(—S—S—约为 310 kJ· mol^{-1}，不能作为引发剂)，在溶剂中经光照 (黄、绿光等，参考 1.1.2 节) 或加热 (40~150 °C) 断裂形成自由基，或被直接加热分解成 CO_2、烃和少量的酯。除叔丁基过氧化物外，其他过氧化物一般会有爆炸的危险。生物化学研究常用的分离蛋白质和寡核苷酸的聚丙烯酰胺凝胶 (SDS-PAGE)，其形成过程就是一个经典的自由基引发过程：N,N,N',N'-四甲基乙二胺 (TEMED) 催化过硫酸铵形成自由基，然后促进丙烯酰胺和双丙烯酰胺的聚合。

自由基引发剂通过适当的改造，可用来研究一些新型的合成反应，这是物理有机化学的研究热点之一。其中，偶氮二异丁腈 (2,2′-azobisisobutyronitrile，AIBN) 加热或光照时发生裂解，并释放出氮气和形成以叔丁碳为中心的氰丙基自由基的反应，如图 3.5.1 所示 [43]。判断自由基中心的标准是等性质子的组数和数量 (参考图 3.2.9)：① 叔碳中心，等性质子只有一组，即位于两个等性甲基上的六个伯氢①，EPR 谱如图 3.5.1 所示；② 伯碳中心，等性质子分为三组，分别是两个 H_α、一个 H_β(叔氢)、三个 H_γ(伯氢)；③ CN 中心，等性质子分为两组，分别是六个伯氢、一个仲氢。

有机过氧化物的光裂解反应通式是

$$\text{RCOO—OOCR} + \text{光 (或加热)} \longrightarrow 2\text{RCOO}\cdot \longrightarrow 2\text{R}\cdot + \text{CO}_2\uparrow$$

过氧化苯甲醛的加热分解反应是

$$\text{PhC(O)O—O(O)CPh} \longrightarrow 2\text{PhCOO}\cdot$$

若与溶剂中巯基 R—SH 重组会形成巯基自由基，

$$2\text{PhCOO}\cdot + \text{RS—H} \longrightarrow \text{PhCOOH} + \text{RS}\cdot$$

过氧化叔丁酯也可用来做自由基引发剂，

① 在有机化学中，根据碳原子与一个、两个、三个或四个碳原子相连，分别称为伯碳原子、仲碳原子、叔碳原子、季碳原子，与伯碳原子、仲碳原子、叔碳原子相连的氢原子分别称为伯氢、仲氢、叔氢。

$$\mathrm{RCOOO}t\text{-}\mathrm{Bu} \longrightarrow \mathrm{R}\cdot + t\text{-}\mathrm{BuO}\cdot + \mathrm{CO_2}\uparrow$$

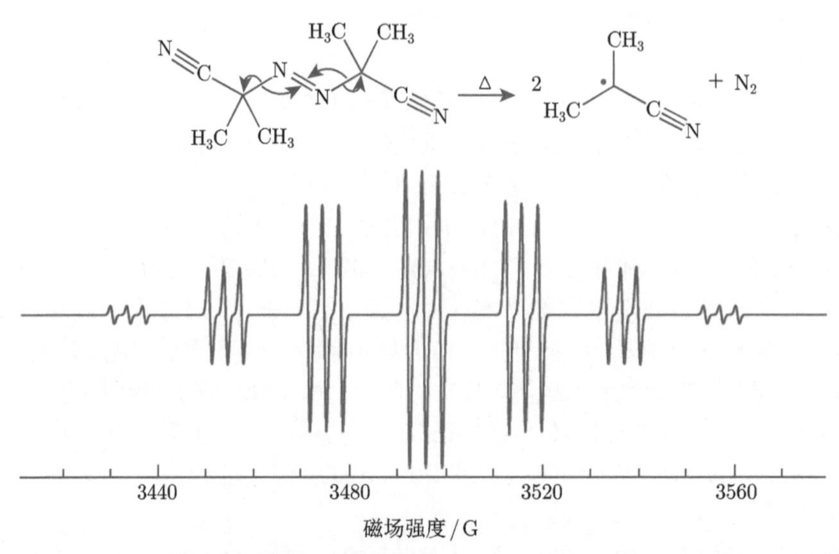

图 3.5.1 偶氮二异丁腈的热解反应和产物氰丙基自由基的 9.8 GHz 模拟谱。参数：A_{H} = 20.65，A_{N} = 3.36 G，g_{iso} ~2.0030

同时形成烃基自由基 R· 和叔丁氧自由基 t-BuO·。室温溶液中，R· 可累积到较高的适用于直接探测的浓度，t-BuO· 因展宽而无法探测，需要使用自旋捕获技术。后者和其他烷氧自由基 ·OR 一样，非常活泼，会引发一系列的二级反应 (如拔氢反应) 而无法被直接跟踪和检测。二叔丁基过氧化物 (di-*tert*-butyl peroxide, DTBP) 的光分解过程是

$$t\text{-}\mathrm{BuO O}t\text{-}\mathrm{Bu} + \text{光} \longrightarrow 2t\text{-}\mathrm{BuO}\cdot$$

$$t\text{-}\mathrm{BuO}\cdot + \mathrm{CH_2=CHCH_3} \longrightarrow t\text{-}\mathrm{BuOH} + \mathrm{CH_2=CHH_2C}\cdot$$

$$t\text{-}\mathrm{BuO}\cdot + \mathrm{PhCH_3} \longrightarrow t\text{-}\mathrm{BuOH} + \mathrm{PhH_2C}\cdot$$

形成苯甲基自由基和丙烯基 σ 自由基 (与烯丙基 π 自由基不同，图 3.2.5)。t-BuO· 还会进攻硅烷上的活泼氢，形成 Si 中心自由基，

$$t\text{-}\mathrm{BuO}\cdot + \mathrm{Et_3SiH} \longrightarrow t\text{-}\mathrm{BuOH} + \mathrm{Et_3Si}\cdot$$

$$\mathrm{Et_3Si}\cdot + \mathrm{CH_3Br} \longrightarrow \cdot\mathrm{CH_3} + \mathrm{Et_3SiBr}$$

在醇或酯的酸性溶液中，HO· 能夺取甲醇上的甲基氢，形成羟化甲基自由基

$\cdot CH_2OH$[31, 32]，

$$H_2O_2 + Ti^{3+} \longrightarrow \cdot OH + OH^- + Ti^{4+}$$

$$\cdot OH + CH_3OH \longrightarrow \cdot CH_2OH + H_2O$$

酚类 (如邻苯二酚、2,4,6-三叔丁基苯酚等) 在碱性的乙醇或水溶液中发生氧化或自氧化，形成苯氧自由基 (图 3.2.9 和图 8.1.7)。

除此之外，自由基还会发生碎裂分解反应，如 t-BuO· 很容易分解成丙酮和甲基自由基，

$$t\text{-BuO}\cdot \longrightarrow (CH_3)_2C = O + \cdot CH_3$$

$$PhCOO\cdot \longrightarrow Ph\cdot + CO_2$$

烷基自由基通过歧化反应 (disproportionation reaction) 形成烷烃和烯烃，如乙基自由基歧化成乙烷和乙烯，

$$2C{-}C\cdot \longrightarrow C{-}C + C = C$$

使用锌粉或电解还原法 (electrolytic reduction)，可催化正碳有机物还原形成自由基，

$$R^+ + e \longrightarrow R\cdot$$

对于中性的 π 自由基 R·，它可继续获得一个电子，形成抗磁性的 R^- 或二价的阴离子自由基或中性分子，

$$R\cdot + K \longrightarrow R^- + K^+$$

$$R^- + K \longrightarrow R^{\cdot 2-} + K^+$$

这类还原反应，经常发生于自旋捕获反应过程。自由基二聚反应，可以用来研究某些弱化学键的解离活性，或用于自由基引发反应 [10]。

3.5.2 阴离子自由基

在合适的条件下，任意分子都可以获得或失去一个电子，这种反应的难易以气态的电离能 (ionization energy，即失去一个电子的倾向性，氧化过程) 或电子亲和能 (electron affinity，即得到一个电子的倾向性，还原过程) 来衡量。有机物电离能约 $5 \sim 15$ eV，电子亲和能约 $+4 \sim -2$ eV($1\ \text{eV} \sim 96.2\ \text{kJ·mol}^{-1}$)。以下先介绍还原过程所形成的阴离子自由基，它们的生成反应比较容易操作。

阴离子自由基 (radical anion)，一般是使用碱金属 (Li、Na、K、Rb、Cs) 还原有机分子 (molecule，M) 而成，如金属钾还原，

$$M + K \longrightarrow M^{\cdot -} + K^+$$

这个反应需要在除氧的惰性溶液 (DMF、THF、MTHF) 中进行，光照可加速反应。若室温反应过于剧烈，则需要在低温下缓慢进行。金属钾还原所形成苯基阴离子自由基的谱图，如图 3.5.2 所示。注：金属钾同样能把四氢呋喃还原成自由基。对于 π 自由基 (如富勒烯等)，它可以继续获得一个电子，形成抗磁性的 −2 价离子或三重态的自由基，甚至更低价态的自由基，

$$M^{\cdot-} + K \longrightarrow M^{2-}\ (\text{或}M^{\cdot\cdot 2-}) + K^+$$

$$M^{2-}(\text{或}M^{\cdot\cdot 2-}) + K \longrightarrow M^{\cdot 3-} + K^+$$

阴离子自由基，也会发生歧化反应，形成中性分子和 −2 价阴离子，

$$2M^{\cdot-} \longrightarrow M + M^{2-}$$

M^{2-} 双质子化后形成其前体 MH_2。该前体经光照或在弱氧化条件下氧化，又可诱发自由基的产生，

$$MH_2 \longrightarrow M^{2-} + 2H^+$$

$$M^{2-} + \text{光照(或弱氧化)} \longrightarrow M^{\cdot-}$$

二酮、醌、含多个氰基或硝基的化合物，都是比较良好的电子受体，易被葡萄糖、连二亚硫酸钠 (sodium dithionite)、锌粉、水银等所还原。

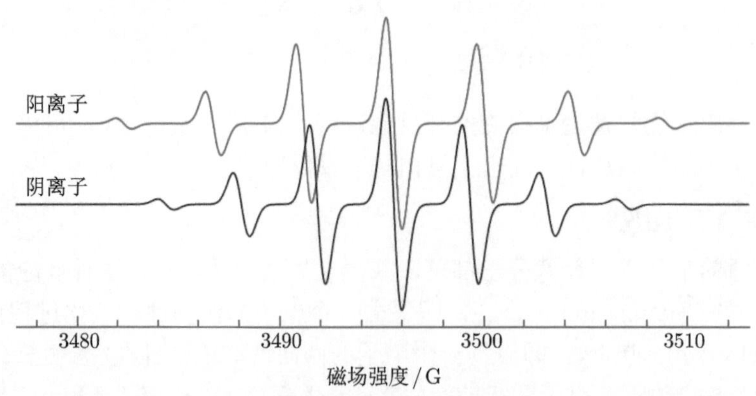

图 3.5.2 苯基阴、阳离子自由基的 9.8 GHz 模拟谱，参数见表 3.2.3

3.5.3 阳离子自由基

相比于阴离子自由基，阳离子自由基 (radical cation) 的诱导条件较为苛刻，且没有标准的制备流程可遵循。如第一个被人们所检测的、芳香类的苯阳离子自

由基，就是将苯溶解在浓硫酸中形成的。其中，硫酸既是溶剂也是氧化剂。若辅以紫外辐照，可提高苯阳离子等芳基自由基的浓度 (图 3.5.2)。其他稠环阳离子自由基，也可使用该方法制备。诱导此类阳离子自由基的介质还有三氟乙酸 (质子酸)、路易斯酸[①](如 $AlCl_3$、$SnCl_3$、SnF_5 等) 等，

$$M + AlCl_3 \longrightarrow M^{\cdot+} + AlCl_4^-(?)$$

其中所涉及的痕量阴离子如 F^-、Cl^- 等，目前尚未确定。

在三氟乙酸介质中，Ag^{1+}、Hg^{2+}、Ce^{4+}、Co^{3+} 等离子在光照下可以氧化有机物，形成阳离子自由基，

$$M + Hg^{2+} + 光 \longrightarrow M^{\cdot+} + Hg^{1+}$$

阴或阳离子自由基所携带的电荷，使自由基间的二聚化反应 (dimerization) 明显弱于中性自由基，可在除氧、除湿的溶液或固体中稳定存在。阳离子自由基能和中性分子聚合，形成二聚阳离子自由基，

$$M + M^{\cdot+} \longrightarrow M_2^{\cdot+}$$

$M_2^{\cdot+}$ 的 g_{iso} 比单体 $M^{\cdot+}$ 的小，这与未配对电子的更大范围离域使二聚体较单体稳定，增大了原子或分子轨道间的能级间隔。

电解还原法和辐照还原法 (radiolytic reduction)，也可诱导此类自由基的形成。

3.5.4 自由基化学的展望

化学，是研究“破旧 (键) 立新 (键)” 的学科。因此，不能因循守旧，尤其是那些在试剂纯化水平不高的年代所形成的旧结论。绝大多数自由基都是非常活泼的，无论是生成，还是重组、歧化、转变、氧化还原、加成、碎裂等，都是非常多样化的。因此，实验过程中需要严格地验证自由基是一级产物还是二级产物。同时，还需要注意常用的不稳定试剂 (如苯甲醛、苯胺、醚、乙腈等) 的自氧化或光化学反应所形成的溶剂自由基。这些试剂，常常会掺入如 $\sim 1\%$的乙醇等作为抗氧化剂，以清除自由基；或加入微量的 Fe^{2+} 等过渡离子，通过芬顿反应来清除醚中的过氧化物。溶解氧可能参与的反应，也需要严格对待和甄别，如预先除氧。在学习 EPR 和自由基反应过程中，建议读者还应去查阅 Wiley 出版的 *The Chemistry of Free Radicals*(“自由基化学” 丛书)，分别是 *Peroxyl Radicals* (1997)，

① 化学中，常用两种理论来描述酸碱概念：一种质子理论，能释放出质子的物质为酸，而能接收质子的物质为碱；另一种电子对理论，具有空轨道的并能接收外来电子对的物质为酸，而提供电子对的物质为碱，分别称为路易斯酸和路易斯碱。二者并无本质矛盾。

General Aspects of the Chemistry of Radicals (1998)，*N-Centered Radicals* (1998)，*S-Centered Radicals* (1999)，*Organosilanes in Radical Chemistry* (2004)，一共五册。随后，Wiley 又出版了相似的丛书 *Wiley Series of Reactive Intermediates in Chemistry and Biology*，分别是 *Quinone Methides* (2009)、*Radical and Radical Ion Reactivity in Nucleic Acid Chemistry* (2009)、*Carbon-Centered Free Radicals and Radical Cations* (2009)、*Copper-Oxygen Chemistry* (2011)、*Contemporary Carbene Chemistry* (2014) 等五个分册。

在实验过程中，可能会遇到许多新的自由基，都需要读者去认真思考。图 3.5.3 展示了一个鲜见的氮硒自由基 ($R^1R^2NSe\cdot$，电子结构参考图 3.4.1 的 $R^1R^2NO\cdot$) 的室温和低温谱图。与氮氧自由基相比，氮硒中心的配位场比较弱，导致 $g \sim 2.0405$ 比前者大，而 $A_N = 13$ G 比前者小。g 偏大，说明处于弱配位场；配位场越弱，未配对电子越容易发生离域，从而使 A 变小。

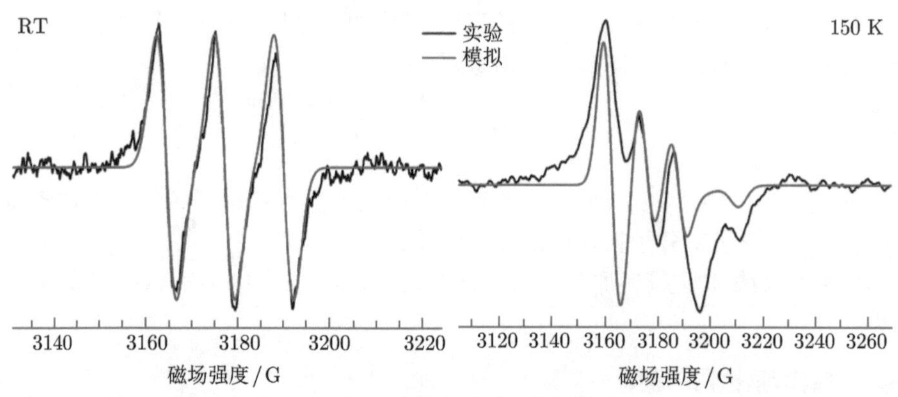

图 3.5.3 氮硒自由基 ($R^1R^2NSe\cdot$) 的室温 (RT) 溶液谱和低温 (150 K) 粉末谱及模拟。模拟参数：室温，$g \sim 2.0405$，$A_N = 13$ G，9.074154 GHz；低温，$g_\perp \sim 2.0395$，$g_\parallel \sim 2.03$，$A_\perp \sim 13$，$A_\parallel \sim 22$ G，9.0617 GHz

参 考 文 献

本章参考的主要专著和教材：

* 详见部分 EPR 数据库中的专著 1、V

Brustolon M, Giamello E. Electron Paramagnetic Resonance: A Practitioners Toolkit. Hoboken: John Wiley & Sons, 2009.

Hicks R G. Stable Radicals. West Sussex: John Wiley & Sons, 2010.

主要参考文献：

[1] KARPLUS M, FRAENKEL G K. Theoretical interpretation of carbon-13 hyperfine interactions in electron spin resonance spectra [J]. The Journal of Chemical Physics, 1961, 35(4): 1312-1323.

[2] SMITH P, KABA R A, SMITH T C, et al. EPR study of radicals formed from aliphatic nitriles [J]. Journal of Magnetic Resonance (1969), 1975, 18(2): 254-264.

[3] SAKURAI H, KYUSHIN S, NAKADAIRA Y, et al. Electron spin resonance study on radicals stabilized by the σ-π captodative effect [J]. Journal of Physical Organic Chemistry, 1988, 1(4): 197-207.

[4] KRUG M, FR HLICH N, FEHN D, et al. Pre-planarized triphenylamine-based linear mixed-valence charge-transfer systems [J]. Angewandte Chemie International Edition, 2021, 60(12): 6771-6777.

[5] ZHANG L, SU J H, WANG S, et al. Direct electrochemical imidation of aliphatic amines via anodic oxidation [J]. Chemical Communications, 2011, 47(19): 5488-5490.

[6] DONG Q, ZHAO Y, SU Y, et al. Synthesis and reactivity of nickel hydride complexes of an α-diimine ligand [J]. Inorganic Chemistry, 2012, 51(24): 13162-13170.

[7] BECCONSALL J K, CLOUGH S, SCOTT G. Electron magnetic resonance study of free phenoxy-radicals [J]. P Chem Soc London, 1959, (10): 308-309.

[8] BECCONSALL J K, CLOUGH S, SCOTT G. Electron magnetic resonance of phenoxy radicals [J]. Transactions of the Faraday Society, 1960, 56(0): 459-472.

[9] RAPPOPORT Z. The Chemistry of Phenols [M]. Hoboken, NJ: Wiley, 2003.

[10] 谭天, 杨佳慧, 朱春华, 等. 利用原位变温 EPR 研究富勒烯双体笼间的弱 C—C 键 [J]. 物理化学学报, 2016, 32(8): 1929-1932.

[11] MOTTLEY C, MASON R P. Sulfur-centered radical formation from the antioxidant dihydrolipoic acid [J]. Journal of Biological Chemistry, 2001, 276(46): 42677-42683.

[12] MARTIR W, LUNSFORD J H. Formation of gas-phase π-allyl radicals from propylene over bismuth oxide and γ-bismuth molybdate catalysts [J]. Journal of the American Chemical Society, 1981, 103(13): 3728-3732.

[13] DRISCOLL D J, MARTIR W, WANG J X, et al. Formation of gas-phase methyl radicals over magnesium oxide [J]. Journal of the American Chemical Society, 1985, 107(1): 58-63.

[14] IANNONE A, TOMASI A, CANFIELD L M. Generation of *N-tert*-butyl-α-phenylnitrone radical adducts in iron breakdown of *tert*-butyl-hydroperoxide [J]. Research on Chemical Intermediates, 1996, 22(5): 469-479.

[15] TALCOTT C L, MYERS R J. Electron spin resonance spectra of the radical anions of pyridine and related nitrogen heterocyclics [J]. Molecular Physics, 1967, 12(6): 549-567.

[16] GILES J R M, ROBERTS B P. An electron spin resonance study of the generation and reactions of borane radical anions in solution [J]. Journal of the Chemical Society, Perkin Transactions 2, 1983, (6): 743-755.

[17] BABAN J A, ROBERTS B P. An electron spin resonance study of phosphine-boryl radicals; their structures and reactions with alkyl halides [J]. Journal of the Chemical Society, Perkin Transactions 2, 1984, (10): 1717-1722.

[18] BABAN J A, MARTI V P J, ROBERTS B P. Ligated boryl radicals. Part 2. Electron spin resonance studies of trialkylamin-boryl radicals [J]. Journal of the Chemical Society,

Perkin Transactions 2, 1985, (11): 1723-1733.

[19] SU Y, KINJO R. Boron-containing radical species [J]. Coordination Chemistry Reviews, 2017, 352: 346-378.

[20] GAO W, XIN L, HAO Z, et al. The ligand redox behavior and role in 1,2-bis[(2,6-diisopropylphenyl)imino]-acenaphthene nickel-TMA(MAO) systems for ethylene polymerization [J]. Chemical Communications, 2015, 51(32): 7004-7007.

[21] MAXIM C, MATNI A, GEOFFROY M, et al. C_3 symmetric tris(phosphonate)-1,3,5-triazine ligand: Homopolymetallic complexes and its radical anion [J]. New Journal of Chemistry, 2010, 34(10): 2319-2327.

[22] GILBERT B C. Electron Paramagnetic Resonance. Vol 22 [M]. Cambridge: Royal Society of Chemistry, 2010.

[23] CHATTERJEE R, COATES C S, MILIKISIYANTS S, et al. Structure and function of quinones in biological solar energy transduction: A high-frequency D-band EPR spectroscopy study of model benzoquinones [J]. Journal of Physical Chemistry B, 2012, 116(1): 676-682.

[24] TIKHONOV A N. Photosynthetic electron and proton transport in chloroplasts: EPR study of ΔpH generation, an overview [J]. Cell Biochem Biophys, 2017, 75(3-4): 421-432.

[25] DHIMITRUKA I, BOBKO A A, EUBANK T D, et al. Phosphonated trityl probes for concurrent *in vivo* tissue oxygen and pH monitoring using electron paramagnetic resonance-based techniques [J]. Journal of the American Chemical Society, 2013, 135(15): 5904-5910.

[26] CLEMENT J L, FERRE N, SIRI D, et al. Assignment of the EPR spectrum of 5,5-dimethyl-1-pyrroline *N*-oxide (DMPO) superoxide spin adduct [J]. Journal of Organic Chemistry, 2005, 70(4): 1198-1203.

[27] ZHOU M, CHEN M, ZHOU Y, et al. β-ketophosphonate formation via aerobic oxyphosphorylation of alkynes or alkynyl carboxylic acids with H-phosphonates [J]. Organic Letters, 2015, 17(7): 1786-1789.

[28] KE J, TANG Y, YI H, et al. Copper-catalyzed radical/radical C_{sp3}-H/P-H cross-coupling: α-phosphorylation of aryl ketone *O*-acetyloximes [J]. Angewandte Chemie—International Edition, 2015, 54(22): 6604-6607.

[29] FENG G, CHENG P, YAN W, et al. Accelerated crystallization of zeolites via hydroxyl free radicals [J]. Science, 2016, 351(6278): 1188-1191.

[30] GOLDSTEIN S, MEYERSTEIN D, CZAPSKI G. The Fenton reagents [J]. Free Radical Biology and Medicine, 1993, 15(4): 435-445.

[31] DIXON W T, NORMAN R O C. 572. Electron spin resonance studies of oxidation. Part I. Alcohols [J]. Journal of the Chemical Society (Resumed), 1963: 3119-3124.

[32] SHIGA T. An electron paramagnetic resonance study of alcohol oxidation by Fenton's reagent [J]. The Journal of Physical Chemistry, 1965, 69(11): 3805-3814.

[33] TANIGUCHI H, HASUMI H, HATANO H. Electron spin resonance study of amino acid

radicals produced by Fenton's reagent [J]. Bulletin of the Chemical Society of Japan, 1972, 45(11): 3380-3383.

[34] AKASAKA K. Paramagnetic resonance in L-cysteine hydrochloride irradiated at 77K[J]. The Journal of Chemical Physics 1965, 43(3): 1182-1184.

[35] VAN GASTEL M, LUBITZ W, LASSMANN G, et al. Electronic structure of the cysteine thiyl radical: A DFT and correlated *ab initio* study [J]. Journal of the American Chemical Society, 2004, 126(7): 2237-2246.

[36] ZEIDA A, GUARDIA C M, LICHTIG P, et al. Thiol redox biochemistry: Insights from computer simulations [J]. Biophysical Reviews, 2014, 6(1): 27-46.

[37] JIANG X, LIN Z, ZENG X, et al. Plasma-catalysed reaction M^{n+}+ L-H → MOFs: Facile and tunable construction of metal-organic frameworks in dielectric barrier discharge [J]. Chemical Communications, 2019, 55(81): 12192-12195.

[38] NARDI G, MANET I, MONTI S, et al. Scope and limitations of the TEMPO/EPR method for singlet oxygen detection: the misleading role of electron transfer [J]. Free Radical Biology and Medicine, 2014, 77: 64-70.

[39] PACKER L, SIES H. Singlet Oxygen, UV-A, and Ozone [M]. San Diego, London: Academic Press, 2000.

[40] LAHER I. Systems Biology of Free Radicals and Antioxidants [M]. Berlin: Springe, 2014.

[41] ZHAO H, JOSEPH J, ZHANG H, et al. Synthesis and biochemical applications of a solid cyclic nitrone spin trap: A relatively superior trap for detecting superoxide anions and glutathiyl radicals [J]. Free Radical Biology and Medicine, 2001, 31(5): 599-606.

[42] KAMIBAYASHI M, OOWADA S, KAMEDA H, et al. Synthesis and characterization of a practically better DEPMPO-type spin trap, 5-(2,2-dimethyl-1,3-propoxy cyclophosphoryl)-5-methyl-1-pyrroline *N*-oxide (CYPMPO) [J]. Free Radical Research, 2006, 40(11): 1166-1172.

[43] CULCASI M, ROCKENBAUER A, MERCIER A, et al. The line asymmetry of electron spin resonance spectra as a tool to determine the *cis:trans* ratio for spin-trapping adducts of chiral pyrrolines *N*-oxides: The mechanism of formation of hydroxyl radical adducts of EMPO, DEPMPO, and DIPPMPO in the ischemic-reperfused rat liver [J]. Free Radical Biology and Medicine, 2006, 40(9): 1524-1538.

[44] BREDT D S, SNYDER S H. Nitric oxide: A physiologic messenger molecule [J]. Annual Review of Biochemistry, 1994, 63(1): 175-195.

[45] SAVITSKY A N, PAUL H, SHUSHIN A I. Electron spill polarization after photolysis of AIBN in solution: Initial spatial radical separation [J]. Journal of Physical Chemistry A, 2000, 104(40): 9091-9100.

备周则意怠，常见则不疑。阴在阳
之内，不在阳之对。太阳，太阴。
——《三十六计 · 瞒天过海》

第 4 章　各 向 异 性

含有一个以上未配对电子的单核中心，若有两个或两上以上的轨道尚未充满或者空轨道，那么会有高、低自旋态：低自旋态是将未配对电子的数目最小化成 $S=0$ 或 $S=1/2$，高自旋态是将未配对电子的数目最大化，$S\geqslant 1$；位于这两个极值间的其余自旋态，称为中间自旋态或激发态。类似地，由两个或两个以上的单核中心构成的耦合体系，各个中心间存在不同的磁性耦合：反铁磁性耦合是将未配对电子的数目最小化成总自旋 $S_{\text{total}}=0$ 或 $S_{\text{total}}=1/2$，而铁磁性耦合则是将未配对电子的数目最大化，$S_{\text{total}}\geqslant 1$；介于这两个极值间的自旋态，根据能级次序称为第一、第二、$\cdots$ 激发态；若形成某个稳定的中间自旋态，则称为亚铁磁性耦合。

本章介绍 EPR 谱图的各向异性，是第 3 章内容的深入，也是内禀核心性质之所在。各向异性，只能通过固态样品 (如冷冻溶液、粉末、多晶或单晶等) 来测试，所以有时会被称为固态 EPR。4.1 节介绍晶体场理论和 p、d 轨道能级分裂，4.2 节介绍 $S=1/2$ 低自旋体系的 g 因子各向异性，4.3 节介绍超精细耦合相互作用的各向异性，4.4 节介绍低、高场近似的 $S\geqslant 1$ 高自旋体系，4.5 节介绍交换作用和磁性物理，4.6 节以双自由基和三重态为主，4.7 节是以气相原子和分子为理想对象的 EPR 应用 (气相的原子和双原子分子等属于孤立体系，其中分子能级结构相对较为复杂，读者还须参阅本章所引的原子与分子光谱专著)。

4.1　晶体场中 p 和 d 轨道的能级分裂

物质的结构决定其性质，结构是内在本质，性质是外在表现。像第 1 章所详述的自由原子核外电子排布所遵循的基本原理和原子总磁矩，是非常稀少的、孤立的理想情形，远非我们日常研究所触碰的真实客观物质世界。物质结构主要是由其构成原子或离子的核外电子所占据的具体轨道的空间排布所决定，而核外电子排布会随着周围化学环境的变化而变化，最终体现为相应轨道由简并到去简并的变化过程。在宏观结构中，物质的磁性和其几何结构与电子结构是密切相关的，物质内部相邻原子间存在各种各样的有序或无序相互作用，如不同类型的化学键

(金属键、离子键、共价键、配位键)、静电作用、电子效应、交换作用等。与此相关的物质结构理论主要有晶体场理论、配体场理论、分子轨道理论等。

在学习本节的同时，读者还须阅读潘道皑等所著的《物质结构》，麦松威、周公度、李伟基等所著的《高等无机结构化学》，以及赵敏光的《晶体场和电子顺磁共振理论》，以加深对原理性问题或现象的理解。

4.1.1 s、p、d、f 等原子轨道的空间取向

电子在原子核外 r 处出现的概率用概率幅 $|\psi_{nlm_lm_s}(r)|^2$ 来表示，其中轨道磁量子数 m_l 决定着各个原子轨道是否具有空间有规取向 (orientation)。如图 4.1.1 所示，当 $n=1$，$l=0$ 时，$m_l=0$，$1s$ 轨道在三维空间中呈球形对称，呈各向同性；当 $n=2$，$l=1$ 时，$m_l=0$ 和 ±1，即 $2p$ 轨道，对应三个相互垂直的纺锤形轨道，呈有规取向；当 $n=4$，$l=2$ 时，$m_l=0$、±1 和 ±2，即 $3d$ 轨道，对应五个不同空间取向的轨道，呈有规取向；当 $n=6$，$l=3$ 时，$m_l=0$、±1、±2 和 ±3，即 $4f$ 轨道，对应七个不同空间取向的轨道，呈有规取向。镧系的 $4f^n$ 和锕系的 $5f^n$ 轨道被更外围的 p 和 d 轨道所屏蔽，从而满足孤立体系的条件，故在本章不作展开，详见 6.3 节。

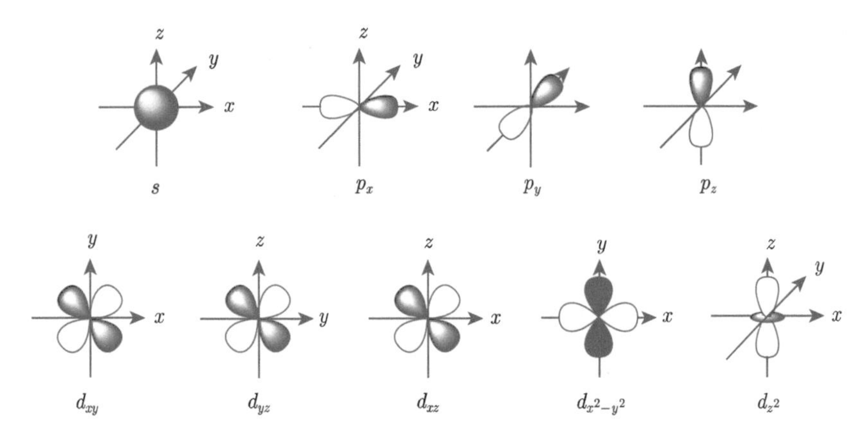

图 4.1.1 $1s$、$2p$、$3d$ 轨道的不同空间取向

4.1.2 晶体场理论和 d 轨道能级分裂

原子核外的 p 和 d 轨道均具有规取向。当该原子处于非球形对称的静电场结构中时，这些轨道的能量将受到不同程度的影响，导致它们发生能级分裂。其中，最典型的代表结构是配位化合物 (简称配合物，早期称为金属络合物或络合物)。一个配合物分子至少由两部分组成，即中心原子和配体：中心原子由一个或多个带正电荷的过渡金属原子或离子组成，每个中心原子又与若干个配体形成配位键；配体一般是单原子或多原子的阴离子或中性分子。形成配合物时，配体提

供孤电子对或多个不定域电子，中心原子提供空轨道以接受配体所提供的孤电子对或多个不定域电子。对于较为简单的配合物，我们用基于点电荷模型的晶体场理论 (crystal-field theory)，即可直观地描述中心原子与配体间的静电作用和所造成的轨道能级分裂。若考虑到中心原子的轨道与配体的轨道的叠加情况，则须将分子轨道理论 (molecular orbital theory) 引入晶体场理论中，这构成了更为复杂的配位场理论 (又称配体场理论，ligand-field theory)。本书以 EPR 谱图解析为目的，故不对晶体场理论和配体场理论作严格区分。

孤立的过渡原子，或当其处于球形或立方对称的晶体结构时，五个 d 轨道是简并的 (图 4.1.1)。此时，如该离子只有一个 d 电子，那么该电子可以等同地占据五个简并 d 轨道中的任意一个，它占据每个 d 轨道的概率是 20%；类似地，可展开到含有 2~5 个未配对 d 电子的情形，但略微有些复杂。当过渡原子与配体形成配位结构时，过渡原子和配体分别带正、负电荷，彼此间的静电作用将产生一个非球形电场或势场 (non-spherical electric or potential field)，使整个体系能量增加。与此同时，自由离子中原先简并的五个 d 轨道，在不同方向配体的静电作用下能量发生不同变化，从而使五个 d 轨道由最高的五重简并降至三重和二重简并，甚至完全去简并。球形势场虽然也会使体系能量增加，但是不会引起 d 轨道的能级分裂。这种因配位结构所造成的 d 轨道能级分裂，称为晶体场效应，亦称配体场效应。常见的正则晶体场是八面体场和四面体场。

4.1.2.1　八面体场

在由六个相同配体构成的八面体场 (octahedral symmetry) 中，配体分别是沿着 $\pm x$、$\pm y$、$\pm z$ 等六个方向与中心原子形成配位键 (图 4.1.2)。其中，d_{z^2} 和 $d_{x^2-y^2}$ 轨道的叶瓣沿着坐标轴与配体迎头相遇，因而受到较强的静电排斥，其轨道能量增加的幅度较大；另外三个轨道 d_{xy}、d_{xz}、d_{yz} 的叶瓣沿着坐标轴对角线恰好位于配体之间，所受到的静电作用较弱，轨道能量增加的幅度亦较小。这种不同方向的静电荷相互作用造成 5 个 d 轨道分裂成两组不同的简并态：能量较低的是三重简并的 d_{xy}、d_{xz} 和 d_{yz} 轨道，能量较高的是二重简并的 d_{z^2} 和 $d_{x^2-y^2}$ 轨道，这两组不同简并度轨道间的能级差是 $\Delta_{\text{oct}} = 10Dq$，称为八面体场分裂能 (下标为 octahedral 的缩写；Dq，“dipthong of consonants”)，如图 4.1.3 Ia/Ib 所示。Δ_{oct} 不是常数，随着配位强弱的变化而发生变化，见下文的光谱化学顺序。

此时，若再沿着 z 轴作拉长畸变以减弱该方向的静电相斥，势必造成 d_{z^2}、d_{xz}、d_{yz} 等三个轨道能量下降，且下降幅度较另外两个轨道的大，从而形成新的轨道能级分裂 (图 4.1.3)。若持续拉长，那等效于抽去 z 方向的两个配体，转变成四方平面 (square planar) 结构，此时 d_{z^2} 能量会降至 d_{xy} 能量以下，形成 d 轨道能级交错，该变化趋势如图 4.1.3 左上的 Ia → IIa → IIIa 所示。反之，当沿着配

体 z 方向压扁分子时，造成该方向的静电相斥增强，从而使 d_{z^2}、d_{xz}、d_{yz} 等轨道能量上升的幅度较另外两个轨道大，该变化趋势如图 4.1.3 右上的 Ib → IIb → IIIb 所示。于是，体系内只剩下一个二重简并 d_{xz} 和 d_{yz}，该结构称为轴对称 (axial symmetry)。在此基础之上，若再沿着 x 或 y 轴发生拉长或压扁畸变，从而消除仅剩下的二重简并 d_{xz} 和 d_{yz}，那么整个体系内再也没有相同能级的 d 轨道，最终演化成了斜方对称 (rhombic symmetry) 的 d 轨道能级分裂。显然，轨道简并程度越高，体系对称度也越高，就越接近立方对称或球形对称 (cubic or spherical symmetry)。

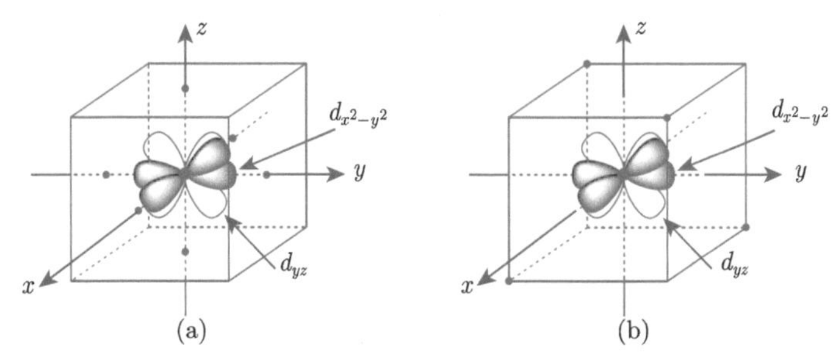

图 4.1.2 八面体场 (a) 和四面体场 (b) 中，$d_{x^2-y^2}$ 和 d_{yz} 轨道叶瓣相对于配体的空间取向，同时参考图 4.1.1

注：在有些理论研究中，当 xy 平面中四个配体形成一个正方形结构使对角线相互垂直时，可将 x 和 y 轴在平面内旋转 45° (参考图 4.1.2)，此时 d_{xy} 和 $d_{x^2-y^2}$ 将发生位置的对调，其余轨道不变，变化趋势亦不变 [1]。但这仅仅为了方便计算，与事实不相符。

4.1.2.2 四面体场

在由四个相同配体构成的四面体场 (tetrahedral symmetry) 中，四个配体都不沿着 $\pm x$、$\pm y$、$\pm z$ 等轴向与中心原子形成配位键。其中，d_{z^2} 和 $d_{x^2-y^2}$ 轨道的叶瓣分别指向立方体的相应面心，d_{xy}、d_{xz} 和 d_{yz} 等轨道的叶瓣分别指向棱边中点 (图 4.1.2)。相比之下，前者距配体较远，后者则较近，因此，后者与配体的静电相互作用也较前者强。于是，5 个 d 轨道分裂成两组不同的简并态：较低能级的是二重简并的 d_{z^2} 和 $d_{x^2-y^2}$，较高能级的是三重简并的 d_{xy}、d_{xz} 和 d_{yz}。这个 d 轨道的能级分裂次序刚好与八面体场的情形相反 (图 4.1.3)：一方面，四面体场中配体并不是沿着 x、y、z 等六个轴向直接与中心离子成配位键；另一方面，后者只有四个配体。因此，中心原子与配体的静电荷相互作用明显弱于八面体场，两组简并轨道间的四面体场分裂能 Δ_{tet} 比较弱，约为前者的 4/9，即 $\Delta_{\text{tet}}=\dfrac{4}{9}\Delta_{\text{oct}}$，下标为 tetrahedral 的缩写。

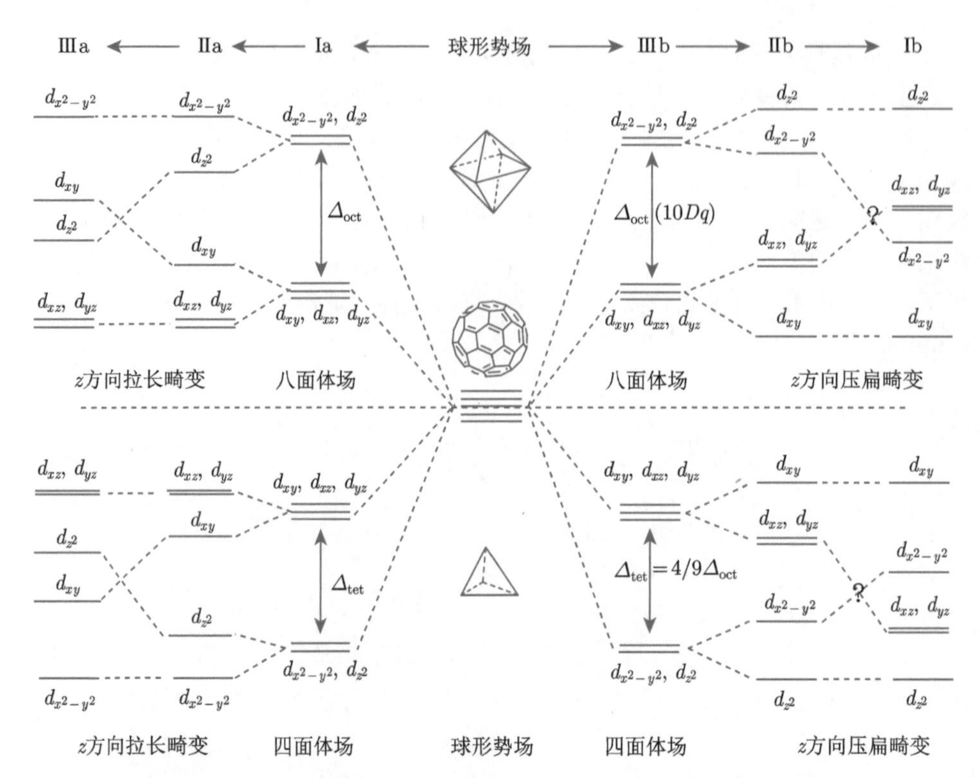

图 4.1.3　配体场变化对 $3d$ 轨道能级分裂的影响。上、下半部分别是八面体场和四面体场；左半边 a，表示沿着 z 方向作拉长畸变；右半边 b，表示沿着 z 方向作压扁畸变；“？”表示不确定；向左或右的单箭头表示畸变逐渐增大，用符号 Ⅰ、Ⅱ 和 Ⅲ 表示。依此类推到沿 x 或 y 轴的拉长或压扁畸变，不再赘述

在四面体场中，若沿着 z 方向再作拉长畸变时，势必造成 d_{xy} 和 $d_{x^2-y^2}$ 轨道能量下降的幅度大于 d_{xz}、d_{yz} 和 d_{z^2}，形成图 4.1.3 Ⅱa 左下所示的轨道能级分裂。若继续拉长畸变，d_{xy} 轨道能量可能会降至 d_{z^2} 水平之下，整个变化趋势如图 4.1.3 左下的 Ⅰa → Ⅱa → Ⅲa 所示。相应地，如果再沿着 x 或 y 轴作拉长或压缩畸变，解除了 d_{xz} 和 d_{yz} 的二重简并，最终使分子结构由轴对称向斜方对称演变。

在四面体场中，若沿着 z 方向作压扁畸变，造成 d_{xy} 和 $d_{x^2-y^2}$ 轨道能量增大的幅度大于 d_{xz}、d_{yz} 和 d_{z^2}，形成如图 4.1.3 右下 Ⅱb 所示的轨道能级分裂。若再压扁，系统会转变成四方平面的结构，此时，须同时参考八面体场的拉长畸变过程，再作分析。

4.1.2.3 其他对称场和 Jahn-Teller 效应

由相同八配体构成的正方体结构是立方对称的势场，也是一个球形势场。除此之外，常见的晶体场有五配位的棱锥形或三角双锥、四配位的四方平面形等，这些都可以由上述两种基本情形出发，作相应畸变而获得 d 轨道能级的演化情况。例如，五配位的棱锥形结构，等效于从八面体场中抽去一个轴向配体。

Jahn-Teller 效应/畸变 (Jahn-Teller effect/distortion，姜-泰勒效应/畸变)，是指任何具有简并性电子组态的非线性分子将会发生形变或畸变以除去简并性的现象。这种电子效应体现在 g_i 随检测温度而变大或变小的实验结果中，如 Cu^{2+} 和 Co^{2+} 配合物，常具有非常明显的 Jahn-Teller 效应。因此，大部分过渡离子配合物，均是斜方对称，即五个 d 轨道全部去简并，有些需用高频高场 EPR 才能分辨。

4.1.2.4 晶体场分裂能的影响因素

影响晶体场分裂能 Δ_{tet} 和 Δ_{oct} 的因素有很多，主要有以下两个方面。

(1) 对于过渡原子，我们根据 “光谱化学序列”(ligand-field splitting parameter)，初步地判断 Δ_{tet} 或 Δ_{oct} 的相对大小。这个序列是不同配体与同一原子组成同一构型的配合物时，晶体场分裂能随着配体的不同而从小到大增加的次序：I^-(0.7) < Br^- (0.72) < SCN^- (0.73) < Cl^- (0.78) < NO_3^- (0.83) < F^- (0.9) < 尿素 (0.91)< OH^-、$C_2O_4^-$、Ac^- (0.94) <H_2O (1.0) < —NCS^- (1.02) < $ETDA^{4-}$ < Py(吡啶，1.23)< NH_3 (1.25) < en(乙二胺，1.28)< dipy(联吡啶，1.33)≈ phen (1,10-邻二氮菲，1.34)< —NO_2^- (1.4) < CN^- ≈ CO (1.7)。

在此序列中，把水的配位能力标准化为 1.0，给出部分配体配位能力强弱。卤素是最弱的配体，含氮有机物和含氮杂环都是较强的良好配体。配体与过渡离子的配位有 σ 键、π 键，或协同作用的 σ-π 键 (即电子授受键)。具有电子授受键的配体是 CN^-、CO 和不饱和的有机物，它们都是强场配体，其结合是不可逆的，参考所引的《物质结构》。

(2) 当配体固定时，晶体场分裂能 Δ 随着中心原子而改变。中心过渡离子正电荷增加，如 +2 变成 +3 时，其对配体的静电作用增强，使配位键变短，Δ 随之增大，d 轨道的能级分裂也越显著。常见部分 +2 价离子的配位能力，遵循 Irving-Williams 顺序，Zn^{2+} < Cu^{2+}> Ni^{2+}> Co^{2+}> Fe^{2+}> Mn^{2+}> Mg^{2+} > Ca^{2+}(Mn^{2+}> Cr^{2+})，其中铜离子最易配位 [2,3]。

需要指出的是，在不同的化学结构中，同一配体的配位强弱会发生变化。如双性基团 CN^-，时而是强场配体，时而是弱场配体，取决于是形成线性的多原子结构还是三角形结构等，读者请参考相关的研究进展。

4.1.3　过渡离子的高、低自旋，EPR 沉默态和活跃态

在孤立的过渡离子中，五个 d 轨道是简并的。按照洪特规则，未配对电子尽可能占据不同的轨道，并保持自旋平行，这样使原子获得一个使整个体系处于能量最低的核外电子排布。在具体结构中，d 轨道能级会随着不同的配位环境而发生相应的变化，此时未配对电子在 d 轨道的排布，将由 d 轨道分裂能 $\varDelta$ 和电子配对能 P(pairing energy) 的相对大小所决定，如图 4.1.4 所示。配对能是让本来自旋平行且分别占据两个轨道的两个电子配对并占据同一个轨道而使体系能量增加的幅度，它由两部分构成：一是克服两个电子间静电相斥的作用，即库仑作用；二是电子间的交换作用，源自于电子自旋波函数的重叠积分。未配对电子愈多，交换作用就愈强，遵循洪特规则。

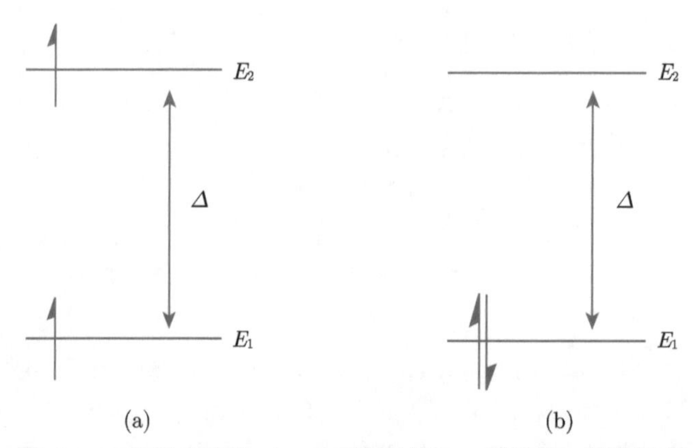

图 4.1.4　轨道分裂能 $\varDelta$，电子配对能 P，以及高、低自旋态

以 d^2 组态为例，基态电子排布有两种方式，以图 4.1.4 所示的任意两个轨道为例，这两个轨道的能级依次是

$$\left.\begin{aligned} E_a &= E_1 + E_2 = E_1 + (E_1 + \varDelta) = 2E_1 + \varDelta \\ E_b &= E_1 + E_2 = E_1 + (E_1 + P) = 2E_1 + P \end{aligned}\right\} \tag{4.1.1}$$

弱晶体场 (简写成弱场) 时，$\varDelta < P$，状态 (a) 稳定，采取高自旋态 (high-spin state)，即遵循洪特规则，电子自旋同向排列并占据尽可能多的轨道。强晶体场 (简写成强场) 时，$\varDelta \gg P$，状态 (b) 稳定，采取低自旋态 (low-spin state)，即电子自旋反向并配对，$S = 0$，抗磁性。在轨道发生能级分裂的情况下，配对电子总是优先填满能量最低的轨道，再依次填充较高能级的轨道，最后形成未配对电子数最少的基态组态。通俗地讲，低自旋态是将体系内未配对电子的数目最小化成

$S = 0$ 或 $S = 1/2$，而高自旋态是将体系未配对电子的数目最大化，直至与半充满轨道的数量相一致。类似地，成键或反铁磁性耦合是将未配对电子的数目最小化成 $S_{\text{eff}} = 0$ 或 $S_{\text{eff}} = 1/2$，而铁磁性耦合是将未配对电子的数目最大化。若用前线轨道理论来描述状态 (b)，那么 E_1 和 E_2 轨道分别对应最高占据的分子轨道 (HOMO) 和最低未占据的分子轨道 (LUMO)。相应地，状态 (a) 就是状态 (b) 经辐照、升高温度等处理后所形成的三重态。

依此，可推广到其他任意的 d^n 电子组态。四面体场中 Δ_{tet} 较弱而容易形成高自旋，八面体场因 Δ_{oct} 较强而形成低自旋。实际上，晶体场分裂能 Δ 是变化多端的，即使在低自旋的情况下，在不同的配位结构中，未配对电子所占据的轨道也会不一样。$nd^{2\sim8}$ 构型的过渡原子，晶体场强弱和自旋态的一般关系是：

(1) 强配体场 (strong ligand field)，低自旋；

(2) 弱配体场 (weak ligand field)，高自旋；

(3) 中强场的自旋态 (intermediate spin)，情况比较繁杂，需具体分析。

对于强配体场，若未配对电子数是偶数 (如 $nd^{2,4,6,8}$)，可形成抗磁性的 $S = 0$ 的单态基态，称为 EPR 沉默态 (EPR-silent state)，第一和第二激发态分别是 $S = 1$ 和 $S = 2$，均为顺磁性，称为 EPR 活跃态 (EPR-active state)，参考图 2.3.4 所示的 Mn^{3+}。以 $3d^6$ 的 Fe^{2+} 为例，强场时，低自旋，$S = 0$，EPR 沉默态；中强场时，中间自旋，$S = 1$(实际上，这种中间自旋态难以形成，常被忽略)；弱场时，高自旋，$S = 2$。又如铁卟啉 $3d^5$ 的 Fe^{3+}，$S = 1/2$、$3/2$、$5/2$ 等三种自旋态分别对应着铁离子的六、五和四配位。互补组态 d^1 和 d^9，只有 $S = 1/2$ 一种自旋态。过渡原子的这些变化，详见第 7 章的范例。作为练习，初学者可尝试分析 Fe^{3+}($3d^5$ 组态) 的高自旋、中间自旋和低自旋的轨道分裂情形，最终扩展至 $nd^{1\sim9}$ 的各种组态，尤其是在畸变的八面体场或四面体场中的低自旋态，以及轴对称、斜方对称或棱锥形等几何结构。在金属酶等生物大分子中，化学活性比较活泼的部位，如涉及反应物的进入和结合与产物的形成和释放等位点，以弱场配位结构为主。若只涉及电子传递，那么配位情形较为复杂，取决于该结构在电子传递过程中的具体位置和氧化还原电势。

以上这些变化同样适用于 $np^{1\sim5}$ 构型，该类原子以强配体场为主，且结构单一。

4.1.4 p 和 d 轨道角动量的淬灭

ns^1 组态的原子，s 电子的轨道量子数 $L = 0$，故 $g_{\text{iso}} \sim g_{\text{e}}$。$np^{1\sim5}$ 和 $nd^{1\sim9}$ 组态的原子，当其处于晶体场中时，会发生轨道角动量的淬灭或冻结 (quenching of orbital angular momentum)。我们先以 p^1 组态为例来阐明轨道角动量的淬灭。在自由原子中，三个 p 轨道是简并的，

$$
\left.\begin{aligned}
\boldsymbol{Y}_1^{+1}\left(|1,+1\rangle\right) &= -\sqrt{\frac{3}{4\pi}}\frac{x+\mathrm{i}y}{r}\\
\boldsymbol{Y}_1^{0}\left(|1,0\rangle\right) &= \sqrt{\frac{3}{4\pi}}\frac{z}{r}\\
\boldsymbol{Y}_1^{-1}\left(|1,-1\rangle\right) &= +\sqrt{\frac{3}{4\pi}}\frac{x-\mathrm{i}y}{r}
\end{aligned}\right\} \tag{1.2.4b}
$$

在化合物中三个 p 轨道因相邻成键原子的静电作用造成简并度下降时，可用如式 (4.2.19) 所示的某个具体实波函数来描述其中一个态，在该态中轨道 $\boldsymbol{L}_z$ 分量的期望值是

$$
\langle p_i \,|\, \boldsymbol{L}_z \,|\, p_i\rangle = \int p_i L_z p_i \,\mathrm{d}x\,\mathrm{d}y\,\mathrm{d}z = 0 \quad (i=x,y,z) \tag{4.1.2}
$$

同理，另外两个分量 $\boldsymbol{L}_x$ 和 $\boldsymbol{L}_y$ 的期望值也是 0。在这种情况下，轨道角动量对原子总磁矩没有贡献，即轨道角动量被“淬灭”或“冻结”。

d 轨道淬灭的推导，略显烦琐。晶体场中，过渡原子的 d 轨道直接暴露给相邻配体，造成 d 轨道发生分裂，简并度下降。随着晶体场对称性降低，简并度还会进一步减小，甚至完全被解除，详见上文。在六配位的八面体场中，d 轨道简并度由自由态的五重简并逐渐降低至三重 T_{2g} 和二重 E_g 简并。在这两个简并态中，轨道角动量的平均值 (或期望值) 会明显小于自由态离子轨道角动量的平均值，即 d 轨道角动量发生冻结或淬灭。三重态轨道是 d_{xz}、d_{yz} 和 d_{xy}，分别将分量 $L_i(i=x,y,z)$ 作用在它们的波函数上，

$$
\left.\begin{aligned}
L_x\begin{bmatrix} d_{xz}\\ d_{yz}\\ d_{xy}\end{bmatrix} &= \begin{bmatrix} 0 & 0 & -\mathrm{i}\\ 0 & 0 & 0\\ \mathrm{i} & 0 & 0\end{bmatrix}\begin{bmatrix} d_{xz}\\ d_{yz}\\ d_{xy}\end{bmatrix}\\
L_y\begin{bmatrix} d_{xz}\\ d_{yz}\\ d_{xy}\end{bmatrix} &= \begin{bmatrix} 0 & 0 & 0\\ 0 & 0 & \mathrm{i}\\ 0 & -\mathrm{i} & 0\end{bmatrix}\begin{bmatrix} d_{xz}\\ d_{yz}\\ d_{xy}\end{bmatrix}\\
L_z\begin{bmatrix} d_{xz}\\ d_{yz}\\ d_{xy}\end{bmatrix} &= \begin{bmatrix} 0 & \mathrm{i} & 0\\ -\mathrm{i} & 0 & 0\\ 0 & 0 & 0\end{bmatrix}\begin{bmatrix} d_{xz}\\ d_{yz}\\ d_{xy}\end{bmatrix}
\end{aligned}\right\} \tag{4.1.3}
$$

在此基础上可求得算符 $L^2 = L_x^2 + L_y^2 + L_z^2$ 作用于三重态的结果是

$$
L^2\begin{bmatrix} d_{xz}\\ d_{yz}\\ d_{xy}\end{bmatrix} = \begin{bmatrix} 2 & 0 & 0\\ 0 & 2 & 0\\ 0 & 0 & 2\end{bmatrix}\begin{bmatrix} d_{xz}\\ d_{yz}\\ d_{xy}\end{bmatrix} \tag{4.1.4}
$$

这是一个对角矩阵，可见 d_{xz}、d_{yz} 和 d_{xy} 是 L^2 的本征态。由期望值 $\langle L^2\rangle = l\,(l+1)=2$ 可知，该本征值正好对应轨道角动量 $l=1$ 的结果，而不是自由离子轨道角动量 $l=2$ 及 $l\,(l+1)=6$ 的值，即该组 d 轨道角动量发生了部分冻结。相应地，在二重态 $d_{x^2-y^2}$ 和 d_{z^2} 中，L^2 的矩阵元全部为 0，即 $l=0$，该简并组 d 轨道角动量则完全淬灭。

在斜方对称场中，轨道是单态，$L=0$，完全淬灭。

致谢：本节由重庆科技学院方旺老师协助撰写，特此感谢。

4.1.5 稀土离子

以上内容的结构分析并不适用于 $nf^{1\sim13}$ 的稀土离子构型。

镧系元素 (缩写 Ln) 一般以 Ln^{2+} 或 Ln^{3+} 形式存在，未配对电子分布在 $4f^{1\sim13}$ 轨道，外围由 $4d$、$5s$、$5p$ 等电子和轨道所屏蔽，较难感受到配体的影响，属于弱晶体场，故 f 轨道角动量不会发生类似于 p 和 d 轨道那样的角动量淬灭，有利于 $\boldsymbol{j}$-$\boldsymbol{j}$ 耦合 [4−6]。因此，朗德因子 g_J 是稀土离子 EPR 谱图分析的基础，详见 6.3 节的范例。

4.2 低自旋体系 $S=1/2$ 的 g 各向异性

低自旋态，就是将未配对电子的数目最小化成 $S=0$ 或 $S=1/2$。其中，$S=1/2$ 的低自旋体系是 EPR 的研究对象；$S=0$ 是抗磁性基态或 EPR 沉默态。

在 1.2.4 节，我们已经提到电子自旋与轨道角动量及其磁矩 (μ_S 和 μ_L) 发生耦合，从而构成原子的总角动量 $\boldsymbol{J}$ 和总磁矩 $\boldsymbol{\mu_J}$。这种耦合有两种不同的能级次序：

少于半充满时，如 $nd^{1\sim4}$ 和 $nf^{1\sim6}$ 组态，$\boldsymbol{S}$ 和 $\boldsymbol{L}$ 反向，二者耦合形成正常能级次序，

$$\boldsymbol{J}=\boldsymbol{L}-\boldsymbol{S} \tag{4.2.1a}$$

多于半充满时，如 $nd^{6\sim9}$ 和 $nf^{8\sim13}$ 组态，$\boldsymbol{S}$ 和 $\boldsymbol{L}$ 同向，二者耦合形成反转能级次序，

$$\boldsymbol{J}=\boldsymbol{L}+\boldsymbol{S} \tag{4.2.1b}$$

这两个不同次序，是本节的基础理论之一。

4.2.1 含单个未配对电子的自旋-轨道耦合

对于组态 nd^1、nd^9、nf^1、nf^{13} 等单个未配对电子的原子，自旋-轨道耦合 (又称旋轨耦合) 常数 ξ_{nl} 是

$$\xi_{nl}=\hbar^2\int_0^\infty R_{nl}^2\,(r)\xi\,(r)\,r^2\mathrm{d}r \tag{4.2.2}$$

R_{nl} 是径向函数，n 和 l 分别是主量子数和轨道量子数。若电子处于球形势场 $V(r)$ 中，如 ns^1 组态的碱金属原子等，$\xi(r)$ 简化成

$$\xi(r) = \frac{1}{2m^2c^2r}\frac{\mathrm{d}V}{\mathrm{d}r} \tag{4.2.3}$$

令 $V(r) = -Ze/r$，得

$$\xi_{nl} = \hbar^2 \langle R_{nl} \,|\, \xi(r) \,|\, R_{nl} \rangle = \frac{1}{2m^2c^2r}\frac{Z^4}{n^3\left(1+\dfrac{1}{2}\right)(l+1)} \tag{4.2.4}$$

注：用上述公式计算出来的理论值远小于实验值，但它具有描述的直观性。

各个化学元素 ξ_{nl} 的理论值分别列于表 4.2.1 和表 4.2.2 中。同一周期的主族 (白底) 或副族 (阴影背景，第一周期除外) 元素，随着原子序数 Z 的增加，ξ_{nl} 逐渐增大；同一主族或副族，由上到下 ξ_{nl} 逐渐增大；同一元素，化合价越高，ξ_{nl} 越大 [7]。这些理论值随着计算条件的差异会有些浮动，详见相关的专著和文献，目前尚未统一。实际工作中，ξ_{nl} 的微小差异并不影响我们用它来分析 EPR 谱所蕴含的几何结构和电子结构等信息。

表 4.2.1 基于较稳定化合价计算所得的部分化学元素的自旋-轨道耦合常数 ξ_{nl}，稀土元素单列于表 4.2.2 中 (注意，本表与文献 [7] 计算的结果有些差异，想深入了解的读者，请参阅该文献)

序数和符号	$\xi_{nl}/\mathrm{cm}^{-1}$	序数和符号	$\xi_{nl}/\mathrm{cm}^{-1}$	序数和符号	$\xi_{nl}/\mathrm{cm}^{-1}$	序数和符号	$\xi_{nl}/\mathrm{cm}^{-1}$
1 H	0.24	19 K	38	37 Rb	160	55 Cs	370
2 He	0.7	20 Ca	105	38 Sr	390	56 Ba	830
3 Li	0.23	21 Sc	77	39 Y	260	57 La	556
4 Be	2.0	22 Ti	123	40 Zr	387	72 Hf	1578
5 B	10	23 V	179	41 Nb	524	73 Ta	1970
6 C	32	24 Cr	248	42 Mo	678	74 W	2433
7 N	78	25 Mn	334	43 Te	853	75 Re	2903
8 O	154	26 Fe	431	44 Ru	1042	76 Os	3381
9 F	269	27 Co	550	45 Rh	1259	77 Ir	3909
10 Ne	520	28 Ni	691	46 Pd	1504	78 Pt	4481
11 Na	11.5	29 Cu	857	47 Ag	1779	79 Au	5104
12 Mg	40.5	30 Zn	390	48 Gd	1140	80 Hg	4270
13 Al	62	31 Ga	464	49 In	1183	81 Tl	3410
14 Si	130	32 Ge	800	50 Sn	1855	82 Pb	5089
15 P	230	33 As	1202	51 Sb	2593	83 Bi	6831
16 S	365	34 Se	1659	52 Te	3384	84 Po	8509
17 Cl	587	35 Br	2460	53 I	5069	85 At	10608
18 Ar	940	36 Kr	3480	54 Xe	6080		

表 4.2.2 镧系和锕系元素的 ξ_{nl} 理论值

序数和符号	ξ_{nl}/cm^{-1}	序数和符号	ξ_{nl}/cm^{-1}
57 La	556	67 Ho	2310
58 Ce	687	68 Er	2564
59 Pr	824	69 Tm	2838
60 Nd	967	70 Yb	2940
61Pm	1119	71 Lu	1153
62 Sm	1286	89 Ac	1290
63 Eu	1469	90 Th	1591
64 Gd	1651	91 Pa	1888
65 Tb	1853	92 U	2184
66 Dy	2074	93 Np	2488

4.2.2 含两个以上未配对电子的自旋-轨道耦合

含两个以上未配对电子的原子，完整的自旋-轨道耦合相互作用 $\hat{\mathcal{H}}_{SO}$ 是

$$\hat{\mathcal{H}}_{SO}=\sum_{i}^{N}\xi\left(r_i\right)\cdot l\left(i\right)\cdot\hat{s}\left(i\right) \tag{4.2.5}$$

简化成

$$\left.\begin{aligned}\hat{\mathcal{H}}_{SO}&=\lambda\boldsymbol{L}\cdot\boldsymbol{S}=\frac{\lambda}{2}\left[\boldsymbol{J}^2-\boldsymbol{L}^2-\boldsymbol{S}^2\right]\\E_J&=\frac{\lambda}{2}\left[J\left(J+1\right)-L\left(L+1\right)-S(S+1)\right]\end{aligned}\right\} \tag{4.2.6}$$

其中，E_J 已经忽略非对角元的贡献，任意相邻能级 J 和 $J-1$ 的能级差 ΔE 是

$$\Delta E=E_J-E_{J-1}=\lambda J \tag{4.2.7}$$

如表 4.2.3 所示意的 $V^{3+}(3d^2)$ 能级结构。式 (4.2.6) 中的其余各项是

$$\left.\begin{aligned}\lambda&=\pm\frac{\xi_{nl}}{2S}\\\boldsymbol{L}&=\sum_i l\left(i\right)\\\boldsymbol{S}&=\sum_i\hat{s}\left(i\right)\end{aligned}\right\} \tag{4.2.8}$$

显然，λ 只与 $\boldsymbol{L}$ 和 $\boldsymbol{S}$ 有关，是二者波函数径向部分积分之和，波函数角度部分的贡献见 4.2.3 节。λ 与单电子耦合常数 ξ_{nl} 有本质的区别，但还是常常被人们称为自旋-轨道耦合常数 (spin-orbit coupling constant)，本书沿用这种用法。对于含有两个以上未配对电子的 d^n 组态，$\lambda=\pm\xi_{nl}/2S$(式 (4.2.8)) 的大小和正负号是：

(1) 少于半充满，$n \leqslant 4$，取正号，$\lambda = +\xi_{nl}/2S > 0$，基态是 $J = L - S$；

(2) 多于半充满，$n \geqslant 6$，取负号，$\lambda = -\xi_{nl}/2S < 0$，基态是 $J = L + S$；

(3) 等于半充满时，情况比较复杂，需要具体分析 [8]。

这个关系式，同样适用于 p^n 和 f^n 组态。

表 4.2.3　^3F 态 $V^{3+}(3d^2)$ 的能级间隔 ($\hat{L} = 3, \hat{S} = 1$，基态 $\hat{J} = 2$)

能级	实验能量/cm^{-1}	实验间隔 ΔE	$\lambda = \Delta E/J$
$^3F_2$	0		
$^3F_3$	318	318	106
$^3F_4$	730	412	103

表 4.2.4 以第四周期过渡元素以例，小结了 λ 的大小和正负号随着化合价而变的趋势。实际上，ξ_{nl} 也随着化合价上升而增大，详见 7.1 节 [7]。读者可依据表 4.2.1~表 4.2.4 中的 λ 值，推导诸如 $Cr^{I,II,III,IV,V,VI}$、$Mn^{I,II,III,IV,V,VI,VII}$、$Fe^{I,II,III,IV,V,VI}$ 等不同价态离子的 λ 具体值及其正负号，这样既可丰富自己的基础知识，也可为后续的学习和应用奠定基础。

表 4.2.4　第四周期过渡元素的 ξ_{nl} 和部分高自旋离子的 λ 值

	ξ_{nl}/cm^{-1}	S	λ/cm^{-1}
Ti^{3+} $3d^1$	123	1/2	123
V^{3+} $3d^2$	179	1	90
Cr^{3+} $3d^3$	248	3/2	83
Mn^{3+} $3d^4$	334	2	84
Fe^{2+} $3d^6$	431	2	−108
Co^{2+} $3d^7$	550	3/2	−184
Ni^{2+} $3d^8$	691	1	−346
Cu^{2+} $3d^9$	857	1/2	−857

在元素周期表的各个元素中，电子自旋-轨道耦合有两种不同的方式。

***L-S* 耦合** (Russell-Saunders coupling)：存在 n 个电子自旋 s_i，它们相互作用很强，先合成一个总自旋角动量，即 $S = n/2$；与此同时，未配对电子所处的轨道 l_i 间相互作用也很强，也会合成一个总轨道角动量，即 $L = l_1 + l_2 + l_3 + \cdots + l_n$。在这类体系中，每个电子自旋与轨道自旋间的相互作用弱于不同电子之间的耦合。最后，S 和 L 再耦合成原子的总角动量，即 $J = L - S$ 或 $J = L + S$(式 (4.2.1))，简称 L-S 耦合。互补的电子组态，如 nd^1 和 nd^9、nd^3 和 nd^7 等，分别对应着正常能级次序和反转能级次序的能级结构。例如，nd^9 组态等效于 nd^1 空穴组态，在 nd^1 的能级基础之上，将相应的晶体场参量反号 (即正、负号相反)，即获知 nd^9 的电子结构。

***j-j* 耦合：** 若有 n 个未配对电子，每个电子自身的自旋 s_i 与轨道 l_i 之间的相互作用比较强，先合成各自的总角动量 j_i，即 $j_1 = s_1 + l_1$, $j_2 = s_2 + l_2$, $\cdots$, $j_n = s_n + l_n$，最后再耦合成原子的总角动量，$J = j_1 + j_2 + j_3 + \cdots + j_n$。这种耦合称为 j-j 耦合。在这类体系中，每个电子自旋与轨道自旋间的相互作用强于不同电子之间的耦合，恰好与 L-S 耦合的情形相反。

若用公式来表示，这两种耦合分别是

$$\left.\begin{array}{l}(s_1 s_2 s_3 \cdots)(l_1 l_2 l_3 \cdots) = (\boldsymbol{S}, \boldsymbol{L}) = \boldsymbol{J} \\ (s_1 l_1)(s_2 l_2)(s_3 l_3) \cdots = (j_1 j_2 j_3 \cdots) = \boldsymbol{J}\end{array}\right\} \tag{4.2.9}$$

二者构成方式的差异显而易见。一般地，***L*-*S*** 耦合存在于原子序数 Z 较小的原子中，如常见的 p 区和 d 区元素；***j*-*j*** 耦合主要存在于原子序数 $Z > 82$ 的较大原子中，如 f 区的镧系和锕系元素。在部分 d 区和 f 区原子中，会同时存在这两种耦合，其中，基态或较低能级的激发态是 ***L*-*S*** 耦合，较高能级的激发态是 ***j*-*j*** 耦合。此时，EPR 适用于研究基态和能级间隔较小的第一、第二激发态等。

4.2.3 低自旋体系 $S = 1/2$ 的 g 因子各向异性

电子是一类全同性粒子，它的性质是不会随着时间而发生变化的，那么磁性物质中未配对电子的 g 因子又为何具有各向异性呢？这是否存在某种悖论？这就是我们接下来要着重展开讨论的内容，因为 g 因子是顺磁性物质内禀的指纹，反映未配对电子所占据的轨道及其与相邻其他轨道间的能级差。

在 3.1.1 节，为了完整描述自由基的 g 因子，我们曾将式 (1.3.7) 作完整展开，

$$\hat{\mathcal{H}}_S = \mu_{\mathrm{B}} \hat{B} \cdot \hat{g} \cdot \hat{S} = \mu_{\mathrm{B}} [B_x, B_y, B_z] \begin{bmatrix} g_{xx} & g_{xy} & g_{xz} \\ g_{yx} & g_{yy} & g_{yz} \\ g_{zx} & g_{zy} & g_{zz} \end{bmatrix} \begin{bmatrix} \hat{S}_x \\ \hat{S}_y \\ \hat{S}_z \end{bmatrix} \tag{3.1.1}$$

但是，那时并未交代 g 因子各向异性起源，而将该问题留待本节才展开。处于特定结构中的 d^n 过渡离子，可能存在轨道简并、部分简并或完全去简并的情形。对于基态没有轨道简并的 d^n 离子 (即轨道单态)，若与强场配体络合，我们将采用被广泛采纳的、易于推导的简化自旋哈密顿量，然后在 d^n 过渡离子的谱项波函数上作微扰计算。该过渡离子在外磁场 $\boldsymbol{B}$ 中的磁场作用能包括电子自旋磁矩和 d 轨道磁矩两部分。为了方便推导，在此暂时将电子自旋角动量、轨道角动量等写成矢量形式，如 $\hat{\boldsymbol{S}}$ 和 $\hat{\boldsymbol{L}}$，二者一起构成的外磁场中的自旋哈密顿量 $\hat{\boldsymbol{\mathcal{H}}}_m$ 是

$$\hat{\boldsymbol{\mathcal{H}}}_m = \mu_{\mathrm{B}} \boldsymbol{B} \sum_i [l(i) + g_{\mathrm{e}} \cdot \hat{s}(i)] = \mu_{\mathrm{B}} \boldsymbol{B} \left(\hat{\boldsymbol{L}} + g_{\mathrm{e}} \hat{\boldsymbol{S}}\right) \tag{4.2.10}$$

若存在自旋-轨道耦合，须结合式 (4.2.6)，才可获得基态 d^n 离子的总能量，

$$\hat{\boldsymbol{\mathcal{H}}} = \hat{\boldsymbol{\mathcal{H}}}_{SO} + \hat{\boldsymbol{\mathcal{H}}}_m = (\lambda\hat{\boldsymbol{S}} + \mu_{\rm B}\boldsymbol{B})\hat{\boldsymbol{L}} + g_{\rm e}\mu_{\rm B}\boldsymbol{B}\hat{\boldsymbol{S}} \tag{4.2.11}$$

由于基态是轨道单态，暂时令其轨道波函数为 $|0\rangle$，相应能量为 E_0；任意激发态轨道波函数和能量分别用 $|n\rangle$ 和 E_n 表示。

对于单态轨道 $|0\rangle$，$\langle 0|\hat{\boldsymbol{L}}|0\rangle = 0$；对于激发态轨道 $|n\rangle$，$\langle 0|\hat{\boldsymbol{S}}|n\rangle = \hat{\boldsymbol{S}}\langle 0|n\rangle = 0$。于是，外加磁场 $\boldsymbol{B}$ 所产生的一阶微扰 $\hat{\boldsymbol{\mathcal{H}}}^{(1)}$ 是

$$\begin{aligned}\hat{\boldsymbol{\mathcal{H}}}^{(1)} &= \langle 0|\hat{\boldsymbol{\mathcal{H}}}|0\rangle \\ &= \langle 0|[(\lambda\hat{\boldsymbol{S}} + \mu_{\rm B}\boldsymbol{B})\hat{\boldsymbol{L}} + g_{\rm e}\mu_{\rm B}\boldsymbol{B}\hat{\boldsymbol{S}}]|0\rangle \\ &= \lambda\langle 0|\hat{\boldsymbol{L}}|0\rangle\hat{\boldsymbol{S}} + \mu_{\rm B}\boldsymbol{B}\langle 0|\hat{\boldsymbol{L}}|0\rangle + g_{\rm e}\mu_{\rm B}\boldsymbol{B}\langle 0|\hat{\boldsymbol{S}}|0\rangle \\ &= g_{\rm e}\mu_{\rm B}\boldsymbol{B}\hat{\boldsymbol{S}}\end{aligned} \tag{4.2.12}$$

在此，电子自旋先作为算符处理，不作“积分”。

外加磁场 $\boldsymbol{B}$ 所产生的二阶微扰 $\hat{\boldsymbol{\mathcal{H}}}^{(2)}$ 是

$$\begin{aligned}\hat{\boldsymbol{\mathcal{H}}}^{(2)} &= \sum_{n\neq 0}\frac{|\langle 0|[(\lambda\hat{\boldsymbol{S}} + \mu_{\rm B}\boldsymbol{B})\hat{\boldsymbol{L}} + g_{\rm e}\mu_{\rm B}\boldsymbol{B}\hat{\boldsymbol{S}}]|n\rangle|^2}{E_0 - E_n} \\ &= \sum_{n\neq 0}\frac{|\langle 0|(\lambda\hat{\boldsymbol{S}} + \mu_{\rm B}\boldsymbol{B})\hat{\boldsymbol{L}}|n\rangle|^2}{E_0 - E_n}\end{aligned} \tag{4.2.13}$$

式中的分子 $|\langle 0|(\lambda\hat{\boldsymbol{S}} + \mu_{\rm B}\boldsymbol{B})\hat{\boldsymbol{L}}|n\rangle|^2$ 是三维空间内的积分，分母是单态轨道 $|0\rangle$ 与激发态轨道 $|n\rangle$ 的能级差，$\varDelta = E_0 - E_n$。至此，我们开始引入三维空间的概念。将二阶微扰 $\hat{\boldsymbol{\mathcal{H}}}^{(2)}$ 作进一步展开，

$$\hat{\boldsymbol{\mathcal{H}}}^{(2)} = \sum_{i,j}\left(\lambda^2\hat{S}_i\hat{S}_j + \mu_{\rm B}^2 B_i B_j + 2\lambda\mu_{\rm B}B_i\hat{S}_j\right)\varLambda_{ij} \tag{4.2.14}$$

其中，矩阵 $\varLambda_{ij}$ 是

$$\varLambda_{ij} = \sum_{n\neq 0}\frac{\langle 0|\hat{\boldsymbol{L}}_{\boldsymbol{i}}|n\rangle\langle n|\hat{\boldsymbol{L}}_{\boldsymbol{j}}|0\rangle}{E_0 - E_n}\quad (i,j = x,y,z) \tag{4.2.15}$$

将 $\hat{\boldsymbol{\mathcal{H}}}^{(1)} = g_{\rm e}\mu_{\rm B}\boldsymbol{B}\hat{\boldsymbol{S}}$ 改写成

$$\hat{\boldsymbol{\mathcal{H}}}^{(1)} = \sum_{i,j} g_{\rm e}\mu_{\rm B}\delta_{ij}B_i\hat{S}_j\quad (i,j = x,y,z) \tag{4.2.16}$$

其中，δ_{ij} 是克罗内克符号，取值 $0(i \neq j)$ 或 $1(i = j)$，详见式 (1.5.7)。取式 (4.2.14)、(4.2.16) 之和

$$\hat{\boldsymbol{\mathcal{H}}}^{(1)} + \hat{\boldsymbol{\mathcal{H}}}^{(2)} = \sum_{i,j}\left[(g_{\mathrm{e}}\delta_{ij} + 2\lambda\Lambda_{ij})\,\mu_{\mathrm{B}}B_i\hat{S}_j + \lambda^2\hat{S}_i\hat{S}_j\Lambda_{ij} + \mu_{\mathrm{B}}^2B_iB_j\Lambda_{ij}\right] \quad (4.2.17)$$

此式即等效自旋哈密顿量 $\hat{\mathcal{H}}_S$(1.5.4 节)。其中，第二项是等效的自旋-自旋相互作用，在高自旋 ($S \geqslant 1$) 体系中有贡献；第三项不包含任何自旋项，是与温度无关的泡利顺磁性，在 EPR 谱中没有贡献。剩下的第一项，就是 g 因子各向异性 (g-factor anisotropy)，因 λ 有正、负之分 ($\lambda = \pm\xi_{nl}/2S$，4.2.2 节)，故相应地有两种表达形式：

(1) 少于半充满时，$\lambda > 0$，如 $np^{1,2}$、$nd^{1\sim4}$ 等电子组态，

$$g_{ij} = g_{\mathrm{e}}\delta_{ij} + 2\lambda\sum_{n\neq0}\frac{\langle0\,|\,\hat{\boldsymbol{L}}_{\boldsymbol{i}}\,|\,n\rangle\langle n\,|\,\hat{\boldsymbol{L}}_{\boldsymbol{j}}\,|\,0\rangle}{E_0 - E_n} \quad (\lambda > 0) \qquad (4.2.18a)$$

(2) 多于半充满时，$\lambda < 0$，如 $np^{4,5}$、$nd^{6\sim9}$ 等电子组态，

$$g_{ij} = g_{\mathrm{e}}\delta_{ij} - 2\lambda\sum_{n\neq0}\frac{\langle0\,|\,\hat{\boldsymbol{L}}_{\boldsymbol{i}}\,|\,n\rangle\langle n\,|\,\hat{\boldsymbol{L}}_{\boldsymbol{j}}\,|\,0\rangle}{E_0 - E_n} \quad (\lambda < 0) \qquad (4.2.18b)$$

对于 d^1 或 d^3 等少于半充满的电子组态，我们可直接从其波函数推导得到式 (4.2.18a) 的结果。对于 d^7 或 d^9 等多于半充满的组态，我们则先基于其互补组态 nd^3 或 nd^1 的结果，再根据互补态关系 (如 nd^1 和 nd^9、nd^2 和 nd^8、nd^3 和 nd^7、nd^4 和 nd^6) 对已知的少于半充满组态的晶体场参量，取一次 “−” 号从而得到多于半充满电子组态的真实值。这种因某个参量正、负号的取值改变而导致能级结构发生反转的情形，还有 D、J 等。用于分析如图 4.2.1 所示的魔法五角形时，上式简化成

$$g_{ij} = g_{\mathrm{e}}\delta_{ij} \pm \lambda\sum_{n\neq0}\frac{2\langle0\,|\,\hat{\boldsymbol{L}}_{\boldsymbol{i}}\,|\,n\rangle\langle n\,|\,\hat{L}_{\boldsymbol{j}}\,|\,0\rangle}{E_0 - E_n} \qquad (4.2.18c)$$

分子 $2\langle0\,|\,\hat{\boldsymbol{L}}_{\boldsymbol{i}}\,|\,n\rangle\langle n\,|\,\hat{\boldsymbol{L}}_{j}\,|\,0\rangle$ 是 λ 的系数，只有 2、6 或 8 三个非零值，即图 4.2.1 中各个箭头上的标值。在使用上式解析 g_{ij} 的过程中，读者务必注意 $\lambda > 0$ 或 $\lambda < 0$ 时所对应不同的 “+” 或 “−” 号。有些文献并不对此作严格说明，故初学者可能会受到误导。以上推导过程表明，g 因子可取正值，亦可取负值。如果我们想要检验 g 因子的正负号，则须使用圆偏振微波取代通常使用的线偏振微波，详见 2.1 节。

在实际研究中，我们只关心 $i=j$ 时的主值 g_{ij} 因子 (principal g-factor)，或矩阵 $\varLambda_{ij}$ 的对角元。因此，我们必须先掌握基态轨道 $|0\rangle$ 和激发态轨道 $|n\rangle$ 的实波函数，才能推导 g_{ij} 与 g_e 的大小关系和 $|0\rangle$ 与 $|n\rangle$ 间的能级差 ($\varDelta=E_0-E_n$)，最终解析轨道能级分裂和晶体场分裂能的强弱等电子结构。$2p$ 轨道的实波函数是

$$\left.\begin{aligned}|p_x\rangle&=\frac{1}{\sqrt{2}}\{|1,-1\rangle-|1,+1\rangle\}\\|p_y\rangle&=\frac{\mathrm{i}}{\sqrt{2}}\{|1,-1\rangle+|1,+1\rangle\}\\|p_z\rangle&=|1,0\rangle\end{aligned}\right\}\tag{4.2.19}$$

$3d$ 轨道的实波函数是

$$\left.\begin{aligned}|\psi_1\rangle&=|d_{xy}\rangle=\frac{\mathrm{i}}{\sqrt{2}}\{|2,-2\rangle-|2,+2\rangle\}\\|\psi_2\rangle&=|d_{yz}\rangle=\frac{\mathrm{i}}{\sqrt{2}}\{|2,-1\rangle+|2,+1\rangle\}\\|\psi_3\rangle&=|d_{xz}\rangle=\frac{1}{\sqrt{2}}\{|2,-1\rangle-|2,+1\rangle\}\\|\psi_4\rangle&=|d_{x^2-y^2}\rangle=\frac{1}{\sqrt{2}}\{|2,-2\rangle+|2,+2\rangle\}\\|\psi_5\rangle&=|d_{z^2}\rangle=|2,0\rangle\end{aligned}\right\}\tag{4.2.20}$$

将轨道角动量算符 $\hat{L}$ 展开成 $\hat{L}=\hat{L}_x+\hat{L}_y+\hat{L}_z$，各个 $\hat{L}_i$ 分量间的关系是

$$\left.\begin{aligned}\hat{L}_\pm&=\hat{L}_x\pm\mathrm{i}\hat{L}_y\\\hat{L}_x&=(\hat{L}_++\hat{L}_-)/2\\\hat{L}_y&=(\hat{L}_+-\hat{L}_-)/2\mathrm{i}\end{aligned}\right\}\tag{4.2.21}$$

据此，将 $\hat{L}$ 的三个分量依次作用于式 (4.2.19) 和式 (4.2.20) 右边各项的任意轨道 $|J,m\rangle$ 上，将得如下结果:

$$\left.\begin{aligned}&\hat{L}^2\ |J,m\rangle=J\,(J+1)\,|J,m\rangle\\&\hat{L}_z\ |J,m\rangle=m\,|J,m\rangle\\&\hat{L}_\pm\ |J,m\rangle=\sqrt{J\,(J+1)-mm'}\,|J,m'\rangle\\&\qquad\qquad\qquad\qquad(m'=m\pm1)\end{aligned}\right\}\tag{4.2.22}$$

其中，m 的取值范围是 $-J$、$-J+1$、$\cdots$ 、$J-1$、J。将 $\hat{L}_i(i=x,y,z)$ 作用于 p 和 d 轨道的实波函数 (式 (4.2.19) 和 (4.2.20))，即 $\hat{L}_i|0\rangle$ 或 $\hat{L}_i|n\rangle$，所得全部非零结果列在表 4.2.5 中。非零结果表明基态轨道 $|0\rangle$ 可通过 $\hat{L}_i$ 分量与另外一个

或者两个激发态轨道 $|n\rangle$ 发生耦合，即激发态 $|n\rangle$ 可以部分混入基态 $|0\rangle$ 中。反之，若结果为 0，表明 $|0\rangle$ 与 $|n\rangle$ 不存在耦合。p 和 d 轨道间的相互耦合，可用如图 4.2.1 所示的魔法五角形 (magic pentagon) 作直观描述。对于 p 轨道，总是存在着一个主值 $g_{ii}\approx g_e$；对于 d 轨道，只有当 $|d_{z^2}\rangle$ 是基态轨道时，才有主值 $g_{zz}\approx g_e$ 的情形。

表 4.2.5 轨道角动量分量 $\hat{L}_i(i=x,y,z)$ 作用在 p 和 d 轨道实波函数所得结果

		$\hat{L}_x$	$\hat{L}_y$	$\hat{L}_z$
$\|p_x\rangle$		0	$-\mathrm{i}\|p_z\rangle$	$\mathrm{i}\|p_y\rangle$
$\|p_y\rangle$		$\mathrm{i}\|p_z\rangle$	0	$-\mathrm{i}\|p_x\rangle$
$\|p_z\rangle$		$-\mathrm{i}\|p_y\rangle$	$\mathrm{i}\|p_x\rangle$	0
$\|d_{xy}\rangle$	$\|\psi_1\rangle$	$\mathrm{i}\|d_{xz}\rangle$	$-\mathrm{i}\|d_{yz}\rangle$	$-2\mathrm{i}\|d_{x^2-y^2}\rangle$
$\|d_{yz}\rangle$	$\|\psi_2\rangle$	$\mathrm{i}\|d_{x^2-y^2}\rangle+\sqrt{3}\mathrm{i}\ \|d_{z^2}\rangle$	$\mathrm{i}\|d_{xy}\rangle$	$-\mathrm{i}\|d_{xz}\rangle$
$\|d_{xz}\rangle$	$\|\psi_3\rangle$	$-\mathrm{i}\|d_{xy}\rangle$	$\mathrm{i}\|d_{x^2-y^2}\rangle-\sqrt{3}\mathrm{i}\ \|d_{z^2}\rangle$	$\mathrm{i}\|d_{yz}\rangle$
$\|d_{x^2-y^2}\rangle$	$\|\psi_4\rangle$	$-\mathrm{i}\|d_{yz}\rangle$	$-\mathrm{i}\|d_{xz}\rangle$	$2\mathrm{i}\|d_{xy}\rangle$
$\|d_{z^2}\rangle$	$\|\psi_5\rangle$	$-\sqrt{3}\mathrm{i}\ \|d_{yz}\rangle$	$\sqrt{3}\ \mathrm{i}\|d_{xz}\rangle$	0

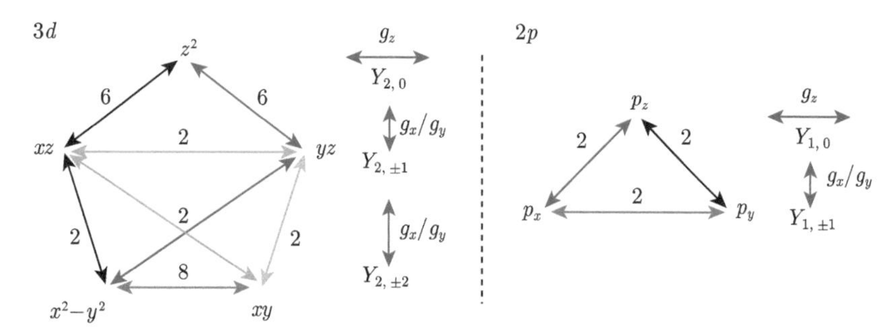

图 4.2.1 魔法五/三角形表示晶体场中 3d 和 2p 轨道的能级分裂 (见彩色插图)。轨道间的横向耦合对应着 g_z，纵向和斜向耦合对应着 g_x 或 g_y。$\boldsymbol{Y}_{l,m_l}$ 是轨道的复球谐函数 (式 (1.2.4))。箭头上的数字请看正文的推导过程。$\hat{L}_y|d_{xz}\rangle$(即 g_y，黑色箭头) 和 $\hat{L}_x|d_{yz}\rangle$(即 g_x，蓝色箭头) 能同时与两个轨道发生耦合，详见表 4.2.5

式 (4.2.15) 或 (4.2.18) 的分子 $\langle 0|\hat{\boldsymbol{L}}_{\boldsymbol{i}}|n\rangle\langle n|\hat{\boldsymbol{L}}_{\boldsymbol{j}}|0\rangle$，是两个积分的乘积，这两个积分间相差一个负号 “$-$”，即 $\langle n|\hat{\boldsymbol{L}}_{\boldsymbol{i}}|0\rangle=-\langle 0|\hat{\boldsymbol{L}}_{\boldsymbol{i}}|n\rangle$。$d$ 轨道的全部 75 个积分 $\langle n|\hat{\boldsymbol{L}}_{\boldsymbol{i}}|0\rangle$ 结果，列于表 4.2.6 中，其中只有 16 个非零结果，分别取值 $\pm\mathrm{i}$、$\pm\sqrt{3}\mathrm{i}$ 或 $\pm2\mathrm{i}$。因此，式 (4.2.18c) 右边分子 “$2\times\langle 0|\hat{\boldsymbol{L}}_{\boldsymbol{i}}|n\rangle\langle n|\hat{\boldsymbol{L}}_{\boldsymbol{j}}|0\rangle$” 只可取值 2、6 或 8，这些数值分别对应如图 4.2.1 所示的魔法五角形内每个箭头上的数字。部分积分是，$\langle d_{xy}|\hat{L}_x|d_{xy}\rangle=0$，$\langle d_{yz}|\hat{L}_x|d_{xy}\rangle=0$，$\langle d_{xz}|\hat{L}_x|d_{xy}\rangle=\mathrm{i}$，$\langle d_{xy}|\hat{L}_x|d_{xz}\rangle=-\mathrm{i}$，$\langle d_{z^2}|\hat{L}_x|d_{yz}\rangle=\sqrt{3}\mathrm{i}$，$\langle d_{yz}|\hat{L}_x|d_{z^2}\rangle=-\sqrt{3}\mathrm{i}$，$\langle d_{x^2-y^2}|\hat{L}_z|d_{xy}\rangle=-2\mathrm{i}$，$\langle d_{xy}|\hat{L}_z|$

$d_{x^2-y^2}\rangle = 2\mathrm{i}$。

相应地，p 轨道三角形各个箭头的系数是 2，不再赘述。

表 4.2.6　d 轨道的全部积分 $\langle n\,|\,\hat{L}_i\,|\,0\rangle(i=x,y,z)$，非零结果用阴影着重标注

$\hat{L}_i\|0\rangle$		$\langle d_{xy}\|$	$\langle d_{yz}\|$	$\langle d_{xz}\|$	$\langle d_{x^2-y^2}\|$	$\langle d_{z^2}\|$
$\hat{L}_x\|0\rangle$	$\hat{L}_x\|d_{xy}\rangle$	0	0	i	0	0
	$\hat{L}_x\|d_{yz}\rangle$	0	0	0	i	$\sqrt{3}$i
	$\hat{L}_x\|d_{xz}\rangle$	−i	0	0	0	0
	$\hat{L}_x\|d_{x^2-y^2}\rangle$	0	−i	0	0	0
	$\hat{L}_x\|d_{z^2}\rangle$	0	$-\sqrt{3}$i	0	0	0
$\hat{L}_y\|0\rangle$	$\hat{L}_y\|d_{xy}\rangle$	0	−i	0	0	0
	$\hat{L}_y\|d_{yz}\rangle$	i	0	0	0	0
	$\hat{L}_y\|d_{xz}\rangle$	0	0	0	i	$-\sqrt{3}$i
	$\hat{L}_y\|d_{x^2-y^2}\rangle$	0	0	−i	0	0
	$\hat{L}_y\|d_{z^2}\rangle$	0	0	$\sqrt{3}$i	0	0
$\hat{L}_z\|0\rangle$	$\hat{L}_z\|d_{xy}\rangle$	0	0	0	−2i	0
	$\hat{L}_z\|d_{yz}\rangle$	0	0	−i	0	0
	$\hat{L}_z\|d_{xz}\rangle$	0	i	0	0	0
	$\hat{L}_z\|d_{x^2-y^2}\rangle$	2i	0	0	0	0
	$\hat{L}_z\|d_{z^2}\rangle$	0	0	0	0	0

我们以下举三个均多于半充满的例子。少于半充满的情形，文献中比比皆是，不再专门赘述，参考第 6、第 7 章的范例。

第一个例子是 MgO、CaO 等氧化物多晶中的 $O^-(2p^5)$[9, 10]。用 X 射线辐照 MgO 多晶时，较容易诱导形成空穴 (positive hole) 的离子性结构缺陷，这等效于抗磁性的 $O^{2-}(2p^6$，满壳层) 失去一个价电子而形成高价态的、顺磁性的 $O^-(2p^5$，开壳层，多于半充满)。假设 O^- 处于一个轴对称结构中，那么 3 个 p 轨道的能级分裂如图 4.2.2 所示。此时未配对电子占据 p_z 轨道，形成一个轨道单态的基态 $|p_z\rangle$(对应式 (4.2.19) 中的基态 $|0\rangle$)，$\hat{L}_i(i=x,y,z)$ 作用于 O^- 三个 p 轨道所得的结果是

$$\left.\begin{aligned}&\hat{L}_x|p_z\rangle=-\mathrm{i}|p_y\rangle,\hat{L}_y|p_z\rangle=-\mathrm{i}|p_x\rangle,\hat{L}_z|p_z\rangle=0\\&\langle p_y\,|\,\hat{L}_x\,|\,p_z\rangle=\langle p_y\,|-\mathrm{i}\,|\,p_y\rangle=-\mathrm{i}\,\langle p_y|p_y\rangle=-\mathrm{i}\\&\langle p_x\,|\,\hat{L}_y\,|\,p_z\rangle=\langle p_x\,|-\mathrm{i}\,|\,p_x\rangle=-\mathrm{i}\,\langle p_x|p_x\rangle=-\mathrm{i}\end{aligned}\right\}\tag{4.2.23}$$

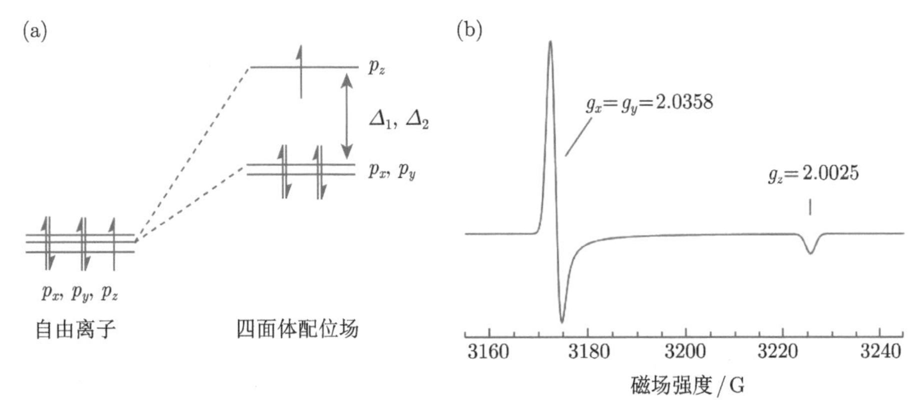

图 4.2.2 (a) MgO 多晶中 O^- 三个 p 轨道的分裂，Δ_1 和 Δ_2 分别是 p_x、p_y 与 p_z 的能级差；(b) 9.04 GHz 的模拟谱，MgO 多晶样品经 X 射线辐照后形成 O^-，详见文献 [9]

其中，$\hat{L}_x$ 无法将 $|p_x\rangle$ 与另外两个 p 轨道耦合，$\hat{L}_y$ 也无法将 $|p_y\rangle$ 与另外两个 p 轨道耦合，如

$$\begin{aligned}
\hat{L}_x|p_x\rangle &= \hat{L}_x \cdot \frac{1}{\sqrt{2}}\{|1,-1\rangle - |1,+1\rangle\} \\
&= \frac{1}{\sqrt{2}}\left(\frac{\hat{L}_+ + \hat{L}_-}{2}\right)\{|1,-1\rangle - |1,+1\rangle\} \\
&= \frac{1}{2\sqrt{2}}\left\{\left(\hat{L}_+ + \hat{L}_-\right)|1,-1\rangle - \left(\hat{L}_+ + \hat{L}_-\right)|1,+1\rangle\right\} \\
&= \frac{1}{2\sqrt{2}}\left\{\sqrt{2}|1,0\rangle - \sqrt{2}|1,0\rangle\right\} = 0
\end{aligned} \tag{4.2.24}$$

结合式 (4.2.18b)，O^- 三个主值 g 因子分别是

$$\left.\begin{aligned}
g_{xx} &= g_e - 2\lambda\frac{\langle p_y|\hat{L}_x|p_z\rangle\langle p_z|\hat{L}_x|p_y\rangle}{E_{p_z} - E_{p_y}} = g_e - \frac{2\lambda}{\Delta_1} \\
g_{yy} &= g_e - 2\lambda\frac{\langle p_x|\hat{L}_y|p_z\rangle\langle p_z|\hat{L}_y|p_x\rangle}{E_{p_z} - E_{p_x}} = g_e - \frac{2\lambda}{\Delta_2} \\
g_{zz} &= g_e
\end{aligned}\right\} \tag{4.2.25}$$

其中，O^- 的 $\lambda \approx -154\text{cm}^{-1}$。轴对称结构，$|p_x\rangle$ 与 $|p_y\rangle$ 简并，$E_{p_x} = E_{p_y}$ 和 $\Delta_1 = \Delta_2$，$g_{xx} = g_{yy} = g_\perp$，$g_{zz} = g_\parallel$；斜方对称结构，$E_{p_x} \neq E_{p_y}$ 和 $\Delta_1 \neq \Delta_2$，

$g_{xx} \neq g_{yy} \neq g_{zz}$。上式可变换成

$$\left.\begin{aligned} \Delta_1 = E_{p_z} - E_{p_y} = \frac{-2\lambda}{g_{xx} - g_e} \\ \Delta_2 = E_{p_z} - E_{p_x} = \frac{-2\lambda}{g_{yy} - g_e} \end{aligned}\right\} \tag{4.2.26}$$

因此，将实验上所得的 $g_\perp = 2.0358$、$g_\parallel = 2.0025$ 和 $\lambda = -154\text{cm}^{-1}$ 代入式 (4.2.26)，得到 $\Delta_1 = \Delta_2 \approx 9200\ \text{cm}^{-1}$。这解析了三个 $2p$ 轨道的能级间隔，即晶体场分裂能。

第二、第三个例子分别是单核的 $Ni^{1+}(3d^9)$ 和 $Ni^{3+}(3d^7)$，d 轨道电子数均多于半充满，自旋-轨道耦合常数 $\lambda < 0$。我们把二者放在一起分析，主要基于两个方面的考虑。一方面是镍离子的氧化还原过程，该实验先合成抗磁性的、四方平面的 $N_2S_2\text{-}Ni^{II}$ 配合物，然后用硼氢化钠 ($NaBH_4$) 将镍离子还原成 Ni^{1+}，最后再将样品暴露于空气中或用过氧化钾 (K_2O_2) 处理，把 Ni^{1+} 氧化成 Ni^{3+}[11]。另一方面，这两种电子结构均非常具有代表性，详见第 7 章。在 $N_2S_2\text{-}Ni^{1+/3+}$ 配合物中，镍离子分别形成如图 4.2.3(a) 所示的 $3d$ 轨道能级分裂。在该配合物中，$Ni^{1+}(3d^9)$ 的未配对电子占据 $d_{x^2-y^2}$ 轨道，形成一个轨道单态的基态 $|d_{x^2-y^2}\rangle$。$\hat{L}_i(i = x, y, z)$ 作用于 $d_{x^2-y^2}$ 轨道所得的非零结果是

$$\left.\begin{aligned} \hat{L}_x\left|d_{x^2-y^2}\right\rangle &= -\mathrm{i}|d_{yz}\rangle \\ \hat{L}_y\left|d_{x^2-y^2}\right\rangle &= -\mathrm{i}|d_{xz}\rangle \\ \hat{L}_z\left|d_{x^2-y^2}\right\rangle &= 2\mathrm{i}|d_{xy}\rangle \end{aligned}\right\} \tag{4.2.27}$$

即 $\hat{L}_x$ 只造成 $|d_{x^2-y^2}\rangle$ 与 $|d_{yz}\rangle$ 的耦合，$\left\langle d_{yz}\left|\hat{L}_x\right|d_{x^2-y^2}\right\rangle = -\mathrm{i}$，而不会造成 $|d_{x^2-y^2}\rangle$ 与另外三个 d 轨道的耦合，即 $\left\langle d_{xy}\left|\hat{L}_x\right|d_{x^2-y^2}\right\rangle = \left\langle d_{xz}\left|\hat{L}_x\right|d_{x^2-y^2}\right\rangle = \left\langle d_{z^2}\left|\hat{L}_x\right|d_{x^2-y^2}\right\rangle = 0$。依此类推，$\hat{L}_y$、$\hat{L}_z$ 将基态轨道与其他轨道耦合的情况，见表 4.2.6。结合式 (4.2.18b)，Ni^{1+} 的三个主值 g_{xx}、g_{yy}、g_{zz} 为

$$\left.\begin{aligned} g_{xx} &= g_e - 2\lambda\frac{\left\langle d_{yz}\left|\hat{L}_x\right|d_{x^2-y^2}\right\rangle\left\langle d_{x^2-y^2}\left|\hat{L}_x\right|d_{yz}\right\rangle}{E_{d_{x^2-y^2}} - E_{d_{yz}}} = g_e - \frac{2\lambda}{\Delta_1} \\ g_{yy} &= g_e - 2\lambda\frac{\left\langle d_{xz}\left|\hat{L}_y\right|d_{x^2-y^2}\right\rangle\left\langle d_{x^2-y^2}\left|\hat{L}_y\right|d_{xz}\right\rangle}{E_{d_{x^2-y^2}} - E_{d_{xz}}} = g_e - \frac{2\lambda}{\Delta_2} \\ g_{zz} &= g_e - 2\lambda\frac{\left\langle d_{xy}\left|\hat{L}_z\right|d_{x^2-y^2}\right\rangle\left\langle d_{x^2-y^2}\left|\hat{L}_z\right|d_{xy}\right\rangle}{E_{d_{x^2-y^2}} - E_{d_{xy}}} = g_e - \frac{8\lambda}{\Delta_3} \end{aligned}\right\} \tag{4.2.28}$$

可再变换成

$$\left.\begin{aligned}\varDelta_1&=\frac{-2\lambda}{g_{xx}-g_{\rm e}}\\ \varDelta_2&=\frac{-2\lambda}{g_{yy}-g_{\rm e}}\\ \varDelta_3&=\frac{-8\lambda}{g_{zz}-g_{\rm e}}\end{aligned}\right\},\quad 或\quad \left.\begin{aligned}\Delta g_{xx}&=g_{xx}-g_{\rm e}=\frac{-2\lambda}{\varDelta_1}\\ \Delta g_{yy}&=g_{yy}-g_{\rm e}=\frac{-2\lambda}{\varDelta_2}\\ \Delta g_{zz}&=g_{zz}-g_{\rm e}=\frac{-8\lambda}{\varDelta_3}\end{aligned}\right\}\tag{4.2.29}$$

这表明基态轨道 $|d_{x^2-y^2}\rangle$ 与 $|d_{yz}\rangle$、$|d_{xz}\rangle$、$|d_{xy}\rangle$ 等三个轨道的能级差 $\varDelta_1$、$\varDelta_2$、$\varDelta_3$，均可据实验所得的 g_{ii} 推导而得。式 (4.2.29) 直接表明 $\varDelta_{\rm oct}$ 或 $\varDelta_1$、$\varDelta_2$、$\varDelta_3$ 等越大，g_{xx}、g_{yy}、g_{zz} 与 $g_{\rm e}$ 的偏差就越小；反之，$\varDelta_{\rm oct}$ 或 $\varDelta_1$、$\varDelta_2$、$\varDelta_3$ 等越小，g_{xx}、g_{yy}、g_{zz} 与 $g_{\rm e}$ 偏差就越大。换言之，就是 $\left|\Delta g_{ij}\right|$ 越大，晶体场就越弱；反之，$\left|\Delta g_{ij}\right|$ 越小，晶体场就越强。

由实验所得的 $g_{xx}=g_{yy}=g_{\perp}=2.07$、$g_{zz}=g_{\parallel}=2.25$，可知 d_{xz} 与 d_{yz} 形成二重简并，故 $E_{d_{xz}}=E_{d_{yz}}$；由表 4.2.4，$\lambda=-691\ {\rm cm^{-1}}$，代入式 (4.2.29)，得 $\varDelta_1=\varDelta_2=20420\ {\rm cm^{-1}}$ 和 $\varDelta_3=5580\ {\rm cm^{-1}}$。完整的 d 轨道能级分裂，如图 4.2.3(a) 所示。理论上，若再沿着 x 或 y 轴作畸变，势必造成轨道 d_{xz} 与 d_{xz} 发生去简并，$E_{d_{xz}}\neq E_{d_{yz}}$，最终形成斜方对称。

在该配合物中，Ni^{3+} 中未配对电子占据 $|d_{z^2}\rangle$ 轨道。$\hat{L}_i(i=x,y,z)$ 作用于 $|d_{z^2}\rangle$ 轨道所得的 g_{xx}、g_{yy}、g_{zz} 理论值是

$$\left.\begin{aligned}g_{xx}&=g_{\rm e}-2\lambda\frac{\langle d_{yz}\,|\,\hat{L}_x\,|\,d_{z^2}\rangle\langle d_{z^2}\,|\,\hat{L}_x\,|\,d_{yz}\rangle}{E_{d_{z^2}}-E_{d_{yz}}}=g_{\rm e}-\frac{6\lambda}{\varDelta_1}\\ g_{yy}&=g_{\rm e}-2\lambda\frac{\langle d_{xz}\,|\,\hat{L}_y\,|\,d_{z^2}\rangle\langle d_{z^2}\,|\,\hat{L}_y\,|\,d_{xz}\rangle}{E_{d_{z^2}}-E_{d_{xz}}}=g_{\rm e}-\frac{6\lambda}{\varDelta_2}\\ g_{zz}&=g_{\rm e}\end{aligned}\right\}\tag{4.2.30}$$

实验所得 $g_{\perp}=2.19$、$g_{\parallel}=2.04$，呈轴对称 (图 4.2.3(b))。由表 4.2.4，$\lambda=-230\ {\rm cm^{-1}}$，故 $\varDelta_1=\varDelta_2\sim 7250\ {\rm cm^{-1}}$。理论上，若再沿着 x 或 y 轴作畸变，势必造成 d_{xz} 与 d_{xz} 发生去简并，$E_{d_{xz}}\neq E_{d_{yz}}$，最终形成斜方对称，详见文献 [12]。

综上所述，一般性的基态轨道 $|0\rangle$ 与一个空轨道 $|n\rangle$ 发生耦合时，$g_{ij}<g_{\rm e}$；基态轨道 $|0\rangle$ 与一个闭轨道 $|n\rangle$ 发生耦合时，$g_{ij}>g_{\rm e}$。① 根据 Δg_i 的正负号，可以判断激发态轨道 $|n\rangle$ 是空轨道还是闭轨道，以及二者间的能级高低：Δg_{ij} 正值，$|n\rangle$ 是处于较低能级的闭轨道，$E_n<E_0$；Δg_{ij} 负值，$|n\rangle$ 是处于较高能级的空轨道，$E_n>E_0$。由此获知是否存在空或闭轨道及其数量，以及轨道能级分裂

的具体情形与相应的几何结构及其对称性。② 根据 $|\Delta g_i|$ 的大小判断周围配体配位能力的强与弱，并用之来分析 p 和 d 轨道由简并状态到逐步去简并的过程。对于有机自由基，Δg_{ij} 都很小，需要高频高场 EPR 才能分辨 g 各向异性；对于无机物、金属配合物，Δg_{ij} 都会比较大。对过渡离子配合物，我们依据“光谱化学序列”，可初步地判断晶体场分裂能 $\varDelta$ 和 Δg_{ij} 的相对大小。

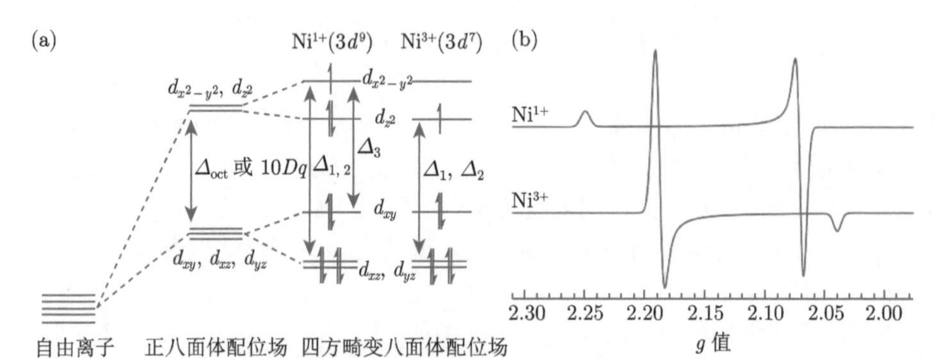

图 4.2.3 (a) Ni^{1+} 和 Ni^{3+} 中 $3d$ 轨道在自由离子、八面体场和沿着 z 方向拉长畸变八面体场等三种不同对称结构中的能级分裂情况。(b) 9.41 GHz 的模拟谱，轴对称，Ni^{1+} 的 g_{ij} 因子，$g_\perp = 2.07$，$g_\parallel = 2.25$；Ni^{3+} 的 g_{ij} 因子, $g_\perp = 2.19$，$g_\parallel = 2.04$。具体实验详见文献 [11]

注：以上推导过程所获得的轨道能级差 $\varDelta_1$、$\varDelta_2$、$\varDelta_3$ 等，都是理想化的点电荷模型，因此，g 因子各向异性所提供的轨道能级差 $\varDelta$ 一般都小于真实值。如想获得较为精确的轨道能级间隔，还需要结合 d-d 等光谱测试。

4.2.4 粉末谱的规范标识

在实际工作中，主值 $g_{ij}(i=j$，且 $i,j=x,y,z)$ 的下标简写，只留一个字母。在不考虑到超精细分裂的情况下，cw-EPR 一阶微分谱只有 g_x、g_y、g_z 等三个主值所对应的吸收峰。这给不少读者造成一个印象，除了三个主值吸收峰以外，谱图中其他地方均不属于吸收峰，如斜方对称时在 g_x 与 g_y、g_y 与 g_z 间是没有吸收峰的。这种初步印象是非常错误的：有无吸收，是由吸收谱界定的，而不是一阶微分谱所能界定的，一阶微分谱只反映吸收谱相应位置的斜率，参考图 4.2.4 中的吸收谱和一阶微分谱。微波频率 ν 固定时，g_i 与共振磁强 B_{ri} 的满足条件有两种表达式，

$$g_i = \frac{h}{\mu_B} \cdot \frac{\nu}{B_{ri}}, \quad 或 \quad B_{ri} = \frac{h}{\mu_B} \cdot \frac{\nu}{g_i} \tag{4.2.31}$$

g_i 越大，所对应的共振场强 B_{ri} 就越小；反之，g_i 越小，B_{ri} 就越大；依此类推至微波频率 ν 也逐渐变化的情形。这表明，EPR 吸收峰宽度由 g_i 的极大值和极

小值所决定，如图 4.2.4 所示，具体情况分别是：

(1) 立方对称时，$g_x = g_y = g_z$，EPR 谱呈对称的单峰，如图 4.2.4(a) 的谱线 1 所示。

(2) 轴对称时，$g_x = g_y = g_\perp$，$g_z = g_\parallel$，若 $g_\perp > g_\parallel$，那么共振磁场极大值 $B_{\max}$ 和极小值 $B_{\min}$ 分别是

$$\left.\begin{aligned} B_{\max} &= \frac{h}{\mu_{\mathrm{B}}} \cdot \frac{\nu}{g_\parallel} \\ B_{\min} &= \frac{h}{\mu_{\mathrm{B}}} \cdot \frac{\nu}{g_\perp} \end{aligned}\right\} \tag{4.2.32}$$

如图 4.2.4(a) 的谱线 2 所示。若 $g_\perp < g_\parallel$，那么 EPR 吸收谱的磁场极大值 $B_{\max}$ 和极小值 $B_{\min}$ 分别是

$$\left.\begin{aligned} B_{\max} &= \frac{h}{\mu_{\mathrm{B}}} \cdot \frac{\nu}{g_\perp} \\ B_{\min} &= \frac{h}{\mu_{\mathrm{B}}} \cdot \frac{\nu}{g_\parallel} \end{aligned}\right\} \tag{4.2.33}$$

如图 4.2.4(a) 的谱线 3 所示。

(3) 斜方对称时，$g_x \neq g_y \neq g_z$，如图 4.2.4(b) 的谱线 4 所示。

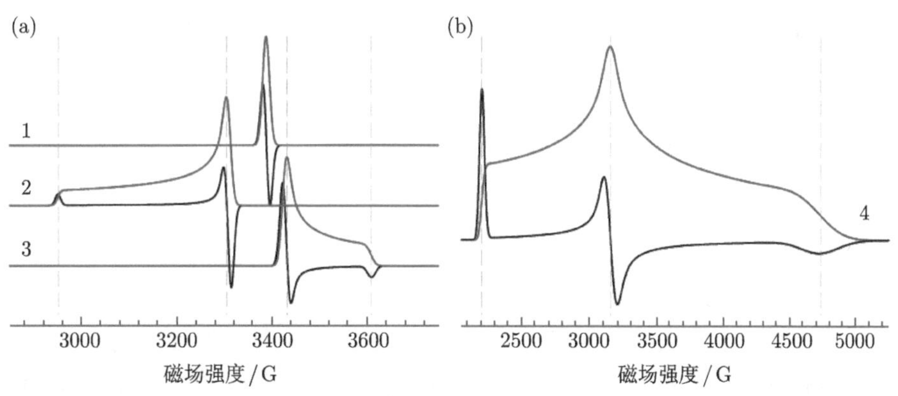

图 4.2.4 X-波段 (9.5 GHz) 模拟立方对称、轴对称和斜方对称的 EPR 吸收谱 (蓝色) 和一阶微分谱 (黑色)。1. 立方对称，$g_{\mathrm{iso}} = g_{\mathrm{e}} = 2.00232$；2. 轴对称的 Ni^{1+} 和 Cu^{2+} 等 $nd^{7,9}$ 组态离子，$g_i > g_{\mathrm{e}}$，$g_\perp = 2.05$，$g_\parallel = 2.3$；3. 轴对称的 Ti^{3+} 等 nd^1 组态离子，$g_i < g_{\mathrm{e}}$，$g_\perp = 1.98$，$g_\parallel = 1.88$；4. 斜方对称的 Fe^{3+}，如 Cyt b_{559} 等各种细胞色素，$g_x = 1.43$，$g_y = 2.15$，$g_z = 3.08$。读者务必注意竖虚线所示意的 g_i 标注位置

在以上基础之上，初学者先请自行展开到其他轴对称的 nd^3、nd^5、nd^7(d_{z^2} 基态除外，见前文) 等组态的过渡离子，它们均含有已充满轨道、半充满轨道和空

轨道等三类不同占据的 d 轨道，$g_\perp$ 和 $g_\parallel$ 二者中势必有一个小于 g_e，另外一个大于 g_e。最后再推广到斜方对称的情形，尤其是如图 4.2.4(b) 所示的广泛分布于各类细胞色素中的 Fe^{3+}。对于单核中心，g_i 三个主值的大小关系是 $g_x > g_y > g_z$，或 $g_x < g_y < g_z$，即 g_y 总是居于中间的位置。当 g_x、g_y、g_z 等三个主值相差非常微小时，需要使用更高频率 ν 的微波才能分辨 g_i 各向异性，如图 4.2.5 对比了 X-和 W-波段的不同有规取向的 g_i 分辨率。在 g_i 高分辨的 W-波段谱图中，g_y 对应的吸收峰信噪比最高或信号强度最强，这是实验上首先判断 g_y 所对应共振场强的依据。

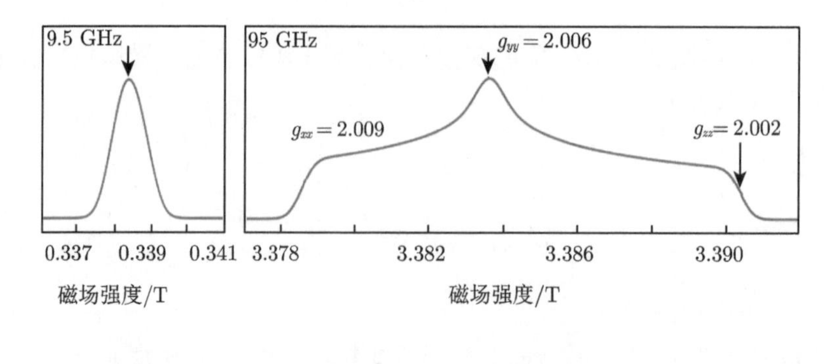

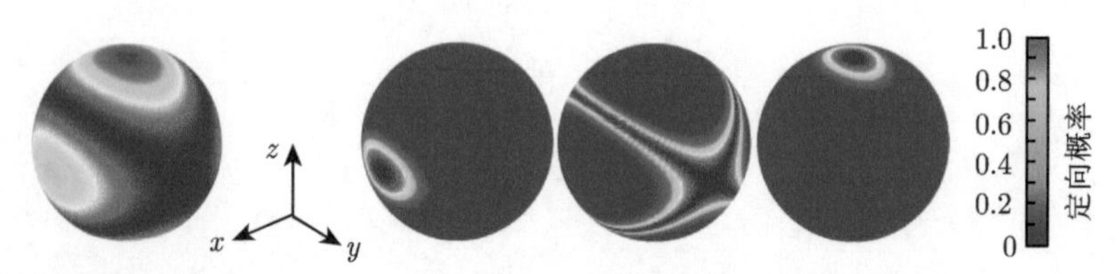

图 4.2.5　有机自由基在 X-(9.5 GHz) 和 W-波段 (95 GHz)EPR 中 g_i 的不同分辨率和有规选择，本图由 W. Lubitz 教授提供，特此感谢。参考文献 [13]

4.2.5　涉及分子轨道的双原子自由基

对于由双原子构成的顺磁分子或离子，其轨道能级结构远远复杂于单核。其中，最常见的是氧分子 O_2 及其衍生物和类似物。如图 4.2.6 所示，氧分子 O_2 有两个未配对电子，基态是 $S = 1$ (三重态)，在得到或失去一个电子后，形成超氧阴离子自由基 $O_2^{-\cdot}$ (或 O_2^-) 或超氧阳离子自由基 $O_2^{+\cdot}$ (或 O_2^+)，二者的基态都是 $S = 1/2$。类似的双或三原子离子有 $S_2^{-\cdot}$、$CO_2^{-\cdot}$、$Cl_2^{-\cdot}$ 等 (上标 “·” 有时被省略)；类似的中性分子是 NO，它与 $O_2^{+\cdot}$ 的电子结构等价。这一类自由基常见于金属氧化物或硫化物中，因其化学性质较为活泼，能参与诸多氧化还原反应而备受关注。无论何种情形，这些结构都比单原子中心的轨道能级分裂复杂，它们的 EPR 谱在文献中被张冠李戴地错误归属，屡见不鲜。

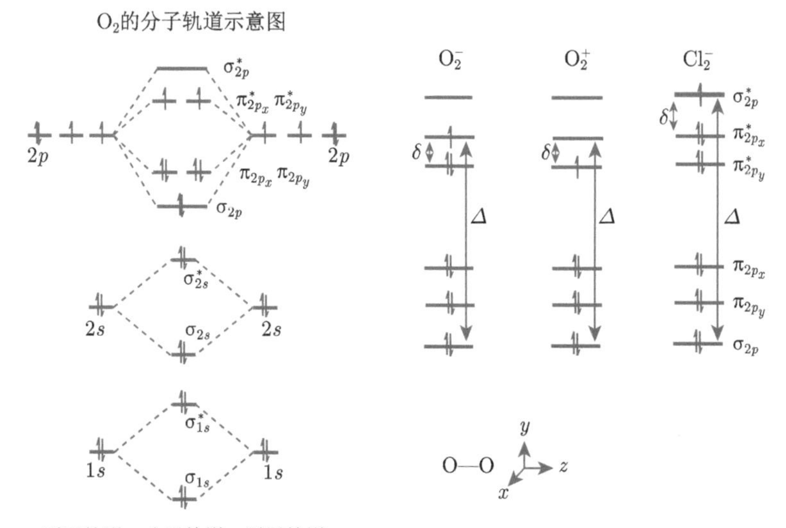

图 4.2.6 O_2、$O_2^{-\cdot}$、$O_2^{+\cdot}$ 和 $Cl_2^{-\cdot}$ 等的分子轨道示意图。原子间连线是 z 方向，右侧省略了 $1s$、$2s$ 轨道

在图 1.3.6 中，我们就已经以 $O_2^{-\cdot}$ 的 EPR 谱作为例子，g_i 的理论推导公式是 [14-16]

$$
\left.\begin{aligned}
g_{xx} &= g_e\left(\frac{\delta^2}{\lambda^2+\delta^2}\right)^{\frac{1}{2}} - \frac{\lambda}{\varDelta}\left[-\left(\frac{\lambda^2}{\lambda^2+\delta^2}\right)^{\frac{1}{2}} - \left(\frac{\delta^2}{\lambda^2+\delta^2}\right)^{\frac{1}{2}} + 1\right] \\
g_{yy} &= g_e\left(\frac{\delta^2}{\lambda^2+\delta^2}\right)^{\frac{1}{2}} - \frac{\lambda}{\varDelta}\left[+\left(\frac{\lambda^2}{\lambda^2+\delta^2}\right)^{\frac{1}{2}} - \left(\frac{\delta^2}{\lambda^2+\delta^2}\right)^{\frac{1}{2}} - 1\right] \\
g_{zz} &= g_e + 2l\left(\frac{\lambda^2}{\lambda^2+\delta^2}\right)^{\frac{1}{2}}
\end{aligned}\right\} \tag{4.2.34}
$$

其中，$\lambda \sim -154\ \mathrm{cm^{-1}}$ 是氧原子的自旋-轨道耦合常数，$l=1$ 是轨道量子数，部分实验结果详见表 4.2.7。冷冻捕获的 t-BuOO· 自由基，亦具有与 $O_2^{-\cdot}$ 相似的特征，$g_x \sim g_y = 2.007$，$g_z = 2.0354$[17]；同时，CH_3OO· 等其他有机过氧自由基，可参考 [18, 19]。在手性配体络合的铜配合物中，Cu^{III}-$O_2^{-\cdot}$ 的特征是 $g_z = 2.183$，$g_y = 2.077$，$g_x = 2.047$[20]。类似的结构是 Co^{III}-$O_2^{-\cdot}$，广泛存在于氧载体钴配合物或维生素 B_{12} 中，特征参数详见文献 [21-24]。

式 (4.2.34)，可以推广到 $S_2^{-\cdot}$、$O_2^{+\cdot}$、$Cl_2^{-\cdot}$、NO_2、$CO_2^{-\cdot}$ 等双或三原子 π 自由基，它们的 g_i 各向异性列于表 4.2.7 中。紫外辐照 $(BaN_3)_2$ 时，可诱导形成 $N_2^{-\cdot}$、$N_3^{-\cdot}$、$N_4^{-\cdot}$ 等不同自由基，它们各自特征的谱图和参数详见文献 [25]。X 射线辐照

PH_4I 时，可诱导形成 $I_2^{-\cdot}$ 自由基，详见文献 [26]。裘祖文著的《电子自旋共振波谱》，也收录了部分经典范例。辐照引起的这类缺陷，在 20 世纪 60、70 年代，已经得到广泛的研究，在此就不再一一列举了。

表 4.2.7 文献中氧族双原子自由基 $O_2^{-\cdot}$、$S_2^{-\cdot}$、$Se_2^{-\cdot}$、$O_2^{+\cdot}$、$RO_2^{-\cdot}$ 等代表性的 g_i 因子 (本表取 $\lambda > 0$)

自由基	基底环境	g_{zz}	g_{yy}	g_{xx}
O_2^-	Na_2O_2	~2.175	~2.002	~2.002
	Cu^{III}-$O_2^{-\cdot}$	~2.183	~2.077	~2.047
	Co^{III}-$O_2^{-\cdot}$	~2.089	~2.013	~1.993
	ZnO	~2.051	~2.002	~2.008
	MgO	~2.077	~2.001	~2.007
	KCl	~2.439	~1.955	~1.951
	H_2O_2+ 尿素	~2.0884	~2.0085	~2.0009
$CH_3OO\cdot$	γ 辐照	~2.039	~2.004	~2.004
t-BuOO·	冷冻捕捉	~2.0354	~2.007	~2.005
S_2^-	NaCl	~2.2531	~1.986	~2.0107
	NaBr	~2.379	~1.9876	~2.0114
	NaI	~2.303	~1.9942	~2.0178
	KCl	~2.4538	~1.9471	~1.9708
Se_2^-	NaCl	~2.175	~2.000	~2.000
	KI	~2.051	~2.002	~2.008
	MgO	~2.077	~2.001	~2.007
O_2^+	AsF_6	~1.742	~1.973	~2.000
	BF_4	~1.8	~1.98	~2.000
CO_2^-		2.0014	1.9975	2.0032
NO_2	N_2O_4	2.0061	1.9922	2.0022
	$Th(NO_3)_4$	2.0020	1.9911	2.0042

初学者务必注意式 (4.2.34) 与式 (4.2.24) 和图 1.3.6 与图 4.2.2 等的异同。在部分文献中，λ 取绝对值，这会造成 g_{xx}、g_{yy} 的标识存在差异，

$$\Delta g' = g_{xx} - g_{yy} = -\frac{2\lambda}{\varDelta}\left(1 - \sqrt{\frac{\lambda^2}{\lambda^2+\delta^2}}\right) \tag{4.2.35}$$

右边括号内为恒小于 1 的正值：$\lambda < 0$ (真实值)，$\Delta g' > 0$，即 $g_{xx} > g_{yy}$；若如表 4.2.7 所示，$\lambda > 0$，$\Delta g' < 0$，即 $g_{xx} < g_{yy}$，这是文献中常见的报道，并不影响信号的正确归属。类似地，还有其他双原子和三原子自由基 (如 CO_2^-、NO_2 等) 等 [27,28]。

4.2.6 有机自由基的 g 因子和紫外-可见光谱

紫外-可见光谱 (又称电子光谱) 是分子吸收紫外光 (200~400 nm) 或可见光 (400~800 nm) 后，引起电子能级的跃迁，将价电子从基态激发到激发态，即进

入相应的反键轨道。能被激发的电子分别是 σ 电子、π 电子和未共用的孤对电子(常称为 n 电子，或非键电子)。电子跃迁有两种主要类型，一是成键轨道与相应的反键轨道间的跃迁，二是非键轨道电子跃迁至反键轨道，各个跃迁所吸收能量的大小顺序是 $\sigma\to\sigma^* > n\to\sigma^* > \pi\to\pi^* > n\to\pi^*$，如图 4.2.7 所示。在此跃迁过程中，自旋多重性 (spin multplicity) 并没有发生变化，即 $\Delta S=0$，角动量守恒。对于一个具有对称中心的分子，电子 $u\to g$ 或 $g\to u$ 的激发是允许的，而 $g\to g$ 或 $u\to u$ 的激发是对称禁阻的 (偶宇称 g，gerade；奇宇称 u，ungerade；参考图 4.5.2)。

(1) σ 自由基，以 $\sigma\to\sigma^*$ 为主，所需能量较大，分布于远紫外区 (波长 $\lambda<200$ nm)，在 200~800nm 间没有吸收带。即，p 轨道间能级间隔 $\varDelta$ 较大，相应的 Δg_{ij} 或 $g_{\rm iso}$ 都非常接近于 $g_{\rm e}$。

(2) π 自由基，电子跃迁所需能量较小，分布于近紫外区到可见光区。即，p 轨道间能级间隔 $\varDelta$ 较 σ 自由基的小，相应的 Δg_{ij} 和 $g_{\rm iso}$ 略大于 σ 自由基。

(3) 无机配合物，以电荷转移跃迁和配位场跃迁为主，跃迁所需能量主要在可见光区，甚至到红外区 (波长 $\lambda>800$ nm)。即，p 或 d 轨道间能级间隔 $\varDelta$ 更小，相应的 Δg_{ij} 较为显著。当 $\varDelta$ 小于配对能时，则转变成高自旋态。过渡金属配合物的情况，比较复杂，详见 4.2.7 节和 4.2.8 节。

(1) 和 (2) 两类有机自由基，基态与激发态的能级差 $\sim10^6{\rm cm}^{-1}$。据 (1) 和 (2)，σ 自由基的 $g_{\rm iso}$ 总是小于相同或相似结构的 π 自由基，且 $g_{阴}>g_{中}\sim g_{\rm e}>g_{阳}$。阴、阳和中性自由基的结构因得或失电子而变得复杂，参考以 O_2 为例的图 4.2.6；不同种类的杂原子和杂原子数量的差异，会使分子轨道能级结构复杂化，故须仔细分析。

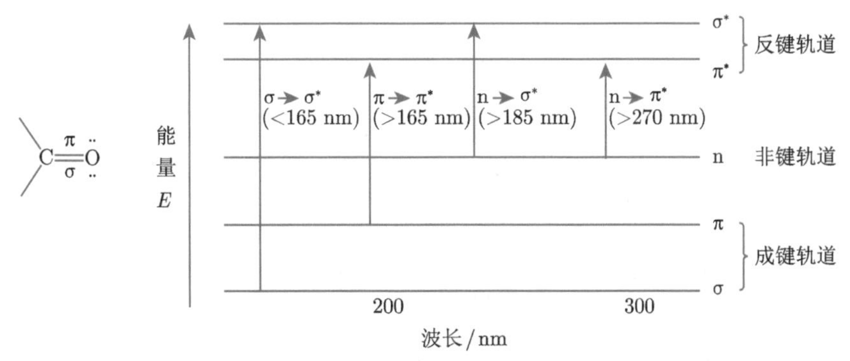

图 4.2.7 以羰基为代表的各种电子跃迁相应的跃迁能量示意图

4.2.7 π 共价效应

在前文的晶体场分析中，我们都是基于一阶近似的模型，只考虑中心离子 M

(metal) 与配体 L (ligand) 间的静电作用，即假设中心离子与配体间只通过 σ 键形成配位结构，这样能够直观地描述 g 各向异性的起源。实际上，配体分成 σ 和 π 两大类。当配体能提供 π 轨道形成配位键时，那么电子结构将变得愈加复杂，这种现象称为 π-共价效应 (covalency effect，在有些专著中译成“成键效应”)。若充满 π 电子的配体 (如 F^-、Cl^-、OH^- 等) 与中心离子配位，电子会从配体向中心离子流出 (记为 $L \to M$)，进入 π* 反键轨道；该轨道含有金属离子 t_{2g} 轨道的比例较高，从而造成晶体场分裂能 Δ 减小，最终导致 Δg 偏大，如图 4.2.8 所示。相反地，若配体有空的低能级 π 轨道 (如 CO、CN^- 等)，电子从中心离子流向配体 (记为 $M \to L$)，使中心离子 t_{2g} 轨道能量下降，造成晶体场分裂能 Δ 增大，最终导致 Δg 偏小。在羰基配合物中，中心离子的 d 电子还可以部分地送回到配体原来空的 π 轨道中，构成反馈 π 键 (π-backbonding)，如 $Cr(CO)_6$ 配位同时存在 σ 键和反馈 π 键。这种配位键称为 σ-π 键或电子授受键，具有该结构特征的配体是 CO (羰基化合物结构)、CN^-、缺电 π 有机物等。这种成键所形成的协同效应，一方面加强了中心离子与配体的结合，另一方面反馈 π 键的形成削弱了配体内部的结合程度。例如，血红蛋白的血红素铁离子与 CO、CN^- 形成稳定的 σ-π 键，这个结合是不可逆的，从而使血红素铁离子失去了结合和运载 O_2 或 CO_2 的能力，发生中毒现象。

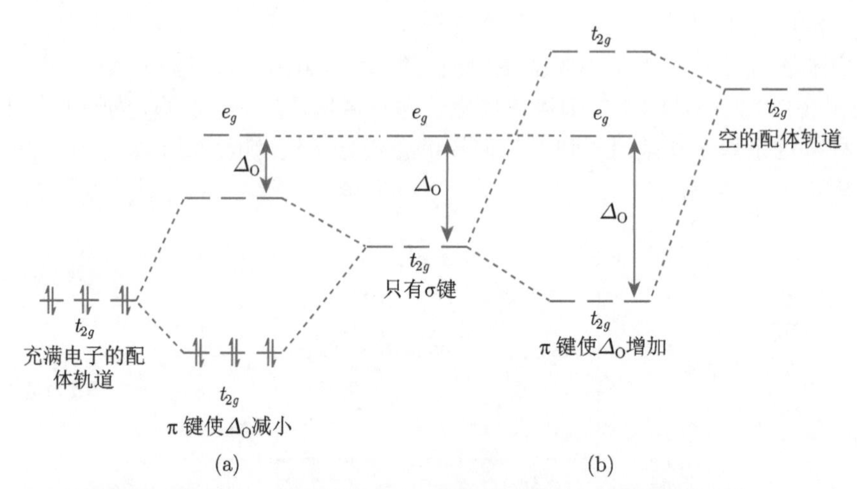

图 4.2.8　八面体场中的两种 π 共价效应：(a) 用充满电子的 π 配体轨道形成 L→M，Δ_O 减小；(b) 用空的 π 配体轨道形成 M→L，Δ_O 增大

图 4.2.8 以八面体为例解释了 σ-π 键的形成过程。晶体场理论认为，e_g 轨道直接指向配体，t_{2g} 轨道指向配体间的空当上；配体场理论则考虑中心离子的轨道与配体轨道的重叠情况。在只有 σ 键的配合物中，e_g 轨道是 σ* 反键轨道，t_{2g} 是非键轨道。当 π 成键轨道填满电子的配体与中心原子形成配位结构时，e_g 轨道

保持 σ* 反键轨道不变，t_{2g} 则是变成了能量较高的 π* 反键轨道，致 Δ_O 减小；若有空 π* 轨道的配体与中心原子形成配位结构时，e_g 轨道保持 σ* 反键轨道不变，t_{2g} 则变为能量较低的 π 成键轨道，致 Δ_O 增大。因此，依晶体场分析得出 $g_i < g_e(i = x, y, z)$ 的理论结果，在 π 共价效应影响下可能会有 $g_i > g_e$ 的情况，即改变了 $\Delta g = g_i - g_e$ 的符号。因此，在分析这一类结构时，需要充分意识到 π 键对自旋-轨道耦合的影响，尤其是当 g 因子实验值与理论推导结果背离比较大的情形。在金属蛋白和金属氧化物中，中心金属离子和 O 形成 π 键的配位结构较为常见，如 M ═ O(M = V、Mn、Fe、Mo、Zn 等)。在此类结构中，g_i 因子偏大的现象比较常见，而偏小的报道则比较少 [29]。

金属氧化物中的 ns^1 构型的原子或离子，$g_{iso} < g_e$。

4.2.8 Ni^{III} 离子随不同配位而变的 d 轨道能级分裂

在本小节中，我们再以 [NiFe]-氢化酶和 $Ni^{II,III}$ 双核配合物中的 Ni^{3+} 为例，分别依据 g_z 因子和自旋密度两种不同方式来辨别 Ni^{3+} 的基态和激发态 d 轨道，以说明配位变化对 d 轨道能级分裂影响的复杂性 (图 4.2.9)。

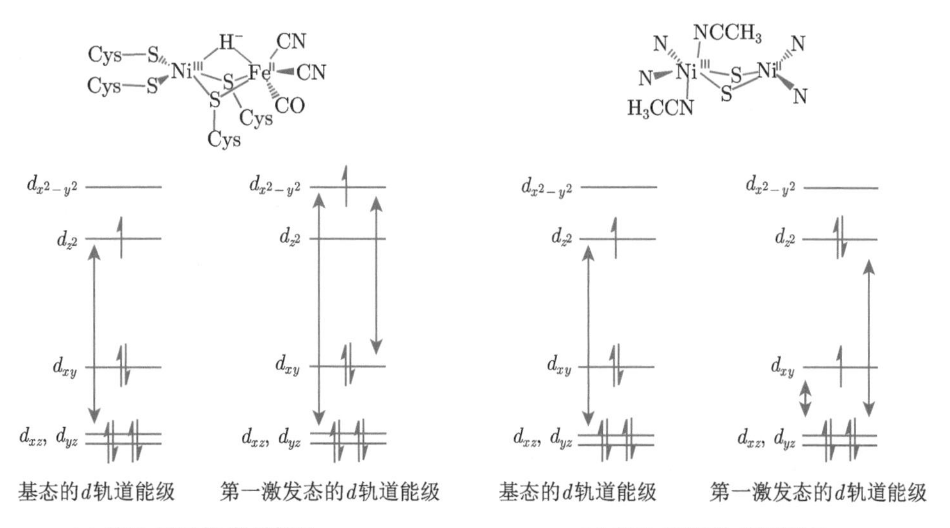

图 4.2.9 [NiFe]-氢化酶 (a) 和 $Ni^{II,III}$ 双核配合物 (b) 中 Ni^{3+} 的结构和 d 轨道能级

在 4.2.3 节中，读者或已注意到 $Ni^{3+}(3d^7)$ 的实际情况，$g_z = 2.04$，略大于 g_e，而不是如式 (4.2.30) 所示的 $g_z = g_e$。在 Ni-Fe 氢化酶中，Ni^{3+} 中未配对电子并不是 100%地一直占据 $3d_{z^2}$ 轨道，而是会部分地被激发到 $3d_{x^2-y^2}$ 轨道，形成较高能级的激发态。因此，用这两个轨道的线性组合，才能表示未配对电子实际所占据的轨道，组合所得的基态和激发态轨道分别是 $c_1|d_{x^2-y^2}\rangle + c_2|d_{z^2}\rangle$ 和

$-c_1|d_{x^2\text{-}y^2}\rangle + c_2|d_{z^2}\rangle$。这样就能较好地解释 $g_z > g_e$ 的原因，即在该结构中 Ni^{3+} 是以 $3d_{z^2}$ 基态为主，部分地混入了 $3d_{x^2-y^2}$ 激发态的贡献 [30]。

在双核 $Ni^{II,III}$ 配合物中 [31]，Ni^{3+} 在轴向上还与两个甲基氰基 (MeCN) 形成一个六配位的、畸变的碗状结构 (bowl-shaped coordinate)。实验和理论分析表明，该 Ni^{3+} 携带约 91%的自旋密度。在基态，$3d_{z^2}$ 和 $3d_{xy}$ 轨道分别携带 72% 和 16%，这表明基态已不是纯的 $3d_{z^2}$ 低自旋模型，而是这两个轨道的线性组合 $A|d_{xy}\rangle + E|d_{z^2}\rangle$；在第一激发态，自旋密度分布恰好相反，$3d_{z^2}$ (16%) 和 $3d_{xy}$ (72%)。因此，式 (4.2.30) 变为

$$\left.\begin{aligned} g_{xx} &= g_e - \frac{(6E^2 + 2A^2)\lambda}{E_{d_{z^2}} - E_{d_{yz}}} \\ g_{yy} &= g_e - \frac{(6E^2 + 2A^2)\lambda}{E_{d_{z^2}} - E_{d_{xz}}} \\ g_{zz} &= g_e - \frac{8\lambda A^2}{E_{d_{z^2}} - E_{d_{x^2-y^2}}} \end{aligned}\right\} \tag{4.2.36}$$

其中 E^2 和 A^2 分别是 d_{z^2} 和 d_{xy} 上的自旋密度，详细推导见文献 [31]。

以上这类相邻激发态轨道对基态轨道能级的渗透或基态本身就不纯的配位结构造成 Ni^{3+} 的实验 g_i、A_i 因子与纯基态轨道理论值不相符的现象，得到 W. Lubitz 和 M. van Gastel 等的深入研究，感兴趣的读者请检索他们的相关研究报道。

4.2.9　单晶谱和粉末谱，g_{ij} 的规范标识和含义

实际实验中，待测样品的物理状态有单晶、粉末 (powder)、液晶、流动溶液 (fluid solution)、气相等。其中，冷冻的溶液 (frozen solution) 和玻璃态样品 (completely random collection，glass) 属于粉末样品。黏滞度比较高的溶液兼具流动溶液和粉末两种性质，液晶样品兼具单晶的各向异性和液体的流动性。溶液在冷冻过程中若处置不当，会迅速形成局部的团簇结构从而影响到玻璃样结构的形成，使用混合溶剂则可以有效地避免这类团簇结构的形成。晶体常分为三斜、单斜、(正交) 斜方、正方 (四方)、立方、三方 (菱方)、六方等类型 (表 4.2.8)，晶轴和角度如图 4.2.10 所示。

表 4.2.8　7 大晶系

晶系	晶轴	角度
三斜 (triclinic)	$a \neq b \neq c$	$\alpha \neq \beta \neq \gamma \neq 90°$
单斜 (monoclinic)	$a \neq b \neq c$	$\alpha = \beta = 90° \neq \gamma$
(正交) 斜方 (orthorhombic)	$a \neq b \neq c$	$\alpha = \beta = \gamma = 90°$
正方 (四方)(tetragonal)	$a = b \neq c$	$\alpha = \beta = \gamma = 90°$
立方 (cubic)	$a = b = c$	$\alpha = \beta = \gamma = 90°$
三方 (菱方)(trigonal)	$a = b = c$	$\alpha = \beta = \gamma \neq 90°$
六方 (hexagonal)	$a = b \neq c$	$\alpha = \beta = 90°，\gamma = 120°$

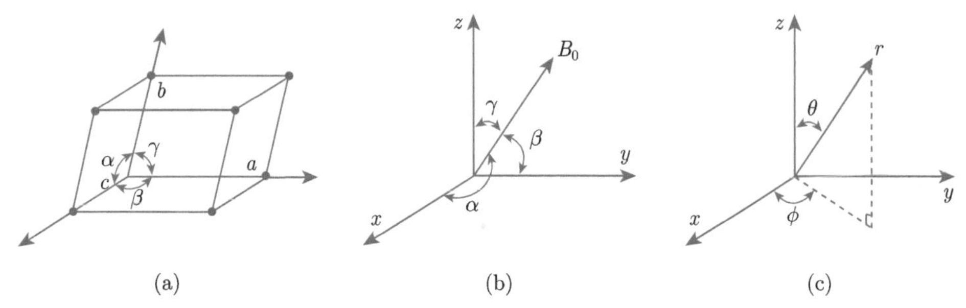

图 4.2.10 (a) 单晶的晶轴和角度；(b) 外加磁场 B_0 的方向余弦；(c) 球坐标，$0° \leqslant \theta \leqslant 90°$，$0° \leqslant \phi \leqslant 180°$

置于外磁场中的单晶，可用方向余弦 (direction cosine) 来描述外磁场的空间分布情况 (图 4.2.10(b))，即 $\hat{B} = B_0\mathbf{1}$，$\mathbf{1} = (l_x, l_y, l_z)$，于是，式 (3.1.1) 变成

$$\hat{\mathcal{H}}_S = \mu_{\rm B}\hat{B}\cdot\hat{g}\cdot\hat{S} = \mu_{\rm B}B_0\,[l_x, l_y, l_z]\begin{bmatrix} g_{xx} & g_{xy} & g_{xz} \\ g_{yx} & g_{yy} & g_{yz} \\ g_{zx} & g_{zy} & g_{zz} \end{bmatrix}\begin{bmatrix} \hat{S}_x \\ \hat{S}_y \\ \hat{S}_z \end{bmatrix} \tag{4.2.37}$$

展开成

$$\begin{aligned}\hat{\mathcal{H}}_S = \mu_{\rm B}B_0\{\,&(l_x g_{xx} + l_y g_{yx} + l_z g_{zx})\,\hat{S}_x + (l_x g_{xy} + l_y g_{yy} + l_z g_{zy})\,\hat{S}_y \\ &+ (l_x g_{xz} + l_y g_{yz} + l_z g_{zz})\,\hat{S}_z\}\end{aligned} \tag{4.2.38}$$

其中，$(l_x g_{xx} + l_y g_{yx} + l_z g_{zx})\,\hat{S}_x$ 简写成 $(l_\alpha g_{\alpha x})\,\hat{S}_x$，类似地还有 $(l_\alpha g_{\alpha y})\,\hat{S}_y$ 和 $(l_\alpha g_{\alpha z})\,\hat{S}_z$，$\alpha = x, y, z$，上式简化成

$$\hat{\mathcal{H}} = \mu_{\rm B}B_0\left\{(l_\alpha g_{\alpha x})\,\hat{S}_x + (l_\alpha g_{\alpha y})\,\hat{S}_y + (l_\alpha g_{\alpha z})\,\hat{S}_z\right\} \tag{4.2.39}$$

作全空间内积分，得矩阵

$$\begin{array}{ccc} & \left|+\frac{1}{2}\right\rangle & \left|-\frac{1}{2}\right\rangle \\ \left\langle+\frac{1}{2}\right| & \frac{1}{2}\mu_{\rm B}B_0 l_\alpha g_{\alpha z} & \frac{1}{2}\mu_{\rm B}B_0(l_\alpha g_{\alpha x} - {\rm i}l_\alpha g_{\alpha y}) \\ \left\langle-\frac{1}{2}\right| & \frac{1}{2}\mu_{\rm B}B_0(l_\alpha g_{\alpha x} + {\rm i}l_\alpha g_{\alpha y}) & -\frac{1}{2}\mu_{\rm B}B_0 l_\alpha g_{\alpha z} \end{array} \tag{4.2.40}$$

此矩阵的标准解析解是

$$E = \pm\frac{1}{2}\mu_{\rm B}B_0\sqrt{(l_\alpha g_{\alpha x})\,(l_\alpha g_{\alpha x}) + (l_\alpha g_{\alpha y})\,(l_\alpha g_{\alpha y}) + (l_\alpha g_{\alpha z})\,(l_\alpha g_{\alpha z})} \tag{4.2.41}$$

有效 g 因子是

$$g\left(l_{\alpha},l_{\beta},l_{\gamma}\right)=\sqrt{\left(l_{\alpha}g_{\alpha x}\right)\left(l_{\alpha}g_{\alpha x}\right)+\left(l_{\alpha}g_{\alpha y}\right)\left(l_{\alpha}g_{\alpha y}\right)+\left(l_{\alpha}g_{\alpha z}\right)\left(l_{\alpha}g_{\alpha z}\right)} \tag{4.2.42a}$$

或简写成

$$g(l_{\alpha},l_{\beta},l_{\gamma})=\sqrt{l_x^2g_x^2+l_y^2g_y^2+l_z^2g_z^2} \tag{4.2.42b}$$

若想获得上式的解析解，须具备三个条件：① 晶体的对称性；② 单晶内顺磁中心离子或分子的有规取向；③ 单晶与谱仪实验坐标系的夹角。g_{ij} 和 l_i 属于不同的空间坐标，须作坐标系旋转和对角化，才能最终求解。此外，方向余弦使用三个角度，这使计算过程变得冗长，本书省略推导过程 (对此数学过程感兴趣的读者请查阅所引的专著)。因此，式 (4.2.42) 常换成适用的球坐标形式，

$$g(\theta,\phi)=\sqrt{g_{xx}^2\sin^2\theta\cos^2\phi+g_{yy}^2\sin^2\theta\sin^2\phi+g_{zz}^2\cos^2\theta} \tag{4.2.43}$$

这就是斜方对称的有效 g 因子，$g_{xx}\neq g_{yy}\neq g_{zz}$，变化趋势如图 4.2.11 所示。轴对称时，上式简化成

$$g(\theta,\phi)=\sqrt{g_{\perp}^2\sin^2\theta+g_{\parallel}^2\cos^2\theta} \tag{4.2.44}$$

到此，我们全面解释了 g_{ij} 所对应的标识和含义。立方对称，$g_{xx}=g_{yy}=g_{zz}$。斜方对称，$g_{xx}\neq g_{yy}\neq g_{zz}$。轴对称，$g_{xx}=g_{yy}$，称为 $g_{\perp}$，位于 xy 平面内，$\theta=90°$；$g_{zz}=g_{\parallel}$，$\theta=0°$，与 z 轴平行。

单晶谱能提供丰富的、有规的几何和电子结构信息，但测试和数据分析比较耗时，且还受到单晶样品质量的影响。一方面，单晶不易成长，长成后也易变成孪晶，且还要防止或注意晶胞内所形成的位点劈裂 (site spitting)，即结构相同而有规取向不同的两个顺磁分子，这两个分子在任意方位的有效 g 因子是不相同的，造成 EPR 谱号发生劈裂。这种劈裂有时也会由相邻的但有规取向不同的晶胞造成。另一方面，单晶可能还须加工成可适用于测试的尺寸。实际实验中，常常刻意斜放单晶，使某个晶轴与实验坐标系形成一个预设夹角，这样能有效地防止假象，且有利于谱图解析。单晶实验中存在一个角度互换的过程：由于仪器的设置 (详见第 2 章)，每次只能绕 x 轴向旋转，从而观测 yz 平面与外磁场 B_0 的不同夹角对 EPR 谱图的影响；因此，三个晶轴的测试都是单独进行的，即每次都需重新放置样品。图 4.2.11 示意了分别绕 x、y 或 z 轴旋转所得的单晶谱及变化趋势。

实际上，粉末谱是各个角度上单晶谱的包络。对于斜方对称的单核中心，球表面面积元素 (element of area on the surface of a sphere) 表明，吸收谱中吸收峰最强的位置即对应着 g_{yy} (图 4.2.5)，再根据 p 和 d 轨道能级分裂可完成对 g_x、

g_z 的归属。不存在轨道能级交错时，三个主值 g_i 因子的大小关系呈以 g_y 为中心排布，$g_z > g_y \geqslant g_x$，或 $g_z < g_y \leqslant g_x$；若存在轨道能级交错，这个大小排布则须具体分析，详见 7.1.2 节。对于双原子中心，情况复杂，见前文。

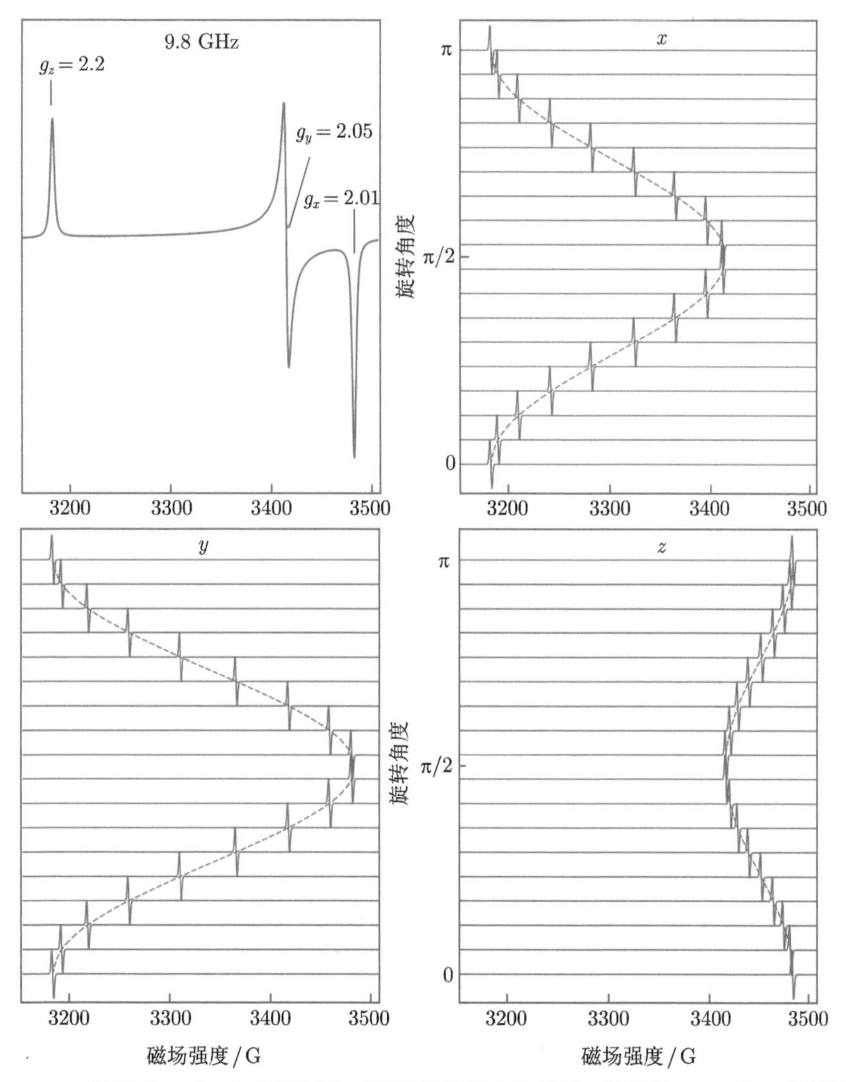

图 4.2.11 X-波段 (9.8 GHz) 模拟斜方对称的粉末谱和单晶谱。单晶的 x、y 和 z 轴依次与实验坐标系 x 轴重合，再作 $0^\circ \sim 180^\circ$ 旋转。参数是 $g_x = 2.01$，$g_y = 2.05$，$g_z = 2.2$。单晶实验存在一个角度互换过程：仪器的实验坐标系 (详见第 2 章) 只能绕 x 轴旋转以观测 EPR 谱与外磁场夹角 ϕ 的变化趋势 ($0^\circ \leqslant \phi \leqslant 180^\circ$，图 4.2.10)

4.3 低自旋体系的超精细耦合各向异性

超精细相互作用的各向同性，已在第 3 章作详细描述。本节首先介绍孤立原子的超精细结构和零场 EPR，然后着重介绍化合物中超精细耦合的各向异性。

4.3.1 孤立原子的超精细结构和零场 EPR

对于孤立原子或离子 (isolated or free atom or ion)，np 和 nd 轨道是简并的，未配对电子会平均地占据各个未充满轨道而形成一个球形势场，故 g 和 A 这两个参数都呈各向同性。未施加外加静磁场时，具 $S \geqslant \frac{1}{2}$、$I \geqslant \frac{1}{2}$ 的孤立原子，$\hat{S}$ 和 $\hat{I}$ 各向同性的磁性耦合 a (用小写 a 区别于 A，以方便描述)，

$$\hat{\boldsymbol{\mathcal{H}}}_S = a\hat{S} \cdot \hat{I} \tag{4.3.1}$$

合成一个新的自旋角动量 $\boldsymbol{F}$，$\boldsymbol{F}$ 取值范围是 $|S-I|, |S-I|+1, \cdots, S+I$，即形成一个新的电子结构。式 (4.3.1) 与 (4.2.6) 相似，相应的能级 E_F 是

$$E_F = \frac{1}{2}a\left\{F(F+1) - S(S+1) - I(I+1)\right\} \tag{4.3.2}$$

任意俩相邻能级 F 和 $F-1$ 间的能级差是

$$\Delta E = E_F - E_{F-1} = aF \tag{4.3.3}$$

如图 4.3.1 和图 4.3.2 所示，这类似于自旋-轨道耦合所产生的能级结构 (4.2.2 节)。原子的自旋磁矩是

$$\boldsymbol{\mu}_F = -g_F \mu_{\mathrm{B}} \boldsymbol{F} \tag{4.3.4}$$

其中，

$$g_F = \frac{F(F+1)(g_J - g_I) + S(S+1) - I(I+1)(g_J + g_I)}{2J(J+1)} \tag{4.3.5}$$

$g_I/g_J \sim 10^{-3}$，故将 g_I 忽略不计，g_F 简化成

$$g_F = g_J \frac{F(F+1) + S(S+1) - I(I+1)}{2F(F+1)} \tag{4.3.6}$$

将式 (4.3.2) 和 (4.3.4) 合并，将得如图 4.3.1 所示的弱场下孤立原子的能级结构。a 比较大时，$M_S = \pm\frac{1}{2}$ 的磁场作用能是 [32,33]

$$E_{\pm\frac{1}{2},M_I}$$

$$= -\frac{1}{4}a \pm \frac{1}{2}\left\{\left[g_{\text{iso}}\mu_{\text{B}}B_0 + a\left(M_I \pm \frac{1}{2}\right)\right]^2 + a^2\left[I\left(I+1\right) - M_I\left(M_I \pm 1\right)\right]\right\}^{1/2} \tag{4.3.7}$$

孤立原子在外加弱磁场 B_0 中的塞曼分裂，如图 4.3.1 和图 4.3.2 所示。类似地，^{19}F、^{35,37}Cl 等原子，参考文献 [34-38]。

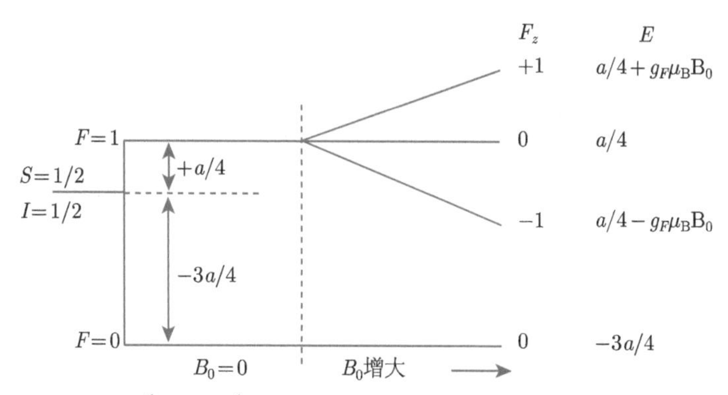

图 4.3.1　孤立原子 ($S=\frac{1}{2}$、$I=\frac{1}{2}$) 在无外加磁场 ($B_0=0$) 和弱场 (B_0 较小) 中的能级结构

① a 具各向异性时 (如 A_{xx}、A_{yy}、A_{zz}，或 $A_\perp$、$A_\parallel$，详见 4.3.2 节)，$F=1$、2、3、$\cdots$ 的零场能级会依据 A_{ij} 再发生各向异性的塞曼分裂；② $S\geqslant 1$ 时，需考虑到电子间的零场相互作用；③ $I\geqslant 1$ 时，需考虑原子核的电四极矩。这些变化将使能级劈裂趋于复杂化，以上的简单描述将不再符合实际的能级结构。零场 EPR 技术 (zero-field EPR technique) 可直接探测相邻能级 F 和 $F-1$ 间的跃迁及 a (或 A_{ij})。顾名思义，零场 EPR 谱仪只能采用扫频制式 [39,40]。

对于 ns^1 构型的原子或离子 (如 H^0、Cu^0、Ag^0、Zn^{1+} 等，详见 6.1 节)，费米接触自旋密度全部或大部分被其所携带，所以 a 值往往都比较大。在惰性基质中，金原子 (Au^0) 的 a 值 ~3093 MHz，Cu^0 的 a 值 ~6151MHz(^{63}Cu) 或 ~6587 MHz (^{65}Cu)。根据 a 和微波 $h\nu$ 的大小关系，分为弱场、中强场和强场等，例如：弱场，$2|a|>h\nu$；中强场，$2|a|\sim h\nu$；强场，$2|a|\ll h\nu$。图 4.3.2 示意处于惰性氩气基质中 $^{63}Cu^0$ 原子 ($g_{^{63}\text{Cu}}=1.484$，$I=3/2$，天然丰度是 69.17%) 的能级结构；铜元素的另外一种同位素是 ^{65}Cu($g_{^{65}\text{Cu}}=1.588$，$I=3/2$，30.83%)。$a_{^{65}\text{Cu}}$ 是 $a_{^{63}\text{Cu}}$ 的 1.0711 倍，对应于二者磁旋比的比值，$\dfrac{g_{^{63}\text{Cu}}}{g_{^{65}\text{Cu}}}$。在 9.5 GHz 的 X-波段实验中，我们可同时观测到两个不同的跃迁：跃迁 I，位于 ~ 1750 G，是源自 $M_S=-\frac{1}{2}$ 自旋多重度内的 $M_I=-\frac{1}{2}\leftrightarrow M_I=-\frac{3}{2}$ 间的 NMR 信号，即 $\Delta M_S=0$、$\Delta M_I=\pm 1$；

跃迁 II 是标准的 EPR 信号，对应 $\Delta M_S=\pm1$、$M_I=-\dfrac{3}{2}$。对于跃迁 III，则需要在满足 $|2a|\ll h\nu$ 的 35 GHz 以上的 Q-波段或更高频段的谱仪，方可被检测 [32,33]。

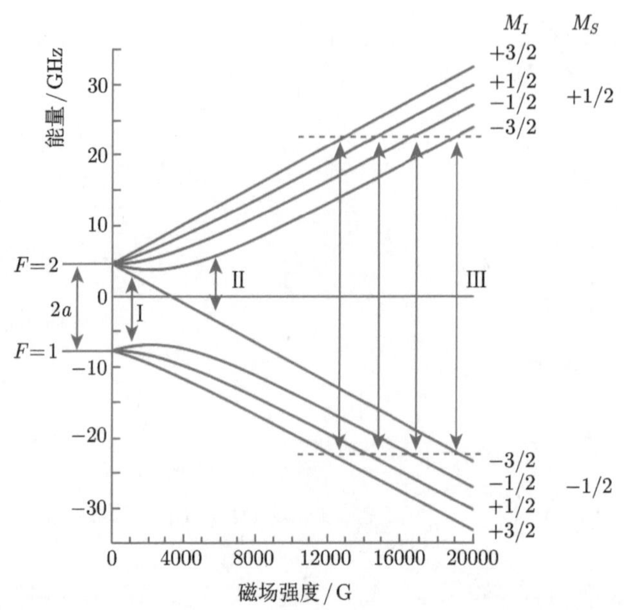

图 4.3.2　孤立铜原子 $^{63}Cu^0$ $\left(S=\dfrac{1}{2}、I=\dfrac{3}{2}\right)$ 在无外加磁场 ($B_0=0$) 和外磁场的能级 [32,33]。$g_F=1.9994$，$a=6151$ MHz；跃迁 III 的探测频率是 45 GHz 的 Q-波段，或更高频率的 W-波段等

4.3.2　$S=1/2$ 低自旋体系超精细相互作用的各向异性

在 $S=1/2$ 的低自旋有机自由基和配合物中，未配对电子是定域于某个原子轨道或分子轨道中，而 p 和 d 轨道均呈空间有规取向 (图 4.1.1)。所以，核自旋与电子自旋在 x、y、z 三个方向上的磁性耦合，亦随着电子所占据的 p 和 d 轨道而呈有规取向的相互作用。例如，甲基自由基 $\cdot CH_3$(3.2 节)，未配对电子占据碳原子中未杂化的 $2p_z$ 轨道，电子自旋与磁性核 ^{13}C 间的磁性耦合，是呈有规取向的，如图 3.2.3 所示，只是这种有规取向的相互作用并没有被就地展开，而只着重讨论费米接触相互作用，A_{iso}。若回溯至 1.4.2 节，任意两个相邻电子自旋间的磁偶极相互作用如式 (1.4.14) 所述。在此，将其中一个电子自旋 ($\boldsymbol{S}$、$\boldsymbol{\mu}_S$) 换成一个任意相邻 $\boldsymbol{r}$ 处的核自旋 ($\boldsymbol{I}$、$\boldsymbol{\mu}_{\rm N}$)，二者的磁性相互作用是

$$\hat{\boldsymbol{\mathcal{H}}}_{dd}(\boldsymbol{r})=\frac{\boldsymbol{\mu}_S\cdot\boldsymbol{\mu}_{\rm N}}{\boldsymbol{r}^3}=-\frac{\mu_0}{4\pi}g_{\rm e}\mu_{\rm B}g_{\rm N}\beta_{\rm N}\left[\frac{\boldsymbol{S}\cdot\boldsymbol{I}}{r^3}-\frac{3\,(\boldsymbol{S}\cdot\boldsymbol{r})\,(\boldsymbol{I}\cdot\boldsymbol{r})}{r^5}\right]\tag{4.3.8a}$$

注意 “−” 的来源。依电子在核外的全空间分布，上式展开成

$$\hat{\boldsymbol{\mathcal{H}}}_{\boldsymbol{dd}}(\boldsymbol{r}) = -\frac{\mu_0}{4\pi}g_e\mu_B g_N\beta_N \begin{bmatrix} \hat{S}_x & \hat{S}_y & \hat{S}_z \end{bmatrix} \times \begin{bmatrix} \left\langle \dfrac{r^2-3x^2}{r^5} \right\rangle & \left\langle -\dfrac{3xy}{r^5} \right\rangle & \left\langle -\dfrac{3xz}{r^5} \right\rangle \\ & \left\langle \dfrac{r^2-3y^2}{r^5} \right\rangle & \left\langle -\dfrac{3yz}{r^5} \right\rangle \\ & & \left\langle \dfrac{r^2-3z^2}{r^5} \right\rangle \end{bmatrix} \begin{bmatrix} \hat{I}_x \\ \hat{I}_y \\ \hat{I}_z \end{bmatrix} \tag{4.3.8b}$$

亦可简化成

$$T_{ij}\hat{S}_i\hat{I}_j = -\frac{\mu_0}{4\pi}g_e\mu_B g_N\beta_N \left\langle \frac{\delta_{ij}}{r^3} - \frac{3ij}{r^5} \right\rangle \hat{S}_i\hat{I}_j \tag{4.3.8c}$$

其中，$\delta_{ij}=0(i\neq j)$ 或 $\delta_{ij}=1(i=j)$。T_{ij}，称为超精细各向异性因子，是一个 3×3 的矩阵，

$$T_{ij} = \begin{bmatrix} T_{xx} & T_{xy} & T_{xz} \\ T_{yx} & T_{yy} & T_{yz} \\ T_{zx} & T_{zy} & T_{zz} \end{bmatrix} \tag{4.3.9}$$

T_{ij} 表述电子与磁性核间的磁偶极相互作用，是一个无迹张量，对整个空间进行积分时总和为 0，即

$$T_{xx}+T_{yy}+T_{zz}=0 \tag{4.3.10}$$

这与电子自旋间的电偶极相互作用类似 (4.4 节)。轴对称时，式 (4.3.9) 变成

$$\begin{bmatrix} T & 0 & 0 \\ 0 & T & 0 \\ 0 & 0 & -2T \end{bmatrix} \tag{4.3.11}$$

斜方对称时，为

$$\begin{bmatrix} T_{xx} & 0 & 0 \\ 0 & T_{yy} & 0 \\ 0 & 0 & T_{zz} \end{bmatrix} \tag{4.3.12}$$

将式 (3.1.5) 与式 (4.3.9) 整合在一起，构成了完整的超精细耦合作用，

$$\hat{\mathcal{H}}_S = \hat{S}\hat{A}\hat{I} = \hat{\mathcal{H}}_F + \hat{\mathcal{H}}_{dd} \tag{4.3.13}$$

其中，$\hat{\mathcal{H}}_F = A_{\text{iso}}\hat{S}\cdot\hat{I}$ (F 表示费米自旋接触相互作用)。于是，超精细耦合作用的两个组成部分合在一起是

$$A_{ij} = A_{\text{iso}} + T_{ij} = A_{\text{iso}} + \begin{bmatrix} T_{xx} & T_{xy} & T_{xz} \\ T_{yx} & T_{yy} & T_{yz} \\ T_{zx} & T_{zy} & T_{zz} \end{bmatrix} \tag{4.3.14}$$

称为各向异性的超精细耦合常数 (anisotropic hyperfine constant，A_{aniso} 或 A_{ij})。轴对称时，$A_{\perp} = A_{\text{iso}} + T$ 和 $A_{\parallel} = A_{\text{iso}} - 2T$；斜方对称时，$A_x = A_{\text{iso}} + T_x$，$A_y = A_{\text{iso}} + T_y$ 和 $A_z = A_{\text{iso}} + T_z$。立方对称时，$T_{ij}$ 呈各向同性而忽略不计。常见的 $Cu^{2+}(3d^1_{x^2-y^2}$ 基态)，A_x 和 A_y 都很小，这是由 T_x、T_y 和 A_{iso} 的符号相反造成的。因此，初学者务必注意文献所报道的 A_{ij} 都是由这两个不同组分构成的。

4.3.3 A 各向异性而 g 各向同性或各向异性的特征谱图

g 和 A 的各向异性均与轨道有关：前者源自于中心原子或分子受到周围配位的影响而形成的 p、d 轨道能级分裂，后者是磁性核与占据特定轨道的未配对电子的有规相互作用。二者的差别是，前者一定是携带未配对电子的中心原子本身，而后者可以是携带未配对电子的中心原子，也可以是周围不同间距的磁性核配体。我们先来讨论后者的第一种情况，第二种情况放在 4.3.4 节。相应的自旋哈密顿量是

$$\hat{\mathcal{H}}_S = \mu_{\text{B}}\hat{B}\cdot\hat{g}\cdot\hat{S} + \sum_i \hat{S}\cdot\hat{A}_i\cdot\hat{I}_i \tag{4.3.15}$$

根据 g 和 A 的各向同性或各向异性，这两项一共有四种不同的组合，其中 g_{iso} 和 A_{iso} 已在第 3 章作完整展开，所以只讨论剩下的三种情形：

(1) g_{iso} 而 A 各向异性。在掺杂材料 (如掺杂金刚石) 中，容易形成 A 轴对称、g_{iso} 的电子结构，X-波段的模拟谱如图 4.3.3(a)、(b) 所示。相距比较远的双自由基，则容易形成 A 斜方对称、g_{iso} 的电子结构，EPR 谱如图 4.3.3(c) 所示。

(2) g 和 A 同为各向异性。这是最广泛存在的电子结构，详见后面的范例。图 4.3.4 示意经典 $R_1R_2NO\cdot$ 自由基分别对应三个 g 主值的单晶模拟及其包络粉末谱。在 X-波段，基本上只分辨出 g_z 和 A_z，另外的主值无法分辨；在 W-波段，可同时分辨 g 和 A 的全部主值，具有非常高的有规取向，这是高频高场 EPR 的优势之一。在 $R_1R_2NO\cdot$ 自由基中，g_{ij} 各向异性受到氧原子自旋密度 ρ_{O}^{π} 变化的影响，若 ρ_{O}^{π} 增大，自旋轨道-耦合变强；氧原子上孤电子对通过氢键 (N—O$\cdots$H) 离域时，自旋轨道-耦合也会变强。这体现在 g_x 和 A_z 的差异上，如 g_x 对氢键 (N—O$\cdots$H) 的敏感性要强于溶剂极性。

(3) 文献中鲜见 A_{iso} 而 g 各向异性的实验报道，只有理论模拟。

由 4.2 节，晶体场的强弱，可用 $\Delta g = |g_{ij} - g_{\text{e}}|$ 作一般描述：Δg 越大，轨道

能级差越小，晶体场越弱，未配对电子就越容易离域至周围的配体或被激发至激发态轨道，从而导致 A_{ij} 减小；反之，Δg 越小，晶体场越强，未配对电子趋于定域分布，导致 A_{ij} 增大。在 3.4.3 节，我们以 MNP 为例分析了 $R^1R^2NO^{\cdot}_2$ 自由基的 A_N 减小 g_{iso} 则增大或 A_N 增大 g_{iso} 则减小的变化趋势，其实就是遵循这个道理。

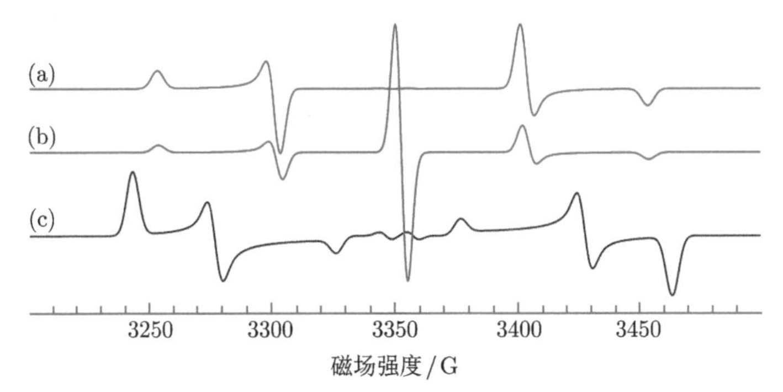

图 4.3.3　g_{iso} 而 A 各向异性的 9.4 GHz 模拟：$g_{iso} = 2.0023$，$I = 1/2$(a)、(c) 和 $I = 1$(b)。(a) $A_{\perp} = 100$ G，$A_{\parallel} = 200$ G；(b) $A_{\perp} = 50$ G，$A_{\parallel} = 100$ G；(c) $A_x = 50$ G，$A_y = 150$ G，$A_z = 220$ G。读者务必注意本图与图 4.4.9 所示的谱形变化趋势的差异

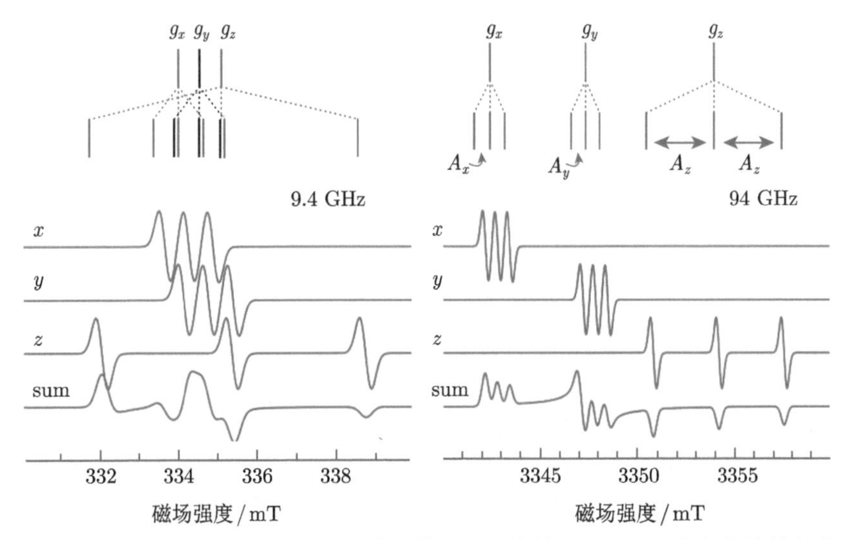

图 4.3.4　X-(9.4 GHz) 和 W-(94 GHz) 波段模拟代表性的 $R_1R_1NO\cdot$ 自由基的粉末谱。斜方对称参数是 $g_x = 2.0091$，$g_y = 2.0061$，$g_z = 2.0023$，$A_x = 6.2$ G，$A_y = 6.3$ G，$A_z = 33.6$ G。由上到下分别是三个主值 g 因子所对应的模拟谱和粉末谱，信号强度已经标准化

与 g_{ij} 的单晶谱类似，A_{ij} 也可用方向余弦求解，结合式 (4.2.43) 的 $g(\theta, \phi)$，有效 A 因子为

$$A(\theta,\phi)=\frac{\sqrt{A_{xx}^2g_{xx}^4\sin^2\theta\cos^2\phi+A_{yy}^2g_{yy}^4\sin^2\theta\sin^2\phi+A_{zz}^2g_{zz}^2\cos^2\theta}}{g_{xx}^2\sin^2\theta\cos^2\phi+g_{yy}^2\sin^2\theta\sin^2\phi+g_{zz}^2\cos^2\theta}\qquad(4.3.16)$$

图 4.3.5 示意了 $CuSO_4$ 的溶液模拟谱、粉末谱 (即冷冻的溶液) 和模拟的单晶谱。

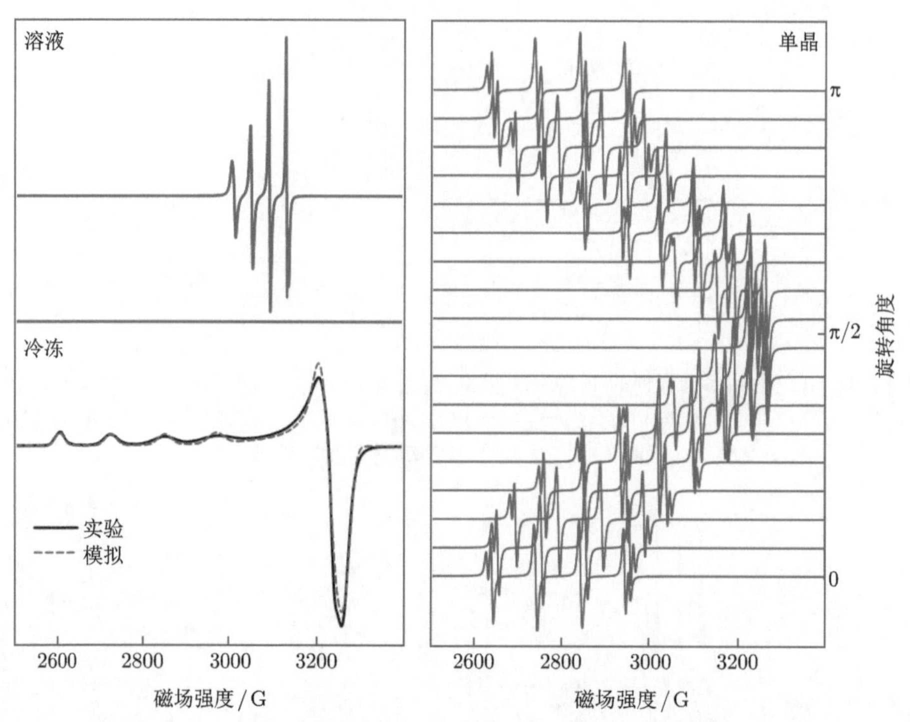

图 4.3.5　X-波段 $CuSO_4$ 的室温溶液模拟谱、冷冻的粉末谱和基于粉末谱所得参数的单晶模拟谱，强度已归一化。室温溶液谱的运动相关时间是 10^{-11}s，单晶谱为绕 y 轴旋转 $0^\circ \sim 180^\circ$ (参考 4.2.9 节)。模拟参数 $g_x = 2.068$、$g_y = 2.093$、$g_z = 2.411$，$A_x = A_y = 5$、$A_z = 121$ G，频率 9.416 GHz

一般的分析都是默认 g_{ij}、A_{ij} 共轴或近似共轴，即 $A_y \sim A_x$。在部分铜蛋白和配合物中，会出现 $A_y \ll A_x$ 的斜方对称，即 g 与 A 不共轴。例如，短黄杆菌血红素 c-铜亚硝酸盐还原酶的 T_1 铜，$g_z \sim 2.22$、$g_y \sim 2.09$、$g_x \sim 2.03$，$A_z \sim 48$ G、$A_y \sim 0$、$A_x \sim 70$ G[41]；溶解性多糖单加氧酶 (lytic polysaccharide monooxygenase，LPMO) 的单核 Cu^{2+}，$g_z \sim 2.261$、$g_y \sim 2.095$、$g_x \sim 2.027$，$A_z \sim 336$ MHz、$A_y \sim 110$ MHz、$A_x \sim 255$ MHz[42]。具 g 与 A 不共轴的铜配合物，也曾有文献报道 [43]，并参考 6.1.6 节的 Al^{2+}。这些都是需要读者深入学习和掌握的。

4.3.4　磁性核配体的有规取向，核间距离探测

未配对电子与周围磁性核 (^{1}H、^{14}N 等) 的费米接触相互作用，是我们解析自由基结构的依据，详见第 3 章；在 4.2.6 节，我们也已经充分说明因 p 轨道间的能级差非常大而造成了有机自由基的 $\Delta g_{ij}(g_{ij}-g_{\rm e})$ 比较小。因此，实验上需要高频高场如 244 GHz 以提高 EPR 的有规选择 (orientation selection)，才能分辨 g_{ij} 各向异性 (如图 4.3.4)，并用于解析成键或配位原子的有规定位 [44,45]。

我们先来分析结构最简单、关注度却非常高的 ·OH 自由基，它的氧化还原电势是 2.8 eV，在自然界中仅次于氟。图 4.3.6(a)、(b) 示意了 ·OH 的分子轨道和氧原子 p 轨道的能级分裂。在分子轨道中，氧原子有两个简并的非键轨道 $\pi_x^{\rm n}$、$\pi_y^{\rm n}$，其中一个已充满，用 $\left(1\pi^+\right)^2$ 表示，未配对电子占据另外一个轨道，用 $\left(1\pi^-\right)^1$ 表示。分子轨道理论可以很好地阐述 ·OH 的分子结构，但是用来解析 EPR 谱时则显得过于复杂，不如晶体场理论直观简洁，如图 4.3.6(b) 所示。用 EPR、ENDOR 等研究 X 或 γ 射线辐照的水单晶所得的结果，列于表 4.3.1 中 [46,47]。g_{ij} 各向异性表明氧原子呈 σ_V 的斜方对称结构：A_{ij} 各向异性表明质子与氧原子上未配对电子的超精细耦合也呈斜方对称。需要注意是绝对值 $|A_y|$ 最大，而 $|A_z|$ 最小，这与前面提到的单核中心三个主值 A 的绝对值大小分布是不一致的。为了说明这种差别，以下接着以甲基自由基为例，作连续展开。

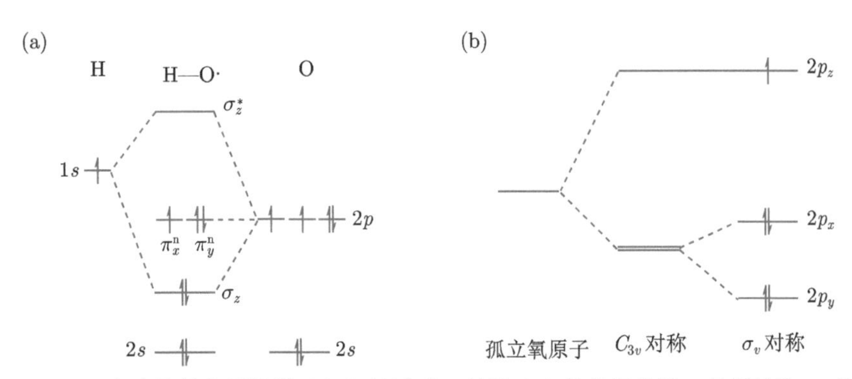

图 4.3.6　·OH 自由基的分子轨道 (a) 和氧原子 p 轨道 (b) 的能级分裂，氧原子的 1s 轨道被忽略

表 4.3.1　ENDOR 实验所得 ·OH 自由基的 EPR 参数，A 的单位是 MHz，摘自 [46, 47]

编号	g_x	g_y	g_z	$g_{\rm iso}$	A_x	A_y	A_z	$A_{\rm iso}$
I	2.0028	2.0089	2.0597	2.0238	−80.0	−124.4	+9.2	−65.07
II	2.0031	2.0089	2.0571	2.0230	−81.2	−124.4	+19.4	−62.07
III	2.0027	2.0088	2.0581	2.0232	−78.2	−126.2	+15.6	−62.93

注：斜方对称：$g_{\rm iso}=(g_x+g_y+g_z)/3$，$A_{\rm iso}=(A_x+A_y+A_z)/3$。

甲基自由基 $\cdot CH_3$ 中 C 原子形成 sp^2 杂化，相邻 C—H σ 键形成 120° 的夹角，四个原子构成一个平面。使用 ^{13}C 同位素标记时，式 (4.3.8b) 简化，

$$T_{ij}\hat{S}_i\hat{I}_j = -\frac{\mu_0}{4\pi}g_e\mu_B g_N\beta_N\hat{S}_i\hat{I}_j\left\langle\frac{3\cos^2\theta-1}{r^3}\right\rangle \tag{4.3.17}$$

即自旋磁偶极相互作用与它们距离的三次方 r^3 成反比：电子自旋与核自旋的连线矢量为 $\boldsymbol{r}$，二者间距为 r，θ 是 $\boldsymbol{r}$ 与外加静磁场 $\boldsymbol{B}_0$ 的夹角 (图 4.3.7(a))。^{13}C 原子上未杂化的 $2p_z$ 轨道与外磁场 $\boldsymbol{B}_0$ 可形成 0° 和 90° 两个极值夹角，其中，90° 夹角可以沿着 y 或 x 轴。实验结果表明呈轴对称，$T_{xx} = T_{yy} = -32.5$ G，$T_{zz} = 65$ G (参考式 (4.3.11))；结合 ^{13}C 的 $A_{iso} = 38.3$ G，得 $A_{xx} = A_{yy} = +5.8$ G，$A_{zz} = +103.3$ G。若 C 原子由 sp^2 的平面结构转变成棱锥形结构，A_{iso} 和 T_{ij} 将增大。

甲基自由基 $\cdot CH_3$ 中 C—Hσ 键上质子与占据 $2p_z$ 轨道的电子自旋间的耦合相互作用，如图 4.3.7(b) 所示，呈斜方对称：当 $2p_z$ 轨道与外磁场平行时，质子核自旋与电子自旋连线矢量 $\boldsymbol{r}$ 与 $\boldsymbol{B}_0$ 的夹角是 $\theta = 60°$；$2p_z$ 轨道沿着 y 轴时，$\theta = 30°$；$2p_z$ 轨道沿着 x 轴时，$\theta = 90°$。质子的 $T_{H,ij}$ 可由理论计算获得，$T_{H,xx} = -13.6$ G，$T_{H,yy} = +15.4$ G，$T_{H,zz} = -1.8$ G，这三个值中 $T_{H,yy}$ 的绝对值最大。实验上，结合 ^1H 的 $A_{iso} = -23$ G，得 $A_{H,xx} = -38$ G，$A_{H,yy} = -8$ G，$A_{H,zz} = -25$ G。若 ^1H 的 T_{ij}/A_{ij} 越大，则将实验所得 T_{ij} 和 $\boldsymbol{r}$ 与 $\boldsymbol{B}_0$ 的夹角 θ 代入 (4.3.16)，可计算 C—H 键的键长、键角，这就是利用超精细耦合各向异性来测定配位或相邻原子间的距离及其方位 (orientation dependence) 的关系式，还可结合 H/D 置换加以进一步验证，具体应用请参考文献 [48, 49]。倘若 T_{ij}/A_{ij}

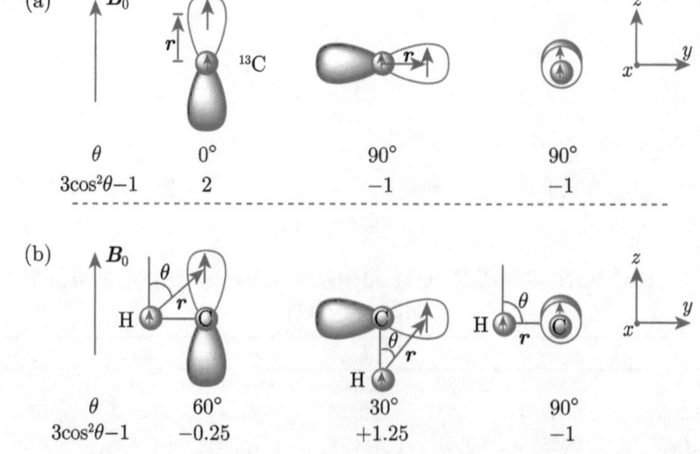

图 4.3.7　甲基自由基中，有规取向的 ^{13}C (a)、^1H (b) 核自旋与电子自旋的磁偶极相互作用

很小，或 A_{iso}/A_{ij} 大，那将降低这个距离探测方法的可靠性，甚至使其无效。

电子自旋、配体核自旋间超精细相互作用受 g 各向异性决定的有规取向，被广泛应用于结构化学和结构生物等领域，尤其是过渡离子和周围配体、反应底物等的配位，比如 Ni^{3+}、Cu^{2+} 与 ^{14}N、^{15}N、^{17}O 的配位和配位方位，详见 8.2.7 节等内容。

4.3.5 *A* 的二阶效应，正负号，额外吸收峰

到目前为止，所有有关 A 的讨论都是使用式 (3.1.15) (各向同性) 和式 (4.3.15) (各向异性) 的一阶项 (first-order term)。细心的读者，或许已经留意到图 3.1.6 中 ^1H 的两个超精细分裂峰分别与 g_{iso} 的间隔并不是等间距的：$M_{I=+1/2}$ 吸收峰与 g_{iso} 间隔为 $\sim$ 273 G，$M_{I=-1/2}$ 吸收峰与 g_{iso} 间隔为 $\sim$ 237 G，这与式 (3.1.13) 的理论等间隔 (253.4 G) 并不相符。实际上，H^0 的吸收峰整体上向低场移动了大约 20 G，并且两个超精细峰的间隔也不是 506.8 G，而是 510.4 G。这种由超精细耦合作用引起的 EPR 吸收峰向低场偏移的现象，称为二阶超精细效应 (second-order hyperfine effect)。以下以各向同性和轴对称各向异性为例，作展开。

(1) 各向同性和立方对称时，式 (3.1.15) 展开到高阶超精细效应的形式是

$$B = B_0 + \sum_i \left\{ A_i M_{Ii} + \frac{A_i^2}{2h\nu} \left[I_i \left(I_i + 1 \right) - M_{Ii}^2 \right] + \cdots \right\} \tag{4.3.18}$$

其中，$h\nu = g_{\text{iso}}\mu_{\text{B}}B_0$ ($I = 0$ 时的跃迁)，B 是共振范围内的位置。对于单核中心，若只考虑到二阶超精细效应，上式简化成

$$B_{M_I} = B_0 + A_{\text{iso}}M_I + \frac{A_{\text{iso}}^2}{2h\nu} \left[I \left(I + 1 \right) - M_I^2 \right] \tag{4.3.19}$$

对于第二项 $A_{\text{iso}}M_I$，随着 M_I 的取值 $(-I, -I+1, \cdots, +I)$ 有正、负和零 (I 为整数时) 之分，详见 3.1 节。第三项，$A_{\text{iso}}^2 \left[I \left(I + 1 \right) - M_I^2 \right] /2h\nu$ 恒为正值。所以，根据符号相反的 M_I 所引起的不同偏移可判断 A_{iso} 的正负号：$A_{\text{iso}}M_I > 0$ 时，第三项的展宽效应得到增强，其所对应的超精细分裂峰 B_{M_I} 强度较低且呈线宽展宽；$A_{\text{iso}}M_I < 0$ 时，第三项的展宽效应被削弱，其所对应的超精细分裂峰 B_{M_I} 强度较强且呈线宽变窄，形成了如图 4.3.8 所示的情况。

不考虑 A_{iso} 的正负值，任取 $I = \dfrac{5}{2}$ 为例，M_I 取 $-5/2, -3/2, \cdots, 5/2$ 时，相应地，共振磁场用 B_{M_I} 如 $B_{-5/2}, B_{-3/2}, \cdots, B_{5/2}$ 表示，

$$
\left.\begin{aligned}
B_{-\frac{5}{2}} &= B_0 - \frac{5}{2}A_{\text{iso}} + \frac{5}{2}\frac{A_{\text{iso}}^2}{2h\nu} \\
B_{-\frac{3}{2}} &= B_0 - \frac{3}{2}A_{\text{iso}} + \frac{13}{2}\frac{A_{\text{iso}}^2}{2h\nu} \\
B_{-\frac{1}{2}} &= B_0 - \frac{1}{2}A_{\text{iso}} + \frac{17}{2}\frac{A_{\text{iso}}^2}{2h\nu} \\
B_{+\frac{1}{2}} &= B_0 + \frac{1}{2}A_{\text{iso}} + \frac{17}{2}\frac{A_{\text{iso}}^2}{2h\nu} \\
B_{+\frac{3}{2}} &= B_0 + \frac{3}{2}A_{\text{iso}} + \frac{13}{2}\frac{A_{\text{iso}}^2}{2h\nu} \\
B_{+\frac{5}{2}} &= B_0 + \frac{5}{2}A_{\text{iso}} + \frac{5}{2}\frac{A_{\text{iso}}^2}{2h\nu}
\end{aligned}\right\} \tag{4.3.20}
$$

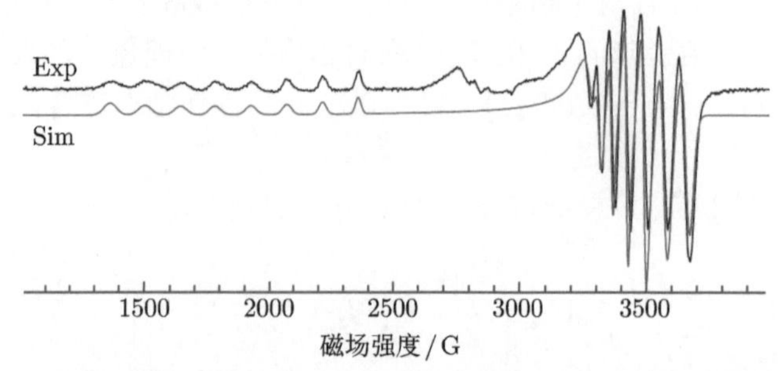

图 4.3.8 $3d_{x^2-y^2}^1$ 基态 Co^{2+} 的粉末谱 (Exp) 及其模拟 (Sim)。模拟参数：9.449 GHz，$g_x \sim 1.922$、$g_y \sim 1.94$、$g_z \sim 3.615$，$A_x \sim 50$ G、$A_y \sim 58$ G、$A_z \sim 142$ G。可参考文献 [50]，类似的结果曾被归属为高自旋 [51]。$3d_{z^2}^1$ 基态的低自旋 Co^{2+}，参考图 8.2.30 或文献 [24, 52-54]

显然 A_{iso} 越大，$|M_I|$ 越小，与 B_0 或 g_{iso} 的偏离就越大。因此，A_{iso} 越大 (如 ns^1 构型的原子或离子)，相应 g_{iso} 位置的标记或归属，就越需慎重，详见 6.1 节。相邻超精细分裂峰的间隔是

$$
\left.\begin{aligned}
B_{-\frac{3}{2}} - B_{-\frac{5}{2}} &= A_{\text{iso}} + 4\frac{A_{\text{iso}}^2}{2h\nu} \quad ① \\
B_{-\frac{1}{2}} - B_{-\frac{3}{2}} &= A_{\text{iso}} + 2\frac{A_{\text{iso}}^2}{2h\nu} \quad ② \\
B_{+\frac{1}{2}} - B_{-\frac{1}{2}} &= A_{\text{iso}} \quad ③ \\
B_{+\frac{3}{2}} - B_{+\frac{1}{2}} &= A_{\text{iso}} - 2\frac{A_{\text{iso}}^2}{2h\nu} \quad ④ \\
B_{+\frac{5}{2}} - B_{+\frac{3}{2}} &= A_{\text{iso}} - 4\frac{A_{\text{iso}}^2}{2h\nu} \quad ⑤
\end{aligned}\right\} \tag{4.3.21}
$$

其中，① + ⑤ = ② + ④ = $2A_{\text{iso}}$，这是从实验谱中直接读取 A_{iso} 的方法。当微波频率 ν 比较小或 $|A_{\text{iso}}|$ 很大时，还需要考虑到更加微弱的三阶超精细效应，读者自行查阅相关文献和专著。技术上，只有增大微波频率 ν 这个途径，才能克服二阶以上超精细效应。

(2) 轴对称时，式 (3.1.15) 展开到二阶超精细效应的形式是

$$\left.\begin{aligned} h\nu &= g_{\perp}\mu_{\text{B}}B_0 + A_{\perp}M_I + \frac{A_{\perp}^2}{2h\nu}\left[I\left(I+1\right)-M_I^2\right] \\ h\nu &= g_{\parallel}\mu_{\text{B}}B_0 + A_{\parallel}M_I + \frac{A_{\parallel}^2}{2h\nu}\left[I\left(I+1\right)-M_I^2\right] \end{aligned}\right\} \tag{4.3.22}$$

过渡离子以此情形居多。

二阶超精细效应，除了引起共振位置向低场移动的效果，还会改变各个超精细分裂峰的相对强弱、宽窄，如图 4.3.8 所示的低自旋 Co^{2+}($3d_{x^2-y^2}^1$ 基态) 的 EPR 谱：磁场由低到高时，以 g_z 为中心的八个超精细分裂峰的强度逐渐增大，而每个小峰的半幅全宽则逐渐变窄。与此同时，对于 Cu^{2+}、Co^{2+} 等离子，它们的核自旋量子数 I 和 $|A|$ 都比较大，二阶超精细效应还可能会导致额外吸收峰的出现，图 4.3.9 示意了随着 $A_{\parallel}$ 逐渐增大，在 $g_{\perp}(g_{\perp} < g_{\parallel})$ 的高场侧逐渐出现新的吸收峰。若 $g_{\perp} > g_{\parallel}$，这个吸收峰将出现在 $g_{\perp}$ 的低场侧。这类吸收峰并没有出现在介于 $g_{\parallel}$ 和 $g_{\perp}$ 之间的理论范围之内 (见 4.2 节)，因此，称为额外吸收峰 (extra absorption peak)。

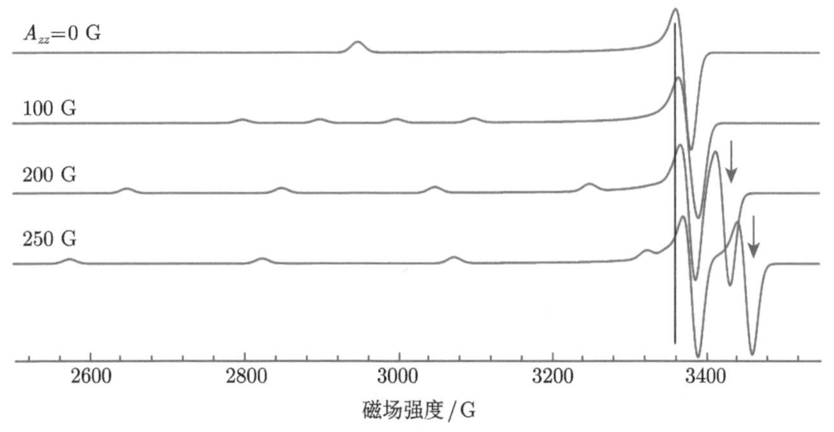

图 4.3.9 $^{63}Cu^{2+}$ 的模拟谱，箭头所指为额外吸收峰，竖线示意逐渐向高场偏离的趋势。模拟参数：9.5 GHz，$g_{\perp} = 2.01$、$g_{\parallel} = 2.3$，$A_{\perp} = 0$ G，$A_{\parallel}$ 具体值如图中所示

4.3.6 分子翻转运动对各向异性谱型的影响

自由基分子比较小或黏滞度非常低的稀溶液中，EPR 吸收谱呈洛伦兹形，各个超精细峰的强度和线宽都是相同的。随着黏滞度增大或分子量增加，室温溶液中各个超精细峰的高低和宽窄会发生不成比例的变化，如过渡离子、含 N 的有机自由基等。这种差异，随着溶液黏滞度的逐渐增大或温度的逐渐下降，将变得愈加明显，甚至会形成与粉末谱类似的固态谱图，这个变化趋势如图 4.3.5 所示。这种现象是由溶液中 g_{ij} 和 A_{ij} 的各向异性没有被分子运动所完全平均而造成的，换言之是 g_{ij} 和 A_{ij} 各向异性对跃迁频率的调制作用。此时，每个超精细分裂峰的线宽 ΔB 是随核自旋的磁量子数 M_I 而发生变化的，

$$\Delta B = \alpha + \sum_i \left(\beta_i M_{Ii} + \gamma_i M_{Ii}^2 + \delta_i M_{Ii}^3 + \cdots\right) \tag{4.3.23}$$

一般情况下，只需考虑单核 $(i = 1)$ 和双核 $(i = 2)$ 的情况。$i = 1$ 时，各个超精细分裂峰与 M_I 的关系为

$$\Delta B_{M_I} = \alpha + \beta M_I + \gamma M_I^2 + \delta M_I^3 \tag{4.3.24}$$

第四项 δM_I^3 一般被忽略，读者可查阅所引的 Atherton(1993) 撰写的专著。将轴对称 g_{ij} 和 A_{ij} 各向异性的幅度变换成 $\Delta g = g_\parallel - g_\perp$、$\Delta A = A_\parallel - A_\perp$，$\Delta g$ 有正负之分而 $\Delta A > 0$。于是，式 (4.3.24) 各个系数与分子翻转运动相关时间 τ_r (或 τ_c，rotation correlation time) 的关系是

$$\left.\begin{aligned} &\alpha \propto \alpha_0 + (\Delta g \gamma B)^2 \cdot \tau_\mathrm{r} \\ &\beta \propto \Delta g \gamma B \cdot \Delta A \cdot \tau_\mathrm{r} \\ &\gamma \propto (\Delta A)^2 \cdot \tau_\mathrm{r} \end{aligned}\right\} \tag{4.3.25}$$

其中，α 和 γ 恒为正值，β 则随着 Δg 的正负而变，τ_r (或 τ_c) 的具体形式是

$$\tau_\mathrm{r} = \frac{4\pi r^3 \eta}{3k_\mathrm{B}T} \tag{4.3.26}$$

其中，η 是溶液黏滞度，r 是分子翻转半径，$k_\mathrm{B}T$ 是热动能。τ_r 具体值是通过对实验谱图作模拟而获得，无法直接读取。温度越低，或黏滞度越大，τ_r 越大，意味着分子翻转运动越慢，或翻转频率 $1/\tau_\mathrm{r}$ 越小。若 τ_r 很长，它所引起谱图各向异性变化有时不利于谱图解析。所以，有机自由基的检测实验，尽可能在可流动的稀溶液中进行。

式 (4.3.26) ($\tau_\mathrm{r} = 4\pi r^3\eta/3k_\mathrm{B}T$) 有几个方面的实际应用：① 通过改变溶液中某一成分的浓度梯度来检测 τ_r 的浓度相关谱，从而获知黏滞度 η 和分子翻转半

径 r，或根据已知的 η 和 r，探测温度 T；② 分子翻转使样品整体呈无序分布，而晶格振动则反映样品整体的有序分布，因此，样品由溶液向液晶态转变时，$\tau_{\rm r}$ 的逐渐增大反映了样品有序度的增强；③ 生物大分子具有亲水区域和疏水区域，这些区域具有不同的柔性 (flexibility)，可使用氮氧自由基自旋标记来研究，参考图 4.3.12。氮氧自由基也被广泛应用于高分子材料的构象研究中。典型的氮氧自由基，$\Delta g < 0, \Delta A > 0, A_{ij} > 0$，故 $\beta < 0$ (图 4.3.4)。图 4.3.10 比较了几个不同 $\tau_{\rm r}$ 值对 EPR 谱图的影响：$\tau_{\rm r}$ 越小，即分子翻转运动越快和黏滞度越小，那么 ^{14}N 的超精细峰强度越高且宽度越小；反之，谱图信号强度变弱且展宽。当 $M_I > 0$ 时，式 (4.3.24) 中的第二项 $\beta M_I < 0$，其所对应的超精细分裂峰 ΔB_{M_I} 将又高又窄；当 $M_I < 0$ 时，$\beta M_I > 0$，其所对应的超精细分裂峰 ΔB_{M_I} 将又矮又宽。据此，我们可以判断各个超精细峰所对应的 M_I，如图 4.3.10(d) 所示，这个依据可适用于绝大多数的溶液谱。同样地，这个依据也适用于前面提到的超精细二阶效应，即式 (4.3.19) 的第二项 $A_{\rm iso}M_I$，它等价于 βM_I。

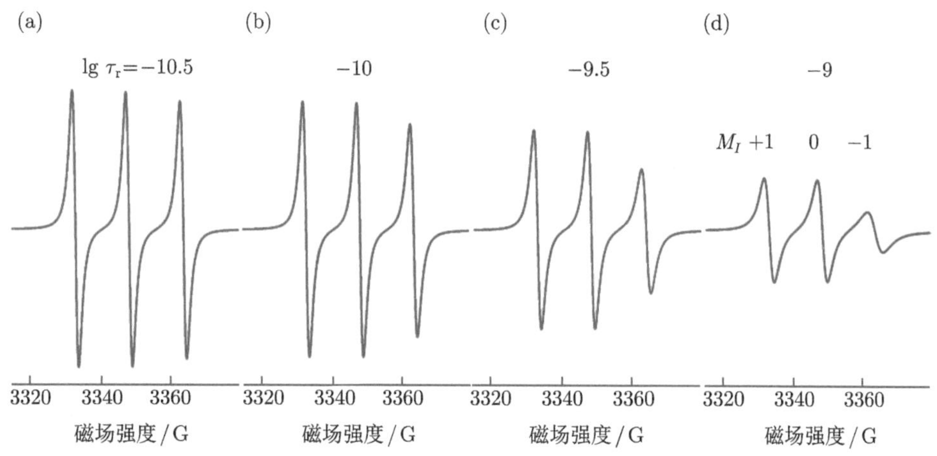

图 4.3.10 模拟 $\tau_{\rm r}$ 对氮氧自由基谱图的影响：(a) $\tau_{\rm r} = 10^{-10.5}$s；(b) $\tau_{\rm r} = 10^{-10}$s；(c) $\tau_{\rm r} = 10^{-9.5}$s；(d) $\tau_{\rm r} = 10^{-9}$s。图中使用 $\lg\tau_{\rm r}$ 表示，参数与图 4.3.4 相同。纵轴统一比例，以便于观察 $\tau_{\rm r}$ 对谱图的影响

相同价态的过渡离子，在不同晶体场中会具有 $\Delta g > 0$ 或 $\Delta g < 0$ 的电子结构而具有不同形状的溶液谱。图 4.3.11 比较了两种不同基态的 Cu^{2+}，分别是 $3d^1_{x^2-y^2}$ (常规构型) 和 $3d^1_{z^2}$ (冠醚铜构型)，前者 $\Delta g > 0$，后者 $\Delta g < 0$。读者可以依此预判其他的 $I \geqslant 1$ 的离子，如 Sc^{2+}、V^{4+}、Co^{2+} 等的溶液谱形状。

较稀样品的溶液谱是洛伦兹线型，式 (4.3.24) 可变化成自旋-自旋弛豫时间的关系，

$$\frac{1}{T_2} = \alpha + \beta M_I + \gamma M_I^2 \tag{4.3.27}$$

用角频率表示共振频率，

$$\omega = g_{ij}\frac{\mu_{\rm B}B_0}{\hbar} + A_{ij}\frac{1}{\hbar}M_I \tag{4.3.28}$$

考虑到 g_{ij} 和 A_{ij} 的有规取向，共振频率存在偏差 $\Delta\omega$，

$$\Delta\omega = \Delta g\frac{\mu_{\rm B}B_0}{\hbar} + \Delta A\frac{1}{\hbar}M_I \tag{4.3.29}$$

即分子翻转运动时 Δg 和 ΔA 一起对共振频率 ω 产生调制作用。平均值是

$$\overline{(\Delta\omega)^2} = \overline{(\Delta g)^2}\left(\frac{\mu_{\rm B}B_0}{\hbar}\right)^2 + \overline{\Delta g\Delta A}\frac{\mu_{\rm B}B_0}{\hbar^2}M_I + \overline{(\Delta A)^2}\frac{1}{\hbar^2}M_I^2 \tag{4.3.30}$$

$\Delta A \neq 0$ 和 $\Delta g \neq 0$ 一起对谱形的调制，详见图 4.3.10 ~ 图 4.3.12。$\Delta A = 0$ 时，$\Delta g \neq 0$ 对各个超精细分裂峰的调制是完全平均化的。$\Delta g = 0$ 时，$\Delta A \neq 0$ 对各个超精细分裂峰的调制是对称的；若 I 为整数，$M_I = 0$ 所对应的超精细分裂峰则不受 ΔA 所调制。对于后面这两种情形，感兴趣的读者请自行模拟，以加深理解。

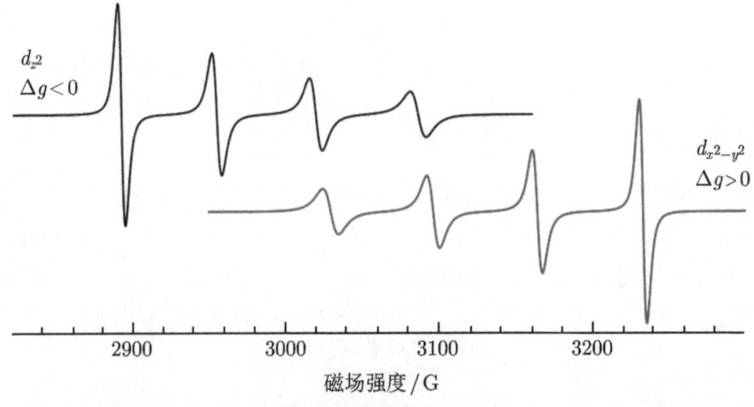

图 4.3.11 两种不同基态 $^{63}Cu^{2+}$ 的溶液模拟谱。用于模拟的 g 因子：$3d_{z^2}^1$ 的 g 因子，$g_\perp = 2.4, g_\parallel = 2.01$，$\Delta g = g_\parallel - g_\perp < 0$；$3d_{x^2-y^2}^1$ 的 g 因子，$g_\perp = 2.05, g_\parallel = 2.4$，$\Delta g = g_\parallel - g_\perp > 0$。其他共同参数，频率 9.5 GHz，$A_\perp = 10$ G, $A_\parallel = 200$ G，$\lg\tau_{\rm r} = -11.5$。当 $A_\perp$ 和 $A_\parallel$ 异号时，谱图结构会发生一些相应的变化

图 4.3.10 只展示了小范围 $\tau_{\rm r}$ 对 $\rm R_1R_1NO\cdot$ 自由基溶液谱的影响，而较大范围的变化趋势则由图 4.3.12 所示意。$\tau_{\rm r}$ 越小，或 $1/\tau_{\rm r}$ 越大，分子翻转越快，ΔA 和 Δg 各向异性的运动平均效果就越好，如 $\tau_{\rm r} = 0.1$ ns、0.5 ns 时 (同时参考图

4.3.10)；$\tau_r \sim 1$ ns 时，谱形不对称性开始显现。当 1 ns $\leqslant \tau_r \leqslant$ 20 ns 时，分子翻转变慢，晶格振动作用开始增强。当 $\tau_r \geqslant$ 50 ns 时，分子翻转已经变得非常缓慢，可近似地认为分子只具有在格位上的晶格振动，开始具备粉末谱的特征。$\tau_r \geqslant$ 100 ns 时，分子的翻转运动可被忽略。

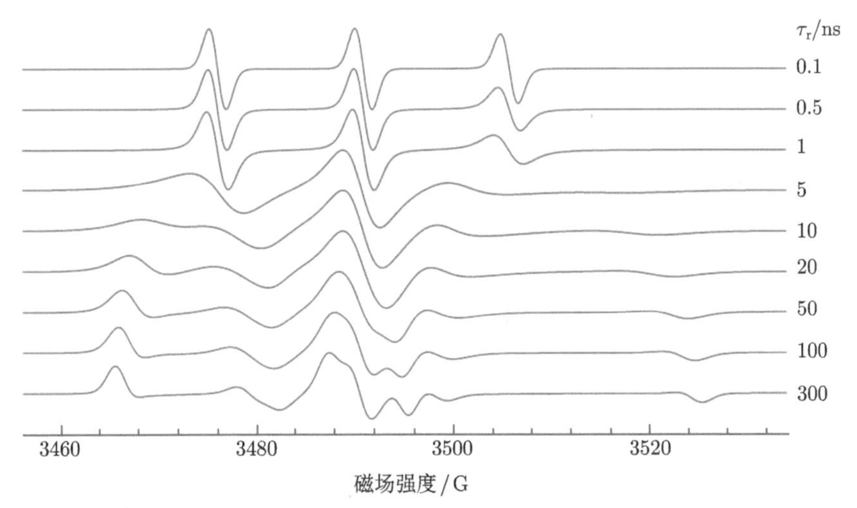

图 4.3.12 标准化的 $R_1R_1NO\cdot$ 自由基的 τ_r 相关模拟谱。由上往下，τ_r 逐渐增大，即分子运动逐渐变慢，模拟参数 9.8 GHz，$g_x = 2.008$，$g_y = 2.006$，$g_z = 2.003$，$A_x = A_y = 20$ MHz，$A_z = 85$ MHz。这个变化趋势，等效于自由基由室温的稀释溶液逐渐过渡到冷冻样品的过程

4.4 高自旋 ($S \geqslant 1$) 体系

本质上，零场分裂 (zero field splitting，ZFS) 源自核外电子负电荷的非球形分布，与此类似的核电四极矩 (nuclear electrical quadrupole moment，NQ) 则源自核上正电荷的非球形分布，二者均与外磁场无关。若静电荷呈球形分布，该四极矩为零。零场分裂造成的能级分裂，称为精细结构 (fine structure)。部分过渡原子的 d 子壳层中，铁磁性的交换作用使其中的电子自旋彼此平行，沿着同一个方向排列，此时系统能量最低，并使系统具有宏观磁矩。在某些分子中，两个或两个以上的未配对电子分别定域分布于分子中的两个不同片段或区域，如双自由基分子、双配体自由基的金属有机物等。零场分裂也存在于各类耦合磁性分子中，如交换耦合的多核过渡离子配合物、生物大分子中的各类金属簇状结构。本节着重于金属和金属离子有关的体系，纯有机自由基体系在 4.6 节再展开。

简单的高自旋 $nd^{3,5,7}$ 过渡离子是 $3d^3$ 的 V^{2+}、Cr^{3+}、Mn^{4+}、Fe^{5+}，$3d^7$ 的 Co^{2+}、Ni^{3+}，未配对电子分布于同一原子内，电子间的基本相互作用比较强。铁磁性耦合成的 $S = 3/2$ 的双核结构有 $V^{4,5}$、$Ni^{2,3}$ 等，反铁磁性耦合形成的第一

激发态是 $S=3/2$ 的三核结构，有 V_3^{IV}、Cu_3^{II} 等。高自旋态，就是将未配对电子的数目最大化成两个以上，简单分成：

(1) 克拉默斯二重态 (Kramers doublet) 体系，是指含有未配对电子数是奇数的磁性物质，如 $S=\frac{3}{2}$、$\frac{5}{2}$、$\frac{7}{2}$、$\cdots$。它们的共同特征是在没有施加外磁场时，至少存在一个二重态 (或二重简并度)，类似于费米子。

(2) 非克拉默斯二重态 (non-Kramers doublet) 体系，是指含有未配对电子数是偶数的磁性物质，如 $S=1$、2、3、$\cdots$，类似于玻色子。在没有施加外磁场时，电子间的相互排斥，致使能级分裂。若电子间还存在反铁磁性耦合，这一类物质在低温下会转变成 $S=0$ 的抗磁性单态基态。

高自旋体系的哈密顿量是

$$\hat{\mathcal{H}}_S=\mu_{\mathrm{B}}\hat{B}\cdot\hat{g}\cdot\hat{S}+\hat{S}\cdot\hat{D}\cdot\hat{S} \tag{4.4.1}$$

在此暂时不考虑超精细耦合作用 $\hat{S}\cdot\hat{A}\cdot\hat{I}$ (见 4.3 节)，第二项与式 (1.4.14) 等同。经对角化后 (即忽略非对角元)，上式展开成

$$\begin{aligned}\hat{\mathcal{H}}_S=&\mu_{\mathrm{B}}\left[B_x,B_y,B_z\right]\begin{bmatrix}g_x&0&0\\0&g_y&0\\0&0&g_z\end{bmatrix}\begin{bmatrix}\hat{S}_x\\\hat{S}_y\\\hat{S}_z\end{bmatrix}\\&+\left[\hat{S}_x,\hat{S}_y,\hat{S}_z\right]\begin{bmatrix}D_x&0&0\\0&D_y&0\\0&0&D_z\end{bmatrix}\begin{bmatrix}\hat{S}_x\\\hat{S}_y\\\hat{S}_z\end{bmatrix}\end{aligned} \tag{4.4.2}$$

其中，D 描述电子间的电偶极相互作用，是一个无迹张量，对整个空间进行积分时总和为 0，

$$D_x+D_y+D_z=0 \tag{4.4.3}$$

注：在某些结构中 D 不一定是无迹的，即上式的和不一定非等于 0 不可。实际工作中，$D_i(i=x,y,z)$ 会换成如下形式:

$$\left.\begin{aligned}D&=-3D_z/2\\E&=(D_x-D_y)/2\end{aligned}\right\} \tag{4.4.4a}$$

常用斜方度 η (rhombicity) 来描述 D_{ij} 各向异性：$\eta=E/D$，$0\leqslant\eta\leqslant\frac{1}{3}$。轴对称时，$D_x=D_y$，故 $E=0$，$\hat{S}\cdot\hat{D}\cdot\hat{S}$ 简化成

$$\begin{bmatrix} -D & 0 & 0 \\ 0 & -D & 0 \\ 0 & 0 & 2D \end{bmatrix} \tag{4.4.4b}$$

于是，式 (4.4.2) 改写成

$$\hat{\mathcal{H}}_S = \mu_\mathrm{B}\left(g_x B_x S_x + g_y B_y S_y + g_z B_z S_z\right) + D\left[S_z^2 - \frac{S\left(S+1\right)}{3}\right] + E(S_x^2 - S_y^2) \tag{4.4.5a}$$

或者，用 $\left(S_+^2 + S_-^2\right)/2$ 替换 $(S_x^2 - S_y^2)$，

$$\hat{\mathcal{H}}_S = \mu_\mathrm{B}\left(g_x B_x S_x + g_y B_y S_y + g_z B_z S_z\right) + D\left[S_z^2 - \frac{S\left(S+1\right)}{3}\right] + \frac{E}{2}(S_+^2 + S_-^2) \tag{4.4.5b}$$

我们在此同时引入核电四极矩 NQ (或 Q) 的哈密顿量，展示它与零场分裂相互作用的同源性：

$$\hat{\mathcal{H}}_{\mathrm{NQ}I} = \frac{3e^2qQ}{4I(2I-1)}\left\{\left[I_z^2 - \frac{I\left(I+1\right)}{3}\right] + \frac{\eta}{6}(I_+^2 + I_-^2)\right\} \tag{4.4.5c}$$

此式成立的前提是 $I > 1/2$，将在 4.4.9 节作展开。其中，$I_x^2 - I_y^2 = \left(I_+^2 + I_-^2\right)/2$。

由式 (4.4.2) 可知，当高自旋过渡离子处于立方对称环境时，$D = E = 0$。当样品处于黏滞度很小的稀溶液中，分子的快速翻转将 D 平均而无法被探测 (即时间平均)。在粉末样品中，如同时还存在较大的 g_{ij} 和 A_{ij} 各向异性，那么分子的无规取向也会造成 D 平均值为 0 (即空间平均)；对于这类样品，需要单晶才能探测到 D_{ij} 各向异性。图 4.4.1 示意立方对称 ($D = 0$) 和轴对称 ($E = 0$) 的高自旋 $S = 3/2$ 过渡离子的能级。类似地，可将这些推广到如 $S \geqslant \dfrac{5}{2}$ 等更高自旋体系。图 4.4.2 示意了弱场近似下 D 的正、负对能级结构次序的不同影响。

由以上推导可知，E 的系数是不会出现负号 “−” 的情形的，即 $E \geqslant 0$。对于 $4f^7$ 组态的稀土离子，用 $b_2^0 = D$、$b_2^2 = E$ 代替 (用小写字母 b，以区别于晶体场参量 B_l^m)，再结合其他所必需的高阶项 B_l^m，即可获得完整的自旋哈密顿量 [55]。高自旋的单核过渡离子，意味着它们处于弱配体场环境，$|D| \gg h\nu$，$\nu \sim 10$ GHz；三重态和双自由基等有机物，$|D| \ll h\nu$，$\nu \sim 10$ GHz。相应地，$|D| \gg h\nu$ 时，称为低场近似；反之，$|D| \ll h\nu$，称为高场近似。利用零场 EPR，亦可以直接探测 $D_i(i = x, y, z)$。本节内容先从最常见的低场近似开始，然后展开至高场近似和核电四极矩等。

在高自旋体系中，$g_{ij} \sim 2.0$，各向异性非常小，理论分析过程中常取近似值 2.0。

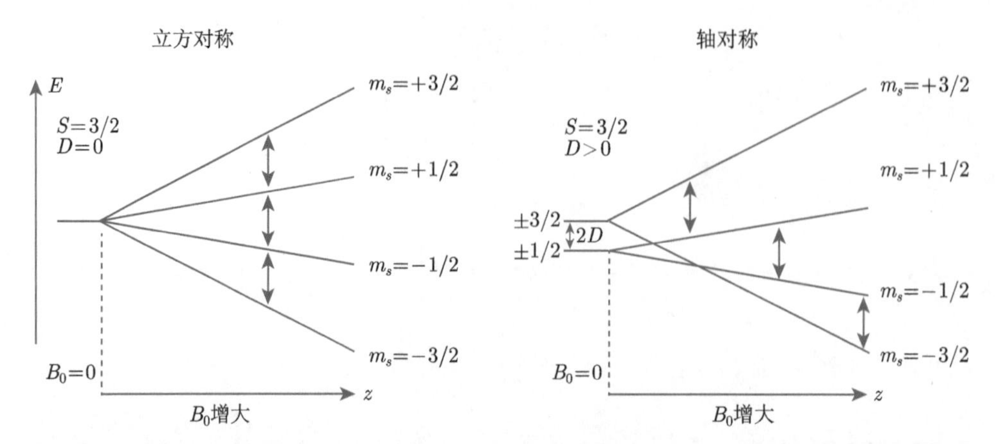

图 4.4.1 处于立方对称场和轴对称场中的 $S = 3/2$ 过渡离子 ($I = 0$) 的能级和塞曼分裂。当 $D < 0$ 时，右图的能级次序刚好反过来 (见图 4.4.2)。右图三个跃迁的强度比例，详见 4.4.8 节

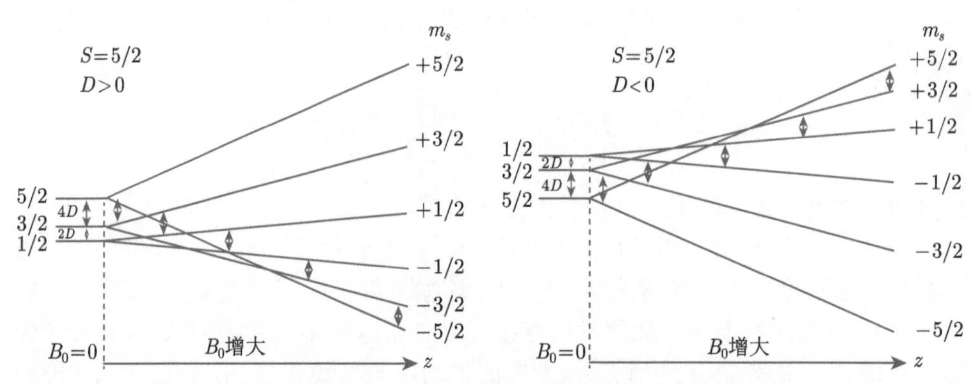

图 4.4.2 对轴对称场中 $D > 0$ 或 $D < 0$ 时 $S = 5/2$ 高自旋体系的能级和塞曼分裂，$|D| \ll h\nu$，低场近似。$|D| \gg h\nu$ 的弱场情形，见图 4.4.4

4.4.1 低场近似的 $S = 3/2$ 的高自旋体系

低场近似，是指 $|D| \gg h\nu$ 的情形。当 $S = \dfrac{3}{2}$，$B_0 = 0$ 时，态矢 $\left\langle \dfrac{3}{2}, +\dfrac{3}{2} \right|$ 作用在式 (4.4.5) 所得的能量积分是

$$\left\langle \frac{3}{2}, +\frac{3}{2} \right| \left\{ D \left[S_z^2 - \frac{S(S+1)}{3} \right] + \frac{E\left(S_+^2 + S_-^2\right)}{2} \right\} \left| \frac{3}{2}, +\frac{3}{2} \right\rangle = D \tag{4.4.6}$$

其中，$\left\langle \dfrac{3}{2}, +\dfrac{3}{2} \right| \dfrac{E\left(S_+^2+S_-^2\right)}{2} \left| \dfrac{3}{2}, +\dfrac{3}{2} \right\rangle = 0$，$\left\langle \dfrac{3}{2}, +\dfrac{3}{2} \right| \left\{ D \left[S_z^2 - \dfrac{S(S+1)}{3} \right] \right\} \left| \dfrac{3}{2}, +\dfrac{3}{2} \right\rangle$ $= D$。$B_0 > 0$ 时，基于升降算符所得的矩阵元如式 (4.4.7) 所示，

	$\left\|\frac{3}{2},+\frac{3}{2}\right\rangle$	$\left\|\frac{3}{2},+\frac{1}{2}\right\rangle$	$\left\|\frac{3}{2},-\frac{1}{2}\right\rangle$	$\left\|\frac{3}{2},-\frac{3}{2}\right\rangle$
$\left\langle\frac{3}{2},+\frac{3}{2}\right\|$	$D+\frac{3}{2}g_z\mu_\mathrm{B}B_z$	$\sqrt{3}\mu_\mathrm{B}(g_xB_x-\mathrm{i}g_yB_y)/2$	$\sqrt{3}E$	0
$\left\langle\frac{3}{2},+\frac{1}{2}\right\|$	$\sqrt{3}\mu_\mathrm{B}(g_xB_x+\mathrm{i}g_yB_y)/2$	$-D+\frac{1}{2}g_z\mu_\mathrm{B}B_z$	$\mu_\mathrm{B}(g_xB_x-\mathrm{i}g_yB_y)$	$\sqrt{3}E$
$\left\langle\frac{3}{2},-\frac{1}{2}\right\|$	$\sqrt{3}E$	$\mu_\mathrm{B}(g_xB_x+\mathrm{i}g_yB_y)$	$-D-\frac{1}{2}g_z\mu_\mathrm{B}B_z$	$\sqrt{3}\mu_\mathrm{B}(g_xB_x-\mathrm{i}g_yB_y)/2$
$\left\langle\frac{3}{2},-\frac{3}{2}\right\|$	0	$\sqrt{3}E$	$\sqrt{3}\mu_\mathrm{B}(g_xB_x+\mathrm{i}g_yB_y)/2$	$D-\frac{3}{2}g_z\mu_\mathrm{B}B_z$

(4.4.7)

轴对称时，$E=0$，这个能级结构将简单化，如图 4.4.1(b) 所示。或当外磁场 $B_0=0$ 时，电子塞曼作用为 0，式 (4.4.7) 将剩下 E 和 D 两项。

为了简化推导过程，下面以轴对称的过渡离子 ($E=0$，轴对称，$g_x=g_y=g_\perp$，$g_z=g_\parallel$) 为例，再过渡到斜方对称的情形。

(1) $B_0 \parallel z$ 时，分量 B_x 和 B_y 均为 0，四个能级如图 4.4.1 所示，能量是

$$\left.\begin{aligned} E_{\left|\frac{3}{2},\pm\frac{3}{2}\right\rangle} &= \pm\frac{3}{2}g_z\mu_\mathrm{B}B_z+D \\ E_{\left|\frac{3}{2},\pm\frac{1}{2}\right\rangle} &= \pm\frac{1}{2}g_z\mu_\mathrm{B}B_z-D \end{aligned}\right\} \tag{4.4.8}$$

相应能级的三个允许跃迁是

$$\left.\begin{aligned} E_{\left|\frac{3}{2},+\frac{3}{2}\right\rangle}-E_{\left|\frac{3}{2},+\frac{1}{2}\right\rangle} &= g_z\mu_\mathrm{B}B_z+2D \\ E_{\left|\frac{3}{2},+\frac{1}{2}\right\rangle}-E_{\left|\frac{3}{2},-\frac{1}{2}\right\rangle} &= g_z\mu_\mathrm{B}B_z \\ E_{\left|\frac{3}{2},-\frac{1}{2}\right\rangle}-E_{\left|\frac{3}{2},-\frac{3}{2}\right\rangle} &= g_z\mu_\mathrm{B}B_z-2D \end{aligned}\right\} \tag{4.4.9}$$

用常规的 X-波段谱仪探测高自旋的过渡离子时，微波能量 $h\nu$ ($0.3\ \mathrm{cm}^{-1}$) 往往数倍小于 D 值 (约 $2\sim10\ \mathrm{cm}^{-1}$)，故无法激励 $\left|\frac{3}{2},+\frac{3}{2}\right\rangle \leftrightarrow \left|\frac{3}{2},+\frac{1}{2}\right\rangle$ 和 $\left|\frac{3}{2},-\frac{1}{2}\right\rangle \leftrightarrow \left|\frac{3}{2},-\frac{3}{2}\right\rangle$ 的跃迁，而只激励 $\left|\frac{3}{2},-\frac{1}{2}\right\rangle \leftrightarrow \left|\frac{3}{2},+\frac{1}{2}\right\rangle$ 的跃迁，$E_{\left|\frac{3}{2},+\frac{1}{2}\right\rangle}-E_{\left|\frac{3}{2},-\frac{1}{2}\right\rangle}=g_z\mu_B B_z$，形成以 $g_z\sim2.0$ 为中心的吸收峰。

(2) $B_0 \parallel x$ 时，分量 B_y 和 B_z 均为 0，式 (4.4.7) 简化成

$$
\begin{array}{ccccc}
 & \left|\frac{3}{2},+\frac{3}{2}\right\rangle & \left|\frac{3}{2},+\frac{1}{2}\right\rangle & \left|\frac{3}{2},-\frac{1}{2}\right\rangle & \left|\frac{3}{2},-\frac{3}{2}\right\rangle \\
\left\langle\frac{3}{2},+\frac{3}{2}\right| & D & \sqrt{3}g_x\mu_{\mathrm{B}}B_x/2 & 0 & 0 \\
\left\langle\frac{3}{2},+\frac{1}{2}\right| & \sqrt{3}g_x\mu_{\mathrm{B}}B_x/2 & -D & g_x\mu_{\mathrm{B}}B_x & 0 \\
\left\langle\frac{3}{2},-\frac{1}{2}\right| & 0 & g_x\mu_{\mathrm{B}}B_x & -D & \sqrt{3}g_x\mu_{\mathrm{B}}B_x/2 \\
\left\langle\frac{3}{2},-\frac{3}{2}\right| & 0 & 0 & \sqrt{3}g_x\mu_{\mathrm{B}}B_x/2 & D
\end{array}
\tag{4.4.10}
$$

这些矩阵元所代表的能级结构比较复杂，在此不加以详细描述，而只关注相邻能级间跃迁所需的能量，

$$
\left.\begin{array}{l}
E_{\left|\frac{3}{2},+\frac{3}{2}\right\rangle}-E_{\left|\frac{3}{2},+\frac{1}{2}\right\rangle} \propto \sqrt{3}g_x\mu_{\mathrm{B}}B_x+2D \\
E_{\left|\frac{3}{2},+\frac{1}{2}\right\rangle}-E_{\left|\frac{3}{2},-\frac{1}{2}\right\rangle} = 2g_x\mu_{\mathrm{B}}B_x \\
E_{\left|\frac{3}{2},-\frac{1}{2}\right\rangle}-E_{\left|\frac{3}{2},-\frac{3}{2}\right\rangle} \propto \sqrt{3}g_x\mu_{\mathrm{B}}B_x-2D
\end{array}\right\}
\tag{4.4.11}
$$

同样地，用 X-波段微波辐照样品时，因 $D \gg h\nu$，$\left|\frac{3}{2},+\frac{3}{2}\right\rangle \leftrightarrow \left|\frac{3}{2},+\frac{1}{2}\right\rangle$ 和 $\left|\frac{3}{2},-\frac{1}{2}\right\rangle \leftrightarrow \left|\frac{3}{2},-\frac{3}{2}\right\rangle$ 的跃迁无法被激励，只有 $\left|\frac{3}{2},+\frac{1}{2}\right\rangle \leftrightarrow \left|\frac{3}{2},-\frac{1}{2}\right\rangle$ 间的跃迁是允许的，$E_{\left|\frac{3}{2},+\frac{1}{2}\right\rangle}-E_{\left|\frac{3}{2},-\frac{1}{2}\right\rangle}=2g_x\mu_{\mathrm{B}}B_x$，即形成以 $2g_x \sim 4.0$ 为中心的吸收峰。

(3) 相应地，$B_0 \parallel y$ 时，$\left|\frac{3}{2},+\frac{1}{2}\right\rangle \leftrightarrow \left|\frac{3}{2},-\frac{1}{2}\right\rangle$ 的跃迁是 $E_{\left|\frac{3}{2},+\frac{1}{2}\right\rangle}-E_{\left|\frac{3}{2},-\frac{1}{2}\right\rangle}=2g_y\mu_{\mathrm{B}}B_y$，即形成以 $2g_y \sim 4.0$ 为中心的吸收峰。

X-波段谱图中，一般采用有效 g 因子 (g_i^{eff}，$i=x,y,z$) 来标记特征吸收峰，

$$
\left.\begin{array}{l}
g_x^{\mathrm{eff}}=2g_x \\
g_y^{\mathrm{eff}}=2g_y \\
g_z^{\mathrm{eff}}=g_z
\end{array}\right\}
\tag{4.4.12}
$$

$E=0$，$g_y^{\mathrm{eff}}=g_x^{\mathrm{eff}}=2g_\perp$，$g_z^{\mathrm{eff}}=g_z$。

当 $E \neq 0$ 时，取一阶近似，式 (4.4.12) 将变成斜方对称的形式，

$$\left.\begin{aligned} g_x^{\text{eff}} &= g_x\left(S+\frac{1}{2}\right)\left[1-4\frac{E}{D}\right] \\ g_y^{\text{eff}} &= g_y\left(S+\frac{1}{2}\right)\left[1+4\frac{E}{D}\right] \\ g_z^{\text{eff}} &= g_z \end{aligned}\right\} \tag{4.4.13}$$

由 $0 \leqslant \eta = \dfrac{E}{D} \leqslant \dfrac{1}{3}$ 可知，随着 E 由 0 开始逐渐增大，原先位于 $2g_\perp$ 的吸收峰会慢慢地由一分裂成二，分别对应 $g_y^{\text{eff}} > 2g_\perp$ (即 $1+4\eta > 1$) 和 $g_x^{\text{eff}} < 2g_\perp$ (即 $1-4\eta < 1$)，同时造成 $g_\parallel^{\text{eff}} < g_z$，如图 4.4.3 所示。需要指出的是，当 η 较大时，式 (4.4.13) 将会产生不正确的偏差，此时需要重新审视晶体场参量的贡献，见下文。

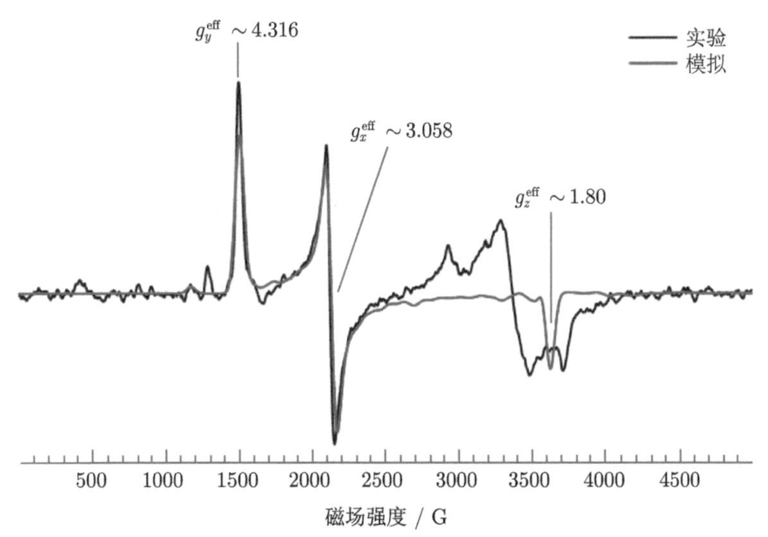

图 4.4.3 铁磁性耦合的混合价态 $V^{3,4}$ 双核的 EPR 谱及其模拟。以 VO_2 为基体，加热形成 V^{3+} 与相邻的 V^{4+} 发生铁磁性耦合，形成高自旋 $S=3/2$ 的耦合中心。频率 9.066 GHz，130 K，模拟参数，$\eta = 0.115$，$D \gg h\nu$。注：基体 VO_2 内高浓度的 V^{4+} 并没有体现出未耦合的 EPR 信号，详见下文

4.4.2 低场近似的 $S = 5/2$ 高自旋体系

低场近似时，任意高自旋的 d^5 过渡离子 (如 Mn^{2+}、Fe^{3+} 等单核，或铁磁耦合的双核等体系) 的完整能量矩阵如式 (4.4.14) 所示，

	$\left\|\frac{5}{2},+\frac{5}{2}\right\rangle$	$\left\|\frac{5}{2},+\frac{3}{2}\right\rangle$	$\left\|\frac{5}{2},+\frac{1}{2}\right\rangle$	$\left\|\frac{5}{2},-\frac{1}{2}\right\rangle$	$\left\|\frac{5}{2},-\frac{3}{2}\right\rangle$	$\left\|\frac{5}{2},-\frac{5}{2}\right\rangle$
$\left\langle\frac{5}{2},+\frac{5}{2}\right\|$	$\frac{10}{3}D+\frac{5}{2}g_z\mu_B B_z$	$\sqrt{5}\mu_B(g_xB_x-ig_yB_y)/2$	$\sqrt{10}E$	0	0	0
$\left\langle\frac{5}{2},+\frac{3}{2}\right\|$	$\sqrt{5}\mu_B(g_xB_x+ig_yB_y)/2$	$-\frac{2}{3}D+\frac{3}{2}g_z\mu_B B_z$	$\sqrt{2}\mu_B(g_xB_x-ig_yB_y)/2$	$3\sqrt{2}E$	0	0
$\left\langle\frac{5}{2},+\frac{1}{2}\right\|$	$\sqrt{10}E$	$\sqrt{2}\mu_B(g_xB_x+ig_yB_y)/2$	$-\frac{8}{3}D+\frac{1}{2}g_z\mu_B B_z$	$3\mu_B(g_xB_x-ig_yB_y)/2$	$3\sqrt{2}E$	0
$\left\langle\frac{5}{2},-\frac{1}{2}\right\|$	0	$3\sqrt{2}E$	$3\mu_B(g_xB_x+ig_yB_y)/2$	$-\frac{8}{3}D-\frac{1}{2}g_z\mu_B B_z$	$\sqrt{2}\mu_B(g_xB_x-ig_yB_y)/2$	$\sqrt{10}E$
$\left\langle\frac{5}{2},-\frac{3}{2}\right\|$	0	0	$3\sqrt{2}E$	$\sqrt{2}\mu_B(g_xB_x+ig_yB_y)/2$	$-\frac{2}{3}D-\frac{3}{2}g_z\mu_B B_z$	$\sqrt{5}\mu_B(g_xB_x-ig_yB_y)/2$
$\left\langle\frac{5}{2},-\frac{5}{2}\right\|$	0	0	0	$\sqrt{10}E$	$\sqrt{5}\mu_B(g_xB_x+ig_yB_y)/2$	$\frac{10}{3}D-\frac{5}{2}g_z\mu_B B_z$

(4.4.14)

以下作轴对称 ($E=0$) 展开，式 (4.4.14) 得到简化，能级结构参考图 4.4.2，和这些理论相匹配的体系是高自旋的 Fe^{3+}($3d^5$，$S=5/2$)。

(1) $B_0 \parallel z$ 时，B_x 和 B_y 均为 0，式 (4.4.14) 简化成

	$\left\|\frac{5}{2},+\frac{5}{2}\right\rangle$	$\left\|\frac{5}{2},+\frac{3}{2}\right\rangle$	$\left\|\frac{5}{2},+\frac{1}{2}\right\rangle$	$\left\|\frac{5}{2},-\frac{1}{2}\right\rangle$	$\left\|\frac{5}{2},-\frac{3}{2}\right\rangle$	$\left\|\frac{5}{2},-\frac{3}{2}\right\rangle$
$\left\langle\frac{5}{2},+\frac{5}{2}\right\|$	$\frac{10}{3}D+\frac{5}{2}g_z\mu_B B_z$	0	0	0	0	0
$\left\langle\frac{5}{2},+\frac{3}{2}\right\|$	0	$-\frac{2}{3}D+\frac{3}{2}g_z\mu_B B_z$	0	0	0	0
$\left\langle\frac{5}{2},+\frac{1}{2}\right\|$	0	0	$-\frac{8}{3}D+\frac{1}{2}g_z\mu_B B_z$	0	0	0
$\left\langle\frac{5}{2},-\frac{1}{2}\right\|$	0	0	0	$-\frac{8}{3}D-\frac{1}{2}g_z\mu_B B_z$	0	0
$\left\langle\frac{5}{2},-\frac{3}{2}\right\|$	0	0	0	0	$-\frac{2}{3}D-\frac{3}{2}g_z\mu_B B_z$	0
$\left\langle\frac{5}{2},-\frac{5}{2}\right\|$	0	0	0	0	0	$\frac{10}{3}D-\frac{5}{2}g_z\mu_B B_z$

(4.4.15)

六个能级 (参考图 4.4.2 和图 4.4.4) 是

$$\left.\begin{aligned} E_{\left|\frac{5}{2},\pm\frac{5}{2}\right\rangle} &= \pm\frac{5}{2}g_z\mu_{\mathrm{B}}B_z + \frac{10}{3}D \\ E_{\left|\frac{5}{2},\pm\frac{3}{2}\right\rangle} &= \pm\frac{3}{2}g_z\mu_{\mathrm{B}}B_z - \frac{2}{3}D \\ E_{\left|\frac{5}{2},\pm\frac{1}{2}\right\rangle} &= \pm\frac{1}{2}g_z\mu_{\mathrm{B}}B_z - \frac{8}{3}D \end{aligned}\right\} \tag{4.4.16}$$

各个相邻能级间的允许跃迁是

$$\left.\begin{aligned} E_{\left|\frac{5}{2},+\frac{5}{2}\right\rangle} - E_{\left|\frac{5}{2},+\frac{3}{2}\right\rangle} &= g_z\mu_{\mathrm{B}}B_z + 4D \\ E_{\left|\frac{5}{2},+\frac{3}{2}\right\rangle} - E_{\left|\frac{5}{2},+\frac{1}{2}\right\rangle} &= g_z\mu_{\mathrm{B}}B_z + 2D \\ E_{\left|\frac{5}{2},+\frac{1}{2}\right\rangle} - E_{\left|\frac{5}{2},-\frac{1}{2}\right\rangle} &= g_z\mu_{\mathrm{B}}B_z \\ E_{\left|\frac{5}{2},-\frac{1}{2}\right\rangle} - E_{\left|\frac{5}{2},-\frac{3}{2}\right\rangle} &= g_z\mu_{\mathrm{B}}B_z - 2D \\ E_{\left|\frac{5}{2},-\frac{3}{2}\right\rangle} - E_{\left|\frac{5}{2},-\frac{5}{2}\right\rangle} &= g_z\mu_{\mathrm{B}}B_z - 4D \end{aligned}\right\} \tag{4.4.17}$$

与上文 $S = 3/2$ 的情形类似，用常规的 X-波段微波激励时，仅能诱导 $\left|\frac{5}{2},+\frac{1}{2}\right\rangle \leftrightarrow \left|\frac{5}{2},-\frac{1}{2}\right\rangle$ 的跃迁，$E_{\left|\frac{5}{2},+\frac{1}{2}\right\rangle} - E_{\left|\frac{5}{2},-\frac{1}{2}\right\rangle} = g_z\mu_{\mathrm{B}}B_z$，形成以 $g_z \sim 2.0$ 为中心的吸收峰。

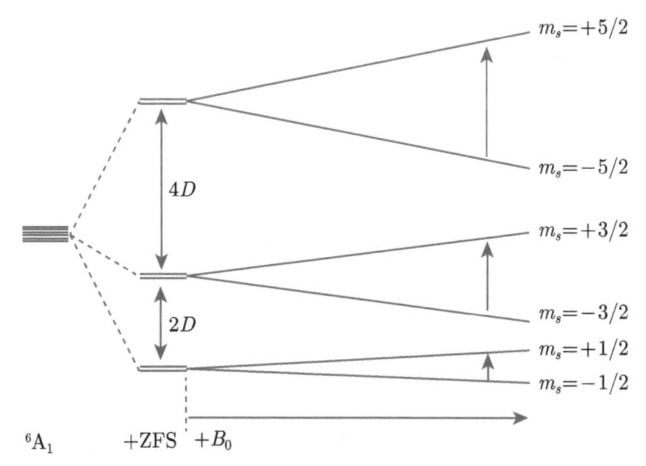

图 4.4.4 零场分裂作用 ($|D| \gg h\nu$) 和外加静磁场 $\boldsymbol{B}_0$ 依次引起高自旋 $S = \frac{5}{2}$ 的能级分裂，单向箭头表示每组二重态内的跃迁

(2) $B_0 \parallel x$ 时，B_y 和 B_z 均为 0，式 (4.4.14) 简化成

$$
\begin{array}{c|cccccc}
 & \left|\frac{5}{2},+\frac{5}{2}\right\rangle & \left|\frac{5}{2},+\frac{3}{2}\right\rangle & \left|\frac{5}{2},+\frac{1}{2}\right\rangle & \left|\frac{5}{2},-\frac{1}{2}\right\rangle & \left|\frac{5}{2},-\frac{3}{2}\right\rangle & \left|\frac{5}{2},-\frac{5}{2}\right\rangle \\
\left\langle\frac{5}{2},+\frac{5}{2}\right| & \frac{10}{3}D & \frac{\sqrt{5}}{2}g_x\mu_B B_x & 0 & 0 & 0 & 0 \\
\left\langle\frac{5}{2},+\frac{3}{2}\right| & \frac{\sqrt{5}}{2}g_x\mu_B B_x & -\frac{2}{3}D & \frac{\sqrt{2}}{2}g_x\mu_B B_x & 0 & 0 & 0 \\
\left\langle\frac{5}{2},+\frac{1}{2}\right| & 0 & \frac{\sqrt{2}}{2}g_x\mu_B B_x & -\frac{8}{3}D & \frac{3}{2}g_x\mu_B B_x & 0 & 0 \\
\left\langle\frac{5}{2},-\frac{1}{2}\right| & 0 & 0 & \frac{3}{2}g_x\mu_B B_x & -\frac{8}{3}D & \frac{\sqrt{2}}{2}g_x\mu_B B_x & 0 \\
\left\langle\frac{5}{2},-\frac{3}{2}\right| & 0 & 0 & 0 & \frac{\sqrt{2}}{2}g_x\mu_B B_x & -\frac{2}{3}D & \frac{\sqrt{5}}{2}g_x\mu_B B_x \\
\left\langle\frac{5}{2},-\frac{5}{2}\right| & 0 & 0 & 0 & 0 & \frac{\sqrt{5}}{2}g_x\mu_B B_x & \frac{10}{3}D
\end{array}
\tag{4.4.18}
$$

这与 4.4.1 节 $S = 3/2$ 的情形类似，能级结构比较复杂，不加以描述，而只关注相邻能级的跃迁，

$$
\left.
\begin{aligned}
E_{\left|\frac{5}{2},+\frac{5}{2}\right\rangle} - E_{\left|\frac{5}{2},+\frac{3}{2}\right\rangle} &\propto \sqrt{5}g_x\mu_B B_x + 4D \\
E_{\left|\frac{5}{2},+\frac{3}{2}\right\rangle} - E_{\left|\frac{5}{2},+\frac{1}{2}\right\rangle} &\propto \sqrt{2}g_x\mu_B B_x + 2D \\
E_{\left|\frac{5}{2},+\frac{1}{2}\right\rangle} - E_{\left|\frac{5}{2},-\frac{1}{2}\right\rangle} &= 3g_x\mu_B B_x \\
E_{\left|\frac{5}{2},-\frac{1}{2}\right\rangle} - E_{\left|\frac{5}{2},-\frac{3}{2}\right\rangle} &\propto \sqrt{2}g_x\mu_B B_x - 2D \\
E_{\left|\frac{5}{2},-\frac{3}{2}\right\rangle} - E_{\left|\frac{5}{2},-\frac{5}{2}\right\rangle} &\propto \sqrt{5}g_x\mu_B B_x - 4D
\end{aligned}
\right\}
\tag{4.4.19}
$$

同样地，X-波段微波只能激励 $\left|\frac{5}{2},+\frac{1}{2}\right\rangle \leftrightarrow \left|\frac{5}{2},-\frac{1}{2}\right\rangle$ 的跃迁，跃迁能量是 $E_{\left|\frac{5}{2},+\frac{1}{2}\right\rangle} - E_{\left|\frac{5}{2},-\frac{1}{2}\right\rangle} = 3g_x\mu_B B_x$，其吸收峰以 $3g_x$ 为中心位置，在 $g \sim 6.0$ 附近。类似地，当磁场沿着 y 轴施加时，$\left|\frac{5}{2},+\frac{1}{2}\right\rangle \leftrightarrow \left|\frac{5}{2},-\frac{1}{2}\right\rangle$ 的跃迁是 $E_{\left|\frac{5}{2},+\frac{1}{2}\right\rangle} - E_{\left|\frac{5}{2},-\frac{1}{2}\right\rangle} = 3g_y\mu_B B_y$，形成以 $3g_y \sim 6.0$ 为中心的吸收峰。实际工作中，采用有效 g 因子 (g^{eff})，标记 X-波段的 EPR 谱图：

$$
\left.
\begin{aligned}
g_x^{\text{eff}} &= 3g_x \\
g_y^{\text{eff}} &= 3g_y \\
g_z^{\text{eff}} &= g_z
\end{aligned}
\right\}
\tag{4.4.20}
$$

当 $E = 0$ 时，$g_x = g_x = g_\perp$，$g_z = g_\parallel$；当 $E \neq 0$ 时，取一阶近似，如式 (4.4.13)。注：在高自旋体系中，$g_{ij} \sim 2.0$，各向异性非常小。

当 η 由 0 逐渐增大到 1/3 时，各个 g_i^{eff} 的变化如图 4.4.5(a) 所示：E 由 0 开始逐渐增大，原来的 $g_\perp \approx 6.0$ 的重叠单峰会分裂成两个，分别对应 $g_y^{\text{eff}} > g_\perp$ 和 $g_x^{\text{eff}} < g_\perp$，以及 $g_\parallel^{\text{eff}} < g_z$，其变化趋势如图 4.4.5(b) 所示。$g_i^{\text{eff}}$ 的表达式是

$$\left.\begin{aligned} g_x^{\text{eff}} &= g_x \left\{ \frac{15}{7} - \frac{60 \times 102}{2401} \left[\frac{1-3E/D}{1+E/D} \right]^2 \right\} \\ g_y^{\text{eff}} &= g_y \left\{ \frac{15}{7} - \frac{60}{49} \left[\frac{1-3E/D}{1+E/D} \right] \right\} \\ g_z^{\text{eff}} &= g_x \left\{ \frac{15}{7} + \frac{60}{49} \left[\frac{1-3E/D}{1+3E/D} \right] \right\} \end{aligned}\right\} \tag{4.4.21}$$

此外，g_{ij}^{eff} 随着 $|D/h\nu|$ 值或随着 η 由 0 至 1/3 的变化趋势，详见文献 [56, 57]。当 $\eta = 1/3$ 时形成一个斜方对称的结构，EPR 特征吸收峰源自二重态 $\left|\frac{5}{2}, \pm\frac{3}{2}\right\rangle$ 的贡献 (图 4.4.5(b) 中图)。具备这个特征的 Fe^{3+}，称为菱形铁离子 (rhombic iron)，$g^{\text{eff}} \sim 4.29$ 的单峰 (图 4.4.5(a)) 以杂质分布于各种无机盐、试剂中。

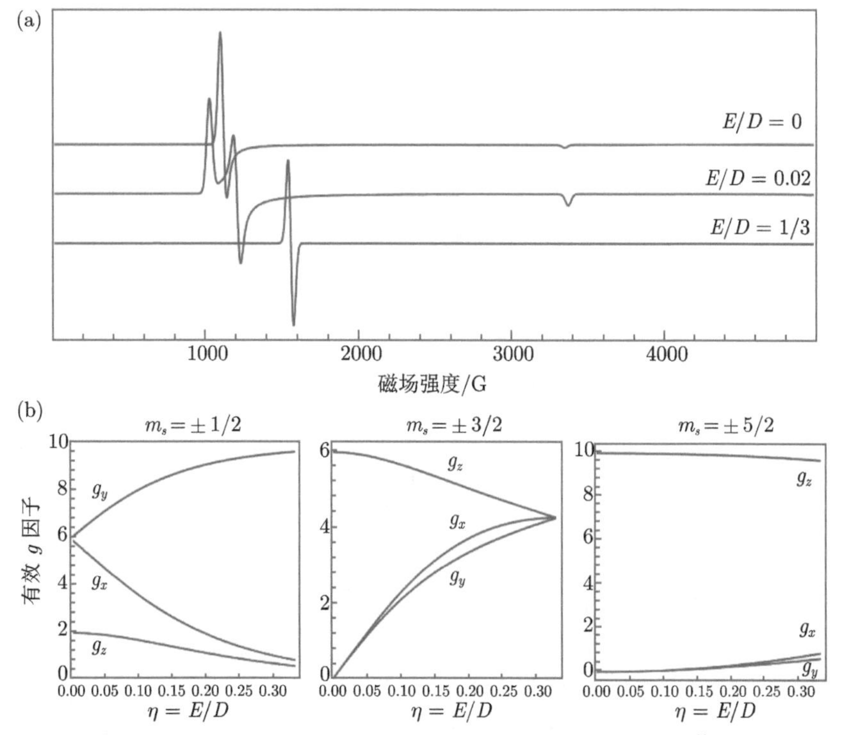

图 4.4.5 (a) 高自旋 $S = 5/2$ 的 X-波段 (9.4 GHz)EPR 模拟谱；(b) g_i^{eff} 随着 $\eta = E/D$ 由 0 逐渐增大至 $\frac{1}{3}$ 的变化趋势，取经典的 $D = 22$ GHz

当 $S \geqslant \frac{7}{2}$ 时情况更加复杂，须考虑更高阶项的贡献，且实际意义也不大，故在此不作展开。

4.4.3 低场近似的 $S = 1, 2, 3, 4, \cdots$ 高自旋体系

对于整数自旋的非克拉默斯离子 (non-Kramers ion) 和耦合体系，零场分裂消除了所有的简并态 (式 (4.4.5a))。在这一类磁性物质中，研究较为透彻的是含两个和四个未配对电子的情况 [58]。

4.4.3.1 $S = 1$ 的体系

我们先来看 $S = 1$ 的情形。相比于克拉默斯离子，非克拉默斯离子的哈密顿量是

$$\hat{\mathcal{H}}_{\mathbf{S}} = \mu_{\mathrm{B}}\left(g_x B_x S_x + g_y B_y S_y + g_z B_z S_z\right) + D\left[S_z^2 - \frac{S(S+1)}{3}\right] + \frac{E}{2}\left(S_+^2 + S_-^2\right) \tag{4.4.22}$$

三重态的初始正交基是

$$\varphi = [|+1\rangle\,;|-1\rangle\,;|0\rangle] \tag{4.4.23}$$

在实际工作中用它们的对称和反对称线性组合 (symmetric and anti-symmetric linear combination)，形成一组二重态和一个单态，

$$\left.\begin{aligned} \left|1^{\mathrm{sym}}\right\rangle &= \frac{1}{\sqrt{2}}[|+1\rangle + |-1\rangle] \\ \left|1^{\mathrm{anti}}\right\rangle &= \frac{1}{\sqrt{2}}[|+1\rangle - |-1\rangle] \\ |0\rangle &= |0\rangle \end{aligned}\right\} \tag{4.4.24}$$

这个变换并未改变我们所需要求解的对角项能级，能量矩阵

$$\begin{array}{cccc} & \left|1^{\mathrm{sym}}\right\rangle & \left|1^{\mathrm{anti}}\right\rangle & |0\rangle \\ \left\langle 1^{\mathrm{sym}}\right| & \dfrac{D}{3}+E & g_z\mu_{\mathrm{B}}B_z & g_x\mu_{\mathrm{B}}B_x \\ \left\langle 1^{\mathrm{anti}}\right| & g_z\mu_{\mathrm{B}}B_z & \dfrac{D}{3}-E & \mathrm{i}g_y\mu_{\mathrm{B}}B_y \\ \langle 0| & g_x\mu_{\mathrm{B}}B_x & -\mathrm{i}g_y\mu_{\mathrm{B}}B_y & -\dfrac{2D}{3} \end{array} \tag{4.4.25}$$

式 (4.4.25) 表明，能量矩阵的对角项都是未含有任何自旋分量 S_i 的常数。若微波磁场 B_1 与静磁场 B_0 相垂直，因 $|D| \gg h\nu$ 而将无法激励任何跃迁。只有二者相互平行时，微波才能激励二重态内 $\left|1^{\mathrm{sym}}\right\rangle \longleftrightarrow \left|1^{\mathrm{anti}}\right\rangle$ 的跃迁，久期行列式是

$$\begin{vmatrix} \frac{D}{3}+E-\lambda & g_z\mu_{\mathrm{B}}B_z \\ g_z\mu_{\mathrm{B}}B_z & \frac{D}{3}-E-\lambda \end{vmatrix}=0 \tag{4.4.26}$$

二重态的能级

$$\left.\begin{aligned} E_{|1^{\mathrm{sym}}\rangle} &= \frac{D}{3}+\sqrt{E^2+\left(g_z\mu_{\mathrm{B}}B_z\right)^2} \\ E_{|1^{\mathrm{anti}}\rangle} &= \frac{D}{3}-\sqrt{E^2+\left(g_z\mu_{\mathrm{B}}B_z\right)^2} \end{aligned}\right\} \tag{4.4.27}$$

跃迁所需能量

$$E_{|1^{\mathrm{sym}}\rangle}-E_{|1^{\mathrm{anti}}\rangle}=2\sqrt{E^2+\left(g_z\mu_{\mathrm{B}}B_z\right)^2} \tag{4.4.28}$$

故微波与静磁场平行时共振位置是

$$B_z=\frac{\sqrt{\left(h\nu\right)^2-4E^2}}{2g_z\mu_{\mathrm{B}}} \tag{4.4.29}$$

当 $E=0$ 时，$g_{\|}^{\mathrm{eff}}=2g_z\approx 4$，$g_{\perp}^{\mathrm{eff}}=0$。若 E 逐渐增大，吸收峰将向低场方向作偏移。

4.4.3.2 $S=2$ 的体系

与 $S=1$ 的相比，$S=2$ 非克拉默斯离子的哈密顿量多了一个四阶项，

$$\begin{aligned} \hat{\mathcal{H}}_{\mathbf{S}} = {} & \mu_{\mathrm{B}}\left(g_xB_xS_x+g_yB_yS_y+g_zB_zS_z\right)+D\left[S_z^2-\frac{S\left(S+1\right)}{3}\right] \\ & +\frac{E}{2}\left(S_+^2+S_-^2\right)+a_4\left(S_+^4+S_-^4\right) \end{aligned} \tag{4.4.30}$$

五重态的初始正交基是

$$\varphi=\left[|+2\rangle;\ |-2\rangle;\ |+1\rangle;\ |-1\rangle;\ |0\rangle\right] \tag{4.4.31}$$

它们对称和反对称的线性组合，形成两组二重态和一个单态，

$$\left.\begin{aligned} \left|2^{\mathrm{sym}}\right\rangle &= \frac{1}{\sqrt{2}}\left[|+2\rangle+|-2\rangle\right] \\ \left|2^{\mathrm{anti}}\right\rangle &= \frac{1}{\sqrt{2}}\left[|+2\rangle-|-2\rangle\right] \\ \left|1^{\mathrm{sym}}\right\rangle &= \frac{1}{\sqrt{2}}\left[|+1\rangle+|-1\rangle\right] \\ \left|1^{\mathrm{anti}}\right\rangle &= \frac{1}{\sqrt{2}}\left[|+1\rangle-|-1\rangle\right] \\ |0\rangle &= |0\rangle \end{aligned}\right\} \tag{4.4.32}$$

同样地，这个变换并未改变我们所需要求解的对角项能级，能量矩阵是

$$\begin{array}{cccccc} & |2^{\rm sym}\rangle & |2^{\rm anti}\rangle & |1^{\rm sym}\rangle & |1^{\rm anti}\rangle & |0\rangle \\ \langle 2^{\rm sym}| & 2D+12a_4 & 2g_z\mu_{\rm B}B_z & g_x\mu_{\rm B}B_x & {\rm i}g_y\mu_{\rm B}B_y & 2\sqrt{3}E \\ \langle 2^{\rm anti}| & 2g_z\mu_{\rm B}B_z & 2D-12a_4 & {\rm i}g_y\mu_{\rm B}B_y & g_x\mu_{\rm B}B_x & 0 \\ \langle 1^{\rm sym}| & g_x\mu_{\rm B}B_x & -{\rm i}g_y\mu_{\rm B}B_y & -D+3E & g_z\mu_{\rm B}B_z & \sqrt{3}g_x\mu_{\rm B}B_x \\ \langle 1^{\rm anti}| & -{\rm i}g_y\mu_{\rm B}B_y & g_x\mu_{\rm B}B_x & g_z\mu_{\rm B}B_z & -D-3E & {\rm i}\sqrt{3}g_y\mu_{\rm B}B_y \\ \langle 0| & 2\sqrt{3}E & 0 & \sqrt{3}g_x\mu_{\rm B}B_x & -{\rm i}\sqrt{3}g_y\mu_{\rm B}B_y & -2D \end{array} \tag{4.4.33}$$

能级结构如图 4.4.6 所示。两组二重态内的能级间隔是

$$\left.\begin{array}{l} \varDelta_2 = 6a_4 + 2\sqrt{9a_4^2 + 6a_4D + D^2 + 3E^2} - 2D \\ \varDelta_1 = 6E \end{array}\right\} \tag{4.4.34}$$

一般地，$\varDelta_1 \gg \varDelta_2$。依次分别令① $E = a_4 = 0$，② $E \neq 0$，$a_4 = 0$ 和 ③ $E \neq 0$，$a_4 \neq 0$，将得到如图 4.4.6 所示的自右到左的三种能级结构。

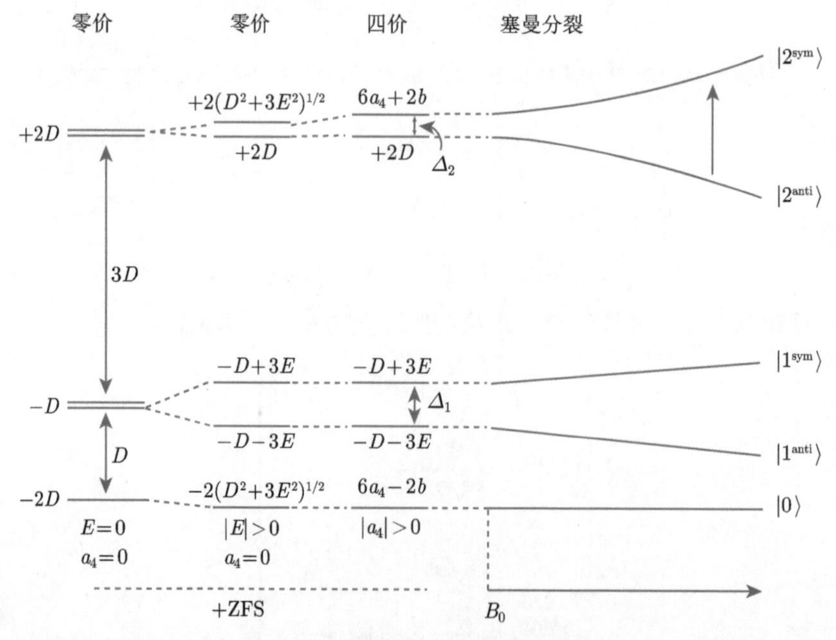

图 4.4.6　零场分裂 ($|D| \gg h\nu$) 和外加静磁场 $\boldsymbol{B}_0$ 依次引起高自旋 $S=2$ 的能级分裂，单向箭头表示二重态内的跃迁。$b = \sqrt{9a_4^2 + 6a_4D + D^2 + 3E^2}$

式 (4.4.33) 的结果表明，能量矩阵的对角项都是未含有任何自旋分量 S_i 的常数。若微波磁场 B_1 与静磁场 B_0 相垂直，因 $|D| \gg h\nu$ 而将无法激励任何跃迁。二者相互平行时，则可以激励二重态内跃迁，如 $|2^{\text{sym}}\rangle \longleftrightarrow |2^{\text{anti}}\rangle$、$|1^{\text{sym}}\rangle \longleftrightarrow |1^{\text{anti}}\rangle$，跃迁进程因这能级结构远较 $S=1$ 的情况复杂，故不再作详细展开，读者请参考所引的 Kaupp、Bühl 和 Malkin 等 (2004) 主编的专著。

当 $a_4 = 0$，$E = 0$ 时，$\varDelta_1 = \varDelta_2 = 0$，每个二重态内跃迁的特征 g_{ij}^{eff} 是

$$\left.\begin{array}{c} g_{\|}^{\text{eff}}\,|m_s| = 2\,|m_s|\,g_z \\ g_{\perp}^{\text{eff}} = 0 \end{array}\right\} \tag{4.4.35}$$

令 $g_z = 2.0$，得 $g_{\|}^{\text{eff}} = 8.0$、$m_s = 2$ 和 $g_{\|}^{\text{eff}} = 4.0$、$m_s = 1$。其中，$|2^{\text{sym}}\rangle \longleftrightarrow |2^{\text{anti}}\rangle$ 的吸收峰强度远强于 $|1^{\text{sym}}\rangle \longleftrightarrow |1^{\text{anti}}\rangle$ 的跃迁；当 $\varDelta_1 \gg h\nu$ 时，$|1^{\text{sym}}\rangle \longleftrightarrow |1^{\text{anti}}\rangle$ 的跃迁强度将为零。若 E 和 a_4 逐渐增大，$g_{\|}^{\text{eff}}$ 也随之增大，即移向低场。图 4.4.7(a) 示意 $FeSO_4$ 溶液中 Fe^{2+}($3d^6$，$S=2$) 的平行模拟谱图，特征 $g_{\|}^{\text{eff}} \sim 16$，远大于 $E=0$ 时 $g_{\|}^{\text{eff}} \sim 8.0$。这与用连二亚硫酸盐还原脱硫弧菌的脱硫铁氧还蛋白 (desulfoferrodoxin) 的结果类似，Fe^{2+} 的 $g_{\|}^{\text{eff}} \sim 11.6$，即已向低场偏移，亦远大于 $E=0$ 时的 $g_{\|}^{\text{eff}} \sim 8.0$[59]。图 4.4.7(b) 示意了固氮酶中高自旋 $[Fe_4S_4]^0$ ($S=4$) 的平行模式谱图，$g^{\text{eff}} \sim 16.4$，低自旋 $[Fe_4S_4]^0$ ($S=0$) 是抗磁性，没有信号。

X-波段平行和垂直模式交替应用的优势，详见 7.2.4 节。

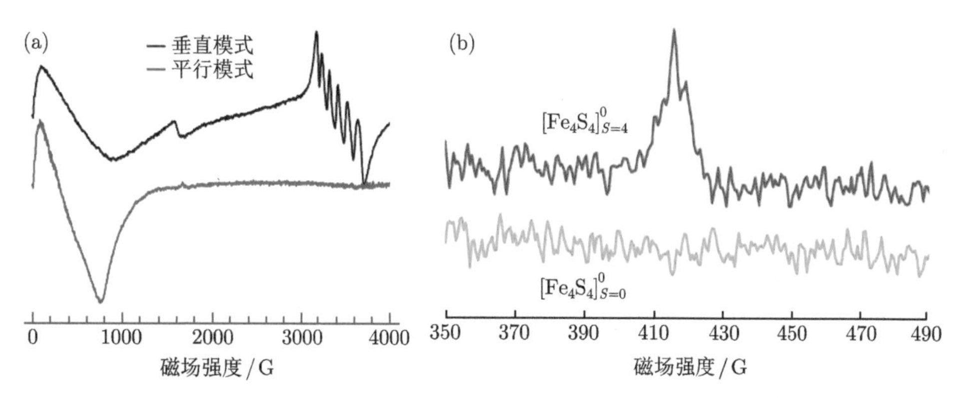

图 4.4.7　(a) $FeSO_4$ 溶液平行 (9.38 GHz) 和垂直 (9.64 GHz) 模式的低温谱，为强化垂直和平行模式的显著差异而刻意掺杂了 Mn^{2+}。实验温度 2 K，功率 2 mW，调幅 2 G。在常规的垂直模式中，只检测到斜方配位的杂质 Fe^{3+} 和刻意掺杂的 Mn^{2+}，在平行模式中这两个信号被完全抑制，取而代之的是源自 Fe^{2+} 的 $g_{\|}^{\text{eff}} \sim 8.0$ 的吸收峰。(b) 棕色固氮菌固氮酶中 $[Fe_4S_4]^0$ 高 ($S=4$)、低 ($S=0$) 自旋的平行模式 EPR，$g \sim 16.4$，图例引自 [60]

4.4.4　低场近似下简单判断自旋量子数 S 的方法

弱场近似下 (即 $h\nu \ll |D|$)，X-波段 EPR 特征较为简单，不易检测到诸如双、三、四、$\cdots$ 多量子跃迁 ($\Delta m_s = \pm 2$、± 3、$\cdots$)。我们仅仅依靠特征 g_{ij}^{eff} 的具体值，就可快速地读取自旋量子数 S 的具体值，如 $S = 1, \dfrac{3}{2}, 2, \dfrac{5}{2}, 3, \dfrac{7}{2}, 4, \cdots$，小结如图 4.4.8 所示。取 $E = 0$ 的轴对称：

(1) 克拉默斯二重态，垂直模式，$\left|S, +\dfrac{1}{2}\right\rangle \longleftrightarrow \left|S, -\dfrac{1}{2}\right\rangle$ 跃迁的特征 g_{ij}^{eff} 是

$$\left.\begin{aligned} g_{\perp}^{\text{eff}} &= \left(S + \frac{1}{2}\right) g_{\perp} \\ g_{\parallel}^{\text{eff}} &= g_z \end{aligned}\right\} \tag{4.4.36}$$

令 $g_{\perp} = 2.0$，则 $g_{\perp}^{\text{eff}} = 2S + 1$，即 $S = \left(g_{\perp}^{\text{eff}} - 1\right)/2$，$g_{\perp}^{\text{eff}}$ 随 S 而变的趋势如图 4.4.8(a) 所示。其余二重态 $m_s = \pm\dfrac{3}{2}, \pm\dfrac{5}{2}, \cdots$ 等跃迁的特征 g_{ij}^{eff} 是

$$\left.\begin{aligned} g_{\perp}^{\text{eff}} &= 0 \\ g_{\parallel}^{\text{eff}} &= 2\left|m_s\right| g_z \end{aligned}\right\} \tag{4.4.37}$$

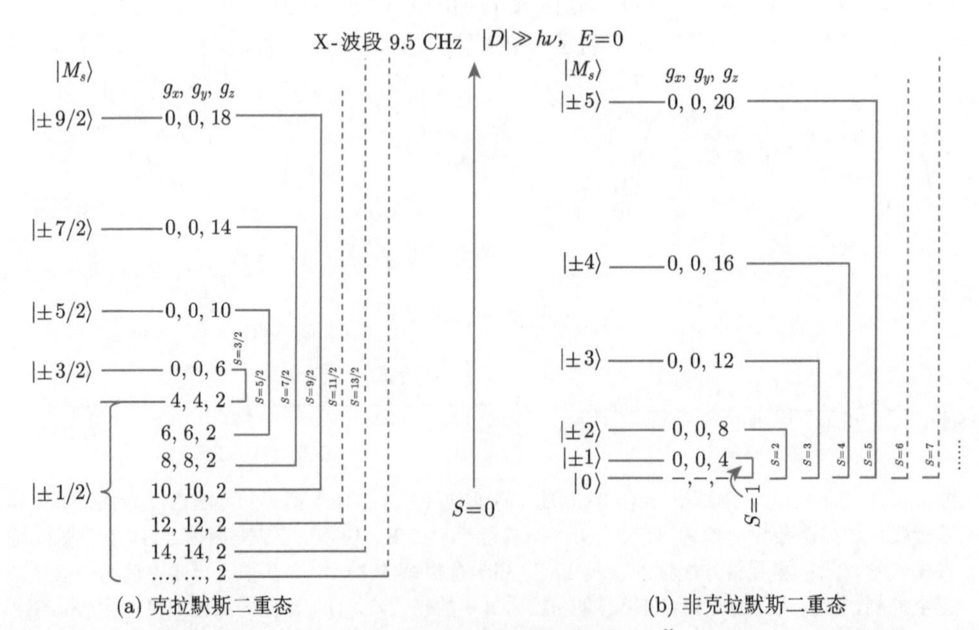

图 4.4.8　基于 X-波段 EPR 谱，高自旋体系自旋量子数 S 与 g_{ij}^{eff} 的简略关系。克拉默斯二重态和非克拉默斯二重态，轴对称，$E = 0$，$|D| \gg h\nu$。图 (b) 的范例还可参考图 2.3.1 等

(2) 非克拉默斯二重态，平行模式，最高的二重态 $m_s = \pm 1, \pm 2, \cdots, \pm n$，所对应跃迁的特征 g^{eff} 是

$$\left.\begin{aligned} g_{\perp}^{\text{eff}} &= 0 \\ g_{\parallel}^{\text{eff}} &= 2|m_s|\, g_z \end{aligned}\right\} \tag{4.4.38}$$

令 $g_z = 2.0$，$|m_s| = S$，即取 $|m_s|$ 的最大值，代入上式，得 $g_{\parallel}^{\text{eff}} = 4S$ 或 $S = \dfrac{1}{4} g_{\parallel}^{\text{eff}}$，相互变化的趋势如图 4.4.8(b) 所示。

综上所述，X-波段等低频 EPR 中，据 $g_{\perp}^{\text{eff}} = 2S + 1$ 和 $g_{\parallel}^{\text{eff}} = 4S$，可分别判断克拉默斯二重态和非克拉默斯二重态的总自旋量子 S，如图 4.4.8 所示。

4.4.5 高场近似的 $S = 1, 2, 3, \cdots$ 体系

以最简单的三重态 $S = 1$ 为例，高场近似即 $|D| \ll h\nu$ 时，自旋哈密顿量是

$$\hat{\mathcal{H}}_S = \mu_{\text{B}} (g_x B_x S_x + g_y B_y S_y + g_z B_z S_z) + D\left(S_z^2 - \frac{2}{3}\right) + \frac{E}{2}\left(S_+^2 + S_-^2\right) \tag{4.4.39}$$

能级结构如图 4.4.9(a) 所示。这种体系中，一方面，g_{ij} 各向异性非常小，近似于各向同性 g_{iso}；另一方面，存在 $|1,+1\rangle \longleftrightarrow |1,-1\rangle$、$\Delta m_s = \pm 2$ 的双量子跃迁。能量矩阵是

$$\begin{array}{cccc} & |1,+1\rangle & |1,0\rangle & |1,-1\rangle \\ \langle 1,+1| & \dfrac{D}{3} + g_z \mu_{\text{B}} B_z & \dfrac{\mu_{\text{B}}}{\sqrt{2}}(g_x B_x - \text{i} g_y B_y) & E \\ \langle 1,0| & \dfrac{\mu_{\text{B}}}{\sqrt{2}}(g_x B_x + \text{i} g_y B_y) & -\dfrac{2D}{3} & \dfrac{\mu_{\text{B}}}{\sqrt{2}}(g_x B_x - \text{i} g_y B_y) \\ \langle 1,-1| & E & \dfrac{\mu_{\text{B}}}{\sqrt{2}}(g_x B_x + \text{i} g_y B_y) & \dfrac{D}{3} - g_z \mu_{\text{B}} B_z \end{array} \tag{4.4.40}$$

(1) $B \parallel z$ 且 $E = 0$ 时，两个允许跃迁的能量和共振磁场 B_z 分别是

$$\left.\begin{aligned} h\nu &= g_z \mu_{\text{B}} B_z \pm D \\ B_z &= \frac{h\nu \pm D}{g_z \mu_{\text{B}}} \end{aligned}\right\} \tag{4.4.41}$$

即 B_z 可取两个值，间隔是 $2D$，

$$B_{z+} - B_{z-} = \frac{2D}{g_z \mu_{\text{B}}}, \quad \text{或} \quad 2D = (B_{z+} - B_{z-}) g_z \mu_{\text{B}} \tag{4.4.42}$$

如图 4.4.9(b) 所示 (+、− 表示高、低的共振场强 B_z)。

(2) $B_0 \parallel x$ 且 $E=0$ 时，两个允许跃迁的能量和共振磁场 B_x 分别是

$$\left.\begin{aligned} h\nu &= \sqrt{(g_x\mu_B B_x)^2+(D^2+E^2)/4} \pm (D-3E)/2 \\ B_x &= \frac{1}{g_x\mu_B}\sqrt{[h\nu \pm (D-3E)/2]^2-(D^2+E^2)/4} \end{aligned}\right\} \tag{4.4.43}$$

即 B_x 也是只可取两个值，间隔是 D，

$$B_{x+}-B_{x-}=\frac{D}{g_x\mu_B}, \quad \text{或} \quad D=(B_{z+}-B_{z-})g_x\mu_B \tag{4.4.44}$$

类似地，$B_0 \parallel y$ 且 $E=0$ 时，B_y 也是只可取两个值，间隔也是 D。

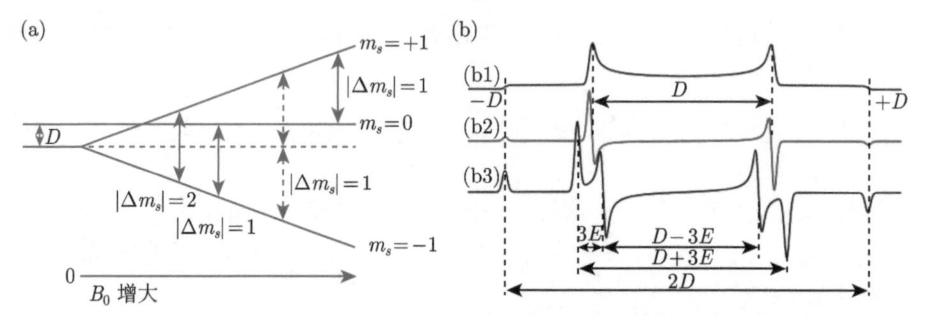

图 4.4.9　(a) $S=1$ 的能级结构，$E=0$，$D<0$，$|D|<h\nu$。虚线和虚线箭头表示各向同性 D ($D=0$) 时的能级和跃迁。(b) 模拟 $E=0$ 时的粉末吸收谱 (b1) 及其一阶微分谱 (b2)，以及 $E\neq 0$ 时的一阶微分谱 (b3)。模拟参数，9.4 GHz，$g=2.0$，$D=-2000$，$E=100$ MHz。读者务必注意本图与图 4.3.3 所示的谱形变化趋势的差异

若 $E\neq 0$,各个特征吸收峰间的相互关系,如图 4.4.9(b)。高场近似时,$S=1$ 高自旋态的 EPR 谱图比较简单,由实验谱可直接读取 D 和 E 的具体值。图 4.4.9(a) 还表明，除了正常的允许跃迁 $\Delta m_s=\pm 1$ 以外，实验上还常常检测 $\Delta m_s=\pm 2$ 的禁戒跃迁。$E=0$ 时，这个跃迁能量是

$$h\nu = 2g_z\mu_B B_z \tag{4.4.45}$$

显然，该禁戒跃迁的共振磁场 B_z 是单量子跃迁 (式 (4.5.3a)) 的一半，故称为半场跃迁 (half-field transition)，$g_{\text{eff}}=2g_z\approx 4.0$。$D$ 值大小对半场跃迁信号强度的影响，如图 4.4.10 所示。半场跃迁经常存在于三重态、双自由基 (见 4.6 节) 等的 EPR 谱图中。

对于如 $3d^4$ 的 Cr^{2+}、Mn^{3+} 等单核过渡离子，$D=2\sim 4\ \text{cm}^{-1}$，则需要 100 GHz 以上高频高场 EPR 技术，方可观测到 $\Delta m_s=\pm 2,\pm 3,\pm 4,\cdots$ 禁戒跃迁 [61]。

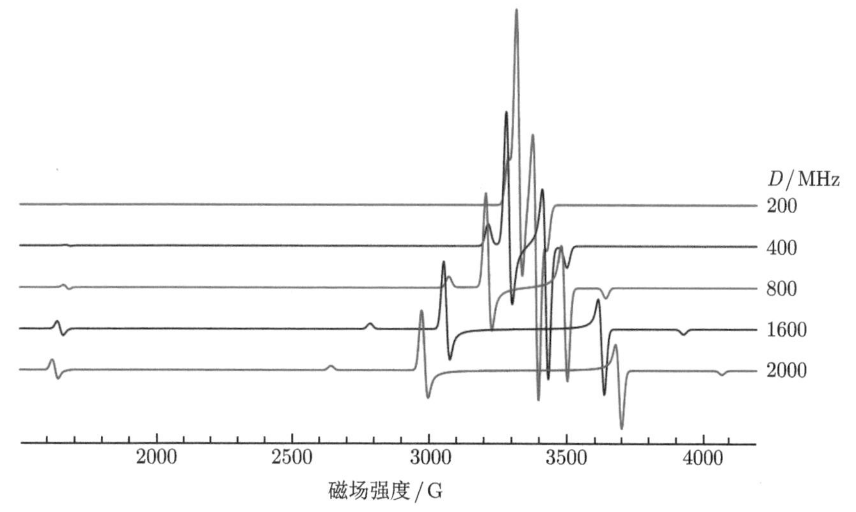

图 4.4.10 模拟 $S=1$ 体系的 EPR 随着 D 逐渐增大 ($E=0$，$|D|<h\nu$) 时，半场跃迁信号强度的变化趋势。模拟参数，$g=2.0$，$E=0$，9.4 GHz

4.4.6 高自旋体系的跃迁概率

任意两个能级 ψ_1 和 ψ_2 间的跃迁概率 P_{12} 是

$$P_{12}=\frac{2\pi}{\hbar^2}\left|\left\langle\psi_2\left|g_{\mathrm{e}}\mu_{\mathrm{B}}H_1\hat{S}_x\right|\psi_1\right\rangle\right|^2\delta\left(E_2-E_1-h\nu\right) \tag{4.4.46}$$

当微波 H_1 功率固定时，只需推导 $\left\langle\psi_2\left|\hat{S}_x\right|\psi_1\right\rangle$ 即可：

(1) $S=\dfrac{1}{2}$ 时，$m_s=+\dfrac{1}{2}\leftrightarrow-\dfrac{1}{2}$ 间的跃迁是

$$\left\langle\frac{1}{2},\frac{1}{2}\left|\hat{S}_x\right|\frac{1}{2},-\frac{1}{2}\right\rangle=\left\langle\frac{1}{2},\frac{1}{2}\left|\hat{S}_+\right|\frac{1}{2},-\frac{1}{2}\right\rangle+\left\langle\frac{1}{2},\frac{1}{2}\left|\hat{S}_-\right|\frac{1}{2},-\frac{1}{2}\right\rangle=1 \tag{4.4.47}$$

即 $\left|\left\langle\psi_2\left|\hat{S}_x\right|\psi_1\right\rangle\right|^2=1$。

(2) $S=\dfrac{3}{2}$ 时，$m_s=\dfrac{1}{2}\leftrightarrow-\dfrac{1}{2}$ 的跃迁是

$$\left\langle\frac{3}{2},\frac{1}{2}\left|\hat{S}_x\right|\frac{3}{2},-\frac{1}{2}\right\rangle=\left\langle\frac{3}{2},\frac{1}{2}\left|\hat{S}_+\right|\frac{3}{2},-\frac{1}{2}\right\rangle+\left\langle\frac{3}{2},\frac{1}{2}\left|\hat{S}_-\right|\frac{3}{2},-\frac{1}{2}\right\rangle=2 \tag{4.4.48}$$

即 $\left|\left\langle\psi_2\left|\hat{S}_x\right|\psi_1\right\rangle\right|^2=4$；另外两个跃迁 $m_s=\dfrac{3}{2}\leftrightarrow\dfrac{1}{2}$ 和 $m_s=-\dfrac{3}{2}\leftrightarrow-\dfrac{1}{2}$ 是

$$\left\langle \frac{3}{2},-\frac{3}{2}\left|\hat{S}_x\right|\frac{3}{2},-\frac{1}{2}\right\rangle = \left\langle \frac{3}{2},-\frac{3}{2}\left|\hat{S}_+\right|\frac{3}{2},-\frac{1}{2}\right\rangle + \left\langle \frac{3}{2},-\frac{3}{2}\left|\hat{S}_-\right|\frac{3}{2},-\frac{1}{2}\right\rangle = \sqrt{3} \tag{4.4.49}$$

即 $\left|\left\langle \psi_2\left|\hat{S}_x\right|\psi_1\right\rangle\right|^2 = 3$。当这三个跃迁不相互重叠时，吸收峰的强度比例是 3:4:3 (如图 4.4.11 和图 4.5.10，轴对称)。

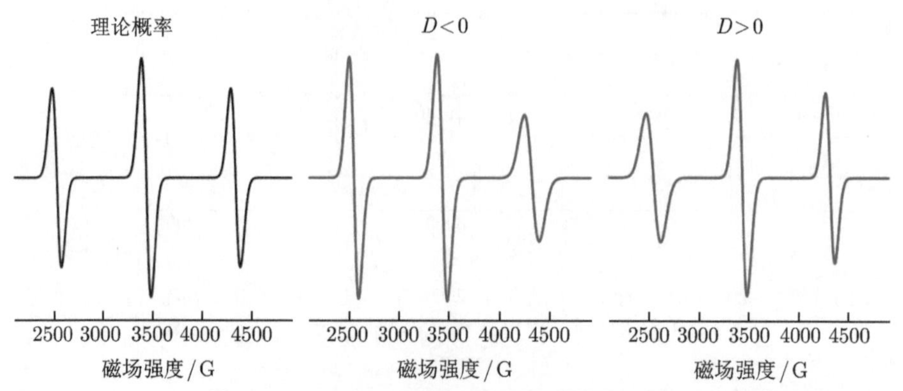

图 4.4.11　$S = 3/2$ (V_3^{IV} 体系) 的三个跃迁的理论概率值、$D < 0$ 和 $D > 0$ 的模拟。$E = 0$，$g = 1.959$，9.4 GHz，沿 z 轴。同时参考图 4.5.10

其他高自旋体系，依此类推。

若在 $S = 3/2$ 体系中，$S = 1/2$ 基态和 $S = 3/2$ 激发态间存在一定的能级间隔 (参考图 4.5.10)，那么 $\left|\frac{3}{2},+\frac{1}{2}\right\rangle \leftrightarrow \left|\frac{3}{2},-\frac{1}{2}\right\rangle$ 的跃迁强度是 4，$\left|\frac{1}{2},+\frac{1}{2}\right\rangle \leftrightarrow \left|\frac{1}{2},-\frac{1}{2}\right\rangle$ 的跃迁强度是 1，这两个跃迁具有相同的特征 g 因子，相互重叠。较高温的 EPR 谱中，中间吸收峰以 $\left|\frac{3}{2},+\frac{1}{2}\right\rangle \leftrightarrow \left|\frac{3}{2},-\frac{1}{2}\right\rangle$ 跃迁为主，低温时中间峰则以 $\left|\frac{1}{2},+\frac{1}{2}\right\rangle \leftrightarrow \left|\frac{1}{2},-\frac{1}{2}\right\rangle$ 跃迁为主，详见图 4.5.10。

4.4.7　高场近似时 D 值正与负的判断

当 $|D| < h\nu$ 时，微波除了激励 $\Delta M_S = \pm 1$ 的允许跃迁外，还可激励 $\Delta M_S = \pm 2$、± 3、$\cdots$ 等双、三、$\cdots$ 等多量子的禁戒跃迁，如 Cr^{2+}[61]、Mn^{3+}[62] 等。由图 4.4.1 和图 4.4.2 等所示意的能级，可知 $D > 0$ 和 $D < 0$ 的能级次序是恰好互逆的。实验上，判断 D 值正负的方法有两种。

(1) 谱图分析法。以 $S = \frac{3}{2}$ 的单核离子或耦合体系的 $\left|\frac{3}{2},+\frac{3}{2}\right\rangle \leftrightarrow \left|\frac{3}{2},+\frac{1}{2}\right\rangle$ 跃迁为例，该吸收峰的特征随着 D 正或负而变的：$D < 0$ 时，该跃迁处于较高

能级，其吸收峰出现在 $g \sim 2.0$ 的高场侧，呈线宽展宽和强度下降的状态，如图 4.4.11 所示；$D > 0$，该跃迁处于较低能级 (图 4.4.1)，其吸收峰出现在 $g \sim 2.0$ 的低场侧，呈线宽变窄和强度增高的状态。图 4.4.11 示意了这两种不同的变化趋势。

(2) 变温实验法。理论上，根据玻尔兹曼分布原则，较高能级上的布居数比较低能级的少，因此较高能级间的跃迁信号强度也较弱，这些信号在温度下降时随着较高能级布居数的急剧减小而变弱，直至消失。另一方面，处于较高能级的自旋因自旋-晶格弛豫时间较短，造成相应的 EPR 吸收峰的展宽；这种展宽现象在多核耦合体系中较单核结构更加显著 (见 4.5.5 节)。检测温度下降时，若高场侧的吸收峰强度先变弱甚至消失，则 $D < 0$；相反地，$D > 0$。

实验上，这两种方法经常结合使用。EPR 谱图中 $g \sim 2.0$ 高、低场两侧不同区域的吸收峰，随着温度下降而产生的差异，同样能用于判断 A (当该值比较大时)、J 等数值的正或负，参考文献中 Mn^{2+} D 值大小和正负的实验现象 [63]。最近，叶生发等基于 EPR 高温实验，研究了低场近似 $S = 3/2$ 高自旋单核体系如 Mn^{3+}、Mn^0 等的 D 值大小及其正负号 [64]。

4.4.8 三重态基态的有机自由基

有些稳定的有机分子或反应中间体，三重态是基态，如卡宾 (carbene)、氮宾 (nitrene) 等，中心碳、氮原子外围只有 6 个价电子，呈缺电子状态；也有一些分子基态是单态，但容易被激发成三重态 (thermally accessible triplet state)，即基态与第一激发态的能级差 $\Delta E = 2J$ 与热动能 k_BT 相当 (详见 4.5 节)。其中，部分双原子分子，详见 4.7.3 节。

卡宾的中心碳原子呈 +2 价，外围有 6 个价电子，是极其活泼的反应中间体。最简单的饱和卡宾是亚甲基: CH_2，若 H 再被其他烃基取代则形成各种取代的卡宾。其中，碳原子的四个外围原子轨道，只有两个形成 σ 键，剩下的两个轨道各被一个电子所占据，形成单态或三重态 (如图 4.4.12)。以:CH_2 卡宾为例：单态时，中心碳原子采取 sp^2 杂化，两个杂化轨道与两个 H 原子成键，剩余一个杂化轨道容纳一对电子，另外还有一个空的 p_z 轨道，几何构型呈弯曲结构，键角为 102°；三重态时，中心碳原子采取 sp 杂化，两个杂化轨道与两个 H 原子成键，两个未杂化的 p 轨道各容纳一个未配对电子，几何结构近似直线型，键角 136°；单态与三重态的能级差是 38 kJ·mol^{-1}。

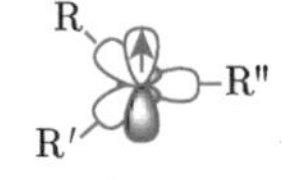

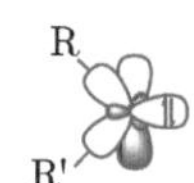

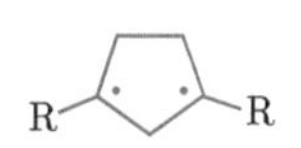

图 4.4.12 烷基自由基、卡宾、氮宾、环戊双自由基的化学结构

对称的饱和卡宾，三重态是基态；不饱和的卡宾，单态比三重态稳定。各种卡宾内两个电子间相互作用的强弱，列于表 4.4.1 中。

表 4.4.1　部分卡宾和环烷基 1,3-双自由基的 D 和 E　　(单位：cm^{-1})

卡宾	基体	D	E
亚甲基	氙	0.6964	0.0039
全氘代次亚甲基	氙	0.76	0.0046
苯基亚甲基	氟碳润滑脂	0.518	0.027
二苯基亚甲基	氟碳润滑脂	0.4055	0.0194
1-萘基亚甲基	苯甲酮	0.4347(顺式)	0.0208
		0.4555(反式)	0.0202
亚茂基	六氟苯	0.4089	0.0120
9-芴亚甲基	六氟苯	0.4078	0.0283
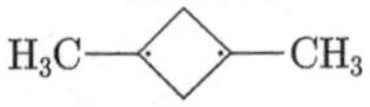 H_3C— —CH_3	—	0.112	0.005
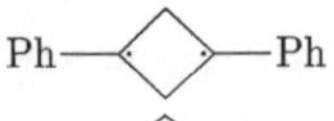 Ph— —Ph	—	0.060	0.002
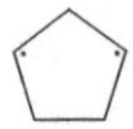	—	0.084	0.002
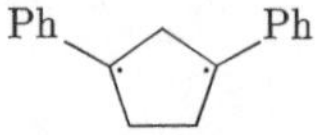 Ph　Ph	—	0.045	0.001

氮宾的中心氮原子呈 +1 价，外围有 6 个价电子，和卡宾一样，存在单态和三重态两种结构 (如图 4.4.12)。最简单的氮宾是:NH，三重态时，中心氮原子采用 sp 杂化，一个杂化轨道与 H 原子成键，另外一个杂化轨道容纳一对电子，两个未杂化的 p 轨道各容纳一个未配对电子。单态时，结构比较复杂，两个电子配对后可占据两个未杂化的非键轨道中的任一个，形成构象异构；另外两个电子以自旋方向相反的方式分别占据一个未杂化轨道。其中，单态和三重态的电子结构可用闭壳层和开壳层 (closed- and open-shells) 作展开，详见数据库专著 V 的 11.3 节。氮宾:NH 以三重态为基态，它与单态的能级间隔是 150 kJ·mol^{-1}。部分卡宾和氮宾的 D 和 E，列在表 4.4.2 中，它们的 g_{ij} 与 g_e 相差甚微。由于 D 与未配对

表 4.4.2　部分氮宾的 D 和 E　　(单位: cm^{-1})

氮宾	基团 R	D	E
氮烯	H	1.86	0
甲基氮烯	Me	1.595	< 0.003
正丙基氮烯	n-Pr	1.607	0.0034
叔丁基氮烯	t-Bu	1.625	< 0.002
环戊基氮烯	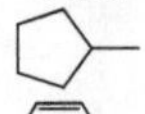	1.575	< 0.002
苯基氮烯	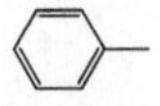	1.00	—
苄基氮烯	$PhCH_2$	0.9978	< 0.002
二苯甲基氮烯	Ph_2CH	1.636	< 0.002
三苯甲基氮烯	Ph_3C	1.660	< 0.002

电子间的平均距离的三次方 r^3 成反比，所以表 4.4.1 和表 4.4.2 的数据还表明氮宾内两个电子间距离 r 比卡宾的小，这是氮原子内的孤电子对压迫所造成的。羟胺磺酸酯、酰胺、叠氮化物的降解、脱 N_2 等分解反应，是氮宾的主要生成途径。在部分脱 N_2 反应中，还会形成另一种三重态，即环烷基 1,3-双自由基 (图 4.4.12 和表 4.4.1)。

4.4.9 核电四极矩

本节引言，我们已经引入了核电四极矩这个概念，并作了简要介绍。由经典电动力学知识可知：若在某一物体上的电荷分布呈球对称，即球心以外电场与集中于球心的点电荷电场一致，没有电四极矩；反之，若电荷分布偏离球对称，一般就会出现电四极矩，反映着电荷在该物体上的非球形分布。若原子核所携带的正电荷呈非球形分布，它的电四极矩用 eQ 表示，Q 的大小是

$$Q = \frac{2}{5} Z \left(b^2 - a^2\right) \tag{4.4.50}$$

Z 是核内的质子数，a、b 半径具体取值如图 4.4.13 所示。Q 的正、负是：对于卵形或椭球形 (prolate)，$Q > 0$；对于盘形或扁球形 (oblate)，$Q < 0$；对于球形，$Q = 0$。这种电荷的非球形分布，等效于在核上形成一个内部梯度电场，而且，核电四极矩和核自旋的对称轴是同轴的 (collinear)。因此，核电四极矩相互作用可通过核自旋算符展开，

$$\hat{\mathcal{H}}_{\mathrm{NQ}I} = \frac{e^2 Q}{6I(2I+1)} \sum_{i,j=x,y,z} V_{\alpha\beta} \left\{ \frac{3}{2} \left(I_\alpha I_\beta + I_\beta I_\alpha\right) - \delta_{\alpha\beta} I^2 \right\} \tag{4.4.51}$$

其中，V_{ij} 是电场梯度张量，

$$V_{\alpha\beta} = \frac{\partial V}{\partial \alpha \partial \beta} \tag{4.4.52}$$

V 是静电势 (electrostatic potential)。此式遵循拉普拉斯方程，故可将式 (4.4.51) 简化成核自旋的自耦合形式，

$$\hat{\mathcal{H}}_{\mathrm{NQ}I} = \hat{I} \cdot \hat{P} \cdot \hat{I} \tag{4.4.53}$$

展开成

$$\hat{\mathcal{H}}_{\mathrm{NQ}I} = \frac{e^2 qQ}{4I(2I-1)} \left\{ \left[3I_z^2 - I(I+1)\right] + \frac{\eta}{2}(I_+^2 + I_-^2) \right\} \tag{4.4.54}$$

其中 eq 是电场梯度，$Q_z = \frac{2}{3} \cdot \frac{3eqQ}{4I(2I-1)}$，斜方度 $\eta = (Q_x - Q_y)/Q_z$，$Q_\parallel = \frac{3}{2} Q_z$，$I_x^2 - I_y^2 = \left(I_+^2 + I_-^2\right)/2$。常见的 $I \geqslant 1$ 的磁性核，多呈轴对称，$\eta = 0$。

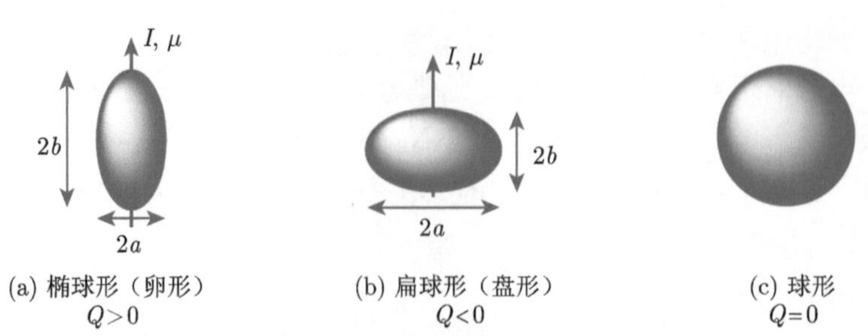

(a) 椭球形（卵形）$Q>0$　　(b) 扁球形（盘形）$Q<0$　　(c) 球形 $Q=0$

图 4.4.13　$I \geqslant 1$ 磁性核的电四极矩，椭球形和扁球形，以球形磁性核 $(I=1/2)$ 为对照

任意 $S=1/2$、$I \geqslant 1$ 的电子-核耦合系统的自旋哈密顿量是

$$\hat{\mathcal{H}}_S = \mu_{\rm B}\hat{B}\hat{g}\hat{S} + \hat{S}\hat{A}_i\hat{I}_i + \beta_{\rm N}\hat{B}\hat{g}_{\rm N}\hat{I} + \hat{I}\hat{P}\hat{I} \tag{4.4.55}$$

图 4.4.14 为以 $S=1/2$、$I=1$ 的电子-核耦合系统为代表的能级结构。在该系统中，$\Delta m_I = \pm 2$ 的 NMR 跃迁容易被激励和被脉冲 EPR 所探测 (详见第 5 章的 ESEEM)，跃迁频率是

$$\omega_{m_S, m_{I=-1} \leftrightarrow m_{I=+1}} = 2\left[\left(m_S A_{\rm iso} + \omega_I\right)^2 + k^2\left(3+\eta^2\right)\right]^{1/2} \tag{4.4.56}$$

其中，$k = e^2 qQ/4\hbar$，ω_I 是磁性核的 Larmor 频率。当 $|A_{\rm iso}/2| = |\omega_I|$ 且 $A_{\rm iso}/2 = \omega_I$ 时，该自旋多重度内的双量子跃迁是

$$\omega_{\rm DQ} = 2\left[A_{\rm iso}^2 - k^2\left(3+\eta^2\right)\right] \tag{4.4.57}$$

这是一展宽非常明显的信号 (图 4.4.14(b))；当 $|A_{\rm iso}/2| = |\omega_I|$ 且 $A_{\rm iso}/2 = -\omega_I$ 时，该自旋多重度内的跃迁是

$$\left.\begin{aligned} \omega_0 &= 2k\eta \\ \omega_{-1} &= k(3-\eta) \\ \omega_{+1} &= k(3+\eta) \end{aligned}\right\} \tag{4.4.58}$$

显而易见，这三个跃迁均只与核电四极矩有关，吸收峰非常尖锐，如图 4.4.14(b) 所示。

这种通过改变外加静磁场 B_0 的强度以获得相应的 ω_I，令 $\dfrac{A_{\rm iso}}{2} + \omega_I = 0$，从而抵消超精细相互作用的现象，称为完全相消 (exact cancellation) 的超精细耦合。以含氮自由基和配合物中常见的配位 ^{14}N 为代表，^{14}N-ESEEM 和 ^{14}N-HYSCORE 等脉冲 EPR 的文献非常多 [65-67]，或单独参考综述 [68] 和 Telser 主编的专著 (见参考目录)。ESEEM 等脉冲理论基础，详见第 5 章。

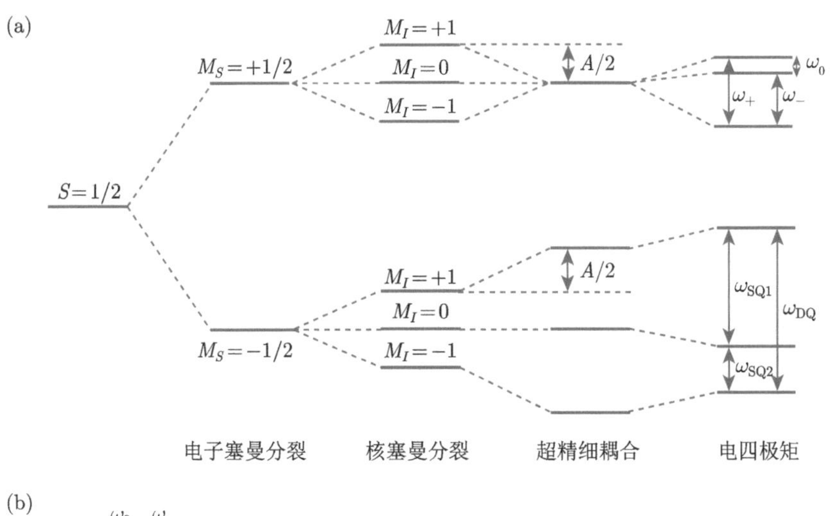

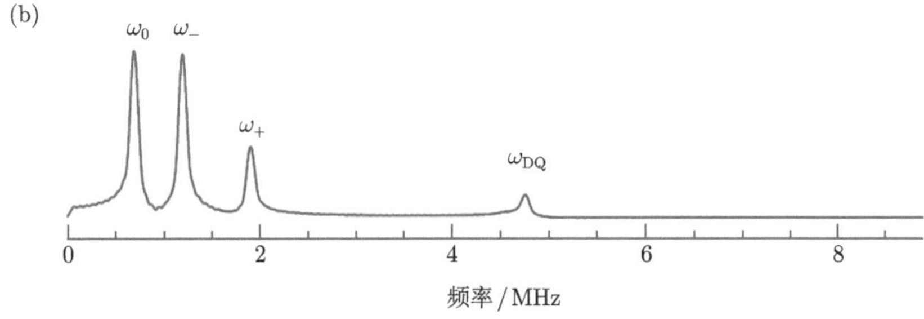

图 4.4.14 (a) 完全相消 ($|A_{\mathrm{iso}}/2| = |\omega_I|$) 时，$S = 1/2$、$I = 1$ 的电子-核耦合体系的能级。读者可以自行将能级结构扩展到强 ($|A_{\mathrm{iso}}/2| > |\omega_I|$) 和弱 ($|A_{\mathrm{iso}}/2| < |\omega_I|$) 超精细耦合的体系。(b) X-波段 ^{14}N 3-P ESEEM 的模拟参数是 $\tau = 100$ ns，$B_0 = 3520$ G，$A_{\mathrm{iso}} = 2.2$ MHz，$\omega_{^{14}\mathrm{N}} = 1.08335$ MHz，$Q_x = 0.5$ MHz、$Q_y = 1.7$ MHz、$Q_z = 2.4$ MHz，$\eta = 0.5$，部分说明详见图 5.3.1。四个跃迁是 $\omega_0 = 0.694$ MHz、$\omega_- = 1.2$ MHz、$\omega_+ = 1.9$ MHz、$\omega_{\mathrm{DQ}} = 4.76$ MHz

4.5 交换作用和磁性物理

在 4.1 节 ~ 4.4 节中，我们主要考虑未配对电子只由一个孤立的或成键的原子所提供：孤立原子，满足洪特规则，呈高自旋；成键的原子或离子，根据配位场的强弱，呈低、高自旋等电子组态。后者又常称为束缚电子 (bound electron)。当未配对电子由相邻两个或两个以上原子一起提供时，那么这种体系的能级结构将复杂化。这些原子若以高自旋状态耦合成有序结构，那将会形成局部磁畴，使该物质宏观上体现出铁磁性或亚铁磁性。因此，我们需要了解固态物质粒子排列有序性程度的差异，即晶体和无定形物质。有序结晶的固态物质分为离子晶体、金属晶体、原子晶体和分子晶体等四种类型 (ionic，metallic，atomic and molecular crystals)，小结于表 4.5.1 中。呈无定形结构 (amorphous structure) 的物质有陶瓷、玻璃、水泥、无定形碳、无定形硅、液晶等。一般地，粉末、液晶等可近似成由许多微小单晶 (或微晶) 构成的多晶物质 (polycrystalline substance)。

表 4.5.1　晶体的分类和结构特征

	离子晶体	金属晶体	原子晶体	分子晶体
基本粒子	阴、阳离子	原子、阳离子、电子	原子	分子
是否存在分子	否	否	否	是
粒子间成键	离子键	金属键	共价键	分子内共价键、分子间相互作用力
成键特点	无方向性、无饱和性	离域性、无方向性、无饱和性	方向性、饱和性	分子内共价键、分子间弱相互作用
导电性	溶液或熔化导电	导电	一般不导电	不导电
实例	$MnSO_4$、$FeCl_3$	Li、Na、Cu、Fe	金刚石、硅、SiO_2	O_2、H_2O、干冰

离子晶体：阳离子和阴离子间通过离子键结合形成的晶体，阴、阳离子间的电负性相差较大。晶体中，阴、阳离子按照一定的格式交替排列，具有一定的几何外形。比如，NaCl 是正立方体单晶，Na^+ 和 Cl^- 交替排列，每个 Na^+ 同时吸引 6 个 Cl^-，每个 Cl^- 同时吸引 6 个 Na^+。

金属晶体：由金属键形成的金属单质及其一些金属合金或金属化合物。金属原子或阳离子紧密堆积在一起，自由电子在整个晶体中自由运动，不专属于某个原子。

原子晶体：相邻原子间以共价键结合而形成的空间网状结构的晶体。原子晶体中，共价键牢固，晶体的熔、沸点高。常见的原子晶体是第四主族的一些单质和某些化合物，如金刚石、硅晶体、SiO_2、SiC 等。

分子晶体：分子间以范德瓦耳斯力相互作用结合而成的晶体。分子间作用力很弱，所以分子晶体的熔、沸点很低，易挥发。大多数是非金属单质及其形成的化合物，如 O_2、N_2、H_2O、CO_2(干冰) 等。

除了以上四种主要的晶体，还有混合型晶体 (又称过渡型晶型)，如石墨等。

在金属晶体中，具有铁磁性 (ferromagnetism) 的单质有 9 种，其中 3 种 $3d$ 金属 (Fe、Co、Ni) 和 6 种 $4f$ 金属 (Gd、Tb、Dy、Ho、Er、Tm)。此外，还有多种合金和化合物具有铁磁性。在铁磁性和亚铁磁性物质中，每个原子所携带的未配对电子自旋尽可能同一个朝向，使原子磁矩增大，相邻原子间的相互作用使原子的磁矩尽可能平行排列，表观为这两类物质具有净自旋和自旋磁矩，且磁化率 χ 都比较大甚至很大。

离子晶体，常呈抗磁性 (diamagnetism)、反铁磁性 (anti-ferromagnetism) 和亚铁磁性 (ferrimagnetism)。从某种意义上来讲，离子晶体是一个近似立方对称或球形对称的晶体场。如果是强场配体，那么相邻中心原子将以反铁磁性耦合为主，

如各类 Mn^{2+}、Co^{2+}、Cu^{2+} 盐。如果是弱场配体，磁性原子以高自旋为主，各个相邻原子以铁磁性耦合为主，如 Fe_3O_4、Co_3S_4 等各类铁氧体。Fe_3O_4 材料晶胞中共有 24 个 Fe 原子，其中 8 个 Fe^{2+} 和 8 个 Fe^{3+} 处于八面体空隙，另外 8 个 Fe^{3+} 处于四面体空隙；O^{2-} 是弱场配体，Fe^{2+} 和 Fe^{3+} 均呈高自旋电子组态，具有较高的原子磁性但大小不相等；不同晶体场中的 Fe 原子磁性是以反铁磁性耦合相互作用为主，总体上仍具有剩余的净自旋和自旋磁矩。在离子晶体中，各类氧桥、硫桥等均有利于形成长程有序的铁磁性或亚铁磁性结构；对其原理感兴趣的读者，不妨去阅读磁性物理或磁性材料方面的专著。

4.5.1 氢分子

最简单的双原子结构是氢分子 H_2，其中，每个氢原子分别携带一个未配对电子，$S_1 = S_2 = 1/2$，总自旋量子数为 $S = S_1 + S_2$，S 取值 $|S_1 - S_2|$、$|S_1 - S_2| + 1$、$\cdots$、$S_1 + S_2$，

$$S = \begin{cases} 0 & (\text{单态}) \\ 1 & (\text{三重态}) \end{cases} \tag{4.5.1}$$

要使两个氢原子形成共价键，两个 $1s$ 原子轨道必须有非零的重叠积分 $\varDelta$，

$$\varDelta = \int \varphi_1 \varphi_2 \mathrm{d}\tau \neq 0 \tag{4.5.2}$$

若 $\varDelta = 0$，表明这两个原子是各自孤立的。这要求原子轨道 φ_1 和 φ_2 具有相同的对称性，分子轨道 (molecular orbital，MO) 为

$$\left.\begin{aligned} \varphi_S \propto \varphi_1 + \varphi_2 \\ \varphi_A \propto \varphi_1 - \varphi_2 \end{aligned}\right\} \tag{4.5.3}$$

为简洁明了，分子轨道的归一化系数被省略。φ_S 和 φ_A 分别表示成键分子轨道和反键分子轨道 (bonding and anti-bonding MO)，S 和 A 表示分子轨道空间波函数的对称和反对称 (symmetry and anti-symmetry)。分子轨道的概率密度为

$$\left.\begin{aligned} |\varphi_S|^2 \propto |\varphi_1|^2 + |\varphi_2|^2 + 2|\varphi_1||\varphi_2| \\ |\varphi_A|^2 \propto |\varphi_1|^2 + |\varphi_2|^2 - 2|\varphi_1||\varphi_2| \end{aligned}\right\} \tag{4.5.4}$$

对于成键 φ_S 轨道，$2|\varphi_1||\varphi_2|$ 一项令核间区域电荷密度增加；对于反键 φ_A 轨道，$-2|\varphi_1||\varphi_2|$ 一项令核间区域电荷密度下降，形成一节面。这造成了 φ_S 的能量较原子轨道低，而 φ_A 较原子轨道高 (图 4.5.1(a))。这两个键常用 σ 与 σ*、π 与 π* 标注，上标 “*” 表示反键轨道，有时还会标注参与成键的原子轨道，如 $1s$、$2s$、$2p_i$ $(i = x, y, z)$、$\cdots$ ，参考图 4.2.6 和图 4.5.1 等诸多范例。

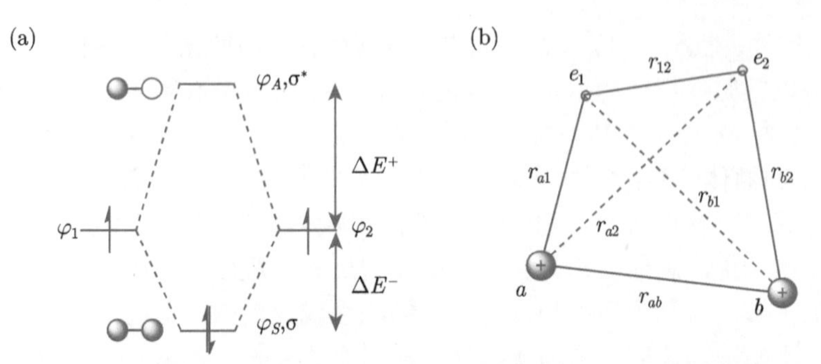

图 4.5.1　(a) 氢分子的原子轨道和分子轨道；(b) 氢分子体系，a 和 b 是氢原子核，e_1 和 e_2 分别是 a 和 b 所携带的电子 (分别编号 1 和 2)，r 表示相应粒子间的距离

4.5.2　原子间力，交换作用

氢原子的基态波函数，详见 3.1 节。为对 H_2 分子的能量求解，我们先由一步步的假设着手，最后再得到整个分子的能量。由两个孤立的氢原子的薛定谔方程，可得其基态波函数，

$$\varphi_0(r_1,r_2)=\varphi_a(r_{a1})\varphi_b(r_{b2}) \tag{4.5.5a}$$

由于电子是全同性粒子，因而氢核 a 和 b 分别与另外电子 e_2 和 e_1 的相互作用 (图 4.5.1(b)) 为

$$\varphi_0'(r_1,r_2)=\varphi_a(r_{a2})\varphi_b(r_{b1}) \tag{4.5.5b}$$

这也是薛定谔方程的基态波函数。因此，由两个氢原子构成的电子系统，其基态波函数是式 (4.5.5a) 和式 (4.5.5b) 的线性组合。形成氢分子时，两个电子的自旋必须反平行，总自旋为零，即自旋波函数必须反对称，空间波函数对称，才能形成稳定的化学键；电子自旋同向平行排列时，自旋波函数对称，空间波函数反对称，形成三重态，氢原子间不形成稳定的化学键。反对称自旋波函数的组合为

$$\phi_A(r_1,r_2)=\phi_{+\frac{1}{2}}(r_{a1})\phi_{-\frac{1}{2}}(r_{b2})-\phi_{-\frac{1}{2}}(r_{a1})\phi_{+\frac{1}{2}}(r_{b2}) \tag{4.5.6}$$

对称自旋波函数的组合为

$$\phi_S(r_1,r_2)=\begin{cases}\phi_{+\frac{1}{2}}(r_{a1})\phi_{+\frac{1}{2}}(r_{b2})\\ \phi_{+\frac{1}{2}}(r_{a1})\phi_{-\frac{1}{2}}(r_{b2})+\phi_{-\frac{1}{2}}(r_{a1})\phi_{+\frac{1}{2}}(r_{b2})\\ \phi_{-\frac{1}{2}}(r_{a1})\phi_{-\frac{1}{2}}(r_{b2})\end{cases} \tag{4.5.7}$$

相应地，氢分子对称的空间波函数的近似是

$$\varPhi_S=C_1\left[\varphi_a(r_{a1})\varphi_b(r_{b2})+\varphi_a(r_{a2})\varphi_b(r_{b1})\right]\phi_A(r_1,r_2) \tag{4.5.8}$$

表示单态；氢分子反对称的空间波函数的近似是

$$\Phi_A = C_2\left[\varphi_a\left(r_{a1}\right)\varphi_b\left(r_{b2}\right) - \varphi_a\left(r_{a2}\right)\varphi_b(r_{b1})\right]\phi_S\left(r_1, r_2\right) \tag{4.5.9}$$

表示三重态。C_1 和 C_2 是归一化系数，分别是

$$\left.\begin{aligned} |C_1|^2 &= \frac{1}{2(1+\Delta^2)} \\ |C_2|^2 &= \frac{1}{2(1-\Delta^2)} \end{aligned}\right\} \tag{4.5.10}$$

Δ 是重叠积分，

$$\Delta = \int \varphi_a^+\left(r_{a1}\right)\varphi_b\left(r_{b1}\right)\mathrm{d}\tau_1 = \int \varphi_a\left(r_{a2}\right)\varphi_b^+\left(r_{b2}\right)\mathrm{d}\tau_2 \tag{4.5.11}$$

这是原子 a 的波函数与原子 b 的波函数的重叠程度，$0 \leqslant \Delta \leqslant 1$。以 Φ_S 和 Φ_A 近似求解薛定谔方程，得两种自旋状态的近似能量，

$$\left.\begin{aligned} E_s &= 2E_0 + \frac{e^2}{r} + \frac{K+J}{1+\Delta^2} \\ E_A &= 2E_0 + \frac{e^2}{r} + \frac{K-J}{1-\Delta^2} \end{aligned}\right\} \tag{4.5.12}$$

其中，E_0 是基态氢原子的能量，e^2/r 是核间的库仑排斥能，K 是两个氢原子的电子间及电子与原子核间的库仑能，J 代表两个氢原子中电子交换所产生的交换能 (exchanging energy，又称交换积分，exchange integral)，

$$\left.\begin{aligned} K &= \iint \left|\varphi_a\left(r_{a1}\right)\right|^2 \cdot V_{ab} \cdot \left|\varphi_b\left(r_{b2}\right)\right|^2 \mathrm{d}\tau_1 \mathrm{d}\tau_2 \\ J &= \iint \varphi_a^+\left(r_{a1}\right)\varphi_b^+\left(r_{b2}\right) \cdot V_{ab} \cdot \varphi_a\left(r_{a2}\right)\varphi_b\left(r_{b1}\right)\mathrm{d}\tau_1 \mathrm{d}\tau_2 \\ V_{ab} &= e^2\left(\frac{1}{r_{12}} - \frac{1}{r_{a2}} - \frac{1}{r_{b1}}\right) \end{aligned}\right\} \tag{4.5.13}$$

为简单起见，令 $\Delta = 0$ (即两个原子轨道没有重叠，或重叠很少时当作小量)，式 (4.5.12) 变成

$$\left.\begin{aligned} E_s &= 2E_0 + \frac{e^2}{r} + K + J \\ E_A &= 2E_0 + \frac{e^2}{r} + K - J \end{aligned}\right\} \tag{4.5.14}$$

由总自旋 $S = S_1 + S_2$，得总自旋的平方

$$S^2 = S_1^2 + S_2^2 + 2S_1 \cdot S_2 \tag{4.5.15}$$

其中，$S_1^2 = S_1(S_1+1) = \dfrac{3}{4}$。氢分子的单态，$S=0$，$S^2=0$；三重态，$S=1$，$S^2=2$，经变换，上式变成

$$S_1 \cdot S_2 = \begin{cases} -\dfrac{3}{4} & (\text{对应 } S=0) \\ +\dfrac{1}{4} & (\text{对应 } S=1) \end{cases} \tag{4.5.16}$$

于是，式 (4.5.14) 可简化成

$$E = 2E_0 + \frac{e^2}{r} + K + J\left(1 - S^2\right) = E_c - 2JS_1 \cdot S_2 \tag{4.5.17}$$

其中，$E_c = 2E_0 + \dfrac{e^2}{r} + K - \dfrac{J}{2}$，为常数。氢分子的基态是单态，总能量为 $E_c + \dfrac{3}{2}J\ (J<0)$，交换能使分子势能下降，电子自旋反向排列；激发态是三重态，总能量为 $E_c - \dfrac{1}{2}J\ (J>0)$，交换能使分子势能升高，电子自旋同向排列。

交换作用 (exchanging interaction) 是属于静电性质的，相当于两个电子在两个原子间交换位置所产生的平均能量。这是一种量子效应，在经典物理中没有对应项。直观上，在原子轨道的重叠区域，电子是不可标识的，只能描述整体系统的性质，这种现象被称为量子纠缠 (quantum entanglement)。交换作用的强度，常用交换耦合常数 (exchanged coupling constant) J 来描述：$J>0$，电子自旋同向排列，取最大总自旋数为基态；$J<0$，电子自旋反向排列，取最小总自旋数为基态。相应地，磁学中 $J>0$ 是铁磁性耦合，$J<0$ 是反铁磁性耦合 (ferromagnetic and anti-ferromagnetic coupling)，$J=0$ 时则只是磁性中心的简单数量和，即仅仅浓度的变化。

4.5.3　含 n 个未配对电子的交换作用

对于含有 n 个未配对电子的系统，任意第 i 电子与第 j 电子间的交换作用 E_{ex} 是

$$E_{\text{ex}} = -2\sum_{i<j} \hat{S}_i \cdot \hat{J}_{ij} \cdot \hat{S}_j \tag{4.5.18a}$$

交换作用是由轨道重叠引起，故根据轨道的空间取向，$\hat{J}$ 由各向同性和各向异性两部分构成。相邻金属离子间的交换作用，大多情况下只需考虑各向同性的交换

作用；对于金属离子与相邻自由基的交换作用，则需要考虑 $\hat{J}$ 的各向同性和各向异性。

对于一个双原子结构 $(n = 2)$，当只考虑 $\hat{J}$ 的各向同性时，上式可近似成

$$\left.\begin{aligned} &E_{\text{ex}} = -2J\hat{S}_1\hat{S}_2 \\ &J = 1.35 \times 10^7 \cdot \mathrm{e}^{-1.8r} \end{aligned}\right\} \tag{4.5.18b}$$

其中，r 是顺磁中心原子的间距 (单位是 Å)，J 的单位是 cm^{-1}；早期文献中，J 和 r 的近似关系，写成另一种形式，即 $J = -6.75 \times 10^6 \cdot \mathrm{e}^{-1.8r}$，两个公式的系数恰好相差一倍。每个原子的自旋量子数分别是 S_1 和 S_2，双原子的总自旋量子数 $S = S_1 + S_2$，S 取值 $|S_1 - S_2|$、$|S_1 - S_2| + 1$、$\cdots$、$S_1 + S_2$。各个自旋态的能量和任意相邻 S 与 $S - 1$ 的能级间隔分别是

$$\left.\begin{aligned} &E_S = -J\left[S\left(S+1\right) - S_1\left(S_1+1\right) - S_2(S_2+1)\right] \\ &\Delta E = E_S - E_{S-1} = 2JS \end{aligned}\right\} \tag{4.5.19}$$

在铁磁性和反铁磁性材料中，每个原子都有多个未配对的电子，须区分：① 同一原子内电子间的交换作用，交换能恒为正，$J > 0$，使自旋平行的状态能量最低，呈铁磁性耦合，满足泡利不相容原理；② 不同原子间的交换能作用，J 依不同结构可取正或负值。因此，建立一个初步的标准来判断交换作用正与负的方法，就显得非常重要了。

(1) 如果两个离子间的磁性轨道 (即有未配对电子所占据的轨道) 空间取向有利于形成尽可能大的重叠积分 (如图 4.5.2(a))，那么 $J < 0$，呈反铁磁性耦合。

(2) 如果两个离子间的磁性轨道空间取向造成无法形成重叠积分 (如图 4.5.2 (b))，那么 $J > 0$，呈铁磁性耦合。

(3) 一个磁性轨道与一个空轨道的重叠，$J > 0$，呈铁磁性耦合。

(4) 在金属氧化物、金属硫化物等铁氧体中，金属离子间的连接是氧桥或硫桥等弱场配体，如图 4.5.3 和图 4.5.5 所示。这种通过阴离子配体 (O^{2-}、S^{2-}、F^{1-}) 而发生间接重叠的交换作用，在文献中被称为超交换作用，本书摒弃这个术语。

由式 (4.5.19) 可知，J 的正负决定着不同次序的能级结构，以下用图 4.5.3(a)、(b) 所示的简单例子作说明。两个原子，各自有一个未配对电子 $(S_1 = S_2 = 1/2)$，彼此间会形成两种不同的直接相互作用：若反铁磁性耦合，基态是 $|S_1 - S_2|$；若铁磁性耦合，基态是 $S_1 + S_2$。二者的能级次序恰好互逆。图 4.5.3(c) 则示意了通过氧桥、硫桥等阴离子配体间接相互作用而形成的铁磁性或反铁磁性耦合；自旋 $S_i \geqslant 1$ 的情况，请参考图 4.5.4 和图 4.5.5。通俗地，反铁磁性耦合是将系统中未配对电子的数目最小化成 $S_{\text{eff}} = 0$ (NMR 的研究对象) 或低自旋 $S_{\text{eff}} = 1/2$，而铁磁性耦合是将未配对电子的数目最大化，与低、高自旋类似。

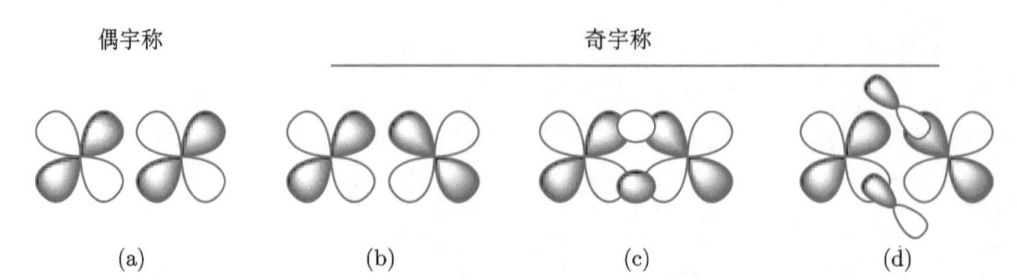

图 4.5.2　(a) 两个呈偶宇称 (gerade) 排列的 d 轨道能直接重叠；(b) 两个呈奇宇称 (ungerade) 排列的 d 轨道不能直接重叠；(c)、(d)(a) 和 (b) 均能通过配体产生超交换作用而形成间接重叠。空白和阴影表示轨道的不同相位 (phase)：异位相可直接重叠，同位相不能直接重叠

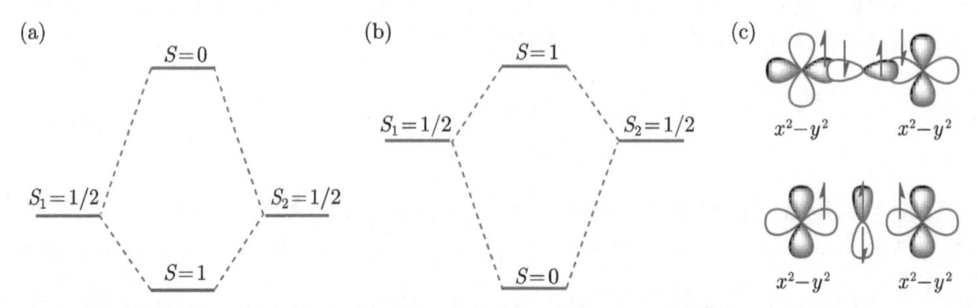

图 4.5.3　两个独立电子自旋间的磁性耦合相互作用: (a) $J>0$ 的铁磁性耦合；(b) $J<0$ 的反铁磁性耦合；(c) 两个 $d^1_{x^2-y^2}$ 离子间通过氧桥、硫桥等阴离子配体形成反铁磁性耦合 (上) 或铁磁性耦合 (下) 的示意图

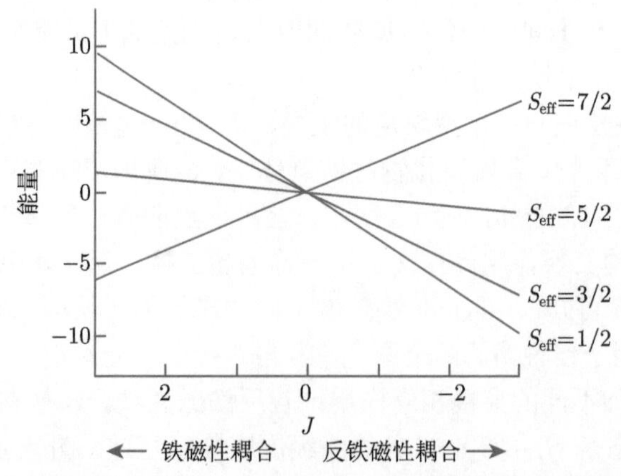

图 4.5.4　混合价态双核 ($S_1=3/2$、$S_2=2$) 的铁磁性与反铁磁性耦合

交换作用不仅存在于同核离子中，如 Mn、Fe、Ni、Cu 等单一元素构成的双核和多核化合物，也存在于异核的双核和多核化合物中，如 Fe-Cu、Fe-Ni 等。在

多核化合物中，同核间的交换作用，J 可能大于零，也可能小于零；异核间的交换作用，以 $J<0$ 为主，如肌红蛋白和末端氧化酶中 Cu-Fe 的反铁磁性耦合。

在一般的离子晶体中，任意相邻的金属阳离子间很容易通过各个方向上的阴离子配体形成反铁磁性耦合，最终形成 $S=0$ 的抗磁性基态，也可形成类似于超导的电子离域。因此，纯的无机盐晶体 (如 Mn、Cu、Co 盐等) 往往不具有 EPR 信号。同样地，这种现象也发生于高浓度样品中。

4.5.4 交换耦合的双核中心

4.5.4.1 双核锰结构

双核及多核锰配合物是相关领域的研究热点之一，因为人们尝试用这类化合物来研究和模拟光合作用中水氧化变成氧气并释放出电子和质子的生物化学过程。在双核化合物中，锰离子的化合价变化多样：有同价态的 Mn^{II}-Mn^{II}、Mn^{III}-Mn^{III}、Mn^{IV}-Mn^{IV} 等；也有混合价态的，如 Mn^{II}-Mn^{III}、Mn^{III}-Mn^{IV}[69-71]。孤立的高自旋锰离子及其化合价是 $Mn^{II}(S=5/2)$，$Mn^{III}(S=2)$，$Mn^{IV}(S=3/2)$，以及 $Mn^{V}(S=1)$。双核锰配合物中，锰离子间既有铁磁性耦合的，也有反铁磁性耦合的，如图 4.5.5 所示。对于这一类交换耦合体系，一般采用等效自旋 S_{eff} 和等效哈密顿算符 $\hat{\mathcal{H}}_{\text{eff}}$ 来描述，

$$\hat{\mathcal{H}}_{\text{eff}}=\hat{\mathcal{H}}_{\text{SJS}}+\hat{\mathcal{H}}_{\text{SDS}}+\hat{\mathcal{H}}_{\text{EZ}}+\hat{\mathcal{H}}_{\text{HFI}}+\hat{\mathcal{H}}_{\text{NZ}}+\hat{\mathcal{H}}_{\text{NQI}} \tag{4.5.20}$$

虽然是等效的，但不影响我们对待研究对象的正确解析。在连续波 EPR 探测中，不考虑后面两项，简化成

$$\hat{\mathcal{H}}_{\text{eff}}=\hat{\mathcal{H}}_{\text{SJS}}+\hat{\mathcal{H}}_{\text{SDS}}+\hat{\mathcal{H}}_{\text{EZ}}+\hat{\mathcal{H}}_{\text{HFI}} \tag{4.5.21}$$

如果基态 $S_{\text{eff}}=\dfrac{1}{2}$，则进一步简化成

$$\hat{\mathcal{H}}_{\text{eff}}=\hat{\mathcal{H}}_{\text{EZ}}+\hat{\mathcal{H}}_{\text{HFI}} \tag{4.5.22}$$

显而易见，这与式 (4.3.15) 是相同的，

$$\hat{\mathcal{H}}_{S}=\mu_{\text{B}}\hat{B}\cdot\hat{g}\cdot\hat{S}+\sum_{i}\hat{S}\cdot\hat{A}_{i}\cdot\hat{I}_{i} \tag{4.3.15}$$

结构上，锰离子间由 μ 氧桥或羟桥键 (μ-oxo/hydroxo bridge) 连接，依所成键数量分为 μ_2、μ_3 或 μ_4 氧桥键等。如图 4.5.5(a) 所示的混合价态双核锰 Mn^{III}-Mn^{IV}，当两个锰离子和两个 μ_2 氧离子形成一个小于 180° 的二面角时，每个锰离子的 $3d$ 轨道先与氧桥的 $2s$、$2p$ 轨道直接重叠，然后再通过 μ_2 氧桥形成间接的

重叠，最终呈反铁磁性耦合，$S_{\rm eff}$ 取值 $\dfrac{1}{2}$、$\dfrac{3}{2}$、$\dfrac{5}{2}$、$\dfrac{7}{2}$，基态是 $S=1/2$ 的 EPR 活跃态。相反地，如图 4.5.5(b) 所示的混合价态双核锰 $\rm Mn^{III}$-$\rm Mn^{IV}$，两个锰离子和两个 μ_2 氧离子形成一个平面 (即二面角是 180°)，每个锰离子的 $3d$ 轨道都无法与氧桥的 $2s$、$2p$ 轨道产生较好的重叠，而有利于自旋同向排列，最终呈铁磁性耦合。图 4.5.5 同时展示了这两种不同耦合体系的零场分裂和塞曼效应。

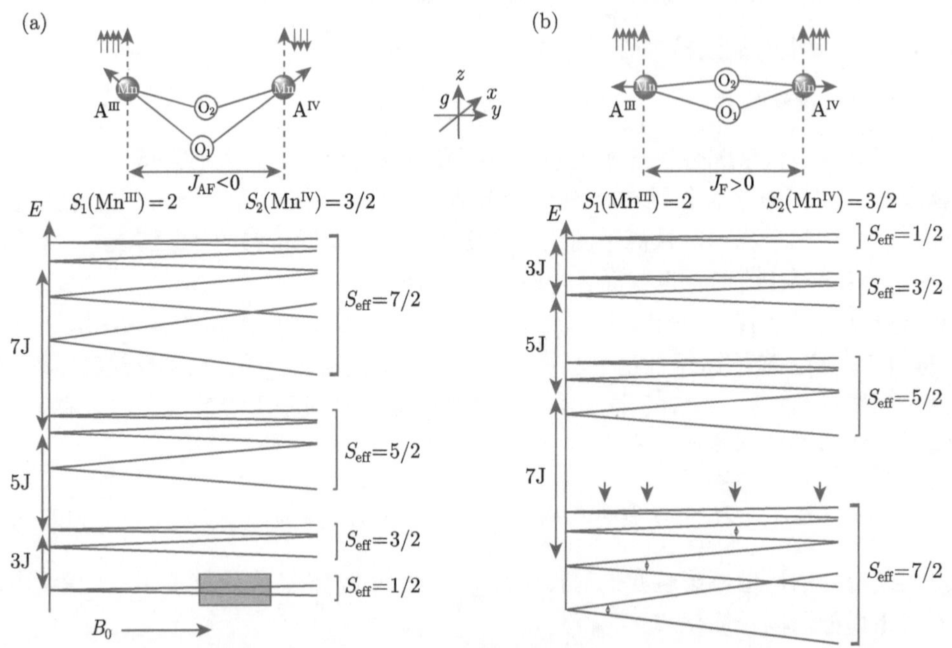

图 4.5.5 混合价态双核锰 $\rm Mn^{III}$-$\rm Mn^{IV}$ 的反铁磁性耦合 (a) 和铁磁性耦合 (b) 及其塞曼分裂。(a) 的阴影框和 (b) 的向下箭头表示 X-波段可检测的跃迁；$\rm A^{III}$ 和 $\rm A^{IV}$ 表示相应价态锰离子的超精细耦合作用；以 g 因子为分子坐标，$D<0$；F 和 AF 分别表示 ferromagnetic 和 antiferromagnetic coupling。当 $k_{\rm B}T \ll |J|$ (低温近似) 时，图 (a) 的布居分布集中在 $S_{\rm eff}=\dfrac{1}{2}$，图 (b) 在 $S_{\rm eff}=\dfrac{7}{2}$；当 $k_{\rm B}T \gg |J|$(高温近似) 时，每个 $S_{\rm eff}$ 均有布居分布

由图 4.5.5(a) 可看出，双核 $\rm Mn^{III}$-$\rm Mn^{IV}$ 反铁磁性耦合时，基态是 $S_{\rm eff}=1/2$：若 $|J|>k_{\rm B}T$，自旋布居于基态，易于探测，可用式 (4.5.22) 描述；若 $|J|<k_{\rm B}T$，第一激发态 ($S_{\rm eff}=3/2$)，甚至第二激发态 ($S_{\rm eff}=5/2$) 都可能会检测到，详见 8.3 节的锰簇。图 4.5.6 展示反铁磁性耦合的 $\rm Mn^{II}$-$\rm Mn^{III}$ (PivOH[71]) 和 $\rm Mn^{III}$-$\rm Mn^{IV}$ (BiPy[72] 和 MDTN[73]) 的 EPR 谱，g_i 和 A_i 等参数详见表 4.5.2，还可参考图 5.2.6 和图 5.4.13。在配合物 MDTN 中，半场跃迁的超精细结构与 $g\sim 2.0$ 的多线 EPR 信号 (multiline EPR signal) 类似。如表 4.5.2 所示，反铁磁性耦合产生了如下效应：① 交换作用加大了电子的离域，降低了 g 的各向异性，$\Delta g=g_i-g_{\rm e}$

偏小，趋于各向同性；② 电子自旋密度主要由自旋量子数较大的低价态锰离子来携带，$A_i < 0$，A_i 亦趋于各向同性，这与较高价态锰离子的情况刚好相反；③ 在 PivOH 配合物中，Mn^{II} 的 $A_{iso} \sim 200$ G，远大于典型单核锰 Mn^{II} 的 $A_{iso} \sim 90$ G；④ 锰离子的核电四极矩比较小，约 0.5 ~ 1.5 G。这两种不同耦合体系的零场分裂和塞曼分裂，参考图 4.5.5。

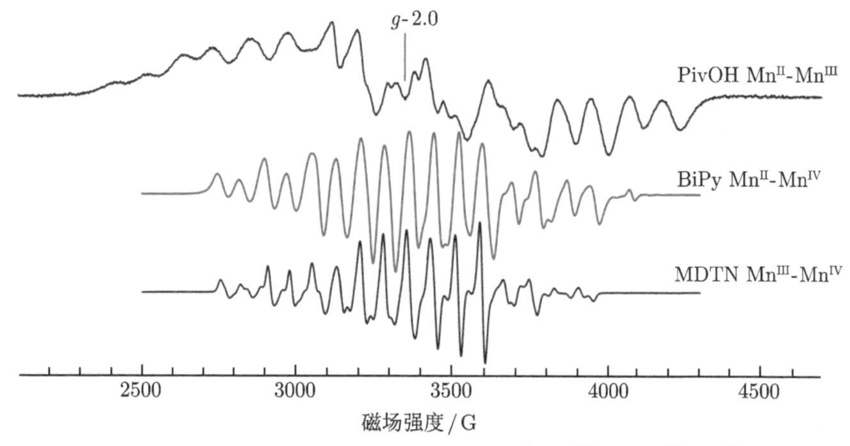

图 4.5.6 代表性的反铁磁性耦合的混合价态双核锰 Mn^{II}-Mn^{III} 和 Mn^{III}-Mn^{IV} 的特征 EPR 谱 (9.4 GHz)。配合物 PivOH[71]、BiPy[72] 和 MDTN[73] 等的几何结构和电子结构详见文献

双核 Mn^{III}-Mn^{IV} 铁磁性耦合时，自旋基态是 $S_{eff} = 7/2$ (图 4.5.5(b))，零场作用造成相应跃迁吸收峰的宽化；且有禁戒跃迁，$\Delta M_S = \pm 2, \pm 3, \cdots$，$g^{eff} \geqslant 4$。在 X-波段谱图中，铁磁性耦合体系的主吸收峰出现在 0~3000 G 的范围，参考图 4.5.9。

相同价态双核锰有 Mn^{II}-Mn^{II}、Mn^{III}-Mn^{III}、Mn^{IV}-Mn^{IV}，反铁磁性耦合时基态是 $S_{eff} = 0$，抗磁性，第一和第二激发态分别是 $S_{eff} = 1$ 和 $S_{eff} = 2$；若铁磁性耦合，能级结构比较复杂。图 4.5.7 示意了硫氧化蛋白复合体 (sulfur-oxidising complex，SoxB) 中反铁磁性耦合 Mn^{II}-Mn^{II} 的模拟谱，$A = 4.5$ mT，为经典单核锰 Mn^{II} 的一半。在 I 类核糖核苷酸还原酶中：Ia 是 Fe-Fe 双核，Ib 是 Mn-Mn 双核，Ic 是双异核，Mn^{IV}-Fe^{III}。在催化过程中，双核离子 (M 表示 Fe、Mn) 的化合价变化过程是 M^{II}-M^{II}-Tyr+O_2 →M^{III}-Me^{III}-Tyr· →M^{III}-M^{IV}-Tyr· → M^{IV}-M^{IV}，部分中间态的孤立酪氨酸自由基 Tyr· 或 Tyr· 与 M^{III}-M^{III} 的耦合，业已被 EPR 所证实 [74]。其中，Mn^{III}-Mn^{III} 形成铁磁性耦合 [75]。

4.5.4.2 其他双核结构

除双核锰外，常见的同双核或异双核是 Fe-Fe、Ni-Ni、V-V、Cu-Cu、Fe-Ni、Cu-Fe、Mn-Fe 等，离子间通过 μ 氧、μ 硫、μ 羧基、卤素等桥键进行连接，其中，铁磁性耦合的混合价态 V^{III}-V^{IV} 双核的特征 EPR 谱如图 4.4.3 所示，而反铁磁性耦合的 V^{III}-V^{V} 和 Cu^{II}-Cu^{II} 的特征 EPR 谱如图 4.5.8 所示。这类双核结构在生物体中发挥着非常重要的生理功能，如脲酶的 Ni^{II}-Ni^{II}、氢化酶的 Fe-Fe 或 Fe-Ni、肌红蛋白和细胞色素 c 氧化酶中的 Cu-Fe 结构、各类氧化还原酶中参与电子传递的 Fe_2S_2 簇等，详见第 8 章。

表 4.5.2　双核锰配合物 PivOH、BiPy 和 MDTN 的特征 EPR 参数 [71,76]

配合物		各向异性				各向同性			
		g_i	A_i^{II}	A_i^{III}	A_i^{IV}	g_{iso}	A_{iso}^{II}	A_{iso}^{III}	A_{iso}^{IV}
PivOH	x	1.964	−161.6	91.0	—				
	y	1.947	−194.1	99.6	—	1.978	−201.3	94.2	—
	z	2.022	−248.4	92.8	—				
BiPy	x	1.9990	—	−179	75				
	y	1.9932	—	−171	77	1.9913	—	−162	78
	z	1.9817	—	−134	83				
MDTN	x	2.0026	—	−150	79				
	y	1.9961	—	−172	69	1.9939	—	−144	75
	z	1.9830	—	−112	77				

注：A_i 的单位是 G，$g_{iso} = (g_x + g_y + g_z)/3$，$A_{iso} = (A_x + A_y + A_z)/3$。

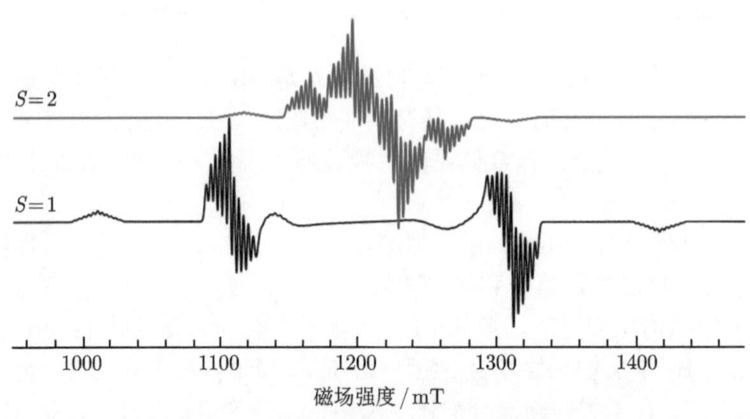

图 4.5.7　代表性的反铁磁性耦合的同价双核锰 Mn^{II}-Mn^{II} 模拟谱 (Q-波段，34 GHz)。参数：$g = 2.0013$，$A = 4.5$ mT，$E = 0$；第一激发态 $S = 1$ 的 $D = 0.19\ cm^{-1}$；第二激发态 $S = 2$ 的 $D = 0.03\ cm^{-1}$。令 $A = 0$ 时，其与图 4.4.9、图 4.4.10 的谱图类似。其他参数，参考文献 [77-80]

反铁磁性耦合的混合价态双核钒 V^{IV}-V^{V}，是典型的磁性轨道 (V^{IV}，$3d^1$) 与空轨道 (V^{V}，$3d^0$) 的耦合，$S_{eff} = 1/2$。由图 4.5.8 所示单核钒和双核钒的室温溶液谱，可知这种耦合一方面导致了 V^{IV} 电子自旋的离域分布，使 A_{iso}^{IV} 由单核的 ~65 G 降至双核的 ~32 G，另一方面，孤立 V^{V} 本来没有未配对电子 ($S = 0$,

$A_{\text{iso}}^{\text{V}} = 0$)，通过与 V^{IV} 的耦合，$A_{\text{iso}}^{\text{V}}$ 由单核的 0 G 升至双核的 ~32 G。

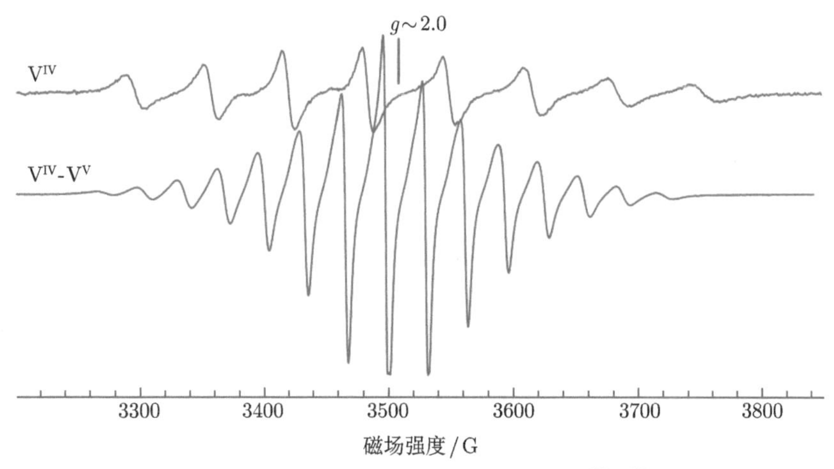

图 4.5.8 代表性的单核钒和反铁磁性耦合的混合价态双核钒 V^{IV}-V^{V} (9.82 GHz) 的室温溶液谱，注意分子运转对谱形的整体和局部影响，可参考文献 [81]

对于铁磁性耦合的双核结构，如 V^{III}-V^{IV}、Ni^{II}-Ni^{III}[82]，基态是 $S_{\text{eff}} = 3/2$，$|D|$ 往往比较大，其特征 EPR 谱图如图 4.4.3 所示。对于基态 S_{eff} 非常大的铁磁材料，如 Co_3S_4 等，X-波段检测所得的温度相关谱图，由于不同温度时不同能级的玻尔兹曼分布也不一样，因此其 EPR 谱的解析过程较为烦琐，如图 4.5.9 所示。

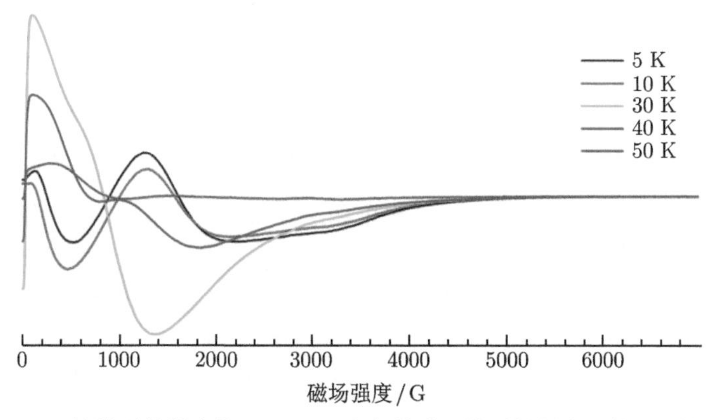

图 4.5.9 9.4 GHz 的铁磁性耦合的 Co_3S_4 温度相关谱。铁磁性耦合双核 Co 的温度相关行为，参考文献 [83]

反铁磁性耦合的同价态双核铜 Cu^{II}-Cu^{II}，是两个磁性轨道 (Cu^{II}, $3d^9$, $S = 1/2$)

的耦合：基态是 $S_{\text{eff}}=0$，抗磁性；激发态是 $S_{\text{eff}}=1$，顺磁性，EPR 活跃态。对该 EPR 信号的解析，参考图 4.4.9 和图 4.4.10，不再赘述。部分以羧酸为基本结构框架的双核铜，$|D|\sim 0.35\ \text{cm}^{-1}$，X-波段只能检测到部分吸收峰，需 Q-波段以上频率才可以检测完整吸收峰 [84,85]。强铁磁性耦合时，基态是 $S_{\text{eff}}=1$，X-波段因 $h\nu<|D|$ 而呈 EPR 沉默态，需要高频高场 [86]。

其他类似的反铁磁性耦合的双核结构，均可参考以上这些例子。若结合氧化或还原反应，那么还可以获得更多的电子结构和电子传递等信息。

4.5.5 三核和三核以上的交换耦合结构

常见三核和三核以上的结构，是 V_3、Cu_3、Fe_3S_4、Fe_4、Fe_{12}、V_{15} 等各类无机簇状结构，离子间通过 μ 氧、μ 硫、μ 羧基、卤素等桥键阴离子进行桥连。有些是铁磁性耦合，有些是反铁磁性耦合。绿色植物体内，光合作用中将水氧化放出氧气的中心位置是锰簇 Mn_4O_5Ca，氧化还原酶和电子传递常有 Fe_3S_4 或 Fe_4S_4 等铁硫簇参与，详见第 8 章。其中，铁磁性耦合的体系，可参考 4.5.4 节，以下只讨论反铁磁性耦合的情形。

在同三核配合物中，Cu_3^{II}[87] 和 V_3^{IV}[88] 最具代表性，核心结构和能级结构如图 4.5.10 所示。三个离子组成的 xy 平面呈正三角形 (等价于球形对称)，故造成单晶实验中无法区分诸如 D_x 与 D_y、A_x 和 A_y 等特征因子。三个离子间的交换作用为

$$\hat{\mathcal{H}}_{\text{ex}}=-2J(S_1S_2+S_2S_3+S_1S_3) \tag{4.5.23}$$

这构成了一个不稳定的自旋阻挫态 (或体系，spin-frustrated state or system)，基态是 $S_{\text{eff}}=1/2$，第一激发态是 $S_{\text{eff}}=3/2$，二者能级间隔是 $3J=-324\ \text{K}(Cu_3^{\text{II}})$ 和 $-7.2\ \text{K}(V_3^{\text{IV}})$。这类自旋阻挫体系的 EPR 解析，须考虑热动能 $k_{\text{B}}T$ 和 $|J|$ 的大小关系：$k_{\text{B}}T\gg|J|$ 时，吸收峰主要由 $S_{\text{eff}}=3/2$ 所贡献 (图 4.5.10(c))；$k_{\text{B}}T\ll|J|$ 时，吸收峰主要由 $S_{\text{eff}}=1/2$ 所贡献 (图 4.5.10(d))；$k_{\text{B}}T\sim|J|$ 时，$S_{\text{eff}}=\dfrac{1}{2}$ 和 $S_{\text{eff}}=3/2$ 两个自旋态根据玻尔兹曼分布和跃迁概率而贡献不等。由 4.4.8 节，基态 $S_{\text{eff}}=1/2$ 内 b' 的跃迁概率是 1，第一激发态 $S_{\text{eff}}=3/2$ 内三个跃迁的概率是 $a{:}b{:}c=3{:}4{:}3$。注：在这两种三核体系的单晶谱图中，均无法分辨 Cu 和 V 的超精细耦合分裂，类似的现象存在于如 V_{15} 等多核体系中，这是由电子自旋离域所造成，我们将在 4.6.2 节做进一步的讨论。若将 Cu_3^{II}[87] 和 V_3^{IV}[88] 制备成冷冻的粉末样品，特征 D 值将不再可探测。

依此类推到其他有效自旋 S_{eff} 更大的体系。

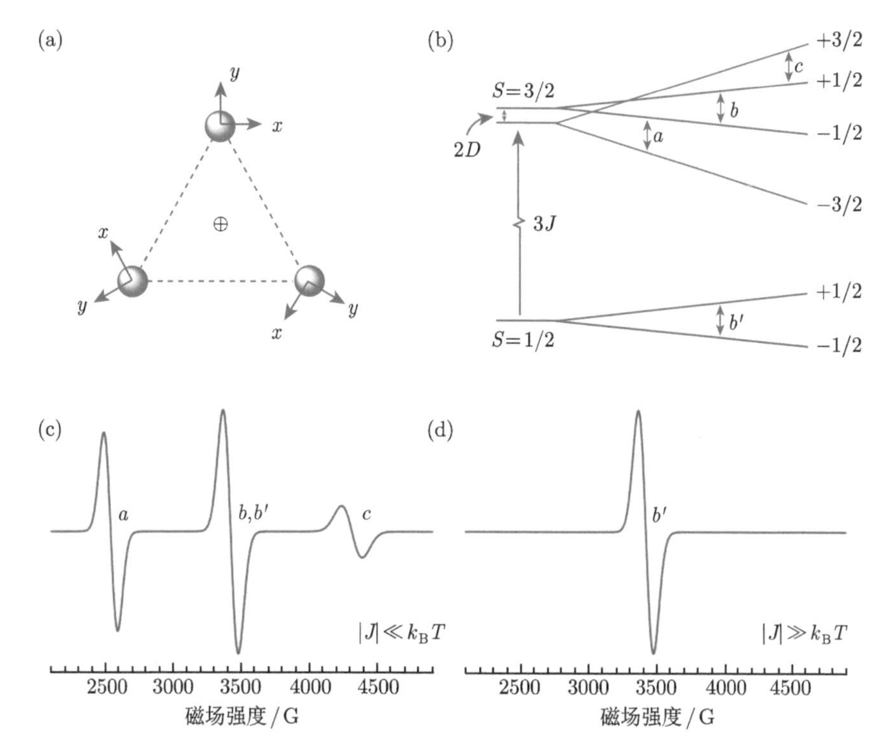

图 4.5.10 (a) 沿着 z 方向俯视的 Cu_3^{II} 和 V_3^{IV} 核心离子的结构；(b) 晶轴沿着 z 方向时的能级结构；(c) $k_BT \gg |J|$ (高温近似)、(d) $k_BT \ll |J|$ (低温近似) 的 9.4 GHz 模拟谱。模拟使用 V_3^{IV} 的参数，$g_{\parallel} = 1.959$，$E = 0$、$D = -444$ G，$3J = -7.2$ K。Cu_3^{II} 的特征参数是 $g_{\parallel} = 2.209$，$E = 0$、$D = -535$ G，$3J = -324$ K。具体实验细节，详见文献 [87, 88]

4.5.6 有机自由基与过渡离子的弱交换耦合，裂分 EPR 信号

在合成化学领域，常有自由基配体和过渡离子的交换耦合体系，如配体自由基和 Co、Ni 等。生物体内，酪氨酸自由基、半醌自由基、核黄素自由基等与 Cu、Mn、Fe 等过渡离子的交换耦合，调控着电子的传递途径，具有非常重要的生理功能 [75]。当过渡离子与有机自由基间的耦合比较弱时，需要区分交换作用的各向同性和各向异性。以任意间距为 r 的一个过渡离子 ($S_M = 1/2$) 和一个自由基 ($S_R = 1/2$) 的弱相互耦合为例，

$$\hat{\mathcal{H}}_{\text{weak}} = -2(S_M \cdot J_{\text{iso}} \cdot S_R + S_M \cdot J_{\text{aniso}} \cdot S_R) \tag{4.5.24}$$

J_{aniso} 主要由两部分构成，分别是通过成键的超交换作用和偶极相互作用。若距离 r 比较远等情况，超交换作用被忽略，J_{aniso} 近似成

$$S_M \cdot J_{\text{aniso}} \cdot S_R \approx S_M \cdot d_{\text{dip}} \cdot S_R \tag{4.5.25}$$

完整展开，

$$S_{\mathrm{M}}\cdot d_{\mathrm{dip}}\cdot S_{\mathrm{R}} = g_{\mathrm{M}}g_{\mathrm{R}}\mu_{\mathrm{B}}^{2}\left[\hat{S}_{\mathrm{M}x}, \hat{S}_{\mathrm{M}y}, \hat{S}_{\mathrm{M}z}\right]\begin{bmatrix} \hat{S}-\dfrac{2}{r^3} & 0 & 0 \\ 0 & \dfrac{1}{r^3} & 0 \\ 0 & 0 & \dfrac{1}{r^3} \end{bmatrix}\begin{bmatrix} \hat{S}_{\mathrm{R}x} \\ \hat{S}_{\mathrm{R}y} \\ \hat{S}_{\mathrm{R}z} \end{bmatrix} \quad (4.5.26)$$

显然，J_{aniso} 与 g_{M}、g_{R} 的各向异性有关。当二者相距较远时，可视为各自孤立的、无耦合的状态，此时所检测到的 EPR 谱图为二者独立信号的简单叠加 (superposition)；当二者有弱耦合时，它们的 EPR 谱图将根据 J 与 Δg ($\Delta g = g_{\mathrm{M}} - g_{\mathrm{R}}$) 的大小关系而产生不同的裂分 (图 4.5.11(a)~(c))。在 X-波段，自由基的 g_{R} 各向异性很小，且大多数的吸收谱都比较窄 (含 N、P、F 的少部分自由基除外)，峰-谷间隔约 20~50 G。过渡离子则不同，要么 g_i 各向异性很大，要么 A_i 或 D_i 很大，要么 g_i、A_i 二者都很大。这些各向异性，不仅造成过渡离子的 EPR 谱都比较宽，达数百高斯至数千高斯不等，而且还造成强烈的吸收峰非同源线宽展宽 (inhomogeneous linewidth broadening)。因此，外界一些较微小因素的影响，在展宽严重的过渡离子吸收峰中往往无法分辨，但在非常窄的有机自由基吸收峰中则得到较明显的体现。这类弱耦合所导致的有机自由基吸收峰的裂分或展宽，称为裂分自由基信号 (split-radical EPR signal，以下简称裂分 EPR 信号)，裂分情况与 $m_{S_{\mathrm{M}}}$ 取值有关。① $J \ll \Delta g$ 时，二者的吸收峰都形成两个等高的、间隔为 J 的裂分，过渡离子的裂分往往因非同源展宽而无法分辨，自由基的裂分可辨度则比较明显；② $J \sim \Delta g$ 时，裂分信号不再等高而是重新分配，造成外侧的裂分峰强度变小而内侧的裂分峰强度增大；③ $J \gg \Delta g$ 时，这种信号强度再分配的情况更加明显，尤其是外侧裂分峰的强度几乎归零；④ 当 $\Delta g = 0$ 时，裂分信号不再可分辨。这些变化趋势，如图 4.5.11 所示。

过渡离子与自由基间耦合所能引起的能级再分裂，称为电子自旋多重性 (或电子自旋流形，electronic spin manifold)，以区别于其他能级结构。这种多重性随着 S_{M} 逐渐增大的变化趋势如图 4.5.11(d) 所示，裂分峰数量是 $2S_{\mathrm{M}}+1$，裂分峰由低场到高场可能分别对应 $M_S = -S_{\mathrm{M}}$、$-S_{\mathrm{M}}+1$、$\cdots$ 、$S_{\mathrm{M}}-1$、S_{M}，也可能存在逆序，这受 J 和 Δg 的大小、正负等一起影响，须根据具体情况才能做正确归属。其中，$M_S = 0$ 的吸收峰不会发生裂分。自由基的裂分信号是出现于 $g_{\mathrm{e}} \sim 2.0$ 的高场侧或低场侧，由 g_{M} 的各向异性所决定。例如，光合电子传递链中，Q_{A}^{-}-Fe^{2+} 耦合形成 $g \sim 1.82$ 的吸收峰，锰簇与酪氨酸自由基的耦合，则以 $g \sim 2.0$ 为中心，详见 8.3 节；核糖核苷酸还原酶中，铁磁性双核锰与酪氨酸自由基的耦合，$g \sim 2.0$，如图 4.5.12 所示。

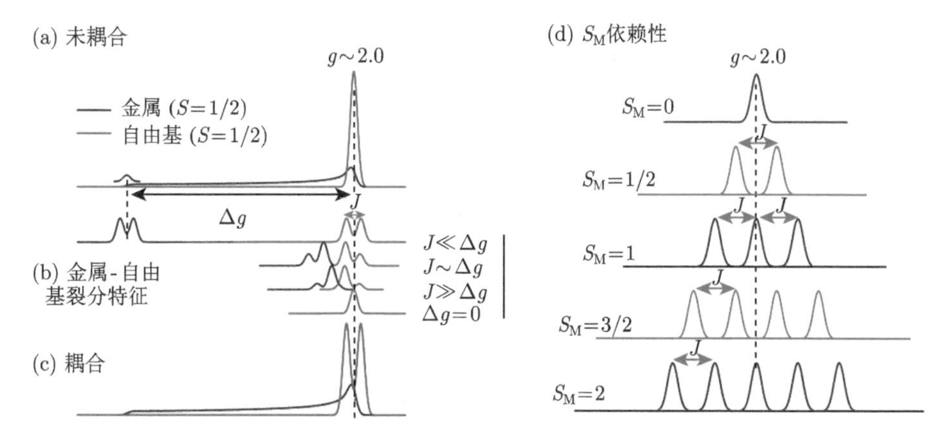

图 4.5.11 以吸收谱表示轴对称的过渡离子 ($S=1/2$) 与各向同性的有机自由基 ($S=1/2$) 间的弱相互作用。(a) 未耦合时，EPR 谱图是二者的简单叠加。(b)、(c) 较弱的耦合，会造成原先的自由基信号 (如图 (a) 所示) 发生裂分，形成新的裂分自由基信号 (split-radical signal, 简称裂分信号)，裂分方式根据 J 和 Δg 的大小关系，分成 $J \ll \Delta g$、$J \sim \Delta g$、$J \gg \Delta g$ 和 $\Delta g = 0$ 等四种耦合。(d) 自由基裂分信号的裂分数量随着金属离子自旋态 S_{M} 的变化趋势，任意相邻裂分峰的间隔为 J。注：$M_S = 0$ 时自由基信号不会发生裂分

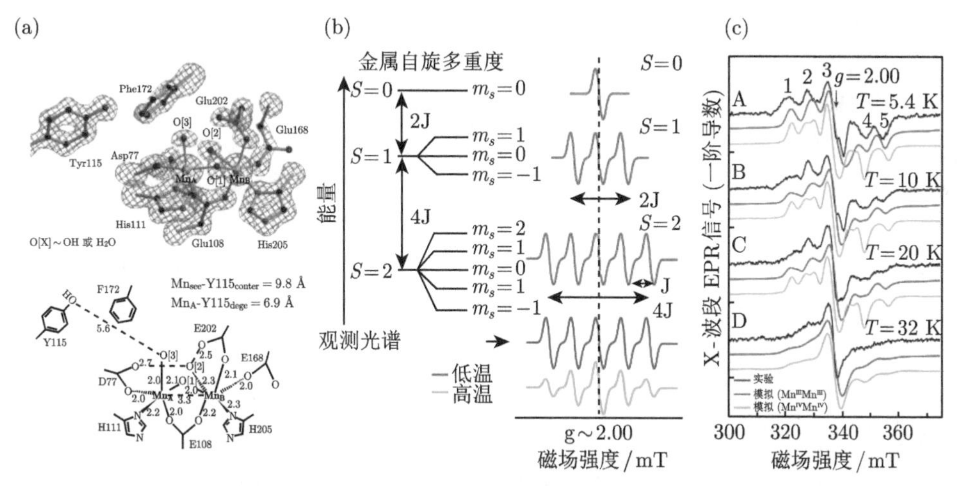

图 4.5.12 (a) 核糖核苷酸还原酶 R2F 亚基中催化核心的几何结构；(b) 酪氨酸自由基 (Tyr_{115} 或 Y_{115}) 与铁磁性双核锰间的弱耦合；(c) X-波段 EPR 信号的温度相关谱及模拟，9.47 GHz。图例由 W. Lubitz 教授提供，特此感谢，详见文献 [75]

若将单核过渡离子换成耦合的双核或多核体系，那么每个 S_{eff} 都会引起自由基信号发生相应的 $2S_{\mathrm{eff}}+1$ 重裂分。对于铁磁性耦合，$J_{\mathrm{F}} > 0$：若 $k_{\mathrm{B}}T \ll |J|$ (低温近似)，基态是 $S_{\mathrm{eff}} = S_A + S_A + \cdots$，此时可能分辨的裂分数量最多，也最清楚

(图 4.5.12(b))；若 $k_{\mathrm{B}}T \geqslant |J|$，每个 S_{eff} 均有布居分布，但温度越高，可能分辨的裂分峰数量就越少 (图 4.5.12(c))。反铁磁体系，$J_{\mathrm{AF}} < 0$，顺磁性的基态是 $S_{\mathrm{eff}} = \dfrac{1}{2}$ 或 1：低温时，裂分情况如图 4.5.11(d) 所示；高温时，因耦合体系的自旋-晶格弛豫时间变短，所以裂分信号往往无法探测。图 4.5.12(c) 表明，核糖核苷酸还原酶 R2F 中的双核锰是铁磁性耦合的，测试温度越低，可分辨的裂分峰就越多；图 4.5.12(b) 示意 $M_S = 0$ 时自由基的信号不会发生裂分，因此 32 K 或者更高测试温度所获得的谱图，主要来源于未耦合的酪氨酸自由基 (见图 8.3.5)。模拟和理论分析，进一步确认锰离子是 $\mathrm{Mn^{III}}$-$\mathrm{Mn^{III}}$ 的铁磁耦合体系，并排除 $\mathrm{Mn^{IV}}$-$\mathrm{Mn^{IV}}$ 的可能性，即整个核心是 $\mathrm{Mn^{III}}$-$\mathrm{Mn^{III}}$-Y· 的耦合体系。

4.5.7 自由基淬灭和自旋中心转移

过渡离子与有机自由基直接配位或相距非常近时，彼此间的反铁磁性交换作用 $S_{\mathrm{M}}JS_{\mathrm{R}}$ 比较强。① 若形成 $S_{\mathrm{eff}} = 0$ 基态，它们的 EPR 信号会同时消失，相互作用间起到了自由基淬灭剂的功能；此时须逐渐增大过渡离子或自由基的浓度到可检测的临界浓度以上，则可探测它们的结合常数。② 若形成 $S_{\mathrm{eff}} = 1/2$ 基态，那类似于过渡离子获得了自由基所提供的一个未配对电子而发生还原，即自旋中心部分地转移到过渡离子上。若过渡离子是抗磁性的且能与自由基配位，那么因测试条件变化会检测到两种不同的 EPR 谱图。以下列举两个不同例子，对此现象作详细说明。

第一个例子是金属钠还原形成的 α-二亚胺镍配合物，如图 4.5.13 所示：室温溶液谱中只有配体 α-二亚胺自由基的特征吸收峰，N 和 H 的超精细分裂非常显著，同时参考图 3.3.2；样品冷冻后，粉末谱呈现另外一个完全不同的、g 各向异性非常明显的特征吸收峰，这表明未配对电子已经由配体 α-二亚胺自由基 (用 R· 表示) 通过交换作用而部分地转移到镍离子上，形成一个耦合的 $S_{\mathrm{eff}} = 1/2$ 的

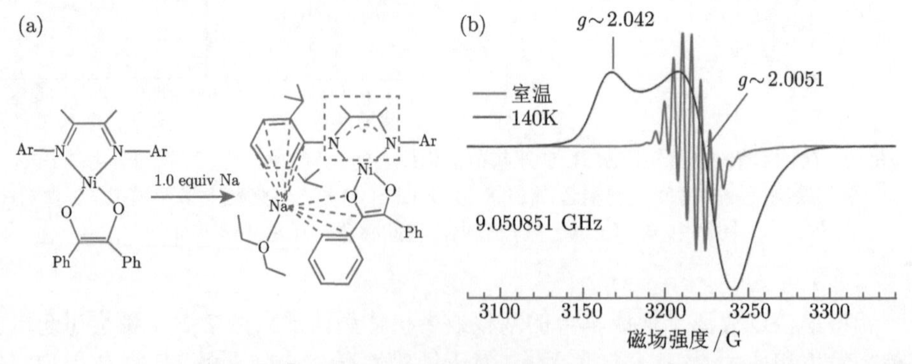

图 4.5.13 (a) α-二亚胺镍 ($\mathrm{Ni^{II}}$) 的结构及其金属钠还原反应；(b) 金属钠还原后配合物室温溶液谱与低温溶液的异同。图例由西北大学杨晓娟教授提供，特此感谢

$Ni^{II}R\cdot \leftrightarrow Ni^{I}R$ 的复合结构，从而具有 Ni^{1+} 的一些特征，但它又与非耦合的 Ni^{1+} 明显不同 (图 4.2.3)。理论上，$Ni^{II}R\cdot$ 复合结构明显的 g_i 各向异性，表明其具有过渡离子的一些特征，但 $\Delta g = |g_i - g_e|$ 又都比较小，说明其也具有有机自由基的强场配位特征。注：低温粉末谱形与超氧阴离子的谱形非常相像 (参考图 1.3.6)，二者的差别是金属离子的非同源展宽较非金属的显著，作归属时需小心谨慎。

第二个例子是血红素 Fe^{2+} 与信使分子 NO 的结合。在高等动物体内，神经红蛋白 (neuroglobin，Ngb)、水溶性鸟苷酸环化酶 (soluble guanylyl cyclase，sGC) 等血红素蛋白，通过这种弱耦合来调节信号传导 [89]。在此过程中，血红素 Fe^{2+}(EPR 沉默态) 和 NO 结合成 Fe^{II}-NO 复合结构，EPR 结果表明这是一个 $S_{\text{eff}} = 1/2$ 的自旋态 (同时参考 8.2.1.1 节)。图 4.5.14 展示了血红素 Fe^{2+} 与 NO 结合的仿生配合物 $Fe[TFPPBr_8(NO)]$ 的化学结构，以及 90 K 的粉末谱与 250 K 的溶液谱。在该配合物中，NO 作为第五配位与 Fe^{2+} 结合：−23 ℃ 的溶液谱只有 NO 自由基 ^{14}N 的三重超精细分裂，$g_{\text{iso}} \sim 2.02$，显著大于 $R^1R^2NO\cdot$ 中心自由基的 $g_{\text{iso}} \sim 2.006$ (详见 3.4 节)；90 K 冷冻粉末谱具有了较明显的 g 各向异性，表明在该配合物中形成 $S_{\text{eff}} = 1/2$ 的 Fe^{II}-NO 复合结构，以 g_z 为中心的三重超精细分裂源自配体 NO 的 ^{14}N，同时参考图 8.2.3。理论上，Fe^{II}-NO 复合结构的 g_i 各向异性较为明显，表明其具有 Fe^{1+} 的一些特征，而 $|g_i - g_e|$ 又都比较小，说明其也具备有机自由基的强场配位特征。NO 与 $Fe^{II}(DETC)_2$ (二乙基二硫代氨基甲酸亚铁) 结合，亦可形成类似的溶液谱，$g_{\text{iso}} \sim 2.035$[90]。与上述还原过程相反的情形，是 3$d$ 过渡离子氧合结构 M^{II}-O_2 与过氧结构 $M^{III}O_2^{-\cdot}$ 的相互转变 [24,54,91]。

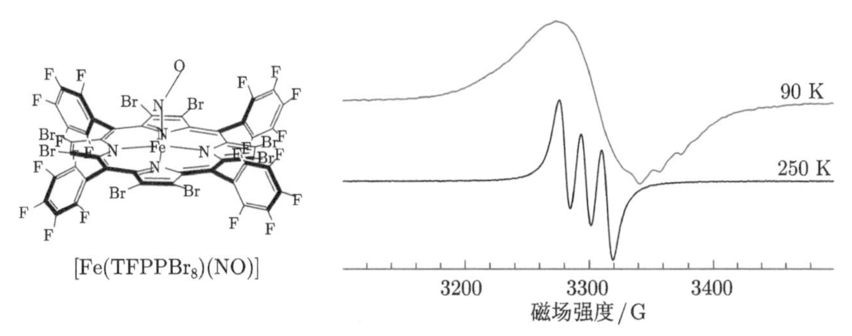

图 4.5.14 $Fe[TFPPBr_8(NO)]$ 的结构及其溶于二氯甲烷的 9.45 GHz 溶液谱 (250 K) 与冷冻粉末谱 (90 K)，参考图 8.2.3 或文献 [92]。感谢中国科学院大学李剑峰教授提供尚未发表的数据

这种自旋中心转移，与过渡离子的变价能力有关。利用这种相互作用，部分金属离子或金属蛋白能承担某些自由基的捕获 (见 3.4.7 节)。在有些光催化反应中，配合物中的金属原子并没有价态的变化，而是形成配体自由基或者三重态，二者耦合会形成类似的信号。冷冻谱和溶液谱的这些显著差异，还可用来比较图 4.6.9 的双自由基。

4.6　三重态和双自由基

本节内容实质上是隶属于 4.4 节和 4.5 节，之所以将其独立成一节，主要是考虑这一类物质所具有的独特的化学、生物或物理性质，以及广泛的应用。

4.6.1　光激发而成的三重态，自旋极化

三重态一般分为两类，一类是光激发而成的三重态 (optically excited triplet state，OET)，另一类是基态三重态的自由基和双自由基 (已经在 4.4.8 节展开)。前者是共轭分子，基态是单态 S_0，配对电子占据一个 π 或 n 轨道 (详见 4.2.6 节)。吸收紫外或可见光后，分子内发生 $\mathrm{n} \rightarrow \pi^*$ 或 $\pi \rightarrow \pi^*$ 的电子跃迁，形成激发单态 (或第一激发态) S_1。激发单态有一定的能级宽度，用 2 和 1 分别表示最高和最低能量的激发单态 (图 4.6.1)，最高能激发单态通过内转变衰变成最低能激发单态。激发单态有两种不同的淬灭 (quenching) 过程。第一种淬灭是通过向外界辐射荧光 (fluorescence) 而重新回到基态单态，这个过程较简单，而且在很短的时间 (约 $10^{-8} \sim 10^{-6}$ s) 内完成；在激发单态 S_1 中，两个电子由原先配对并分布于一个轨道，变成两个电子各占据一个轨道，电子自旋方向保持不变。第二种是经系间窜跃 (或系间过渡，intersystem crossing)，原先朝下的电子自旋发生翻转变成朝上，从而形成三重态，$T_{x,y,z}$ (又 $T_{-1,0,+1}$)，然后发生淬灭：① 三重态向外界辐射磷光 (phosphorescence，这是一种延迟约 10^{-3}~10 s 的辐射，故又称为延迟荧光，delayed fluorescence) 而衰变成基态单态；② 三重态向下游电子受体 (acceptor) 提供一个电子后转成一个非常活泼的阳离子自由基，后者再被上游电子供体 (donor) 还原而衰减回到基态单态。光引发的这一系列分子间电子传递效率，常用量子效率或量子产率来描述，如 8.3 节的原初光合电子传递。

共轭分子及其三重态都是有规取向的，其激发态非常活泼，常常需要它们镶嵌入惰性的基体 (host/matrix) 中，才能开展 EPR 的应用研究，如探测电子间的相互作用和平均距离。三重态的 g 因子与 g_e 相差甚微，常被忽略。表 4.6.1 展示了部分三重态的 D 和 E，这些数值均远小于表 4.4.1 和表 4.4.2 所示的卡宾和氮宾的，即电子平均间距 r 比卡宾和氮宾的大。由苯、萘/联苯/喹啉、蒽/吖啶/吩嗪、并四苯到并五苯，共轭六元环的数量由一个增加到五个，即共轭分子变得越来越大，导致电子间距 r 逐渐增大，$|D|$ 值由 0.1568 cm^{-1} 迅速减小至 0.046 cm^{-1} (表 4.6.1)。共轭六元环数量相同、结构相似的三重态，D 值相差不大，且基本上不受到杂原子的影响。

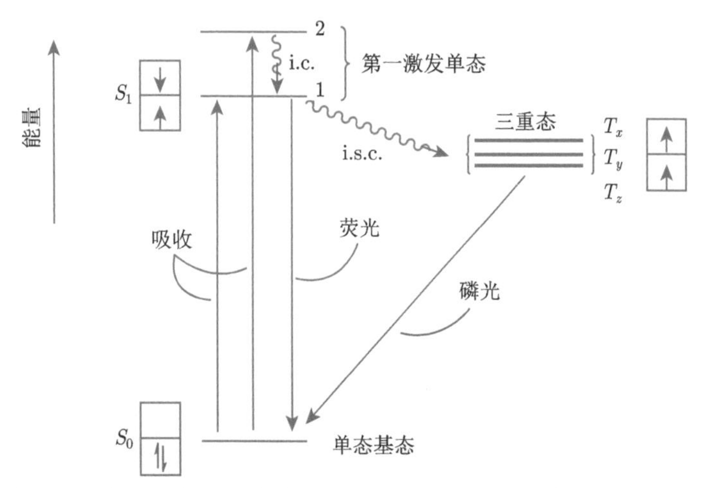

图 4.6.1 光激发和三重态的形成。非辐射跃迁用波浪箭头表示，如内转变 (internal conversion，i.c.)、激发单态与三重态间的系间窜跃 (intersystem crossing，i.s.c.)。单态基态 S_0，激发单态 S_1；最低能量的三重态是 $T_{x,y,z}$，下标 x、y、z 表示因零场分裂导致的能级分裂，高场时用 $T_{-1,0,+1}$ 表示，下标数字是电子自旋磁量子数 $m_S = -1$、0、+1

表 4.6.1 部分光激发三重态的 *D* 和 *E* (单位：cm^{-1})

三重态	基体	D	E	共轭六元环数量
苯	三氮杂硼烷	+0.1568	+0.0199	1
全氘代苯	三氮杂硼烷	+0.1581	−0.0064	1
萘	均四甲苯	+0.10199	−0.0554	2
蒽	联苯	+0.07156	−0.00844	3
并四苯	对联三苯	±0.0551	∓0.0047	4
并五苯	对联三苯	+0.046	−0.017	5
联苯	二苯并呋喃	+0.11065	−0.00370	2
联苯	乙醇	0.1094	0.036	2
喹啉	均四甲苯	±0.1030	∓0.00162	2
异喹啉	均四甲苯	+0.1004	0.0017	2
吖啶	联苯	+0.07366	−0.00872	3
吩嗪	联苯	+0.0744	−0.0110	3

光激发而成的三重态，寿命都非常短，常使用瞬态 EPR(transient EPR，TR-EPR) 检测。这种三重态中各个能级上的布居并不服从玻尔兹曼原则作平衡态分布，而是呈非平衡态分布 (non-equilibrium distribution)。对于稳定的三重态有机分子，系间窜越是通过自旋-轨道耦合作用实现，详见 4.4.8 节。光激发的三重态，主要是通过系间窜跃形成，另外是通过自由基对重组而形成 (如 P_{680} 三重态，8.3 节)。在非平衡态分布的三重态体系中，$m_S = 0$ 能级的布居数，实际上有两种来源，即有一部分单态 $m_S = 0$ 的布居混入三重态 ($S = 1$) 的 $m_S = 0$ 中，最终造成 $m_S = 0$ 能级上的布居数总是远远优于 $m_S = -1$、+1 (图 4.6.2)。这种使 $m_S = 0$

能级获得优先布居的混合，称为 S-T_0 机理的自旋极化 (spin polarization)，其中 S 是单态，T_0 是三重态的 $m_S=0$，如图 4.6.1 所示 [93,94]。它易受到温度、光照、三重态寿命、自旋弛豫等多种因素的影响 [95-97]。

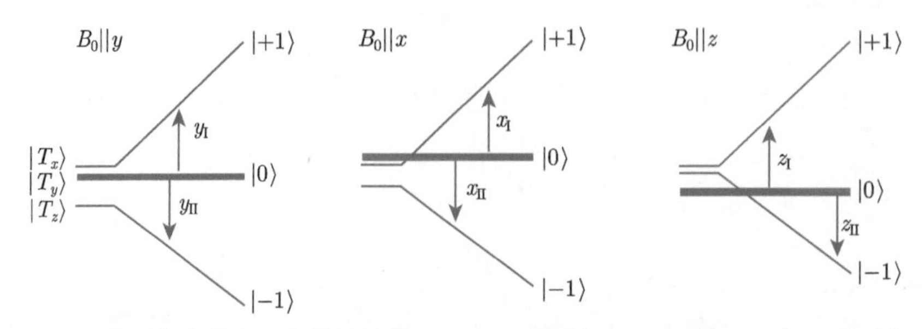

图 4.6.2　非平衡态分布的三重态能级结构，$D>0$，外磁场 B_0 分别与 x、y、z 轴平行。粗线条表示 $m_S=0$ 上的布居数多，细线条表示 $m_S=-1$、$+1$ 上的布居数少，参考 [98]

当外磁场 B_0 分别与 T_x、T_y、T_z (或 D_x、D_y、D_z) 平行时，会引起两个不同的跃迁：$m_S=0\rightarrow m_S=+1$ 的跃迁，因 $m_S=0$ 的布居多而呈吸收谱 (A：absorption)，用下标 I 表示；$m_S=0\rightarrow m_S=-1$ 的跃迁，因 $m_S=0$ 的布居多而呈受激辐射的辐射谱 (E：emission)，用下标 Ⅱ 表示 (图 4.6.2)。图 4.6.3

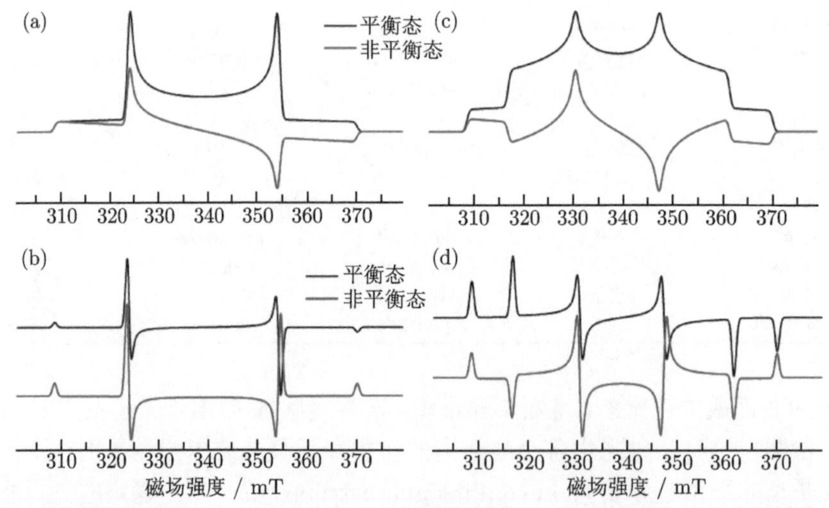

图 4.6.3　模拟平衡态分布 (equilibrium) 和非平衡态分布 (non-equilibrium) 三重态的 EPR 谱，分轴对称 (a)、(b) 和斜方对称 (c)、(d) 的吸收谱 (a)、(c) 和一阶微分谱 (b)、(d)。参数：9.5 GHz，$g=2.0$，$D=-0.0287\ \mathrm{cm}^{-1}$，轴对称 $E=0$，斜方对称 $E=0.0043\ \mathrm{cm}^{-1}$；若 $D>0$，谱形发生相应的变化，参考图 5.4.17(a)。A (absorption) 和 $\mathrm{X_I}$、$\mathrm{Y_I}$、$\mathrm{Z_I}$ 标注吸收谱；E (emission) 和 $\mathrm{X_{II}}$、$\mathrm{Y_{II}}$、$\mathrm{Z_{II}}$ 标注受激辐射谱。D 和 E 的解析过程，与图 4.4.9 所示相同；半场跃迁，参考图 4.4.10，作相应分析。同时，与图 8.3.4 相比较

模拟了平衡态三重态和非平衡态三重态的轴对称和斜方对称的吸收谱和一阶微分谱。图 4.6.3(a)、(c) 所示的吸收谱中，强度在基线水平以上的吸收峰，对应吸收谱，分别用 A 和 $X_{\rm I}$、$Y_{\rm I}$、$Z_{\rm I}$ 一起标注；相应地，强度在基线水平以下的吸收峰，对应受激辐射谱，分别用 E 和 $X_{\rm II}$、$Y_{\rm II}$、$Z_{\rm II}$ 一起标注。图 4.6.3(b)、(d) 所示的一阶微分谱中，三个 E 峰 ($X_{\rm II}$、$Y_{\rm II}$、$Z_{\rm II}$) 的相位，与平衡态相应位置的吸收峰的相位刚好相反，即左右或上下相反；三个 A 峰 ($X_{\rm I}$、$Y_{\rm I}$、$Z_{\rm I}$) 的相位，与平衡态相应位置的吸收峰的相位相同。读者务必记住这些差别，并与图 8.3.4 相比较。

用光辐照植物色素如叶绿素、胡萝卜素等的有机溶液，可以诱导经系间窜跃而成的非平衡态三重态，而在体内这些色素分子会失去或得到一个电子而形成自由基，再与相邻的其他自由基发生电子重组成为另外一种非平衡态三重态，详见图 8.3.4 节。

4.6.2 双自由基，交换变窄，交换展宽，高浓度样品

双自由基是指含有两个等价的未配对电子且呈现出室温 EPR 溶液谱的化合物。这两个未配对电子各自分布于分子内的不同结构区域，彼此间通过一个抗磁片段连接。当这两个未配对电子间的相互作用可以忽略不计时，此化合物可以视为两个自由基结构域的简单叠加，等价于两个自由基的数量叠加。当这两个未配对电子间的相互作用非常强烈 (即电子的交换速率非常快) 时，则形成耦合的单态 (反铁磁耦合) 和三重态 (铁磁耦合) 等简并能级，详见 4.5 节。本小节所讨论的内容属于较慢的交换作用，$|J|$ 比较小。

4.6.2.1 相同自由基片段 ($\Delta g = 0$)

我们先从最简单的、不含有磁性同位素的相同自由基片段 ($S_1 = S_2 = 1/2$) 的双自由基入手，然后再逐渐展开到复杂的体系。在稀溶液中，选外加磁场的方向为 z 方向，自由基中心的核自旋为零，自旋哈密顿量是 [99]

$$\left.\begin{aligned} &\hat{\mathcal{H}}_S = g\mu_{\rm B}B_0\left(S_{1z}+S_{2z}\right)+J\left(S_1\cdot S_2\right)\\ &S = S_1+S_2\\ &\Delta g = g_1-g_2=0 \end{aligned}\right\} \tag{4.6.1}$$

该双自由基会形成如式 (4.5.1) 所示的单态 $S=0$ 和三重态 $S=1$，能级分布如式 (4.5.16) 所示，相应的波函数为 $|S, S_z\rangle$，

$$
\left.\begin{aligned}
&\left.\begin{aligned}
|1,+1\rangle &= |\alpha\alpha\rangle \\
|1,0\rangle &= \frac{1}{\sqrt{2}}\left(|\alpha\beta\rangle + |\beta\alpha\rangle\right) \\
|1,-1\rangle &= |\beta\beta\rangle
\end{aligned}\right\} \quad (\text{三重态}) \\
&\qquad\qquad\qquad \text{和} \\
&|0,0\rangle = \frac{1}{\sqrt{2}}\left(|\alpha\beta\rangle - |\beta\alpha\rangle\right) \quad (\text{单态})
\end{aligned}\right\} \tag{4.6.2}
$$

其中，$|1,0\rangle$ 的波函数是对称的，而 $|0,0\rangle$ 是反对称的。它们在外磁场中的塞曼分裂能为 (如图 4.6.4 所示)

$$
\left.\begin{aligned}
&\left.\begin{aligned}
E_{|1,+1\rangle} &= g\mu_{\rm B}B_0 + J/4 \\
E_{|1,0\rangle} &= J/4 \\
E_{|1,-1\rangle} &= -g\mu_{\rm B}B_0 + J/4
\end{aligned}\right\} \quad (\text{三重态}) \\
&\qquad\qquad\qquad \text{和} \\
&E_{|0,0\rangle} = -3J/4 \qquad\qquad (\text{单态})
\end{aligned}\right\} \tag{4.6.3}
$$

其中，三重态内的 $E_{|1,+1\rangle} \leftrightarrow E_{|1,0\rangle}$ 和 $E_{|1,0\rangle} \leftrightarrow E_{|1,-1\rangle}$ 跃迁是允许的，也是简并的 (或相重叠的)；单态与三重态间的跃迁是禁阻的。式 (4.6.3) 表明，没有外加磁场时，单态和基态的能级差 $\Delta E = J$，每个跃迁吸收峰强度 I 和每个能级上的布居数的关系为

$$
I \propto \frac{1}{T}\frac{3{\rm e}^{J/k_{\rm B}T}}{1+3{\rm e}^{J/k_{\rm B}T}} \tag{4.6.4}
$$

取 $|J| \sim k_{\rm B}T$：$J > 0$ 时，单态是基态，吸收峰强度随着温度上升而增大；反之，$J < 0$ 时，三重态是基态，吸收峰强度随着温度下降而增大。

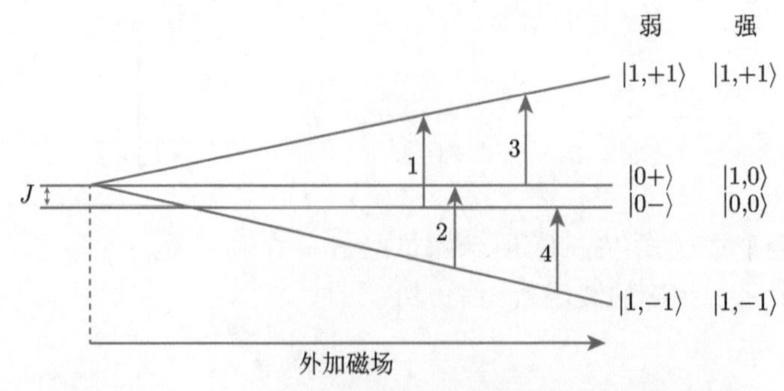

图 4.6.4　$J > 0$ 时双自由基的强、弱交换作用和能级结构

4.6.2.2 不同 g 因子的双自由基片段 ($\Delta g \neq 0$)

当每个片段自由基的 g 因子存在差别时，式 (4.6.1) 变成

$$\left.\begin{aligned}&\hat{\mathcal{H}}_S = g_1\mu_{\rm B}B_0S_{1z} + g_2\mu_{\rm B}B_0S_{2z} + J\left(S_1\cdot S_2\right)\\&\Delta g = g_1 - g_2 \neq 0\end{aligned}\right\} \tag{4.6.5}$$

有效自旋哈密顿量的各个矩阵元是

$$\begin{array}{ccccc} & |1,+1\rangle & |1,0\rangle & |0,0\rangle & |1,-1\rangle \\ \langle 1,+1| & \dfrac{g_1+g_2}{2}\mu_{\rm B}B_0 + J/4 & 0 & 0 & 0 \\ \langle 1,0| & 0 & J/4 & \dfrac{\Delta g}{2}\mu_{\rm B}B_0 & 0 \\ \langle 0,0| & 0 & \dfrac{\Delta g}{2}\mu_{\rm B}B_0 & -3J/4 & 0 \\ \langle 1,-1| & 0 & 0 & 0 & -\dfrac{g_1+g_2}{2}\mu_{\rm B}B_0 + J/4 \end{array} \tag{4.6.6}$$

阴影标注说明，当 $\Delta g \neq 0$ 时，会引起两个自旋的相互竞争，竞争强弱用比值 $\dfrac{\Delta g\mu_{\rm B}B_0}{J}$ 来描述。在这之前，先就两种极端情况作说明：当 Δg 很大时 (即 $\dfrac{\Delta g\mu_{\rm B}B_0}{J} \gg 1$)，交换耦合作用很弱，两个自旋彼此忽视对方，保持各自的特征信号；$\Delta g = 0$ 时 (即 $\dfrac{\Delta g\mu_{\rm B}B_0}{J} \ll 1$)，交换耦合作用很强，两个自旋享有相同的特征信号 (图 4.6.5)。这两种极端情形所包含的信息远不如二者间的丰富。

式 (4.6.6) 中的阴影部分表明，$|1,0\rangle$ 和 $|0,0\rangle$ 通过 $\Delta g \neq 0$ 而交缠起来，形成两个新的能级，

$$\left.\begin{aligned}|0+\rangle &= \sin\phi|0,0\rangle + \cos\phi|1,0\rangle\\|0-\rangle &= \cos\phi|0,0\rangle - \sin\phi|1,0\rangle\end{aligned}\right\} \tag{4.6.7}$$

令

$$\tan 2\phi = \frac{\Delta g\mu_{\rm B}B_0}{J} \tag{4.6.8}$$

这两个新能级的本征能量为

$$\left.\begin{aligned}E_{|0+\rangle} &= \frac{\Delta g}{2}\mu_{\rm B}B\tan\phi + \frac{J}{4}\\E_{|0-\rangle} &= -\frac{\Delta g}{2}\mu_{\rm B}B\tan\phi - \frac{3J}{4}\end{aligned}\right\} \tag{4.6.9}$$

式 (4.6.6) 中一共有四个跃迁 (图 4.6.4)，分别是

$$
\left.\begin{array}{c}
\left.\begin{array}{ll}
|0+\rangle \leftrightarrow |1,+1\rangle, & p=1+\cos 2\phi \\
|0+\rangle \leftrightarrow |1,-1\rangle, & p=1+\cos 2\phi
\end{array}\right\} \\
\text{和} \\
\left.\begin{array}{ll}
|0-\rangle \leftrightarrow |1,+1\rangle, & p=1-\cos 2\phi \\
|0-\rangle \leftrightarrow |1,-1\rangle, & p=1-\cos 2\phi
\end{array}\right\}
\end{array}\right\} \tag{4.6.10}
$$

p 是跃迁概率，由 $(S_{1x}+S_{2x})$ 求出，详见 2.1 节。由式 (4.6.7)，可知 $|0+\rangle$ 是以 $|1,0\rangle$ (三重态，T) 为主，混入了一部分单态 $|0,0\rangle$；$|0-\rangle$ 是以单态 (S) 为主，混入了一部分三重态 $|1,0\rangle$。涉及 $|0+\rangle$ 的共振场强 B_0 是

$$h\nu\,(T)=\frac{1}{2}(g_1+g_2)\mu_{\mathrm{B}}B_0 \pm \frac{\Delta g}{2}\mu_{\mathrm{B}}B_0\tan\phi \tag{4.6.11a}$$

涉及 $|0-\rangle$ 的共振场强 B_0 是

$$h\nu\,(S)=\frac{1}{2}(g_1+g_2)\mu_{\mathrm{B}}B_0 \pm \frac{\Delta g}{2}\mu_{\mathrm{B}}B_0\tan\phi \pm J \tag{4.6.11b}$$

它们都是与平均共振磁场 B_0 或 $(g_1+g_2)/2$ 为中心，成对出现。$h\nu\,(T)$ 两个吸收峰的间隔是 $\Delta g\mu_{\mathrm{B}}B_0\tan\phi$，$h\nu\,(S)$ 两个吸收峰的间隔是 $2J+\Delta g\mu_{\mathrm{B}}B_0\tan\phi$。这些共振场强随着 $\dfrac{\Delta g\mu_{\mathrm{B}}B_0}{J}$ 的变化而变化的趋势，示意在图 4.6.5 中。式 (4.6.1) 同时表明，J 值可由这四个跃迁的共振场强获得，如图 4.6.5 所示。

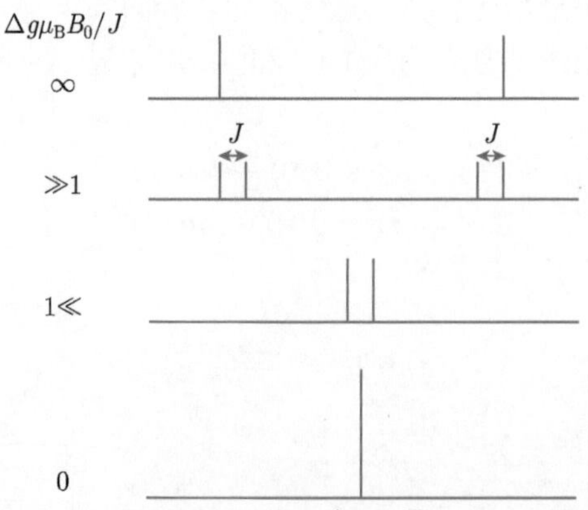

图 4.6.5 双自由基共振场强 B_0 随着 $\dfrac{\Delta g\mu_{\mathrm{B}}B_0}{J}$ 不同而变化的理论趋势，不考虑超精细耦合作用

4.6.2.3 $\Delta g \neq 0$ 和 $I \neq 0$ 的双自由基

当每个自由基片段均含有 i 个和 j 个磁性核 (核自旋量子数分别用 I_i、I_j 表示) 时，式 (4.6.5) 变成

$$\hat{\mathcal{H}}_S = g_1\mu_B B_0 S_{1z} + \sum_i \hat{A}_{1i}\hat{I}_i\hat{S}_1 + g_2\mu_B B_0 S_{2z} + \sum_j \hat{A}_{2j}\hat{I}_j\hat{S}_2 + J(S_1 \cdot S_2) \quad (4.6.12)$$

下标 i 和 j 分别表示第一、第二片段上的磁性核。当超精细耦合作用远小于塞曼分裂，即 $\hat{A}_{ni} \ll g_n\mu_B B_0 S_{nz}$ 时，忽略 $\hat{A}_{ni}\hat{I}_{ni}\hat{S}_n$ $(n=1,2)$ 所包含的非久期项 (nonsecular term)，上式简化成

$$\hat{\mathcal{H}}_S = g_1\mu_B B_0 S_{1z} + \sum_i A_{1i}I_{iz}S_{1z} + g_2\mu_B B_0 S_{2z} + \sum_j A_{2j}I_{jz}S_{2z} + J(S_1 \cdot S_2) \quad (4.6.13)$$

I_{iz} 和 I_{jz} 表示核自旋的磁量子数。若再简化成有效哈密顿量 $\hat{\mathcal{H}}_{\text{eff}}$，

$$\hat{\mathcal{H}}_{\text{eff}} = \left(g_1\mu_B B_0 + \sum_i A_{1i}I_{iz}\right)S_{1z} + \left(g_2\mu_B B_0 + \sum_j A_{2j}I_{jz}\right)\hat{S}_{2z} + J(S_1 \cdot S_2) \quad (4.6.14)$$

$I_i = I_j = 0$ 时，此式与 (4.6.5) 式相同，g_{eff} 是

$$\left.\begin{aligned} g_{1,\text{eff}} &= g_1 + \frac{1}{\mu_B B}\cdot\sum_i A_{1i}I_{iz} \\ g_{2,\text{eff}} &= g_2 + \frac{1}{\mu_B B}\cdot\sum_j A_{2j}I_{jz} \end{aligned}\right\} \quad (4.6.15)$$

将其代式入式 (4.6.9)~(4.6.11)，可求得跃迁概率和强度。

同理，以上理论推导亦可推广到三、四、··· 等多自由基体系。

4.6.2.4 氮氧双自由基 ($\Delta g = 0$，$I \neq 0$)，交换展宽，交换变窄

对于如图 4.6.6 所示的氮氧自由基，每个片段各有一个 ^{14}N 磁性核，$g_1 = g_2$，$A_1 = A_2$，有效哈密顿量简化成

$$\hat{\mathcal{H}}_{\text{eff}} = g_1\mu_B B S_{1z} + g_2\mu_B B\hat{S}_{2z} + A(S_{1z}I_{1z} + S_{2z}I_{2z}) + J(S_1 \cdot S_2) \quad (4.6.16)$$

g_{eff} 为

$$\left.\begin{aligned} g_{1,\text{eff}} &= g + \frac{AI_{1z}}{\mu_B B_0} \\ g_{2,\text{eff}} &= g + \frac{AI_{2z}}{\mu_B B_0} \end{aligned}\right\} \quad (4.6.17)$$

Δg_{eff} 是

$$\Delta g_{\mathrm{eff}} = (I_{1z} - I_{2z})\frac{A}{\mu_{\mathrm{B}} B_0} \tag{4.6.18}$$

决定共振场强位置的比例关系 $\Delta g_{\mathrm{eff}}\mu_{\mathrm{B}}B/J$ 变换成

$$\frac{\Delta g_{\mathrm{eff}}\mu_{\mathrm{B}}B_0}{J} = \frac{I_{1z} - I_{2z}}{J}A = \frac{m}{J}A \quad (m = I_{1z} - I_{2z}) \tag{4.6.19}$$

取 $m = I_{1z} - I_{2z}$。令 $I = I_1 + I_2$，I_z 取 $-I$、$-I+1$、$\cdots$、$+I$，用 Δm 来表示 I_z 的取值变化，各个跃迁的共振场强可用一个集成公式来表示，

$$h\nu\begin{pmatrix} T \\ S \end{pmatrix} = g\mu_{\mathrm{B}}B_0 + \frac{A}{2}I_z + \begin{pmatrix} \pm 1 \\ \mp 1 \end{pmatrix}\frac{Am}{2}\tan\phi + \begin{pmatrix} 0 \\ \mp 1 \end{pmatrix}J \tag{4.6.20}$$

强耦合时，忽略 $\tan\phi$，简化成

$$h\nu\,(T) = g\mu_{\mathrm{B}}B_0 + \frac{1}{2}AI_z \tag{4.6.21}$$

显然，这只包含源自三重态的跃迁，而源自单态的跃迁则是被禁阻的。

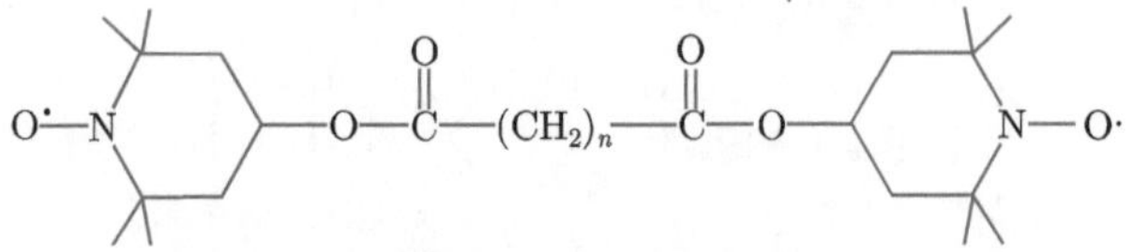

$$\mathrm{O^{\bullet}\!-\!N\langle\,\rangle\!-\!O\!-\!\overset{O}{\overset{\|}{C}}\!-\!(CH_2)_n\!-\!\overset{O}{\overset{\|}{C}}\!-\!O\!-\!\langle\,\rangle N\!-\!O^{\bullet}}$$

图 4.6.6　氮氧双自由基的结构示意图

此时，三重态一共有五个超精细分裂峰，它们的强度比例是 1:2:3:2:1，任意相邻吸收峰的间隔是 $A/2g\mu_{\mathrm{B}}$，恰好是单自由基的一半 (图 4.6.7 和表 4.6.2)。普通氮氧自由基的 $A_{\mathrm{N}} \sim 15\,\mathrm{G}$ (详见 3.6 节)，因此，强耦合的双氮氧自由基的 $A_{\mathrm{N}} \sim 7.5\,\mathrm{G}$。然而，不管较强或强耦合时，因超精细耦合导致的展宽，造成 J 的绝对值无法从连续波谱的直接解析中获得。当 J 逐渐变小时，将 $\tan\phi$ 作 ϕ 展开，式 (4.6.20) 变成

$$h\nu\,(T) = g\mu_{\mathrm{B}}B_0 + \frac{1}{2}AI_z \pm \frac{A^2\Delta m^2}{4J} \tag{4.6.22}$$

当 $\Delta m = 0$ (即 I_z 不变) 时，吸收峰不会发生移动，$\Delta m \neq 0$ 所对应吸收峰的位置如表 4.6.2 所示。以 $\Delta m = 0$ 所对应的场强 B_0 为标准，各个跃迁所对应的磁场强度 B_{r} 为

$$B_{\mathrm{r}} = g\mu_{\mathrm{B}}B_0 + \frac{1}{2}AI_z \pm \frac{1}{2}\left|Am\right| \times \frac{1-kL}{1+kL} \tag{4.6.23}$$

其中，

$$\left.\begin{aligned}&k=\pm 1\\&m=I_{1z}-I_{2z}\\&L=\frac{J}{|Am|+\sqrt{(Am)^2+J^2}}\end{aligned}\right\}\tag{4.6.24}$$

每个跃迁的强度是

$$I_{\mathrm{EPR}}=1+\frac{2kL}{1+L^2}\tag{4.6.25}$$

当 $\Delta m=0$，即 I_z 不变时，k 取正值，$2kL>0$，只有三重态的跃迁；反之，涉及单态的跃迁时，k 取负值，$2kL<0$。图 4.6.7(a) 示意各个跃迁的强度随着 J/A 变化的变化趋势。双自由基交换积分 J 的计算公式为

$$J=2e^2\left\langle a(1)b(2)\right|r^{-1}\left|a(2)b(1)\right\rangle\tag{4.6.26}$$

这表明，在双自由基，$J>0$。符号 $|a(1)\rangle$ 表示电子 1 占据 $|a\rangle$ 轨道，$|b(2)\rangle$ 表示电子 2 占据 $|b\rangle$ 轨道，依此类推。当 $r>1.4$ nm 时，J 可忽略不计；当 $r<1.0$ nm 时，J 的贡献才逐渐显著。如果轨道 $|a\rangle$ 与 $|b\rangle$ 间被 n 个 σ 键连接起来，自旋极化对 J 的贡献可近似成

$$J=(-1)^n\times 3\times 10^{6-n}\ \mathrm{MHz}\tag{4.6.27}$$

这表明，J 随着轨道 $|a\rangle$ 与 $|b\rangle$ 间的 σ 键数量的增加而迅速减弱，且 J 的正负号会随着 σ 键数量的奇偶交替而发生变化。

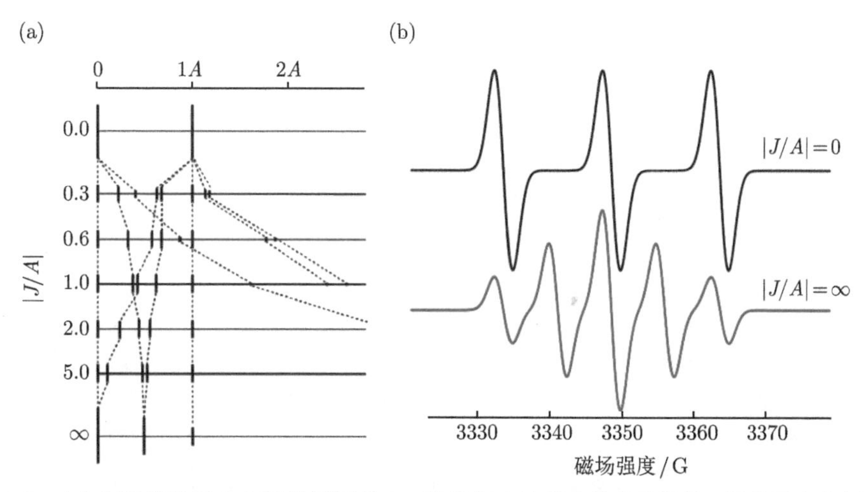

图 4.6.7 (a) 竖线描述双自由基共振场强 B_0 随着 $|J/A|$ 增大的变化趋势，只显示右半幅；(b) 氮氧自由基和强耦合氮氧双自由基的模拟，单自由基 $A_{\mathrm{N}}=15$ G，强耦合 $A_{\mathrm{N}}=7.5$ G，9.4 GHz，$g=2.0056$

表 4.6.2　氮氧双自由基的超精细分裂峰共振位置与 J 的变化趋势

I_z	I_{1z}	I_{2z}	相对于中间峰 (阴影部分) 的间隔	
			$a/J \ll 1$	$a/J < 1$
2	1	1	$A/g\mu_B$	$A/g\mu_B$
1	1	0	$A/2g\mu_B$	$A/2g\mu_B \pm A^2/4Jg\mu_B$
	0	1	$A/2g\mu_B$	$A/2g\mu_B \pm A^2/4Jg\mu_B$
0	0	0	0	0
	−1	1	0	$\pm A^2/Jg\mu_B$
	1	−1	0	$\pm A^2/Jg\mu_B$
−1	−1	0	$-A/2g\mu_B$	$-A/2gB_0 \pm A^2/4Jg\mu_B$
	0	−1	$-A/2g\mu_B$	$-A/2gB_0 \pm A^2/4Jg\mu_B$
−2	−1	−1	$-A/g\mu_B$	$-A/g\mu_B$

由图 4.6.7(a)，$|J| = 0$，未耦合的单自由基状态；$|J/A|$ 由 0 增大到 $0.3 \sim 0.6$ 时，开始出现肩峰并导致 EPR 谱的展宽，这种现象称为交换展宽 (exchange broadening)；这些肩峰的强度会随着 $|J/A|$ 的继续增大而减弱，直至无法分辨；最后形成强耦合的双自由基。与单氮氧自由基相比，强耦合的双氮氧自由基中，$|J|$ 很大，$|a\rangle$ 和 $|b\rangle$ 两个轨道的能级是一样的：电子 1 分布于轨道 $|a\rangle$ 的最大概率由前者的 100%降到 50%，自旋密度的减少使 A 值也较前者减小一半；同理，电子 2 于轨道 $|b\rangle$ 的分布情况。

在高浓度样品中，每个自由基都会和相邻的 n 个自由基发生较强耦合，导致电子通过交换作用离域到这些相邻的自由基上。对于大多数简单有机自由基，平均分子半径约为 $0.4 \sim 1$ nm，n 个相邻自由基会导致非常显著的自旋离域，使其 A 值显著减小，甚至无法分辨，最后形成毫无超精细结构的单峰。这种现象称为交换变窄 (exchange narrowing)。除有机自由基，也常见于诸多纯化学试剂，如纯的自由基粉末、锰盐、钒盐、铌盐等，或者高浓度样品。当样品浓度比较高、交换作用比较弱时，自由基间的耦合比较弱，导致交换展宽。因此，制备较低浓度的样品，尽可能防止交换展宽或交换变窄这种畸变。图 4.6.8 模拟了 DPPH 的 J 相关溶液谱，由此可见随着 J 逐渐增大，谱图先展宽然后又逐渐变窄的过程。这个趋势等效于自由基浓度由小到大的过程。

4.6.2.5　任意双自由基的粉末谱

前面四个例子都是溶液中的双自由基，分子的快速翻转将零场相互作用平均化而消去，让理论处理简单化。下面，我们来处理粉末状态的双自由基，这里的自由基是泛指，可以是两个有机自由基，也可以是两个低自旋的金属离子或中心。双自由基中，电子-电子偶极相互作用的强度 D 与电子平均间距 r 的关系为

$$D = \frac{3}{2} \cdot \frac{\mu_0}{4\pi} \cdot \frac{g^2\mu_B^2}{r^3} \tag{4.6.28}$$

取 $g = 2.0$，简化成

$$D = \frac{-27.86(\text{G})}{r^3(\text{nm}^3)} \tag{4.6.29a}$$

或

$$D = \frac{-2786(\text{mT})}{r^3(\text{Å}^3)} \tag{4.6.29b}$$

D 随 r 变化的数值，详见表 4.6.3。

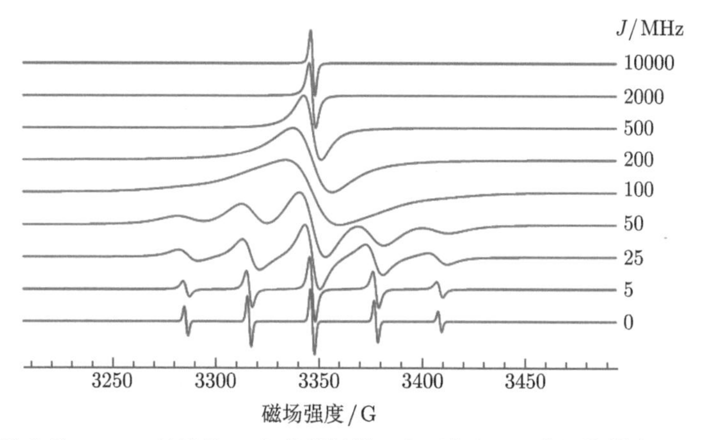

图 4.6.8 标准化的 DPPH 溶液的 J 相关模拟谱。由下往上，J 值逐渐增大。9.4 GHz，$g_{\parallel} = 2.008$，$g_{\parallel} = 2.003$，$A_{\text{iso}} = 86$ MHz，$\tau_{\text{r}} = 10^{-9}$ s，J 取值标注于图中

表 4.6.3 双自由基中 D 随 r 的变化趋势，$g = 2.0$

r/nm	D/G	r/nm	D/G	r/nm	D/G	r/nm	D/G
0.30	1031.852	0.65	101.4474	1.0	27.86	5.0	0.2229
0.35	649.7959	0.70	81.2245	1.5	8.2548	6.0	0.129
0.40	435.3125	0.75	66.0385	2.0	3.4825	7.0	0.0812
0.45	305.7339	0.80	54.4141	2.5	1.783	8.0	0.0544
0.50	222.88	0.85	45.3654	3.0	1.0319	9.0	0.0382
0.55	167.453	0.90	38.2167	3.5	0.6498	10	0.0279
0.60	128.9815	0.95	32.4945	4.0	0.4353	15	0.0083

若自由基的 A 本来就比较小 (~5 G)，那么当双自由基间距为 $r \sim 0.5$ nm，交换作用 J 会造成 A 值进一步减小，从而使 D 在谱图中可分辨，如图 4.4.9 和图 4.6.6 所示。因此，通过测试双自由基的室温溶液谱和冷冻粉末谱，获得 A、D、J 等电子结构信息。当 $r = 2 \sim 15$ nm，连续谱将无法分辨 D 值，此时，须使用电子-电子双共振技术，才能对该间距进行探测，详见第 5 章。

图 4.6.9 展示了一个通过 Mg 单核连接而成的 α-二亚胺为配体的双自由基。在室温四氢呋喃 (THF) 的溶液谱中，只观测到亚胺自由基的超精细分裂。低温冷冻以后，则可观测到双自由基间的零场分裂作用，$D\sim215.5$ G，代入式 (4.6.29)，得两个自旋中心的平均距离 $r\sim5.09$Å；半场跃迁没有显示，参考图 4.4.10。类似的 N 中心自由基，还可通过其他抗磁离子如 Zn^{2+}、Al^{3+} 等连接而形成双自由基。

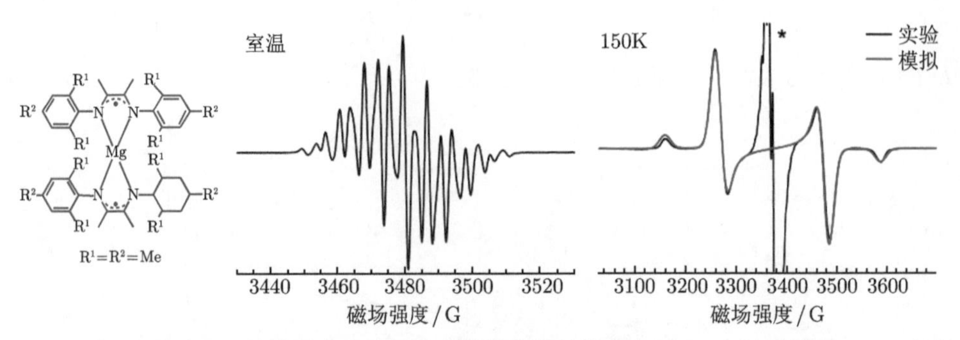

图 4.6.9 α-二亚胺为配体的双自由基 Mg 单核的化学结构、室温 THF 溶液谱和 150K 低温冷冻的粉末谱。室温溶液谱以获取 g、A 为主，测试频率 9.814 GHz；冷冻的粉末谱以获取 D 和半场跃迁为主，模拟参数是 $g\sim2.005$，$D\sim215.5$ G，9.42899 GHz。"⋆" 号表示单自由基的信号，与室温溶液类似。感谢西北大学杨晓娟老师提供的图例，详见文献 [100]。由 Zn^{2+}、Al^{3+} 等离子桥连成的类似双自由基，可参考 [101, 102]

4.6.2.6 有机自由基和过渡离子耦合的溶液谱 ($\Delta g\neq0$，$I\neq0$)

除了有机双自由基以外，有时也会有过渡离子和有机自由基间的双自由基的耦合。过渡离子的自旋变化多样，$S=\dfrac{1}{2}$、1、$\dfrac{3}{2}$、$\cdots$。以 Cu^{2+} 为例，$S_1=\dfrac{1}{2}$，$I_1=\dfrac{3}{2}$，与有机自由基 $S_2=1/2$ 耦合的有效自旋哈密顿量是

$$\begin{aligned}\hat{\mathcal{H}}_S=&\,g_1\mu_{\mathrm{B}}B_0S_{1z}+g_2\mu_{\mathrm{B}}B_0S_{2z}+J\left(S_{1z}S_{2z}\right)\\&+\frac{J}{2}\left(S_{1+}S_{2-}+S_{1-}S_{2+}\right)+A_1S_{1z}I_{1z}+A_2S_{2z}I_{2z}\\&+\left[\frac{A_1}{2}\left(S_{1+}I_{1-}+S_{1-}I_{1+}\right)+\frac{A_2}{2}\left(S_{2+}I_{2-}+S_{2-}I_{2+}\right)\right]\end{aligned}\tag{4.6.30}$$

忽略自由基的核自旋量子数 (即 $I_2=0$)，久期行列式是

	$\lvert\alpha\alpha I_{1z}\rangle$	$\lvert\alpha\beta I_{1z}\rangle$	$\lvert\beta\alpha I_{1z}\rangle$	$\lvert\beta\beta I_{1z}\rangle$
$\lvert\alpha\alpha I_{1z}\rangle$	$\frac{1}{2}(g_1+g_2)\mu_B B_0+\frac{1}{2}A_1 I_{1z}+\frac{J}{4}-E$	0	0	0
$\lvert\alpha\beta I_{1z}\rangle$	0	$\frac{1}{2}(g_1-g_2)\mu_B B_0+\frac{1}{2}A_1 I_{1z}-\frac{J}{4}-E$	$\frac{J}{2}$	0
$\lvert\beta\alpha I_{1z}\rangle$		$\frac{J}{2}$	$-\frac{1}{2}(g_1-g_2)\mu_B B_0-\frac{1}{2}A_1 I_{1z}-\frac{J}{4}-E$	$\sqrt{3}\mu_B g_x B_x/2$
$\lvert\beta\beta I_{1z}\rangle$	0	0	0	$-\frac{1}{2}(g_1+g_2)\mu_B B_0-\frac{1}{2}A_1 I_{1z}+\frac{J}{4}-E$

(4.6.31)

此时，需要考虑 J 和 A_1 的大小：$J\sim A_1$，自由基的吸收峰会分裂；$J\gg A_1$，Cu 的 A_1 变小，吸收峰变成没有超精细分裂的大吸收，如 $I_2>0$ 时可观测到自由基的各向同性的超精细分裂。

有机自由基与 $S_\mathrm{M}=1$、$\frac{3}{2}$、$\cdots$ 的过渡离子的耦合，请参考所引专著 *Spin Labeling Ⅲ. Theory and Applications*。当样品被冷冻时，将形成前文 4.5.6 节所述的交换耦合，不再赘述。

4.7 气相原子和分子的 EPR

气相/态的原子和分子 (gas-phase or gaseous atom and molecule)，是原子与分子光谱学的主要研究对象，读者可自行去学习相关知识。对于气相的原子或含有未配对电子的分子，一方面，不受到外界的影响，其 EPR 均呈各向同性；另一方面，气相原子或分子能自由地快速运动，其 EPR 谱图的分辨率极高，可准确检测粒子的磁性物理常数、各种二阶效应、核电四极矩等。气相的有机自由基详见第 3 章。

4.7.1 气相单原子

将氢、氮、氧等气体进行低压放电可以观察到这些原子的 EPR 谱图。这些气相的氢、氮、氧等单原子，自旋-轨道耦合满足洪特规则 (表 1.2.2)，用朗德因子 g_J 描述其特征吸收峰。

氢原子 $(1s^1)$，$L=0$、$S=\frac{1}{2}$，基态是 $^2S_{1/2}$。其气相 EPR，即为自由氢原子，$^1\mathrm{H}^0$ 的 $A_{^1\mathrm{H}}=507.6$ G (详见 3.1 节和 4.2 节)。

第五主族的氮、磷、砷原子，外围电子组态是 np^3，$L=0$、$S=\dfrac{3}{2}$，$S=J$，基态是 ${}^4S_{3/2}$。三个未配对电子分别占据三个 p 轨道，它们在核上所引起的自旋极化非常小，与其在自由基中的情形大相径庭：^{14}N，$g_{\rm iso}\sim 2.0$，$A_{^{14}\rm N}=10.45$ MHz (3.8 G，$A_{^{15}\rm N}=5.3$ G)；^{31}P，$g_{\rm iso}\sim 2.00165$，$A_{^{31}\rm P}=55.06$ MHz (19.67 G)；^{75}As，$g_{\rm iso}\sim 1.9965$，$A_{^{75}\rm As}=-66.204$ MHz (-23.62 G)。

第六主族的氧、硫、硒，外围电子组态是 np^4(超过半充满，反转能级次序)，有三个能级，由低到高依次是 ${}^3P$、${}^1D$、${}^1S$[103,104]。对于基态，$L=1$、$S=1$，$J=2$。在自旋-轨道耦合的作用下 (详见 4.2 节)，J 可取 2、1、0 三个允许值，对应的由低到高的能级依次是 ${}^3P_2$、${}^3P_1$、${}^3P_0$。任意两相邻能级 J 和 $J-1$ 间的能级间隔是

$$\Delta E=E_J-E_{J-1}=\lambda J \tag{4.2.7}$$

如图 4.7.1 所示。对于氧原子，$\lambda=-77\text{cm}^{-1}$ (表 4.2.1)，且 ${}^3P_2$ 和 ${}^3P_1$ 的朗德因子相等，$g_J\sim 1.5$[34,103-106]，跃迁能量为

$$h\nu(E_{J,M_J})=g_J\mu_{\rm B}B_0 \tag{4.7.1}$$

理论上，$M_J\leftrightarrow M_{J\pm1}$ 的所有跃迁是简并的 (图 4.7.1(a))。然而，实际情况并非如此，氧原子的 EPR 谱是有分裂结构的。对于氧原子，在外磁场中总自旋哈密顿量是

$$\hat{\boldsymbol{\mathcal{H}}}=\hat{\boldsymbol{\mathcal{H}}}_{SO}+\hat{\boldsymbol{\mathcal{H}}}_m=\lambda\hat{\boldsymbol{S}}\hat{\boldsymbol{L}}+\mu_{\rm B}(\hat{\boldsymbol{L}}+g_{\rm e}\hat{\boldsymbol{S}})\boldsymbol{B} \tag{4.7.2}$$

形式上,这与式 (4.2.11) 是一样的。然而,不论 L 和 S,还是 M_L 和 M_S,都是好的量子数,因此,我们无法像 4.2 节那样用基于轨道角动量冻结的微扰方法对式 (4.7.2) 进行求解，而只能选用有偶表象函数 $|J,M_J\rangle$ 或无偶表象函数 $|L,S,M_L,M_S\rangle$ 作为基函数，再展开。此时，塞曼项存在非对角元，这种非对角元所引起的新的能级劈裂，称为“二阶塞曼效应”(second-order Zeeman effect)，如图 4.7.1(a) 所示和参考式 (4.7.6)。这使氧原子有以 g_J 为中心的 6 个小峰：两个来自于 ${}^3P_1$，四个来自于 ${}^3P_2$，${}^3P_1$ 和 ${}^3P_2$ 的 g_J 均为 $g_J\sim 1.501145$ (图 4.7.1(b))。

硫原子，较早文献报道中，${}^3P_0$-${}^3P_1$ 和 ${}^3P_1$-${}^3P_2$ 的能级差分别取 177 cm^{-1} 和 397 cm^{-1}。其中，${}^3P_2$ 内的跃迁是 $g_2\sim 1.500541$，$d-e=0.26$ G，$c-f=0.78$ G；${}^3P_1$ 内的跃迁是 $g_1\sim$1.501029，$a-b=4.26$ G。${}^3P_1$ 和 ${}^3P_2$ 的 g_J 有些细微差别，这与硫原子自旋-轨道耦合比较强有关。

第七主族的氟、氯、溴等原子 [35,36,107]，外围电子组态是 np^5，$L=1$、$S=1/2$，$J=3/2$。J 取 3/2 和 1/2，其中 ${}^2P_{3/2}$ 是基态，$g_J=\dfrac{4}{3}$：氟，${}^2P_{1/2}$ 和 ${}^2P_{3/2}$ 的能级间隔 ~ 404 cm^{-1}；氯，${}^2P_{1/2}$ 和 ${}^2P_{3/2}$ 的能级间隔 ~ 2641 cm^{-1}。卤素都是

磁性同位素，^{19}F (100%，$I=1/2$)，^{35}Cl (75.78%，$I=3/2$) 和 ^{37}Cl (24.22%，$I=3/2$)。因此，式 (4.7.2) 还需包括超精细耦合项，^{35}Cl 和 ^{37}Cl 还需考虑核电四极矩。氟原子 $^2P_{3/2}$ 与核自旋的相互作用，形成了 $F=1$ 和 2 两个能级，氯原子 $^2P_{3/2}$ 与核自旋的耦合形成了 $F=0$、1、2 和 3 共四个能级 (参考 4.3.1 节)。这使它们的自旋哈密顿量较为复杂。由于 p 轨道的未配对电子在 ^{19}F、^{35,37}Cl 核上所引起的自旋极化非常小，费米接触项常被省略。对空间波函数作平均时，可求 $^2P_{1/2}$ 和 $^2P_{3/2}$ 的超精细作用的近似值 a'，

$$a'=\frac{g_J\mu_{\mathrm{B}}g_{\mathrm{N}}\beta_{\mathrm{N}}L(L+1)\langle r^{-3}\rangle}{J(J+1)} \tag{4.7.3}$$

$\langle r^{-3}\rangle$ 表示空间平均。此式表明，a' 与 $J(J+1)$ 成反比，$a'_{P_{3/2}}/a'_{P_{1/2}}=5$。例如，^{19}F 的 $a'_{P_{3/2}}=2010$ MHz 与 $a'_{P_{1/2}}=10244.2$ MHz，^{35}Cl 的 $a'_{P_{3/2}}=205.29$ MHz 和 $a'_{P_{1/2}}=1037.19$ MHz，二者的比值均符合它们的理论值。如果考虑到核电四极矩，式 (4.7.3) 需要作相应改变。

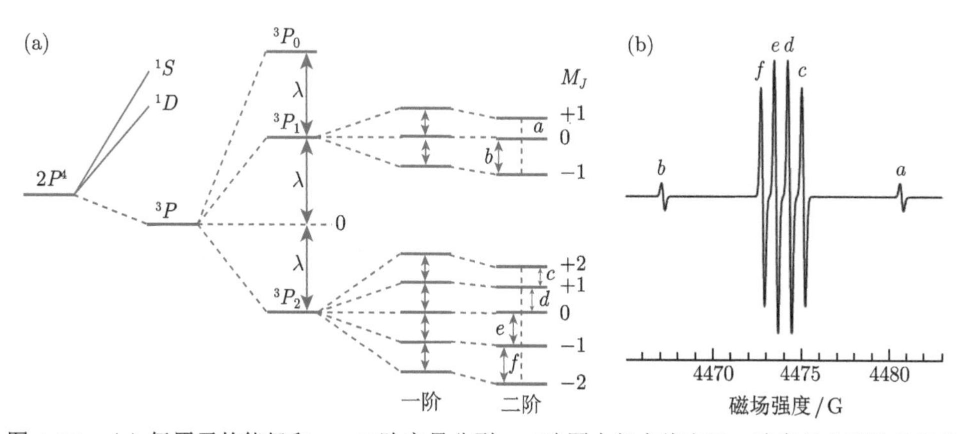

图 4.7.1 (a) 氧原子的能级和一、二阶塞曼分裂。二阶图中竖虚线表示一阶塞曼分裂的共振位置，短箭头示意该吸收峰移向高场，长箭头示意该吸收峰移向低场。在较早文献报道中，$^3P_0$-$^3P_1$ 和 $^3P_1$-$^3P_2$ 的能级差分别是 68 cm^{-1} 和 158.5 cm^{-1}。(b) 9.4 GHz 模拟，$g_J=1.501145$，$a-b=10.2$ G，$d-e=0.58$ G，$c-f=1.74$ G。玻尔兹曼分布造成信号强度不一，模拟权重比例设为 $a{:}c{:}d=0.1{:}0.8{:}1$

4.7.2 双原子分子和线性多原子分子

双原子分子中两个原子核的核间轴，为分子轴 (即 z 轴，图 4.7.2)，电子所受的各种作用不因它绕这个对称轴的转动而发生改变，呈轴对称结构。轨道角动量 L 在 z 轴的投影是 $m\hbar$，本征值 $m_L=0$、±1、±2、$\cdots$、$\pm L$。分子电子组态的能量增量取决于 Λ，$\Lambda=|m_L|=0$、1、2、$\cdots$ 、L，共 $L+1$ 个取值。如果该

分子轨道成键，则用小写希腊字母表示的 σ、π、δ、⋯ 键，用大写希腊字母 Σ、Π、Δ、⋯ 表示相应分子轨道的光谱项。$\Lambda = 0$ 的 σ 轨道或 Σ 态是非简并的单态，$\Lambda \neq 0$ 的其他分子轨道都是轴对称的二重简并。

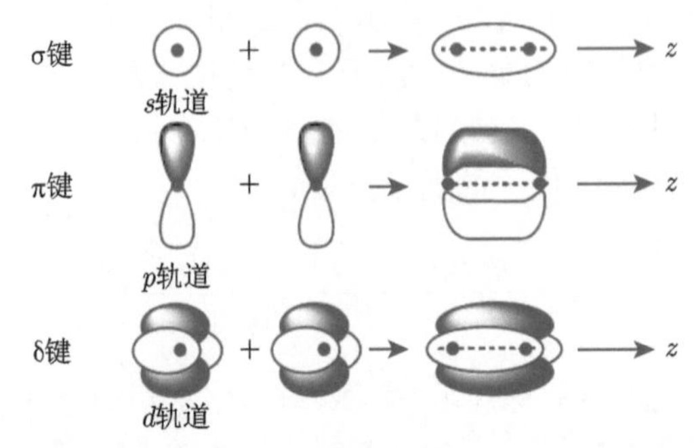

图 4.7.2　双原子分子的原子轨道重叠方式是：σ 键，“头碰头”；π 键，“肩并肩”；δ 键，“面对面”

双原子分子中，除了轨道 L、自旋 S、核自旋 I 等角动量量子数，还有因分子旋转运动而产生的一个垂直于分子轴的转动角动量 N (量子数 $N = 0, 1, 2, \cdots$)。各个角动量间的不同耦合，称为洪特耦合 a、b、c、d (Hund's coupling case a, b, c, d)，其中 a 和 b 如图 4.7.3 所示。

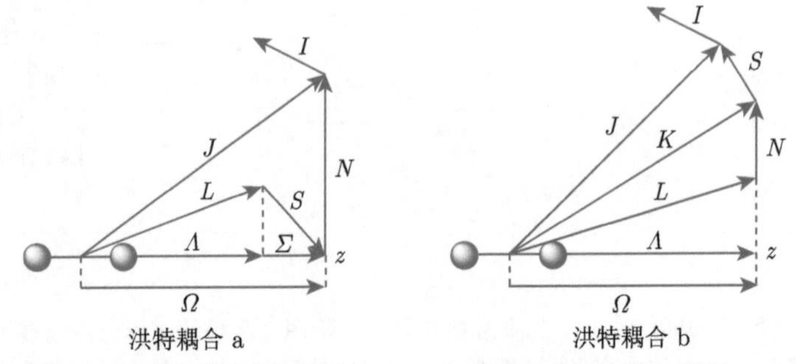

图 4.7.3　强场近似的洪特耦合 a 和 b，两核间连线为分子轴的 z 方向

(1) 洪特耦合 a，以 NO 为典型代表，自旋 S 和轨道 L 都紧密地与分子轴耦合，自旋-轨道耦合 $J(J = L + S)$ 在空间和分子轴的投影分别是 M_J 和 Ω，

$$\Omega = \Lambda + \Sigma \tag{4.7.4}$$

Σ、Λ 分别是自旋 S 和轨道 L 在 z 轴的投影：$\Lambda = 0$、± 1、± 2、⋯ 、$\pm L$，$\Sigma = -S$、$-S+1$、⋯、S (共 $2S+1$ 个数值)，Ω 的取值是 $\Lambda - S$、$\Lambda - S + 1$、⋯ 、$\Lambda + S$。分子的光谱项符号为 $^{2S+1}\Lambda$，其中 $^2\Pi$、$^3\Sigma$、$^1\Delta$ 组态的气相分子是 EPR 的研究对象；能级符号为 $^{2S+1}\Lambda_\Omega$，如用 $|\Lambda\Sigma\Omega SJIM_JM_I\rangle$ 表示各个能级 (如表 4.7.1)。

Σ 轨道单态不会产生沿分子轴方向的磁场，造成分子总自旋 S 角动量随机取向，所以量子数 Ω 和 Σ 无意义。

表 4.7.1 洪特耦合 a 的基函数和光谱项

$\lvert \Lambda\Sigma\Omega SJIM_JM_I\rangle$	光谱项
$\left\lvert 1\frac{1}{2}\frac{3}{2}\frac{1}{2}JIM_JM_I\right\rangle$	${}^2\Pi_{+\frac{3}{2}}$
$\left\lvert -1-\frac{1}{2}-\frac{3}{2}\frac{1}{2}JIM_JM_I\right\rangle$	${}^2\Pi_{-\frac{3}{2}}$
$\left\lvert 1-\frac{1}{2}\frac{1}{2}\frac{1}{2}JIM_JM_I\right\rangle$	${}^2\Pi_{+\frac{1}{2}}$
$\left\lvert -1\frac{1}{2}-\frac{1}{2}\frac{1}{2}JIM_JM_I\right\rangle$	${}^2\Pi_{-\frac{1}{2}}$
$\left\lvert 0\frac{1}{2}\frac{1}{2}\frac{1}{2}JIM_JM_I\right\rangle$	${}^2\Sigma_{+\frac{1}{2}}$
$\left\lvert 0-\frac{1}{2}-\frac{1}{2}\frac{1}{2}JIM_JM_I\right\rangle$	${}^2\Sigma_{-\frac{1}{2}}$

(2) 洪特耦合 b，即电子自旋角动量 S 与分子轴不发生耦合或只有小部分的弱耦合，令 Σ 和 Ω 都没有意义，用 $\lvert\Lambda KSJIM_JM_I\rangle$ 表示各个能级，$K=L+N$。

(3) 介于洪特耦合 a 和 b 间的情况，如 OH 自由基。

当核自旋量子数 $I>0$ 时，J 和 I 先合成总角动量 F，

$$F=J+I \tag{4.7.5}$$

这与自由单原子的超精细耦合类似 (4.3 节)，所不同的是，自由原子处于一个球形势场，轨道角动量 L 被忽略。

对于线性的多原子分子，如 CO_2 等，理论处理过程比较复杂。

4.7.3 ${}^2\Pi$ 的双原子分子或自由基

处于 ${}^2\Pi$ 的常见双原子分子，如 O_2^+、O_2^-、S_2^-、NO、OH、ClO 等 (表 4.7.2)，是 EPR 的主要研究对象。这一类分子中，未配对电子占据一个 π 分子轨道，L 和 S 在分子轴的投影 $\Lambda=\pm1$、$\Sigma=\pm\dfrac{1}{2}$，$\Omega=\dfrac{3}{2}$ 和 $\dfrac{1}{2}$ 两个电子组态，即 ${}^2\Pi_{3/2}$ 和 ${}^2\Pi_{1/2}$。正常的能态次序，${}^2\Pi_{1/2}$ 是基态，如 NO 分子；反转的能态次序，${}^2\Pi_{3/2}$ 是基态，如 OH。因 $\Lambda=\pm1$，每个能态都是二重简并结构，故称为“Λ 二重态” (Λ doublet)[34,35,108]。在 ${}^2\Pi_{1/2}$ 能态中，自旋和轨道角动量彼此抵消，形成一个非顺磁性 (non-paramagnetic) 的能态，没有 EPR 信号，但有电子能谱信号 (这属于分子光谱学的内容，请参考相关专著)。

N_2 是抗磁性分子，在此不作展开，读者请参考专著 [109]。

表 4.7.2 顺磁性双原子分子的电子组态和光谱项，摘自文献 [107]

同核	价电子组态	光谱项	EPR
B_2	$1\pi_u^2$	${}^1\Sigma_g^+, {}^3\Sigma_g^-, {}^1\Delta_g$	
N_2^+	$2\sigma_g^1$	${}^2\Sigma_g^+$	
N_2^{2-}	$2\sigma_z^2 2\pi_x^2 2\pi_y^2 2\pi_x^{*1} 2\pi_y^{*1}$	${}^1\Sigma_g^+, {}^3\Sigma_g^-, {}^1\Delta_g$	
O_2	$2\sigma_z^2 2\pi_x^2 2\pi_y^2 2\pi_x^{*1} 2\pi_y^{*1}$	${}^1\Sigma_g^+, {}^3\Sigma_g^-, {}^1\Delta_g$	${}^3\Sigma_g^-$
O_2^+	$2\sigma_z^2 2\pi_x^2 2\pi_y^2 2\pi_x^{*1}$	${}^2\Pi_g$	
O_2^-	$2\sigma_z^2 2\pi_x^2 2\pi_y^2 2\pi_x^{*2} 2\pi_y^{*1}$	${}^2\Pi_g$	
S_2^-	$3\sigma_z^2 3\pi_x^2 3\pi_y^2 3\pi_x^{*2} 3\pi_y^{*1}$	${}^2\Pi_g$	${}^2\Pi_{3/2}$
Cl_2^-	$3\sigma_z^2 3\pi_x^2 3\pi_y^2 3\pi_x^{*2} 3\pi_y^{*2} 3\sigma_z^{*1}$	${}^2\Sigma_g^+$	
OH	$2\sigma_z^2 2\pi_x^{n2} 2\pi_y^{n1}$	${}^2\Pi$	
NO	$2\sigma_z^{*2} 1\pi^4 2\sigma_z^2 1\pi^{*1}$	${}^2\Pi$	
SO		${}^3\Sigma$	
ClO		${}^2\Pi$	${}^2\Pi_{3/2}$

注：下标 g 和 u 表示偶和奇字称，上标 + 和 − 表示关于分子轴的对称和反对称。

4.7.3.1 NO 分子

NO 分子的基态是 ${}^2\Pi_{1/2}$。轨道和自旋角动量均强烈耦合到分子轴上，即分子旋转能级 $N=0$ 的最低能态，NO 分子 ${}^2\Pi_{3/2}$ 能态，$\Omega=\dfrac{3}{2}$，$J=\dfrac{3}{2}$，$M_J=\dfrac{3}{2}$、$\dfrac{1}{2}$、$-\dfrac{1}{2}$、$-\dfrac{3}{2}$。分子的 g_J 因子是

$$g_J=\frac{(\Lambda+2\Sigma)(\Lambda+\Sigma)}{J(J+1)} \tag{4.7.6}$$

显然，J 随着 N 增大时，g 逐渐变小。分子转动角动量 $N=0$ 时，$J=3/2$，$g=4/5$，一共有三个跃迁 $M_J\leftrightarrow M_{J+1}$。对于 ^{14}NO，$I=1$，$M_JM_I\leftrightarrow M_{J+1}M_I$ 跃迁的总数量是 $2J(2I+1)=9$，如图 4.7.4 所示 [36,107,110,111]。当 $N=1$ 时，总角动量为 $J=N+\Omega=5/2$：$J=3/2$ 时，其能级结构和 $g=4/5$ 与 $N=0$ 的情形一样；$J=5/2$ 时，$g=\dfrac{12}{35}$，一共五个跃迁，考虑 ^{14}N 的核自旋，则变成 $2J(2I+1)=15$。由于气相分子也和气相原子一样，存在二阶塞曼效应，这使实际的跃迁数量增加一倍。

NO 分子的允许跃迁是 $\Delta J=0$、$M_J=1$、$M_I=0$、$\pm\leftrightarrow\mp$。$E^+_{M_J,M_I}\leftrightarrow E^-_{M_{J-1},M_I}$ 跃迁能量分别是

$$\begin{aligned}h\nu=&-h\nu_\Lambda+g_J^+\mu_B B_0+\left(g_J^--g_J^+\right)\mu_B B_0 M_J\\&+\frac{K_2\left(2M_J-1\right)\left(\mu_B B_0\right)^2}{hc}+\left[A_1-\left(2m_J-1\right)A_2\right]M_I\end{aligned} \tag{4.7.7a}$$

$E^{-}_{M_J,M_I} \leftrightarrow E^{+}_{M_{J-1},M_I}$ 的能量为

$$h\nu = +h\nu_\Lambda + g_J^- \mu_B B_0 - \left(g_J^- - g_J^+\right) \mu_B B_0 M_J + \frac{K_2 \left(2M_J - 1\right) \left(\mu_B B_0\right)^2}{hc} + \left[A_1 + \left(2m_J - 1\right) A_2\right] M_I \tag{4.7.7b}$$

$g_J = \dfrac{1}{2}(g_J^+ + g_J^-)$，$K_2$ 是实验测得的二阶塞曼效应系数，+ 和 − 表示 Λ 二重态 ($\Lambda = \pm 1$) 的高、低能态；完整公式详见文献 [34, 104-106]，实验所得的 EPR 参数详见表 4.7.3。

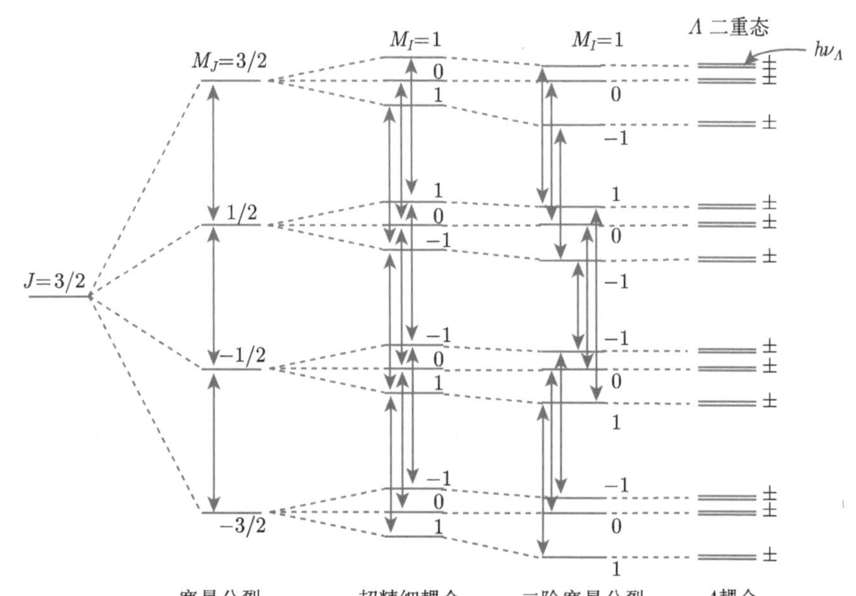

图 4.7.4 ^{14}NO 分子 $^2\Pi_{3/2}$ 能级结构和零阶与二阶塞曼效应示意图 [36,110]。二阶塞曼效应使 $m_J \leftrightarrow m_{J+1}$ 的各个跃迁强度比例是 3:4:3，参考 4.4.9 节。允许跃迁：$\Delta J = 0$、$m_J = 1$、$m_I = 0$、$\pm \leftrightarrow \mp$

表 4.7.3 实验所得 NO 分子的各个 EPR 参数

$^2\Pi_{3/2}$	J	g_J	$K_2/(\times 10^{-8}$ Hz)	ν_Λ/MHz	A_1/MHz	A_2/MHz
$^{14}N^{16}O$	3/2	0.777246	38.988	0.906	29.836	0.019
	5/2	0.316648	−20.092	3.601	12.440	0.031
$^{15}N^{16}O$	3/2	0.778072	40.463	0.814	−41.886	−0.024
	5/2	0.317617	−22.940	3.224	−17.480	−0.040

NO 分子的谱图解析，以 g_J 为中心，首先 ^{14}N 或 ^{15}N 的超精细分裂 $2I+1$ 重超精细分裂峰，然后每个超精细分裂峰再依二阶塞曼分裂形成强度比是 3:4:3 的三个吸收峰，最后 Λ 二重态再将每个吸收峰分裂为二，不考虑其他项 (如 A、Q

等) 的二阶效应时，超精细分裂峰总数变成 $4J(2I+1)$，详见文献 [34, 111]。如图 4.7.5 所示，$J=3/2$ 时，^{14}N，$I=1$，共 18 重峰，^{15}N，$I=1/2$，共 12 重峰；$J=5/2$ 时，^{14}N，$I=1$，共 30 重峰，^{15}N，$I=1/2$，共 20 重峰。

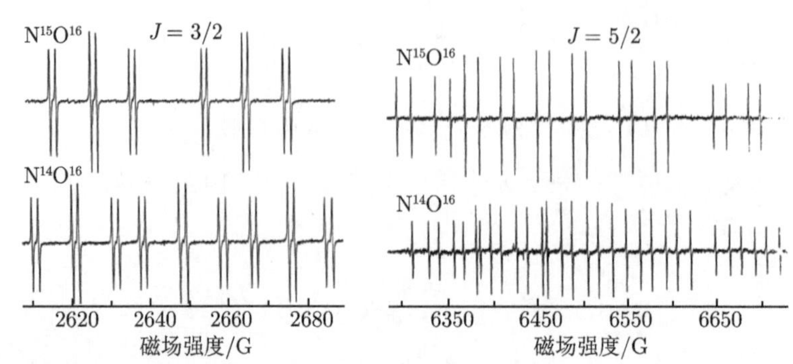

图 4.7.5　同位素标记 NO 分子的 $^2\Pi_{3/2}$ 和 $^2\Pi_{5/2}$ 的 S-波段 (2.8799 GHz) 特征谱，图例引自 [111]

4.7.3.2　NS 自由基

与 NO 类似，基态是 $^2\Pi_{1/2}$；理论上，$g_J=\dfrac{4}{5}$，实验值是 ~ 0.8[112,113]。^{14}N 和 ^{15}N 的超精细耦合常数是 $A_{^{14}\mathrm{N}}=(56.8\pm0.5)$ MHz、$A_{^{15}\mathrm{N}}=(75.81\pm0.24)$ MHz。

4.7.3.3　分子氧 O_2

氧分子的能级结构较复杂：基态是三重态，$^3\Sigma_\mathrm{g}^-$ ($S=1$，分子轨道结构详见图 4.2.6)，第一和第二激发态分别是 $^1\Delta_\mathrm{g}$ 和 $^1\Sigma_\mathrm{g}^+$，轨道结构详见表 4.7.2，较稀浓度 O_2 的低温 EPR 谱图如图 4.7.6 所示。在空谐振腔中，我们可探测到大气氧气所具有一个以 $g\sim0.8$ 为中心的、宽约 1000 G 的室温吸收峰 (对比图 5.4.21)。这个特征吸收峰是读者最容易探测的气相信号，往空腔中吹高纯氮气后则会迅速消失，若再敞开于空气中则又迅速恢复。基态的氧分子，化学性质并不活泼；处于 $^1\Delta_\mathrm{g}$ 组态的 O_2 则是一个化学性质非常活泼的分子 [114,115]。实验上，须结合 TEMPO 或类似物的自旋捕获技术，才可以研究 $^1\Delta_\mathrm{g}$，见 3.4.5 节。在此，主要讨论 $^3\Sigma_\mathrm{g}^-$ 组态。

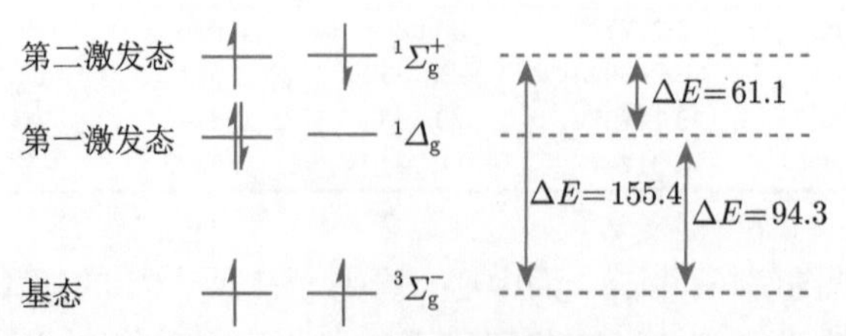

图 4.7.6　氧分子不同能级的示意图。在此，只显示两个未配对电子及其所占据的 π 轨道，完整的分子轨道结构详见图 4.2.6；能量单位是 kJ·mol^{-1}，参考 [116]

处于 $^3\Sigma_g^-$ 组态的氧分子，能级结构较 NO 分子复杂：在 O_2 分子，洪特耦合 a 和 b 均可能存在；自旋-轨道耦合、自旋-自旋相互作用等，增大了能级结构的复杂性；磁学特征，参考文献 [117]。完整描述 O_2 的精细电子结构 (fine structure)，远非如上文的 NO 那样用几小段文字所能企及。因此，对此感兴趣的读者，请参考 Tinkham 和 Strandberg 于 1955 年所写的两篇详细论文 [118,119]。理论上，O_2 在 S-波段有 78 个跃迁，在 X-波段有 120 个跃迁。图 4.7.7 所示的于 40 K 低温中测试到的 X-波段 O_2 信号，比单个氧原子的信号 (图 4.7.1) 复杂得多，由于存在多量子跃迁，所以每个跃迁信号的强弱相差很明显。当氧气浓度过高时，还存在分子间相互碰撞所引起的海森伯交换作用，那么谱图会展宽而没有特征信息。固态氧的多频 EPR 研究，请参考文献 [120, 121]。

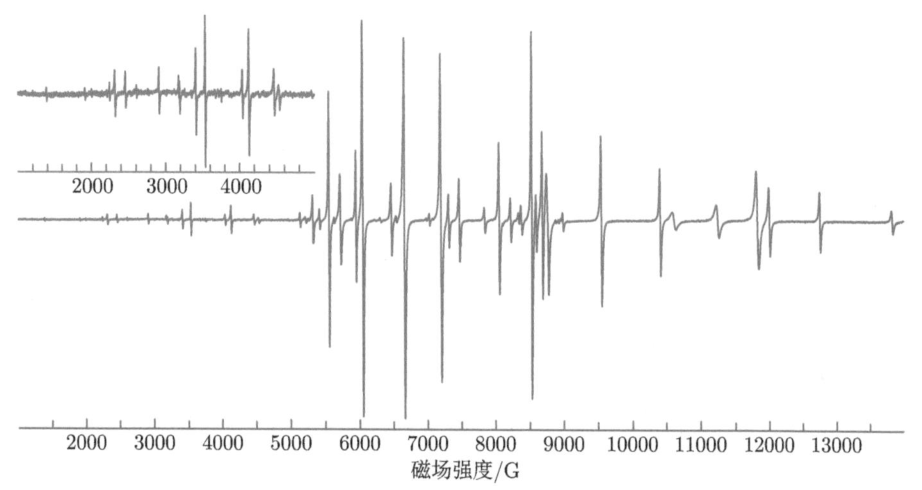

图 4.7.7 在 40 K 低温下吸附于石英管内部的氧分子的局部 EPR 信号，其他磁场范围的信号强度比较弱，故略去不放。测试参数：9.367575 GHz，40 K (最适合测试温度)，调幅 6 G。当温度低于 10 K 时，信号强度变弱甚至消失。中科院大连化物所韩洪宪老师提供原始数据，特此感谢

4.7.3.4 HO 自由基

HO 自由基基态是 $^2\Pi_{1/2}$，没有 EPR 信号，只能考虑 $N \geqslant 1$ 的情形；$^2\Pi_{3/2}$ 能态，^{1}H 的核自旋 $I = 1/2$，总跃迁数是 $2J\,(2I+1) = 6$ (即 $N = 0$)；氧阴离子 O^- 的 $g_J = 4/3$，与卤素原子类似 [108]。因 S 只部分投影到分子轴上，即 Σ 分量不是好量子数，所以，HO 自由基的 g_J 无法用式 (4.7.6) 来计算，只能根据实验来推导，如表 4.7.4 所列。气相 OH，$A_{H\alpha} \sim (56 \pm 7)$ MHz；用 X 或 γ 射线诱导形成的固相水单晶中的 HO，质子的 $A_{iso} \sim 24$ G (67.26 MHz)，$g_{iso} \sim 2.008$，已经远远偏离了气相氧离子的 g_J，这表明氧阴离子 O^- 的轨道角动量 L 已经被冻结 (见 4.1 节)。

表 4.7.4 HO 自由基的特征 EPR 参数

能态	J	g_J (实验值)	g_J (理论值)
$^2\Pi_{3/2}$	3/2	0.93557	0.9339
	5/2	0.48541	0.48407
	7/2	0.32561	0.32442
$^2\Pi_{1/2}$	3/2	−0.13393	−0.13399
	5/2	−0.14113	−0.14121

参考文献

本章参考的主要专著和教材：

* 详见专著和数据库目录

姜寿亭，李卫. 凝聚态磁性物理. 北京：科学出版社，2003.

麦松威，周公度，李伟基. 高等无机结构化学. 2 版. 北京：北京大学出版社，2006.

潘道皑. 物质结构. 2 版. 北京：高等教育出版社，1996.

裘祖文. 电子自旋共振波谱. 北京：科学出版社，1980.

许长存，过已吉. 原子和分子光谱学. 大连：大连理工大学出版社，1989.

张启仁. 量子力学. 北京：科学出版社，2002.

张耀宁. 原子和分子光谱学. 武汉：华中理工大学出版社，1989.

赵保路. 一氧化氮自由基生物学和医学. 北京：科学出版社，2016.

赵敏光. 晶体场和电子顺磁共振理论. 北京：科学出版社，1991.

赵敏光. 配位场理论. 贵阳：贵州人民出版社，1986.

Abragam A, Bleaney B. Electron Paramagnetic Resonance of Transition Ions. Oxford: Oxford University Press, 2012.

Alger R S. Electron Paramagnetic Resonance: Techniques and Applications. New York: Interscience Publishers, 1968.

Atherton N M. Principles of Electron Spin Resonance. New York: Ellis Horwood, 1993.

Ballhausen C J. Introduction to Ligand Field Theory. New York: McGraw Hill,1962.

Bencini A, Gatteschi D. Electron Paramagnetic Resonance of Exchange Coupled Systems, Berlin: Springer-Verlag, 1990 (New York: Dover Publications, 2012, reprinted).

Berliner L J, Reuben J. Spin Labeling Ⅲ. Theory and Application New York: Plenum Press, 1989.

Berliner L J. Spin Labeling I & Ⅱ. New York: Academic Press, 1976 & 1979.

Brustolon M, Giamello E. Electron Paramagnetic Resonance: A Practitioners Toolkit. Hoboken: John Wiley & Sons, 2009.

Gerloch M, Constable E G. Transition Metal Chemistry: the Valence Shell in d-Block Chemistry. Weinheim: VCH, 1994.

Geschwind S. Electron Paramagnetic Resonance. New York: Springer 1972.

Gordy W. Theory and Applications of Electron Spin Resonance. New York: John Wiley & Sons, 1980.

Hagen W R. Biomolecular EPR Spectroscopy. Boca Raton: CRC Press, 2008.

Kaupp M, Bühl M, Malkin V G. Calculation of NMR and EPR Parameters: Theory and Applications. Weinheim: Wiley-VCH, 2004.

King R B, Crabtree R H, Lukehart C M, Atwood D A, Scott R A. Encyclopedia of Inorganic Chemistry. 2nd ed. New York: John Wiley & Sons, 2006.

Likhtenshtein G, Yamauchi J, Nakatsuji S, Smirnov A I, Tamura R. Nitroxides: Applications in Chemistry, Biomedicine, and Materials Science. Weinheim: Wiley-VCH, 2008.

Likhtenshtein G. Electron Spin Interactions in Chemistry and Biology. Cham: Springer, 2016.

Mabbs F E, Collison D. Electron Paramagnetic Resonance of d Transition Metal Compounds. Amsterdam: Elsevier, 1992.

McHale E L. Molecular Spectroscopy. 2nd ed. Boca Raton: CRC Press, 2017.

Misra S K. Multifrequency Electron Paramagnetic Resonance: Theory and Applications. Weinheim: Wiley-VCH, 2011.

Molin Y N, Salikhov, K M, Zamaraev K I. Spin Exchange—Principles and Applications in Chemistry and Biology. Berlin: Springer-Verlag, 1980.

Pilbrow J R. Transition Ion Electron Paramagnetic Resonance. Oxford: Oxford University Press, 1990.

Rieger P H. Electron Spin Resonance: Analysis and Interpretation. Cambridge: RSC Publishing, 2007.

Schlick S. Advanced ESR Methods in Polymer Research. Hoboken: John Wiley & Sons, 2006.

Sugano S, Tanabe Y, Kamimura H. Multiplets of Transition-Metal Ions in Crystals. New York: Academic Press, 1970.

Telser J. Paramagnetic Resonance of Metallobiomolecules. Washington: Oxford University Press , 2003.

Weil J A, Bolton J R. Electron Paramagnetic Resonance: Elementary Theory and Practical Applications. 2nd ed. Hoboken: John Wiley & Sons, 2007.

主要参考文献：

[1] FANG W, YANG W Y, CHENG W D, et al. Studies of electron paramagnetic resonance parameters and structure of Ni^{2+}-vacancy center for rhombic LiCl:Ni^{2+} crystal [J]. Journal of Magnetism and Magnetic Materials, 2013, 329: 88-94.

[2] IRVING H, WILLIAMS R J P. Order of stability of metal complexes [J]. Nature, 1948, 162(4123): 746-747.

[3] IRVING H, WILLIAMS R J P. 637. The stability of transition-metal complexes [J]. Journal of the Chemical Society (Resumed), 1953: 3192-3210.

[4] WYBOURNE B G. Spectroscopic Properties of Rare Earths [M]. New York: Interscience Publishers, 1965.

[5] WYBOURNE B G, BUTLER P H. Symmetry Principles and Atomic Spectroscopy [M]. New York; Chichester: Wiley-Interscience, 1970.

[6] LIU G, JACQUIER B. Spectroscopic Properties of Rare Earths in Optical Materials [M]. Berlin: Springer, 2005.

[7] BENDIX J, BRORSON M, SCHAFFER C E. Accurate empirical spin-orbit coupling parameters ξ_{nd} for gaseous ndq transition metal ions. The parametrical multiplet term model [J]. Inorganic Chemistry, 1993, 32(13): 2838-2849.

[8] RIEGER P H. Electron paramagnetic resonance studies of low-spin d^5 transition metal complexes [J]. Coordination Chemistry Reviews, 1994, 135-136: 203-286.

[9] CHIESA M, GIAMELLO E, VALENTIN C D, et al. The ^{17}O hyperfine structure of trapped holes photo generated at the surface of polycrystalline MgO [J]. Chemical Physics Letters, 2005, 403(1): 124-128.

[10] PAGANINI M C, CHIESA M, DOLCI F, et al. EPR study of the surface basicity of calcium oxide. 3. Surface reactivity and nonstoichiometry [J]. Journal of Physical Chemistry B, 2006, 110(24): 11918-11923.

[11] NAKANE D, KUWASAKO S I, TSUGE M, et al. A square-planar Ni(Ⅱ) complex with an N_2S_2 donor set similar to the active centre of nickel-containing superoxide dismutase and its reaction with superoxide [J]. Chemical Communications, 2010, 46(12): 2142-2144.

[12] FLORES M, AGRAWAL A G, VAN GASTEL M, et al. Electron-electron double resonance-detected NMR to measure metal hyperfine interactions: ^{61}Ni in the Ni-B state of the [NiFe] hydrogenase of *Desulfovibrio vulgaris* Miyazaki F [J]. Journal of the American Chemical Society, 2008, 130(8): 2402-2403.

[13] MOBIUS K, LUBITZ W, COX N, et al. Biomolecular EPR meets NMR at high magnetic fields [J]. Magnetochemistry, 2018, 4(4): 50.

[14] KNZIG W, COHEN M H. Paramagnetic resonance of oxygen in alkali halides [J]. Phys Rev Lett, 1959, 3(11): 509-510.

[15] LUNSFORD J H. ESR of adsorbed oxygen species [J]. Catalysis Reviews, 1974, 8(1): 135-157.

[16] BENNETT J E, MILE B, THOMAS A. Electron spin resonance spectrum of the O-2-radical ion trapped in non-ionic matrices at 77°K[J]. Transactions of the Faraday Society, 1968, 64(0): 3200-3209.

[17] IANNONE A, TOMASI A, CANFIELD L M. Generation of N-*tert*-butyl-α-phenylnitrone radical adducts in iron breakdown of *tert*-butyl-hydroperoxide [J]. Research on Chemical Intermediates, 1996, 22(5): 469-479.

[18] MARTIR W, LUNSFORD J H. Formation of gas-phase π-allyl radicals from propylene over bismuth oxide and γ-bismuth molybdate catalysts [J]. Journal of the American Chemical Society, 1981, 103(13): 3728-3732.

[19] DRISCOLL D J, MARTIR W, WANG J X, et al. Formation of gas-phase methyl radicals over magnesium oxide [J]. Journal of the American Chemical Society, 1985, 107(1): 58-63.

[20] WANG X, WEI C, SU J H, et al. A chiral ligand assembly that confers one-electron O_2 reduction activity for a Cu^{2+} -selective metallohydrogel [J]. Angewandte Chemie-International Edition, 2018, 57(13): 3504-3508.

[21] HOFFMAN B M, DIEMENTE D L, BASOLO F. Electron paramagnetic resonance studies of some cobalt(Ⅱ) Schiff base compounds and their monomeric oxygen adducts [J]. Journal of the American Chemical Society, 1970, 92(1): 61-65.

[22] TOVROG B S, KITKO D J, DRAGO R S. Nature of the bound oxygen in a series of cobalt dioxygen adducts [J]. Journal of the American Chemical Society, 1976, 98(17): 5144-5153.

[23] SUGIURA Y. Monomeric cobalt(Ⅱ)-oxygen adducts of bleomycin antibiotics in aqueous solution. A new ligand type for oxygen binding and effect of axial Lewis base [J]. Journal of the American Chemical Society, 1980, 102(16): 5216-5221.

[24] BAUMGARTEN M, WINSCOM C J, LUBITZ W. Probing the surrounding of a cobalt (Ⅱ) porphyrin and its superoxo complex by EPR techniques [J]. Applied Magnetic Resonance, 2001, 20(1): 35-70.

[25] MARINKAS P L, BARTRAM R H. ESR of N_2^- in UV-irradiated single crystals of anhydrous barium azide [J]. The Journal of Chemical Physics, 1968, 48(2): 927-930.

[26] MARQUARDT C L. Paramagnetic resonance of I_2- centers in PH_4I single crystals [J]. The Journal of Chemical Physics, 1968, 48(3): 994-996.

[27] LUNSFORD J H, JAYNE J P. Formation of CO_2- radical ions when CO_2 is adsorbed on irradiated magnesium oxide [J]. Journal of Physical Chemistry, 1965, 69(7): 2182-2184.

[28] RAJESWARI B, KADAM R M, DHAWALE B A, et al. EPR evidence for the restricted mobility of NO_2 in gamma irradiated thorium nitrate pentahydrate $Th(NO_3)_4{\cdot}5H_2O$ [J]. Spectrochimica Acta Part A: Molecular and Biomolecular Spectroscopy, 2011, 79(3): 405-411.

[29] OLIVEIRA F T D, CHANDA A, BANERJEE D, et al. Chemical and spectroscopic evidence for an Fe^V-oxo complex [J]. Science, 2007, 315(5813): 835-838.

[30] LUBITZ W, REIJERSE E, VAN GASTEL M. [NiFe] and [FeFe] hydrogenases studied by advanced magnetic resonance techniques [J]. Chemical Reviews, 2007, 107(10): 4331-4365.

[31] VAN GASTEL M, SHAW J L, BLAKE A J, et al. Electronic structure of a binuclear nickel complex of relevance to [NiFe] Hydrogenase [J]. Inorganic Chemistry, 2008, 47(24): 11688-11697.

[32] KASAI P H, MCLEOD D. ESR studies of Cu, Ag, and Au atoms isolated in rare-gas matrices [J]. The Journal of Chemical Physics, 1971, 55(4): 1566-1575.

[33] BOATE A R, MORTON J R, PRESTON K F. Analysis of ESR spectra of radicals having large hyperfine interactions [J]. Journal of Magnetic Resonance, 1976, 24(2): 259-268.

[34] RADFORD H E, HUGHES V W. Microwave zeeman spectrum of atomic oxygen [J]. Phys Rev, 1959, 114(5): 1274-1279.

[35] RADFORD H E, HUGHES V W, BELTRAN-LOPEZ V. Microwave zeeman spectrum of atomic fluorine [J]. Phys Rev, 1961, 123(1): 153-160.

[36] BELTRAN-LOPEZ V, ROBINSON H G. Microwave zeeman spectrum of atomic chlo-

rine [J]. Phys Rev, 1961, 123(1): 161-166.

[37] MORTON J R, PRESTON K F. Atomic parameters for paramagnetic resonance data [J]. Journal of Magnetic Resonance, 1978, 30(3): 577-582.

[38] KOH A K, MILLER D J. Hyperfine coupling constants and atomic parameters for electron paramagnetic resonance data [J]. Atomic Data and Nuclear Data Tables, 1985, 33(2): 235-253.

[39] KONG F, ZHAO P, YE X, et al. Nanoscale zero-field electron spin resonance spectroscopy [J]. Nature Communications, 2018, 9(1): 1563.

[40] KONG F, ZHAO P, YU P, et al. Kilohertz electron paramagnetic resonance spectroscopy of single nitrogen centers at zero magnetic field [J]. Science Advances, 2020, 6(22): eaaz8244.

[41] HAN C, WRIGHT G S, FISHER K, et al. Characterization of a novel copper-haem *c* dissimilatory nitrite reductase from *Ralstonia pickettii* [J]. Biochemical Journal, 2012, 444(2): 219-226.

[42] COURTADE G, CIANO L, PARADISI A, et al. Mechanistic basis of substrate-O_2 coupling within a chitin-active lytic polysaccharide monooxygenase: An integrated NMR/EPR study [J]. P Natl Acad Sci USA, 2020, 117(32): 19178-19189.

[43] SILVA L A, ANDRADE J B D, MANGRICH A S. Use of Cu^{2+} as a metal ion probe for the EPR study of metal complexation sites in the double sulfite $Cu^{I2}SO^{3}.Cd^{II}SO_3 \cdot 2H_2O$ [J]. Journal of the Brazilian Chemical Society, 2007, 18: 607-610.

[44] BROGIONI B, BIGLINO D, SINICROPI A, et al. Characterization of radical intermediates in laccase-mediator systems. A multifrequency EPR, ENDOR and DFT/PCM investigation [J]. Physical Chemistry Chemical Physics, 2008, 10(48): 7284-7292.

[45] FEDIN M V, VEBER S L, ROMANENKO G V, et al. Dynamic mixing processes in spin triads of "breathing crystals" $Cu(hfac)_2L^R$: A multifrequency EPR study at 34, 122 and 244 GHz [J]. Physical Chemistry Chemical Physics, 2009, 11(31): 6654-6663.

[46] BRIVATI J A, SYMONS M C R, TINLING D J A, et al. Electron spin resonance studies of the hydroxyl radical in γ-irradiated ice [J]. Transactions of the Faraday Society, 1967, 63(0): 2112-2116.

[47] BOX H C, LILGA K T, BUDZINSKI E E, et al. Hydroxyl radicals in X-irradiated single crystals of ice [J]. The Journal of Chemical Physics, 1969, 50(12): 5422-5423.

[48] SINNECKER S, FLORES M, LUBITZ W. Protein-cofactor interactions in bacterial reaction centers from *Rhodobacter sphaeroides* R-26: Effect of hydrogen bonding on the electronic and geometric structure of the primary quinone. A density functional theory study [J]. Physical Chemistry Chemical Physics, 2006, 8(48): 5659-5670.

[49] FLORES M, SAVITSKY A, PADDOCK M L, et al. Electron-nuclear and electron-electron double resonance spectroscopies show that the primary quinone acceptor Q_A in reaction centers from photosynthetic bacteria *Rhodobacter sphaeroides* remains in the same orientation upon light-induced reduction [J]. Journal of Physical Chemistry B, 2010, 114(50): 16894-16901.

[50] LU C C, BILL E, WEYHERM LLER T, et al. The monoanionic π-radical redox state of α-iminoketones in bis(ligand)metal complexes of nickel and cobalt [J]. Inorganic Chemistry, 2007, 46(19): 7880-7889.

[51] KHUSNIYAROV M M, HARMS K, BURGHAUS O, et al. Molecular and electronic structures of homoleptic nickel and cobalt complexes with non-innocent bulky diimine Ligands derived from fluorinated 1,4-diaza-1,3-butadiene (DAD) and bis (arylimino)-acenaphthene (BIAN) [J]. European Journal of Inorganic Chemistry, 2006, 2006(15): 2985-2996.

[52] COCKLE S A. Electron-paramagnetic-resonance studies on cobalt(Ⅱ) carbonic anhydrase. Lowspin cyanide complexes [J]. Biochemical Journal, 1974, 137(3): 587-596.

[53] PALLARES I G, MOORE T C, ESCALANTE-SEMERENA J C, et al. Spectroscopic studies of the EutT Adenosyltransferase from *Salmonella enterica*: Mechanism of four-coordinate Co(Ⅱ)Cbl formation [J]. Journal of the American Chemical Society, 2016, 138(11): 3694-3704.

[54] DUBE H, KASUMAJ B, CALLE C, et al. Direct evidence for a hydrogen bond to bound dioxygen in a myoglobin/hemoglobin model system and in cobalt myoglobin by pulse-EPR spectroscopy [J]. Angewandte Chemie-International Edition, 2008, 47(14): 2600-2603.

[55] NEWMAN D J, URBAN W. Interpretation of S-state ion E.P.R. spectra [J]. Advances in Physics, 1975, 24(6): 793-844.

[56] DOWSING R D, GIBSON J F. Electron spin resonance of high-spin d^5 systems [J]. The Journal of Chemical Physics, 1969, 50(1): 294-303.

[57] AASA R. Powder line shapes in the electron paramagnetic resonance spectra of high-spin ferric complexes [J]. The Journal of Chemical Physics, 1970, 52(8): 3919-3930.

[58] HENDRICH M P, DEBRUNNER P G. Integer-spin electron paramagnetic resonance of iron proteins [J]. Biophysical Journal, 1989, 56(3): 489-506.

[59] VERHAGEN M F J M, VOORHORST W G B, KOLKMAN J A, et al. On the two iron centers of desulfoferrodoxin [J]. FEBS Letters, 1993, 336(1): 13-18.

[60] LOWERY T J, WILSON P E, ZHANG B, et al. Flavodoxin hydroquinone reduces *Azotobacter vinelandii* Fe protein to the all-ferrous redox state with a $S = 0$ spin state [J]. P Natl Acad Sci USA, 2006, 103(46): 17131-17136.

[61] TELSER J, PARDI L A, KRZYSTEK J, et al. EPR spectra from "EPR-silent" species: High-field EPR spectroscopy of aqueous chromium(Ⅱ) [J]. Inorganic Chemistry, 1998, 37(22): 5769-5775.

[62] KRZYSTEK J, TELSER J, KNAPP M J, et al. High-frequency and -field electron paramagnetic resonance of high-spin manganese(Ⅲ) in axially symmetric coordination complexes [J]. Applied Magnetic Resonance, 2001, 21(3): 571-585.

[63] MISRA S K, ANDRONENKO S I, CHAND P, et al. A variable temperature EPR study of Mn^{2+}-doped $NH_4Cl_{0.9}I_{0.1}$ single crystal at 170 GHz: Zero-field splitting parameter and its absolute sign [J]. Journal of Magnetic Resonance, 2005, 174(2): 265-269.

[64] LIN Y H, CRAMER H H, VAN GASTEL M, et al. Mononuclear manganese(III) superoxo complexes: Synthesis, characterization, and reactivity [J]. Inorganic Chemistry, 2019, 58(15): 9756-9765.

[65] FLANAGAN H L, SINGEL D J. Analysis of ^{14}N ESEEM patterns of randomly oriented solids [J]. The Journal of Chemical Physics, 1987, 87(10): 5606-5616.

[66] STICH T A, WHITTAKER J W, BRITT R D. Multifrequency EPR studies of manganese catalases provide a complete description of proteinaceous nitrogen coordination [J]. Journal of Physical Chemistry B, 2010, 114(45): 14178-14188.

[67] IVANCICH A, BARYNIN V V, ZIMMERMANN J L. Pulsed EPR studies of the binuclear Mn(Ⅲ)Mn(Ⅳ) center in catalase from *Thermus thermophilus* [J]. Biochemistry, 1995, 34(20): 6628-6639.

[68] DELIGIANNAKIS Y, LOULOUDI M, HADJILIADIS N. Electron spin echo envelope modulation (ESEEM) spectroscopy as a tool to investigate the coordination environment of metal centers [J]. Coordination Chemistry Reviews, 2000, 204(1): 1-112.

[69] DISMUKES G C. Manganese enzymes with binuclear active sites [J]. Chemical Reviews, 1996, 96(7): 2909-2926.

[70] WU A J, PENNER-HAHN J E, PECORARO V L. Structural, spectroscopic, and reactivity models for the manganese catalases [J]. Chemical Reviews, 2004, 104(2): 903-938.

[71] COX N, AMES W, EPEL B, et al. Electronic structure of a weakly antiferromagnetically coupled $Mn^{Ⅱ}Mn^{Ⅲ}$model relevant to manganese proteins: A combined EPR, ^{55}Mn-ENDOR, and DFT Study [J]. Inorganic Chemistry, 2011, 50(17): 8238-8251.

[72] JENSEN A F, SU Z, HANSEN N K, et al. X-Ray diffraction study of the correlation between electrostatic potential and K-absorption edge energy in a bis(μ-oxo) Mn(Ⅲ)-Mn(Ⅳ) dimer [J]. Inorganic Chemistry, 1995, 34(16): 4244-4252.

[73] SCH FER K O, BITTL R, ZWEYGART W, et al. Electronic structure of antiferromagnetically coupled dinuclear manganese ($Mn^{Ⅲ}Mn^{Ⅳ}$) complexes studied by magnetic resonance techniques [J]. Journal of the American Chemical Society, 1998, 120(50): 13104-13120.

[74] TOMTER A B, ZOPPELLARO G, ANDERSEN N H, et al. Ribonucleotide reductase class I with different radical generating clusters [J]. Coordination Chemistry Reviews, 2013, 257(1): 3-26.

[75] COX N, OGATA H, STOLLE P, et al. A tyrosyl-dimanganese coupled spin system is the native metalloradical cofactor of the R2F subunit of the ribonucleotide reductase of *Corynebacterium ammoniagenes* [J]. Journal of the American Chemical Society, 2010, 132(32): 11197-11213.

[76] SCH FER K O, BITTL R, LENDZIAN F, et al. Multifrequency EPR investigation of dimanganese catalase and related Mn(Ⅲ)Mn(Ⅳ) complexes [J]. Journal of Physical Chemistry B, 2003, 107(5): 1242-1250.

[77] KHANGULOV S V, PESSIKI P J, BARYNIN V V, et al. Determination of the metal ion separation and energies of the three lowest electronic states of dimanganese(Ⅱ,Ⅱ)

complexes and enzymes: Catalase and liver arginase [J]. Biochemistry, 1995, 34(6): 2015-2025.

[78] KANYO Z F, SCOLNICK L R, ASH D E, et al. Structure of a unique binuclear manganese cluster in arginase [J]. Nature, 1996, 383(6600): 554-557.

[79] KHANGULOV S V, SOSSONG T M, ASH D E, et al. L-Arginine binding to liver arginase requires proton transfer to gateway residue His141 and coordination of the guanidinium group to the dimanganese(Ⅱ,Ⅱ) center [J]. Biochemistry, 1998, 37(23): 8539-8550.

[80] EPEL B, SCHAFER K O, QUENTMEIER A, et al. Multifrequency EPR analysis of the dimanganese cluster of the putative sulfate thiohydrolase SoxB of *Paracoccus pantotrophus* [J]. Journal of Biological Inorganic Chemistry, 2005, 10(6): 636-642.

[81] TAYLOR M K, EVANS D J, YOUNG C G. Highly-oxidised, sulfur-rich, mixed-valence vanadium(Ⅳ/Ⅴ)complexes [J]. Chemical Communications, 2006, (40): 4245-4246.

[82] KERSTING B, SIEBERT D. First examples of dinickel complexes containing the N_3Ni (μ_2-SR)$_3$NiN$_3$ Core. Synthesis and Crystal Structures of $[L_2Ni_2][BPh_4]_2$ and $[L_3Ni_2]$ $[BPh_4]_2$ (L = 2,6-Di(aminomethyl)-4-*tert*-butyl-thiophenolate) [J]. Inorganic Chemistry, 1998, 37(15): 3820-3828.

[83] NUNEZ C, BASTIDA R, LEZAMA L, et al. Dinuclear cobalt(Ⅱ) and copper(Ⅱ) complexes with a $Py_2N_4S_2$ macrocyclic ligand [J]. Inorganic Chemistry, 2011, 50(12): 5596-5604.

[84] KADISH K M, ADAMIAN V A, VAN CAEMELBECKE E, et al. Electrogeneration of Oxidized Corrole Dimers. Electrochemistry of (OEC)M Where M = Mn, Co, Ni, or Cu and OEC is the trianion of 2,3,7,8,12,13,17,18-octaethylcorrole [J]. Journal of the American Chemical Society, 1998, 120(46): 11986-11993.

[85] JOSEPHY P D, ELING T, MASON R P. The horseradish peroxidase-catalyzed oxidation of 3,5,3′,5′-tetramethylbenzidine. Free radical and charge-transfer complex intermediates [J]. Journal of Biological Chemistry, 1982, 257(7): 3669-3675.

[86] KINDERMANN N, BILL E, DECHERT S, et al. A ferromagnetically coupled ($S = 1$) peroxodicopper(II) complex [J]. Angewandte Chemie-International Edition, 2015, 54(6): 1738-1743.

[87] CAGE B, COTTON F A, DALAL N S, et al. Observation of symmetry lowering and electron localization in the doublet-states of a spin-frustrated equilateral triangular lattice: $Cu_3(O_2C_{16}H_{23}) \cdot 1.2C_6H_{12}$ [J]. Journal of the American Chemical Society, 2003, 125(18): 5270-5271.

[88] YAMASE T, ISHIKAWA E, FUKAYA K, et al. Spin-frustrated $(VO)_3^{6+}$-triangle-sandwiching octadecatungstates as a new class of molecular magnets [J]. Inorganic Chemistry, 2004, 43(25): 8150-8157.

[89] ELDIK R V E, OLABE J A. NO_x Related Chemistry [M]. Waltham: Academic Press, 2015.

[90] WU Z, CHEN C, ZHU B Z, et al. Reactive nitrogen species are also involved in the

transformation of micropollutants by the UV/monochloramine process [J]. Environmental Science & Technology, 2019, 53(19): 11142-11152.

[91] FUKUZUMI S, LEE Y M, NAM W. Structure and reactivity of the first-row d-block metal-superoxo complexes [J]. Dalton Transactions, 2019, 48(26): 9469-9489.

[92] GUPTA R, FU R, LIU A, et al. EPR and Mössbauer spectroscopy show inequivalent hemes in tryptophan dioxygenase [J]. Journal of the American Chemical Society, 2010, 132(3): 1098-1109.

[93] LEVANON H, NORRIS J R. The photoexcited triplet state and photosynthesis [J]. Chemical Reviews, 1978, 78(3): 185-198.

[94] DANCE Z E, MICKLEY S M, WILSON T M, et al. Intersystem crossing mediated by photoinduced intramolecular charge transfer: Julolidine-anthracene molecules with perpendicular π systems [J]. Journal of Physical Chemistry A, 2008, 112(18): 4194-4201.

[95] WEISSMAN S I, LEVANON H. Transient effects in excitation of triplet states [J]. Journal of the American Chemical Society, 1971, 93(17): 4309-4310.

[96] LEVANON H, VEGA S. Analysis of the transient EPR signals in the photoexcited triplet state. Application to porphyrin molecules [J]. The Journal of Chemical Physics, 1974, 61(6): 2265-2274.

[97] GREBEL V, LEVANON H. EPR study of oriented photoexcited triplets of porphyrins and chlorophylls in a liquid crystal [J]. Chemical Physics Letters, 1980, 72(2): 218-224.

[98] LENDZIAN F, BITTL R, TELFER A, et al. Hyperfine structure of the photoexcited triplet state ^{3}P680 in plant PS Ⅱ reaction centres as determined by pulse ENDOR spectroscopy [J]. Biochimica et Biophysica Acta, 2003, 1605(1): 35-46.

[99] GLARUM S H, MARSHALL J H. Spin exchange in nitroxide biradicals [J]. The Journal of Chemical Physics, 1967, 47(4): 1374-1378.

[100] GAO J, LIU Y, ZHAO Y, et al. Syntheses and structures of magnesium complexes with reduced α-diimine ligands [J]. Organometallics, 2011, 30(22): 6071-6077.

[101] LU C C, BILL E, WEYHERMULLER T, et al. Neutral bis(α-iminopyridine)metal complexes of the first-row transition ions (Cr, Mn, Fe, Co, Ni, Zn) and their monocationic analogues: Mixed valency involving a redox noninnocent ligand system [J]. Journal of the American Chemical Society, 2008, 130(10): 3181-3197.

[102] MYERS T W, KAZEM N, STOLL S, et al. A redox series of aluminum complexes: Characterization of four oxidation states including a ligand biradical state stabilized via exchange coupling [J]. Journal of the American Chemical Society, 2011, 133(22): 8662-8672.

[103] HENRY A F. The Zeeman effect in oxygen [J]. Phys Rev, 1950, 80(3): 396-401.

[104] BERINGER R, CASTLE J G. Microwave magnetic resonance spectrum of oxygen [J]. Phys Rev, 1951, 81(1): 82-88.

[105] RAWSON E B, BERINGER R. Atomic oxygen g-factors [J]. Phys Rev, 1952, 88(3): 677-678.

[106] ABRAGAM A, VAN VLECK J H. Theory of the microwave Zeeman effect in atomic

oxygen [J]. Phys Rev, 1953, 92(6): 1448-1455.

[107] WESTENBERG A A. Intensity relations for determining gas-phase OH, Cl, Br, I, and free-electron concentrations by quantitative ESR [J]. The Journal of Chemical Physics, 1965, 43(5): 1544-1549.

[108] RADFORD H E. Microwave zeeman effect of free hydroxyl radicals [J]. Phys Rev, 1961, 122(1): 114-130.

[109] WRIGHT A N, WINKLER C A. Active Nitrogen [M]. New York: Aademic Press, 1968.

[110] BERINGER R, CASTLE J G. Magnetic resonance absorption in nitric oxide [J]. Phys Rev, 1950, 78(5): 581-586.

[111] BROWN R L, RADFORD H E. *L*-Uncoupling effects on the electron-paramagnetic-resonance spectra of $N^{14}O^{16}$ and $N^{15}O^{16}$ [J]. Phys Rev, 1966, 147(1): 6-12.

[112] SUGIBUCHI K, MITA Y. Electron-spin-resonance studies in ZnS:Ge and ZnS:Si [J]. Phys Rev, 1966, 147(1): 355-359.

[113] HOLMBERG G E, LEE K H, CRAWFORD J H. EPR and optical studies of γ-irradiated MgO:Ga [J]. Physical Review B, 1979, 19(5): 2436-2439.

[114] FOOTE C S. Active Oxygen in Chemistry [M]. London: Blackie Academic & Professional, 1995.

[115] VALENTINE J S. Active Oxygen in Biochemistry [M]. London: Blackie Academic & Professional, 1995.

[116] KASHA M, KHAN A U. The physics, chemistry, and biology, of singlet molecular oxygen [J]. Annals of the New York Academy of Sciences, 1970, 171(1): 5-23.

[117] DEFOTIS G C. Magnetism of solid oxygen [J]. Physical Review B, 1981, 23(9): 4714-4740.

[118] TINKHAM M, STRANDBERG M W P. Theory of the fine structure of the molecular oxygen ground state [J]. Phys Rev, 1955, 97(4): 937-951.

[119] TINKHAM M, STRANDBERG M W P. Interaction of molecular oxygen with a magnetic field [J]. Phys Rev, 1955, 97(4): 951-966.

[120] PARDI L A, KRZYSTEK J, TELSER J, et al. Multifrequency EPR spectra of molecular oxygen in solid air [J]. Journal of Magnetic Resonance, 2000, 146(2): 375-378.

[121] KON H. Parmagnetic resonance of molecular oxygen in condensed phases [J]. Journal of the American Chemical Society, 1973, 95(4): 1045-1049.

张而不弛，文武弗能也；弛而不张，
文武弗为也。一张一弛，文武之道也。
——《礼记 • 杂记下》

第 5 章　脉冲 EPR

脉冲 EPR(pulsed EPR)，又常称为高级 EPR(advanced EPR) 或时域 EPR (time-domain EPR)。习惯上，高级 EPR 还包括高频高场 EPR(high-frequency and high-field EPR，HF-EPR)。

由前 4 章，我们已知 cw-EPR 的各个特征参数，这些特征参数提供了顺磁中心的结构、动态和空间分布的信息。例如，g_{ij} 和 D_{ij} 因子，是顺磁性物质的内禀指纹 (fingerprint)，揭示未配对电子的数量、相应原子或分子轨道的简并或分裂情况；A_{ij} 和 J 因子，揭示中心原子和相邻原子的成键情况，诱导效应、共轭离域等电子效应；利用偶极相互作用，可以探测电-核间距 ($r \leqslant 0.5\,\text{nm}$)、电子-电子的间距 ($r \leqslant 15\,\text{nm}$)；核电四极矩揭示相应成键原子和键角等信息；运动相关时间 τ_c，提供顺磁分子的翻速率和溶液黏滞度等。

然而，以上这些特征参数，有时会因谱图分辨率和时间分辨率比较低，无法从 cw-EPR 谱图中获得。比如，当双自由基间距为 $r = 3$ nm 时，电子偶极相互作用强度约为 1 G，在 cw-EPR 谱图中因展宽效应是无法解析的；若采用异相电子自旋回波包络调制 (out-of-phase electron spin echo envelope modulation，OOP-ESEEM)，则很容易检测该偶极相互作用和特征的零场分裂，类似于自由对重组而成的三重态。技术上，脉冲技术能提供 cw-EPR 难以分辨的强或弱相互作用。以 A_{ij} 为例，当 $A_{ij} \leqslant 20$ MHz 时，用 ESEEM 或 Mims-ENDOR 脉冲组合；当 $A_{ij} \geqslant 20$ MHz 时，则使用 Davies-ENDOR 脉冲组合。其中，ESEEM 是时域谱，需傅里叶变换成频域谱。

直观上，cw-EPR 是对“面”的研究，几乎无所不包，如式 (1.5.22) 所示的包络谱；而脉冲 EPR，则是选择性的对“点”研究，一个脉冲系列只能研究一个特定问题。因此，脉冲 EPR 总是优先选定一个要解决的问题，再设计和优化一个脉冲系列，并付诸测试，此外的其余诸多问题均被忽略。脉冲 EPR 谱图直观简单，易于解析。根据脉冲序列和脉冲数量，常用的 ESEEM 又分成 2-、3-、4-脉冲 ESEEM(2-, 3-, and 4-pulse ESEEM，2P-，3P-，4P-ESEEM)。4P-ESEEM 分两种，其中一种又称为超精细亚能级相关 (hyperfine sublevel correlation，HYSCORE)。除了 ESEEM，常用的脉冲序列还有脉冲电子-核双共振 (pulsed electron nuclear double resonance，pulsed-ENDOR)、电子-电子双共振 (double electron electron resonance，DEER，或 pulsed electron electron double resonance，ELDOR 或 PELDOR)、电-核-核三共振 (electron nuclear nuclear triple resonance，TRIPLE) 等。此外，cw-ENDOR(连续波电-核双共振) 也在本章作简要介绍。

5.1 理论基础

第 2 章的跃迁理论，适用于 cw-EPR，属于静态的。脉冲 EPR，是动态的技术，有自己特征的理论。以下，从平衡态的磁化矢量 $\boldsymbol{M}_0$ 出发，然后过渡到密度算符 σ_{eq} 和 S_z 等。

5.1.1 右旋和左旋进动

在 2.1 节，我们已经简单提及自旋系综的磁化矢量 $\boldsymbol{M}$ 在静磁场 B_0 中的进动及进动频率 (式 (2.1.2))。连续波实验所关心的对象是处于 $|\alpha\rangle$、$|\beta\rangle$ 等的布居因被微波激励后所发生的变化，以保持系综对微波的持续吸收，而不关注系综自旋磁化矢量随着布居数变化而发生的动态变化。但是，后者在脉冲实验中，却扮演着至关重要的角色，故需要加以详细的、正确的阐述。

因历史原因，自由电子的 g_{e} 和电子电荷 e 等均被人为设为正值，$g_{\mathrm{e}} > 0$，$e > 0$。在脉冲实验中，我们必须知道电子自旋的真实旋磁比 γ_{e}，才能解释其在不同外磁场中的自由演化，

$$\gamma_{\mathrm{e}} = -g_{\mathrm{e}} \cdot \frac{e}{2m_{\mathrm{e}}} = -\frac{g_{\mathrm{e}}\mu_{\mathrm{B}}}{\hbar} = -28.02495\,\mathrm{MHz/mT} < 0 \tag{5.1.1}$$

在一般的连续波实验中，这些正、负号均被忽略，而取绝对值，参考 2.1 节的跃迁概率。在实验坐标系中 (参考图 2.2.1 所示意的谱仪结构)，电子自旋磁化矢量 $\boldsymbol{M}$ 在静磁场 B_0 中的进动频率 ω_{e} 是 (或 ω_0，下标 “e” 或 “0”，直观上用于分别侧重电子自旋或静磁场 B_0 的平衡态)

$$\omega_{\mathrm{e}}(\omega_0) = -\gamma_{\mathrm{e}} B_0 > 0 \tag{5.1.2}$$

$\omega_{\mathrm{e}} > 0$，表明电子自旋进动矢量 $\boldsymbol{\omega}_{\mathrm{e}}$ 的取向与 B_0 平行，磁化矢量 $\boldsymbol{M}$ 围绕着 B_0(或 z^{L}) 作右旋进动 (right-handed sense)，如图 5.1.1(a) 所示。

不同磁性同位素的 g_{N}，有正、负之别，详见 1.6 节。$g_{\mathrm{N}} > 0$ 时，核自旋的旋磁比 γ_{N} 和磁化矢量 $\boldsymbol{M}$ 围绕着 B_0 的进动频率 ω_{I}(或 ω_{N}) 是

$$\left.\begin{aligned} \gamma_{\mathrm{N}} &= g_{\mathrm{N}} \cdot \frac{e}{2m_{\mathrm{p}}} = \frac{g_{\mathrm{N}}\beta_{\mathrm{N}}}{\hbar} < 0 \\ \omega_{\mathrm{I}} &= -\gamma_{\mathrm{N}} B_0 < 0 \end{aligned}\right\} \tag{5.1.3}$$

$\omega_{\text{I}} < 0$，表明该核自旋进动矢量 $\boldsymbol{\omega}_{\text{I}}$ 的取向与 B_0 反平行，核自旋磁化矢量 $\boldsymbol{M}_{\text{N}}$ 围绕着 B_0(或 z^{L}) 作左旋进动 (left-handed sense)。相应地，$g_{\text{N}} < 0$ 的磁性核，其进动情形与电子自旋类似 (参考 3.1.2 节)。

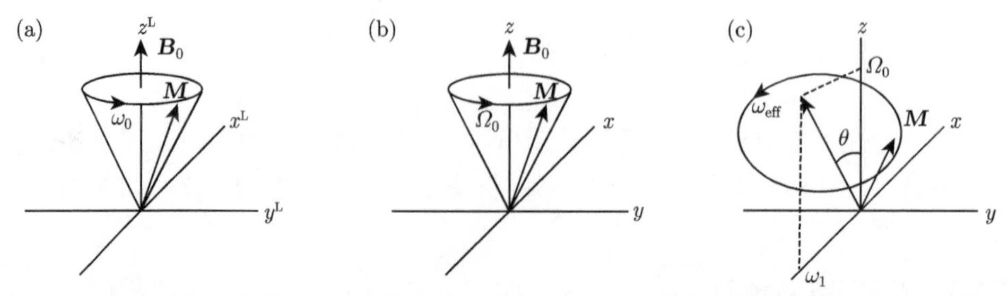

图 5.1.1　不同情形中电子自旋磁化矢量的进动情况。(a) 平衡态，实验坐标系中的自旋进动，ω_0 或 ω_{e} 是进动频率，坐标轴 x^{L} 和 y^{L} 是任意的，上标 L 是 laboratory 的首写字母；(b) 旋转坐标系中的自旋进动，坐标系围绕 z 轴作频率为 ω_{mw} 的旋转，Ω_0 是谐振频率偏置，上标 L 已被移除；(c) 偏共振时，在强度为 ω_1 的微波辐照中的振荡，该振荡始发于自平衡态，实际进动频率 ω_{eff} 与 z 轴的夹角 $\theta = \text{acrtan}\dfrac{\omega_1}{\Omega_0}$

5.1.2　旋转坐标系

在如图 5.1.1(a) 所示的实验坐标系 (laboratory frame) 中，沿着 x^{L} 施加一个含时的、频率为 ω_{mw} 的圆偏振交变微波磁场 B_1，它的各个空间分量是

$$\left.\begin{aligned} B_{1x^{\text{L}}}(t) &= B_1 \cos(\omega_{\text{mw}} t) \\ B_{1y^{\text{L}}}(t) &= B_1 \sin(\omega_{\text{mw}} t) \\ B_{1z^{\text{L}}}(t) &= 0 \end{aligned}\right\} \tag{5.1.4}$$

由于 B_1 是含时 (time-dependent) 的，系综磁化矢量 $\boldsymbol{M}$ 的运动形式将无法被直观地描述。若将坐标系围绕着 z^{L} 轴作频率为 ω_{mw} 的右旋转动①，那么，B_1 将变成不含时 (time-independent) 的，如图 5.1.1(b) 所示。使用这种旋转坐标系 (rotating frame) 时，上标字母 “L” 将被省略，此时系综磁化矢量 $\boldsymbol{M}$ 可分解成

$$\left.\begin{aligned} \frac{\mathrm{d}M_x}{\mathrm{d}t} &= -\Omega_0 M_y \\ \frac{\mathrm{d}M_y}{\mathrm{d}t} &= \Omega_0 M_x - \omega_1 M_z \\ \frac{\mathrm{d}M_z}{\mathrm{d}t} &= \omega_1 M_y \end{aligned}\right\} \tag{5.1.5}$$

①使用旋转坐标系的好处，可用旋转木马为例说明。在木马娱乐场里，有两个人在交谈，但是其中一个人骑在木马上作周期旋转，另一个人站在外边的地面上，原地不动。木马每旋转一周，他俩才有一次面对面说上一两句话的瞬间，显然，这种交谈只能断断续续地进行。如果站在地面的人，以木马旋转的角频率一起同向走动，那么这两个人的相对位置是固定的、不随时间而变的，这样就可使他们的交谈连续进行。这两种情况，分别对应着磁化矢量 $\boldsymbol{M}$ 与微波磁场 $\boldsymbol{B}_1$ 在实验坐标系和旋转坐标系中的相互作用。

其中，ω_1 是电子自旋围绕微波磁场 B_1 的进动，亦称为拉比振荡 (或拉比章动，Rabi nutation)。拉莫尔进动频率 ω_{e} 和坐标旋转频率 ω_{mw} 的差，称为谐振频率偏置 (resonance frequency offset)，用 Ω_0 表示，

$$\left.\begin{aligned}\omega_1 &= g_{\mathrm{e}}\mu_{\mathrm{B}}B_1/\hbar \\ \Omega_0 &= \omega_{\mathrm{e}} - \omega_{\mathrm{mw}}\end{aligned}\right\} \tag{5.1.6}$$

Ω_0 和 ω_1 相叠加后，电子自旋的有效振荡频率 ω_{eff} 和倾角 θ 分别是

$$\left.\begin{aligned}\omega_{\mathrm{eff}} &= \sqrt{\Omega_0^2 + \omega_1^2} \\ \theta &= \mathrm{acrtan}\frac{\omega_1}{\Omega_0}\end{aligned}\right\} \tag{5.1.7}$$

如图 5.1.1(c) 所示。共振 (on-resonant) 时，$\omega_{\mathrm{e}} = \omega_{\mathrm{mw}}$ 和 $\Omega_0 = 0$: 不施加微波磁场 B_1 时，磁化矢量在旋转坐标系中保持不变；如沿着 x 轴施加一个哪怕强度非常微弱的微波 B_1 时，磁化矢量 $\boldsymbol{M}$ 都会围绕着 x 轴作频率为 ω_1 的拉比振荡，而不再是平衡态时围绕 z 轴的拉莫尔进动。当处于 $\Omega_0 \gg \omega_1$ 的偏离共振 (off-resonant) 时，θ 趋于零，ω_{eff} 趋于 Ω_0，即磁化矢量 $\boldsymbol{M}$ 受到微波磁场 B_1 的微扰就越不明显。

技术上，线偏振微波更容易获得，沿着 x^{L} 施加的线偏振微波磁场 B_1 可分解成

$$\left.\begin{aligned}B_{1x^{\mathrm{L}}}(t) &= 2B_1\cos(\omega_{\mathrm{mw}}t) \\ B_{1y^{\mathrm{L}}}(t) &= B_{1z^{\mathrm{L}}}(t) = 0\end{aligned}\right\} \tag{5.1.8}$$

在旋转坐标系中，线偏振微波磁场可分解为右旋 B_1^{r} 和左旋 B_1^{l} 分量 (用上标 “r” 和 “l” 分别表示右旋和左旋分量)，

$$\left.\begin{aligned}B_{1x}^{\mathrm{r}} &= B_1 \\ B_{1y}^{\mathrm{r}} &= B_{1z}^{\mathrm{r}} = 0\end{aligned}\right\} \tag{5.1.9}$$

和

$$\left.\begin{aligned}B_{1x}^{\mathrm{l}} &= B_1\cos(2\omega_{\mathrm{mw}}t) \\ B_{1y}^{\mathrm{l}} &= B_1\sin(2\omega_{\mathrm{mw}}t) \\ B_{1z}^{\mathrm{l}} &= 0\end{aligned}\right\} \tag{5.1.10}$$

当 $\omega_{\mathrm{mw}}=\omega_{\mathrm{e}}$ 时，右旋分量 B_1^{r} 可以激励跃迁。左旋分量 B_1^{l} 的频率是 $2\omega_{\mathrm{mw}}$，处于偏共振状态，一般情况下 $2\omega_{\mathrm{mw}}\gg\omega_{\mathrm{e}}$，故左旋分量 B_1^{l} 所引起的扰动被忽略不计。

若考虑微波磁场 B_1 的相位 ϕ，式 (5.1.8) 变成 $B_{1x^{\mathrm{L}}}(t) = 2B_1\cos(\omega_{\mathrm{mw}}t + \phi)$，$B_{1y^{\mathrm{L}}}(t) = B_{1z^{\mathrm{L}}}(t) = 0$。在旋转坐标系，右旋分量 B_1^{r} 变换成

$$\left.\begin{aligned} B_{1x} &= B_1\cos(\phi) \\ B_{1y} &= B_1\sin(\phi) \\ B_{1z} &= 0 \end{aligned}\right\} \tag{5.1.11}$$

即微波磁场的 ϕ 相移 (phase-shifting)，等同于将其进动所围绕的坐标轴旋转一个 ϕ 角，从而不需要再考虑微波磁场 B_1 在实验坐标系内的具体施加方向。最终，这极大地简化了理论推导过程。

5.1.3　单脉冲，正交检测

单脉冲序列是最简单的脉冲实验。微波在 $t=0$ 时开启、在 $t=t_{\mathrm{p}}$ 时关闭，形成长度为 t_{p} 的瞬时辐照，称为微波脉冲。由式 (5.1.7)，满足共振时，$\omega_{\mathrm{e}}=\omega_{\mathrm{mw}}$，$\Omega_0=0$，$\theta=90°$，即磁化矢量 $\boldsymbol{M}$ 围绕着 x 轴作频率为 ω_1 的拉比章动。$t=0$ 的初始热平衡时，系综磁化矢量 $\boldsymbol{M}$ 绕着 z 轴作进动，

$$\left.\begin{aligned} M_z &= M_0 \\ M_x &= M_y = 0 \end{aligned}\right\} \tag{5.1.12}$$

$t=t_{\mathrm{p}}$ 时微波脉冲停止后，磁化矢量 $\boldsymbol{M}$ 发生翻转，磁矩变成

$$\left.\begin{aligned} M_x &= 0 \\ M_y &= -M_0\sin(\omega_1 t_{\mathrm{p}}) \\ M_z &= M_0\cos(\omega_1 t_{\mathrm{p}}) \end{aligned}\right\} \tag{5.1.13}$$

脉冲引起磁矩围绕 x 轴翻转的角度 (与 z 轴的夹角) 是

$$\beta=\omega_1 t_{\mathrm{p}} \tag{5.1.14}$$

因此，当 $\Omega_0=0$ 时，我们只要设定一个时间长度和相位均合适的微波脉冲，就能将磁矩翻转到任意角度的方位。这同样适用于较小偏共振 ($\Omega_0\ll\omega_1$) 的状态。在微波脉冲施加过程中，拉莫尔频率被忽略不计；在脉冲作用停止后的间歇期，它才会影响到自旋的自由演化。当 $\Omega_0\ll\omega_1$ 不能被严格满足时，偏共振会变得显著 (图 5.1.1(c))，微波脉冲停止后磁化矢量的有效翻转角度变成

$$\beta_{\mathrm{eff}}=\omega_{\mathrm{eff}} t_{\mathrm{p}} \tag{5.1.15}$$

因 $\omega_{\mathrm{eff}}>\omega_1$，故 $\beta_{\mathrm{eff}}>\beta$。

在共振脉冲停止后，磁化矢量在 Ω_0 作用下发生自由演化，

$$\left.\begin{aligned} M_x(t) &= M_0\cos\beta\sin(\Omega_0 t) \\ M_y(t) &= -M_0\sin\beta\cos(\Omega_0 t) \\ M_z(t) &= M_0\cos\beta \end{aligned}\right\} \tag{5.1.16}$$

其中，M_z 分量称为纵向磁化 (longitudinal magnetization)，不能被常规方法直接检测；M_x 和 M_y 分量称为横向磁化 (transverse magnetization)，它们的自由演化等效于自旋磁矩切割谐振腔的线圈，这种耦合会产生感应电流。在旋转坐标系中，从波源引出参考信号，并使该信号与谐振腔的输出信号叠加，形成偏共振 $\omega_e - \omega_{mw} = \Omega_0$，后者被相敏探测器所检测。如同时沿着 x 和 y 轴施加相位差 90° 的两路参考信号，那么 M_x 和 M_y 分量均可被同时检测。这种检测方式，称为正交检测 (quadrature detection)，检测所得的信号是一个复信号，实部和虚部分别是 $-M_y$ 和 M_x，

$$V_{\text{quad}}(t) \propto M_0 \sin\beta \left[\cos(\Omega_0 t) + \mathrm{i}\sin(\Omega_0 t)\right] \tag{5.1.17}$$

其中，热平衡磁化 M_0、翻转角度 β、共振偏置 Ω_0 等是实验检测的对象。热平衡磁化 M_0 正比于样品的自旋浓度；对于束缚的未配对电子，其共振频率 ω_e 由自旋哈密顿量决定，详见第 3 章和第 4 章；令 $\beta = \pi/2$，正交信号幅度最强。工程技术上，式 (5.1.17) 方括号内的余弦分量和正弦分量，分别被称为同相分量 I 和正交分量 Q(in-phase and quadrature components)。

5.1.4 弛豫，布洛赫方程，自由感应衰减

系综处于热平衡态，磁化矢量围绕着 z 轴作拉莫尔进动。沿 x 施加 $\pi/2$ 微波脉冲后，磁化矢量变成围绕着 y 轴作拉比章动。理论上，脉冲停止以后，磁化矢量应该会恢复到热平衡态。在前文分析中，我们虽然是从一个热平衡态出发，但却没有考虑能量交换，那么自旋体系被微波激励以后，磁化矢量的章动是可以经久不衰的。显然，这不是真实的物理现象，即脉冲停止以后，热平衡会重新建立。在此过程，自旋体系所吸收的微波能量，通过弛豫过程，传递给周围的晶格环境而耗散。在 1.4 节中，我们已经用经典方式，描述了这种弛豫过程。热平衡时，系综磁化矢量是由很多个自旋个体共同构成；而微波的激励和跃迁，则是由一个个自旋独立完成。因此，只有基于磁化矢量的运动变化，才能深入分析弛豫过程。

静磁场 B_0 的施加，诱导自旋的空间磁性形成独特的轴对称各向异性，即热平衡态磁矩 M_0 沿着 z 轴、而 x 与 y 方向分量作周期振荡，xy 平面内的磁矩平均值为 0(类似于三角双锥的晶体场)。$\pi/2$ 微波脉冲停止后的自由演化，纵向磁化 M_z 通过弛豫恢复至热平衡态。这个过程是一阶的指数过程，速率用纵向弛豫时间 T_1 表示，

$$\frac{\mathrm{d}M_z}{\mathrm{d}t} = \frac{-(M_z - M_0)}{T_1} \tag{5.1.18}$$

横向磁化 M_x 和 M_y 则在 xy 平面内作扇形散开，直至形成平均值为 0 的平衡态，如图 5.1.2 所示，又常称为散焦 (defocusing)。该弛豫速率用横向弛豫时间 T_2

表示，

$$\frac{\mathrm{d}M_{x,y}}{\mathrm{d}t}=\frac{-M_{x,y}}{T_2} \tag{5.1.19}$$

弛豫过程是磁化强度变化的逆过程，故式 (5.1.18) 和式 (5.1.19) 中均有负号。将这两式作为展开项，整合到式 (5.1.5) 中，得

$$\left.\begin{aligned}\frac{\mathrm{d}M_x}{\mathrm{d}t}&=-\Omega_0M_y-\frac{M_x}{T_2}\\ \frac{\mathrm{d}M_y}{\mathrm{d}t}&=\Omega_0M_x-\omega_1M_z-\frac{M_y}{T_2}\\ \frac{\mathrm{d}M_z}{\mathrm{d}t}&=\omega_1M_y-\frac{M_z-M_0}{T_1}\end{aligned}\right\} \tag{5.1.20}$$

这组式子，称为布洛赫 (Bloch) 方程，适用于旋转坐标系，它们的解是自旋进动的叠加 (图 5.1.1(c)) 和指数弛豫的磁化。布洛赫方程能完整反映二能级体系的自旋动态结构，或主要由两个能级参与跃迁的高自旋体系。请读者务必了解这个基本前提。

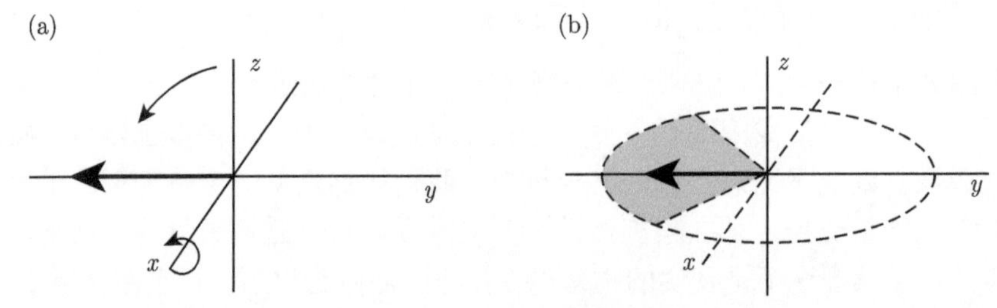

图 5.1.2　沿 x 轴施加长度为 t_p 的 $\pi/2$ 脉冲后横向磁化的散焦，$t_\mathrm{p}\ll T_1$、T_2：(a) 脉冲停止瞬间，$t=t_\mathrm{p}$ 时刻的总磁化；(b) 自由演化时 $t>t_\mathrm{p}$，不同的偏共振引起自旋横向磁化以扇形散开的散焦 (阴影表示)，减弱了磁化强度，即箭头逐渐变短直至为 0

脉冲停止后，基于布洛赫方程的横向磁化自由演化是

$$\left.\begin{aligned}M_x(t)&=M_0\sin\beta\sin(\Omega_0t)\exp\left(-\frac{t}{T_2}\right)\\ M_y(t)&=-M_0\sin\beta\cos(\Omega_0t)\exp\left(-\frac{t}{T_2}\right)\end{aligned}\right\} \tag{5.1.21}$$

令 $\beta=\pi/2$，正交信号幅度最强。这两个分量的叠加，形成一个正交的复信号，$M_y-\mathrm{i}M_x$，称为自由感应衰减 (free induction decay，FID)，其强度是

$$V(t)\propto\exp(\mathrm{i}\Omega_0t)\exp\left(-\frac{t}{T_2}\right) \tag{5.1.22}$$

横向磁化作扇形散开的弛豫过程，同时也是作切割谐振腔线圈的过程，类似于发电机的原理，诱导形成感应电流，最终将样品中的自旋进动与谐振腔的感应电流相耦合起来。因此，脉冲实验检测的对象是感应电流，而连续波实验检测的对象是微波反射，二者存在明显的技术差异。由式 (5.1.20) 可知，FID 信号的检测，受到 T_1 和 T_2 的影响。一般地，FID 远远弱于连续波实验中微波反射的信号强度，仅为后者的 $\sim 1\%$，甚至更弱小。故，脉冲实验为提高 FID 的信噪比，要求较高浓度的样品和较低的检测温度，或较多的累加次数。

5.1.5 Baker-Hausdorff 公式，泊松括号

理论上，若用一个算符 A 描述平衡态的自旋磁矩矢量，那么扰动平衡态的微波或射频脉冲可以用第二个算符 B 表示 (为简洁，在此省略算符的“^”重音符号)。施加脉冲的过程，其实就是让算符 A 在 B 作用下所作的演化。实验中，我们主要关注脉冲施加的方向、自旋磁化矢量的翻转方向和角度、自由演化主要受到自旋哈密顿量中哪一项的影响等。在积算符 B(product operators，或矩阵算符) 作用下，积算符 A 的演化是

$$\mathrm{e}^{-\mathrm{i}\phi B}A\mathrm{e}^{\mathrm{i}\phi B}=C \tag{5.1.23a}$$

或简写成

$$A\xrightarrow{\phi B}C \tag{5.1.23b}$$

此式的求解，需作如下展开，

$$\mathrm{e}^{-\mathrm{i}\phi B}A\mathrm{e}^{\mathrm{i}\phi B}=A-\mathrm{i}\phi\,[B,A]-\frac{\phi^2}{2!}\,[B,[B,A]]+\frac{\mathrm{i}\phi^3}{3!}\,[B,[B,[B,A]]]+\cdots \tag{5.1.24a}$$

或

$$\mathrm{e}^{-\mathrm{i}\phi B}A\mathrm{e}^{\mathrm{i}\phi B}=A\left(1-\frac{\phi^2}{2!}+\frac{\phi^4}{4!}-\cdots\right)-\mathrm{i}\,[B,A]\left(\phi-\frac{\phi^1}{3!}+\frac{\mathrm{i}\phi^5}{5!}-\cdots\right) \tag{5.1.24b}$$

此式称为 Baker-Hausdorff 公式。式中的 $[B,A]$、$[B,[B,A]]$ 等，称为泊松括号 (Poisson bracket)，是量子力学中的重要运算，表示 A 和 B 的对易关系。若 A=B，$[B,[B,A]]=0$，即 $A\xrightarrow{\phi B}A$，等同于无效演化。当 $A\neq B$ 时，$[B,[B,A]]=A$，上式简写成

$$A\xrightarrow{\phi B}A\cos\phi-\mathrm{i}\,[B,A]\sin\phi \tag{5.1.25}$$

ϕ 有两种取值：① 微波或射频脉冲作用引起磁化矢量的翻转角度，$\phi=\beta$；②某个自旋哈密顿量的强度 ω，即 ϕ=ωt，详见式 (1.5.23) 中的超精细耦合或电子-电

子偶极相互作用等。前者是脉冲直接引起的，后者是脉冲停止之后某个自旋哈密顿量对磁化矢量自由演化的微扰。

泊松括号 $[A,B]$ 是量子力学中的重要运算，展开成

$$[A,B]=AB-BA \tag{5.1.26}$$

当 $[A,B]=0$ 时，算符 A 和 B 对易；反之，当 $[A,B]\neq 0$ 时，算符 A 和 B 不对易。泊松括号具有如下性质，

$$\left.\begin{array}{l}[A,B]=-[B,A]\\ [A,B+C]=[A,B]+[A,C]\\ [A+B,C]=[A,C]+[B,C]\\ [A,BC]=[A,B]C+B[A,C]\\ [AB,C]=A[B,C]+[A,C]B\end{array}\right\} \tag{5.1.27}$$

不同自由度的坐标系算符 $\hat{x}$、$\hat{y}$、$\hat{z}$ 是彼此对易的，

$$[\hat{x},\hat{y}]=[\hat{y},\hat{z}]=[\hat{z},\hat{x}]=0 \tag{5.1.28}$$

不同自由度的动量分量 $\hat{p}_x$、$\hat{p}_y$、$\hat{p}_z$ 是彼此互易的，

$$[\hat{p}_x,\hat{p}_y]=[\hat{p}_y,\hat{p}_z]=[\hat{p}_z,\hat{p}_x]=0 \tag{5.1.29}$$

不同自由度的坐标和动量分量是彼此对易的，

$$[\hat{x},\hat{p}_y]=[\hat{y},\hat{p}_z]=[\hat{z},\hat{p}_x]=[\hat{p}_x,\hat{y}]=[\hat{p}_y,\hat{z}]=[\hat{p}_z,\hat{x}]=0 \tag{5.1.30}$$

同一自由度的坐标分量和动量分量是不对易的 (以下省略 $\hbar$)，

$$[\hat{x},\hat{p}_x]=[\hat{y},\hat{p}_y]=[\hat{z},\hat{p}_z]=\mathrm{i} \tag{5.1.31}$$

电子自旋角动量的各个分量是彼此不对易的，

$$\left.\begin{array}{lll}\left[\hat{S}_x,\hat{S}_y\right]=\mathrm{i}\hat{S}_z, & \left[\hat{S}_y,\hat{S}_z\right]=\mathrm{i}\hat{S}_x, & \left[\hat{S}_z,\hat{S}_x\right]=\mathrm{i}\hat{S}_y\\ \left[\hat{S}_z,\hat{S}_+\right]=\hat{S}_+, & \left[\hat{S}_z,\hat{S}_-\right]=-\hat{S}_-, & \left[\hat{S}_+,\hat{S}_-\right]=2\hat{S}_z\end{array}\right\} \tag{5.1.32}$$

轨道角动量的各个分量是彼此不对易的，

$$\left[\hat{L}_x,\hat{L}_y\right]=\mathrm{i}\hat{L}_z,\quad \left[\hat{L}_y,\hat{L}_z\right]=\mathrm{i}\hat{L}_x,\quad \left[\hat{L}_z,\hat{L}_x\right]=\mathrm{i}\hat{L}_y \tag{5.1.33}$$

电子自旋的各个分量有如下关系，

$$\left.\begin{aligned}&\hat{S}_i^2=1/4\\&\hat{S}_x\hat{S}_y=-\hat{S}_y\hat{S}_x=\frac{\mathrm{i}}{2}\hat{S}_z\\&\hat{S}_y\hat{S}_z=-\hat{S}_z\hat{S}_y=-\frac{\mathrm{i}}{2}\hat{S}_x\\&\hat{S}_z\hat{S}_x=-\hat{S}_x\hat{S}_z=\frac{\mathrm{i}}{2}\hat{S}_y\end{aligned}\right\}\tag{5.1.34}$$

分属不同自由度的 $\hat{S}$ 的各分量和 $\hat{L}$ 的各分量、$\hat{S}$ 的各分量及 $\hat{I}$ 的各分量，彼此对易，

$$\left.\begin{aligned}&\left[\hat{S}_i,\hat{L}_k\right]=0\\&\left[\hat{S}_i,\hat{I}_k\right]=0\end{aligned}\quad(i,k=x,y,z)\right\}\tag{5.1.35}$$

一单自旋算符 (如单电子或单核自旋) 与一双自旋算符 (由一电子自旋和一核自旋构成) 的对易，需要满足前提条件，

$$\left[\hat{S}_i,2\hat{S}_j\hat{I}_k\right]=\left[\hat{S}_i,\hat{S}_j\right]\hat{I}_k\tag{5.1.36}$$

和

$$\left[\hat{I}_i,2\hat{S}_j\hat{I}_k\right]=\hat{S}_j\left[\hat{I}_i,\hat{I}_k\right]\tag{5.1.37}$$

两个双自旋算符间的对易，它们的非零项是

$$\left[2\hat{S}_i\hat{I}_j,2\hat{S}_i\hat{I}_k\right]=\left[\hat{I}_j,\hat{I}_k\right]\tag{5.1.38}$$

和

$$\left[2\hat{S}_i\hat{I}_k,2\hat{S}_j\hat{I}_k\right]=\left[\hat{S}_i,\hat{S}_k\right]\tag{5.1.39}$$

5.1.6 自旋翻转不对易，密度算符，泡利矩阵

系综内电子自旋之间、自旋与晶格间等相互作用，依玻尔兹曼分布原则形成一热平衡态。该平衡态的磁矩，经典磁学用磁化强度 M_0 表示，量子力学用密度算符 σ_{eq} 表示。在 X-波段，自旋哈密顿量一般是由电子自旋塞曼分裂主导，即 $\hat{\mathcal{H}}_{EZ}=\omega_{\mathrm{e}}\hat{S}_z$。因此，静磁场 B_0 中的自旋平衡态可表示成，

$$\sigma_{\mathrm{eq}}=-\hat{S}_z\tag{5.1.40}$$

$\hat{S}_z$ 与 M_0 方向相反 (重音符号 “ˆ” 经常被省略)，如图 5.1.3(a) 所示。使用算符 $\hat{S}_z$ 的好处是可以直接描述具体自旋 (包括电子自旋和核自旋) 受到周围影响的自

由演化过程，而 M_0 则是一个宏观的表象磁化，并不能反映自旋与周围环境的具体相互作用。满足式 (5.1.40) 的前提是 $\omega_1/T< 2.08$ GHz/K，比如，X-波段，温度必须高于 4.5 K。当超精细耦合常数、零场分裂作用与 ω_e 同一个数量级 (即低场)，测试温度非常低 (如 $T < 2$K)，或微波频率超高时 (显著的 g-各向异性)，式 (5.1.40) 因不能完全反映真实情况而不再适用。

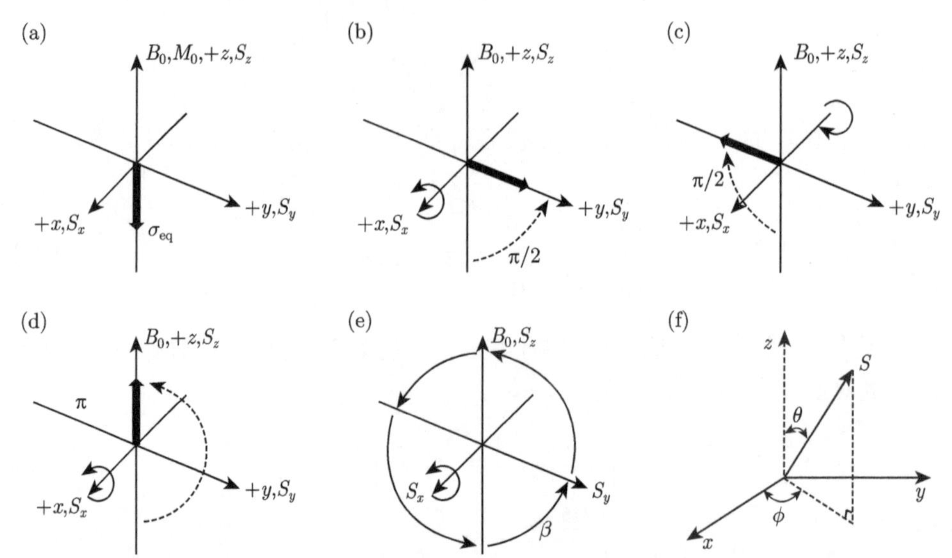

图 5.1.3　(a) 系综在静磁场 B_0 的平衡态，σ_{eq}(或 $-S_z$ 分量) 与 M_0 反向；(b) 沿 $+x$ 轴施加 π/2 脉冲，σ_{eq} 右旋翻转到 $+y$ 轴向；(c) 沿 $-x$ 施加 π/2 脉冲，σ_{eq} 翻转到 $-y$；(d) 沿 $+x$ 施加 π 脉冲，σ_{eq} 翻转到 $+z$；(e) 沿 x 施加任意角度为 β 的脉冲过程，S_z 和 S_y 相互转换；(f) 电子自旋 S 的任意分布矢量和方位角 θ、ϕ。右旋翻转的判定：脉冲施加方向为右手大拇指指向，另外四个手指伸直且与 σ_{eq}(或 M_0) 同向，然后根据脉冲角度作相应弯曲，如 π/2 脉冲、手指则右旋弯曲 π/2，π 脉冲、手指则右旋倒翻，依此类推

我们先来看一组如图 5.1.3(a)～(d) 所示的、密度算符 σ_{eq} 的翻转运动，然后再做解释。以一个 β=π/2 脉冲，当沿 $+x$(用 S_x 表示) 方向施加，使 σ_{eq} 作围绕 $+x$ 的右旋翻转时，

$$\sigma_{eq}=-S_z \xrightarrow{\pi/2+S_x} -S_z\cos\frac{\pi}{2}-\mathrm{i}\left[S_x,-S_z\right]\sin\frac{\pi}{2}=S_y \tag{5.1.41a}$$

或沿 $-x$ 方向 (用 $-S_x$ 表示) 施加，使 σ_{eq} 作围绕 $-x$ 的右旋翻转，

$$\sigma_{eq}=-S_z \xrightarrow{\pi/2-S_x} -S_z\cos\frac{\pi}{2}-\mathrm{i}\left[-S_x,-S_z\right]\sin\frac{\pi}{2}=-S_y \tag{5.1.41b}$$

或沿 $+y$(用 S_y 表示) 方向施加，使 σ_{eq} 作围绕 $+y$ 的右旋翻转，

$$\sigma_{eq}=-S_z \xrightarrow{\pi/2+S_y} -S_z\cos\frac{\pi}{2}-\mathrm{i}\left[S_y,-S_z\right]\sin\frac{\pi}{2}=S_x \tag{5.1.41c}$$

或沿 $-y$ 方向 (用 $-S_y$ 表示) 施加，使 σ_{eq} 作围绕 $-y$ 的右旋翻转，

$$\sigma_{\mathrm{eq}}=-S_z \xrightarrow{\pi/2-S_y} -S_z\cos\frac{\pi}{2}-\mathrm{i}\,[-S_y,-S_z]\sin\frac{\pi}{2}=-S_x \tag{5.1.41d}$$

依此类推到 π、3π/2 等常用脉冲，或作用于 $\pm S_x$、$\pm S_y$ 等分量，

$$\left.\begin{array}{l}\sigma_{\mathrm{eq}}=-S_z \xrightarrow{\pi+S_x} -S_z\cos\pi-\mathrm{i}\,[S_x,-S_z]\sin\pi=S_z\\ \sigma_{\mathrm{eq}}=-S_z \xrightarrow{\frac{3\pi}{2}+S_x} -S_z\cos\frac{3\pi}{2}-\mathrm{i}\,[S_x,-S_z]\sin\frac{3\pi}{2}=-S_y\\ \qquad\qquad\cdots\end{array}\right\} \tag{5.1.41e}$$

式 (5.1.41) 系列公式结果表明，沿 $\pm x$ 或 $\pm y$ 施加翻转角度为 β 的脉冲后，S_z 与 S_y 或 S_z 与 S_x 的转换，等效于将自旋子空间 S_x、S_y、S_z 的积算符作翻转，如图 5.1.3(e) 所示。自旋空间如图 5.1.3(f) 所示，任意方向 S_i 的方向余弦 $(\sin\theta\cos\phi$，$\sin\theta\sin\phi$，$\cos\theta)$ 是

$$S_i=\sin\theta\cos\phi S_x+\sin\theta\sin\phi S_y+\cos\theta S_z \tag{5.1.42}$$

其中，

$$S_x=\begin{pmatrix}0 & 1/2\\ 1/2 & 0\end{pmatrix},\quad S_y=\begin{pmatrix}0 & -\mathrm{i}/2\\ \mathrm{i}/2 & 0\end{pmatrix},\quad S_z=\begin{pmatrix}1/2 & 0\\ 0 & -1/2\end{pmatrix} \tag{5.1.43}$$

称为泡利矩阵或算符 (注意，单位 $\hbar$ 已被省略)。矩阵 S_x 和 S_y 只有反对角元，称为电子相干 (electron coherence)；S_z 只有对角元，称为自旋极化 (spin polarization)。可推广到核自旋 I 的子空间 I_x、I_y、I_z。由式 (5.1.25)，在一般实验中，将 $\beta=\frac{\pi}{2}$、π、$\frac{3\pi}{2}$，从而获极大值，故一般的脉冲序列都是由一至多个 $\frac{\pi}{2}$ 和 (或)π脉冲组成。

与此同时，由式 (5.1.41(a)~(e))，我们还以获知自旋翻转的不对易性：一个 π/2 脉冲，沿着 $+x$ 施加会造成 $-S_z\to S_y$ 的翻转变换，而若沿着 $-x$ 施加会造成 $-S_z\to -S_y$ 的翻转变换。这种差别在后续的脉冲作用或自由演化中，将变得愈加明显。因此，脉冲序列也是不对易的。但是，一个显著的结果是，若 (5.1.41(a) 和 (b)) 两个式子相加，结果为零，若相减，则得 $2S_y$。这种 “和与差”(sum and difference) 处理是相循环的理论基础。

请熟悉 NMR 的读者留意，对于 $g_{\mathrm{N}}>0$ 的磁性核，如 ^{1}H、^{13}C、^{19}F、^{31}P 等，遵循左旋翻转，次序与电子自旋恰好相反。

5.2 单脉冲实验

最简单的脉冲实验是单脉冲实验，它是两个以上脉冲实验的基础。

5.2.1　纵向和横向弛豫时间

弛豫是指某一个渐变物理过程中，系统从某一个不稳定状态逐渐恢复到平衡态的过程。在磁共振中，自旋体系由被微波或射频激励后的不稳定态趋于平衡态所需要的时间，称为自旋弛豫时间。式 (5.1.18)~ 式 (5.1.20) 描述了脉冲停止后弛豫过程的一般形式，实际上还需要对它们作积分才能获得具体值。令脉冲停止的时刻 $t=0$，纵向和横向磁化的积分分别是

$$M_z(t) = M_0(1 - e^{-t/T_1}) + M_z(0)e^{-t/T_1} \tag{5.2.1}$$

和

$$M_{x,y}(t) = M_{x,y}(0)e^{-t/T_2} \tag{5.2.2}$$

这两个式子，表明 M_z 和 $M_{x,y}$ 的恢复过程一般服从指数规律，T_1 和 T_2 有具体的时间量纲。它们的倒数 $1/T_1$ 和 $1/T_2$，称为弛豫速率。T_1 是表征纵向分量恢复过程的时间常数，称为纵向弛豫时间 (longitudinal relaxation time)。这是一个不可逆的能量损耗过程，通过自旋中心与周围环境的能量传递来完成。T_2 是表征横向分量恢复过程的时间常数，称为横向弛豫时间 (transverse relaxation time)，又称为自旋-自旋弛豫时间。这个过程是通过自旋中心间的能量接力传递来完成，不涉及能量损耗，是可逆的过程。热平衡态时，各个自旋中心的进动相位是彼此不相干的，$M_{x,y}=0$；当偏离热平衡态时，$M_{x,y} \neq 0$，表明自旋的进动相位有一定的联系。因此，T_2 也被称为自旋-自旋相位存贮时间 (phase memory time of the electron or nuclear spin)，用 T_m 表示。

对由一组无相互作用的、$S=1/2(I=0)$ 的自旋中心构成的系综，纵向磁化分量作单指数弛豫。如图 5.2.1(a) 所示，沿 $+x$ 方向施加 $\pi/2$ 脉冲，令脉冲停止时刻 $t=0$，此时，$M_{z,x}(0)=0$ 而 $M_{-y}(0)=M_0$，在 $t>0$ 的自由演化 (free evolution) 过程中，各个磁化分量的动态恢复或衰减分别是

$$M_z(t) = M_0(1-e^{-t/T_1}) \tag{5.2.3}$$

和

$$M_{-y}(t) = M_0 e^{-t/T_2} \quad (M_0\text{可以省略}) \tag{5.2.4}$$

如图 5.2.2(a) 所示，当 $t=T_1$ 时，式 (5.2.3) 括号内的数值是 $1-e^{-1}\sim 63.2\%$，即 $\pi/2$ 脉冲停止纵向磁化 $M_z(t)$ 恢复至 63.2%所用的时间。同样地，$t=T_2$ 时，式 (5.2.4) 右侧变成 $M_0e^{-1}(e^{-1} \sim 36.8\%)$，指 $\pi/2$ 脉冲停止后横向磁化 $M_{-y}(t)$ 衰减到 $\sim$36.8%所用的时间。

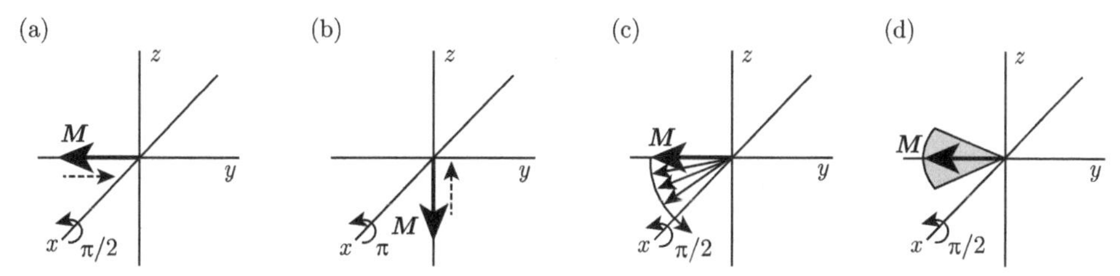

图 5.2.1 (a) 均匀展宽线型，共振时沿 $+x$ 轴施加 $\pi/2$ 脉冲，脉冲停止后磁化矢量 $\boldsymbol{M}$ 右旋翻转到 $-y$ 轴向，虚线箭头表示横向磁化 $M_{-y}(0)$ 的单指数衰减方向，后同；(b) 均匀展宽线型，共振时沿 $+x$ 施加 π 脉冲，脉冲停止后磁化矢量 $\boldsymbol{M}$ 右旋翻转到 $-z$ 轴向，虚线箭头表示纵向磁化 $M_{-z}(0)$ 的衰减方向；(c) 均匀展宽线型，偏共振时沿 $+x$ 轴施加 $\pi/2$ 脉冲，磁化矢量 $\boldsymbol{M}$ 翻转速度可能快或慢于微波频率 ω_1(参考图 5.1.1(c))；(d) 非均匀展宽线型，共振时沿 $+x$ 轴施加 $\pi/2$ 脉冲，脉冲停止后磁化矢量 $\boldsymbol{M}$ 右旋翻转到 $-y$ 轴向，形成一个扇形分布的横向磁化，$M_{-y}(0)$ 作多指数衰减

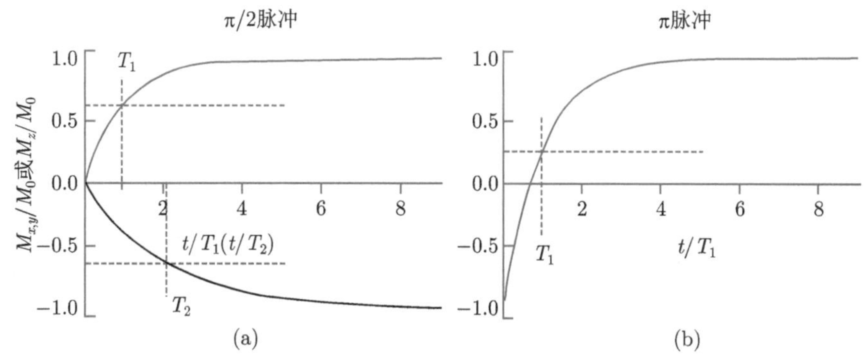

图 5.2.2 共振时，单脉冲作用后，纵向磁化分量的恢复 (蓝色) 和横向磁化分量的衰减 (黑色)。$t=T_1$，M_0 恢复至 $(1-\mathrm{e}^{-1})$ 幅度，约 63.2%；$t=T_2$，M_{-y}(或 M_{-x}) 衰减至 e^{-1} 幅度，约 36.8%

如图 5.2.1(b) 和 5.2.2(b) 所示，T_1 也可用单个 π 脉冲检测，如沿 $+x$ 方向施加 π 脉冲后，$t=0$ 时刻，纵向分量由 $M_z(0)=-M_0$ 向平衡态的动态恢复是

$$M_z(t)=M_0(1-2\mathrm{e}^{-t/T_1}) \tag{5.2.5}$$

由式 (5.2.3) 和 (5.2.5) 可知单个脉冲作用后，$t/T_1>5$(即至少等待 5 倍 T_1，如图 5.2.2 所示)，纵向磁化分量 $M_z(t)$ 才会恢复到 M_0 的水平，即重新建立热平衡态。实验过程中，需通过重复采样以提高信噪比，因此重复采样的时间间隔至少是 T_1 的 5 倍。这个数值，又称为重复时间 (shot repetition time，SRT)，是脉冲实验中一个非常重要的参数。随着技术的进步，在某些情况下，可不需要重复采样，称为单次采样 (single shot)。脉冲 EPR 使用正交检测，以横向磁矩为检测对象，因

此，在 T_1 一定时，如何延长 T_2 以提高实验的精确度，是从事量子精密测量领域的研究热点之一 (参考 5.4.8 节，以及本书的后续姊妹篇——《单自旋量子信息物理学》)。

5.2.2 FID 检测

处于偏共振时，系综平衡态的磁化矢量并不沿着 z 轴，如图 5.1.1(c) 所示。此时，在沿 $+x$ 方向施加 $\pi/2$ 脉冲后，磁化矢量一方面被翻转至 $-y$ 方向，同时也在 xy 平面作顺时或逆时旋转。在旋转坐标系，当 $\Omega_0>0$ 时，磁矩矢量翻转超前，速度较 ω_{mw} 快，逆时针旋转振荡衰减；当 $\Omega_0<0$，磁矩矢量翻转滞后，速度较 ω_{mw} 慢，顺时针旋转振荡衰减 (图 5.2.3)。以 $\Omega_0>0$ 为例，沿 $+x$ 轴施加 $\pi/2$ 脉冲后，横向磁化的两个分量作周期振荡，

$$\left.\begin{aligned} M_{-y}(t) &= M_0 \cos \Omega_0 t \\ M_x(t) &= M_0 \sin \Omega_0 t \end{aligned}\right\} \tag{5.2.6}$$

考虑到横向弛豫 T_2，上式变成

$$\left.\begin{aligned} M_{-y}(t) &= M_0 \cos \Omega_0 t \cdot \mathrm{e}^{-t/T_2} \\ M_x(t) &= M_0 \sin \Omega_0 t \cdot \mathrm{e}^{-t/T_2} \end{aligned}\right\} \tag{5.2.7}$$

它们和 FID 的振荡衰减，如图 5.2.3 所示，明显有别于共振时的衰减趋势 (图 5.2.2)。当 $\Omega_0<0$ 时，式 (5.2.7) 的第二个公式变成 $M_{-x}(t) = M_0 \sin \Omega_0 t \cdot \mathrm{e}^{-t/T_2}$，其余相同。

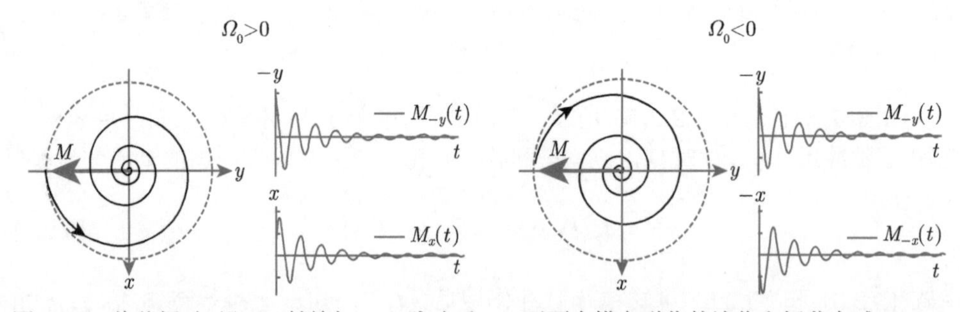

图 5.2.3　偏共振时，沿 $+x$ 轴施加 $\pi/2$ 脉冲后，xy 平面内横向磁化的演化和振荡衰减。$\Omega_0>0$，逆时针旋转振荡衰减，横向磁化分量以 M_{-y} 和 M_x 表示；$\Omega_0<0$，顺时针旋转振荡衰减，以 M_{-y} 和 M_{-x} 表示

本质上，FID 是脉冲后所观测到的、源自于样品自旋与谐振腔耦合的瞬态感应电流信号。理论上，$\pi/2$ 脉冲作用后，FID 就会形成并且振荡衰减，如图 5.2.4(a)

所示。技术上，我们无法在脉冲停止瞬间就开始检测和纪录 FID 信号，而是需要等待一段时间。这是因为之前以脉冲形式所施加的较大功率的微波能量，并不会在脉冲停止后就立刻耗散。脉冲停止后，残余微波能量在谐振腔内的逐渐消失过程，主要是振铃效应 (ringing effect)，好比余音绕梁，它会严重干扰着探测终端的检测。功率越大，脉冲越短，振铃效应越显著，耗散所需时间越长。从脉冲停止后微波能量完全耗散到探测系统开始检测 FID 信号的等待时间，称为空载时间 (deadtime，或空白时间)，如图 5.2.4(b) 所示。无论如何，如图 5.2.4(a) 所示，在空载时间内 FID 已经发生部分衰减。若 T_2 很短 (高浓度样品，交换耦合的多核体系和交换耦合的双自由基等)，在空载时间内 FID 会部分或全部衰减；若 T_1 很短 (高自旋体系，交换耦合的多核或多中心体系)，那意味着热平衡会迅速地重新建立，造成 FID 迅速衰减至 0。降低样品浓度可以延长 T_2，但信号强度会下降，降低检测温度或使用更高频率的谱仪可以延长 T_1。

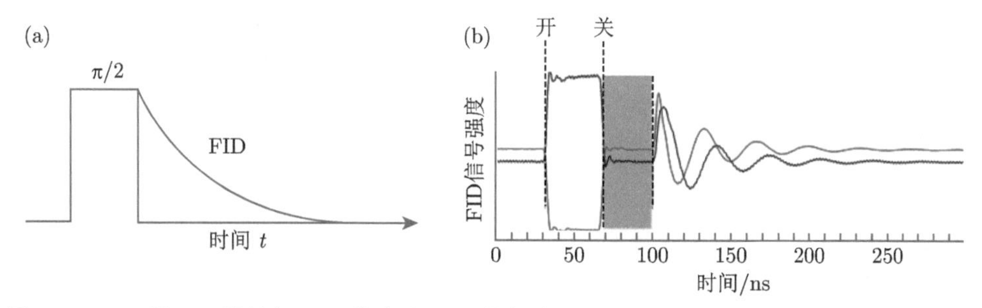

图 5.2.4 (a) 沿 $+x$ 轴施加 $\pi/2$ 脉冲后 FID 的衰减示意图；(b) 以 DPPH 为对象显示偏共振时 FID 的振荡。阴影表示空载时间，DPPH 粉末，300 K，9 GHz，脉冲峰值功率 10 W，$\pi/2$ 脉冲长度 40 ns，空载时间 40 ns

5.2.3 均匀和非均匀展宽

连续波实验中，EPR 谱型主要有洛伦兹线型和高斯线型，见 1.4 节。在脉冲实验中，我们用均匀展宽和非均匀展宽 (homogeneous and inhomogeneous broadenings) 来描述系综，不同展宽的系综，有各自特征的微扰理论和弛豫过程。

5.2.3.1 均匀展宽

在系综内，若每个自旋系统内电子自旋与核自旋都感受一个相同的、时间平均的内场，它们将具有相同的拉莫尔频率 ω_e 或 ω_N，且自旋间的相互作用会引起共同的、随机的自旋翻转 (spin flip-flops)。施加微波以激励共振时，每个自旋体系的吸收谱会全部叠加在一起，形成一个自旋包 (spin packet)。这种线型称为是均匀展宽的，一般等效于洛伦兹线型，半幅全宽是 $\Gamma_{\rm hom} = 2/T_{\rm m}$(图 5.2.5(a1))。此时，若施加一个特定频率的微波 (如箭头所示) 于均匀展宽的吸收谱上，会造成后

者强度的下降 (图 5.2.5(a2))，表现为：若是较强功率的连续波微波，会引起饱和展宽；若是短脉冲 ($t_p \ll T_m$)，用 π/2 脉冲将获得最强的横向磁化，或用 π 脉冲将获得最有效的纵向磁化反转。在 π/2 脉冲停止后，横向磁化作单指数衰减 (图 5.2.1(a)~(c))。低黏滞度的稀溶液中，分子的快速翻转运动，加速横向磁化发生随机的扇开弛豫，故发生弛豫的 FID 将无法再重聚成回波。

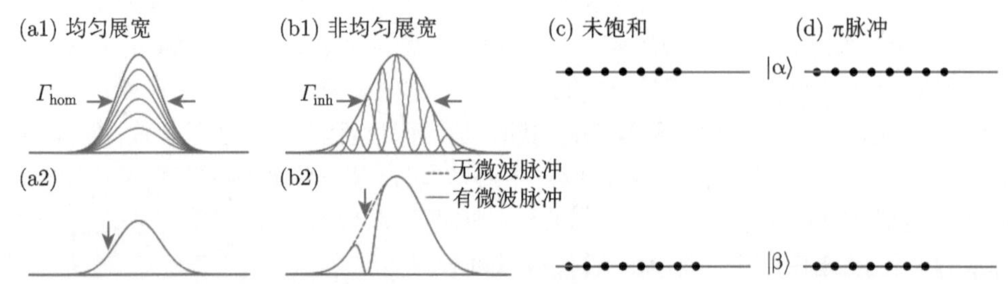

图 5.2.5　(a1) 示意由多个展宽均为 Γ_{hom} 的自旋包叠加形成一个总的 Γ_{hom} 均匀展宽，(a2) 用箭头示意特定频率辐照时造成系综吸收峰强度下降；(b1) 示意由不同拉莫尔频率、但展宽均为 Γ_{hom} 的多自旋包叠加形成一个总的 Γ_{inh} 非均匀展宽，(b2) 用箭头示意频率辐照时在系综内形成光谱烧孔，虚线表示辐照前，实线表示辐照后；(c) 未饱和情况下，|α⟩ 和 |β⟩ 两能级的经典布居分布；(d) 施加 π 脉冲后，|α⟩ 和 |β⟩ 两能级的布居分布，其次序与图 (c) 相比呈颠倒关系

5.2.3.2　非均匀展宽，光谱烧孔效应

若系综是由一系列具有不含时的各向特征拉莫尔频率的自旋包组成，且每个自旋包可以被独立激励，那么全部自旋包吸收谱的叠加呈非均匀展宽，但每个自旋包的独立吸收谱是均匀展宽的，$\Gamma_{hom} = 2/T_m$。这种非均匀展宽，一般等效于高斯线型，半幅全宽是 $\Gamma_{inh} = 2/T_2^*$(图 5.2.5(b1))。它源自每个自旋包所感受的内场是不一样的：① 外加静磁场 B_0 在样品内部的分布是不均匀的，即系综样品局部的拉莫尔频率存在空间差异；② 粉末、冷冻溶液、多晶等样品的无规取向所造成的应变效应 (strain effects)，尤其是 g-应变 (g-strain)；③ 未解析的超精细结构，源自每个电子自旋都会与多个距离远近不一的磁性核发生超精细耦合，这些相互作用往往又无法给予全部解析，又称为异源展宽 (heterogeneous broadening)。

以下，我们用 T_S 和 T_L 分别表示电子自旋和晶格环境的温度。系综处于热平衡时，T_S=T_L，自旋与环境间没有净能量流动 (图 5.2.5(c))。施加微波且处于非饱和的共振时，自旋能直接吸收微波能量发生跃迁，而晶格环境不能直接吸收微波。这造成了自旋中心被选择性地加热，即 T_S 增大，从而在样品中形成 T_S>T_L 的局部温度梯度。自旋所吸收的微波能量，会以热、声子等形式传递给周围的晶格环境，然后形成新的热平衡态，即由温差 T_S>T_L 恢复至等温 T_S=T_L。平衡态时，若沿 $+x$ 施加一个 π 脉冲，那么脉冲停止后自旋布居和平衡态的情形恰好相反，即高能级的比低能级的多，如图 5.2.5(d) 所示，形成类似于自发辐射的状况，系综由原来的能量净吸收变成能量净辐射。宏观上，施 π 脉冲后系综表现成向外辐射能量，即在原来平滑的吸收谱上凹陷成一个孔，这种现象称为光谱烧孔效应 (spectral hole burning)。读者切不可将光谱烧孔和连续波调谐时的下沉线混淆。连续波谱仪调谐时，横轴是频率，纵轴是自谐振反射出来的微波功率，以谐振频率为中心形成一个下沉线。下沉线越深，自谐振腔反射出来的微波能量就越少，在临界耦合时下沉线降至最低值，形成最大的驻波。

如图 5.2.5(b2) 的箭头所示，若选定一个频率的微波施加于非均匀展宽谱上，会造某个相应自旋包谱线强度下降，在原先平滑的吸收谱线中造成一个凹陷，从而形成光谱烧孔现象。实验上使用 π 脉冲，它能最有效地翻转纵向磁化以形成光谱烧孔，小孔的最大深度是相应位置吸收峰强度 (以 I_{EPR} 表示) 的两倍，即 $2I_{\mathrm{EPR}}$: 当脉冲长度 $t_{\mathrm{p}} \ll T_{\mathrm{m}}$ 时，小孔的宽度与脉冲长度的倒数 $1/t_{\mathrm{p}}$ 正相关；$t_{\mathrm{p}} \gg T_{\mathrm{m}}$ 时，孔的宽度向 $2/T_{\mathrm{m}}$ 收敛，没有实际意义。微波角频率 $\omega_1= 2\pi\nu_1$，光量子能量 $E=h\nu_1=g_{\mathrm{e}}\mu_{\mathrm{B}}B_1$，脉冲长度 t_{p} 和磁场 B_1、自旋磁矩翻转角度 β 的关系是 (式 (5.1.14)，$\beta = \omega_1 t_{\mathrm{p}}$)

$$\beta= 2\pi g_{\mathrm{e}}\mu_{\mathrm{B}}t_{\mathrm{p}}B_1/h \tag{5.2.8}$$

自旋磁矩翻转的概率是

$$p= (1-\cos\beta)/2 \tag{5.2.9}$$

以翻转角度 $\beta = \pi/2$ 为例，代入式 (5.2.8) 得 $B_1 = h/(4g_{\mathrm{e}}\mu_{\mathrm{B}}t_{\mathrm{p}}) \approx 89.2/t_{\mathrm{p}}(\mathrm{G})$。比如，$t_{\mathrm{p}}= 1\,\mathrm{ns}$，$B_1 = 89.2\,\mathrm{G}$；又，$t_{\mathrm{p}}= 9\,\mathrm{ns}$，$B_1 \approx 10\,\mathrm{G}$，依此类推，即脉冲 t_{p} 越长，B_1 越弱，小孔的深度和宽度随之变浅和变窄。实际实验中，还需要考虑每个谐振腔将微波功率 P 转变成微波磁场 B_1 的效率，详见 2.2.4 节。习惯上，t_{p} 短而 B_1 强的脉冲，称为硬脉冲，或非选择性脉冲 (hard or non-selective pulse)；相应地，t_{p} 较长而 B_1 较弱的脉冲，被称为软脉冲，或选择性脉冲 (soft or selective pulse)。介于二者之间的脉冲，则被称为半选择性脉冲。ESEEM 和 Davies-ENDOR 等实验，均使用非选择性的硬脉冲，而 Mims-ENDOR 则用选择性脉冲或软脉冲。

对于非均匀展宽的系综，π/2 脉冲后在 xy 平面形成一个呈扇形分布的横向磁化 (图 5.2.1(d))。这部分磁化的衰减是静态的、多指数的。因此，短时内衰减的横向磁化可以重聚，形成回波，详见 5.4.1 节。

对均匀展宽和非均匀展宽的 FID 动态衰减作傅里叶变换，可得半幅全宽 Γ_{hom} 与 Γ_{inh}，以及偏共振 Ω_0。

5.2.4 单脉冲实验

单脉冲技术，可用于检测弛豫、扫场、光谱烧孔等。比如，π/2 或 π 单脉冲均可检测 T_1，π/2 脉冲可检测 T_2 等。若扫描 FID 积分面积大小随静磁场 B_0 而变的趋势，则获得 FID 扫场谱 (FID field-swept EPR)，与此相对应的是电子自旋回波扫场谱 (electron-spin-echo field-swept EPR，ESE-EPR)，或回波探测扫场谱 (echo-detected field-swept EPR)。这两种扫场谱，都是吸收谱，经过拟调制 (pseudo modulation) 处理后可转变成常规的连续波谱。图 5.2.6 以混合价态双核锰 Mn^{III}-Mn^{IV}(MTDN) 为例，分别示意了这两种吸收谱，结果表明 π/2 脉冲越长，FID 扫场谱的分辨率就越好。若脉冲较长，那么在脉冲施加期间已经有一部分弛豫非常迅速的自旋包或磁化已经衰减，此时所检测到的吸收谱主要以源自弛豫比较慢的那一分部自旋包为主。部分交换耦合体系因弛豫迅速，只能用单脉冲的 FID 来检测其弛豫过程，且 FID 扫场谱只能检测到一部分跃迁。因此，脉冲 EPR 谱图不能像连续波那样，可直接进行强度的对比。

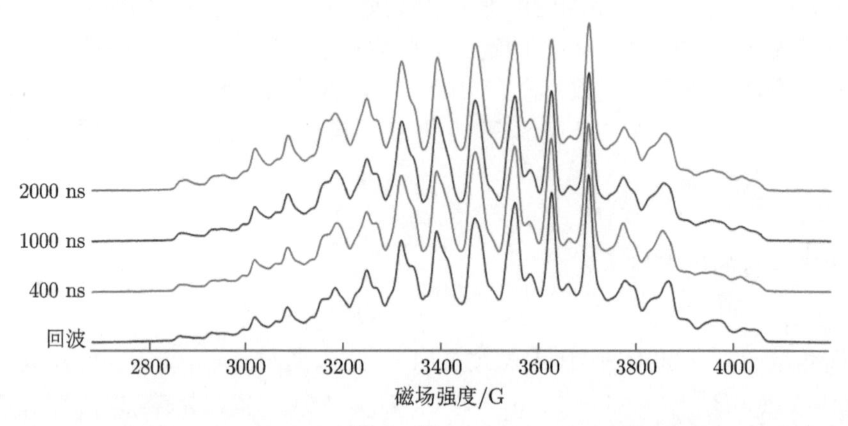

图 5.2.6 标准化的混合价态双核锰 Mn^{III}-Mn^{IV} 的 FID 扫场和回波扫场谱，常规的 cw-EPR 谱见图 4.5.6。FID 所用的 π/2 脉冲分别是 400 ns、1000 ns 和 2000 ns；ESE 所用的 π/2 和 π 脉冲分别是 64 ns 和 128 ns，间隔时间 $\tau = 300$ ns。其他参数是 9.697 GHz，4.3 K

5.3 自由演化

由 $A \xrightarrow{\phi B} A\cos\phi - \mathrm{i}\,[B, A]\sin\phi$(式 (5.1.25))，已知 ϕ 有内源和外源两种不同的扰动。第一种是微波或射频脉冲作用后引起磁化矢量的翻转角度，$\phi = \beta$，这是外源的实验参数，如 π/2、π 脉冲等。第二种自旋哈密顿量中某项或两项的跃迁频率 ω，即 ϕ=ωt，是内源的电子结构。后者是脉冲停止之后的自旋体系所受到的含时微扰，是脉冲实验的主要探测对象，如超精细耦合、电子-电子偶极相互作用、核电四极矩等 (详见式 (5.3.1))，这些都是与距离或角度相关的结构参数。脉冲停止后或多脉冲间隙中系综磁化的演化，称为自由演化。

下文中，主要以各向同性的和轴对称的超精细耦合系统为例，分析自由演化过程中横向磁化矢量所包含的信息。完整自旋哈密顿量的其他项，如电子-电子相互作用等，均可以此为基础作参考，进行层层推导。理论上，纵向弛豫速率的快慢，决定着这些哈密顿量的探测效率，但是有时为了方便，在以下理论展开中有时会暂时不考虑弛豫。若没有超精细耦合相互作用，那么脉冲作用停止后 FID 和回波的强度均呈单指数的 T_2 衰减，如式 (5.2.4) 所示。

5.3.1 自旋哈密顿量，希尔伯特空间

完整的自旋或等效哈密顿量 $\hat{\mathcal{H}}_{\rm S}$(或 $\hat{\mathcal{H}}_{\rm eff}$) 是

$$\hat{\mathcal{H}}_{\rm S}\left(\hat{\mathcal{H}}_{\rm eff}\right)=\hat{\mathcal{H}}_{\rm SJS}+\hat{\mathcal{H}}_{\rm LS}+\hat{\mathcal{H}}_{\rm SDS}+\hat{\mathcal{H}}_{\rm HFI}+\hat{\mathcal{H}}_{\rm EZ}+\hat{\mathcal{H}}_{\rm NZ}+\hat{\mathcal{H}}_{\rm NQI} \tag{1.5.22}$$

实际上，脉冲实验主要以高场近似为主。当 $\hat{\mathcal{H}}_{\rm EZ}>\hat{\mathcal{H}}_{\rm SDS}$、且 $\hat{\mathcal{H}}_{\rm EZ}>\hat{\mathcal{H}}_{\rm HFI}$ 时，脉冲实验经常使用另外一个等效的或虚拟的自旋哈密顿量 $\hat{\mathcal{H}}_{\rm S}$(fictitious or effective Hamiltonian)

$$\hat{\mathcal{H}}_{\rm S}\left(\hat{\mathcal{H}}_{\rm fict}\right)=\hat{\mathcal{H}}_{\rm EZ}+\hat{\mathcal{H}}_{\rm LS}+\hat{\mathcal{H}}_{\rm SDS}+\hat{\mathcal{H}}_{\rm HFI}+\hat{\mathcal{H}}_{\rm NZ}+\hat{\mathcal{H}}_{\rm NQI}+\hat{\mathcal{H}}_{\rm IDI} \tag{5.3.1}$$

它能很好地解释各种实验现象。其中，最后一项是核自旋间的偶极相互作用。对于这样的一个复杂系统，可用一个约化希尔伯特空间 (reduced Hilbert space) 描述系统各个可能状态的波函数。由 n 个电子自旋 S 和 m 个核自旋 I 构成的系统，希尔伯特空间维度是

$$n_{\rm H}=\prod_{i}^{n}(2S_i+1)\prod_{k}^{m}(2I_k+1) \tag{5.3.2}$$

以一个简单的双自旋体系为例，如 $^1{\rm H}^0$ 原子，$S=1/2$、$I=1/2$，$n_{\rm H}=4$。每个 $n_{\rm H}$ 的矩阵元是 $n_{\rm H}^2$，用 $n_{\rm L}=n_{\rm H}^2$ 表示，$n_{\rm L}$ 是刘维尔空间 (Liouville space)。

5.3.2 单自旋和系综，纯态和混态，相干叠加

对于单自旋，在外磁场 B_0 中的投影，用 α 和 β 来表示 S_z 的两个值 (1.3.3 节)，相应的自旋波函数 $|\psi\rangle$ 是

$$|\psi\rangle=c_\alpha\,|\alpha\rangle+c_\beta\,|\beta\rangle={\rm e}^{{\rm i}\phi}\left(|c_\alpha|\,|\alpha\rangle+{\rm e}^{-{\rm i}\Delta\phi}|c_\beta|\,|\beta\rangle\right) \tag{5.3.3}$$

其中，c_α 和 c_β 是复系数，$|c_\alpha|^2+|c_\beta|^2=1$，满足归一条件；$\phi$ 是相位。测试时，检测到 α 或 β 态的概率分别是 $|c_\alpha|^2$ 或 $|c_\beta|^2$，常用 S^α 和 S^β 表示极化。注，电子自旋三个空间分量 (S_x、S_y、S_z) 的探测是不相容的 (incompatible measurement)，详见第 2 章。

在实际实验中，我们主要研究的对象是由很多个自旋构成的系综。令每个自旋个体的相位差 $\Delta\phi=\phi_\alpha-\phi_\beta$，那么由 N 个孤立的、具有相同 $\Delta\phi$ 的自旋个体

叠加而成的系综，被称为纯态 (pure state)，其波函数是 $|\psi\rangle^N$。这种态的相干叠加 (coherence superposition)，是一种基本的量子现象。由 N 个孤立的电子自旋 $(S=1/2)$ 所构成的体积为 V 的纯态，其相干性非常接近于经典的宏观横向磁化矢量，

$$\left.\begin{aligned} M_x &= \frac{-g_{\rm e}\mu_{\rm B}N}{2V}\left(c_\alpha^* c_\beta + c_\alpha c_\beta^*\right) = \frac{-g_{\rm e}\mu_{\rm B}N}{V}|c_\alpha||c_\beta|\cos\Delta\phi \\ M_y &= \frac{{\rm i}g_{\rm e}\mu_{\rm B}N}{2V}\left(c_\alpha^* c_\beta - c_\alpha c_\beta^*\right) = \frac{-g_{\rm e}\mu_{\rm B}N}{V}|c_\alpha||c_\beta|\sin\Delta\phi \\ M_z &= \frac{-g_{\rm e}\mu_{\rm B}N}{2V}\left(|c_\alpha|^2 - |c_\beta|^2\right) \end{aligned}\right\} \tag{5.3.4}$$

通过测量 M_x、M_y、M_z，可获知该纯态的概率 c_α、c_β 和相位差 $\Delta\phi$。只有当 $c_\alpha=0$ 或 $c_\beta=0$ 的完全极化状态时，该纯态的横向磁化才能为零。然而，在任意温度下，电子自旋总是会与周围环境相互作用 (当自旋浓度较高时还存在自旋-自旋相互作用)，因此 N 个孤立的电子自旋是以布居分布形成平衡态。理论上，相干叠加较非相干的叠加更容易获得更低的熵 (即热力学优先论)，但是微观的自旋涨落则使自旋进动的相位随机化。最终，系综既不会发生完全极化，也不会显现有净的横向磁化，也就自然地形不成纯态。平衡态，也就意味着相干性的消失，即退相干 (decoherence)。因此，我们需要从理论上后退一步，把平衡态当成由 $n(n\leqslant N)$ 个处于纯态的子系综 (sub ensemble) 叠加而成，每个子系综的波函数和概率分别是 $|\psi_i\rangle$ 和 p_i，概率总和是 $\sum\limits_i^n p_i=1$。这称为非相干叠加 (incoherence superposition)，相应的系综称为混态 (mixed state)。各个相干子系综的统计平均，构成宏观的磁化矢量，

$$\left.\begin{aligned} M_x &= \frac{-g_{\rm e}\mu_{\rm B}N}{2V}\sum_i p_i\left(c_\alpha^{i*} c_\beta^i + c_\alpha^i c_\beta^{i*}\right) = \frac{-g_{\rm e}\mu_{\rm B}N}{V}\overline{|c_\alpha|\,|c_\beta|\cos\Delta\phi} \\ M_y &= \frac{{\rm i}g_{\rm e}\mu_{\rm B}N}{2V}\sum_i p_i\left(c_\alpha^{i*} c_\beta^i + c_\alpha^i c_\beta^{i*}\right) = \frac{-g_{\rm e}\mu_{\rm B}N}{V}\overline{|c_\alpha|\,|c_\beta|\sin\Delta\phi} \\ M_z &= \frac{-g_{\rm e}\mu_{\rm B}N}{2V}\sum_i p_i\left(|c_\alpha^i|^2 - |c_\beta^i|^2\right) \end{aligned}\right\} \tag{5.3.5}$$

其中，平均值 $\overline{|c_\alpha|^2}=\sum\limits_i p_i|c_\alpha^i|^2$，且 $\overline{|c_\alpha|^2}+\overline{|c_\beta|^2}=1$。与式 (5.3.4) 相比，即使我们探测了 M_x、M_y、M_z 等磁化分量，也无法全部获知 p_i、c_α^i、c_β^i 等数值，即系综的信息不完整化，这并不妨碍我们对具体实验结果的预判和解析。任意时刻的

磁化矢量均由 $\overline{|c_\alpha|^2}$、$\overline{|c_\beta|^2}$、$\overline{c_\alpha^* c_\beta}$ 和 $\overline{c_\alpha c_\beta^*}$ 等数值所决定，这些数值可联立成一个密度矩阵 $\boldsymbol{\sigma}$，

$$\boldsymbol{\sigma} = \begin{pmatrix} \overline{|c_\alpha|^2} & \overline{|c_\alpha|\,|c_\beta|} \\ \overline{|c_\alpha|\,|c_\beta|} & \overline{|c_\beta|^2} \end{pmatrix} \tag{5.3.6}$$

其中，对角元 $\overline{|c_\alpha|^2}$ 和 $\overline{|c_\beta|^2}$ 是基矢态 (basis states，即 S_z 的本征值) 的布居数，二者之差表示自旋极化，强度正比于纵向磁化矢量 M_z；非对角元 (off-diagonal elements) 反映相干，强度正比于横向磁化矢量和复相位投影到 xy 平面上的夹角。

我们先以一任意 $J > 1/2$ 的系综为例，对上面这个密度矩阵作一般性描述。任意纯态，均可以表达成由 $2J + 1$ 个基矢态的相干叠加。理论上，m 个自旋 J 组成的系统，基矢态波函数的数量由希尔伯特空间维度决定，

$$n_{\mathrm{H}} = \prod_{i=1}^{m} (2J_i+1) \tag{5.3.7}$$

纯态中任意子系综 n 的可观测量 $\langle A\rangle$ 是

$$\langle A\rangle = \sum_{i=1}^{m} p_i \left\langle \psi^i \,|\, A \,|\, \psi^i \right\rangle \tag{5.3.8}$$

其中，

$$|\psi^i\rangle = \sum_{k=1}^{n_{\mathrm{H}}} c_k^i |k\rangle \tag{5.3.9}$$

经变化，可观测量 $\langle A\rangle$ 变成

$$\langle A\rangle = \sum_{i=1}^{n} \sum_{kl} p_i c_l^{i*} \langle l \,|\, A \,|\, k\rangle = \sum_{kl} \overline{c_l^* c_k} \langle l \,|\, A \,|\, k\rangle \tag{5.3.10}$$

由此可见，可观测量 $\langle A\rangle$ 由系数 c_l^* 与 c_k 的统计平均所决定，而与 A、基矢态等无关，后者在求解过程中保持不变。$\langle l \,|\, A \,|\, k\rangle$ 是基矢态 $l\rangle$、$k\rangle$ 和算符 A 组成的矩阵元，习惯上写成

$$\sigma_{kl} = \langle l \,|\, \sigma \,|\, k\rangle = \overline{c_l^* c_k} \tag{5.3.11}$$

这等价于，

$$\sigma = \sum_{i=1}^{n} p_i \,|\psi_i\rangle \langle\psi_i| = \sum_{kl} \overline{c_l^* c_k}\; l\rangle \langle k| \tag{5.3.12}$$

当 $k=l$ 时，矩阵元 σ_{kk} 表示态 $|\,k\rangle$ 的布居数；当 $k\neq l$ 时，σ_{kl} 表示态 $|\,k\rangle$ 和 $|\,l\rangle$ 的量子相干。将式 (5.3.11) 代入式 (5.3.10)，得可观测量 $\langle A\rangle$，

$$\langle A\rangle=\sum_{kl}\langle k\,|\,\sigma\,|\,l\rangle\,\langle l\,|\,A\,|\,k\rangle=\sum_{k}\langle l\,|\,\sigma A\,|\,k\rangle=\operatorname{tr}\{\sigma A\}=\operatorname{tr}\{A\sigma\} \tag{5.3.13}$$

这时，我们得到了一个与基矢无关的迹 (trace，用缩写 tr 表示)，即矩阵 $\boldsymbol{A}$ 的对角元素之和。这样的好处是，我们可以很方便地使用 σ 来解释基矢态 $|\,k\rangle$，只要 $|\,k\rangle$ 是自旋哈密顿的本征态即可，详见 5.3.3 节。

5.3.3 各向同性的电子-核双自旋耦合系统，同相，反相

由一个电子 ($S=1/2$，$1s^1$) 和一个质子 ($I=1/2$) 耦合而成的氢原子 $^1\mathrm{H}^0$，是最简单的强耦合系统，四能级结构如图 3.1.5 所示，希尔伯特空间维度 $n_\mathrm{H}=4$。当电子自旋与核自旋均沿着实验坐标系 z 轴量子化时，本征态用 $|\alpha\alpha\rangle$、$|\,\alpha\beta\rangle$、$|\,\beta\alpha\rangle$、$|\,\beta\beta\rangle$ 等态矢表示，密度矩阵元如图 5.3.1(a) 所示。其中，对角元 $P_{\alpha\alpha}$、$P_{\alpha\beta}$、$P_{\beta\alpha}$、$P_{\beta\beta}$ 等表示各个态的布居，用 $1\pm\varepsilon$ 表示布居数的盈或缺 (excess or deficit populations，盈布居或缺布居)；非对角元表示电子和核的量子相干。

如图 5.3.1(b) 所示的能级结构中一共有六个跃迁，分别是四个允许跃迁和两个禁戒跃迁。对于任意两个态间的允许跃迁 (即单量子跃迁，single-quantum transition，SQ)，用 SQ^1(EPR，$\Delta M_S=\pm1$、$\Delta M_I=0$) 和 SQ^2(NMR，$\Delta M_S=0$、$\Delta M_I=\pm1$) 表示，对角元的差 (即布居数差) 是该跃迁的极化，联系这两个态的非对角元是该跃迁的相干。依据 $\Delta M_S+\Delta M_I=0$或 ±2，两个禁戒跃迁分别是零量子相干 (zero-quantum coherence，ZQ，$\Delta M_S+\Delta M_I=0$) 和双量子相干 (double-quantum coherence，DQ，$|\Delta M_S+\Delta M_I|=2$)。在 $S=1/2$、$I>1/2$，或 $S\geqslant1$、$I\geqslant1/2$ 等较复杂的电子-核耦合体系中，$|\Delta M_S+\Delta M_I|\geqslant2$ 的相干被称为多量子相干 (multiple-quantum coherence)。允许跃迁是既能被直接激励也能被直接探测，而禁戒跃迁既不能被直接激励也不能被直接探测。技术上，多个微波或射频脉冲交替使用，将这些禁戒跃迁通过极化或相干转移到单量子相干的态上，然后被间接地探测。

对于自旋量子数 J 较大的系统，常用相干阶 (coherence order) 表示任意两个态的相干，

$$p=\sum_{i}\left[M_{Ji}\,(k)-M_{Ji}\,(l)\right] \tag{5.3.14}$$

其中，$M_{Ji}\,(k)$ 和 $M_{Ji}\,(l)$ 分别是态 $|\,\psi_k\rangle$ 和 $|\,\psi_l\rangle$ 的磁量子数，如单自旋的 $|\alpha\rangle$、$|\,\beta\rangle$，电子-核双自旋的 $|\alpha\alpha\rangle$、$|\,\alpha\beta\rangle$、$|\,\beta\alpha\rangle$、$|\,\beta\beta\rangle$，或电子-电子双自旋、…。如图 5.3.1(a) 所示，对角线上方的矩阵元，相干阶 p 是正值；对角线下方的矩阵元，相干阶 p 是负值；$p=0$，是零量子相干和表示布居的各个对角元。需要注意的是，相干阶 p 的反转，只发生在脉冲施加期间，并不发生于自由演化阶段中。

(a)

	$\langle\alpha\alpha\vert$	$\langle\alpha\beta\vert$	$\langle\beta\alpha\vert$	$\langle\beta\beta\vert$
$\langle\alpha\alpha\vert$	$P_{\alpha\alpha}$	SQ^2	SQ^1	DQ
$\langle\alpha\beta\vert$	SQ^2	$P_{\alpha\beta}$	ZQ	SQ^1
$\langle\beta\alpha\vert$	SQ^1	ZQ	$P_{\beta\alpha}$	SQ^2
$\langle\beta\beta\vert$	DQ	SQ^1	SQ^2	$P_{\beta\beta}$

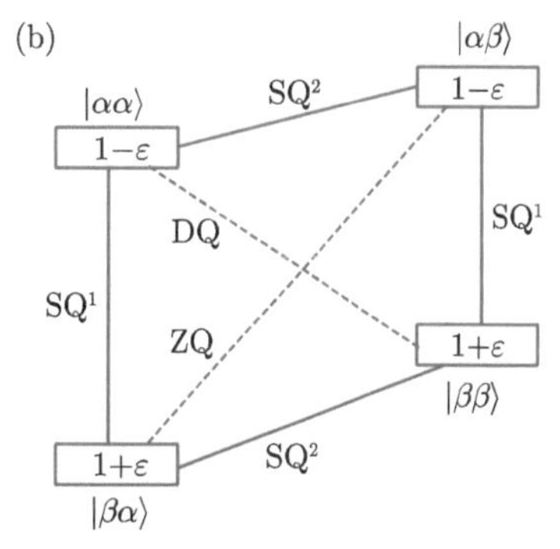

图 5.3.1 最简单的电子-核耦合系统 $^1H^0$ 的密度矩阵元、能级和跃迁。(a) 密度矩阵元：对角元 P_{jk} 代表布居数，非对角元代表量子相干；上标 1 和 2 分别代表电子自旋和核自旋；SQ^1 和 SQ^2 分别表示电子和核自旋的单量子相干，相干阶 $p = \pm1$；ZQ 表示零量子相干，相干阶 $p = 0$；DQ 表示双量子相干，相干阶 $p = \pm2$。(b) 能级图和跃迁：实线分别表示允许电子自旋、核自旋的单量子跃迁，SQ^1(EPR) 和 SQ^2(NMR)；虚线分别表示禁戒的零、双量子跃迁，ZQ 和 DQ；方框内的数字 $1+\varepsilon$ 和 $1-\varepsilon$ 分别表示布居的盈或缺

超精细耦合强弱不同的体系，相干阶 p 所对应的本征态也不同。如氢原子 $^1H^0$，$A_{\rm iso} > 0$，拉莫尔频率 $\omega_{\rm H}< 0$，形成如图 5.3.2 所示的四能级结构。根据 $|A_{\rm iso}|$ 和 $|2\omega_{\rm H}|$ 的大小关系，分成弱耦合 ($|A_{\rm iso}| < |2\omega_{\rm H}|$) 和强耦合 ($|A_{\rm iso}| > |2\omega_{\rm H}|$)；$|A_{\rm iso}| \approx |2\omega_{\rm H}|$，称为完全相消 (exact cancellation)。完全相消体系，适合用来探测核电四极矩等弱相互作用，参考 4.4.9 节。强超精细耦合的 ^{1}H，用 cw-EPR 可直接解析，详见第 3 章。以下，以弱超精细耦合的 ^{1}H 为例，该体系的四个塞曼能级由高到低是

$$\left.\begin{aligned}
E_1(\,|\alpha\beta\rangle\,) &= +\frac{\omega_{\rm e}}{2} - \frac{\omega_{\rm H}}{2} - \frac{A_{\rm iso}}{4}\\
E_2(\,|\alpha\alpha\rangle\,) &= +\frac{\omega_{\rm e}}{2} + \frac{\omega_{\rm H}}{2} + \frac{A_{\rm iso}}{4}\\
E_3(\,|\beta\beta\rangle\,) &= -\frac{\omega_{\rm e}}{2} - \frac{\omega_{\rm H}}{2} + \frac{A_{\rm iso}}{4}\\
E_4(\,|\beta\alpha\rangle\,) &= -\frac{\omega_{\rm e}}{2} + \frac{\omega_{\rm H}}{2} - \frac{A_{\rm iso}}{4}
\end{aligned}\right\}\quad \left(\begin{array}{c} A_{\rm iso} > 0\\ \omega_{\rm H}< 0\\ |A_{\rm iso}| < |2\omega_{\rm H}| \end{array}\right) \tag{5.3.15}$$

依次用 $|\alpha\beta\rangle$、$|\alpha\alpha\rangle$、$|\beta\beta\rangle$、$|\beta\alpha\rangle$ 等态矢表示。请读者细心比较上式与式 (3.1.12) 的差别，图 5.3.2(a) 进一步展示二者能级结构的异同。用 ω_{12} 和 ω_{34} 分别表示 $E_1 \leftrightarrow E_2$ 和 $E_3 \leftrightarrow E_4$ 的核自旋跃迁，即图 5.3.2 中的 SQ^2，

$$\left.\begin{aligned}
\omega_{12} &= E_1 - E_2 = -\omega_{\rm H} - A_{\rm iso}/2\\
\omega_{34} &= E_3 - E_4 = -\omega_{\rm H} + A_{\rm iso}/2
\end{aligned}\right\} \tag{5.3.16}$$

式 (5.3.15) 简化成

$$\left.\begin{aligned}|2\rangle:E_1&=+\frac{\omega_e}{2}-\frac{\omega_{12}}{2}\\|1\rangle:E_2&=+\frac{\omega_e}{2}+\frac{\omega_{12}}{2}\\|3\rangle:E_3&=-\frac{\omega_e}{2}+\frac{\omega_{34}}{2}\\|4\rangle:E_4&=-\frac{\omega_e}{2}+\frac{\omega_{34}}{2}\end{aligned}\right\}\quad\left(\begin{array}{c}A_{\text{iso}}>0\\\omega_{\text{H}}<0\\|A_{\text{iso}}|<|2\omega_{\text{H}}|\end{array}\right)\tag{5.3.17}$$

注意，式 (5.3.17) 按照能级由高到低依次排列，见图 5.3.2(a)。读者务必注意强、弱不同超精细耦合中，数字 1、2、3、4 等与能级次序的细微变化，详见图 5.3.2。

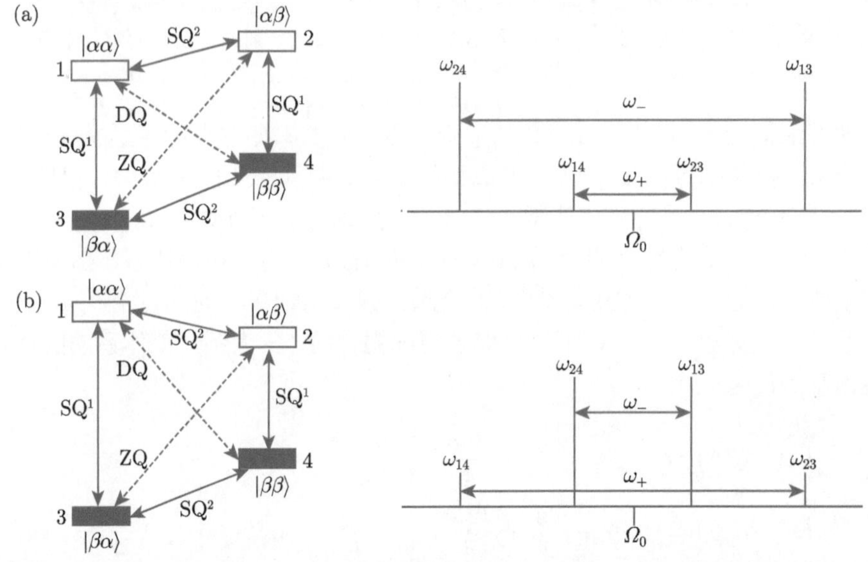

图 5.3.2　代表性的电子-质子双自旋耦合系统的能级图 (左) 和相应的 EPR 谱 (右)，经典能级图请参考图 3.1.6。(a) 弱耦合 $|A_{\text{iso}}|<2|\omega_{\text{H}}|$、(b) 强耦合 $|A_{\text{iso}}|>2|\omega_{\text{H}}|$，$A_{\text{iso}}>0$、$\omega_{\text{H}}<0$。实线表示允许跃迁，虚线表示禁戒跃迁；实框和虚框分别表示布居的盈或缺；ω 和 Ω 表示跃迁的频率，共振时 $\omega_e=\Omega_0$。可用 ω_N(或 ω_I) 泛指任意磁性核，在此是 ω_{H}。注意 (a) 和 (b) 的能级次序的差别和数字 1，2，3，4 所对应能级高低的差异。为加深对变化多端的能级结构和次序的理解，读者还须自行展开到 $A_{\text{iso}}<0$、$\omega_N<0$，$A_{\text{iso}}>0$、$\omega_N>0$，$S\geqslant 1$，$I\geqslant 1$ 等其他情形

EPR 的允许跃迁和禁戒跃迁 (图 5.3.2(a) 中的 SQ^1、DQ、ZQ) 分别是

$$\left.\begin{aligned}\omega_{13}&=\omega_e+(\omega_{12}-\omega_{34})/2\\\omega_{24}&=\omega_e-(\omega_{12}+\omega_{34})/2\end{aligned}\right\}\tag{5.3.18}$$

和

$$\left.\begin{aligned}\omega_{14}&=\omega_{\mathrm{e}}+\left(\omega_{12}+\omega_{34}\right)/2\\ \omega_{23}&=\omega_{\mathrm{e}}-\left(\omega_{12}+\omega_{34}\right)/2\end{aligned}\right\}\tag{5.3.19}$$

其中，式 (5.3.18) 的右侧括号内两项，称为和与差，

$$\left.\begin{aligned}\omega_{+}&=\omega_{12}+\omega_{34}\\ \omega_{-}&=\omega_{12}-\omega_{34}\end{aligned}\right\}\tag{5.3.20}$$

ω_+ 和 ω_- 主要应用于 ESEEM 解析，见 5.4.4 节。由于 A_{iso} 等数值均存在正、负之分，因此 ω_{12} 和 ω_{34} 也存在正、负号的问题。实际上，把式 (5.3.16) 换成绝对值，

$$\left.\begin{aligned}\omega_{\alpha}&=\left|\omega_{\mathrm{H}}-A_{\mathrm{iso}}/2\right|\\ \omega_{\beta}&=\left|\omega_{\mathrm{H}}+A_{\mathrm{iso}}/2\right|\end{aligned}\right\}\tag{5.3.21a}$$

若用 ω_I(或 ω_N) 表示任意磁性核，上式变成

$$\left.\begin{aligned}\omega_{\alpha}&=\left|\omega_{I}-A_{\mathrm{iso}}/2\right|\\ \omega_{\beta}&=\left|\omega_{I}+A_{\mathrm{iso}}/2\right|\end{aligned}\right\}\tag{5.3.21b}$$

式 (5.3.21) 可直观地表示每个核的 SQ^2 跃迁总是成对出现在频域谱中，如图 5.3.3(a) 所示：① 当 $|\omega_I|>|A_{\mathrm{iso}}/2|$ 时，吸收谱以 $|\omega_I|$ 为中心，两个跃迁的频率是 $|\omega_I|\pm|A_{\mathrm{iso}}/2|$，间隔是 $|A_{\mathrm{iso}}|$；② 当 $|\omega_I|<|A_{\mathrm{iso}}/2|$ 时，吸收峰以 $|A_{\mathrm{iso}}|$ 为中心，两个跃迁的频率是 $|\omega_I\pm A_{\mathrm{iso}}/2|$，间隔是 $2|\omega_I|$。一般地，A_{iso} 的正、负需要用电子-核-核三共振 (TRIPLE) 来解析。ω_α 和 ω_β 等的跃迁频域谱，反映着超精细耦合 A_{iso} 或 A_{ij}、磁性核的拉莫尔频率 ω_I、核电四极矩等相互作用，又被称为超精细谱 (hyperfine spectrum)，或核频域谱 (nuclear frequency spectrum)。

只考虑一阶近似时，由 m 个 I_k 的磁性核与 $S=1/2$ 耦合的系统，超精细谱 (即 NMR 的连续波谱) 的跃迁数量 N_{HF} 是

$$N_{\mathrm{HF}}=4\sum_{k=1}^{m}I_k\tag{5.3.22}$$

而 EPR 的跃迁数量 N_{EPR} 是

$$N_{\mathrm{EPR}}=\prod_{k=1}^{m}\left(2I_k+1\right)\tag{5.3.23}$$

显然，N_{HF} 是累加的，N_{EPR} 是累积的 (参考第 3 章，如杨辉三角)。

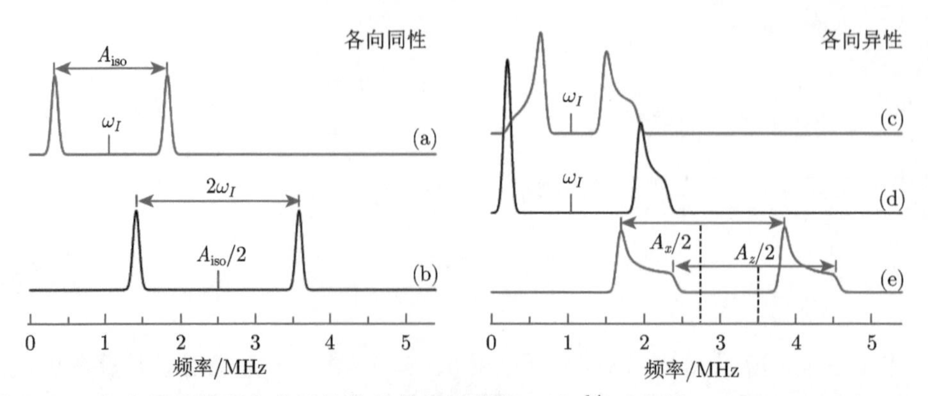

图 5.3.3 各向同性的和各向异性的超精细谱模拟。以 ^{14}N 为例，$\omega_{^{14}N} = 1.0772$ MHz，9.8 GHz，$B_0 = 3500$ G，忽略核电四极矩。各向同性：(a)$A_{iso} = 1.5$ MHz，(b)$A_{iso} = 5$ MHz。轴对称：(c)$A_\perp = 0.8$ 、$A_\| = 1.7$ MHz；(d)$A_\perp = 1.7$ 、$A_\| = 2.5$ MHz；(e)$A_\perp = 5$ 、$A_\| = 7$ MHz，因 $g_\perp$ 和 $g_\|$ 所对应的静磁场 B_0 是不同的，故 $\omega_{^{14}N}$ 也存在差异。这个图例，广泛应用于 ESEEM、ENDOR 等的解析

图 5.3.4 比较了萉 (fèi) 自由基 (phenalenyl radical) 的连续波谱和超精细谱。溶液谱表明，萉自由基的 9 个质子分成两组等价：一组是 6 个间位质子，$A_1 = 6.4$ G，形成比例是 1:6:15:20:15:6:1 的七重超精细分裂；另一组是 3 个对位质子，$A_2 = 1.8$ G，形成比例是 1:3:3:1 的四重超精细分裂。若两组超精细分裂峰不存在重叠，那么总共有 $7 \times 4 = 28$ 重超精细分裂峰，如图 5.3.4(a) 所示。在超精细谱 (或 ^{1}H-ENDOR，电核双共振谱，cw-和 pulsed-ENDOR) 中，每个质子的跃迁是 $|\omega_H| \pm |A_{iso}/2|$。等价质子的吸收峰会叠加在一起，根据不同 A_{iso} 的个数而获知

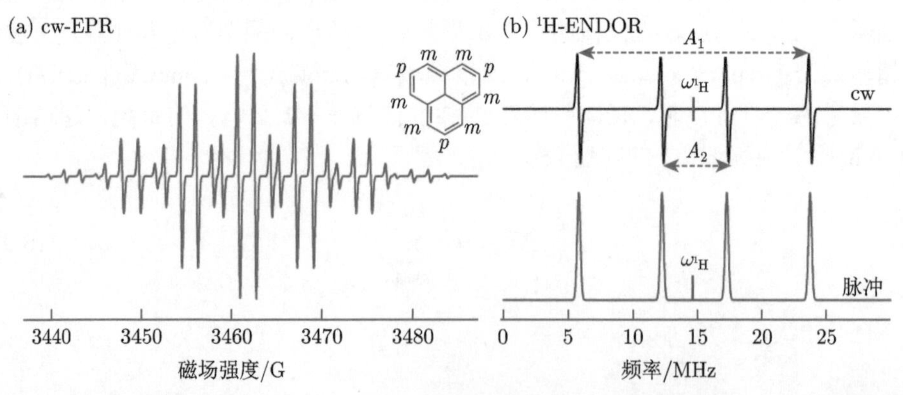

图 5.3.4 萉自由基的连续波谱 (a) 和 cw-与 pulsed-ENDOR 超精细谱 (b)。两组等价质子：第一组 6 个间位质子，$A_1 = 6.4$ G；第二组 3 个对位质子，$A_2 = 1.8$ G。其他参数，9.7 GHz，$B_0 = 3463.3$ G，$\omega_{^1H} = 14.746$ MHz；m、间位 (meta)，p、对位 (para)。$\omega_{^1H}$、A_1、A_2 等参数取绝对值

等价质子的组数。如图 5.3.4(b) 所示，A_1 和 A_2，表明萉自由基有两组等价质子，但质子的数量仍需由 cw-EPR 结果提供。在此，A_1 和 A_2 的正、负号是未知的，需要根据奇偶交替作理论推导或用电子-核-核三共振 (TRIPLE) 才可以确认。当 A_{iso} 较小或等价原子的组数较多时，cw-EPR 的超精细结构无法被解析，只能依靠 ESEEM、HYSCORE、cw-/pulsed-ENDOR 等技术，才可解析各个磁性核的 A_{iso}。因此，需要超精细耦合体系的自由演化过程作具体的分析，才能获得准确的信息。

$S = 1/2$ 或 $I = 1/2$ 的单自旋，希尔伯特空间维度 $n_{\text{H}} = 2$，刘维尔空间 $n_{\text{L}} = 4$，用笛卡儿自旋算符 (S_x、S_y、S_z) 和单位算子 $\mathbf{1}$(identity operator，或恒等算符)，以及 $S_+=S_x+\text{i}S_y$、$S_-=S_x-\text{i}S_y$、$S^\alpha=(\mathbf{1}+2S_z)/2$、$S^\beta=(\mathbf{1}-2S_z)/2$ 等单一元素基组，来展开张量基组 $\{S_+, S_-, S_z, \mathbf{1}\}$。其中，$S^\alpha$ 和 S^β 是极化算符，它是与自旋多重数极化有关的算符。而由 $S = 1/2$、$I = 1/2$ 构成的超精细耦合系统，希尔伯特空间维度 $n_{\text{H}} = 4$，乘积基 (product basis) 是

$$\{A_1, A_2, \cdots, A_{16}\} = \{S_x, S_y, S_z, \mathbf{1}\} \times \{I_x, I_y, I_z, \mathbf{1}\} \tag{5.3.24}$$

为简化，单位算子 $\mathbf{1}$ 在笛卡儿运算 (Cartesian operator) 中是不作展开的。经适当的归一化后，上式的全部基组 (basis set) 是

$$\{A_1, A_2, \cdots, A_{16}\} = \left\{ \begin{array}{l} \mathbf{1} \times \dfrac{\mathbf{1}}{\mathbf{2}}, S_x, S_y, S_z, I_x, I_y, I_z, 2S_xI_x, 2S_xI_y, 2S_xI_z, \\ 2S_yI_x, 2S_yI_y, 2S_yI_z, 2S_zI_x, 2S_zI_y, 2S_zI_z \end{array} \right\} \tag{5.3.25}$$

部分乘积基的物理含义，见表 5.3.1。

表 5.3.1　$S = 1/2$、$I = 1/2$ 超精细耦合系统部分乘积基的物理含义

乘积基	含义
S_x, S_y	同相的允许单量子相干
S_z	电子自旋极化
$S^\alpha I_x, S^\alpha I_y$	电子自旋 $\vert\alpha\rangle$ 多重数的核相干
$S^\beta I_x, S^\beta I_y$	电子自旋 $\vert\beta\rangle$ 多重数的核相干
$2S_z I_z$	电-核双自旋度
$2S_x I_x$, $2S_x I_y$, $2S_y I_x$, $2S_x I_x$	禁戒的电子相干，电-核零或双量子相干
$2S_x I_z, 2S_y I_z$	反相的允许单量子相干 (不能直接探测)

各向同性时，外磁场中自旋哈密顿量简化成 $\mathcal{H}_0 = \Omega_0 S_z + a_{\text{iso}} S_z I_z$。取热平衡态，如图 5.3.5(a) 所示，$\sigma_{\text{eq}} = -S_z$。沿 $+x$ 施加 $\pi/2$ 脉冲，σ_{eq} 作如图 5.3.5(b) 所示的翻转，

$$\sigma_{\text{eq}} = -S_z \xrightarrow{\pi/2+S_x} S_y=\sigma_1 \tag{5.3.26}$$

脉冲停止时刻四个能级的布居如图 5.3.5(c) 所示，实框表示布居分布是未知的，波浪线表示与电子相干 S_y 的两个允许跃迁。自由演化开始时，S_y 在 $\Omega_0 S_z$ 作用下做等价于子空间的旋转，如图 5.3.5(d) 所示 (S_z 同时表示外磁场 B_0 的方向)，

$$S_y \xrightarrow{\Omega_0 t\, S_z} S_y \cos(\Omega_0 t) - S_x \sin(\Omega_0 t) = \sigma_2 \tag{5.3.27}$$

与此同时，电子相干 S_y 还在 $a_{\text{iso}} S_z I_z$ 作用下做自由演化，如图 5.3.5(e) 所示，

$$\begin{aligned}\sigma_2 &\xrightarrow{\frac{a_{\text{iso}} t}{2}\, 2S_z I_z} S_y \cos(\Omega_0 t) \cos\left(\frac{a_{\text{iso}} t}{2}\right) - 2S_y I_z \sin(\Omega_0 t) \sin\left(\frac{a_{\text{iso}} t}{2}\right) \\ &- S_x \sin(\Omega_0 t) \cos\left(\frac{a_{\text{iso}} t}{2}\right) - 2S_x I_z \cos(\Omega_0 t) \sin\left(\frac{a_{\text{iso}} t}{2}\right) \\ &= \sigma(t)\end{aligned} \tag{5.3.28}$$

该演化，将同相 (in-phase) 的电子相干 S_x 和 S_y 部分地转变成反相 (anti-phase) 的电子相干 $2S_x I_z$ 和 $2S_y I_z$。注，异相 (out-of-phase)，存在于电荷重组形成的三重态中，详见 5.4.4 节。

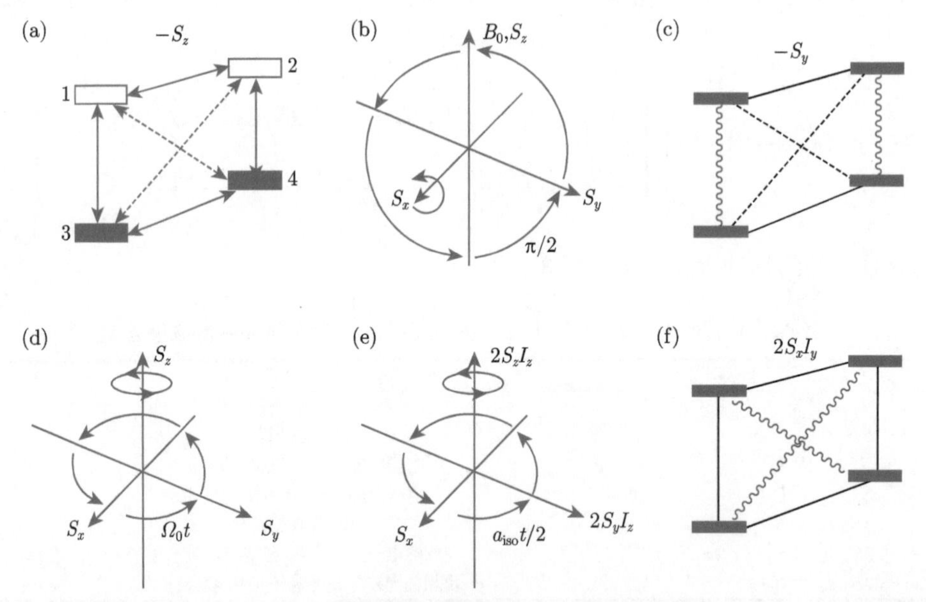

图 5.3.5　$S = 1/2$、$I = 1/2$ 超精细耦合系统的演化。(a) 热平衡态，$\sigma_{\text{eq}} = -S_z$(参考图 5.1.3(a))，实框和虚框分别表示布居的盈和缺；(b) 沿 $+x$ 施加 π/2 脉冲，子空间 S_z 和 S_y 的转变；(c) 作用于允许跃迁上电子相干 S_y；(d) 在时间 t 内、允许跃迁 (S_x、S_y) 在谐振偏置 $\Omega_0 S_z$ 作用下的电子相干演化；(e) 在时间 t 内、允许跃迁 S_x 在超精细耦合 $a_{\text{iso}} S_z I_z$ 作用下的电子相干演化，S_y 的演化与此类似；(f) 作用于禁戒跃迁的电子相干 $2S_x I_y$。波浪线表示目标对象

在 $\varOmega_0 S_z$ 和 $a_{\text{iso}} S_z I_z$ 同时作用下，横向磁化矢量在 x 和 y 轴的分量 (或期望值) 分别是

$$\left.\begin{aligned}\langle S_x\rangle(t) &= -S_x\sin(\varOmega_0 t)\cos\left(\frac{a_{\text{iso}}t}{2}\right)\\ &= -\frac{1}{2}\left[\sin\left(\varOmega_0+\frac{a_{\text{iso}}}{2}\right)t+\sin\left(\varOmega_0-\frac{a_{\text{iso}}}{2}\right)t\right]\\ \langle S_y\rangle(t) &= S_y\cos(\varOmega_0 t)\cos\left(\frac{a_{\text{iso}}t}{2}\right)\\ &= \frac{1}{2}\left[\cos\left(\varOmega_0+\frac{a_{\text{iso}}}{2}\right)t+\cos\left(\varOmega_0-\frac{a_{\text{iso}}}{2}\right)t\right]\end{aligned}\right\} \tag{5.3.29}$$

由 $\varOmega_0 \pm \dfrac{a_{\text{iso}}}{2}$ 可知，横向磁化矢量随着核的二重超精细吸收峰的谐振偏置频率作周期振荡，即回波的振荡和衰减受到了超精细相互作用或电子偶极相互作用的调制，这是 ESEEM 和 DEER 等理论基础。共振时 $\varOmega_0=0$，$\langle S_x\rangle(t)=0$，$\langle S_y\rangle(t)=\cos(a_{\text{iso}}t/2)$，$\langle S_y\rangle$ 的含时振荡形成时域谱 (time-domain spectrum)，经快速傅里叶变换 (fast Fourier transformation，FFT) 后变成频域谱 (frequency-domain spectroscopy)，从中获知 a_{iso} 和跃迁频率 $\omega=|\omega_I \pm A_{\text{iso}}/2|$。若 $I=0$，则 $a_{\text{iso}}=0$，$\langle S_x\rangle(t)$ 和 $\langle S_y\rangle(t)$ 仅仅是作 $\varOmega_0=0$ 或 $\varOmega_0\neq 0$ 的周期振荡，平均值为零。

5.3.4 各向异性的电子-核双自旋耦合系统

对于 g 各向同性而 A_{ij} 各向异性的 $S=1/2$、$I=1/2$ 耦合系统，自旋哈密顿量 $\mathcal{H}_0$ 是

$$\mathcal{H}_0=\omega_{\text{e}}S_z+\omega_I I_z+\hat{S}\hat{A}\hat{I} \tag{5.3.30}$$

取其近似，

$$\mathcal{H}_0\approx\omega_{\text{e}}S_z+\omega_I I_z+AS_zI_z+B_xS_zI_x+B_yS_zI_y \tag{5.3.31}$$

其中，$A=A_{zz}$，$B_x=A_{zx}$，$B_y=A_{zy}$，代表久期和拟久期 (pseudo-secular) 超精细耦合常数，与 S_x、S_y 有关的非久期项 (non-secular terms) 被直接忽略。实验坐标系中，用 $\text{e}^{-\text{i}\phi I}$、$\phi=\arctan(-B_x/B_y)$ 作酉变换 (unitary transformation)，并定义核自旋子空间的 x 轴，使核自旋分布于 xz 平面内，$\mathcal{H}_0$ 变成

$$\mathcal{H}_0=\omega_{\text{e}}S_z+\omega_I I_z+AS_zI_z+BS_zI_x \tag{5.3.32}$$

其中，$B=\left(B_x^2+B_y^2\right)^{1/2}$。在旋转坐标系，$\mathcal{H}_0$ 变成

$$\mathcal{H}_0=\varOmega_0 S_z+\omega_I I_z+AS_zI_z+BS_zI_x \tag{5.3.33}$$

谐振偏置 $\Omega_0 = \omega_{\mathrm{e}} - \omega_{\mathrm{mw}}$。轴对称时，系数 A 和 B 与 $A_{\|}$ 和 $A_{\perp}$ 的关系是

$$A = A_{\|} \cos^2\theta + A_{\perp} \sin^2\theta = a_{\mathrm{iso}} + T\left(3\cos^2\theta - 1\right) \tag{5.3.34}$$

和

$$B = (A_{\|} - A_{\perp}) \sin\theta\cos\theta = 3T\sin\theta\cos\theta \tag{5.3.35}$$

自旋哈密顿 $\mathcal{H}_0$ 的矩阵是

$$\mathcal{H}_0 = \begin{bmatrix} \dfrac{\omega_{\mathrm{e}}}{2} + \dfrac{\omega_I}{2} + \dfrac{A}{4} & \dfrac{B}{4} & 0 & 0 \\ \dfrac{B}{4} & \dfrac{\omega_{\mathrm{e}}}{2} - \dfrac{\omega_I}{2} - \dfrac{A}{4} & 0 & 0 \\ 0 & 0 & -\dfrac{\omega_{\mathrm{e}}}{2} + \dfrac{\omega_I}{2} - \dfrac{A}{4} & -\dfrac{B}{4} \\ 0 & 0 & -\dfrac{B}{4} & -\dfrac{\omega_{\mathrm{e}}}{2} - \dfrac{\omega_I}{2} + \dfrac{A}{4} \end{bmatrix} \tag{5.3.36}$$

省略对角化过程，超精细谱的两个跃迁频率是

$$\left.\begin{aligned} \omega_\alpha &= |\omega_{12}| = \left[\left(\omega_I + \frac{A}{2}\right)^2 + \frac{B^2}{4}\right]^{1/2} \\ \omega_\beta &= |\omega_{34}| = \left[\left(\omega_I - \frac{A}{2}\right)^2 + \frac{B^2}{4}\right]^{1/2} \end{aligned}\right\} \tag{5.3.37a}$$

或

$$\left.\begin{aligned} \omega_\alpha &= \left[\left(\omega_I + \frac{A_{\perp}}{2}\right)^2 \sin^2\theta + \left(\omega_I + \frac{A_{\|}}{2}\right)^2 \cos^2\theta\right]^{1/2} \\ \omega_\beta &= \left[\left(\omega_I - \frac{A_{\perp}}{2}\right)^2 \sin^2\theta + \left(\omega_I - \frac{A_{\|}}{2}\right)^2 \cos^2\theta\right]^{1/2} \end{aligned}\right\} \tag{5.3.37b}$$

A_{ij} 各向同性时，上式简化成式 (5.3.21)。A、B、ω_I 三者之间可用角度 η_α、η_β 来描述，

$$\left.\begin{aligned} \eta_\alpha &= \arctan\left(\frac{-B}{A + 2\omega_I}\right) \\ \eta_\beta &= \arctan\left(\frac{-B}{A - 2\omega_I}\right) \end{aligned}\right\} \tag{5.3.38}$$

在 α 和 β 自旋多重数中核自旋量化轴与 B_0 的夹角是

$$\left.\begin{aligned}\xi &= \frac{\eta_\alpha + \eta_\beta}{2} \\ \eta &= \frac{\eta_\alpha - \eta_\beta}{2}\end{aligned}\right\} \tag{5.3.39}$$

当 η_α 和 η_β 取定后，$-45° < \eta < 45°$，是两个量化轴的夹角。强耦合 ($|A| \gg 2|\omega_I|$) 或弱耦合 ($|A| \ll 2|\omega_I|$) 时，m_S 和 m_I 都是好的量子数，η 均趋于 0；完全相消 ($|A| = 2|\omega_I|$) 时，$|\eta| = 45°$。它们的超精细谱如图 5.3.3(c)~(e) 所示。需要指出的是，当 $|\omega_I| \sim |A_{ij}/2|$ 时，在接近 0 MHz 的区域，出现一个非常强的吸收峰。

实际上，以上推导 $\mathcal{H}_0$ 对自由演化的影响，还不够直观，仍需作一个对角化，所需的酉变换算符是

$$U_1 = \exp\left[-\mathrm{i}(\xi I_y + \eta 2S_z I_y)\right] = \exp\left[-\mathrm{i}(\eta_\alpha S^\alpha I_y + \eta_\beta S^\beta I_y)\right] \tag{5.3.40}$$

其中，$\xi I_y + \eta 2S_z I_y$ 是自由演化的转换项。对角化的自旋哈密顿量 $\mathcal{H}_0^{\mathrm{D}}$ 是

$$\mathcal{H}_0^{\mathrm{D}} = \Omega_0 S_z + \frac{\omega_+}{2} I_z + \frac{\omega_-}{2} 2S_z I_z \tag{5.3.41}$$

接下来，我们将逐步推导该系统的自由演化。取平衡态，$\sigma_{\mathrm{eq}} = -S_z$，沿 $+x$ 施加 π/2 脉冲后，转变成密度算符 $\sigma_1 = S_y$，在 $\mathcal{H}_0$ 本征基作用下得

$$\sigma_1 \xrightarrow{\xi I_y + \eta 2S_z I_y} S_y \cos\eta - 2S_x I_y \sin\eta = \sigma_2 \tag{5.3.42}$$

除了各向同性部分的允许跃迁，作用于禁戒跃迁的电子相干 $2S_x I_y$ 也同时被激发了，如图 5.3.5(f) 所示。在式 (5.3.41) 中 I_z 作用下演化时，σ_2 中的 $S_y \cos\eta$ 维持不变，即

$$\sigma_2 \xrightarrow{\frac{\omega_+}{2} t I_z} S_y \cos\eta - \sin\eta \left[2S_x I_y \cos\left(\frac{\omega_+}{2} t\right) - 2S_x I_x \sin\left(\frac{\omega_+}{2} t\right)\right] = \sigma_3 \tag{5.3.43}$$

在 $2S_z I_z$ 作用下，继续演化成

$$\begin{aligned}\sigma_3 \xrightarrow{\frac{\omega_-}{2} t 2S_z I_z} & S_y \cos\eta \cos\left(\frac{\omega_-}{2} t\right) - 2S_x S_z \cos\eta \sin\left(\frac{\omega_-}{2} t\right) - 2S_x I_y \sin\eta \cos\left(\frac{\omega_+}{2} t\right) \\ & + 2S_x I_x \sin\eta sin\left(\frac{\omega_+}{2} t\right) = \sigma_4\end{aligned} \tag{5.3.44}$$

然后，在 S_z 作用后再转变回初始的乘积基，

$$\sigma_4 \xrightarrow{\Omega_0 t S_z} \sigma_5 \xrightarrow{-(\xi I_y + \eta 2S_z I_y)} = \sigma_6 \tag{5.3.45}$$

采用简化形式，完整形式请读者自行展开。σ_6 中，磁化矢量在 x 和 y 轴的期望值分别是

$$\left.\begin{aligned}\langle S_x\rangle(t) &= -\sin(\Omega_0 t)\left[\cos^2\eta\cos\left(\frac{\omega_-}{2}t\right)+\sin^2\eta\cos\left(\frac{\omega_+}{2}t\right)\right]\\ \langle S_y\rangle(t) &= \ \ \cos(\Omega_0 t)\left[\cos^2\eta\cos\left(\frac{\omega_-}{2}t\right)+\sin^2\eta\cos\left(\frac{\omega_+}{2}t\right)\right]\end{aligned}\right\}\tag{5.3.46}$$

其中，$\cos^2\eta$ 是电子相干作用于间隔为 ω_- 的允许跃迁上，$\sin^2\eta$ 是电子相干作用于间隔为 ω_+ 的禁戒跃迁上 (式 (5.3.20) 和图 5.3.2)。当 $\eta=0$ 和 $\omega_-=a_{\text{iso}}$ 时，即各向同性，上式变成式 (5.3.29)。或者，我们可采用脉冲或脉冲序列作用于核自旋，使其发生快速翻转，最终形成一个平均效果，从而消去式 (5.3.34) 的最后一项，$T\left(3\cos^2\theta-1\right)$，形成等效的各向同性，最终将式 (5.3.46) 简化成式 (5.3.29)。这个处理过程称为去偶 (decoupling)，相应的脉冲或脉冲序列称为去偶脉冲。实验所记录的时域谱，需做快速傅里叶变换才能转变成频域的超精细谱。

实际实验中，式 (5.3.29) 和 (5.3.46) 的期望值，均同时包含了弛豫 T_2($\langle S_x\rangle$ 和 $\langle S_y\rangle$ 的振荡衰减)、各种邻近核的超精细耦合与核电四极矩、电子-电子偶极作用、动力学去偶等结构和动态信息。不同磁性核超精细谱中各个跃迁频率，用下式小结，

$$\left.\begin{aligned}\omega_{\alpha/\beta} &= \left|\frac{A_i}{2}\pm\omega_I\right| \quad \left(I=\frac{1}{2}\right)\\ \omega_{\alpha/\beta} &= \left|\frac{A_i}{2}\pm\omega_I\pm\frac{3}{2}Q_i\right| \quad (I=1)\\ \omega_{\alpha/\beta} &= \left|\frac{A_i}{2}\pm\omega_I+\frac{3}{2}Q_i(2m_I+1)\right| \quad \left(I\geqslant\frac{3}{2}\right)\end{aligned}\right\}\quad (i=x,y,z)\tag{5.3.47}$$

这组公式广泛用于 ESEEM、HYSCORE、ENDOR 等超精细谱的解析。电子-电子偶极的相互作用谱，在 5.4.6 节展开。

5.3.5 热平衡态，非平衡态，动态极化

到目前为止，我们都还没有清楚交代等式 $\sigma_{\text{eq}}=-S_z$ 的由来，即为何热平衡态的密度算符 σ_{eq} 可以等同于自旋极化 $-S_z$。因为稳态系综的初始热平衡态是必须明确的，否则将无法描述脉冲处理后系统所作的含时演化。实际实验中，考虑到弛豫等因素，并不是每次检测都是从初始平衡态出发，因此 σ_{eq} 的建立和演化等循环，就显得异常重要。系综热平衡态的建立，意味着相干的消失。多能级系统的热平衡态布居是

$$\sigma_{\text{eq}}=\frac{1}{Z}\exp(-\mathcal{H}_0\hbar/(k_{\text{B}}\text{T}))\tag{5.3.48}$$

定态自旋哈密顿 $\hat{\mathcal{H}}_0$ 详见式 (5.3.1)，Z 是系统配分函数 (partition function)，

$$Z = \mathrm{tr}\left\{\exp(-\mathcal{H}_0\hbar/(k_\mathrm{B}\mathrm{T}))\right\} \tag{5.3.49}$$

高场近似时，即 $\mathcal{H}_\mathrm{EZ}=\omega_\mathrm{e}S_z$ 是主导项；高温近似时，$\hbar\omega_\mathrm{e} \ll k_\mathrm{B}\mathrm{T}$。故，式 (5.3.48) 作指数展开后，得一阶近似，

$$\sigma_\mathrm{eq} = \mathbf{1} - \frac{\hbar\omega_\mathrm{e}}{k_\mathrm{B}T}S_z \tag{5.3.50}$$

单位算子 $\mathbf{1}$ 在实验过程中是不变的常量，可以被省略，上式简化成

$$\sigma_\mathrm{eq} = -S_z \tag{5.3.51}$$

注：以自旋的绝对浓度为研究对象时，不能作上述简化。相应地，自旋温度 T_S 是

$$T_S = \frac{\hbar\omega_\mathrm{e}}{k_\mathrm{B}\ln\left(\dfrac{p_\alpha}{p_\beta}\right)} \tag{5.3.52}$$

p_α 和 p_β 是任意跃迁两能级的布居数。当 $p_\alpha > p_\beta$ 时，$T_S < 0$；$p_\alpha = p_\beta$ 时，饱和效应。

在光激发而成的三重态内 (4.6.1 节)，存在系间窜跃、电荷重组、弛豫等物理和化学过程，各个能级的布居都会随时发生变化，系统一直处于非平衡的自旋初态 (non-equilibrium initial spin state)，因此 σ_eq 的真实值难以获得。相应的密度算符大致是

$$\sigma_\mathrm{OET} = \frac{P_{+1}}{2}\left(S_z^2 + S_z\right) + \frac{P_0}{2}\left(S_x^2 + S_y^2 - S_z^2\right) + \frac{P_{-1}}{2}\left(S_z^2 - S_z\right) \tag{5.3.53}$$

其中，P_{+1}、P_0、P_{-1} 是三重态 T_{+1}、T_0、T_{-1} 的布居数，受系统间过渡速率、激发单态和三重态的衰减速率、自旋弛豫速率等影响。若使用脉冲光，σ_OET 还与脉冲光停止后的不同时刻 t 有关。

对于双自由基 (详见 4.6 节)，若初始前体是单态，那密度算符是

$$\sigma_S = \frac{1}{4}\mathbf{1} - S_{1z}S_{2z} - (S_{1x}S_{2x} + S_{1y}S_{2y}) \tag{5.3.54}$$

其中，$S_{1z}S_{2z}$ 是双自旋阶 (two-spin order)，$(S_{1x}S_{2x} + S_{1y}S_{2y})$ 是双电子自旋的零量子相干。单态和三重态间的转变受到 g_{ij} 和 A_{ij} 各向异性的影响。当考虑到

双电子间的偶极和交换作用会影响低场 T_{-1} 和 T_{+1} 间的混合 (admixture) 时，上式将失效。若初始前体是三重态，那密度算符是

$$\sigma_{\mathrm{T}}=P_0\left(\frac{1}{4}\mathbf{1}-S_{1z}S_{2z}+S_{1x}S_{2x}+S_{1y}S_{2y}\right)+\left(P_{+1}-P_{-1}\right)\left(S_{1z}+S_{2z}\right) \tag{5.3.55}$$

三重态的自旋极化 $(S_{1z}+S_{2z})$ 取代了单态的 $S_{1z}S_{2z}$，成为主要跃迁。这种非平衡态的极化称为化学诱导动态电子极化 (chemically induced dynamic electron polarization，CIDEP)。

5.3.6　数据分析

单脉冲作用后，自旋演化所受到的直接影响因素是自旋哈密顿 $\mathcal{H}_0$ 中的跃迁，详见式 (5.3.46) 和式 (5.3.47)。实验上，除了 FID 扫场谱，单脉冲 FID 检测所得结果是 $\langle S_x\rangle(t)$ 和 $\langle S_y\rangle(t)$ 的振荡衰减曲线，即时域谱。非饱和的理想情况下，这些结果都是线性响应的 (式 (1.1.1))，经傅里叶变换成频域谱，再据式 (5.3.47) 做解析。

自旋哈密顿 $\mathcal{H}_0$ 中的各个相互作用，都是不含时的。因此，如果系统响应含有多个不同组分，式 (1.1.1) 变成

$$\varPhi\left\{a_1x_1(t)+a_2x_2(t)\right\}=a_1y_1(t)+a_2y_2(t) \tag{5.3.56}$$

脉冲实验所使用的脉冲 $\delta(t)$ 非常短，可用 δ 函数 (delta function) 表示已知的输入信号，

$$x(t)=\int_{-\infty}^{\infty}x(\tau)\,\delta(t-\tau)\,\mathrm{d}\tau=\int_{-\infty}^{\infty}\delta(\tau)\,x(t-\tau)\,\mathrm{d}\tau \tag{5.3.57}$$

再做卷曲积分 (convolution integral)，所得的读出信号是

$$y(t)=h(t)\cdot x(t)=\int_{-\infty}^{\infty}h(\tau)\,x(t-\tau)\,\mathrm{d}\tau \tag{5.3.58}$$

其中，$h(t)=\varPhi\{\delta(t)\}$ 是系统的脉冲响应 (impulse response)。如果 $h(t)$ 是已知的，那么通过卷曲处理，可获得该响应特征。当系统是平移不变 (shift-invariant) 时，式 (1.1.1) 变成

$$\varPhi\left\{x(t-t_0)\right\}=y(t-t_0) \tag{5.3.59}$$

单脉冲 FID 振荡是最简单的时域响应，用转移函数 (transfer function) 即可被转变成频域谱，

$$y(t)=\varPhi\left\{\mathrm{e}^{pt}\right\}=H'(p)\,\mathrm{e}^{pt} \tag{5.3.60}$$

p 是系统本征函数的复数；本征值 $H'(p)$ 是一个不含时的信号，它反映着输入信号幅度和相位的变化。若输入脉冲的谐波是 $p = \mathrm{i}\omega$，且 $x(t) = \cos(\mathrm{i}\omega) + \mathrm{i}\sin(\mathrm{i}\omega)$(欧拉公式，即 $\mathrm{e}^{\mathrm{i}\omega t}$)，频率响应函数 (frequency response function) 是

$$H(\omega) = H'(\mathrm{i}\omega) \tag{5.3.61}$$

于是，式 (5.3.58) 变成

$$y(t) = \int_{-\infty}^{\infty} h(\tau)\,\mathrm{e}^{\mathrm{i}\omega t}\mathrm{e}^{\mathrm{i}\omega\tau}\mathrm{d}\tau = H(\omega)\,\mathrm{e}^{\mathrm{i}\omega t} \tag{5.3.62}$$

该式等价于，

$$H(\omega) = \int_{-\infty}^{\infty} h(t)\,\mathrm{e}^{-\mathrm{i}\omega t}\mathrm{d}t = \mathcal{F}\{h(t)\} \tag{5.3.63}$$

即在线性响应的理想情况下，脉冲响应经傅里叶变换所得结果就是相应的连续波扫频谱。换而言之，连续波扫频谱所负载的信息，同样可以用单脉冲 FID 检测所获得。单脉冲 FID 的含时振荡是

$$h(t) = \langle S_y\rangle(t) - \mathrm{i}\langle S_x\rangle(t) \tag{5.3.64}$$

对于 $S = 1/2$ 的系统，$h(t)$ 变成

$$h(t) = \begin{cases} \exp\left(-\dfrac{t}{T_2}\right)[\cos(\Omega_0 t) + \mathrm{i}\sin(\Omega_0 t)] & (t \geqslant 0) \\ 0 & (t < 0) \end{cases} \tag{5.3.65}$$

经傅里叶变换 $\mathcal{F}$，得 $H(\omega)$，

$$\mathcal{F}\{h(t)\} = H(\omega) = A(\omega) + \mathrm{i}D(\omega) \tag{5.3.66}$$

其中，$A(\omega)$ 和 $D(\omega)$ 分别是吸收谱和色散谱 (absorption and dispersion spectra)，均是共振偏置 Ω_0 的函数，

$$\left.\begin{aligned} A(\omega) = A(\Omega_0, T_2) &= \frac{T_2}{1 + \Omega_0^2 T_2^2} \\ D(\omega) = D(\Omega_0, T_2) &= \frac{-\Omega_0 T_2^2}{1 + \Omega_0^2 T_2^2} \end{aligned}\right\} \tag{5.3.67}$$

二者通过希尔伯特变换 (Hilbert transformation) 相互转变，

$$D(\omega) = \frac{1}{\pi}\int_{-\infty}^{\infty} \frac{A(\omega')}{\omega - \omega'}\mathrm{d}\omega' \tag{5.3.68}$$

实际上，用 $A(\omega)$ 和 $D(\omega)$ 组合来描述频域谱时非常不直观，如图 5.3.6 所示。时域谱中缓慢衰减的信号，对应着频域谱中较窄的谱线；反之，时域谱中迅速衰减的信号，对应着频域谱中较宽的谱线。因此，取 $H(\omega)$ 的绝对值，即

$$|H(\omega)| = \sqrt{A^2(\omega) + D^2(\omega)} \tag{5.3.69}$$

变换成直观的绝对值谱 (absolute-value or -magnitude spectrum)。2P-/3P-/4P-ESEEM、HYSCORE 等自旋回波包络调制的频域谱，都是绝对值谱，如图 4.4.14(b) 所示。

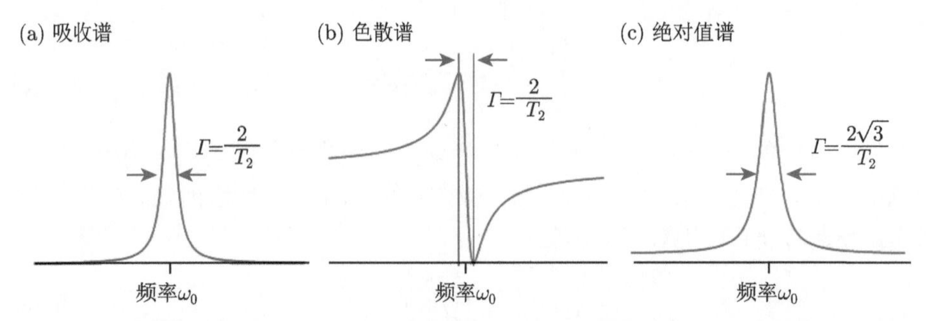

图 5.3.6 洛伦兹线型的单脉冲 FID 时域谱经傅里叶变换后所得的吸收谱、色散谱和绝对值谱。注意箭头所示意的半幅全宽 Γ 与 T_2 的对应关系，ω_0 是具体实验所使用的激励跃迁的频率

有时，正交信号 $h(t)$ 的两个分量 $\langle S_y \rangle$ 和 $\langle S_x \rangle$ 无法被同时检测，造成无法区分频率的正、负。此时，将激发或检测相位作 90° 的移动，即可克服。

以上的讨论是基于线性理论的最常用的傅里叶变换，同样适用于以密度矩阵为基础的量子体系。除此之外，还存在诸如非线性响应理论 (non-linear response theory)、二维脉冲的傅里叶变换等理论分析，本书不作展开，请参阅所引的脉冲 EPR 专著。具体的数据转换处理，参考仪器操作手册。

5.4 多脉冲序列及主要应用

本节介绍常见的两个或两个以上脉冲构成的脉冲序列及其应用 [1]。在多脉冲序列中，根据脉冲施加的时间和脉冲间隔，常把脉冲序列分成准备、一到多个自由演化、混合、检测等四种不同阶段。

在 5.3 节自由演化过程，我们已经从理论上深入分析了 $S=1/2$、$I=1/2$ 体系的超精细谱，从中获得磁性核的超精细耦合常数。本节，我们将对具体的脉冲应用作展开。据式 (5.3.46)，$A_{ij} \leqslant 20$ MHz 的弱耦合体系，可选用 ESEEM 或 Mims-ENDOR 脉冲组合，当 $A_{ij} \geqslant 20$ MHz 时，则使用 Davies-ENDOR。cw-ENDOR，

不受此限。ESEEM 所得结果是时域谱，需用傅里叶变换成频域谱。

5.4.1 原初回波

1950 年，Hahn 基于脉冲序列 $\frac{\pi}{2}$-τ-$\frac{\pi}{2}$-τ-echo，首先创立了核自旋回波的原初模型 (prototype)，激励形成的原初回波又常被称为 Hahn 回波 (primary or Hahn echo)。八年后，Blume 成功观测到回波信号 (1.1.4 节)。对于普通读者，可能会觉得这个脉冲序列有些奇怪，虽然 Hahn 当时也留意到第二个脉冲的翻转角度可以加大一倍。对于一般的 EPR 线型 (即窄线型)，任意两脉冲序列，β_1-τ-β_2-τ-echo，激励形成的原初回波强度是

$$I_{\mathrm{PE}}=|\sin\beta_1|\sin^2\left(\frac{\beta_2}{2}\right) \tag{5.4.1}$$

β_1、β_2 等是标称翻转角度 (nominal flip angle)。显然，$\beta_1=\pi/2$ 和 $\beta_1=\pi$ 时，原初回波强度最大，它们一起组成了最常用的自旋回波序列，$\pi/2$-τ-π-τ-echo，如图 5.4.1(a) 所示。若 $\beta_1=n\pi, n=1,2,3,\cdots$(第一个脉冲没有激励横向磁化的形成)，或 $\beta_2=2n\pi$(第二个脉冲无效) 等少数情况下，原初回波强度为 0。

共振时，经典 $\pi/2$-τ-π-τ-echo 脉冲序列施加过程中，各个阶段的自旋包动态分布如图 5.4.1(b) 所示。

(1) $t\leqslant 0$，系综处于热平衡态，M_0 或 $-\sigma_{\mathrm{eq}}$。

(2) 沿着 y 轴的 $\pi/2$ 脉冲，于 $t=0$ 开始施加，在 $t=1$ 处结束。脉冲停止时刻，磁化矢量 M_0 或 $-\sigma_{\mathrm{eq}}$ 翻转到 $+x$ 轴向，形成强度最强的初始 FID，它由不同拉莫尔频率的自旋包组成，可用一扇形结构描述。

(3) 在 $1<t\leqslant 2$ 区间 (即经过一段长度为 τ 的自由演化)，不同自旋包以各自特征的弛豫速率作衰减进动，FID 强度趋于 0。$t=2$ 处时：进动速率最快的自旋包，进动到整个自旋包队伍的最前面，以 6、$6'$ 表示；进动速率最慢的，落在整个自旋包队伍的最后面，以 0、1、$1'$ 表示；夹在中间的，是 2、$2'$、3、$3'$、$\cdots$ 等自旋包。

(4) π 脉冲在 $t=2$ 处启动，在 $t=3$ 处结束，作用后使整个自旋包的分布发生前后 180° 的逆转，使 $t=3$ 处自旋包的自旋动态分布恰好与 $t=2$ 处相反：原先进动最快的自旋包 6 和 $6'$ 变成落在最后面，而原来落在最后的自旋包 0、1、$1'$ 则被人为地翻转到整个自旋包队伍的最前面。$3<t<4$ 区间 (即经过时间长度为 τ 的自由演化)，各个自旋包继续沿着与 π 脉冲作用前的相同方向作进动，最终趋向于聚合。

(5) $t=4$ 处，各个自旋包聚合在 $-x$ 轴向，构成原初回波。回波是两个背靠背的 FID(用虚线分开)：前一个 FID 因自旋包趋向聚合，强度逐渐增大；后一个

则是正常衰减的 FID，与第一个脉冲后的类似。每个 FID 的下半部分是进动频率比较慢的自旋包，上半部分是进动频率比较快的自旋包。当存在两种或两种不同 EPR 信号 (常见是自由基和过渡离子、不同的过渡元素) 的叠加时，通过选择不同的脉冲长度和回波的积分范围，可以人为地选择观测进动快 (或慢) 的那一部分信号，并过滤其余信号。

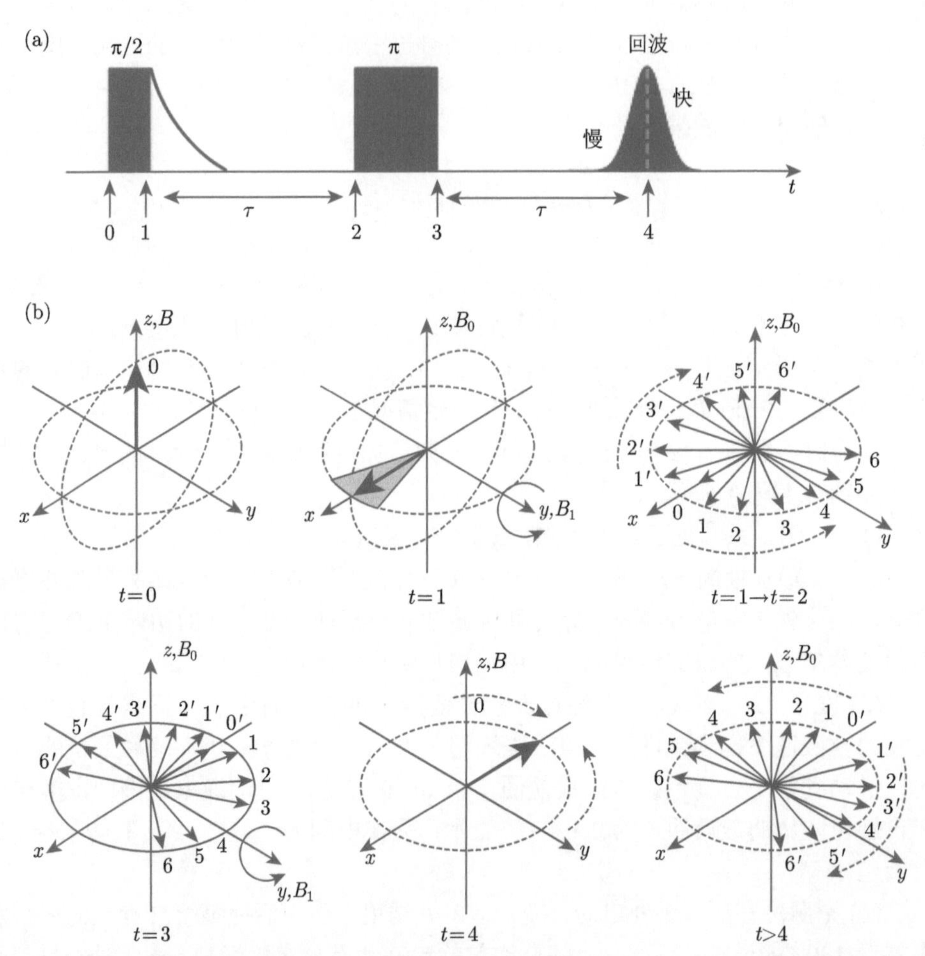

图 5.4.1　满足共振的经典两脉冲自旋回波序列，π/2-τ-π-τ-echo(a) 和各个时刻横向磁化的动态分布 (b)。脉冲沿 $+y$ 轴施加，π/2 是准备脉冲，π 是探测脉冲，τ 是自由演化时间

(6) $t>4$ 处，原初回波发生扇形散开，进动方向与之前的恰好相反，然后重复 (3)~(5) 步的进动，形成重聚回波 (refocused echo)，然后如此无限循环地扇开、重聚，再扇开、再重聚，…。在等待 $t/T_1>5$(即等待 5 倍 T_1，如式 (5.2.3) 和 (5.2.5)) 后，系综恢复热平衡态。

(7) 当系综具有均匀展宽的性质时，FID 或横向磁化的强度只能沿着 x 轴作衰减或增长的循环变化，因此不存在重聚而形成回波的自旋基础，无法形成回波。

5.4.2 T_1 对回波的影响，两脉冲序列的应用

在对脉冲作理论分析过程中，总是会先忽略弛豫，只看唯像的变化过程，然后再将弛豫加以考虑。FID 和回波都是横向磁化作切割谐振腔线圈而形成的瞬态信号：π 脉冲后形成的原初回波，可以被简单当成是 π/2 脉冲后 FID 衰减的逆过程，强度由 0 逐渐增长到极大值。在这些推导过程中，我们直接忽略了纵向磁化的恢复，而只考虑横向磁化的衰减。实际上，当 $T_2 \ll T_1$ 时 (如有机自由基、液氦低温探测)，我们可以忽略纵向磁化的恢复；当 $T_2 \approx T_1$ 时，横向磁化的衰减，会伴随纵向磁化的恢复，此时，原初回波的强度比较弱；当 T_1 很短且 $T_2 \gg T_1$ 时，热平衡迅速重建加速了 FID 的衰减，使回波的可探测强度几乎为零。第三种情形，主要存在于高自旋体系和交换耦合体系等，此时，要么降低温度延长 T_1，要么使用高频高场技术来延长 T_1 和提高分辨率，才能获得较高分辨的回波。此时，原初回波强度主要受 T_m 的限制。

标准脉冲序列 $\frac{\pi}{2}$-τ-π-τ-FID/echo，主要用来做 FID 或 ESE 扫场谱 (图 5.2.6)、测量 T_2 和两脉冲 ESEEM(two-pulsed ESEEM，2P-ESEEM) 等。① 固定脉冲序列 $\frac{\pi}{2}$-τ-π-τ-FID/echo，检测 FID 或回波的积分随着磁场强度 B_0 变化的趋势，从而得到 FID 或 ESE 扫场谱。实验上，增大 τ 值或用较长的 π/2 脉冲，可过滤弛豫比较慢的那部分自旋信号，这是脉冲的选择性之一。② 当选定一个磁场强度 B_0 而逐渐增大脉冲间隔，即 $\tau + n\Delta t(n = 0，1，2，3，\cdots)$ 时，对回波高度 (即回波的高程) 采样则检测 T_2 衰减动力学，若对回波作积分则获得 2P-ESEEM，如图 5.4.2 所示。原初回波衰减的时间常数 T_2，又称相位存贮时间 (phase memory time)，用 T_m 表示，它与单脉冲 FID 所探测的 T_2 存在些许差别。回波高度 I_echo 与 T_m 的近似关系是 $I_\mathrm{echo} \propto \mathrm{e}^{-2\tau/T_\mathrm{m}}$，即回波受到 T_m 的限制，而不受内禀线宽的影响。2P-ESEEM 为时域谱，如图 5.4.3 所示，先以所含的 T_2 作基线校对，然

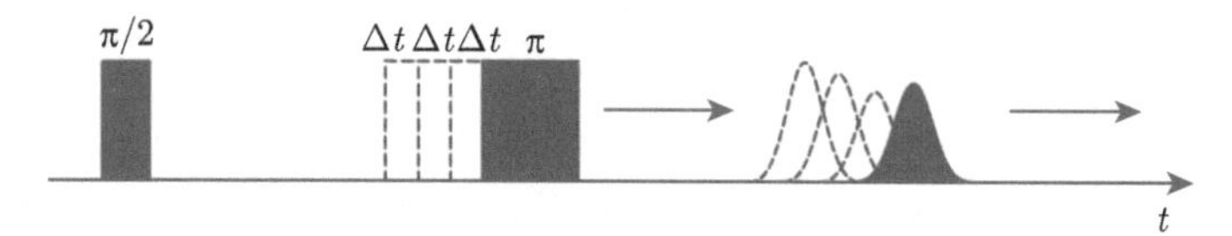

图 5.4.2 经典两脉冲自旋回波序列 (π/2-τ-π-τ-echo) 探测 T_2 或 2P-ESEEM。前者可检测回波最高点或回波面积的时间变化曲线，后者只检测回波面积。回波强度或积分面积随着 $T = \tau + n\Delta t(n = 0,1,2,\cdots)$ 作振荡衰减的过程，反映着 T_m 的长短，或经快速傅里叶变换后转变成频域谱

后再作快速傅里叶变换转变成频域谱，后者的具体解析参考图 5.3.3。

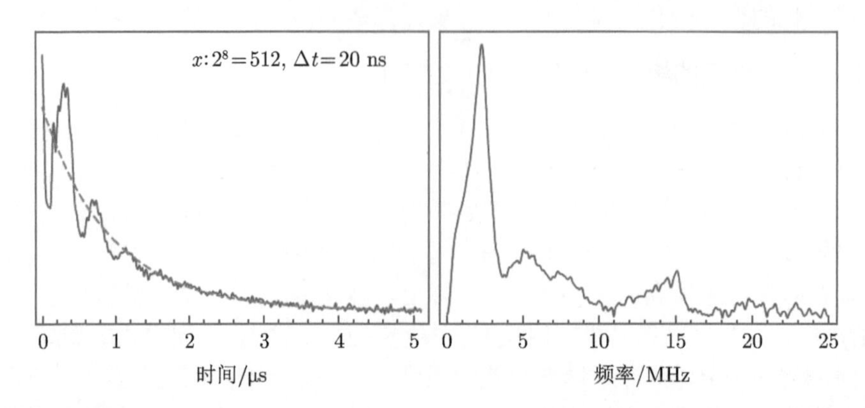

图 5.4.3 代表性的 X-波段 2P-ESEEM(π/2-τ-π-τ-echo) 的时域谱和频域谱。左图中的虚线示意 T_{m} 的衰减过程，参考图 5.2.2。样品是 S_2 态光系统 Ⅱ(详见 8.3.3 节)，以重水 D_2O 为溶剂，$\pi/2 = 8$ ns，$\Delta t = 20$ ns，采样点数 512，$B_0 = 3550$ G，$\omega_{\mathrm{D}} = 2.23$ MHz，9.714 GHz，4.2 K

5.4.3 多脉冲组合中的回波，受激回波，盲点，相循环

三个或三个以上的多脉冲激励诱导形成的回波，分成原初回波 (即 Hahn 回波，PE)、受激回波 (stimulated echo，SE)、重聚回波 (refocused echo，RE)、虚拟回波 (virtual echo，VE) 等。其中，原初回波和受激回波是实验研究的对象，它们的数量 E_n 与脉冲个数 n 的关系是

$$E_n = \frac{1}{2}\left(3^{n-1} - 1\right) \tag{5.4.2}$$

注，重聚回波没有被纳入式 (5.4.2) 的统计中。图 5.4.4 以三个 π/2 脉冲组合为例，示意了由原初回波、受激回波和重聚回波等的分布时刻。

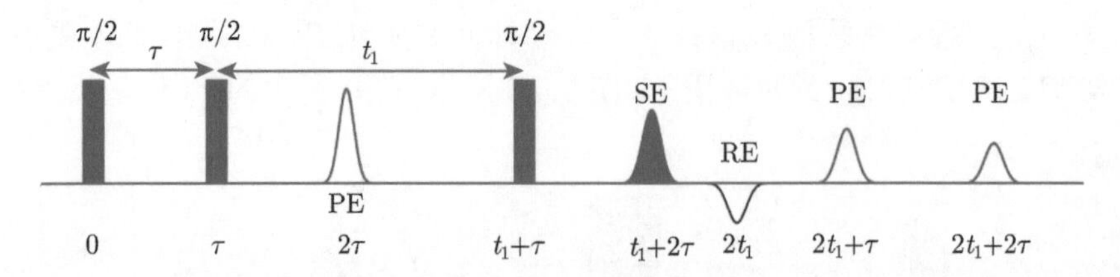

图 5.4.4 三个 π/2 脉冲组合激励所形成回波的时间分布。原初回波 (PE)；受激回波 (SE)；重聚回波 (RE)；虚拟回波出现在 $t_1 - \tau$ 处，未标记。同时参考图 5.4.5。前面两个 π/2 是准备脉冲，第三个 π/2 是探测脉冲

受激回波，是 3-和 4-脉冲 ESEEM 的探测对象。以任意翻角度和相位的三脉冲系列 $(\beta_1)_x$-τ-$(\beta_2)_{\phi 2}$-T-$(\beta_3)_{\phi 3}$-τ-echo 为例，在第三个脉冲 $(\beta_3)_{\phi 3}$ 作用后 $t = \tau$

处所形成的受激回波的净磁化是

$$\left.\begin{aligned}\overline{\langle S_x\rangle} &= \frac{1}{4}\sin\beta_1\sin\beta_2\sin\beta_3\sin(\phi_2+\phi_3)\\ \overline{\langle S_y\rangle} &= -\frac{1}{4}\sin\beta_1\sin\beta_2\sin\beta_3\cos(\phi_2+\phi_3)\end{aligned}\right\} \tag{5.4.3}$$

受激回波的强度 I_{SE} 和偏移相位 ϕ_{SE} 分别是

$$I_{\mathrm{SE}} = 1/(2\left|\sin\beta_1\sin\beta_2\sin\beta_3\right|) \tag{5.4.4a}$$

和

$$\phi_{\mathrm{SE}} = \phi_2+\phi_3+\frac{\pi}{2}\mathrm{sign}(\sin\beta_1)\mathrm{sign}(\sin\beta_2)\mathrm{sign}(\sin\beta_3) \tag{5.4.4b}$$

若将如图 5.4.4 所示的经典三脉冲序列作用于如图 5.3.2 所示的系统中，沿 $+x$ 施加的 $\pi/2$-τ-$\pi/2$ 会先制造一个由 S_z 和 $2S_zI_z$ 组成的偏振光栅 (polarization grating)，

$$\begin{aligned}\sigma_{\mathrm{eq}} = -S_z &\xrightarrow{\left(\frac{\pi}{2}\right)S_x} S_y \xrightarrow{\Omega_0\tau} -\cos(\Omega_0\tau)\sin\left(\frac{A_s}{2}\tau\right)2S_xI_z - \sin(\Omega_0\tau)\cos\left(\frac{A_s}{2}\tau\right)S_x\\ &-\sin(\Omega_0\tau)\sin\left(\frac{A_s}{2}\tau\right)2S_yI_z+\cos(\Omega_0\tau)\cos\left(\frac{A_s}{2}\tau\right)S_y\\ &\xrightarrow{\left(\frac{\pi}{2}\right)S_x}\cos(\Omega_0\tau)\cos\left(\frac{A_s}{2}\tau\right)S_z-\sin(\Omega_0\tau)\sin\left(\frac{A_s}{2}\tau\right)2S_zI_z\end{aligned} \tag{5.4.5}$$

上式只由极化项 S_z 和 $2S_zI_z$ 决定，故 $\pi/2$-τ-$\pi/2$ 序列又称为极化发生器。当 $\tau = \pi(2n+1)/A_s$ 时，极化度最大；当 $\tau = 2n\pi/A_s$ 时，极化度为零，称为盲点 (blind spots)；当 $A_s = 0$ 时，仅剩下 $\cos(\Omega_0\tau)S_z$，即只有电子自旋极化。若不考虑超精细耦合常数 A_s 而只考虑电子自旋，第三个 $\pi/2$ 脉冲作用后某个时刻的密度算符是

$$\begin{aligned}\sigma(\tau+T+t) = &-\frac{1}{2}\left[\cos(\Omega_0(t-\tau))+\cos(\Omega_0(t+\tau))\right]S_y\\ &+\frac{1}{2}\left[\sin(\Omega_0(t-\tau))+\sin(\Omega_0(t+\tau))\right]S_x\end{aligned} \tag{5.4.6}$$

当 $t=\tau$ 时，含有 $\Omega_0(t-\tau)$ 的两项参与回波的形成；而含有 $\Omega_0(t+\tau)$ 的两项参与形成的回波则出现在 $t=-\tau$，故称为虚拟回波，实际上造成磁化散焦。此时，净横向磁化是

$$\overline{\langle S_y\rangle} = -\frac{1}{4} \tag{5.4.7}$$

是两脉冲 (π/2-τ-π-τ-echo) 原初回波的一半 (式 (5.4.1))。

如图 5.4.4 所示，当脉冲数量是三个或三个以上时，常会形成多个不需要的回波，技术上，通过相循环累加 (phase cycling) 以消除这些不需要的回波，同时增强所需回波的强度。以 $(\pi/2)_x$-τ-$(\pi/2)_x$ 为例，电子自旋在第二个脉冲前的演化是

$$\sigma_{\text{eq}} = -S_z \xrightarrow{(\pi/2)S_x} S_y \xrightarrow{\Omega_0 \tau S_z} S_y \cos(\Omega_0 \tau) - S_x \sin(\Omega_0 \tau) = \sigma_2 \tag{5.4.8}$$

然后，沿 $+x$ 方向施加第二个 π/2 脉冲，得

$$\sigma_2 \xrightarrow{(\pi/2)S_x} S_z \cos(\Omega_0 \tau) - S_x \sin(\Omega_0 \tau) = \sigma_3 \tag{5.4.9}$$

或沿 $-x$ 方向施加第二个 π/2 脉冲，得

$$\sigma_2 \xrightarrow{(-\pi/2)S_x} -S_z \cos(\Omega_0 \tau) - S_x \sin(\Omega_0 \tau) = \sigma_3' \tag{5.4.10}$$

将式 (5.4.9) 和 (5.4.10) 作相加或相减：$\sigma_3 + \sigma_3' = -2S_x \sin(\Omega_0 \tau)$，该相干转移途径只产生相干；$\sigma_3 - \sigma_3' = 2S_z \cos(\Omega_0 \tau)$，该相干转移途径只产生极化。显然，通过相循环处理，可选择性地检测自旋相干或自旋极化。在 ESEEM 和 HYSCORE 实验中，常用两步、四步等相循环，以消除不需要的回波，只保留受激回波，并提高信噪比。图 5.4.5 示意了两步相循环后所获得的受激回波，其信号强度增大一倍，但扫描时间也相应增加一倍。

与两脉冲的原初回波相比，受激回波的衰减受到电子自旋晶格弛豫时间 T_1 和核弛豫时间 T_2 的影响。

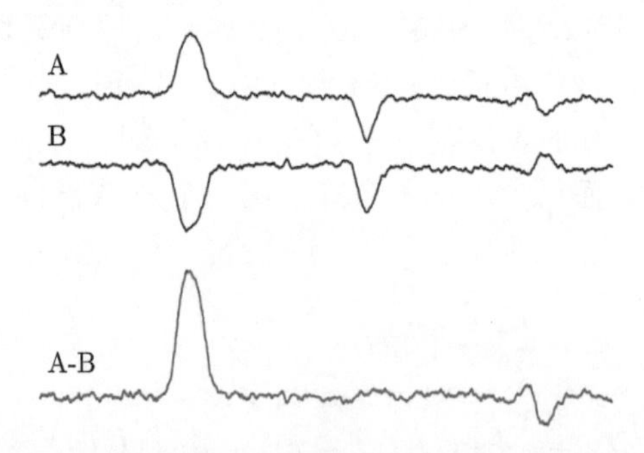

图 5.4.5 两步相循环消去不需要的回波，只保留受激回波，每步实验的回波分布参考图 5.4.4，参考文献 [2]

5.4.4 电子自旋回波包络调制，盲点现象

本质上，ESEEM 是检测回波强度随着脉冲间隔逐渐增大而衰减的动态变化。若体系中所有核自旋均为零，那么该电子自旋回波将以 T_{m} 作指数衰减，如图 5.2.2

所示。若存在一至多个弱耦合的磁性核，那么回波强度除了作以 T_m 为指数的包络衰减，还受到耦合核自旋跃迁频率 (图 5.3.1 和图 5.3.2 的 SQ^2 跃迁) 的调制，故得名电子自旋回波包络调制 (electron spin echo envelope modulation，ESEEM)。这是一个作周期性振荡衰减的包络信号，是时域谱，经快速傅里叶变换转变成频域谱。常用的 ESEEM 是一维的 2P-和 3P-ESEEM，以及二维的 4P-ESEEM 和 HYSCORE，脉冲序列如图 5.4.6 所示。根据磁性核，又会分为具体的 ^{1}H-、^{2}H-、^{13}C-、^{14}N-、^{15}N-、^{17}O-、^{31}P-、^{33}S-、^{35}Cl-、^{57}Fe-、^{67}Zn-ESEEM/HYSCORE 等。有关 ESEEM 的文献报道浩如烟海，读者请自行检索。代表性的 ESEEM 范例，可参考文献 [3, 4]，或本章附后的参考专著。

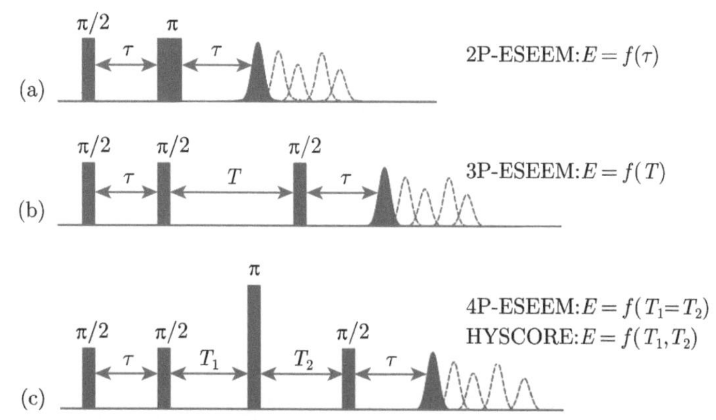

图 5.4.6 常用 ESEEM 的脉冲序列及回波强度与时间的函数。(a)2P-ESEEM 通过检测回波面积随着 τ 值逐渐增加的变化，而获得调制包络。(b) 3P-ESEEM 通过逐渐增大第二、三脉冲间隔而检测回波面积的振荡，τ 值固定不变，τ 造成的盲点现象详见正文。(c) 4P-ESEEM 是在 3P-ESEEM 的第二和第三个 $\pi/2$ 脉冲间插入一个 π，从而构成了四脉冲序列。在 4P-ESEEM 中，$T_1{=}T_2$ 作同步变化；在 HYSCORE 中，回波同时分别以 T_1 和 T_2 做时间函数的变化。在 3P-和 4P-ESEEM 中，最后一个 $\pi/2$ 脉冲用来激励受激回波的形成

5.4.4.1 两脉冲 ESEEM

以下采用图 5.3.2 中 $S = 1/2$、$I = 1/2$ 的体系，对 ESEEM 作简要理论展开。

两脉冲 ESEEM(2P-ESEEM) 使用标准脉冲序列 $\pi/2$-τ-π-τ-echo，如图 5.4.2 和图 5.4.6(a) 所示。如式 (5.1.41) 系列公式所示，沿 $+x$ 轴施加 $\pi/2$ 脉冲所得的横向磁化矢量是 $\langle S_y\rangle$，经同轴向的 π 脉冲作用后又翻转成 $-\langle S_y\rangle$，回波强度或磁化矢量 $-\langle S_y\rangle$ 随着脉冲间隔 $\tau+\Delta t$ 的振荡衰减是

$$E_{\mathrm{2P}}(\tau) = -\langle S_y\rangle = 1 - \frac{k}{4}\left[\begin{array}{l} 2 - 2\cos(\omega_\alpha\tau) - 2\cos(\omega_\beta\tau) \\ + \cos(\omega_+\tau) + \cos(\omega_-\tau) \end{array}\right] \tag{5.4.11}$$

其中，$\langle S_x\rangle=0$，ω_+ 和 ω_- 见式 (5.3.20)，ω_α 和 ω_β 见式 (5.3.21) 等，k 表示调制深度，

$$k=4c^2s^2 \tag{5.4.12}$$

c^2 和 s^2 是允许和半禁戒跃迁的跃迁概率，

$$I_a=c^2\left|\frac{\omega_I^2-\omega_-^2/4}{\omega_\alpha\omega_\beta}\right| \tag{5.4.13a}$$

$$I_f=s^2\left|\frac{\omega_I^2-\omega_+^2/4}{\omega_\alpha\omega_\beta}\right| \tag{5.4.13b}$$

其中，$I_a^2+I_f^2=1$。图 5.4.3 示意了一个经典两脉冲 ESEEM 的时域谱和频域谱，主要吸收峰源自于 ^{14}N。2P-ESEEM 的主要不足是其应用受到相位存贮时间 T_m 的限制，而不受内禀线宽的影响。对于过渡离子，T_m 都比较短，从而限制了调制信号的探测。而且，谱图同时受到核的跃迁 $\omega_{\alpha/\beta}$ 和与差 $(\omega_{+/-})$ 的影响，展宽明显，不利于解析。

调制深度 k 与核自旋 I 还存在如下的近似关系，

$$k\propto\frac{4}{3}I\,(I+1) \tag{5.4.14}$$

同位素置换时，如 D/H 置换，$\dfrac{k_\mathrm{D}}{k_\mathrm{H}}\sim\dfrac{8}{3}$，即氘代后调制深度是氘代前的 $\dfrac{8}{3}$，信号增强，故氘代试剂能有效地提高分辨。

5.4.4.2　三脉冲 ESEEM，盲点现象

如图 5.4.6(b) 所示，标准三脉冲 ESEEM(3P-ESEEM) 的脉冲序列是 $\dfrac{\pi}{2}$-τ-$\dfrac{\pi}{2}$-T-$\dfrac{\pi}{2}$-τ-echo，脉冲均是 $\dfrac{\pi}{2}$，受激回波随第二与第三脉冲间隔时间 T 的振荡衰减是

$$\begin{aligned}E_{3\mathrm{P}}\,(\tau,T)=1-\frac{k}{4}\{&[1-\cos\left(\omega_\alpha\tau\right)]\left[1-\cos\left(\omega_\beta T\right)\right]\\&+[1-\cos\left(\omega_\beta\tau\right)]\left[1-\cos\left(\omega_\alpha T\right)\right]\}\end{aligned} \tag{5.4.15}$$

与 2P-ESEEM 相比 3P-ESEEM 具有不少优势：① 受激回波不受 T_m 限制，其调制可维持更长的时间，这使其频域谱的吸收峰变窄，利于解析；② 由式 (5.4.15) 可知，频域谱吸收峰只由核的跃迁 $\omega_{\alpha/\beta}$ 决定，而不受它们组合 (即和与差 $\omega_{+/-}$) 的影响，参考式 (5.4.11)。实验上，需要选择匹配的 τ 值，如式 (5.4.5) 所示，才能获得最佳结果，否则会因盲点现象而一无所获。

3P-ESEEM 准备阶段的$\frac{\pi}{2}$-τ-$\frac{\pi}{2}$ 脉冲，均为非选择性的硬脉冲。各向异性时，第二个 $\frac{\pi}{2}$ 脉冲停止后的密度算符是

$$\begin{aligned}\sigma =& \cos(\varOmega_0\tau)\left[\cos^2\eta\cos\left(\frac{\omega_-}{2}\tau\right)+\sin^2\eta\cos\left(\frac{\omega_+}{2}\tau\right)\right]S_z\\&+\sin(\varOmega_0\tau)\left[\cos^2\eta\sin\left(\frac{\omega_-}{2}\tau\right)2S_zI_z+\sin^2\eta\cos\left(\frac{\omega_+}{2}\tau\right)I_z\right]\\&-\sin(\varOmega_0\tau)\sin2\eta\left\{\sin\left(\frac{\omega_{34}}{2}\tau\right)\left[\cos\left(\frac{\omega_{12}}{2}\tau\right)I_x^{(12)}+\sin\left(\frac{\omega_{12}}{2}\tau\right)I_y^{(12)}\right]\right.\\&\left.+\sin\left(\frac{\omega_{12}}{2}\tau\right)\left[\cos\left(\frac{\omega_{34}}{2}\tau\right)I_x^{(34)}+\sin\left(\frac{\omega_{34}}{2}\tau\right)I_y^{(34)}\right]\right\}\end{aligned}\tag{5.4.16}$$

其中，第一、二项是极化，第三项是两个不同自旋多重度 m_S 间的核相干转移，即 $I_{x,y}^{(12)}$ 和 $I_{x,y}^{(34)}$。当 η= 45° 时，EPR 允许跃迁和禁戒跃迁的跃迁强度恰好相等。当超精细常数与核塞曼分裂能相同时，核相干转移的强度达到最大值。

式 (5.4.16) 还表明，核相干的相位和强度也同样受制于 τ 和 $\varOmega_0$。跃迁 ω_{12} 或 ω_{34} 的强度受到 $\sin(\omega_{34}\tau/2)$ 或 $\sin(\omega_{12}\tau/2)$ 所权重，当 $\tau= 2n\pi/\omega_{34}$ 或 $\tau= 2n\pi/\omega_{12}$ $(n = 0, 1, 2, 3, \cdots)$ 时，$\sin(\omega_{34}\tau/2) = 0$ 或 $\sin(\omega_{12}\tau/2) = 0$，即没有核相干转移的发生，这称为盲点效应 (blind-spot behaviour)，是准备阶段 $\frac{\pi}{2}$-τ-$\frac{\pi}{2}$ 脉冲组合造成的、不可避免的与生俱来的现象。避免盲点现象的方法：① 将不同 τ 值所得结果累加；② 设 τ 小于 $2\pi/\omega_{12}$(或 $2\pi/\omega_{34}$)；③ 使用远程回波技术克服谱仪空载时间；④ 使用匹配脉冲序列。图 5.4.7 示意了 τ-依赖的 3P-ESEEM 二维谱图：上侧投影谱是所有谱图的累加，可清楚解析出弱耦合的 ^{1}H 和 ^{2}H 的吸收峰，这两个吸收峰随着 τ 值的振荡衰减如右侧投影图所示，振荡频率是 $\omega_H = 15.12$ MHz

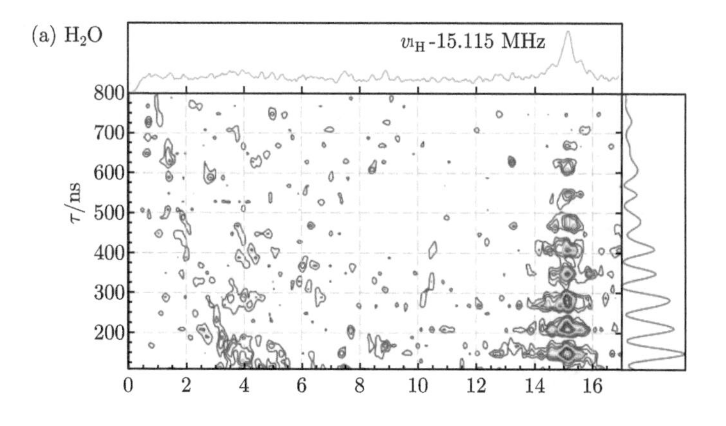

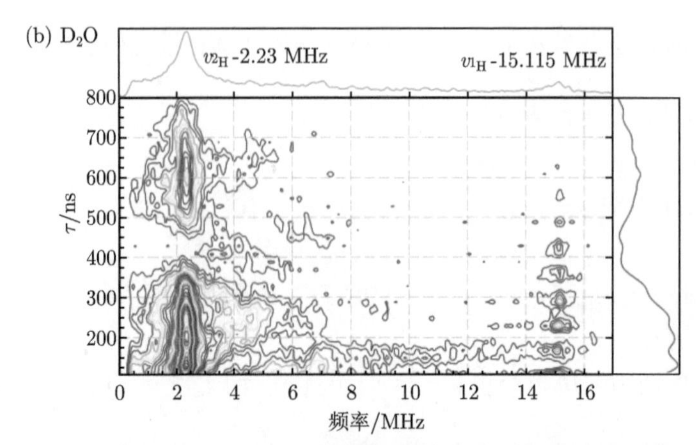

图 5.4.7　τ-依赖的二维 3P-ESEEM。上方投影图是所有谱图的总和，右侧投影图是 ^1H (15.12 MHz) 或 ^2H(2.23 MHz) 的吸收峰随着 τ 逐渐增加的振荡衰减。样品是 S_2 态光系统 Ⅱ(photosystem Ⅱ, PSⅡ)(详见 8.3.3 节)，以 H_2O(A) 或 D_2O(B) 为溶剂，$\pi/2 = 8$ ns，τ 初始值 102 ns、每步 $\Delta t = 20$ ns，T 的每步 $\Delta t = 24$ ns，采样 256 点，$B_0 = 3550$ G，$\omega_D = 2.23$ MHz，$\omega_H = 15.12$ MHz，4.2 K，9.714 GHz

或 $\omega_D = 2.23$ MHz，振荡周期是 ω_H 或 ω_D 的倒数。右侧投影谱中每个振荡周期的波谷，即对应着相应吸收峰的盲点，当使用其所对应的 τ 值时，该脉冲序列将不会激励相应磁性核的相干。因此，4P-ESEEM 和 HYSCORE 都是根据 τ-依赖的 3P-ESEEM 来设定 τ 值，以防止盲点，否则会一无所获。

在完全相消情况，3P-ESEEM 可用来检测 ^{14}N 的电四极矩，详见 4.4.9 节。在 3P-ESEEM 和 4P-ESEEM 的频域谱中，$\omega_{\alpha/\beta}$ 的吸收峰会与组合频率 $\omega_{+/-}$ 相叠加，不利于解析。取而代之的是 HYSCORE，它能解析这些重叠的吸收峰。

5.4.4.3　四脉冲 ESEEM 和 HYSCORE

4P-ESEEM 是由 3P-ESEEM 演化而来的，即在 3P-ESEEM 的第二、三个脉冲之间插入一个 π，形成了 $\frac{\pi}{2}$-τ-$\frac{\pi}{2}$-T_1-π-T_2-$\frac{\pi}{2}$-τ-echo 的脉冲序列，如图 5.4.6(c) 所示：当 T_1=T_2 时，该序列称为 4P-ESEEM；当 $T_1 \neq T_2$ 时，该序列称为超精细亚能级相关 (HYSCORE)。π 脉冲将不同 m_S 自旋多重度的布居翻转 (图 5.2.5(d))，并将不同自旋多重度 m_S 的核相干转移并作进一步的混合。$I = 1/2$ 时，4P-ESEEM 受激回波的振荡衰减是

$$E_{4P}(\tau,T) = 1 - \frac{k}{4}\left\{A + B\left(c^2\cos\left[\frac{1}{2}\omega_+(\tau+T)\right] + s^2\cos\left[\frac{1}{2}\omega_-(\tau+T)\right]\right)\right.$$
$$\left. + C_\alpha\cos\left[\frac{1}{2}\omega_\alpha(\tau+T)\right] + C_\beta\cos\left[\frac{1}{2}\omega_\beta(\tau+T)\right]\right\} \tag{5.4.17}$$

其中，

$$\left.\begin{aligned}A&= 3-\cos(\omega_\alpha\tau)-\cos(\omega_\beta\tau)-s^2\cos(\omega_+\tau)-c^2\cos(\omega_-\tau)\\B&= -4\sin\left(\frac{1}{2}\omega_\alpha\tau\right)\sin\left(\frac{1}{2}\omega_\beta\tau\right)\\C_{\alpha/\beta}&=2\left\{c^2\cos\left(\mp\frac{\omega_-}{2}\tau\right)+s^2\cos\left(\frac{\omega_+}{2}\tau\right)+\cos\left(\frac{1}{2}\omega_{\alpha/\beta}\tau\right)\right\}\end{aligned}\right\}\tag{5.4.18}$$

由此可见，4P-ESEEM 主要用来研究跃迁频率组合的和或差 (ω_+ 或 ω_-)，存在 τ-依赖的盲点现象，但不像 2P-ESEEM 那样受限于 $T_{\rm m}$。实际上，需预先检测如图 5.4.7 所示 τ-依赖的 3P-ESEEM 二维谱，才能选定理想 τ 值，以避开盲点。

HYSCORE 本质上是二维 3P-ESEEM。π 脉冲将一个 m_S 自旋多重度交换至另外一个 m_S，表现为频域谱二维图的交叉峰。在 $S=1/2$、$I=1/2$ 耦合体系中，HSYCORE 受激回波的振荡衰减是

$$\begin{aligned}E_{\rm HYSCORE}(\tau,T_1,T_2)\sim\frac{k}{4B}\{&c^2\cos(\omega_\alpha T_1+\omega_\beta T_2+\delta_+)\\&-c^2\cos(\omega_\alpha T_2+\omega_\beta T_1+\delta_+)\,s^2\cos(\omega_\alpha T_1-\omega_\beta T_2+\delta_-)\\&-s^2\cos(\omega_\alpha T_2-\omega_\beta T_1+\delta_-)\,c^2\}\end{aligned}\tag{5.4.19}$$

其中，$\delta_{+/-}=\frac{1}{2}\omega_{+/-}\tau$ 是相位因子，理想 τ 值参考图 5.4.7 的 τ-依赖 3P-ESEEM 二维谱。在 4P-ESEEM 频域谱中，$\omega_{\alpha/\beta}$ 的吸收峰会与组合频率 $\omega_{+/-}$ 的相叠加，不利于解析；在 HYSCORE 中，每个吸收峰都形成对角分布的交叉峰，一目了然。HYSCORE 频域谱是由两个象限构成的二维谱，如图 5.4.8(a) 所示：$\nu_I > A/2$ 弱耦合时，交叉峰分布在第一象限 (++) 内，交叉峰轴向间隔是 A，交叉峰间连线与对角线的交点是 ν_I；$\nu_I<A/2$ 较强耦合时，交叉峰分布在第二象限 (−+) 内，交叉峰轴向间隔是 $2\nu_I$，交叉峰连线与对角线的交点是 $A/2$；当 A 非常小时，交叉峰不能再被有效分开，而仅仅是沿着第一象限对角线分布。图 5.4.8(b) 示意了弱、强耦合 ^{31}P 在第一、二象限的分布图，在第一象限中同时还有弱耦合 ^{27}Al、^{1}H[5]。

笔者曾经用 ^{14}N-和 ^{15}N-HYSCORE 比较研究光系统 Ⅱ 锰簇 (见 8.3 节) 的结构，如图 5.4.8(c)、(d) 所示 [6]：在第二象限中可检测强耦合 ^{14}N 的双量子跃迁，交叉峰间隔是 $4\nu_I$；同位素转换后，^{15}N 则只形成单量子跃迁，交叉峰间隔是 $2\nu_I$。与此同时，非常弱耦合 ^{14}N 或 ^{15}N 的信号，沿着第一象限对角线作分布。如图 5.4.8(c) 所示，当存在双量子跃迁时：第一象限中，弱耦合交叉峰间隔是超精细耦合常数 $2A$，它们的连线与对角线的交点是 $2\nu_I$；第二象限中，强耦合交叉峰间隔是 $2n\nu_I$，它们的连线与对角线的交点是 $nA/2$。相应地，可推广到三量子

跃迁。对于 ^{14}N，会存在单量子跃迁与双量子跃迁的组合，亦加复杂 [7−9]。在图 5.4.8(b)~(d) 中，在第一象限的对角线上均有吸收峰分布，这源自于随机分布于顺磁中心周围基质中弱耦合的 ^{1}H、^{14}N、^{15}N、^{17}O、^{27}Al、^{31}P、^{57}Fe、^{67}Zn 等磁性离子，不宜做进一步解析和展开。

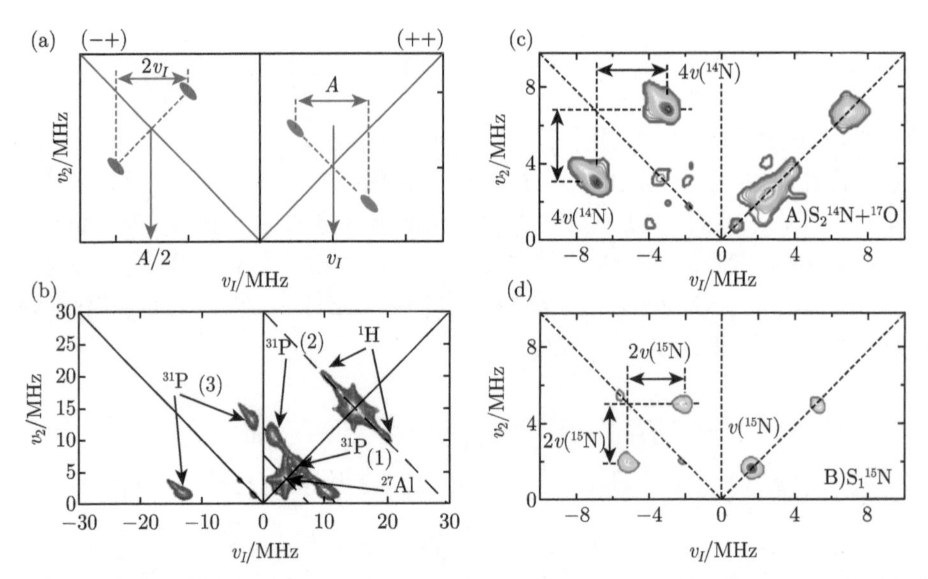

图 5.4.8　代表性的 HYSCORE，图例中一般用 ν_I 取代 ω_I。(a)：第一象限 (++) 的对角线对应着 $n\nu_I(n=1, 2, 3, \cdots$，单、双、$\cdots$ 量子跃迁)，弱耦合体系，$\frac{A}{2}<\nu_I$；第二象限 (−+) 的对角线对应着 $n\frac{A}{2}(n=1，2，3，\cdots$，单、双、$\cdots$ 量子跃迁)，强耦合体系，$\frac{A}{2}>\nu_I$。完全相消情况 $\left(\frac{A}{2}=\nu_I\right)$，详见 4.4.9 节。(b)：掺钒、钛多孔磷酸铝的 ^{31}P-HYSCORE，在第一、二象限分别检测到两种不同耦合的 ^{31}P，第一象限还同时检测随机分布于周围的 ^{27}Al 与 ^{31}P 和弱耦合的 ^{1}H，引自文献 [5]。(c)、(d)：光系统 Ⅱ 中同位素置换 $^{14}N/^{15}N$ 示踪，引自文献 [6]。(c) 图的第二象限中有 ^{14}N 的双量子跃迁，而单量子吸收峰强度非常弱；同位素置换后，^{15}N 只发生单量子跃迁，其他更复杂情形可参考文献 [10, 11]

5.4.4.4　异相 ESEEM，距离探测

经典的 ESEEM，都是同相 ESEEM(in-phase ESEEM)，如 2P-ESEEM，横向磁化矢量的 $\langle S_x\rangle$ 分量为零，回波只由 $-\langle S_y\rangle$ 分量所贡献 (式 (5.4.11))。在光化学反应中，自由基对的形成和间距是人们所关注的对象。自由基对间的自旋相干，会造成回波相位发生变化，本质上是电子-电子间的偶极和交换作用对回波所产生的调制。这种电子调制，导致回波由横向磁化矢量 $\langle S_x\rangle$ 所贡献，而 $\langle S_y\rangle$ 分量变为零，与式 (5.4.11) 所示的情形相反，故称为异相 ESEEM(out-of-phase ESEEM)。

图 5.4.9 示意了 2P-ESEEM 中同相和异相回波的差别。

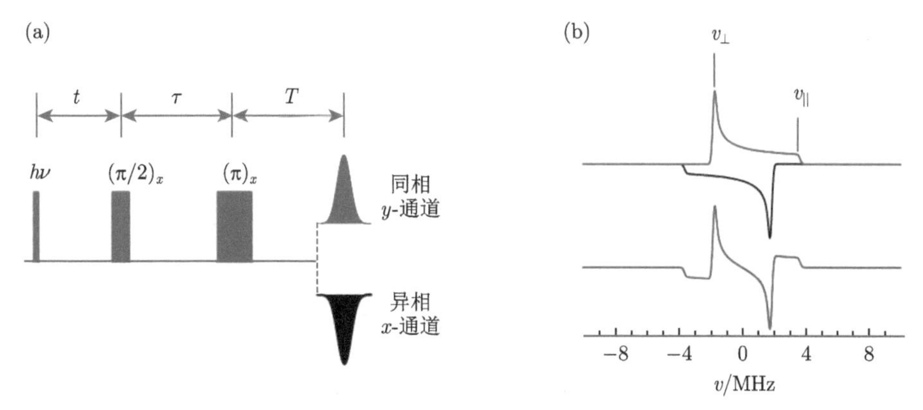

图 5.4.9 (a) 用于诱导两个电子自旋相互耦合的 2P-ESEEM 脉冲序列，(b) 正弦傅里叶变换所利用频域谱的特征，吸收谱、辐射谱和总和谱，说明参考图 8.3.4(c)。在实际异相 ESEEM 中，第一脉冲是 45°，不是 90°；具体的脉冲角度由具体对象决定，并非固定不变。脉冲光 ($h\nu$) 作用后，不同时间 t 的等待，可检测不同双自由基间的耦合。以光系统 Ⅱ 为例，$t=$ 50 ns，可检测 $P_{680}^{+\cdot}Q_A^{-\cdot}$ 耦合体系，(27.4±0.3) Å；t= 2 μs，可检测 $Y_Z^{\cdot}Q_A^{-\cdot}$ 耦合体系，(34±1) Å。相关文献，见正文

异相 ESEEM 中，异相回波的调制衰减是

$$\left.\begin{aligned} &M_x(\tau)=\langle S_x\rangle=\frac{1}{2}\sin 2\beta_1\sin(\Gamma\tau)\\ &M_y(\tau)=0\\ &\Gamma=2J-2D\left(\cos^2\theta-1/3\right)\end{aligned}\right\}\tag{5.4.20}$$

其中，β_1 是第一脉冲翻转的角度，$\beta_1=\pi/4$ 时回波最强，$\beta_1=\pi/2$ 时回波消失；J、D 分别为两个自由基间的交换作用和偶极相互作用。取近似，$M_x(\tau)\sim\sin(\Gamma\tau)$，经正弦傅里叶变换 (sine Fourier transform，SFT) 后，得线型方程 (图 1.1.1)，

$$M_x(\nu)=\delta(\nu-\Gamma)-\delta(\nu+\Gamma)\equiv\pm\delta(\nu\mp\Gamma)\tag{5.4.21}$$

在粉末谱中，有两个尖锐的吸收峰，分别对应

$$\left.\begin{aligned} &\nu_{\parallel}=\pm2(J-2D/3),\quad \theta=0^\circ\\ &\nu_{\perp}=\pm2(J+D/3),\quad \theta=90^\circ\end{aligned}\right\}\tag{5.4.22a}$$

如图 5.4.9(b) 所示，从谱形来看，与图 8.4.3(c) 所示的 $^3P_{680}$ 三重态的连续波谱图相似。上式经变换，得

$$\left.\begin{aligned} D &= \frac{1}{2}\left(\nu_{\perp} - \nu_{\parallel}\right) \\ J &= \frac{1}{6}\left(2\nu_{\perp} + \nu_{\parallel}\right) \end{aligned}\right\} \tag{5.4.22b}$$

其中，$D = -2786/r^3(\mathrm{mT/Å})$，见式 (4.6.30)。

以上完整的理论推导，请参考所引专著 *Distance Measurements in Biological Systems by EPR* 的第十三章，*Photo-Induced Radical Pairs Investigated using Out-of-Phase Electron Spin Echo*[12]。

异相 ESEEM，可用来研究间距 20~40 Å 的自由基对，误差仅为 0.3~0.4 Å[13−22]。图 5.4.10 示意了两组自由基对的异相 ESEEM，分别是光合细菌反应中心的 $P_{865}^{+\cdot}Q_A^{-\cdot}$ 和细长聚球藻光系统 I 的 $P_{700}^{+\cdot}A_1^{-\cdot}$。据实验所获得的自由基对间距，均与单晶相符。比如，异相 ESEEM 表明 $P_{865}^{+\cdot}$ 与 $Q_A^{-\cdot}$ 的间距是 (28.4 ± 0.3) Å，单晶结果是 28.8 Å；$P_{700}^{+\cdot}$ 与 $A_1^{-\cdot}$ 的间距是 (25.4 ±0.3) Å，单晶结果是 26.0 Å。此外，还有 $P_{680}^{+\cdot}Q_A^{-\cdot}$(异相 ESEEM、(27.4 ±0.3) Å，单晶 26~ 28 Å)、$Y_Z^{\cdot}Q_A^{-\cdot}$(异相 ESEEM、(34 ±1) Å，单晶 (33.5 ±1) Å) 等自由基对。

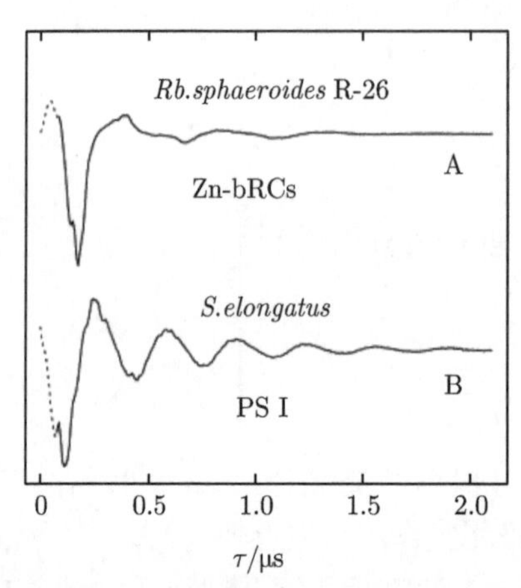

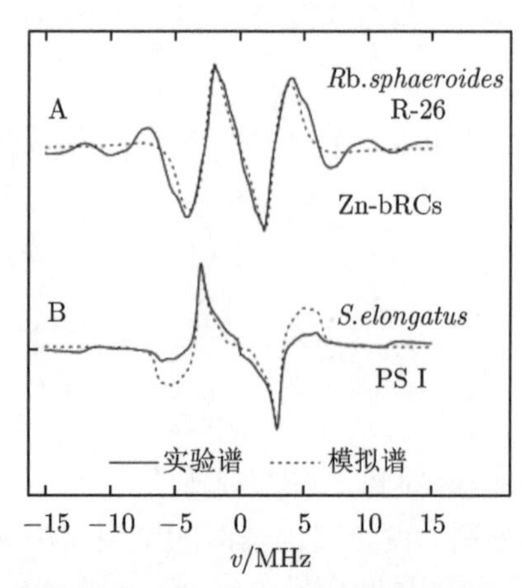

图 5.4.10 (A) 光合细菌 (*Rb. sphaeroides*，浑球红细菌) 和 (B) 蓝藻细长聚球藻 (*S. elongatus*) 中自由基对 $P_{865}^{+\cdot}Q_A^{-\cdot}$ 和 $P_{700}^{+\cdot}A_1^{-\cdot}$ 的异相 ESEEM 研究，左边是时域谱，右边频域谱。实验所得参数：(A)，$D = -121$、$J = 1$ μT，自由基间距是 (28.4±0.3) Å；(B)$D = -170$、$J = 1$ μT，(25.4 ±0.3) Å。图例引自文献 [23]

5.4.4.5 ESEEM 实验的注意事项

在实际操作中，ESEEM 实验主要存在两个问题：第一是 τ 导致的盲点效应，这已经在 τ-依赖的 3P-ESEEM 中作了说明；第二是 Δt 的设定。

ESEEM 实验是通过逐渐增加相应脉冲间隔时间来检测回波的振荡衰减，如 2P-ESEEM 的 $\tau+n\Delta t$、3P-ESEEM 的 $T+n\Delta t$ 等，$n= 0, 1, 2, 3, \cdots$。如何设定 n

和 Δt，是 ESEEM 实验操作中需要注意的主要事项之一。因傅里叶变换需要，采样点数 n 需取值 2^x，如 $2^7(128)$、$2^8(256)$、$2^9(512)$ 等值，取值越大，越耗时。傅里叶变换后，频域谱 x 轴的有效范围是 0 至 $\frac{1}{2\Delta t}$(MHz)。如图 5.4.3 所示，$\Delta t=$ 20 ns，x 轴极值频率是 $\frac{1}{2\times 20}=25$ MHz；又如图 5.4.7 所示，$\Delta t=24$ ns，x 轴极值频率为 20.8 MHz。因此，实验上先做一快速扫描的 2P-ESEEM，然后根据信号所出现的大致范围，选择合适的 Δt。较大的 Δt，可以积累更多的振荡周期，傅里叶变换后效果就越好。这个设定，称为 Nyquist 采样定理 (Nyquist's sampling theory)，使频域谱的最大范围能刚好涵盖整个吸收范围为佳。初学者，往往容易将 Δt 设为默认的 4 ns，此时 x 轴极值频率为 125 MHz，X-波段 ESEEM 极少能分辨 30 MHz 以外的吸收峰 (参考图 5.4.8(b))，故 30 MHz 以外区域均是无用的基线信号，反而降低了 0～ 20 MHz 范围内吸收峰的分辩率。

5.4.5 电子-核双、三共振，超精细增益

在直角坐标系中，谱仪的 z 轴和 x 轴分别是静磁场 B_0 和微波 ω_1 施加的方向，若沿着 y 轴再施加一路不同频率的微波 ω_2 或射频 RF(radio frequency，RF、rf 或 r.f.)，从而构成电子-电子双共振或电子-核双共振的技术基础。射频有连续波和脉冲两种施加形式，因此，ENDOR 分成 cw-ENDOR 和 pulsed-ENDOR。后者，根据脉冲序列，又分成 Davies-和 Mims-ENDOR。在 Davies-ENDOR 中，若再将射频 π 脉冲拆分成两个不同的频率，则构成了电子-核-核三共振 (electron nuclear nuclear triple resonance，TRIPLE)。ENDOR 谱图解析，请参考图 5.3.3 和式 (5.3.47) 等。

5.4.5.1 连续波 ENDOR 和脉冲 ENDOR

与脉冲相比，连续波的谱图解析相对直观，易于理解，因此，我们先来了解 cw-ENDOR。图 5.4.11(a) 示意了 $S=1/2$、$I=1/2$ 局部的任意三个能级结构 (完整能级详见图 3.1.5 和图 5.3.2 等)。在常规的 cw-EPR 实验操作中，我们为获取平滑的谱图，会使用尽可能弱的微波功率，防止饱和导致的谱图畸变。然而，在 cw-ENDOR 实验中，我们首先需要使 EPR 跃迁形成饱和，即 $|\alpha\alpha\rangle$ 和 $|\beta\alpha\rangle$ 的布居数接近相等，导致 EPR 信号强度的饱和甚至强度下降 (称为饱和效应，saturation effect)，这要求使用较大的微波功率或较低的检测温度。若不发生饱和，那将无法进入下一步的射频施加操作。因此，实验上首先用低温或较大微波功率，诱导图 5.4.11(a) 所示的 $|\alpha\alpha\rangle \Longleftrightarrow |\beta\alpha\rangle$ 跃迁发生饱和，然后施加射频用于激励 $|\alpha\alpha\rangle \Longleftrightarrow |\alpha\beta\rangle$ 的 NMR 跃迁。这个 NMR 跃迁不仅改变了这两个能级的布居数，也改变发电子自旋和核自旋的自旋-晶格弛豫时间 (用 $T_{1\mathrm{e}}$、$T_{1\mathrm{n}}$ 表示)。施加

射频所引起的这些变化，若有利于微波能量的耗散，那么 EPR 信号因发生去饱和 (desatuation) 而强度有所恢复 (如图 5.4.11(b) 所示)。相应地，若这个 NMR 跃迁抑制微波能量的耗散，那么 EPR 信号强度会发生过饱和 (oversatuation) 而强度会有所下降。技术上，通过饱和 EPR 信号依射频频率而发生的去饱和或过饱和的变化过程，则形成了 cw-ENDOR(图 5.4.11(c))，又称为 EPR 探测的 NMR(EPR-detected NMR)。

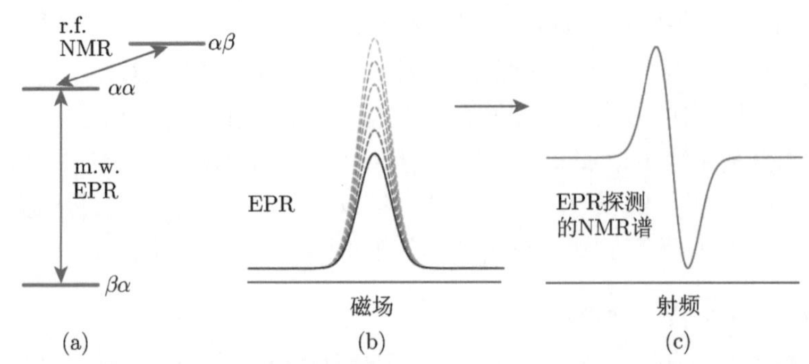

图 5.4.11　cw-ENDOR 的原理。(a) 能级图，$|\alpha\alpha\rangle \Longleftrightarrow |\beta\alpha\rangle$ 是微波 (m.w.，microwave) 激励的 EPR 跃迁，$|\alpha\beta\rangle \Longleftrightarrow |\alpha\alpha\rangle$ 是射频 (r.f.) 激励的 NMR 跃迁。(b) 饱和时，$|\alpha\alpha\rangle$ 和 $|\beta\alpha\rangle$ 的布居数接近相等；当射频施加后，如果 $|\alpha\,\beta\rangle$ 的布居上升而 $|\alpha\alpha\rangle$ 的布居减少，那么 $|\alpha\alpha\rangle \Longleftrightarrow |\beta\alpha\rangle$ 跃迁将由饱和状态转变成去饱和，此时 EPR 信号强度会逐渐增加，如图 (b) 所示。若射频施加后，$|\alpha\alpha\rangle$ 的布展增多而 $|\alpha\beta\rangle$ 的布居数下降，那么 $|\alpha\alpha\rangle \Longleftrightarrow |\beta\alpha\rangle$ 跃迁将由饱和状态转变成过饱和，此时 EPR 信号强度会继续下降。(c)EPR 信号由饱和 → 去饱和、饱和 → 过饱和的变化与射频频率的关系，形成 EPR-探测的 NMR，称为 cw-ENDOR

在图 5.3.4 中，我们已经比较了芘自由基的 EPR 和 cw-/pulsed-ENDOR 谱。对许多 π 自由基，质子的超精细结构因叠加而无法从 cw-EPR 谱图中直接解析，只能使用 ENDOR 来检测和解析，如图 5.4.12 所示意的两种叶绿素大分子 π 自由基的 cw-EPR 和 cw-ENDOR。常规的 cw-EPR 谱图中没有可解析的明显超精细结构，用 cw-ENDOR 可检测到多个不同质子的超精细耦合常数，有关谱图的解析和质子的归属，参考文献 [21, 24] 和专著 [25]。实验上，cw-ENDOR 技术存在许多不足，如要求 EPR 饱和，这需要低温探测和较大微波功率，并且用于激励 NMR 的较高射频功率还会带来热耗散等问题。这些因素限制了它只能以容易发生饱和的有机自由基研究为主，而过渡离子等不容易发生 EPR 饱和，即使是降至液氦温度 4 K。在脉冲 ENDOR 技术日臻成熟并得到大力推广之后，cw-ENDOR 的文献报道日趋减少。脉冲 ENDOR 不需要考虑饱和效应，也不需要过高的射频功率，避免了高功率射频带来的热耗散问题。

脉冲 ENDOR 根据脉冲序列，主要有 Davies-ENDOR 和 Mims-ENDOR 两种，如图 5.4.13(a) 所示。Davies-ENDOR 用于探测 $A \geqslant 10$ MHz 的强耦合

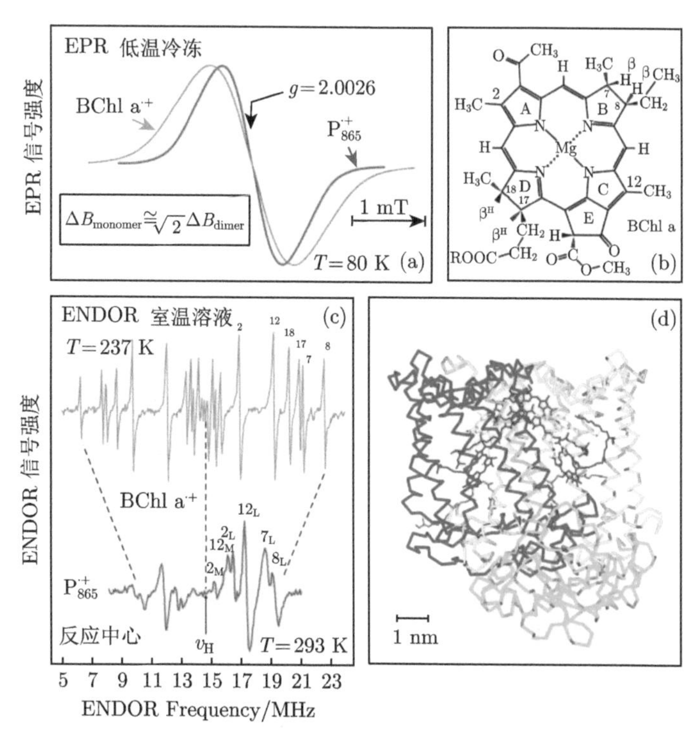

图 5.4.12 光合细菌反应中心色素分子 P_{685} 与细菌叶绿素 a 阳离子自由基的 cw-EPR(a) 和 cw-ENDOR 谱及其归属 (b)、(c)，光合细菌 *Rb.sphaeroides* 反应中心的结构 (d)。图 (c) 中各个 ^{1}H-ENDOR 对应图 (b) 的化合结构。图例由 W. Lubtiz 教授提供，特此感谢。详细解析，参考文献 [21, 24, 26] 和专著 [25]

磁性核，微波脉冲和射频脉冲均是非选择性脉冲；Mims-ENDOR 用于探测 $A<$ 10 MHz 的弱耦合磁性核，微波脉冲和射频脉冲均是选择性脉冲，并受限于 τ-依赖的盲点效应。后者所检测到的弱耦合信号，在前者中会被掩盖而无法被解析。射频脉冲 π_{rf} 长度和 A 值间的大致关系是：$A<10$ MHz，$\pi_{rf}\geqslant 20\,\mu s$，$A$ 越小、π_{rf} 越长；$A\geqslant 10$ MHz，$\pi_{rf}\approx 3\sim 15\,\mu s$。实验中，需根据每个耦合磁性核的拉比振荡 (即磁性核在射频场中的章动，式 (5.1.6)) 频率来设定 π_{rf} 的具体值，较长 π_{rf} 脉冲可提高 ENDOR 分辨率。在 ^{55}Mn-ENDOR 实验中，$\pi_{rf}\sim 3.5\,\mu s$，其拉比振荡见文献 [27]。A_i 越大，越有利于形成超精细增益 (hyperfine enhancement)，增益因子 E 是

$$E=\left|1+\frac{m_S A_i}{\omega_I}\right| \tag{5.4.23}$$

图 5.4.13(b) 和 (c) 分别示意了两种混合价态双核锰配合物 (B,$Mn^{II,III}$,PivOH; C，$Mn^{III,IV}$，BiPy) 的 Q-波段 ^{55}Mn-ENDOR(50 MHz 附近的吸收峰源自锰离子

周围基质中的弱耦合的 ^{1}H)，同时请参考图 8.3.5 和图 8.3.8 的 Q-波段 ^{1}H- 和 ^{55}Mn-Davies-ENDOR。如图 5.4.13(b) 和 (c) 所示，不仅双核锰中每个锰离子的主值 $A_i(i=x,y,z)$ 均可从 ^{55}Mn-ENDOR 获得，而且还可确认锰离子的化合价，即低价态离子 (或外围电子数多者) 的 ENDOR 峰分布于高频区域，高价态离子 (或外围电子数少者) 的 ENDOR 峰分布于低频区域 [28]。在 cw-EPR 中，因超精细分裂峰的相互重叠而常常无法提供这些信息，参考图 4.5.6。

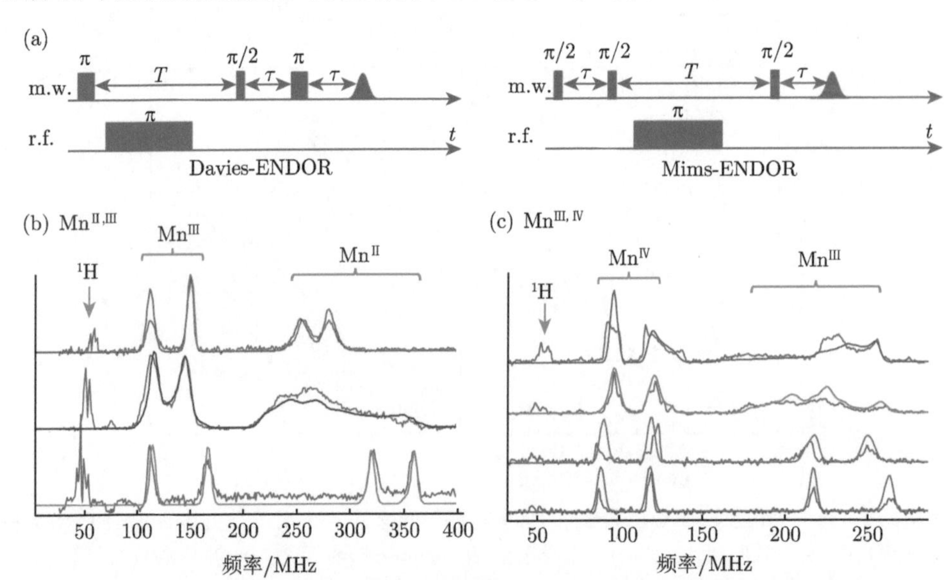

图 5.4.13 Davies-和 Mims-ENDOR 的脉冲序列 (a)，两种混合价态的双核锰配合物 ((b) Mn^{II,III}，PivOH[28]；(c) Mn^{III,IV}，BiPy[31]) 的 Q-波段 ^{55}Mn-ENDOR，由下至上表示静磁场 B_0 逐渐增加，50 MHz 附近的吸收峰源自弱耦合的 ^{1}H(强耦合的是 H，参考图 8.3.5)。PivOH 中，Mn^{II} 的 ENDOR 频率比 Mn^{III} 高；BiPy 中，Mn^{III} 的 ENDOR 频率比 Mn^{IV} 高。图 (b)、(c) 由 W. Lubtiz 教授提供，特此感谢，参考文献 [28]。^{55}Mn-ENDOR，还可参考图 8.3.8 和相关文献

X-波段脉冲 ENDOR 在应用上几乎不存在任何技术限制，因此很快地得到推广和应用，但是分辨率比较低，因此目前最常用的是 Q-波段 ENDOR。使用改进的 TE_{011} 圆柱腔，Q-波段 ^{55}Mn-ENDOR 的分辨率更高，包括 ^{1}H-ENDOR 在内的应用研究更为广泛 [29, 30]。在 ENDOR 的超精细谱中，因交叉弛豫和 ENDOR 增益效应等作用，会造成每对吸收峰的强弱明显不同，即高频率吸收峰强度会略高于低频的相应吸收峰，尤其在 ^{1}H-ENDOR 更为明显，如图 8.3.5 所示。

5.4.5.2 电子-核-核三共振，$\boldsymbol{A}_{ij}$ 的相对符号

有机自由基中，质子和碳原子的奇偶交替，造成了邻碳/质子的 A_i 值发生类似的正、负号交替。反过来，A_i 的正、负号交替规律，同样反映着自由基中心所

在。对于过渡离子，人们并不怎么关心 $A_i(i=x,y,z)$ 的正负值或符号差异，这由 g_N 的正负可做初步判断。技术上，通过设定两路不同频率的射频脉冲，用于激励电子-核-核三共振 (TRIPLE)，可检测 A_i 的相对符号。TRIPLE 脉冲序列由一路微波和两路不同频率的射频构成，如图 5.4.14(a) 所示。其中，rf_1 射频 π 脉冲是泵浦脉冲 (pump pulse)，其频率是固定的；rf_2 射频 π 脉冲是扫描脉冲 (scan pulse)，其频率是连续变化的，与常规 ENDOR 所使用的扫描射频一样。

我们以如图 5.4.14(b) 所示的 $S=1/2$、$I_1=1/2$、$I_2=1/2$ 的任意能级结构为对象，简要描述弱耦合 $|\nu_\mathrm{I}|>A_\mathrm{iso}^{(1)}>A_\mathrm{iso}^{(2)}>0$、$\nu_\mathrm{I}<0$ 的 ENDOR 和 TRIPLE 理

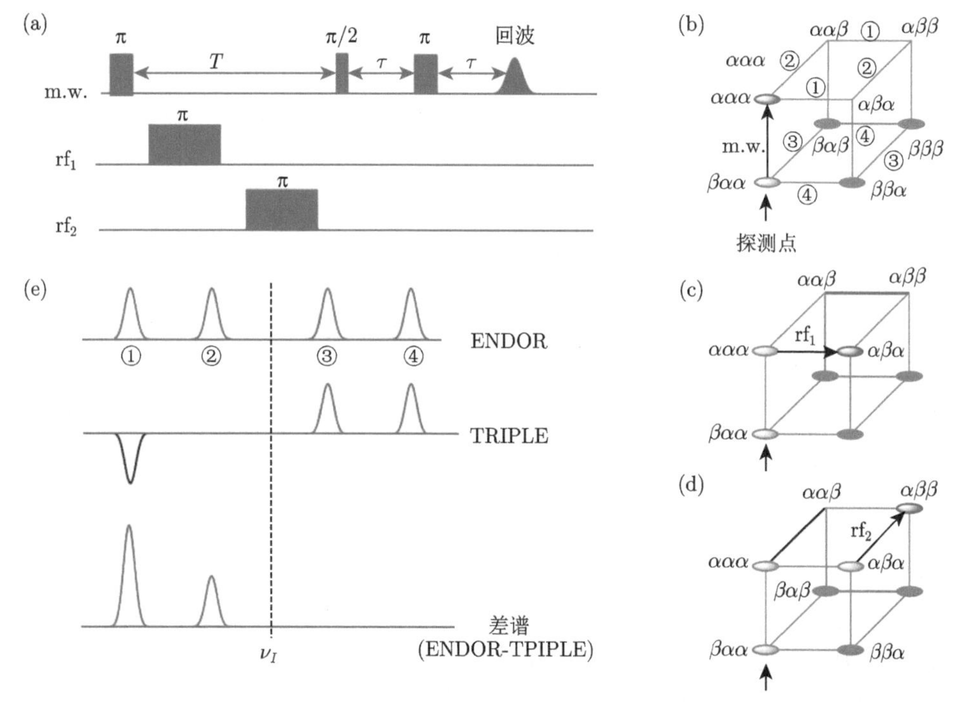

图 5.4.14 Davies-ENDOR 和 TRIPLE 示意图。(a)TRIPLE 的脉冲序列，微波脉冲是翻转恢复脉冲系列，rf_1 和 rf_2 分别是泵浦脉冲和扫描脉冲。(b)~(d) 弱耦合体系 $S=1/2$、$I_1=1/2$、$I_2=1/2(|\nu_I|>A_\mathrm{iso}^{(1)}>A_\mathrm{iso}^{(2)}>0$、$\nu_I<0)$ 的能级结构和选择性脉冲作用后电子和核极化的变化，黑色和蓝色椭圆表示盈布居，灰白表示缺布居。(b) 选择性微波 π 脉冲激励 $\beta\alpha\alpha\longleftrightarrow\alpha\alpha\alpha$ 翻转的布居变化，蓝色椭圆表示电子自旋的盈布居；(c) 第一个射频 rf_1 激励 $\alpha\alpha\alpha\longleftrightarrow\alpha\beta\alpha$ 和 $\alpha\alpha\beta\longleftrightarrow\alpha\beta\beta$ 跃迁后布居变化，蓝色椭圆表示核自旋的盈布居；(d) 第二个射频 rf_2 激励 $\alpha\alpha\alpha\longleftrightarrow\alpha\alpha\beta$ 和 $\alpha\beta\alpha\longleftrightarrow\alpha\beta\beta$ 跃迁后布居变化，蓝色椭圆表示核自旋的盈布居。(e)ENDOR、TRIPLE、ENDOR 与 TRIPLE 的差谱。在差谱中，只分布于 ν_I 的低或高频侧，表明 A_iso 的正负号相同；若以 ν_I 为中心作左右两侧分布，表明 A_iso 的正负号相反

论基础。首先，用非选择性的微波和射频脉冲组合 (图 5.4.14(b))，作常规的 Davies-ENDOR 探测，如图 5.4.14(e) 所示的 ENDOR 谱。然后，以 $\alpha\alpha\alpha \longleftrightarrow \alpha\beta\alpha$ 的跃迁频率 rf_1 作为 π 脉冲，用来消除 $\alpha\alpha\alpha$ 和 $\beta\alpha\alpha$ 两个能级上的布居数差，从而抑制了相应的 EPR 跃迁，如图 5.4.14(c) 所示。然后施加第二路射频 π 脉冲 rf_2，如图 5.4.14(d) 所示：若 rf_2 激励 $\alpha\beta\alpha \longleftrightarrow \alpha\beta\beta$ 的跃迁，那么 $\beta\alpha\alpha$ 和 $\alpha\alpha\alpha$ 的等同布居将不受到影响，即没有三共振 (TRIPLE) 效应；若 rf_2 激励 $\beta\alpha\alpha \longleftrightarrow \beta\alpha\beta$ 或 $\beta\alpha\alpha \longleftrightarrow \beta\beta\alpha$ 的跃迁，那么 $\beta\alpha\alpha$ 和 $\alpha\alpha\alpha$ 的布居差将得到重建，从而形成三共振效应。因此，通过锁定 rf_1 的频率而对 rf_2 作频率扫描，会得到如图 5.4.14(e) 所示 TRIPLE 谱，再用 ENDOR 减去 TRIPLE 得差谱。在差谱中，所有 ENDOR 吸收峰均来自于同一个 m_S 多重度，具有相同正或负号的 A_{iso} 跃迁出现于 ν_{I} 的左或右侧；若 A_{iso} 正、负号刚好相反，吸收峰以 ν_{I} 为中心左、右两侧分布。TRIPLE 除了用于比较各个磁性核 A_{iso} 的相对符号，还可用来解析那些相互重叠的 ENDOR 吸收峰。

5.4.6　电子-电子双共振，自旋标记和距离探测

无论是稳定的双自由基，还是瞬态的双自由基，若自由基间距比较小 (如 $r \sim 5$ Å)，则从其 cw-EPR 谱中即可解析出偶极相互作用和间距 r，详见 4.6 节。当 $r = 10 \sim 20$ Å 时，只能通过解析谱图展宽来推测 r，结果较为粗糙；当 $r = 20 \sim 80$ Å，使用脉冲 EPR 可探测 r 值。在光激发的瞬态自由中，若存在供、受体自由基间的电荷重组，用异相 ESEEM 直接探测自由基的间距 r，见 5.4.4.4 节。稳态双自由基的间距，常规或异相 ESEEM 均无法探测间距 r。技术上，将 pulsed-ENDOR 的射频 π 脉冲，替换成频率为 ω_2 的微波 π 脉冲，就能探测自旋回波衰减所受到的电子自旋调制，对比 ESEEM 中自旋回波的核自旋调制衰减。这就是电子-电子双共振，DEER，又简称为 ELDOR(electron electron double resonance) 或 PELDOR(pulsed ELDOR) 等。常用的 DEER 脉冲系列有三脉冲和四脉冲两种，脉冲分成探测脉冲 (detection pulse) 和泵浦 π 脉冲 (pump/puming pulse)，如图 5.4.15(a) 所示，探测脉冲和泵浦脉冲的频率差控制在 100 MHz 以内为宜。图 5.4.15(b) 模拟了电子自旋回波振荡衰减随自由基间距 r 增大的变化趋势。

DEER 和其他 EPR 技术一样，可以在接近生理反应或化学反应的环境中 (溶液或粉末) 探测距离，这是单晶技术所不具备的。图 5.4.15(c)、(d) 示意了核苷酸还原酶 R2F 蛋白的 DEER 实验。核苷酸还原酶 R2F 蛋白的二聚体中，每个亚基各含有一个酪氨酸自由基 Tyr·(详见 8.2.3.2 节)，在催化过程中 Tyr· 会发生自由基长程转移。该自由基的 X-波段回波扫场谱、亚基间 Tyr· 的 DEER 时域谱和间距谱等分别如图 5.4.15(c)～(e) 所示，结果表明两个亚基间的 Tyr· 间距是 (32.5 ±0.5) Å，与单晶结构相似 [32]。如图 5.4.15(e) 所示，变换后所得的距离谱，吸收

峰的半幅全宽非常窄，这进一步表明在蛋白中 Tyr˙ 难以发生翻转运动或柔性差(参考下文)。在这种构象比较牢固致自由基无法随机翻转的蛋白中，DEER 精度可达 0.1 Å。

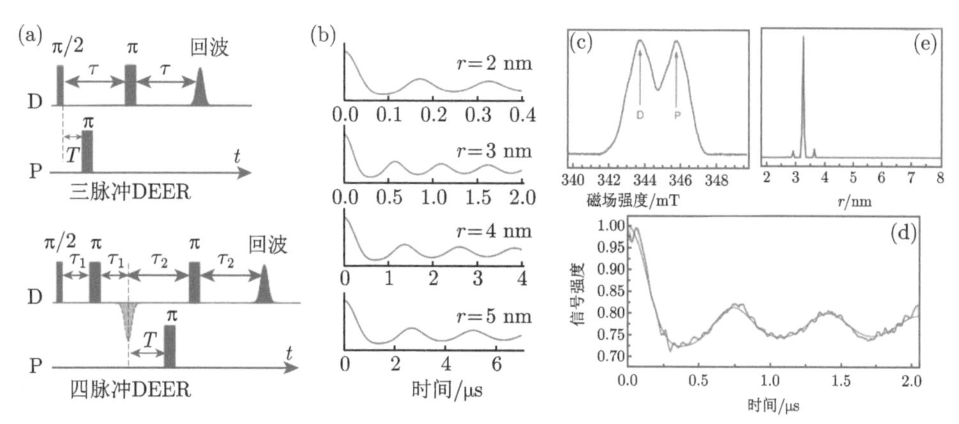

图 5.4.15 (a)DEER 的微波脉冲序列，D、P 分别代表探测和泵浦脉冲，这两路微波脉冲的频率差限制在 100 MHz 以内 (即 D、P 所对应的磁场位置相差小于 35 G，参考图 (c)；(b) 模拟 r=2 nm、3 nm、4 nm、5 nm 时自旋回波的特征振荡衰减为时域谱。核苷酸还原酶 R2F 二聚体中每个亚基各含有一个酪氨酸自由基 (蛋白结构参考 8.2.3.2 节)，(c) 酪氨酸自由基的 X-波段回波扫场谱、(d) X-波段四脉冲 DEER 时域谱和 (e) 经软件 Deer Analysis 2004 变换后所得的距离谱。图 (c)~(e) 由 W. Lubitz 教授提供，参考文献 [32]

在许多蛋白和高分子化合物中，并不存在内源性的自由基，因此需要引入外源自由基作为标记，以检测蛋白和高分子材料的折叠等构象。分子生物学实验常常使用的自由基标记物是以甲硫代磺酸自旋标记 (*S*-(1-oxyl-2,2,5,5-tetramethyl-2,5-dihydro-1H-pyrrol-3-yl) methyl methanesulfonothioate，MTSL) 为主的氮氧自由基。MTSL 能与半胱氨酸特异结合而形成定点自旋标记 (site-directed spin labeling，SDSL)，或人为将其他氨基酸定点突变成半胱氨酸再与 MTSL 结合，如图 5.4.16(b) 所示。这种标记方案，形成以二硫键—S—S—为中心的含多个可自由翻转的单键，如 C—S、C—C 等，这导致氮氧自由基能在空间上作分布较大范围的构象变化和分布，导致 DEER 时域谱的调制信噪比较差和距离谱中半幅全宽的展宽，如图 5.4.16(c)、(d)。若使用与双咪唑铜配位 Cu^{2+} 作自旋标记，无机铜配位中心不能发生随机翻转，实验上可获得高信噪比的调制和非常窄的距离谱。图 5.4.16 示意了这两种标记方法的实验结果，详见所引文献 [33]。双咪唑铜 Cu^{2+} 标记所具有的优势，使其正被推广到其他生物大分子的构象研究中 [34, 35]。

时至今日，DEER 方案已推广到基于金刚石 NV 色心的光探测磁共振 (optical-detected magnetic resonance，ODMR) 中，相关内容详见本书的后续姊妹

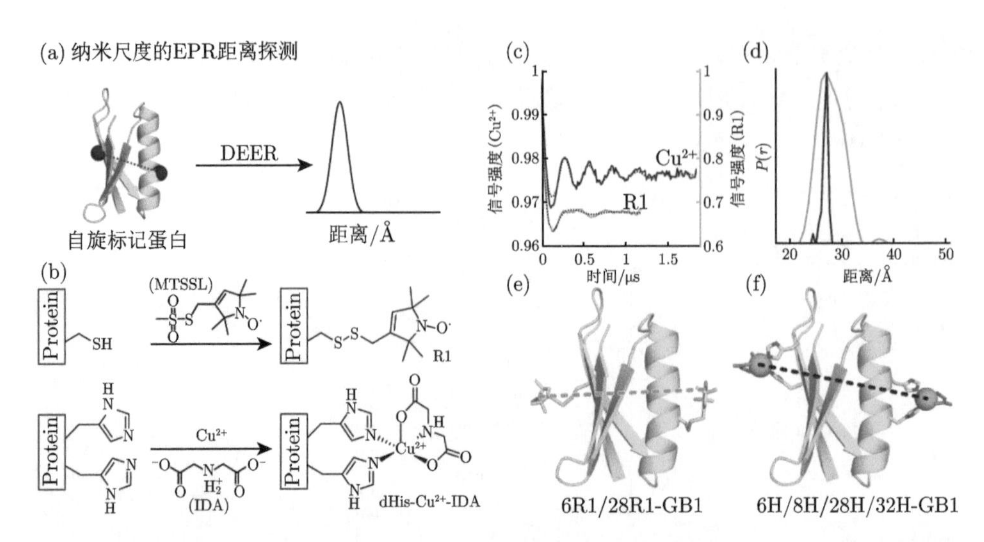

图 5.4.16 氮氧自由基 (MTSL) 和双咪唑铜两种自旋标记的 X-波段 DEER 比较研究，多肽链是 G 蛋白中与免疫金结合的结构域。(a)MTSL 自旋标记与 DEER 的设计方案，(b)~(f) 氮氧自由基和双咪唑铜两种自旋标记方法、DEER 时域谱和距离谱、蛋白构象示意图 ((e) MTSL; (f) Cu^{2+})。图例引自文献 [33]

篇——《单自旋量子信息物理学》。金刚石的 NV 色心 (nitrogen-vacancy center) 是由两个点缺陷缔合而成 $S=1$ 的 F 心 [36, 37]：一个是 N 原子掺杂，另一个碳空位 V_C，如图 7.4.15(a) 所示。以 NV 为自旋探针，可探测邻近的目标电子或核自旋，如自旋标记、内源自由基、顺磁离子或中心等。故，金刚石 NV 色心为核心结构的原子级别探测元件又称为 NV 量子传感器，它具有良好的生物兼容性，已被应用在活细胞水平上的荧光标记、光磁成像、温度测量 [38]。我们实验室在生物大分子水平、单分子磁共振的应用研究亦取得了一些进展。如，2015 年利用 NV 传感器在室温大气条件下探测到标记在 MAD2 蛋白分子上的电子自旋信号，获得了首张单个生物大分子的磁共振谱 [39]；2018 年又首次采集到了单个系留 DNA 双链 (tethered DNA duplex) 的溶液 EPR 谱及其在水溶液中的运动信息 [40]。对 ODMR 在其他领域应用感兴趣的读者，请参考综述 [41]。

5.4.7 与光激发相结合的脉冲 EPR，瞬态 EPR，拉比振荡

光激发形成的三重态和自由基，化学性质非常活泼，可以用来引发或催化绿色化学反应，因此受到人们的关注 [42, 43]。其中，光激发而成的三重态，寿命非常短，一般约数皮秒 ($\sim 10^{-12}$)，难以直接跟踪。利用与光辐照相结合的 cw-EPR、瞬态 EPR(transient EPR) 和脉冲 EPR，可原位跟踪三重态和相应产物自由基的形成 [24, 42, 44]，如光合作用中的 $^3P_{680}$、^3Chl、^3Car、$^3P_{700}$ 等各种光合色素的三

重态，和光系统 Ⅱ 的 $\mathrm{Tyr}_Z^{\cdot}$ 自由基等，详见 8.3.3.2 节。以下简要介绍与脉冲激光相结合的脉冲 EPR 和瞬态 EPR。与连续光照相结合的 cw-EPR，参考 8.3 节的光诱导形成的锰簇与 $\mathrm{Tyr}_Z^{\cdot}$ 磁性耦合体系。

在脉冲激光 (如 6∼ 8 ns) 后约 0.5∼ 1 μs 处，再施加正常的脉冲序列，即构成了脉冲激光结合的脉冲 EPR，如图 5.4.9(a)、图 5.4.17(b) 所示，探测对象是回波扫场谱、^{1}H-ENDOR(图 5.4.17(a)、(c))、ESEEM/HYSCORE、异相 ESEEM(图 5.4.9、图 5.4.10) 等。各种脉冲光结合的不同脉冲序列，请参考 Möbius 和 Savitsky 撰写的专著或文献 [24]。图 5.4.17(a) 和 (c) 示意了光激发甲藻素 (一种类胡萝卜素) 三重态的脉冲实验结果，即 Q-波段回波扫场谱和有规取向的 ^{1}H-Davies-ENDOR。回波扫场谱表明甲藻素三重态的特征 $|D| = 48.2$、$|E| = 4.7$ mT。在有规取向的 ^{1}H-Davies-ENDOR 中，有至少 13 个可分辨的质子吸收峰，其中 9 个被解析，分别是 $A > 0$ 的四个质子 (8′-、10′-、19′-、20-位) 和 $A < 0$ 的五个质子 (7-、11′-、14-、15-、15′-位)，如图 5.4.17(d) 所示 [45]。这表明电子自旋共轭离域于甲藻素分子的共轭长链。

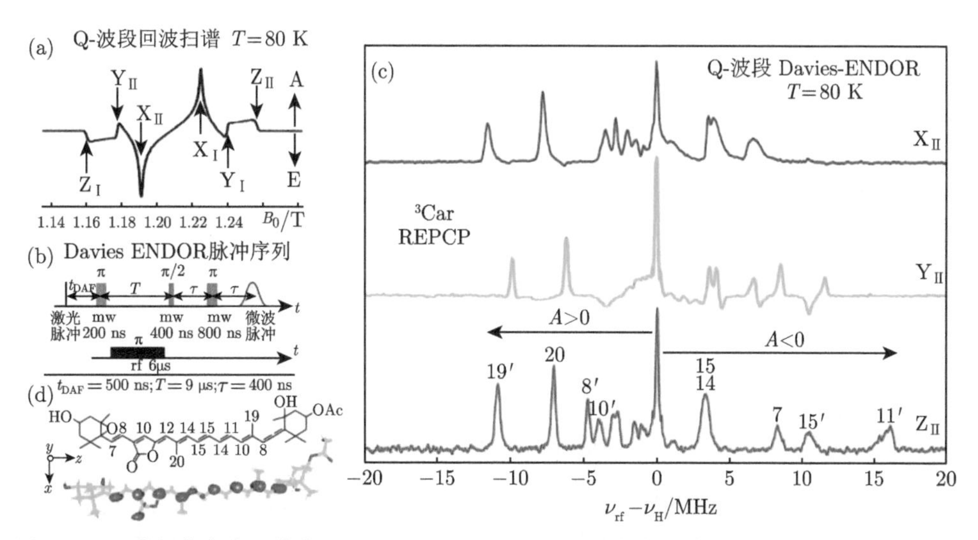

图 5.4.17 类胡萝卜素甲藻素 (carotenoid peridinin) 三重态自由基的 Q-波段回波扫场谱 (a)，结合脉冲光的 Davies-ENDOR 脉冲序列 (b) 和 ^{1}H-ENDOR(c)，甲藻素的化学结构和 ^{1}H 原子归属的 DFT 计算 (d)。回波扫场的脉冲序列是 $h\nu$-t_{DAF}-$\frac{\pi}{2}$-τ-π-τ-echo，激光脉冲是 8 ns，激光后延迟时间 $t_{\mathrm{DAF}} = 1$ μs；零场分裂是 $|D| = 48.2$、$|E| = 4.7$ mT。图例引自文献 [45]

一般地，cw-EPR 谱仪有平行和垂直两种模式，详见第 2 章。在布鲁克公司的 E500 和 E580 等谱仪中，还存在另外一模式，即瞬态 EPR 模式或时间分辨 EPR(trasient EPR 或 time-resolved EPR)。这是连续波与脉冲两种模式的杂交体：激励模式与标准连续波模式相同，而探测模式则与脉冲模式相同 [46]。瞬态 EPR 的工作原理如图 5.4.18(a) 所示，与常规 cw-EPR 一样，微波以一定功率持续辐照在样品上。然后，施加激光脉冲后，光激发形成的三重态或自由基，在微波场 B_1 中作拉比振荡衰减 (图 5.4.18(a))。若对此振荡衰减作积分则将形成类似于 FID 的积分信号 (图 5.4.18(a))，该积分随着静磁场 B_0 的变化，构成了连续波的谱图。积分的时间范围，如长于或短于 0.5 ms，根据自由基寿命不同而作相应选择。图 5.4.18(b)、(c) 分别示意了光诱导形成 $\mathrm{Tyr}_\mathrm{Z}^{\cdot}$ 自由基在特定静磁场 B_0 的积分信号，以及该积分与相应静磁场一起构成的 cw-EPR 谱 [47]。与脉冲 EPR 相比，瞬态 EPR 不受仪器空载时间的影响，且所使用微波功率也非常弱。

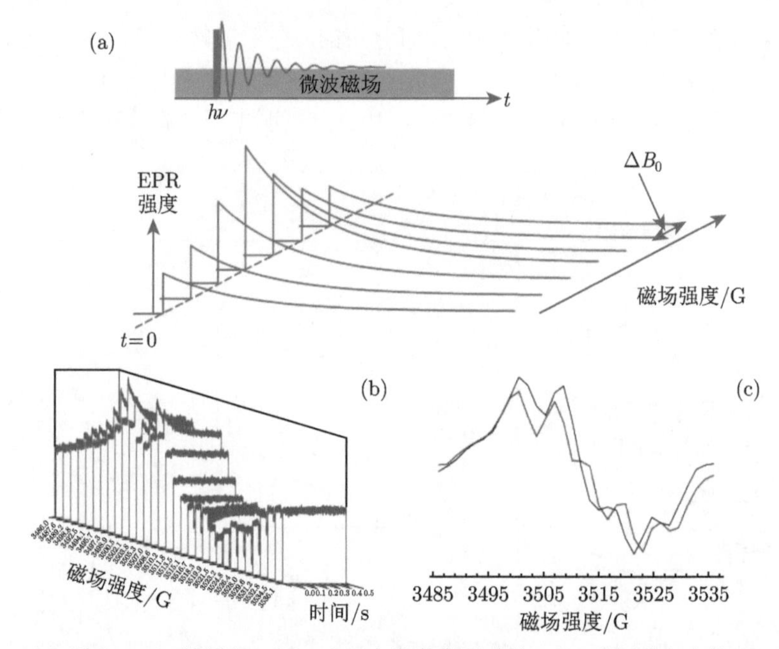

图 5.4.18　(a) 瞬态 EPR 的原理，(b)、(c) 光激发所形成的 PSII 酪氨酸自由基 $\mathrm{Tyr}_\mathrm{Z}^{\cdot}$ 的瞬态 EPR，ΔB_0 越小，谱图越平滑，参考图 8.3.5 的 $\mathrm{Tyr}_\mathrm{D}^{\cdot}$。图 (b)、(c) 引自文献 [47]

无论是脉冲还是瞬态 EPR，都会经常碰到拉比振荡。自由电子的拉比频率是

$$\omega_1 = g_\mathrm{e}\mu_\mathrm{B}B_1/\hbar \tag{5.1.6}$$

在 cw-EPR 中，微波磁场 B_1 与微波功率的关系是

$$B_1\,[\mathrm{G}] = C\times\sqrt{P\,[\mathrm{W}]} \tag{2.2.5a}$$

即拉比频率与微波功率的开方成正比。对于总自旋 $S\geqslant 1$ 的高自旋体系，任意相

邻 m_S 与 m_{S+1} 间拉比频率是

$$\Omega_{(m_S,m_{S+1})} = \frac{g\mu_{\mathrm{B}}B_1}{\hbar}\sqrt{S(S+1)-m_S(m_S+1)} \tag{5.4.24}$$

当 $S = 1/2$ 时，上式简化成式 (5.1.6)。基于式 (5.4.24) 中不同 $\Omega_{(m_S,m_{S+1})}$，实验上可解析交换耦合体系的总自旋量子数 S，如单子磁体 V_{15} 的基态和第一激发态 [48]。技术上，利用 DPPH 粉末 ($g_{\mathrm{iso}} = 2.0037$) 的拉比频率来检测谱仪的实际微波磁场 B_1。

5.4.8 自旋弛豫

到目前为止，我们的重点是通过分析 EPR 和 ENDOR 等谱图，以获得相应的跃迁频率，用于自旋哈密顿函数的求解和解析顺磁中心的电子结构与几何结构，而丝毫不关心自旋中心吸收微波后微波能量的传递和耗散等过程。电子自旋吸收微波能量而被激励后，平衡态被打破，自旋中心被加热，致自旋温度 T_S 升高。因此，自旋中心需要将这部分能量传递给周围的微环境 (如晶格或其他自旋)，系综重新恢复至平衡态或基态。这个能量传递过程，又称为自旋弛豫 (spin relaxation)，反映着自旋中心的分子和晶格动力学性质。虽然在 1.4 节我们已经初步展开了弛豫与谱形的关系，但是在 cw-EPR 中 T_1 和 T_2 是一个比较定性的概念，它们反映在 EPR 信号的功率饱和曲线和谱图的半幅全宽中。用脉冲技术可以精确地测量 T_1、T_2 等自旋弛豫参数。自旋相干和极化的弛豫快慢，决定着脉冲实验的探测时间和分辨率。

除了 T_1、T_2 以外，还有一些重要的弛豫过程，比如，旋转坐标系的使用会导致旋转坐标弛豫 $T_{1\rho}$(rotating-frame relaxation)；被激励的自旋与未被激励的自旋之间发生磁化转移而导致的光谱扩散 (spectral diffusion)；自旋被激励后翻转会改变周围其他自旋所感受到的局域内磁场，从而导致自旋跃迁前后的频率不一致，称为瞬时扩散 (instantaneous diffusion)；不同自旋间的交叉弛豫 (cross relaxation)，如 ENDOR 效应。

5.4.8.1 自旋-晶格弛豫，Orbach 过程，海森堡自旋交换，除氧

自旋-晶格弛豫，即纵向弛豫，是自旋中心与周围环境的不可逆的能量交换。该过程涉及磁量子数 m_S 的变化，因此是一个不可逆的过程。T_1 的完整描述是

$$\frac{1}{T_1} = a\coth\left(\frac{h\nu}{2k_{\mathrm{B}}T}\right) + bT^n + \frac{c}{\exp\left(\Delta/(k_{\mathrm{B}}\mathrm{T})\right)-1} \tag{5.4.25}$$

其中，T 是温度，Δ 是能级差，k_{B} 是玻尔兹曼常数。右边三项的能量耗散过程，如图 5.4.19 所示。其中，第一项是直接过程 (direct process)，所吸收或辐射的光量子

所携带能量 $h\nu$ 等于能级差 ΔE。第二项是拉曼过程 (Raman process)，所吸收或辐照的光量子 $h\nu > \Delta E$，多余的能量通过声子传递给周围环境：对于非克拉默斯二重态 (non-Kramers doublet)，$n=9$；克拉默斯二重态 (Kramers doublet)，$n=7$；对于较小分裂的自旋多重度，$n=5$。第三项是奥巴赫过程 (Orbach process)，发生于交换耦合体系中，即微波直接将基态激励至第一激发态甚至第二激发态，该过程反映着相邻能级间的能级差 $\varDelta$，$\varDelta = E_S - E_{S-1} = 2JS$(式 (4.5.19))。

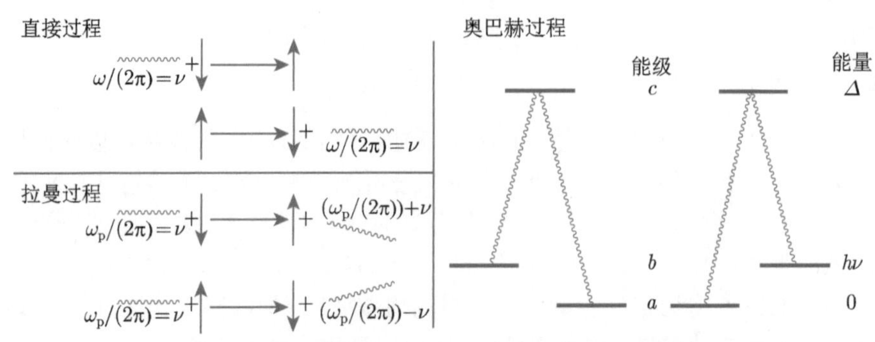

图 5.4.19　自旋-晶格弛豫时间 T_1 三个组分的能量交换示意图

图 5.4.20 以细长嗜热聚球藻 (*T. elongatus*)S_2 态光系统 Ⅱ 锰簇 (详见 8.3 节) 为例，示意了 Q-波段 T_1 的温度相关曲线。从中可以看出温度 T 越高，T_1 越短，能量交换越迅速。若将这个温度相关结果作奥巴赫过程 (Orbach process) 近似，

$$\frac{1}{T_1} = A \cdot \exp\left(-\frac{\varDelta}{k_{\mathrm{B}}T}\right) \tag{5.4.26}$$

两边取自然对数，

$$\ln\frac{1}{T_1} = \ln A - \frac{\varDelta}{k_{\mathrm{B}}} \times \frac{1}{T} \tag{5.4.27}$$

用此式对 T_1 作线性拟合，得基态与第一激发态能级差，$\varDelta = 2JS \approx 22.4\ \mathrm{cm}^{-1}$，详见 8.3.3.2 节和表 8.3.5[49]。

在稀溶液中，T_1 受到分子运动相关时间 τ_{c} 影响，这种自旋翻转 (spin-rotation interaction) 能引起海森堡自旋交换 (Heisenberg spin exchange)，

$$\left(T_1^{-1}\right)^{\mathrm{SR}} = \left(T_2^{-1}\right)^{\mathrm{SR}} = \frac{\left(g_x - g_{\mathrm{e}}\right)^2\left(g_y - g_{\mathrm{e}}\right)^2\left(g_z - g_{\mathrm{e}}\right)^2}{9\tau_{\mathrm{c}}} \tag{5.4.28}$$

这是 EPR 探测溶氧量 pO_2 的原理 [38]。对于普通的冷冻样品，则需要在干冰/乙醇溶液中 (−78 °C) 用氩气作除氧处理，否则，低温测试时 O_2 随机分布的吸收峰 (图 5.4.21) 会丑化谱图和干扰谱图解析。

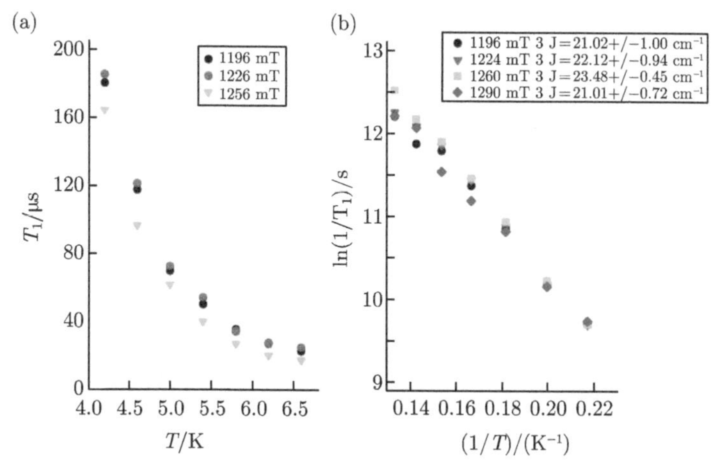

图 5.4.20 细长嗜热聚球藻 S_2 态光系统 Ⅱ 锰簇的 Q-波段 T_1 温度相关曲线 (a) 和奥巴赫过程拟合 (b)。用经典的反转恢复脉冲序列 π-T-π/2-τ-π-τ-echo，实验取三或四个不同的静磁场 B_0，详见文献 [49]

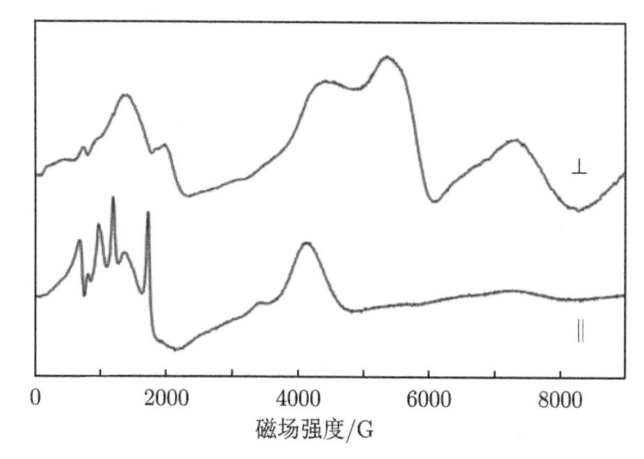

图 5.4.21 固态空气 EPR 谱：⊥EPR、9.65 GHz，∥EPR、9.36 GHz，4.2 K。图例引自专著 *Biomolecular EPR Spectroscopy* 的图 3.5

5.4.8.2 自旋-自旋弛豫，T_2 与 T_{m}

自旋-自旋弛豫时间 T_2 描述着自旋之间能量交换的速率，与自旋之间的距离有关。在理想情况下，T_2 最长 ~ 20 μs。在 1.4 节和 5.3.6 节中，我们详细地介绍了吸收谱半幅全宽与 T_2 的相互联系；在上文的脉冲技术中，也提到了单脉冲和双脉冲探测 T_2 的方法 (图 5.2.2)。为了区分这些不同方法探测所得的自旋-自旋弛豫时间，习惯上会做些特征标注：连续波半幅全宽所对应的 T_2 称为 T_2^*，两脉冲原初回波探测所得的 T_2 称为 T_{m}。以下简要介绍 T_{m} 的形成机制。

T_{m} 是两脉冲原初回波的去相位时间 (spin echo dephasing time) 或相位存贮

时间 (phase memory time)。系综内，目标自旋 A 与任意相邻自旋 B 的偶极作用 Γ_{dip} 是

$$\Gamma_{\mathrm{dip}} = 2.53\frac{\mu_0 g_{\mathrm{A}} g_{\mathrm{B}} \mu_{\mathrm{B}}^2}{4\pi\hbar} C_{\mathrm{B}} \tag{5.4.29}$$

其中，C_{B} 是自旋 B 的浓度。T_{m} 和自旋 B 的自旋-晶格弛豫时间 T_1^{B}、Γ_{dip} 的关系是

$$T_{\mathrm{m}} = 1.4\sqrt{T_1^{\mathrm{B}}/\Gamma_{\mathrm{dip}}} \tag{5.4.30}$$

由此可知，T_{m} 与自旋浓度 C_{B} 的开方成反比，即浓度越高，T_{m} 越短，吸收谱的半幅全宽就越大，展宽越严重。与此同时，T_{m} 还受到周围核自旋库的影响，

$$\frac{1}{T_{\mathrm{m}}} = \frac{0.37\mu_0 (g_{\mathrm{e}}\mu_{\mathrm{B}})^{1/2} (g_{\mathrm{n}}\beta_{\mathrm{N}})^{3/2} [I(I+1)]^{1/4} C_{\mathrm{N}}}{4\pi\hbar} \tag{5.4.31}$$

其中，C_{N} 是核自旋浓度。比如，将溶剂 H_2O 置换成 D_2O 后，理论上 T_{m} 可延长 ~ 13 倍，参考 5.4.4.1 节氘代对 ESEEM 调制深度的增益效应。利用全氘代 RNA，清华大学方显杨等将 DEER 的实际探测延长至 10.5 nm(详见文献 [50])。

参 考 文 献

本章参考的主要专著和教材:

Aartsma T J, Matysik. Biophysical Techniques in Photosynthesis (Vol II). Dordrecht: Springer, 2008.

Abragam A, Bleaney B. Electron Paramagnetic Resonance of Transition Ions. Oxford: Oxford University Press, 2012.

Amesz J, Hoff A J. Biophysical Techniques in Photosynthesis. New York: Kluwer Academic, 1996.

Berliner L J, Eaton G R, Eaton S S. Distance Measurements in Biological Systems by EPR. New York: Kluwer Academic, 2002.

Dikanov S A, Tsvetkov Y. Electron Spin Echo Envelope Modulation (ESEEM) Spectroscopy. Oxford: Oxford University Press, 1992.

Goldfarb D, Stoll S. EPR Spectroscopy: Fundamentals and Methods. West Sussex: John Wiley & Sons, 2018.

Hagen W R. Biomolecular EPR Spectroscopy. Boca Raton: CRC Press, 2008.

Hoff A J. Advanced EPR: Applications in Biology and Biochemistry. Amsterdam: Kluwer Academic, 1989.

Keyan L, Schwartz R N. Time Domain Electron Spin Resonance. New York: John Wiley & Sons, 1979.

Likhtenshtein G I, Yamauchi J, Nakatsuji S, Smirnov A I, Tamura R. Nitroxides: Applications in Chemistry, Biomedicine, and Materials Science. Weinheim: Wiley, 2008.

Möbius K, Savitsky A. High-Field EPR Spectroscopy on Proteins and Their Model Systems. Cambrigde: RSC Publishing, 2008.

Schlick S. Advanced ESR Methods in Polymer Research. Hoboken: John Wiley & Sons, 2006.

Schweiger A, Jeschke G. Principles of Pulse Electron Paramagnetic Resonance. Oxford: Oxford University Press, 2001.

Scott R A, Lukehart C M. Applications of Physical Methods to Inorganic and Bioinorganic Chemistry. New York: Wiley, 2007.

Telser J. Paramagnetic Resonance of Metallobiomolecules. Washingtong: American Chemical Society, 2005.

Tsvetkov Y D, Bowman M K, Grishin Y A. Pulsed Electron-Electron Double Resonance. Cham: Springer, 2019.

主要参考文献:

[1] VAN GASTEL M. Pulsed EPR spectroscopy [J]. Photosynthesis Research, 2009, 102(2-3): 367-373.

[2] SHI Z, MU S, QIN X, et al. An X-band pulsed electron paramagnetic resonance spectrometer with time resolution improved by a field-programmable-gate-array based pulse generator [J]. Review of Scientific Instruments, 2018, 89(12): 125104.

[3] STOLL S, CALLE C, MITRIKAS G, et al. Peak suppression in ESEEM spectra of multinuclear spin systems [J]. Journal of Magnetic Resonance, 2005, 177(1): 93-101.

[4] DELIGIANNAKIS Y, LOULOUDI M, HADJILIADIS N. Electron spin echo envelope modulation (ESEEM) spectroscopy as a tool to investigate the coordination environment of metal centers [J]. Coordination Chemistry Reviews, 2000, 204(1): 1-112.

[5] MAURELLI S, CHIESA M, GIAMELLO E, et al. A HYSCORE investigation of bimetallic titanium-vanadium microporous catalysts: elucidating the nature of the active sites [J]. Chemical Communications, 2012, 48(69): 8700-8702.

[6] SU J H, LUBITZ W, MESSINGER J. Probing mode and site of substrate water binding to the oxygen-evolving complex in the S_2 state of photosystem Ⅱ by ^{17}O-HYSCORE spectroscopy [J]. Journal of the American Chemical Society, 2011, 133(31): 12317.

[7] FINAZZO C, HARMER J, JAUN B, et al. Characterization of the MCR_{red2} form of methyl-coenzyme M reductase: a pulse EPR and ENDOR study [J]. Journal of Biological Inorganic Chemistry, 2003, 8(5): 586-593.

[8] RADOUL M, SUNDARARAJAN M, POTAPOV A, et al. Revisiting the nitrosyl complex of myoglobin by high-field pulse EPR spectroscopy and quantum mechanical calculations [J]. Physical Chemistry Chemical Physics, 2010, 12(26): 7276-7289.

[9] POTAPOV A, LANCASTER K M, RICHARDS J H, et al. Spin delocalization over type zero copper [J]. Inorganic Chemistry, 2012, 51(7): 4066-4075.

[10] MAURELLI S, CHIESA M, GIAMELLO E, et al. Direct spectroscopic evidence for

binding of anastrozole to the iron heme of human aromatase. Peering into the mechanism of aromatase inhibition [J]. Chemical Communications, 2011, 47(38): 10737-10739.

[11] STICH T A, WHITTAKER J W, BRITT R D. Multifrequency EPR studies of manganese catalases provide a complete description of proteinaceous nitrogen coordination [J]. Journal of Physical Chemistry B, 2010, 114(45): 14178-14188.

[12] DZUBA S A, HOFF A J. Photo-Induced Radical Pairs Investigated Using out-of-Phase Electron Spin Echo [M]//BERLINER L J, EATON G R, EATON S S. Distance Measurements in Biological Systems by EPR. Boston: Springer, 2000: 569-596.

[13] GARDINER A T, ZECH S G, MACMILLAN F, et al. Electron paramagnetic resonance studies of zinc-substituted reaction centers from Rhodopseudomonas viridis [J]. Biochemistry, 1999, 38(36): 11773-11787.

[14] ZECH S G, VAN DER EST A J, BITTL R. Measurement of cofactor distances between $P_{700}^{\cdot+}$ and A_1^- in native and quinone-substituted photosystem I using pulsed electron paramagnetic resonance spectroscopy [J]. Biochemistry, 1997, 36(32): 9774-9779.

[15] BITTL R, ZECH S G, FROMME P, et al. Pulsed EPR structure analysis of photosystem I single crystals: localization of the phylloquinone acceptor [J]. Biochemistry, 1997, 36(40): 12001-12004.

[16] ZECH S G, KURRECK J, RENGER G, et al. Determination of the distance between $Y_Z^{ox\cdot}$ and $Q_A^{-\cdot}$ in photosystem Ⅱ by pulsed EPR spectroscopy on light-induced radical pairs [J]. FEBS Letters, 1999, 442(1): 79-82.

[17] ZECH S G, KURRECK J, ECKERT H J, et al. Pulsed EPR measurement of the distance between $P_{680}^{+\cdot}$ and $Q_A^{-\cdot}$ in photosystem Ⅱ [J]. FEBS Letters, 1997, 414(2): 454-456.

[18] BITTL R, ZECH S G. Pulsed EPR study of spin-coupled radical pairs in photosynthetic reaction centers: measurement of the distance between $P_{700}^{+\cdot}$ and $A_1^{\cdot-}$ in photosystem I and between $P_{865}^{+\cdot}$ and $Q_A^{\cdot-}$ in bacterial reaction centers [J]. Journal of Physical Chemistry B, 1997, 101(8): 1429-1436.

[19] NOHR D, PAULUS B, RODRIGUEZ R, et al. Determination of radical-radical distances in light-active proteins and their implication for biological magnetoreception [J]. Angewandte Chemie - International Edition, 2017, 56(29): 8550-8554.

[20] BITTL R, WEBER S. Transient radical pairs studied by time-resolved EPR [J]. Biochimica et Biophysica Acta, 2005, 1707(1): 117-126.

[21] LUBITZ W, LENDZIAN F, BITTL R. Radicals, radical pairs and triplet states in photosynthesis [J]. Accounts of Chemical Research, 2002, 35(5): 313-320.

[22] BOROVYKH I V, KULIK L V, DZUBA S A, et al. Out-of-phase stimulated electron spin-echo appearing in the evolution of spin-correlated photosynthetic triplet-radical pairs [J]. Journal of Physical Chemistry B, 2002, 106(46): 12066-12071.

[23] BITTL R, ZECH S G. Pulsed EPR spectroscopy on short-lived intermediates in photosystem I [J]. Biochimica et Biophysica Acta, 2001, 1507(1-3): 194-211.

[24] MOBIUS K, LUBITZ W, SAVITSKY A. High-field EPR on membrane proteins - cross-

ing the gap to NMR [J]. Progress in Nuclear Magnetic Resonance Spectroscopy, 2013, 75: 1-49.

[25] HOFF A J, AMESZ J. Biophysical Techniques in Photosynthesis [M]. Dordrecht: Kluwer Academic Publishers, 1996.

[26] LUBITZ W, LENDZIAN F. ENDORs Spectroscopy [M]//AMESZ J, HOFF A J. Biophysical Techniques in Photosynthesis. Dordrecht: Springer Netherlands, 1996: 255-275.

[27] KULIK L, EPEL B, MESSINGER J, et al. Pulse EPR, ^{55}Mn-ENDOR and ELDOR-detected NMR of the S_2-state of the oxygen evolving complex in photosystem Ⅱ [J]. Photosynthesis Research, 2005, 84(1-3): 347-353.

[28] COX N, AMES W, EPEL B, et al. Electronic structure of a weakly antiferromagnetically coupled $Mn^{Ⅱ}Mn^{Ⅲ}$ model relevant to manganese proteins: a combined EPR, ^{55}Mn-ENDOR, and DFT Study [J]. Inorganic Chemistry, 2011, 50(17): 8238-8251.

[29] KULIK L V, EPEL B, LUBITZ W, et al. Electronic structure of the Mn_4O_xCa cluster in the S_0 and S_2 states of the oxygen-evolving complex of photosystem Ⅱ based on pulse ^{55}Mn-ENDOR and EPR spectroscopy [J]. Journal of the American Chemical Society, 2007, 129(44): 13421-13435.

[30] REIJERSE E, LENDZIAN F, ISAACSON R, et al. A tunable general purpose Q-band resonator for CW and pulse EPR/ENDOR experiments with large sample access and optical excitation [J]. Journal of Magnetic Resonance, 2012, 214: 237-243.

[31] JENSEN A F, SU Z, HANSEN N K, et al. X-Ray diffraction study of the correlation between electrostatic potential and K-absorption edge energy in a bis(μ-oxo) Mn(Ⅲ)-Mn(Ⅳ) dimer [J]. Inorganic Chemistry, 1995, 34(16): 4244-4252.

[32] BIGLINO D, SCHMIDT P P, REIJERSE E J, et al. PELDOR study on the tyrosyl radicals in the R2 protein of mouse ribonucleotide reductase [J]. Physical Chemistry Chemical Physics, 2006, 8(1): 58-62.

[33] CUNNINGHAM T F, PUTTERMAN M R, DESAI A, et al. The double-histidine Cu^{2+}-binding motif: a highly rigid, site-specific spin probe for electron spin resonance distance measurements [J]. Angewandte Chemie - International Edition, 2015, 54(21): 6330-6334.

[34] BOGETTI X, GHOSH S, GAMBLE JARVI A, et al. Molecular dynamics simulations based on newly developed force field parameters for Cu^{2+} spin labels provide insights into double-histidine-based double electron-electron resonance [J]. Journal of Physical Chemistry B, 2020, 124(14): 2788-2797.

[35] ABDULLIN D, SCHIEMANN O. Pulsed dipolar EPR spectroscopy and metal ions: methodology and biological applications [J]. Chempluschem, 2020, 85(2): 353-372.

[36] DOHERTY M W, MANSON N B, DELANEY P, et al. The nitrogen-vacancy colour centre in diamond [J]. Physics Reports, 2013, 528(1): 1-45.

[37] CHEN M, MENG C, ZHANG Q, et al. Quantum metrology with single spins in diamond under ambient conditions [J]. National Science Review, 2017, 5(3): 346-355.

[38] MAO J, ZHANG Q, SHI F, et al. Mitochondria respiratory chain studied by electron paramagnetic resonance spectroscopy [J]. Chinese Science Bulletin, 2020, 65(0023-074X): 339.

[39] SHI F, ZHANG Q, WANG P, et al. Protein imaging. Single-protein spin resonance spectroscopy under ambient conditions [J]. Science, 2015, 347(6226): 1135-1138.

[40] SHI F, KONG F, ZHAO P, et al. Single-DNA electron spin resonance spectroscopy in aqueous solutions [J]. Nature Methods, 2018, 15(9): 697-699.

[41] HOFF A J. Optically Detected Magnetic Resonance (ODMR) of Triplet States in PhoTosynthesis [M]//AMESZ J, HOFF A J. Biophysical Techniques in Photosynthesis. Dordrecht: Springer Netherlands. 1996: 277-298.

[42] MOBIUS K, LUBITZ W, COX N, et al. Biomolecular EPR meets NMR at high magnetic fields [J]. Magnetochemistry, 2018, 4(4): 50.

[43] ROESSLER M M, SALVADORI E. Principles and applications of EPR spectroscopy in the chemical sciences [J]. Chemical Society Reviews, 2018, 47(8): 2534-2553.

[44] KULIK L, LUBITZ W. Electron-nuclear double resonance [J]. Photosynthesis Research, 2009, 102(2-3): 391-401.

[45] NIKLAS J, SCHULTE T, PRAKASH S, et al. Spin-density distribution of the carotenoid triplet state in the peridinin-chlorophyll-protein antenna. A Q-band pulse electron-nuclear double resonance and density functional theory study [J]. Journal of the American Chemical Society, 2007, 129(50): 15442-15443.

[46] WEBER S. Transient EPR [J]. eMagRes, 2017, 255-270.

[47] SUGIURA M, OGAMI S, KUSUMI M, et al. Environment of TyrZ in photosystem II from *Thermosynechococcus elongatus* in which PsbA2 is the D1 protein [J]. Journal of Biological Chemistry, 2012, 287(16): 13336-13347.

[48] YANG J, WANG Y, WANG Z, et al. Observing quantum oscillation of ground states in single molecular magnet [J]. Phys. Rev. Lett., 2012, 108(23): 230501.

[49] SU J H, COX N, AMES W, et al. The electronic structures of the S_2 states of the oxygen-evolving complexes of photosystem II in plants and cyanobacteria in the presence and absence of methanol [J]. Biochimica et Biophysica Acta, 2011, 1807(7): 829-840.

[50] ENDEWARD B, HU Y, BAI G, et al. Long-range distance determination in fully deuterated RNA with pulsed EPR spectroscopy [J]. Biophysical Journal, 2022, 121(1): 37-43.

有无相生，难易相成，长短相形，高下相盈，音声相和，前后相随，恒也。

——《道德经》

第 6 章　EPR 范例 (一)

元素周期表，根据化学元素最外层电子的分布，被分成 s、p、d、f 等四个区：主族元素是 s 和 p 区，过渡元素是 d 区 (含 ds 区)，镧系和锕系元素构成 f 区。根据未配对电子所占据的轨道，分成 ns^1、np^{1-5}、nd^{1-9}、nf^{1-13} 四大类单核顺磁原子或离子。为了方便读者选阅，将 ns^1、np^{1-5}、nf^{1-13} 三类研究对象，作为本章的内容，而过渡原子或离子 nd^{1-9} 单独做成下一章。元素周期表自左向右的列数，可简单编号成 1、2、3、$\cdots$、18 等十八列或族。其中，偶数族元素的大量同位素，核自旋 $I=0$；奇数族元素的同位素，核自旋均非零，$I\geqslant 1/2$。

氮族、氧族、卤素等气态单原子或双原子，详见 4.7 节。

6.1　s 区原子

ns^1 组态的原子或离子 (本书中，原子或离子是泛指顺磁中心)，如表 6.1.1 所示。它们都是能提供一个活泼电子的还原剂，须在惰性环境中制备才能稳定存在。常见的研究主要集中于 IA、IB、ⅡB 等三个族，第 ⅡA 族比较少见，第 ⅢA 族应用于材料的掺杂改性。这些元素的磁性同位素，详见表 1.6.1。一部分 p 区元素的 ns^1 组态，如 $3s^1$ 的 P^{4+}、$4s^1$ 的 Ge^{3+} 等，没有被收入表 6.1.1 中。有些 ns^1 组态原子可通过化学方法制备，有些是用 X-射线等辐射处理诱导还原反应而形成。如，第 ⅡA 族的 +1 价离子 (Be^{1+}、Mg^{1+}、Ca^{1+}、Sr^{1+}、Ba^{1+})，用 X-/γ-射线或紫外线辐射还原而成，详见所附数据库中的系列专著 1 的第 9A 卷等，以及综述 [1]。

s 轨道呈球形对称，故 ns^1 原子具有内禀的各向同性。当 $I>0$ 时，电子与核自旋的费米自旋接触相互作用比较强，a_{iso} 的理论值都比较大 (表 6.1.1)，谱图具有明显的 A 二阶效应。表 6.1.1 表明，a_{iso} 并不都是随着同族自上而下或同周期自左向右而增大的，有些是跳跃性的变化，如碱金属的 K^0、整个铜族等。a_{iso} 和 g_{iso} 的精确值，需要使用二阶或四阶参数才能作较好的模拟，一般地，$g_{iso}\sim g_e$ 或略小于 g_e。g_{iso} 偏小，和电子的离域结构或环境的极性有关，这些差别有时会导致微弱的各向异性。比如，不同氧化物中的钠掺杂，就具有微弱的 g_{ij} 和 A_{ij} 各向异性，见表 6.1.2。

表 6.1.1　ns^1 电子组态原子或离子，$a_{\rm iso}$(G) 是主要磁性同位素的理论值，节选自表 1.6.1

	IA ($a_{\rm iso}$)	ⅡA ($a_{\rm iso}$)	ⅢA ($a_{\rm iso}$)	IB ($a_{\rm iso}$)	ⅡB ($a_{\rm iso}$)
$1s^1$	H^0 (507.6)				
$2s^1$	Li^0 (143.4)	Be^{1+} (161.1)	B^{2+} (908.8)		
$3s^1$	Na^0 (316.1)	Mg^{1+} (173.4)	Al^{2+} (1395.5)		
$4s^1$	K^0 (82.4)	Ca^{1+} (228.6)	Ga^{2+} (4356.7)	Cu^0 (2139.2)	Zn^{1+} (744.7)
$5s^1$	Rb^0 (361.1)	Sr^{1+} (304.6)	In^{2+} (7200.7)	Ag^0 (653.3)	Cd^{1+} (4870.7)
$6s^1$	Cs^0 (881)	Ba^{1+} (1417)	Ta^{2+} (5359.5)	Au^0 (1026.2)	Hg^{1+} (14944)

表 6.1.2　掺杂于碱土金属氧化物中 Na^0 的特征参数 [6,7]

	$g_\perp$	$g_\parallel$	$\lvert A_\perp\rvert$/G	$\lvert A_\parallel\rvert$/G	$\lvert A_{\rm iso}\rvert$/G
MgO	2.001	2.000	142.3	140.2	140.9
CaO	2.001	1.998	128.7	125.4	126.5
SrO	1.990	1.988	75.8	74.0	74.0

6.1.1　氢原子

氢原子 H^0 的电子结构，已在 3.1.2 节作详述。囚禁在不同环境中的 H^0，$g_{\rm iso}$ 为 2.0025~2.003 [2]，实验值 $a_{\rm iso}$ 为 503~506 G，理论值约 507.6 G (表 3.2.1)，X-波段谱图具有明显的 A 二阶效应 (图 3.1.7)。囚禁在有机纳米笼中的 H^0，416 GHz 的高频特征是 $g_{\rm iso}$~2.00294，$A_{\rm iso}$~1461.8 MHz [3]。

6.1.2　碱金属原子

第 IA 族的碱金属元素，稳定同位素核自旋 $I>0$ (表 1.6.1)，具有特征超精细结构。

Li^0 和 Na^0 原子，常以掺杂方式掺入碱土金属氧化物、分子筛等载体中，然后对其物理和化学性质作研究。因 Li/Na—O 键的影响，这些束缚原子有微弱的各向异性，且同位素 ^{6}Li 和 ^{7}Li 还具有不同的 g_i 各向异性 [4]。表 6.1.2 示意了掺杂于碱土金属氧化物中的 Na^0 的各向异性，且 Na^0 的 $A_{\rm iso}$ 与理论值 316.1 G 有较大的偏差，这种偏差随着化学环境的变化而变化。

用 24 GHz 的分子束磁共振技术 (molecular bean magnetic resonance) 探测所得 ^{39}K 原子的特征 $a_{\rm iso}$~81 G (文献没有给出具体的 $a_{\rm iso}$ 和 $g_{\rm iso}$ 值，只能根据所给谱图大致估算)，与理论值 82.4 G 相差无几 [5]，如图 6.1.1 所示。

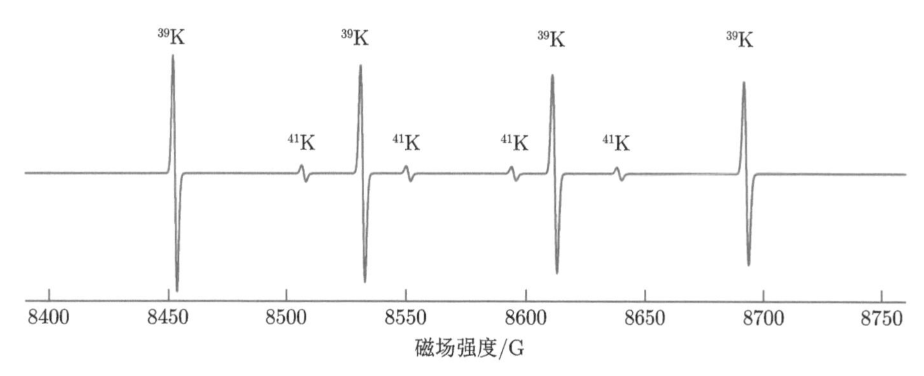

图 6.1.1 24 GHz 分子束磁共振实验的模拟。钾元素的稳定同位素：^{39}K，93.2581%，$I=3/2$；^{40}K，0.0117%，$I=4$；^{41}K，6.7302%，$I=3/2$。其余详见文献 [5]

6.1.3 碱土金属 +1 价离子

第 ⅡA 族的碱土金属元素，以 +2 价离子稳定存在于化合物中。若用 γ-或 X-射线处理，可被还原成 +1 价，详见所附数据库中的系列专著 1 的第 9A 卷。

用 γ- 或 X-射线处理 $BeSO_4$ 粉末，诱导形成 Be^{1+}，$g_{iso}=2.003$，^{9}Be 的 $a_{iso}=18.3$ G；辐射 $MgSO_4$ 时，Mg^{1+} 的 $g_{iso}=1.9953$。紫外辐射 CsN : Ca^{2+} 形成 Ca^{1+}，$g_{iso}=2.041$。

在金属氢化物如一氢化物中，BeH，$g_{iso}=2.002$，^{9}Be 的 $a_{iso}=71.1$ G；MgH，$g_{iso}=2.0068$，^{25}Mg 的 $a_{iso}=78.8$ G；CaH，$g_{iso}=1.9982$；SrH，$g_{iso}=1.9911$；BaH，$g_{iso}=1.995$。

类似地，还有一氟化物，如 MgF、CaF、SrF、BaF 等。

6.1.4 铜族原子

铜族 (第 IB 族) 元素单原子 (Cu^0、Ag^0、Au^0) 的 EPR 研究，详见综述 [1]，能级图参考图 4.3.2。在不同惰性基质中，a_{iso} 有较大幅度的波动，如 ^{63}Cu 的 $a_{iso}=5867\sim6151$ MHz，^{107}Ag 的 $a_{iso}=1713\sim1809$ MHz，^{197}Au 的 $a_{iso}=3053\sim3137$ MHz，$g_{iso}\sim2.00$，谱图的 A 二阶效应非常显著，详见文献 [8]。

6.1.5 锌族 +1 价离子

锌族 (第 ⅡB 族) +1 价的离子是 Zn^{1+}、Cd^{1+}、Hg^{1+}。本族元素的主要同位素为非磁性同位素，磁性同位素是 ^{67}Zn($I=5/2$，4.1%)、^{111}Cd($I=1/2$，12.8%)、^{113}Cd($I=1/2$，12.22%)、^{199}Hg($I=5/2$，16.87%)、^{199}Hg($I=5/2$，13.18%)。表 6.1.3 节选了一部分文献结果。

掺杂到 $CaCO_3$、K_2SO_4 等基底材料的 Zn^{1+}，具有微弱的各向异性，如表 6.1.3 所示，这可能与晶格结构的对称性有关 [1]。

表 6.1.3　掺杂不同基底中的 $^{67}Zn^{1+}$、$^{111}Cd^{1+}$、$^{199}Hg^{1+}$

	基底	g_x	g_y	g_z	A_x/MHz	A_y/MHz	A_z/MHz
Zn^{1+}	NaCl	$g_{iso}=1.999$			$A_{iso}=2030$		
	$CaCO_3$	2.0008	2.0008	1.9965	1444	1444	1412
	K_2SO_4(I)	1.9975	1.9965	2.001	1569	1568	1595
	K_2SO_4(Ⅱ)	1.999	2.004	2.005	1730	1750	1750
Cd^{1+}	NaCl	$g_{iso}=1.998$			$A_{iso}=12493$		
	CaF_2	$g_{iso}=1.9985$			$A_{iso}=13200$		
	β-K_2SO_4	1.996	1.998	2.000	12618	12645	12668
	$(NH_4)_2SO_4$	1.9975	1.9972	2.0002	11888	11908	11924
Hg^{1+}	NaCl	$g_{iso}=1.999$			$A_{iso}=32100$		
	KCl	$g_{iso}=1.998$			$A_{iso}=32790$		
	$(NH_4)_2SO_4$	1.9989	1.9948	1.9927	34046	34080	34060
	KH_2PO_4	1.9965	1.9965	1.9972	34174	34174	33994

在真空条件下将锌升华至分子筛 ZSM-5 内作改性处理，会形成活泼的 Zn^{1+}，图 6.1.2 示意了 X-波段 (9.86 GHz) 的特征室温谱。锌元素的非磁性同位素 $^{64,66,68,70}Zn$ 的总天然丰度是 95.9%，^{67}Zn 是 4.1%。正常情况下，EPR 谱图上只能探测到大量同位素组成的 Zn^{1+}，g_{iso}~1.998；^{67}Zn 的天然丰度比较低，一般只会检测到用 “*” 标记的两个超精细分裂峰。若用 $^{67}Zn(I=5/2)$ 作示踪，EPR 谱图的超精细结构变得显著，如图 6.1.2 所示。根据式 (4.3.21) 的粗略推算，a_{iso}~543 G，

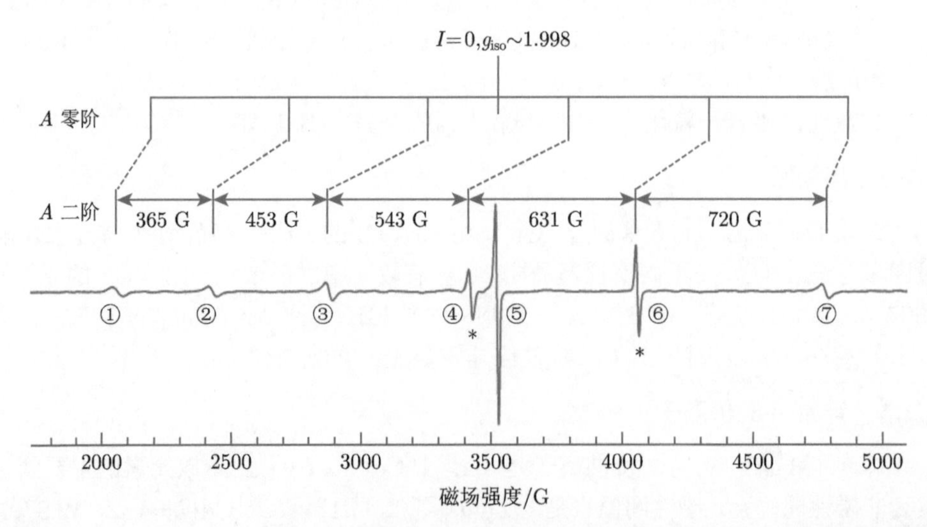

图 6.1.2　^{67}Zn(~87%) 示踪的锌改性 ZSM-5 分子筛的 9.86 GHz 室温谱，相邻超精细分裂峰的间隔也一同表示。自左向右的吸收峰用 ①、②、⋯、⑦ 编号，$I=0$ 的吸收峰的编号是 ⑤，各个吸收峰的微波功率饱和曲线，见图 2.3.4(a)。^{67}Zn 的天然丰度比较低，一般只会检测到用 “*” 标记的两个超精细分裂峰 ④ 和 ⑥，参考文献 [9]

谱图具有显著的 A 二阶效应，不仅体现在相邻两两超精细分裂峰的不等间隔等位置上，还体现在每个超精细分裂峰的强弱和宽窄上。通过对比 $I=0$ 和 $I=5/2$ 吸收峰的位置，我们可以明显发现 A 二阶效应使整个吸收谱向低场方向移动，这增大加了对 g_{iso} 解析的困难。

6.1.6 硼族 +2 价离子

硼族 (第 ⅢA 族) 的 +2 价离子是 B^{2+}、Al^{2+}、Ga^{2+}、In^{2+}、Tl^{2+}。这些组态的离子，化学性质活泼，难以用常规方法制备。一般是先将稳定价态的离子掺杂至某种载体中，然后用辐射处理而形成 [1,10]。比如，将 Al^{3+} 掺入 BeO，然后用 X-射线辐射，可诱导形成 Al^{2+}，详见所引文献 [11]。其中，Al—O 键的极性使 $3s^1$ 组态的 Al^{2+} 具有微弱的各向异性，$g_\perp=2.004$、$g_\parallel=2.003$，$A_x=207.6$ G、$A_y=175.7$ G、$A_z=176.6$ G，如图 6.1.3 所示。这些参数还展示了 g_i 和 A_i 的不共轴特征，即 Al^{2+} 的 z 轴与分子对称 c 轴的夹角是 14°，解析过程详见文献 [11]，或参考 4.3.3 节。

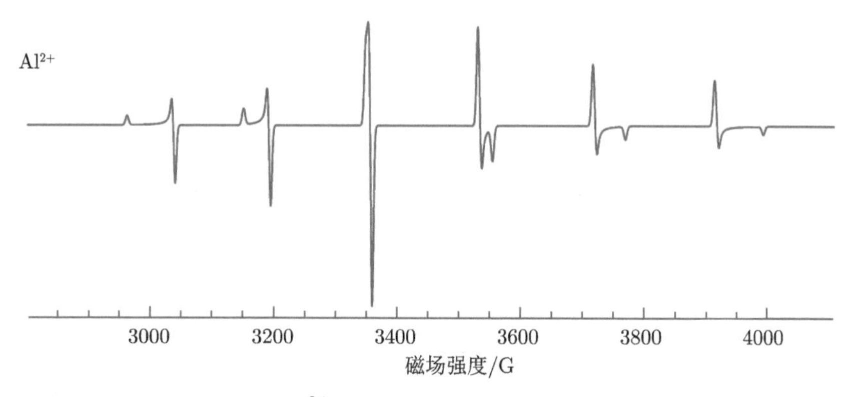

图 6.1.3 Al:BeO 掺杂体系中 Al^{2+} 的模拟谱。参数：9.8 GHz，$g_\perp=2.004$、$g_\parallel=2.003$，$A_x=207.6$ G、$A_y=175.7$ G、$A_z=176.6$ G，其余详见文献 [11]

6.1.7 碳族 +3 价离子

碳族 (第 ⅣA 族) 元素原子的外层电子组态是 ns^2np^2，形成 +3 价时，会形成 ns^1 和 np^1 两种不同的电子组态。本节分析前一种电子组态，后一种组态留到下节再作展开。碳族元素 ns^1 组态的离子是 C^{3+}、Si^{3+}、Ge^{3+}、Sn^{3+}、Pb^{3+}。其中，C^{3+}、Si^{3+} 以自由基形式或无定型结构为主，故不作讨论，或参考 ZnS:Si 掺杂体系的 Si^{3+} [12]。Ge^{3+}、Sn^{3+}、Pb^{3+} 的代表性特征参数见表 6.1.4。本族元素的主要同位素是非磁性同位素，磁性同位素是 ^{13}C($I=1/2$，1.07%)、^{29}Si($I=1/2$，4.68%)、^{73}Ge($I=9/2$，7.73%)、^{115}Sn($I=1/2$，0.34%)、^{117}Sn($I=1/2$，7.68%)、^{119}Sn($I=1/2$，8.59%)、^{207}Pb($I=1/2$，22.1%)。

表 6.1.4　掺杂不同基底中的 $^{73}Ge^{3+}$、$^{119}Sn^{3+}$、$^{207}Pb^{3+}$ 的特征参数

	基底	g_x	g_y	g_z	A_x/MHz	A_y/MHz	A_z/MHz
Ge^{3+}	ZnS	$g_{iso}=2.0086$			$A_{iso}=914$		
	NaCl	$g_{iso}=1.999$			$A_{iso}=2030$		
	$CaCO_3$	2.0008	2.0008	1.9965	1444	1444	1412
	K_2SO_4(I)	1.9975	1.9965	2.001	1569	1568	1595
	K_2SO_4(II)	1.999	2.004	2.005	1730	1750	1750
Sn^{3+}	NaCl	$g_{iso}=1.998$			$A_{iso}=12493$		
	CaF_2	$g_{iso}=1.9985$			$A_{iso}=13200$		
	β-K_2SO_4	1.996	1.998	2.000	12618	12645	12668
	$(NH_4)_2SO_4$	1.9975	1.9972	2.0002	11888	11908	11924
Pb^{3+}	NaCl	$g_{iso}=1.999$			$A_{iso}=32100$		
	KCl	$g_{iso}=1.998$			$A_{iso}=32790$		
	$(NH_4)_2SO_4$	1.9989	1.9948	1.9927	34046	34080	34060
	KH_2PO_4	1.9965	1.9965	1.9972	34174	34174	33994

用 $[GeO_4/Na]_A^0$ 掺杂 α-SiO_2(α-石英)，然后辐射诱导形成 Ge^{3+}(根据 Weil (2007) 一书的问题 5.1 所提供的参数作模拟)。元素 Ge 有五种稳定同位素：非磁性同位素 $^{70,72,74,76}Ge$ 的总天然丰度是 92.27%，磁性同位素 ^{73}Ge 的天然丰度是 7.73%。为了显著，图 6.1.4 的模拟将 ^{73}Ge 的丰度人为设成 50%。紫外线辐照 ZnS:Ge 和 ZnS:Si 等掺杂体系时，也能诱导 Ge^{3+} 和 Si^{3+} 的形成 [12]。

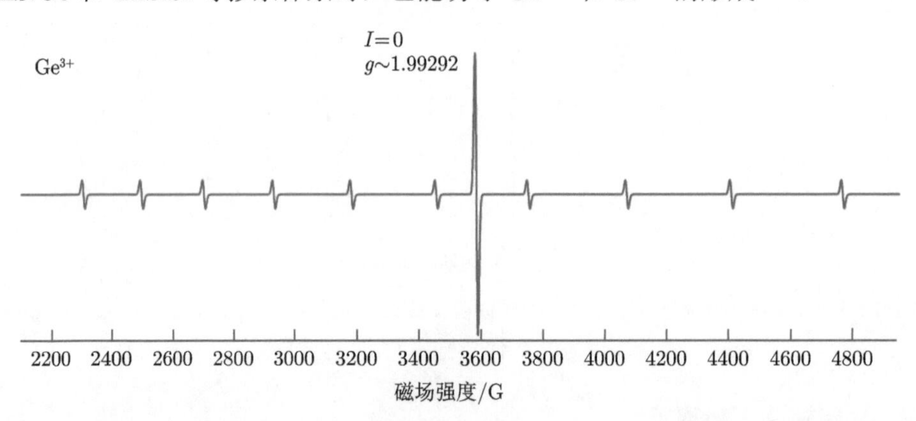

图 6.1.4　辐射 α-石英形成的 Ge^{3+}。模拟参数：10 GHz，$g_{iso}=1.99292$，$A_{iso}=271.8$ G，^{73}Ge 的模拟丰度人为设定成 50%。这些参数根据专著 Weil(2007) 所提供的数据获得：非磁性同位素 $I=0$ 的共振位置是 3585.07 G；磁性同位素 $I=9/2$ 的共振位置依次是 2311.14 G、2491.84 G、2693.76 G、2918.23 G、3166.21 G、3438.21 G、3734.21 G、4053.71 G、4395.73 G、4758.92 G。分析过程，参考图 6.1.2 的 ^{67}Zn

6.1.8　氮族 +4 价离子

第 ⅣA 至第 ⅧA 主族元素的 ns^1 电子组态的离子有 N^{4+}、P^{4+}、As^{4+} 等。用 X-射线辐照掺磷 (P^{5+}) 的 P:Be_2SiO_4，使取代正常硅位的 P^{5+} 还原成 P^{4+}。

与 Al^{2+} 类似，该 P^{4+} 也具有微弱的各向异性，如 $g_1 = 2.0015$、$g_2 = 2.0025$、$g_3 = 2.0003$，$A_1 = 3452$ MHz、$A_2 = 3106$ MHz、$A_3 = 3065$ MHz [13]。

6.2 p 区元素和辐射化学研究

p 区原子，化学性质活泼，很容易得到或失去电子，形成 p 轨道填满电子的八隅体稳定结构。因此，由 p 区元素构成的化合物，化学性质都比较稳定。本节，简要介绍 p 区的无机物，有机自由基已在第 3 章做详细介绍，气态原子和分子详见 4.7 节。

6.2.1 p 区原子和自由基

p 区元素 np^{1-5} 组态原子的基态电子结构详见表 6.2.1。p 轨道只有三个，因此轨道之间的耦合比较简单，以低自旋为主，远较 d 轨道简单，详见 4.2 节。较强的配体场，造成 g_{ij}、A_{ij} 各向异性小，常需要 90 GHz 以上的高频高场 EPR 才可分辨。因此，常常不需要考虑这些各向异性，除非形成了单晶谱，或辐射处理的单晶。当自由基浓度较高时，容易形成抗磁性的二聚体，如 NO_2 与其二聚体 N_2O_4 形成的动态平衡。

表 6.2.1 np 区原子的基态电子组态，参考表 1.2.2

	轨道磁量子数 m_{li}			总轨道量子数 L	总自旋量子数 S	原子基态 $^{2S+1}L_J$
	1	0	−1			
$2p^1$	↑			1	1/2	$^2P_{1/2}$
$2p^2$	↑	↑		1	1	$^3P_0$
$2p^3$	↑	↑	↑	0	3/2	$^4S_{3/2}$
$2p^4$	↑	↑	↑↓	1	1	$^3P_2$
$2p^5$	↑	↑↓	↑↓	1	1/2	$^3P_{3/2}$
$2p^6$	↑↓	↑↓	↑↓	0	0	$^1S_0$

在化合物中，p 轨道可形成 σ 键、π 键、配位键等不同类型的化学键，要小心分析配体场的具体结构 (p 区元素也是有机化合物的主要构成元素，所形成的有机自由基，请参考第 3 章)。在 6.1.7 节末提到“碳族 +3 价离子”，会形成 ns^1 和 np^1 两种不同的电子组态，前一种化合物是各向同性的，后一种化合物则是各向异性的，基于 EPR 实验可容易作正确归属。实际上，用 X-波段可分辨出源自于低自旋的 np^{1-5} 组态、g 与 A 各向异性均较为明显的报道并不多，单核中心参考 4.2.3 节中用作范例的 O^-，双核中心参考 5.2.5 节双原子和 4.3.3 节的 $R^1R^2NO^•$ 自由基，金刚石缺陷则如图 4.3.3 所示。

在 NO_2 分子中，两个 N—O 键形成 134° 的夹角，N 原子化合价等效于 +4。NO_2 与其二聚体 N_2O_4 中形成一个动态平衡，该平衡随着温度而变，这有利于人

们对 NO_2 开展研究 [14]。在 N_2O_4 基底所形成的 NO_2 结构和模拟谱，如图 6.2.1 所示，特征是 $g_x = 2.0061$、$g_y = 1.9922$、$g_z = 2.0022$，$A_x = 50.3$ G、$A_y = 48.2$G、$A_z = 67.3$ G。若用 γ-射线辐照 $Th(NO_3)_4 \cdot 5H_2O$ 多晶，会产生三种不同格位的 NO_2 [15]，它们的特征参数与图 6.2.1 所用的相似。硝基甲烷被紫外线 (121～266 nm) 辐射时，会分解成甲基、甲氧基、硝甲基、NO_2、NO、H^0 等六种自由基。

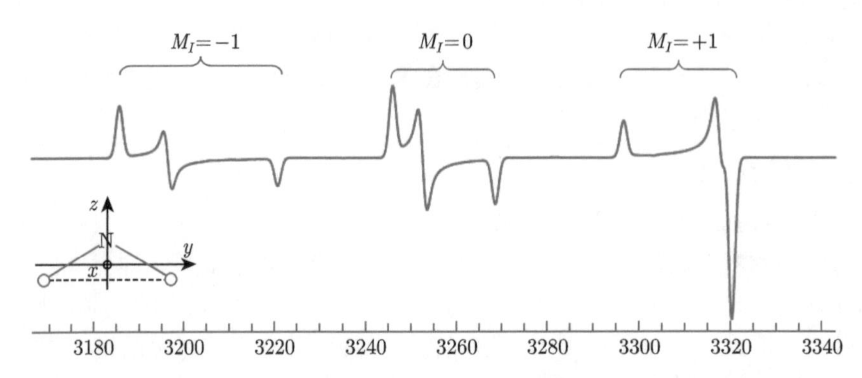

图 6.2.1　在 N_2O_4 基底材料中形成的 NO_2 分子坐标和 EPR 模拟谱。NO_2 分子位于 yz 平面 (纸面)，x 轴垂直于纸面。参数，9.117 GHz，$g_x = 2.0061$、$g_y = 1.9922$、$g_z = 2.0022$，$A_x = 50.3$G、$A_y = 48.2$G、$A_z = 67.3$ G，详见文献 [14]

内镶富勒烯是用来研究某些原子磁性的好载体 [16−18]。氮内镶富勒烯 N@C_{60} 分子中，N 原子呈自由原子形式的四重态基态 $^4S_{3/2}$，能级如图 6.2.2(a) 所示。N@C_{60} 分子呈球形对称，零场分裂 D 值无法被探测 (图 6.2.2(c))。若想破坏氮原子的球形势场，需对碳笼作化学修饰，或将 N@C_{60} 置于结构类似捕捉器的分子 $C_{60}H_{28}$ 中，从而实现对 D 值的探测，结果如图 6.2.2(c)、(d) 所示 [19,20]。

6.2.2　辐射化学研究

辐射化学研究用电离辐射方法，先诱导形成高氧化或还原活性的中间物，再迅速转变为自由基和中性分子，并引起复杂的化学变化，参考所引的 Box(1977)、Lund 和 Masaru(2014)、Shukla(2017, 2019) 等专著。电离辐射方法有 α/β/γ-射线，高能带电粒子 (电子、质子、氦等) 和短波长的电磁辐射 (如 X-射线) 等。这种技术具有非常广泛的实际应用，材料和化学上，用于辐射改性，如辐射合成、辐射聚合、辐射交联、辐射接枝、辐射分解、辐射降解、辐射氧化还原等；生物技术上，用于食品、种子与水果等的辐射保鲜、辐射消毒、辐射灭活、辐射突变等；临床上，肿瘤放射治疗是利用放射线或高能粒子 (如质子) 治疗肿瘤的一种局部治疗方法。辐照引起的还原反应，参考 6.1 节。

与小分子 (如丙氨酸、丙二酸) 相比，生物和有机大分子经辐射后所形成的自由基种类比较多，一般情况下难以给予确切的归属。在植物和食品研究中，常常根据材质将辐射处理所形成的 EPR 谱图分成诸如类葡萄糖、类果糖、类蔗糖、类纤维素等，然后进行解析和归属 [21,22]。图 6.2.3(a) 展示了 ^{60}Co γ-射线辐射后的淀粉 (α-葡萄糖组成的大分子)、高级滤纸 (由 β-葡萄糖组成的大分子) 与以本质素 (主要由多酚长链构成) 为主的木头粉末和未经辐射木头粉末等的室温谱。其中，辐射后形成的碳、氧中心自由基的 g_{iso} 分别是 ~2.002 和 ~2.005。木头粉末经辐射后所形成的类纤维素 (cellulose-like) 自由基，其 EPR 谱图中有一对间隔 ~60 G 的肩峰 (源自于两个质子 1∶2∶1 的外侧超精细分裂峰，而中间峰与半醌自由基重叠)，但信号强度相对比较弱，实验中容易被忽略。

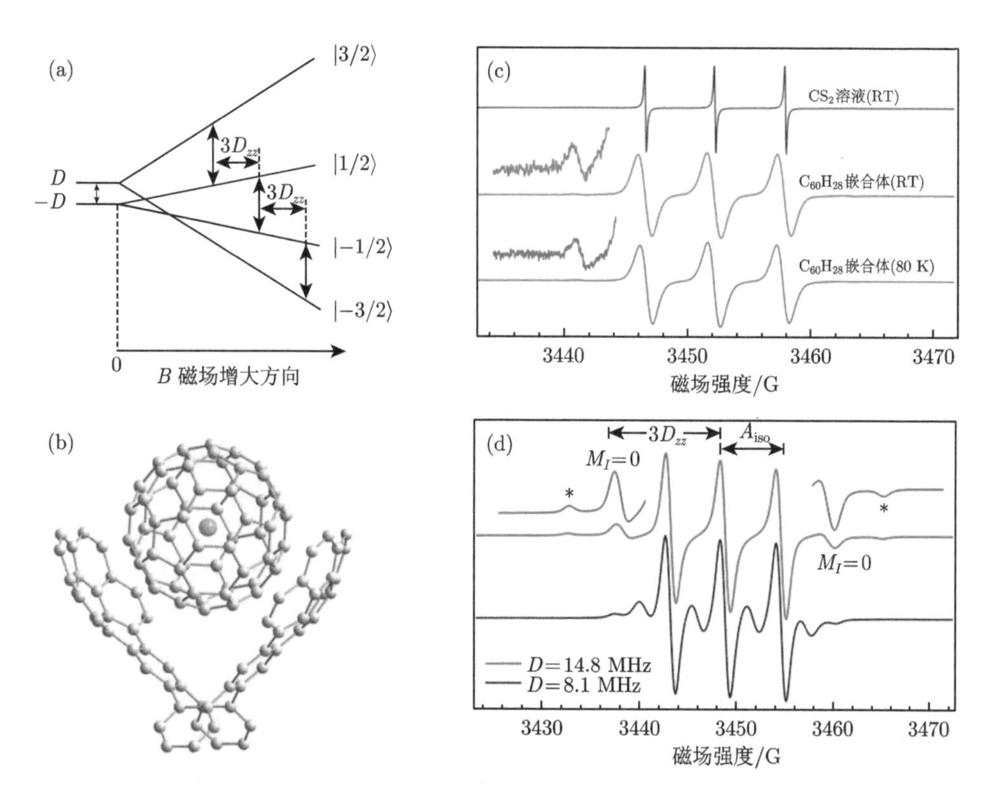

图 6.2.2 N@C_{60} 基态 $^4S_{3/2}$ 的能级图 (a)，捕捉器分子 $C_{60}H_{28}$ 的结构 (b)，N@C_{60} 二硫化碳溶液的室温谱和镶嵌到 $C_{60}H_{28}$ 的 N@C_{60} 的 EPR 谱 (c) 及模拟 (d)。图 (d) 对比了镶嵌和化学修饰 N@C_{60} 的模拟，D 值分别是 14.8 MHz 和 8.1 MHz，“*” 表示该吸收峰在实验谱中难以被检测，详见文献 [19]

当辐射剂量成为关注对象 (如肿瘤放射治疗、辐射食品保鲜等) 时，那么可以选择一个样品作为标准样品，经特定剂量辐射后，若其所含有的自由基化学性质比较稳定，且随着辐射剂量的增加，EPR 信号强度与辐射剂量的关系如图 6.2.3(b) 所示，那么我们以其为标准获得待测样品所受到的辐射剂量 (参考 2.3.3 节的浓度测试)。较低辐射剂量时，EPR 谱信噪比较差，误差亦大；过高辐射剂量时，自由基会重组而消失，因此信号强度不再随着辐射剂量呈线性增加关系，而是呈偏小的变化趋势。因此，只有 0~60 kGy 辐射剂量范围内，EPR 信号强度才呈线性的增长趋势 [23]。

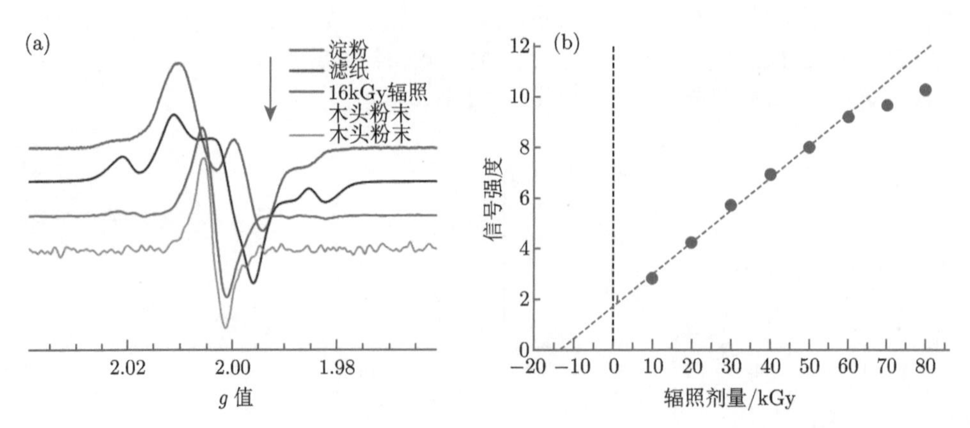

图 6.2.3　(a) ^{60}Co(γ 射线) 辐射后的小麦淀粉、高级滤纸、木头本质素和未经辐射木头对照 (CK) 的 EPR 谱图，强度已经标准化，横轴 g 因子未经校对 (因谱图测试的实际频率差异较大，故横轴用 g 值示意)。(b) 布鲁克丙氨酸剂量片 (批次号 T020604) 展示 EPR 信号强度在 0~60 kGy 辐射剂量范围内的线性增加。图例由江苏省农业科学院赵永富和中国科学院上海应用物理研究所沈蓉芳两个研究员分别提供，特此感谢

对于碳、硅、锗、氧等元素，还存在非晶体的无定型结构 (amorphous structure)，如无定型碳大量分布于碳化或辐射的各种有机物 (如纸张、丝绸、橡胶、本村、食品等)、煤炭、石墨或石墨烯。其中，无定型碳，g_{iso}~2.0028；无定型硅，g_{iso}~2.0055；无定型锗，g_{iso}~2.0021。图 7.4.14(b) 展示了辐射 Li_4SiO_4 陶瓷小球中无定型硅和无定型氧的谱图。

6.3　f 区元素

f 区 (或 f 过渡系) 元素是指镧系和锕系元素 (表 6.3.1)。镧系元素 (常称稀土，rare earth)，是 57 号元素的镧到第 71 号的镥，分轻、重稀土元素，用统一符号 Ln 表示。锕系元素，从 89 号元素的锕到第 103 号的铹，用统一符号 An 表示；锕系元素的前 4 种元素锕、钍、镤和铀存在于自然界中，其余均为人工核反应合成的放射性元素，下文中不展开。稀土元素的原子状态，电子填充次序是先 $5s^25p^6$

子壳层，然后再填充 $4f^n$ 子壳层，形成离子时 $4f^n$ 子壳层会收缩至 $5s^25p^6$ 子壳层以内。因此，化合物中的 nf^n 电子被 $5s^25p^6$(镧系) 和 $5d^{10}6s^26p^6$(锕系) 等外围子壳层所屏蔽，晶体场被弱化成微弱的能量微扰，这些离子的能级与光谱行为类似于原子的情形。稀土离子的其他性质，详见专著《稀土离子的光谱学》(张思远，2008)、*Optical Spectroscopy of Lanthanides* (B. G. Wybourne 和 L. Smentek，2007)。

表 6.3.1 镧系和锕系稀土原子的电子构型

序数	符号	名称	电子构型	序数	符号	名称	电子构型
57	La	镧	[Xe] $4f^05d^16s^2$	89	Ac	锕	[Rn] $4f^06d^17s^2$
58	Ce	铈	$4f^15d^16s^2$	90	Th	钍	$6d^27s^2$
59	Pr	镨	$4f^36s^2$	91	Pa	镤	$5f^26d^17s^2$
60	Nd	钕	$4f^46s^2$	92	U	铀	$5f^36d^17s^2$
61	Pm	钷	$4f^56s^2$	93	Np	镎	$5f^46d^17s^2$
62	Sm	钐	$4f^66s^2$	94	Pu	钚	$5f^67s^2$
63	Eu	铕	$4f^76s^2$	95	Am	镅	$5f^77s^2$
64	Gd	钆	$4f^75d^16s^2$	96	Cm	锔	$5f^76d^17s^2$
65	Tb	铽	$4f^96s^2$	97	Bk	锫	$5f^97s^2$
66	Dy	镝	$4f^{10}6s^2$	98	Cf	锎	$5f^{10}7s^2$
67	Ho	钬	$4f^{11}6s^2$	99	Es	锿	$5f^{11}7s^2$
68	Er	铒	$4f^{12}6s^2$	100	Fm	镄	$5f^{12}7s^2$
69	Tm	铥	$4f^{13}6s^2$	101	Md	钔	$5f^{13}7s^2$
70	Yb	镱	$4f^{14}6s^2$	102	No	锘	$5f^{14}7s^2$
71	Lu	镥	$4f^{14}5d^16s^2$	103	Lr	铹	$5f^{14}6d^17s^2$

注：[Xe] 的电子构型是 [Kr] $4d^{10}5s^25p^6$；[Rn] 的电子构型是 [Xe] $4f^{14}5d^{10}6s^26p^6$。

本节的表 6.3.3~表 6.3.9，详见所附数据库中的专著 Ⅲ 和 Ⅳ，不再作单独标注。

6.3.1 f^n 组态的结构特征

f 区元素原子核外电子排布如表 6.3.1 所示。氧化时，这些元素一般会先失去最外围的两个 *s* 轨道电子 ($6s^2$ 或 $7s^2$)，形成 +2 价离子；然后，再失去一个 *f* 或 *d* 轨道电子，形成 +3 价的离子。它们以 +2、+3 为主要化合价，用 $Ln^{2,3+}$ 和 $An^{2,3+}$ 表示，电子构型和基态见表 1.2.2 和表 6.3.2。*f* 区元素的原子和离子，$4f^n$ 和 $5f^n$ 轨道的平均分布半径 $\langle r^n \rangle$ 均比相应的 $4d^n$ 或 $5d^n$ 小，并被更外层的子壳层电子所屏蔽 (表 6.3.1)。这种屏蔽同时还减弱了晶体场对 f^n 组态的影响，造成自旋-轨道耦合强于晶体场分裂能，因此稀土离子容易形成较为标准的未耦合原子的能级结构，如相应原子的总自旋 $\boldsymbol{J}$、总磁矩 $\boldsymbol{\mu}_J$ 和朗德因子 g_J 等好量子数 (又常称为不可约张量，irreducible tensor)，详见 1.2.3 节和 1.2.4 节。除了这三个量子数，还常用不可约张量 $\varGamma_{ij}$ $(i, j = 1, 2, 3, \cdots, 8)$ 等来描述自旋多重性 (spin manifolds)。又，J 是好量子数，“双群”理论分析在文献中被广泛采用，这些概念和理念，请参考《高等无机结构化学 (第二版)》第 Ⅱ 部分——化学中的对称性。

表 6.3.2　镧系 Ln^{2+} 和 Ln^{3+} 的电子结构及朗德因子 g_J，参考表 1.2.2。实验值和理论值 (ξ_{exp}，ξ_{cal})、能级差 Δ 的单位是 cm^{-1}

Ln^{+2}	$4f^n$	$^{2S+1}L_J$	g_J	Ln^{+3}	$4f^n$	$^{2S+1}L_J$	g_J	ξ_{exp}	ξ_{cal}	Δ
La^{2+}	$4f^1$	$^2F_{5/2}$	6/7	La^{3+}	$4f^0$					
Ce^{2+}	$4f^2$	$^3H_4$	4/5	Ce^{3+}	$4f^1$	$^2F_{5/2}$	6/7	640	740	2200
Pr^{2+}	$4f^3$	$^4I_{9/2}$	8/11	Pr^{3+}	$4f^2$	$^3H_4$	4/5	750	878	2100
Nd^{2+}	$4f^4$	$^5I_4$	3/5	Nd^{3+}	$4f^3$	$^4I_{9/2}$	8/11	900	1024	1900
Pm^{2+}	$4f^5$	$^6H_{5/2}$	2/7	Pm^{3+}	$4f^4$	$^5I_4$	3/5			1600
Sm^{2+}	$4f^6$	$^7F_0$	0	Sm^{3+}	$4f^5$	$^6H_{5/2}$	2/7	1180	1342	1000
Eu^{2+}	$4f^7$	$^8S_{7/2}$	2	Eu^{3+}	$4f^6$	$^7F_0$	0	1360		400
Gd^{2+}	$4f^8$	$^7F_6$	3/2	Gd^{3+}	$4f^7$	$^8S_{7/2}$	2		1717	30000
Tb^{2+}	$4f^9$	$^6H_{15/2}$	4/3	Tb^{3+}	$4f^8$	$^7F_6$	3/2	1620	1915	2000
Dy^{2+}	$4f^{10}$	$^5I_8$	5/4	Dy^{3+}	$4f^9$	$^6H_{15/2}$	4/3	1820	2182	
Ho^{2+}	$4f^{11}$	$^4I_{15/2}$	6/5	Ho^{3+}	$4f^{10}$	$^5I_8$	5/4	2080	2360	
Er^{2+}	$4f^{12}$	$^3H_6$	7/6	Er^{3+}	$4f^{11}$	$^4I_{15/2}$	6/5	2470	2600	6500
Tm^{2+}	$4f^{13}$	$^2F_{7/2}$	8/7	Tm^{3+}	$4f^{12}$	$^3H_6$	7/6	2785	2866	
Yb^{2+}	$4f^{14}$	$^1S_0$	0	Yb^{3+}	$4f^{13}$	$^2F_{7/2}$	8/7	2950	3161	10000
Lu^{2+}	$4f^{14}6s^1$	$^2S_{1/2}$	2	Lu^{3+}	$4f^{14}$	$^1S_0$	0			

稀土离子 Ln^{2+} 和 Ln^{3+} 的基态光谱项 $^{2S+1}L_J$、朗德因子 g_J、自旋-轨道耦合常数的实验值 ξ_{exp} 和理论值 ξ_{cal}、基态与第一激发态的能级差 Δ 等特征参数，详见表 6.3.2。Ln^{3+} 的能级结构 (参考式 (4.2.6))，如图 6.3.1 所示。其中，$4f^n$ 与

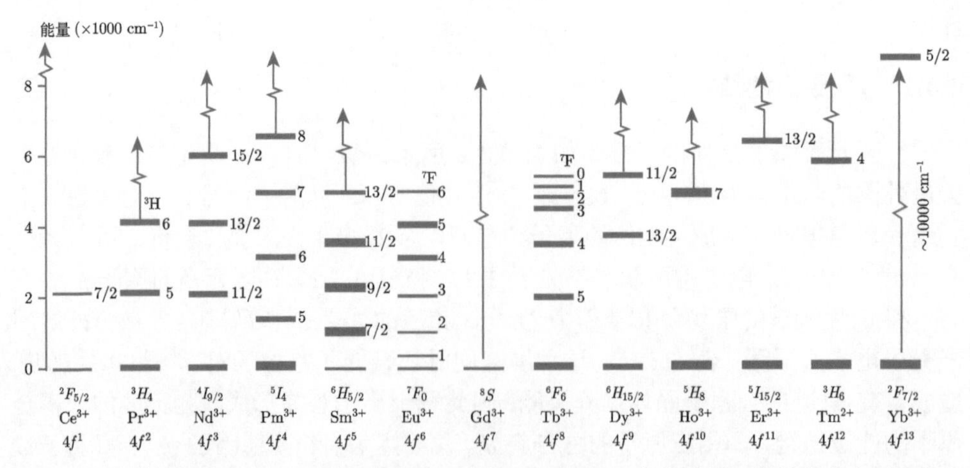

图 6.3.1　Ln^{3+} 局部的 Dieke 能级示意图，节选 0~8000 cm^{-1} 的范围：折线箭头表示有省略的较高能级；线段越粗，能级在晶体场中分裂越大，参考文献 [24] 绘制

$4f^{14-n}$ 是互补组态，能级结构次序相反，电子结构和朗德因子 g_J 等也都发生相应的变化，如少于半充满时 $g_J < 1$，而多于半充满时 $g_J > 1$。$4f^1$ 组态只有两个能级，$J = 5/2$ 的基态和 $J = 7/2$ 的第一激发态，能级间隔 Δ~2200 cm^{-1}，基态 $g_J = 6/7$；相应地，$4f^{13}$ 组态也只有两个能级，$J = 7/2$ 的基态和 $J= 5/2$ 的第一激发态，能级间隔 Δ~10000 cm^{-1}，基态 $g_J = 8/7$。$4f^6$ 组态的基态是 $J = 0$，呈抗磁性 (或 EPR 沉默态)，第一激发态 $J = 6$、$g_J = 3/2$，与 $4f^8$ 组态的相似。$4f^7$ 组态的 Eu^{2+}、Gd^{3+} 等离子，轨道量子数 $L = 0$，$J = S = 7/2$，称为 S 组态基态，可当成一个简单的高自旋中心 (Δ~ 32000 cm^{-1}，故常忽略激发态对基态的影响)。

稀土离子的 A_{ij} 普遍比较大，与 f^n 子壳层被屏蔽而造成未配对电子定域分布有关。

6.3.2 弱晶体场中的自旋哈密顿量

与 s、p 和 d 轨道等直接与周围原子成键而被淬灭不同，f 轨道不参与成键。如图 6.3.1 所示，Ln^{3+} 的能级结构以自旋-轨道耦合主导，晶体场势能被当成微扰项。因此，基态的自旋量子数 $\boldsymbol{J}$，基本上能描述相应的跃迁；当需要引入修正项时，再将第一激发态 $\boldsymbol{J}+1$ 添加到自旋哈密顿量中。图 6.3.2 以 Ce^{3+} 为例，展示离子能级在自旋-轨道耦合、三角对称晶体场、外磁场中的逐一分裂的变化趋势。Ce^{3+} 的基态是 ^2F，在自旋-轨道耦合作用下，首先形成 $E_{5/2}=-2\lambda$ 的六重简并能级 $^2F_{5/2}$ 和 $E_{7/2}=3\lambda/2$ 的八重简并能级 $^2F_{7/2}$，这两能级间隔为 $\Delta E = 7\lambda/2$，~2200 cm^{-1}。在三角对称晶体场中，$^2F_{5/2}$ 能级进一步分裂成三个二重简并的能级 M_J，如图 6.3.2 所示。最后，在外磁场中每个二重态均形成各自特征的塞曼分裂。弱场中的自旋哈密顿量是

$$\left.\begin{aligned} \hat{\mathcal{H}}_S &= -\left(\hat{\boldsymbol{\mu}}_{\boldsymbol{J}} \cdot \hat{\boldsymbol{B}}\right) = g_J\mu_B\left(\hat{\boldsymbol{B}} \cdot \hat{J}\right) \\ E_{M_J} &= g_J\mu_B B_0 M_J \end{aligned}\right\} \tag{6.3.1}$$

跃迁所需能量，

$$\Delta E = h\nu = g_J\mu_B B_0\left|\Delta M_J\right| \tag{6.3.2}$$

当 $I > 0$ 时，上式变为

$$\left.\begin{aligned} \hat{\mathcal{H}}_S &= g_J\mu_B\left(\hat{\boldsymbol{B}} \cdot \hat{\boldsymbol{J}}\right) + A_J\left(\hat{\boldsymbol{J}} \cdot \boldsymbol{I}\right) + g_I\beta_N\left(\hat{\boldsymbol{B}} \cdot \boldsymbol{I}\right) \\ E_{M_J,M_I} &= g_J\mu_B B_0 M_J + A_J M_J M_I + g_I\beta_N B_0 M_I \end{aligned}\right\} \tag{6.3.3}$$

跃迁所需能量变成

$$\Delta E = h\nu = g_J\mu_B B_0\left|\Delta M_J\right| + 2A_J M_J M_I \tag{6.3.4}$$

使用绝对值 $|\Delta M_J|$，便于计算推导。与此相应，晶体场分裂能是

$$\hat{\mathcal{H}}_{\mathrm{CFT}}=\sum_{l,m}\boldsymbol{B}_l^m\boldsymbol{O}_l^m \tag{6.3.5}$$

此式又称为 Stevens 公式，$\boldsymbol{O}$ 是厄米算符，$\boldsymbol{B}$ 是一个实系数。其中，$l=2,4,6$，且 $|m|\leqslant l$。

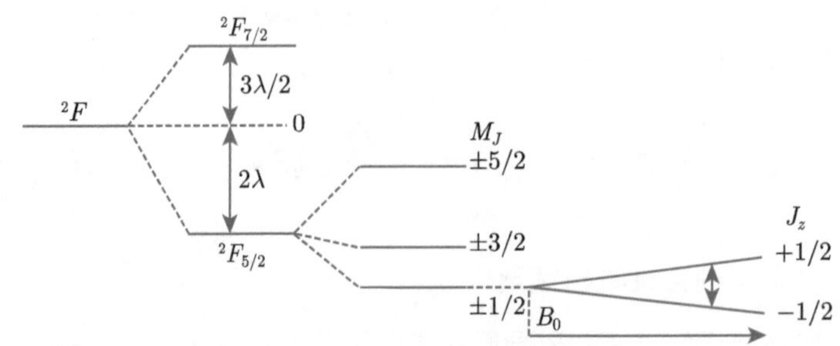

图 6.3.2　$Ce^{3+}(4f^1，\lambda>0)$ 离子能级在自旋-轨道耦合、晶体场、外磁场中的逐步分裂。在晶体场中，哪个 M_J 二重态是电子基态，会随着晶体场对称而变，详见下文。相应的互补组态 $4f^{13}$(如 Yb^{3+}、Tm^{2+} 等)，$\lambda<0$，能级次序恰好颠倒，参考图 6.3.1

以常见的 Ce^{3+} 为例，自旋基态是 $^2F_{5/2}$，$l=2$ 时轴对称的晶体场是

$$\hat{\mathcal{H}}_{\mathrm{CFT}}=B_2^0\left[3J_z^2-J(J+1)\right] \tag{6.3.6}$$

$l=4$ 时，

$$\hat{\mathcal{H}}_{\mathrm{CFT}}=B_4^0\left[35J_z^4-30J\left(J+1\right)J_z^2+25J_z^2-6J\left(J+1\right)+3J^2(J+1)^2\right] \tag{6.3.7}$$

以上两式均只含 J_z 及其指数项。将 $J=5/2$、$J_z(\pm5/2\ \pm3/2\ \pm1/2)$ 代入式 (6.3.6) 和式 (6.3.7)，得如图 6.3.3(a)、(b) 所示的能级图。三个二重态分别用字母 $X^{\pm}(J_z=\pm5/2)$、$Y^{\pm}(J_z=\pm3/2)$、$Z^{\pm}(J_z=\pm1/2)$ 表示，它们在外磁场的能级劈裂 $|J,M_J\rangle$ 是

$$\left.\begin{array}{lcc}
 & \langle\pm|g_J\mu_{\mathrm{B}}B_0J_z|\pm\rangle & \left\langle\pm\left|\dfrac{1}{2}g_J\mu_{\mathrm{B}}B_0J_{\pm}\right|\mp\right\rangle \\
X & \pm\dfrac{5}{2}g_J\mu_{\mathrm{B}}B_0 & 0 \\
Y & \pm\dfrac{3}{2}g_J\mu_{\mathrm{B}}B_0 & 0 \\
Z & \pm\dfrac{1}{2}g_J\mu_{\mathrm{B}}B_0 & \dfrac{3}{2}g_J\mu_{\mathrm{B}}B_0
\end{array}\right\} \tag{6.3.8}$$

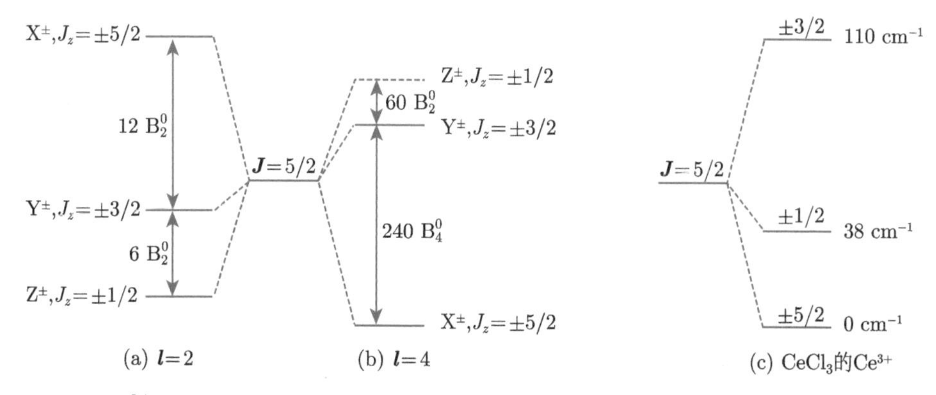

图 6.3.3 Ce^{3+} 在晶体场的能级分裂示意图，(a) $l=2$、(b) $l=4$、(c) $CeCl_3$ 的实际能级图。由该图例可知，理论上可以根据自旋-轨道耦合相互作用确定自旋基态，而电子基态 M_J 则是由具体的晶体场所决定，其构成可以仅仅是某个 M_J，也可以是由两个或两个以上不同的 M_J 混合叠加，详见后续范例

实际上，对于 $\hat{S}_{\text{eff}}=1/2$，式 (4.2.37) 可变换成另外一种同样常见的分解形式，

$$\hat{H}_{\text{eff}}=\mu_{\text{B}}\left[g_{\|}B_z\hat{S}_z+g_{\perp}(B_x\hat{S}_x+B_y\hat{S}_y)\right] \tag{6.3.9}$$

外磁场的能级劈裂是

$$\left.\begin{array}{cc}\left\langle\pm\left|g_{\|}\mu_{\text{B}}B_0\hat{S}_z\right|\pm\right\rangle & \left\langle\pm\left|\dfrac{1}{2}g_{\perp}\mu_{\text{B}}B_0\hat{S}_{\pm}\right|\mp\right\rangle\\ \pm\dfrac{1}{2}g_{\|}\mu_{\text{B}}B_0 & \dfrac{1}{2}g_{\perp}\mu_{\text{B}}B_0\end{array}\right\} \tag{6.3.10}$$

于是，式 (6.3.8) 的跃迁是

$$\left.\begin{array}{ccc} & g_{\|} & g_{\perp}\\ X & 5g_J & 0\\ Y & 3g_J & 0\\ Z & g_J & 3g_J\end{array}\right\} \tag{6.3.11}$$

显然，只有 $J_z=\pm1/2$ 的跃迁才具有各向异性。相应地，式 (6.3.3) 变换成

$$\left.\begin{array}{ccc} & A_{\|} & A_{\perp}\\ X & 5A_J & 0\\ Y & 3A_J & 0\\ Z & A_J & 3A_J\end{array}\right\} \tag{6.3.12}$$

斜方对称时，g_{ij} 和 A_{ij} 有如下关系，

$$\frac{A_x}{g_x}=\frac{A_y}{g_y}=\frac{A_z}{g_z}=\frac{A_J}{g_J} \tag{6.3.13}$$

依此类推到 f^3(增加 $J=7/2$ 二重态)、f^5(增加 $J=7/2$、9/2 两组二重态) 组态的离子。对于 f^1 的互补组态 f^{13}，基态是 $^2F_{7/2}$，能级次序刚好相逆；类似地，f^3 与 f^{11}、f^5 与 f^9。

以上推导过程虽然非常直观，但似乎与 4.4 节的理论风格，格格不入。实际上，在晶体场中 Ce^{3+} 基态 $^2F_{5/2}$ 的本征函数是

$$\left.\begin{aligned}\left|\frac{5}{2},\pm\frac{1}{2}\right\rangle&=\pm\sqrt{\frac{4}{7}}\left|\pm1,\mp\frac{1}{2}\right\rangle\mp\sqrt{\frac{3}{7}}\left|0,\pm\frac{1}{2}\right\rangle\\\left|\frac{5}{2},\pm\frac{3}{2}\right\rangle&=\pm\sqrt{\frac{5}{7}}\left|\pm2,\mp\frac{1}{2}\right\rangle\mp\sqrt{\frac{2}{7}}\left|\pm1,\pm\frac{1}{2}\right\rangle\\\left|\frac{5}{2},\pm\frac{5}{2}\right\rangle&=\pm\sqrt{\frac{6}{7}}\left|\pm3,\mp\frac{1}{2}\right\rangle\mp\sqrt{\frac{1}{7}}\left|\pm2,\pm\frac{1}{2}\right\rangle\end{aligned}\right\} \tag{6.3.14}$$

等号左边是 $|J,M_J\rangle$，右边是 $|M_L,M_S\rangle$ 的线性组合。右边这些波函数的推导，详见 Clebsch-Gordan 系数 (简称 CG 系数) 的群论；右边式子的系数是 CG 系数，它们的平方和为 1。在不少文献中，右边公式往往只保留与右边第一项“+”号相应的项。如 4.4 节，对于高自旋，可以逐一展开各个二重态的自旋哈密顿量，将 $\hat{\boldsymbol{\mathcal{H}}}_m=\mu_{\rm B}\boldsymbol{B}\left(\hat{\boldsymbol{L}}+g_{\rm e}\hat{\boldsymbol{S}}\right)$ 作用到 $\left|\frac{5}{2},\pm\frac{1}{2}\right\rangle$ 二重态所得的塞曼矩阵是

$$\begin{array}{ccc} & \left|\frac{5}{2},+\frac{1}{2}\right\rangle & \left|\frac{5}{2},-\frac{1}{2}\right\rangle \\ \left\langle\frac{5}{2},+\frac{1}{2}\right| & \frac{3}{7}\mu_{\rm B}B_z & \frac{9}{7}\mu_{\rm B}(B_x-{\rm i}B_y) \\ \left\langle\frac{5}{2},-\frac{1}{2}\right| & \frac{9}{7}\mu_{\rm B}(B_x+{\rm i}B_y) & -\frac{3}{7}\mu_{\rm B}B_z\end{array} \tag{6.3.15}$$

令 $\boldsymbol{B}\parallel Z$，$\hat{\boldsymbol{\mathcal{H}}}_m=\mu_{\rm B}\boldsymbol{B}\left(\hat{\boldsymbol{L}}_{\boldsymbol{z}}+g_e\hat{\boldsymbol{S}}_{\boldsymbol{z}}\right)$，得

$$\begin{aligned}E_{\frac{1}{2}}=\Bigg\langle\left(\sqrt{\frac{4}{7}}\left|1,-\frac{1}{2}\right\rangle-\sqrt{\frac{3}{7}}\left|0,\frac{1}{2}\right\rangle\right)\Bigg|\mu_{\rm B}\boldsymbol{B}\left(\hat{\boldsymbol{L}}_{\boldsymbol{z}}+g_e\hat{\boldsymbol{S}}_{\boldsymbol{z}}\right)\Bigg|\Bigg(\sqrt{\frac{4}{7}}\left|1,-\frac{1}{2}\right\rangle\\-\sqrt{\frac{3}{7}}\left|0,\frac{1}{2}\right\rangle\Bigg)\Bigg\rangle\end{aligned}$$

$$= \left[\frac{4}{7} - \frac{1}{7}\left(\frac{g_{\rm e}}{2}\right)\right]\mu_{\rm B}B_z \tag{6.3.16a}$$

同理，

$$E_{-\frac{1}{2}} = -\left[\frac{4}{7} - \frac{1}{7}\left(\frac{g_{\rm e}}{2}\right)\right]\mu_{\rm B}B_z \tag{6.3.16b}$$

共振跃迁 $\Delta E = E_{\frac{1}{2}} \leftrightarrow E_{-\frac{1}{2}}$ 的特征 $g_{\|}$ 因子是

$$g_{\|}(g_z) = \frac{8}{7} - \frac{g_{\rm e}}{7} \tag{6.3.17}$$

再令 $\boldsymbol{B}\| X$，$\hat{\boldsymbol{\mathcal{H}}}_m = \mu_{\rm B}\boldsymbol{B_x}\left(\hat{\boldsymbol{L}}_{\boldsymbol{x}} + g_{\rm e}\hat{\boldsymbol{S}}_{\boldsymbol{x}}\right)$，其中，

$$\left.\begin{aligned}\left\langle\frac{5}{2},\frac{1}{2}\left|\hat{\boldsymbol{\mathcal{H}}}_m\right|\frac{5}{2},\frac{1}{2}\right\rangle = \left\langle\frac{5}{2},-\frac{1}{2}\left|\hat{\boldsymbol{\mathcal{H}}}_m\right|\frac{5}{2},-\frac{1}{2}\right\rangle = 0\\ \left\langle\frac{5}{2},\frac{1}{2}\left|\hat{\boldsymbol{\mathcal{H}}}_m\right|\frac{5}{2},-\frac{1}{2}\right\rangle = \left\langle\frac{5}{2},-\frac{1}{2}\left|\hat{\boldsymbol{\mathcal{H}}}_m\right|\frac{5}{2},\frac{1}{2}\right\rangle = \frac{9}{7}\alpha\mu_{\rm B}B_x\end{aligned}\right\} \tag{6.3.18}$$

其中，$\alpha = \dfrac{8-g_{\rm e}}{6}$，能量矩阵是

$$\begin{array}{ccc} & \left|\frac{5}{2},+\frac{1}{2}\right\rangle & \left|\frac{5}{2},-\frac{1}{2}\right\rangle \\ \left\langle\frac{5}{2},+\frac{1}{2}\right| & 0 & -\frac{9}{7}\alpha\mu_{\rm B}B_x \\ \left\langle\frac{5}{2},-\frac{1}{2}\right| & -\frac{9}{7}\alpha\mu_{\rm B}B_x & 0 \end{array} \tag{6.3.19}$$

相应的久期方程是

$$\begin{vmatrix} 0-E & -\frac{9}{7}\alpha\mu_{\rm B}B_x \\ -\frac{9}{7}\alpha\mu_{\rm B}B_x & 0-E \end{vmatrix} = 0 \tag{6.3.20a}$$

故得

$$E_{\pm\frac{1}{2}} = \pm\frac{9}{7}\alpha\mu_{\rm B}B_x \tag{6.3.20b}$$

共振跃迁 $\Delta E = E_{\frac{1}{2}} \leftrightarrow E_{-\frac{1}{2}}$ 的特征 g_x 因子是

$$g_x = \frac{18}{7}\alpha \tag{6.3.21}$$

同理,

$$g_y = \frac{18}{7}\alpha \tag{6.3.22}$$

近似地，取 $g_e = 2.0$，得 $\alpha = 1$。在轴对称晶体场，

$$\left.\begin{aligned} g_\perp &= 3g_J = \frac{18}{7}(\approx 2.571) \\ g_\parallel &= g_J = \frac{6}{7}(\approx 0.857) \end{aligned}\right\} \tag{6.3.23}$$

同理，另外两个二重态的允许跃迁是

$$\left.\begin{aligned} M_J = \pm\frac{3}{2}:\ g_\parallel = 3g_J = \frac{18}{7}(\approx 2.571),\ g_\perp = 0 \\ M_J = \pm\frac{5}{2}:\ g_\parallel = 5g_J = \frac{30}{7}(\approx 4.286),\ g_\perp = 0 \end{aligned}\right\} \tag{6.3.24}$$

将这三个二重态的特征 g 因子联立，

$$\left.\begin{aligned} M_J = \pm\frac{1}{2}:\ g_\parallel = g_J,\ g_\perp = 3g_J \\ M_J = \pm\frac{3}{2}:\ g_\parallel = 3g_J,\ g_\perp = 0 \\ M_J = \pm\frac{5}{2}:\ g_\parallel = 5g_J,\ g_\perp = 0 \end{aligned}\right\} \tag{6.3.25}$$

由此可见，这些结果与式 (6.3.11) 是等效的。实验上，根据实际 g 因子极大和极小值 ($g_{\max}$、$g_{\min}$) 与 g_J 的近似倍数关系，如 $g_{\max} \approx ng_J(n = 1, 2, 3, 4, \cdots$，或简而言之，$n = 2M_J)$ 和 $g_{\min}\sim g_J$ 还是 $g_{\min} \ll g_J$，可初步地判断哪个 M_J 是电子基态，详见后续例子。由表 6.3.2 可知，总自旋量子数 J 最大的克拉默斯二重态离子是 Tb^{2+}、Dy^{3+}，总自旋量子数 $J = \frac{15}{2}$，M_J 取值 $\pm\frac{15}{2}$、$\pm\frac{13}{2}$、$\pm\frac{11}{2}$、$\pm\frac{9}{2}$、$\pm\frac{7}{2}$、$\pm\frac{5}{2}$、$\pm\frac{3}{2}$、$\pm\frac{1}{2}$。因此，式 (6.3.25) 的数量需要根据具体 M_J 而再展开。表 6.3.2 同时表明总自旋量子数 J 最大的非克拉默斯 (non Kramers) 二重态离子是 Dy^{2+}、Ho^{3+}，$J = 8$，M_J 取值 ±8、±7、±6、±5、±4、±3、±2、±1、0。这一类构型离子的理论推导较为烦琐，参考 4.4 节。

对于 nf^{2-12} 组态的离子，本征函数的数量非常多，如 f^6、f^7 分别有 3003、3432 个本征函数，往往采用中间耦合表象近似推导，详见本节引言提到的两本专著。因此，完整自旋哈密顿量的展开，非本书所能及，读者自行查阅相关专著。相应地 EPR 谱图的分析和模拟，也都是比较粗糙的、近似的。四川大学刘虹刚、郑文琛等曾对 Ce^{3+}、Nd^{3+}、Sm^{3+}、Gd^{3+}、Dy^{3+}、Er^{3+}、Yb^{3+} 等稀土离子的 EPR 谱作一系列的理论解析和计算 [25–27]，感兴趣的读者请检索他们的研究，以加深对本节内容的理解和掌握。

6.3.3 克拉默斯二重态离子

克拉默斯二重态离子 (Kramer's ions) 的电子构型有 $nf^{1,3,5,7,9,11,13}$。除了 S 组态 (nf^7) 基态的 Eu^{2+}、Gd^{3+}、Tb^{4+} 等离子，其他 nf^{1-13} 组态离子的自旋-晶格弛豫时间 T_1 都非常短，因此 EPR 实验一般都是在液氦温度 (⩽40 K) 下进行。

6.3.3.1 nf^1 组态

该组态的离子有 $4f^1$ 的 La^{2+}、Ce^{3+}、Pr^{4+}，$5f^1$ 的 U^{5+}，自旋基态是 ${}^2F_{5/2}$，$g_J = 6/7$，电子基态 M_J 依具体的化学结构而变，可能是 $M_J = \pm\frac{1}{2}$、$M_J = \pm\frac{3}{2}$ 或 $M_J = \pm\frac{5}{2}$。其中，La^{2+} 是用 X-射线处理还原而成，性质不稳定，因此相关的研究报道很少，参考内镶富勒烯 La@C_{82} [28] 和 La_2@I_h-C_{80} [29,30] 等。这些离子的典型 g 因子，见表 6.3.3。

表 6.3.3 代表性的 $4f^1$(La^{2+}、Ce^{3+}、Pr^{4+}) 和 $5f^1$(U^{5+}) 的特征参数

离子	基底	温度/K	g 因子
La^{2+}	$SrCl_2$(X-射线)	⩽ 4.2	$g_1 = 1.881, g_2 = -0.068$
Ce^{3+}	BaO	⩽ 77	$g = 0.934$
	CaO	⩽ 77	$g = 0.796$
	SrO	⩽ 77	$g = 0.895$
	CaF_2	4.2	$g_\perp = 0.37, g_\parallel = 3.3$
	CaF_2	4.2	$g_\perp = 1.396, g_\parallel = 3.038$
	$CeCl_3$		$g_\perp = 0.17, g_\parallel = 4.037$
	硫酸乙酯铈	4.2	$g_\perp = 0.955, g_\parallel = 2.185$(I)
			$g_\perp = 0.2, g_\parallel = 3.725$(I)
	$SrTiO_3$	4.2	$g_\perp = 1.18, g_\parallel = 3.005$
	$SrWO_4$	⩽ 4.2	$g_\perp = 1.45, g_\parallel = 2.87$
	$LaNbO_4$	⩽ 4.2	$g_x = 0.53, g_y = 3.19, g_z = 1.52$
	$CaYAlO_4$	⩽ 20	$g_\perp = 1.54, g_\parallel = 2.52$
Pr^{4+}	$BaCeO_3$	4.2	$\lvert g\rvert = 0.741$
	$BaSnO_3$	4.2	$\lvert g\rvert = 0.583$
	$BaZrO_3$	4.2	$\lvert g\rvert = 0.643$
U^{5+}	LiF	77	$\lvert g_\perp\rvert = 0.472, \lvert g_\parallel\rvert = 0.253$(四方)
			$\lvert g_x\rvert = 1.110, \lvert g_y\rvert = 0.537, \lvert g_z\rvert = 0.20$(斜方)
			$\lvert g_x\rvert = 0.937, \lvert g_y\rvert = 0.15, \lvert g_z\rvert = 0.543$(斜方)
	CaF	77	$g_x = 0.22, g_y = 0.821, g_z = 1.388$
	CaF(γ-辐射)	77	$\lvert g_x\rvert = 0.20, \lvert g_y\rvert = 1.610, \lvert g_z\rvert = 0.880$
	$Cs_3UGe_7O_{18}$	300	$\lvert g_\perp\rvert = 0.683, \lvert g_\parallel\rvert = 0.846$
			$\lvert g_\perp\rvert = 0.560, \lvert g_\parallel\rvert = 1.254$

将 Ce^{3+} 掺杂到闪烁体 (scintillator) 晶体 Lu_2SiO_5:Ce(LSO) 和 $Lu_2Si_2O_7$:Ce (LPS) 时得到两组不同的 EPR 谱 [31]。前者粉末谱的特征是 $g = 0.563$、1.698、2.264 (图 6.3.4(a) 的 A 谱)，其中 $g_{\max}\sim 2.264$，近似于 $3g_J$，说明 $M_J = \pm\frac{3}{2}$ 是基态。后者的单晶谱具有特征的 $|g_x| = 0.74$、$g_y\sim 0$、$|g_z|\sim 2.98$，其中 g_z 近似于 $5g_J$，说明基态是 $M_J = \frac{5}{2}$；理论分析表明基态构成是 $M_J = \pm\frac{5}{2}$、66%，$M_J = \pm\frac{1}{2}$、32%，$M_J = \pm\frac{3}{2}$、2% 。后者是 C_2 对称, 其基态波函数是

$$\left|\frac{5}{2},\pm\frac{1}{2}\right\rangle = p\left|\frac{5}{2},\pm\frac{5}{2}\right\rangle + q\left|\frac{5}{2},\pm\frac{1}{2}\right\rangle + r\left|\frac{5}{2},\mp\frac{3}{2}\right\rangle \tag{6.3.26}$$

三个主值 g 因子是

$$\left.\begin{aligned} g_x &= \pm\frac{6}{7}\left(2\sqrt{5}pr + 4\sqrt{2}pr + 3q^2\right) \\ g_y &= \pm\frac{6}{7}\left(2\sqrt{5}pr - 4\sqrt{2}pr + 3q^2\right) \\ g_z &= \pm\frac{6}{7}\left(5p^2 + q^2 - 3r^2\right) \end{aligned}\right\} \tag{6.3.27}$$

其中，p、q、r(或 a、b、c 等) 是组合系数，依实际 g_{ij} 再通过对角化能量矩阵的量子力学计算准确获得，详见文献 [31]。

将 Ce^{3+} 掺杂到硫酸乙酯镧 ($La^{\mathrm{III}}(C_2H_5SO_4)_3{\cdot}9H_2O$，或乙基硫酸镧)，形成硫酸乙酯铈 (cerium ethylsulphate)，具有两组特征信号：第一组，$g_{\parallel} = 0.955$、$g_{\perp} = 2.185$ (图 6.3.4(a) 的 B 谱)，其中 $g_{\perp}\sim 3g_J$、$g_{\parallel}\sim g_J$，说明基态是纯的 $M_J = \pm\frac{1}{2}$；第二组，$g_{\parallel} = 3.72$、$g_{\perp} = 0.2$，其中 $g_{\parallel}$ 近似于 $5g_J$，说明基态是纯的 $M_J = \pm\frac{5}{2}$ [32,33]。这一组结果的分析，较之前闪烁体的简单。

这两个 Ce^{3+} 的例子表明，除了立方对称，稀土离子的基态往往是多个不同二重态一起构成的混合基态，这种结构特点给 EPR 谱图分析带来一定的困难，如 $g_{\parallel}$、$g_{\perp}$ 与 g_J 的大小关系变得不再直观，从而让新读者觉得十分迷惑。

据已有文献，U^{5+} 的 EPR 谱比较单调，如图 6.3.4(b) 所示的锗酸盐 ($Cs_3UGe_7O_{18}$) 中两种不同格点 U^{5+} 的室温 EPR [34]，其他例子请参考表 6.3.3。

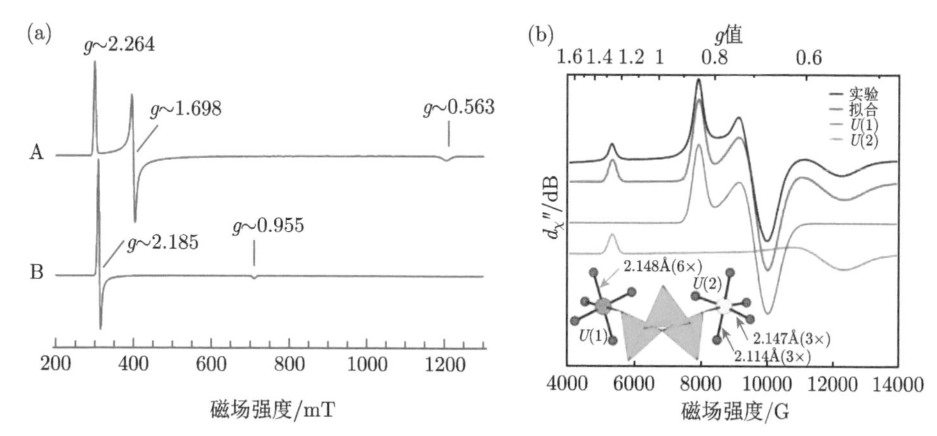

图 6.3.4 (a) Ce^{3+} 在 Lu_2SiO_5:Ce 掺杂体系 (A) 和硫酸乙酯铈 (B) 的 9.5 GHz 模拟谱，测试温度分别是 12 K(A)、4.2 K(B)，参数见表 6.3.3，详见正文所引文献。(b) 锗酸盐 ($Cs_3UGe_7O_{18}$) 中两种不同格点 U^{5+} 的室温 EPR 谱和模拟，图例引自文献 [34]

6.3.3.2 nf^3 组态

该组态的代表性离子是 $4f^3$ 的 Nd^{3+}、$5f^3$ 的 U^{3+}，自旋基态是 $^4I_{9/2}$，$g_J = 8/11$，电子基态 M_J 同样依具体化学结构而变，代表性的 g 因子列在表 6.3.4 中。

表 6.3.4 代表性的 $Nd^{3+}(4f^3)$、$U^{3+}(5f^3)$ 的 X-波段特征参数

离子	基底	温度/K	g(^{143}Nd，A)
Nd^{3+}	$CeIr_2$	$\leqslant 30$	$g = 2.67$ ($A = 131$ G)
	$LaIr_2$	$\leqslant 30$	$g = 2.633$ ($A = 131$ G)
	$LaPt_2$	1.5	$g = 2.630$ ($A = 131$ G)
	YAl_2	$\leqslant 20$	$g = 2.74$ ($A = 131$ G)
	YPt_2	1.5	$g = 2.62$ ($A = 131$ G)
	YRh_2	$\leqslant 35$	$g = 2.64$ ($A = 132$ G)
	$SrTiO_3$	4.2	$g_\perp = 2.472, g_\parallel = 2.609$
	$BaTiO_3$	4.2	$g_\perp = 2.583, g_\parallel = 2.461$
	$LiNbO_3$	15	$g_\perp = 3.136, g_\parallel = 1.323$
	$CaWO_4$	4.2	$g_\perp = 2.537, g_\parallel = 2.035$ ($A_\perp = 217$ G, $g_\parallel = 278$)
	$PbWO_4$	10	$g_\perp = 2.594, g_\parallel = 1.361$ ($A_\perp = 285$ G, $g_\parallel = 138$)
	$YNO_3 \cdot 6H_2O$	4.2	$g = 0.999$、0.9582、0.1269 ($A = 1.0724$ GHz、0.9339 GHz、0.3563 GHz)
	$YAl_3(BO_3)_4$	4～300	$g_\perp = 2.313, g_\parallel = 1.271$ ($A_\perp = 269.6$ G, $g_\parallel = 151.7$ G)
	$NdY_2SO_4 \cdot 8H_2O$	4.2	$g = 1.1492$、0.9968、0.8674 ($A = 1.175$ GHz、0.916 GHz、0.715 GHz)
U^{3+}	BaF_2	$\leqslant 10$	$g_\perp = 2.115$，$g_\parallel = 3.334$
	BaF_2 (紫外辐射)	$\leqslant 77$	$g_\perp = 1.880$，$g_\parallel = 3.334$
	BaF_2	$\leqslant 4.2$	$g_\perp = -3.152, g_\parallel = 1.793$
	BaF_2	$\leqslant 4.2$	$g_\perp = -2.022$，$g_\parallel = 2.746$
Np^{4+}	Cs_2ZrCl_6	1.5	$g = 0.40$

Nd^{3+}，基态 $^4I_{9/2}$ 与 $^4I_{11/2}$、$^4I_{13/2}$、$^4I_{15/2}$ 的能级间隔依次是 2×10^3 cm^{-1}、4×10^3 cm^{-1}、6×10^3 cm^{-1}。图 6.3.5 示意了单斜晶体 $KY(WO_4)_2:Nd^{3+}$ 的模拟谱，比值 $\dfrac{A_z g_y}{A_y g_z}=0.93$ 和 $\dfrac{A_z g_x}{A_x g_z}=0.84$，略微偏离了如式 (6.3.13) 所示的理论值，表明有较高能级的二重态混入基态二重态中，分析详见文献 [35]。当 Nd^{3+} 掺入 $CeIr_2$、$LaIr_2$、YAl_2、YPt_2、$YbAl_2$ 等金属间化合物中时，会形成以 g~2.6 为中心的一个大宽峰，^{143}Nd(12.2%) 的 A~131 G，检测温度 1.5~30 K。

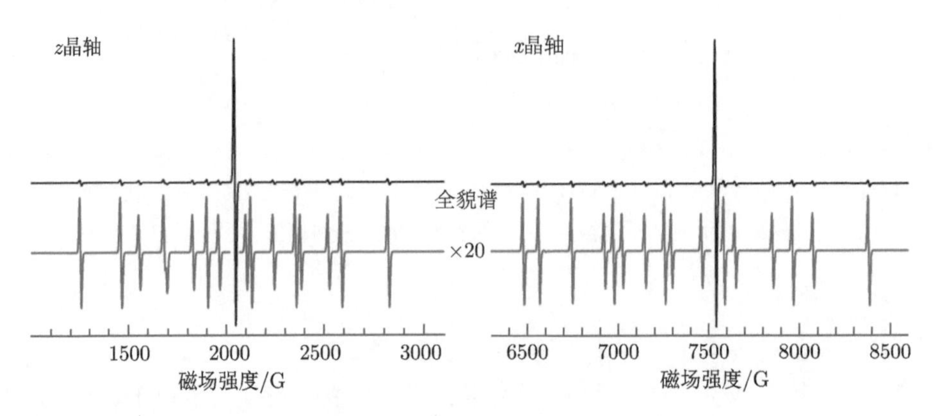

图 6.3.5　单斜晶体 $KY(WO_4)_2:Nd^{3+}$ 的 9.4 GHz 低温 (4.2 K) 单晶模拟谱，只显示外磁场 B_0 分别平行于 z、x 晶轴。全幅谱图用“全貌谱”表示，局部放大 20 倍用以分析 ^{143}Nd($I=5/2$、$g_N=0.8118$，12.2%)、^{145}Nd($I=5/2$、$g_N=0.4989$，8.3%) 的超精细分裂，Nd 其他同位素的核自旋 $I=0$，对应强度最强的单峰。参数：$g_x=0.891$、$g_y=1.351$、$g_z=3.287$；^{143}Nd，$A_x=118.5$ G、$A_y=163.2$ G、$A_z=368.6$ G；^{145}Nd，$A_x=73.6$ G、$A_y=101.4$ G、$A_z=228.8$ G；$A_zg_y/(A_yg_z)=0.93$、$A_zg_x/(A_xg_z)=0.84$ (参考式 (6.3.13)，有关理论值的计算)，表明有部分激发态混到基态中

图 6.3.6 示意了四核配合物 $Fe_2^{III}Nd_2^{III}$ 的结构和粉末谱的温度相关性 [36]。该化合物的基态是克拉默斯二重态，居中的两个 Fe^{III} 离子反铁磁耦合 (J ~−6.7 cm^{-1})，但 Fe^{III} 与 Nd^{III} 的交换耦合非常弱，约 0.2 cm^{-1}；钕离子间距是 7.1 Å，以偶极-偶极相互作用为主。基于 4.3 K 谱图，模拟钕所得的两个 Nd^{III} 离子的参数是 $g_{x1}=g_{x2}=1.2$、$g_{y1}=g_{y2}=2.4$、$g_{z1}=g_{z2}=7.1$，钕离子间的偶极相互作用 ~1200 MHz。当温度高于 20 K 时，Nd^{III} 的迅速弛豫 (即 T_1 变得越来越小) 消除了 Fe-Nd 之间的弱耦合，而 Fe-Nd 间的弱自旋-自旋相互作用则导致较高温度时的谱图展宽。在更高温度 (如 50 K 以上)，Nd^{III} 因迅速弛豫而被忽略不计，EPR 信号主要由 Fe_2^{III} 局部片段所贡献。这些变温数据所提供的耦合与去耦合的信息，值得相关研究人员研读和借鉴。类似的 $Fe_2^{III}Ln_2^{III}$ 配合物的结构和性质特征，详见文献 [36]。

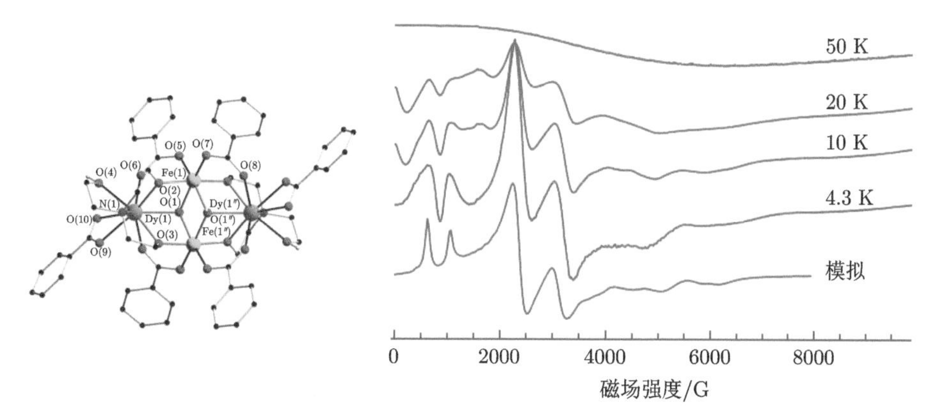

图 6.3.6 $Fe_2^{III}Nd_2^{III}$ 四核配合物的分子结构及其 X-波段温度相关谱。A. K. Powell 教授提供图例，特此感谢，详见文献 [36]

6.3.3.3 nf^5 组态

该组态的代表性离子是 $4f^5$ 的 Pm^{2+}、Sm^{3+}、Eu^{4+}，自旋基态是 $^6H_{5/2}$，$g_J = 2/7$，电子基态 M_J 依具体化学结构而变。表 6.3.5 展示了部分代表性离子 Sm^{3+} 的 g 因子，Pm^{2+}、Eu^{4+} 等的研究鲜见，而 $5f^{5-13}$ 构型为放射性元素，故不再作讨论。

表 6.3.5 代表性的 $Sm^{3+}(4f^5)$ 的 X-波段特征参数

离子	基底	温度/K	g
Sm^{3+}	CaF_2	4.2	$g_1 = 0.43, g_2 = 0.28$
	LaF_3	4.2	$g_x = 0.23, g_y = 0.558, g_z = 0.720$
	$SmCl_3$		$g_\perp = 0.613, g_\parallel = 0.584$
	硫酸乙酯钐	4.2	$g_\perp = 0.604, g_\parallel = 0.596$
	$YLiF_4$	$\leqslant 40$	$g_\perp = 0.644, g_\parallel = 0.410$
	BaFCl (单斜)	4.2	$g = 0.903$、0.856、0.19
	BaFCl (轴)	4.2	$g_\perp = 0.23, g_\parallel = 1.027$
	KY_3F_{10}	10	$g_\perp = 0.11, g_\parallel = 0.714$
	$La_2Mg_3(NO_3)_{12}\cdot 24H_2O$		$g_\perp = 0.40, g_\parallel = 0.76$

将 Sm^{3+} 掺杂到 $La_2Mg_3(NO_3)_{12}\cdot 24H_2O$ (LMN) 单晶中，会形成三角对称格位的 Sm^{3+}，$g_\perp = 0.40$、$g_\parallel = 0.76$，理论值是 $g_\perp = 0.468$、$g_\parallel = 0.734$ [37]。图 6.3.7(a) 示意了 $YLiF_4{:}Sm^{3+}$ 单晶模拟谱，以 $g_\parallel = 0.41$ 为中心的高场超精细分裂峰，已经接近了 X-波段所能检测的最小 g 因子极限 ($g \leqslant 0.34$，详见 2.2.1 节)。

6.3.3.4 nf^9 组态

该组态的代表性离子是 $4f^9$ 的 Dy^{3+}，自旋基态是 $^6H_{15/2}$，$g_J = 4/3$，是 $4f^5$ 的互补组态。该组态的其他离子如 Tb^{2+} 等，较为鲜见，故表 6.3.6 只综述了 Dy^{3+} 的特征参数。图 6.3.7(b) 示意了四种 Dy^{3+} 配合物的 5 K 低温粉末谱 [39]，它们

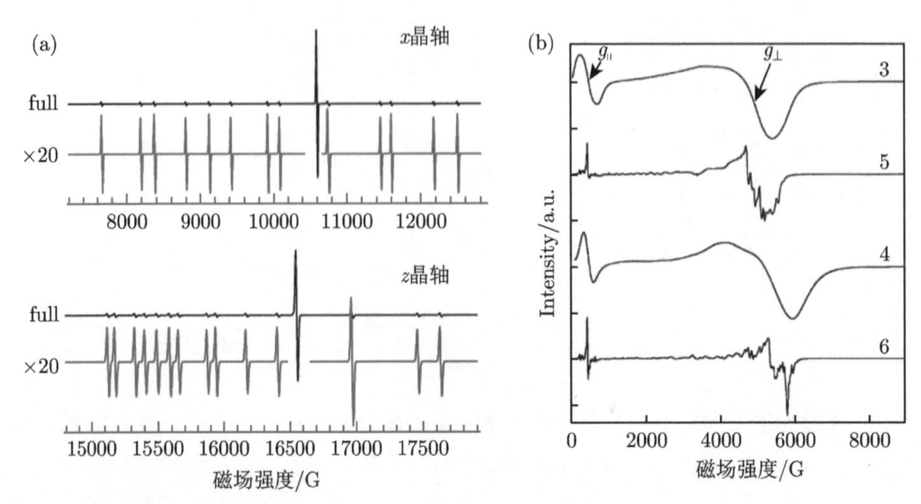

图 6.3.7　(a) $YLiF_4$:Sm^{3+} 单晶的 5 K 单晶模拟谱，只展示外磁场 B_0 分别平行于 x、z 晶轴的谱图。全幅谱图用 “full” 表示，局部放大 20 倍展示 $^{147}Sm(I=7/2，g_N=-0.232，14.99\%)$ 和 $^{149}Sm(I=7/2，g_N=0.1908，13.82\%)$ 的超精细结构，其他同位素 $I=0$，对应强度最强的单峰。参数是 9.5 GHz，$g_{\perp}=0.644$、$g_{\parallel}=0.410$；^{147}Sm，$A_{\perp}=735$、$A_{\parallel}=205$ MHz；^{149}Sm，$A_{\perp}=165$、$A_{\parallel}=605$ MHz，详见文献 [38]。(b) 四种 Dy^{3+} 配合物的低温粉末谱，图例引自文献 [39]。特征参数：化合物 3，$g_{\perp}=1.36$、$g_{\parallel}=15.48$；化合物 4，$g_{\perp}=1.25$、$g_{\parallel}=15.15$；化合物 5，$g_{\perp}=1.41$、$g_{\parallel}=15.18$；化合物 6，$g_{\perp}=1.26$、$g_{\parallel}=15.45$

表 6.3.6　代表性的 $Dy^{3+}(4f^9)$ 的 X-波段特征参数

离子	基底	温度/K	$g(^{161,163}Dy，A^{161,163}/G)$
Dy^{3+}	银膜	$\leqslant 4.2$	$g=7.67$
	铝膜	$\leqslant 4.2$	$g=7.59$
	铷	$\leqslant 4.2$	$g=7.5\ (A^{161}=82)$
	锆石	4.2	$g_{\perp}=9.974, g_{\parallel}=1.132\ (A^{161}=30.7，A^{163}=40)$
	$LuAl_2$	$\leqslant 20$	$g=7.773$
	$YbAl_2$	$\leqslant 20$	$g=7.670$
	$LaBe_{13}$	$\leqslant 4.2$	$g=7.46$
	BaO	4.2	$g=6.633$
	CaO	20	$g_{\perp}\sim 15, g_{\parallel}=3.09$
	MgO	4.2	$g=6.539\ (A_z^{161}=196.8，A_z^{163}=274.9)$
	$LiYF_4$	4.2	$g_{\perp}=9.219, g_{\parallel}=1.112$
	YVO_4	$\leqslant 4.2$	$g_{\perp}=9.3, g_{\parallel}=1.92$
	$Bi_4Ge_3O_{12}$	5	$g_{\perp}=9.349, \lvert g_{\parallel}\rvert=0.4$
	$PbGa_2S_4$	$\leqslant 10$	$g_{\perp}=2.47, g_{\parallel}=15.06\ (A_{\perp}^{163}=722，A_{\parallel}^{163}=118.7)$

的特征 g 因子是 $g_{\perp}\sim 1.35\pm 0.1$、$g_{\parallel}\sim 15.3\pm 0.2$，表明 $M_J=\pm\dfrac{13}{2}$ 二重态是基态，激发态的混合致 $g_{\perp}>0$。若基态是纯 $M_J=\pm\dfrac{13}{2}$ 二重态组成 (如 Ising 自旋模

型)，那么理论值 $g_\perp = 0$、$g_\parallel = 2|M_J|g_J = \frac{52}{3} = 17.333$ (式 (6.3.11))。读者还可推导纯 $M_J = \pm\frac{15}{2}$、$\pm\frac{11}{2}$、$\pm\frac{9}{2}$ 或 $\pm\frac{7}{2}$ 等单个二重态基态的 $g_\perp$、$g_\parallel$ 理论值。此外，图 6.3.7(b) 中，谱图存在明显的非同源展宽。

在氧化物、氟化物或无机酸盐等掺杂基底中，Dy^{3+} 的特征 $g_\perp$ 和 $g_\parallel$ 波动较大，与电子基态是纯二重态还是混合二重态有关。Dy^{3+} 被掺入金属或金属间化合物中 (如银膜、$LuAl_2$、$ScAl_2$ 等)，具有位于 g ~7.6 的宽峰，探测温度 1.5~30 K。

6.3.3.5 nf^{11} 组态

该组态的代表性离子有 $4f^{11}$ 的 Ho^{2+}、Er^{3+}、Tm^{4+}，自旋基态是 $^4I_{15/2}$，$g_J = 6/5$，电子基态 M_J 依具体化学结构而变，代表性的特征参数列于表 6.3.7 中。这

表 6.3.7 代表性的 Ho^{2+}、$Er^{3+}(4f^{11})$ 的 X-波段特征参数

离子	基底	温度/K	$g(^{167}Er,\ A^{167})$
Ho^{2+}	$SrCl_2$	$\leqslant 4.2$	$g = -5.91$
Er^{3+}	银膜	$\leqslant 4.2$	$g = 6.82$
	铝膜	$\leqslant 4.2$	$g = 6.80$
	铯粉	$\leqslant 4.2$	$g = 6.77$
	Cu:Er	$\leqslant 4.2$	$g = 6.86$
	Pd:Er	$\leqslant 4.2$	$g = 6.5$
	$LuAl_2$	$\leqslant 20$	$g = 6.846$
	$YbAl_2$	$\leqslant 20$	$g = 6.880$
	$LaBe_{13}$	$\leqslant 4.2$	$g = 6.74$
	LaSb	$\leqslant 4.2$	$g = -5.669$
	TmSb	$\leqslant 4.2$	$g = -5.669$
	TmH_x	2	$g_\perp = 5.42, g_\parallel = 9.0$ 和 $g_\perp = 4.05$, $g_\parallel = 11.0$
	锆石	4.2	$g_\perp = 6.971, g_\parallel = 3.703$
	α-CaO	5	$g_\perp = 4.14, g_\parallel = 12.176$
	CaO	$\leqslant 20$	$g_\perp = 7.86, g_\parallel = 4.73$
	MgO	$\leqslant 20$	$g_x = 4.62, g_y = 3.86, g_z = 3.6$
	β-PbF_2	$\leqslant 30$	$g = 6.829$, $(A = 250.3\ G)$
	$KMgF_3$	1.5	$g_\perp = 7.886, g_\parallel = 4.216$ 和 $g_\perp = 8.362$, $g_\parallel = 2.682$
	$KZnF_3$	1.5	$g = 3.925$~4.065 和 $g_\perp = 7.813$, $g_\parallel = 4.390$
	KYF_4	15	$g_\perp = 7.927, g_\parallel = 3.13$ $(A_\perp = 816\ MHz,\ A_\parallel = 325\ MHz)$
	$LiTmF_4$	$\leqslant 20$	$g_\perp = 2.96, g_\parallel = 8.074$
	$CaWO_4$	$\leqslant 4.2$	$g_\perp = 8.4, g_\parallel = 1.2$
	$CaWO_4$	$\leqslant 4.2$	$g_1 = 13.3, g_2 = 68, g_3 = 1.98$
	$SrWO_4$	$\leqslant 4.2$	$g_\perp = 0.83, g_\parallel = 8.47$
	$LiNbO_3$	$\leqslant 4.2$	$g_\perp = 2.14, g_\parallel = 15.13$ $(A_{iso} = 77\ G)$
	$LiNbO_3$	$\leqslant 4.2$	$g_\perp = 3.136, g_\parallel = 14.44$ $(A_{iso} = 73.5\ G)$
	YPO_4	4.2	$g_\perp = 4.81, g_\parallel = 6.42$
	$YAl_3(BO_3)_4$	4.2	$g_\perp = 9.505, g_\parallel = 1.383$ $(A_\perp = 356.5\ G,\ A_\parallel = 62.6\ G)$
	硫酸乙酯铒		$g_\perp = 8.85, g_\parallel = 1.47$
	AlN	4.5	$g_\perp = 7.647, g_\parallel = 4.337$ $(A_\perp = 796\ MHz,\ A_\parallel = 454\ MHz)$
	GaN	4.5	$g_\perp = 7.645, g_\parallel = 2.861$ $(A_\perp = 869\ MHz,\ A_\parallel = 330\ MHz)$

些离子因弛豫非常迅速，所以实验需在 30 K 或更低温度下进行。

掺到 β-PbF_2 的 Er^{3+}，形成立方对称的结构，谱图如 6.3.8(a) 所示，特征参数详见图例说明。在氧化物、氟化物或无机酸盐等掺杂基底中，Er^{3+} 的特征 $g_\perp$ 和 $g_\parallel$ 波动较大。如 $CaWO_4$:Er^{3+}，$g_\perp = 8.4$、$g_\parallel = g_J = 1.2$，这表明 $M_J = \pm\dfrac{1}{2}$ 是基态二重态。在硫酸乙酯铒中，Er^{3+} 呈六角对称，$g_\perp = 8.85$、$g_\parallel= 1.47$，这表明两个二重态混合成电子基态，用 $p\left|\dfrac{15}{2},\pm\dfrac{7}{2}\right\rangle + q\left|\dfrac{15}{2},\mp\dfrac{5}{2}\right\rangle$ 表示。与 Dy^{3+} 类似，当 Er^{3+} 掺入金属或金属间化合物中 (如银膜、$LuAl_2$、$ScAl_2$ 等) 时，形成 g~6.86 的大宽峰，需 4.2 K 温度以下探测。

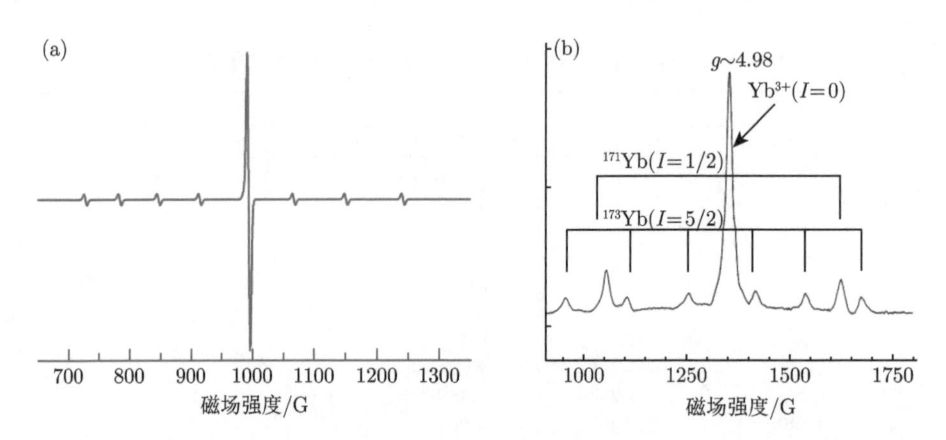

图 6.3.8 (a) 在 β-PbF_2 中立方对称 Er^{3+} 的模拟。参数是 9.5 GHz，10 K，$g = 6.829$，$^{167}Er(I = 7/2, g_N = -0.1611, 22.93\%)$，$A = 250.3$ G，详见文献 [41]。(b) $Li_6Y(BO_3)_3$:Yb^{3+} 的 4 K 粉末谱，引自文献 [39]。参数是 9.4 GHz，$g = 4.98$；^{171}Yb ($I = 1/2$，$g_N = 0.98734$，14.28%)，$A = 631.1$ G；^{173}Yb ($I = 5/2$，$g_N = -0.2592$，16.13%)，$A = 157.3$ G

在内嵌富勒烯 $Er^{3+}@C_{82}$(I) 异构体中，Er^{3+} 和 C_{82} 的弱交换耦合 (J_{iso}~0.243 cm^{-1})，扰乱了未耦合 Er^{3+} 的能级结构，形成了一个耦合结构。因此，在平行和垂直模式 EPR 中，均可以检测到 g~19、0.6 等处的吸收峰。在 $Er^{3+}@C_{82}$(II) 异构体中，Er^{3+} 和 C_{82} 的交换耦合比较强 (J_{iso}~0.543 cm^{-1})，耦合成一个总自旋量子数 J 为整数的中心，故只能使用平行模式进行探测 [40]。

6.3.3.6 nf^{13} 组态

该组态的代表性离子是 $4f^{13}$ 的 Tm^{2+}、Yb^{3+}，自旋基态是 $^4F_{7/2}$，$g_J = 8/7$，电子基态 M_J 依具体化学结构而变，其中，Tm^{2+} 的研究报道比较少。图 6.3.8(b)

示意了 $Li_6Y(BO_3)_3$:Yb^{3+} 的 4 K 粉末谱 [39]，表 6.3.8 展示代表性的特征参数。这些数据表明，在不同的掺杂体系中，Yb^{3+} 的特征 g 因子波动范围较窄。

表 6.3.8 Tm^{2+}、$Yb^{3+}(4f^{13})$ 的部分 X-波段 EPR 参数

离子	基底	温度/K	$g(^{171,173}Yb$，$A^{171,173}/G)$
Tm^{2+}	$KMgF_3$	$\leqslant 4.2$	$g=2.591$
	$KMg(MoO_4)_2$	4.2	$g=13.87$
Yb^{3+}	BaO	4.2	$g=2.593$ (A_z^{171} =740，$A_z^{173}=205.4$)
	CaO	20	$g=2.585$ (A^{171} =746.7)
	MgO	4.2	$g=2.566$ (A_z^{171} =728.5，$A_z^{173}=201$)
	CaF_2	30	$g=3.433$ (A^{171} =1018，$A^{173}=278$)
	CdF_2	30	$g=3.436$ (A^{171} =939，$A^{173}=256.7$)
	SrF_2	$\leqslant 4.2$	$g_\perp=3.746, g_\parallel=2.813$ (A^{171} =557，$A^{173}=153$)
	PbF_2	$\leqslant 20$	$g=3.429$ (A^{171} =965.8，$A^{173}=-260$)
	YF_3	15	$g=2.42$、1.76、5.41
	LuF_3		$g=3.26$、1.96、3.44
	LaF_3	20	$g_x=3.76, g_y=5.20, g_z=1.21$
	PrF_3	$\leqslant 4.2$	$g_x=3.47, g_y=5.427, g_z=1.205$
	CeO_2	$\leqslant 20$	$g=3.429$ (立方对称)
			$g_\perp=3.06, g_\parallel=4.152$ (轴对称)
	$KMgF_3$	1.5	$g=2.584$ (立方对称)
			$g_\perp=2.896, g_\parallel=1.844$ (轴对称 I)
			$g_\perp=4.377, g_\parallel=1.078$ (轴对称 II)
	$KZnF_3$	$\leqslant 36$	$g=2.591$ (立方对称)
			$g_\perp=2.903, g_\parallel=1.822$ (三角对称)
	KYF_4	4.2	$g_\perp=3.917, g_\parallel=1.331$ ($A_\perp^{171}=360$, $A_\parallel^{171}=1099$)
	KYF_4	15	$g_\perp=3.903, g_\parallel=1.33$ ($A_\perp^{171}=371$, $A_\parallel^{171}=1089$)
	KY_3F_{10}	5	$g_\perp=1.306, g_\parallel=5.363$ ($A_\perp^{171}=392.5$, $A_\parallel^{171}=1527$)
	$SrTiO_4$	77	$g_\perp=2.67$
		65	$g_\perp=2.70, g_\parallel=2.25$
		50	$g_\perp=2.72, g_\parallel=2.17$
		2	$g_\perp=2.785, g_\parallel=2.10$
	$LaNbO_4$	$\leqslant 45$	$g_x=5.35, g_y=1.90, g_z=1.86$
	$KYb(WO_4)_2$	$\leqslant 10$	$g=1.532$、0.82、7.058
	$YAl_3(BO_3)_4$	9	$g_\perp=1.702, g_\parallel=3.612$
	$HfSiO_4$	4.2	$g_\perp=0.4, g_\parallel=6.998$ (轴对称)
			$g_x=3.208, g_y=2.503, g_z=3.071$ (斜方对称)
	$ZrSiO_4$	4.2	$g_x=3.292, g_y=2.530, g_z=2.782$
	$Y(NO_3)_3\cdot 6H_2O$	2.5	$g=1.0518$、0.7035、0.5678
	$Y_2(SO_4)_3\cdot 8H_2O$	4.3	$g=1.0921$、1.0457、0.9090

6.3.4 非克拉默斯二重态离子

非克拉默斯二重态离子 (non-Kramer's ions) 的电子构型是 $nf^{2,4,6,8,10,12}$，$4f^6$ 的公开文献资料非常稀少，参见表 6.3.9。单核 $4f^{4,6,8,10}$ 的离子，自旋态要么是最大自旋态 S，要么是 $S=0$ 的抗磁性基态，极少有如 $S=1$ 之类的中间自旋态；若基态是抗磁性，X-波段需做平行模式探测。

表 6.3.9　代表性的 $f^{2,4,8,10,12}$ 构型的 X-波段特征参数

构型	离子	基底	温度/K	g (A)
f^2	Pr^{2+}	CaF_2	$\leqslant 4.2$	$g = 1.936$ ($A_z^{141} = 894$ G)
		$PrCl_3$		$g_\perp = 0.1, g_\parallel = 1.035$ ($A_z^{141} = 537$ G)
		乙基硫酸镨		$g_\parallel = 1.525$
	U^{4+}	CaF_2	4.2	$g_\parallel = 4.02$
		SrF_2	4.2	$g_\parallel = 2.85$
		BaF_2	4.2	$g_\parallel = 2.02$
f^8	Tb^{3+}	CaF_2(γ-辐射)		$g_\parallel = 1.989$
		PbF_2	4.2	$g = 0.35$
		$TbCl_3$		$g_\perp < 0.1, g_\parallel = 17.78$
		YPO_4	1.6	$g_\parallel = 10.60$
		$CaWO_4$	4.2	$g_\parallel = 17.777$
		$Tm(C_2H_5SO_4)_3 \cdot 9H_2O$	$\leqslant 10$	$g_\parallel = 17.69$
		乙基硫酸钬		$g_\perp < 0.3, g_\parallel = 17.72$
f^{10}	Ho^{3+}	CaF_2	4.2	$g_\parallel = 14.8$ ($A^{165} = 9.8$ GHz)
		$HoCl_3$		$g_\parallel = 16.01$，$g_\perp \sim 0.0$ ($A^{165} = 3754.8$ G)
		$YAsO_4$	1.6	$g = 15.30$ ($A^{165} = 3545$)
		$Y(W_5O_{18})_2$	1.6	$g_\perp < 0.7, g_\parallel = 1.25$ ($A^{165} = 296$ G)
		乙基硫酸钬		$g_\parallel = 15.36$
		$MgSiO_4$	4.2	$g_\parallel = 18.5$
f^{12}	Tm^{3+}	$YAsO_4$	1.6	$g = 8.03$ ($A^{159} = 973.5$ G)
		YVO_4	1.6	$g = 10.22$ ($A^{159} = 123$ G)
		$Tm(C_2H_5SO_4)_3 \cdot 9H_2O$	4.2	$g_\parallel = 13.69$

在 $[Ho(W_5O_{18})]^{9-}$ 掺杂结构中，$Ho^{3+}(4f^{10})$ 自旋基态是 $^6I_8$，$g_J = 5/4$，在晶体场中的电子基态是 $M_J = \pm 4$ 二重态，与第一激发态 $M_J = \pm 5$ 的能级间隔约为 16 cm^{-1}。50.4 GHz 高频实验表明，$g_\parallel = 1.25$，$A_\parallel = 830$ MHz (^{165}Ho，I =7/2，100%)；在常规 X-波段中，只能被检测到部分信号 [42]。对该构型感兴趣的读者，请查阅该文献和后续的研究报道。

与上文提到的 $Er^{3+}@C_{82}$(Ⅱ) 异构体类似，$Er^{2+}(4f^{12})$ 和 C_{82} 耦合 ($J_{iso} \sim$ 0.543 cm^{-1}) 成一个总自旋量子数 J 为整数的中心，并被平行模式 EPR 实验所探测 [40]。

6.3.5　$4f^7$ 的 S 基态离子

表 1.2.2 表明，恰好半充满的 np^3、nd^5 和 sf^7 组态，原子总轨道量子数 $L = 0$，用大写字母 S 表示基态，故称为 S 基态离子，理论值 $g_{iso} \sim 1.9928$。S 基态离子因自旋晶格弛豫时间比较长，特征 EPR 谱在室温下就可被探测而容易被研究 [43,44]。$4f^7$ 组态 Eu^{2+}、Gd^{3+}、Tb^{4+} 等稀土离子，基态是 $^8S_{7/2}$，表 6.3.10 节选了 Eu^{2+}、Gd^{3+} 的代表性例子，感兴趣的读者自行根据数据库专著提供的文献，按图索骥；Tb^{4+} 不稳定，文献报道比较少。这些离子共性的能级结构，g、A 的各向异性非常小，D 值随着晶格环境的变化而变化，自旋哈密顿量参考式 (4.4.5)。

表 6.3.10 代表性的 Eu^{2+}、Gd^{3+} 的 X-波段特征参数

离子	基底	温度/K (频率)	g (A)	$D=b_2^0$、$E=b_2^2/(\times10^{-4}\ cm^{-1})$
Eu^{2+}	CaO	290	$1.991(A^{151}=32.7\ G)$	
	KBr	300	1.994	320.9, −88.6
		77	1.994	333.0, −93.8
	KCl	300	1.994	346.6, −91.4
		77	1.995	355.8, −95.5
	CaF_2	300	1.995	
	$Ba_{12}F_{19}Cl_5$	78 (36 GHz)	$g_{iso}=1.982$	−340, 148
	$5CaO{\cdot}Al_2O_3$	77	$g_{\parallel}=2.013$，$g_{\perp}=1.994$	2.956, 0.059 GHz
	$SrAl_2O_4$	145 (179.4 GHz)	1.989	$\|D\|=1400$、$\|E/D\|=0.258$
	$Sr_4Al_{14}O_{25}$	100 (90 GHz)	1.984	$\|D\|=1020$、$\|E/D\|=1/3$
	$Eu@C_{82}$	4.2	1.995, 1.993, 1.9946	2918.74 ($\times10^{-4}\ cm^{-1}$)
	乙基硫酸铕		$g=1.991$	
Gd^{3+}	$Gd@C_{82}$	4.2 (X/W-波段)	$g_{\perp}=1.99, g_{\parallel}=2.00$	$D=0.21$、$E=0.018$
			$g=2.009, 2.01, 1.9775$	$D=0.2575$、$E=0.007$
	$Gd_2@C_{79}N$	<10(X/Q-波段)	$g=1.99$	$D=0.953$ GHz、$E=0.288$ GHz
	$Dy(BrO_3)_3$	295	$g=2.003$	$D=-0.416$ GHz、$E=0.023$ GHz
	BaFCl	294	$g=1.991$	$D=84.3$ GHz
	$LaNbO_4$	8	$g_{\perp}=2.001, g_{\parallel}=1.984$	$D=-2.001$ GHz、$E=0.514$ GHz
	$PrNbO_4$	8	$g=1.997, 2.016, 2.002$	$D=-2.012$ GHz、$E=0.66$ GHz
	乙酸镨	295	$g_{\perp}=2.026, g_{\parallel}=1.98$	$D=-1.407$ GHz、$E=0.186$ GHz
	乙酸镝	293	$g_{\perp}=1.989, g_{\parallel}=1.99$	$D=-0.850$ GHz、$E=0.818$ GHz

一般地，Eu^{2+} 的 $D=0\sim1.5\ cm^{-1}$，其中 $D\sim0.3\ cm^{-1}$ (~10 GHz) 较为常见，在内嵌富勒烯中 $Eu@C_{82}$，D~3 cm^{-1}，是较为少见的。图 6.3.9(a) 示意 LiCl-KCl 共熔离子盐 (eutectic melt) 体系中 Eu^{2+} 的室温溶液谱，特征参数 $g_{iso}=1.989$，^{151}Eu，$A_{iso}=33.4$ G；^{153}Eu，$A_{iso}=14.8$ G。这些值与将配合物 $[Eu(CH_3CN)_9]$ 溶解在无水乙腈所得的特征参数相似 [45]。图 6.3.9(b) 示意了将 Eu^{2+} 掺杂到 $SrSnO_3$ 所得的低温粉末谱，$g_{iso}=1.96$，^{151}Eu，$D=0.0425\ cm^{-1}$、$E=0.015\ cm^{-1}$ [46]。这些例子表明：溶液谱提供 g_{iso} 和 A_{iso}，而粉末谱则进一步提供 D、E 等特征参数；随着 Eu^{2+} 浓度逐渐增加，Eu^{2+} 的吸收峰逐渐因交换作用而展宽，并失真，甚至因反铁磁耦合而消失 (图 6.3.11)。

Gd^{3+} 的 EPR 研究非常多，如生物医学上，Gd^{3+} 及其配合物因具有较大的内禀自旋磁矩被用来作造影剂、自旋标记物等 [48−50]。一般地，Gd^{3+} 的 g_{iso}~1.99，$D=0.8$~2 GHz，也有个别 D 值非常大的情形 (详见数据库专著 Ⅲ、Ⅳ)。Gd 有七种同位素，$^{152,154,156,158,160}Gd$ 是非磁性同位素，另外两种是磁性同位素，$^{155}Gd(I=3/2$，$g_N=-0.1715$，14.8%)、$^{157}Gd(I=3/2$，$g_N=-0.2265$，15.65%)。实际所检测到的 A_{iso} 都比较小，$A_{^{157}Gd}=5$~7 G，在较稀的溶液中才能被分辨 [51]。在粉末、晶体、多晶样品中，A_{iso} 则被 D、同源和非同源展宽、应力等所包络而被忽略不计。因此，自旋哈密顿量简化成式 (4.4.5)，能级结构、跃迁、谱图解析变得简单，如 $PrNbO_4:Gd^{3+}$、$LaNbO_4:Gd^{3+}$ 晶体的 EPR 谱，用类似于如图 4.4.3

所示的能级结构，即可解析各个跃迁 [52]。

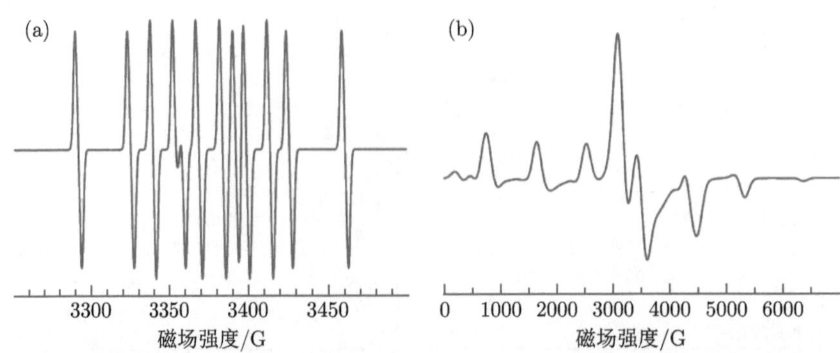

图 6.3.9 (a) 掺杂到 LiCl-KCl 共熔离子盐中 Eu^{2+} 的 9.5 GHz 室温溶液模拟谱，参数是 $g_{iso} = 1.989$，^{151}Eu，$A_{iso} = 33.4$ G，^{153}Eu，$A_{iso} = 14.8$ G，详见文献 [47]。(b) $SrSnO_3:Eu^{2+}$ 掺杂体系的低温粉末模拟谱，参数是 9.5 GHz，100 K，$g_{iso} = 1.96$，^{151}Eu，$D = 0.0435\ cm^{-1}$、$E = 0.015\ cm^{-1}$，详见文献 [46]

图 6.3.10 以钆内镶富勒烯为例，示意 Gd^{3+} 的代表性 EPR 谱图随着 D、E 的变化趋势。由 Gd@C_{82}-I (I 表示 Gd@C_{82} 的主要异构体) 多频粉末谱的模拟，得 $D = 0.21\ cm^{-1}$、$E = 0.018\ cm^{-1}$，而将其溶解到 CS_2 或三氯苯中，$D = 0.2575\ cm^{-1}$、$E = 0.007\ cm^{-1}$ [53]。钆内镶富勒烯 Gd_2@C_{79}N 溶解在不同溶剂中所得的谱图也存在明显差异：在甲苯溶液，X-和 Q-波段谱图的模拟参数是 $g_{iso} = 1.99$，$D = 0.953$ GHz、$E = 0.288$ GHz [54]；在 CS_2 溶液中 X-和 W-波段的谱图，与甲苯溶液中 X-和 W-波段的谱图存在明显的差异，但不知为何，该文献作者并没有深入解析 D、E 等特征参数 [55]。

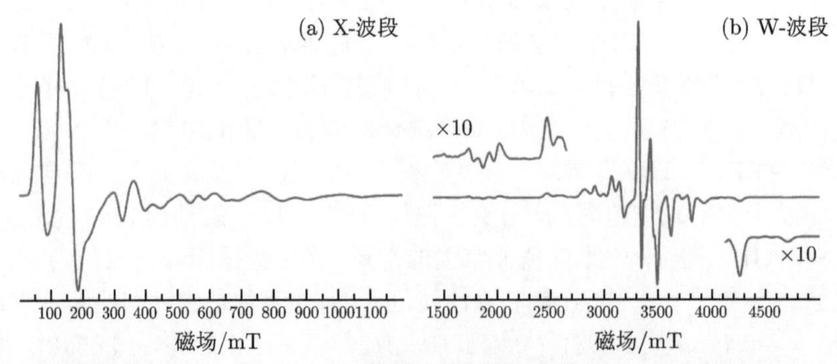

图 6.3.10 富勒烯 Gd@C_{82}-I 的 X-和 W-的粉末模拟谱，参数是 9.63973 GHz(4 K)、94.1127 GHz(20 K)，$S = 7/2$，$g_{\parallel} = 2.00$、$g_{\perp} = 1.99$，$D = 0.21\ cm^{-1}$、$E = 0.018\ cm^{-1}$，模拟只考虑主要参数而忽略应力、展宽等其他次要因素，实验谱请参考文献 [53]

在金属内嵌富勒烯中，如 La@C_{82}、La_2@I_h-C_{80}，只有基于金属原子与碳笼自由基之间的耦合，才能很好地解释相应的 EPR 谱图等性质 [28−30]。因此，在 $Gd@C_{82}$-I 中，不排除 $Gd^{3+}(S = 7/2)$ 与碳笼自由基 $(S = 1/2)$ 耦合成 $S = 3$ 和 $S = 4$ 的自旋态 [53]。但是，笔者的多频模拟表明，只有 $S = 7/2$ 才能最好地拟合实验结果，如图 6.3.10 所示。

6.3.6 稀土离子的掺杂和替代

有关稀土的 EPR 应用研究，以掺杂体系为主，这与稀土元素良好的光谱性质有关，而配合物的合成与研究，相对比较少。

在发光材料研究中，发光离子的掺入浓度对材料发光性能的影响一直是人们研究的对象。随着离子浓度的逐渐增大，发光体的发光强度是先增大然后开始逐渐降低，到一定浓度时发光消失。对于这种发光中心通过能量传输将激发能转移到其他位置 (其他发光中心或不发光位置)，其发光效率和强度都随之减低的现象，称之为浓度猝灭，该浓度又被称为光谱淬灭浓度。物理上，较高浓度时，离子间的偶极相互作用、交换作用等得到增强，从而减少了相应发光上能级的布居数，减弱了发光或荧光强度，最终形成了浓度猝灭效应；化学上，较高浓度时离子会发生化合价的变化，导致猝灭。一般地，在掺杂过程中，相同价态的离子间才能发生替代。但是，当使用 ^{61}Ni 同位素做示踪实验时，人们发现在镍配合物 $[Ni^{II}(cyclam)^{2+}]$ 中 Ni^{II} 离子可直接被 Ni^{III} 所替代 [56]。当 Er^{3+} 掺杂到 β-PbF_2 中时会形成立方对称结构 Er^{2+}，随着所掺杂的 Er^{3+} 浓度增加，EPR 谱逐渐展宽直到失真，该变化趋势如图 6.3.11 所示。这表明在掺杂过程中，当抗磁性的 Eu^{3+} 占据 Sr^{2+} 的

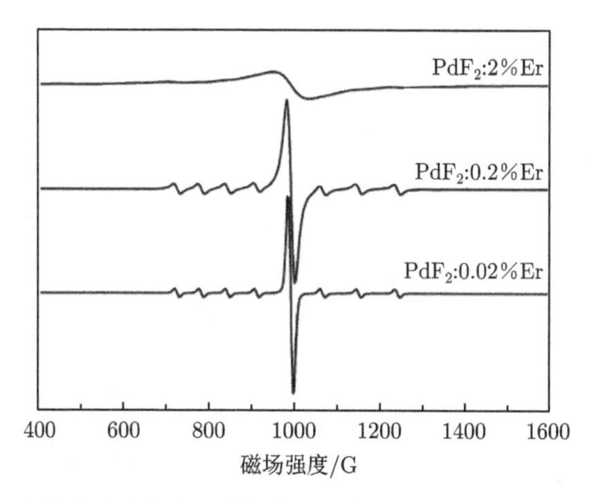

图 6.3.11 β-PbF_2 中立方对称结构 Er^{3+} 的低温谱随着 ErF_3(%) 浓度增大而展宽的趋势，9.5 GHz，10 K，g=6.829，$^{167}Er(I=7/2, g_N = -0.1611, 22.93\%)$，$A$=250.3 G。图例引自文献 [41]

格位时，有一部分会被还原成顺磁性的 Eu^{2+} [46]。

致谢：本节写作得到四川大学刘虹刚老师的协助，特此感谢。

参 考 文 献

本章参考的主要专著和教材：

* 详见所附数据库中的专著 1-4、I-Ⅳ

麦松威，周公度，李伟基. 高等无机结构化学 (第二版). 北京：北京大学出版社，2006.

张思远. 稀土离子的光谱学. 北京：科学出版社，2008.

Abragam A, Bleaney B. Electron Paramagnetic Resonance of Transition Ions. Oxford: Oxford University Press, 2012.

Aldridge S, Downs A J. The Chemistry of the Group 13 Metals Aluminium, Gallium, Indium, and Thallium Chemical Patterns and Peculiarities. Hoboken: Wiley, 2011.

Box H C. Radiation Effects: ESR and ENDOR Analysis. New York: Academic Press, 1977.

King R B, Crabtree R H, Lukehart C M, Atwood D A, Scott R A. Encyclopedia of Inorganic Chemistry, 2nd . New York: John Wiley & Sons, 2006.

Lund A, Shiotani M. Applications of EPR in Radiation Research. Cham: Springer, 2014.

Misra S K. Multifrequency Electron Paramagnetic Resonance: Theory and Applications. Weinheim: Wiley-VCH, 2011.

Shukla A K. Electron Magnetic Resonance-Applications in Physical Sciences and Biology (Experimental Methods in the Physical Sciences, Vol 50). Oxford: Academic Press, 2019.

Shukla A K. Eleectron Spin Resonance in Food Science. London: Academic Press, 2017.

Weil J A, Bolton J R. Electron Paramagnetic Resonance: Elementary Theory and Practical Applications. 2nd ed. Hoboken: John Wiley & Sons, 2007.

Wybourne B G, Smentek L. Optical Spectroscopy of Lanthanides: Magnetic and Hyperfine Interactions. London: CRC Press, 2007.

主要参考文献：

[1] NISTOR S, SCHOEMAKER D, URSU I. Review of the EPR Data on ns^{1-} centers in crystals [J]. Bulletin of Magnetic Resonance, 1994, 16(3-4): 193-223.

[2] PONTUSCHKA W M, CARLOS W W, TAYLOR P C, et al. Radiation-induced paramagnetism in α-Si:H [J]. Physical Review B, 1982, 25(7): 4362-4376.

[3] STOLL S, OZAROWSKI A, BRITT R D, et al. Atomic hydrogen as high-precision field standard for high-field EPR [J]. Journal of Magnetic Resonance, 2010, 207(1): 158-163.

[4] SCHIRMER O F. The structure of the paramagnetic lithium center in zinc oxide and beryllium oxide [J]. Journal of Physics and Chemistry of Solids, 1968, 29(8): 1407-1429.

[5] KNIGHT W D. Electromagnetic experiments on metal clusters in beams [J]. Surface Science, 1981, 106(1): 172-177.

[6] MURPHY D, GIAMELLO E. A novel trapped electron center on sodium vapor doped magnesium oxide [J]. Journal of Physical Chemistry, 1994, 98(33): 7929-7932.

[7] CHIESA M, NAPOLI F, GIAMELLO E. The interaction of Na atoms with the surface of alkaline-earth oxides. Possible implications for a "magnetic basicity" scale [J]. Journal of Physical Chemistry C, 2007, 111(14): 5481-5485.

[8] KASAI P H, MCLEOD D. ESR studies of Cu, Ag, and Au atoms isolated in rare-gas matrices [J]. The Journal of Chemical Physics, 1971, 55(4): 1566-1575.

[9] XU J, ZHENG A, WANG X, et al. Room temperature activation of methane over Zn modified H-ZSM-5 zeolites: Insight from solid-state NMR and theoretical calculations [J]. Chemical Science, 2012, 3(10): 2932-2940.

[10] HOLMBERG G E, LEE K H, CRAWFORD J H. EPR and optical studies of γ-irradiated MgO:Ga [J]. Physical Review B, 1979, 19(5): 2436-2439.

[11] DU VARNEY R C, GARRISON A K, HAREM S B. Electron paramagnetic resonance study of Al^{2+} in BeO [J]. Physica Status Solidi (b), 1971, 45(1): 259-264.

[12] SUGIBUCHI K, MITA Y. Electron-spin-resonance studies in ZnS:Ge and ZnS:Si [J]. Phys. Rev., 1966, 147(1): 355-359.

[13] DUVARNEY R C, GARRISON A K. An EPR-ENDOR study of phosphorus in phenacite [J]. The Journal of Chemical Physics, 1978, 68(12): 5342-5347.

[14] SCHAAFSMA T J, VDVELDE G A, KOMMANDEUR J. Electron spin resonance of NO_2 [J]. Molecular Physics, 1968, 14(6): 501-515.

[15] RAJESWARI B, KADAM R M, DHAWALE B A, et al. EPR evidence for the restricted mobility of NO_2 in gamma irradiated thorium nitrate pentahydrate $Th(NO_3)_4{\cdot}5H_2O$ [J]. Spectrochimica Acta Part A: Molecular and Biomolecular Spectroscopy, 2011, 79(3): 405-511.

[16] POPOV A A, YANG S, DUNSCH L. Endohedral fullerenes [J]. Chemical Reviews, 2013, 113(8): 5989-6113.

[17] WANG T, WANG C. Functional metallofullerene materials and their applications in nanomedicine, magnetics, and electronics [J]. Small, 2019, 15(48): e1901522.

[18] WANG T, WANG C. Endohedral metallofullerenes based on spherical I_h-C_{80} cage: molecular structures and paramagnetic properties [J]. Accounts of Chemical Research, 2014, 47(2): 450-458.

[19] YANG J, FENG P, SYGULA A, et al. Probing the zero-field splitting in the ordered $N@C_{60}$ in buckycatcher $C_{60}H_{28}$ studied by EPR spectroscopy [J]. Physics Letters A, 2012, 376(21): 1748-1751.

[20] LIU G, KHLOBYSTOV A N, CHARALAMBIDIS G, et al. $N@C_{60}$-porphyrin: a dyad of two radical centers [J]. Journal of the American Chemical Society, 2012, 134(4): 1938-1941.

[21] NAKAGAWA K, NISHIO T. Electron paramagnetic resonance investigation of sucrose irradiated with heavy ions [J]. Radiation Research, 2000, 153(6): 835-839.

[22] ALEKSIEVA K I, YORDANOV N D. Various approaches in EPR identification of gamma-irradiated plant foodstuffs: a review [J]. Food Research International, 2018, 105: 1019-1028.

[23] NAKAGAWA K, ANZAI K. EPR investigation of radical-production cross sections for sucrose and L-alanine irradiated with X-rays and heavy-ions [J]. Applied Magnetic Resonance, 2010, 39(3): 285-293.

[24] MA C G, BRIK M G, LIU D X, et al. Energy level schemes of f^N electronic configurations for the di-, tri-, and tetravalent lanthanides and actinides in a free state [J]. Journal of Luminescence, 2016, 170: 369-374.

[25] ZHEN W C, YANG W Q, LIU H G. Theoretical studies of the spin-Hamiltonian parameters and defect structure for the tetragonal Gd^{3+} center in cubic c-$RbZnF_3$ crystal [J]. Philosophical Magazine, 2011, 91(31): 4045-4052.

[26] LIU H G, MEI Y, ZHENG W C. Link between EPR g-factors and local structure of the orthorhombic Ce^{3+} center in $Y_3Al_5O_{12}$ and $Lu_3Al_5O_{12}$ garnets [J]. Chemical Physics Letters, 2012, 554: 214-218.

[27] LIU H, ZHENG W. A general way of analyzing EPR spectroscopy for a pair of magnetically equivalent lanthanide ions in crystal: a case study of BaY_2F_8:Yb^{3+} crystal [J]. Journal of Applied Physics, 2018, 123(2): 025105.

[28] FUNASAKA H, SUGIYAMA K, YAMAMOTO K, et al. Magnetic properties of rare-earth metallofullerenes [J]. Journal of Physical Chemistry, 1995, 99(7): 1826-1830.

[29] BAO L, CHEN M, PAN C, et al. Crystallographic evidence for direct metal-metal bonding in a stable open-shell $La_2@I_h$-C_{80} Derivative [J]. Angewandte Chemie-International Edition, 2016, 55(13): 4242-4246.

[30] YAMADA M, KURIHARA H, SUZUKI M, et al. Hiding and recovering electrons in a dimetallic endohedral fullerene: air-stable products from radical additions [J]. Journal of the American Chemical Society, 2015, 137(1): 232-238.

[31] PIDOL L, GUILLOT-NO L O, KAHN-HARARI A, et al. EPR study of Ce^{3+} ions in lutetium silicate scintillators $Lu_2Si_2O_7$ and Lu_2SiO_5 [J]. Journal of Physics and Chemistry of Solids, 2006, 67(4): 643-650.

[32] ELLIOTT R J, STEVENS K W H, PRYCE M H L. The theory of the magnetic properties of rare earth salts: cerium ethyl sulphate [J]. Proceedings of the Royal Society of London Series A Mathematical and Physical Sciences, 1952, 215(1123): 437-453.

[33] ELLIOTT R J, STEVENS K W H, PRYCE M H L. The theory of magnetic resonance experiments on salts of the rare earths [J]. Proceedings of the Royal Society of London Series A Mathematical and Physical Sciences, 1953, 218(1135): 553-566.

[34] NGUYEN Q B, CHEN C L, CHIANG Y W, et al. $Cs_3UGe_7O_{18}$: a pentavalent uranium germanate containing four- and six-coordinate germanium [J]. Inorganic Chemistry, 2012, 51(6): 3879-3882.

[35] PROKHOROV A D, BOROWIEC M T, DYAKONOV V P, et al. The ground state and EPR spectrum in monoclinic $KY(WO_4)_2$:Nd^{3+} single crystal [J]. Physica B: Condensed Matter, 2008, 403(18): 3174-3178.

[36] BANIODEH A, LAN Y, NOVITCHI G, et al. Magnetic anisotropy and exchange coupling in a family of isostructural $Fe^{III2}Ln^{III2}$ complexes [J]. Dalton Transactions, 2013,

42(24): 8926-8938.

[37] YANG W Q, ZHENG W C, LIU H G. A study of the spin-Hamiltonian parameters for the trigonal Sm^{3+} center in $La_2Mg_3(NO_3)_{12}\cdot 24H_2O$ crystal [J]. Spectrochimica Acta Part A: Molecular and Biomolecular Spectroscopy, 2011, 78(1): 231-233.

[38] WELLS J P R, YAMAGA M, HAN T P J, et al. Polarized laser excitation, electron paramagnetic resonance, and crystal-field analyses of Sm^{3+}-doped $LiYF_4$ [J]. Physical Review B, 1999, 60(6): 3849-3855.

[39] WILLIAMS U J, MAHONEY B D, DEGREGORIO P T, et al. A comparison of the effects of symmetry and magnetoanisotropy on paramagnetic relaxation in related dysprosium single ion magnets [J]. Chemical Communications, 2012, 48(45): 5593-5595.

[40] SANAKIS Y, TAGMATARCHIS N, ASLANIS E, et al. Dual-mode X-band EPR study of two isomers of the endohedral metallofullerene $Er@C_{82}$ [J]. Journal of the American Chemical Society, 2001, 123(40): 9924-9925.

[41] DANTELLE G, MORTIER M, VIVIEN D. EPR and optical studies of erbium-doped β-PbF_2 single-crystals and nanocrystals in transparent glass-ceramics [J]. Physical Chemistry Chemical Physics, 2007, 9(41): 5591-5598.

[42] GHOSH S, DATTA S, FRIEND L, et al. Multi-frequency EPR studies of a mononuclear holmium single-molecule magnet based on the polyoxometalate $[Ho^{III}W_5O_{18})_2]^{9-}$ [J]. Dalton Transactions, 2012, 41(44): 13697-13704.

[43] NEWMAN D J, URBAN W. Interpretation of S-state ion E.P.R. spectra [J]. Advances in Physics, 1975, 24(6): 793-844.

[44] RIEGER P H. Electron paramagnetic resonance studies of low-spin d^5 transition metal complexes [J]. Coordination Chemistry Reviews, 1994, 135-136: 203-286.

[45] BODIZS G, HELM L. NMR and electron paramagnetic resonance studies of $[Gd(CH_3CN)_9]^{3+}$ and $[Eu(CH_3CN)_9]^{2+}$: solvation and solvent exchange dynamics in anhydrous acetonitrile [J]. Inorganic Chemistry, 2012, 51(10): 5881-5888.

[46] PATEL D K, RAJESWARI B, SUDARSAN V, et al. Structural, luminescence and EPR studies on $SrSnO_3$ nanorods doped with europium ions [J]. Dalton Transactions, 2012, 41(39): 12023-12030.

[47] PARK Y, KIM T, CHO Y H, et al. EPR investigation on a quantitative analysis of Eu(Ⅱ) and Eu(Ⅲ) in LiCl/KCl eutectic molten salt [J]. Bulletin-Korean Chemical Society, 2008, 29: 127-129.

[48] BOREL A, T TH É, HELM L, et al. EPR on aqueous Gd^{3+} complexes and a new analysis method considering both line widths and shifts [J]. Physical Chemistry Chemical Physics, 2000, 2(6): 1311-1317.

[49] LAGERSTEDT J O, PETRLOVA J, HILT S, et al. EPR assessment of protein sites for incorporation of Gd^{III} MRI contrast labels [J]. Contrast Media & Molecular Imaging, 2013, 8(3): 252-264.

[50] GOLDFARB D. Gd^{3+} spin labeling for distance measurements by pulse EPR spectroscopy [J]. Physical Chemistry Chemical Physics, 2014, 16(21): 9685-9699.

[51] KAMIBAYASHI M, OOWADA S, KAMEDA H, et al. Synthesis and characterization of a practically better DEPMPO-type spin trap, 5-(2, 2-dimethyl-1, 3-propoxy cyclophosphoryl)-5-methyl-1-pyrroline N-oxide (CYPMPO) [J]. Free Radical Research, 2006, 40(11): 1166-1172.

[52] MISRA S K, ANDRONENKO S I, CHEMEKOVA T Y. Variable temperature X-band EPR of Gd^{3+} in $LaNbO_4$ and $PrNbO_4$ crystals: low-symmetry effect, influence of host and impurity paramagnetic ions on linewidth, and onset of antiferromagnetism [J]. Physical Review B, 2003, 67(21): 214411.

[53] FURUKAWA K, OKUBO S, KATO H, et al. High-field/high-frequency ESR study of Gd@C82-I [J]. Journal of Physical Chemistry A, 2003, 107(50): 10933-10937.

[54] HU Z, DONG B W, LIU Z, et al. Endohedral metallofullerene as molecular high spin qubit: diverse rabi cycles in $Gd_2@C_{79}N$ [J]. Journal of the American Chemical Society, 2018, 140(3): 1123-1130.

[55] FU W, ZHANG J, FUHRER T, et al. $Gd_2@C_{79}N$: isolation, characterization, and monoadduct formation of a very stable heterofullerene with a magnetic spin state of $S = 15/2$ [J]. Journal of the American Chemical Society, 2011, 133(25): 9741-9750.

[56] MCAULEY A, MACARTNEY D H, OSWALD T. The rate of the self-exchange reaction of Ni^{II} $cyclam^{2+}/Ni^{III}$ $cyclam^{3+}$ measured using ^{61}Ni e.s.r. and a marcus cross correlation reaction [J]. Journal of the Chemical Society, Chemical Communications, 1982, 5: 274-275.

有无相生，难易相成，长短相形，高下
相盈，音声相和，前后相随，恒也。
——《道德经》

第 7 章 EPR 范例 (二)

本章是第 6 章的延续，为了方便读者的选阅而将 d 区过渡元素单独编成一章。作为绝大多数过渡离子的最外子壳层，d 轨道 (图 7.1.1) 因会发生不同程度的轨道淬灭从而能灵敏地反映周围微环境随着价态和结构变化而发生的细微变化。这个感受过程主要是通过未配对电子所占据轨道的变化、授受或提供离域电子来完成，相应的解析基础是晶体场理论和配体场理论，本质诱因是有规取向配体的配位能力强弱，详见 4.1 节。本章内容从单核中心的束缚电子开始，逐渐过渡到由两到多个核构成的耦合态的束缚电子，最后扩展到固体中完全离域的传导电子的群体行为。

7.1 d 区元素

在元素周期表中，d 区由 30 种过渡元素组成，如图 7.1.1 所示。根据外层电子排布，分成 8 个副族，IB-ⅧB，一共 10 列。其中，锝是人造元素，镧一般归为 f 区，第 ⅧB 由三列共 9 种元素组成。

实际工作中，每一列元素还被冠以另外一个更常用的族名，即常用最上面的元素做族名，如钪族 (ⅢB 族)、钛族 (ⅣB 族)、钒族 (VB 族)、铬族 (ⅥB 族)、锰族 (ⅦB 族)、铁族 (ⅧB 族)、钴族 (ⅧB 族)、钯或镍族 (ⅧB 族)、铜族 (IB 族)、锌族 (ⅡB 族)。也可按照元素周期表自左向右的列数，编号 1、2、3、⋯、18 列，以别于罗马字母的表示方式。其中，3~12 列过渡元素，偶数列元素的大量同位素核自旋 $I = 0$，奇数列元素同位素核自旋 $I > 0$。配合物中的零价过渡原子，最外层的 $(n+1)s^{1,2}$ 电子会转移到内层的 nd 子壳层 [1]。

所引的系列专著 1~4、数据库专著 I~Ⅳ 和三本参考专著 *Electron Paramagnetic Resonance of d Transition Metal Compounds*、*Transition Ion Electron Paramagnetic Resonance*、*Electron Paramagnetic Resonance of Transition Ions* 为 d 区元素提供详细的理论和范例，是相关领域读者掘之不尽的资源库。

III B *3*	IV B *4*	V B *5*	VI B *6*	VII B *7*	VIII B *8*	 *9*	 *10*	I B *11*	 *12*
21 Sc 钪 kàng $3d^1\ 4s^2$ 44.96 1.36	22 Ti 钛 tài $3d^2\ 4s^2$ 47.87 1.54	23 V 钒 fán $3d^3\ 4s^2$ 50.94 1.63	24 Cr 铬 gè $3d^5\ 4s^1$ 52 1.66	25 Mn 锰 měng 54.96 1.55	26 Fe 铁 tiě $3d^6\ 4s^2$ 55.84 1.83	27 Co 钴 gǔ $3d^7\ 4s^2$ 58.93 1.88	28 Ni 镍 niè $3d^8\ 4s^2$ 58.69 1.91	29 Cu 铜 tóng $3d^{10}\ 4s^1$ 63.55 1.90	30 Zn 锌 xīn $3d^{10}\ 4s^2$ 65.41 1.65
39 Y 钇 yǐ $4d^1\ 5s^2$ 88.91 1.22	40 Zr 锆 gào $4d^2\ 5s^2$ 91.22 1.22	41 Nb 铌 ní $4d^3\ 5s^2$ 92.91 1.60	42 Mo 钼 mù $4d^5\ 5s^1$ 95.94 2.16	43 Tc* 锝 dé $4d^5\ 5s^2$ [99] 2.10	44 Ru 钌 liǎo $4d^7\ 5s^1$ 101.07 2.20	45 Rh 铑 lǎo $4d^8\ 5s^1$ 102.91 2.28	46 Pd 钯 bǎ $4d^{10}$ 106.42 2.20	47 Ag 银 yín $4d^{10}\ 5s^1$ 107.9 1.93	48 Cd 镉 gé $4d^{10}\ 5s^2$ 112.4 1.69
57 La 镧 lán $5d^1\ 6s^2$ 138.91 1.10	72 Hf 铪 hā $5d^2\ 6s^2$ 178.5 1.30	73 Ta 钽 tǎn $5d^3\ 6s^2$ 180.9 1.50	74 W 钨 wū $5d^4\ 6s^2$ 183.84 1.70	75 Re 铼 lái $5d^5\ 6s^2$ 186.21 1.90	76 Os 锇 é $5d^6\ 6s^2$ 190.23 2.20	77 Ir 铱 yī $5d^7\ 6s^2$ 192.22 2.20	78 Pt 铂 bó $5d^9\ 6s^1$ 195.08 2.20	79 Au 金 jīn $5d^{10}\ 6s^1$ 197 2.40	80 Hu 汞 gǒng $5d^{10}\ 6s^2$ 200.6 1.90

注：此表为便于分析EPR谱图参数 (如g、D因子) 与原子、离子外围电子排布的一一映射而绘制, 详见相关章节。

图 7.1.1 d 区过渡元素(0 价原子形成配合物时, $(n+1)s^{1,2}$ 子壳层电子会转移到内层的nd 子壳层)

7.1.1 过渡离子的高、中、低自旋态

过渡元素都普遍存在多个价态，相同价态会因具体结构差异而具有不同功能。如表 7.1.1 所示，d^{2-8} 组态的离子都会有高、中、低自旋态。$d^{2,4,6,8}$ 组态的离子，不仅具有 $S=0$ 的抗磁性 EPR 沉默态，还具有 $S=1$ 或 2 的高自旋态，X-段波实验需使用平行模式的谐振腔，或满足高场近似的常规 Q-、W-高频探测。其中，X-波段平行模式的谱图，较为直观，低场主吸收峰的 g^{eff} 与总自旋 S 的关系是 $g^{\mathrm{eff}} \approx 4S$。$d^{3,5,7}$ 组态的离子是形成低自旋 $S=1/2$，还是高自旋 $S=3/2$ 或 $S=5/2$，均可从常规 X-波段谱图中解析。轴对称的高自旋态时，低场主要吸收峰的 g^{eff} 与总自旋 S 的关系是 $g^{\mathrm{eff}} \approx 2S+1$。这些高自旋的归属，简要小结在图 7.1.2(a) 中。不同元素但自旋态相同的离子，具有不同的超精细结构和自旋-轨道耦合，这使谱图解析和归属变得容易。图 7.1.2(b) 展示了代表性的、$3d^4$ 组态的 Mn^{3+} 平行模式 EPR 谱，$g^{\mathrm{eff}} \sim 8.1$ 的吸收峰表明 Mn^{3+} 呈 $S=2$ 的高自旋，$A_{\mathrm{iso}} \sim 42\mathrm{G}$、$I=5/2$。

表 7.1.1 nd^{2-8} 组态的高、中、低自旋态和代表性离子 (详见表 7.1.6)

电子组态	自旋态	X-波段	低场 g^{eff}	代表性离子
d^2 & d^8	$S=0$	EPR 沉默	—	Ti^{2+}、Zr^{2+}、V^{3+}、Nb^{3+}、Cr^{4+}、Mo^{4+}、
	$S=1$	∥ EPR	~4.0	W^{4+}、Mn^{5+}、Co^{1+}、Ni^{2+}、Cu^{3+}
d^4 & d^6	$S=0$	EPR 沉默	—	Cr^{2+}、Mo^{2+}、W^{2+}、Mn^{3+}、Fe^{4+}、
	$S=1$	∥ EPR	~4.0	Fe^{2+}、Co^{3+}
	$S=2$	∥ EPR	~8.0	
d^3 & d^7	$S=1/2$	⊥ EPR	详见正文	Cr^{3+}、Mo^{3+}、W^{3+}、Mn^{4+}、Co^{2+}、Ni^{3+}
	$S=3/2$	⊥ EPR	~4.0	
d^5	$S=1/2$	⊥ EPR	详见正文	Fe^{3+}、Rh^{3+}、Mn^{2+}
	$S=3/2$	⊥ EPR	~4.0	
	$S=5/2$	⊥ EPR	~6.0	

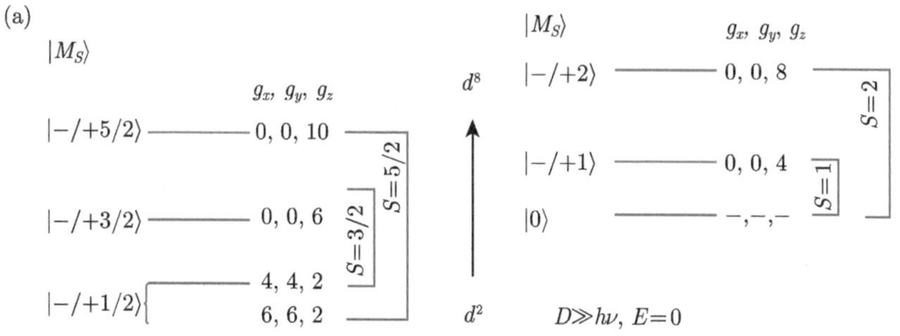

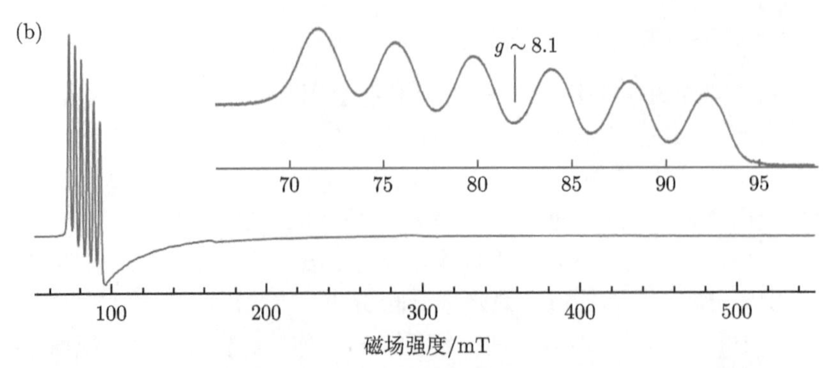

图 7.1.2　(a) X-波段，高自旋过渡离子 nd^{2-8} 的总自旋量子数 S 与 g^{eff} 的简要关系，克拉默斯二重态 (左) 和非克拉默斯二重态 (右)，取轴对称，$E=0$，$|D|\gg h\nu$。图中的 g_i 是有效值 g_i^{eff}，详见 4.4 节。(b) 以 Mn^{3+} 为代表的平行模式 EPR 谱，$3d^4$，$S=2$，9.323 GHz，5 K，$g_i^{\text{eff}}\sim 8.1$，$A_{\text{iso}}\sim 42\text{G}$

7.1.2　两种不同低自旋的 Fe^{5+} 配合物

对于处于低自旋的 d^{1-9} 组态的过渡离子，因 d 轨道有五个，未配对电子所占据的轨道随着离子所处晶体场的对称性而变，如图 4.1.3 所示。表 7.1.2 小结了沿 z 轴拉长畸变八面体场中的基态轨道，若是沿 z 轴压缩畸变八面体场，变化趋势恰好相反。处于四面体的低自旋体系，因晶体场分裂能 $\varDelta_{\text{tet}}$ 比较小，还会存在 d 轨道的能级交错。比如，低自旋的 Fe^{3+} (d^5 组态)，基态轨道是除 $d_{x^2-y^2}$ 以外的四种可能，以下以两个单核 Fe^{5+} 配合物为例，说明这些变化趋势。

表 7.1.2　沿 z 轴拉长畸变的八面体场中，低自旋的 nd^{1-9} 组态和代表性离子 (详见表 7.1.6)

互补组态	基态轨道	拉长畸变八面体场	代表性离子
d^1	d_{xy}	$g_e>g_\perp>g_\parallel$	Ti^{3+}、Zr^{3+}、V^{4+}、Nb^{4+}、Cr^{5+}、Mo^{5+}、W^{5+}
d^9	$d_{x^2-y^2}$	$g_e<g_\perp<g_\parallel$	Ni^{1+}、Cu^{2+}、Cd^{3+}
	d_{z^2}	$g_e\approx g_\parallel<g_\perp$	Cu^{2+}
d^3	d_{yz}/d_{xy}	详见正文	Cr^{3+}、Mo^{3+}、W^{3+}、Fe^{5+}、Ru^{5+}
d^7	d_{z^2}	$g_e\approx g_\parallel<g_\perp$	Co^{2+}
	$d_{x^2-y^2}$	$g_e<g_\perp<g_\parallel$	Co^{2+}、Ir^{2+}、Ni^{3+}
d^5	详见 7.1.2 节		

第一个例子是一个鲜见的四面体结构的 Fe^{5+} 配合物 [2]，结构如图 7.1.3(a) 所示，核心是 $Fe[C_3N]$ 构成的四面体结构：中心离子是 Fe_1，四个配体分别是 C_1、C_4、C_7、N_7。如图 7.1.3(b) 所示，五个 d 轨道的能级分裂过程是初始的球形对称场 → 正四面体场 → 轴向稍微拉长 (或压扁) 的轴对称四面体场 → 轴向继续拉长 (或压扁) 的轴对称四面体场。图 7.1.3(c) 示意了 10 K 低温的 X-波段谱图 (谱线 B)，它表明 Fe^{5+} 呈轴对称的低自旋，$S=1/2$，$g_\perp=1.971<g_e$，$g_\parallel=2.299>g_e$。

特征主值 g_{ij} 表明未配对电子所占据的轨道，在 x、y 两个方向上均分别与空轨道耦合，在 z 方向则与一个充满轨道耦合。以下，我们从正四面体场出发，作不同轴向的晶体场畸变，最终获得与 g_{ij} 实验值相匹配的 d 轨道能级分裂。读者以此推导为范例，推广到各种 d^n 组态，最终达到“举一而反三，闻一而知十，乃学者用功之深，穷理之熟，然后能融会贯通，以至于此”的境界。

首先，在正四面体场中 d_{z^2}、$d_{x^2-y^2}$ 二重简并，低自旋时，Fe^{5+} 的三个 d 电子会平均占据这两个轨道中，如图 7.1.3(b) 所示。这在能量上是不允许的，也是不稳定的，即正四面体场的配位结构一定会发生畸变，如图 4.1.3 下半幅所示。其次，沿着 z 轴向稍微拉长 (或压扁) 使 d_{z^2}、$d_{x^2-y^2}$ 去简并：拉长畸变时，d_{z^2} 较 $d_{x^2-y^2}$ 处于较高能级，是未配对电子优先占据的轨道，$d_{x^2-y^2}$ 则被一对电子所填充；反之，压扁畸变时，$d_{x^2-y^2}$ 较 d_{z^2} 处于较高能级，是未配对电子优先占据的轨道，d_{z^2} 则被一对电子填充。据图 4.2.1 所示的魔法五角形，无论是 d_{z^2} 还是 $d_{x^2-y^2}$ 基态，未配对电子均只能被激发到相应的空轨道中：① 若 d_{z^2} 是基态，$g_\perp < g_e$、$g_\parallel \sim g_e$，能级如图 7.1.3(b) 的 A 所示，模拟谱是图 7.1.3(c) 的谱线 A；② 若 $d_{x^2-y^2}$ 是基态，$g_\perp < g_e$、$g_\parallel < g_e$，参考图 4.1.3。这些正则推导所得结果表明，d 轨道的这两种能级分裂，均与实验结果不相符。若继续沿着轴向作拉升畸变，那么 d_{z^2} 轨道的能量会持续上升而 d_{xy} 则会持续下降。当这种畸变达到超过某个阈值时，会造成 d_{z^2} 轨道的能量高于 d_{xy}，形成 d 轨道的能级交错，从而使未配对电子所占据的轨道由 d_{z^2} 变成 d_{xy}，形成如图 7.1.3(b) 的 B 阶段。此时，d_{xy} 轨道的未配对电子和 d_{xz}、d_{yz} 两个空轨道耦合时造成 $g_\perp < g_e$，与充满轨道 $d_{x^2-y^2}$ 耦合时 $g_\parallel > g_e$，从而获得与实验结果相符的 d 轨道能级交错的结构。

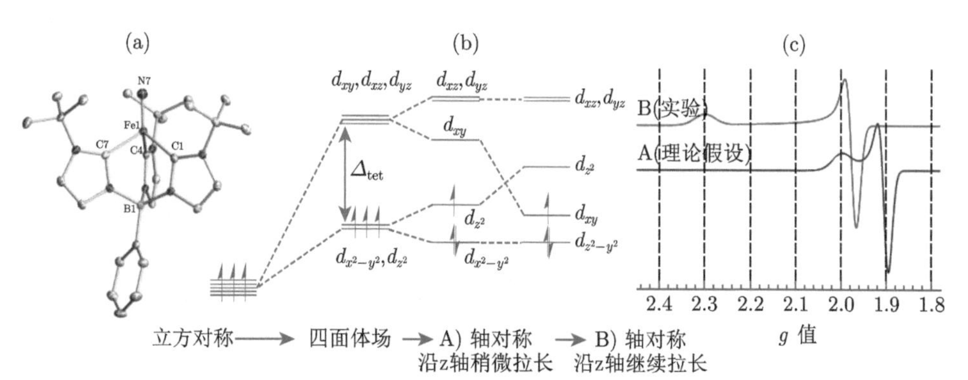

图 7.1.3　单核 Fe^{5+} 配合物的单晶结构 (a)、四面体场中 d 轨道的能级分裂示意图及其畸变趋势 (b) 和 X-波段 (8.9564 GHz) 的模拟谱，其余详见文献 [2]。图 (b) 和 (c) 中的字母 A、B 相互对应：谱线 A 的模拟参数是 $g_\perp = 1.9$、$g_\parallel = 2.0$，这是根据可能结构而任意取的；谱线 B 的模拟参数是 $g_\perp = 1.971$、$g_\parallel = 2.299$

最后，我们再看沿着 z 轴继续压扁畸变的趋势，详见图 4.1.3。这时，$d_{x^2-y^2}$ 轨道的能量会上升而 d_{xz}、d_{yz} 两个轨道则会下降，当这种压扁畸变达到或超过某个阈值时，会造成 $d_{x^2-y^2}$ 轨道的能量高于 d_{xz}、d_{yz}，但这两个简并轨道会使系统处于非常不稳定的状态，即配对电子会平均分布于 d_{xz}、d_{yz} 之间。因此，xy 平面内势必会发生相应的畸变而解除了 d_{xz} 与 d_{yz} 的简并状态，形成斜方对称，此时五个轨道中再也没有能级相同的情况，这与轴对称的实验结果不相符。

第二个例子是五配位的、锥形结构的 Fe^{5+} 配合物，理论优化的分子结构如图 7.1.4(a) 所示，核心结构是 $Fe[N_4O]$：xy 平面有四个氮配位，轴向是 Fe═O 双键 [3]。该配合物分子有一个对称面，如虚线所示，这意味着 5 个 d 轨道全部去简并，由正八面体场 → 轴向抽走一个配位，使中心原子往反方向的轴向移动而形成一轴对称的棱锥形五面体场 → xy 平面非球形对称，最终导致 d_{yz} 较 d_{xz} 处于低能级，形成图 7.1.4(b) 所示的轨道能级，基态是 $d_{xy}^2d_{yz}^1$。图 7.1.4(c) 示意了 28 K 低温的 X-波段 EPR 谱，它表明 Fe^{5+} 呈 $S=1/2$ 的 $3d_{yz}^1$ 低自旋，$g_x=1.985$、$g_y=1.966$、$g_z=1.735$，三个主值 g_{ij} 均小于 g_e。如图 7.1.4(b) 所示的棱锥形晶体场中，基态是 $d_{xy}^2d_{yz}^1$，g_i 理论值是

$$\left.\begin{aligned} g_x &= g_e+\frac{6\lambda}{\Delta_1}+\frac{2\lambda}{\Delta_2} \\ g_y &= g_e+\frac{2\lambda}{\Delta_3} \\ g_z &= g_e+\frac{2\lambda}{\Delta_4} \end{aligned}\right\} \quad \left(3d^3,\lambda>0\right) \tag{7.1.1}$$

其中，$\Delta_3>0$，Δ_1、Δ_2、Δ_4 均为负值 (图 7.1.4(b))。理论上 $g_x<g_e$、$g_z<g_e$ 和 $g_y>g_e$，实际上，$g_y=1.966<g_e$，理论和实验不符。但是，根据球表面面积元素的理论 (4.2.4 节)，g_i 主值的大小关系只有两种情况，要么 $g_z<g_y\leqslant g_x$，要么 $g_z>g_y\geqslant g_x$。因此，在该配合物中 Fe^{5+} 不可能形成 $d_{xy}^2d_{yz}^1$ 的基态。

倘若五面体场使 Fe^{5+} 形成 $S=1/2$ 的基态是 $d_{xy}^2d_{xz}^1$ 基态，g_i 的晶体场理论值，

$$\left.\begin{aligned} g_x &= g_e+\frac{2\lambda}{E_{d_{xz}}-E_{d_{xy}}} \\ g_y &= g_e+\frac{2\lambda}{E_{d_{xz}}-E_{d_{x^2-y^2}}}+\frac{6\lambda}{E_{d_{xz}}-E_{d_{z^2}}} \\ g_z &= g_e+\frac{2\lambda}{E_{d_{xz}}-E_{d_{yz}}} \end{aligned}\right\} \tag{7.1.2}$$

得 $g_x>g_e$ 和 $g_y<g_e$、$g_z<g_e$。实际上，$g_x=1.985<g_e$，也与晶体场理论结果不符。表面上，我们只需要理论解释 g_x 小于 g_e 的原因即可。

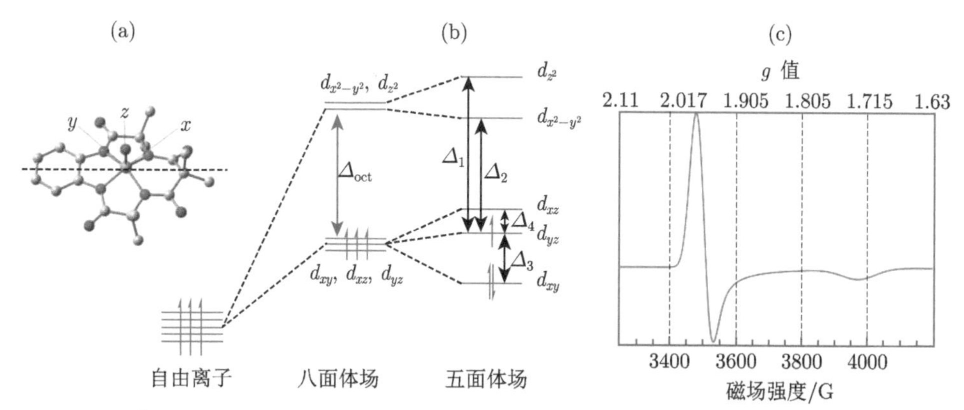

图 7.1.4 Fe^{5+} 配合物的单晶结构和八面体场中 d 轨道的能级分裂示意图 (a) 和 X-波段 (9.66 GHz) 的模拟 (b)。特征参数 g_x =1.985、g_y = 1.966、g_z = 1.735。图 (a) 中，绿色，Fe；红色，O；蓝色，N；灰色，C；其余详见文献 [3]

以上这两种不同畸变晶体场所得的基态，均无法与实验结果相匹配，暴露出了晶体场理论的不足，也就是仅仅基于实波函数的表 4.2.6 的理论推导是不足够的。造成上述这种困惑局面的原因是配合物中 Fe═O 双键所引起的共价效应，参考 4.2.8 节。过渡离子形成配合物时，d_{xz}、d_{yz}、d_{xy} 容易和配体形成 π 键，$d_{x^2-y^2}$ 和 d_{z^2} 则容易和配体形成 σ 键。晶体场理论只关注电子的分布情况，并不关注电子的自旋取向是 $|\alpha\rangle$ 还是 $|\beta\rangle$。但是，在 3.2.3 节，我们曾分析了 C-H_α 两种自旋取向构成对甲基电子结构的影响。当考虑到自旋取向 $|\alpha\rangle$ 和 $|\beta\rangle$ 时，表 4.2.5 的 p、d 轨道的自旋耦合矩阵元将变成表 7.1.3 和表 7.1.4，此时，式 (4.2.6) 改写成 $H_{SO} = L_zS_z + (L_+S_- + L_-S_+)/2$。轨道角动量分量 $\hat{L}_i(i = x, y, z)$ 作用在 $p^{\alpha/\beta}$ 或 $d^{\alpha/\beta}$ 的计算过程，与表 4.2.5 和表 4.2.6 的相同。如果不考虑自旋取向时，积分 $\langle d_{xz}|l_z|d_{yz}\rangle = -i$；考虑到自旋取向时，$\langle d^\alpha_{xz}|l_z|d^\alpha_{yz}\rangle = -i/2$。后者是前者的一半，依此类推。

表 7.1.3 基于 p 实函数基矢的自旋-轨道耦合矩阵元 (参考表 1.5.1)

	$\|p_x^\alpha\rangle$	$\|p_y^\alpha\rangle$	$\|p_z^\alpha\rangle$	$\|p_x^\beta\rangle$	$\|p_y^\beta\rangle$	$\|p_z^\beta\rangle$
$\langle p_x^\alpha\|$	0	$-i/2$	0	0	0	+1/2
$\langle p_y^\alpha\|$	$i/2$	0	0	0	0	$-i/2$
$\langle p_z^\alpha\|$	0	0	0	−1/2	$i/2$	0
$\langle p_x^\beta\|$	0	0	−1/2	0	$i/2$	0
$\langle p_y^\beta\|$	0	0	$-i/2$	$-i/2$	0	0
$\langle p_z^\beta\|$	1/2	$i/2$	0	0	0	0

表 7.1.4　基于 d 实函数基矢的自旋-轨道耦合矩阵元 (参考表 1.5.1)

	$\vert d_{xy}^{\alpha}\rangle$	$\vert d_{yz}^{\alpha}\rangle$	$\vert d_{xz}^{\alpha}\rangle$	$\vert d_{x^2-y^2}^{\alpha}\rangle$	$\vert d_{z^2}^{\alpha}\rangle$	$\vert d_{xy}^{\beta}\rangle$	$\vert d_{yz}^{\beta}\rangle$	$\vert d_{xz}^{\beta}\rangle$	$\vert d_{x^2-y^2}^{\beta}\rangle$	$\vert d_{z^2}^{\beta}\rangle$
$\langle d_{xy}^{\alpha}\vert$	0	0	0	i	0	0	1/2	−i/2	0	0
$\langle d_{yz}^{\alpha}\vert$	0	0	i/2	0	0	−1/2	0	0	−i/2	$-\mathrm{i}\sqrt{3}/2$
$\langle d_{xz}^{\alpha}\vert$	0	−i/2	0	0	0	i/2	0	0	−1/2	$\sqrt{3}/2$
$\langle d_{x^2-y^2}^{\alpha}\vert$	−i	0	0	0	0	0	i/2	1/2	0	0
$\langle d_{z^2}^{\alpha}\vert$	0	0	0	0	0	0	$\mathrm{i}\sqrt{3}/2$	$-\sqrt{3}/2$	0	0
$\langle d_{xy}^{\beta}\vert$	0	−1/2	−i/2	0	0	0	0	0	−i	0
$\langle d_{yz}^{\beta}\vert$	1/2	0	0	−i/2	$-\mathrm{i}\sqrt{3}/2$	0	0	−i/2	0	0
$\langle d_{xz}^{\beta}\vert$	i/2	0	0	1/2	$-\sqrt{3}/2$	0	i/2	0	0	0
$\langle d_{x^2-y^2}^{\beta}\vert$	0	i/2	−1/2	0	0	i	0	0	0	0
$\langle d_{z^2}^{\beta}\vert$		$\mathrm{i}\sqrt{3}/2$	$\sqrt{3}/2$		0	0	0	0	0	0

因此，Collins 等用 $d_{xy}^2 d_{yz}^{\alpha}$ 表示 Fe^{5+} 的基态组态，Fe═O 双键用 $3d_{\mathrm{Fe}}^3 2p_{\mathrm{O}}^6$ 表示，近似展开所得的分子轨道是

$$[d_{xy}]^2[(d_{yz}+p_y)^{\alpha}(d_{yz}-p_y)^{\alpha}][(p_x+d_{xz})^2(p_y+d_{yz})^{\beta}(p_z+d_{z^2})^2] \tag{7.1.3}$$

其中，$[d_{xy}]^2$ 是非键轨道，$(d_{yz}+p_y)^{\alpha}$ 和 $(d_{yz}-p_y)^{\alpha}$ 是一对等性杂化的成键和反键轨道，$(p_x+d_{xz})^2(p_y+d_{yz})^{\beta}(p_z+d_{z^2})^2$ 是成键轨道，α、β 分别表示自旋朝上、下。Fe^{5+} 的空轨道 $d_{yz}^{\beta}d_{yz}^{\alpha,\beta}d_{z^2}^{\beta}$ 获得自 O^{2-} 离域而来的一个电子电荷的一半 (默认是等性杂化)。以 g_z 为例，积分 $\langle d_{xz}|l_z|d_{yz}\rangle=-i$，而考虑到共价效应时，变成 $\left\langle (d_{xz})^{\alpha}(p_x)^{\alpha}\frac{1}{\sqrt{2}}(p_y+d_{yz})^{\alpha}|l_z|(d_{yz})^{\alpha}\frac{1}{\sqrt{2}}(p_x+d_{xz})^{\alpha}(p_y)^{\alpha}\right\rangle=-\frac{i}{2}$，代入式 (7.1.1)，

$$g_z=g_{\mathrm{e}}+\frac{2\lambda\times\left(-\frac{i}{2}\right)\left(\frac{i}{2}\right)}{\varDelta_4}=g_{\mathrm{e}}+\frac{\lambda/2}{\varDelta_4} \tag{7.1.4}$$

取实验结果，$g_z=1.735$，$\lambda\sim185\ \mathrm{cm}^{-1}$，得 $\varDelta_4\sim-345\ \mathrm{cm}^{-1}$ (该报道中，作者直接使用 Fe^{5+} 的 $\xi_{nl}=580\ \mathrm{cm}^{-1}$，而非 λ，故得 $\varDelta_4\sim1100\ \mathrm{cm}^{-1}$，误差较大)。若 Fe 和 O 的贡献不是 1∶1，那么，$\varDelta_4$ 将随之增大或减小。推导过程涉及配体场理论的群重叠积分 (group overlap integral)，在此不作展开。然而，以上用 $d_{xy}^2 d_{yz}^{\alpha}$ 作基态，仍然避免不了 g_y 不能同时小于 g_z、g_x 或者同时大于 g_z、g_x 的问题。因此，笔者认为基态是 $d_{xy}^2 d_{xz}^{\alpha}$，推导类似，只需将轨道作相应变更，即 d_{yz} 与 d_{xz}、p_y 与 p_x 互换位置，其余保持不变。三个主值 g 因子均小于 g_{e}，表明自旋-轨道主要是由空的 $3d$ 轨道所贡献，参考 7.2.1.4 节。

以上用两个 Fe^{5+} 配合物作例子，说明晶体场理论的直观性与局限性和配体场理论的复杂性。二者相结合，能很好地解释诸多实验现象。在 7.2 节，我们还会应用配体场理论解析低自旋的血红素 Fe^{3+}、Ir^{2+} 等离子。

7.1.3 第四和五周期过渡元素的自旋-轨道耦合常数

在本章以前，为了不让读者混淆，我们对一个元素使用相同的 ξ_{nl}，事实并非如此。同一元素，化合价越高，再失去电子的难度越大，自旋-轨道耦合常数 ξ_{nl} 也越大 [4]。表 7.1.5 节选了第四和第五周期过渡元素的 ξ_{nl}[5]，这些理论数值随着计算条件的近似差异会有些较小浮动，目前尚未统一，读者对比 Dunn[5]、Bendix[6] 等的计算结果。对计算过程感兴趣的读者，请参考这两篇早期的文献，以及引用该文献的后续研究。

表 7.1.5 第四和第五周期过渡元素的理论值 ξ_{nl} (cm^{-1})，括号内是实验值

		M^0	M^{1+}	M^{2+}	M^{3+}	M^{4+}	M^{5+}	M^{6+}
3*d*	Ca	(16)	25					
	Sc	40	55	80				
	Ti	70	90	120	155			
	V	(95)	135	170	210	250		
	Cr	(135)	(190)	230	275	325	380	
	Mn	(190)	255	(300)	355	415	475	540
	Fe	255	345	400	(460)	515	555	665
	Co	390	455	515	(580)	(650)	715	790
	Ni		605	630	(715)	790	(865)	950
	Cu			830	(875)	(960)	(1030)	(1130)
	Zn				(1100)	(1150)	(1225)	(1330)
4*d*	Sr	(100)	110					
	Y	(190)	210	300				
	Zr	270	340	425	500			
	Nb	(365)	490	555	670	750		
	Mo	(450)	(630)	(695)	820	950	1030	
	Tc	(550)	740	(850)	(990)	(1150)	(1260)	1450
	Ru	745	900	1000	(1180)	(1350)	(1500)	(1700)
	Rh	940	1060	1220	(1360)	(1570)	(1730)	(1950)
	Pd		1420	1460	(1640)	(1830)	(2000)	(2230)
	Ag			1840	(1930)	(2100)	(2300)	(2500)
	Cd				2325	(2450)	(2650)	(2900)

7.1.4 单核过渡离子的自旋哈密顿量

过渡元素原子和离子的 nd^q $(q = 1 - 10)$ 电子组态，详见表 7.1.6。根据 q 的奇、偶和高、低自旋，这些内容在 7.2 节中被分成几个主要部分，例如，① $q =$ 1、3、5、7、9 的低自旋；② $q =$ 3、5、7 的高自旋；③ $q =$ 2、4、6、8 的高自旋，等等。第二和第三种高自旋的分类，已在 4.4 节作理论分析。元素周期表中，偶数列或组的元素，其大量同位素的核自旋 $I=0$，奇数列元素的全部同位素，核自旋 $I>0$。

表 7.1.6　过渡元素 nd^q $(q=1-10)$ 电子组态与相应的氧化态

	3 组	4 组	5 组	6 组	7 组	8 组	9 组	10 组	11 组	12 组
$3d$	Sc	Ti	V	Cr	Mn	Fe	Co	Ni	Cu	Zn
$4d$	Y	Zr	Nb	Mo	Tc	Ru	Rh	Pd	Ag	Cd
$5d$	La	Hf	Ta	W	Re	Os	Ir	Pt	Au	Hg
nd^1	+2	+3	+4	+5	+6	+7	+8	+9	+10	+11
nd^2	+1	+2	+3	+4	+5	+6	+7	+8	+9	+10
nd^3	0	+1	+2	+3	+4	+5	+6	+7	+8	+9
nd^4	−1	0	+1	+2	+3	+4	+5	+6	+7	+8
nd^5	−2	−1	0	+1	+2	+3	+4	+5	+6	+7
nd^6	−3	−2	−1	0	+1	+2	+3	+4	+5	+6
nd^7	−4	−3	−2	−1	0	+1	+2	+3	+4	+5
nd^8		−4	−3	−2	−1	0	+1	+2	+3	+4
nd^9			−4	−3	−2	−1	0	+1	+2	+3
nd^{10}				−4	−3	−2	−1	0	+1	+2

用化学方法可将过渡离子分散成单核中心的化合物，然后用晶体场或配体场展开理论分析。读者在掌握了晶体场和 d 轨道能级分裂的基础后，还要掌握以下这些转变：① 减少一个配体后，六配位的八面体场向五配位的棱锥场 (五面体场) 转变、五配位的三角双锥向四配位的四面体场的转变；② 减少两个配体后，六配位的八面体场向四方平面场或向四面体场的转变；③ 这两种情况的逆向变化。相关的研究文献，浩如烟海，不胜枚举。

对于单质，用物理或机械方法，较难将原子分散成彼此孤立的状况。孤立的 0 价 nd^{2-8} 原子，呈高自旋。若形成配合物，0 价过渡原子 $(n+1)s^{1,2}$ 子壳层电子会转移到内层的 nd 子壳层，详见表 7.1.6[7]。比如，Co^0 配合物，$3d^9$ 构型 [8]。

客观规律既具有普遍性，又有特殊性。读者除了需要掌握分析过渡离子的一般流程，还需要留意它们的特殊性，如 Co^{II}[9,10]、Co^{III}[11,12]，或参考综述 [13]。在氧载体 Co^{III}-$O_2^{-\cdot}$ 复合体中，Co^{III} 是配体，$O_2^{-\cdot}$ 是自旋中心 [14−17]。

单核过渡离子的自旋哈密顿量 $\hat{\mathcal{H}}_S$ 是

$$\hat{\mathcal{H}}_S=\mu_B\hat{B}\hat{g}\hat{S}+\hat{S}\hat{D}\hat{S}+\hat{S}\hat{A}\hat{I}+\hat{I}\hat{P}\hat{I}-g_N\beta_N\hat{B}\hat{I} \tag{7.1.5}$$

右边各项，已在第 4 章做全面展开。根据 g 因子对称性和对角化，上式变换成

$$\begin{aligned}\hat{\mathcal{H}}_S=&\mu_B\left(g_xB_xS_x+g_yB_yS_y+g_zB_zS_z\right)\\&+D\left[S_z^2-\frac{1}{3}S\left(S+1\right)\right]+E\left(S_x^2-S_y^2\right)+A_xS_xI_x+A_yS_yI_y\end{aligned}$$

$$+ A_z S_z I_z + P\left[3I_z^2 - I(I+1)\right] + P'\left(I_+^2 + I_-^2\right) - g_N\beta_N\hat{B}\hat{I} \qquad (7.1.6)$$

轴对称时，

$$\begin{aligned}\hat{\mathcal{H}}_S = &g_{\|}\mu_B B_z S_z + g_{\perp}\mu_B(B_x S_x + B_y S_y)\\ &+ D\left[S_z^2 - \frac{1}{3}S(S+1)\right] + AS_z I_z + B(S_x I_x + S_y I_y)\\ &+ P\left[3I_z^2 - I(I+1)\right] - g_N\beta_N\hat{B}\hat{I}\end{aligned} \qquad (7.1.7)$$

对于 d^5 构型的 Mn^{2+}、Fe^{3+}，基态为 ^6S，在立方晶体场中的简化自旋哈密顿量是

$$\hat{\mathcal{H}}_S = \mu_B\hat{B}\hat{g}\hat{S} + \frac{1}{6}a\left[S_x^4 + S_y^4 + S_z^4 - \frac{1}{5}S(S+1)(3S^2+3S-1)\right] + \cdots \qquad (7.1.8)$$

a 是零场分裂的立方分量。在 7.2 节有关 nd^{1-9} 构型的范例，将原子具体的 S 和 I 代入这些自旋哈密顿量，即可作一般性的理论分析。

7.2 单核中心

单核中心是指磁性中心主要由一个过渡离子构成。对于这类物质的研究，常需要室温的溶液谱和低温冷冻的粉末谱相结合。室温溶液中，高自旋相关的跃迁均被平均为零，只剩下各向同性的、源自于 $M_S = \pm\frac{1}{2}$ 的信号，谱图分析和归属相对直观和简单。低温冷冻后，电子与电子、电子与轨道、电子与核自旋等相互作用被固化而体现为各向异性，因此，交换作用、零场分裂、各向异性的 g_{ij} 因子和 A_{ij} 等的归属会变得复杂。有时，还需要结合变温实验，以区分 A、D、J 参数的正、负号。其中，电子与电子的相互作用情况是：① 高自旋离子内的电子与电子相互作用；② 空间相邻的过渡离子或自由基、过渡离子与自由基配体等；③ 高浓度的或长程有序的样品中，电子与电子相互作用 (主要是反铁磁耦合和零场分裂) 导致电子离域甚至形成传导电子 (或超导)。

有些过渡离子，在低对称的配位环境中因非同源展宽等原因而无法被探测，此时需要高频高场 EPR。其中，Mn^{2+} 最具代表性，在高对称的配位场中 Mn^{2+} 有明显的 X-波段 EPR 信号，而在如 ETDA 螯合物、金属氧化物与硫化物等中的锰处于低对称甚至无序的结构中，因展宽等各种原因而无法被探测。实验上，常用 CaO:Mn 或 MgO:Mn 掺杂作为锰标，用来校对谱仪的工作频率或磁场强度，从而获得待测对象的真实 g 因子，否则一般会注明为“未经校对的 g 因子”。对于有机自由基，g_{ij} 各向异性非常微小，因此获得其真实 g 因子非常重要。锰标 CaO:Mn

制备流程是：先制备 Ca^{2+} 溶液，添加适量浓度的 Mn^{2+} (如 500 ppm 或更低)，再添加 $NaHCO_3$ 形成沉淀，取沉淀于真空中干燥 2~3 h，干燥物为 $CaCO_3$:Mn，然后经 1000°C 或更高温处理，得锰标 CaO:Mn 粉末，因其吸水性能良好须密封保存。在此过程中，如果 Mn^{2+} 浓度足够低，那么只有在最终的锰标 CaO:Mn 掺杂中才能探测 Mn^{2+} 的超精细分裂。其余中间物要么没有信号，要么呈一个大包络的单峰。高温加热使 Mn^{2+} 所处的化学环境，由无规的水合粉末 (或风化粉末) 变为有序的氧化物，若继续升高温度致其熔化后再结晶，则形成单晶结构，此时，Mn^{2+} 处于立方对称的配位中，具有特色的六重超精细峰和 A 值二阶效应，$A_{\rm iso}$ 为 80~90 G (可能还会有微弱的氧空位的信号)。这就是为什么许多无机盐材料，一高温加热处理后即可检测到痕量 Mn^{2+} 杂质特征谱的原因所在。

7.2.1　低自旋的 nd^q 组态 ($q = 1$、3、5、7、9)

这些低自旋的原子或离子，用常规 EPR 谱仪在室温或略低于室温即可被探测，相应的实验和理论研究也都非常普遍。这些低自旋的离子，主要以五、六配位为主。因此，绝大多数的 d 轨道能级都以八面体场为起点，再做诸如图 4.1.3 所示的不同演变。

7.2.1.1　低自旋的 nd^1 组态

如表 7.1.6 所示，这一电子组态的常见离子是 $3d^1$ 的 Ti^{3+}、V^{4+}、Cr^{5+}、Mn^{6+}，$4d^1$ 的 Zr^{3+}、Nb^{4+}、Mo^{5+}，$5d^1$ 的 La^{2+}、Hf^{3+}、Ta^{4+}、W^{5+}、Re^{6+}、Os^{7+}，以及双原子离子 VO^{2+}。nd^1 的 Sc^{2+}、Y^{2+}、La^{2+} 等不稳定，如 La^{2+} 是用 X-射线辐照还原或还原剂直接还原而成，结构不稳定，相关研究报道少，参考内镶富勒烯 La@C_{82} 和 La_2@I_h-C_{80}[18−20]。

以 Ti^{3+} 为例，在正则八面体场中，自旋轨道耦合使基态 $^2T_2$ 分裂成一个八重态基态 $\varGamma_8$ 和一个较高能级的二重态 $\varGamma_7$，若没有一阶塞曼效应则 $g = 0$；在向轴对称场转变时，则形成三个二重态；在畸变八面体场中，相邻二重态的能级间隔仅 ~100 $\rm cm^{-1}$(~143 K)，这会导致快速的自旋-晶格弛豫 (即 T_1 很小) 和谱图展宽，因此需要较低的温度才可以探测到完整的谱图。若对称性继续下降，特征谱图在室温时即可被探测。

在这一类离子中，单个 d 电子会占据 d_{xy} 轨道，且 d_{xz}、d_{yz} 简并 (即轴对称) 或接近简并，如图 7.2.1(a) 所示，主值 g_{ij} 因子是

$$\left.\begin{aligned} g_x &= g_{\rm e} + \frac{2\lambda}{\varDelta_1} \\ g_y &= g_{\rm e} + \frac{2\lambda}{\varDelta_2} \\ g_z &= g_{\rm e} + \frac{8\lambda}{\varDelta_3} \end{aligned}\right\} \quad (nd^1, \lambda > 0) \tag{7.2.1}$$

即，$g_e > g_x \geqslant g_y > g_z$。$g_i$ 的具体值随不同元素的 λ 值而异，相同元素则随着不同结构中的 d 轨道能级间隔 Δ_i 而异。其中，以 g_z 为中心的吸收峰往往会非同源展宽比较严重，需要液氮甚至液氦低温才可以探测，如 Ti^{3+}、W^{5+} (图 7.4.12(b)) 等。这一类构型离子，还容易受到同面或异面 (in-plane and out-of-plane) π 共价效应的影响，致主值 g_{ij} 偏大。当 $I \geqslant 1/2$ 时，$A_x \sim A_y < A_z$，A_z 比较大，会存在明显的二阶效应，如 V^{4+} 等。图 7.2.1(b) 分别模拟了 $I = 0$、$I = 7/2$ (以 V^{4+} 为代表 $I \geqslant 1/2$ 的情形) 的谱图及实验谱。V^{4+} 的溶液谱和粉末谱均具有非常明显的二阶效应。钒族的盐或配合物，若溶解不好或使用单一溶剂时，冷冻后会形成团簇而无法形成均匀的玻璃态结构，导致交换变窄而丧失超精细结构。这种现象，通过更换溶剂或使用混合溶剂则可以避免。

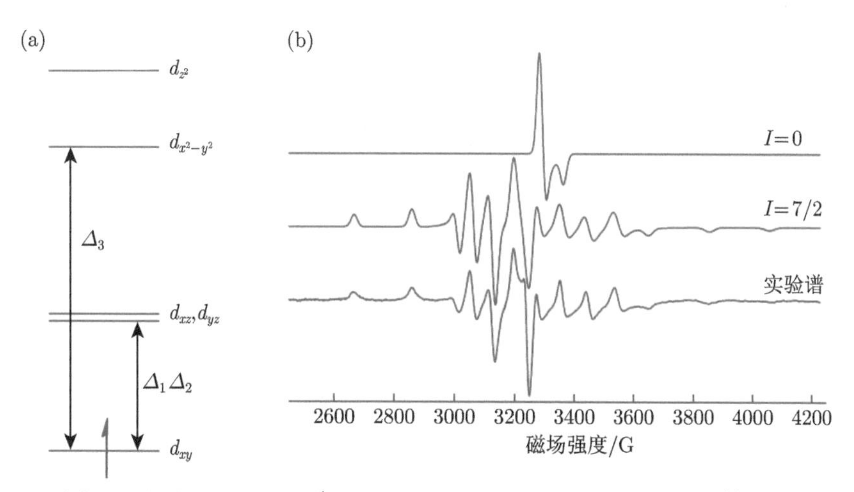

图 7.2.1 畸变八面场中代表性的 nd^1 轨道分裂 (a) 和以 $I = 0$、$I = 7/2(V^{4+})$ 为代表的模拟和实验谱 9.066 GHz，110 K (b)。参数：$g_x = g_y = 1.968$、$g_z = 1.924$，$A_x = A_y = 75$ G、$A_z = 198$ G

7.2.1.2 低自旋的 nd^3 组态

如表 7.1.6 所示，这一电子组态的常见离子是 $3d^3$ 的 Sc^0、Ti^{1+}、V^{2+}、Cr^{3+}、Mn^{4+}、Fe^{5+}，$4d^3$ 的 Y^0、Zr^{1+}、Nb^{2+}、Mo^{3+}，$5d^3$ 的 La^0、Hf^{1+}、Ta^{2+}、W^{3+}、Re^{4+}、Os^{5+}。这一类离子化学性质活泼，很容易再失去或再得到两个电子，形成 nd^1 或 nd^5 等较稳定的电子组态。因此，这一类配合物的制备条件比较苛刻，如无氧、无水等要求。

在 7.1.2 节，我们已经以两种不同的 $3d^3$ 组态的 Fe^{5+} 为例，详细推导了四面体场或八面体场逐渐畸变时所形成的五种不同 d 轨道分裂和主值 g_{ij} 的推导，不再赘述。

7.2.1.3　低自旋的 nd^5 组态

常见 nd^5 组态的离子是 $3d^5$ 的 Mn^{2+}、Fe^{3+}，$4d^5$ 的 Ru^{3+}、Rh^{4+}，$5d^5$ 的 Os^{3+}；其中，低自旋的 Mn^{2+} 比较鲜见，图 7.2.3(d)[1,21−24]。这个组态，λ 还会存在正、负两种取值。因此，这些离子的电子结构比较复杂，往往还需结合其他方法、单晶、同位素标记等，才能给予正确的归属。它们在畸变八面体场中，会形成四种代表性的 d 轨道能级分裂，如图 7.2.2 所示，以下对此作逐一展开分析。

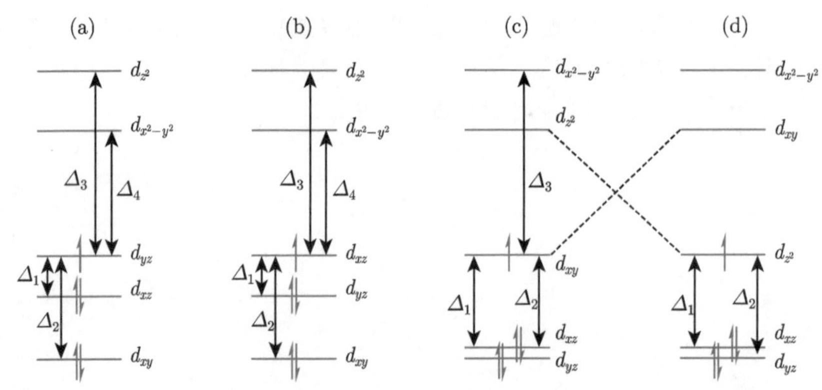

图 7.2.2　畸变八面场中四种不同基态的低自旋 nd^5 轨道能级示意图

第一种是图 7.2.2(a) 所示的能级结构，基态是 $d_{xy}^2 d_{xz}^2 d_{yz}^1$，三个主值 g_{ij} 是

$$\left.\begin{aligned} g_x &= g_e \pm \left(\frac{6\lambda}{\Delta_3} + \frac{2\lambda}{\Delta_4}\right) \\ g_y &= g_e \pm \frac{2\lambda}{\Delta_2} \\ g_z &= g_e \pm \frac{2\lambda}{\Delta_1} \end{aligned}\right\} \tag{7.2.2}$$

取 $\lambda > 0$ 时，$g_z > g_y > g_e > g_x$ (图 4.2.4(b))，这是常见的血红素中心铁离子，在 7.2.4 节还会再作更详细的展开；若取 $\lambda < 0$，则 $g_x < g_y < g_e < g_z$，比较鲜见，如图 7.2.3(b) 所示。

第二种是图 7.2.2(b) 所示的能级结构，基态是 $d_{xy}^2 d_{yz}^2 d_{xz}^1$，三个主值 g_i 是

$$\left.\begin{aligned} g_x &= g_e \pm \frac{2\lambda}{\Delta_2} \\ g_y &= g_e \pm \left(\frac{6\lambda}{\Delta_3} + \frac{2\lambda}{\Delta_4}\right) \\ g_z &= g_e \pm \frac{2\lambda}{\Delta_1} \end{aligned}\right\} \tag{7.2.3}$$

取 $\lambda > 0$ 时，$g_z > g_x > g_e > g_y$；取 $\lambda < 0$ 时，$g_z < g_x < g_e < g_y$。无论如何，g_y 要么是极大值，要么是极小值。但是，根据球表面面积元素理论 (4.2.9 节)，g_i 主值的大小关系只有两种情况，要么 $g_z < g_y \leqslant g_x$，要么 $g_z > g_y \geqslant g_x$。因此，这种电子结构直接被忽略。

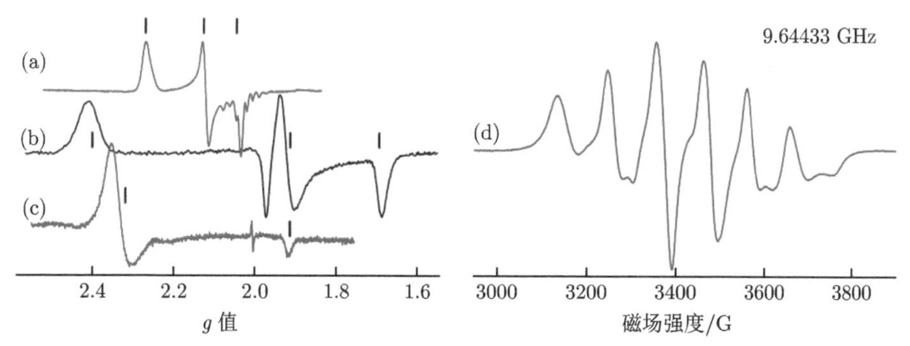

图 7.2.3 (a)~(c) 三条种不同低自旋 Fe^{3+} 的谱图，竖线段标记 g_i 位置，未标记则为其他杂质信号；(d) 低自旋的 Mn^{2+}，可参考文献 [21, 25]

第三种是图 7.2.2(c) 所示的能级结构，基态是 $d_{xz}^2 d_{yz}^2 d_{xy}^1$，三个主值 g_i 是

$$\left.\begin{aligned} g_x &= g_e \pm \frac{2\lambda}{\Delta_1} \\ g_y &= g_e \pm \frac{2\lambda}{\Delta_2} \\ g_z &= g_e \pm \frac{8\lambda}{\Delta_3} \end{aligned}\right\} \tag{7.2.4}$$

其中，d_{xz} 和 d_{yz} 容易简并形成轴对称或近似轴的结构。取 $\lambda > 0$ 时，$g_x \sim g_y > g_e > g_z$ (图 7.2.3(c))；取 $\lambda < 0$ 时，$g_x \sim g_y < g_e < g_z$。它们的谱图均以 g_e 为中心，左右两侧均有分布，易于解析和归属 [26]。

第三种电子结构若继续作拉长畸变，则会发生 d_{xy} 和 d_{z^2} 能级交错，从而形成如图 7.2.2(d) 所示的第四种 d 轨道能级分裂，对比图 7.1.3 的四面体拉长畸变，

$$\left.\begin{aligned} g_x &= g_e \pm \frac{6\lambda}{\Delta_2} \\ g_y &= g_e \pm \frac{6\lambda}{\Delta_2} \\ g_z &\approx g_e \end{aligned}\right\} \tag{7.2.5}$$

取 $\lambda > 0$ 时，$g_x \sim g_y > g_e$、$g_e \approx g_z$；取 $\lambda < 0$ 时，$g_x < g_y < g_e$、$g_e \approx g_z$。

对于低自旋的 Fe^{3+}，常根据 g_z 的大小分成三种类型：第 I 类，$g_z > 3.3$，各向异性显著；第 II 类，各向异性比第 I 类小，且 $g_z > g_{x,y}$；第 III 类，轴对称或接近轴对称，$g_z < g_{x,y}$。含 Fe^{3+} 的生物大分子和相应模式配合物的 EPR 参数，参考文献 [27-29]。

其他如表 7.1.6 所示的不常见的 nd^5 组态离子，请参考综述 [1]。

7.2.1.4　低自旋的 nd^7 和 nd^9 组态

如表 7.1.6 所示，nd^7 组态的常见离子是 $3d^7$ 的 Mn^0、Fe^{1+}、Co^{2+}、Ni^{3+}，$4d^7$ 的 Ru^{1+}、Rh^{2+}、Pd^{3+}，$5d^7$ 的 Os^{1+}、Ir^{2+}、Pt^{3+}；nd^9 组态的常见离子是 $3d^9$ 的 Co^0、Ni^{1+}、Cu^{2+}、Zn^{3+}，$4d^9$ 的 Rh^0、Pd^{1+}、Ag^{2+}、Cd^{3+}，$5d^9$ 的 Ir^0、Pt^{1+}、Au^{2+}、Hg^{3+}。其中，Fe^{1+} 较为少见 [30]。

这两种电子组态的过渡离子，d 轨道电子多于半充满，未配对电子可优先占据的轨道数量少，以 $d_{z^2}^1$ 或 $d_{x^2-y^2}^1$ 基态为主 (图 7.2.4)：$d_{x^2-y^2}^1$ 基态，$g_z > g_y \geqslant g_x > g_e$，反之则是 $d_{x^2}^1$ 基态，$g_x \geqslant g_y > g_z \geqslant g_e$。在 4.2.3 节和 4.2.8 节，我们已经以 Ni^{1+} 和 Ni^{3+} 代表 $I = 0$ 的离子，对 $d_{x^2-y^2}^1$ 和 $d_{z^2}^1$ 两种基态作详细展开 (式 (4.2.28)~(4.2.30))，并在图 4.2.3 示意了代表性的 EPR 谱。又如，$3d^7$ 的 Co^{2+}，以 $3d_{z^2}^1$ 基态为主 [31]，$3d_{x^2-y^2}^1$ 则较为少见 (图 4.3.8)，详见综述 [13]。$3d^9$ 的 Cu^{2+}，以 $3d_{x^2-y^2}^1$ 为常见基态 (图 1.3.3)，$3d_{z^2}^1$ 基态以铜冠醚配合物为主，详见清华大学李勇老师等的综述 [32]。

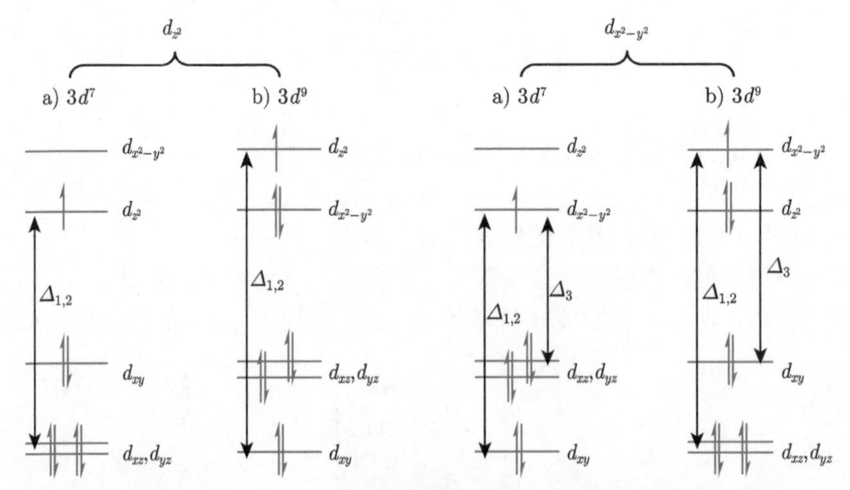

图 7.2.4　畸变八面体场中 nd^7 和 nd^9 的 $d_{z^2}^1$ 和 $d_{x^2-y^2}^1$ 基态的轨道能级，其余形式的变化，请参考文献 [34]

在前面章节中，我们已经多次提到共价效应会造成 g 因子偏大或偏小。接下来，我们再以铱为例子。图 7.2.5 示意两种铱配合物的化学结构与转变过程，以及低温 EPR 谱 [33]。它们均是四方平面结构，复合体 6 和 9 的核心分别是 $Ir^{2+}(5d^7)$ 和 $Ir^{4+}(5d^5)$。在配合物 6 中，Ir^{2+} 的 x 轴向配体是 $-N_3$，该配体在光照时发生脱氮反应，释放一分子 N_2，形成一个缺电子的氮宾配体 (详见 4.4.8 节)。氮宾配体接着将 Ir^{2+} 氧化成 Ir^{4+}，转变成配合物 9，形成 $Ir^{4+}\equiv N$ 的共价结构。较强的自旋-轨道耦合，使这两种配合物均具有显著的 g 因子各向异性：配合物 6，$g_{11}=3.091$、$g_{22}=2.066$、$g_{33}=1.700$；配合物 9，$g_{11}=1.885$、$g_{22}=1.631$、$g_{33}=1.320$。在配合物 9 中，三个主值 g_{ij} 均小于 g_e，表明自旋-轨道主要是由空的 $5d$ 轨道所贡献，而配合物 6 中，则是已填满的 $5d$ 轨道所贡献。后者，类似于氮宾自由基的开、闭壳层 (参考 4.4.8 节)。该领域的研究，包括以上这两个化合物中铱的化合价和电子结构的可能其他解释 (即配合物 6 和 9 的核心分别是 $5d^5$ 的 Ir^{4+} 和 $5d^3$ 的 Ir^{6+} 等可能性)，还存在许多求解之谜，可参考该文献所综述的内容。

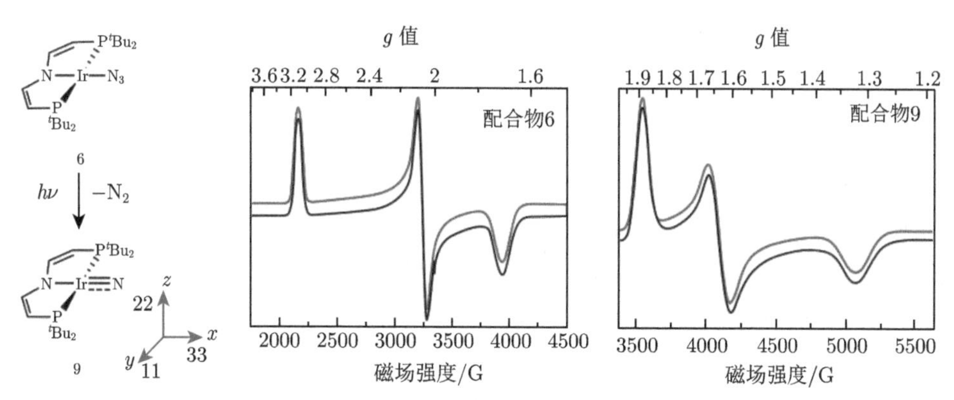

图 7.2.5 两种铱配合物的化学结构和相应的低温 EPR 谱图与模拟，配合物 6 和 9 中的核心是分别是 Ir^{2+}、Ir^{4+}。配合物 6 向 9 的转变，亦被 EPR 所原位跟踪。9.377 GHz，20 K，甲苯溶液。图例引自文献 [33]

7.2.2 $q=3$、5、7 的高自旋 nd^q 组态

这些离子，根据自旋态分成 $S=3/2$ 和 $S=5/2$ 两大类。单核的 D 值随着化学结构的变化而发生变化，波动范围是 0~10 cm^{-1}，其中 $D=2\sim4$ cm^{-1} 最为常见，详见数据库专著 Ⅱ~Ⅳ。因此，往往需要 W-波段或更高频高场谱仪，才能详解自旋哈密顿函数。

7.2.2.1 $S=3/2$ 高自旋

$S=3/2$ 的 $3d^3$ 离子是 V^{2+}、Cr^{3+}、Mn^{4+}、Fe^{5+}，$4d^3$ 的 Nb^{2+}、Mo^{3+}，$5d^3$ 的 Ta^{2+}、W^{3+}、Re^{4+}、Os^{5+}。$S=3/2$ 的 nd^7 电子组态的常见离子是 $3d^7$ 的

Fe^{1+}、Co^{2+}、Ni^{3+}，$4d^7$ 的 Ru^{1+}、Rh^{2+}、Pd^{3+}，$5d^1$ 的 Os^{1+}、Ir^{2+}、Pt^{3+}。其中，Cr^{3+} 和钴卟啉 (Co^{2+}) 较为常见，尤其是 Cr^{3+}，因其特殊的光学性质，而受到广泛研究。理论分析和范例谱图，详见 4.4.1 节，自旋哈密顿如式 (4.4.5) 所示。

7.2.2.2　$S=5/2$ 高自旋

$S=5/2$ 的 nd^5 离子是 $3d^5$ 的 Mn^{2+}、Fe^{3+}，$4d^5$ 的 Ru^{3+}、Rh^{4+}，$5d^5$ 的 Os^{3+}。其中，Mn^{2+}、Fe^{3+} 的高自旋态，非常普遍。理论分析和范例谱图，详见 4.4.2 节。弱场中 $S=5/2$ 的 nd^5 离子，随着配体场逐渐变强，会转变成中强场的中间自旋 $S=3/2$ 和强配体场中的低自旋 $S=1/2$。在弱的斜方对称场中，式 (7.1.7) 变换成

$$\begin{aligned}\hat{\mathcal{H}}_S=&\mu_{\mathrm{B}}\left(g_xB_xS_x+g_yB_yS_y+g_zB_zS_z\right)\\&+\frac{1}{6}a\left(S_x^4+S_y^4+S_z^4-\frac{707}{16}\right)+D\left(S_z^2-\frac{35}{12}\right)\\&+E\left(S_x^2-S_y^2\right)+\left(A_xS_xI_x+A_yS_yI_y+A_zS_zI_z\right)\end{aligned}\tag{7.2.6}$$

当超精细耦合 A 因子比较小而被忽略时，上式简化成式 (4.4.5)。当 $|A|\approx|D|$ 时，Mn^{2+} 谱图中含有源自禁戒跃迁的、强度较弱的分裂峰 [35–37]。读者需要学会模拟，方能感受其中的变化趋势。

7.2.3　$q=2$、4、6、8 的高自旋 nd^q 组态

这些离子，根据自旋态分成 $S=1$ 和 $S=2$ 两大类。它们的理论分析，详见 4.4.3 节。X-波段需使用平行模式才能探测到禁戒跃迁的信号 [38]，在室温溶液中，它们对其他体系的影响可被排除。

7.2.3.1　$S=1$ 高自旋

$S=1$ 的 $3d^2$ 离子是 Sc^{1+}、Ti^{2+}、V^{3+}、Cr^{4+}、Mn^{5+}，$4d^2$ 离子是 Y^{1+}、Zr^{2+}、Nb^{3+}、Mo^{4+}，$5d^2$ 离子是 La^{1+}、Hf^{2+}、Ta^{3+}、W^{4+}、Re^{5+}。

$S=1$ 的 $3d^8$ 离子有 Co^{1+}、Ni^{2+}、Cu^{3+}，$4d^8$ 离子有 Rh^{1+}、Pd^{2+}、Ag^{3+}、Cd^{4+}，$5d^8$ 离子有 Ir^{1+}、Pt^{2+}、Au^{3+}、Hg^{4+}。

以 V^{3+} 为例，在八面体场中，自旋轨道耦合使基态 ${}^3T_1$ 分裂成 ${}^3T_1=\Gamma_1+\Gamma_3+\Gamma_4+\Gamma_5$；向轴对称场转变时，基态三重态 Γ_4 分裂成能级最低的单态 (m_J (或 m) =0) 和一能级间隔约为数波数的较高能级二重态 (m_J 或 $m=\pm1$)。因此，$S=1$ 体系，m_J 或 $m=\pm1$ 内的跃迁会形成一个微弱的 EPR 信号，式 (7.1.7) 简化成

$$\hat{\mathcal{H}}_S=g_{\|}\mu_{\mathrm{B}}B_zS_z+g_{\perp}\mu_{\mathrm{B}}\left(B_xS_x+B_yS_y\right)+D\left[S_z^2-\frac{2}{3}\right]+AS_zI_z$$

$$+B\left(S_xI_x+S_yI_y\right) \tag{7.2.7}$$

7.2.3.2 $S=2$ 高自旋

$3d^4$ 构型的离子有 Cr^{2+}、Mn^{3+}、Fe^{4+}，$4d^4$ 的有 Nb^{1+}、Mo^{2+}、Ru^{4+}，$5d^4$ 的有 Ta^{1+}、W^{2+}、Re^{3+}、Os^{4+}、Ir^{5+}。

$3d^6$ 构型的离子有 Fe^{2+}、Co^{3+}、Ni^{4+}，$4d^6$ 的有 Ru^{2+}、Rh^{3+}、Pd^{4+}，$5d^6$ 的有 Re^{1+}、Os^{2+}、Ir^{3+}、Pt^{4+}。

这些单核离子，自旋态要么 $S=2$，要么 $S=0$，极少有 $S=1$ 的中间自旋态。

7.2.4 +3、+4、+5 的锰离子，平行和垂直模式 EPR

由表 7.1.6 可知，每个过渡元素都有多个不同的、连续的化合价，如 $Mn^{Ⅱ}\leftrightarrow Mn^{Ⅲ}\leftrightarrow Mn^{Ⅳ}\leftrightarrow Mn^{Ⅴ}$，$Fe^{Ⅱ}\leftrightarrow Fe^{Ⅲ}\leftrightarrow Fe^{Ⅳ}\leftrightarrow Fe^{Ⅴ}$，$Co^{Ⅰ}\leftrightarrow Co^{Ⅱ}\leftrightarrow Co^{Ⅲ}$，$Ni^{Ⅰ}\leftrightarrow Ni^{Ⅱ}\leftrightarrow Ni^{Ⅲ}$，$Cu^{Ⅰ}\leftrightarrow Cu^{Ⅱ}\leftrightarrow Cu^{Ⅲ}$，等等。同一元素，其化合价逐一变化时，总自旋 S 在整数和半奇整数间交替变化，因此 X-波段实验也需要在垂直和平行两种模式间来回切换，图 7.2.6(a) 示意了单核锰配合物 $[MnH_3buea(O)]$ 中锰离子化合价由 $+3\rightarrow+4\rightarrow+5$ 逐步氧化过程中，不同价态锰离子的特征谱图 [39]。

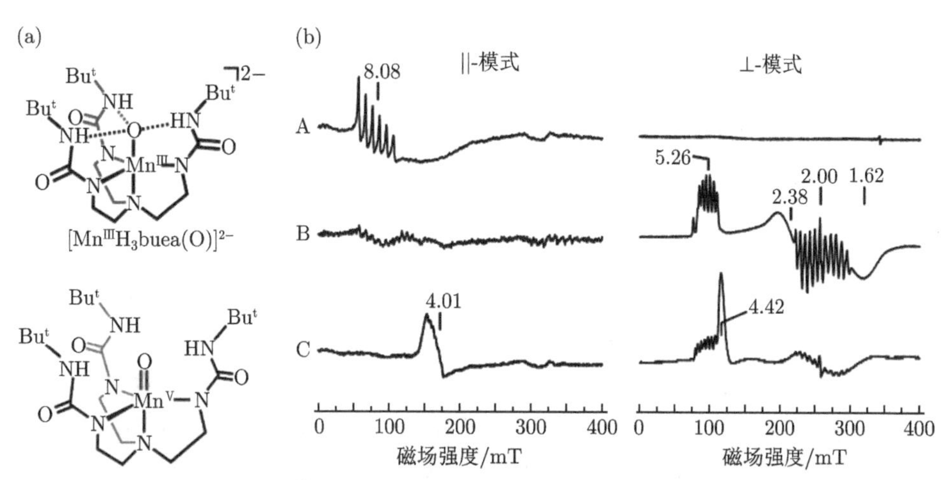

图 7.2.6 (a) 锰配合物 $[Mn^{Ⅲ}H_3buea(O)]^{2-}$ 和 $Mn^{Ⅴ}H_3buea(O)$ 的结构，(b) Mn^{3+}(A) → Mn^{4+}(B) →Mn^{5+}(C) 氧化过程的平行 (9.29 GHz) 和垂直 (9.62 GHz) 模式的谱图。图例引自文献 [39]

EPR 实验表明，在该配合物中锰离子呈高自旋。在前体 $[Mn^{Ⅲ}H_3buea(O)]^{2-}$ 配合物中锰离子呈 +3 价。在四氢呋喃溶液中，它会被一当量的氧化剂 $[FeCp_2]^+$ 氧化成 $[Mn^{Ⅳ}H_3buea(O)]^-$；再添加第二个当量 $[FeCp_2]^+$ 时，则氧化成 $[Mn^{Ⅴ}H_3buea(O)]$。

这个逐步氧化的动态过程，被图 7.2.6(b) 所示的 EPR 实验所实时跟踪。① 前体配合物中，Mn^{3+} 呈高自旋，$S=2$，平行模式的特征 $g^{\mathrm{eff}}\sim 8.08$，$A_z\sim 100$ G，该信号在垂直模式中被完全禁阻 (参考图 7.1.2(b))。② 高自旋的 Mn^{4+}，$S=3/2$，垂直模式的特征 g^{eff} 是 5.26、2.38、1.62，$g\sim 2.0$ 附近的吸收峰是源自混合价态锰簇的杂质信号，这两组信号在平行模式被完全禁阻。③ 平行模式谱中 $g^{\mathrm{eff}}\sim 4.01$、$A_z\sim 113$ MHz 的特征吸收峰，源自自旋态 $S=1$ 的 Mn^{5+}，在垂直模式谱中可探测到残留的 Mn^{4+}、混合价态锰族和由过量氧化剂 $[FeCp_2]^+$ 的信号 (g^{eff}~4.42)。Mn^{5+} 只有两个未配对电子，因此其 A_z 约为 Mn^{3+} 的一半或略少 (同时参考图 7.1.2(b))。详细的实验和理论分析，见文献 [39]。然而，作者只是定性地分析了 Mn^{3+}、Mn^{5+} 的 EPR 谱，并没有模拟和解析，因此无法获得具体的特征参数。

在 Mn-SOD 中，锰离子呈 +3 价，平行模式谱 (图 2.3.4) 的特征参数是 $D=2.10\ \mathrm{cm}^{-1}$、$E=0.24\ \mathrm{cm}^{-1}$，$g_\perp\sim 1.99$、$g_\parallel\sim 1.98$，$A_\perp\sim 101$ G、$A_\parallel\sim 100$ G，结合温度关联谱可确认这些信号源自于 $M_S=\pm 2$ 二重态内的跃迁 [40,41]。

此外，双、三、四至多核等的局部结构，也会发生总自旋 S 在整数和半奇整数之间变化的变化 (参考图 2.3.1)。因此，X-波段平行和垂直模式相结合，可揭示化学反应历程中催化中心价态的动态变化，为揭示反应历程提供可靠的实验基础。

7.2.5　含血红素的金属蛋白和金属酶

卟啉 (porphyrins) 是一类由四个吡咯类亚基的 α—C 原子通过次甲基桥 (=CH—) 互联而形成的大分子杂环化合物。其母体化合物是卟吩 (porphin, $C_{20}H_{14}N_4$)，有取代基的卟吩被称为卟啉。根据卟吩取代基的差异，分成 a、b、c、d 等卟啉 (参考 8.2.1.1 节)。卟啉环有 26 个 π 电子，是一个高度共轭的体系，并因此显深色。卟啉、卟吩与 Mg、Fe、Mn、Co、Cu 等金属离子通过共价键或配位键所结合而成的化合物，称为金属卟啉 (metalloporphyrin)，如叶绿素含 Mg、血红素含 Fe (又称铁卟啉，图 7.2.7(a)[42−44])、钴卟啉等 (参考 8.2 节)。含过渡元素的孤立金属卟啉，如 Fe^{2+}、Fe^{3+}、Co^{2+}、Mn^{2+} 等，都是 π 阳离子，若没有轴向上的第五和/或第六配体，一般呈高自旋。研究表明，卟啉环并不是以一个平面镶嵌在生物大分子中，四个吡咯环会呈马鞍形、椅形 (或波浪形)、钟形等多种构象，这使过渡离子或卟啉自由基具有显著的各向异性。

含血红素的金属蛋白和金属酶，参与各种生理和生化过程，如 O_2 和 CO_2 的结合及输送 (血红蛋白和肌红蛋白)，电子传递 (细胞色素 c、b_5)，生物催化和氧化 (过氧化物酶和细胞色素 P_{450})，NO 和 CO 等信号转导，详见第 8 章。为了不冲淡后续内容中的生物电子过程，我们先在此展开血红素 Fe^{3+} 的 EPR 分析，相关内容可推广至其他类似结构。在这些血红素蛋白中，卟啉平面的下方，有一氨基酸残基—His/Cys/Met—，与铁离子形成第五个配位；卟啉平面的上方，是 O_2、CO、CO_2、H_2O_2、NO、CN^- 等小分子、离子、基团或其他氨基酸残基的结合位置，最终形成六配位的结构 (图 7.2.7(b))。在催化过程中，血红素远端 (或下方) 的组氨酸残基通过 $[1,4] \leftrightarrow [1,5]$ 互变异构体，参与质子的输送。血红素 Fe^{3+} 在四配位 → 五配位 → 六配位的可逆变化过程中，其电子结构由高自旋 $S = 5/2$ 过渡到中间自旋 $S = 3/2$，最终变成低自旋 $S = 1/2$。

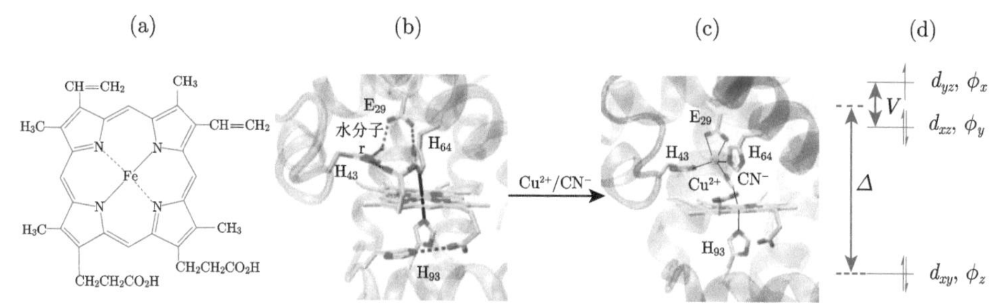

图 7.2.7 血红素 (a)；Cu^{2+}-CN-L29E/F43H 肌红蛋白突变体中由血红素 b 与 Cu^{2+} 构成的中心结构 (b)、(c)；低自旋血红素 Fe^{3+} 的轨道能级 (d)。图 (b)、(c) 由南华大学林英武老师提供，特此感谢，参考文献 [47, 48]

在这些含血红素的金属蛋白中，Fe^{3+} 与卟啉环形成一个共轭结构，低自旋 Fe^{3+} 的基态是 $d_{xy}^2 d_{xz}^2 d_{yz}^1$，如图 7.2.2(a) 和 7.2.9(a) 所示。为了简化推导过程，忽略较高能级的两个轨道 $d_{x^2-y^2}$ 和 d_{z^2}，轨道能级简化成如图 7.2.7(d) 所示，克拉默斯二重态基态近似成

$$\left.\begin{aligned} \psi_1 &= a\phi_x^\alpha - \mathrm{i}b\phi_x^\alpha - c\phi_x^\beta \\ \psi_2 &= a\phi_x^\beta + \mathrm{i}b\phi_x^\beta + c\phi_x^\alpha \end{aligned}\right\} \tag{7.2.8}$$

其中，$a^2 + b^2 + c^2 = 1$。晶体场参数 V 和 $\varDelta$ 是

$$\left.\begin{aligned} \frac{\varDelta}{\lambda} &= \frac{1}{4}(a+b+c)\left(\frac{2}{c} - \frac{1}{a} - \frac{1}{b}\right) \\ \frac{V}{\lambda} &= \frac{1}{2}(a+b+c)\left(\frac{1}{b} - \frac{1}{a}\right) \end{aligned}\right\} \tag{7.2.9}$$

各向异性 g_{ij} 是

$$\left.\begin{aligned} g_x &= g_\mathrm{e}\left(a^2 - b^2 - c^2\right) - 4kbc \\ g_y &= g_\mathrm{e}\left(a^2 - b^2 + c^2\right) + 4kbc \\ g_z &= g_\mathrm{e}\left(a^2 + b^2 - c^2\right) + 4kbc \end{aligned}\right\} \tag{7.2.10}$$

取 $g_e = 2$、$k = 1$，可将上式简化。能级差 Δ/λ、V/λ，据实验结果而得。以上公式并不直观，因此，常常近似成

$$\left.\begin{aligned}\frac{V}{\lambda} &= E_{d_{yz}} - E_{d_{xz}} = \frac{g_{xx}}{g_{zz}+g_{yy}} + \frac{g_{yy}}{g_{zz}-g_{xx}} \\ \frac{\Delta}{\lambda} &= E_{d_{yz}} - E_{d_{xz}} - \frac{V}{2\lambda} = \frac{g_{xx}}{g_{zz}+g_{yy}} + \frac{g_{yy}}{g_{zz}-g_{xx}} - \frac{V}{2\lambda}\end{aligned}\right\} \tag{7.2.11}$$

以上公式的推导过程，详见文献 [1, 27–29]。类似地，以血红素为基本结构，研究轴向强弱配体对 g_{ij} 大小影响的研究，参考文献 [45]；轴向双组氨酸配位和组氨酸-甲硫氨酸配位时铁离子电子结构的差异，详见文献 [46]。

含血红素的金属蛋白和金属酶具有极其重要的生理功能，因此，相应的 EPR 应用研究也非常多，不胜枚举。表 7.2.1 列举了笔者相对熟悉的植物细胞色素 c_{550} 的 EPR 参数 (引自文献 [49]，EPR 谱参考图 7.2.8)，其他细胞色素和模式配合物，参考文献 [27] 的表 Ⅱ、文献 [29] 的表 I、文献 [28] 的表 2。在人血栓素合成酶 (human thromboxane synthase) 中，P_{450} 血红素的特征 g 因子是 $g_z = 2.464$、$g_y = 2.255$、$g_x = 1.894$，与 g_e 的偏离幅度比较小，表明铁离子处于较强的晶体场 [50]。

表 7.2.1　不同来源植物细胞色素 c_{550} 的特征参数，摘自 [49]

	g_{zz}	g_{yy}	g_{xx}	V/λ	Δ/λ	V/Δ
水溶性的						
P. tricornutum	3.00	2.24	1.44	3.17	1.71	0.54
A. nidulans	2.98	2.24	1.46	3.22	1.75	0.54
T. elongatus	2.97	2.24	1.49	3.35	1.80	0.54
A. maxima	2.90	2.27	1.54	3.29	1.97	0.60
Synechocystis 6803	2.87	2.28	1.57	3.32	2.06	0.62
PSⅡ 结合的						
T. elongatus	3.02	2.20	1.45	3.46	1.68	0.48
Synechocystis 6803	2.88	2.23	1.50	3.28	1.91	0.58

图 7.2.7(b) 和 (c) 示意 Cu^{2+}-CN^--L29E/F43H 肌红蛋白 (含血红素 b_3) 突变体的酶活性中心。正常情况，在卟啉下方，铁离子与组氨酸 H_{93} 配位；在卟啉环上方，血红素铁离子与一个铜离子通过一个 CN^- 桥连接起来 (图 7.2.7(c))，同时请参考 8.4 节复合体 Ⅳ 的反铁磁耦合的 Fe-O_2-Cu 复合结构 (图 8.4.8(b))。图 7.2.8(a) 中的黑色谱表明，在纯化的 L29E/F43H 肌红蛋白中形成类似于血红素 b 的低自旋 Fe^{3+}，特征 g 因子是 $g_z = 2.97$、$g_y = 2.20$、$g_x = 1.48$。这是由蛋白质错误折叠，导致组氨酸 H_{64} 与 Fe^{3+} 配位，从而形成双组氨酸 (H_{64}/H_{93}) 配位的低自旋结构 (图 7.2.7(b))。同时，纯化的蛋白质中也有一些高自旋的血红素，特

征 g 因子是 $g_{\perp}^{\mathrm{eff}} \sim 5.89$、$g_{\parallel}^{\mathrm{eff}} \sim 1.98$。

当用 1 和 3 当量的 Zn^{2+} 滴定 L29E/F43H 肌红蛋白时，可观测到高自旋 Fe^{3+} 的 EPR 信号强度在上升，以 $g_{\perp}^{\mathrm{eff}} \sim 5.89$ 的增加最为明显，低自旋 Fe^{3+} 的 EPR 信号强度在下降，以 $g_z = 2.97$ 的下降最为显著。这表明组氨酸 H_{64} 构象发生变化，参与 Zn^{2+} 配位，而不再作为血红素的第六个配体，从而使 Fe^{3+} 转变成高自旋。

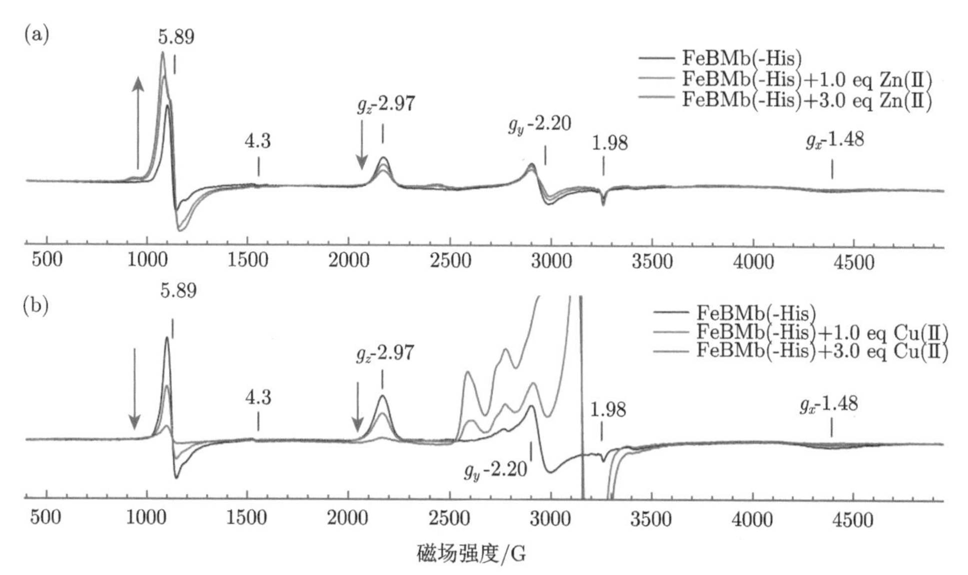

图 7.2.8 铜 (a) 和锌 (b) 离子滴定对于 Cu^{2+}-CN^--L29E/F43H 肌红蛋白突变体 EPR 的影响。9.05 GHz，20 K，pH 7.0，铜盐是 $CuSO_4$，锌盐是 $ZnSO_4 \cdot 7H_2O$；向上、下箭头分别表示信号增强或减弱的趋势。注意，高、低自旋 Fe^{3+} 的弛豫速率 T_1 是不一样的，不能直接根据信号强度判断其含量比例。$g \sim 4.3$ 是杂质菱形 Fe^{3+} 的信号。图例由南华大学林英武教授提供，特此感谢，参考文献 [48]

当用 1 和 3 当量的 Cu^{2+} 滴定 L29E/F43H 肌红蛋白时，同时滴加 CN^- 作为桥连离子，可观测到高、低自旋 Fe^{3+} 的 EPR 信号强度都在下降直到接近于 0，其中，以 $g_{\perp}^{\mathrm{eff}} \sim 5.89$ 和 $g_z = 2.97$ 的下降趋势最为直观 (图 7.2.8(b))。这个下降过程，表明在肌红蛋白的活性中心，Fe^{3+} ($S = 5/2$) 通过 CN^- 桥与 Cu^{2+} ($S = 1/2$) 发生反铁磁性耦合形成异双核复合体 (Cu-Fe heterodinuclear complex)，结构如图 7.2.7(c) 所示，变成 $S_{\mathrm{total}} = 0$ 的 EPR 沉默态或基态。这个耦合过程是由六配位的、低自旋的 Fe^{3+} 与 Cu^{2+} 之间形成的。而含高自旋 Fe^{3+} 的蛋白质，在滴定过程中已转变成低自旋，遂与 Cu^{2+} 反铁磁耦合。未耦合的过量 Cu^{2+} 的 EPR 信号很强，在图中被截去一部分。

细心的读者可能会问，为何 g_x 的吸收峰展宽这么严重。$3d_{yz}^1$ 基态 Fe^{3+} 的 d

轨道能级如图 7.2.9(a) 所示，各向异性的主值 g_{ij} 因子是

$$\left.\begin{aligned} g_x &= g_\mathrm{e} + \frac{2\lambda}{\Delta_1} + \frac{6\lambda}{\Delta_2} \\ g_y &= g_\mathrm{e} + \frac{2\lambda}{\Delta_3} \\ g_z &= g_\mathrm{e} + \frac{2\lambda}{\Delta_4} \end{aligned}\right\} \quad (\lambda > 0) \tag{7.2.12}$$

由上式可知，轨道分量 L_x 将 $3d_{yz}^1$ 基态与 $d_{x^2-y^2}$ 和 d_{z^2} 两个轨道相耦合，即未配对电子可激发到这两个轨道中；轨道分量 L_y、L_z 耦合时未配对电子则只能分别被激发到 d_{xy} 或 d_{xz} 轨道，如图 7.2.9(b)~(d) 所示。理论上，$3d_{yz}^1$ 与 L_x 耦合所形成的激发态能级宽度 δE 比与 L_x、L_y 耦合的宽，造成 g_x 吸收峰线宽 $\delta\nu$ 展宽严重和信噪比下降 (参考图 1.1.1(b))，这种非同源展宽使谱形变得复杂。

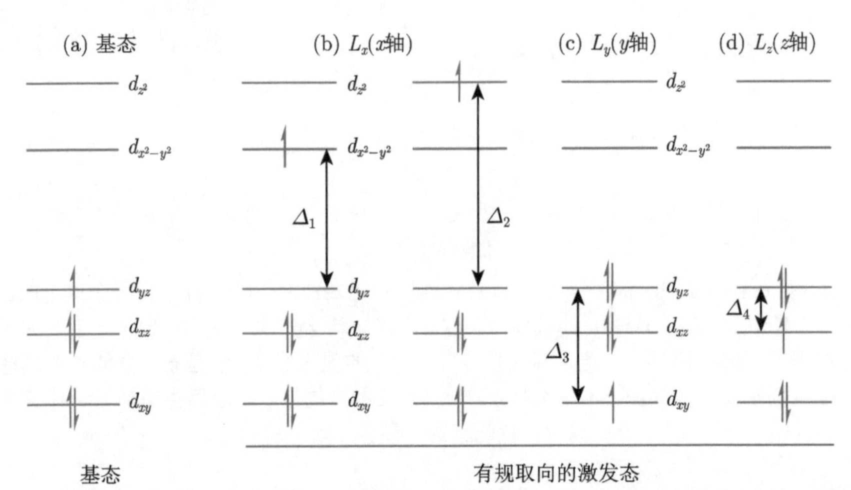

图 7.2.9　畸变八面场中 $3d_{yz}^1$ 组态 Fe^{3+} 的 d 轨道能级 (a) 和有规取向的激发态 (b)~(d)

相反地，若基态是 $3d_{xz}^1$，d_{xz} 与 L_y 耦合时未配对电子可同时激发到 $d_{x^2-y^2}$ 和 d_{z^2} 两个轨道，这导致 g_y 吸收峰展宽严重且信噪比下降，这与单原子中 g_y 吸收峰的分辨率总是最强最高的理论不符，可被直接忽略 (详见 4.2.4 节)。

7.3　金 属 团 簇

顺磁性的单原子，均具有各自特征的 EPR 参数，详见前文所列举的诸多范例。由两个或多个顺磁原子直接相连而成的磁性中心，习惯上称为团簇 (cluster)，

有离子团簇和金属团簇。磁性原子或离子之间通过氧桥、硫桥等阴离子配体桥接而成的各种交换离子团簇，已在 4.5 节和 4.6 节作详细展开，不再赘述。

本节专门讨论金属原子间直接金属键相连而成的金属团簇。顾名思义，金属团簇，就是由零价的金属原子构成的，可以是单金属，也可以是合金团簇。当团簇有序扩充到一定尺度后会形成微晶、固体，从而具有宏观的固体物理性质，如导体、半导体、绝缘体或永磁体等，这一部分内容，将在 7.4 节中展开。任意材料，其尺寸随着原子个数的增加而增大的趋势如图 7.3.1 所示，随着材料尺寸的增大，所适用的学科知识也将由化学到纳米材料科学再到固体物理学和半导体物理学等。

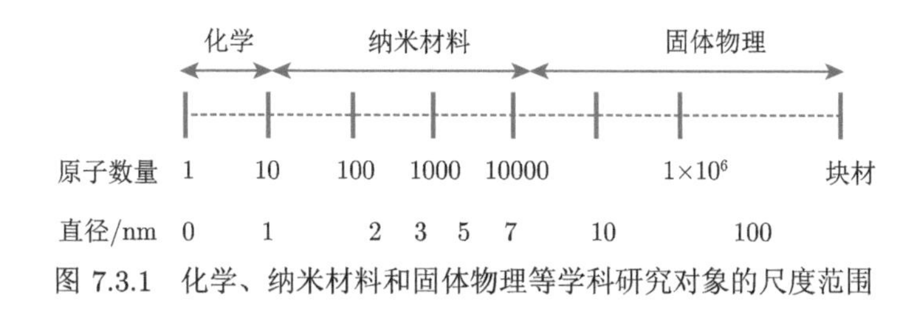

图 7.3.1 化学、纳米材料和固体物理等学科研究对象的尺度范围

在金属团簇和金属晶体中，金属原子以近似等径圆球的形式堆积在一起，参考图 7.3.2。原子间的金属键是一种既不同于共价键又不同于离子键的、结合能较大的化学键。在整个金属分子中，每个原子的价电子公有于整个分子，没有定域的双原子键，电子由原子能级进入离域的 n 中心键，高度的离域，使体系的能量下降较大，形成强烈的吸引作用。图 7.4.3 分别以价电子构型是 $3s^1$ 和 $3s^2$ 的金属钠和金属镁为例，示意了随着原子数量的增大，价电子由束缚的原子能级转变成自由移动的传导电子的过程。钠和其他外围价电子数量是奇数的原子，都是费米子 (详见 1.2 节)，任意奇数个钠原子 (或费米子) 的复合组合是一个费米子，具有自旋基态 $S = 1/2$ 的基态；而偶数个费米子的复合组合是一个玻色子，具有 $S = 0$ 的抗磁性的 EPR 沉默态 (图 7.4.3 所示)。对于外围价电子数量是偶数的原子，是玻色子，因此，任意一个玻色子的复合组合都是玻色子，形成抗磁性的 EPR 沉默态 ($S = 0$)，如图 7.4.2 所示的硅原子和硅原子组合、图 7.4.3 所示的镁原子和镁原子组合。

图 7.3.2 二、三、四核的金属团簇。直线或三角结构的三核，具有不同的超精细结构

图 7.3.2 示意由二、三、四个原子构成的团簇结构模型。对于复合玻色子，需要用氧化剂处理，使其失去 1、3、5、… 等奇数个电子，转变成 +1、+3、+5、… 等奇数价态的复合费米子。有关金属团簇的 EPR 应用研究，目前主要集中于碱金属 [51]。一方面，碱金属原子是费米子，复合费米子制备也比较容易；另一方面，碱金属容易氧化，即使先期制备形成复合玻色子，亦可通过氧化反应将其转变成复合费米子金属团簇离子。比如，沸石分子筛中的团簇离子如 Na_4^{3+}、K_4^{3+}、Ag_6^+ 等，其中，Na_4^{3+} 和 K_4^{3+} 参考图 7.3.3 [52–54]，Ag_6^+ 的特征是 $g_{iso} = 2.028$、$A_{iso} = 67$ G[55]。

图 7.3.3 示意了 Y 型分子筛中 Na_4^{3+} 和 K_4^{3+} 的模拟谱。Na_4^{3+} 团簇，$A_{iso} = 32.1$ G，是单原子 Na_1^0 的 A_{Na}^1 (130~140G，表 6.1.2) 的 1/4 左右，表明这些超精细分裂源自 4 个 ^{23}Na 原子 ($I = 3/2$，100%)。K_4^{3+} 团簇，同位素 ^{39}K 的 $A_{iso} = 16.4$ G，是单原子 $^{39}K_1^0$ 理论值 $A_K^1 = 82.4$ G 的 ~1/4，同样表明这些超精细分裂源自 4 个 ^{39}K 原子 ($I = 3/2$，93.2581%)。这表明，随着 Na 或 K 原子数量以 $4n$ 倍增，团簇原子的 A_{iso} 迅速减小，约为 $A_{Na}^1/(4n)$ 或 $A_K^1/(4n)$。简而言之，用 A_{Na}^1/A_{Na}^{eff} 或 A_K^1/A_K^{eff} 等，可知该金属团簇的构成原子数量 n。当原子数量超过 30 个左右时，A_{iso} 将难以分辨，从而形成一个对称的各向同性包络吸收峰 [54]。随着原子个数的增加，这些团簇若离子化则具有各向同性的特征谱，若金属化则逐渐具有传导电子的特征。随着原子数量和样品尺寸的进一步增加，一部分束缚态的电子将转变成传导电子，当尺寸超过 ~10 nm 时，将全部转变成传导电子 (详见 7.4 节)。若同时存在束缚的键合电子和传导电子，则通过变温实验可给予区分或验证，前者弛豫慢，后者弛豫快，参考图 7.4.5(b) 的不同情形。

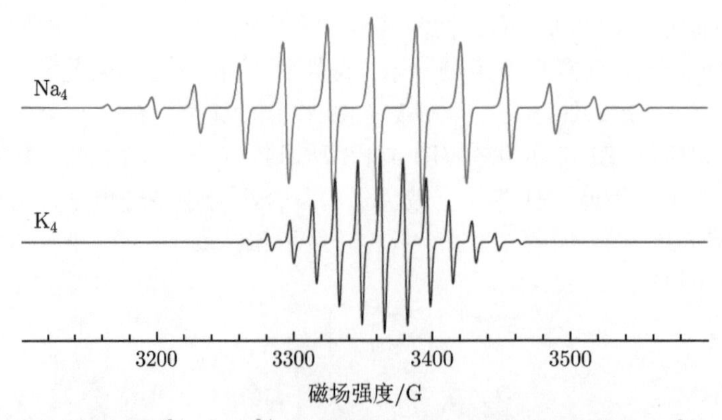

图 7.3.3　Y 型分子筛中 Na_4^{3+} 和 K_4^{3+} 团簇的 9.4 GHz 模拟谱。参数：Na_4^{3+}，$g_{iso} = 1.999$，$A^{23}Na = 32.1$ G；K_4^{3+}，$g_{iso} = 1.996$，$A^{39}K = 16.4$ G，详见文献 [54]

7.4 传导电子自旋共振，掺杂和缺陷

固态物质按其原子 (或离子、分子) 在空间排列是否长程有序，分成晶态和无定形态物质 (crystalline and amorphous materials)。同一种固态物质，在一定条件下以晶态形式存在，在另一个条件下会以无定形态存在。晶体是由大量原子周期性重复排列而成的长程有序结构。晶体中的原子 (原子或分子) 在三维空间的具体排列方式称为晶体结构，所有原子核一起组成了一个周期性的且固定不变的原子核势场，核外电子的相互作用则构成了另外一个平均势场，这些势场的周期性与晶体周期性相同。

实际制备过程中，晶体总是存在着偏离理想情况的各种现象。首先，原子并不是静止在具有严格周期性的晶格格点位置上，而是围绕平衡位置振动 (即谐振子运动)；其次，制备材料不纯，含有若干杂质，造成在晶格中存在与晶体组成元素不同的其他化学元素的原子；再次，晶格结构并不完整，存在各种各样的缺陷。有目的地引入微量的掺杂或缺陷，能够破坏晶体原有的周期性势场，并引入新的能级，从而改变材料的物理和化学性质，最终达到材料改性的目的。这是材料、催化等领域常用的方法。这种改性，并不局限于晶体材料，同样也应用于粉末材料。因此，文字表述上常常不作严格区分。如，平均每 10^5 个硅原子中掺入一个硼原子，硅晶体的室温电导率将增加 1000 倍；纯晶体 Al_2O_3，只有掺入杂质 Cr^{3+} 后才能转变成激光材料。最近比较热门的金刚石 NV 色心研究，可以做成基于 ODMR 的量子精密测量，详见本书的姊妹专著——《单自旋量子信息物理学》(撰写中)。

固体按其导电性分为绝缘体、半导体和导体三大类种。在绝缘体中，未配对电子并未挣脱原子的束缚，呈区域或定域分布，如 σ、π 电子。在导体和半导体中，电子挣脱原子核的束缚形成导电电子 (conduction electron)。以下，主要讨论半导体和导体中的传导电子自旋共振 (conduction electron spin resonace，CESR)。

术语方面，缺陷的符号表示有主体符号和上下标符号的方式，如空位 V(vacancy)、间隙 I(interstitial)、正电性高的组分 M、负电性高的组分 X、表示异类的 F 等。如，氧空位 V_O，未被占据的间隙 V_I，硼间隙原子 B_I，磷取代硅 P_{Si} 或 F_{Si}，氯化钠晶体中的错位 Cl_{Na}、Na_{Cl} 等。注意，晶体表面的原子有不饱和的悬空键 (dangling bond，或悬挂键)，与基体内不同。读者切不可将不同学科的符号混淆。

7.4.1 固体的能带

制造半导体器件的材料大多是单晶体，因此人们对半导体能级结构的研究是一个非常基础的领域。孤立原子与耦合原子能级结构的异同、不同键合原子的能级结构的变化，均已在前文中做了不同程度的展开；双原子分子内的各种相互作

用，也已在 4.5 节展开。在此，我们将直接对晶体能带作描述。晶体中，每立方厘米内含有 10^{22}~10^{23} 个原子，这些原子一起组成了一个周期性的且固定不变的势场。以金刚石为例，其晶体结构如图 7.4.1 所示。金刚石中，碳原子以 sp^3 轨道杂化与周围四个碳原子形成四个共价键，呈四面体结构 (图 7.4.1(a))。金刚石晶胞含有 18 个碳原子：14 个碳原子分布在晶胞表面，即 8 个位于立方体的 8 个顶角，6 个位于 6 个晶面的中心；4 个原子分布在晶胞内 (图 7.4.1(b))。晶胞在 (100) 面上的投影，如图 7.4.1(c) 所示。第四主族的其他元素如硅、锗等也会形成类似于金刚石的立方结构，晶胞参数分别是：金刚石晶胞，晶胞常数 $a = 0.3599$ nm，键长 0.154 nm；硅，$a = 0.5431$ nm，键长 0.235 nm；锗，$a = 0.5658$ nm，键长 0.245 nm。

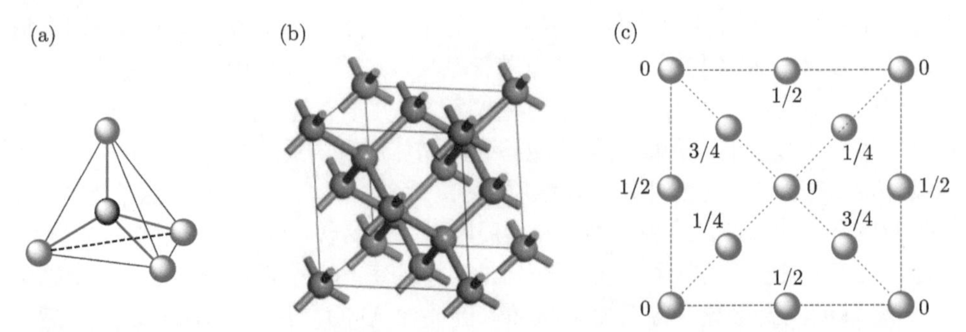

图 7.4.1　金刚石的立方结构示意图：(a) 正四面体结构，(b) 金刚石晶胞结构，(c) (100) 面的投影。图 (c) 中，0 和 1/2 表示面心立方晶格上的原子，1/4 和 3/4 表示沿着晶体对角线位移 1/4 的另一个面心立方晶格上的原子

在金刚石晶胞堆积中，8 个顶角原子分别贡献 1/8 的原子体积，6 个面心原子分别贡献 1/2 的原子体积，晶胞内有 4 个原子。因此，晶胞中 18 个原子等效于 8 个原子 (即 $8\times1/8 + 6\times1/2 + 4 = 8$)，它们的总体积占据整个晶胞体积的 34.01%，剩余 ~66% 是空隙。在金刚石型晶胞中，有两种空隙，一种是四面体空隙，共两个，另一种是以体心为中心的轴压扁的八面体空隙，一个。

晶体中，原子间的相互作用，使原子轨道发生不同程度的简并，其尺寸变化和相应的学科研究，参考图 7.4.2(a)。如 4.5.1 节的氢分子模型，一个氢原子的能级是 $1s^1$，两个原子构成的氢分子则形成一个充满电子的成键轨道 φ_{S} 和一个空着的反键轨道 φ_{A}。在由 H_2 构成的晶体中，每个原子都与周围的原子发生强弱不一的相互作用，相当于分子轨道 φ_{S} 和 φ_{A} 的不断再组合，从而在氢晶体中形成成键能带和反键能带，二者之间存在一个间隔为 ΔE 的、不允许电子分布的带隙。

第 ⅣA 族元素最外层的价电子是 ns^2np^2。在硅晶体中，每个原子通过 sp^3 杂化轨道与周围的原子形成共价键，参考图 7.4.2(a)。硅原子通过一个 sp^3 杂化轨道与相邻原子形成共价键时，形成一个充满电子的成键轨道 (σ) 和一个空的反键轨道 (σ*)。当该硅原子再与第二、三、四、⋯、个硅原子相互作用时，使分子轨道 φ_{S} 和 φ_{A} 发生再组合，最终形成填满电子的成键能带和反键能带。图 7.4.2(a) 示意了硅晶体的成键能带与反键能带，以及二者之间存在的间隔为 $\Delta E = 1.12$ eV 的不允许电子分布的带隙。除了硅，金刚石和锗中每个原子通过 sp^3 杂化形成饱和的共价键，即 σ 全满、σ* 全空，都形成类似于图 7.4.2(a) 所示的能带结构。已经充满电子的能带称为价带 (valence band，或满带，filled band)，空的能带称为导带 (conduction band)；价带和导带之间是不允许电子分布的带隙 (band gap)，称为禁带 (forbidden band)，如图 7.4.2(b) 所示。价带的最高能级称为价带顶，用 E_v 表示；导带的最低能级称为导带底，用 E_c 表示；价带和导带之间的禁带宽度或能级差 ΔE 用 E_g 表示。这些能带，主要是由原子最外层的原子轨道重叠造成，所填充的电子数可以是零，也可以是少于、等于或多于半充满，直至全满，并冠以空带、未满带、满带等相应的名称。此时，原子内层一般都已充满电子。

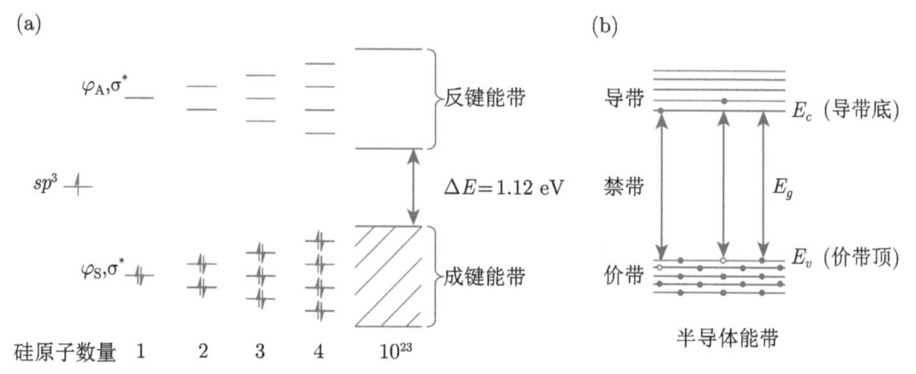

图 7.4.2 硅晶体 (a) 和半导体 (b) 能带的示意图。图 (b) 中电子和空穴分别用 “•” 和 “◦” 表示，本征激发用向上箭头表示

根据电子填充情况和导电性能，固体分为绝缘体、半导体和导体三类。室温下，它们与禁带宽度 E_g 的关系如下。

(1) 绝缘体，$E_g > 4$ eV。如金刚石，$E_g \sim 5.47$ eV。

(2) 半导体，$E_g \leqslant 4$ eV。如硅 $E_g \sim 1.12$ eV，各类碳化硅 $2.36 \sim 3.3$ eV，锗 0.66 eV，砷化镓 1.42 eV，灰锡 $\leqslant 0.1$ eV。常见的半导体材料，有第 ⅣA 族元素的硅和锗，ⅢA-VA 族化合物，ⅡA-ⅥA 族化合物 (半金属的硫化汞、碲化汞除外)，其他氧化物、硫化物和氮化物，有机半导体，等等。

(3) 导体，$E_g \leqslant 0.5$ eV。又分为三类：① $0 < E_g \leqslant 0.5$ eV，有禁带相隔的未满带和空带，如 ns^1 构型的金属；② $E_g = 0$，无禁带，有满带和空带，二者相互重叠，如第 IA 族 (如图 7.4.3(a) 所示)；③ $E_g = 0$，无禁带，有未满带和空带，

二者重叠成重叠带，如碱土金属 ⅡA、d 区的贵金属 (如图 7.4.3(b) 所示)。

这些能带结构，随着核外电子数和排布的差异而变得复杂，有关具体内容非本书所能及，请参考固体物理、半导体、晶体等物理和材料方面的专著。

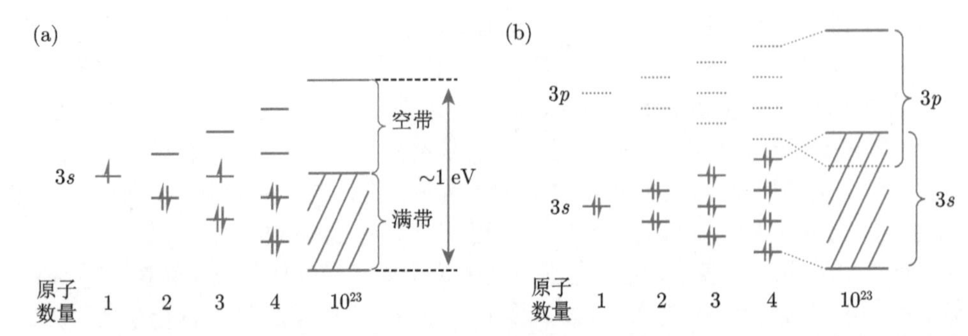

图 7.4.3　金属钠 (a)、金属镁 (b) 的能带。本图和图 7.4.2，均参考《金属氧化物中的缺陷化学》所绘

固体之所以能够导电，是因为固体中的电子在外加电场作用下做定向运动的结果，即电子从一个能级跃迁到另一个能级上。对于满带，所有能级均已经被电子占据；施加外电场时，满带的电子并不形成电流，对导电没有贡献。对未满带施加外电场时，电子从外电场吸收能量而跃迁至未占据的能级，形成电流，如导体。半导体在绝对零度 (0 K) 时并不导电，只有当温度升高或光照时，满带中会有少量成键电子能挣脱共价键的束缚而在晶体中自由运动，形成准自由电子。其中一部分准自由电子吸收晶格环境的热动能，克服禁带能级间隔 E_g 而被激发到空带，使导带底部有少量电子，这些电子在外电场作用下参与导电 (图 7.4.2(b))。价带电子激发成导带电子的过程，称为本征激发。与此同时，满带因激发而缺失了一些电子，在满带顶部附近出现了一些空的量子态，使原先的满带变成了未满带，使仍然留在满带中的电子在外电场作用下也参与导电。这些空量子态，等效于带正电荷的准粒子，常称为空穴 (hole)。与金属导体的只有电子参与导电不同，半导体中导带的电子和价带的空穴均参与导电。半导体又常分为本征和非本征半导体。本征半导体中，导带出现多少个电子，价带就会相应地出现多少个空穴。导体和半导体中荷载电流的粒子称为载流子 (carrier)，金属只有电子一种载流子，半导体有电子和空穴两种载流子。室温下呈液态的离子液体 (ionic liquid)，具有阴、阳离子两种载流子。

7.4.2　第 IVA 族硅和锗的掺杂

在晶体制备过程中，常常会引入晶体组成以外的原子 (或离子) 进入晶体中。这种缺陷属于非本征缺陷 (innative defect)，又称为化学缺陷 (chemical defect)。杂质原子在晶体中有两种存在方式，如图 7.4.4(a) 所示：一种是占据晶格中的间隙位置，形成填隙原子 (或间隙杂质，interstitial impurity)，字母 A 表示；另一种是替代原晶体中的一种原子而占据其所在晶格格点的位置，形成替代杂质 (substitutional impurity)，如图 7.4.4 中字母 B 和 C 所示。一般地，填隙原子的半径比较小，替代杂质原子的半径与被取代原子的半径比较接近。根据杂质原子对半导体电子和空穴载流子的影响，分成供体杂质和受体杂质两种 (donor & acceptor dopants，又称施主与受主，给体与受体等)。以下先以硅中掺第 VA 主族元素 (以磷为代表) 和掺第 ⅢA 主族 (以硼为代表) 两种情况，讨论供体和受体掺杂。

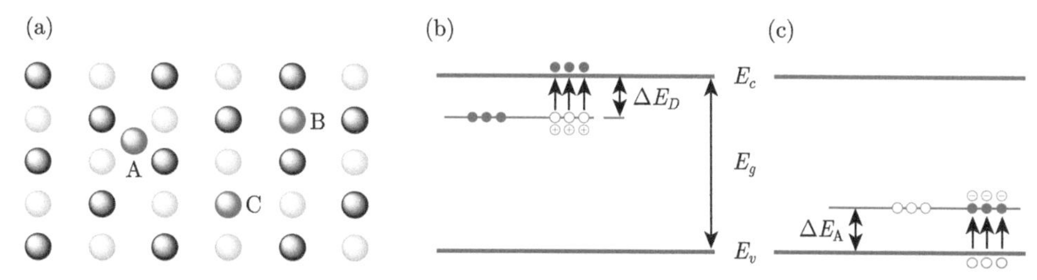

图 7.4.4 掺杂和能带结构。(a) 半导体、间隙杂质和替代杂质的示意图，(b) 供体掺杂，(c) 受体掺杂。电子和空穴分别用 “•” 和 “∘” 表示，正、负电荷用 “⊕” 和 “⊖” 表示，向上箭头 “↑” 表示电离过程。对于 ⅢA-VA 和 ⅡA-ⅥA 化合物，(a) 图中的黑球和白球分别代表不同元素的格位或替代格位

7.4.2.1 VA 族供体掺杂

硅中掺磷，称为磷硅体系或磷硅掺杂。磷原子最外层的价电子是 $3s^23p^3$，比硅的 $3s^23p^2$ 多一个价电子 (对比 N@C_{60})。当磷原子占据硅原子的格位时，5 个价电子中有 4 个与周围 4 个硅原子形成共价键 (图 7.4.5(a))，余下的 1 个电子则跃迁到导带，成为导电电子在晶体中自由运动，格位上的磷原子则形成一个正电荷中心，用 P^+ 表示。在此过程中，电子挣脱供体磷原子束缚而形成导电电子的过程称为杂质电离，所需能量称为供体杂质电离能，用 ΔE_D 表示。第 VA 族杂质元素在硅、锗中的电离能都非常小，在硅中 0.04~0.05 eV，在锗中 0.01 eV，远远小于 E_g。因 $\Delta E_D \ll E_g$，供体能级位于离导带底很近的禁带中。供体能级并不是一个单一的能级，而是有一定带宽。如图 7.4.4(b) 所示，当电子获得能量 ΔE_D 后从供体杂质跃迁到导带，成为传导电子，而供体原子则形成了携带一个正电子的中心 (用 “⊕” 表示)。往纯净半导体掺入供体杂质，能使导带导电电子数增多，并增强半导体导电能力。这种主要依靠导带电子导电的供体掺杂半导体，称为电子型。因电子携带负电荷，该类半导体又习惯称为 n-(negative) 型半导体。

硅中磷的电离能 $\Delta E_D = 0.045$ eV，磷供体能级的基态是 $\Delta E_{\text{ground}} = 0.045$ eV，

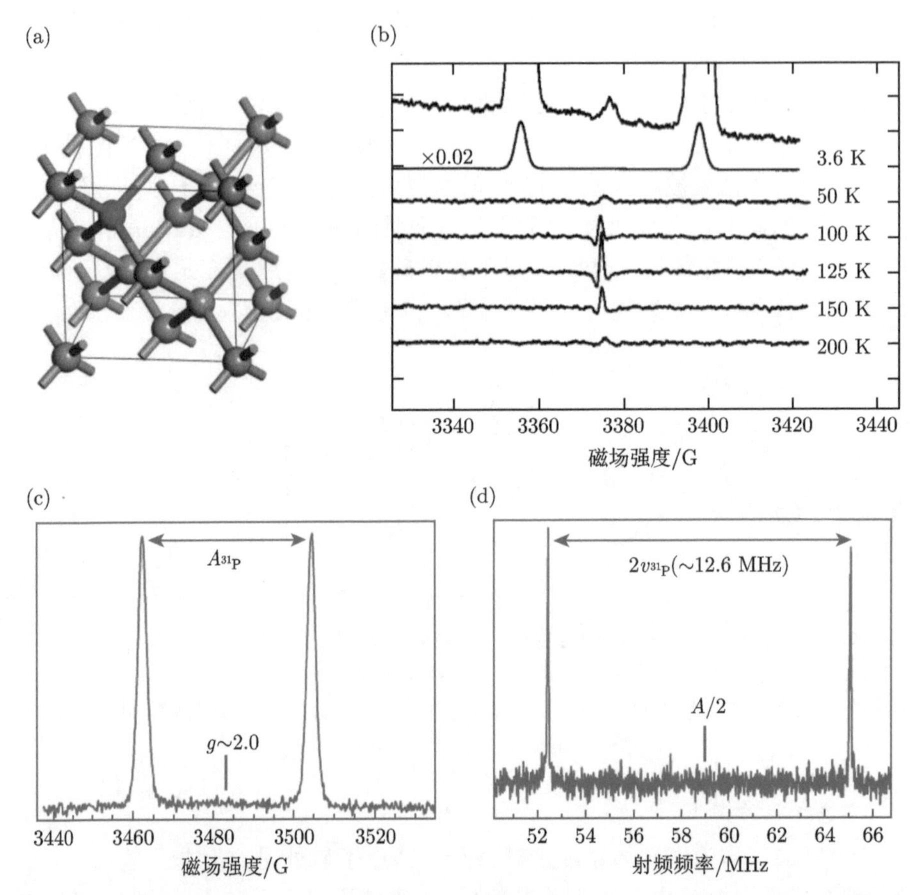

图 7.4.5　硅中掺磷的结构 (a)、9.444 GHz 的温度相关谱 (b)、脉冲自旋回波扫场谱 (c) 和 ^{31}P-Davies-ENDOR 谱 (d)。图 (c)，两脉冲的回波扫场谱，9.75 GHz，8 K。图 (d)，^{31}P Davies-ENDOR 谱，微波脉冲 $\pi = 30$ ns，射频脉冲 $\pi_{\mathrm{RF}} = 12$ μs，9.697 GHz，8 K，$B_0 = 3462$ G。图 (b) 引自文献 [56]

第一激发态是 $\Delta E_{\mathrm{1st}} = 0.032$ eV[56]。室温 300 K 时，热动能 $k_{\mathrm{B}}T \sim 0.026$ eV，就足以激发磷原子电离形成 P^+ 正电中心，价电子进入导带后形成导电电子。若想研究磷的掺杂情况，须降低温度防止电离，价电子才能定域在供体原子磷原子周围的晶格中。因此，通过变温实验 (图 7.4.5(b))，可探测到这两种电子状态的相互转变。如图 7.4.5(c) 和 (d) 所示，10 K 以下低温实验和 ^{31}P-Davies-ENDOR 所得特征是 $a_{\mathrm{iso}} \sim 117.6$ MHz (41.97 G)，$g_{\mathrm{iso}} \sim 1.9985$，这表明电子定域于供体的基态能级。该 a_{iso} 值与 ^{31}P 理论值 $a_{\mathrm{iso}} \sim 13306$ MHz 的比值是 ~0.9%，即硅晶体中 ^{13}P 原子所携带的自旋密度，表明该价电子离域在一个半径 $r \sim 2$ nm 的范围。升温后至 10~50 K 时，价电子依然被束缚在磷原子周围，并没有被激发到导带中，而是主要分布在供体能级的第一激发态，这会造成 ^{31}P 超精细结构的消失。当温度升至 50 K 以上时，热动能引起的电离造成 P 原子浓度的下降，以及正电中心 P^+ 浓度的上升，表现为 ^{31}P 的 EPR 信号强度随温度上升而下降。并且，从 50 K 开始，逐渐探测到一个宽 ~1 G 的源自传导电子的 CESR 信号，$g_{iso} \sim 1.9995$ (Dysonian 谱型，详见 7.4.4 节)；100 K 时，~70%磷原子发生电离；在 125 K，~90%磷原子电离，此时 CESR 强度最强 [56]。150 K 或更高温时，热动能虽然使 90%以上的磷原子发生电离，但是自旋-晶格弛豫速率也随之变快，因此 CESR 信号强度反而迅速下降，直至无法被探测。需要注意的是，磷原子掺杂浓度增大时，磷原子之间的各种相互作用会导致谱图先展宽后变窄的变化，参考图 4.6.8 和图例说明。

7.4.2.2 ⅢA 族受体掺杂

硅中掺硼时，硼原子最外层的价电子是 $2s^22p^1$，比硅的 $3s^23p^2$ 少一个价电子。当硼原子占据硅原子的格位并与周围 4 个硅原子形成共价键时，缺少 1 个成键电子，必须从别的硅原子夺取一个电子，形成一个负电中心，用 B^- 表示。这势必造成硅晶体中产生一个携带正电荷的空穴 (hole，h)，俘获它需要可变价的杂质原子或阳离子空位。这些带正电的空穴能挣脱 B^- 中心的束缚，成为晶体中自由运动的导电空穴，而格位上的 B^- 中心不能自由运动，只能围绕平衡位置振动。空穴挣脱受体硼原子束缚而形成导电空穴的过程称为受体电离，所需能量称为受体杂质电离能，用 ΔE_A 表示。第 ⅢA 族杂质元素在硅、锗中的电离能都非常小，硅中 0.045~0.065 eV，锗中 ~0.01 eV，均远远小于 E_g。因 $\Delta E_A \ll E_g$，受体能级位于价带顶很近的禁带中。如图 7.4.4(c) 所示，空穴获得能量 ΔE_A 从受体杂质挣脱束缚后在价带中成为传导空穴，受体原子形成了携带一个负电子的中心，用 “⊖” 表示，又称为受体离化态。往纯净半导体掺入受体杂质，可使价带导电空穴数量增多，并增强半导体导电能力。这种主要依靠价带空穴导电的半导体，称为空穴型；因空穴携带正电荷，该类半导体又被称为 p-(positive) 型半导体。

硼硅掺杂体系的空穴，也具有呈 Dysonian 谱型的 CESR 信号，g~1.9985，略小于 g_e，与磷硅掺杂体系的相差无几，这可能与 sp^3 杂化的立方对称能形成较大范围离域有关 [57−59]。实际上，硼硅掺杂除了有空穴，还有硅空位、无定型硅等信号。

半导体除了 n-型和 p-型，还有本征半导体 (intrinsic semiconductor)。它是纯净的、没有缺陷的半导体，同时兼具电子和空穴两种载流子，又被为 I (intrinsic) 型半导体，以单晶硅、单晶锗、Fe_3O_4、ZnO 等为代表。本征半导体在引入掺杂缺陷后，会转变成导电性能更好的 n-型或 p-型半导体。

7.4.2.3 非 ⅢA、VA 族掺杂

硅和锗中，ⅢA、VA 族杂质的电离能都非常小，供体能级很接近导带底，受体能级则很接近价带顶。这种杂质能级称为浅能级，产生浅能级的杂质被称为浅能级杂质。对于非 ⅢA、VA 族杂质，一般是深能级杂质，它们在硅、锗中产生的能级特点是：① 形成深能级，即供体能级离导带底较远或受体能级离价带顶比较远；② 这些深能级杂质能够生产多次电离，每次电离形成一个能级。因此，这些掺杂往往能引入多个能级，且有的杂质能同时引入受体能级和供体能级。以下对此作一简要概括。

(1) ns^1 构型的第 IA、IB 族金属。其中，Li 因半径小而以填隙杂质存在于硅、锗中，形成浅供体能级。在硅中，Na 和 K 分别形成一个和两个供体能级，Cs 则是供、受体各一个；Cu 形成 3 个受体能级，Ag 是供、受体各一个，Au 是两个供体和一个受体。在锗中，Cu、Ag、Au 等均形成 1 个供体和 3 个受体能级。

(2) ns^2 构型的第 ⅡA、ⅡB 族金属。在硅中，Be、Mg、Sr 均形成两个供体能级，Ba 则是供体和受体各一个，Hg 形成两个供体和两个受体共四个能级。在锗中，Be、Zn、Hg 等均形成两个供体能级。

(3) 第 ⅢA 族元素在硅、锗中均形成一个浅受体能级，Al 在硅中还形成第二个受体能级。

(4) 第 ⅣA、ⅣB 族元素。在硅中，同族元素掺杂时，C 形成一个供体能级，Sn、Pb 则是供、受能级各一个；Ti 掺杂形成一个受体和两个供体能级。

(5) 第 VA、VB 族元素。在硅中，P、As、Sb 均形成一个浅供体能级，V 形成一个受体和两个供体能级，Ta 形成两个供体能级。

(6) 第 ⅥA、ⅥB 族元素。在硅中，O 形成三个供体和两个受体能级，S 形成两个供体和一个受体能级，Se 形成三个供体能级，Te 形成两个供体能级；过渡元素 Cr 和 Mo 均形成三个供体能级，W 形成五个供体能级。在锗中，S 形成一个供体能级，Se、Te 各形成两个供体能级，W 形成两个受体能级。

(7) 其他过渡元素。在锗中，Mn、Fe、Co、Ni 等形成两个受体能级，钴还形成一个供体能级。在硅中，Mn 形成三个供体和两个受体能级，Fe 形成三个供体能级，Co 和 Ni 分别形成三个和两个受体能级。在硅中，Pd 和 Pt 均形成两个受体能级，Pt 还形成一个供体能级。

这些杂质在硅、锗中主要是以替代形式存在。因此，可基于硅、锗中的四面体结构，对这些复杂的能级结构作粗略的定性解释。以锗中的金为例，作简要展开。金原子 Au^0 的电子构型是 $5d^{10}6s^1$，只有一个价电子 $6s^1$。这个价电子能发生电离进入导带，形成一个比较深的供体能级 (即 ΔE_D 很大)，非常靠近价带顶。电离后，形成一个正电中心，Au^{1+}。当中性金原子与周围四个锗原子形成共价键

时，作为受体可以分别接纳一、二、三个电子，形成相应的负电中心 Au^{1-}、Au^{2-}、Au^{3-}。因电子相斥，金原子 Au^0 接受第二电子所需的电离能 ΔE_{A2} 比第一个电子时的 ΔE_{A1} 大，而接受第三个电子的电离能 ΔE_{A3} 又比第二个时的 ΔE_{A2} 大，即 $\Delta E_{A1} < \Delta E_{A2} < \Delta E_{A3}$，$Au^{3-}$ 几乎靠近导带底。因此，在锗中，金一共有 Au^{1+}、Au^0、Au^{1-}、Au^{2-}、Au^{3-} 五种不同的荷电状态，形成四个孤立的深能级。因此，通过掺杂可以合成一些化学性质非常不稳定的携带一定荷电的原子，并形成相关原子结构的研究。

一般地，深能级杂质能级深且含量少，因此对载流子深度和导电类型的影响，不如浅能级杂质显著，但对载流子的复合作用比浅能级杂质强，故被称为复合中心。

7.4.3 Ⅲ-V 化合物的掺杂

由第 ⅢA 和 VA 主族组成的、摩尔比是 1:1 的二元化合物，是一类非常重要的半导体，称为 Ⅲ-V 化合物。第 ⅢA 的 Al、Ga、In 和第 VA 的 P、As、Sb，一共可构成九种具闪锌矿型结构的二元化合物，其结构与金刚石类似。替代杂质掺杂后，既可取代 ⅢA 族原子，也可取代 VA 族原子，如图 7.4.4(a) 的字母 B 和 C。间隙杂质如果进入四面体间隙，则杂质原子周围的四个原子既可能都是 ⅢA 族，也可能都是 VA 族；如进入压扁的八面体空隙，周围 6 个原子的组合比较复杂。以下主要对砷化镓的掺杂作简要介绍。

(1) ns^1 构型的第 IA、IB 族金属，一般是受体杂质。Li 形成两个受体能级，Ag、Au 各形成一个受体能级，Cu 形成五个受体能级。

(2) ns^2 构型的第 ⅡA、ⅡB 族金属。它们比第三 ⅢA 族元素少一个价电子，有获得一个电子完成共价键的倾向。Be、Mg、Zn、Cd 等在砷化镓、磷化镓中引入四个浅受体能级。掺镁的砷化镓，是制造二极管和三极管的原料。掺锌或镉时，Ⅲ-V 化合物可转变成 p-型材料。

(3) ⅢA、VA 族。同族替代杂质，因价电子相同，取代晶体点上的同族原子后，基本上仍呈电中性。但因原子序数不同、原子共价半径和电负性的差异等，杂质能截获某种载流子而成为带电中心。这种带电中心称为等电子陷阱。同族元素，原子序数越小，电负性越大，越容易俘获电子而成为负电中心；相应地，原子序数越大，越容易俘获空穴而成为正电中心。引起等电子陷阱效应的杂质，可以是单杂质原子，也可以是双原子等络合物形式。如往磷化镓掺 ZnO 时，若锌、氧分别取代镓、磷，则会形成一个电中性的 Zn-O 结构。因氧的强电负性，Zn-O 结构容易俘获一个电子而带负电荷。

(4) 第 ⅣA 族元素，若取代 Ⅲ 族元素则形成供体杂质，若取代 V 族元素则形成受体杂质。若同时取代 Ⅲ 族原子和 V 族原子，那杂质是供体还是受体，与杂质浓度、掺杂条件等有关。这类现象称为双性行为。以往砷化镓中掺硅为例，低浓度时，硅取代镓是一个浅能级的供体杂质；较高浓度时，硅才逐渐取代砷成为受体杂质，从而降低了硅的供体效果。因此，掺硅无法改变砷化镓是 n-型材料的整体属性。除了硅，锗、锡在砷化镓也既能取代镓表现为浅能级的供体杂质，又能取代砷而表现为受体杂质，形成 n-型半导体材料。掺杂过程中，有时还会形成砷空位 V_{As}、镓空位 V_{Ga}。

(5) 第 ⅥA 族元素。O、S、Se、Te 比 V 族原子多一个价电子，但性质接近，常取代 V 族原子成供体杂质，所多出的价电子很容易失去，用于制备 n-型材料。

(6) 过渡元素。在砷化镓中，Cr、Mn、Co、Ni 等形成一个受体能级，Fe 形成两个受体能级。在磷化镓中，Cr、Fe、Co、Ni 等形成两个受体能级。

7.4.4　传导电子自旋共振，Dysonian 谱型

以单质或金属化合物构成的金属导体内，未配对电子以导电电子自由扩散于整个材料中，其运动过程分为横向扩散和纵向穿越两种形式。这类电子在外磁场中的共振，称为传导电子自旋共振，以区别于束缚电子的情形。电子在导体表面趋肤深度 δ (skin depth) 内的扩散时间 T_D 和扩散速率 v、平均路程 Λ 的关系是

$$T_D = \frac{3\delta^2}{2v\Lambda} = \frac{3c^2}{4\pi\sigma v\Lambda}\frac{1}{\omega_1} \tag{7.4.1}$$

其中，$\delta = c/\sqrt{2\pi\sigma\omega_0}$，$\sigma$ 是电导率，c 是光速。当微波频率 ω_1 固定时，δ 与电导率 σ 的平方根成反比，即电导率越大，δ 就越小 (读者若想深入了解趋肤效应和穿透深度，则需参考电动力学专著)。在金属中，$T_1 = T_2$，且 $T_D \leqslant T_T$，T_T 是电子横向穿越导体的时间。当 $T_D \gg T_2$ 时，其吸收谱呈洛伦兹型，$\Delta\omega = 2/T_2$；反之，$T_D < T_2$，吸收谱宽度 $\Delta\omega$ 将由 $2/T_2$ 变成了 $2/T_D$ (图 1.4.2)。

CESR 谱型首先由 Dyson 和 Feher 等在实验中发现并给予理论解释，故称为 Dysonian 谱型 [60,61]。根据材料的形状和电导率，主要分成三种不同的情况。

(1) 对于常见的如薄膜、块材或者粉末的样品，$T_T \geqslant T_D \geqslant T_2$，谱型是

$$f(\omega) = \left[\frac{\omega B_1^2}{4}(\delta A)\,\omega_0\chi_0 T_2\right]\left[\frac{1}{2}\frac{1 - T_2(\omega-\omega_0)}{1 + T_2^2(\omega-\omega_0)^2}\right] \tag{7.4.2}$$

其中，A 是样品表面积，χ_0 是磁化率，B_1 是微波磁场强度。图 7.4.6 展示由洛伦兹型逐渐变成 Dysonian 型的过程。这种变化趋势，在一阶微分谱中更为直观，即峰-谷间不复存在如图 1.4.1 中的左右和上下均对称的形状，参考图 7.4.7(a)。

(2) 当 $T_{\mathrm{T}} \geqslant T_2 \geqslant T_{\mathrm{D}}$ 时，谱型是

$$f(\omega)=\left[\frac{\omega B_1^2}{4}(\delta A)\,\omega_0\chi_0 T_2\right]\times\frac{\omega-\omega_0}{|\omega-\omega_0|}\left[\frac{T_{\mathrm{D}}}{T_2}\frac{\sqrt{1+\chi^2}-1}{1+\chi^2}\right]^{1/2} \tag{7.4.3}$$

其中，$\chi=(\omega-\omega_0)/T_2$。当 $T_{\mathrm{D}}/T_2\to 0$ 时，第二个方括号内的项可以省略。

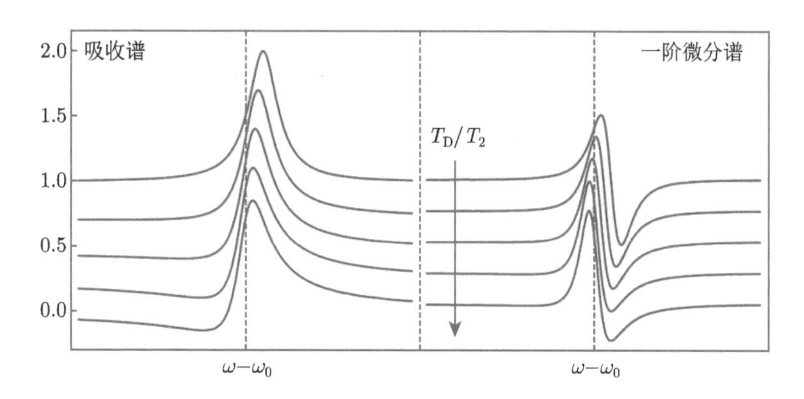

图 7.4.6 标准化 Dysonian 型的吸收谱和一阶微分谱随着 T_{D}/T_2 比值而发生变化的趋势。向下箭头表示 T_{D}/T_2 比值变化范围由 ∞ 到 0

(3) 实际的导体尺寸都很大，此时 $T_{\mathrm{T}} \gg T_{\mathrm{D}}$，且 $T_{\mathrm{T}} \gg T_2$，用 $R^2=T_{\mathrm{D}}/T_2$，谱型是

$$\begin{aligned}f(\omega)=&-\left[\frac{\omega B_1^2}{4}(\delta A)\,\omega_0\chi_0 T_2\right]\left(\frac{T_{\mathrm{D}}}{2T_2}\right)\\&\times\left\{\frac{R^4(\chi^2-1)+1-2\chi R^2}{[(\chi R^2-1)^2+R^4]^2}\left[\frac{2\xi}{R\sqrt{(1+\chi^2)}}+R^2(\chi+1)-3\right]\right.\\&\left.+\frac{2R^2(1-\chi R^2)}{[(\chi R^2-1)^2+R^4]^2}\left[\frac{2\eta}{R\sqrt{(1+\chi^2)}}+R^2(\chi-1)-3\right]\right\}\end{aligned} \tag{7.4.4}$$

其中，$R^2=T_{\mathrm{D}}/T_2$，$\eta=\left(\sqrt{1+\chi^2}+1\right)^{1/2}$，$\xi=\frac{\omega-\omega_0}{|\omega-\omega_0|}\left[\sqrt{1+\chi^2}-1\right]^{1/2}$。式 (7.4.4) 的负号“$-$”表明，相同材质的导体，尺寸越大，吸收峰会越窄，参考图 7.4.8。

7.4.5 传导电子自旋共振的应用

本节列举几个范例，简要介绍 CESR 的应用。CESR 信号最明显的特征是吸收谱不对称，常用如图 7.4.7(a) 所示的参数 A/B 描述。其中，金属导体、石墨、

碳纳米材料和半导体的研究报道非常多 [62−64]。感兴趣的读者，请以 “conduction electron spin resonance” 为关键字作文献检索。图 7.4.7(b) 展示金属锂、钠的 CESR 谱；锂因原子半径小，会形成仅 ∼1 G 窄的吸收峰 [65]。谐振腔是用导电最好的普通黄铜 (铜锌合金) 镀金制成的，在液氦温度如 10 K 以下用较大的微波功率扫描谐振腔背景时，也会检测到微弱的 CESR 信号 (图 2.3.2)。

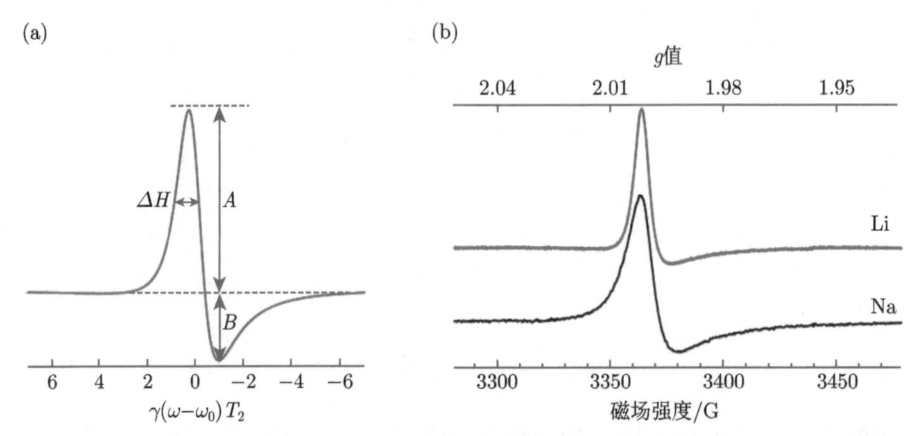

图 7.4.7 代表性的 CESR 理论谱 (a) 和金属锂、钠的 CESR 谱 (b)。CESR 信号最明显的特征是吸收谱不对称，常用参数 A/B 描述。不对称程度受样品大小、样品浓度、测试温度等多种因素影响。ΔH 是信号宽度。图 (b) 频率标准化成 9.426919 GHz，金属锂于室温、金属钠于 110 K 测试。图例由华东师范大学胡炳文教授提供，特此感谢

图 7.4.8 以不同尺寸的金属钾块材为例，说明谱型不对称程度与样品大小的相关性，并且验证上节相关的理论推导。当钾颗粒比较小时，导电电子的自由扩散空间有限，与束缚电子的可能离域空间相差无几，谱形呈比较对称的洛伦兹型；当钾颗粒直径增大时，导电电子自由运动的空间越大，不对称程度越明显；当钾颗粒尺寸非常大时，谱形不再发生明显变化，但明显收窄。这个变化趋势，与图 7.4.6 所示一阶微分谱的理论变化相一致。其他金属、导体的 CESR 谱，如铷、铯、铝、银等详见文献 [51, 66]。

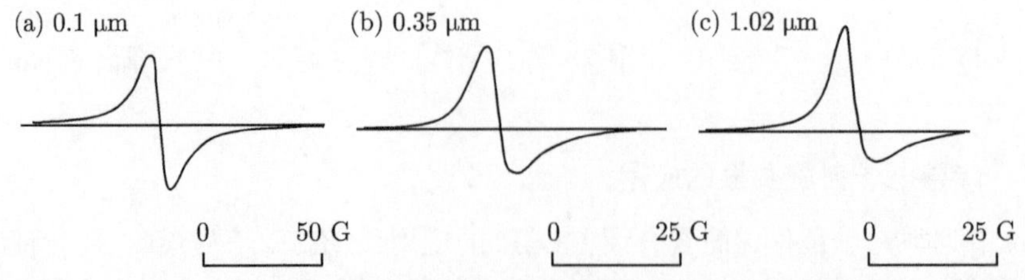

图 7.4.8 不同尺寸金属钾颗粒的 CESR 谱，9.248 GHz，4 K，图例引自文献 [67]

以无水醋酸钴作为钴盐，以次氮基三乙酸 (H_3Nta) 为有机配体合成的一种棒状的钴基配位聚合物 (r-CoHNta)，具有优异的循环稳定性和倍率性能，可用作锂离子电池的负极。图 7.4.9(a) 的低温实验表明 Co^{2+} 呈 $S = 3/2$ 高自旋态，具有 $g^{\text{eff}} \sim 4.3$ 的特征吸收峰。在引入碳黑作为导电添加剂后，随着放电过程中 Li^+ 的插入，形成以 g~2.07 为中心的、特征 Dysonian 谱型的 CESR 信号，这源自于 Co 3d-O 2p 杂化轨道的离域传导电子。该吸收峰随着测试温度从 2 K 提高到 70 K，信号强度明显减弱，在 300 K 室温时，强度几乎为零 (图 7.4.9(c))。当完全放电到 0.01 V 后，CESR 信号达到一个峰值，而高自旋 Co^{2+} ($g^{\text{eff}} \sim 4.3$) 的信号则变得非常弱。这表明，在放电过程中，高自旋 Co^{2+} 随着 Li^+ 的不断插入使束缚电子转变成导电电子，传导电子的释放对于 Li^+ 的不断插入而造成有效电荷的提升具有重要的平衡作用。随着充电的进行，高自旋 Co^{2+} 的 EPR 信号又逐渐恢复，CESR 信号减弱 (0.99c)。完全充电到 3.0 V 时，CESR 信号几乎为零，这表明聚合物 r-CoHNta 的 Li^+ 嵌入/脱出过程具有很好的可逆性。

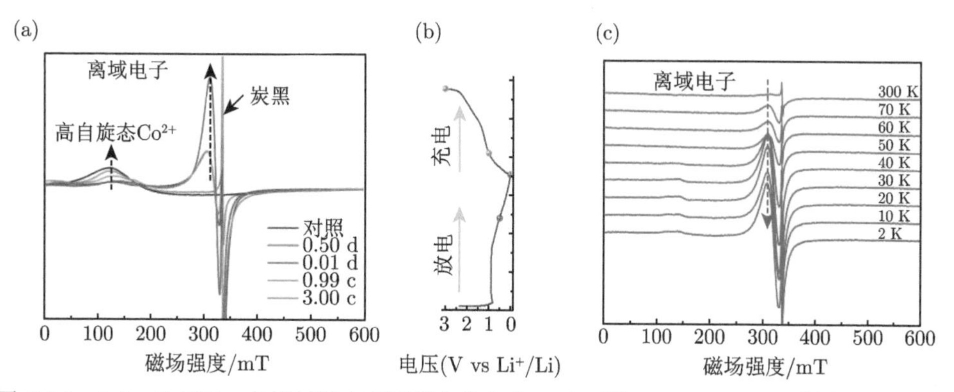

图 7.4.9 (a) r-CoHNta 负极材料在不同荷电状态 (SOC) 下的 9.426919 GHz 谱图 (2 K)；(b) 对应的 100 mA/g 电流密度下的电化学曲线；(c) 完全放电态的 r-CoHNta 样品在不同温度下的 EPR 谱。导电添加剂炭黑具有特征的类似无定型碳的 EPR 谱。图例由华东师范大学胡炳文课题组提供，特此感谢，文献请参考 [68]

7.4.6 固体缺陷

缺陷，就是对理想状态的偏离。缺陷的性质和缺陷之间的相互作用，影响着材料的性质，有时需要避免缺陷，有时却需要人为引入缺陷。缺陷的分类五花八门，有基于几何形态的，有基于热力学的，有基于来源的，有基于晶体组成的。以几何形态分类，分成点 (零维)、线 (一维)、面 (二维)、体 (三维) 缺陷。以热力学分类，分平衡态的可逆缺陷和非平衡态的不可逆缺陷。按来源分类，有热缺陷，掺杂缺陷，与环境介质交换引起的缺陷，外部作用 (如机械、辐射损伤等) 引起的缺陷。

基于晶体组成，如热运动引起晶体本身的本征缺陷 (native or intrinsic defects，又称结构缺陷)，以及外来杂质引起的非本征缺陷 (又称杂质缺陷或化学缺陷)。

在离子化合物中，离子间的相互作用主要是静电引力作用，正负离子的电负性差别很大，掺杂的主要影响因素取决于掺杂离子与其所替代的离子的电负性关系。一般地，杂质离子应当进入与其电负性相近的离子的格位而形成替代杂质缺陷，即金属杂质离子占据晶格中原来金属离子的位置，非金属离子占据原来晶格中非金属离子所占据的位置。

7.4.6.1 缺陷分类

以下简要介绍基于几何形态的缺陷分类。

A. 点缺陷 (point defects)

这种缺陷在各个方向上的延伸都很小，发生在一个原子尺寸范围的晶格缺陷，在晶体中呈随机、无序的分布状态。又可以分为原子性缺陷、电子缺陷等。

(1) 空位 (用 vacancy 的首写字母 V 表示)，包括格点空位、点阵空位，即在正常晶格格位上失去了原子。

(2) 填隙原子，即填充在正常晶格间隙的原子，又称间隙原子。

(3) 错位原子，一种类型的原子占据正常情况应为另种原子所占据的格位，即原子错位。

(4) 杂质原子，通过掺杂引入外来的、非晶体固有的原子，形成填隙原子或替代原子，详见上文。

(5) 电子缺陷 (金属除外)，如图 7.4.2(b) 所示，一部分电子从价带被激发到导带，使原先没有电子的导带具有电子载流子和使价带具有空穴载流子。这一类电子和空穴，也是一种缺陷。

B. 线缺陷

晶体中沿着某一条线附近的原子排列偏离了理想的晶体点阵结构，从而在一维方向上构成一定尺度的缺陷。这种缺陷，只在一个方向上延伸，故称为一维缺陷。

C. 面缺陷

这种缺陷是晶体内部偏离周期性点阵结构的二维缺陷，它在二维方向上构成了一定尺度的结构偏离，如表面、界面、晶界、相界、电畴 (极化方向一致的区域)、磁畴 (磁化方向一致的区域) 等，都是面缺陷。

D. 体缺陷

这种缺陷是在三维方向上的相对尺寸都较大的缺陷，如沉淀相、空洞 (气泡、气孔)、畴 (电畴、磁畴、其他结构畴)、有序-无序区、镶嵌结构等。

上述这些缺陷中，点缺陷是最基本的结构缺陷，普遍存在于晶体材料中，也是对材料物理和化学性质影响最大的缺陷，是缺陷研究的重点。

7.4.6.2 点缺陷的形成

点缺陷根据形成机理，分成热缺陷、掺杂缺陷、非化学计量缺陷 (详见 7.4.7 节) 三种类型。其中，掺杂缺陷已在前面数小节详细描述，在此不再展开。以下只对热缺陷作简要介绍。

在 0 K，晶体中原子只在格位上作谐振子运动。当温度升高到一定范围时，原子会离开格位作运动，从而形成缺陷。这种热缺陷是指由构成晶体的原子偏离原有格位所形成的空位缺陷、间隙缺陷或错位缺陷等。当晶体表面晶格的原子蒸发到晶体表面时，占据正常的格位，形成一个新的原子层，邻近原子占据其走后留下的空位，由于热运动，这种依次替代的占据 (如图 7.4.10(a) 原子的移动路线 a)，最终使这个空位在晶体内部固定下来。这种只出现空位的缺陷，称为 Schottky 缺陷。

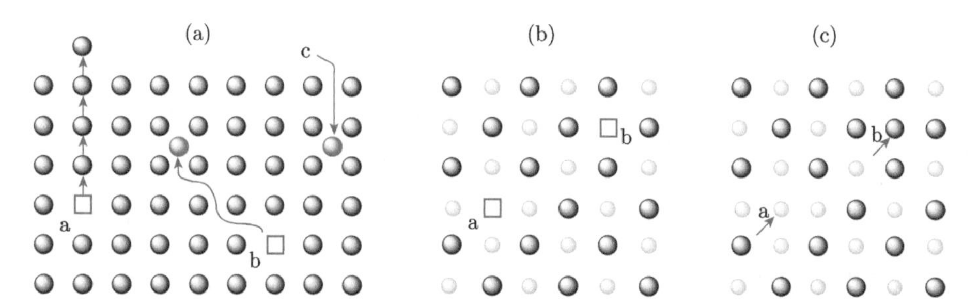

图 7.4.10 图 3.2 热缺陷的形成过程及类型的平面示意图。(a) a，只形成空位的 Schottky 缺陷；b，空位与间隙原子成对形成的 Frenkel 缺陷；c，只有填隙原子的 Frenkel 缺陷。(b) 摩尔比 1:1 二元离子晶体中阴、阳离子空位。(c) 摩尔比 1:1 二元离子晶体中阴、阳离子错位排位。(b) 和 (c) 中的灰黑球和灰白球分别表示离子晶体的阴、阳离子的格位

当原子脱离格位进入附近的间隙时，其原来格位将变成一个空位，该原子在失去能量后被束缚，形成填隙原子 (如图 7.4.10(a) 原子的移动路线 b)。这种空位和填隙原子成对出现的缺陷，称为 Frenkel 缺陷。当晶体表面的原子由于热运动进入邻近的间隙位置时，形成固定的填隙原子 (如图 7.4.10(a) 原子的移动路线 c)。此时，晶体内部只有填隙原子一种缺陷，这类缺陷也被称为 Frenkel 缺陷。在离子晶体中，正、负离子空位总是成对出现 (图 7.4.10(b))，以保持固体的整体电中性。

对于单质，要在晶格间隙中挤入一个同样大小的原子是十分困难的，因此，单质晶体中形成的 Frenkel 缺陷数量要远少于 Schottky 缺陷。金属及合金为了控

制其缺陷浓度而采取的热处理办法是淬火和退火。淬火 (quenching) 是指将高温的金属或合金突然放入冷却液 (常为热容大的耐高温液体) 中，使晶体骤冷下来，这样能保持金属或合金的高温构型和相态，因而保留了其高温时的高浓度热缺陷。退火 (annealing) 则是指将高温的合金或金属在一定温度下保温平衡，再逐步降低温度保温平衡，一直让其在近乎平衡条件下变到低温。这样使金属或合金得到其低温构型或相态，也就是具有较低浓度的热缺陷。

在化合物晶体中 A 原子占据 B 原子位置，记为 A_B，B 原子占据 A 原子位置，记为 B_A，这种缺陷称为错位 (misplaced atoms)，如图 7.4.10(c) 所示。这两种错位原子的数目相等，相应的缺陷称为错位缺陷或反结构缺陷 (antistructure disorder)。

另外一种常用的引入缺陷的方法是 X 射线、^{60}Co 的 γ 射线、中子、紫外线等辐射，如 X 射线辐照可以使原子从原来的格位发生偏离，γ 射线、紫外线可以打断某些化学键而引入电子缺陷。辐射后，需要处理好是淬火还是退火的处理过程。X 射线辐照，还会造成还原反应，详见 6.1 节。

7.4.6.3　点缺陷的荷电

带电缺陷的电荷数用有效电荷表示，即缺陷的实际电荷数减去其所占正常格位的电荷数。它是相对于正常格位的相对电荷，不一定是缺陷携带的实际电荷。如，单质，正常格位上的原子不带电，带电的替代杂质的有效电荷就是该杂质离子的实际电荷。

化合物缺陷的荷电，以 NaCl 为例，作说明。NaCl 晶体中，正常格位上 Na、Cl 的实际电荷分别是 +1 和 −1，而钠和氯离子的空位 V_{Na}、V_{Cl}，空位上没有离子，实际电荷为 0。V_{Na} 空位的有效电荷是 $0-(+1)=-1$，V_{Cl} 空位的有效电荷是 $0-(-1)=+1$。

不同价态离子之间的替代会形成除离子空位以外的又一种带电缺陷。如，Ca^{2+} 进入 NaCl 晶体而取代 Na^+，就将产生带一个正电荷的替代缺陷 $Ca_{Na}^{\cdot}$ (“·” 表示正电荷)。又如，Ca^{2+} 进入 ZrO_2 晶体取代 Zr^{4+}，将形成带两个负电荷的替代缺陷 $Ca_{Cr}^{\prime\prime}$(“′” 及其数量表示负电荷及其电荷数)。相同化合价的替代，用 “×” 表示 0，如 $Ca_{Mg}^{\times}$、$K_{Na}^{\times}$ 等。

7.4.7　金属氧化物的点缺陷化学

氧化物具有熔点高、硬度大、重量轻、强度大、介电性好、热导率低、化学稳定性佳等优良性质，除了作为绝缘材料、隔热材料、耐磨材料、耐高温材料等普通的工程材料以外，还作为电子材料、磁性材料、光学材料、氧化物半导体材料、氧化物超导材料、化工常用的金属氧化物催化剂、各种 (热、压、气、湿) 敏感材料等特殊的功能材料。类似地，还有硫化物、氮化物等。许多氧化物、硫化物、氮化物 (包括由两种或两种以上氧化物组成的复合氧化物)，既可以作为 n-或 p-型半导体材料 (详见表 7.4.1)，应用于电子学、光学等物理和电子技术领域，又可作为重要的催化剂，广泛应用于化学和化工等领域 (表 7.4.2)。感兴趣的读者，参考半导体光电化学方面的文献和专著。

表 7.4.1 常见的不同半导体类型的氧化物、硫化物、氮化物等

分类	氧化物、硫化物、氮化物等
n-型半导体	BeO，MgO，CaO，SrO，BaO，BaS，ScN，CeO_2，ThO，UO_3，TiO_2，TiS_2，TiN，ZrO_2，V_2O_5，VN，Nb_2O_5，Ta_2O_5，Cr_2S_3，MoO_3，WO_3，WS_2，MnO_2，Fe_2O_3，$MgFe_2O_4$，$ZnFe_2O_4$，$ZnCo_2O_4$，ZnO，CdO，CdS，HgS，Al_2O_3，$CuAl_2O_4$，$MgAl_2O_4$，$ZnAl_2O_4$，SiO_2，SnO_2，PbO_2，Cs_2Se，CdSe
p-型半导体	UO_2,Cr_2O_3(<1250°C),$MgCo_2O_4$,$FeCo_2O_4$,$CoCo_2O_4$,$ZnCo_2O_4$，MoS_2，MnO，Mn_3O_4，Mn_2O_3，FeO，NiO，NiS，CoO，PdO，Cu_2O，Cu_2S，Ag_2O，$CoAl_2O_4$,，$NiAl_2O_4$，Ti_2S，SnO，SnS，Sb_2S_3
两性导体 (电子导体和离子导体)	TiO，Ti_2O_3，VO，Cr_2O_3 (>1250°C)，MoO_2，FeS_2，RuO_2，PbS

表 7.4.2 代表性的氧化物、硫化物、氮化物等催化剂及其所催化的反应

反应类型	常用催化剂
加氢	ZnO，CuO，Cr_2O_3，NiO，MoS_2，WS_2
脱氢	Cr_2O_3，Fe_2O_3，ZnO，Co_3O_4，NiO，CuO，Cu_2O，V_2O_3，Fe_3O_4
氧化	V_2O_5，MoS_2，CuO，Co_2O_4
氨氧化	MoO_3，Fe_2O_3，Co_2O_3
羟基化	$Co_2(CO)_8$，$Ni(CO)_4$，$Fe(CO)_6$
烷基化	H_3PO_4/硅藻土，SiO_2-Al_2O_3，沸石分子筛
裂解	SiO_2-Al_2SO_3，SiO_2-MgO，沸石分子筛
聚合	CrO_3，MoO_2，Nb_2O_5

金属氧化物分成化学计量氧化物和非化学计量氧化物两大类。判断依据比较简单，对于完整化学式为 M_xO_y 的氧化物，若晶体中所有金属离子与氧离子的摩尔比正好是 x:y，则该氧合物符合化学计量；若摩尔比偏离这种计量比例，那么该氧化物是不符合化学计量的，可用 $M_{1-x}O$ 表示，$0 < x < 1$ (x 称为非化学计量偏离度)。一些化学计量氧化物如 ZnO、Fe_3O_4、Co_3O_4 等，是本征半导体。

在化学计量的氧化物 MO 中，缺陷的最大特征是成对形成，以维持 MO 中 M 和 O 的比例及电中性，主要形式有：① 原子错位 (O_M+M_O)；② 间隙原子 (M_I+O_I)；③ 正负离子空位 (V_M+V_O)；④ 同类原子的空位与间隙 (V_O+O_I) 或 (V_M+V_I)；⑤ 同类原子的空位和错位 (V_O+O_M) 或 (V_M+M_O)；⑥ 错位原子与间隙 (M_O+O_I)。这些缺陷主要是由热运动引起的。

非计量氧化物 $M_{1-x}O$ 的偏离度 x，既可以是氧负离子不足或过剩引起的，也可以是由正离子不足或过剩造成的。因此，在非计量氧化物中的缺陷主要是晶格中的氧缺陷或金属缺陷，据此将该类氧化物分为负离子缺陷氧化物 (氧不足或剩余)、正离子缺陷氧化物 (金属离子不足或过剩)、同时存在正负离子的氧化物。这些缺陷，在氧化物中形成以电子、空穴或离子为载流子的半导体 (表 7.4.1)。① n-型氧化物半导体，以电子为主要的载流子，有金属过剩型 ($M_{1+x}O$) 和氧不足型 (MO_{1-x}) 两类，前者缺陷以 M_I 为主 (如 ZnO)，后者缺陷以 V_O 为主 (如 TiO)。有些 n-型氧化物半导体兼具离子导体。② p-型氧化物半导体，以空穴为主要载流子，有金属不足型 ($M_{1-x}O$) 和氧过剩型 (MO_{1+x}) 两类，前者缺陷以 V_M 为主 (如 NiO)，后者缺陷以 O_I 为主，但因 O^{2-} 的离子半径 (140 pm) 比 M 大 (过渡元素的离子半径是 60~90 pm) 而难以形成。随着氧分压的增加，氧不足型 (MO_{1-x}) 可以转变成氧过剩型 (MO_{1+x})。因此，根据不同的氧分压或其他还原气氛，制备不同的非计量氧化物。在制备过程，如果使用小分子有机酸等处理，也会产生类似的效果。

一般地，在空气中加热时，n-型氧化物容易失去氧而使金属离子发生还原，p-型氧化物容易得到氧而使金属离子发生氧化。在催化过程中，n-型氧化物提供电子，适用于催化加氢、脱氢类型的反应，p-型氧化物适用于催化氧化类型的反应。当使用这些催化剂时，还需要留意导电电子是否会起到电解反应的效果。

金属氧化物缺陷的形成机理，比较复杂。以下以常见的 TiO_2 为例，分还原气氛和氧气气氛两种情况，作一简要介绍。在还原气氛加热时，TiO_2 失去部分氧，形成 TiO_{2-x}，完整反应式如下，

$$2TiO_2 \xrightarrow{\Delta} Ti_2O_3 + V_O + \frac{1}{2}O_2\uparrow$$

即晶体中的氧以电中性的氧分子形式从 TiO_2 中逸出，形成一个氧空位 V_O，如图 7.4.11 所示。氧空位的形成过程，也是两个 Ti—O 键均裂的过程。该键是离子键，Ti^{4+} 和 O^{2-}。断裂时，形成 O_2 所需的两个 O^{2-}，各失去两个电子。这两个电子既可能被两个 Ti^{4+} 获得而被还原成 Ti^{3+}，也可能以传导电子形式进入晶体的其他部位而形成电子缺陷。在较高氧分压的气氛 (如空气) 中加热时，使 TiO_2 变成氧过剩型 TiO_{1+x}。此时, 之前形成的 Ti^{3+} 又会氧化成 Ti^{4+}，仅形成氧空位 V_O (图 7.4.12(a)) 和 (或) 氧阴离子自由基 $O_2^{-\cdot}$；已进入晶体其他部位的导电电子也可能被 O_2 截获，形成 $O_2^{-\cdot}$。

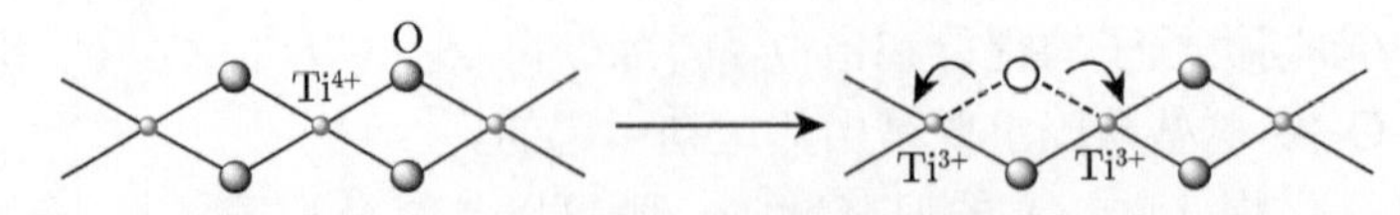

图 7.4.11 还原气氛中，加热使 TiO_2 失去部分氧而形成氧空位 V_O 的示意图

因此，金属氧化物 M_xO_y 在不同气氛下煅烧诱导点缺陷时，会形成不同的缺陷。如还原的金属离子，氧空位 V_O、$O_2^{-\cdot}$，金属离子空位 V_M、O^-(参考图 4.2.2) 等顺磁中心。其中，O^- 非常活泼，不容易被囚禁而稳定下来。如图 7.4.12(b) 所示，加热 WO_3 时可能同时诱导形成 W^{5+}、V_O、$O_2^{-\cdot}$ 等三种不同缺陷。与此类似的是 MoO_3 等氧化物。空位、ns^{1+} 构型的离子、立方对称的离子 (如将 Cr^{3+}、Mn^{2+} 等离子掺到 MgO、CaO 中) 等缺陷的特征 EPR 谱，在 X-波段谱图几乎都呈各向同性。当这些缺陷浓度比较高 (如超过 0.1%，摩尔比) 时，缺陷之间会相互作用，导致谱图展宽或变窄。有时，这些顺磁中心浓度会比较低，需要较低的测试温度提高分辨率。

图 7.4.12 示意，不同金属氧化物中 V_O 的 g_{iso} 因子略有差别。① 某些金属氧化物就只有氧空位，如 CaO、MgO 等碱土金属氧化物，$g_{iso} \sim 2.00 \pm 0.003$。② 同时存在阴、阳离子空位 V_O、V_M，二者的 g_{V_O}、g_{V_M} 是不会一样的，这两种空位间的库仑作用、偶极作用等相互作用，从而形成一个有效的空穴吸收峰，g 因子偏小，即向高场偏离。如果氧化物本身是 n-或 p-型半导体，那么情况会更加复杂。为了区分这些空位，常常将电荷一起标注上，以氧空位为例，V_O^0 表示容易形成的常规缺陷，V_O^+ 表示需光激发才能形成的离子化的氧空位 V_O^+ (即空穴，或浅层供体提供的定域在价带内的电离电子)，V_O^{2+} 表示电荷补偿空穴等 [69]。例如，n-型半导体的 ZnO，供体-受体重组会形成光激发的 V_O^+，其 EPR 的特征是 $g_{iso} \sim 1.956$，如图 7.4.12(a) 所示 [69−73]；而 V_O 与电子重组则形成了以 $g \sim 2.01$ 为中心的各向异性信号。它们在随后的暗处理中均发生衰减，具有光诱导和暗衰减的显著动力学特征。但是，这两个信号，在某些样品能稳定存在，即使在氧气气氛中。若同时形成 O^-，需在液氦温度下作检测，参考图 4.2.2。

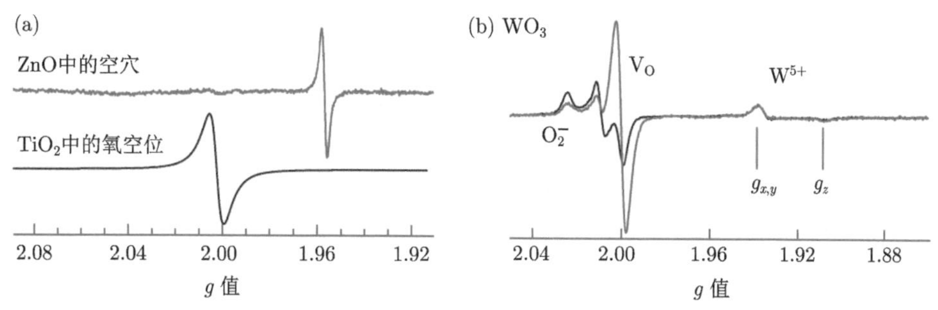

图 7.4.12 (a) 紫外辐照 ZnO 而形成的空穴信号和 TiO_2 中的氧空位 (空气气氛中 300 ℃ 煅烧 2 h 制备而成)，已标准化；(b) WO_3 中的 W^{5+}、V_O、$O_2^{-\cdot}$ 等三种缺陷，样品是在空气气氛中 700 ℃ 煅烧 5 h 而成。其中，空穴实验由中国科学院大连化学物理研究所韩洪宪研究员提供，特此感谢

对于金属氧化物 M_xO_y 缺陷在晶体中的空间分布，是催化剂和化工领域所关注的问题。这个甄别过程，需要结合氧化还原反应，以下以锌改性 ZSM-5 分子

筛为例 [74,75]。在真空将锌升华至 ZSM-5 分子筛上时，会形成非常活泼的 Zn^{1+} (图 7.4.13(a) 的对照)，它很容易被痕量的氧气氧化为 Zn^{2+}，后者变成 $O_2^{-\cdot}$。在 0.5 kPa 的纯氧气氛中，$O_2^{-\cdot}$ 与三重态的 O_2 发生海森堡交换作用而难以被探测 (图 7.4.13(a) 的 5~25 min)。因此需要除去过量的氧气，才可以检测到 $O_2^{-\cdot}$ 的特征 EPR 谱，如图 7.4.13(a) 的 40 min，就是将氧气抽走后所观测到的结果，它还表明 O_2 可以深入至分子筛的各处空隙中。于真空条件下静置两小时，这个时候分子筛 Zn-ZSM-5 中仍然存在强、弱两种不同吸附状态的 $O_2^{-\cdot}$ 的信号 (图 7.4.13(c) 的对照)。然后，再通入 0.5 kPa 还原气氛 CO 并定时扫谱。从图 7.4.13(c) 的 0~90 min 的谱图中，可发现弱吸附 $O_2^{-\cdot}$ 的信号很快消失和 Zn^{1+} 信号的少量恢复，这表明 Zn^{2+} 能较快地被 CO 还原成 Zn^{1+}，强吸附 $O_2^{-\cdot}$ 的 EPR 谱强度减小较缓慢。大约经 CO 处理两小时后，Zn^{1+} 的 EPR 信号强度达到最大值，但强吸附 $O_2^{-\cdot}$ 的信号没有完全消失。这表明 Zn-ZSM-5 中，$O_2^{-\cdot}$ 可分成功能性结构和组成性结构两种不同的缺陷形式，Zn^{1+} 和 Zn^{2+} 分别对 O_2 和 CO 敏感，但氧化反应更快。这表明升华掺杂时，半径较大的 Zn 原子主要分布于分子筛孔隙的内、外表面，能被 O_2 和 CO 等小分子所触及 [74,75]。

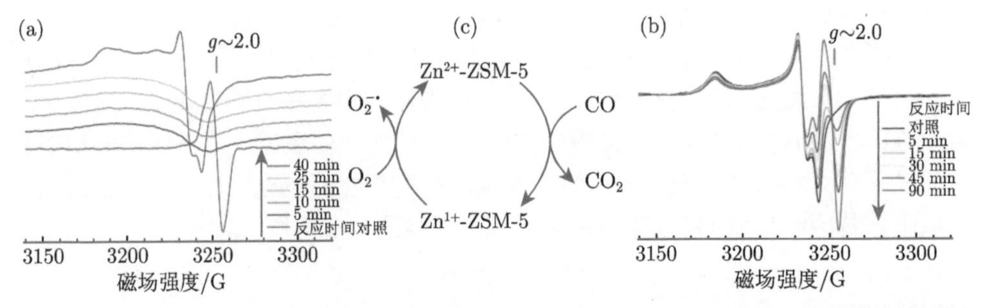

图 7.4.13　室温下，沸石分子筛 Zn-ZSM-5 在 O_2 气氛 (a) 和 CO 气氛 (b) 的氧化及还原动力学过程 (c)，9.078 GHz，详见文献 [74, 75]

由顺磁性原子构成的过渡金属氧化物，如 VO_2、VN、MnO_2、Fe_2O_3、Fe_3O_4 等，过渡离子间会通过氧桥等阴离子发生交换作用，形成一个 $S_{\mathrm{eff}} = 0$ 的反铁磁的 EPR 沉默基态，故往往没有信号。如图 4.4.2 所示，VO_2 基底并没有明显的源自 V^{4+}($3d^1$ 构型) 的信号；热处理形成点缺陷后，即一部分基底钒离子被还原变成 V^{3+}($3d^2$ 构型)，V^{3+} 与相邻的一个 V^{4+} 发生铁磁耦合，形成 $S = 3/2$ 的高自旋交换耦合态。过渡离子的价态改变，可进一步反映该离子变成点缺陷前、后的周围环境差异。

图 7.4.14(a) 展示了 Fe_3O_4 粉末的室温 EPR 谱。在 Fe_3O_4 中，Fe^{2+}($3d^6$ 构型，$S = 2$) 与 Fe^{3+} 之间形成铁磁耦合，无数个铁离子间的交换作用造成一个以

$g \sim 2.44$ 为中心的大包络吸收峰。仔细分析，这个吸收峰略微呈 Dysonian 型，不对称度 $A/B \sim 1.4$，这与 Fe_3O_4 是 n-型半导体的性质相一致。因此，作为常用的、催化醇和酚氧化成醛的催化剂，Fe_3O_4 自然地兼具电解的催化能力，如将甲醇电解成 $^{\cdot}OCH_3$ 和 $H^{\cdot}$，$H^{\cdot}$ 能迅速地扩散到 Fe_3O_4 基底内部，而 $^{\cdot}OCH_3$ 可被 DMPO 等捕获剂所俘获。类似的现象，也存在于其他光催化半导体所引起的反应中。在 Fe_2O_3 中，绝大多数 $Fe^{3+}(3d^5$ 构型，$S = 5/2)$ 通过氧桥形成反铁磁耦合的 $S_{\text{eff}} = 0$ 的基态，且与第一激发态的能级间隔比较大，呈 EPR 沉默态 (详见 4.5 节)。

基于硅-氧化合物的硅藻土、沸石、沸石分子筛等因化学结构非常牢固，常用来作为催化剂载体。用 γ 射线、中子等辐照处理时，能形成顺磁性的无定型硅和氧空位 V_O，特征谱如图 7.4.14(b) 所示，硅的信号略呈各向异性，与半导体硅中心的谱形类似。

对金属氧化物、硫化物等作掺杂时，也会像上文一样，合成一些化学性质非常不稳定的携带一定荷电的原子，并形成相关的原子结构的研究，其磁性参考 1.2.5 节。

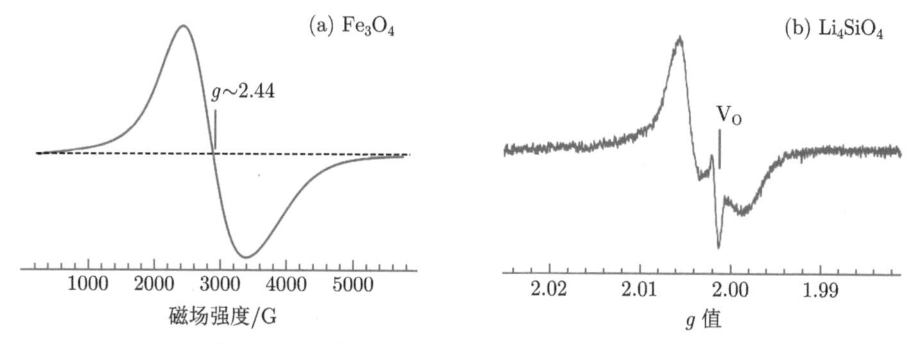

图 7.4.14 (a) Fe_3O_4 的室温粉末谱，9.853 GHz，或参考文献 [76, 77]。(b) 辐照 Li_4SiO_4 陶瓷小球的低温谱，9.38 GHz，10 K；氧空位 V_O 的吸收峰非常窄，无定型硅的吸收峰比较宽，且上、下不对称

7.4.8 点缺陷的缔合和色心

当点缺陷的浓度比较大或者相邻时，彼此间相互作用形成二重、三重、··· 等缔合体。缺陷的两两缔合有替代杂质与空位、空位与空位、替代杂质与间隙原子等形式；三个以上的缔合就愈加复杂了，如形成缺陷簇、结构切变、微畴等复合缺陷。其中，使无色透明的晶体赋上各种颜色的缔合点缺陷是色心 (color ceter)。它是由带电点缺陷所产生的电荷中心将电子或空穴束缚在其周围，这些束缚电子或空穴能吸收可见光而在束缚态之间发生跃迁，使晶体呈现出不同颜色。以下简要介绍 F、V 两种色心。

F 心，(F，Farbe，德语，“颜色”)，是一个负离子空位束缚一个电子，或者凡是自由电子陷落在负离子空位中而形成的缺陷都是 F 色心。这种负离子空位俘获的电子很类似于金属能带中的自由电子，可以导电，故称作准自由电子 (quasi-free electron)，属于 n-型半导体。如，NaCl 晶体在钠蒸气中加热后快速冷却，使晶体中的钠离子数多于氯离子而产生 V_{Cl} 空位，该空位俘获电子而形成负离子空位与电子缔合而成的缺陷。该色心使得原来透明的 NaCl 晶体赋上了黄橙色。类似地，KCl 晶体在钾蒸气中加热后迅速冷却变为黄褐色，TiO_2 在还原气氛下由黄色变为灰黑色，也是由于形成了这种 F 心。将 KCl 晶体在 Na 蒸气中处理出现 F_A 心，即 F 心的 6 个最近邻离子中的某一个 K 被一个外来的 Na 或其他金属离子所代换。当 F 心俘获一个电子时，用 F′ 表示。金刚石的发光点缺陷氮空位色心 (又称 NV 色心，nitrogen-vacancy color center) 是由两个点缺陷缔合而成 $S = 1$ 的 F 心 [78,79]。其中，一个是氮原子掺杂取代原来的碳原子，另一个是与氮原子相邻的一个空位 V (图 7.4.15(a))。与氧空位 V_O 一样，NV 色心根据电荷，也分成 NV^+、NV^0、NV^- 三种结构类型。基于金刚石 NV 色心的 ODMR 原理和应用，详见本书的后续姊妹篇——《单自旋量子信息物理学》，在此不赘述。

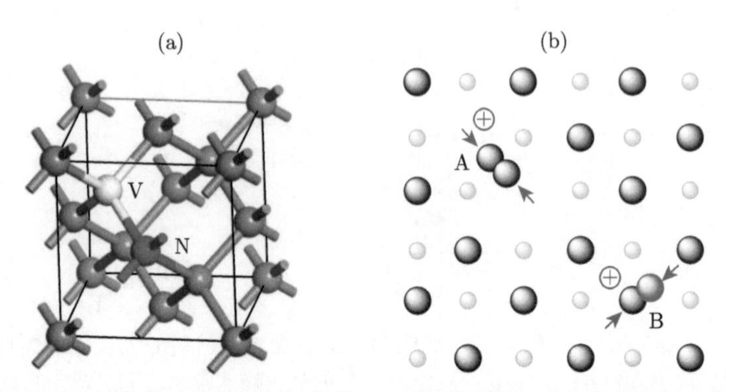

图 7.4.15　金刚石 NV 色心 (a) 和 NaCl 晶体 Cl_2^-(b) 的结构。(a) 白色球是一个空位 V，蓝色球是取代碳的 N 原子，灰色球是碳原子。(b) 灰色、白色球分别表示 Cl^-、Na^+，间隙原子用蓝色球表示，⊕ 表示空穴，V 心的 Cl_2^- 自由基由两个格位氯原子构成 (标为 A)，或由格位和间隙氯原子构成 (B)

V 心 (violet center)，是正离子空位束缚一个空穴。如将碱卤晶体在卤素蒸气中加热后骤冷至室温，会导致卤素原子的过剩，在晶体中出现正离子的空位，形成负电中心，并束缚邻近负离子的空穴。V 心的吸收带在紫外区域，根据空穴的数目，分成 V_1、V_2、$\cdots$。用电离辐射 (如 γ 射线、β 射线等) 处理 KCl 晶体时，正常格位上的 Cl^- 可以俘获一个空穴，形成氯原子 Cl^0 (反应式是 $Cl^- + h^+ = Cl^0$)，然后再与相邻格位的 Cl^- 结合成阴离子自由基 Cl_2^-。这个 Cl_2^- 自由基，也可以分别由一个间隙的 Cl 和一个正常格位上的 Cl 构成，如图 7.4.15(b) 所示。前文提到的化学性质非常活泼的 O^- 自由基，都是用 X 射线辐照 MgO、KCl 等晶体而被囚禁，它的等效反应式是 $O^{2-} + h^+ \xlongequal{\quad} O^-$。V 心 Cl_2^- 自由基的轨道能级，如图 4.2.5 所示，各向异性明显，$g_x \sim 2.0428$、$g_y \sim 2.0447$、$g_z \sim 2.010$[80]。

综上所述，点缺陷的特征和缺陷对周围晶格的灵敏反映，是我们深入研究物质和材料微观结构的重要手段之一。

参考文献

本章参考的主要专著和教材：

* 详见专著和数据库目录

刘恩科，朱秉升，罗晋生. 半导体物理学. 7 版. 北京：电子工业出版社，2010.

刘培生. 晶体点缺陷基础. 北京：科学出版社，2010.

Smyth D M. 金属氧化物中的缺陷化学 (The Defect Chemistry of Metal Oxides). 西安：西安交通大学出版社，2006.

Abragam A, Bleaney B. Electron Paramagnetic Resonance of Transition Ions. Oxford: Oxford University Press, 2012.

Box H C. Radiation Effects: ESR and ENDOR Analysis. New York: Academic Press, 1977.

Brustolon M, Giamello E. Electron Paramagnetic Resonance: A Practitioners Toolkit. Hoboken: John Wiley & Sons, 2009.

Dyakonov M I. Spin Physics in Semiconductors. 2nd ed. Cham: Springer, 2017.

Hagen W R. Biomolecular EPR Spectroscopy. Boca Raton: CRC Press, 2008.

Jupille J, Thornton G(eds). Defects at Oxide Surfaces. Cham: Springer, 2015.

King R B, Crabtree R H, Lukehart C M, Atwood D A, Scott R A. Encyclopedia of Inorganic Chemistry. 2nd ed. New York: John Wiley & Sons, 2006.

Lund A, Shiotani M. Applications of EPR in Radiation Research. Cham: Springer, 2014.

Mabbs F E, Collison D. Electron Paramagnetic Resonance of d Transition Metal Compounds. Amsterdam: Elsevier, 1992.

McCluskey M D, Haller E E. Dopants and Defects in Semiconductors. 2nd ed. Boca Raton: CRC Press, 2018.

Pilbrow J R. Transition Ion Electron Paramagnetic Resonance. Oxford: Oxford University Press, 1990.

Poole C P, Farach H A. Handbook of Electron Spin Resonance. New York: American Institute of Physics, 1994.

Poole C P. Electron Spin Resonance: A Comprehensive Treatise on Experimental Techniques. 2nd ed. New York: John Wiley & Sons, 1983.

Shukla A K. Eleectron Spin Resonance in Food Science. London: Academic Press, 2017.

Spaeth J M, Niklas J R, Bartram R H. Structural Analysis of Point Defects in Solids: An Introduction to Multiple Magnetic Resonance Spectroscopy. Berlin: Springer-Verlag, 1992.

Spaeth J M, Overhof H. Point Defects in Semiconductors and Insulators: Determination of Atomic and Electronic Structure from Paramagnetic Hyperfine Interactions. Berlin: Springer-Verlag, 2003.

Stehr J, Buyanova I, Chen W. Defects in Advanced Electronic Materials and Novel Low Dimensional Structures. Duxford: Elsevier, 2018.

Tilley R J D, Defects In Solids. Hoboken: John Wiley & Sons, 2008.

主要参考文献：

[1] RIEGER P H. Electron paramagnetic resonance studies of low-spin d^5 transition metal complexes [J]. Coordination Chemistry Reviews, 1994, 135-136: 203-286.

[2] SCEPANIAK J J, VOGEL C S, KHUSNIYAROV M M, et al. Synthesis, structure, and reactivity of an iron(V) nitride [J]. Science, 2011, 331(6020): 1049-1052.

[3] TIAGO D E, OLIVEIRA F, CHANDA A, BANERJEE D, et al. Chemical and spectroscopic evidence for an Fe^V-oxo complex [J]. Science, 2007, 315(5813): 835-838.

[4] KOSEKI S, MATSUNAGA N, ASADA T, et al. Spin-orbit coupling constants in atoms and ions of transition elements: comparison of effective core potentials, model core potentials, and all-electron methods [J]. Journal of Physical Chemistry A, 2019, 123(12): 2325-2339.

[5] DUNN T M. Spin-orbit coupling in the first and second transition series [J]. Transactions of the Faraday Society, 1961, 57: 1441-1444.

[6] BENDIX J, BRORSON M, SCHAFFER C E. Accurate empirical spin-orbit coupling parameters ξ_{nd} for gaseous ndq transition metal ions. The parametrical multiplet term model [J]. Inorganic Chemistry, 1993, 32(13): 2838-2849.

[7] DEBLON S, LIESUM L, HARMER J, et al. High-resolution EPR spectroscopic investigations of a homologous set of d^9-Cobalt(0), d^9-Rhodium(0), and d^9-Iridium(0) complexes [J]. Chemistry A European Journal, 2002, 8(3): 601-611.

[8] PIETRZYK P, SOJKA Z. Co^{2+}/Co^0 redox couple revealed by EPR spectroscopy triggers preferential coordination of reactants during SCR of NO_x with propene over cobalt-exchanged zeolites [J]. Chemical Communications, 2007, 19: 1930-1932.

[9] BOWMAN A C, MILSMANN C, ATIENZA C C, et al. Synthesis and molecular and electronic structures of reduced bis(imino)pyridine cobalt dinitrogen complexes: ligand versus metal reduction [J]. Journal of the American Chemical Society, 2010, 132(5): 1676-1684.

[10] HU Y, LANG K, LI C, et al. Enantioselective radical construction of 5-membered cyclic sulfonamides by metalloradical C-H amination [J]. Journal of the American Chemical Society, 2019, 141(45): 18160-18169.

[11] KESSEL S L, EMBERSON R M, DEBRUNNER P G, et al. Iron(Ⅲ), manganese (Ⅲ), and cobalt(Ⅲ) complexes with single chelating o-semiquinone ligands [J]. Inorganic Chemistry, 1980, 19(5): 1170-1178.

[12] KIMURA S, BILL E, BOTHE E, et al. Phenylthiyl radical complexes of gallium(Ⅲ), iron(Ⅲ), and cobalt(Ⅲ) and comparison with their phenoxyl analogues [J]. Journal of

the American Chemical Society, 2001, 123(25): 6025-6039.

[13] GOSWAMI M, CHIRILA A, REBREYEND C, et al. EPR spectroscopy as a tool in homogeneous catalysis research [J]. Topics in Catalysis, 2015, 58(12): 719-750.

[14] HOFFMAN B M, DIEMENTE D L, BASOLO F. Electron paramagnetic resonance studies of some cobalt(Ⅱ) Schiff base compounds and their monomeric oxygen adducts [J]. Journal of the American Chemical Society, 1970, 92(1): 61-65.

[15] TOVROG B S, KITKO D J, DRAGO R S. Nature of the bound oxygen in a series of cobalt dioxygen adducts [J]. Journal of the American Chemical Society, 1976, 98(17): 5144-5153.

[16] SUGIURA Y. Monomeric cobalt(Ⅱ)-oxygen adducts of bleomycin antibiotics in aqueous solution. A new ligand type for oxygen binding and effect of axial Lewis base [J]. Journal of the American Chemical Society, 1980, 102(16): 5216-5221.

[17] BAUMGARTEN M, WINSCOM C J, LUBITZ W. Probing the surrounding of a cobalt (Ⅱ) porphyrin and its superoxo complex by EPR techniques [J]. Applied Magnetic Resonance, 2001, 20(1): 35-70.

[18] FUNASAKA H, SUGIYAMA K, YAMAMOTO K, et al. Magnetic properties of rare-earth metallofullerenes [J]. Journal of Physical Chemistry, 1995, 99(7): 1826-1830.

[19] YAMADA M, KURIHARA H, SUZUKI M, et al. Hiding and recovering electrons in a dimetallic endohedral fullerene: air-stable products from radical additions [J]. Journal of the American Chemical Society, 2015, 137(1): 232-238.

[20] BAO L, CHEN M, PAN C, et al. Crystallographic evidence for direct metal-metal bonding in a stable open-shell $La_2@I_h$-C_{80} Derivative [J]. Angewandte Chemie - International Edition, 2016, 55(13): 4242-4246.

[21] MUKHOPADHYAY T K, FLORES M, GROY T L, et al. A highly active manganese precatalyst for the hydrosilylation of ketones and esters [J]. Journal of the American Chemical Society, 2014, 136(3): 882-885.

[22] DUBOC C, COLLOMB M N, NEESE F. Understanding the zero-field splitting of mononuclear manganese(Ⅱ) complexes from combined EPR spectroscopy and quantum chemistry [J]. Applied Magnetic Resonance, 2009, 37(1): 229.

[23] JIANG W, YUN D, SALEH L, et al. A manganese(Ⅳ)/iron(Ⅲ) cofactor in *Chlamydia trachomatis* ribonucleotide reductase [J]. Science, 2007, 316(5828): 1188.

[24] VOEVODSKAYA N, LENDZIAN F, SANGANAS O, et al. Redox intermediates of the Mn-Fe site in subunit R2 of *Chlamydia trachomatis* ribonucleotide reductase An X-ray absorption and EPR study [J]. Journal of Biological Chemistry, 2009, 284(7): 4555-4566.

[25] SAHA A, MAJUMDAR P, GOSWAMI S. Low-spin manganese(Ⅱ) and cobalt(Ⅲ) complexes of N-aryl-2-pyridylazophenylamines: new tridentate N,N,N-donors derived from cobalt mediated aromatic ring amination of 2-(phenylazo)pyridine. Crystal structure of a manganese(Ⅱ) complex [J]. Journal of the Chemical Society, Dalton Transactions, 2000, 11: 1703-1708.

[26] GRAPPERHAUS C A, MIENERT B, BILL E, et al. Mononuclear (nitrido)iron(V) and (oxo)iron(Ⅳ) complexes via photolysis of $[(cyclam\text{-}acetato)Fe^{Ⅲ}(N_3)]^+$ and ozonolysis of $[(cyclam\text{-}acetato)Fe^{Ⅲ}(O_3SCF_3)]^+$ in water/acetone mixtures [J]. Inorganic Chemistry, 2000, 39(23): 5306-5317.

[27] TAYLOR C P S. The EPR of low spin heme complexes relation of the t_{2g} hole model to the directional properties of the g tensor, and a new method for calculating the ligand field parameters [J]. Biochimica et Biophysica Acta, 1977, 491(1): 137-148.

[28] WALKER F A. Models of the bis-histidine-ligated electron-transferring cytochromes. Comparative geometric and electronic structure of low-spin ferro-and ferrihemes [J]. Chemical Reviews, 2004, 104(2): 589-615.

[29] ALONSO P J, MART NEZ J I, GARC A-RUBIO I. The study of the ground state Kramers doublet of low-spin heminic system revisited: a comprehensive description of the EPR and Mössbauer spectra [J]. Coordination Chemistry Reviews, 2007, 251(1): 12-24.

[30] ADAMS C J, BEDFORD R B, CARTER E, et al. Iron(I) in Negishi cross-coupling reactions [J]. Journal of the American Chemical Society, 2012, 134(25): 10333-10336.

[31] FINKENWIRTH F, SIPPACH M, PECINA S N, et al. Dynamic interactions of CbiN and CbiM trigger activity of a cobalt energy-coupling-factor transporter [J]. Biochimica et Biophysica Acta, 2020, 1862(2): 183114.

[32] 李勇, 郭金梁. $3d_{z^2}$ 基态铜 (Ⅱ) 冠醚配合物的粉末 ESR 谱 [J]. 波谱学杂志, 1995, 12(6): 621-626.

[33] SCHEIBEL M G, ASKEVOLD B, HEINEMANN F W, et al. Closed-shell and open-shell square-planar iridium nitrido complexes [J]. Nature Chemistry, 2012, 4(7): 552-558.

[34] SOLOMON E I, HEPPNER D E, JOHNSTON E M, et al. Copper active sites in biology [J]. Chemical Reviews, 2014,114(7): 3659-3853.

[35] WOLTERMANN G M, WASSON J R. Allowed and forbidden transitions in the ESR spectra of manganese(Ⅱ)-doped tris(octamethylpyrophosphoramide)magnesium(Ⅱ) perchlorate [J]. Journal of Magnetic Resonance, 1973, 9(3): 486-494.

[36] UPRETI G C. Study of the intensities and positions of allowed and forbidden hyperfine transitions in the EPR of Mn^{2+} doped in single crystals of $Cd(CH_3COO)_2 \bullet 3H_2O$ [J]. Journal of Magnetic Resonance, 1974, 13(3): 336-347.

[37] MISRA S K. Interpretation of Mn^{2+} EPR spectra in disordered materials [J]. Applied Magnetic Resonance, 1996, 10(1): 193-216.

[38] HENDRICH M P, DEBRUNNER P G. Integer-spin electron paramagnetic resonance of iron proteins [J]. Biophysical Journal, 1989, 56(3): 489-506.

[39] TAGUCHI T, GUPTA R, LASSALLE-KAISER B, et al. Preparation and properties of a monomeric high-spin Mn(V)-oxo complex [J]. Journal of the American Chemical Society, 2012, 134(4): 1996-1999.

[40] CAMPBELL K A, YIKILMAZ E, GRANT C V, et al. Parallel polarization EPR

characterization of the Mn(Ⅲ) center of oxidized manganese superoxide dismutase [J]. Journal of the American Chemical Society, 1999, 121(19): 4714-4715.

[41] BRITT R D, PELOQUIN J M, CAMPBELL K A. Pulsed and parallel-polarization EPR characterization of the photosystem Ⅱ oxygen-evolving complex [J]. Annual Review of Biophysics and Biomolecular Structure, 2000, 29: 463-495.

[42] SEVERANCE S, HAMZA I. Trafficking of heme and porphyrins in metazoa [J]. Chemical Reviews, 2009, 109(10): 4596-4616.

[43] POULOS T L. Heme enzyme structure and function [J]. Chemical Reviews, 2014, 114(7): 3919-3962.

[44] LIN Y W. Structure and function of heme proteins regulated by diverse post-translational modifications [J]. Arch Biochem Biophys, 2018, 641: 1-30.

[45] DENT M R, MILBAUER M W, HUNT A P, et al. Electron paramagnetic resonance spectroscopy as a probe of hydrogen bonding in heme-thiolate proteins [J]. Inorganic Chemistry, 2019, 58(23): 16011-16027.

[46] ZOPPELLARO G, BREN K L, ENSIGN A A, et al. Review: studies of ferric heme proteins with highly anisotropic/highly axial low spin ($S = 1/2$) electron paramagnetic resonance signals with bis-histidine and histidine-methionine axial iron coordination [J]. Biopolymers, 2009, 91(12): 1064-1082.

[47] DU J F, LI W, LI L, et al. Regulating the coordination state of a heme protein by a designed distal hydrogen-bonding network [J]. Chemistry Open, 2015, 4(2): 97-101.

[48] LIN Y W, YEUNG N, GAO Y G, et al. Introducing a 2-His-1-Glu nonheme iron center into myoglobin confers nitric oxide reductase activity [J]. Journal of the American Chemical Society, 2010, 132(29): 9970-9972.

[49] BERNAL-BAYARD P, PUERTO-GALAN L, YRUELA I, et al. The photosynthetic cytochrome c_{550} from the diatom *Phaeodactylum tricornutum* [J]. Photosynthesis Research 2017, 133(1-3): 273-287.

[50] HSU P Y, TSAI A L, KULMACZ R J, et al. Expression, purification, and spectroscopic characterization of human thromboxane synthase [J]. Journal of Biological Chemistry, 1999, 274(2): 762-769.

[51] EDMONDS R N, EDWARDS P P, GUY S C, et al. Electron spin resonance in small particles of sodium, potassium, and rubidium metals [J]. Journal of Physical Chemistry, 1984, 88(17): 3764-3771.

[52] EDWARDS P P, ANDERSON P A, THOMAS J M. Dissolved alkali metals in zeolites [J]. Accounts of Chemical Research, 1996, 29(1): 23-29.

[53] WOODALL L J, ANDERSON P A, ARMSTRONG A R, et al. Dissolving alkali metals in zeolites: genesis of the perfect cluster crystal [J]. Journal of the Chemical Society, Dalton Transactions, 1996, 5: 719-727.

[54] HARRISON M R, EDWARDS P P, KLINOWSKI J, et al. Ionic and metallic clusters of the alkali metals in zeolite Y [J]. Journal of Solid State Chemistry, 1984, 54(3): 330-341.

[55] BALDANSUREN A. Hydrogen isotope dynamic effects on partially reduced paramag-

netic six-atom Ag clusters in low-symmetry cage of zeolite A [J]. Progress in Natural Science: Materials International, 2016, 26(6): 540-545.

[56] YOUNG C F, POINDEXTER E H, GERARDI G J, et al. Electron paramagnetic resonance of conduction-band electrons in silicon [J]. Physical Review B, 1997, 55(24): 16245-16248.

[57] WATKINS G D. EPR of a trapped vacancy in boron-doped silicon [J]. Physical Review B, 1976, 13(6): 2511-2518.

[58] CHIESA M, AMATO G, BOARINO L, et al. ESR study of conduction electrons in B-doped porous silicon generated by the adsorption of Lewis bases [J]. J. Electrochem. Soc., 2005, 152(5): G329-G333.

[59] SZIRMAI P, FABIAN G, KOLTAI J, et al. Observation of conduction electron spin resonance in boron-doped diamond [J]. Physical Review B, 2013, 87(19): 195132.

[60] FEHER G, KIP A F. Electron spin resonance absorption in metals .1. Experimental [J]. Phys. Rev., 1955, 98(2): 337-348.

[61] DYSON F J. Electron spin resonance absorption in metals .2. Theory of electron diffusion and the skin effect [J]. Phys. Rev., 1955, 98(2): 349-359.

[62] EDMONDS R N, HARRISON M R, EDWARDS P P. Chapter 9. Conduction electron spin resonance in metallic systems [J]. Annual Reports Section "C" (Physical Chemistry), 1985, 82(8): 265-308.

[63] LIKODIMOS V, GLENIS S, GUSKOS N, et al. Antiferromagnetic behavior in single-wall carbon nanotubes [J]. Physical Review B, 2007, 76(7): 075420.

[64] RICE W D, WEBER R T, NIKOLAEV P, et al. Spin relaxation times of single-wall carbon nanotubes [J]. Physical Review B, 2013, 88(4): 041401.

[65] DUTOIT C E, TANG M, GOURIER D, et al. Monitoring metallic sub-micrometric lithium structures in Li-ion batteries by in situ electron paramagnetic resonance correlated spectroscopy and imaging [J]. Nature Communications, 2021, 12(1): 1410.

[66] GUY S C, EDWARDS P P. Observation of conduction-electron spin resonance in small particles of rubidium [J]. Chemical Physics Letters, 1982, 86(2): 150-155.

[67] GUY S C, EDMONDS R N, EDWARDS P P. Conduction-electron spin resonance studies of small particles of potassium metal in a vitreous solid [J]. Journal of the Chemical Society, Faraday Transactions 2: Molecular and Chemical Physics, 1985, 81(6): 937-947.

[68] LI C, LOU X, SHEN M, et al. High-capacity cobalt-based coordination polymer nanorods and their redox chemistry triggered by delocalization of electron spins [J]. Energy Storage Materials, 2017, 7: 195-202.

[69] JANOTTI A, WALLE C G V D. Oxygen vacancies in ZnO [J]. Applied Physics Letters, 2005, 87(12): 122102.

[70] ÖZG R Ü, ALIVOV Y I, LIU C, et al. A comprehensive review of ZnO materials and devices [J]. Journal of Applied Physics, 2005, 98(4): 041301.

[71] VANHEUSDEN K, WARREN W L, SEAGER C H, et al. Mechanisms behind green photoluminescence in ZnO phosphor powders [J]. Journal of Applied Physics, 1996,

79(10): 7983-7990.

[72] GARCES N Y, WANG L, BAI L, et al. Role of copper in the green luminescence from ZnO crystals [J]. Applied Physics Letters, 2002, 81(4): 622-624.

[73] LIU X, LIU M H, LUO Y C, et al. Strong metal-support interactions between gold nanoparticles and ZnO nanorods in CO oxidation [J]. Journal of the American Chemical Society, 2012, 134(24): 10251-10258.

[74] XU J, ZHENG A, WANG X, et al. Room temperature activation of methane over Zn modified H-ZSM-5 zeolites: insight from solid-state NMR and theoretical calculations [J]. Chemical Science, 2012, 3(10): 2932-2940.

[75] QI G, XU J, SU J, et al. Low-temperature reactivity of Zn^{+} ions confined in ZSM-5 zeolite toward carbon monoxide oxidation: insight from in situ DRIFT and ESR spectroscopy [J]. Journal of the American Chemical Society, 2013, 135(18): 6762-6765.

[76] K SEOĞLU Y, YıLDıZ F, KIM D K, et al. EPR studies on Na-oleate coated Fe_3O_4 nanoparticles [J]. Physica Status Solidi (c), 2004, 1(12): 3511-3515.

[77] ADAMS S, BONABI S, ALLEN A L, et al. The effect of polymer and gold functionalization on the magnetic properties of magnetite nanoparticles [J]. Biomedical Spectroscopy and Imaging, 2018, 7(3-4): 115-124.

[78] CHEN M, MENG C, ZHANG Q, et al. Quantum metrology with single spins in diamond under ambient conditions [J]. National Science Review, 2017, 5(3): 346-355.

[79] DOHERTY M W, MANSON N B, DELANEY P, et al. The nitrogen-vacancy colour centre in diamond [J]. Physics Reports, 2013, 528(1): 1-45.

[80] CASTNER T G, K NZIG W. The electronic structure of V-centers [J]. Journal of Physics and Chemistry of Solids, 1957, 3(3): 178-195.

练得身形似鹤形，千株松下两函经。
我来问道无馀说，云在青霄水在瓶。
——《赠药山高僧惟俨》

第 8 章 生物中的电子过程

地球表面的生物圈，存在着丰富多彩的生命活动。这些物种的繁衍生息，需要不断地从外界获取物质和能量。根据生物圈中各种生物在物质和能量流动中的作用，可简单分为以绿色植物为主的生产者、以动物为主的消费者和以微生物为主的分解者。对于高等生物，细胞内的有氧呼吸为各种生理活动提供能量，而使这些生理活动得以持续进行的基础是生产者的光合作用。后者利用太阳光能将 CO_2 和 H_2O 等简单无机物还原成前者所需的、以糖类为主的富含化学能的复杂有机物，同时释放出氧气以维持大气层中 ~21%的含氧量。这些氧气，不仅是呼吸作用等有氧生理活动所需要，还能吸收太阳光光谱中短波长的紫外线等 (参考图 1.1.2)，使地球生物免遭其伤害。

细胞内和细胞间的生理活动，都是在比较温和的水溶液中进行的，如在常温、常压、pH 中性等条件下，完成生命活动所需的能量转换和物质转移。相比之下，许多相同或相似的体外化学反应，要么需要非常苛刻的反应条件，如工业合成氨所需的高温、高压和催化剂，要么在自然情况下反应速率极其缓慢。与温和条件下低效、缓慢的化学反应相比，生物转化效率更高、速率更快，且绿色环保。这些差异，如工业合成氨与生物固氮、考古所发现的已自然老化数百年或上千年的粮食种子和人们日常的食物消化等，比比皆是，不胜枚举。生物体内具有这种催化剂功能的蛋白质，称为酶 (enzyme)；非蛋白质的酶，仅有核酶、脱氧核酶两种。因此，了解生命活动过程中的电子行为，具有非常重要的意义。物质转移和能量转换，是生物和化学的共同基础，都涉及化学键的破旧立新，即旧化学键的断裂和新化学键的形成。其中，物质转移是生物生长变化的物质基础 (又称为化学遗传学)，能量转换则是实现物质转移的基础。能量转换的主要载体是辅酶和自由基、过渡离子、跨膜质子动力势等。在酶催化的氧化或还原反应中，常常是多电子耦联的产物一步反应 (concerted reaction) 和多次的质子耦联单电子转递相结合，最典型的是有氧呼吸作用中产物水一步生成反应

$$O_2 + 4H^+ + 4e^- \xrightarrow{\text{呼吸作用}} 2H_2O$$

和放氧光合作用中产物氧气一步释放反应

$$2H_2O \xrightarrow{\text{光合作用}} O_2 + 4H^+ + 4e^-$$

这两个反应都是四次质子耦联的单电子传递过程，分别是放能和贮能的生理活动，维持着地球表面生物圈运转所需的主要能量流动[1,2]。这两个看似简单的反应，在高等生物体内却需要专门的、除了细胞核以外携带 DNA 可部分自主编码蛋白的细胞器——线粒体和叶绿体来完成。因此，全面了解有氧呼吸作用和放氧光合作用中的电子传递过程，具有非常重要的意义。除了 H_2O 和 CO_2 等被绿色植物大规模固定和同化之外，在地壳表层和水体中，许多微生物还会利用其他简单小分子如 H_2、N_2、CO、NO_2、NH_3 等，作为碳源或氮源，满足细胞生理需要。它们和光合作用、呼吸作用等一起组成了地球生物圈的碳循环、氮循环、氧循环等。

催化电子转移和能量转换的酶，基本上都是复合酶。酶中非蛋白质的部分称为辅酶 (coenzyme)、辅助因子 (cofactor) 或辅基 (prosthetic group)，它们在酶促反应中起着转移电子、原子或一些基团的作用。将辅酶或辅基去除后所剩下的蛋白结构，称为脱辅基蛋白 (apoprotein)。本章参考的 *Enzymatic Reaction Mechanisms*、*Comprehensive Natural Products* Ⅱ (Vol 7: Cofactors; Vol 8: Enzymes and Enzyme *Mechanisms*) 和 *Comprehensive Natural Products* Ⅲ (Vol 4 & 5: *Enzymes and Enzyme Mechanisms*) 等专著，是读者学习酶结构和功能的好资料。美国化学会 *Chemical Reviews* 于 1996、2014 年先后发表的题为 *Bioinorganic Enzymology* I 和 Ⅱ 的两期专刊 (Vol 96、No.7; Vol 114 No.7 & 8)，介绍金属蛋白和金属酶的新进展。金属蛋白和金属酶的无机活性中心，本质上是配位化学的一个缩影和凝练，因此，既需要基础知识也需要了解应用研究的读者，请参考专著 *Comprehensive Coordination Chemistry*, Ⅱ。

与其他物理方法不同，EPR 直接忽略活性中心周围抗磁性的氨基酸残基、脂类、水等有机物和无机物，而只选择性地探测酶中能发生氧还变化或配位变化的有机或无机中心。本章先介绍生物电子传递、辅酶和维生素，然后是金属蛋白和金属酶，最后着重介绍叶绿体的放氧光合电子传递链和线粒体的有氧呼吸电子传递链。

8.1 生物电子传递，辅酶和维生素

与经典的化学碰撞理论不同，生物电子传递所经过的具体途径比较长，呈高效的定向传递，这和生物大分子所含有的特殊电子递体如辅酶、维生素、金属活性中心等有关，参考专著 *Handbook of Biochemistry and Molecular Biology*, 5th 和 *Comprehensive Natural Products* Ⅱ & Ⅲ。其中，辅酶和维生素又是参与生物生长发育和新陈代谢所必需的一类微量有机化合物，而有些辅酶本身就是维生素。

8.1.1　生物电子传递和自由基传递，能量转换

生物电子传递 (biological electron transfer) 根据电子递体的间距，分短程和长程电子传递 (short-and long-range electron transfers)。短程电子传递速率比普通的酶催化速率快，主要存在于血红素蛋白、单铁蛋白、含钼蛋白、醌蛋白、黄素蛋白、四氢蝶呤、铁氧化物等单个辅基蛋白中，往往是简单的供体-受体对，传递间距在 5~6 Å 以内。长程电子传递，又称电子隧穿 (即电子的波动性质，electron tunneling)，最大传递间距 ~14 Å(指上、下游电子递体的边-边间距，edge-to-edge distance)，常见于氧化还原酶中，尤其藏身于含铁硫簇的金属酶中 [3,4]。其中，最具夸张性的代表是呼吸链复合体 I，它含有一个由 7 个间隔不一的铁硫簇一起构成的、总长度 ~95 Å 的电子传递途径 (8.4.2.1 节)。有些电子传递，还耦联质子转移，称为质子耦联电子传递 (proton-coupled electron transfer，PCET)[5,6]。

长程自由基转移 (long-range radical transfer)，目前仅发现于核糖核苷酸还原酶 (ribonucleotide reductases，RNR) 和孢子光解酶 (spore photoproduct lyase) 中，前者将核糖核苷酸还原成脱氧核糖核苷酸 [7−10]，后者修复紫外线对 DNA 造成的自由基损伤 [11,12]。在 Ia 类 RNR 中，小亚基上的双核铁 (或双核锰) 活性中心利用 O_2 将其邻近的酪氨酸氧化成 Tyr˙，后者经由一系列由氢键连成一体的氨基酸残基网络，转移至 ~35 Å 以外的、位于大亚基上的半胱氨酸，并将其氧化成 Cys˙。Cys˙ 再夺取核糖的 3′-H，形成 3′-C 中心的核糖自由基，再异构成 2′-C 中心的核糖自由基，最终从邻近的两个半胱氨酸夺取质子而还原，详见 8.2.3.2 节。

生物电子传递的具体途径，受参与其中的各个电子递体的氧还电势 (E，redox potential) 或中点电势 (E_m，midpoint redox potential) 所决定。E_m 负值越大或电势越低，电子亲和力越弱，还原性也越强，是还原剂，是电子供体，处于电子传递链的上游；相反地，E_m 负值越小或正值越大，即电势越高，电子亲和力越强，氧化性也越强，是氧化剂，是电子受体，处于电子传递链的下游。电子传递的方向总是由负电性较强的电子递体流向正电性更强的电子递体，参考图 8.3.2 和图 8.4.3(c)。许多常见电子递体的 E_m，被收录于 *Handbook of Biochemistry and Molecular Biology*, 5th 中。电子递体的 E_m (或 $E_{m,7.0}$，pH 7.0 时的 E_m) 不是固定值，而是随着蛋白结构、pH、含氧量和实验条件等的变化而发生变化。比如，核黄素辅基黄素单核苷酸 (flavin mononucleotide，FMN) 和黄素腺嘌呤二核苷酸 (flavin adenine dinucleotide，FAD) 的 E_m 波动范围是 $-100 \sim +400$ mV，铁硫簇 $[Fe_4S_4]^{2+/+}$ 波动范围是 $-700 \sim +100$ mV (图 8.2.10)。

生物电子传递的主要形式有单电子和双电子传递两种，具体反应是：

(1) 以电子形式直接转移，如细胞色素 f → 质蓝素 (plastocyanin，PC)，

$$Fe^{2+}\,(\text{Cyt f}) + Cu^{2+}\,(\text{PC}) \longrightarrow Fe^{3+}\,(\text{Cyt f}) + Cu^{1+}\,(\text{PC})$$

(2) 电子以氢负离子 (H^-，即 H^+ 与 $2e^-$ 组合，hydride) 的形式，如图 8.1.1 示意的 NAD。这类似于金属氢化物如 NaH、$LiAlH_4$ 等还原剂的还原反应。在有机化学中，脱氢或加氧的反应是氧化反应，脱氧或加氢的反应是还原反应。

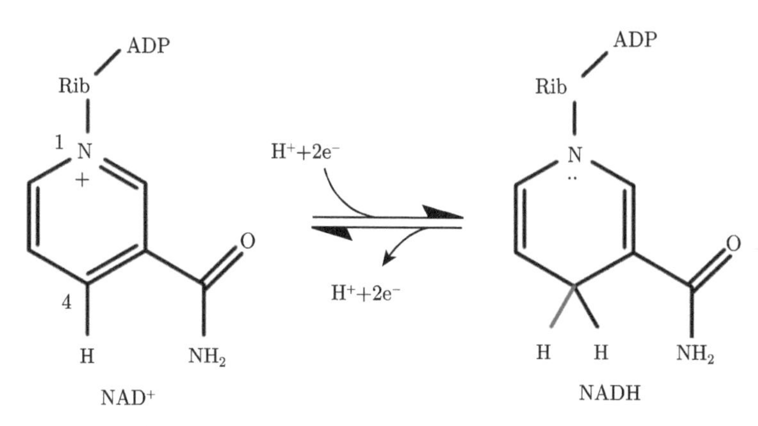

图 8.1.1 NAD^+ 参与的质子耦联电子传递，Rib-ADP 表示腺苷二磷酸核糖基团

(3) 电子以氢原子 H^0 的形式 (即 H^+ 与 e^- 组合)，如图 8.1.2 所示的醌类有机物

$$AH_2 \longrightarrow A + 2H^{2+} + 2e^-$$

或脱氢反应，如琥珀酸脱氢变成延胡索酸

$$AH_2 + B \longrightarrow A + BH_2$$

若催化中心是过渡离子，如光系统 Ⅱ、细胞色素 c 氧化酶等，质子进入或离开活性中心的通道以保守的酪氨酸-组氨酸对 (Tyr-His 对) 为主。

(4) 有机物直接与氧结合，如单加氧酶催化的氧化反应 (图 8.2.1)

$$RCH_2—H + \frac{1}{2}O_2 \longrightarrow RCH_2—OH$$

这些不同形式的电子及其还原产物，携带着丰富的能量，若经质膜结合的光合电子传递链或呼吸电子传递链传递给最终电子受体 $NADP^+$ 或 O_2，还耦联着跨膜质子动力势的建立。后者被用来推动 ADP 磷酸化成生理活动所需的 ATP。这个过程又称为光合磷酸化或氧化磷酸化，负责将活泼的电化学能转换成较稳定的可利用的生物质能。

如果电子载体是还原醌 QH_2，那么反应 (2) 和 (3) 一步释放的两个电子，会分别沿着低、高两条不同氧还电势的途径向下游传递，称为电子分岔传递 (electron bifurcation transfer)，根据低电势途径的还原对象，称为膜结合的醌基电子分岔和水溶性的黄素电子分岔 [13]。醌基电子分岔由蛋白复合体细胞色素 bc_1 和细胞色素 b_6f 所催化，详见 8.3 节和 8.4 节。黄素电子分岔主要分布于一些厌氧生物细胞内，沿低电势途径传递的电子把 FMN 或 FAD 还原，然后参与如 $CO_2 \longrightarrow CO$ 或 $2H^+ \longrightarrow H_2$ 的还原反应。

8.1.2 辅酶和辅基

辅酶 (coenzyme，或辅助因子，cofactor)，是指一类与复合酶结合比较疏松的有能力转递电子、原子或一些基团的有机物，参考 *Comprehensive Natural Products* Ⅱ, Vol 7: Cofactors。它们参与酶活性中心的组成，在酶促反应中能直接和底物作用起氧化或还原、基团转移的作用。辅基 (prosthetic group) 是指金属酶中由金属离子构成的无机活性结构。结构上，辅酶和辅基用透析法不能除去。生物体内的辅酶种类并不多，每一种复合酶都能与特定的辅酶结合；同一种辅酶却能与多种不同的酶蛋白结合，组成功能不同的复合酶。酶催化反应的专一性由复合酶的蛋白结构决定，催化反应的类型和性质则由辅酶所决定。在由两或多个酶耦联的催化反应中，辅酶常常担负着酶和酶间的电子、质子或基团转移的功能，同时伴随着能量转变。

8.1.2.1 辅酶 I 和 Ⅱ

辅酶 I 和 Ⅱ 分别是烟酰胺腺嘌呤二核苷酸 (nicotinamide adenine dinucleotide，NAD) 和烟酰胺腺嘌呤二核苷酸磷酸 (nicotinamide adenine dinucleotide phosphate，NADP)。它们的活性中心是烟酰胺，属于维生素 PP，是维生素 B_3 转化物，也是吡啶衍生物。在体内，它们作为脱氢酶类的辅酶，电子转递如图 8.1.1 所示。还原态是 NADH、NADPH，是电子、质子的供体 (或给体，donor)，氧化态是 NAD^+、$NADP^+$(“+” 常被省略)。烟酰胺吡啶环上的 C_4 是活性中心，在脱氢酶作用下，NAD^+ 与底物作用，并从中夺取一个质子和两个电子 (这等价于一个氢负离子 H^-，参考氢化物还原剂如 $NaBH_4$、$LiAlH_4$ 等) 而还原成 NADH，底物的另外一个 H^+ 则扩散到周围基质中。该过程反应方程式是 $NAD^+ + 2H^+ + 2e^- \longrightarrow NADH + H^+$。$NADP^+$ 的还原反应，与之相同。

一般地，NAD/NADH 参与分解代谢 (catabolism，如呼吸作用)，NADP/NADPH 参与合成代谢 (anabolism，如光合作用、生物固氮)。在放氧光合作用中，FAD 从铁氧还蛋白 Fd^{red} 获取电子，用来还原 $NADP^+$；在呼吸链的复合体 I 中，$NADH_2$ 还原 FMN，再把电子转递给下游的泛醌 (ubiquinone，UQ，又称辅酶 Q，coenzyme Q，CoQ)。这与 FAD、FMN 氧还电势 E 在不同蛋白结构中变化比较大有关 [14]，详见 8.1.2.3 节。体外的 FAD 和 FMN，E=−220 mV；黄素蛋白中，E 最低可降至 −400 mV，最高可升至 ∼100 mV，有 ∼500 mV 的波动范围；NAD^+ 和 $NADP^+$，E=−320 mV。根据生理需要，FAD/FMN 既可还原 NAD^+/$NADP^+$，亦可氧化 NADH/NADPH。

8.1.2.2 醌类辅酶

醌 (quinone，Q)，是分子中含有共轭环己烯二酮基本结构的一类有机化合物[15, 16]。含醌的蛋白，称为醌蛋白 (quinoprotein)。常见的醌类有机物是线粒体的泛醌 (UQ)、叶绿体的质醌 (plastoquinone，PQ)、维生素 K_1 (又称叶醌或叶绿醌，phylloquinone)、维生素 K_2 (又称甲萘醌，menaquinone) 等。图 8.1.2 示意了对苯醌、质醌 PQ_9、泛醌 UQ_{6-10} (又称 CoQ_{6-10})、1,4 萘醌 (α-萘醌)、9,10 蒽醌、维生素 E、维生素 K_1 等分子的结构。泛醌和质醌是对苯醌衍生物，作为脂溶性的电子穿梭体 (electron shuttle)，在质膜内自由扩散。

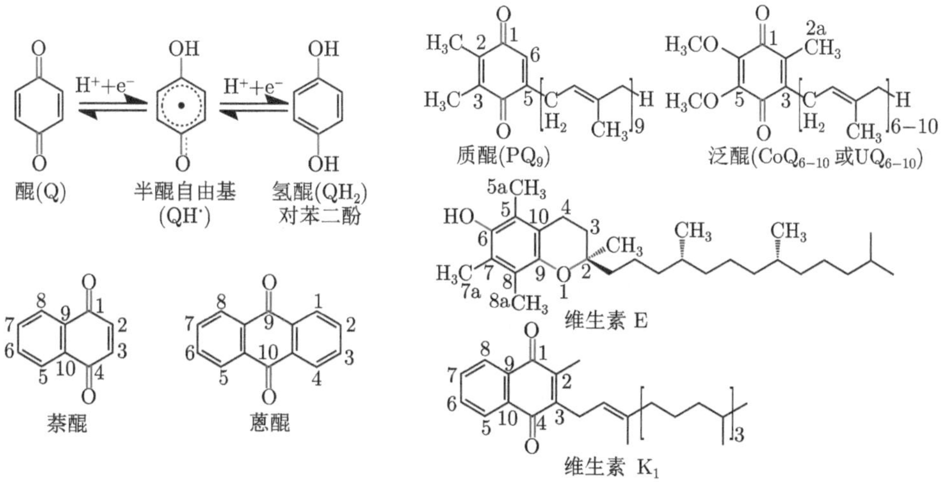

图 8.1.2 醌的结构与质子耦联电子传递和质醌 PQ_9、泛醌 UQ_{6-10} (又称 CoQ_{6-10})、1,4 萘醌 (α-萘醌)、9,10-蒽醌、维生素 E、维生素 K_1 等的化学结构。PQ 和 UQ 的下标，表示支链的长度。各类苯氧、半醌自由基的超精细耦合常数，详见部分 EPR 数据库中专著 V 的表 9.17、表 9.18

图 8.1.2 以对苯醌为代表，描述质子耦联的电子传递过程。处于氧化态的中性醌分子得一个电子和一个质子时，变成中性的半醌自由基 $QH^·$，其特征谱和参数如图 3.2.9(d) 和图 3.3.5 所示；半醌自由基再获得一个电子和一个质子，形成还原型醌 QH_2 或氢醌 (hydroquinone，又对苯二酚)。图 8.1.3(a) 示意了 $PQH^·$(如 $Q_AH^·$) 和 $UQ_{10}H^·$ 两种半醌自由基的特征谱，其他半醌自由基的特征参数，详见专著部分 EPR 数据库中 V 的表 9.17、表 9.18 或文献 [17,18]。UQH_2 和 PQH_2(又 Q_BH_2) 分别是线粒体内膜和叶绿素内囊体膜上脂溶性的电子和质子供体，它们的数量非常多，故称为醌库 (quinone pool)，详见 8.3 节、8.4 节。

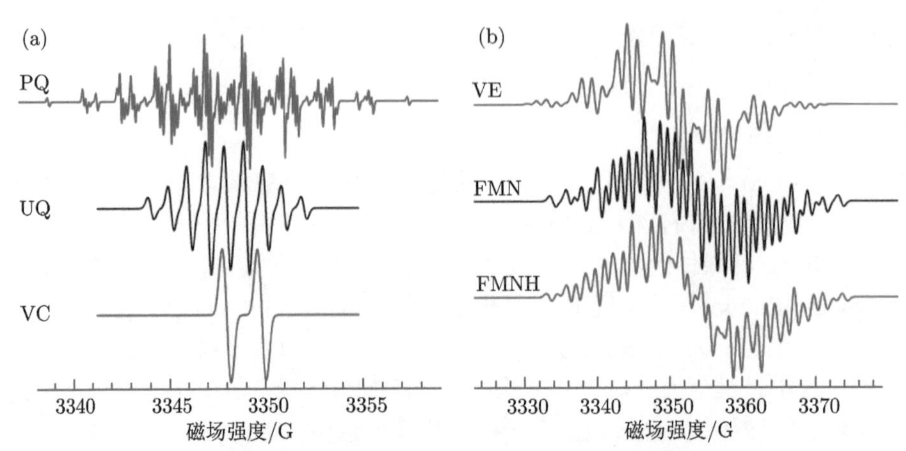

图 8.1.3　几种代表性辅酶自由基的溶液模拟谱 (9.5 GHz)；于低温或粉末样品中，这些自由基具有一个简单、没有明显超精细分裂的吸收峰。(a) 半醌自由基 PQH˙(又 $Q_AH˙$，见 8.3 节)，异丙醇溶液，$g_{iso} = 2.0057$，$A_{H2}(\times 3) = 4.94$ MHz、$A_{H3}(\times 3) = 5.32$ MHz、$A_{H5}(\times 2) = 6.87$ MHz、$A_{H6}(\times 1) = 5.74$ MHz (即与 C_3 连接的次甲基—CH_2—)；半醌自由基 $Q_{10}H˙(UQ_{10}H˙)$，异丙醇溶液，$g_{iso} = 2.0057$，$A_{H2a}(\times 3) = 1.9$ G、$A_H(\times 2) = 0.99$ G (即与 C_3 连接的次甲基-CH_2—)；维生素 C 自由基 $Asc^{-˙}$，水溶液，$g_{iso} \sim 2.0052$，$A_{H4} = 1.76$ G、$A_{H6}(\times 2) = 0.19$ G、$A_{H5} = 0.07$ G。(b) 维生素 E 自由基，苯溶液，$g_{iso} = 2.005$，$A_{H5a}(\times 3) = 6.1$ G、$A_{H7a}(\times 3) = 4.66$ G、$A_{H8a}(\times 3) = 1.07$ G、$A_{H4}(\times 1) = 1.62$ G、$A_{H4}(\times 1) = 1.4$ G；$FMN^{-˙}$ 自由基，水溶液，$g_{iso} = 2.00335$，$A_{N5} = 17$ MHz、$A_{N10} = 9$ MHz、$A_{H8a}(\times 3) = 11.5$ MHz、$A_{H1'}(\times 2) = 6.0$ MHz、$A_{H6} = 8.54$ MHz；FMNH˙ 自由基，水溶液，$g_{iso} = 2.00335$，$A_{N5} = 16$ MHz、$A_{N10} = 10.3$ MHz、$A_{H5} = 3.7$ MHz、$A_{H6} = 5.75$ MHz、$A_{H8a}(\times 3) = 7.57$ MHz、$A_{H1'}(\times 2) = 10.6$ MHz。参数摘自 [18,23-25]

维生素 K 是 2-甲基-1,4-萘醌的衍生物 (图 8.1.2)，是一类具有促进凝血功能的维生素的总称，又称为凝血维生素。天然维生素 K 只有维生素 K_1 和 K_2 两种，脂溶性，难溶于水，经人工改造变成维生素 K_3、K_4 等。在绿色植物光系统 I 中，维生素 K_1 作为膜内的电子递体；在原核生物大肠杆菌的呼吸链复合体 I 中，维生素 K_2 作为电子受体，电子传递途径与苯醌类似。经 95 GHz 高频实验解析，半醌型维生素 K_1 自由基的特征 g 因子是 $g_x = 2.0062$、$g_y = 2.0051$、$g_z = 2.0022$[19−21]。在二氯甲烷溶液，维生素 K_1 经光照可诱导双自由基形成，$D = 190$ G，$g_{iso} = 2.0047$[22]。

8.1.2.3　黄素辅酶

黄素辅酶的活性中心异咯嗪属于维生素 B_2 (又核黄素，riboflavin，图 8.1.4 中与之相对应的侧链 R 是核糖醇)，分别以黄素单核苷酸 (FMN) 或黄素腺嘌呤二核

苷酸 (FAD) 作为一些氧化还原酶的辅酶。氧化型 FAD、FMN 是电子和质子的受体，还原型 $FMNH_2$ 和 $FADH_2$ 是电子和质子的供体，参考 *Handbook of Flavoproteins*, Vol 1 & 2、*Flavins and Flavoproteins* 和 *New Approaches for Flavin Catalysis* 等专著。

如图 8.1.4 所示，异咯嗪的活性中心是共轭的 N_1 和 N_5，发生 1,4 加氢反应：氧化态的 FMN 或 FAD 得一个电子和一个质子 (N_5 加氢) 时，会先形成稳定的半醌型自由基 $FMNH^{\cdot}$ 或 $FADH^{\cdot}$，特征谱如图 8.1.3(b) 所示；若再获得一个电子和一个质子 (N_1 加氢)，最终形成还原型 $FMNH_2$ 和 $FADH_2$ (参考 8.3.6.2 节中 FNR 的还原反应)。半醌型中性自由基 $FMNH^{\cdot}$ 或 $FADH^{\cdot}$ 比较稳定，这使黄素蛋白能有效地承担电子载体的生理功能。若氧化态的 FMN 或 FAD 只获得一个电子，或 pH 比较高时 $FMNH^{\cdot}$ 或 $FADH^{\cdot}$ 的 N_5 发生去质子化，则转变成阴离子自由基 $FMN^{-\cdot}$ 或 $FAD^{-\cdot}$。一般地，FAD、FMN 的氧化能力比 NAD^+、$NADP^+$ 强。但是，NAD/NADP$\leftrightarrow$ FMN/FAD 间的电子转递方向，却随着蛋白功能而发生改变，因为 FMN/FAD 的氧还电势不仅随着蛋白环境尤其是氢键网络的变化而在较大范围内发生波动，也随着 FMN、FAD 的三个不同氧化态而发生变化。体外，FMN、FAD 氧还电势 $E_m = -220$ mV，蛋白中 $FMNH^{\cdot}/FMNH_2$、$FMN/FMNH^{\cdot}$ 的氧还电势 E_m 分别是 -300 mV 和 -390 mV [13, 14, 26–28]。

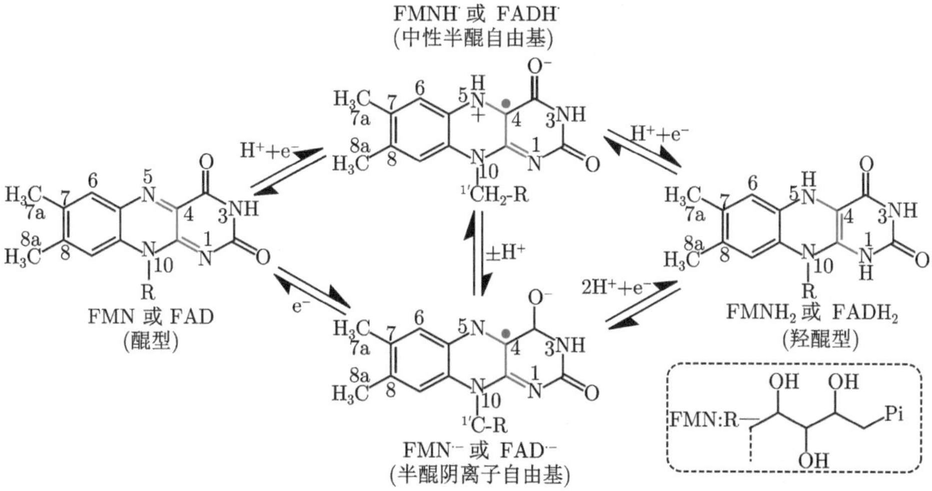

图 8.1.4 异咯嗪环和质子耦联的电子传递，蓝色标注活性部位。FMN 中 R 是核糖醇磷酸酯；FAD 中 R 是核糖醇腺嘌呤二磷酸酯。半醌型自由基中次甲基 $1'$—CH_2—的超精细耦合常数，见图 8.1.3(b) 的图例说明

$3, 3', 5, 5'$-四甲基联苯胺 ($3, 3', 5, 5'$-tetramethylbenzidine，TMB)，是人工合成的电子递体，其质子耦联的电子传递与图 8.1.4 的黄素辅酶相似 [29]。

8.1.2.4　其他辅酶

辅酶 A (又称泛酸，coenzyme A，CoA 或 HSCoA) 是酰基转移酶的辅酶，如乙酰辅酶 A；辅酶 B 和辅酶 M 的结构，见图 8.2.25(c)；辅酶 F 是叶酸加氢的还原产物，负责一碳单位 (如—CH_3、—CH_2—、—CHO 等) 转移酶的辅酶；硫氨素焦磷酸 (thiamine pyrophosphate，TPP) 是参与糖代谢脱羧酶的辅酶，如丙酮酸脱氢酶复合体、α-酮戊二酸脱氢酶复合体；磷酸吡哆醛 (维生素 B_6) 是氨基酸转氨、脱羧和消旋作用的辅酶，参与氨基酸代谢；羧化酶，主要以生物素 (biotin) 为辅酶。

8.1.3　维生素，生物体内的氧还平衡

维生素 (vitamin) 是参与生物生长发育和代谢所必需的一类微量有机物质，已知绝大多数维生素作为辅酶的组成部分。维生素根据溶解性，分为脂溶性 (A、D、E、K 等) 和水溶性 (B_1、B_2、B_3、B_6、泛酸、生物素、叶酸、B_{12}、C 等) 两大类。除了 8.1.2 节提到的辅酶，本小节简要概括与电子转移、自由基反应有关的维生素。其中，维生素 C (抗坏血酸)、维生素 E 和酚等天然的酚类抗氧化剂，维持着生物体内的氧化还原平衡，参考专著 *Systems Biology of Free Radicals and Antioxidants*。另一类抗氧化剂是芳香胺类，如二苯胺、对苯二胺、二氢喹啉等化合物及其衍生物，应用于橡胶抗老化。

维生素 A 及其植物来源 β-胡萝卜素 (图 8.3.1)，主要参与光化学反应，尤其是视觉活动。β-胡萝卜素还与类胡萝卜素、维生素 C 和 E、质醌等一起构成细胞内单态氧等活性物质的抗氧化剂 (antioxidants)，使脂类、蛋白质、核酸等抗磁性大分子免遭氧化和破坏。人眼球视网膜有两种感觉细胞：视锥细胞含有视黄醛 (即维生素 A 的氧化产物)，对强光和颜色都敏感；视杆细胞含有视紫红质，后者在强光下分解成视蛋白和视黄醛而荡然无存或存量稀少，暗中再重新合成，因此视杆细胞对弱光敏感，对颜色不敏感。

B 族维生素包括维生素 B_1 (硫胺素，thiamine)、B_2、B_3 (烟酸和烟酰胺)、B_6 (吡哆醇、吡哆醛、吡哆胺等)、泛酸 (panthothenic acid)、生物素、叶酸、B_{12} 等，部分分子结构如图 8.1.5 所示。生物素，又称为维生素 B_7、维生素 H、辅酶 R 等。维生素 B_{12}，又称为钴胺素 (cobalamin)，是唯一含有金属离子的维生素，将在钴蛋白中作介绍 (详见 8.2.4 节)。丙酮酸脱氢酶复合体在催化丙酮酸形成乙酰-CoA 的反应中，需要硫胺素焦磷酸 TPP、硫辛酸、辅酶 A、FAD、NAD^+ 等五种辅酶参与。

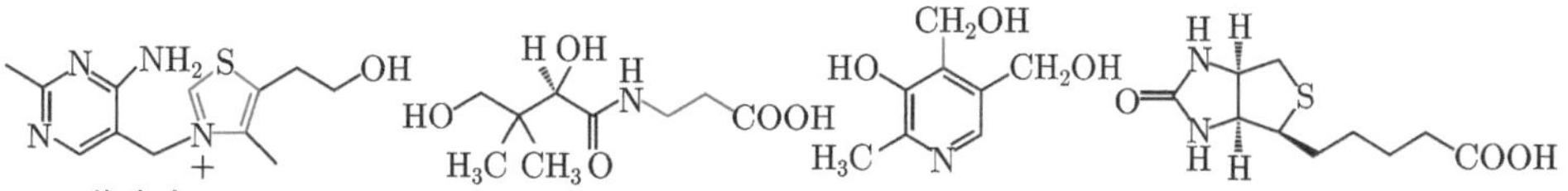

维生素B_1 泛酸 吡哆醇 生物素

图 8.1.5 维生素 B_1、泛酸、吡哆醇、生物素的化学结构，蓝色标注活性部位

维生素 C (图 8.1.6) 是含有烯二醇结构的糖酸内酯，分子内的共轭结构类似于丙烯醛，易溶于水，因具有防治坏血病的功能而被称为 L-抗坏血酸 (L-ascorbic acid)。分子中有 C_4 和 C_5 两个手性碳原子，共有四种旋光异构体。其中，以 L−(+)-抗坏血酸的生理活性最高，D−(−)-抗坏血酸活性仅为前者的 1/10，另外两种异构体几乎没有活性。分子中 C_2 和 C_3 位上两个相邻的烯醇式羟基易解离，释放 H^+，如图 8.1.6 所示。第一个羟基 $pK_a = 4.1$，呈有机酸的性质，因此一般情况下是指维生素 C 的酸根离子，$AscH^-$(ascorbate)，以钠盐形式为主。维生素 C 是强还原剂 ($E = -166$ mV、pH 4.0，或 $E = -60$ mV、pH 7.0)，可将高铁血红素还原成血红素，通过维持巯基 (-SH) 的完整性而保护巯基酶/蛋白、谷胱甘肽等的活性，以及保护维生素 A、E 和 B 等免遭氧化。维生素 C 也是自由基清除剂，自身会转变成稳定的 $AscH^{\cdot -}$，谱图如图 8.1.3(a) 所示 [30]。

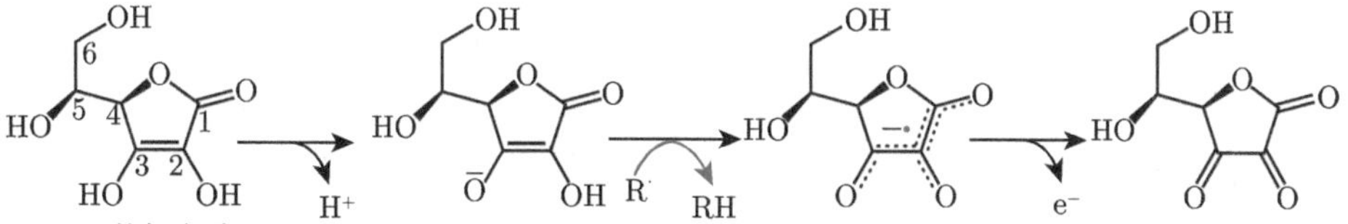

抗坏血酸 $AscH_2$,$pK_a=4.1$ 抗坏血酸根阴离子 $AscH^-$,$pK_a=11.8$ 抗坏血酸阴离子自由基 ($Asc^{\cdot -}$) 脱氢抗坏血酸 (DHA)

图 8.1.6 维生素 C 的水解和氧化

维生素 D 是类固醇衍生物，调节血钙、血磷的浓度，有利于钙和磷的吸收，具有抗佝偻病和软骨病的作用。维生素 D 作为外围结构参与生理反应，并不参与酶活性中心结构。

维生素 E (α-tocopherol)，又称为生育酚，结构如图 8.1.2 所示。当维生素 E 失去一个质子和一个电子时，形成酚自由基 (又称苯氧自由基)；若再失去一个质子和一个电子，O_1—C_2 键发生断裂，变成对苯醌衍生物。酚、硫酚和它们的衍生物 (如维生素 E、儿茶酚、对苯二酚等)，是维生素 C 之外的另一类有效的天然抗氧化剂，可清除烷过氧自由基等活性物质，在体内保护易氧化物质 (如不饱和脂肪酸、维生素 A)，防止碳链断裂、氧化分解，参考专著 *The Chemistry of Phenols*。这一类抗氧化剂，如常用的食品添加剂 2,6-二叔丁基对甲酚 (butylated hydroxytoluene, BHT，图 8.1.7)、邻苯二酚及其衍生物儿茶酚、对苯二酚等，在碱性的醇溶液中，很容易发生自氧化成酚自由基 (或苯氧自由基)。酚自由基，若对位有给电基团如烃基-R 等，会加剧自由基内的自旋极化，超精细耦合常数最大值位于与苯环相连

$C_α$ 的 $H_β$，参考图 8.1.7[31−33]；酪氨酸自由基 [34]，见图 8.3.5；对苯氨酚自由基，参考文献 [35]。这种化学诱导 (或极化)，使自由基归属变得容易。类似的极化现象，亦存在于吡啶、对甲基吡啶等自由基中 [36]。

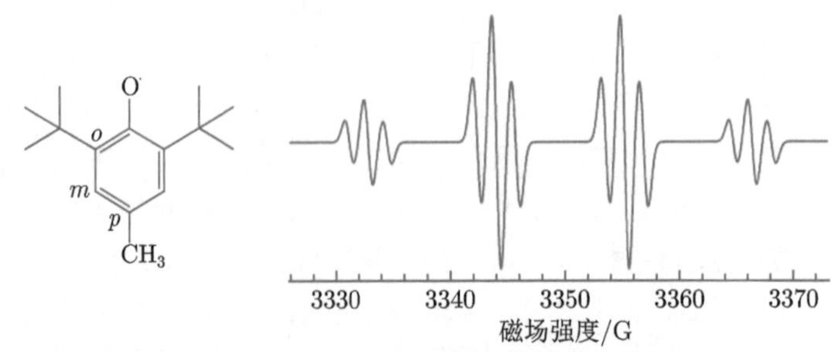

图 8.1.7 BHT 在碱性乙醇中自氧化成苯氧自由基的结构和溶液模拟谱，苯环的邻、间、对位用字母 o、m、p 表示。模拟参数，9.4 GHz，$A_H^{CH_3} = 11.2$ G、$A_H^{m-H} = 1.7$ G，$g_{iso} = 2.005$，参考图 3.3.5

在第 3 章，我们已经介绍了许多自由基，如碳中心的烃/烷基自由基、氧中心自由基 (如 $^1O_2$、O_3、$O_2^{-\cdot}$、$HO^\cdot$、H_2O_2、$RO^\cdot$、$ROO^\cdot$ 等)、硫中心自由基 (如 $HS^\cdot$、$RO^\cdot$ 等)、氮中心自由基和活性氮 (如 NO、ONOO/ONOOH 等) 等。生物学上，泛称它们为活性氧 (reactive oxygen species，ROS)、活性硫 (reactive sulfur species，RSS)、活性氮 (reactive nitrogen species，RNS) 等。许多自由基是细胞生理活动所需，但是需要控制其浓度和分布范围，防止产生有害的自由基重组反应、自由基链式反应等。生物电子长程转移过程中，难免有电子遗漏到酶外并与基质中的亲电试剂结合而形成自由基，这一类自由基须及时给予清除。维生素 C、酚和维生素 E、谷胱甘肽 (glutathione)、尿酸 (uric acid)、NADP 等是细胞内外的抗氧化剂，防止或清除这些活性物质和其他亲电试剂所引起的内源性氧化胁迫 (endogenous oxidative stress)。此外，部分氨基酸本身亦可以清除 $HO^\cdot$ 等自由基 [37]。

氮族离子，容易提供一孤电子对而形成强的配位键，一般属于强场配位原子，起结构支撑的功能；氧族离子，一般属于弱场配位原子，含有两个孤电子对，容易形成离域的 π-共轭效应，是电子进出的主要方向。因此，我们在 8.2 节的金属酶中，经常见到酶活性中心及其附近，除了最常见的组氨酸的 $N_ε$、$N_γ$ 外，还常连接有半胱氨酸、甲硫氨酸、酪氨酸 (图 8.1.8) 的 S、O 等原子，它们是氧化还原修饰的部位之一，也是电子、质子的转移途径。硫原子与金属离子的配位，如 Fe—S、Cu—S、Ni—S 等，往往会形成较强的 π-共轭效应，有效地降低活性中心的能量和提高氧还电势。在某些酶催化过程中，半胱氨酸可变成巯基自由基 ($RS^\cdot$)，酪氨酸和对苯二酚等酚衍生物易形成自由基，然后参与电子、质子或氢原子等的转移 [8, 38, 39]。生物通过调控维生素、酚与硫酚、还原性较活泼的有机小分子等的浓度，从而在细胞内、外维持着一个动态的氧还平衡，保证各类生理活动的正常运转。

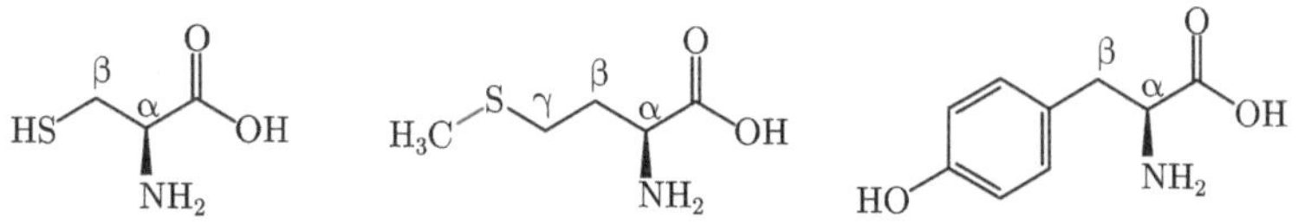

半胱氨酸(cysteine)　　甲硫氨酸(methionine)　　酪氨酸(tyrosine)

图 8.1.8　半胱氨酸、甲硫氨酸、酪氨酸的结构

其余维生素，读者自行查阅生物化学、生理学的相关专著，不再赘述。

8.2　金属蛋白和金属酶

以金属离子作为辅基的蛋白和酶，统称为金属蛋白和金属酶 (metalloproteins and metalloenzymes)。这是一类广泛分布的、具有重要生理功能的蛋白复合体，可参考 *Encyclopedia of Metalloproteins*、*Comprehensive Coordination Chemistry* Ⅱ 第八卷 “Bio-coordination Chemistry” 和网络版的 *Encyclopedia of Inorganic and Bioinorganic Chemistry* (由 *Handbook of Metalloproteins* 与 *Encyclopedia of Inorganic Chemistry* 合并而成)。

金属蛋白和金属酶参与电子转移、能量转换、信号转导、离子运输等细胞生理活动。本节根据 EPR 的应用研究，主要介绍含过渡离子的金属蛋白；含 Na、K、Mg、Ca、Zn 等主族金属的蛋白，因主族元素难以形成稳定的顺磁性中间体而被忽略。有些金属蛋白含有两种以上的金属离子，则依铁、铜、锰、镍、钴、其他金属的次序，作相应简要介绍，也会根据需要而有所例外；这些金属蛋白所含有的主族金属离子，亦不作过多展开。放氧光合作用和有氧呼吸作用的主要蛋白复合体，在 8.3 节和 8.4 节作专门介绍。由单个过渡离子如铁、铜、锰、镍、钴、钼等构成的单核活性中心，参考前文的相应范例，即可作正确归属。

普通化学原理告诉我们，金属很容易被氧气所氧化。因此，很多金属蛋白的反应底物，都或多或少涉及氧，这与不同化学元素的嗜氧强弱有关，参考 *Biochemistry of Dioxygen*。金属酶所催化的大多数有机分子底物都是 $S=0$ 的抗磁性单态，而分子氧 O_2 则是 $S=1$ 的基态三重态。根据自旋守恒，$S=0$ 的反应物不能和 O_2 直接反应形成另外一种 $S=0$ 的抗磁性产物，这称为自旋禁阻 (spin-forbidden reaction)。换而言之，只有自旋 $S\geqslant 1/2$ 的反应物才能和 O_2 发生反应。比如，自旋守恒会禁止 $H_2(S=0)$ 直接和 O_2 反应生成水 ($S=0$)，这是因为反应物和产物具有不同的自旋态，即使克服了能垒，该体系仍然不能转化成稳定的产物，也不能改变其电子自旋多重性。这种自旋禁阻有效地抑制了许多有机物的自氧化，维持生物大分子的稳定，使生活细胞可以选择性地利用氧气参与各种生理活动。三

重态 O_2 经紫外线辐照后转变成活泼的 $S=0$ 的单态氧分子 (详见 4.7.3.3 节)，然后再和许多有机物发生化学反应。生活细胞内含有许多容易氧化的或容易还原的有机物 (8.1 节)，它们若被单态氧分子进攻将造成氧化胁迫。所以，生活细胞主要通过单加氧酶，利用 O_2 把有机物羟基化，从而避免了单态 O_2 所产生的毒理，并绕开自旋禁阻的束缚。在此过程中，单加氧酶起着非常重要的作用，它将氧分子的一个氧原子并入底物有机分子，然后再和维生素 C 等还原剂一起将另外一个氧原子还原成 H_2O。

图 8.2.1 小结了分子氧沿不同途径最终还原成水的还原电势 E，各种活性中间产物和超氧化物歧化酶 (superoxide dismutase，SOD)、超氧化物还原酶 (superoxide reductase，SOR)、过氧化物酶 (peroxidase)、过氧化氢酶 (catalase)、单加氧酶 (monooxygenase)、双加氧酶 (dioxygenase) 等酶催化的反应通式。在 SOD 和过氧化氢酶催化的反应中，反应物既是电子供体，也是电子受体；过氧化物酶所催化的反应需要外源电子；单加氧酶将 O_2 的一个原子还原成水，另一原子被并入有机分子底物 R 形成羟基 R—OH 或酚羟基 Ar—OH (图 8.2.5)；双加氧酶将 O_2 分子的两个原子全部插入到底物分子 X 中。生活细胞内，不同酶因氧还电势差异，其催化所形成活性氧中间物也各不相同；即使形成相同中间物，反应历程也各有不同。对于过氧化氢酶，N_3^- 等阴离子作为底物过氧化物/过氧化氢的竞争性抑制剂和过渡离子配位，如 $Mn^{2+/3+}$ 结合 N_3^- 后，失去一个配位水。

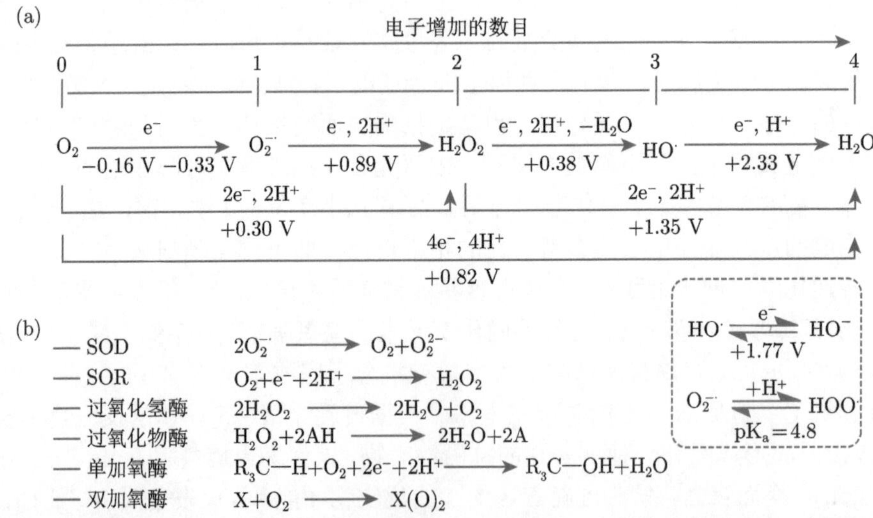

图 8.2.1　(a) 氧的化学：电子与质子转移；pH 7.0，298 K，1 标准大气压的氧气。图中所标注的氧还电势，随着测试条件的差异而有所波动 [40−42]。(b) 超氧化物歧化酶、超氧化物还原酶、过氧化物酶、过氧化氢酶、单加氧酶、双加氧酶等所催化的反应通式。虚框插图表示 HO˙ 和 HO^-、低 pH 环境中 $O_2^{-\cdot}$ 与 HOO˙ 的相互转变 [43]

过渡离子的催化活性，需要蛋白提供特定的亲水或疏水结构域和空间构象，它们和氨基酸、非氨基酸的配位，具有非常强的选择性。即使是同一种氨基酸，哪个原子和金属离子配位，也是非常严格的。例如，过渡离子 (如 Cu、Fe) 选择与组氨酸咪唑环的 N_δ 还是 N_ε 配位 (图 8.2.2)，取决酶的催化功能。相同的蛋白结构，选择什么样的金属离子作为其活性中心，则取决于蛋白结构对离子氧还电势 E 的影响和蛋白所处的细胞生理环境。反过来，金属离子选择什么样的蛋白，取决于蛋白环境能降低多大的氧还电势，以满足酶催化的需要。表 8.2.1 示意了 Mn、Fe 两种元素 M^{3+}/M^{2+} 氧化还原电势 (简称氧还电势) E 随配位环境而变的部分结果，从中可看出有机或无机配位的重要性。以水合离子为标准，不同的蛋白配位，均会造成氧还电势 E 的下降，详见 8.2.1.2 节的 SOD。

表 8.2.1 Fe 和 Mn 的 M^{3+}/M^{2+} 氧还电势 E，引自文献 [45,46]

配位结构	E/V	
	Mn	Fe
水合离子 $M(H_2O)_6$	1.51	0.77
M(EDTA)	0.83	0.1
$LM(H_2O)(OH^-)$ (pH 7.8) L = 二乙酰吡啶氨基草酰阱	0.42	0.05
M(Fe)SOD (pH 7.4)	> 0.87	~ 0.1
M(Mn)SOD (pH 7.8)	0.3	−0.25

含过渡离子的金属蛋白，可简单分为电子转递蛋白和具有催化活性的普通意义上的金属酶两大类。前者如细胞色素、铁硫蛋白和铁氧还蛋白、铜氧还蛋白等，主要转移电子，其中具有氧还活性的基团或结构被称为电子递体。后者同时需要反应底物和电子转移的协同配合，具有酶催化所需的基本属性，蛋白中负责酶催化的有机或无机结构，被称为酶活中心。除了金属无机结构，金属蛋白中还会含有结合疏松的维生素、辅酶等有机小分子作为电子递体，负责各个活性中心之间以及酶与酶间的电子、质子或基团转移。金属蛋白和金属酶的研究，需要综合多种生物物理方法，不能有所偏颇，详见专刊 *Bioinorganic Enzymology*, I & II (Chem. Rew., Vol 96, No.7; Vol 114, No.7 & 8) 和专著 *Biophysical Techniques in Photosynthesis*、*Applications of Physical Methods to Inorganic and Bioinorganic Chemistry*、*Practical Approaches to Biological Inorganic Chemistry*, 2nd。与其他研究方法不同，EPR 直接忽略蛋白活性中心周围的抗磁性有机物和无机物，而只选择性地探测能发生氧还变化或配位变化的活性中心 [44]。

8.2.1 含铁的金属蛋白

在含铁的金属蛋白中，铁离子有血红素 (又铁卟啉) 和非血红素铁离子 (heme and non-heme irons) 两种不同的辅基形式，参与物质运输、电子转移、信号转导等生理活动。为防止混淆，本书用贮铁蛋白表示 (ferritin)。

8.2.1.1　含血红素的血红素蛋白

含血红素的金属蛋白，又称为血红素蛋白 (hemoproteins 或 heme proteins)，根据生理功能分成：① 携氧的血红素蛋白，含血红素 b；② 细胞色素；③ 细胞色素 P450；④ 血红素氧化还原酶；⑤ 细胞色素过氧化物酶；⑥ 血红素加氧酶；⑦ 血红素的贮存和运输。辅基血红素是起运输中心还是氧化还原中心的生理功能，由其周围的蛋白微环境所决定。根据铁卟啉的数量，血红素蛋白又分为单、双和多卟啉蛋白，如单卟啉细胞色素 c、四卟啉细胞色素 c_3、九卟啉细胞色素 c 等。

这一类蛋白的共同特征是以血红素为核心结构 (图 8.2.2(a))，再根据不同的生理需要辅以组氨酸 (His)、半胱氨酸 (Cys)、甲硫氨酸 (Met)、赖氨酸 (Lys)、酪氨酸 (Tyr) 等作为第五配体。第六配体是底物小分子 (O_2、CO、NO、CO_2、CN^- 等)，或其他氨基酸，如组氨酸、色氨酸 (Trp)、天冬酰胺 (Asn)、精氨酸 (Arg) 等。习惯上，将底物小分子结合的位点称为近端 (proximal)，而将卟啉环另一侧的第五配体氨基酸配体称为远端 (distal)。远端第五配体氨基酸残基能根据第六配体是否存在及其种类差异，来改变它与铁离子的间距，最终影响铁离子与底物的缔合或解离。最常见的双氨基酸配位是双组氨酸 (bis-histidine) 和组氨酸-甲硫氨酸 (His-Met 对)，如图 8.2.2(b) 所示。这两种双氨基酸血红素的特征电子结构和生理功能，详见综述 [47, 48]。除了作为配体，组氨酸可通过 [1,4]-异构体与 [1,5]-异构体的相互转变，调控着质子转移的方向 (图 8.2.2(c))。注：有些文献将远端定义成底物结合部位，而将氨基酸残基定义成近端，与本文相反。

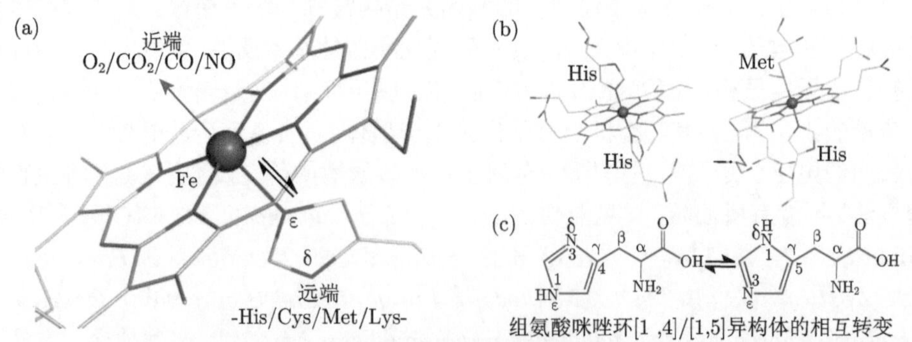

图 8.2.2　(a) 由血红素和远端的组氨酸、半胱氨酸或甲硫氨酸一起构成的血红素蛋白核心结构，近端是 O_2、CO_2、NO 等作为底物或信使分子的结合部位，或是作为第六配体的其他氨基酸，双向箭头表示铁离子凸出卟啉平面 $\rightleftharpoons$ 复原回卟啉平面的动态方向。其中，组氨酸是通过 N_ε 与铁离子成键。(b) 轴向双组氨酸和组氨酸-甲硫氨酸对的血红素 c (PDB 3cx5)。(c) 组氨酸咪唑环 [1,4]-异构体与 [1,5]-异构体的相互转变。咪唑环与 Fe^{3+} 的配位，请参考 ^{14}N-ESEEM 实验 [49]

在细胞生理活动中，有些血红素铁离子会发生化合价的动态循环，如 $Fe^{2+} \rightleftharpoons Fe^{3+}$、$Fe^{3+} \rightleftharpoons Fe^{4+}$ 等。有些血红素铁离子则只发生高、低自旋的动态变化，如，Fe^{2+} 和 Fe^{4+} 具有 $S = 2$ 的高自旋和 $S= 0$ 的抗磁性 (图 4.4.7)，Fe^{3+} 以高、低自旋 ($S = 5/2 \rightleftharpoons S = 1/2$) 间的可逆变化为主。这些都和血红素周围的蛋白结构息息相关。无论何种过程，铁离子特征 EPR 的动态变化都非常直观。Fe^{3+}，高自旋态，$g_{\perp}^{\mathrm{eff}} \sim 6.0$、$g_{\parallel}^{\mathrm{eff}} \sim 2.0$；低自旋态，详见 4.2.4 节和 7.2.5 节。在蛋白质的人工改造过程中，Fe^{3+} 还会形成 $S = 3/2$ 的中间自旋态。当人或动物摄入络合能力更强的 CO、CN^-、N_3^- 等强场配体时 (如误食木薯、发芽的土豆、部分蘑菇、一些不成熟的果实等植物器官)，它们将取代 O_2、CO_2 等底物分子，与卟啉铁不可逆的结合，抑制 Fe 的氧还活性，使血红素丧失输送氧气或还原分子氧的能力，动物就难以进行正常生理活动而死亡。CO 与血红蛋白的络合能力是 O_2 的 ~230 倍。实验上，用 CO 饱和处理所分离或纯化的血红素蛋白，根据其最大吸收波长而给予分类和命名，如图 8.2.4 所示的线粒体内几种血红素的特征吸收谱和分子结构。

A. 携氧和贮氧的血红素蛋白

这是天然存在的含量最多的氧载体蛋白，目前研究比较多的是血红蛋白、肌红蛋白、神经红蛋白、细胞红蛋白、N_2O 还原酶、载氮蛋白等，活性中心是血红素 b (分子结构见图 8.2.4)。在细胞生理活动中，一方面，铁离子与远端组氨酸的距离会在 2.0~2.3 Å 的范围内动态变化，使铁离子配位环境忽强忽弱地循环，调控着铁离子与底物结合的松或紧；另一方面，O_2、CO_2、NO、CO、色氨酸、精氨酸等底物在近端的结合与释放，使铁离子会发生四、五、六配位等不同配位数的动态循环，甚至还伴随着铁离子的氧化还原反应。比如，五配位时，铁离子沿着组氨酸方向，可凸出卟啉环平面 0.2~0.4 Å 的距离；六配位时，铁离子基本位于卟啉环平面内，但不意味着卟啉环是一个标准的 π 平面，表现为 $g_x \neq g_y$，EPR 数据详见 7.2.5 节或文献 [50]。

血红蛋白 (hemoglobins，Hbs) 的结构和功能，早为人们所熟悉。它是水溶性的球蛋白，也是最重要的铁蛋白，是负责运输 O_2 和 CO_2 的血红素蛋白。血红蛋白是由两个 α 亚基和两个 β 亚基构成的四聚体 (或 α_2、β_2 的异二聚体)，每个亚基均具有特征 (characterized) 的珠蛋白折叠 (globin fold)。血红蛋白有两种生理构象，分别是 T 态和 R 态 (紧张态和松弛态，tense and relaxed states)，称为别构效应 (allosteric effect)。脱氧 (deoxy) 时，血红蛋白处于 T 态，此时与氧气的亲和力较弱，但与 CO_2 的结合比较紧密；氧合 (oxy) 时，血红蛋白处于 R 态，且随着结合氧分子个数的增加，与氧气的亲和力逐渐增强，呈正协同效应。因此，在氧分压 (pO_2，partial pressure of oxygen) 高的地方，血红蛋白与氧的亲和能力增加；在氧分压低的地方，容易将氧释放出来供细胞代谢使用，血红蛋白与 CO_2 的亲和能力增大。血红蛋白 T 态和 R 态的生理平衡，受到 pH、pO_2、pCO_2 等调节。人体动脉血的溶氧量 150~230 mmol/L，比静脉血高约 ~50 mmol/L，和空气饱和水中溶氧量 258 mmol/L (25°C) 相当。人体其他组织内的溶氧量变化较大，是动脉血的 ~1%至 ~50%, 甚至更低。生理情况下，铁离子呈 +2 价：高自旋 $S=2$ 的 Fe^{2+} 与三重态 O_2 的结合不存在自旋禁止，因此，二者相互结合非常迅速，并且还能防止 Fe^{II} 氧化成 Fe^{III}。Fe 与 O_2 结合形成氧合亚铁结构 Fe^{II}-O_2 (oxyferrous complex)，有两种互变构象，即 Fe^{II}-O_2 $\leftrightarrow$ Fe^{III}- $O_2^{-\cdot}$。在这复合体中，Fe^{II} 与 O_2、Fe^{III} 与 $O_2^{-\cdot}$ 均形成反铁磁耦合的抗磁性基态，只能用 ^{57}Fe-穆斯堡谱 (Mössbauer spectroscopy) 开展研究，但同位素 ^{57}Fe 比较昂贵，限制了应用。类似的氧载体过渡离子主要是 Co^{2+} 和 Cu^{2+}，和 O_2 类似于的小分子 NO 的结合则是将 Fe^{II} 还原成 Fe^{I} ，详见下文各节或 4.5.7 节。

脱氧时，血红蛋白远端第五配体组氨酸与 Fe^{2+} 的键长变长 (~ 2.2 Å)，Fe^{2+} 的配位场变弱而形成 $S=2$ 的高自旋态；结合氧或 CO_2 时，组氨酸与 Fe^{2+} 的键长变短 (~2.0 Å)，使 Fe^{2+} 的配位场变强而形成 $S=0$ 的抗磁性基态。Fe^{2+} 不稳定，容易氧化成 Fe^{3+} 而形成高铁红素 (图 8.2.6)，但与 Fe^{3+} 结合的氧不能被释放，会造成细胞缺氧。如，水合血红蛋白中铁离子呈 $S=5/2$ 的高自旋，而结合 CN^-、CO 或 N_3^- 时则呈 $S=1/2$ 的低自旋 (参考 4.1.2.4 节的光谱化学顺序)，EPR 研究参考 7.2.5 节。

肌红蛋白 (myoglobins，Mbs)，是一个单体蛋白，多肽链由 153 个氨基酸残基组成，同源性与血红蛋白的 α 亚基相似。它负责氧气在哺乳动物骨骼肌和心肌细胞内的运输，以及信使分子 NO 介导的信号转导。与血红蛋白相比，肌红蛋白对氧气的亲和力更强。除了运输氧气，肌红蛋白的另外一重要的生理功能是信号转导。

神经红蛋白 (neuroglobins，Ngb) 和**细胞红蛋白** (cytoglobins，Cygb) 是新发现的携氧蛋白家族的成员，前者是新发现的广泛存在于人和小鼠脑内的携氧球蛋白，后者遍布全身各组织。它们和血红蛋白/肌红蛋白的同源性小于 25%。神经红蛋白通过调节 NO 的结合与释放，参与细胞信号转导。铁离子与 NO 结合的反应式是

$$\text{heme-Fe}^{II}+\text{NO} \longrightarrow \text{heme-Fe}^{II}\text{NO} \qquad (1)$$

$$\text{heme-Fe}^{II}(\text{O}_2)+\text{NO} \longrightarrow \text{heme-Fe}^{III}+\text{NO}_3^- \qquad (2)$$

EPR 实验表明，heme-Fe^{II}NO 结构等价于强场的、低自旋的 Fe^{I}。参与 NO 信号转导的血红素蛋白还有内皮型和诱导型的一氧化氮合酶 (endothelial/inducible nitric oxide synthases)，它们能将 L-精氨酸胍基上的一个氨基，氧化成 L-瓜氨酸 (citrulline)，并释放出 NO。NO 的正常代谢，受到第五种携氧血红蛋白 N_2O 还原

酶 (nitrous oxide reductase，NOR) 的调节，它将 NO 逐步还原成 N_2O、N_2 (参考图 8.2.33(b) 的氮循环)。N_2O 还原酶同时也是以双核铜 (Cu_A) 和四核铜 (Cu_Z) 共同组成活性位点的铜蛋白，详见 8.2.2.3 节。在体内，载氮蛋白 (nitrophorin，或 NO 转运蛋白) 是第六种携氧血红蛋白，负责 NO 的运输。

图 8.2.3 比较了肌红蛋白突变体 L29H 和载氮蛋白 NP4 (nitrophorin 4) 两种蛋白与 NO 结合成 heme-Fe^{II}NO 复合体 (或 $[FeNO]^7$ 复合体) 的 EPR 研究 [51, 52]。它们的谱图均具有了低自旋 Fe^{I}($3d_{z^2}$ 基态) 的一些特征，与未耦合的、低自旋血红素 Fe^{3+} 的特征明显不同 (详见 7.2 节)，表明 Fe^{II} 与 NO 结合，形成一个 $S_{eff} = 1/2$ 的交换耦合基态；三重超精细分裂是源自近端配体 NO 的 ^{14}N，同时参考 4.5.7 节的配合物 Fe[TFPPBr$_8$(NO)]；这一类复合结构的溶液谱，$g_{iso} = 2.02 \sim 2.04$。理论上，Fe^{II}NO 复合结构的 g_i 各向异性较为明显，表明其具有低自旋过渡离子的一般特征，而 $\Delta g = |g_i - g_e|$ 又都比较小，说明其也兼具有机自由基的强场配位特征。其他类似的血红素蛋白，血红素 Fe^{2+}/Fe^{3+} 与 NO 结合前后的 EPR 谱图变化，请参考文献 [53, 54]。

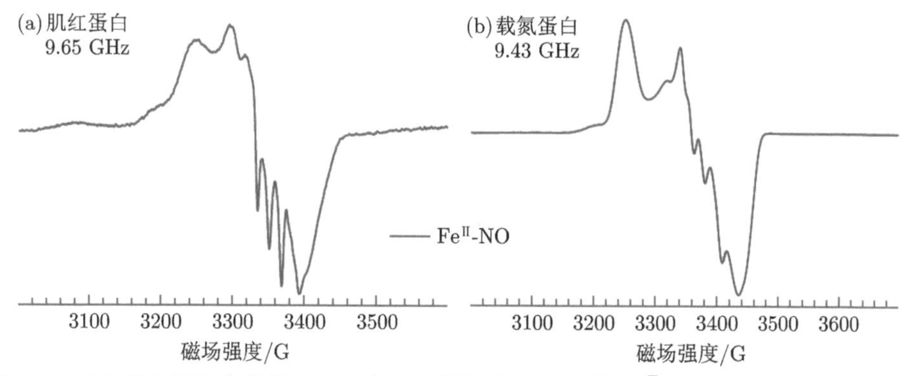

图 8.2.3 (a) 肌红蛋白突变体 L29H 和 (b) 载氮蛋白 NP4 的 Fe^{II}-NO 复合结构的低温 EPR 谱。(a) 温度 90 K，功率 0.6 mW，调幅 3 G；(b) 温度 90 K。图 (a) 和 (b) 分别由林英武 (南华大学) 和何春茂 (华南理工大学) 两位教授提供，参考文献 [51,52]。类似的复合结构，还可参考色氨酸双加氧酶血红素与 NO 的结合 [56]

除了以上这些含有血红素的氧载体蛋白，天然存在的氧载体还有不含血红素的蚯蚓血红素 (hemerythrin) 和含铜的血蓝蛋白 (hemocyanin) 等，用于仿生的主要是含单核钴的配合物 [55]。

B. 作为电子递体的细胞色素

细胞色素是一类含有血红素辅基的电子传递蛋白质的总称，因血红素而呈红色或褐色 [57]。在 1920 年前后，人们在研究细菌、酵母、植物等的呼吸作用时，发现细胞内存在一些吸收可见光的细胞色素 (cellular pigment)，并将其命名为

cytochrome (缩写成 Cyt 或 cyt)。它们在波长 604 nm、566 nm、550 nm 附近有明显的吸收峰 (520 nm 处的吸收峰常被掩盖)，按波长由长至短用字母 a、b、c 依次标记，如图 8.2.4(a) 和图 8.4.9 分别示意了牛心脏线粒体和脱氮副球菌 (paracoccus denitrificans) 细胞色素 c 氧化酶的可见吸收光谱。这形成了细胞色素分类研究的起步阶段，随着研究的深入，人们分离和解析了相应的铁卟啉结构，如图 8.2.4(b)~(d) 所示的血红素 a、b、c 三种卟啉的结构，其他血红素参考文献 [58, 59]。当前，含细胞色素的蛋白复合体有 a、b、c、d、f、o 等系列，它们的命名以强场配体 CO 处理还原态蛋白复合体所得的最大可见吸收光谱所对应的波长给予标注，如 a ~ 605、b ~ 566、c ~ 550 (图 8.2.4(a))，氧化态不具有这些特征吸收峰 (图 8.4.9)。每一类血红素因轴向配位的不同而又分成若干种，如细胞色素 a、a_3 等。这些血红素辅基，若仅仅参与电子传递，则以双氨基酸配位如双组氨酸 (或双咪唑，最为常见)、组-甲硫氨酸对、组-酪氨酸对等的六配位铁离子为主，若催化质子耦联的电子传递，一般以单组氨酸的五配位为主。这些特征结构，既可参考下文的细胞色素 b_6f (8.3.4 节)、细胞色素 bc_1 和细胞色素 c 氧化酶 (8.4.2 节) 等，也可以参考专著 [57]。

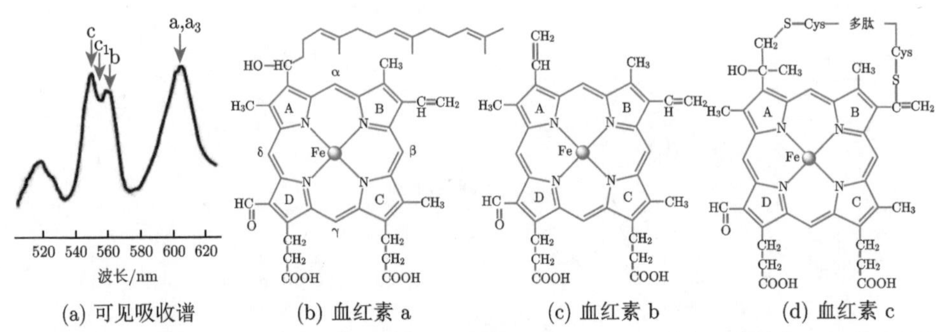

(a) 可见吸收谱 (b) 血红素 a (c) 血红素 b (d) 血红素 c

图 8.2.4 牛心脏线粒体的可见吸收光谱 (a)，和血红素 a、b、c 的分子结构 (b)-(d)。图 (a) 引自文献 [60]

细胞色素 a 常见的有细胞色素 a、a_3 等，最大可见吸收波长 ~ 605 nm (图 8.2.4(a) 和图 8.4.9)，血红素 a 的分子结构如图 8.2.4(b) 所示。在细胞色素 c 氧化酶中，血红素 a、a_3 的铁离子配位分别是五个、六个 (详见 8.4 节)，高、低自旋 Fe^{3+} 的特征 EPR (4.2.4 节和 7.2.5 节) 和相应的可见吸收光谱，参考文献 [61-63]。

细胞色素 b 常见的有细胞色素 b_2、b_3、b_5、b_{559}、b_6、bc_1、b_6f 等，具有一种或两种血红素活性中心，最大可见吸收波长 ~ 565 nm，是自然界中含量最多的血红素。其中，细胞色素 b_6f 复合体 (8.3.4 节) 和细胞色素 bc_1 复合体 (8.4.2.3 节 (复合体 Ⅲ)) 同属细胞色素 bc 家族。具有两个重要生理功能，① 携氧和贮氧，详见上文；② 电子传递。在携氧和贮氧的血红蛋白、肌红蛋白中，血红素铁离子

的近端配位是 O_2 或 CO_2，远端是组氨酸，氧还电势 $E \sim 0$ mV。作为电子递体时，铁离子的近端配位主要是甲硫氨酸 (硫原子)，远端是组氨酸。它负责将还原电子从 $FMNH_2$、$FADH_2$ 等供体，传递给下游的受体，如参与呼吸和光合电子传递过程 (详见 8.3 节、8.4 节)。在 PSⅡ 的 b_{559}、细胞色素 bc_1 和复合体 Ⅱ 等蛋白复合体中，低自旋的细胞色素 b，g_x、g_y 均小于 2.0 且无法辨析，g_z 为 $3.0 \sim 3.8$ 的吸收峰可分辨 [64–66]。这个特征既显著差别于血红蛋白、肌红蛋白等的血红素 b，也显著差别于细胞色素 c 中的血红素 c 等 (7.2.5 节)。

细胞色素 c 这一类是细胞色素蛋白中分布最广泛的系列蛋白，有膜结合的，也有呈水溶性的球蛋白形状。常见的有细胞色素 c、c′、c_2、c_3、c_{550}、c_{551}、c_{553}、c_{554}、c_6、c_7、cd_1、bc_1 等，具有一种或两种血红素活性中心，最大可见光吸收波长 ~ 550 nm。这一类蛋白中，血红素铁离子近端配位一般是甲硫氨酸 (硫原子) 或组氨酸，远端是组氨酸。B 环的乙烯基与半胱氨酸的 S_δ 原子形成硫醚键 (图 8.2.4)，影响着蛋白的氧还电势，可能是电子进出卟啉环的主要部位。细胞色素 b_6f 复合体还含有一独特的、轴向没有配体的细胞色素 c_n (n 是指类囊体膜的负电荷一侧，即基质侧)，负责将 PQ 还原成 PQH_2 而形成 Q 循环。高、低自旋的血红素 c，特征 g_i 差异显著且易分辨 (详见 7.2.5 节)。若蛋白同时含有低自旋的细胞色素 b 和 c，则后者可能会因重叠而无法在实验谱中被解析，如细胞色素 bc_1 复合体中的情形。

细胞色素 c 是一个单亚基蛋白 (图 8.4.8(b))，含一个血红素 c，~12.5 kDa，多肽链长 103~120 个氨基酸残基，因参与光合、呼吸等重要生理代谢而受到广泛研究。线粒体细胞色素 c 是分布于线粒体内、外膜间隙的球蛋白，氧还电势 $E_m \sim +260$ mV，分子表面分布 ~11 个碱性的赖氨酸残基，等电点 pH~10，这使细胞色素 c 在生理环境中 (pH~7.6) 呈携带正电荷的球蛋白，如 pH 7.0 时正电荷数为 +7。若含多个血红素 c，那么蛋白的氧还电势波动范围较大，$-290 \sim +400$ mV。在酵母细胞中，还原态细胞色素 c 被细胞色素 c 过氧化物酶用来还原 H_2O_2，反应式是

$$2Fe^{II}(Cyt\,c) + H_2O_2 + 2H^+ \longrightarrow 2Fe^{III}(Cyt\,c) + 2H_2O$$

细胞色素 f 这是细胞色素 c 家族。它首先从植物叶子中分离出来，故被冠名为细胞色素 f (f 是 folium 的首写字母，即叶子)，故读者不可望文生义。细胞色素 f 的近端配位是酪氨酸的氨基氮 (图 8.3.16(c))，通过细胞色素 b_6f、细胞色素 b_6/ 质蓝素等复合体参与光合电子传递，详见 8.3.4 节和 8.3.5 节。

以上这一类蛋白复合体的高级结构，既有单亚基的，也有多亚基的，血红素的氧还电势波动范围也比较大，高、低自旋的 Fe^{3+} 的 EPR 特征非常明显。例如，高自旋细胞色素 c′ 的 $g_1 = 6.05 \sim 6.3$、$g_2 = 5.3 \sim 5.7$、$g_3 \sim 1.99$，低自旋

细胞色素 c_2 的 g 因子是 $g_z \sim 3.2$、$g_y \sim 2.1$、$g_x = 1.14 \sim 1.23$，参考 7.2.5 节和图 4.2.4 等。

C. 细胞色素 P_{450}

细胞色素 P_{450} (P_{450}s)，是含血红素 b 的一个超大家族的硫氰酸血红素酶 (heme-thiolate enzymes)，催化底物单加氧的双电子氧化反应 (monooxygenation)，广泛分布于各种生物体内。细胞色素 P_{450} 的研究文献，浩如烟海，读者可自行检索。它们的共同结构特征是血红素铁离子的远端配位是甲硫氨酸的硫原子，共同的光谱特征是血红素 Fe^{II}-CO 结构均具有 450 nm 的 S-带吸收峰 (heme soret band)。P_{450} 催化的一个代表性反应是

$$X\text{—}H + O_2 + NAD(P)H + H^+ \longrightarrow X\text{—}OH + NAD(P)^+ + H_2O$$

X 是反应底物。在此过程，铁离子历经 +3 还原成 +2，然后逐步氧化成 +3、+4，再还原成 +3、+2 的动态循环过程。细胞色素 P_{450} 同时也是一种单加氧酶，所催化的反应非常多，图 8.2.5 选择示意了其中的三种加氧反应。

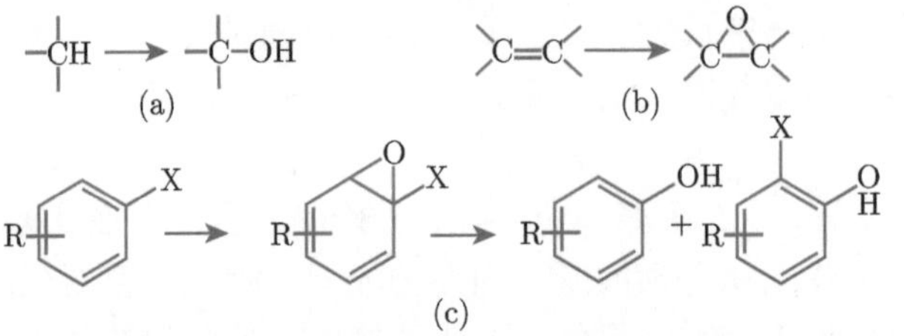

图 8.2.5 细胞色素 P_{450} 所催化的代表性反应，(a) 烷烃羟基化，(b) 烯烃环氧化，(c) 芳烃环氧化

根据电子传递途径，P_{450} 分成四大类：第一类是线粒体和大部分细菌 P_{450}，电子传递途径是 NADPH → FAD → [Fe_2S_2] →血红素；第二类微体系统的膜结合 P_{450}，电子传递途径是 NADPH → FAD → FMN →血红素；第三类，是第二类的融合蛋白，性质相似；第四类的电子传递途径是 NADH → FMN → [Fe_2S_2] →血红素。

D. 其他含血红素或细胞色素的铁蛋白

血红素加氧酶 (heme oxygenase) 分单、双加氧酶，血红素铁离子的近端是水、O_2、赖氨酸、色氨酸等的结合部位。如图 8.2.6 所示，血红素加氧酶分三个步骤，在 α-次甲基加氧使其开环，最终形成胆色素原 (又胆绿素)。然后，胆色素原还原酶利用 NADPH，将胆色素原中的 ═N—基团还原成—NH—基团，形成 (4Z,15Z)-胆红素 (4Z,15Z-bilirubin)。该胆红素内的亲水基团，全部相互形成六个分子内氢键，从而造成其水溶性非常差，但成人肝脏能将这些胆红素转化并排泄。

新生婴儿因肝功能发育不全，胆红素会在婴儿体内积累从而导致皮肤呈黄色，或以皮肤、黏膜及巩膜黄染为特征的病症，形成暂时性的新生儿黄疸。经光治疗或晒太阳后，4Z,15Z-胆红素转变成异构体 (4E,15E)-、(4E,15Z)-或 (4E,15E)-胆红素等，分子内氢键被部分或全部破坏，亲水基团外露而增强其水溶性，最终通过胆汁和尿液排泄出体外。

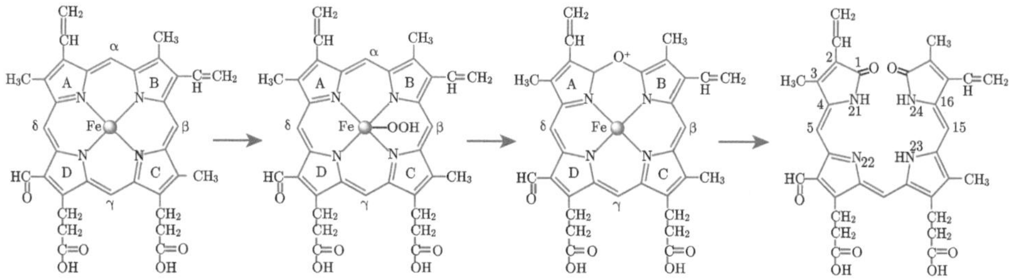

血红素 高铁血红素 胆绿蛋白红素 胆色素原

图 8.2.6 血红素加氧酶利用氧气催化血红素逐步氧化成高铁血红素 (hydroxyheme)、胆绿蛋白红素 (verdoheme)、胆色素原 (biliverdin) 的反应，在此过程还释放出 CO 和自由的铁离子。胆色素结构中的 4、5、15、16 等数字，用来示意 4Z,15Z 和 4Z,15E 胆红素特征双键的相应位置

血红素氧化还原酶 (heme proteins: oxido-reductases) 这一类蛋白主要有细菌细胞色素 c 氧化酶、线粒体的细胞色素 c 氧化酶、琥珀酸-质醌氧化还原酶、呼吸链复合体 II、细胞色素 bc1 复合体、细胞色素亚硝酸还原酶 (分 c、cd1 等)、羟胺氧化还原酶、亚硫酸盐氧化还原酶等。它们除了含有一或多个血红素中心，还含有其他辅助因子，如双核铜、双核铁、铁铜双核、铁硫簇、质醌、FMN 等电子递体，以及 Mg^{2+}、Ca^{2+}、Zn^{2+} 等主族离子。其中，细胞色素 c 氧化酶、琥珀酸-质醌氧化还原酶将在后面的呼吸链中，给予详细介绍。

细胞色素过氧化物酶 (cytochrome peroxidases) 常以 H_2O_2 为氧化剂，氧化相应的底物，在此过程中 Fe^{III} 先氧化成 Fe^{IV}，然后再还原成 Fe^{III}。例如，分布于中性粒细胞和单核细胞中的髓过氧化物酶 (myeloperoxidase，MPO)，Fe^{III} 呈高自旋 (络合卤素后变成斜方对称)，结合 CN^-($g_z\sim 2.83$、$g_y\sim 2.25$、$g_x\sim 1.64$) 或 N_3^-($g_z\sim 2.68$、$g_y\sim 2.22$、$g_x\sim 1.80$) 等强场配体则形成六配位的低自旋结构。酵母细胞色素 c 过氧化物酶的催化过程，色氨酸参与电子传递，形成 $Typ^{+\cdot}$ 阳离子自由基，$g_z\sim 2.04$、$g_y=g_x\sim 2.01$[67]。

血红素过氧化氢酶 (heme catalases) 活性中心的远端配位是酪氨酸残基，催化 H_2O_2 歧化成 H_2O 和 O_2 的反应。

8.2.1.2　含非血红素的铁蛋白

含非血红素的铁蛋白，分为五大类：① 铁硫蛋白；② 单核铁蛋白；③ 双核铁蛋白；④ 铁离子贮存和运输的铁蛋白；⑤ 其他铁蛋白。

以下先简要介绍单、双核铁蛋白，铁硫蛋白在下节展开。

A. 单核铁的铁蛋白

常见的单核铁蛋白是铁超氧化物歧化酶 (Fe superoxide dismutase，Fe-SOD)，超氧化物还原酶 (superoxide reductase，SOR)，单或双加氧酶 (monooxygenase or dioxygenase) 等。

超氧化物歧化酶根据金属中心分成 Fe-SOD、Mn-SOD、Ni-SOD、[CuZn]-SOD 等 [45, 46]。Fe-SOD 与 Mn-SOD 同源，活性中心如图 8.2.7(a)、(b) 所示 [68]。结构上，除了 Ni-SOD 是 N、S 配位，其余均是 N、O 配位。Fe-SOD 主要分布于原始细菌和叶绿体中；Mn-SOD 主要分布于原始细菌和线粒体中；Ni-SOD 只发现于细菌中；[CuZn]-SOD 广泛分布原核与真核生物中。叶绿体和线粒体是植物细胞内含有遗传物质的半自主性细胞器，而 Fe-SOD 和 Mn-SOD 的主要生理功能就是保护细菌和这些细胞器内的 DNA 免遭内源性的氧化胁迫。这种生理功能，也是内共生假说的证据之一。该假说认为线粒体和叶绿体分别起源于真核细胞内共生的细菌和蓝藻。

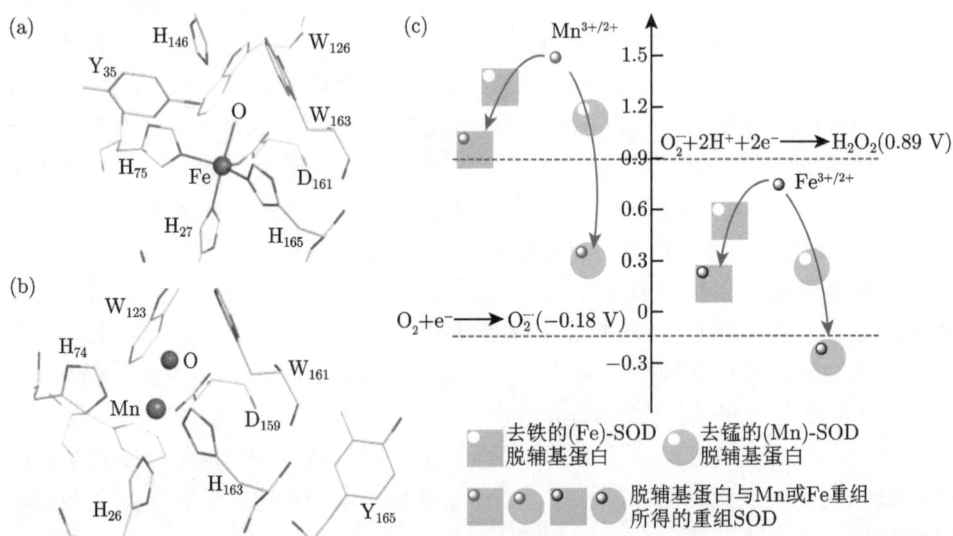

图 8.2.7　(a) Fe-SOD (PDB 1ar5) 和 (b) Mn-SOD (PDB 1xil) 活性中心的结构比较。(c) Fe-SOD 和 Mn-SOD、金属离子置换所得重组蛋白 Fe(Mn)-SOD 与 Mn(Fe)-SOD 的氧还电势，见表 8.2.1：去锰的 (Mn)-SOD 脱辅基蛋白与铁离子重组形成 Fe(Mn)-SOD，去铁的 (Fe)-SOD 脱辅基蛋白与锰离子重组形成 Mn(Fe)-SOD，括号表示被去除的原生离子。图 (c) 的参考文献是 [45, 46]

虽然不同物种来源 Fe-SOD 的氨基酸序列长短有些差异，但是活性中心均是一个保守的三角双锥结构，如图 8.2.7(a) 所示：在 xy 平面，铁离子与 His_{75}、Asp_{161}、His_{165} 等三个氨基酸残基配位，形成以 Fe 为中心的三角形结构；轴向上的第四、五配位分别是三角形下方的 His_{27} 和上方的 O 原子。其中，第五配位 O 的具体结构随着铁离子的价态而变，氧化态是 $Fe^{3+}—OH^-$，还原态是 $Fe^{2+}—OH_2$。活性中心外围有 Gln、Tyr、Trp 等氨基酸残基，构成一高度保守的富含芳环的惰性环境，这样有利于酶催化的周转循环且免遭自由基的攻击。竞争性抑制剂 N_3^-，作为第六配位，直接与铁或锰离子配位。Fe-/Mn-SOD (包括下文的 [CuZn]-SOD) 催化 $O_2^{-\cdot}$ 的歧化反应由两步顺序步骤构成

$$O_2^{-\cdot} + \mathrm{SOD}\left(\mathrm{M}^{n+1}\right) \longrightarrow O_2 + \mathrm{SOD}\left(\mathrm{M}^{n}\right) \quad (1)$$

$$O_2^{-\cdot} + \mathrm{SOD}\left(\mathrm{M}^{n}\right) + 2\mathrm{H}^+ \longrightarrow \mathrm{H_2O_2} + \mathrm{SOD}\left(\mathrm{M}^{n+1}\right) \quad (2)$$

其中，M^n 表示 Fe^{2+}、Mn^{2+} 或 Cu^{1+}，M^{n+1} 表示 Fe^{3+}、Mn^{3+} 或 Cu^{2+}，氧还电势如图 8.2.7(c) 所示 (同时参考图 8.2.1(a))。在邻近组氨酸 His_{31} 的协助下，酪氨酸 Tyr_{34} 负责反应 2 中 H^+ 的运输和还原态 Fe-SOD 的底物结合。所形成的产物 H_2O_2，起到抗生素防御的作用。在 Mn-SOD 中，锰离子以 +3 价存在，催化过程中会还原成 +2 价。在 Fe-/Mn-SOD 中，铁、锰离子均呈高自旋。例如，Fe^{3+} 的 $D = -1.7\ \mathrm{cm}^{-1}$、$E/D = 0.24$[69]；源自 Mn^{3+} 中 $M_S = \pm 2$ 内的跃迁，可被平行模式 EPR 所探测，特征参数是 $D = 2.10\ \mathrm{cm}^{-1}$、$E = 0.24\ \mathrm{cm}^{-1}$，$g_\perp \sim 1.99$、$g_\parallel \sim 1.98$，$A_\perp \sim 101$ G、$A_\parallel \sim 100$ G[70, 71]。

单核的 Fe-/Mn-SOD，铁或锰离子很容易被剔除，然后体外重组或用其他离子替代重组，以研究脱辅基蛋白对铁、锰或其他离子氧还活性的影响。细胞选择哪个蛋白结构，取决于 $O_2^{-\cdot}$ 是被氧化 (−0.16 V) 还是被还原 (0.89 V)，这两个反应的中点电势 E_m 差约 1.05 V，中间点约 0.35 V，如图 8.2.7(c) 所示。在水相中，$Mn^{3+/2+}$ 和 $Fe^{3+/2+}$ 的中点电势 E_m 分别是 1.51V 和 0.77 V，与 EDTA 螯合后会分别降至 0.83 V 和 0.1 V；在 Mn-SOD 和 Fe-SOD 中分别降至 0.3 V 和 0.1 V，均位于中间点 0.35 V 附近 (注，每下降一个 pH 单位，E_m 会上升 ~ 60 mV)。在离子替代的 Mn(Fe)-SOD 和 Fe(Mn)-SOD 重组结构中，$Mn^{3+/2+}$ 和 $Fe^{3+/2+}$ 的 E_m 分别是 > 0.87 V 和 −0.25 V。在 Fe(Mn)-SOD 中，$E_\mathrm{m} = -0.25$ V，过低，无法将 $O_2^{-\cdot}$ 氧化 (反应步骤 1)，即 Fe^{III}(Mn)-SOD 失去氧化活性；在 Mn(Fe)-SOD 中，$E_\mathrm{m} > 0.87$ V，过高，造成 Mn^{III} 一旦还原就形成非常稳定的 Mn^{II}(Fe)-SOD，不易发生再氧化而把 $O_2^{-\cdot}$ 还原，即失去还原活性 (反应步骤 2)。脱辅基蛋白 (Mn)-SOD，之所以能更有效地降低 $Mn^{3+/2+}$ 和 $Fe^{3+/2+}$ 的中点电势 E_m，是因为铁离子易于形成没有底物结合空间的六配位结构，而锰离子倾向于形成五配位结构，并空出

一个配位空间与底物结合，催化过程中形成“5-6-5”的配位数循环。这些差异，可能与它们各自的起源和进化的细胞环境有关 [45, 46]。

加氧酶 (oxygenase) 分为单加氧酶和双加氧酶，顾名思义，就是将 O_2 活化并将有机物氧化的酶，其催化反应通式如图 8.2.1(b) 所示，构成活性中心的过渡离子是血红素铁、非血红素铁、铜、锰等，部分相关内容在单核锰蛋白中展开。其中，细胞色素 P_{450} 是一个广泛分布于各种生物体内的单加氧酶。加氧酶能将许多有机物氧化、降解并加以利用，如微生物的非血红素铁双加氧酶催化芳环氧化、形成邻苯二酚，非血红素铁二醇双加氧酶 (diol dioxygenase) 则催化芳环开环、形成有机矿物质。类似地，甲烷加氧成甲醇的仿生反应，是绿色化学当前的研究热点之一。

B. 双核铁的铁蛋白

常见的非血红素双核铁蛋白是核糖核苷酸还原酶的 R2 二聚体 (图 8.2.20，详见 8.2.3.2 节核锰一节)、甲烷单加氧酶羟化酶 (methane monooxygenase hydroxylase，MMOH)、Δ^9 脱氢酶 (Δ^9-硬脂酰-ACP 脱氢酶，Δ^9 stearoyl-acyl carrier protein desaturase，Δ^9D；ACP，酰基载体蛋白)、[FeFe]-氢化酶等。其中，甲烷单加氧酶羟化酶利用氧气和 NADH，将甲烷转变成甲醇。Δ^9 脱氢酶是不饱和脂肪酸合成中的一个关键酶，它以硬脂酰 ACP 为底物，在 C_9 位引入一个顺式双键。这三种双核铁蛋白的活性中心如图 8.2.8 所示，而将质子还原成氢气的 [FeFe]-氢化酶的活性中心，示于图 8.2.9(b) 中。这些双铁核心的共性结构是 Fe^{II}-Fe^{II}，与 O_2 结合后氧化成 Fe^{III}-Fe^{III}，再形成如 Fe^{II}-Fe^{III}、Fe^{III}-Fe^{IV}、Fe^{IV}-Fe^{IV} 等中间态，继而完成整个催化 [8, 38, 72]。[FeFe]-氢化酶中，远端的 Fe^{II} 离子与强场配体 CN^-、CO 结合而呈抗磁性 (图 8.2.27(a))，在催化过程中双铁核心被还原成 Fe^{I}-Fe^{II}，整个电子传递途径如图 8.2.9(b) 所示 [73, 74]。在此过程中，铁离子化合价的变化和铁离子间的铁磁或反铁磁耦合，以及铁离子间氧桥结构的变化，均已被阐明 [75]。

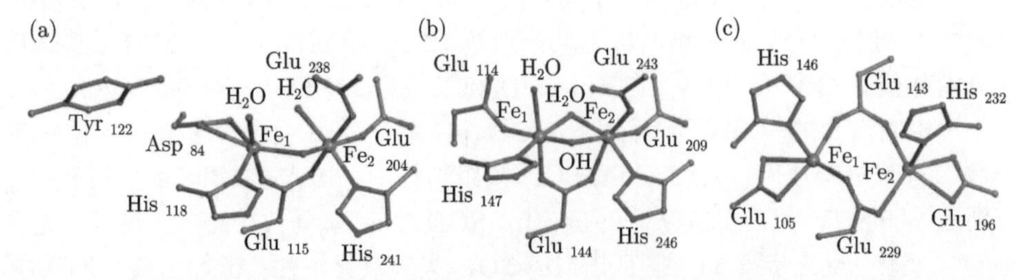

图 8.2.8　代表性双核铁中心的结构：核糖核苷酸还原酶 R2 (a，PDB 1av8，参考图 4.5.12)、甲烷单加氧酶羟化酶 (b，PDB 1mhy)、Δ^9 脱氢酶 (c，PDB 1afr)

8.2.1.3 铁硫蛋白，铁氧还蛋白

含有铁硫簇或铁硫中心 (iron-sulfur cluster) 的蛋白，泛称为铁硫蛋白 (Fe-S proteins)，一般没有严格的指向定义；若该蛋白能承担单电子传递的功能，又被称为铁氧还蛋白 [76]。图 8.2.9(a) 示意了单铁 $[Fe(S\cdot Cys)_4]$、双铁 $[Fe_2S_2]$、Rieske 型双铁 $[Fe_2S_2]$、三铁 $[Fe_3S_4]$、四铁 $[Fe_4S_4]$ 等常见铁硫簇的结构，组合结构如 $[Fe_3S_4][Fe_4S_4]$、$[Fe_4S_4][Fe_4S_4]$ 等分布于固氮酶中 (详见 8.2.5.1 节)。其余特殊结构的铁硫簇和含 Ni 等其他金属杂原子的铁硫簇，详见 8.2.4 节的镍酶或综述 [77-79]。

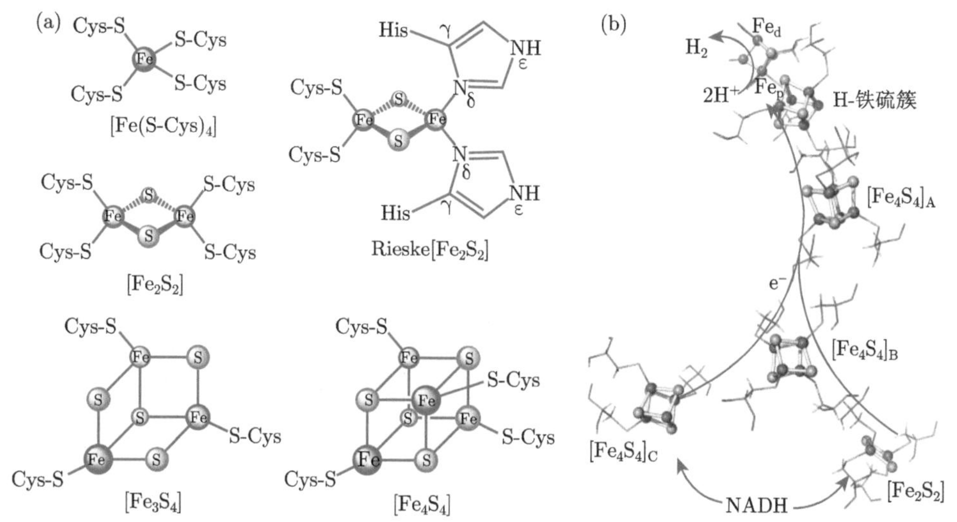

图 8.2.9 (a) 常见铁硫簇结构：铁离子间通过 S-桥连结，配体是半胱氨酸 (Cys) 的 S 原子或组氨酸 (His) 咪唑环的 N_δ 原子。(b) 巴斯德芽孢梭菌 [FeFe]-氢化酶中由铁硫簇构成的长程电子传递链 (PDB 6n59)，下标 A/B/C/H 标识各个 $[Fe_4S_4]$ 中心，d(distal)、p(proximal) 表示铁离子相对于 H-铁硫簇的远、近位置

铁氧还蛋白 (ferredoxin，Fd)，是一大家族蛋白，含有一个或两个 $[Fe_2S_2]$、$[Fe_3S_4]$ 或 $[Fe_4S_4]$ 铁硫簇。含一个 $[Fe_2S_2]$ 的铁氧还蛋白，分植物铁氧还蛋白 (Fd)，哺乳动物的肾上腺皮质铁氧还蛋白 (Fd Adx；adrenodoxin，Adx)，参与生物固氮的、厌氧的梭菌铁氧还蛋白等三大类，每一大类蛋白再根据催化活性又细分为若干小分类 (特征 g 因子参考表 8.3.6 等)。植物铁氧还蛋白 (Fd1) 主要参与光合电子传递、生物固氮、氢/氮/硫的同化等生理过程，光系统 I 的铁硫簇 F_X (−0.7 V) 是目前已知生物体中 E_m 最低的 $[Fe_4S_4]$。

铁硫簇代表性的二级氨基酸结构是 CxxCxxCxxxCxx (x 是其他氨基酸残基，数量不定)，Rieske 型 $[Fe_2S_2]$ 中组氨酸以咪唑环 N_δ 和铁离子配位。在铁硫簇中，

铁离子呈 +2 或 +3 价，高自旋；S-桥默认是 −2 价，过渡离子很容易通过 S-桥发生交换作用，参考 4.5.4 节。铁硫簇的整体价态是全部铁和硫桥离子价态之和，总自旋是铁离子间的反铁磁性耦合，鲜见铁磁耦合。以 $[Fe_2S_2]$ 为例，铁离子都是 +3 价，总价态是 $[2\times(+3)+2\times(-2)]=+2$ 价，即 $[Fe_2S_2]^{2+}$；铁离子分别是 +2 价、+3 价，总价态是 $[(+2)+(+3)+2\times(-2)]=+1$ 价，即 $[Fe_2S_2]^{+}$；铁离子都是 +2 价，总价态是 $[2\times(+2)+2\times(-2)]=0$，即 $[Fe_2S_2]^{0}$。这些计算，并不包括半胱氨酸的硫原子 (S-Cys)，或其他形式的硫桥。其他 Fe-S 中心，依此类推到。

绝大多数铁硫簇作为电子传递体参与纯电子转移，只有 Rieske 型铁硫簇、[FeFe]-氢化酶的 H-铁硫簇 (H-cluster)、固氮酶的 M-簇等，才承担质子耦联的电子传递。在许多铁硫蛋白中，常含有一至多个铁硫簇，构成一个长程的电子传递链。目前已知的、自然界中同时含有 $[Fe_2S_2]$、$[Fe_3S_4]$、$[Fe_4S_4]$ 三种不同铁硫簇的蛋白，只有琥珀酸脱氢酶和延胡索酸还原酶 [80]，它们催化一个可逆反应，详见图 8.4.1 的柠檬酸循环。图 8.2.9(b) 以巴斯德芽孢梭菌 (*Clostridium pasteurianum*)[FeFe]-氢化酶 (PDB 6n59) 为例，示意还原电子由 NADH 或 NADPH 提供给受体 $[Fe_2S_2]$ 或 $[Fe_4S_4]_C$，再逐步传递给 $[Fe_4S_4]_B$、$[Fe_4S_4]_A$、$[Fe_4S_4]_H$，最终被 Fe-Fe 双核用来将 $2H^+$ 还原成 H_2 的过程。其中，$[Fe_4S_4]_H$，又称为 H–铁硫簇，它与 Fe-Fe 双核共用一个半胱氨酸残基，能被 H_2 活化或被 CO 专一抑制，是酶活中心 [74, 81]。

在电子转递过程中，铁硫簇价态和总自旋态均会发生变化。单铁 $[Fe(S\cdot Cys)_4]$ 属于单核中心，参考相关的单核范例。$[Fe_2S_2]$ 的价态和主要自旋态的变化趋势是

$$[Fe_2S_2]^{2+}\,(S=0)\xleftrightarrow{e^-}[Fe_2S_2]^{1+}\left(S=\frac{1}{2}\right)\xleftrightarrow{e^-}[Fe_2S_2]^{0}\quad(S=0)$$

$[Fe_3S_4]$ 的变化趋势是

$$[Fe_3S_4]^{+}\left(S=\frac{1}{2}\right)\xleftrightarrow{e^-}[Fe_3S_4]^{0}\quad(S=0\text{ 或 }2)$$

$[Fe_4S_4]$ 的变化趋势是

$$[Fe_4S_4]^{3+}\left(S=\frac{1}{2}\right)\xleftrightarrow{e^-}[Fe_4S_4]^{2+}\,(S=0)\overset{e^-}{\leftrightarrow}[Fe_4S_4]^{1+}\left(S=\frac{1}{2}\text{或}\frac{3}{2}\right)$$

$$\xleftrightarrow{e^-}[Fe_4S_4]^{0}\quad(S=4)$$

对于大部分的 $[Fe_4S_4]$，常见价态 (或基态) 是 $[Fe_4S_4]^{+2/+1/0}$，高氧化态是 $[Fe_4S_4]^{3+/+2}$。其中，$[Fe_2S_2]^{0}$ 和 $[Fe_4S_4]^{0}$ 全部由亚铁离子 (Fe^{2+}) 构成，后者较

为鲜见。在钼铁固氮酶中，$[Fe_4S_4]^0$ 可提供两个还原电子，氧化成 $[Fe_4S_4]^{2+}$ 。铁氧还蛋白、顺乌头酸酶等根据生理需要使 $[Fe_4S_4]$ 和 $[Fe_3S_4]$ 相互转变，从而调控蛋白的活性使其处于活跃态或失活态构象 (active and inactive forms)[82−86]，

$$[Fe_4S_4]^{2+}\,(\text{active}) \rightleftharpoons [Fe_3S_4]^{+}\,(\text{inactive}) + Fe^{2+} + e^-$$

元素 Fe 与 S 均具有化学性质多样性 (versatility)，使铁硫簇易受周围蛋白结构变化的影响，与它们在不同蛋白中均能参与和调控电子转移的功能相适应。这造成已知铁硫簇的还原电势 E_m 波动范围比较宽 (图 8.2.10)。其中，$[Fe_2S_2]^{2+,+}$、$[Fe_3S_4]^{+,0}$、$[Fe_4S_4]^{2+,+}$ 等的还原电势比较低，$E_m< 100$ mV。因此，它们对常规的氧化剂 (如 O_2) 或还原剂 (如连二亚硫酸钠) 等较为敏感，实验上常用这种处理来氧化或还原铁硫簇，然后检测各种光谱的动态变化，以及跟踪电子转递过程的各个中间态。Rieske 型 $[Fe_2S_2]^{2+,+}$ 和 $[Fe_4S_4]^{3+,2+}$ 的还原电势比较高，$E_m>-100$ mV，特征谱如图 8.3.15 所示 [87]。高还原电势的 Rieske 型 $[Fe_2S_2]$，参与光合和呼吸电子传递链。高电势 $[Fe_4S_4]$ (high-potential iron-sulfur proteins，HiPIPs)，只能转移一个电子，仅分布于能维持高氧化态的铁氧还蛋白中。

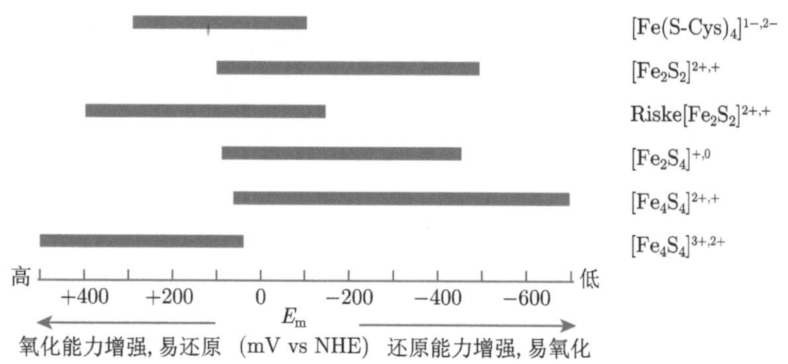

图 8.2.10 常见铁硫簇中点电势 E_m 的范围 (mV vs NHE，normal hydrogen electrode)[78, 79]。E_m 负值越大，电子亲和力越弱，还原性越强，倾向于失去电子而被氧化；反之，E_m 正值越大，电子亲和力越强，氧化性越强，趋向于得到电子而被还原。高还原电势，指 $E_m>-100$ mV，如 Rieske 型 $[Fe_2S_2]^{2+,+}$、$[Fe_4S_4]^{3+,2+}$；低还原电势，指 $E_m<100$ mV，如 $[Fe(S\cdot Cys)_4]^{1-,2-}$、$[Fe_2S_2]^{2+,+}$、$[Fe_3S_4]^{+,0}$、$[Fe_4S_4]^{2+,+}$ 等。注，中点电势 E_m 是指化合物一半被氧化、另一半被还原时所具有的电势

基态 $S = 1/2$ 的铁硫簇，X-波段谱图以 $g\sim 2.0$ 为中心，呈各向同性、轴对称或斜方对称的吸收峰，参考图 8.3.15 和表 8.3.6、表 8.4.1 等。比如，$[Fe_4S_4]^{1+}$、$g\sim 1.94$，高电势 $[Fe_4S_4]^{1+}$、$g\sim 2.01$，$[Fe_3S_4]^{1+}$、$g\sim 2.01$，$[Fe_2S_2]^{1+}$、$g\sim 1.94$，Rieske 型 $[Fe_2S_2]^{1+}$、$g\sim 1.94$。铁硫簇若呈 $S = 2$ 或 4 的高自旋，需用平行

模式，如图 4.4.7(b) 示意了高、低自旋的 $[Fe_4S_4]^0$ 的谱图。铁硫簇的 EPR 谱变化较大，这是因为相同类型的铁硫簇电子结构会随蛋白亲/疏水环境、蛋白极性、溶剂等差异而发生变化。同样地，铁硫簇的自旋-晶格弛豫时间 T_1 波动范围也比较大，实验上可通过作变温关联谱和不同微波功率以区分不同种类的铁硫簇。T_1 越短，所需检测温度就越低，或微波功率越大，T_1 由长至短的大致趋势是 $[Fe_2S_2] > [Fe_3S_4] > [Fe_4S_4]^{3+} > [Fe_4S_4]^{1+}$。一般地，$[Fe_3S_4]^+$ 弛豫比较慢，且呈各向同性，最佳检测温度是 ~ 40 K 或更高；$[Fe_2S_2]^{1+}$、$[Fe_4S_4]^{1+}$ 的谱图呈斜方对称为主、轴对称为辅，弛豫比较快，常见最佳检测温度是 ~ 30 K 以下。在含有多个铁硫簇一起构成电子传递途径的蛋白中，相邻铁硫簇的间隔 $\leqslant 20$Å，存在较强的自旋-自旋相互作用，因此变温、变微波功率等相结合，才可全部解析不同铁硫簇的电子状态，最具代表性的就是呼吸作用复合体 I 和光合作用光系统 I 的相关研究 [27, 88, 89]。

8.2.1.4　贮铁和输铁的铁蛋白

铁离子是生物体所必需的微量营养元素。在中性或酸性土壤和水体中，含有丰富的水溶性铁源。因此，普通生物很容易从土壤和水直接汲取铁源，或从摄入食物中吸收铁源，以满足正常生命生活所需，而不会发生缺铁的胁迫现象。但是，对于简单配位的铁离子，因其能催化 Fenton 反应等形成活性氧而具有高毒性 [37, 90]，

$$Fe^{2+} + O_2 \longrightarrow Fe^{3+} + O_2^{-\cdot}$$

$$Fe^{2+} + H_2O_2 \longrightarrow Fe^{3+} + HO^{\cdot} + OH^-$$

反应所释放的 $HO^{\cdot}$、$O_2^{-\cdot}$ 等活性产物，能引起一系列的后续自由基反应和氧化损伤，影响和破坏各种生物大分子的结构和生理活动，甚至引起细胞死亡。因此，生物体内有一套复杂的铁离子运输网络，能安全地获取满足生命所需的、足够多的铁离子，如植物矿质营养的摄取和跨膜运输，动物消化系统内食物的消化、吸收和排泄等 [91]。在此过程中，有些难溶的 Fe 矿物质转变成植物可吸收、贮存和运输的水溶性铁离子，供动、植物生命活动所需。这个系统的主要蛋白有运铁蛋白 (transferrin)、贮铁蛋白、含铁血黄素 (hemosiderin)、血液结合素 (hemopexin) 等。其中，贮铁蛋白是动、植物体内广泛存在的一类贮存铁的蛋白，每个蛋白最高可贮存 ~4500 个铁离子，局部双核铁离子间以反铁磁性耦合为主 (参考双核铁蛋白)，体现于室温 EPR 谱有一个以 $g \sim 2.0$ 为中心的包络宽峰 [75, 92]。

8.2.2　含铜的金属蛋白

含铜的金属蛋白或酶，简称铜蛋白或铜酶。活性中心的铜离子呈单、双和三核等结构，参与蛋白和酶的生理生化功能，参考 Karlin 和 Itoh 主编的专著 *Copper-Oyxgen Chemistry*。根据铜离子的配位结构，常用 T_1、T_2 、T_3 (1、2、3 型，或

I、Ⅱ、Ⅲ 型)、Cu_A、Cu_Z 等术语，表示特定的单、双或多核铜，如表 8.2.2 所示 [93, 94]。不同类型铜离子的配位数变化较大，二至六个配位均有。T_1 和 T_2 型单核铜的 EPR 谱图较为简单，易归属；双核铜 (T_3 型和 Cu_A) 与多核铜的活性中心，可参考 4.5.4 节 (双核范例) 和 4.5.5 节 (三核范例)。图 8.2.11(b) 比较了 T_1、T_2、Cu_A 型等三种不同构型铜活性中心的模拟谱。

表 8.2.2 不同类型铜蛋白的一些光谱特征和结构特征，详见正文

	单核		双核		四核
	T_1 型	T_2 型	T_3 型	Cu_A 型	Cu_Z
可见吸收峰和强弱	~600 nm 强	~700 nm 弱	300~400	~480、~530 强	~640 强
A_z/G	< 86	140~190	未分辨	30~40	25 和 64
氨基酸配体	His, Cys (Met)	His, Asp (Tyr)	His (Tyr)	His, Cys (Met)	His, S^{2-}

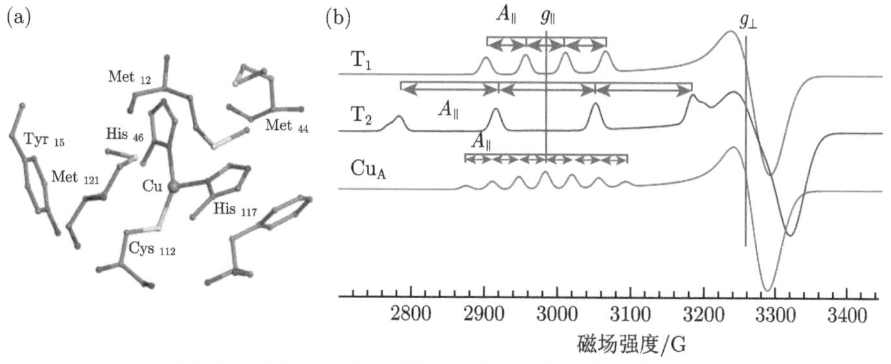

图 8.2.11 (a) 以绿脓杆菌天青蛋白为代表的 T_1 铜离子的配位结构 (PDB 2aza)。(b) T_1 型、T_2 型、Cu_A 型三种不同构型铜活性中心的模拟：9.4 GHz，$g_\parallel = 2.25$、$g_\perp = 2.05$；T_1 型，$A_\parallel = 60$ G、$A_\perp = 10$ G；T_2 型，$A_\parallel = 160$ G、$A_\perp = 10$ G；Cu_A 型 (如细胞色素 c 氧化酶，8.4 节)，$A_\parallel = 40$ G、$A_\perp = 0$ G。为凸显异同，模拟使用相同的 g 因子，只改变 A 因子。同时参考图 1.3.3、图 4.3.5、图 4.3.9、图 4.3.11 等不同构型 Cu^{2+} 的 EPR 谱

8.2.2.1 T_1(I) 型单核铜蛋白

这是一类含有 T_1(I) 型铜离子作为活性中心的蛋白。T_1 型铜离子，不仅分布于只含单铜核的小蛋白中，也分布于多核铜的大蛋白中。含单个 T_1 铜离子的蛋白是质蓝素 (8.3.5 节)、天青蛋白 (azurin)、拟天青蛋白 (pseudoazurin)、美青蛋白 (amicyanin)、铜蓝蛋白 (rusticyanin)、金色蓝素 (auracyanin)、漆树蓝蛋白 (stellacyanin) 等。它们分子量小，单条多肽链长 91~155 个氨基酸残基，水溶性好，可自由扩散，是能承担较大范围电子传递的球蛋白 (electron-shuttle protein)。这些蛋白的主要功能是电子转递，故又被称为铜氧还蛋白 (cupredoxins)。它们的

共同特征是 [79, 93, 95, 96]：① Cu^{2+} 具有强烈的蓝色，在 ~600 nm 有强烈吸收峰，见图 8.3.16(a)；② 有一强 Cu—S 共价键，共价效应导致电子从 Cu 向 S 离域，降低了铜离子所携带的自旋密度，故 Cu^{2+} 具有较小的 A_z；③ 与普通的铜配合物相比，具有较高的氧化还原电势；④ 蛋白 N 端有一脂质修饰锚 (lipid modified anchor)，是与膜或膜蛋白结合的部位；⑤ 单晶结构表明，铜离子位于接近蛋白表面的 β-桶中。其中①和②表明，Cu 处于一个畸变的四面体场中，呈 $3d^1_{x^2-y^2}$ 基态。

图 8.2.11(a) 以绿脓杆菌 (*Pseudomonas aeruginosa*) 天青蛋白为代表，示意活性中心铜离子的配位结构 (参考 8.3.5 节的质蓝素)：在 xy 平面中，铜离子与 His_{46}、Cys_{112}、His_{117} 三个氨基酸残基配位，形成一个三角形的 $Cu(N_2S^-)$ 平面结构，Cu—N 键长 ~2.0 Å，Cu—S 键长 2.07~2.26 Å；平面上、下方分别是弱配位的 Met_{121} (2.6~3.3 Å)、Gly_{45}；在核心外围，有 Tyr_{15}、Met_{12}、Met_{44} 等易氧化或还原的氨基酸，协助电子的转移。平面的 $Cu(N_2S^-)$ 框架，是目前已知 T_1 铜蛋白均具有的基本结构。xy 平面中半充满的 $d_{x^2-y^2}$ 轨道与 S_{Cys112} 原子的 p_y 轨道间强相互作用，形成 π 键，造成 Cu—S_{Cys112} 键比较短 (~2.1 Å)。这种强共价效应，致电子从 Cu 向 S 离域，致 $A_{\|}$ 值比较小，如图 8.2.11(b) 所示。与其他单核蛋白类似，T_1 铜离子可置换成其他过渡离子，如 Zn^{2+}、Mn^{2+}、Ni^{2+}、Cd^{2+}、Co^{2+}、Hg^{2+} 等，其中镍离子置换比较受到关注 [97]。无论铜离子去除还是铜离子置换，对蛋白结构的影响均只限于铜离子周围的配位微环境，对蛋白空间构象不影响，表明铜活性中心较差的结构柔性 (structural flexibility)。在电子传递过程中，铜离子在 +2/+1 间循环变化。

这类蛋白分子量小、水溶性好、可自由扩散的特点，令其经基因定点突变改造后，能携带某些药理功能的过渡离子在细胞内自由扩散，直至与靶点结合和发挥生理作用。在对天青蛋白作人工改造时，人们发现一种介于 I 和 Ⅱ 型之间的铜离子结构，称为 0 型，相关研究还在进行中 [98, 99]。

8.2.2.2　T_2 (Ⅱ) 型单核铜酶

这是一类含有 T_2 (Ⅱ) 型铜离子作为活性中心的蛋白。结构上，它们具有一相似配位结构的铜离子。光谱上，X-波段的特征参数相似，基态是 $3d^1_{x^2-y^2}$，$g_{\|} > g_{\perp} > 2.0$、$A_{\|} > 120\,G$，如图 8.2.11(b) 所示；这些 EPR 特征，比较接近普通的五或六配位的四方场 Cu^{II} 配合物的特征。只含单个 T_2 (Ⅱ) 型铜活性中心的酶是 [CuZn]-SOD，同时含有两个 T_2 (Ⅱ) 型铜活性中心的酶是多巴胺 β-单加氧酶、肽酰甘氨酸 α-酰胺化单加氧酶和酪胺 β-单加氧酶。

A. 含一个 T_2 型铜的 [CuZn]-SOD

[CuZn]-SOD，只含有一个 T_2 型铜活性中心，广泛分布于原核与真核生物。

与其他生物来源一样，牛 [CuZn]-SOD 也是一个同源二聚体，每条多肽链长 151 个氨基酸残基，氧化态和还原态铜离子的配位结构如图 8.2.12 所示 [100]。氧化态时，Cu^{II} 离子处于一个类似于三角双锥的配位场：xy 平面的配体是 $His_{46}(N_\varepsilon)$、$His_{61}(N_\varepsilon)$、$His_{118}(N_\varepsilon)$ 三个组氨酸，平面下、上方分别是 $His_{44}(N_\delta)$ 和水。还原态时，Cu^{I} 离子处于一个三角平面的配位场，只与 $His_{44}(N_\delta)$、$His_{46}(N_\varepsilon)$、$His_{118}(N_\varepsilon)$ 三个组氨酸配位。Zn^{II} 离子的配体分别是三个 N_δ 原子 (His_{61}、His_{69}、His_{78}) 和天冬氨酸 Asp_{81} 的 $O_{\delta1}$ 原子。Zn^{II} 和 Cu^{II} 通过 His_{61} 桥连成一个近似平面的结构。单晶结构表明，氧化态时 Zn^{II} 与 Cu^{II} 的距离 ~ 6 Å，还原态时 Zn^{II} 与 Cu^{I} 的距离变长至 ~6.9 Å。在生理活动中，Zn^{II} 被认为是一个纯粹的结构性离子，不具氧还活性。

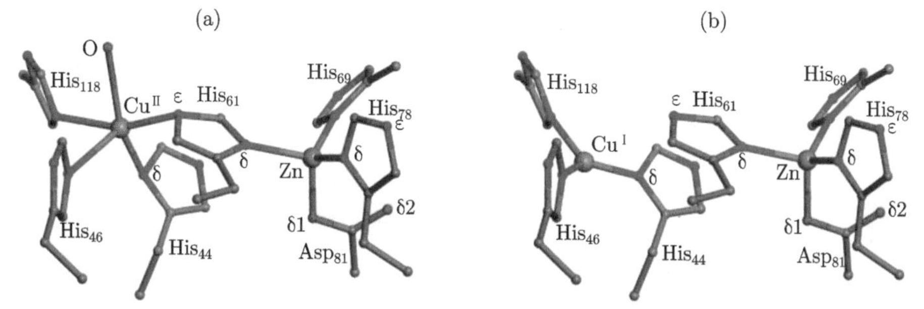

图 8.2.12 牛 [CuZn]-SOD 每条多肽链长度为 151 个氨基酸，处于氧化态 ((a)，Cu^{II}) 和还原态 ((b)，Cu^{I}) 时铜离子的配位变化 (PDB 1q0e)。拟南芥 [CuZn]-SOD 的多肽链长度为 152 个氨基酸，因此图例中各个氨基酸残基的序号顺延一位，变成 His_{45}、His_{47}、His_{62}、His_{119} 和 His_{70}、His_{79}、Asp_{82}

[CuZn]-SOD 催化 $O_2^{-\cdot}$ 的歧化反应，与 Fe-SOD 的一样，由两步顺序反应组成

$$O_2^{-\cdot} + SOD\left(Cu^{II}\right) \longrightarrow O_2 + SOD\left(Cu^{I}\right) \quad (1)$$

$$O_2^{-\cdot} + SOD\left(Cu^{I}\right) + 2H^+ \longrightarrow H_2O_2 + SOD\left(Cu^{II}\right) \quad (2)$$

在第一个反应中，Cu^{II} 离子从 $O_2^{-\cdot}$ 夺取一个电子，把酶还原成 $[Cu^{I}Zn^{II}]$-SOD，并伴随着分子氧的释放、Cu-N_ε (His_{61}) 的断裂和 N_ε 原子质子化成—N_εH—。Cu-N_ε (His_{61}) 键的断裂，使 Cu^{I}-Zn^{II} 间距由 Cu^{II}-Zn^{II} 的 ~6 Å 延长至 ~6.9 Å。第二个反应需要两个质子参与，其中一个由 His_{61} 的—N_εH—基团提供，并伴随键长 ~2.2 Å 的 $>N_\varepsilon$—Cu 键的形成，另外一个质子从周围基质中夺取。在此过程中，Cu^{I}/Cu^{II} 离子配位和氧化态的变化，很容易被 EPR 等光谱实验所跟踪。然而，Zn^{II} 却是一个光谱沉默的离子。实验上，通过将 Zn^{II} 置换成 Co^{II}，将酶改造成 [CuCo]-SOD。酶活实验表明，它的生理活性与 [CuZn]-SOD 没有差异；氧化态时，

Cu^{II}-Co^{II} 离子间反铁磁耦合，表明它们共用一个配体；还原态时，$[Cu^{I}Co^{II}]$-SOD 的光谱特征和去铜的 Co-SOD 相同 [101]。

模式植物拟南芥 (*Arabidopsis thaliana*) 的 [CuZn]-SOD，是由 152 个氨基酸组成的单条多肽链 (单晶尚未解析)，比牛 [CuZn]-SOD 多一个氨基酸。相应地，铜离子的配位氨基酸残基的编号依次变成 $His_{45}(N_{\delta})$、$His_{47}(N_{\varepsilon})$、$His_{62}(N_{\varepsilon})$、$His_{119}(N_{\varepsilon})$ 等，与图 8.2.12 所示的编号增加一个单位。我们利用定点突变技术，将这四个组氨酸和另外一个邻近 His_{42} 作定点突变成苏氨酸 (Thr 或 T)，然后在大肠杆菌里表达、分离和纯化脱辅基蛋白，在体外与铜离子重组，再研究该酶的结构和活性 [102]。图 8.2.13(a) 表明，野生型脱辅基蛋白中只具有微弱的 Cu^{II} 信号，这可能是实验所用试剂所含的痕量杂质铜离子。当将野生型脱辅基蛋白与 $CuSO_4$ 溶液混合时，二者在体外能有效重组成具有完整酶活的 [CuZn]-SOD：① 重组 [CuZn]-SOD 的 EPR 谱具有 T_2 型铜离子的特征 (图 8.2.13(a) 和表 8.2.3)，有别于水合铜离子 ($CuSO_4$ 溶液)；② 在体外酶活实验中，该重组 [CuZn]-SOD 能有效地清除 $O_2^{-\cdot}$，如图 8.2.13(c) 所示。在此，用次黄嘌呤/黄嘌呤氧化酶试剂盒 (hypoxanthine/xanthine oxidase system) 诱导 $O_2^{-\cdot}$ 的形成，再用 DMPO 捕获，以检测野生型或突变体 SOD 清除 $O_2^{-\cdot}$ 的酶活性 [103]。在水溶液中，DMPO-$O_2^{-\cdot}$ 容易衰变成 DMPO-$^{\cdot}$OH 或 DMPO-$^{\cdot}$OOH。

在五个定点突变体中，有三个突变体造成酶失活，而 His_{42} 和 His_{47} 的突变不影响酶的活性 (简称酶活)。它们 EPR 谱图的比较，如图 8.2.13(b) 和表 8.2.3 所示。虽然 His_{47} 与铜离子直接配位，但其突变并不影响酶的活性和 Cu^{II} 的结构，说明 His_{47} 可能是一个辅助性的或柔性的核心配位；His_{42} 是邻近活性中心的残基，并不与铜直接配位，突变后酶活性和 Cu^{II} 的特征 EPR 几乎不受影响。His_{119} 可能是底物进入或停泊位 (docking site)，突变后可能降低了铜离子与底物的亲和力或阻碍二者的识别和结合，导致酶失活，但几乎不影响 Cu^{II} 的结构特征。His_{45} 和 His_{62} 突变后，使 Cu^{II} 的结构更加稳固 (即 $g_{\parallel}$ 显著变小，配位场变强)，有利于未配对电子在铜离子上的定域分布 (即 $A_{\parallel}$、A_{iso}、A_{aniso} 等增大)。这些相似的 EPR 特征，表明在这两个突变体中 Cu^{II} 离子均处于一个相似的、四配位的可发生畸变的四方平面结构中 (可参考模式配合物 [104])。Cu^{II} 所占据的空间位置具有一定的柔性，与单晶中 Cu^{I}-Zn^{II}、Cu^{II}-Zn^{II} 的不同间距 (~6.9 vs ~ 6.0 Å) 相似，这与缺乏柔韧的 T_1 型铜完全不同。其中，His_{62} 理应是致死突变，原因是：① 结构上，Zn^{II} 与 Cu^{II} 共用 His_{62} 的咪唑环；② 功能上，酶通过 His_{62} 咪唑环-N_{ε}H-基团的可逆质子化，直接参与 $O_2^{-\cdot}$ 歧化成 H_2O_2 的过程。相比之下，His_{45} 也是致死突变，就让人比较难以理解了。当我们再仔细分析牛 [CuZn]-SOD 的单晶结构时，发现 His_{45} 和 His_{62} 的咪唑环是接近于平行，环间平均间隔 ~ 3.2 Å，形成 π-π 垛叠。这种局部的二咪唑铜结构，一方面有利于 O_2 (π 分子) 结合和 O—O

键断裂，另一方面反应 (2) 所需要的两个质子，不排除均由该双二咪唑结构所提供，这样能使 SOD 高效地催化 $O_2^{-\cdot}$ 歧化成 H_2O_2，最终消除氧化胁迫。

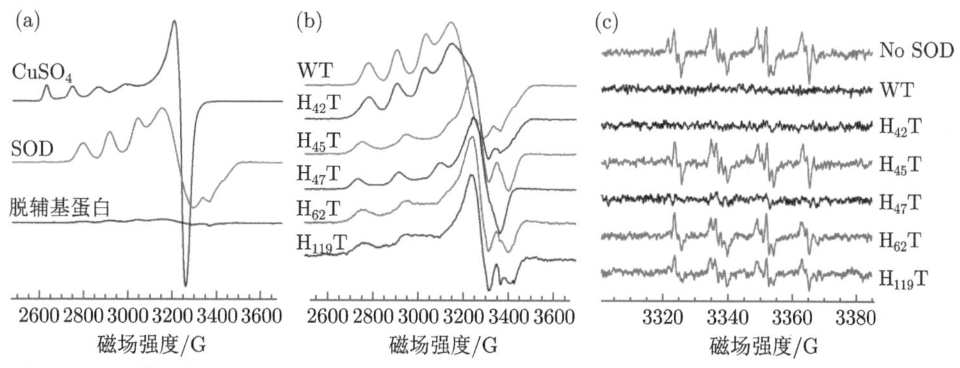

图 8.2.13 模式植物拟南芥 [CuZn]-SOD 及其突变体活性的 EPR 应用研究。(a) $CuSO_4$、[CuZn]-SOD、脱辅基蛋白，(b) 五个单位点突变体的 20 K 低温 EPR，9.385 GHz，20 K。(c) 室温用 DMPO 自旋捕获，检测 [CuZn]-SOD 清除超氧阴离子 $O_2^{-\cdot}$ 的活性，9.388 GHz

表 8.2.3 拟南芥 [CuZn]-SOD 野生型和突变体的特征参数 (谱图中 $A_\perp$ 没有被解析，取近似)

	$g_\parallel$	$g_\perp$	$A_\parallel$/G	$A_\perp$/G	A_{iso}/G	A_{aniso}/G
$CuSO_4$	2.241	2.07	124	~10	~38	~44
WT	2.254	2.08	132	~15	~54	~39
$H_{42}T$	2.255	2.042	126	~15	~52	~37
$H_{47}T$	2.228	2.08	132	~15	~54	~39
$H_{119}T$	2.206	2.08	132	~15	~56	~41
$H_{45}T$	2.20	2.03	198	~15	~76	~61
$H_{62}T$	2.20	2.03	194	~15	~75	~60

B. 含两个 T_2 型铜的酶

含有两个 T_2 铜离子的蛋白或酶，参与中枢神经活动，催化底物和产物均是激素或神经递质。它们是多巴胺 β-单加氧酶 (多巴胺 β-羟化酶，dopamine β-monooxygenase 或 β-hydroxylase，DβM 或 DBH)、肽酰甘氨酸 α-酰胺化单加氧酶 (peptidylglycine α-amidating monooxygenase，PAM) 和酪胺 β-单加氧酶 (tyramine β-monooxygenase)。在人体内，DβM 是由 *DBH* 基因编码的酶，催化 3,4-二羟基苯乙胺氧化成去甲基肾上腺素 (图 8.2.14(a))。PAM 催化神经活性多肽 N 端的甘氨酸残基，先羟基化再分解成酰胺化神经肽和乙醛酸 (图 8.2.14(b))。酪胺 β-单加氧酶将酪胺 (又称 4-羟基苯乙胺) 氧化成章鱼胺 (octopamine)，后者是昆虫等无脊椎动物神经系统中的神经递质。这些酶的生理活动需要维生素 C 和氧气，用于活化铜活性中心和底物的氧化与裂解。

PAM 是双功能酶，每条多肽链长度是 973 (人)、972 (牛)、976 (大白鼠) 个氨基酸，N、C 端各形成两个特征结构域，结构域间形成一个平均间距 ~8 Å 的、充满溶液的缝隙。每个结构域各有一个 T_2 型铜离子活性中心，但每个结构域所催化的反应却各有不同。C 端结构域是肽酰甘氨酸 α-羟基化单加氧酶 (peptidylglycine α-hydroxylating monooxygenase，PHM)，N 端结构域是肽酰 α-羟基甘氨酸 α-酰胺化裂解酶 (peptidyl α-hydroxyglycine α-amidating lyase，PAL)。相应地，两个铜离子分别称为 Cu_A (Cu_H，位于 N 端结构域) 和 Cu_B (Cu_M，位于 C 端结构域)，如图 8.2.14(c) 所示。这两个铜离子相距 ~11 Å，彼此间没有交换耦合。Cu_A 与三个 $N_ε$ (His_{107}、His_{108}、His_{172}) 配位，形成 T 形的平面结构；Cu_B 与两个 $N_δ$ 原子 (His_{242}、His_{244})、甲硫氨酸 Met_{314} 的 S 原子和 O_2 配位，其中 Cu—O—O 键角是 110°，O—O 键长是 1.23 Å。每个铜离子旁边都还有活泼的酪氨酸残基 Tyr_{79} 和 Tyr_{318}。

如图 8.2.14(a)、(b) 所示，分子氧 O_2 的 4 电子还原和底物的氧化相耦合。其中，每个 Cu^I 各提供一个电子，另外两个电子和两个质子由外源底物 (主要是维生素 C) 提供，具体反应途径尚需研究。已有研究表明，Cu_B 催化底物 α-碳原子 ($C_α$) 的拔氢和羟基化 (即单加氧的氧化反应)，Cu_A 提供一个电子，经长程转移后将氧原子还原成水。正常情况下，氧化态的 PAM (Cu^{II}) 比较稳定。酶生理活动的启动，需要两个抗坏血酸盐将 Cu_A^{II}、Cu_B^{II} 都还原成 Cu_A^I、Cu_B^I，形成两个半脱氢抗坏血酸，并释放两个质子 (去向未明，可能与组氨酸或酪氨酸的可逆质子化有关)。然后，O_2 与 Cu_B^I 结合，形成 $Cu_B^I\text{-}O_2 \rightleftharpoons Cu_B^{II}\text{-}O_2^{-\cdot}$ 的复合体，该复合体在被 Cu_A^I 还原后，转变成 $Cu_B^I\text{-}O_2^{-\cdot} \rightleftharpoons Cu_B^{II}\text{-}O_2^{2-}$ 的复合体。

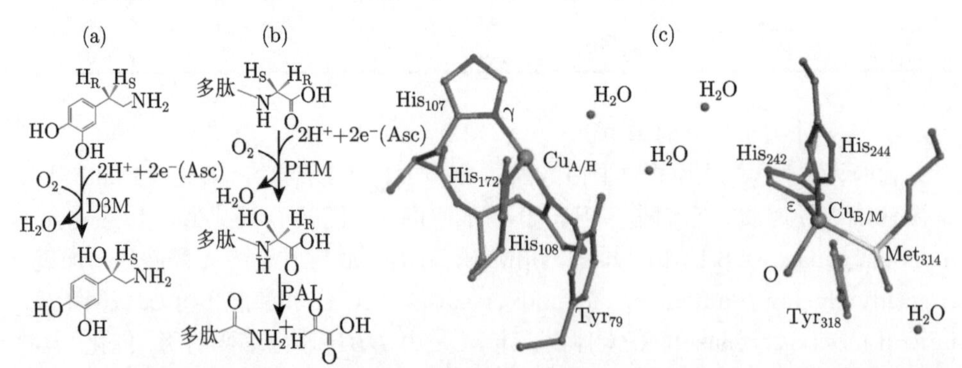

图 8.2.14　(a) DβM 催化 3,4-二羟基苯乙胺氧化成去甲基肾上腺素，Asc 是抗坏血酸盐。(b) PAM 将神经肽 C 端的甘氨酸残基先氧化成 α-羟基甘氨酸，然后再分裂成酰胺类神经多肽和乙醛酸。(c) PAM 中两个 T_2 型铜的配位 (PDB 1phm)。$Cu_A(Cu_H)$ 配位是 His_{107}、His_{108}、His_{172}，$Cu_B(Cu_M)$ 配位是 His_{242}、His_{244}、Met_{314} 和 H_2O，以及附近活泼的 Tyr_{79} 和 Tyr_{318}

8.2.2.3 双核 Cu_A 和四核 Cu_Z 并存的 N_2O 还原酶

在地球氮循环中 (图 8.2.33(b))，反硝化细菌 (denitrifying bacteria) 如反硝化杆菌、脱氮副球菌 (*Paracoccus denitrificans*) 等，负责将硝酸盐还原成亚硝酸盐，并进一步把亚硝酸盐还原为分子氮。它们大量分布于污水、土壤及厩肥中。其中，N_2O 还原酶 (nitrous oxide reductase，NOR) 催化反硝化过程 $NO_3^- \rightarrow NO_2^- \rightarrow NO \rightarrow N_2O \rightarrow N_2$ 的最后一步 (图 8.2.33(b))，

$$N_2O + 2e^- + 2H^+ \longrightarrow N_2 + H_2O,\ E_{m.7.0} = +\ 1.35\ V$$

N_2O 还原酶是同源二聚体，单体分子量 ~65 kDa，~870 个氨基酸残基。它是目前已知的同时含有双核 Cu_A 和四核 Cu_Z 的唯一蛋白，Cu_A 是电子递体，Cu_Z 是酶活中心。已知含有双核 Cu_A 的蛋白，也仅有两个，另外一个是细胞色素 c 氧化酶 (详见 8.4.2 节 4. 细胞色素 c 氧化酶，氧分子的还原循环)。双核铜 Cu_A 的最大特征是两个铜离子是等价的，当酶处于还原态时同为 +1 价，处于氧化态时同为 +1.5 价且铜离子间存在 Cu—Cu 金属键 [105]。四核 Cu_Z，由四个铜离子和一个硫离子构成的多铜活性中心 Cu_4S。双核 Cu_A 负责将电子从细胞色素 c 等传递给 Cu_Z，后者将 N_2O 还原成 N_2。图 8.2.15 示意了脱氮副球菌 N_2O 还原酶二聚体的三维结构和活性中心 Cu_A、Cu_Z 的相对位置。每条多肽链两端各形成特征的结构域，C 端是 Cu_A 分布的铜氧还蛋白结构，N 端是 Cu_Z 分布的呈七叶螺旋桨形的结构域。单体中 Cu_A 和 Cu_Z 间距 ~40 Å，无法发生亚基内自 $Cu_A \rightarrow Cu_Z$ 的电子传递。二聚体中，两个单体头尾连接成平行四边形的侧向二聚体，使一亚基的 Cu_A 结构域面对着另一个亚基的 Cu_Z 结构域，亚基间 Cu_A 与 Cu_Z 的间距仅 ~10 Å，能满足 $Cu_A \rightarrow Cu_Z$ 的亚基间电子传递。

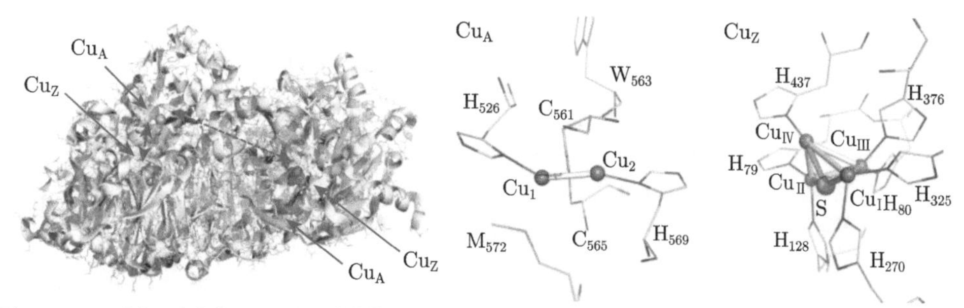

图 8.2.15 脱氮副球菌 N_2O 还原酶同源二聚体的三维结构，以及二聚体中相邻 Cu_A、Cu_Z 的结构 (PDB 1fwx)。单体中，Cu_A-Cu_Z 间距 ~40 Å；二聚体中，一个单体的 Cu_A 与另外一个单体的 Cu_Z，间距 ~10 Å

在 Cu_A 中，两个铜离子通过两个半胱氨酸 (Cys_{561}、Cys_{565}) 桥接在一起，形成一个近似平面的 Cu_2S_2 四原子结构，平面两端每个铜离子再分别与 His_{526} 和

His_{569} 的 N_δ 连接，形成一椅式结构，甲硫氨酸 Met_{572} 从平面下方与 Cu_1 配位，色氨酸 Trp_{563} 从平面上方与 Cu_2 配位。与铜离子配位的 S (3 个)、N (2 个)、O (1 个) 等配体，均是含有孤电子对的不等性杂化配体，利于电子离域分布。氧化态时，Cu_A 呈顺磁性，以 $g_\parallel \sim 2.18$ 为中心的七重超精细分裂，表明两个铜离子是等价的，$A_\parallel \sim 38.3$ G。因此，它们的化合价均为 +1.5，而非混合价态。这个七重超精细分裂在测试温度 20 K 时就会明显减弱，直至消失，这表明铜离子间存在 Cu—Cu 金属键 (键长 ~2.6 Å)，形成一个自由离域的电子。该电子在较高温度时能在较大范围以 Cu_A 为中心的自由离域，而低温时则主要定域于 Cu_2S_2 核心区域 [105, 106]。若想排除氧化态 Cu_A 对 Cu_Z 和 Cu_Z^* 的 EPR 研究，可用维生素 C ($E \sim -60$ mV) 或还原态细胞色素 c 将 Cu_A 还原成抗磁态 $Cu_A^{I,I}$，再用氧化剂 $K_3[Fe(CN)_6]$ 处理，则使酶转变成氧化态。

Cu_Z 的核心，Cu_4S 与 7 个组氨酸连接，S 原子形成一个 μ_4-S 桥与 Cu_I、Cu_{II}、Cu_{IV} 三个铜离子形成一个平面结构：在蛋白内侧，该平面与 Cu_{III} 离子相连；在基质侧，该平面垂直于相邻 Cu_A 的咪唑环配体 (His_{569})，间距 ~7 Å，有多个水分子或底物 N_2O 的分布 [107]。在无氧条件下分离所得的 N_2O 还原酶，处于氧化态，NOR^{ox}，再用过量连二亚硫酸钠 ($E \sim -380$ mV) 还原后转变成 Cu_Z 态；有氧条件下分离得到的酶，处于 Cu_Z^*。无论在何种条件下，均无法制备 100%的 Cu_Z 态或 Cu_Z^* 态，无氧时，Cu_Z:$Cu_Z^* \sim 7$:3，有氧时，Cu_Z:$Cu_Z^* \sim 3$:7。Cu_Z 和 Cu_Z^* 态的价态是 $\left[Cu_3^I Cu_1^{II} S\right]^{3+}$，顺磁性，特征参数见表 8.2.4。$Cu_Z$ 态，Cu_I、Cu_{II} 和 Cu_{IV} 三个铜离子是等价的，具有相同的 $A_\parallel$ 和 $A_\perp$；Cu_Z^* 态，Cu_I 所携带的自旋密度较 Cu_{IV} 多，呈不等性，两个 $A_\parallel$ 比值 ~5:2 [108]。经连二亚硫酸钠和甲基紫精联合处理，Cu_Z 和 Cu_Z^* 被还原成全酶活状态 $\left[Cu_4^I S\right]^{2+}$，还原动力学详见文献 [109]。因元素 Cu 和 S 均具有氧敏性，且化学活性变化多端，Cu_Z 在酶活动的动态变化，目前还尚未明了。

表 8.2.4 N_2O 还原酶中 Cu_A、Cu_Z、Cu_Z^* 的特征参数

	$g_\parallel$	$g_\perp$	$A_\parallel$/G	$A_\perp$/G
Cu_A	2.18	2.03	35~38	?
Cu_Z	2.152	2.042	~60	~21
			~60	~21
			~60	~21
Cu_Z^*	2.16	2.043	~65	~27
			~25	~21

8.2.2.4 T_3 (Ⅲ) 型双核铜酶

T_3 (Ⅲ) 型双核铜与 Cu_A 双核铜的最大差别是：前者是铜离子通过 μ-O 桥发生交换作用而耦合成一个整体，铜离子间距较长，~3.5~4.5 Å；后者是铜离子通

过金属键 (即金属–金属相互作用) 形成一个整体，铜离子间距较短，~2.6 Å。当铜离子间距 $r \geqslant 5$ Å 时，会形成类似于双自由基的铁磁或反铁磁耦合 (4.6.2.5 节)。含有 T_3 双核铜的代表性酶是：儿茶酚氧化酶 (catechol oxidase)，广泛分布于植物、真菌中；血蓝蛋白 (hemocyanin)，是节肢动物和软体动物血淋巴中的含铜呼吸蛋白，是已知的唯一能和分子氧可逆结合的铜蛋白 (氧载体)，脱氧时无色，氧合时蓝色 [110]；酪氨酸酶 (tyrosinase)，又称多酚氧化酶，广泛分布于微生物、动植物和人体中，是调节黑色素合成的限速酶，直接影响黑色素的合成。这三种酶中 T_3 活性中心的结构比较，详见文献 [111]。以儿茶酚氧化酶为例，简要介绍 T_3 型铜的结构和功能。

儿茶酚氧化酶是单亚基蛋白，广泛分布于植物、真菌中，多肽链长度变动较大。它利用酚、儿茶酚 (邻苯二酚)、多酚等还原性有机物质，将分子氧 (O_2) 还原成水，

$$\text{substrate}^{\text{red}} + O_2 \longrightarrow \text{substrate}^{\text{ox}} + H_2O$$

图 8.2.16 示意了该酶的空间结构和 T_3 铜的过氧结构。每个铜离子均与三个组氨酸的 N_ε 配位，铜离子间有两个 μ_2-O 桥时相距 4.2 Å，两个氧桥间形成过氧结构。只有一个 μ_2-羟桥 (—OH—) 时相距 4.3 Å。氧化态时，Cu^{II} 离子间反铁磁耦合，$J < -300\ \text{cm}^{-1}$，形成 $S = 0$ 的沉默态。若用浓盐酸处理致蛋白变性，可检测到典型 Cu^{II} 离子的特征谱。在催化过程中，T_3 铜历经氧合态 (oxy-state，Cu^{II}—O_2—Cu^{II})、混合价态的还原态 (met-state，Cu^{II}—OH—Cu^{I}、去氧的还原态 (deoxy-state，$Cu^{I}Cu^{I}$) 等中间过程 [112]。其中，混合价态酪氨酸酶的 EPR 和 HYSCORE 等的研究，详见文献 [113-115]。

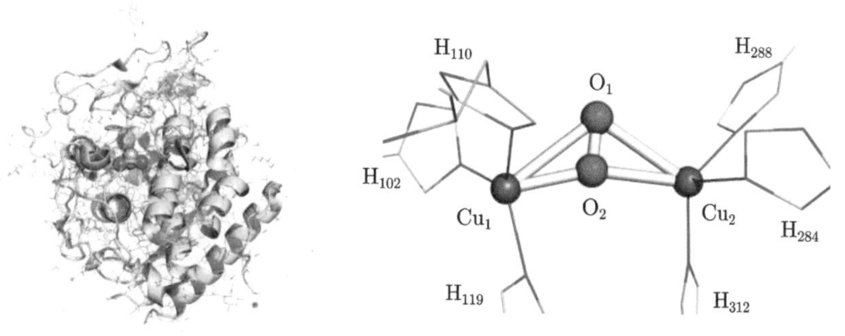

图 8.2.16 儿茶酚氧化酶的结构 (PBD 4j3p)，以及局部放大的氧合 T_3 铜结构，即右图的蓝球区域

8.2.2.5 多核铜酶

在 T_1、T_2、T_3、Cu_A、Cu_Z 等五种不同铜活性单元的基础之上，有些酶中含两个或两个以上铜活性单元，它们常被称为多核铜蛋白。

(1) 含两个铜活性单元的铜蛋白，如 N_2O 还原酶，$Cu_A + Cu_Z$。

(2) 含三核铜或三个铜活性单元的铜蛋白。漆酶 (图 8.2.17(a))，含 T_1、T_2、T_3 各一个，共 4 个铜离子，广泛分布于植物和真菌中。甲烷单加氧酶等含交换耦合的三核铜活性中心 [116, 117]。

(3) 含六个铜活性单元的铜蛋白主要是：抗坏血酸氧化酶 (ascorbate oxidase)，二聚体，每个亚基含 T_1、T_2、T_3 各一个，共 8 个铜离子 (图 8.2.17(b))；亚硝酸铜还原酶 (copper nitrite reductase，CuNiR)，三聚体，每个亚基含 T_1、T_2 各一个，共 6 个铜离子；血红素 c-铜亚硝酸盐还原酶 (heme c-Cu nitrite reductase)，三聚体，每个亚基含 T_1、T_2、细胞色素 c 各一个，共 6 个铜离子和 3 个细胞色素 c，见图 8.2.17(c)。

(4) 含 8 个或 8 个以上铜离子的蛋白是铜蓝蛋白 (ceruloplasmin)，它是一种含铜的糖蛋白，由肝细胞合成并分泌到血液中，以多聚体形式存在。每个亚基至少有 8 个铜离子 (图 8.2.17(d))，其中 6 个是活性中心 ($3 \times T_1 + T_2 + T_3$)，另外 2 个 (人) 或 3 个 (老鼠) 铜离子尚无法明确其功能 [118]。

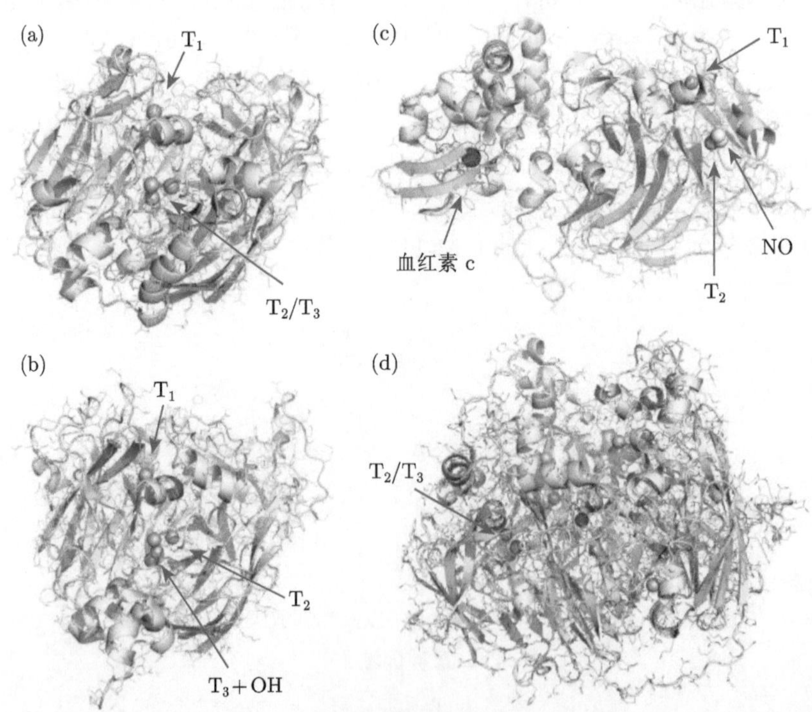

图 8.2.17　漆酶 ((a)，PDB 3x1b)，抗坏血酸氧化酶 ((b)，PDB 1aso)，血红素 c-铜亚硝酸盐还原酶 ((c)，PDB 5ocf) 和铜蓝蛋白 ((d)，PDB 5n0k) 等四种铜蛋白的单亚基结构。图 (d) 中，6 个蓝色球表示 $3 \times T_1 + T_2 + T_3$ 等 6 个铜离子，3 个结构不稳定的铜离子用浅蓝色示意

漆酶、抗坏血酸氧化酶、血红素 c-铜亚硝酸盐还原酶、铜蓝蛋白等四种酶的单亚基结构和铜活性中心的分布，如图 8.2.17 所示。漆酶和抗坏血酸氧化酶的每条多肽链中，均含 T_1、T_2、T_3 各一个，T_2 与 T_3 有时会耦合成一个三核铜中心。T_1 是还原性底物的结合部位，T_3 是产物释放的位置，电子传递途径是 $T_1 \rightarrow T_2 \rightarrow T_3 \rightarrow O_2 \rightarrow$ 产物水。我们用同位素 ^{17}O 标记的 $H_2{}^{17}O$ 作示踪来研究漆酶催化儿茶酚氧化时，发现水作为反应底物参与儿茶酚的氧化和苯环的开环，释放 ^{17}O 标记的 $^{17}OH^{\cdot}$，详见 8.2.3.1 节 [119]。

血红素 c-铜亚硝酸盐还原酶是三聚体蛋白，每个亚基形成细胞色素 c 和铜氧还蛋白两个特征结构域，T_1 和 T_2 相距 ~12 Å，血红素 c 与 T_1、T_2 的间距均大于 45 Å。因此，在单亚基内电子无法实现从细胞色素 c 向 T_1 传递，只能发生 $T_1 \rightarrow T_2$ 的电子传递。在三聚体中，各个亚基头尾相连，形成了一个亚基的细胞色素 c 结构域紧挨着另外一个亚基的铜氧还蛋白结构域，从而有利于亚基间的电子传递，参考脱氮副球菌 N_2O 还原酶中 $Cu_A \rightarrow Cu_Z$ 的电子传递 (图 8.2.15)。它催化反硝化过程中的反应是 $NO_2^- + 2H^+ + 2e^- \rightleftharpoons NO + H_2O$。电子从细胞色素 c 经 T_1 传递至 T_2，最终将 NO_2^- 还原成 NO，产物 NO 与 T_2 的结合，如图 8.2.17(c) 所示。这三个活性中心的 EPR 特征：细胞色素 c，轴向配体是 His-Met 对 (参考图 8.2.2(b))，低自旋，$g_z \sim 3.16$、$g_y \sim 2.19$、$g_x \sim 1.84$；T_1 铜，斜方对称，$g_z \sim 2.22$、$g_y \sim 2.09$、$g_x \sim 2.03$，$A_z \sim 48$ G、$A_y \sim 0$ G、$A_x \sim 70$ G ($A_y \ll A_x$，表明 g 与 A 不共轴)；T_2 铜，$g_\parallel \sim 2.36$、$g_\perp \sim 2.05$，$A_\parallel \sim 100$ G、$A_\perp \sim 0$ G [47, 120−122]。其中，铜离子 g 与 A 不共轴的现象，在溶解性多糖单加氧酶 (lytic polysaccharide monooxygenases, LPMOs) 也被人们所发现 [123]，$g_z \sim 2.261$、$g_y \sim 2.095$、$g_x \sim 2.027$，$A_z \sim 336$ MHz、$A_y \sim 110$ MHz、$A_x \sim 255$ MHz。类似的配合物，参考文献 [124]。

8.2.2.6 铜蛋白和铜配合物的色彩

单质铜呈黄色，在空气中会氧化成以碳酸铜为主的绿色铜锈，氧化亚铜显红色 (参考检测醛氧化的 Fehling 试剂)，氧化铜则是显黑色。我们在日常实验所接触到的含 Cu^{2+} 的无机铜盐、铜配合物和铜蛋白的溶液，主色调以蓝色或深蓝色为主，若含 Cu^+ 则以红色或红棕色为主，也有无色的铜配合物和铜蛋白。在铜蛋白中，铜离子价态容易在 +1 价和 +2 价间循环，+3 价不稳定，需要自由基反应的协助才能形成 [79, 93, 95]。因氧化态或构象的变化，一些铜酶会呈不同的颜色，如血蓝蛋白脱氧时无色，氧合时蓝色；血红素 c-铜亚硝酸盐还原酶，会呈蓝色、红色、绿色或黄色，且酶活性也不同 [121]；N_2O 还原酶因分离方法的差异或不同物种来源，会呈紫色、粉色或蓝色，且具有不一样的酶活性 [106, 125]。各种铜活性中心的化学合成和仿生研究，也非常多 [126]。在铜酶催化过程中，Cu 与 O_2 的结合方式，尚存争议，推测可能形式有 $Cu^{1+}—O_2 \rightleftharpoons Cu^{2+}—O_2^{-\cdot}$，$Cu^{1+}—O_2^{-\cdot} \rightleftharpoons Cu^{2+}—O_2^{2-}$

或 Cu^{2+}—O_2 $\rightleftharpoons$ Cu^{3+}—$O_2^{-\cdot}$ 等复合体。这些复合体在生理平衡溶液中并不稳定，并且 $O_2^{-\cdot}$ 很容易衰变成 $HO^{\cdot}$、$HOO^{\cdot}$ 等自由基，而难以被直接跟踪 [127]，还需要模式配合物的仿生。

最近，我们就以苯丙氨酸衍生物作手性配体，研究 L-和 D-型配体的不同比例对 Cu^{2+} 结构的影响，用 EPR 证明了 Cu^{2+}—O_2 $\rightleftharpoons$ Cu^{3+}—$O_2^{-\cdot}$ 的相互转变 [128]。以 4-吡啶甲醛修饰的 L-/D-苯丙氨酸衍生物 (简写 L-PF 和 D-PF，图 8.2.18(a) 所示) 与铜配位，仿生研究 Cu 与蛋白配位是否存在手性影响。当单独使用 L-PF 或 D-PF 与 Cu^{2+} 络合时，溶液呈蓝色，低温粉末谱呈典型的 Cu^{2+} 配合物，$g_z \sim 2.256$、$g_y \sim 2.059$、$g_x \sim 2.046$，$A_z \sim 173$ G、$A_y = g_x \sim 10$ G，同时还检测到 xy 平面上两个等性 ^{14}N 原子引起的超精细分裂，$A_{14N} \sim 12$ G (图 8.2.18(a))。若将 L-PF 与 D-PF 等体积 (L-PF:D-PF = 50:50，V/V) 配成溶液，再与 Cu^{2+} 络合时则呈罕见的粉色，且 EPR 谱迥异于单独 L-或 D-PF 所络合而得的特征 ($g_z \sim 2.183$、$g_y \sim 2.077$、$g_x \sim 2.047$)，且没有超精细分裂。这个新的特征 EPR 信号被归属为与 Cu^{III} 离子相连的 $O_2^{-\cdot}$ (参考表 4.2.7)，是之前文献中未曾见过报道的复合结构。由于该新信号与 L-PF、D-PF 的同时并存有关，它随着 L-PF 与 D-PF(5 mmol/L) 的比例由 10:0、经 5:5、再到 0:10 (V/V) 的动态变化过程，也被同时研究。结果表明：当 L-PF 与 D-PF 的比例在 6:4 至 4:6 之间时，会出现 Cu^{III}-$O_2^{-\cdot}$ 的 EPR 信号，这说明 Cu^{II} 在该络合环境能被空气中的氧气所氧化。若在无氧手套箱中用 L:D = 5:5 的溶液制备该铜络合物时，样品溶液显蓝色，低温 EPR 谱与单独的 L-PF 或 D-PF 的一致；当将无氧的蓝色溶液暴露于空气中，2~3 min 后旋即变成粉色，低温 EPR 谱显现具 $O_2^{-\cdot}$ 的特征 (图 8.2.18(b) 及插图)。若往溶液中添加维生素 C 则 $O_2^{-\cdot}$ 的形成可被完全抑制。利用手性配体选择性地将 Cu^{II}-O_2 复合体转变成 Cu^{III}—$O_2^{-\cdot}$ 复合体的反应，尚未见到其他相关报道，其分子机制还需要进一步研究。在室温性溶液中，Cu^{II} 在手性环境中有效地发生氧化并形成 $O_2^{-\cdot}$ 的反应，将有助于人们开展研究基于铜离子的还原反应，即 O_2 还原成 $O_2^{-\cdot}$，然后变成水的过程。生活细胞内，漆酶、抗坏血酸氧化酶和细胞色素 c 氧化酶 (8.4.2 节 4. 细胞色素 c 氧化酶，氧分子的还原循环) 等铜蛋白，都是能催化分子氧变成产物水的酶。

其他 3d 过渡离子氧合复合体的如 M^{II}—O_2 向 M^{III}—$O_2^{-\cdot}$ 的转变，受到广泛研究 [129]。如氧载体钴模型化合物 (Co(acacen)py)，氧合形成复合物 Co(acacen)py (O_2) 时，Co^{II}—O_2 会转变成 Co^{III}—$O_2^{-\cdot}$，体现在氧合前、后显著变化的 EPR 谱中 [55, 130−132]，参考图 8.2.20(f)。若将 O_2 换成 NO 则会发生还原转变，即 Co^{II}—$(NO)_2 \longrightarrow Co^0$—$(NO^+)_2$[133]，与此类似的还有 Fe^{II}-NO 等复合结构。

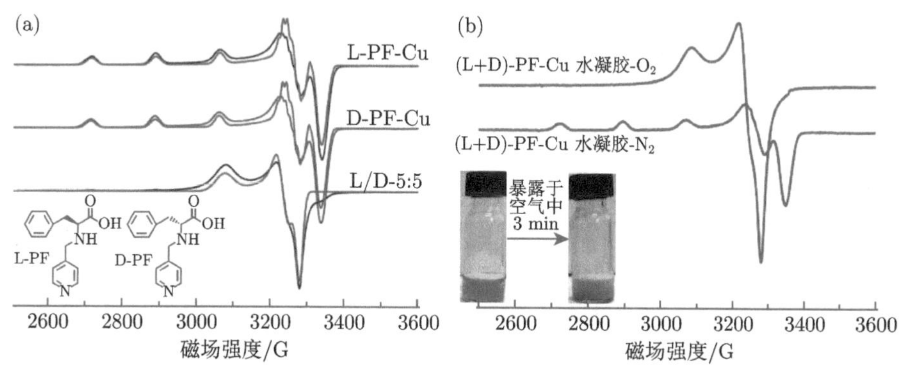

图 8.2.18 (a) 4-吡啶甲醛修饰的 L-/D-苯丙氨酸衍生物 (L-PF 和 D-PF) 与铜配位后形成的特征 EPR 谱。在空气中，Cu^{2+} (以 $CuSO_4$ 为铜源) 单独与 L-PF 或 D-PF 络合时，具有相同的典型 Cu^{2+} 的 EPR 谱，当 Cu^{2+} 与等比例的 L-PF 和 D-PF 混合物络合后，则形成了 $O_2^{-\cdot}$ 的特征 EPR 谱。(b) 在空气中或在手套箱中，Cu^{2+} 与等比例的 L-PF 和 D-PF 混合物络合后形成的凝胶，具有不同的特征 EPR 谱。插图的小瓶里是将在手套箱制备的蓝色溶液，暴露于空气中 2~3 min 后即变成粉色。其余说明，L-/D-PF，P 是吡啶基团，F 表示苯丙氨酸，L/D 表示左/右旋，构成蛋白的天然氨基酸是 L-型。参数：9.43 GHz，100 K，详见文献 [128]

8.2.2.7 金属离子的毒性，贮铜和运铜的铜蛋白

至此，我们讨论了含铁、含铜的两大类金属蛋白的金属活性中心与 EPR 应用研究；含其他过渡元素的蛋白，将在下文继续作介绍。含钙和含锌的金属蛋白，也是细胞内含量非常多的蛋白，但因难以形成稳定或半稳定的顺磁性组态，故没有作展开。作为辅基的金属离子，除了作为蛋白不可或缺的结构和功能以外，离子间还存在以离子颉颃 (ion antagonisim，或离子拮抗) 和离子依赖为主的相互关系，如图 8.2.19 所示。

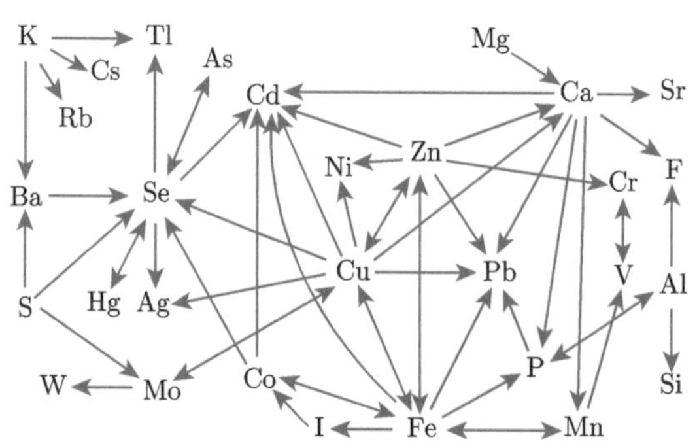

图 8.2.19 哺乳动物中 30 种化学元素间的相互作用。单向箭头 A→B 的含义是 ① A 能抑制 B 引起的毒理；② 当 A 浓度过低时将导致 B 的积累；③ 较高浓度的 B 可抵消 A 引起的有益效应。双向箭头表示两种元素相互依赖。图例引自文献 [134]

将植物培养在单一盐类溶液中，无论这种盐是否为必需营养元素，即使浓度很低，不久后植物就受害。这种溶液中只有一种金属离子时，对植物起有害作用的现象称为单盐毒害 (toxicity of single salt)。各个元素的毒理，详见 *Handbook on the Toxicology of Metals*, 4th 和英国皇家化学会的 *Metal Ions in Life Sciences* 系列。在发生单盐毒害的溶液中 (如只含 NaCl) 再加少量的其他金属离子 (如 $CaCl_2$)，即能减弱或消除这种单盐毒害。离子间的这种相互作用称为离子颉颃 (ion antagonism, 又称为离子拮抗)，如图 8.2.19 的单向箭头所示。因此，生活细胞只有在含多种适当比例和浓度的多盐溶液 (又称平衡溶液) 中才能正常地生长和发育。土壤溶液对陆生植物，淡水对水生植物，海水对海洋植物，都是平衡溶液。人体血浆 (blood plasma) 也是一种平衡溶液，各个离子浓度见表 8.2.5。离子间除了离子拮抗，也存在如 8.2.19 双向箭头所示的相互依赖 (ion interdependency)，可发生在金属离子间，金属与非金属离子间，维生素与金属/非金属离子间，有共同促进的，也有此消彼长的。

表 8.2.5　部分人体必需元素、平均浓度和含量，自上而下是按血清中的平均浓度由大到小排列，摘自文献 [134]，并参考 *Handbook on the Toxicology of Metals*, 4th

化学元素	pH 7.0 的形式	血浆中的平均浓度	70 kg 人体含量
Na	Na^{+}	140 mmol/L	70 g
Cl	Cl^{-}	104 mmol/L	80 g
S	SO_4^{2-}	24 mmol/L	120 g
K	K^{+}	4 mmol/L	130 g
Ca	Ca^{2+}	2.4 mmol/L	1100 g
P	HPO_4^{2-}	1.1 mmol/L	600 g
Mg	Mg^{2+}	0.8 mmol/L	22 g
Fe	$Fe(OH)_3\downarrow$	17 μmol/L	4 g
Cu	Cu^{2+}	17 μmol/L	80 mg
Zn	Zn^{2+}	14 μmol/L	2.3 g
F	F^{-}	2 μmol/L	2.5 mg
Co	Co^{2+}	2 nmol/L	1 mg
Se	$HSeO_3^{-}$	1 μmol/L	0.1 mg
I	I^{-}	0.4 μmol/L	30 mg
Mn	Mn^{2+}	10 nm	12 mg
Mo	MoO_4^{2-}	6 nm	5 mg
Cr	$Cr(OH)_2^{+}$	3 nm	6 mg

图 8.2.19 示意了离子间各种错综复杂的直接或间接的相互作用。一般地，阳离子抗阳离子，阴离子抗阴离子，离子半径相近、配位稳定性相同或电荷相同的离子，容易发生拮抗或相互依赖。如，Cu^{2+} 与 Zn^{2+} 的相互依赖，Zn^{2+} 多了将会减少 Cu^{2+} 的吸收；Zn^{2+}、Cu^{2+} 或 Ca^{2+} 的浓度降低，都会增大 Cd^{2+} 的吸收，造成毒害。又如，Ca^{2+} 取代 Na^{+} 是以离子半径相近 (0.11 Å) 为主；Ba^{2+} 拮抗 K^{+} 而形成的毒害，也是以离子半径相近 (0.14~0.15 Å) 为主；Ca^{2+}、Cd^{2+}、Pb^{2+}

的离子半径和电荷均相似，故 Cd^{2+} 可取代 Ca^{2+} 而造成镉中毒。碱金属和碱土金属离子的配位稳定性最差，汞的配位稳定性最好 (如稳定的汞—碳键)。许多重金属盐能引起人畜中毒，是由于这些重金属能与酶的半胱氨酸巯基 (—SH) 结合，从而使酶丧失其正常的生理作用。有些含硫的有机物如 2,3-二巯基丙醇等，含有两个相邻巯基。这两个巯基可夺取与半胱氨酸相结合的重金属离子，形成更稳定的无毒的环状化合物，使酶复活，从而起到解毒的作用。或，服用牛奶，用其所含有半胱氨酸和重金属离子络合，并起到稀释重金属离子，并减少这些离子和人消化道接触的机会。

生活细胞对某个元素的依赖，当其浓度过低时会导致生长和发育迟缓，浓度过高时会形成毒害，故需要维持在一个最佳浓度，形成一个钟形的浓度相关性，参考 *Handbook of the Toxicology of Metals*，4th。每种离子的浓度相关性跨度都不一样，因此，细胞针对不同的离子，通过离子跨膜转运通道 (ion transporter) 和金属伴侣蛋白 (metallochaperone) 等，调节胞内、外的离子稳态。在人体各个组织的细胞内、外液中，各种必需元素根据生理需要而维持在一个相对稳定的状态，称为离子稳态 (ion homeostasis)。在 pH 7.0 (正常人 pH~7.45) 的血清中，许多元素离子并不孤立存在，而是与其他成分相结合，如，Fe^{3+} 被螯合，Co^{2+} 以维生素 B_{12} 补给。金属硫蛋白 (metallothionein) 富含 ~33%的半胱氨酸，能贮存大量的 Zn^{2+}、Cd^{2+}、Cu^{1+}、Ag^{1+} 和 Hg^{1+} 等离子 (详见 *Metal Ions in Life Sciences* 系列的第五卷 *Metallothioneins and Related Chelators*)。

根据人体必需元素的自然获取方式、生理活性和在血浆中的存在方式与排泄难易等，铜离子的稳态最受人们所关注。常见部分 +2 价离子的配位能力，遵循 Irving-Williams 顺序 [135, 136]，即 $Zn^{2+} < Cu^{2+} > Ni^{2+} > Co^{2+} > Fe^{2+} > Mn^{2+} > Mg^{2+} > Ca^{2+}(Mn^{2+} > Cr^{2+})$，其中，铜离子最容易形成稳定的配位结构。铜离子的氧还活性和易配位，参与呼吸、离子运输、抗氧化等生理代谢。然而，成也萧何，败也萧何！正是这样的氧还活性和易配位，使铜离子容易成为具有毒害的离子，如其氧还活性容易催化 Fenton 反应等产生活性氧的反应，又易与蛋白错配位而导致蛋白构象发生变化，影响蛋白活性。一个体重 70 kg 成人的血液中含有 ~5 mg 的铜 (1~1.5 mg/L 血液，血液占体重 7%~8%)，其中可循环利用的铜离子，60%~90%分布于铜蓝蛋白中，其余分布于清蛋白 (albumin)、运铜蛋白 (transcuprein or copper transporter)、金属硫蛋白、[CuZn]-SOD 等蛋白中 [137]。

铜蓝蛋白 (ceruloplasmin) 是一种糖蛋白，含糖 7%~8%。人铜蓝蛋白每个亚基的分子量 ~132 kDa (包括 ~12 kDa 的寡糖)，含有至少 8 个铜离子 (上文，图 8.2.17(d))。它在脊椎动物的肝细胞中合成并分泌到血液，调节铜离子在机体各个部位的分布、合成含铜的酶蛋白，并起抗氧化剂的生理作用。它同时还兼具氧化酶活性，如能催化多酚及多胺类底物的氧化，故又称铜氧化酶。当肝脏减少或无法合成铜蓝蛋白时，铜离子在肝脏、脑、肾、角膜等器官积累，导致先天性铜代谢障碍性的威尔逊病 (Wilson's diease，即肝豆状核变性，hepatolenticular degeneration) 和老年性痴呆 (即阿尔茨海默病，Alzheimer disease)[138, 139]。在细胞内，金属伴侣蛋白、Cu-ATPases、输铜蛋白等蛋白调节着铜离子的稳态和跨膜 (线粒体、高尔基体) 运输。

8.2.3 含锰的金属蛋白

在 8.2 节，我们以铁蛋白和铜蛋白作开篇。一方面，铁、铜离子和蛋白或非蛋白配位时化合价都比较稳定，易于被分离、纯化和鉴定；另一方面，这些蛋白在最普通的室温紫外-可见光谱和低温 X-波段 EPR 实验中均具有特征吸收峰，这使人们可以很方便地开展相关研究。相比之下，其他金属蛋白要么金属离子中间价态和结构不稳定，要么没有特征的紫外-可见吸收光谱，要么制备需要无氧条件，要么存在离子置换等，条件苛刻不一。含锰的金属蛋白，就是其中之一。锰离子的毒理，详见文献 [140]。

在细胞内，锰离子的价态主要是 +2 价、+3 价、+4 价。含 Mn^{2+} 的蛋白，最为常见，它们在紫外-可见光区有微弱的吸收，在高对称的配位场中 Mn^{2+} 有明显的 X-波段 EPR 谱。然而，在如 EDTA 螯合物或金属氧化物与硫化物中的锰离子，呈低对称结构，因展宽等原因而无法被检测 (图 2.3.6)，需高频高场 EPR 技术。Mn^{2+} 配位能力比 Fe^{2+} 弱且远远弱于 Cu^{2+}、Zn^{2+} 等离子 (参考 Irving-Williams 顺序 [135, 136]，即 $Ca^{2+} < Mg^{2+} < Mn^{2+} < Fe^{2+} < Co^{2+} < Ni^{2+} < Cu^{2+} > Zn^{2+}$)，这种极弱的配位能力，使锰离子在蛋白分离纯化过程发生解离而去除，游离 Mn^{2+} 用 EDTA 螯合而从 X-波段谱中去除。这造成目前已知的锰蛋白的数量比较少，有些甚至还存在争议。在锰蛋白中，单核与双核锰最为常见，三核及三核以上的种类比较少，以单核的 Mn-SOD、双核锰的 RNR 和参与放氧光合作用的四核锰簇最为常见。

Mn^{2+} 除了作为酶的活性中心，还像大量阳离子活化剂 Na^{+}、K^{+}、Mg^{2+} 和 Ca^{2+} 等那样，作为微量阳离子活化剂、激活酶的催化活性 [141, 142]。这些阳离子活化剂一方面起到 Lewis 酸的功能，另一方面引导反应底物进入酶的催化部位，稳定活化蛋白的构象。以 Mn^{2+} 作为阳离子活化剂的酶是：磷酸甘油酸变构酶 (phosphoglycerate mutase)，催化 2-磷酸甘油酸和 3-磷酸甘油酸的变构，有两个 Mn^{2+}的结合部位；细菌木糖异构酶 (xylose isomerase)，将 D-木醛糖 (D-木糖) 异构成 D-木酮糖，有两个 Mn^{2+}的结合部位；谷氨酰胺合酶 (glutamine synthase)，利用 ATP，将谷氨酸和 NH_3 合成谷氨酰胺，有三个活化阳离子 Mn^{2+} 或 Mg^{2+} 的结合部位。作为阳离子活性剂的 Mn^{2+}，会面临 Mg^{2+}的竞争。然而，细胞内 Mg^{2+}的浓度至少是 Mn^{2+}的 1000 倍，如表 8.2.5 所列，在人体血浆中二者浓度差会更大。因此，从事这一方面研究的读者需要认真调研好已有的研究文献，防止错判锰离子的生理功能，比如，早期研究就曾经把细菌木糖异构酶归属为双核锰酶 [143]。

以下简要介绍部分单核、双核的锰蛋白，四核锰簇详见 8.3.3 节。

8.2.3.1 单核的锰蛋白

含单核锰的蛋白主要有 Mn-SOD、丙酮羧化酶 (acetone carboxylase)、草酸氧化酶 (oxalate oxidase)、草酸脱羧酶 (oxalate decarboxylase)、高原儿茶酸双加氧酶 (homoprotocatechuate 2,3-dioxygenase，HPCD) 等。其中，Mn-SOD 和 Fe-SOD 一起，已在 8.2.1.1 节作了比较。

细菌在降解有机物的过程中，会形成各种各样的有毒或无毒的中间产物。如，丙酮是细菌催化丙烷代谢过程形成的有毒中间体，需及时给予清除或转化。因此，有些细菌能以丙酮作为碳源，用丙酮羧化酶把丙酮羧化成乙酰乙酸，这个反应需要一个 ATP。丙酮羧化酶是异六聚体 $(\alpha\beta\delta)_2$，同时含锰、锌和少量的铁、镁离子 [144]。

草酸代谢是植物体内抗真菌的防疫反应，而人类若食用过多草酸则会在肾脏形成以草酸钙为主的肾结石。草酸氧化酶和草酸脱羧酶的单晶早已被人们所解析。它们属于 Cupin 蛋白家族 (特征是由至少 6 个 β-折叠片形成的桶状结构或结构域)，催化草酸分解和草酸脱羧的反应是

$$(COOH)_2 + O_2 \longrightarrow H_2O_2 + 2CO_2 \quad (1)$$

$$(COOH)_2 + H^+ \longrightarrow HCOO^- + CO_2 \quad (2)$$

反应 (1) 中，氧合锰 Mn^{II}-O_2 会转变成过氧结构 Mn^{III}-$O_2^{-\cdot}$，所形成的产物 H_2O_2 起到抗生素防御的作用。

加氧酶，根据活性中心，分为血红素加氧酶 (细胞色素 P_{450})、非血红素加氧酶、含其他过渡离子的加氧酶。双加氧酶催化儿茶酚 (又邻苯二酚) 开环分解的反应，主要有两种开环部位 [145]，如图 8.2.20(a) 所示。① 开环位置是 C_2—C_3 键，位于两个酚羟基外侧，故称为外位开环或 2,3-双加氧反应，产物是 α-羟基己二烯己醛酸，相应的酶被称为 2,3-双加氧酶 (extradiol dioxygenase)。② 开环位置是 C_1—C_2 键，位于两个酚羟基之间，故称为内位开环或 1,2-双加氧反应，产物是己二烯二酸，相应的酶称为 1,2-双加氧酶 (intradiol dioxygenase)。酚是细胞内容易发生氧化的还原性有机物，也是植物木质部的主要结构单元。参与本质素分解的酶是真菌和细菌含有的各类加氧酶，如高原儿茶酸双加氧酶是外位双加氧酶，分为 [146]：Mn-HPCD，活性中心是锰离子，分布于球形节杆菌中 (*Arthrobacter globiformis*)；Fe-HPCD，活性中心是铁离子，分布于褐短杆菌中 (*Brevibacterium fuscum*)。在体外，这两种酶均可用钴离子替代和重组。图 8.2.20(b)~(d) 展示了 Fe-HPCD 催化 4-硝基儿茶酚 (4-nitrocatechol，4NC) 开环形成部分中间态的共

结晶结构 [147]。

在催化过程中，Mn^{2+} ($S = 5/2$) 和 Fe^{2+} ($S = 2$，平行模式，$g_z^{\mathrm{eff}} \sim 8.0$，图 4.4.8) 均未发生化合价的变化，一直是高自旋态，这有利于其与分子氧 O_2 持续不断地结合 [148]。考虑氧合复合体 M^{II}-O_2 能转变成过氧结构 M^{III}-$O_2^{-\cdot}$ (M 表示 Fe、Mn、Co 等元素 [149])，因此，不能排除 Fe^{2+}或 Mn^{2+}转变为不稳定的 +3 价，在 $O_2^{-\cdot}$ 从还原性底物夺电子或拔氢后再转变稳定的 +2 价。若形成的 Fe^{3+} 与底物自由基 ($S = 1/2$) 发生铁磁耦合，则会形成 $S_{\mathrm{total}} = 3$ 的总自旋态，平行模式 EPR 的特征吸收峰的理论值是 $g_z \sim 12$，实际结果是 $g_z^{\mathrm{eff}} \sim 11.6$，$J \sim 6\ \mathrm{cm}^{-1}$，如图 8.2.20(e) 所示 [146]。用 Co 置换重组成 Co-HPCD 时，在无氧条件形成高自旋的 Co^{2+} ($S = 3/2$)，$g_z^{\mathrm{eff}} \sim 6.7$，$A_z^{\mathrm{eff}} \sim 80$ G；若将 Co-HPCD 暴露于氧气中，则形成 Co^{III}-$O_2^{-\cdot}$ 的复合结构，Co^{III} 是低自旋的抗磁性基态，$A = 24$ G，动态变化如图 8.2.20(f) 所示 [150]。

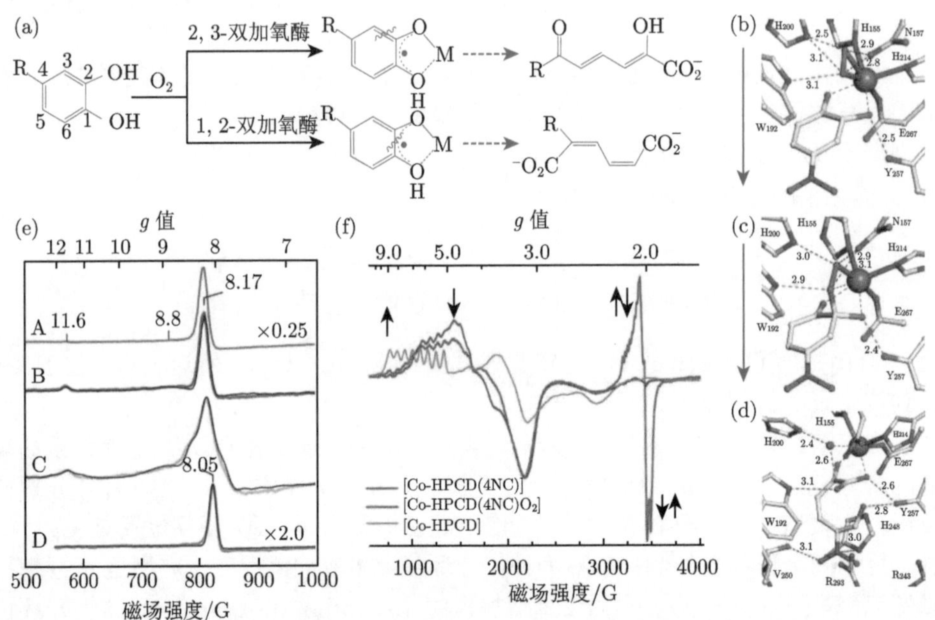

图 8.2.20　(a) 儿茶酚的外位开环和内位开环反应，M 代表 Fe、Mn、Co 等金属离子，儿茶酚易氧化成半醌自由基。(b)~(d)：Fe-HCPD 利用分子氧 O_2 催化 4-硝基儿茶酚开环过程是所捕捉到的共结晶结构 (PDB 2ig9 和 2iga)，(b) 酶结合底物 4-硝基儿茶酚和氧合 Fe^{2+} 的状态；(c) 4-硝基儿茶酚与铁离子间形成过氧桥结构；(d) 开环产物形成和水释放。(e) 用平行模式 EPR 检测有氧情况 Fe-HPCD 催化 4NC 的反应 (谱线 A、B、C 表示测试温度分别是 2 K、9 K、10 K，C 用 70%的 ^{17}O 标记氧气处理，A、D 是于 4 °C 反应进行 10 s 或 10min)。(f) 有、无氧气对 Co-HPCD/4-硝基邻苯二酚和酶自身的影响。图 (b)~(d) 引自文献 [147]，图 (e) 引自文献 [151]，图 (f) 引自文献 [150]

儿茶酚除了内位或外位开环外，还会发生对位 C_4—C_5 键断裂和开环，如用 NaN_3 处理 3,6-二氯代儿茶酚的开环过程。我们在研究漆酶 (图 8.2.17(a)) 催化儿茶酚氧化机制时，发现除了形成不溶于水的多聚物以外，苯环还会在 C_4—C_5 发生断裂和开环，如图 8.2.21 所示 [119]。首先，儿茶酚与 T_1 铜离子结合并将其还原成 Cu^{1+}，形成一个半醌型自由基 (中间物 a，$g_{iso}\sim 2.004$，峰谷宽度 ~7 G，溶液谱参考图 3.2.9)，铜离子与两个酚羟基形成双牙螯合配位，加剧了半醌型自由基的极化，使 C_4—C_5 键携带更多的正电荷而易于被另外分子的羟基或 OH^- 亲核进攻而形成寡聚物 (步骤 c → d)，若是分子内的羟基进攻则形成分子内环醚结构，并伴随苯环开环，转变成五元环产物 (图 8.2.21(a) 中步骤 e → g)，产物 g 亦用 NMR 加以确认，如图 8.2.21(c) 所示。在此过程中，水作为反应物参与开环反应并形成羟基自由基，如图 8.2.21(b) 所示，$A_N = A_{H\beta} = 14.8$ G。当用 $H_2{}^{17}O$ 示踪时，我们检测到 DMPO-$^{17}OH^{\cdot}$ 加成产物，特征参数是 $A_N = A_{H\beta} = 14.8\,G$、$A_{17O} = 4.6\,G$，这表明了反应过程中形成的羟基自由基来源自于溶液水。

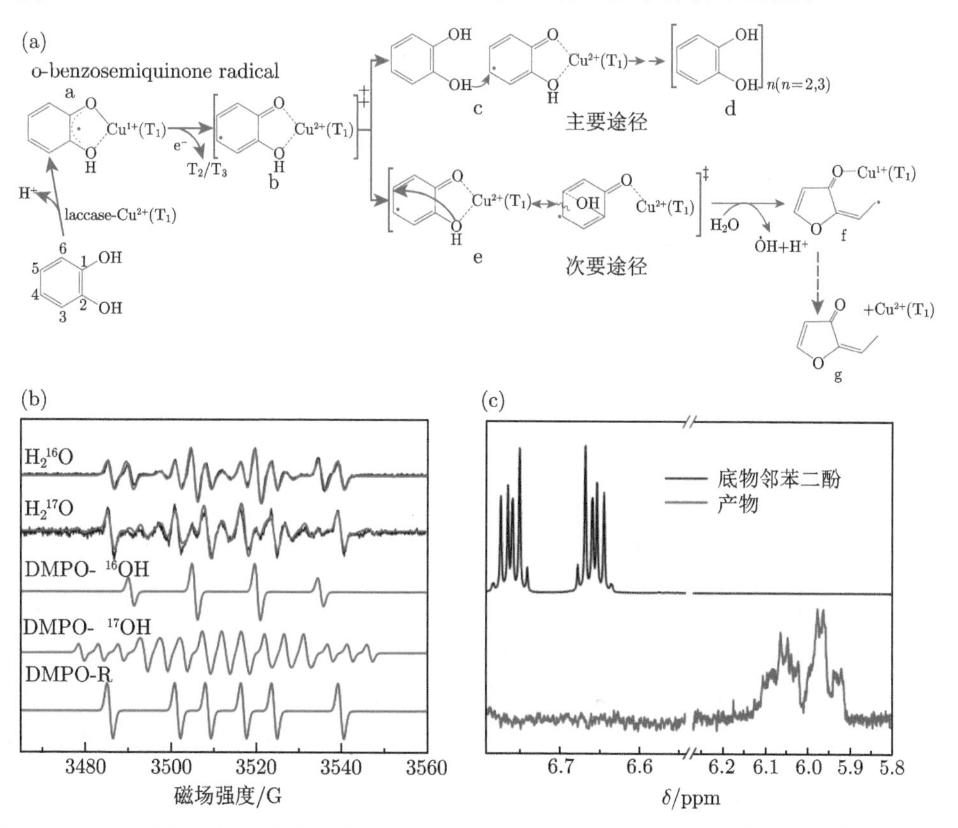

图 8.2.21 (a) 漆酶催化儿茶酚的聚合与开环反应；(b) DMPO 捕获到的 $^{16}OH^{\cdot}$、$^{17}OH^{\cdot}$ 和碳中心自由基羟基 $R^{\cdot}$；(c) 其产物 g 的 ^1H NMR。图例引自文献 [119]

8.2.3.2　双核的锰蛋白

含双核锰的蛋白为数不多，主要是氨肽酶、锰过氧化氢酶、精氨酸酶、伴刀豆凝集素 A、核糖核苷酸还原酶等。这些双核结构的锰、铁离子，离子间距 ~3.5 Å；若有组氨酸配位，大多以 $N_δ$ 作配体，如图 4.5.12 和图 8.2.23 所示。双核锰如 Mn^{II}-Mn^{II}、Mn^{II}-Mn^{III}、Mn^{III}-Mn^{III}、Mn^{III}-Mn^{IV}、Mn^{IV}-Mn^{IV} 等，易形成铁磁或反铁磁耦合。

氨肽酶 (aminopeptidase) 是一类能从蛋白质和多肽 N 端选择性切除氨基酸残基、从而游离氨基酸的外切蛋白酶，具物种特异性，活性中心是双核锰。

锰过氧化氢酶 (manganese catalase) 催化的反应是 $2H_2O_2 \longrightarrow H_2O + O_2$。在普通细胞中，血红素过氧化氢酶负责催化这个反应，但它易被 NaN_3 或 NaCN 等铁卟啉特征抑制剂所抑制。随后，人们发现某些细菌能在含毫摩尔水平的 NaN_3 或 NaCN 的逆境 (如热、盐、pH 等胁迫) 中生长而不受到抑制，随后从细菌细胞中分离出了锰过氧化氢酶及其与 NaN_3 的共结晶 (PDB 1jkv & 1jku)。

精氨酸酶 (arginase) 催化尿素循环 (urea cycle) 的最后一步反应，即将 L-精氨酸水解成 L-鸟氨酸与尿素 (图 8.2.22)。它广泛分布于能产生尿素的动物 (哺乳类、板鳃鱼类、两栖类、海龟类) 的肝脏、大脑、肌肉、心脏、肾脏等器官中，根据所在器官而分成 I 型 (肝脏) 和 II 型 (肝脏以外的其他器官，即肝外)，每个亚基含一个双核锰中心 (参考图 4.5.12 和图 8.2.23)。双核锰 Mn^{II}-Mn^{II} 间形成弱的反铁磁性耦合，基态是抗磁性，$J \sim -2\ cm^{-1}$，这使得第一、二激发态均可被探测，参考图 4.5.7[152−154]。在蛋白和核酸代谢过程中形成的、以铵离子 (NH_4^-) 为主的含氮中间产物，最终通过精氨酸酶所调控的尿素循环 (urea cycle) 而代谢 [155, 156]。

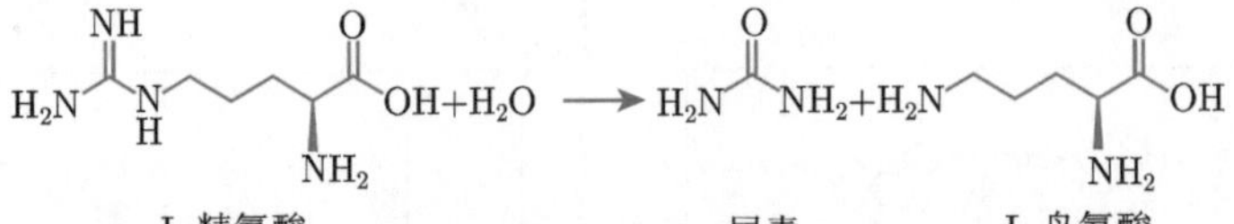

L-精氨酸 + H_2O ⟶ 尿素 + L-鸟氨酸

图 8.2.22　精氨酸酶催化水解 L-精氨酸生成 L-鸟氨酸与尿素的反应

伴刀豆凝集素 A (concanavalin A，ConA) 是一种植物凝集素 (plant lectins，或 phytohemagglutinins)，是一类非免疫来源的、对糖及其缀合物高度专一识别的蛋白质。它是分布于植物体内的一种糖蛋白或糖结合蛋白，又称为刀豆球蛋白 A、伴刀豆球蛋白、刀豆素等。该蛋白中一个 Mn^{2+} 容易被 Ca^{2+} 所取代且不影响活性，因此该 Mn^{2+} 可能是起到结构的作用，而非与糖蛋白直接结合。

核糖核苷酸还原酶 (ribonucleotide reductase，RNR) 广泛存在于各种生物中，是生物体内唯一能催化 4 种核糖核苷酸 (ADP/ATP、UDP/UTP、CDP/CTP、GDP/GTP) 还原、生成相应的 2′-脱氧核糖核苷酸 (dADP/dATP、dTDP/dTTP、 dCDP/dCTP、dGDP/dGTP) 的酶，以满足细胞间期——S 期 (合成期，synthesis) DNA 复制的需要。RNR 根据活性中心分成三大类 [8, 38, 72]：I (同或异双核活性中心)、Ⅱ (以维生素 B_{12} 为基础的钴蛋白)、Ⅲ (以和 S-腺苷甲硫氨酸相连的铁硫簇 $[Fe_4S_4]$ 为活性中心)。第 I 类根据活性中心再分成三种：Ia，双核铁，分布于各种生物中；Ib，双核锰，分布于细菌中；Ic，异双核，Mn^{IV}-Fe^{III}，分布于细菌中。双核锰和双核铁的结构详见图 4.5.12 和图 8.2.8(a)。Ia 和 Ib 两类 RNR 是异四聚体 $\alpha_2\beta_2$(图 8.2.23(a))。大亚基二聚体 α_2 被称为 R1 或 R1E 蛋白，有结合底物核苷酸的酶活中心和别构效应部位；小亚基二聚体 β_2 被称为 R2 或 R2F 蛋白，每个亚基含一个双核中心。R1 和 R2 再根据基因编码 *nrdAB*、*nrdE*、*nrdF* 等加以区别，如 R1E、R2F 等。

Ia 和 Ib 型的金属双核，利用 O_2 或 H_2O_2 引发自由基反应，将自身和附近的酪氨酸氧化，形成 M^{III}-M^{III}-$Tyr^{\cdot}$ 的耦合结构 (M 表示 Fe、Mn)，然后自由基长程转移至半胱氨酸，形成 $Cys^{\cdot}$ 自由基，最终将核苷酸还原成脱氧核苷酸 [38]。酶在催化过程中会形成许多个不同的氧化状态或阶段。以 Ia 为例，R2 蛋白的初始还原态 (Fe^{II}-Fe^{II}-Tyr)，与分子氧结合的氧合态 (Fe^{III}-O_2-Fe^{III}-Tyr) 和过氧态 (Fe^{III}-μ-1,2-peroxo-Fe^{III}-Tyr，金属离子通过两个氧桥连接)，高价态 (Fe^{IV}-μ-O-Fe^{IV}-Tyr)，与水结合形成混合高价态 (Fe^{III}-Fe^{IV}-Tyr)，全活跃态 (Fe^{III}-Fe^{III}-$Tyr^{\cdot}$)，半稳态 (Fe^{III}-Fe^{III}-Tyr-$Cys^{\cdot}$，自由基长程转移)，混合低价态 (Fe^{II}-Fe^{III}-Tyr-$Cys^{\cdot}$)，将水释放后回到初始还原态，等待再进入下一个催化循环。

Ib 型的催化过程尚存在争议，中间大致过程是初始还原态 (Mn^{II}-Mn^{II}-Tyr) 与 H_2O_2 或 HO_2^- 结合后形成过氧态 (Mn^{III}-Mn^{III}-Tyr，含过氧桥或羟过氧桥)，氧化成 Mn^{IV}-Mn^{IV}-Tyr 或 Mn^{III}-Mn^{IV}-Tyr，转变成全活跃态 (Mn^{III}-Mn^{III}-$Tyr^{\cdot}$)，自由基长程转移 (Mn^{III}-Mn^{III}-Tyr-$Cys^{\cdot}$)，将水释放而回到初始还原态。全活跃态 (Mn^{III}-Mn^{III}-$Tyr^{\cdot}$) 的 EPR 研究，参考图 4.5.12，或详见文献 [157]。

Ic 型的催化过程没有酪氨酸自由基的参与，大致中间过程是初始还原态 (Fe^{II}-Mn^{II})，氧合后的活跃态 (Fe^{III}-Mn^{IV})，与底物核苷酸结合后致 R1 蛋白的 Cys_{672} 被氧化成 $Cys^{\cdot}$ 自由基 (Fe^{III}-Mn^{III}-$Cys^{\cdot}$)，接着邻近的另外两个半胱氨酸发生氧化并伴随产物的释放，经还原后回到还原态。

全活跃态 M^{III}-M^{III}-$Tyr^{\cdot}$-Cys 发生自由基转移后，转变成 M^{III}-M^{III}-Tyr-$Cys^{\cdot}$。$Cys^{\cdot}$ 是不稳定的瞬态自由基，容易从底物夺氢而还原，并形成新的自由基，如图 8.2.23(b) 所示的 3′-C 中心的核糖自由基。$Cys^{\cdot}$、2′-和 3′-C 中心的核糖自由基等寿命非常短，因此它们与 $Tyr^{\cdot}$ 间的关联，难以直接研究，需另寻办法。实验上，人们合成能被核苷酸还原酶还原的底物类似物 2′-叠氮-2′-脱氧尿苷-5′-二磷酸 (2′-azido-2′-deoxyuridine-5′-diphosphate，N_3UDP)，它能与酶活中心结合，并被还原成稳定的氮中心自由基 (R-S-$N^{\cdot}$-C-OH)，电子-电子双共振实验揭示 $Tyr^{\cdot}$ 与

N˙-N_3UDP 间距 ~35 Å [158−160]。同样地，R2F 蛋白中两个 Tyr˙ 间距 ~32.5 Å，见图 5.4.15 [161]。

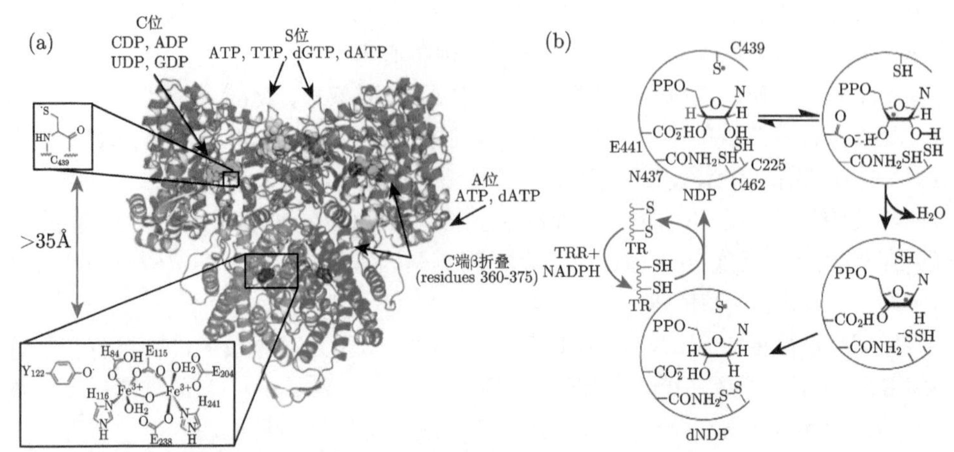

图 8.2.23　(a) 大肠杆菌 Ia 型核苷酸还原酶异四聚体 $\alpha_2\beta_2$ 的嵌合模型。大亚基 α_2 二聚体有三个特殊部位，分别是别构效应的 A 位 (allosteric activity site)，别构特异性的 S 位 (allosteric specificity site)，将底物催化的 C 位 (catalytic site)。双核中心铁的结构参考图 4.5.12 和图 8.2.8(a)。(b) R2 蛋白催化核糖核苷酸还原成脱氧核糖核苷酸的循环过程。TR，硫氧还蛋白 (thioredoxin)；TRR，硫氧还蛋白还原酶 (thioredoxin reductase，TTR)。图例引自文献 [9]，作编排改动

至此，核苷酸还原酶的催化机理，已基本被阐明。在 Ia 型的催化过程中，小亚基的双核铁 (或双核锰) 利用分子氧氧化其自身和邻近酪氨酸，并形成 Tyr˙。Tyr˙ 经由一系列由氢键连接成一个整体的氨基酸残基链，转移到 35 Å 以外的、位于大亚基上的半胱氨酸，将其氧化成 Cys˙。Cys˙ 自由基再去拨核糖的 3′-H，先形成 3′-C 中心的核糖自由基，再异构成 2′-C 中心的核糖自由基，后者再从邻近的两个半胱氨酸夺取质子而还原。所形成的二硫键，随后被还原成两个巯基。在此过程中，I、Ⅱ 型的最终电子供体是 NADPH，电子传递还需硫氧还蛋白 (thioredoxin，TR)、硫氧还蛋白还原酶 (thioredoxin reductase，TTR) 或谷氨酰还原酶 (又谷氧还蛋白，glutaredoxin) 等蛋白的参与；Ⅲ 型以甲酸 (E_m = −420 mV) 为还原剂 [7−9, 38]。

8.2.4　含镍、钴的金属蛋白

在地球上刚出现生命的时候，原始大气富含甲烷、氨、硫化氢、氢气等含氢化合物，属还原性气氛。在那个时期，古细菌、细菌等微生物利用还原电势较低的镍和钴 ($M^{+2/+1}$，E_m = −700～ −500 mV)，完成生长代谢所需的碳源、能量等。在氧气出现以后，尤其是在大氧化事件 (great oxygenation event) 之后，这些

微生物逐渐利用氧还电势更高的、分布更广泛的铁、铜、锰等依赖氧气的金属元素。时至今日，在生物体内继续发挥生理功能的含镍和钴的蛋白种类，数量稀少。因此，镍蛋白和钴蛋白，主要是生物进化的残余物。比如，广泛分布的镍酶只剩下脲酶 (urease)，其余主要分布于古细菌和细菌中，而含钴的蛋白仅有以维生素 B_{12} 及其衍生物为辅基的一类蛋白 [162−164]。有些钴模型化合物，可用来作载氧蛋白的仿生研究。这些化合物与氧气结合时，因钴的低还原电势，易发生 Co^{II}-O_2 向 Co^{III}-$O_2^{-\cdot}$ 的变化，体现在各自特征的 EPR 谱中 [55, 130−132, 149, 165]，以及参考图 8.2.20(f) 中。

镍的稳定化合价是 +2 价，呈 Lewis 酸，易形成 +2/+1 价和 +3/+2 价氧还对 [166]，其他化合价有 −1 价、0 价、+4 价等 (表 7.1.6)。在水溶液中，$Ni^{+2/+1}$ 的氧还电势 $E_m \approx -700 \sim -600$ mV，甲基镍 $Ni^{+3/+2}$ 的 $E_m \geqslant 0$ mV，即 Ni^{1+} 和 Ni^{3+} 易发生氧化或还原而非常不稳定。其中，Ni^{1+}、Ni^{3+} 是顺磁性，详见 4.2.3 节。实验上，人们还用同位素 ^{61}Ni($I = 3/2$，1.14%) 以示踪特征的超精细分裂 [167, 168]。Ni^{2+} 一般情况下呈抗磁性，只有在部分四面体场中才会呈高自旋，参考 7.1 节和 7.2 节。在镍配位物中，镍离子发生价态变化时会伴随着几何结构的改变，如 $Ni^{2+} \rightarrow Ni^{1+}$ 和 $Ni^{1+} \rightarrow Ni^{3+}$ 的不同几何结构和电子结构 [166]。然而，在甲基-S 辅酶 M 还原酶和 [NiFe]-氢化酶中，镍离子价态的变化是否伴随着几何结构变化，目前尚存争议。在众多金属蛋白和金属酶中，用 EPR 来研究金属离子与配体或底物 (^{14}N、^{17}O、^{33}S) 的有规结合，在镍酶中最为明显，这可用于对配体作原子级别的有规定位。在镍配合物中，$Ni^{+3/+1}$ 与卤素、氮等配体的超精细结构，也非常明显 [169, 170]。其次，是铜、铁与这些磁性配体的超精细分裂。

含镍的金属蛋白或金属酶，以下简称镍蛋白或镍酶。它们都是在还原条件下发挥生理功能，这与地球早期大气中富含 H_2、CO、H_2S、甲烷等还原性气体有关。随着大氧化进程，生物镍循环迅速下降，截至目前，人们仅发现 9 种镍酶 (表 8.2.6)。它们主要分布于古细菌和细菌中 (脲酶还分布于真菌和植物中)，无一分布于哺乳动物中 [163]。这些微生物一般分布于无氧的环境如淤泥、偶蹄目动物的胃、肠等消化系统中。根据镍离子的化学活性，镍蛋白被分成氧化还原酶 (共 5 个)、水解酶 (共 4 个) 和非氧还活性的镍蛋白等三类。根据金属离子的数量和种类，镍酶又分为：单核镍酶 (4 个)，如 Ni-SOD、乙二醛酶 (glyoxylase I)、顺式还原酮双加氧酶 (acireductone dioxygenase)、甲基-S 辅酶 M 还原酶 (methyl-CoM reductase，MCR)；双核镍酶，仅脲酶；双异核酶，仅有 [NiFe]-氢化酶；异多核酶 (3 个)，如乙酰-辅酶 A 脱羧酶/合酶 (acetyl-CoA decarbonylase/synthase)、乳酸消旋酶 (lactate racemase)、[NiFe]-CO 脱氢酶 ([NiFe]-carbon monoxide dehydrogenase)。在三个单核的水解酶中，Ni^{2+}呈抗磁性，可被 Fe^{2+}、Zn^{2+}等取代而失去活性。脲酶中两个 Ni^{2+}均呈高自旋，反铁磁耦合，经抑制剂 β-巯基乙醇处理后所

得的交换耦合常数 $J=-40\ \mathrm{cm}^{-1}$，这意味第一、二激发态都不可能被 EPR 所探测 [162]。

表 8.2.6　镍酶种类和催化的化学反应，参考文献 [162,163]

镍酶	镍酶活性中心	反应方程式
水解酶		
乳酸消旋酶	单核	L-乳酸 $\longleftrightarrow$ D–乳酸
乙二醛酶	单核	CH_3-CO-C(OH)-SG $\longrightarrow$ CH_3-CH(OH)-CO-SG
顺式还原酮双加氧酶	单核	
脲酶	[NiNi] 同核	尿素 + $H_2O \longrightarrow 2NH_3 + H_2CO_3$
氧化还原酶		
Ni-OD	单核	详见 8.2.1 节 2. 含非血红素的铁蛋白的超氧物歧化酶
甲基-S 辅酶 M 还原酶	单核	CH_3-S-CoM + CoBSH $\longleftrightarrow$ CH_4+ CoM-S-S-CoB
[NiFe]-氢化酶	[NiFe] 异核	$2H^+ + 2e^- \longleftrightarrow H_2$
[NiFe]-CO 脱氢酶	[$NiFe_4S_4$] 簇	$CO + H_2O \longleftrightarrow CO_2 + 2H^+ + 2e^-$
乙酰-S 辅酶 A 合酶	[$NiNiFe_4S_4$] 簇	CO + CH_3-Co-CFeSP + CoA $\longleftrightarrow$ CH_3-CO-SCoA + CFeSP

8.2.4.1　镍超氧化物歧化酶

镍超氧化物歧化酶 (Ni-SOD)，分布于细菌细胞质中，催化反应详见 8.2.1.2 节的 Fe-SOD 等，在此过程镍离子历经 $Ni^{2+} \leftrightarrow Ni^{3+}$的循环。Ni-SOD 是同六聚体，每个亚基长 117 个氨基酸，~13.4 kDa，每个亚基有一个镍活性中心 [46, 171–173]。氧化态 Ni-SOD 中 Ni^{3+} 形成棱锥形的五配位结构，如图 8.2.24 所示，四个平面配体是 $N_{\alpha1}$ (His_1)、$N_{\alpha2}$ 和 S (Cys_2)、S (Cys_6)，轴向的顶尖配体是咪唑环的 $N_{\delta1}$ (His_1)。还原态时，轴向上的 Ni—$N_{\delta1}$ 断裂，使 Ni^{2+} 呈一平面的四配位结构。氧化态时，$Ni^{Ⅲ}$-SOD 呈斜方对称 [46]，$g_x=2.306$、$g_y=2.232$、$g_z=2.016$，用 ^{61}Ni 示踪时得 $A_x=A_y=5$ G、$A_z=30$ G；轴向咪唑环 $^{14}N_{\delta1}$ 的 $A_x=16.2$ G、$A_y=17.7$ G、$A_z=24.6$ G，用 ^{15}N 示踪时得轴向咪唑环 $^{15}N_{\delta1}$ 的 $A_x=22.7$ G、$A_y=24.8$ G、$A_z=34.4$ G。用抑制剂 NaN_3 处理时，^{14}N 在 g_y 的超精细分裂亦得显现 [174]。

如图 8.2.24(a) 所示，Ni^{3+} 有三个 ^{14}N 配体，然而，EPR 谱只检测到一个 ^{14}N 原子的超精细结构，这表明电子基态是 $3d^1_{z^2}$ (若分布于在 $d_{x^2-y^2}$ 轨道，参考图 8.2.25)。以 g_y 为中心，有些模糊的超精细分裂，表明 Ni-$N_{\delta1}$ 并不垂直于 xy 平面，而是略偏向 y 方向，呈斜棱锥形，这与单晶结构四条不等长的棱边 ($N_{\delta1}$-S_2、4.0 Å，$N_{\delta1}$-S_6、3.7 Å，$N_{\delta1}$-$N_{\alpha1}$、3.0 Å，$N_{\delta1}$-$N_{\alpha2}$、2.9 Å) 相匹配，并且底的四条边长也不相等 (是 S_6-$N_{\alpha2}$、3.4 Å，S_6-S_2、3.2 Å，$N_{\alpha2}$-S_2、2.9 Å，$N_{\alpha2}$-$N_{\alpha1}$、2.7 Å)。

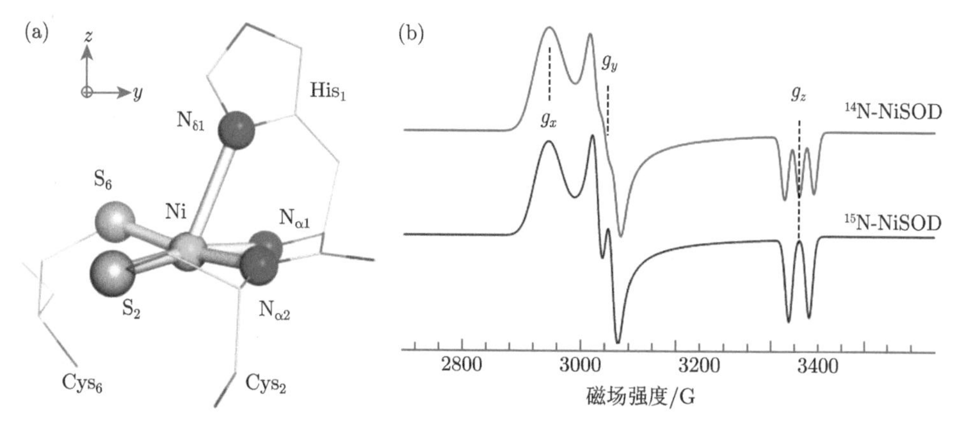

图 8.2.24 (a) 氧化态 Ni-SOD 中活性中心 Ni^{III} 的结构 (A，PDB 1q0d)，(b) 同位素标记的 ^{14}N-和 ^{15}N-Ni^{III}-SOD 的 9.5 GHz 模拟。模拟参数：9.5 GHz，$g_x = 2.306$、$g_y = 2.232$、$g_z = 2.016$；$^{14}N_{\delta1}$ 的 $A_x = 16.2$ G、$A_y = 17.7$ G、$A_z = 24.6$ G 或 $^{15}N_{\delta1}$ 的 $A_x = 22.7$ G、$A_y = 24.8$ G、$A_z = 34.4$ G。其余参数详见文献 [46, 173]，或对比 Ni-SOD 的配合物仿生研究 [175, 176]

8.2.4.2 甲基-S 辅酶 M 还原酶

甲基-S 辅酶 M 还原酶 (methyl-CoM reductase，MCR) 是一个分子量 ~300 kDa 的异六聚体 $(\alpha\beta\gamma)_2$，α、~65 kDa，β、~45 kDa，γ、~35 kDa，含两个非共价紧密结构的镍类卟吩大分子 (nikel porphinoid，或 hydrocorphin，氢化可吩)，是四吡咯大分子结构，四个吡咯 N 原子与镍离子配位成一平面结构 (图 8.2.25(a))。当镍离子是 +2 价时，可见光吸收谱的最大吸收波长 ~430 nm，故得名辅酶 F_{430} [177−179]。含四吡咯环状结构的四类生物有机大分子是 F_{430}、卟啉、叶绿素和维生素 B_{12} 等，它们的合成均有 5-氨基乙酰丙酸 (5-aminolevulinic acid) 参与。F_{430} 的生物合成途径，也被揭示 [180, 181]。

在 MCR 中，类卟吩镍离子的轴向配位分别是谷氨酰胺 (Gln_{147}) 和辅酶 CoM (coenzyme M，2-巯基乙基磺酸，2-mercaptoethanesulfonic acid)，形成一个六配位的八面晶体场。辅酶 CoM 与镍离子形成 2.4 Å 的 Ni—S_M 键，而辅酶 CoB(coenzyme B，7-巯基庚酰苏氨酸磷酸酯，7-mercaptoheptanoyl threonine phosphate) 的硫原子 S_B 位于 Ni—S_M 键的延长线上，硫原子 S_M 和 S_B 间距 ~ 6.3 Å (图 8.2.25(a))。催化时，MCR 从底物获得一个电子将 Ni^{2+} 还原成 Ni^{1+} 而被激活，然后用辅酶 CoB 将甲基 CoM(CH_3-S-CoM) 还原成 CH_4，形成二硫化物 CoM-S-S-CoB，如图 8.2.25(c) 所示。在 N,N-二甲基甲酰胺 (DMF) 中，Ni^{II}-F_{430}/Ni^{I}-F_{430} 和 Ni^{III}-F_{430}/Ni^{II}-F_{430} 的 E_m 分别是 −504 mV 和 +625 mV；水溶液中，Ni^{II}-F_{430}/Ni^{I}-F_{430} 的 E_m ~ −650 mV，结合至 MCR 后 E_m 因电荷相互作用还略有下

降 [182]。其中，Ni^{I}-F_{430} 呈轴对称，$g_{\parallel} = 2.2201$、$g_{\perp} = 2.0722$，四个吡咯 ^{14}N 的超精细耦合常数 $A_{14N} \sim 26$ MHz，谱图与图 8.2.25(b) 所示的 MCR_{red1} 模拟谱类似 [183−185]；Ni^{III}-F_{430} 也呈轴对称，$g_{\perp} = 2.221$、$g_{\parallel} = 2.020$[186]。

甲烷杆菌科微生物是厌氧生物，MCR 分离和纯化需在无氧条件下进行。在实验过程中，人们发现分离得到的 MCR 有两种不同的电子状态，然后根据如图 8.2.25(b) 所示的 EPR 谱图而被称为 MCR_{red1} 和 MCR_{ox1}[182]。比如，甲烷热杆菌 (*Methanothermobacter marburgensis*) 先在混合气氛 H_2/CO (H_2、80%, CO、20%) 下培养，① 收集前用纯 H_2 (100%) 活化处理 ∼5 min，分离得到的酶根据 EPR 特征命名为 MCR_{red1}，镍离子是 +1 价，有催化活性，若 H_2 长时间持续处理则分离得到 MCR_{red2}；② 收集前混合气氛 (N_2、80%, CO、20%) 处理，分离得到的酶根据 EPR 特征而命名为 MCR_{ox1}，没有催化活性。这是因为 HS-CoM 与 HS-CoB 容易发生氧化，氧化还原对 (CoM-S-S-CoB)/(HS-CoM+HS-CoB) 的 $E_m \sim -140$ mV，造成细菌细胞内 CH_3-S-CoM、HS-CoM、HS-CoB 和 CoM-S-S-CoB 四种反应物的累积状况受到 H_2 或 CO 预处理的不同影响。单独 H_2 处理，有利于形成 HS-CoM 和 HS-CoB，不利于 CH_3-S-CoM 的再生，CoM-S-S-CoB 几乎没有累积；反之，单独 CO 处理时，有利于 CoM-S-S-CoB 的积累，这以牺牲前体 HS-CoM 与 HS-CoB 为代价。因此，CH_3-S-CoM、HS-CoM 和 HS-CoB 三者的积累状况和氧化状态，影响到它们在酶活性中心附近的分布和反应进程 (图 8.2.25(a)、(c))。无活性的 MCR_{ox1}，经柠檬酸三钛 (中性时 $E_m \sim -500$ mV，碱性会降至 $E_m \sim -800$ mV) 和 HS-CoM 一起处理后转变成全酶活的 MCR_{red1}；MCR_{red2} 用 Na_2SO_3 处理则变成 MCR_{ox2}、MCR_{ox3}，后者无法用柠檬酸三钛还原成 MCR_{red1}。培养细胞若未经 H_2 或混合气氛预处理，直接分离所得的 MCR 没有活性，Ni^{2+} 呈 $S = 1$ 的 EPR 沉默态。

MCR_{red1} 和 MCR_{ox1} 的 EPR 研究文献比较多,若暴露于有氧气氛时 MCR_{red1} 和 MCR_{ox1} 的 EPR 信号会迅速淬灭。如图 8.2.25(b) 所示，MCR_{red1} 和 MCR_{ox1} 的 $g_{\parallel}$ 均具有 4 个吡咯氮原子造成的 9 重超精细分裂，这表明未配对电子占据 $3d_{x^2-y^2}$ 轨道 (若分布于 $3d_{z^2}$，参考上文的 Ni-SOD 和图 8.2.24)。MCR_{red1} 与还原态离体 Ni^{I}-F_{430} 的 EPR 谱相似，基态都是 $3d^1_{x^2-y^2}$ 组态 [187]。然而，MCR_{ox1} 的 $g_{\perp}$、$g_{\parallel}$ 均同样具有 9 重超精细分裂峰，这使人们对其中镍离子的价态，存在争议。① 如果是 Ni^{1+}，那么 MCR_{red1} 的 EPR 谱图为何显著别于 Ni^{I}-F_{430}，且还需要用强还原剂 Ti^{3+} 来还原和激活？② 如果是 Ni^{3+}，虽然三个 g_i 主值 (2.1527、2.1678、2.2312) 可满足 $3d^1_{x^2-y^2}$ 组态的 Ni^{3+} ($3d^7$)，但是轴向配体 O (Gln_{147}) 和 S (—S—CoM) 均不会引起 $g_{\parallel}$ 的超精细分裂。③ MCR_{ox1} 和离体 Ni^{II}-F_{430} 具有相同的特征低温磁圆二色谱 (magnetic circular dichroism，MCD)，这却证明了镍离子是 +2 价，那 MCR_{ox1} 比 MCR_{red1} 高 1∼3 个电子的氧化状态又从何而来，又

如何解释 Ti^{3+} 的滴定还原？因此，相关研究人员倾向于 MCR_{ox1} 中高自旋 Ni^{2+} 与巯基自由基 RS˙ 反铁磁耦合，形成一个类 $Ni^{Ⅲ}$ 的复合结构 $\left[Ni^{Ⅱ}\text{-RS}^{\cdot}\right]$(参考本章其他过渡离子的氧合结构)，并推测 RS˙ 并不一定与镍离子直接配位，而是可能连接在如 c-吡咯环的氮原子 $N_{Ⅲ}$[197]。

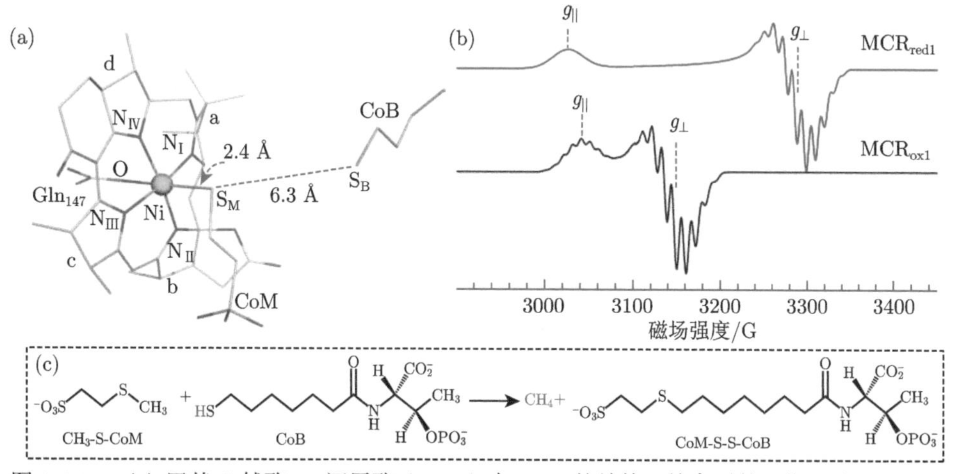

图 8.2.25 (a) 甲基-S 辅酶 M 还原酶 (MCR) 中 F_{430} 的结构，镍离子的配位，以及 CoM、CoB 的分布 (PDB 5a0y)，(b) MCR_{red1} 和 MCR_{ox1} 的 9.5 GHz 模拟谱，(c) 酶催化的反应。模拟参数：MCR_{red1}，$g_x = 2.058$、$g_y = 2.065$、$g_z = 2.242$，四个 ^{14}N 的 $A_{iso} = 30$ MHz；MCR_{ox1}，$g_x = 2.1527$、$g_y = 2.1678$、$g_z = 2.2312$，四个 ^{14}N 的 $A_x = A_y = 30$ MHz、$A_z = 27$ MHz。其中，MCR_{ox1} 的 g_x 和 g_y 差异，在 X-波段时不一定能被分辨，且不同菌源 MCR_{red1} 和 MCR_{ox1} 的 EPR 参数略有差异 [187−190]。四个吡咯氮原子的超精细分裂，可对比同为 $3d^1_{x^2-y^2}$ 基态的 Cu、Co 卟啉或类卟啉的文献 [191-195]，并参考 8.2.7 节。MCR_{ox1} 的谱图，还可进一步与 $Fe^{I}P_4$ 配合物作对比 [196]

当人们用甲基化试剂碘甲烷 (CH_3I) 来探讨 MCR_{red1} 催化机理时 [198, 199]，

$$\left[Ni^{I}(F_{430})\right] + CH_3I \longrightarrow \left[CH_3\text{-}Ni^{Ⅲ}(F_{430})\right]^+ + I^-$$

却发现甲基化后，MCR_{Me} (Me 表示甲基化) 的 $Ni^{Ⅲ}$ 也是 $3d^1_{x^2-y^2}$ 基态，具有与 MCR_{red1} 中 Ni^{I} 相似的特征，$g_{\|} = 2.212$、$g_{\perp} = 2.101$，如图 8.2.26(a) 所示。当底物存在时，MCR_{Me} 又可再生成 MCR_{red1}，这使得镍离子电子状态的归属变得愈加扑朔迷离。为解释这个现象，人们提出了如图 8.2.26(b) 所示的分子轨道。碘甲烷分解所形成的亲核试剂 CH_3^+ 阳离子，有一个空的轨道 sp^n (n 表示未知的轨道杂化程度，若不配位则是 p_z 轨道)。当 CH_3^+ 从轴向与 Ni^{1+} 配位时，sp^n 与 d_{z^2} 相互作用：在成键轨道中，镍离子的一对 $d^2_{z^2}$ 电子流向 CH_3^+，等效于 Ni^{1+} 被氧化成 Ni^{3+}，这与 Ni^{1+} 镍较低的还原电势有关；反键轨道没有电子占据，xy 平面上的 $3d^1_{x^2-y^2}$ 并未受到影响 [198, 199]。如图 8.2.26(a) 所示，MCR_{Me} 的 $g_{\perp}$ 略大于

MCR_{red1}，且 4 个氮原子引起的超精细分裂模糊不清，表明 Ni^{III} 沿轴向的 Ni—C 键凸出四吡咯平面形成锥形结构，弱化了晶体场分裂能 (参考 8.2.1.1 节的卟啉铁离子)。这既使 Ni^{III} 在 xy 平面所处的晶体场变弱 (即 $g_{\perp}$ 增大)，又降低了吡咯氮原子所携带的自旋密度 (即 A_{14N} 变小)；z 轴向的 Ni—C 键略比 Ni—S 键强，造成 MCR_{Me} 的 $g_{\parallel}$ 略小于 MCR_{red1}。这些变化并不影响 MCR_{Me} 在有底物情况下再生成 MCR_{red1}。类似地，还有下文 [NiFe]-氢化酶的 Ni-L 态。

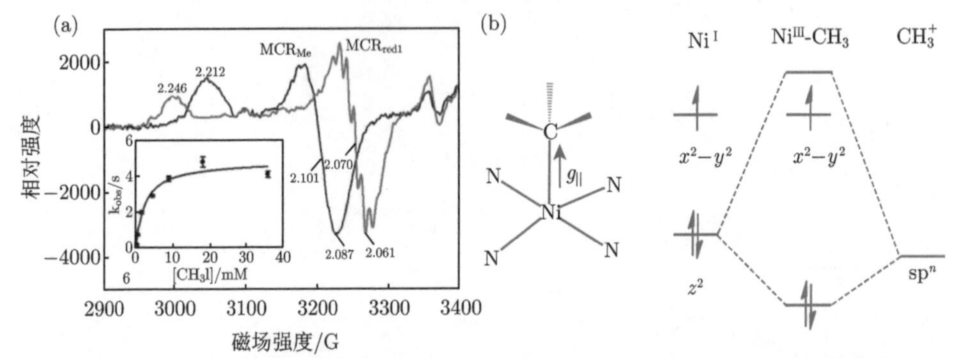

图 8.2.26 (a) 甲基-S 辅酶 M 还原酶 (MCR_{red1}) 甲基化前、后的 EPR 谱，插图是碘甲烷的浓度相关性；(b) MCR_{Me} (即甲基化的 MCR_{red1}) 中 Ni^{I} 与甲基配位后形成的拟 Ni^{III} 的分子轨道。图例引自文献 [198]，图 (b) 还可参考 [NiFe]-氢化酶的 Ni-L 态 [200]。Ni^{I} 和 CH_3^+ 生成 $Ni^{III}CH_3$ 的反应，还可参考文献 [97]

8.2.4.3 [NiFe]-氢化酶

氢化酶 (hydrogenase) 是一个家族蛋白 [73, 81]。根据酶活性中心，分为 [Fe]-、[FeFe]-、[NiFe]-氢化酶三类，主要分布于古细菌、细菌中，有些 [FeFe]-氢化酶分布于绿藻中，[Fe]-氢化酶只分布于产甲烷菌中。根据溶解性，又分为常规的、水溶性的和膜结合的氢化酶 (membrane-bound hydrogenaes，MBH) 三种，蛋白亚基数量的变化较大。[FeFe]-和 [NiFe]-氢化酶均含有三个以上的铁硫簇，如图 8.2.9(b) 和图 8.2.27(a) 所示 [73, 74, 81]。氢化酶催化着自然界里最简单双原子分子——H_2 分解成质子和电子的可逆反应，

$$H_2 \left(\rightleftharpoons H^- + H^+ \right) \rightleftharpoons 2H^+ + 2e^-$$

逆反应所需的还原电子由铁氧还蛋白或 NADH/NADPH 提供 (图 8.2.9(b))。随着反应的进行，pH 会下降，从而造成 H_2 由均裂转变成异裂，如括号内所注，并已被同位素示踪实验所证实，$H_2 + D_2 \rightleftharpoons$ ODH + HDO。在脂肪酸、芳香酸等发酵降解中，微生物利用 H_2 分解而形成的跨膜质子梯度，供生长所需。有些氢化酶是双功能酶，既可吸氢，也可放氢 (H_2-uptake & -producing enzyme)。在

三种氢化酶中，[NiFe]-氢化酶氧化能力强、产氢弱，而 [FeFe]-氢化酶产氢能力最强。[FeFe]-氢化酶的亚基数量和所包含的铁硫簇数量与种类，随着物种来源而发生较大变化，但均含有一个冠名为 H-簇 (H-cluster) 的 [Fe_4S_4] 酶活中心。除了这些氢化酶，自然界中另外一个放氢反应是植物根瘤菌的固氮反应，见下文。

脱硫弧菌 (*Desulfovibrio vulgaris*)[NiFe]-氢化酶和 [FeFe]-氢化酶的三维结构及铁硫簇的分布，如图 8.2.27(a) 所示，铁硫簇数量少于图 8.2.9(b) 所示的巴斯德芽孢梭菌 [FeFe]-氢化酶。[NiFe]-氢化酶的最小活性单元是由大 (60 kDa)、小 (30 kDa) 两个亚基构成，结构相对稳定。异双核 NiFe 中，镍离子承担着主要的氧化还原反应；Fe^{II} 离子与三个强场配体 (2CN、CO) 配位，在酶催化过程中一起处于 $S=0$ 的抗磁性基态，根据自旋禁阻原理，这有利于它与底物 H_2 的结合 (参考本节引言部分)。镍与铁离子间除了两个硫桥外，还有一个随着催化进程而不断变化的 Ni-X-Fe (X 表示该位置的原子或基团随着催化进程而变，如表 8.2.7 所列)。催化过程中，脱硫弧菌 [NiFe]-氢化酶具有四个特征的顺磁中间态，分别是 Ni-A、Ni-B、Ni-C、Ni-L (图 8.2.27(c))。它们的特征 EPR 如图 8.2.27(b) 所示，主值 g 因子、^{61}Ni 的超精细耦合常数等参数列于表 8.2.7 中 [73]。在 Ni-A、Ni-B 和 Ni-C 三个中间态中，镍离子最小的 g_i 比较接近于 g_e，且均沿着 z 轴，说明 Ni^{III} 的基态是 $3d_{z^2}^1$ 组态；^{61}Ni 超精细结构均以高场的 g_z 为中心，四重分裂。在 Ni-L 态中间态中，^{61}Ni 超精细分裂以低场的 g_i 为中心，因此有人认为它是 $3d_{x^2-y^2}^1$ 基态的 Ni^{I}[73]。也有人认为，Ni-L 态中镍离子依然是 +3 价，低场以 g_i 为中心的 ^{61}Ni 超精细分裂应该源自于 $3d_{x^2-y^2}^1$ 基态的 Ni^{III}，相关分子轨道可参考图 8.2.26(b) 或文献 [200]。

表 8.2.7 ^{61}Ni 标记的脱硫弧菌 [NiFe]-氢化酶特征 EPR 参数，摘自文献 [73]
*** 号表示 Ni-L1/L2 含 Ni^{I} 时，g_x 与 g_z、A_x 与 A_z 存在对调的可能性**

中间态	Ni-X-Fe 桥的结构	g_x、g_y、g_z	A_x、A_y、A_z/MHz
Ni-A	Ni^{III}-OOH/OH-Fe^{II}	2.316、2.233、2.012	33.2、40.7、73.5
Ni-B	Ni^{III}-OH-Fe^{II}	2.332、2.161、2.011	47.5、36.3、70.6
Ni-C	Ni^{III}-H^--Fe^{II}	2.198、2.142、2.012	7.70、0.00、74.3
Ni-L1	Ni^{III} Fe^{II}	2.046、2.118、2.296(*)	21.4、28.0、54.6(*)
Ni-L2	Ni^{III} Fe^{II}	2.045、2.116、2.298(*)	—

在 [FeFe]-氢化酶中，FeFe 双核与 H-簇 $[Fe_4S_4]_H$ 共用一个由半胱氨酸提供的 μ_2-硫桥，形成一个 [Fe_4S_4]-FeFe 复合结构 (图 8.2.9(b) 和图 8.2.27(a))。这个复合体在催化过程中的氧还变化，如图 8.2.27(d) 所示 [73, 74, 81]。在大气条件下分离时，[FeFe]-氢化酶形成过氧化的氧化状态 $[Fe_4S_4]^{2+}$-$Fe^{II}Fe^{II}$，呈抗磁性，需一个电子把 H-簇还原，变成一个过渡态 $[Fe_4S_4]^{1+}$-$Fe^{II}Fe^{II}$ (用 H_{trans} 表示)，$[Fe_4S_4]^{1+}$ 的

主值 g 因子是 2.06、1.96、1.89。过渡态 H_{trans} 可转变成氧化态 $[Fe_4S_4]^{2+}$ -$Fe_p^{I}Fe_d^{II}$，称为 H_{ox} 态，此时双核铁呈混合价态，特征 g 因子是 2.10、2.04、2.00；若用 CO 抑制 H-簇活性时，H_{ox} 转变成 H_{ox}-CO 态，$Fe^{I}Fe^{II}$ 的特征 g 因子是 2.05、2.01、2.01，轴对称。H_{ox} 态须继续还原才能转变成全活性状态 $[Fe_4S_4]^{2+}$ -$Fe_p^{I}Fe_d^{I}$，呈抗磁性，称为 H_{red}。H_{red} 再继续还原时，变成 $[Fe_4S_4]^{1+}$ -$Fe_p^{I}Fe_d^{I}$，呈经典的 $[Fe_4S_4]^{1+}$，特征 g 因子是 2.08、1.94、1.87。[NiFe]-氢化酶中铁离子并不因为和强场配体 CN、CO 配位而处于低自旋，这有利于产物 H_2 的释放，而 [NiFe]-氢化酶中抗磁性的 Fe^{II} 离子有利于底物 H_2 的结合并被氧化。

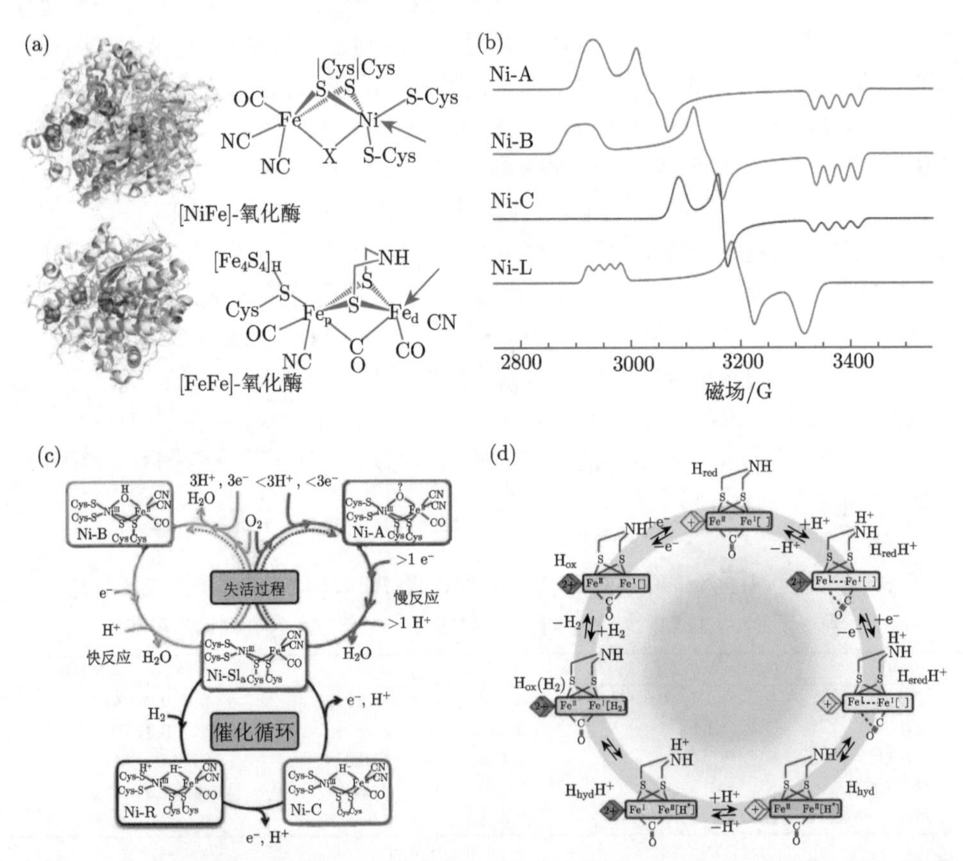

图 8.2.27　(a) 脱硫弧菌 [NiFe]-氢化酶 (PDB 1wuj) 和 [FeFe]-氢化酶 (PDB 1hfe) 的三维结构和活性中心 NiFe 双核、FeFe 双核的几何结构，箭头示意 H_2 结合或释放的部位。(b) 催化过程中，^{61}Ni 示踪的 [NiFe]-氢化酶所形成的四个顺磁性中间态的 9.5 GHz 模拟谱，参数见表 8.2.7。(c) [NiFe]-氢化酶和 (d) [FeFe]-氢化酶的可能催化机理。图 (d) 中，菱形表示 H 簇及其化合价，然后依次是 Fe_p、Fe_d。W. Lubitz 教授和绪方英明博士 (Hideaki Ogata，日本北海道大学) 对此图例的解释给予帮助，特此感谢

[NiFe]-氢化酶和 [FeFe]-氢化酶的双核活性中心，均有强场配位如—CN、—CO 等双原子基团。这些双原子基团的特征红外吸收峰，同样能灵敏地反映着 NiFe、FeFe 双核氧化还原状态与配位的变化，尤其是那些抗磁性的中间态。在众多酶中，也只有在 [NiFe]-/[FeFe]-氢化酶、乙酰辅酶 A 合酶 (下文) 等镍酶的研究中，FTIR 与 EPR 才能呈现出如此难得的双剑合璧、交相辉映的联合应用 [73, 74, 81]。

8.2.4.4 [NiFe]-CO 脱氢酶

在自然界中，有些古细菌和细菌能利用 CO 作为碳源，满足生长需要 [201−203]。根据活性中心和分布，一氧化碳脱氢酶 (CO dehydrogenase，CODH) 分为在无氧环境中分布的 NiFe-CODH 和有氧环境中分布的 MoCu-CODH 等两种。NiFe-CODH 又分成单功能酶 (即 NiFe-CODH) 和双功能酶 (即一氧化碳脱氢酶/乙酰辅酶 A 合酶)。本节只讨论 NiFe-CODH，双功能酶和 MoCu-CODH 在下文展开。

NiFe-CODH 是同源二聚体，对氧极其敏感。多肽链长约 636 个氨基酸残基，不同菌源最多能有 ~50 个氨基酸长度的变化。二聚体含有一个 D-簇、两个 B-簇、两个 C-簇五个铁硫簇 (图 8.2.28(a))，A-簇只分布于 NiFe-CODH 双功能酶，见图 8.2.29(b)。其中，B-C、B-D 间距分别是 11 Å 和 10 Å，C-C′ 间隔 ~33 Å，这表明两个 C-簇是相互独立的。结构上，B-簇与 D-簇都是经典的 $[Fe_4S_4]$ 立方烷结构，C-簇是 $[NiFe_4S_4]$，如图 8.2.28(b)、(c) 所示。D-簇位于两个亚基交界处，每个亚基各贡献两个半胱氨酸参与铁离子配位，它的氧还活性目前尚存争议 [201, 203]。B-簇与 D-簇是电子递体，氧化态是 $[Fe_4S_4]^{2+}$，B-簇的中点电势是 $E_m \sim -440$ mV，D-簇的 E_m 与 B-簇相当或略低，如 $E_m \sim -530$ mV。在体内，B-簇从铁氧还蛋白或丙酮酸铁氧还蛋白氧化还原酶接受电子，在体外可被甲基紫精或连二亚硫酸钠还原，变成顺磁性的还原态 $[Fe_4S_4]^{1+}$，特征 g_i 因子是 2.04、1.94、1.89 (表 8.2.8)[204, 205]。C-簇是酶活中心，如图 8.2.28(b) 所示。它由 $[NiFe_3S_4]$ 构成一立方烷结构，第四个铁离子悬挂于其外，整个结构是 Fe_4S_5Ni，类似于光系统 II 的锰簇 Mn_4O_5Ca (图 8.3.7)。习惯上，将镍离子从立方烷取出，与 Fe_1 形成一局部的 NiFe 双核，剩下的是一个 $[Fe_3S_4]$ 簇 (化合价是 $2Fe^{2+}$、Fe^{3+}、$4S^{2-}$)，如图 8.2.28(c) 所示。研究表明，底物结合和产物释放，均发生于以 NiFe 双核为中心的结构域。

在生理活动中，C-簇催化的可逆反应是 $CO + H_2O \rightleftharpoons CO_2 + 2e^- + 2H^+$。其中，逆反应所需的电子来自还原的铁氧还蛋白 Fd^{red} (参考图 8.3.17(a))，每个 Fd^{red} 可提供一个电子，共需两个 Fd^{red}[201, 203]。在 C-簇催化过程中，用光谱方法可区分至少四个特征的中间态，如图 8.2.28(c) 所示的 C_{ox}、C_{red1}、C_{red2} 和 C_{int}

等 [162]。反应底物的结合和产物的释放均发生于以 NiFe 双核为中心的区域，而 $[Fe_3S_4]^{1-}$ $(S=1/2)$ 鲜有变化 (图 8.2.28(d))。氧化态的 C-簇呈抗磁性 ($[Fe_3S_4]^{1-}$、$Ni^{II}Fe^{III}$)，称为 C_{ox}，存在氧还电势 E_m 高于−200 mV 的环境中；若 $E_m < -200$ mV，C_{ox} 发生单电子还原，转变成全酶活的 C_{red1}，顺磁性 ($[Fe_3S_4]^{1-}$、$Ni^{II}Fe^{II}$)，$S=1/2$；若两电子还原则变成 EPR 沉默的 C_{int} 态，三电子还原则变成顺磁性的 C_{red2} (表 8.2.8)。在 C_{ox} 和 C_{red2}，Ni^{2+} 均呈抗磁性，而 Fe_1 离子在得到还原电子后由 +3 价降为高自旋的 +2 价。C_{red1} 与中性底物分子 CO、H_2O 结合后变成 C_{red1}-CO 态 (图 8.2.28(d))，然后迅速将 CO 氧化成 CO_2 并释放，转变成 C_{red2}；在逆反应中，C_{red2} 与 CO_2 结合。CO 氧化过程所释放的两个电子，一个用于将 Ni^{2+} 还原成 Ni^{1+}，另外一个将一个未确定的配体还原。接着，C-簇在电子经 B-、D-簇传递给下游电子受体后，循环回到 C_{red1}。在此过程中，C_{red1} 中低自旋 $Ni^{2+}(3d^8)$ 与 CO 通过 π 键络合而配位 (CO 是具有电子授受键的强场配体)，Fe_1 与亲核分子 H_2O 结合易转变成羟桥或—OH 配位，最终形成如图 8.2.28(d) 所示的 C_{red1}-CO/CO_2 结构 [202]。用 CO 的竞争性抑制剂 CN^- 处理 C_{red1} 时，会形成失活的 C_{red1}-CN^- 状态，特征 g 因子参考表 8.2.8。

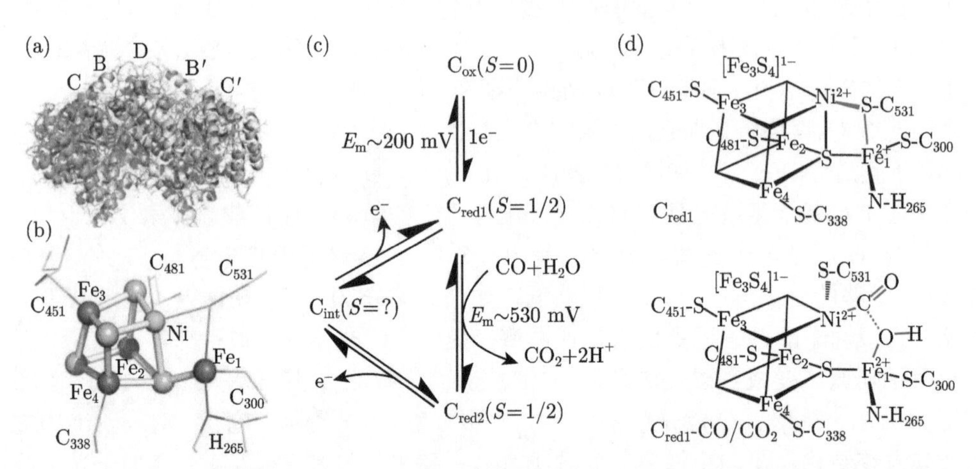

图 8.2.28　(a) 深红红螺菌 (*Rhodospirillum rubrum*) NiFe-CODH 的三维结构 (PDB 3jqk)，(b) C-簇的几何结构，(c)、(d) C-簇的催化机理和中间态 C_{red1} 和 C_{red1}-CO/CO_2 的可能结构

表 8.2.8　深红红螺菌 NiFe-CODH 催化过程中 C-簇和 B-簇的特征 EPR 参数 [201, 203, 206]

铁硫簇	E_m/mV	S	EPR (g_1, g_2, g_3)	可能价态
C_{ox}	−220	0	—	$Ni^{II}Fe^{III}$-$[Fe_3S_4]^{1-}$
C_{red1}		1/2	2.03、1.88、1.71	$Ni^{II}Fe^{II}$-$[Fe_3S_4]^{1-}$
C_{red2}	−530	1/2	1.97、1.87、1.75	$Ni^{I}Fe^{II}$-$[Fe_3S_4]^{1-}$

续表

铁硫簇	E_m/mV	S	EPR (g_1, g_2, g_3)	可能价态
C_{red1}-CN^-		1/2	1.87、1.78、1.55	$Ni^{II}Fe^{II}$-$[Fe_3S_4]^{1-}$
B_{red}	−440	1/2	2.04、1.94、1.89	$[Fe_4S_4]^{1+}$
A_{NiFeC}		1/2	2.08、2.07、2.03	$[Fe_4S_4]^{1+}$-$Ni^{I}Ni^{II}$

8.2.4.5 乙酰辅酶 A 合酶/一氧化碳脱氢酶

乙酰辅酶 A 是细胞内的碳源和能量物质，在物质和能量代谢中发挥着枢纽作用 (图 8.4.1)。含有单功能的乙酰辅酶 A 合酶或双功能的乙酰辅酶 A 合酶/一氧化碳脱氢酶 (acetyl-CoA synthase/CO dehydrogenase，ACS/CODH) 的厌氧微生物，能利用 CODH 的产物 CO、甲基钴啉铁硫蛋白 (或甲基化维生素 B_{12} 蛋白，methylated corrinoid iron-sulfur protein，CH_3-CoFeSP，PDB 2ycl，见 8.2.4.6 节) 的甲基、辅酶 A 等三种有机物，合成乙酰辅酶 A，满足细胞所需的碳源和能量物质，两步顺序反应是

$$\left.\begin{array}{l} CO_2 + 2H^+ + 2e^- \rightleftharpoons CO + H_2O \\ CO + CH_3\text{-}Co^{III}FeSP + CoA \rightleftharpoons CH_3\text{-}CO\text{-}CoA + Co^{I}FeSP \end{array}\right\}$$

这是一个逆柠檬酸循环 (图 8.4.1) 的过程，它以 CO_2 为碳源，合成乙酰辅酶 A，供微生物所需，如用于合成乙醇或甲烷等人们所关注的绿色能源产物。

根据活性中心构成、催化功能和蛋白组成，ACS/CODH 可分为三种 [201, 203]。最简单的 ACS/CODH 是四聚体 $\alpha_2\beta_2$，分子量 ~300 kDa，如图 8.2.29(a) 所示：β_2 二聚体即为上文的 CODH；α 亚基 (~82 kDa) 行使乙酰辅酶 A 合酶的功能，具有三个特征的结构域，两个 α 亚基中，一个处于开放而另一个处于关闭的互逆构象 [207]。最简单的单功能乙酰辅酶 A 合酶是仅由一条 α 亚基构成的单体 [208]。在 ACS/CODH 分子内部，有一长 ~133 Å 的疏水通道将七个铁硫簇 (2 个 A-簇、2 个 B-簇、2 个 C-簇和 1 个 D-簇) 连接起来；B-、C-、D-簇已在上一小节的 CODH 中展开，不再赘述。坐落于 α 亚基上的 A-簇，负责乙酰辅酶 A 的合成，含有一个标准的 $[Fe_4S_4]$ 与一个双核 Ni 组成的 $[Ni_pNi_d]$ 活性中心，即 α 亚基处于开放构象 (图 8.2.29(b))。其中，铁硫簇 $[Fe_4S_4]$ 近端的镍离子 Ni_p 分别与三个半胱氨酸的 S 原子配位，结构较为松散，易被 $3d^{10}$ 组态的 Zn^{2+}、Cu^{1+} 等取代。当 Ni_p 被 Zn 或 Cu 取代形成 $Zn_p^{II}Ni_d$ 或 $Cu_p^{I}Ni_d$ 时，即 α 亚基处于关闭构象，A-簇失去功能，这表明 Ni_p 是 ACS 进行催化反应的酶活中心，这与 [FeFe]-氢化酶中 Fe_d 是反应物结合部位的情况刚好相反 (图 8.2.27)。铁硫簇远端的镍离子 Ni_d (distal) 处于四配位 N_2S_2 的平面四边形结构，+2 价，低自旋，抗磁性，不具氧还活性。

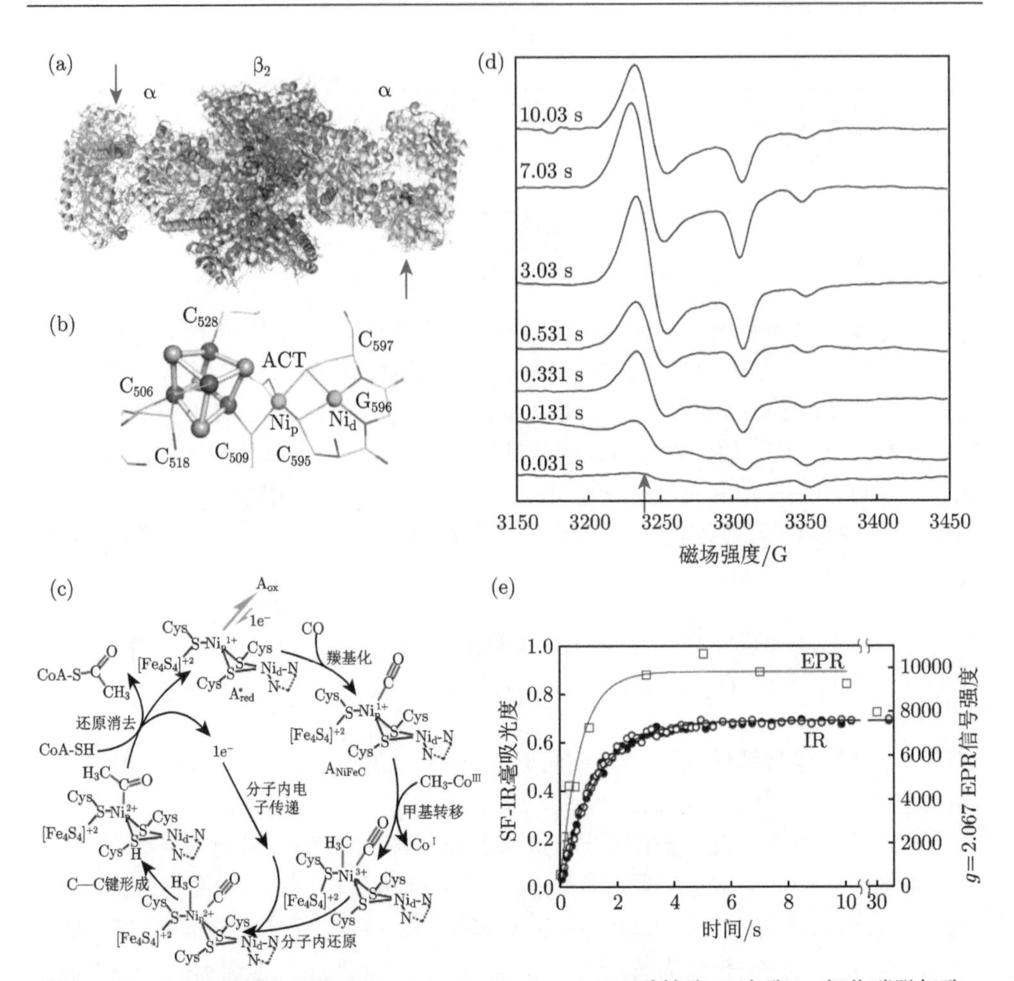

图 8.2.29　(a) 热醋穆尔氏菌 (*Moorella thermoacetica*) 乙酰辅酶 A 合酶/一氧化碳脱氢酶，箭头示意 A-簇位置；(b) A 簇 $[Fe_4S_4]$-Ni_pNi_d 的结构 (PDB 1oao)，ACT 是乙酸根配体；(c) A-簇的可能催化机理，远端的 Ni_d 默认为 +2 价，参考文献 [209]；(d) 快速冷冻捕捉的 EPR 的时间形成动力过程，箭头示意图 (e) 所用信号强度的磁场位置，9.38 GHz、100 K。(e) 时间分辨的与快速停流技术 (stop-flow technique) 相结合的红外光谱 (CO 的特征峰是 1994.7 cm^{-1}，实圈、空心圈表示两组独立实验) 和快速冷冻捕捉 EPR ($g = 2.067$，~3243 G，虚正方形)。图 (d)、(e) 由 S. W. Ragsdale 教授提供，特此感谢，参考文献 [210]。注：甲基 A_{NiFeC}、乙酰 A_{ox}、乙酰 A 簇等称谓，为本文便于描述而取

分离所得的酶，对氧气极其敏感，此时 A-簇处于氧化态 A_{ox}，$[Fe_4S_4]^{2+}$ $Ni_p^{II}Ni_d^{II}$，呈抗磁性，无氧还活性 [211]，$Ni^{II}Ni^{II}$ 双核的氧化还原活性可参考模型配合物 [170]。A_{ox} 需两电子还原 (如甲基紫精、柠檬酸三钛等处理) 后才转变成有酶活性的 A_{red}，$[Fe_4S_4]^{1+}$ $Ni_p^{I}Ni_d^{II}$，呈抗磁性 [212]。在如图 8.2.29(c) 所示的催化过程中 (另外一种

可能催化机理，请参考文献 [202])，A-簇不一定会被双电子还原成 A_{red}，而是被单电子还原成 A_{red}^{*} 态，然后用 CODH 的产物 CO 来引发羰基化反应，转变成 A_{NiFeC} 态；在体外，若底物 CO、还原剂和酶三者共浴时，A_{ox} 也能发生羰基化而转变成 A_{NiFeC} 态。A_{NiFcC} 态具有特征的谱图，主值 g 因子是 2.08、2.07、2.03 (图 8.2.29(d) 和表 8.2.8)，可能源自 $[Fe_4S_4]^{2+}$-Ni_p^{I}-CO 复合结构。该信号由 Ni_p^{I} (近端镍离子)、$[Fe_4S_4]^{2+}$、CO 和还原剂连二亚硫酸钠等一起诱导形成，故被称为 NiFeC 信号，也是目前已知的唯一来自正常 A-簇的 EPR 信号。羰基化反应的动力学过程，已被结合快速停流技术 (stop-flow technique) 的红外光谱和快速冷冻捕获的 EPR (rapid-freeze quench EPR) 所实时跟踪 (如图 8.2.29(e))，实验所得速率常数 ~1 Hz(红外 ~0.8 s^{-1}，EPR ~1.4 s^{-1})[202, 210]。接着，A_{NiFeC} 态从甲基钴啉铁硫蛋白夺取一个甲基，使 Ni_p^{I} 氧化成 Ni_p^{III} 并释放两个电子用于 Co^{III} 的还原，形成含 Ni_p^{III}-CH_3 的甲基 A_{NiFeC}。再接着，甲基 A_{NiFeC} 接受一个分子内部传递而来的电子，把 Ni_p^{III} 还原成 Ni_p^{II}，并催化甲基与 CO 形成 C—C 键，转变成乙酰 A_{ox} (或乙酰化 A-簇)。最后在辅酶 A 作用下，乙酰化 A-簇发生还原–消除反应，Ni_p^{II}—C 断裂所释放的两个电子，一个将 Ni_p^{II} 还原成 Ni_p^{I} 从而使酶循环回到 A_{red}^{*} 态，另一个在分子内传递给甲基 A_{NiFeC}，并释放产物乙酰辅酶 A。在此过程，Ni_p 先后形成 Ni_p^{III}—C 和 Ni_p^{II}—C 等两个镍—碳键。

8.2.4.6 以钴胺素或维生素 B_{12} 为辅基的钴蛋白

钴胺素 (cobalmin，Cbl) 及其衍生物，是钴元素作为辅基参与生理活动的结构基础。在自然界，只有古细菌和细菌才能合成钴胺素，供其他生物生理需要，工业上现在已经能大规模生产。钴胺素的主体结构钴胺酰胺 (cobamide，Cba)，是一个由四吡咯构成的有机大分子环状结构，称为钴啉或钴啉环 (corrin ring，切勿与钴卟啉相混淆)，结构如图 8.2.30(a) 所示。在钴啉环平面内，钴与四个吡咯氮配位，环平面上方的配体 R 可能是—CN、—CH_3、—OH 或 5′ 脱氧腺苷基等，下方是苯并咪唑的氮原子。从肝脏分离所得的钴啉环上有—CN 配体，称为维生素 B_{12} 或氰钴胺素 (cyanocobalmin，Cbl)；若与羟基配位，则称为羟基钴胺素。注：在体内并无与—CN 结合的钴胺素，而是在分离过程中形成的。

以钴胺素作为活性中心的酶主要有甲硫氨酸合酶 (methionine synthase)、谷氨酸变位酶 (glutamate mutase)、甲基丙二酰 CoA 变位酶 (methylmalonyl-CoA mutase)、核苷酸还原酶 Ⅱ 型、ATP-钴啉腺苷转移酶 (ATP: corrinoid adenosyl transferase) 等，参与的反应是：① 甲基或腺苷转移，② 细菌中的核糖还原成脱氧核糖，③ 分子内重排，如甲基丙二酰重排成琥珀酰等 [213, 214]。钴胺素以两种不同形式参与生理活动：① 直接以非蛋白结合的维生素 B_{12} 或羟基钴胺素，参与催化；② 以辅酶形式参与催化，配体 R 是 5′-脱氧腺苷基 (5′-脱氧腺苷钴胺素) 或甲基 (甲基钴胺素)。人工替代重组形成的含钴酶是 Co-SOD (8.2.2 节 2.T(Ⅱ) 型单核铜酶的 [CuZn]-SOD)、钴碳酸酐酶 (carbonic anhydrase)[165]、Co-HPCD (图 8.2.20(f)) 等。

钴的稳定化合价是 +2 价，$3d^7$ 构型 (表 7.1.6)，低自旋时具有 σ 自由基的倾向，易形成 +2/+1 和 +3/+2 氧还对 [166]。钴胺素及其衍生物中，$Co^{+2/+1}$ 的氧还电势 $E_m \approx -600 \sim -500$ mV，$Co^{+3/+2}$ 的 $E_m \sim 270$ mV，二者因易氧化或易还原而不稳定 [213, 215]。无活性的钴胺素，钴离子呈 +3 价，六配位，环平面下方的配体可能是苯并咪唑或水；单电子还原形成 +2 价时，钴离子先失去环上方的配体—R，转变成低自旋的五配位结构；再继续还原时，钴离去再失去环平面下方的配体，形成四配位的、具有活性的 Co^{1+}。Co^{1+} 是极强的亲核体 (supernucleophile)，可直接进攻 ATP。然而，$Co^{+2/+1}$ 的氧还电势远低于铁氧还蛋白 (~ -400 mV)、$FMNH_2$ 或 FADH(~ -200 mV) 等常见生物电子递体，因此，微生物是如何克服这个电势差的，仍然是个未解之谜 [216]。作为转移酶时，基团—R 是甲基-CH_3 或 5′-脱氧腺苷基 (图 8.2.30(a))，形成 C—Co 键，键能 ~110 kJ/mol，具有离子键的部分特征。比如，在亲核基团 Nu^-如 CoA-S^-作用下，甲基转移过程是

$$\text{CoA-S}^- + \text{CH}_3\text{-Co}^{\text{III}}\text{FeSP}+ \rightleftharpoons \text{CoA-S-COCH}_3 + \text{Co}^{\text{I}}\text{FeSP}$$

在自由基 $R^{\cdot}$ 进行下，甲基转移的反应式是

$$\text{R}^{\cdot} + \text{CH}_3\text{-Co}^{\text{III}}\text{FeSP} \longrightarrow \text{R-CH}_3 + \text{Co}^{\text{II}}\text{FeSP}$$

形成五配位的钴胺素。

钴胺素是单核中心，几何结构和电子结构都相对简单 [217]。图 8.2.30(b) 示意了甲硫氨酸合酶和钴啉铁硫蛋白中 $3d^1_{z^2}$ 基态 Co^{2+} 的模拟谱，对比图 4.3.8 的 $3d^1_{x^2-y^2}$ 基态。类似结构是钴卟啉高、低自旋 Co^{2+}，请参考文献 [218]。在甲硫氨酸合酶的 EPR 谱中，轴向 ^{14}N 的超精细结构非常清晰，而四个吡咯氮原子均没有被解析，这表明苯并咪唑上的 ^{14}N 从环平面下方与 Co^{2+} 成轴向配位 [132, 149, 215, 217, 219, 220]。钴啉铁硫蛋白的谱图则没有任何来自其他磁性核的超精细分裂，即 Co^{2+} 并不和环平面下方的苯并咪唑氮原子配位，这与单晶结构相一致；用 $H_2^{17}O$ 示踪时，^{17}O ($I = 5/2$) 超精细分裂则清晰可辨，即 Co^{2+} 环平面下方的配体换成了 ^{17}O (可能形式是 H_2O 或—OH)，这有利于 Co^{1+} 的形成 [132, 213, 215, 221, 222]。

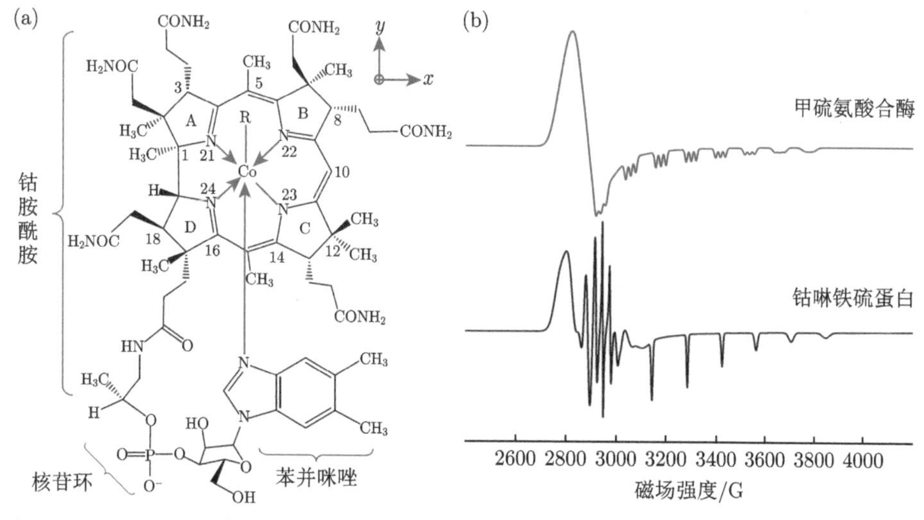

图 8.2.30 (a) 钴胺素的分子结构，衍生物是维生素 B_{12} (R：—CN)、羟基钴胺素 (R：—OH)、甲基钴胺素 (R：—CH_3)、5′-脱氧腺苷甲基钴胺素 (R：5′-脱氧腺苷基)。(b) 甲硫氨酸合酶和钴啉铁硫蛋白 (CoFeSP) 中低自旋的 $3d_{z^2}^1$ 基态 Co^{2+} 的 9.4 GHz 模拟，具体实验参数请参考正文所引文献

8.2.5 含钼、钨的金属蛋白

在众多的 $4d$ 和 $5d$ 过渡元素中，仅有铬族元素的钼、钨参与细胞生命活动。已知的钼蛋白有 50 余种，从原核生物到真核生物均有分布；钨蛋白只分布于古细菌和细菌等原核生物中 [223−225]。除了固氮酶，钼和钨离子的配体中有一至两个是蝶呤衍生物，故又称为钼蝶呤和钨蝶呤 (Mo-/W-MPT，metal-binding pterinene-1, 2-dithiolate，或 molybdopterin)，相应的酶称为钼蝶呤酶和钨蝶呤酶 (Mo-/W-MPT enzymes)。部分钼蝶呤酶家族的活性中心如图 8.2.31 所示，这些结构可近似成钼酸根或钨酸根衍生物。

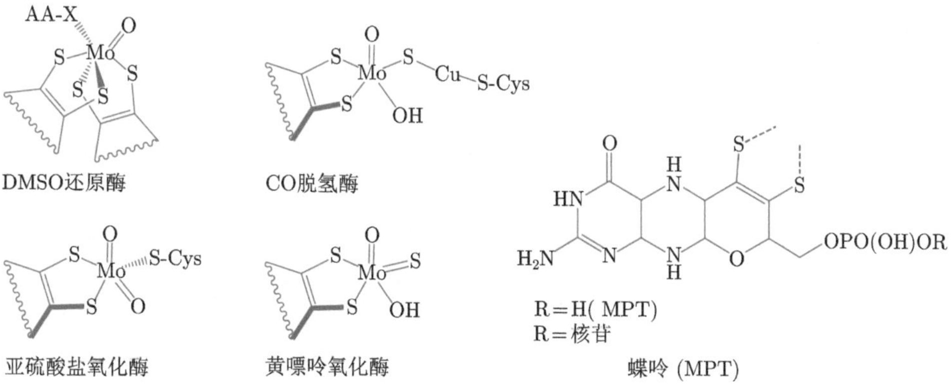

DMSO还原酶　CO脱氢酶　亚硫酸盐氧化酶　黄嘌呤氧化酶　蝶呤 (MPT)

R＝H(MPT)
R＝核苷

图 8.2.31 部分钼蝶呤酶钼活性中心和 MPT 的结构

大部分钼蝶呤酶和钨蝶呤酶催化过程中，钼或钨离子氧还变化的反应通式是

$$\left.\begin{array}{ll}\mathrm{X+Mo^{VI}\,[^*O] \rightleftharpoons X^*O+Mo^{IV}} & (1)\\ \mathrm{Mo^{VI}+H_2^*O \rightleftharpoons Mo^{VI}\,[^*O]+2H^+ +2e^-} & (2)\end{array}\right\}$$

这个过程是双电子转移，钼离子在 +6 价和 +4 价间循环，均为抗磁性，若再还原或氧化则变成顺磁性的 Mo^{5+} ($4d^1$) 或 W^{5+} ($5d^1$)。nd^1 组态的能级结构简单，W^{5+} 的特征谱图如图 7.4.12(b) 所示，Mo^{5+} 请参考文献 [226]。在这类结构中均有 Mo ═ O 双键，会具有较明显的共价效应，详见专著 [77]。酶催化的净反应通式是

$$\left.\begin{array}{ll}\mathrm{X+H_2^*O \rightleftharpoons X^*O+2H^+ +2e^-} & (3)\\ \mathrm{X{-}H+H_2^*O \rightleftharpoons X^*OH+2H^+ +2e^-} & (4)\end{array}\right\}$$

即给予或夺取底物一个氧原子，如 DMSO ⇌ DMS，$NO_3^- \rightleftharpoons NO_2^-$，$SO_3^{2-} \rightleftharpoons SO_4^{2-}$，RCHO ⇌ RCOOH (醛与相应羧酸)，CO ⇌ CO_2，等等。根据反应过程，钼蝶呤酶分为氧转移酶 (oxotransferase) 和羟化酶 (hydroxylase) 两大类：前者转移与钼离子相连的活化氧 (*O)，如方程式 (1)~(3) 所示；后者将氧原子插入 C—H 键间，如方程式 (4) 所示。

8.2.5.1　固氮酶

工业上，在高温 (400~500°C) 和高压 (~20 MPa) 下，利用催化剂将氮气和氢气合成氨。在自然界，存在数量巨大的固氮反应，其中，10%在闪电过程中完成，90%由微生物来催化。微生物把空气中游离氮固定和转化成为含氮化合物的过程，称为生物固氮 (biological nitrogen fixation)。这个过程由两类微生物来实现。一类是能独立生存的非共生微生物 (asymbiotic microorganism)，如好气性细菌 (以固氮菌属 *Azotobacter* 为主)、嫌气性细菌 (以梭菌属 *Clostridium* 为主) 和蓝藻等三种。另一类是与其他植物 (宿主共生) 共生的微生物 (symbiotic microorganism)，如与豆科植物共生的根瘤菌，与非豆科植物共生的放线菌，与水生蕨类红萍 (又满江红) 共生的蓝藻等，以根瘤菌最重要。已知的固氮酶有四种，分别是钼铁固氮酶 (MoFe nitrogenase)、钒铁固氮酶 (VFe nitrogenase)、铁铁固氮酶 (Fe-only 或 FeFe nitrogenase) 和依赖超氧化物的固氮酶 [227, 228]。前三种同源且氧敏，钼源充足时，这些微生物会优先合成钼铁固氮酶，钼源缺乏时合成钒铁固氮酶，钼源与钒源同时缺乏时才会合成铁铁固氮酶，后两种又称为交替固氮酶 (alternative nitrogenase)[229, 230]。土壤和水体中含有丰富的铁源，因此微生物不会缺铁。第四种酶则受 O_2 促进。

棕色固氮菌 (*Azotobacter vinelandii*) 的钼铁固氮酶分成钼铁蛋白 (MoFe protein) 和铁蛋白 (Fe protein) 两部分，它们在催化过程中会发生可逆的缔合与解离，如图 8.2.32 所示。钼铁蛋白，又称为二氮酶 (dinitrogenase)，异四聚体 $(\alpha\beta)_2$，~230 kDa，α、β 的长度分别是 491 个、522 个氨基酸残基，由 *nifD* 和 *nifK* 基因编码。铁蛋白，又称为二氮酶还原酶 (dinitrogenase reductase)，同源二聚体 γ_2，每个亚基长 289 个氨基酸残基，~30 kDa，由 *nifH* 基因编码。钼铁蛋白含有称为 P-簇和 M-簇的铁硫簇。P-簇是分布在 α 亚基内的 $[Fe_8S_7]$，相当于两个 $[Fe_4S_3]$ 被一个 μ_6-硫桥串联。M-簇是 $[MoFe_7S_9C]$，中间以一个 μ_6-碳桥 (碳化物，carbide) 为中心，辅以三个外围 μ_2-硫桥 (P-簇是两个外围 μ_2-硫桥)，将 $[Fe_4S_3]$ 和 $[MoFe_3S_3]$ 串联起来，形成一个椭圆形的整体结构。M-簇分布于 α、β 亚基间，两侧各和一个氨基酸配位，其中一侧是半胱氨酸，另一侧是钼离子与 His、高柠檬酸根相连。在生物合成过程中，可能还存在类似的中间物，如 L-簇 $[Fe_8S_9C]$、K-簇中 $[Fe_4S_4]$ 对 [231]。铁蛋白每个亚基含有一个 Mg-ATP 的结合部位，两亚基间有一面向细胞基质的经典 $[Fe_4S_4]$。

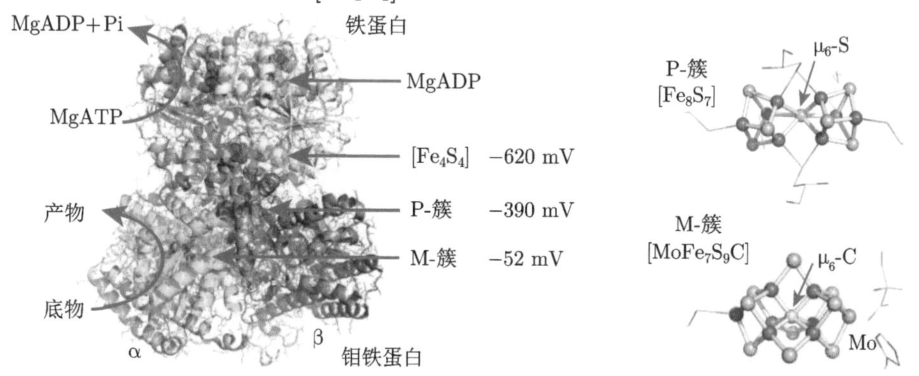

图 8.2.32 棕色固氮菌固氮酶经 ADP:AlF_4^- 抑制所得的异四聚体 $\alpha\beta\gamma_2$，以及 P-、M-簇的结构 (PDB 4wza)。铁硫簇氧还电势易受外围配体的影响 [232]，图中的氧还电势是将亮氨酸 Leu_{127} 定点突变，将核苷去除后所得结果，详见文献 [234]

在 Mg-ATP 驱动下，铁氧还蛋白 Fe^{red}、NADH 或 NADPH 等还原剂引发的电子传递途径是：还原剂 → $[Fe_4S_4]$ →P-簇 →M-簇 → 底物，上、下游铁硫簇间距约 14 Å，相应氧还电势 E_m 如图 8.2.32 所示 [232−234]。在此过程中，$[Fe_4S_4]$ 的氧化状态有 0 价、+1 价、+2 价。氧化态的 $[Fe_4S_4]^{2+}$ 经连二亚硫酸钠还原后，变成 $[Fe_4S_4]^{1+}$，它兼具 $S=1/2$ (g_i 是 2.05、1.95、1.88) 和 $S=3/2$ 两种自旋态，在尿素溶液中呈 $S=3/2$，在乙二醇溶液中呈 $S=1/2$[233]，可参考 8.3.3.2 节的甲醇效应。接着，$[Fe_4S_4]^{1+}$ 被柠檬酸三钛还原成只由亚铁离子构成的 $[Fe_4S_4]^0$，呈如图 4.4.7(b) 所示的 $S=4$ 高自旋，$g_{eff}\sim16.4$；若用黄素蛋白羟醌 (flavodoxin hydroquinone) 还原，$[Fe_4S_4]^0$ 则变成 $S=0$ 的 EPR 沉默态 [235]。这表明，不

同还原剂会使 $[Fe_4S_4]^0$ 呈不同的自旋态，可能是还原部位各有不同。此外，铁蛋白是以 $[Fe_4S_4]^{2+/1+}$ 的单电子传递，还是以 $[Fe_4S_4]^{2+/0}$ 的双电子传递，目前尚存争议。

固氮酶一般是在含有连二亚硫酸钠的还原性缓冲液中分离，此时 P-簇和 M-簇处于一个称为 P^N、M^N 的还原态。P^N-簇，$[Fe_8S_7]^{2+}$，是由亚铁离子构成的 EPR 沉默态 (抑或是 $S=4$ 的高自旋)，失去两个电子后氧化成 P^{ox}，$[Fe_8S_7]^{4+}$，平行模式的特征吸收峰位于 $g_{eff}\sim 11.9$(图 4.4.7(b))，对应于 $S=3$ 或 $S=4$ 的高自旋态。将 P^N 和 P^{ox} 分别记为 P^0 和 P^{2+}，P-簇的逐一氧化或还原过程是 $P^0(S=0)\rightleftharpoons P^{1+}(S=\frac{1}{2},\frac{5}{2})\rightleftharpoons P^{2+}(S=3\text{ 或 }4)\rightleftharpoons P^{3+}(S=\frac{1}{2},\frac{7}{2})\rightleftharpoons ?\ (S=\ ?)$。分离得到的 M^N-簇，处于 $S=3/2$ 的高自旋态 [233]，单晶谱的 g_{eff} 是 4.31、3.65、2.01，$E/D\approx 0.053$，粉末谱参考图 4.4.2[236]。它的可能氧化态是 $[MoFe_7S_9C]^{1+}$，含一个 Mo^{4+}、一个 Fe^{3+}、六个 Fe^{2+}、九个 S^{2-}，C 是 0 价。M^N-簇若得到一个还原电子会变成 EPR 沉默态。

底物 N_2 结合在 M-簇上并发生还原，最终形成 NH_3 和 H_2 的总反应是

$$N_2 + 8e^- + 8H^+ + 16ATP \xrightarrow{\text{固氮酶}} 2NH_3 + H_2 + 16ADP + 16Pi$$

这是一个非常耗能的 8 电子与 8 质子相耦联的反应，同时还与 ATP 耦联 (2ATP/e^-)，整个催化循环如图 8.2.33(a) 所示。一部分中间态已被光谱实验所证实，具体进程请参考综述 [233, 237]。这也是一个协同反应，然而 M-簇如何结合底物 N_2 并贮存 8 个电子，以及产物 NH_3、H_2 如何一步释放，目前还未完全清楚。相比之下，下文的 H_2O 氧化 (8.3 节) 和 O_2 还原 (8.4 节) 中质子耦联的四电子传递，则相对简单多了。

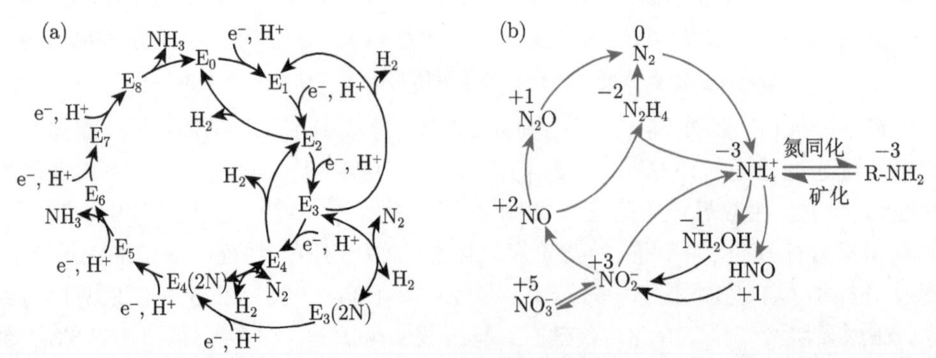

图 8.2.33　(a) 分子氮 N_2 在 M-簇的还原过程，又称 Lowe-Thorneley 循环，引自文献 [233]。E_0 表示静息状态的 M-簇，E_n 是接受 n 个电子后的状态。每传递一个电子需要 2 个 ATP，每个氮分子需要 16 个 ATP。(b) 氮循环及其化合价，参考文献 [238] 绘制

在自然界，生物可直接利用的氮源以 NH_4^+ 和 NO_3^- 为主。其中，固氮酶将大气中 N_2(78%) 转化成 NH_3，NH_3 再质子化成 NH_4^+，构成了氮循环的基础 (图 8.2.33(b))。NH_4^+ 可被直接利用或氧化成硝酸盐 NO_3^- 再被吸收和利用，也可脱氧反硝化形成 N_2。固氮酶，不仅以 N_2 为底物，还以 CO、C_2H_4、O_2 等小分子或基团为底物，详见表 8.2.9。因此，微生物如何利用氧敏的固氮酶在大气条件中进行如此大规模的生理反应，受到相关研究人员的关注。美国化学会 *Chemical Reviews* 以生物固氮为专题，作一特别专刊 (2020，Vol. 120，No. 12)，综述该领域的最新研究进展。

表 8.2.9 固氮酶催化的反应

底物	反应
N_2	$N_2 + 8H^+ + 8e^- \longrightarrow 2NH_3 + H_2$
H^+	$2H^+ + 2e^- \longrightarrow H_2$
C_2H_2	$C_2H_2 + 2H^+ + 2e^- \longrightarrow C_2H_4$
C_2H_4	$C_2H_4 + 2H^+ + 2e^- \longrightarrow C_2H_6$
HCN	$HCN + 6H^+ + 6e^- \longrightarrow CH_4 + NH_3$
CH_3CN	$CH_3CN + 6H^+ + 6e^- \longrightarrow CH_3NH_2 + CH_4$
N_2O	$N_2O + 2H^+ + 2e^- \longrightarrow N_2 + H_2O$
NO_2^-	$NO_2^- + 7H^+ + 6e^- \longrightarrow NH_3 + H_2O$
N_2H_4	$N_2H_4 + 2H^+ + 2e^- \longrightarrow 2NH_3$
N_3^-	$N_3^- + 3H^+ + 2e^- \longrightarrow N_2 + NH_3$
O_2	$O_2 + 2H^+ + 2e^- \longrightarrow H_2O_2$
CO_2	$CO_2 + 2H^+ + 2e^- \longrightarrow CO + H_2O$
CO	$CO + H^+ + e^- \longrightarrow C_mH_n$ (C_1–C_4 的简单烷烃和烯烃)

8.2.5.2 [MoCu]-CO 脱氢酶

某些细菌体内含有 [MoCu]-CO 脱氢酶，在有氧环境中以 CO 为碳源，并将其氧化成 CO_2，其目的是用该反应所释放的两个电子来还原 FAD 成 $FADH_2$，后者经复合体 Ⅱ 而参与呼吸链，如图 8.4.3(c) 的③所示，最终推动跨膜质子动力势的形成。同时，请参考 8.2.4.4 节提到的 NiFe-CODH，后者以 CO 为碳源合成乙酰辅酶 A。含有 [MoCu]-CO 脱氢酶的一部分细菌，同时含有依赖超氧化物的固氮酶。

[MoCu]-CO 脱氢酶，属于钼羟化酶家族，异六聚体 $(LMS)_2$，~277 kDa，如图 8.2.34(a) 所示。三个亚基分别是钼蛋白 (L，large，~89 kDa)，黄素蛋白 (M，medium，~30 kDa)，铁硫蛋白 (S，small，~18 kDa)。亚基 M 被洗脱后，[MoCu]-CO 脱氢酶变成异四聚体 $(LS)_2$。如图 8.2.34(b) 所示，每个 HMS 异三聚体含有四个电子递体，按电子传递依次是 MoCu 双核、$[Fe_2S_2]_{\text{I}}$ ($E_m \sim -120$ mV)、$[Fe_2S_2]_{\text{II}}$ ($E_m \sim -270$ mV)、FAD ($E_m \sim -18$ mV 或 -130 mV)[239]。在 MoCu 中心 (图 8.2.34(c))，钼离子的配位是钼蝶呤半胱氨酸二核苷酸 (molybdopterin cytosine dinucleotide，MCD) 的两个巯基。静止状态时 Mo 与 Cu 之间由一个 μ_2-硫桥连

接，底物 CO 进入后 Mo、Cu 间形成一个新的羰基桥，—Mo—O—C(O)—Cu—。然后在水进攻下，该羰基桥发生断裂，释放出产物 CO_2。分离所得的 [MoCu]-CO 脱氢酶，抗磁性，EPR 沉默，钼铜双核的氧化态是 Mo^{VI} 和 Cu^{I}，铜离子在催化过程不发生氧还变化。经连二亚硫酸钠还原后，形成顺磁性的 Mo^{V}、$[Fe_2S_2]_{II}^{1+}$、$[Fe_2S_2]_{I}^{1+}$ 等，特征参数详见表 8.2.10。若将铜离子去除，则形成单核钼活性中心，具有该结构和功能的钼酶是黄嘌呤脱氢酶 (xanthine dehydrogenase)、黄嘌呤氧化酶 (xanthine oxidase)、醛氧化酶 (aldehyde oxidase) 等，它们均是由单核 Mo、$[Fe_2S_2]_{I}$、$[Fe_2S_2]_{II}$、FAD 等四电子递体构成的功能酶 (参考图 8.2.34(b))。

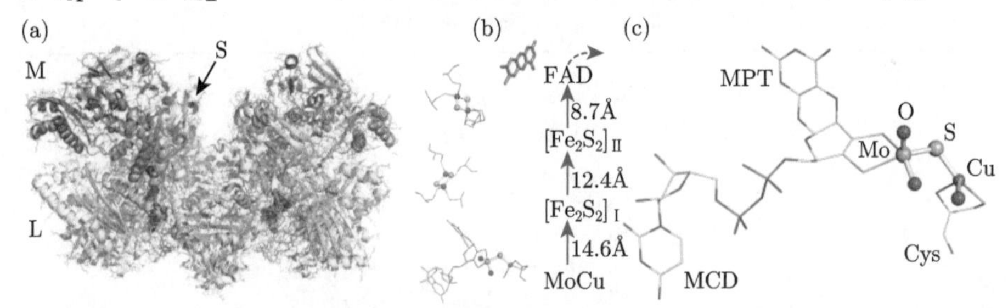

图 8.2.34 (a) [MoCu]−CO 脱氢酶的结构 (PDB 1n5w)；(b) 四个电子递体的间距和电子传递途径；(c) 钼铜双核的局部结构

表 8.2.10 两种菌源 [MoCu]-CO 脱氢酶经连二亚硫酸还原后所得的特征参数 [240, 241]

酶完整性	电子递体	*O. carboxidovorans*	*H. pseudoflava*
		g_1, g_2, g_3 (测试温度/K)	g_1, g_2, g_3 (测试温度/K)
天然 $(LMS)_2$	Mo^{V}	1.977, 1.967, 1.953(120 K)	1.977, 1.967, 1.953(120 K)
	$[Fe_2S_2]_{I}^{1+}$	2.024, 1.947, 1.901(49 K)	2.023, 1.947, 1.905(49 K)
	$[Fe_2S_2]_{II}^{1+}$	2.159, 2.014, 1.897(16 K)	2.160, 1.974, 1.873(16 K)
缺钼源培养	$[Fe_2S_2]_{I}^{1+}$		2.026, 1.947, 1.905(49 K)
	$[Fe_2S_2]_{II}^{1+}$		2.159, 1.975, 1.874(16 K)
重组 $(LS)_2$	$[Fe_2S_2]_{II}^{1+}$	2.048, 1.949, 1.915(16 K)	

8.2.6 含钒、锌的金属蛋白

目前已知的作为酶辅基的过渡元素有 3*d* 的 V、Mn、Fe、Co、Ni、Cu、Zn，4*d* 和 5*d* 的钼与钨，一共 9 种。除了 Zn^{2+}，其余都是 EPR 的研究对象。此外，地球水体中所含微量的烷基汞 (又称有机汞)，在光照下能被含烷基汞裂解酶 (alkylmercury or organomercurial lyase，MerB) 的微生物所分解，形成 Hg^{2+} 和碳氢化合物。

8.2.6.1 锌蛋白和锌酶

据蛋白质组学数据，哺乳动物细胞中以锌作为辅基的蛋白有 3000 多种 (含 300 余种锌酶)，占已知蛋白总数的 ~10%，排在其后的依次是含非血红素 Fe 的铁蛋白和铜蛋白，各占蛋白总数的 1%和 ⩽1%。锌蛋白参与信号转导、DNA 转录、基因表达等生理活动 [242–245]，然而 Zn^{2+} 是一个光谱沉默的离子，Zn^{1+} 又不稳定。因此，光谱应用研究中很少涉及这一类蛋白。血液中，Zn^{2+} 主要贮存于金属硫蛋白中 (8.2.2.7 节)。

作为酶辅基时，Zn^{2+} 会形成纯的单核、双核或多核中心，如水解酶 (hydrolase)、转移酶 (transferase) 等。作为共辅基时，Zn 与其他离子构成异双核结构，如 [CuZn]-SOD、[FeZn]-紫色酸性磷酸酶 (purple acid phosphatase)、[NiZn]-CODH(关闭构象)、[MgZn]-碱性磷酸酶 (alkaline phosphatase) 和 [MgZn]-晶状体氨肽酶 (lens aminopeptidase) 等。

8.2.6.2 钒酶

钒是一个广泛分布于土壤和水体中的过渡元素，但仅被微生物、海藻、暗色丝孢真菌 (dematiaceous hyphomycetes) 等所利用，相应的功能酶有 VFe-固氮酶 (8.2.5.1 节)，钒卤代过氧化物酶 (vanadium haloperoxidase，VHP) 和近年发现的自然积累于毒蘑菇鹅膏菌中的小分子钒复合物 Amavadin 等，详见文献 [246] 或专著 [247]。钒离子氧化态以 +4 价和 +5 价为主，+3 价较为少见，其中 V^{4+} 的 EPR 谱较为简单 (图 7.2.1)，$V^{3+}(3d^2)$ 以抗磁性基态为主 (详见第 7 章)。

钒卤代过氧化物酶的活性中心是钒酸根 VO_4^{3+} 形式的单核钒，催化反应通式是

$$H_2O_2 + X^- + H^+ \xrightarrow{\text{VHP}} H_2O + HOX$$

若存在亲核受体 R-H (nucleophile acceptor)，则继续反应形成卤代烃产物，

$$HOX + RH \xrightarrow{\text{VHP}} H_2O + RX$$

其中，X^-是 Cl^-、Br^-、I^-等卤素离子。

8.2.7 过渡离子与配体的有规取向

在上文提到的肌红蛋白、镍酶、甲硫氨酸合酶等中，EPR 谱会展示配体的超精细分裂，如底物 NO 沿着轴向与 Fe^{2+} 结合，Ni-SOD 中 Ni^{3+} 轴向的氮原子配体，在甲基-S 辅酶 M 还原酶中 Ni^{1+} 与 F_{430} 的四个吡咯氮，甲硫氨酸合酶中 Co^{2+} 与苯并吡咯的氮原子或底物 ^{17}O 是否配位等。这些源自配体的超精细分裂，反映着配体的空间方位，即有规取向 (又定向位置，orientation site)。因此，读者务必熟练地掌握过渡离子与磁性核配体如 ^{13}C、$^{14/15}N$、^{17}O、^{31}P、^{33}S、$^{35/37}Cl$ 的超精细相互作用所蕴含的原子方位信息，从而获得过渡离子与配位的相互关系，是仅仅配位，或是底物、产物、中间产物等结构信息。当这些磁性核的超精细耦合常数比较小或因非同源展宽造成难以被 cw EPR 所分辨时，需用 ESEEM、ENDOR 等脉冲技术，才可解析。

图 8.2.35 以四吡咯类大分子结构 (如 F_{430}、钴啉、卟啉等) 为例，示意四个吡咯氮与 $d^1_{x^2-y^2}$ 低自旋过渡离子 M 的配位。$d_{x^2-y^2}$ 轨道的叶瓣并不沿着 M—N 键直接与氮配体迎着相遇 (图 8.2.35(a))，而是沿着 N—M—N 夹角的对角线 (图 8.2.35(b))，这样降低了体系的势能，分子结构更稳定。此时，$d_{x^2-y^2}$ 轨道上的电子与四个吡咯氮的超精细相互作用完全相同，形成以 $g_\perp$ 为中心的 $2nI+1=9$ 重峰的超精细分裂 ($n=4$)，如图 8.2.25(b) 和图 8.2.26(a)，而 $g_\parallel$ 方向上的电子自旋密度较少而使超精细结构难以被分辨。倘若金属 M 从四氮平面向外凸出时 (图 8.2.35(c))，$g_\parallel$ 方向 N 原子的 A 值将逐渐加大而得以在谱图中显现，如图 8.2.25(b) 的 MCR_{ox1}。若如图 8.2.35(a) 所示，x 和 y 轴向的配体数量均为 2。

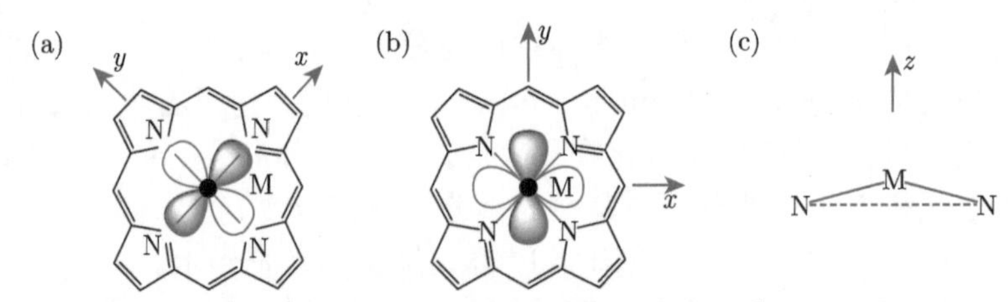

图 8.2.35　四吡咯类大分子结构 (如 F_{430}、钴啉、卟啉等) 中，$d^1_{x^2-y^2}$ 低自旋过渡离子 M 与四个吡咯氮的配位和畸变

相反地，若是 $d^1_{z^2}$ 低自旋的过渡离子 M，EPR 特征则是 $g_\parallel$ 为中心的 $2nI+1$ 重的超精细分裂 ($n=1,2$)，如图 8.2.3、图 8.2.24(b) 和图 8.2.30(b)；$g_\perp$ 方向上的电子自旋密度较少而使超精细结构难以被分辨，被包络成一个大峰。当轴向配体发生完全剥离时，则 $n=0$，无配体引起的超精细分裂，参考图 8.2.30(b) 的 CoFeSP。当配体发生偏离 z 轴的畸变时，g_y、g_x 会逐渐展现明显的超精细结构，如图 8.2.24(b) 的 $^{14}N/^{15}N$ 同位素示踪。

图 8.2.35 所示的规则环状大分子，具有特征的 x、y、z 三个轴向。然而，在绝大多数无机结构和自由基中，如何确定三个主轴，有时并非易事。以下先以水杨醛肟铜络合物为例，这是将 Cu 掺入 $Ni^{II}(Sal)_2$ 而得 [248, 249]。Cu^{2+} 与水杨醛肟 (salicylaldoxime) 络合时，形成一个四配体结构，平面结构如图 8.2.36(a)。在谱中，$g_\parallel$、$g_\perp$ 均具有特征的五重超精细结构 (图 8.2.36(b))，这表明两个 N 原子在铜离子的 x、y、z 三个坐标轴上的投影都是相同的。因此 N 原子势必位于四面体的顶点上，或正方体两个相互垂直对角面的不相邻顶点上，如图 8.2.36(c) 所示。在蛋白中，铜离子的配位以组氨酸的咪唑环为主，一个铜离子常常与二、三或四个组氨酸配位，若形成如图 8.3.36(a) 所示的四方平面结构，氮配体的超精细分裂，$g_\perp$ 为中心的 $2nI+1$ 重超精细分裂，如图 8.2.36(b) 所示，参考天青蛋白突变体 [250, 251]、甲烷单加氧酶 [252, 253]。作为对照，图 8.2.36(b) 还展示了四氨合铜的特征谱图。

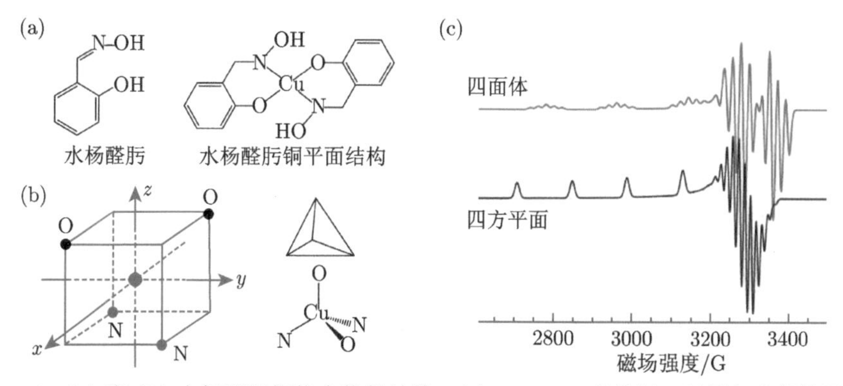

图 8.2.36 (a) 和 (b) 水杨醛肟铜络合物的结构，(c) 9.4 GHz 的模拟，以四氨合铜的四方平面 CuN_4 为对照

这种过渡离子与磁性核的有规取向，同样可以推广至反应底物和顺磁性中心离子的结合。活性中心离子和磁性核底物的有规结合，反映在有规取向的超精细结构中，这样可研究底物运输通道、产物释放通道和电子传递途径等催化机理。这种有规定位实验不依赖单晶，因此实用性强，在文献中比比皆是，不胜枚举。若同时结合定点突变的分子生物学技术，效果更佳。

8.3 放氧光合电子传递

绿色植物，通过光合作用，利用辐照到地球表面的太阳光光能，将 CO_2 和 H_2O 等简单无机物转变成以葡萄糖为主的、富含化学能的复杂有机物，并释放出氧气。农业上，主要农作物的光能利用率是人们非常关心的问题，理论上，高产水稻和小麦的光能利用率最高可达 ~2%，目前最高产量的实际光能利用率 ~1.5%，还有发展空间。在此过程中，将光能转变成可利用的、活泼化学能的光化学反应，发生在绿色细胞独具的类囊体膜上 (thylakoid membrane)。在高等植物中，这些类囊体膜被两层质膜包围起来，形成了叶绿体。用于研究原初光合电子传递链的模式真核生物是藜科的菠菜和绿藻科的莱茵衣藻 (*Chlamydomonas reinhardtii*)，原核生物是蓝藻 (又蓝细菌，cyanobacterium)，尤其是细长嗜热聚球藻 (*Thermosynechococcus elongatus*)。实验上，从菠菜、南瓜、拟南芥、水稻、大豆等植物叶片中分离所得的、富含光系统 Ⅱ 的类囊体膜颗粒，被称为 BBY 膜 (用三位作者姓氏的第一个字母组合而成的术语 [117])。

没有哪个领域能像光合或原初电子传递链 (photosynthetic or primary electron transport chain) 那样，集中着物理、化学、生物、理论计算等多个学科的、不同水平层次的交叉，参考专著 *Biophysical Techniques in Photosynthesis* 和 *Biophysical Techniques in Photosynthesis*, Vol Ⅱ；也没有哪个领域能像光合电子传递

那样，令 EPR 得到最为广泛的应用 [254]。本节内容限于 EPR 的应用研究，读者若对应用于光合作用的其他研究方法学感兴趣，请查阅 Springer-Verlag 的 *Advances in Photosynthesis and Respiration* 系列，综述了各个时期光合作用和呼吸作用的研究进展，截至 2021 年已出版 45 卷。为减少篇幅，这些专著的引用，在本节和 8.4 节中，大部分都不再作专门标注，仅用“系列 ×× 卷”表示。读者若仅仅想了解光合作用，则请参考《动态光合作用》、《光合作用学》或《植物生理学》。对于非放氧光合作用，本书不作展开。

8.3.1 光合或原初电子传递链，光合磷酸化

在 20 世纪 50 年代前后，人们在研究中发现用红光和远红光一起辐照小球藻时，放氧速率大于用红光或远红光单独辐照所得放氧速率之和。这个现象被称为双光增益效应 (或 Emerson's effect)。这个现象使人们意识到在绿色植物光合机构内可能存在两类不同的、在空间上相互独立的色素蛋白系统，并且每类色素蛋白系统能分别吸收和利用特定波长的光能驱动各自主导的光化学反应。随后，人们分离出这两类色素蛋白复合体，并证明它们能分别吸收远红光和红光。根据光的称谓 (早期研究将波长 $\lambda \geqslant 680$ nm 的远红光和 630 nm 的红光分别称为光 1 和光 2)，这些色素蛋白复合体于是被命名成我们今天所熟悉的光系统 I 和光系统 II[255–257]。在这些蛋白复合体中，负责吸收太阳光能的主要光合色素是叶绿素 a、b(chlorophyll，Chl) 和 β-胡萝卜素 (β-carotene) 等有机共轭大分子，如图 8.3.1 所示。与其他卟啉环化合物相比，叶绿素多了一个 E 环。叶绿素 a 在乙醚中

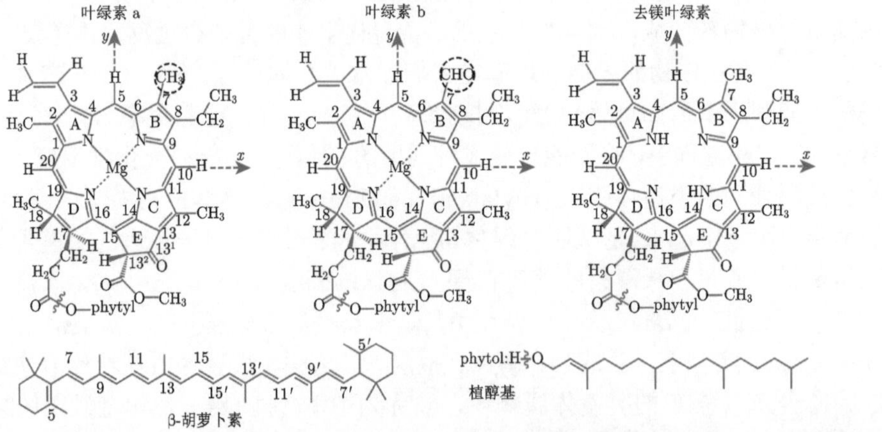

图 8.3.1　叶绿素 a、b，去镁叶绿素 a 和 β-胡萝卜素等分子的结构。叶绿素 a、b 区别在于 C_7 连接—CH_3 或—CHO (用圆圈标出)。叶绿素 a′ 是叶绿素 a 的 E 环 13^2-C 的差向异构 (epimorization)，是 P_{700} 反应中心叶绿素对的组成之一，叶绿素 a′ 的热力学能级略高于叶绿素 a。z 轴垂直于纸面，x 和 y 轴如图所示。植醇 (又称叶绿醇，phytol) 的结构单独显示。碳原子的编号，用于说明其连接质子的超精细耦合常数，见下文

的最大吸收波长是 661 nm，叶绿素对 Chla/a′ 的最大吸收波长是 700 nm。当基态叶绿素被光激发到第一激发态时，所吸收最大波长位于红光区；若基态叶绿素被激发到第二激发态，则吸收蓝光、蓝紫光。故，叶绿素有两个大的吸收区域，如图 8.3.10(b) 所示。β-胡萝卜素、叶黄素等只吸收 450 nm 范围的蓝紫光。

类囊体膜，又称光合膜 (photosynthetic membrane)，是光合电子传递链的载体，是叶绿体内除叶绿体外、内膜之外的第三种质膜。如图 8.3.2 所示，承担光合电子传递的主要蛋白复合体是光系统 Ⅱ (Photosystem Ⅱ，PSⅡ)、细胞色素 b_6f (cytochrome b_6f，Cyt b_6f)、质蓝素 (platocyanin，PC)、光系统 I (Photosystem I，PSI)、ATP 合酶 (又称为 CF_O-CF_1 复合体，或耦联因子，coupling factor)、1,5-二磷酸核酮糖羧化酶/加氧酶 (ribulose bisphosphate carboxylase oxygenase, Rubisco) 等。它们呈侧向异质性地分布在类囊体膜上和膜内、外两侧。质蓝素是穿梭于 Cyt b_6f 与 PSI 间的水溶性电子递体，有时将其与 Cyt b_6f 或 PSI 合在一起分析。这些蛋白复合体所构成的、光驱动的耦联质子的电子传递途径，被称为光合电子传递链，如图 8.3.2 所示。这个电子传递，由 PSⅡ 和 PSI 的原初反应 (primary reaction) 所驱动，故又常称为原初电子传递 (primary electron transport)(参考 *Primary Processes of Photosynthesis*，Part 1 & 2)。原初反应是指反应中心叶绿素分子 P_{680} 和 P_{700} 吸收光能而被激发并引起的第一个光化学反应，是一个光引发的、不可逆的氧化还原反应。这个过程非常迅速，在 $10^{-15}\sim10^{-12}$s 内完成。这两个原初反应相互协调合作，驱动电子在类囊体膜上的传递。

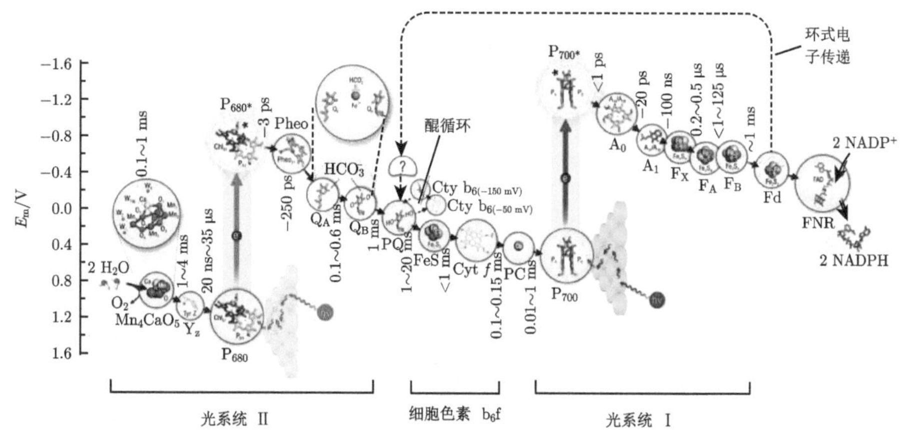

图 8.3.2 由光系统 Ⅱ、细胞色素 b_6f、光系统 I 等构成的 Z-Scheme 原初光合电子传递链和电子传递速率，纵轴表示供参考的氧化还原电势，其余详见正文。图例由 D. Shevela 博士提供，参考专著 [258, 259]

在高等植物叶绿体中，类囊体膜通过 PSⅡ-LHCⅡ、PSI-LHCI、Cyt b_6f、ATP 合酶等蛋白质复合体的侧向异质性分布和相互作用，形成两种形态、组成和功能等均不相同的结构区域 (见 8.3.9 节)。结构上，跨类囊体膜的色素蛋白质复合体 (pigment-protein complex) 如 PSⅡ、Cyt b_6f、PSI 等，接受电子的一侧称为供体侧 (或氧化侧)，相应地传出电子的一侧称为受体侧 (或还原侧)。电子自水传递到 $NADP^+$ 的过程，还耦联质子在类囊体腔的积累，形成一个跨类囊体膜的、区域化分布的质子梯度。该质子梯度和膜电位一起，构成跨膜质子动力势，用于驱动 ATP 合酶合成 ATP。叶绿体利用原初电子传递耦联的质子动力势，驱使 ADP 磷酸化形成 ATP 的过程，称为光合磷酸化 (photosynthetic phosphorylation)。在整个放氧光合电子传递链中，水是最终的电子供体和质子供体，CO_2 是最终的稳定电子和质子受体，ATP 和 NADPH 是富含能量的活泼中间产物。

8.3.2　光系统 Ⅱ 和光系统 I 的基本结构

光系统 Ⅱ，又称为光驱动的水-质醌氧化还原酶 (light-driven water-plastoquinone oxidoreductase)，是跨类囊体膜分布的色素蛋白复合体 (参考系列第 22 卷)。广义上，它包括以 PSⅡ 为中心的核心结构和外周的捕光天线复合体 Ⅱ (light-harvesting complex Ⅱ，LHCⅡ)；狭义上，PSⅡ 仅指核心结构。外周蛋白 LHCⅡ 负责俘获光能并将激发能以共振方式传递给反应中心 P_{680} 和类囊体膜的垛叠。类似地，还有 PSI 和捕光天线复合体 I (light-harvesting complex I，LHCI) 的关系，LHCI 负责将激发能传递给反应中心 P_{700}，用于引发光化学反应。本书不涉及激发能捕获、传递，故采用狭义概念的 PSⅡ 和 PSI，它们所含有的电子递体如图 8.3.3 所示，相应的还原电势 E 或中点电势 E_m 见表 8.3.1。

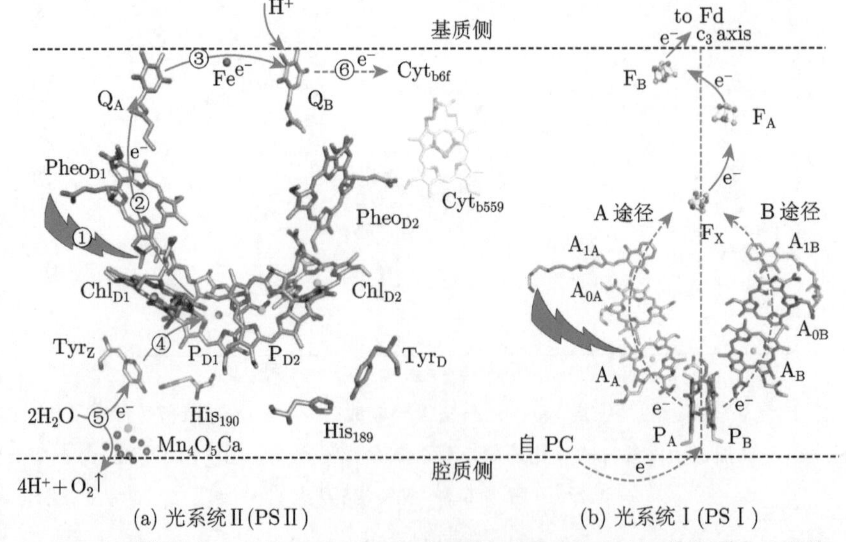

图 8.3.3　(a) 光系统 Ⅱ (PDB 3WU2) 和 (b) 光系统 I (PDB 2WSF) 的主要电子递体，以及光驱动的电子传递途径。PSⅡ 的电子传递次序用数字标出，其余详见正文描述

表 8.3.1 光系统 II 和光系统 I 所含电子递体的中点电势 E_m 或还原电势 E，摘自文献 [260]

光系统 II (PSII)		光系统 I (PSI)	
电子递体	E_m /V	电子递体	E_m /V
$P_{680}^{+\cdot}/P_{680}$	~+1.25	$P_{700}^{+\cdot}$	+0.45
$Pheo/Pheo_A^-$	~−0.505	A_0	−1.05
Q_A/Q_A^-	−0.14 或 −0.08	A_{1A} (Vitamin K_1)	−0.85
Q_B/Q_B^-	+0.60	F_X	−0.79
$Y_Z^{\cdot}/Y_Z$	+1.1~+1.2	F_A	−0.54
$Y_D^{\cdot}/Y_D$	~+0.75	F_B	−0.59
Mn_4O_5Ca (平均)	~+1.050	Fd	−0.4
S_1/S_0	+0.76~+1.02		
S_2/S_1	+1.02		
S_3/S_2	⩾ +1.02		
$Car^{+\cdot}/Car$	+1.06		

细长嗜热聚球藻 (*T. elongatus*) 的 PSII 单晶表明，它由 20 个蛋白质亚基和辅助因子两部分共同构成，其中 17 个跨膜蛋白和 3 个水溶性的外周蛋白，中心结构是异四聚体 D1/D2/CP47/CP43 (或基因编码形式，PsbA/PsbD/PsbB/PsbC)，辅以几个小的捕光色素蛋白质，总分子量 ~350 kDa。PSII 单晶所含的辅助因子是 ~35 个叶绿素、11 个 β-胡萝卜素、20 多个脂类分子、两个质醌 (结构见图 8.1.2)、两个血红素铁离子、一个非血红素铁离子、四个锰、四个钙、三个氯和 ~1300 个水分子等。其中，叶绿素 a、b 的含量和比例，随着物种、生态环境的变化而变。

PSII 中参与光化学反应和电子传递的辅助因子、氨基酸残基等，主要分布于核心蛋白 D1 和 D2 上，如图 8.3.3(a) 所示。在 D1 和 D2 蛋白中，各分布一对由两个叶绿素 a 构成的叶绿素对复合结构，分别是 P_{D1}/Chl_{D1}、P_{D2}/Chl_{D2}，这些叶绿素对的最大吸收波长是 680 nm，故被命名为 P_{680} (P，pigment)，相邻还各有一个辅助叶绿素 $ChlZ_{D1}$、$ChlZ_{D2}$。P_{680} 下游的直接电子受体是去镁叶绿素 a (pheophytin a)，$Pheo_{D1}$ 和 $Pheo_{D2}$，其中 $Pheo_{D1}$ 负责将电子自 P_{680} 传递给质醌 A (Q_A，A 表示结合位点)，然后电子再经铁离子传递给质醌 B (Q_B，B 表示结合位点)。Q_B 被还原成 PQH_2 后，与 PSII 的亲和力下降而迅速从 Q_B 位脱离，扩散至类囊体膜中，直到停泊在 Cyt b_6f 腔质侧的 Q_p 位点 (p，positive side) 并将电子传递给后者和将质子放到类囊体腔中。P_{680} 上游电子供体依次是 D1 蛋白的酪氨酸 Tyr_{161}(Tyr_Z 或 Y_Z) 和锰簇 Mn_4O_5Ca。这些电子传递体的还原电势 E_m，详见表 8.3.1。除此之外，还有一些辅助性的电子递体 (图 8.3.3(a))，如伸入基质侧的 Cyt b_{559}，D2 蛋白的酪氨酸 Tyr_{160} (Tyr_D 或 Y_D)，蓝藻 PSII 还有伸入腔质侧的 Cyt c_{550} 等。在此对 Cyt b_{559} 和 Cyt c_{550} 不作专门介绍，它们属于双组氨酸配位的低自旋血红素，氧化态的特征 EPR 谱参考 7.2.5 节和 8.2.1.1 节，或文献 [261, 262]。

光系统 I，又称为光诱导的质蓝素-铁氧还蛋白氧化还原酶 (light-induced plastocyanin-ferredoxin oxidoreductase)，以三聚体形式分布于类囊体膜上，单体分子量 ~356 kDa (参考系列第 24 卷)。高等植物 PSI 的核心结构是 PsaA/PsaB，再辅以 PsaC-L 等 18 个蛋白亚基。蓝藻 PSI 含有 96 个 Chl a、22 个 β-胡萝卜素，豌豆 PSI 含有 173 个叶绿素、15 个 β-胡萝卜素 [263−265]。PSI 反应中心是一对相距 3.6 Å 的叶绿素异二聚体，Chl a、Chl a′，或 P_A、P_B (叶绿素 a′ 是叶绿素 a 的 E 环 13^2-C 的差向异构，图 8.3.1)，最大吸收波长是 700 nm，故被命名为 P_{700}。P_A/ P_B 叶绿素对 (A、B 分别对应 PsaA、PsaB 蛋白，下同)，位于类囊体腔侧，紧挨还原质蓝素的停泊点。PSI 中主要电子传递体的还原电势 E，详见表 8.3.1。如图 8.3.3(b) 所示，电子从原初供体 P_{700} 出发，可以沿着 A、B 两条相同途经向下游传递至铁硫簇 F_X，这两条传递途径恰好以 C_3 对称轴为中心，呈倒伞状分布在 PsaA、PsaB 两个亚基上。其中，A_A、A_{0A}、A_B、A_{0B} 是叶绿素 a(A_A 和 A_B 作为 P_{700} 的辅助叶绿素，具体功能目前尚不明确)，A_{1A}、A_{1B} 是维生素 K_1(又叶绿醌)，F_X、F_A、F_B 均是经典的 $[Fe_4S_4]$。F_X 比较特殊，由 PsaA 和 PsaB 两个亚基提供配位 (参考上文 [NiFe]-CO 脱氢酶的 D-簇、钼铁固氮酶的 $[Fe_4S_4]$ 簇)，F_A 和 F_B 嵌合在基质侧的 PsaC 亚基内。PSI 的基质侧由 PsaC、PsaD、PsaE 三个亚基组成，电子受体是水溶性的含一个接近蛋白表面的铁硫簇 $[Fe_2S_2]$ 的铁氧还蛋白 (ferredoxin，Fd，图 8.3.17) 和铁氧还蛋白-$NADP^+$ 氧化还原酶 (ferredoxin-$NADP^+$ oxidoreductase，FNR)。FNR 是含有一个 FAD 的水溶性的单亚基非金属蛋白，负责将 $NADP^+$ 还原成 NADPH，或传递给 Cyt b_6f 构成环式电子传递 (图 8.3.17)。

PSI 的双途径电子传递，提高了光能利用率和电子传递效率。PSⅡ 虽然也具有双途径的结构基础，但却不具备双途径电子传递的生理功能。例如，Tyr_D 的主要功能是将还原性极强的 S_0 态锰簇氧化成稳定的 S_1 态，防止 S_0 态锰簇把某些含氧化合物还原成活性氧 (或假环式电子传递)。这与它们显著的功能差异有关：PSⅡ 利用光能催化形成生物体系中最高氧还电势的电子 (1.2 V)，将水氧化，释放出电子、质子和氧气；同样是利用光能，PSI 却是将能量 ~ 0.1 V 的电子还原成生物体系中最大负电势的电子 (−1.4 V)，用于 $NADP^+$ 的还原。读者若对早期研究感兴趣，请参考 *Biochimica et Biophysica Acta* 关于 PSⅡ 和 PSI 的特别专刊，如 1458、1503、1507、1655 和 1707 卷等。

8.3.3 光系统 II 的原初电子传递

PSII 吸收光能后，P_{680} 被激发成激发态 P_{680}^{*}，该激发态寿命极短，3~7 ps，接着迅速引发电荷分离 (charge separation)，将一个电子喷射给原初电子受体 $Pheo_{D1}$(在以下反应式中简写 Ph_{D1}) 而变成一个非常活泼的阳离子自由基 $P_{680}^{+\cdot}$。$Pheo_{D1}$ 获得一个电子后变成阴离子自由基 $Pheo_{D1}^{-\cdot}$，它接着把电子传递给第一个稳定电子受体 Q_A，将其还原成半醌型阴离子自由基 $Q_A^{-\cdot}$，电子继而经 Fe^{2+}(高自旋，$S=2$) 传递给稳定电子受体 Q_B。整个原初电子传递，可用方程式作直观描述

$$P_{680}Ph_{D1}Q_A \xrightarrow{①h\nu} ①P_{680}^{*}Ph_{D1}Q_A \rightarrow ②P_{680}^{+\cdot}Ph_{D1}^{-\cdot}Q_A \rightarrow ③P_{680}^{+\cdot}Ph_{D1}Q_A^{-\cdot} \quad (8.3.1)$$

步骤①~④等，如图 8.3.3(a) 所示。各步骤的反应速率，参考图 8.3.2。若考虑 Tyr_Z 和 Fe^{2+}，上式扩大成

$$Tyr_ZP_{680}Ph_{D1}Q_AFe^{II} \xrightarrow{①h\nu} ①Tyr_ZP_{680}^{*}Ph_{D1}Q_AFe^{II} \rightarrow ②Tyr_ZP_{680}^{+\cdot}Ph_{D1}^{-\cdot}{}_AQFe^{II}$$

$$\rightarrow ③Tyr_ZP_{680}^{+\cdot}Ph_{D1}Q_A^{-\cdot}Fe^{II} \rightarrow ④Tyr_Z^{\cdot}P_{680}Ph_{D1}Q_A^{-\cdot}Fe^{II} \quad (8.3.2)$$

依此循环，形成一个不可逆的跨膜电荷分离或不可逆的氧化还原反应。阳离子自由基 $P_{680}^{+\cdot}$ 非常活泼，平均寿命 ~20 ns，氧还电势非常高，$E_m = 1.25$ V，生理情况下它会从供体侧的 Tyr_Z 夺取一个电子而被还原，后者变成一中性自由基 $Tyr_Z^{\cdot}$。$Tyr_Z^{\cdot}$ 再依次从锰簇 Mn_4O_5Ca 夺取电子，最终将水氧化。P_{680} 受体侧所形成的自由基，以阴离子自由基为主。其中，步骤①~③的电子传递又称为 PSII 的光化学反应，或受体侧还原反应；P_{680} 供体侧的④~⑤反应，则是酶催化的氧化反应。Q_B 在依次接受自 P_{680} 传来两个电子的同时，还从类囊体基质侧获取两个 H^+ 而还原成 Q_BH_2(又 PQH_2，图 8.1.2)，并与 PSII 脱离，在类囊体膜内扩散，穿梭至 Cyt b_6f。

如式 (8.3.2) 所示，绿色植物 PSII 和紫细菌反应中心 II 的光反应，除了形成丰富的未耦合的阴、阳、中性有机自由基外，各个自由基间还存在或强或弱的偶极相互作用，甚至电荷重组形成非平衡态的三重态，它们都是 cw-和 pulsed-EPR 的广泛应用领域，如同相或异相 ESEEM、$^1H/^{55}Mn$-ENDOR [266]。

8.3.3.1 光激发的 P_{680} 受体侧还原反应

光辐照时，P_{680} 原初光化学反应所形成的第一个亚稳态 (meta-stable state) 是式 (8.3.2) 的第④ 步。为了研究 PSII 受体侧各个自由基的形成动力学和电子结构，PSII 样品需预先经化学或物理处理，用来阻止或抑制某个步骤的反应。比如，基于锰离子的弱配位能力，用 Tris-HCl 缓冲液洗涤 BBY 膜即可将锰簇

Mn_4O_5Ca 剔除，形成去锰 PSⅡ，这样可以阻断 P_{680} 供体侧的电子来源，防止 $P_{680}^{+\cdot}$ 被 Tyr_Z 还原。然后，再用光辐照或化学还原，如 77 K 连续光照或暗中施加还原电势 $E_h = -120$ mV 等预处理，将 Q_A 单还原成 $Q_A^{-\cdot}$，从而阻止电子由 $Pheo_{D1}^{-\cdot}$ 向下游传递。若将还原电势提高至 -420 mV，可将 Q_A 双还原成 Q_AH_2，此时去锰 PSⅡ 中仅能形成稳定的 $Pheo_{D1}^{-\cdot}$ 自由基。同样地，Q_A 也可以化学双还原成 PQH_2。

A. $Q_A^{-\cdot}Fe^{II}$、$Q_A^{-\cdot}$、$Pheo_{D1}^{-\cdot}$、$QH_B^{\cdot}$(或$PQH^{\cdot}$) 等自由基

一般情况下，Q_A 和 Q_B 间的非血红 Fe^{2+} 是 $S=2$ 的高自旋态。暗中使用氧还电势 E_h 还原去锰 PSⅡ，诱导 $Q_A^{-\cdot}$ 的形成。$Q_A^{-\cdot}$ 会和高自旋 Fe^{2+} 耦合，形成 $Q_A^{-\cdot}Fe^{II}$ 复合体，具有一个如图 8.3.4(a) 所示的以 $g\sim1.82$ 为中心的大宽峰；未耦合 $Q_A^{-\cdot}$ 自由基的溶液谱，如图 8.1.3(a) 所示。诱导 $Q_A^{-\cdot}Fe^{II}$ 的第二个方法是将完整 PSⅡ 样品置于 77 K 液氮中，连续光照 ~10 min，然后暗中静置 10min，让其他自由基发生电荷重组而湮灭，仅剩下 $Q_A^{-\cdot}Fe^{II}$。该方法若结合甲酸、二硫苏糖醇 (dithiothreitol，DTT) 等有机小分子还原剂，$Q_A^{-\cdot}Fe^{II}$ 的 EPR 信号强度会得到大幅度增强 [267−271]。$Q_A^{-}Fe^{II}$ 的自旋-晶格弛豫 T_1 时间非常短，须降低探测温度至 10 K 或更低。

若用 KCN 等预先处理 PSⅡ，可将 Fe^{2+} 由高自旋转变成低自旋的抗磁性，从而解除 $Q_A^{-\cdot}$、Fe^{II} 间的交换耦合，或用去铁 PSⅡ，可获得未耦合 $Q_A^{-\cdot}$ 的粉末谱 [272]。室温异丙醇溶液中，$Q_A^{-\cdot}$ 的超精细分裂非常明显 (图 8.1.3(a))，质子的 A_{iso} 是 C_2-CH_3(4.933 MHz)、C_3-CH_3(5.322 MHz)、C_2-CH_2(6.87 MHz)、C_6-H(5.74 MHz)；冷冻后，这些超精细分裂均被包络成以 $g_{iso}\sim2.005$ 为中心、峰-谷宽约 10 G 的吸收峰 [273]。

Q_B 在接受第一个电子的同时，还从类囊体基质侧夺取一个 H^+ 而变成中性的半醌自由基 $PQH^{\cdot}$，室温溶液谱如图 8.1.3(a) 所示。$PQH^{\cdot}$ 再接受第二个电子和质子后，变成还原型质醌 PQH_2(或 Q_BH_2，图 8.1.2)。后者与 PSⅡ 的亲和力下降，迅速从 Q_B 位点脱离，在类囊体膜内扩散、穿梭至 Cyt b_6f。但是，高等植物 PSⅡ 在分离过程中，大多数 Q_B 位点上的质醌已在类囊体膜破碎过程中从 Q_B 位点脱落，只有蓝藻 Q_B 位点上的 PQ 结合比较紧密，不会发生脱离。于 5 K 低温下用光辐照蓝藻 PSⅡ 时，可探测到 Q_B 接收到一个电子形成 $QH_B^{-\cdot}$ 自由基后，形成一个由 $Q_A^{-\cdot}$、Fe^{II}、$QH_B^{-\cdot}$ 等构成的复合体，具有如图 8.3.4(b) 所示的以 $g=1.66$ 为中心的特征峰 [17, 18]。

$Pheo_{D1}^{-\cdot}$ 中不等性的质子和氮原子数量较多，溶液谱的超精细分裂略复杂，具体参数详见文献 [274]。

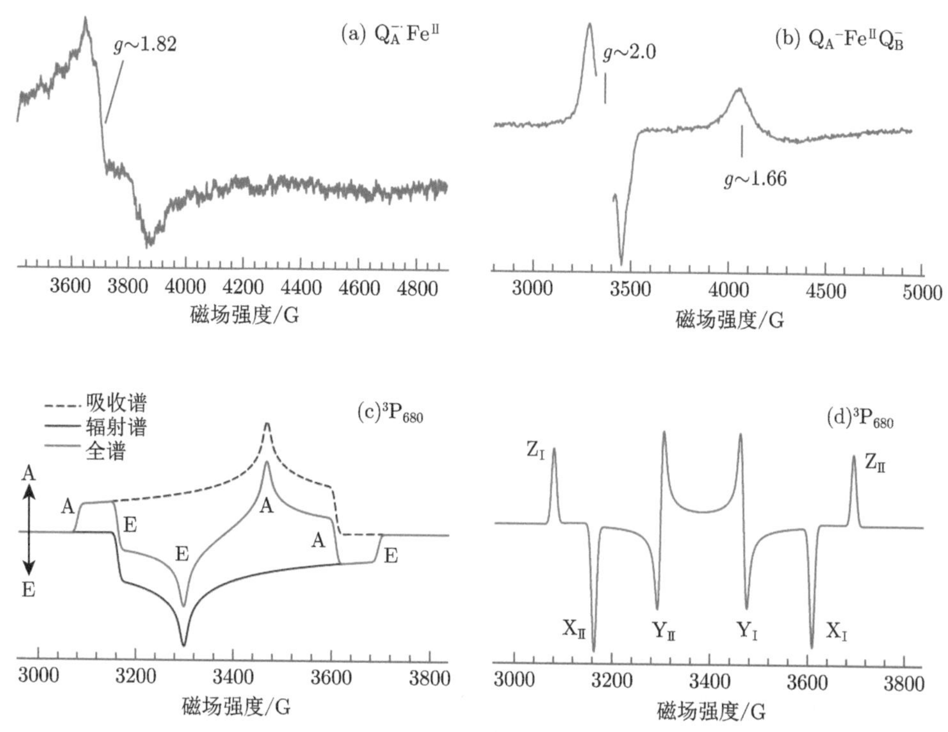

图 8.3.4 PSⅡ 中 $Q_A^{-\cdot}Fe^{II}$(a，BBY 膜)、$Q_A^{-\cdot}Fe^{II}Q_B^{-\cdot}$(b，蓝藻 PSⅡ) 的低温 EPR 谱，9.42 GHz；三重态 $^3P_{680}$ 的瞬态 EPR 谱 (c) 和 cw-EPR 谱 (d)。(b) 中 $g\sim2.0$ 的吸收峰源自 S_1 态锰簇与 $Y_Z^{\cdot}$ 的耦合 $S_1Y_Z^{\cdot}$(下文)；(c) 和 (d) 的模拟参数：9.5 GHz，$g=2.0$，$D=-0.0287$、$E=0.0043\,cm^{-1}$。A(absorption) 和 X_I、Y_I、Z_I 标注吸收谱；E(emission) 和 X_{II}、Y_{II}、Z_{II} 标注受激辐射谱，参考图 4.6.3，D 和 E 的解析与图 4.4.9 相同。图 (b) 由中国科学院化学研究所张纯喜研究员提供，特此感谢。其余参考文献 [267]

B. $^3P_{680}$、^3Chl、^3Car、$^3P_{700}$ 等三重态

在液氦低温下，PSⅡ 受光激发时仍然可以持续不断地引发电荷分离。若去锰 PSⅡ 的 Q_A 预先被单或双还原形成 $Q_A^{-\cdot}$ 或 Q_AH_2，然后于液氦温度下连续强光辐照，会形成中间态 $P_{680}^{+\cdot}Pheo_{D1}^{-\cdot}Q_A^{-\cdot}$ 或 $P_{680}^{+\cdot}Pheo_{D1}^{-\cdot}Q_AH_2$，即电子无法经 $Pheo_{D1}^{-\cdot}$ 向下游继续接力传递。这会致使间距很短的 $P_{680}^{+\cdot}$ 与 $Pheo_{D1}^{-\cdot}$ 发生自由基对重组 (radical-pair recombination)，形成 $^3P_{680}$ 重组三重态 (recombination triplet)，它与系间窜跃所而成的三重态不同 (参考 4.6.1 节)。于外磁场中，$^3P_{680}$ 分裂成 $T_{-1,0,+1}$ 三个子能级，T_0 是优先布居的子能级 [270, 273, 275, 276]。不论是常规的 cw-EPR，还是时间分辨的瞬态 EPR(TR-EPR)，都能检测到 $^3P_{680}$ 呈 AEEAAE 分布的特征谱，如图 8.3.4(c)、(d) 所示，$D=-0.0287$、$|E|=0.0043$ cm^{-1}，单晶谱请参

考文献 [269, 271]。重组三重态和系间窜跃三重态的谱图比较，如图 4.6.3 所示。间距较远的自由基对，如 $P_{680}^{+\cdot}$ 与 $Q_A^{-\cdot}$、$Tyr_Z^{\cdot}$ 与 $Q_A^{-\cdot}$、$P_{700}^{+\cdot}$ 与 $A_1^{-\cdot}$ 等两两重组，$|D| < 20$ MHz，须用异相 ESEEM(见 5.4.4.4 节) 才可控测到特征的重组三重态谱图 [276]。

在光合紫细菌中，反应中心是细菌叶绿素 a(bacteriochlorophyll a，BChl a)。低温光照诱导形成三重态 ^{3}BChl，$D \sim 0.0185$、$E \sim 0.003\,\text{cm}^{-1}$，较小的 $|D|$ 表明三重态离域于反应中心的两个细菌叶绿素 a 中 [270, 277, 278]。

用有机溶剂萃取的叶绿素和 β-胡萝卜素，于低温光照会诱导经系间窜跃而成的三重态 (图 4.6.3)，它们的零场分裂参数随着溶剂变化而有些波动 [279]。叶绿素 a/b/c 三重态，^{3}Chl，$|D| \sim 0.0287$、$|E| \sim 0.0043\,\text{cm}^{-1}$，与 $^3P_{680}$、$^3P_{700}$ 类似。去镁叶绿素 a/b 三重态，^{3}Pheo，$|D| \sim 0.034$、$|E| \sim 0.004\,\text{cm}^{-1}$；锌叶绿素 a/b 三重态 (ZnChl a/b)，$|D| \sim 0.031$、$|E| \sim 0.003\ \text{cm}^{-1}$。三重态 $^3P_{680}$ 和 ^{3}Chl 的特征相似，说明三重态定域分布在一个叶绿素 a 分子内；类似地，还有 $^3P_{700}$ 三重态。

细菌叶绿素 a/b 三重态，^{3}BChl，$|D| \sim 0.023$、$|E| \sim 0.004\ \text{cm}^{-1}$；细菌去镁叶绿素 a/b 三重态，^{3}BPheo，$|D| \sim 0.025$、$|E| \sim 0.005\ \text{cm}^{-1}$。

β-胡萝卜素三重态 ^{3}Car，$|D| \sim 0.028$、$|E| \sim 0.005\ \text{cm}^{-1}$。

C. $P_{700}^{+\cdot}$、$Chl_a^{+\cdot}$、$Chl_a^{-\cdot}$、$Chl_Z^{-\cdot}$、$Car^{+\cdot}$ 等π-自由基

除了镁卟啉 (即叶绿素和细菌叶绿素) 和人工重组而成的锌卟啉叶绿素以外，卟啉及其衍生物难以形成稳定的自由基。目前，卟啉环电子结构的研究，主要来自体内光诱导形成的 $^3P_{680}$、$Pheo_{D1}^{-\cdot}$、$Chl_Z^{+\cdot}$、$^3P_{700}$ 等自由基，以及体外有机溶液中诱导形成的三重态 ^{3}Chl a、$Chl_a^{+\cdot}$、$Chl_a^{-\cdot}$ 等。

叶绿素 a 自由基是平面 π-自由基，g 因子各向异性非常小，不同叶绿素自由基和不同蛋白配位结构的叶绿素自由基，具有相似的特征 g 因子。$Chl_a^{+\cdot}$ 的 X-波段粉末谱是一没有超精细结构的 $g_{iso} = 2.0025$、峰-谷间隔 ~7 G 的包络吸收峰。高频实验中，阳离子自由基 $Chl_a^{+\cdot}$ 的 $g_x = 2.00329$、$g_y = 2.00275$、$g_z = 2.0022$，330 GHz[279−281]；或 $Chl_Z^{+\cdot}$，$g_x = 2.00312$、$g_y = 2.00263$、$g_z = 2.00202$，130 GHz[282]；蓝藻 $P_{700}^{+\cdot}$，$g_x = 2.00304$、$g_y = 2.00262$、$g_z = 2.00232$，140 GHz，或 $g_x = 2.00307$、$g_y = 2.00275$、$g_z = 2.00226$，325 GHz [283]。卟啉环上三个次甲基 (C_5、C_{10}、C_{20}) 和三个甲基 (C_2、C_7、C_{12}) 等基团的超精细耦合常数，详见表 8.3.2[284−286]。其余甲基或亚甲基的超精细耦合常数，参考四氢呋喃溶液的 $Chl_Z^{+\cdot}$ 和 $Chl_a^{+\cdot}$[267, 271]，以及理论计算 [287]。

$Car^{+\cdot}$ 阳离子自由基的超精细分裂，主要源自共轭长链上的 6 个甲基和 C_{15}(α-H) 等基团上的质子 (图 8.3.1)：PSⅡ 体内，A_{iso} 分别是 5 MHz(C_5、$C_{5'}$)、7.2 MHz(C_9、$C_{9'}$)、3.3 MHz(C_{13}、$C_{13'}$)、3.5/7.0/9.0 MHz(C_{15}，α-H)；体外四氢呋

喃溶液，A_{iso} 分别是 3 MHz(C_5、$C_{5'}$)、7.3 MHz(C_9、$C_{9'}$)、2.9 MHz(C_{13}、$C_{13'}$)、1.5~3 MHz(C_{15}，α-H)[288]。130 GHz 高频实验所得的特征 g_i 因子是 g_x=2.00335、g_y=2.00251、g_z=2.00227[288]。

表 8.3.2 $^3P_{680}$、^{3}Chl a、$Chl_a^{+\cdot}$、$Chl_a^{-\cdot}$ 等自由基中部分质子的超精细耦合常数

		氢原子 H 所连碳原子在卟啉环中的位置 (图 8.3.3)					
自由基	A_i/MHz	C_{12}	C_2	C_7	C_5	C_{10}	C_{20}
$^3P_{680}$	A_x	+11.4	—	—	−7.1	−4.7	−3.3
	A_y	+10.0	—	—	−1.8	−14.8	−11.8
	A_z	+9.5	—	—	−5.5	−10.4	−8.4
	A_{iso}	+10.3	—	—	−4.8	−10.0	−7.8
^{3}Chl a	A_z	+7.4	—	—	(−6.2)	−11.4	−7.2
$Chl_a^{+\cdot}$	A_{iso}	+7.12	+3.04	+3.04	⩽ |0.6|	⩽ |0.6|	⩽ |0.6|
$Chl_a^{-\cdot}$	A_{iso}	+10.58	+5.34	−1.53	−4.67	−11.68	−4.37

8.3.3.2 光激发的 P_{680} 供体侧氧化反应

如式 (8.3.2) 所示，光辐照诱导形成的 $P_{680}^{+\cdot}$，会从供体侧的酪氨酸残基夺取一个电子而发生还原。在 PSⅡ 中，有两个重要的酪氨酸残基 (图 8.3.3(a))，分别是 D1 蛋白的 Tyr_{161}(简写成 Tyr_Z 或 Y_Z) 和 D2 蛋白的 Tyr_{160}(简写成 Tyr_D 或 Y_D)，它们都分别各与一个组氨酸 (D1-His_{190}、D2-His_{189}) 通过低势垒氢键 (low-barrier hydrogen bond，LBHB) 耦联在一起。LBHB 的结构是 O—H—O 或 N—H—O，特征是 O/N—H 键长 >1 Å，O—O 间离 <2.55 Å，O—N 间距 <2.65 Å。这种 Tyr_{161}-His_{190} 对，有利于 Tyr_{161} 高效地传递电子和释放质子。

A. 酪氨酸自由基 $Tyr_Z^{\cdot}$、$Tyr_D^{\cdot}$

Tyr_Z 和 Tyr_D 均能被 P_{680} 所氧化。所不同的是，当将 Tyr_D 定点突变后，PSⅡ 的活性并不受到影响，而 Tyr_Z 突变则使 PSⅡ 失去放氧活性 [283]。这表明 Tyr_D 并不参与底物水的氧化，而是作为还原 $P_{680}^{+\cdot}$ 的辅助途径或辅助还原剂，防止 $P_{680}^{+\cdot}$ 氧化其他物质和释放出有害的自由基。类似地辅助还原剂还有 Cyt b_{559}、$ChlZ_{D1}$、β-胡萝卜素等。$Tyr_D^{\cdot}$ 的另一个功能是将 S_0 态锰簇氧化成热稳定的 S_1 态，既保证 S 循环的正常进行，又阻止了 S_0 态将其他物质还原成有毒活性物质的副反应 [289, 290]。如表 8.3.1 所示，$Tyr_D^{\cdot}/Tyr_D$ 的氧还电势是 E=0.75V，小于 $Tyr_Z^{\cdot}/Tyr_Z$。不论体内还是体外，Tyr_D 在光下都容易被 $P_{680}^{+\cdot}$ 氧化，形成稳定的 $Tyr_D^{\cdot}$ 自由基，其电子结构早已被人们用单晶和多频 EPR、ENDOR 等方法深入研究，理论解析详见文献 [291]。表 8.3.3 综合了这些实验所得的 g_i 和 A_i 主值，图 8.3.5 示意了 $Tyr_D^{\cdot}$ 的 X-波段低温粉末谱和 Q-波段的 ^{1}H-Davies-ENDOR 谱。$Tyr_D^{\cdot}$ 的 EPR 信号非常强，实验上常用 10 mmol/L 的维生素 C 钠盐和 3 mmol/L 的四甲基对苯二胺 (3,6-diaminodurene，DAD) 联合暗处理 30~

40 min，可将 $\geqslant 95\%$ 的 $Tyr_D^{\cdot}$ 还原成 Tyr_D，有效地抑制 $Tyr_D^{\cdot}$ 的超强信号对其他信号的掩盖 [34, 292, 293]。

表 8.3.3　$Tyr_D^{\cdot}$ 自由基的特征 g_i 和 A_i 主值 [38]

g_i		A_i/MHz	H_2	H_6	$H_{3/5}$	$H_{5/3}$	H_{β_1}	H_{β_2}
g_x	2.00767	A_x	4.7	4.5	−25.5	−26.8	27.2	9.3
g_y	2.00438	A_y	7.4	7.1	−8	−8	27.2	3.4
g_z	2.00219	A_z	1.5	1.4	−19	−20.1	32.8	4.0
g_{iso}	2.00475	A_{iso}	4.53	5.57	−17.5	−18.3	29.07	5.57

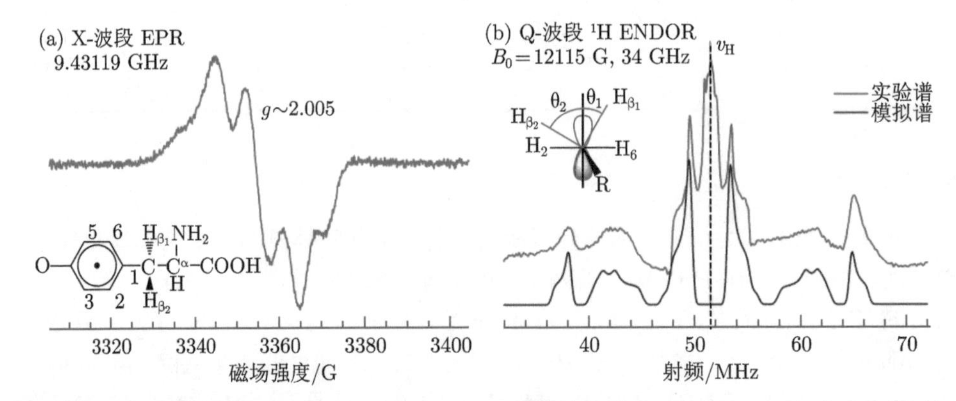

图 8.3.5　$Tyr_D^{\cdot}$ 自由基的 X-波段 cw-EPR 和 Q-波段的 ^{1}H-Davies-ENDOR，参考核苷酸还原酶中的 $Tyr^{\cdot}$ 自由基 [289, 290]。因交叉弛豫和 ENDOR 增益效应等作用，会造成每对吸收峰的强弱明显不同，即高频率吸收峰强度会略高于低频的相应吸收峰。具体参数，详见表 8.3.3

相比之下，Tyr_Z 只能被 $P_{680}^{+\cdot}$ 氧化成变 $Tyr_Z^{\cdot}$ 自由基，所形成的 $Tyr_Z^{\cdot}$ 会与平均间隔 6~7 Å 的锰簇 Mn_4O_5Ca 发生反铁磁耦合，产生新的裂分 EPR 信号 (下文和参考 4.5.6 节)。为了解除这种耦合，实验上会使用去锰 PSⅡ，但 $Tyr_Z^{\cdot}$ 的信号会被强度更强且更稳定的 $Tyr_D^{\cdot}$ 信号所掩盖。若先将 Tyr_D 作定点突变，然后再除去锰簇，用瞬态 EPR 可以探测到 $Tyr_Z^{\cdot}$ 的谱图 (图 5.4.18)，其特征和 $Tyr_D^{\cdot}$ 相同 [294−296]。

B. 锰簇 Mn_4O_5Ca 和 S 循环

位于腔质侧的锰簇 Mn_4O_5Ca，是 PSⅡ 中负责将 2 个水分子氧化成氧气 O_2，并释放出 4 个质子和 4 个电子的酶催化部位。习惯上，锰簇和 Tyr_Z 一起，被称为氧释放复合体 (oxygen-evolving complex，OEC)，若囊括 OEC 的局部蛋白结构，则被称为水氧化复合体 (water-oxidizing complex，WOC)。

1969 年，Joliot 等用闪光辐照小球藻或叶绿体，发现了氧气释放量随着闪光次数逐一增加的振荡衰减，如图 8.3.6(a) 所示 [34, 297]。第 1 次闪光辐照并没有氧气释放，第 2 次闪光会诱导少量氧气的释放，第 3 次闪光后氧气释放量迅速升至一个峰值；第 4 次闪光时氧气释放量迅速下降，在第 5、6 次闪光后降到一非常低的值，然后在第 7 次闪光后又升至一个峰值；随着闪光次数的继续增加，氧气释放的循环峰值依次是第 11、15、19 次闪光。在这个闪光实验中，氧气释放的峰值依次出现在第 3、7、11、15、19 次闪光，这些峰值形成以 4 次闪光为周期的振荡。一年后，Kok 等也报道了类似的以 4 次闪光为振荡周期的放氧变化，然后提出了著名的、如图 8.3.6(b) 所示的 S 循环 (或柯氏循环，S-state or Kok's cycle)[298]。该循环由四次电子传递反应、一共五个中间体 S_i 态 ($i = 0 \sim 4$) 构成，箭头数字①～④分别对应图 8.3.6(a) 的 $1 \sim 4$ 次闪光，即第一个循环，暗适应样品处于 S_1 态。当闪光次数超过 20 次以上时，S_0、S_1、S_2、S_3 态等四个中间产物所占的比例趋于相同，$\sim 25\%$，因此氧气释放峰值不再突出，而呈平均的稳态释放 (图 8.3.6(a))。

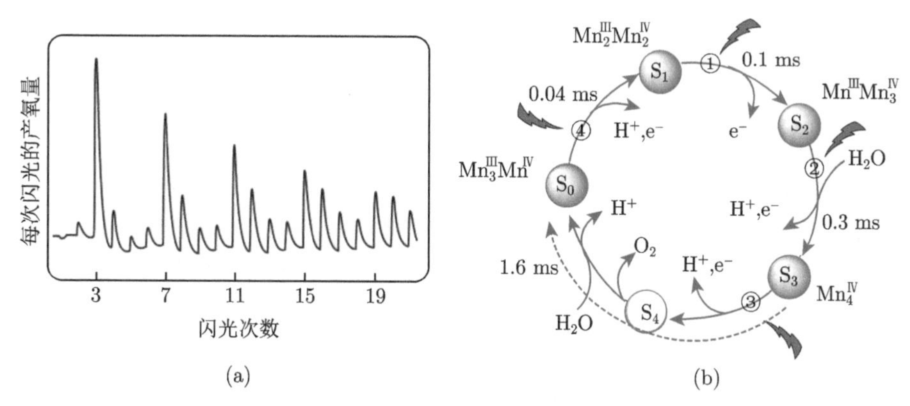

图 8.3.6 (a) 离体菠菜叶绿体氧气释放随着闪光次数的振荡趋势，相关文字描述，详见文献 [299]。(b) S 循环进程，①～④分别对应图 (a) 的 1 至 4 次闪光，每步反应的速率一并标注，所释放的电子逐一经 P_{680} 传递给 Q_B，质子释放到类囊体腔构成跨膜质子势失去 ATP 的合成，或参考文献 [291]

若只关注氧分子的形成，光催化的水氧化反应简写成

$$2H_2O + 4h\nu \xrightarrow{\text{PSII}} O_2 \uparrow + 4H^+ + 4e^- \tag{8.3.3}$$

即，PSII 每次催化两个底物水分子氧化成一个氧分子，并释放 4 个质子和 4 个电子，故 4 次闪光的振荡周期，恰好对应着四个电子的逐一传递。因此，Kok 等的研究报道，迅速引起相关领域研究人员的兴趣，使用各种生物物理、生物化学方法探究 PSII 内到底什么样的活性中心能结合两个底物水分子，同时容纳四个

电子的逐一氧化和氧分子的一步释放 (参考系列第 4 和 22 卷)。首先，人们利用超快光谱和电化学，探测每一步的反应速率 (图 8.3.6(b))、各个 S_i 态寿命和相应电子递体的氧还电势 (表 8.3.1)[1, 2]。其中，S_0 态的 PSⅡ 还原性最强，在暗中长时间静置后会自氧化和被 $Tyr_D^{\cdot}$ 氧化成 S_1 态；S_1 态是热稳态 (thermal stable)，暗适应处理后 PSⅡ 以 S_1 态为主，含少量的 S_0 态 (10%～20%)；S_2 和 S_3 态是亚稳态 (meta-stable states) 的氧化态，室温下半寿命 $30 \sim 60$ s，经暗静置 ~ 5 min 后全部衰变回到 S_1 态；S_4 态是寿命仅 $1 \sim 2$ ms 的最高氧化态，氧分子是在 $S_3 \to [S_4] \to S_0$ 转变过程中被释放的，S_4 态一旦形成就不再能衰变回 S_3、S_2 等低氧化态，而只能进入下一次循环的第一个态，S_0 态 [300, 301]。其次，Tris 缓冲液等处理叶绿体后用 EPR 可探测到游离的 Mn^{2+}，在等渗溶液中可探测到叶绿体对 Mn^{2+} 的选择吸收，说明 Mn^{2+} 是叶绿体功能所必需；用胆酸去肟剂将含锰的外周蛋白洗脱后，PSⅡ 失去了放氧活性，当将这些预先洗脱的外周蛋白回加重组时，PSⅡ 的放氧活性可恢复到对照水平的 $\sim 85\%$。这些研究表明 PSⅡ 中存在一个负责将水氧化的含锰活性中心 [302]。与此同时，人们根据锰离子与叶绿素的比例，推测每个 PSⅡ 可能含 4 个锰离子 [291]。该锰活性中心于 $S_0 \to S_4$ 态的逐次氧化过程中，其总自旋 S_{total} 会在整数和半整数间交替变化，至少有两个是顺磁性的 S_i 态 $(i = 0, 1, 2, 3, 4)$。已知 S_1 态是反铁磁耦合的 EPR 沉默态 (基态 $S_{\text{total}} = 0$)，那么 S_0 和 S_2 态中锰离子间的反铁磁耦合，理应会形成 $S_{\text{total}} = 1/2$ 的顺磁性基态。因此，EPR 是当仁不让的研究方法。于是，如何有效地制备布居于 S_0 或 S_2 态的 PSⅡ，就成为相关研究人员所关心的且是首要解决的实验方案。

1980 年，Dismukes 和 Siderer 采用快速冷冻捕捉方法，首先在离体叶绿体中观测到源自 S_2 态的特征 EPR 多线信号 [303,304]。他们于室温用 25 ns 长的 532 nm 激光脉冲分别给叶绿体闪光 0、1、··· 直到 6 次，再迅速将盛放样品的石英管浸入 −140 ℃ 的异戊烷溶液迅速冷冻，在 25 K 或更低温度下作 EPR 实验。他们在 1 次闪光诱导形成的 S_2 态样品中，探测到由约 16 个超精细分裂峰组成的、以 $g\sim 2.0$ 为中心的宽约 1400 G 的特征谱 (图 8.3.7(b) 和图 8.3.8(a))，该信号被称为 S_2 态 EPR 多线信号 (S_2-state EPR multiline signal)。在 $0 \sim 6$ 次闪光依赖的样品中，S_2 态 EPR 多线信号的峰值分别出现在第 1 和 5 次闪光，在紧接的第 2 和 6 闪光后就会大幅降低，呈 4 次闪光的周期振荡，表明该 EPR 信号源自催化水氧化的锰活性中心。该信号以 $g\sim 2.0$ 为中心，说明锰离子间通过反铁磁耦合形成总自旋 $S_{\text{eff}} = 1/2$ 的基态，而约 1400 G 的宽度，则明显宽于同期已知的混合价态双核锰如 $Mn^{Ⅲ}$-$Mn^{Ⅳ}$ 和 $Mn^{Ⅱ}$-$Mn^{Ⅲ}$ 配合物的 EPR 多线信号。因此，他们推测 S_2 态 EPR 多线信号源自至少由两个锰离子、也可能是由四个锰离子组成的锰活性中心。随后，Hansson 和 Andréasson 发现叶绿体经连续光照后迅速冷却，同样能捕捉到为 S_2 态 EPR 多线信号 [305]。接着，Brudvig 等深入研究了该信号的温度相关性，结果表明单次闪光、20 次闪光和 30 s 连续辐照的最佳诱导温度分别是 ~ 270 K、~ 230 K、~ 190 K[306]。其中，以连续辐照的最佳温度 ~ 190 K 为中心，S_2 态 EPR 多线信号随着温度上升而下降的趋势，表明 S_2 态会进一步氧化成 S_3 态；反之，温度下降，$S_1 \rightarrow S_2$ 的氧化受到低温的抑制。

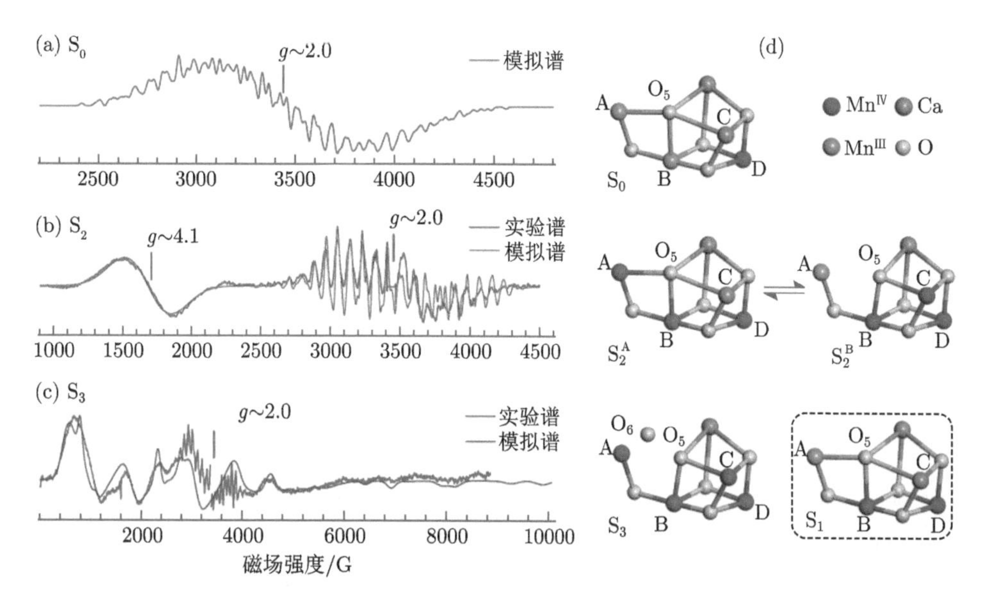

图 8.3.7 X-波段 S_0(a)、S_2(b)、S_3(c) 态的低温谱和模拟谱，参数见表 8.3.4，$Tyr_D^{\cdot}$ 的信号被截。(d) 由上到下是 S_0 至 S_3 态锰簇结构和各个锰离子的可能化合价：用不同颜色实心球表示 Mn^{III}、Mn^{IV}、Ca、O 等四种原子，O_5 表示 $S_4 \rightarrow S_0$ 转变时结合到锰簇上的第一个底物水分子，第二个底物水分子 (O_6) 是 $S_2 \rightarrow S_3$ 转变时结合到锰簇上；S_2^A、S_2^B 表示 S_2 态中 $S=1/2$ 和 $S=5/2$ 的结构，S_2^A 中 O_5—Mn_C 可能断裂而形成一个开放的窗口，即形成开放立方烷结构，S_2^B 是闭合立方烷结构。S_2 和 S_3 态的谱图分别由 A. Haddy 和 A. Boussac 提供，特此感谢，参考文献详见正文。图 (d) 请参考文献 [1, 2]

表 8.3.4 用于模拟的 S_0[263, 309] 和 S_2[310] 多线信号的 g_i 和 A_i 主值

		g	A_1/MHz	A_2/MHz	A_3/MHz	A_4/MHz
S_0	x	2.009	320	270	190	170
	y	1.855	320	270	190	170
	z	1.974	400	200	280	240
S_2	x	1.98	−232	200	−311	180
	y	1.98	−232	200	−311	180
	z	2.00	−270	250	−270	240

以上这些实验表明，根据闪光制备的 S_1、S_2、S_3 态等 PSII 样品中 S_2 态 EPR 多线信号的强度，可分析 S_1、S_2、S_3、S_0 等中间态的布居，为定量地研究 S 循环及其转变效率奠定了基础。比如，把 1 次闪光后所得的 S_2 态 EPR 多线信号强度记为 $I_{1\text{fl}}$，把 1 次闪光外加上 195 K、10 min 连续光辐照所得的 S_2 态 EPR 多线信号总强度记为 $I_{1\text{fl}}+I_{200\text{K}}$，即可计算第一次闪光诱导 S_1 态氧化到 S_2 态的效率 $I_{1\text{fl}}/(I_{1\text{fl}}+I_{200\text{K}})$，一般大于 80%。以其为对照，根据经 2 次闪光的样品中总的 S_2 态 EPR 多线信号强度，可知 $S_2\rightarrow S_3$ 态的转变效率；以此类推到 3、4、5 次闪光的情况，从而定量地研究 S_i 态循环的具体进程。实际实验中，闪光诱导的转化效率受叶绿素浓度、温度、缓冲液、抗冻剂等多个因素影响 [257, 307]。一般地，叶绿素浓度越高，转化效率就越低，故用闪光制备 S_i 态振荡时，使用叶绿素浓度 3 ~ 4 mg/mL 为宜 (脉冲实验需要更黏稠的浓缩样品，如 10 ~ 20 mg/mL)。若结合一次预闪光照射，将样品中残余的 S_0 态 (10% ~ 20%) 氧化成 S_1 和将 S_1 态氧化成 S_2 和 S_3(有一小部分 PSII 在一次闪光过程会被连续激发两次，称为双击效应 (double hit))，再暗中静置约 10 min 让 S_2 和 S_3 态充分衰减回 S_1 态，从而将全部 PSII 同步化地布居于 S_1 态。此时，第 1 次闪光的氧化效率最高可达 100%[308]。

只要将 PSII 样品置于干冰/乙醇浴 (−78 °C，195 K) 中连续光辐照 10~20 min，即可方便地制备接近 100%的 S_2 态，这使人们可以集中研究 $S_1\rightarrow S_2$ 的转变和 S_2 态锰簇的电子结构。这些研究还会结合电子传递抑制剂、去钙 PSII、去氯 PSII、乙酸处理 PSII、NaF、NaN_3、DTT、不同小分子有机物 (如甲醇、乙醇、甘油等) 等不同的化学处理，外周蛋白洗脱和重组，以及基因定点突变等，极大地推动了人们对 PSII 水氧化机理的探讨。在此研究过程，人们还陆续发现 S_2 态还具有其他特征 EPR 信号 [311,312]：① 第一个是 $g=4.1$ 的高自旋 EPR 信号，称为 S_2 态 $g\sim 4.1$ 信号 (图 7.3.7(b))，以区别 S_2 态 EPR 多线信号，$D=0.455$ cm^{-1}，$E/D=0.25$[313]；② 第二个是去钙 PSII 中 S 循环止步于 S_2 态而无法继续再氧化，S_2' 态 (上标 “′” 表示去钙 PSII)EPR 多线信号与正常的 S_2 态 EPR 多线信号存在较为明显差别；③ 第三个是 S_2' 态于 0°C 给予 30 s 光照时，光激发形成的 $\text{Tyr}_Z^{\cdot}$ 自由基与 S_2' 间存在弱交换耦合，形成 $Y_Z^{\cdot}S_2'$ 复合体，具有特征的裂分 EPR 信号 (“split” EPR signal，参考 4.5.6 节)，该信号在完整 S_2 态 PSII 中因强耦合而变成 EPR 沉默态。这些特征 EPR 信号表明 S_2 态是一个极具柔性的结构，这与其准备接纳第二个底物水分子而向 S_3 态氧化有关，也和锰离子较弱的配位能力有关 (参考 8.2.3 节)。

在对 S_2 态 PSII 电子结构的研究过程中，人们陆续发现甲醇能抑制 S_2 态 $g=4.1$ 信号而增强 S_2 态 EPR 多线信号强度的相互转变现象，这让人们看到了跟踪 S_0 态 EPR 信号的希望。1997 年，Messinger 等用还原剂和甲醇联合处理

把 S_1 还原成 S_0^*(“*” 表示用化学还原法制备)，以及 Åhrling 等用 3 次闪光处理含 ∼3% 甲醇的 PSⅡ，各自独立检测到如图 7.3.7(a) 所示的 S_0 态 EPR 多线信号 [314−316]。随后，Geijer 等系统地比较研究了 S_0、S_2 态 EPR 多线信号的谱宽、超精细分裂、自旋-晶格弛豫、甲醇相关性、交换耦合 J 的大小 [309]。S_3 态的特征 EPR(源自 $S=3$ 的激发态) 一直到 2009 年才在细长嗜热聚球藻中被人们所探测，如图 7.3.7(c) 所示 [309]，随后 W-波段谱图也被报道，但该信号在高等植物 PSⅡ 中仍无法重复，留下一个待解的问题 [307]。

随着 S_2 态电子结构被 cw-EPR 等技术方法所研究，人们也开始推测锰簇的几何结构。2000 年前后，PSⅡ 单晶培养技术获得突破，随后单晶结构的分辨率由 3.8 Å 逐渐增大到 1.9 Å，锰簇结构也随之被揭示 [317]。如图 8.3.7(d) 所示，锰簇核心由四个锰、五个氧和一个钙离子构成，即 Mn_4O_5Ca，参考 [NiFe]-CODH 的铁硫簇 Fe_4S_5Ni(8.2.4.4 节)。可是，人们所关注的 S 态循环中各个锰离子的化合价和各个锰离子的逐一氧化，无法从单晶结构获知，这只能用 ^{55}Mn-ENDOR 来解析。S_2 态 X-波段 ^{55}Mn-ENDOR 一方面步表明锰簇中四个锰离间均存在交换作用，携带相似的自旋密度 [318]；较高分辨的 S_0 和 S_2 态 Q-波段 ^{55}Mn-ENDOR 另一方面表明 S_0 和 S_2 态锰簇中四个锰离子的化合价分别是 $Mn_3^{Ⅲ}Mn_1^{Ⅳ}$ 和 $Mn_1^{Ⅲ}Mn_3^{Ⅳ}$，并排除 +2 价或 +5 价的锰离子 [312]。然而，仅仅一组 ^{55}Mn-ENDOR 数据，显得过于单薄。因此，人们开始探索在保持 PSⅡ 放氧活性的基础上改造锰簇，如将 Mn_4O_5Ca 中的 Ca^{2+} 置换成同族的 Sr^{2+}，因为 Ca^{2+} 与 Sr^{2+} 的电负性、离子半径等特征非常接近。Boussac 等在培养细长嗜热聚球藻时，将培养液分成含钙源的正常组和把钙源替换成锶源的改造组，分离所得 PSⅡ 的放氧活性没有受到 Ca/Sr 置换的影响 [310, 319, 320]，单晶结构表明在 Mn_4O_5Sr 中 Sr^{2+} 向立方烷外略微伸长 [321]。在此过程中，笔者参与了不同物种来源和人工改造的三种锰簇 (菠菜 Mn_4O_5Ca、细长嗜热聚球藻的 Mn_4O_5Ca 和 Mn_4O_5Sr) 的比较研究 [322]。图 8.3.8 比较了 S_2 态菠菜 Mn_4O_5Ca、细长嗜热聚球藻 Mn_4O_5Ca 与 Mn_4O_5Sr 等三种不同锰簇的 X-、Q-波段 cw-EPR 谱，以及代表性的 Q-波段 ^{55}Mn-ENDOR。三种不同锰簇的 X-和 Q-波段的 S_2 态 EPR 多线信号吸收峰宽度均为 ∼1800 G，可分辨出 ∼20 个超精细峰，总体特征相差不大。在 Q-波段 ^{55}Mn-ENDOR 谱中，菠菜 Mn_4O_5Ca 的吸收峰范围 (72∼174 MHz) 略窄于细长嗜热聚球藻 (65∼190 MHz)，与它们 Q-波段的 cw-EPR 宽度差异相一致。综合已有实验结果和理论分析，锰簇各个锰离子的化合价是 S_0 态-$Mn_{ABC}^{Ⅲ}Mn_D^{Ⅳ}$、S_1 态-$Mn_{AC}^{Ⅲ}Mn_{BD}^{Ⅳ}$、S_2 态有低自旋的 S_2^A-$Mn_C^{Ⅲ}Mn_{ABD}^{Ⅳ}$ 和高自旋的 S_2^B-$Mn_A^{Ⅲ}Mn_{BCD}^{Ⅳ}$、S_3 态-$Mn_{ABCD}^{Ⅳ}$，如图 8.3.7(d) 所示 [319, 320, 323]。

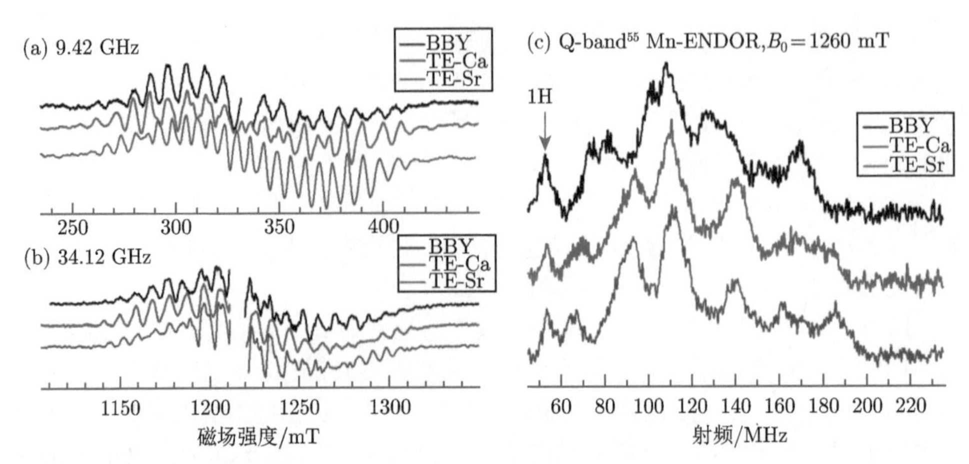

图 8.3.8　菠菜 BBY 锰簇 Mn_4O_5Ca、细长嗜热聚球藻 (TE) 锰簇 Mn_4O_5Ca 与 Mn_4O_5Sr 等的多频 S_2 态 EPR 多线信号 (图 (a) 和 (b))，以及代表性的 Q-波段 ^{55}Mn-ENDOR(图 (c))。在这三个图中，由上到下的三条谱图次序都一样，依次是 BBY-Mn_4O_5Ca、TE-Mn_4O_5Ca 和 TE-Mn_4O_5Sr。图 (b) 是回波扫场吸收谱的 20 G 拟调制谱。图 (c) 中，静磁场 $B_0 = 1260$ mT，ν^1H $\sim$ 53.6 MHz(如箭头所示)；ν^{55}Mn $\sim$ 13.3 MHz，远小于 $A_i(i{=}x,y,z)$，参考图 5.3.3 强弱耦合情况。图 (a) 和 (b) 中，Tyr_D 自由基的信号被省略，其中图 (a) 的细长嗜热聚球藻 (TE)EPR 谱源自 Tyr_D 突变体 [1, 2, 324]。其余参考文献 [289, 290]

在实验室水平上，制备氧气的常用化学方法主要有三种，分别是高锰酸钾加热分解，氯酸钾与 MnO_2 混合物加热分解，以及 H_2O_2 被 MnO_2 催化成 H_2O 和 O_2。另外一种不常用的方法是过氧化钙 (CaO_2) 和水反应放出氧气。因此，PSⅡ 用锰和钙元素作为其水氧化活性部位的金属元素构成，是自然界的最佳选择。据已有的 ^{17}O-(EPR 和 ENDOR) 和 ^{18}O-膜进样质谱法 (membrane inlet mass spectrometry，MIMS) 同位素标记实验，人们推测在 S 循环中，第一个底物水分子是 $[S_4]\to S_0$ 转变中结合在锰簇 Mn_4O_5Ca 上 (图 8.3.7(d) 中的 O_5)，第二个是在 $S_2\to S_3$ 转变中结合到锰簇上，其结合部位尚未清楚，推测是如图 8.3.7(d) 示意的 O_6 [319, 320, 323]。在 $S_3\to[S_4]\to S_0$ 转变过程中，应存在类似于 $Mn_A^{IV}<^{OH}_{O}>Ca^{II}$ 或 Mn_A^{IV}-O_2/O_2H-Ca^{II} 等的复合中间体，形成了一个兼具 $MnO_2(Mn_A^{IV}—O_2—)$ 和 $CaO_2(—O_2—Ca^{II})$ 的氧化性极强的复杂结构 (参考本章含氧合铁、氧合铜复合结构的酶)，二者缺一不可，促进氧分子的释放。这种结构特征和已有实验相互佐证：① 光合放氧生物如绿色植物、藻类和蓝细菌等的锰簇结构是相同的；② 锰簇除钙会造成 S 循环止步于 S_2 态，无法再继续氧化到 S_3 态等更高氧化态。

C. 甲醇对锰簇电子结构的影响，甲醇效应

高等植物 BBY 膜中，大部分 Q_B 在类囊体膜的破碎过程已经脱离，体外实验时须添加 ~5 mmol/L 的醌类或铁氰化钾等作为 Q_A 的外源电子受体，才能有效地诱导 S 循环和放氧反应，以研究原初光合电子传递机理 [1, 317, 325, 326]。醌类受体是苯基苯醌 (PPBQ)、2,6-二甲基苯醌 (DMBQ)、2,6-二氯苯醌 (DCBQ) 等，无机盐受体是铁氰化钾，电子传递抑制剂是二氯苯基二甲脲 (又称敌草隆，DCMU)、2,5-二溴-6-异丙基-3-甲基-1, 4-苯醌 (又称二溴百里香醌，DBMIB)。部分有机小分子的结构如图 8.3.9 所示。

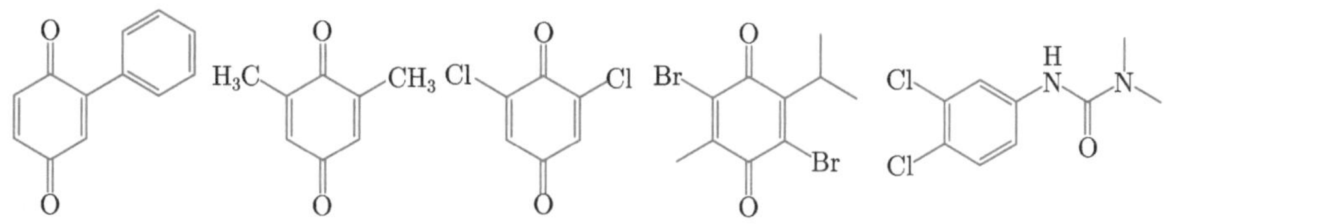

PPBQ(277 mV)　2,6-DMBQ(315 mV)　2,6-DCBQ(174 mV)　DBMIB　DCMU

图 8.3.9 常用的光合电子受体和电子传递抑制剂，括号内是还原电势，参考图 8.1.2

醌类电子受体或抑制剂常用甲醇、二甲基亚砜 (DMSO)、异丙醇等醇类溶剂配成母液，直至实验时再添加。这些溶剂最终含量都比较低 (~1%，V/V)，几乎不影响表观实验如放氧、叶绿素荧光等。然而，EPR 能敏锐地检测到 BBY 膜锰簇电子结构显著地受到这些溶剂的影响。首先，甲醇以牺牲 S_2 态 $g = 4.1$ 信号为代价，增强 S_2 态 EPR 多线信号的强度，这表明甲醇有利于基态 $S = 1/2$ 的布居。其次，用 3 次闪光辐照不含甲醇的 BBY 膜样品时，S_0 态 EPR 多线信号无法被探测，说明无甲醇时基态 $S_{\mathrm{total}}= 1/2$ 与第一激发态 $S_{\mathrm{total}} = 3/2$ 的能级间隔 $\varDelta$ 非常小，造成 S_0 态锰簇的自旋-晶格弛豫时间 T_1 非常短而无法被探测。由式 (4.5.19)，在 S_0 和 S_2 态，$\varDelta = 3J$；在 S_1 和 S_3 态，$\varDelta = 2J$。菠菜 BBY 和细长嗜热聚球藻 (TE) 锰簇能级差，如表 8.3.5[327−329]，能级变化如图 8.3.11(a)、(b) 所示。甲醇能显著增大 S_2 态的基态与第一激发态的能级差 $\varDelta$：① BBY 膜的 $\varDelta$ 值由 3~6 cm^{-1} 增加至 ~25 cm^{-1}；② 细长嗜热聚球藻则由 ~13.6 cm^{-1}(不添加任何电子受体)、~17.5 cm^{-1}(DMSO)，增大至 ~23 cm^{-1}(Mn_4O_5Ca，甲醇) 或 ~26 cm^{-1}(Mn_4O_5Sr，甲醇)。在 S_2 态锰簇中，Mn^{III} 离子对晶格环境的敏感性要强于 Mn^{IV} 离子，Mn_4O_5Sr(甲醇) 的 $\varDelta$ 值大于 Mn_4O_5Ca(甲醇)，说明 Ca/Sr 与 S_2^A 态的唯一的 Mn^{III} 离子相连，这是 Ca/Sr 置换所获的重要发现之一 [319, 323]。对于 S_0 态，没有甲醇时 BBY 膜 S_0 态 EPR 多线信号无法被探测 [319]，有甲醇时 $\varDelta \sim 22$ cm^{-1}。无甲醇时，S_0 态细长嗜热聚球藻的 $\varDelta \sim 12$ cm^{-1}(DMSO，表 8.3.5)，故 S_0 态 EPR 多线信号可直接被探测。锰簇电子结构的这些研究同样表

明，锰离子间的交换作用、各个能级的能级间隔和布居等在真核生物 (BBY 膜) 和原核生物 (细长嗜热聚球藻) 间仅存在一些细微差异，这些差异主要与物种的生存环境有关。这再次说明了锰簇是绿色植物在进化过程中所找到的氧化水效率最高的酶活性中心。甲醇对锰簇电子结构的影响，同样体现在锰簇与 $Tyr_Z^{\cdot}$ 的弱耦合上，详见下文。

表 8.3.5　菠菜 BBY 膜和细长嗜热聚球藻的 S_0 和 S_2 态锰簇，基态与第一激发态的能级差 Δ，参考图 8.3.11(a)、(b)[309, 314−316]。空白是指不添加外源电子受体，DMSO 和甲醇作为 PPBQ 的溶剂 (1%～2%，V/V)

S_i 态	物种来源	$\Delta = 3J$ /cm		
		空白	DMSO	甲醇
S_2	BBY	—	～6	～12 或 ～36.5
	BBY	～2.7	～2.3	～24.7
	T. elongatus	～13.5	～17.5	～22.4 (Mn_4O_5Ca)
S_0	BBY	—	—	～22 或 ～31
	T. elongatus	—	～12	—

D. 锰簇与 $Tyr_Z^{\cdot}$ 的交换耦合，作用光谱和甲醇效应

PSⅡ 单晶结构显示，锰簇与 $Tyr_Z(Y_Z)$ 间距 6～7 Å[294, 323]。因此，$Y_Z^{\cdot}$ 自由基一旦产生，就会和锰簇发生交换作用形成一个耦合体系。如 4.5.6 节所述，这种耦合会导致二者 EPR 信号的展宽，形成特征的裂分 EPR 信号，这种弱耦合因弛豫迅速需要在 10 K 以下低温才能被探测到。$Y_Z^{\cdot}$ 自由基 $S_R = 1/2$ 自旋态是固定不变的，但不同 S_i 态锰簇 ($i = 0 \sim 3$) 的基态 S_M 是循环变化的，且自旋密度和布居也会发生周期性变化。这势必造成 $Y_Z^{\cdot}$ 与 S_i 锰簇间的反铁磁耦合因 S_i 而异，如 $Y_Z^{\cdot}S_2$ 耦合形成 $S_{total} = 0$ 的 EPR 沉默态，而 $Y_Z^{\cdot}S_0$、$Y_Z^{\cdot}S_1$、$Y_Z^{\cdot}S_3$ 等三种耦合体系，均具有特征的、分布于 $g \sim 2.0$ 附近的 EPR 裂分信号，它们都具有以 4 次闪光为周期的振荡 [318]。这三个信号在 5 K 低温下用普通白光照射 20 s 即可诱导形成的，如图 8.3.10(a) 所示。其中，$Y_Z^{\cdot}S_0$ 形成以 $g \sim 2.0$ 为中心的比较对称的信号；$Y_Z^{\cdot}S_1$ 和 $Y_Z^{\cdot}S_3$ 的裂分 EPR 信号不对称，前者位于 $g \sim 2.0$ 的低场，后者位于高场，理论解释参考 4.5.6 节。$Y_Z^{\cdot}S_1$ 存在于暗适应处理的 0 次闪光样品中，一个特征吸收峰位于 3295 G 左右 (完整谱如图 8.3.10(c) 插图所示)；该吸收峰在 1 次闪光样品中还有的约 20%的残余消失于 2 次闪光的样品中，这表明第 1 次闪光诱导 S_2 态的效率为 ～80%，低温光照并没有诱导源自 S_2 态锰簇的新信号。在 2 次闪光样品中，$Y_Z^{\cdot}S_3$ 的特征吸收峰位于 3440 G 左右，该信号在 3 次闪光样品中仍有残余。在 3 次闪光的样品中，低温光照诱导形成 $Y_Z^{\cdot}S_0$，其 EPR 信号谱形比较对称 (图 8.3.10(a) 和 8.3.11(c))。在此过程，$S_1 \rightarrow S_2$ 的转变效率可用 $Y_Z^{\cdot}S_1$

的信号强度来跟踪。

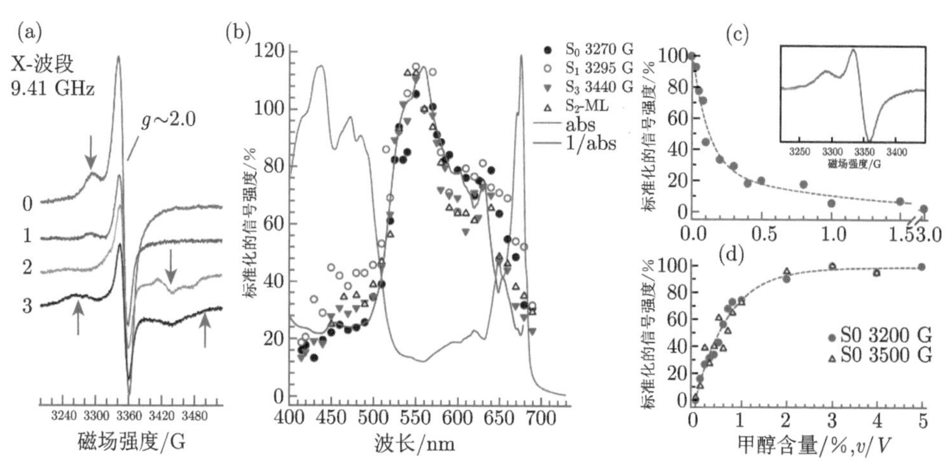

图 8.3.10 (a) 在 S_1、S_2、S_3、S_0 态中 5 K 低温、20 s 光照诱导形成的 9.41 GHz 的裂分 EPR 信号，谱线是光照后减去光照前的差谱，BBY 膜样品于冰浴中分别给予 0、1、2、3 次激光脉冲闪光，然后迅速冷冻于液氮并保存，箭头示意图 (b)~(d) 等信号强度的位置。(b) 标准化的三个裂分 EPR 信号和 S_2 多线信号 (S_2 ML) 的作用光谱与 BBY 膜 1.7 K 的低温吸收谱 (abs) 及其倒数 (1/abs)，样品均含有 ~3% DMSO。(c)、(d) 甲醇引起 $Y_Z^{\cdot}S_1$ 的减弱效应 (3295 G 对应的位置) 和 $Y_Z^{\cdot}S_0$ 的增强效应 (3200 G 和 3500 G 对应的位置)；图 (c) 插图是纯的 $Y_Z^{\cdot}S_1$ 特征 EPR 谱，用含 0%减去含 5%甲醇所得的差谱。具体实验参数和过程，详见文献 [296]

PSⅡ 的核心天线蛋白 (CP43、CP47) 和外周天线色素蛋白 LHCⅡ 都含有大量的叶绿素 a、b 和 β-胡萝卜素，以 BBY 膜为代表的 1.7 K 低温可见吸收光谱及其互补光谱如图 8.3.10(b) 所示 (abs: absorption，其倒数 1/abs 是互补光谱)，主要吸收范围是波长 $\lambda < 520$ nm 的蓝/紫光区和 630 nm $< \lambda <$ 690 nm 的红光区，最大吸收波长 $\lambda \sim 680$ nm。$Y_Z^{\cdot}S_0$、$Y_Z^{\cdot}S_1$、$Y_Z^{\cdot}S_3$、S_2 多线信号等的作用光谱 (415 nm $< \lambda <$ 690 nm)，也已被笔者所研究 [295, 330, 331]。图 8.3.10(b) 示意了 5 K 低温用 15 次激光闪光诱导 $Y_Z^{\cdot}S_i(i=1,3,0)$ 信号和 0° 冰浴一次闪光诱导 S_2 多线信号等的标准化作用光谱，这四种 EPR 信号的作用光谱是完全相同的，再一次证明它们源自相同的光化学反应。这些作用光谱与 BBY 膜吸收谱的倒数 (或互补光谱) 相匹配，效率最高的区域是 BBY 吸收谱中吸收最少的黄、绿光区，这表明波长 $\lambda < 680$ nm 的光量子，均可激发 P_{680} 的光反应。红光和蓝紫光区域的光能，大部分被含有大量色素分子的 LHCⅡ、CP43、CP47 等天线色素蛋白所优先吸收，屏蔽了 P_{680} 直接吸收这两个波长范围的光量子，造成这四种信号的光诱导效率比较低 [296]。

在早期研究中，人们已知 S_1 态锰簇是 EPR 沉默态，因此推测 $Y_Z^{\cdot}S_1$ 源自 S_1 态锰簇第一激发态与 $Y_Z^{\cdot}$ 的交换耦合 [294−296, 330]。利用甲醇能改变锰簇基态与第一激发态能级间隔 Δ 的效应，我们可以人为改变锰簇各个能级的布居，进而增强或减弱 $Y_Z^{\cdot}S_i$ 的信号强度。如图 8.3.11(a)、(b) 所示，没有甲醇时，能级间隔 Δ 比较小，第一激发态能 “混入” 基态中，造成弛豫非常迅速；添加甲醇后，能级间隔 Δ 增大，使这两个能级得到较好的隔离，减小或消除了第一激发态 “混入” 基态的可能性和混入程度 [332]。图 8.3.10(c)、(d) 示意了 $Y_Z^{\cdot}S_1$ 和 $Y_Z^{\cdot}S_0$ 裂分信号随着甲醇浓度的动态变化 [323]。① $Y_Z^{\cdot}S_1$ 和 $Y_Z^{\cdot}S_3$ 裂分信号的强度都随着甲醇浓度上升而迅速下降，在甲醇含量达到 3%时接近于零，$Y_Z^{\cdot}S_1$ 和 $Y_Z^{\cdot}S_3$ 裂分信号下降一半的甲醇浓度 $[\mathrm{MeOH}]_{1/2}$ 分别是 ~0.12%(~30 mmol/L) 和 ~0.57%(~140 mmol/L)。注，5 K 低温光照还会诱导形成 $P_{700}^{+\cdot}$、$Chl_Z^{+\cdot}$、$Car^{+\cdot}$ 等杂质有机自由基，它们的信号在光-暗差谱中以 $g \sim 2.003$ 为中心的对称吸收峰，与 $Y_Z^{\cdot}S_i$ 裂分信号部分重叠。但是这些杂质信号不受甲醇影响，故用含 0%甲醇的谱线减去含 3%~5%的谱线而得的差谱，就是一个纯的 $Y_Z^{\cdot}S_1$ 裂分信号，如图 8.3.10(c) 中的插图，其余纯的 $Y_Z^{\cdot}S_i$ 裂分信号详见文献 [294]。这些甲醇效应表明，$Y_Z^{\cdot}S_1$ 和 $Y_Z^{\cdot}S_3$ 裂分信号源自 $Y_Z^{\cdot}$ 与 S_1 和 S_3 态锰簇的第一激发态 $S = 1$ 耦合形成的电子自旋多重性 M_2(图 8.3.11(a))。甲醇增大了能级间隔 Δ，减少了第一激发态和 M_2' 的布居 (“′” 表示含有甲醇)，削弱了 $Y_Z^{\cdot}S_1$ 和 $Y_Z^{\cdot}S_3$ 裂分信号的强度，直到消失；布居于 $S = 0$ 基态的锰簇与 $Y_Z^{\cdot}$ 的交换作用，不会形成裂分信号 (详见 4.5.6 节)。② $Y_Z^{\cdot}S_0$ 裂分信号强度随着甲醇浓度增加而增大，$[\mathrm{MeOH}]_{1/2}$ 约 0.54%(~135 mmol/L)。这是因为甲醇增大了能级间隔 Δ，减少了第一激发态 $S = 3/2$ 和 M_2' 等的布居，增加了基态 $S = 1/2$ 和 M_1 的布居 (图 8.3.11(b))。$Y_Z^{\cdot}S_0$ 裂分信号随着甲醇浓度增加而增大的效应和甲醇使 S_2 态基态 $S = 1/2$ 得到优先布居的效果如出一辙，$[\mathrm{MeOH}]_{1/2} \approx 0.2\%$ [294]。

理论上，S_i 锰簇与 $Y_Z^{\cdot}$ 的磁性耦合，会以牺牲原先未耦合的 S_i 锰簇和 $Y_Z^{\cdot}$ 的信号为代价。$Y_Z^{\cdot}S_1$ 和 $Y_Z^{\cdot}S_3$ 裂分信号均源自锰簇的第一激发态，未与 $Y_Z^{\cdot}$ 耦合时该激发态的 EPR 信号并没有被检测到，因此无法深入研究 (注，S_3 态的 $S= 3$ 高自旋信号只发现于细长嗜热聚球藻中 [294, 323])。$Y_Z^{\cdot}S_0$ 裂分信号源自锰簇的基态 $S= 1/2$，未耦合时 S_0 锰簇就具有特征的 S_0 态 EPR 多线信号 (图 8.3.11(c) 的 b 谱)；5 K 光照后，$Y_Z^{\cdot}S_0$ 裂分信号的形成伴随着 S_0 态 EPR 多线信号的减弱，如图 8.3.11(c) 的 a 谱所示。这种动态的相互转变在光-暗差谱 (图 8.3.11(c) 的 d 谱) 中更加明显：① $Y_Z^{\cdot}S_0$ 裂分信号以 $g= 2.0$ 为中心，略呈对称；② d 谱中用虚线标注的 S_0 态 EPR 多线信号特征超精细峰，其峰谷相位与 b 谱线恰好相反，即低温光照致 S_0 态 EPR 多线信号减弱，造成强度变成了负值。光诱导形成的三

种 $Y_Z^{\cdot}S_i$ 裂分信号并不稳定，在暗中发生电荷重组而很快地衰减，半寿命 $t_{1/2}\approx 3$ min[307, 317]。经 20 min 暗衰减处理后，$Y_Z^{\cdot}S_0$ 裂分信号几乎完全衰减而 S_0 态 EPR 多线信号几乎全部恢复，如图 8.3.11(c) 的 e 谱所示。S_0 态 EPR 多线信号，因 5 K 光照诱导形成 $Y_Z^{\cdot}S_0$ 耦合体系而减弱，随后暗中电荷重组又恢复至初始水平的动态过程 (图 8.3.11(c) 的 a～c 谱)，表明 PSⅡ 内的电子传递和重组是非常复杂且有效的 [295]。

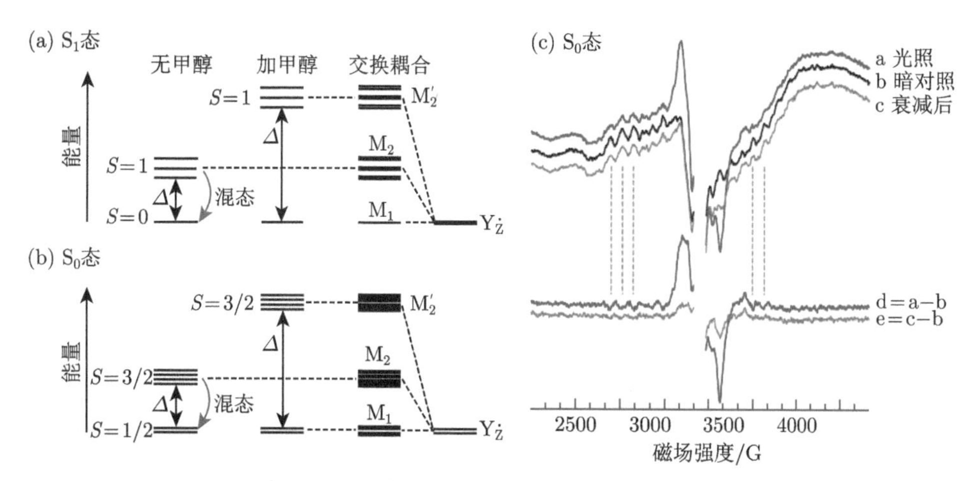

图 8.3.11 甲醇增大 S_1(a) 和 S_0(b) 态锰簇基态与第一激发态能级间隔的示意图，忽略第二激发态以上的其他高能级，参考 4.5.4 节。(c) 5 K 低温、11 min 光照诱导 S_0 多线信号 (S_0 ML) 和 $Y_Z^{\cdot}S_0$ 裂分 EPR 信号的变化。图 (c) 中的 a～c 三条 EPR 谱来自同一个 3 次预闪光的 S_0 态样品，9.47 GHz、5 K：a 是连续光照 11 min 所得，b 是暗对照，c 是 a 光照后经 20 min 暗衰减处理以消除 $Y_Z^{\cdot}S_0$ 裂分信号，d 是 a 减 b 的光-暗差谱，e 是 c 减 b 的暗衰减-暗差谱。参考文献 [309]

生理条件下，$Y_Z^{\cdot}$ 容易被 $P_{680}^{+\cdot}$ 氧化且寿命极短，造成 S_i 态锰簇与 $Y_Z^{\cdot}$ 的交换耦合寿命非常短，会很快发生去耦合，这样有利于维持锰簇的电中性，并具有与 $P_{680}^{+\cdot}$ 相近的还原电势，防止正电荷积累在锰簇上，从而保证了电子和质子的定向转递及最终的水氧化 [294, 295, 331]。

E. 化学和 PSⅡ 氧化水的比较

热力学上，根据标准 Gibbs 自由能 ΔG°(237.31 kJ/mol)，水在水溶液中氧化成气相 O_2 和 H_2 的电化学电势差 $\Delta E = -1.23$ eV；若是将水氧化成氧气 (O_2) 和 4 个 H^+，如式 (8.3.3) 所示，那么 pH 7.0 时中点电势 $E_{m,7} = +0.82$ eV。将 $E_{m,7}$ 用于估算具体每一步与 pH 相关的单电子氧化反应，得如图 8.3.12(a) 所示的水氧化成 O_2 和 4 个质子的逐个电子传递的能级，各个相邻能级间隔差异显著。比如，从两个底物水分子中夺走第一个电子，需要 >2 eV 的能量，这是任何一个生物系统都无法提供的能量。而且，在整个过程还有活性氧中间体的产生。因此，PSⅡ 并不采取直接将 4 个电子逐一从两个水分子中夺走的策略，而采取从将 4 个电子从锰簇中逐一夺取，附着于锰簇上的两个底物水则是逐一释放质子以维持锰簇的电中性，产物氧分子是在协同反应中一步生成和释放，避免活性氧中间体的产生。实现这个策略的基础是反铁磁耦合的锰簇及其与 $Y_Z^{\cdot}$ 的交换耦合，将 4 步电子传递的还原电势平均化，+0.8 ~ +1.1 V，如图 8.3.12(b) 所示 [1]，同时参考表 8.3.1 中相关电子传递体的还原电势。如，$P_{680}^{+\cdot}/P_{680}$ 的还原电势是 +1.25 V，对应的 $\Delta G^\circ/\left(P_{680}^{+\cdot}/P_{680}\right)$ 是 1.25 eV；其他数值如 ΔG° (Y_ZS_1/Y_ZS_0)~0.85 eV、ΔG° (Y_ZS_2/Y_ZS_1)~1.02 eV、ΔG° (Y_ZS_3/Y_ZS_2)~1.15 eV、$\Delta G^\circ(Y_ZS_3/Y_ZS_2)$~1.0 eV[1, 291]。

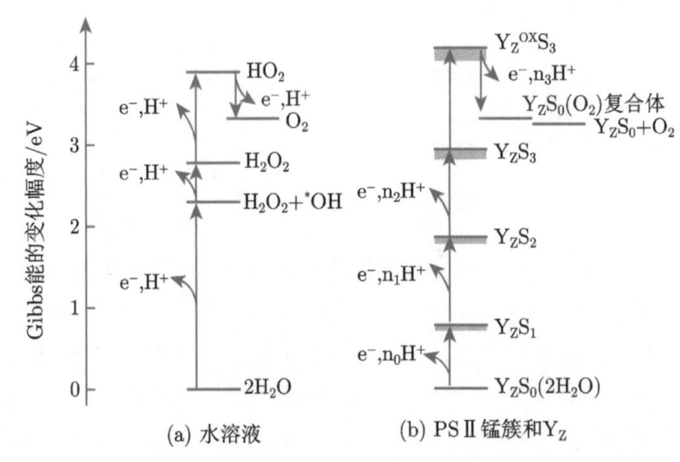

图 8.3.12　水溶液 (a) 和 PSⅡ 锰簇借同 Y_Z(b) 氧化水所需的 Gibbs 能，(b) 图中各个能级间隔详见表 8.3.1 和正文。为便于比较，将最低能级标准化为 0，并假设两个底物水分子已结合在锰簇上和假设 O_2 释放前与锰簇的超氧复合体是 $Y_ZS_0(O_2)$，阴影表示能级的不确定范围。参考文献 [333]

F. 锰簇的仿生模拟和人工光合作用

其他含锰的金属蛋白，已在 8.2.3 节中做了介绍。在对这些含锰的金属蛋白，特别是 PSⅡ 锰簇的研究过程中，为避免周边复杂蛋白环境的影响，人们尝试在实验室化学合成这一生物催化中心，为光合作用放氧研究提供化学模型，同时制备高效、廉价的人工水裂解催化剂，推动人工光合作用利于太阳光和水获取绿色能源 (氢能或电能) 的研究进程。以下用“仿生锰簇”表示人工合成的、与天然 PSⅡ 锰簇相似的锰簇，若差别太远则直接称为锰簇配合物。

这方面研究具有重要的科学意义和潜在的应用价值，同时也是极具挑战的科学前沿。从 20 世纪末，国际上很多研究小组先后开展仿生模拟研究，合成了大量的含锰簇配合物 [1, 291]。然而，锰离子间的不同价态与不同的磁性耦合，使这些锰簇配合物的谱学特征与 PSⅡ 锰簇差别显著，如 S_2 态锰簇的指纹特征是 $g\sim 4.1$ 的高自旋信号和 $g\sim 2.0$ 的低自旋 EPR 多线信号 (图 8.3.7(b))，它们是表征与放氧有关的仿生锰簇电子结构和性能的谱学指标。能否人工合成与 PSⅡ 锰簇类似的模拟物是人工光合作用研究中悬而未决的难题。2015 年，中国科学院化学研究所张纯喜团队在仿生模拟研究上取得突破，率先合成出结构和理化性能均与 PSⅡ 锰簇类似的 Mn_4O_4Ca-簇合物，该核心结构比天然锰簇 Mn_4O_5Ca 少一个氧原子，具体结构比较如图 8.3.13(a)、(b) 所示 [334, 335]。该仿生锰簇处于热稳态时，锰离子价态是 $Mn_2^{Ⅲ}Mn_2^{Ⅳ}$，与 S_1 态锰簇的价态一样，表明二者具有相似的热稳态电子结构。该仿生锰簇被单电子氧化后，变成 $Mn^{Ⅲ}Mn_3^{Ⅳ}$，具有 $g\sim 4.9$ 和 $g\sim 2.0$ 的高、低自旋两种 EPR 信号 (8.8.13(c))，表明该亚稳态具有与 S_2 态锰簇相似的电子结构。他们还发现该仿生锰簇能在溶液中催化过氧化物 (如 H_2O_2、过氧叔丁醇等) 释放出氧气，也能够在电极表面催化水分子裂解，释放氧气。这一仿生锰簇的获得被认为是人工光合作用领域的一个重大突破，不仅为研究 PSⅡ 锰簇提供了合理的化学模型，而且也为今后发展高效、廉价的人工水裂解催化剂奠定了基础。目前，他们对这一仿生锰簇的结构和性能作优化，对 PSⅡ 锰簇更精确的结构和功能作模拟 (如是否存在如图 8.3.7(d) 所示的 S_2^A、S_2^B 构象，即闭合立方烷和开口立方烷)，以及提升催化剂的稳定性。这方面的深入研究，可能会推动人们探索利用太阳光和水获取绿色能源 (氢能或电能) 的人工光合作用的研究进程 [324, 336]。

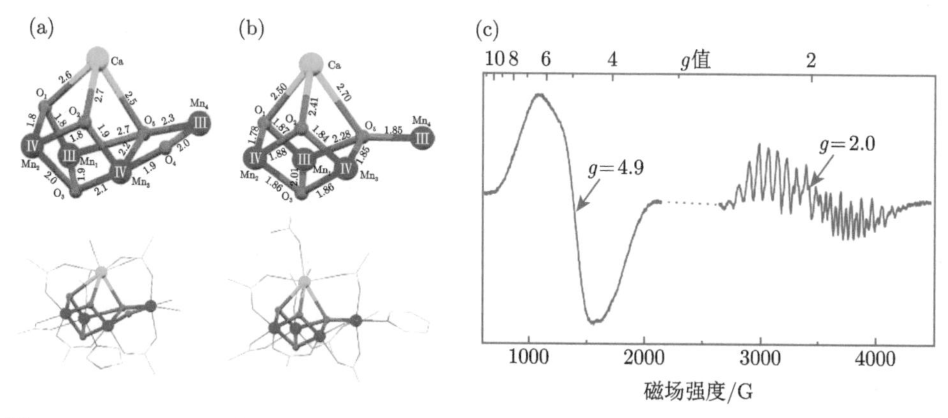

图 8.3.13 (a) PSⅡ 锰簇 Mn_4O_5Ca 的核心结构 (上) 和含周围氨基酸配位 (下)，(b) 人工合成的仿生锰簇 Mn_4O_4Ca 的核心结构 (上) 和含周围有机配体 (下)。(c) 仿生锰簇的 EPR 谱。在核心结构中，PSⅡ 锰簇比人工锰簇多了一个氧原子 (即 O_4)。本图例由中国科学院化学研究所张纯喜研究员提供，特此感谢，参考文献 [337]

注：这些仿生学 (biomimetics) 的研究对象，多限于 P_{680} 供体侧锰簇的氧化反应。虽然人们常用人工光合作用 (artificial photosythesis) 来描述该领域的研究，但这个称谓很容易误导不熟悉光合作用学领域的读者，参考专著 [337]。

8.3.4　细胞色素 b_6f，环式和非环式电子传递链

在光反应中，细胞色素 b_6f 蛋白复合体 (Cyt b_6f) 负责将 PSⅡ 传出的电子接力传递给 PSI，同时在类囊膜内外形成一个以质子梯度为主、膜电位为辅的化学电势差的跨膜质子动力势 (trans-membrane proton motive force，PMF)，用于驱动 ATP 的合成。Cyt b_6f 和 Cyt bc_1(8.4.2.3 节) 同属于细胞色素 bc 家族，负责把还原醌氧化，同时建立和电子传递相耦联的跨膜质子动力势。2013 年，*Biochimica et Biophysica Acta* 以这两个蛋白复合体为中心，作了题为 *Mitochondrial complex* Ⅲ *and related* bc-*complexes* 的特别专刊 (Vol 1827，No. 11-12)，介绍该领域的进展。注：字母 f 是叶子 flolium 的首写字母，并不是细胞色素或血红素的分类代码。

Cyt b_6f 是同源二聚体，分子量 ~215 kD(图 8.3.14(a))。单体由 8 个亚基构成，4 个 18~32 kD 的较大亚基 (cyt f、cyt b、铁硫蛋白质、亚基 Ⅳ) 和 4 个 3~4 kD 的小亚基 (Peg G，Pet L、M、N)。每个亚基有至少一个疏水的跨膜 α-螺旋，每个单体有 13 个跨膜 α-螺旋，类囊体腔质侧亲水的 β-折叠结构主要由铁硫蛋白 (Rieske iron-sulfer protein，ISP) 和 cyt f 组成，富含酪氨酸残基，负责将电子经铁硫簇传递给质蓝素。菠菜 Cyt b_6f 单体含有 7 个辅基 (图 8.3.14(b))。其中，5 个具有氧还活性的辅基分别是 cyt f、b_p、b_n、c_n 等四个血红素 (下标 p、n 分别表示位于类囊体膜的正、负电性侧，或腔质侧、基质侧) 和 Rieske 型 $[Fe_2S_2]$。另外两个辅基不具氧还活性，分别是叶绿素 a 和 β-胡萝卜素：Chl a 作为信号分子，感受到光强和光质的变化，调控着血红素 $b_p \rightarrow b_n$ 的电子传递；β-胡萝卜素用于淬灭被光激发的 Chl a，起保护作用。血红素 f 和 c_n 是 c 型细胞色素：c_n 较为独特，卟啉环轴向平时没有配体，有电子传递时才会在该轴向位置和质醌 PQ_2 发生可逆的配位；cyt f 轴向配体分别是 Tyr-His 对 (图 8.3.16(c))。血红素 b_n 与 c_n 间隔 ~5 Å，易耦合成复合结构。3.5 Å 冷冻结构表明，Cyt b_6f 二聚体含有 3 个质醌分子，如图 8.3.14(b) 所示 $PQ_{1,2,3}$，若考虑到自 PSⅡ 穿梭而来的一至多个 PQH_2，那么这个质醌比例可以保证醌循环 (又 Q 循环，quinone cycle) 的正常进行 [324, 336]。

在质醌库中，还原型质醌 (PQH_2) 携带两个从 PSⅡ 侧传递来的电子和两个从类囊体膜基质侧夺取的质子。当 PQH_2 结合到 Cyt b_6f 的 Q_p 位 (Q_p binding site) 时发生氧化，把两个质子通过 $[Fe_2S_2]$ 的组氨酸释放入类囊体腔。同时释放的两个电子，则发生如图 8.3.14(b) 所示的分岔传递 (electron bifurcation)，分别沿着

$PQH_2 \rightarrow [Fe_2S_2] \rightarrow$ cyt f $\rightarrow$ PC $\rightarrow P_{700}$ 和 $PQH_2 \rightarrow b_p \rightarrow b_n \rightarrow c_n \rightarrow PQ \rightarrow PQH_2$ 两个不同的途径 [338]。这两个途径根据氧还电势又分为高、低电势途径 (high- and low-potential pathways)，其中低电势传递途径又称为醌 (Q) 循环 [13]。在高电势途径中，各个电子递体的氧还电势逐次增大，pH 7.0 时，PQH_2、Rieske 型 $[Fe_2S_2]$、cyt f、PC 和 $P_{700}^{+\cdot}$ 等的中点电势 $E_{m,7}$ 依次是 ~0.1 V、~0.34 V、~0.375 V、0.42 V(在这个次序中，排在前边的电子递体是后边的还原剂，或后边是前边的氧化剂)。在低电势途径中，电子传递给血红素 b_p，经 b_n、c_n 再传递给结合在 Q_n 位 (Q_n binding site) 的质醌，后者再从类囊体基质侧夺取一个质子形成半醌自由基。半醌自由基再次发生耦联质子的还原，变成还原型质醌 PQH_2，接着进入下一个电子分岔传递和 Q 循环。理论上，每次 Q 循环，需要从 Q_B 释放两个 PQH_2。Q_p 位和 Q_n 位分别是 PQH_2 的氧化和 PQ 还原的位置，故又称为 Q_o 和 Q_i 位，在这两个位点发生的反应可用不同电子传递抑制剂选择性地阻断。在二聚体中，单体间有一膜内缝隙 (图 8.3.14(a))，可能便于质醌的摆渡：Q 循环中，PQH_2 可从邻近 cyt c_n 的 Q_n 位，摆渡到对面单体的 Q_p 位，氧化后 PQ 再从 Q_p 位摆渡回 Q_n 位等待下一次的还原。这个缝隙，也可能还利于 PQ/PQH_2 的自由穿越。于是，细胞素 b_6f 根据其在类囊体腔侧 (p 侧)、基质侧 (n 侧) 的不同催化功能而有两个不同学名，分别是还原质醌-质蓝素/细胞色素 c_3 氧化还原酶和血红素 b/c-质醌还原酶。

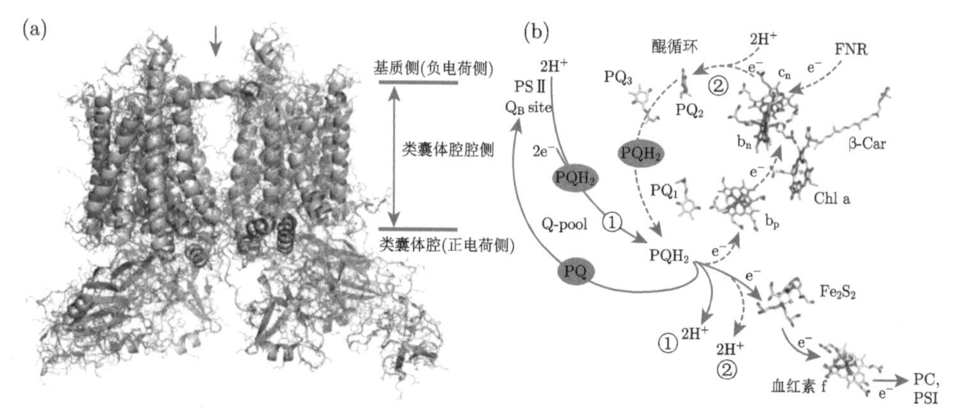

图 8.3.14 (a) 细胞色素 b_6f 二聚体的结构 (PDB 6rqf)，粗箭头示意单体间的缝隙。类囊体腔侧积累质子，pH 低，为正电荷侧 (p-side)；相反地，基质侧 pH 高，为负电荷侧 (n-side)。(b) 细胞色素 b_6f 单体内的电子递体，PQH_2 往后的电传分岔传递，实线和点线箭头分别示意高、低电势途径，①和②表示质子来源，详见正文描述

高、低电势两条电子传递途径一起在类囊体腔内积累的质子平均数量是 4

个，使得质子转运效率是质子/电子比 (H^+/e^-) 等于 4。若考虑到每个水分子被 PSⅡ 氧化所释放的两个质子，每个水分子的氧化可在类囊体腔内积累至少六个质子。每合成一个 ATP，平均需要约 4 个质子，即 $H^+/ATP = 4$。C_3 植物固定 CO_2 时，所消耗的还原力比例是 ATP : NADPH = 3 : 2，当 ATP 供应不足时，PSI 侧的铁氧还蛋白-$NADP^+$ 氧化还原酶 (ferredoxin $NADP^+$-oxidoreductase，FNR) 将电子传递至血红素 b_n/c_n，仅供 Q-循环使用，而不用于还原 $NADP^+$。这种由 Cyt b_6f、PC、PSI 三个蛋白复合体组成的电子传递途径，称为环式电子传递链 (cyclic electron transport chain)，主要用于提高质子跨膜运输效率和增强跨膜质子梯度，缓解 ATP 供应的不足 [339, 340]。相应地，原初电子由最终电子供体——水传递到最终电子受体——NADPH 的过程，被称为直链式或非环式电子传递链 (linear or non-cyclic electron transport chain)，主要用于 NADPH 的合成，限速步骤是质醌库的扩散和 Cyt b_6f 的氧还反应。Cyt b_6f 二聚体含有 58 个酪氨酸残基：其中 32 个分布于类囊体腔质侧的结构域，基质侧结构域有 16 个，这可能有利于腔内侧电子向质蓝素传递和基质侧接受循环电子，或质子区域化分布。

细胞色素 b_6f 和细胞色素 bc_1 同属细胞色素 bc 家族，它们的 Rieske 型 $[Fe_2S_2]$ 具有相同的 EPR 特征 (图 8.3.15 和表 8.3.6)，$g_z = 2.03$、$g_y = 1.90$、$g_x = 1.74$，g_x 常因非同源展宽而难以被分辨 [341, 342]。在未经纯化浓缩的普通 Cyt b_6f 和

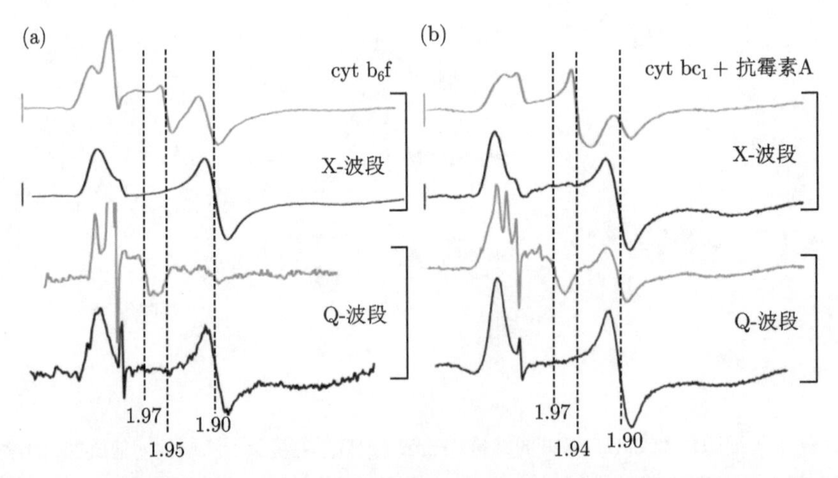

图 8.3.15　细胞色素 b_6f((a) 光合电子传递链) 与细胞色素 bc_1((b) 呼吸电子传递链) 还原 Rieske 型 $[Fe_2S_2]^{+1}$ 的 X-和 Q-波段多频 EPR 谱，图例引自文献 [347, 348]。在细胞色素 bc_1 中添加电子传递抑制剂抗霉素 A，阻止电子向下游传递。蓝色谱是蛋白样品与 QH_2 快速混合约 2 s 后的快速冷冻捕获，黑色则是混合 5 min 后达到反应平衡

Cyt bc_1 样品中，各个低自旋血红素往往只能探测到低场的 g_z 特征峰 [87, 343–345]，如低自旋 cyt f、b_p 的 g_z ~3.51 和 g_z ~3.68，细胞色素 bc_1 中 b_p、b_n 的特征 g_z~3.77 和 g_z~3.4.3，另外两个主值 g 因子，请参考 7.2.5 节。血红素 c_n 因没有轴向配体而呈高自旋，它与相距约 5 Å 的血红素 b_n 的交换耦合会随着电子传递进程而复杂化，具有不同的特征高自旋 EPR 谱 [345, 346]。这个独特的血红素 c_n 并不存在于细胞色素 bc_1 中，参考 8.4.2.3 节。

8.3.5 质蓝素和细胞色素 c_6

质蓝素 (plastocyanin) 是分布于类囊体腔内的水溶性的、单亚基 T_1 型铜氧还蛋白 (详见 8.2.2.1 节)，特征紫外-可见吸收光谱如图 8.3.16(a) 所示。不同物种来源的质蓝素，多肽链长度为 91~105 个氨基酸残基 (高等植物 99、绿藻 98~102、蓝藻 91~105)，具有 8 个 β-折叠，如图 8.3.16(b) 所示，活性中心铜离子位于蛋白一端，与蛋白表面隔一个配体组氨酸 His_{87} 的咪唑环，约 5 Å；这与 Fd 的铁硫簇位置相似，见图 8.3.17。如图 8.3.16(c) 所示，铜离子的配位分别是 His_{37} 和 His_{87} 的 N_δ、Cys_{84} 的 S_γ 以及 Met_{92} 的 S_δ 原子，形成一个棱锥形结构，轴向是 Cu—S_{Met} 键。xy 平面内，Cu^{2+} 的 $d_{x^2-y^2}$ 轨道与 S_{Cys} 原子的 p_y 轨道的强相互作用形成 π—键 [345]，造成 Cu—S_{Cys} 键变短，~2.05 Å。另外一个 Cu—S 键 (即 Cu—S_{Met}) 则比较长，为 2.6~3.1 Å。Cu—S_{Cys} 键的共价效应，使未配对电子由 Cu^{2+} 向 S_{Cys} 离域，致 Cu^{2+} 的 $A_\parallel$ 偏小，仅 ~60 G，如图 8.2.11(b) 所示。Cu—S_{Cys} 键的一个显著特征就是可见光谱中 600 nm 的吸收峰 (图 8.3.16(a))。与氧化态的质蓝素 (Cu^{2+}-PC) 相比，在还原态 Cu^{1+}-PC 中 His_{87} 的 C_β—C_γ 键翻转 180°，致 Cu—N_δ 键断裂而形成常见的三配位 Cu^{1+} 构型，类似结构亦存在于高 pH 构象中 [95]。与其他 T_1 型铜蛋白一样，质蓝素中的铜离子，可用 Cd、Hg 等离子取代，然后用 NMR、单晶等研究蛋白的柔性。

对于 Cyt b_6f，质蓝素作为电子受体、还原产物；对于 P_{700}，质蓝素作为电子供体、氧化产物。在光反应中，质蓝素负责将电子从 Cyt b_6f 传递给 PSI 的 P_{700}^+。在此过程中，质蓝素与 Cyt b_6f 的缔合与解离，非常迅速，~10^{-4} s，但缔合方式目前尚不清楚，推测与 cyt f、质蓝素的静电荷相互作用有关 (参考 Cyt bc_1 与 cyt c 的结合，8.4 节)，二者结合时，cyt f 的酪氨酸 Tyr_1 会与铜离子的 His_{87} 配位形成低能垒氢键或类似的结构 (图 8.3.16(c)，参考图 8.3.3(a) PSII 中的 Tyr_Z-His_{190} 和 Tyr_D-His_{189} 对)，使 Fe—Cu 形成一相距 ~11 Å 的异双核弱耦合复合体，再将电子传递给铜离子，使其还原成 Cu^{1+}。另一个可能途径是 cyt f → Tyr_{83} → Cys_{84} → Cu，~13 Å，略长于 His_{87} → Cu 的途径 (~6 Å)。当质蓝素与 PSI 结合后，电子将沿着 Cu^{1+} →His_{87} → P_{700}^+ 的方向传递。实验上，600 nm 吸收峰的动态变化，既反映着电子自 Cyt b_6f 向质蓝素的传递效率或还原质蓝素向 P_{700}^+ 传递电子的效率又反映 pH 的变化 [349]。

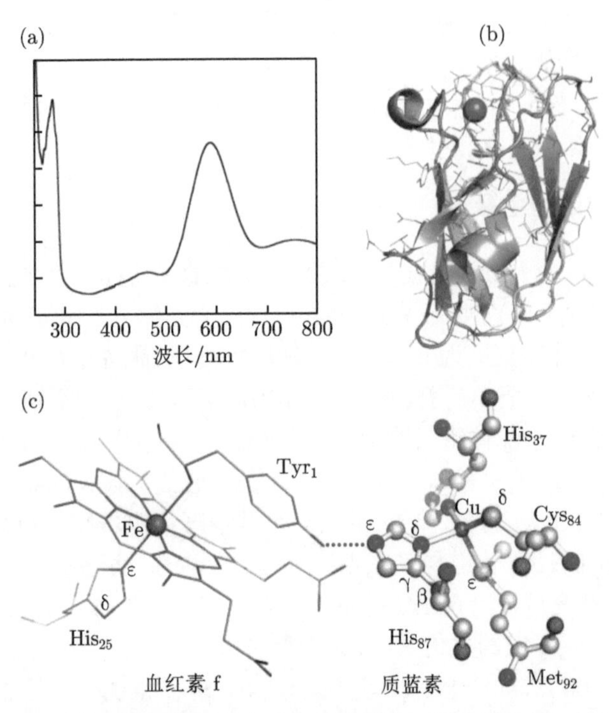

图 8.3.16　(a) 氧化态的鳞毛蕨属绵马贯众质蓝素的紫外-可见吸收光谱，质蓝素获得电子而发生还原后 600 nm 的吸收峰强度会下降，图例引自文献 [351]，(b) 质蓝素的三维结构 (PDB 1iuz)，(c) 电子自细胞色素 f 向质蓝素传递的可能途径，参考图 8.3.3(a) 中的 Tyr_Z-His_{190} 和 Tyr_D-His_{189} 对，希腊字母 β、γ、δ、ε 表示 C、N 或 S 原子的编号

真核藻类和蓝藻在矿质营养铜离子供应不足时，会使用水溶性的 cyt c_6 取代质蓝素，承担电子自 Cyt b_6f 向 PSI 的传递 [57, 350−354]。随后，人们也发现 cyt c_6(~ 370 mV) 和衍生物 c_{6A}(~90 mV) 同样分布于拟南芥等部分高等植物中 [355, 356]。

8.3.6　PSI、Fd、FNR 的电子传递，$NADP^+$ 还原

光系统 I 含有的电子递体是 6 个叶绿素 a、2 个叶绿醌 (维生素 K_1) 和 3 个铁硫簇 $[Fe_4S_4]$(F_X、F_A、F_B)，下游电子受体依次是铁氧还蛋白 (ferredoxin，Fd)、铁氧还蛋白-$NADP^+$ 氧化还原酶 (ferredoxin-$NADP^+$ oxidoreductase，FNR)，最终 $NADP^+$ 被还原成 NADPH 并用于 CO_2 同化等生理活动 [351]。

8.3.6.1 以 PSI 为中心的电子传递

PSI 反应中心是一叶绿素对 (a、a′ 或 P_A、P_B)，其最大吸收波长是 700 nm，吸收能量 E >1.77 eV 的光子。光辐照时，原初电子供体 P_{700} 逐出一个电子给一级原初受体 A_{0A} 或 A_{0B} 而变成阳离子自由基 $P_{700}^{+\cdot}$，该电子接着被传递给二级原初受体 A_{1A} 或 A_{1B}，再汇入铁硫簇 F_X 并向下游 F_A、F_B 等传递。P_{700} 受体侧的电子传递步骤是

$$
\begin{aligned}
&P_{700}A_0A_1F_{X,A,B} \xrightarrow{①h\nu} ①P_{700}^*A_0A_1F_{X,A,B} \to ②P_{700}^{+\cdot}A_0^{-\cdot}A_1F_{X,A,B} \\
&\to ③P_{700}^{+\cdot}F_0A_1^{-\cdot}F_{X,A,B} \to ④P_{700}^{+\cdot}A_0A_1F_{X,A,B}^{-} \to ⑤P_{700}^{+\cdot}\cdots Fd^{-} \qquad (8.3.4)
\end{aligned}
$$

相比之下，P_{700} 供体侧的反应比较简单，即 $P_{700}^{+\cdot}$ 从还原质蓝素 (Cu^{1+}–PC) 或 cyt c_6 获得一个电子而发生还原。

A. $P_{700}^{+\cdot}$、$A_1^{-\cdot}$、$^3P_{700}$ 等有机自由基

如式 (8.3.4) 所示，在原初电子传递过程中，首先会形成 $P_{700}^{+\cdot}$、$A_1^{-\cdot}$ 两种自由基。$P_{700}^{+\cdot}$ 寿命比较长，其特征 EPR 与有机溶剂萃取所得的 $Chl_a^{+\cdot}$ 相似，表明是源自单个叶绿素 a 的自由基，特征参数详见 8.3.3.1 节。$A_1^{-\cdot}$ 是 1, 4-萘醌自由基 (g_x= 2.0062、g_y= 2.0051、g_z= 2.0022，95 GHz)[357, 358]；在二氯甲烷溶液中，光辐照可诱导 A_1 形成双自由基结构，D = 190 G，g_{iso} = 2.0047 [19−21]。于液氦低温下，持续辐照 PSI 可检测到 $F_{X,A,B}^{-}$ 的 EPR 信号，但强度都比较弱，需用浓缩的高浓度样品 [22]。

若用化学方法预先将 A_1 和 F_X 还原，PSI 因电荷重组而形成三重态 $^3P_{700}$，特征 $|D|$、$|E|$ 与 ^{3}Chl a 类似 (详见 8.3.3.1 节)，表明三重态中心只分布在一个叶绿素 a 分子上，虽然原初反应中心是一叶绿素对。若是选择性地将 F_X 还原，$P_{700}^{+\cdot}$ 和 $A_1^{-\cdot}$ 会耦合形成双自由基结构，异相 ESEEM 结果是 D= −1.77、J= 0.01 G，得二者间距 ~25.4 Å，这与 PSI 单晶结构所得数据相一致 [89, 359, 360]。

B. $[Fe_4S_4]$ 铁硫簇 F_X、F_A、F_B

PSI 下游主要电子传递体的还原电势是 A_1、E_m≤−790 mV，F_X、E_m~ (−705 ± 15) mV，F_A、E_m~ −500 mV，F_B、E_m~ −420 mV，Fd、E_m~ −420 mV [270,277,278,361−364]。其中，F_X 是目前已知的、$|E_m|$ 最大的还原型 $[Fe_4S_4]$ 铁硫簇。到此，我们已经全面了解了到光合原初电子传递链的三个氧还电势极值，分别是氧化能力最强的 P_{680}(+1.2 V)、还原能力最强的 P_{700}(−1.4 V) 和铁硫簇 F_X(−0.79 V)。

结合维生素 C(~10 mmol/L，E~ −60 mV)，用较低浓度 (~3 μmol/L) 的还原剂 2,6-二氯靛酚 (2, 6-dichlorophenol indophenol，DCPIP) 先还原 F_B；若把 DCPIP 浓度增大至 300 μmol/L，则可继续还原 F_A；在此基础上，然后于液氦连续光照，才能将 F_X 还原 [89, 365]。表 8.3.6 综述了还原态铁硫簇 F_X、F_A、F_B(均

为 $[Fe_4S_4]^{+1}$)、铁氧还蛋白 $[Fe_2S_2]^{+1}$ 和 Rieske 型 $[Fe_2S_2]^{+1}$ 等电子递体的特征 g_i 因子，谱图如图 8.3.15、图 8.4.4、图 8.4.7(b) 等所示。在三个 g 主值吸收峰中，g_x 非同源展宽最为严重，甚至无法被分辨，g_z 展宽次之，故须防止错误地将电子结构归属为轴对称的电子结构。表 8.3.6 还表明，蛋白微环境结构相似的 $[Fe_4S_4]$，$E_m(<0)$ 逐渐增大或还原能力逐渐下降时，$g_x(<2.0)$ 会逐渐增大而 $g_z(>2.0)$ 会逐渐变小，即吸收峰变窄，这可用来判断蛋白所含有的铁硫簇的数量和铁硫簇周围蛋白结构的柔性。

表 8.3.6　光合电子传递链中部分铁硫簇的特征 g_i 因子和中点还原电势 E_m。铁硫簇的电子结构，随着周围环境差异而发生波动，如图 8.2.10 所示的 E_m，故本表中 g_i 是代表值，是范围值。Fd1 的 E_m 分布范围比较宽，$-460 \sim -300\,mV$

铁硫簇	g_z	g_y	g_x	E_m/mV
F_X $[Fe_4S_4]$	2.145	1.935	1.77	≈ −705
	2.17	1.92	1.77	
	2.15	1.85	1.76	
F_A $[Fe_4S_4]$	2.06~2.08	1.91~1.94	1.84~1.89	≈ −500
F_B $[Fe_4S_4]$	2.06~2.08	1.91~1.92	1.84~1.86	≈ − 420
Fd1 $[Fe_2S_2]$(蓝藻)	2.049	1.956	1.888	≈ −372
Fd1 $[Fe_2S_2]$(菠菜)	2.04	1.95	1.88	≈ −420
Fd Adx $[Fe_2S_2]$	2.02	1.94	1.94	
b_6f & bc_1 Rieske $[Fe_2S_2]$	2.03	1.90	1.74	≈ +340

8.3.6.2　Fd，FNR，环式电子传递

习惯上，人们常将 P_{700} 上、下游的水溶性蛋白电子递体如质蓝素 PC、铁氧还蛋白 Fd、铁氧还蛋白-$NADP^+$ 氧化还原酶 FNR 等与 PSI 合在一起，构成以 PSI 为中心的电子供体、原初反应中心和电子受体的完整电子传递链。

植物 Fd 是分子量 11~14 kDa 的单亚基水溶性蛋白家族。其中，最主要的成员是 Fd1，多肽链长度是菠菜 97 个、小球藻 94 个、蓝藻 97 个或 98 个氨基酸残基，结构如图 8.3.17(a) 所示。铁硫簇 $[Fe_2S_2]$ 分布于接近蛋白溶质侧表面的位置，Fe1 离子与蛋白表面相隔半胱氨酸 Cys_{39}，~5 Å，与质蓝素的铜离子 (图 8.1.16(b))、细胞色素 c 的血红素 (图 8.4.8(b)) 等空间位置相似。铁硫簇周围的蛋白表面富含谷氨酸 Glu、天冬氨酸 Asp 等酸性氨基酸，因此，在 pH~7.6 的生理环境中，Fd 蛋白表面携带负电荷。相应地，FNR 蛋白质中，以 FAD 结合部位为中心的蛋白表面富含精氨酸 Arg、赖氨酸 Lys 等碱性氨基酸，FNR 在 pH~7.6 生理环境中蛋白表面携带正电荷。Fd-FNR 共结晶结构表明，还原态 Fd(Fd^{red}) 与 FNR 通过正、负电荷相互作用所形成的盐桥 (salt brigde) 与氢键结合在一起，从

而完成电子的接力传递 [89]。

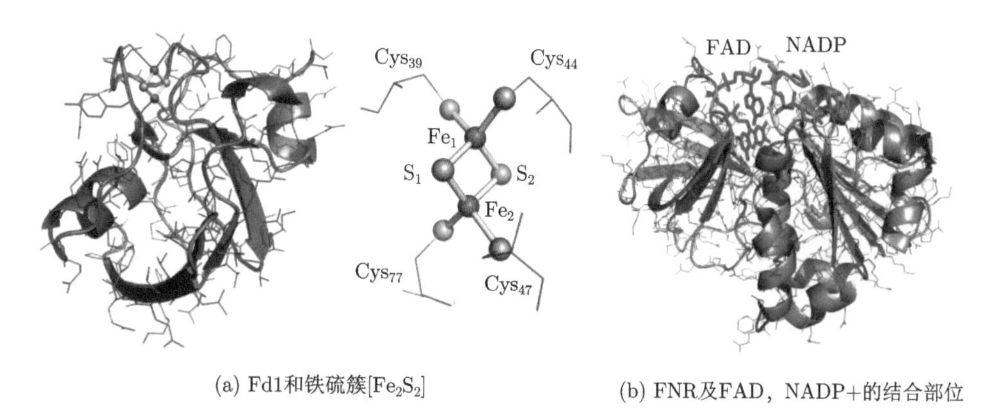

图 8.3.17 (a) 菠菜 Fd1 和铁硫簇 $[Fe_2S_2]$(PDB 1a70) 和 (b) 蓝藻 FNR(PDB 6rra) 的结构

亚基 PsaC 是 Fd 的结合部位，亚基 PasD 则负责引导 PsaC 和 Fd 的分子识别，亚基 PsaE 起稳定结合的作用。当氧化态的 Fd(Fd^{ox}) 与 PSI 结合并获得电子后，$[Fe_2S_2]^{2+}$ 还原成 $[Fe_2S_2]^{1+}$ 或 $Fd^{ox}\rightarrow Fd^{red}$(参考表 8.3.6 和图 8.3.15)，$Fd^{red}$ 迅速从 PsaC 亚基解离。接着，Fd^{red} 与 FNR 结合并将电子传递给 FNR 所含的 FAD、$NADP^+$，又氧化成 Fd^{ox}。在 Fd 于 PSI 和 FNR 间不断地往返穿梭时，Fd 铁硫簇的 Fe_1 离子承担着先还原、再氧化的角色，即 $Fe^{3+}+e^- \rightleftharpoons Fe^{2+}$，相关的动力学研究，详见文献 [366, 367]。Fd-PSI 共结晶表明 F_B 与 Fd 的 $[Fe_2S_2]$ 相距 ~10 Å，但 4.3 Å 的分辨率 (PDB 5zf0) 尚不足以解析 Fd 与 PSI 的具体结合方式 [365]。

铁氧还蛋白-$NADP^+$ 氧化还原酶 (FNR) 是分子量 ~36 kDa 的单亚基水溶性蛋白，具有两个特色结构域，N 端结构域结合辅基 FAD、C 端结合底物 $NADP^+$ (图 8.3.17(b))。当 Fd^{red}($E_m\sim -420$ mV) 与 FNR 缔合时，电子先传递给 FAD(FAD、FMN 的氧化能力比 NAD^+、$NADP^+$ 强)。玉米根部 Fd-FNR 共结晶中，异咯嗪环和铁硫簇的间距是 7~8 Å [368]。当 FAD($E_m= -320 \sim -370$ mV) 从两个 Fd^{red} 获得两个还原电子并质子化后，变成 $FADH_2$，反应过程如图 8.1.4 所示。接着，$FADH_2$ 用一步反应把两个电子还原底物 $NADP^+$($E_m= -320$ mV) 成 NADPH，同时释放一个质子 H^+ [367]。当 ATP 不足或 NADPH 没有被有效地用于二氧化碳/氮/硫同化时，还原态 FNR(FNR^{red}) 会把电子传递给 Cyt b_6f，构成环式电子传递增强跨膜质子梯度，用于 ATP 的合成，在此过程中没有产生新的 NADPH [369, 370]。

在其他非光合器官内，NADPH 则被 FNR 用来催化 Fd 的还原，即逆反应。

8.3.7　跨膜质子动力势，ATP 合酶，Rubisco，CO_2 固定

在光辐照下，PSⅡ 源源不断地将水裂解，所提供的电子经 Cyt b_6f、PSI，最后把 $NADP^+$ 还原成 NADPH(图 8.3.2)。与此同时，被 PSⅡ 和 Cyt b_6f 释放到类囊体腔内的质子，驱动 ATP 合酶将 ADP 和磷酸根 (Pi) 合成 ATP。ATP 被释放到叶绿体基质中，用来同化 CO_2 等生理活动。在类囊体腔内累积的质子梯度和膜电位，一起构成了跨膜质子动力势 Δp(mV)。室温 25 ℃ 时，电化学质子电势是

$$\Delta p = \Delta\psi - 59 \times \left(\mathrm{pH_p} - \mathrm{pH_n}\right) \tag{8.3.5}$$

其中，$\Delta\psi$ 是类囊体膜内、外的电势差 10~50 mV(注，100 mV = 9.615 kJ/mol，详见 1.1.2 节)；$\mathrm{pH_n}$、$\mathrm{pH_p}$ 分别是类囊体膜的基质侧 (带负电荷) 和类囊体腔侧 (带正电荷) 的 pH 值。令 Δp= 0，可知每个 pH 单位等效于 59 mV 的膜电势差。饱和光强辐照时，类囊体腔 pH 会降至 ~5.0，叶绿体基质 pH 会升至 ~8.0，跨膜质子动力势维持在 120~220 mV(12~21 kJ/mol)。光照数秒后，迅速建立的跨膜质子动力会立刻激活 ATP 合酶，将 ADP 磷酸化成 ATP。利用毫秒延迟叶绿素荧光，可分别研究膜电位、质子梯度和电子传递的耦联与消耗及其影响因素 [341, 342, 371]。若用氮氧自由基可作为 pH 探针，可实时探测 pH 的动态变化 [329, 372]。

叶绿体 ATP 合酶 (ATP synthase) 是一个伸向叶绿体基质的多亚基蛋白复合物 (图 8.3.18(a))，也是生物分子旋转马达，它的催化又称旋转催化 (rotary catalysis)[373−375]。早期研究发现，将 ATP 合酶的基质部分洗脱后，光合电子传递和 ATP 合成的耦联被解除；若将该蛋白回加，光合电子传递和 ATP 合成的耦联得到恢复。因此，ATP 合酶的基质部分被称为耦联因子 1(coupling factor 1，CF1)。相应地，类囊体膜上与 CF_1 结合的那一部分蛋白结构，称为 CF_O(下标 “O” 是抑制剂寡聚霉素 oligomycin 的首写字母，不是数字 “0”)。习惯上，线粒体 ATP 合酶称为 F_OF_1-ATP 合酶 (参考 8.4.2.5 节)。它们都是与磷酸化有关的 F 型 H^+-ATP 合酶，在体内合成 ATP 而储存能量，在体外则水解 ATP 并释放能量。

菠菜 CF_1-CF_O 由 26 个亚基构成，CF_1 有 9 个亚基 ($\alpha_3\beta_3\gamma\delta\varepsilon$)，$CF_O$ 有 17 个亚基 (abb′c_{14}，早期文献用罗马字母 I、Ⅱ、Ⅳ、Ⅲ 表示)。CF_1 各个亚基的希腊字母表示其分子量由大到小，α、55.4，β、53.9，γ、35.7，δ、20，ε、14.7 kDa。头部是 $\alpha_3\beta_3$，α、β 亚基交替排列，每个 α 亚基含有一个核苷，功能不详；γ 作为一个略弯的中央柄 (central stalk)，穿过 $\alpha_3\beta_3$ 六聚体的中心，负责分子的旋转；δ 位于 CF_1 的顶部，每次只能与一个 α 亚基结合；ε 亚基结合在 γ 亚基与类囊体膜结合的基部 [376−378]。δ 和 ε 作为分子中央柄 γ 亚基的定子，防止分子无效旋转。CF_O 构成亚基的大小是 a、19 kDa(也有文献报道是 27 kDa)，b、17 kDa，b′、16.5 kDa，c、8 kDa。a 亚基紧贴 c-环的第 5、6 个 α-螺旋，是负责引导腔内质

子进入质子转运通道和流出到基质侧；b、b′ 两个亚基构成类似于扶手的外周柄 (peripheral stalk)，顶部与 δ 结合；14 个 c 亚基一起，构成一个 c-形环 (c-ring)，每个亚基的 Glu_{61} 串联成一个位于 CF_O 中部的质子转运通道 [379]。

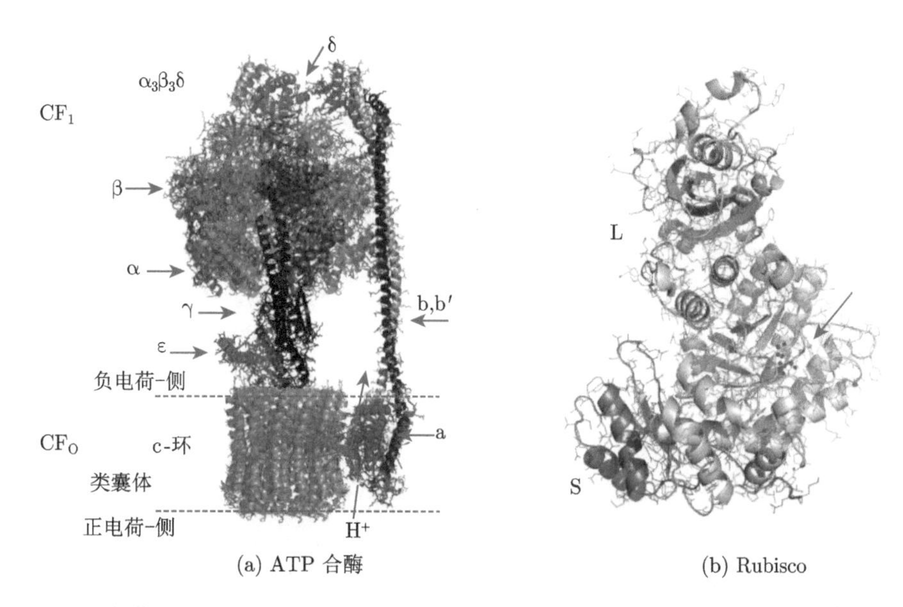

(a) ATP 合酶 (b) Rubisco

图 8.3.18 菠菜 CF_1-CF_O 耦联因子 ((a) PDB 6fki) 和 Rubisco 大/小亚基异二聚体 LS((b) PDB 1aus) 的结构。图 (b) 箭头示意的 L 亚基的 Lys201 的位置，说明详见正文

耦联因子 CF_1-CF_O 头部的六聚体 $\alpha_3\beta_3$，分成三个 αβ 异二聚体，3 个异二聚体呈非对称的球形分布，分别对应开放 (open)、松弛 (loose) 和紧密 (tight) 等三种不同构象。其中，开放态没有底物结合，松弛态有底物 ADP 和磷酸根 Pi 的结合，紧密态时产物 ATP 已经形成，在释放 ATP 后转变成开放态。若用刘伯承元帅在淮海战役第二阶段的军事部署，就是“看一个、夹一个、吃一个”。ATP 合酶的旋转催化循环是开放 → 松弛 → 紧密 → 开放 → ⋯，与我国古代人民创造的水碓 (又水车舂米) 的旋转机械作用原理一样。水车的水斗盛满流水后靠自重下沉，推动长轴转一个角度 (一般是 180°)，带动舂米杵舂米一次，同时将水倒掉，接着下一个水斗盛水、压轴旋转、舂米、倒水，依此循环。若把 $\alpha_3\beta_3$ 比成舂米杵，γ 亚基是水车长轴，质子流每驱动 CF_1 旋转 120°(该角度受 δ 亚基与 α 的可逆结合所拴控)，合成一个 ATP，并将其释放。水流和水斗控制着水车的转动速率，等效于 CF_O 的质子通道，具有防止水车倒转的水斗安置角度则等效于 a 亚基紧贴 c-形环的第 5、6 个 α-螺旋和精氨酸 Arg_{189}，控制着水斗倒水方向和水车的旋进。理论上，CF_1 旋转一周共合成 3 个 ATP，需要 10 个 H^+，$H^+/ATP = 10:3$，

即 3.33，该值为质子利用效率。若考虑到质子的跨膜渗漏，该比值会更高。实际上，人们默认 CF_1-CF_O 合成一个 ATP 需要 4 个质子，而线粒体 ATP 合酶则需要 2.7 个质子 (线粒体有 ADP/ATP 转运器，它的作用是将 1 个质子整合到每个 ATP 的合成反应中)。

1, 5-二磷酸核酮糖羧化酶/加氧酶 (ribulose bisphosphate carboxylase oxygenase，Rubisco)，是一个由大 (L，large，~55 kDa)、小 (S，small，~15 kDa) 两种亚基构成的多亚基蛋白，分成 I、Ⅱ、Ⅲ、Ⅳ 等多个家族，最基本的催化单元是 L_2 二聚体。第 I 家族最常见，由 8 个大亚基、8 个小亚基构成 16 聚体 (L_8S_8)，图 8.3.18(b) 示意了菠菜 Rubiso 局部的 LS 二聚体的三维结构。Rubisco 是 C3 植物细胞质含量最多的水溶性蛋白，占比至少 50%，同时也是最不活泼的酶，催化周转速率为 1~10/s，即每秒钟固定底物 CO_2 分子的数量少于 10 个。Rubisco 需要活化才具有催化活性，该过程是 CO_2 先甲酰化 L 亚基的赖氨酸 Lys_{201}(图 8.3.18(b) 箭头示意的球棒结构)，再用 Mg^{2+} 稳定该酰胺结构，其他 +2 价的阳离子如 Mn^{2+}、Fe^{2+}、Co^{2+}、Ni^{2+}、Cu^{2+} 可取代 Mg^{2+} 作为活化剂 [380]。植物光合碳循环的基本途径大致分成 3 个阶段，即羧化阶段、还原阶段、更新阶段 (或再生阶段)，整个同化过程被 Calvin 等用放射性同位素示踪作系统研究，故又称卡尔文循环 (Calvin cycle)。如图 8.3.19 所示，Rubisco 以 RuBP 作为 CO_2 受体，羧化反应后水解成 PGA，利用 ATP 提供的能量磷酸化成 DPAG，NADPH 接着把 DPGA 还原成 PGAld。所形成的 3-磷酸甘油醛若进入细胞质则形成蔗糖，然后运输到植株的各个器官，若留在叶绿体内则形成淀粉，以淀粉粒形成贮存 (图 8.3.20)。考虑到 RuBP 的再生是由前体 Ru5P 经 ATP 提供磷酸化而成，因此，Rubiso 每固定一个 CO_2，需要 3 个 ATP 和 2 个 NADPH(见 8.3.4 节)。NADPH 和 ATP 一起又常被称为还原力 (reducing power) 或同化力 (assimilatory power)。

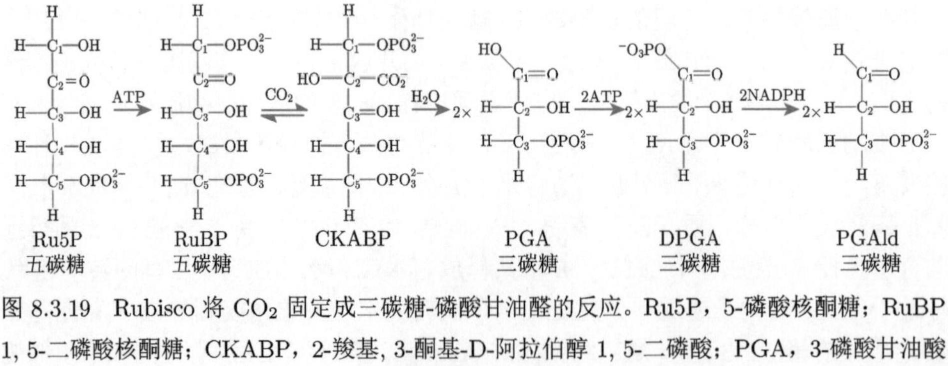

图 8.3.19　Rubisco 将 CO_2 固定成三碳糖-磷酸甘油醛的反应。Ru5P，5-磷酸核酮糖；RuBP，1, 5-二磷酸核酮糖；CKABP，2-羧基, 3-酮基-D-阿拉伯醇 1, 5-二磷酸；PGA，3-磷酸甘油酸；DPGA，1, 3-二磷酸甘油酸；PGAld，3-磷酸甘油醛

8.3.8 类囊体膜的侧向异质性，光合调控

在较强光辐照下，绿色植物将 CO_2 还原成葡萄糖的总反应是 (“*” 表示氧源)，

$$6CO_2 + 18H_2O^* + 18\,ATP + 12\,NADPH \longrightarrow C_6H_{12}O_6 + 6O_2^*\uparrow + 18\,ADP + 18\,Pi + 12\,NADP^+ \tag{8.3.6}$$

净反应是

$$6CO_2 + 18\,ATP + 12\,NADPH + 12\,H^+ \longrightarrow C_6H_{12}O_6 + 6H_2O + 12\,NADP^+ + 18\,ADP + 18\,Pi \tag{8.3.7}$$

即每固定一个 CO_2 分子，需要 2 个 NADPH、3 个 ATP 和 2 个质子。$NADP^+$ 的还原反应简化成 $2H_2O + 2NADP^+ \longrightarrow O_2 + 2NADPH + 2H^+$，这个反应比较缓慢，所消耗的质子几乎不会影响跨膜质子梯度。在饱和光强等较强光辐照下，PSⅡ 源源不断地将水裂解，所释放的电子经 Cyt b_6f、PSI 而将 $NADP^+$ 还原，整个过程平均耗时 3~5 ms(图 8.3.2)。在非环式电子传递过程中，与两水分子氧化所耦联的质子数量是 8 个 (PSⅡ 和 Cyt b_6f 各释放 4 个到类囊体腔)，只够合成 2 个 ATP，即非环式电子传递所能提供的 ATP 和 NADPH 比例是 2 : 2。然而，CO_2 同化所需的比例是 3 : 2，尚缺一个 ATP。在进化过程中，植物一方面产生了由 PSI、Cyt b_6f 一起组成的环式电子传递，另一方面类囊体膜的侧向异质性，将参与光合原初电子传递的几大蛋白复合体，在空间上隔开分布，形成既相互竞争、又相互协调的局面 [381, 382]。

类囊体膜，是光合原初电子传递的载体，是叶绿体内除叶绿体外、内膜之外的第三种质膜。在高等植物叶绿体中，类囊体膜通过 PSⅡ-LHCⅡ、PSI-LHCI、Cyt b_6f、ATP 合酶等的侧向异质性分布和相互作用，形成两种形态、组成和功能等均不相同的结构区域，即垛叠区域的基粒类囊体和非垛叠区域的基质类囊体，如图 8.3.20 所示。这些结构区域在空间上将 PSⅡ 和 PSI 隔开，大部分 PSⅡ 和 LHCI I 分布在基粒类囊体膜上，只有一小部分 PSⅡ 分布在基质类囊体膜中；Cyt b_6f 分布在基粒和基粒类囊体膜边缘；PSI 和 ATP 合酶主要分布在基质类囊体膜上，有一小部分分布于基粒类囊体膜边缘与两端。在基粒上主要进行将 PSⅡ 和 PSI 串联起来的非环式电子传递链，从水中放出氧气和还原 $NADP^+$ 并耦联 ATP 合成。在基质类囊体膜上，以 PSI 为中心的环式电子传递链为主，无氧化还原物质的净积累而只耦联 ATP 合成，这有利于协调 ATP 和 NADPH 的供应比例。PSI I 和 PSI 在类囊体膜上的侧向分离，一方面防止二者对光能的恶性竞争，因 P_{700} 捕光能力强于 P_{680}，另一方面二者光化学反应的协调进行使植物获得较高的光合效率。

太阳光是植物进行光合作用的能量来源，但是，它的强度和光谱组成 (即光质，light quality) 会发生长期和短期的变化。为此，植物光合机构有相应的长期和短期适应性机制来较好地利用光能进行光合作用。在对太阳光强和光质长期变化的适应过程中，植物调控着叶绿体内 PSⅡ、PSI、LHCⅡ 等的基因表达，改变叶绿体大小和类囊体膜的组成、结构及其垛叠程度 (指基粒类囊体的直径和每个基粒类囊体的膜垛叠层数等)、叶绿素 a/b 比例等。这个过程所需时间比较长，常以数天或月计。与阴生植物相比，在阳生植物中，PSⅡ 的捕光面积较小，类囊体膜数量较少和类囊体膜垛叠程度较低，叶绿体基质所占的比例比较大，如图 8.3.20 所示。这样既提高了分布于基质中的与 CO_2 同化有关的酶含量，又有利于多余太阳光能直接透过叶绿体和叶片，维持着光合机构的高效运转。在阳生叶片中基粒类囊体的直径和膜垛叠层数分别比阴生叶片的小和少，这减少了分布于基粒类囊体上的、不能与 PSI 靠近的 PSⅡ-LHCⅡ 复合体的数量，有利于 PSⅡ 与 PSI 在基粒类囊体边缘和两端的相互靠近而发生激发能满溢。在光强或光质发生数分钟至数十分钟内的变化时，植物则产生不同的短期适应性响应。在光强超过饱和光强时，叶绿体可通过叶黄素循环和以 D1 蛋白周转 (半寿命 ~40 min) 为核心的 PSI I 修复循环等保护性机制防止或减轻强光所造成的伤害。光强较弱而光质迅速发生

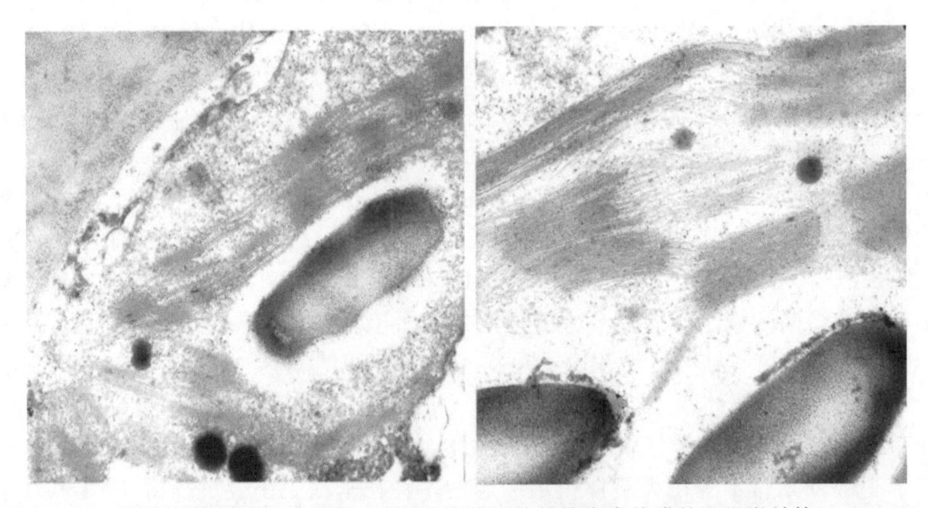

图 8.3.20 珊瑚树阳生 (左) 和阴生 (右) 叶片叶绿体基粒类囊体膜的亚显微结构 (×20000)。与阳生叶片相比，阴生叶片的叶绿体体积大、类囊体膜含量多，基质占叶绿体空间的比例小，基粒类囊体的数量和每个基粒类囊体的膜垛叠层数较多，基粒类囊体的直径较大，类囊体膜垛叠程度与叶绿素 a/b 比值大小成反相关。淀粉粒呈半透明的大扁圆形分成于叶绿体一侧，小黑点是锇酸颗粒。图例引自文献 [385]

变化时，叶绿体通过以 LHCⅡ 的可逆磷酸化和移动为主的状态转换 (state 1-state 2 transition)，调节激发能在 PSⅡ、PSI 间的分配，改善光能利用率 [329, 383, 384]。

8.4 线粒体呼吸链

有机物在细胞内氧化分解成 CO_2 和 H_2O 并释放能量的过程，统称为生物氧化 (biological oxidation)，其中，呼吸作用是最主要的途径。化学本质上，生物体内的氧化类似于自然界的燃烧，最终产物都是 CO_2 和 H_2O，所释放的能量也相同，但是二者的具体进程却大相径庭。生物氧化在体温条件下进行，需要酶的参与，有机分子发生一系列的分解代谢反应和能量的释放 (底物水平的少量 ATP 合成)，代谢物的脱氢伴随着辅酶 NAD^+、FAD 还原成 NADH、$FADH_2$，这些还原型辅酶携带着分解代谢过程所释放的绝大部分能量。这部分能量在电子由 NADH 或 $FADH_2$ 传递到分子氧的重新氧化过程中耦联成跨膜质子动力势的形成，推动 ATP 合酶将 ADP 磷酸化成 ATP。

线粒体是动、植物等真核细胞内普遍存在的细胞器，它通过呼吸作用，为细胞生理活动提供能量和多种中间产物。线粒体外被双层膜，外膜、内膜厚度均 6~8 nm。内、外膜间有一 6~8 nm 厚的膜间隙 (inter-membrane space，IMS)，被线粒体用来贮存和电子传递耦联的质子，以推动 ADP 磷酸化成 ATP。在内、外膜直接相黏联的部位，是物质进出细胞质和线粒体基质的通道。内膜 ~75%的重量是由承担呼吸电子传递的主要蛋白复合体所组成，它向内褶皱隆起形成脊，所包围的线粒体基质富含参与柠檬酸循环的各种酶。分子氧 O_2 是呼吸作用的底物之一，它是非极性的分子，能在质膜内迅速扩散。生物体所消耗的氧气中，~90%是由呼吸链的细胞色素 c 氧化酶 (又末端氧化酶) 所完成。

蓝藻等低等生物，光合电子传递链和呼吸电子传递链一起分布在类囊体膜上，共用质蓝素和细胞色素 c_6 等电子传递体，因此氧化状态和高等生物存在表观上的细微差异。

8.4.1 呼吸作用，糖酵解，底物水平磷酸化

呼吸作用包括有氧呼吸和无氧呼吸两大类型。有氧呼吸 (aerobic respiration) 是指生活细胞在氧气参与下，把某些有机物质彻底氧化分解成 CO_2 和 H_2O，同时释放能量的过程。无氧呼吸 (anaerobic respiration) 是在无氧条件下细胞将某些有机物分解为不彻底的氧化产物，同时释放能量的过程。习惯上的呼吸作用，指有氧呼吸。无氧呼吸，主要是针对绿色植物而言的，若应用于微生物则称为发酵 (fermentation)。

呼吸作用的主要底物是葡萄糖等糖类物质，所以呼吸作用实际上也是细胞内糖类物质降解氧化的过程。葡萄糖是富含能量的活性有机物，是呼吸作用最常利

用的物质，它的彻底氧化分解历经糖酵解、柠檬酸循环、呼吸链与氧化磷酸化等三个阶段。其中，糖酵解发生在细胞质中，柠檬酸循环、呼吸链与氧化磷酸化发生于线粒体内。

糖酵解 (glycolysis) 是指葡萄糖 $C_6H_{12}O_6$ 等已糖 (六碳糖) 在细胞质基质中，经过一系列不需氧的酶促反应步骤分解成丙酮酸 $CH_3COCOOH$ 的过程，总反应方程式是

$$\text{葡萄糖} + 2\text{Pi} + 2\text{ADP} + 2\text{NAD}^+ \longrightarrow 2\text{丙酮酸} + 2\text{ATP} + 2\text{NADH} + 2\text{H}^+ + 2\text{H}_2\text{O}$$

在无氧情况条件下，一分子葡萄糖经糖酵解形成两个丙酮酸分子。整个过程分 10 步反应，详见生理或生化的有关教材，不再赘述。其中，3-磷酸甘油醛氧化成 1,3-二磷酸甘油酸的过程，是放能反应，所释放的能量贮存 NADH 中；1,3-二磷酸甘油酸发生去磷酸化时，磷酸根 Pi 能直接催化 ADP 磷酸化成 ATP。这个磷酸化过程称为底物水平磷酸化 (substrate-level phosphorylation)。糖酵解的氧化分解没有分子氧参与，氧源是组织内的水和被氧化的糖分子，又称分子内呼吸 (intramolecular respiration)。丙酮酸然后被还原成乳酸，

$$2\ \text{丙酮酸} + 2\text{NADH} + 2\text{H}^+ \longrightarrow 2\text{乳酸} + 2\text{NAD}^+$$

或脱羧成乙醛并释放 CO_2，乙醛然后再还原成乙醇，

$$\left.\begin{array}{l} 2\text{CH}_3\text{COCOOH} \longrightarrow 2\text{CH}_3\text{CHO} + 2\text{CO}_2 \\ 2\text{CH}_3\text{CHO} + 2\text{NADH} + 2\text{H}^+ \longrightarrow 2\text{CH}_3\text{CH}_2\text{OH} + 2\text{NAD}^+ \end{array}\right\}$$

在无氧条件下，一分子葡萄糖经糖酵解仅仅形成 2 分子 ATP，而有氧条件彻底氧化成 CO_2 所产生的 ATP 是 30 个。

在有氧情况，丙酮酸进入线粒体，在丙酮酸脱氢酶复合体催化下发生脱羧反应，形成乙酰 CoA，再进入柠檬酸循环或三羧酸循环 (citric/tricarboxylic acid cycle) 彻底分解，如图 8.4.1 所示，总反应方程式是

$$\begin{aligned} &2\text{CH}_3\text{COCOOH} + 8\text{NAD}^+ + 2\text{FAD} + 2\text{GDP} + 2\text{Pi} + 4\text{H}_2\text{O} \longrightarrow 6\text{CO}_2 \\ &+ 8\text{NADH} + 2\text{FADH}_2 + 2\text{GTP} + 8\text{H}^+ \end{aligned}$$

在动物线粒体内先生成 GTP，可再转变成 ATP；在植物线粒体中，直接生成 ATP。每两个 NADH 所提供的四个电子，经呼吸链传递到一个分子氧 O_2 形成两个分子水时，把至少 20 个质子泵入膜间隙，若 H^+/ATP 比 ~2.7，则有 7.4 个 ATP 被 ATP 合酶所合成。

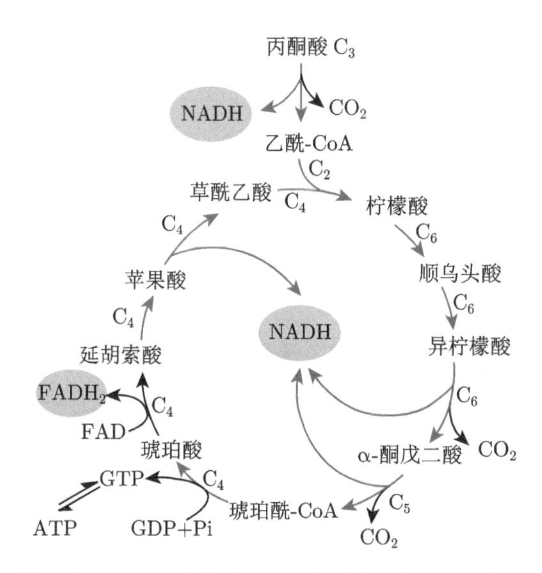

图 8.4.1 动物柠檬酸循环中 NADH 生成和 CO_2 释放的过程。C_n 表示 n 碳糖。植物细胞在琥珀酰-CoA 转变成琥珀酸的过程中形成 ATP，而不是 GTP

8.4.2 呼吸电子传递链，氧化磷酸化

呼吸电子传递链 (简称呼吸链) 由五个蛋白质复合体构成，常用罗马字符 I 至 V 分别表示 (图 8.4.2)。复合体 I 是 NADH-泛醌氧化还原酶 (NADH-ubiquinone oxidoreductase)，又称 NADH 脱氢酶 (NADH dehydrogenase-1)，呼吸链的入口处；复合体 Ⅱ 是琥珀酸脱氢酶 (succinate dehydrogenase)，又称琥珀酸-泛醌氧化还原酶，FADH 进入的部位，它是柠檬酸循环中唯一的膜蛋白；复合体 Ⅲ 是细胞色素 bc_1；复合体 Ⅳ 是细胞色素 c 氧化酶 (cytochrome c oxidase)，因处于呼吸链末端而又被称为末端氧化酶；复合体 V 又称为 F_OF_1-ATP 合酶，是 F 型 H^+-ATP 合酶，在体内合成 ATP 而贮存能量，在体外则水解 ATP 并释放能量。与放氧光合电子传递相比，线粒体呼吸链中还原电子自 NADH 向分子氧的传递是沿着氧还电势 E_m 由电负性向电正性逐渐增加的方向，在热力学上是属于自发性的电子传递，不需要外界额外能量的驱动。在电子传递过程中，复合体 I、Ⅲ、Ⅳ 随着电子传递进程，蛋白构象会发生短程或长程的变化，调节着电子传递 (复合体 Ⅲ 的铁硫亚基) 或质子跨膜运输 (复合体 I、Ⅳ)。这种通过蛋白构象变化调节电子传递或质子运输的现象，目前尚未在放氧光合电子传递链中见到研究报道。

复合体 I、Ⅲ、Ⅳ 构成电子传递的主链。复合体 I 是 NADH 的入口，在一个 NADH 分子将一个氧原子还原成一个水分子的电子传递过程中，这三个复合体催化的净反应依次是

$$\left.\begin{array}{lr}
\text{I}:\ NADH+H^{+}+UQ+4H^{+}_{in}\longrightarrow NAD^{+}+UQH_2+4H^{+}_{IMS} & (1)\\
\text{III}:\ UQH_2+2Fe^{III}(Cyt\,c)+2H^{+}_{in}\longrightarrow UQ+2Fe^{II}(Cyt\,c)+4H^{+}_{IMS} & (2)\\
\text{IV}:\ 2Fe^{II}(Cyt\,c)+\frac{1}{2}O_2+4H^{+}_{in}\longrightarrow 2Fe^{III}(Cyt\,c)+H_2O+2H^{+}_{IMS} & (3)
\end{array}\right\}$$

其中，反应 (2) 是反应底物 UQH_2 的氧化直接耦联质子跨膜运输；反应 (1) 和 (3) 的质子跨膜运输通过蛋白构象变化来完成，与反应底物的氧化无关。下标 “in” 表示线粒体内的基质侧，带负电荷，n-side；“IMS” 表示线粒体内、外膜间的膜间隙，带正电荷，p-side。整个反应进程如图 8.4.2 所示，每个 NADH 的氧化把至少 10 个质子泵入膜间隙，若 H^+/ATP 比 ~2.7，可形成 3.7 个 ATP。

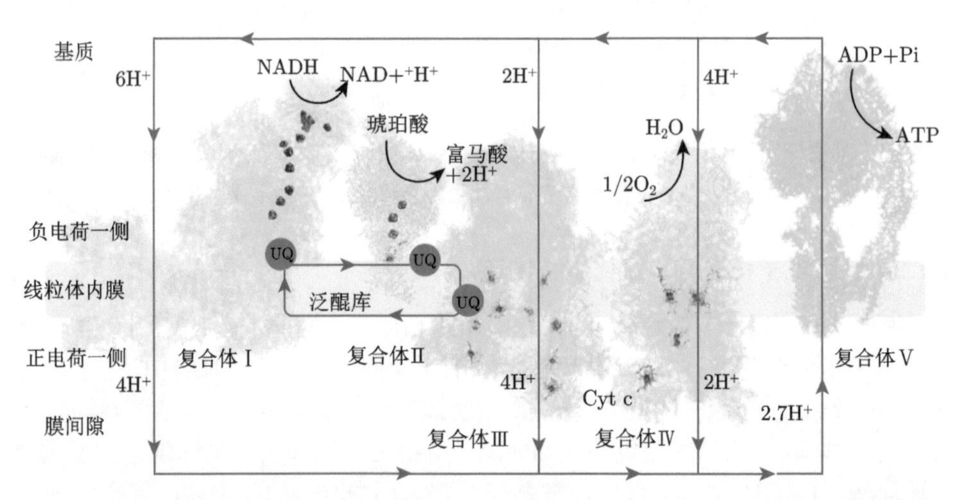

图 8.4.2　线粒体内膜上的呼吸电子传递链。常用名称在前：复合体 I，NADH-泛醌氧化还原酶；琥珀酸脱氢酶，复合体 II；细胞色素 bc_1，复合体 III；细胞色素 c 氧化酶，复合体 IV；F_OF_1-ATP 合酶，复合体 V；UQ pool，泛醌库。线粒体跨膜质子动力势约为 200 mV，参考 8.3.7 节的跨类囊膜质子动力势

复合体 II 不耦联质子跨膜运输，但在催化琥珀酸脱氢形成延胡索酸 (又富马酸、反丁烯二酸) 过程中产生 $FADH_2$，所释放的能量只能还原 FAD 而不足以还原 NAD^+(图 8.4.3(c))，反应式是

$$^{-}OOC{-}CH_2{-}CH_2{-}COO^{-}+FAD\xrightarrow{\text{复合体 II}}{}^{-}OOC{-}CH=CH{-}COO^{-}+FADH_2$$

该反应是可逆的，催化逆反应的是延胡索酸还原酶。所形成的 $FADH_2$，经铁硫簇传递给泛醌，最终将电子传递给细胞色素 bc_1。由于琥珀酸脱氢酶是柠檬酸循环中一个重要的酶，该反应实际上起到反馈调节 NADH 和 ATP 的作用。

8.4.2.1 复合体 I(NADH-泛醌氧化还原酶)

复合体 I，即 NADH-泛醌氧化还原酶 (NADH-ubiquinone oxidoreductase)，又称 NADH 脱氢酶 (NADH dehydrogenase-1)，是呼吸链的入口。在此，FMN 把从 NADH 传来的电子，经一系列铁硫簇长蛇阵传递给电子受体泛醌 UQ_{10}(少数原核生物如大肠杆菌、嗜热栖热菌等用甲萘醌/维生素 K_2 作电子受体，~−80 mV)。细菌复合体 I 的结构最简单，仅仅具有保守的 14 个核心亚基，~550 kDa，形成一个 L 形结构 (图 8.4.3(a))，分疏水的膜结合部 (membrane domain) 和伸向线粒体基质的外周部 (peripheral domain)，每个大结构域各有 7 个亚基。除了这 14 个保守亚基，在高等生物中还有 ~30 个辅助的外周亚基，是呼吸链中最大的蛋白复合物，如羊复合体 I 有 31 个外周辅助蛋白亚基，总分子量 ~970 kDa[385]。

结构上，复合体 I 的跨膜质子运输和电子传递是相互隔离的：疏水的膜结合部不含电子递体，专门负责质子的跨膜运输；外周的亲水结构域镶嵌着 NADH、FMN 和 8 或 9 个铁硫簇等电子递体，不参与质子的跨膜运输。这两个不同功能结构域的联动装置，是电子自 N2 铁硫簇向 UQ 传递的氧化还原反应带动 ~120 Å 的长程构象变化。这种构象变化使质子通过主要由 Glu、Lys、His 等残基构成的四个反向转运器 (antiporter) 进行跨膜运输 [386]。反向运输是细胞协同运输的一种形式，即两种分子或离子沿着相反方向同时跨膜运输的现象。读者若想了解复合体 I 的起源与进化、结构与功能等进展，请参考专著 [387 – 389]。此外，膜结合的氢化酶 (membrane-bound hydrogenase，MBH) 和光合复合体 I(photosynthetic complex I)，是与复合体 I 结构和功能都相似的酶，彼此间是否存在进化联系，逐渐受到人们的关注 [390, 391]。

线粒体复合体 I 有 8 个铁硫簇参与电子传递，相邻铁硫簇的间隔 $\leqslant$ 20 Å，彼此间的自旋-自旋相互作用可用电子-电子双共振来研究 [387]。与此同时，这个电子传递长蛇阵，是电子隧穿理论的应用对象之一 [3, 4, 88]。除了 N2、N5，都是典型的全半胱氨酸配位，具 CxCxCxC 二级结构 (motif，x 表示 1 至多个其他氨基酸残基，数目不定)。N2 铁硫簇 $[Fe_4S_4]$，有两个连续的半胱氨酸配体，$C_{54,55,119,149}$(或 CCxCxC)，这使 N2 具有一个非常不利的敞开式几何结构；N5 是 $[Fe_4S_3N]$，有一个配位是组氨酸的 N_ε，该配体的生理功能不明。细菌、嗜热栖热菌等少数微生物还有第 9 个铁硫簇 N7$[Fe_4S_4]$(表 8.4.1)，被认为是复合体 I 的进化遗迹 (evolutionary remnant)。由 NADH 始发的电子传递途径是 NADH→FMN→N3→N1b→N4→N5→N6a→N6b→N2→UQ(8.4.3(b)、(c))，整个过程耗时 ~5 ms，即周转速率是 ~200 次/s。实验上，用过量 NADH(~2 mol/L) 预处理破碎线粒体或所分离的复合体 I，EPR 可逐一研究这些还原态电子递体的电子结构，表 8.4.1 综述了各个铁硫簇的特征 g 因子，图 8.4.4 展示相对比较稳定的 N1b、N2、N3、

N4 等铁硫簇的 EPR 谱，及其温度、功率对这些信号的影响。Ohnishi 等所撰写的三篇综述 [27, 392, 393]，是读者学习如何用 EPR 研究复合体 I 内电子传递的珍贵资料，若结合 Golbeck 等的综述效果更佳 [89]。这四篇综述均已开放版权，供读者自由浏览或下载。

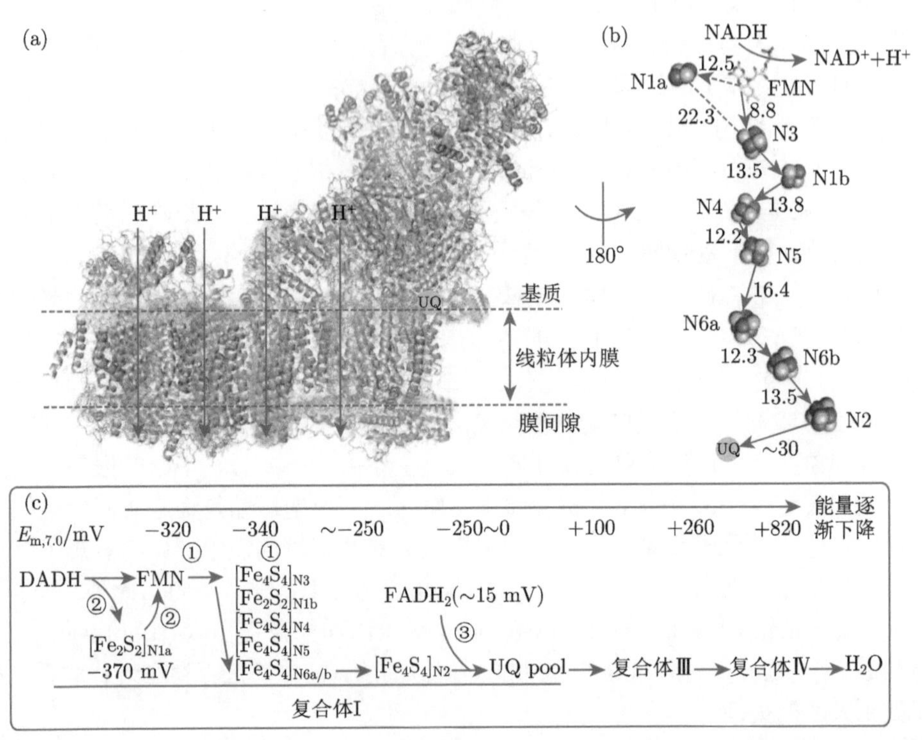

图 8.4.3　(a) 哺乳动物羊复合体 I(PDB 5lnk) 的结构和蓝色标记的电子递体与质子反向转运器的大致位置，(b) 由 1 个 FMN、8 个铁硫簇与一个 UQ 共 10 个电子递体构成的长程电子传递途径。箭头上的数字是各个电子递体间的中心间距 (center-to-center distance)，该值比边到边间距 (edge-to-edge distance) 大 ~2 Å。(c) 复合体 I 内主要电子递体的氧还电势 $E_{m,7.0}$ 及其与复合体 Ⅲ、Ⅳ 一起构成的电子传递链 (见表 8.4.1)。①和②表示 NADH 提供的第一、二个电子的传递途径，③表示 $FADH_2$ 进入呼吸链的部位。注：NADH、FMN 的 $E_{m,7.0}$ 是体外值，体内 FMN 的 $E_{m,7.0}$ 随着蛋白环境的不同而增大，参考文献 [89]

复合体 I 单晶结构 (PDB 3iam) 表明，NADH 紧靠 FMN，C_4、N_4 原子间距 ~3.2 Å，这有利于 C_4—H 键 (图 8.1.1) 的氢原子以氢负离子形式将两个电子一次性地传递给 FMN 的 N_4 原子 (图 8.1.4)。FMN 得到 H^- 变成一个不稳定的 $FMNH^-$ 阴离子 (~−300 mV)，它将所得两个电子中的一个传递给 N3 铁硫簇 (~−260 mV) 后变成一电负性极强的半醌型自由基 $FMNH^{\cdot}$ (~−390 mV)，$FMNH^{\cdot}$

再将另一个电子还原 N1a 铁硫簇 (∼−380 mV)。在第一个电子由 FMN 经 N3 等铁硫簇传递到 UQ 后，第二个电子再从 N1a 经 FMN 等沿相同途径传递至 UQ。这样可以很好地解决 H^- 所携带的两个电子一次供给和铁硫簇长链一次只能单电子传递的矛盾。在进化过程中，生活细胞将 N1a 与 N3 的间隔优化在 ∼22 Å，大于长程电子传递的有效半径 ($r \leqslant 14$ Å)，从而阻止 N1a⟶N3 的直接电子传递。中性自由基 FMNH˙ 是一个还原性非常强的中间产物，既可催化 FMN 还原 NAD 形成 NADH 的逆反应，也可还原其他含氧物质成活性氧，是线粒体内活性氧的主要生成部位。

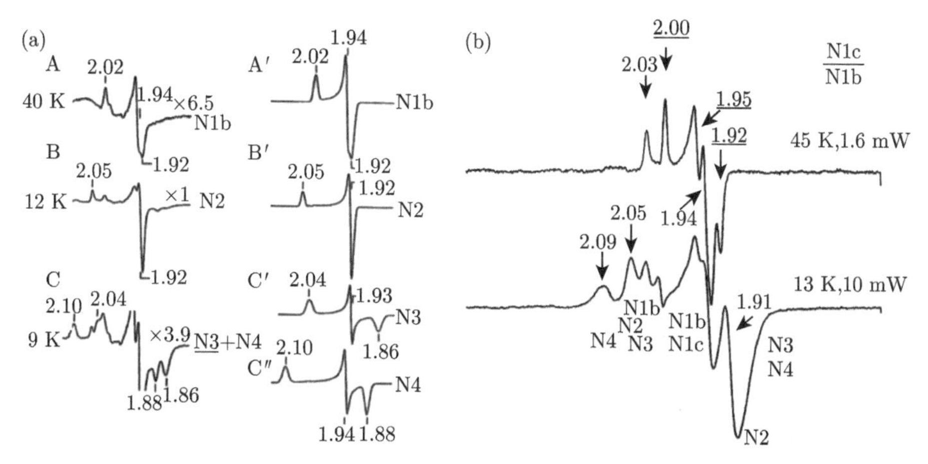

图 8.4.4 (a) 牛复合体 I 经 NADH(2 mmol/L) 还原处理后所检测源自铁硫簇的信号 (左) 和模拟 (右)。由上到下的测试温度分别是 A，40 K；B，12 K；C，9 K。其余参数不变，调制幅度 1.25 mT，微波功率 5 mW。(b) 分离的大肠杆菌复合体 I(8.8 μmol/L) 经 NADH(2 mmol/L) 还原后的 EPR 信号。高温使用小功率，以忽略那些弛豫迅速的信号，谱图简化；低温使用大功率，可一网打尽所有信号。图例引自文献 [26, 28, 394, 395]

8.4.2.2 琥珀酸-泛醌氧化还原酶 (复合体 Ⅱ)

琥珀酸脱氢酶 (succinate dehydrogenase)，是柠檬酸循环中唯一与膜结合的非水溶性酶，催化琥珀酸脱氢成延胡索酸并释放一个 $FADH_2$。在呼吸链中，被称为琥珀酸-泛醌氧化还原酶 (succinate:ubiquinone oxidoreductase，SQR)，或复合体 Ⅱ。自然界中，同时含有 $[Fe_2S_2]$、$[Fe_3S_4]$ 和 $[Fe_4S_4]$ 等三种不同铁硫簇的酶，只有琥珀酸脱氢酶和厌氧的延胡索酸还原酶 (quinol:fumarate oxidoreductase，QFR)，它们是一对催化一个可逆反应的酶，即琥珀酸 + UQ $\rightleftharpoons$ 延胡索酸 + UQH_2，延胡索酸/琥珀酸的氧还电势 E∼30 mV。因此，文献中常将二者放在一起作比较 [393]。

表 8.4.1　牛和大肠杆菌复合体 I 中电子递体的 $E_{m,7}$ 和 g_i 因子，$E_{m,7}$ 节选自文献 [27]，g_i 摘自文献 [395]

名称	铁硫簇	牛 (*Bovine*)		大肠杆菌 (*E. coli*)	
		$E_{m,7}$/mV	g_z, g_y, g_x	$E_{m,7}$/mV	g_z, g_y, g_x
N1a	$[Fe_2S_2]$	−380	2.03，1.95，1.91	−330	2.00，1.95，1.92
N3	$[Fe_4S_4]$	−260 ∼−240	2.04，1.93，1.87	−315	2.04，1.92，1.88
N1b	$[Fe_2S_2]$	−240	2.02，1.94，1.92	−285	2.02，1.94，1.94
N4	$[Fe_4S_4]$	−240	2.10，1.94，1.89	−330	2.09，1.93，1.89
N5	$[Fe_4S_4]$	−280 ∼−260	2.07，1.93，1.90	−330	?，?，1.90
N6a	$[Fe_4S_4]$	−250	?	−275	2.09，1.88，1.88
N6b	$[Fe_4S_4]$	?	?	−280	2.09，1.94，1.89
N7	$[Fe_4S_4]$	不存在	不存在	−250	2.05，1.94，1.91
N2	$[Fe_4S_4]$	−160 ∼−20	2.05，1.92，1.92	−220	2.05，1.91，1.91

鸟类、哺乳动物的琥珀酸脱氢酶由四个亚基构成，分别是含 FAD 的黄素蛋白亚基、含三个铁硫簇的铁硫蛋白亚基和两个膜结合的大、小亚基 (或 C、D 亚基)，血红素 b 分布在大、小亚基间，如图 8.4.5(a) 所示。辅基 FAD、$[Fe_2S_2]$、$[Fe_3S_4]$、$[Fe_4S_4]$、UQ、血红素 b 等电子递体及氧还电势 E，如图 8.4.5(b) 所示，电子传递途径是 $FADH_2 \rightarrow [Fe_2S_2] \rightarrow [Fe_4S_4] \rightarrow [Fe_3S_4] \rightarrow$UQ。其中，血红素 b 一般处于氧化状态 (∼−190 mV)，一旦还原就会被 UQ(∼+110 mV) 或 $[Fe_3S_4]$(∼ +60 mV) 迅速氧化 [80, 396]。产琥珀酸沃廉菌 (*Wolinella succinogene*) 的延胡索酸还原酶有高、低电势两个血红素 b，而大肠杆菌延胡索酸还原酶比琥珀酸脱氧酶少了辅基血红素 b，其余结构类似 [396, 397]。

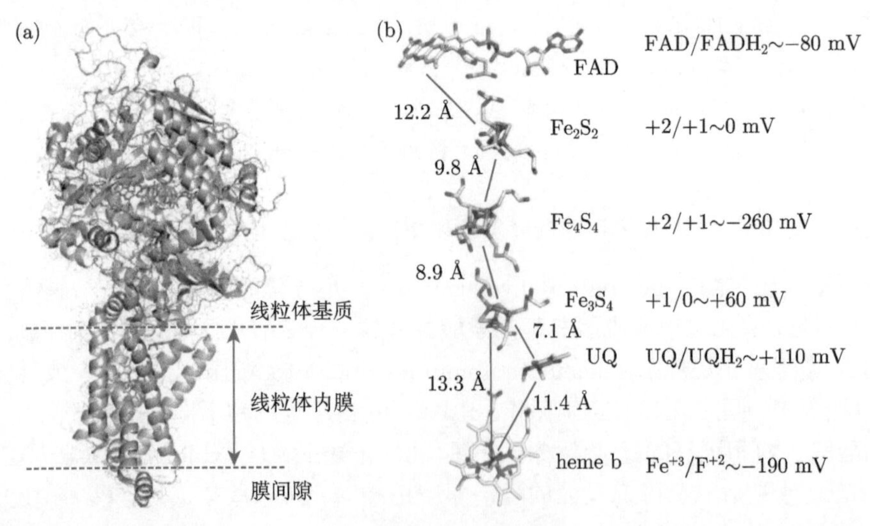

图 8.4.5　(a) 鸟类复合体 Ⅱ、(b) 电子递体及其氧还电势 E_m(PDB 1yq3)。E_m 节选自文献 [66, 402]

用氧化剂如空气、铁氰化钾等，或还原剂如底物琥珀酸 (~−70 mV)、还原剂二硫苏糖醇 (dithiothreitol，DTT，$\leqslant -400$ mV) 等处理牛琥珀酸脱氢酶后，可检测到半醌型自由基 FADH˙、UQH˙ 和各个铁硫簇的特征谱 [396, 398]。其中，$[Fe_2S_2]^{1+}$，g_z ~2.0026、g_y ~1.935、g_x ~1.913；$[Fe_4S_4]^{1+}$，g_z ~2.05、g_y ~1.92、g_x ~1.87；$[Fe_3S_4]^{1+}$，g_z ~2.015、g_y ~2.014、g_x ~1.99。$[Fe_2S_2]^{1+}$ 和 $[Fe_4S_4]^{1+}$ 的特征 g 因子，与表 8.3.6 和表 8.4.1 等的结果，大同小异。不同物种来源的 $[Fe_3S_4]^{1+}$，X-波段谱图的各向异性都比较小，g_{iso} ~2.01，接近各向同性，且该信号经空气或氧气处理后能稳定存在，且信号比较强 [399]。氧化态的血红素 b，若处于低自旋，则其 EPR 谱只可分辨 $g_z \sim 3.0$ 的吸收峰，g_y、g_x 因展宽而难以解析 [84, 400−402]。

8.4.2.3 细胞色素 bc_1 复合体 (复合体 Ⅲ)

细胞色素 bc_1 复合体 (简称细胞色素 bc_1，bc_1 复合体或复合体 Ⅲ，Cyt bc_1)，又还原泛醌-细胞色素 c 氧化还原酶 (ubiquinol: cytochrome *c* oxidoreductase)，分布于线粒体内膜上，是线粒体内将 UQH_2 氧化并将质子释放至线粒体内、外膜间的膜间隙中。植物细胞内，Cyt bc_1 可被交替氧化酶 (alternate oxidase) 所取代。与 Cyt b_6f 一样，Cyt bc_1 也是同源二聚体，如图 8.4.6(a) 所示。二聚体的分子量 ~500 kD，单体由 10~11 个亚基构成，如牛心脏是 11 个，酵母等低等生物是 10 个。其中，含有电子递体的亚基是 cyt b、cyt c_1、铁硫蛋白 (iron-sulfer protein，ISP)，这几个亚基的结构和功能，详见文献 [14, 396]。虽然每个单体都有一个下游电子受体 Cyt c 的结合部位，但是每个二聚体每次却只能结合一个 Cyt c(图 8.4.6(a))，且结合 Cyt c 后二聚体结构不再对称 [403]。细胞色素 c 氧化酶的底物 Cyt c 是一个保守的单亚基球蛋白 (图 8.4.8(b))，~12 kDa，~104 个氨基酸，长度因不同物种略有差异。与其他水溶性的电子递体 (如质蓝素、细胞色素 c_6、铁氧还蛋白 Fd) 类似，活性中心血红素 c 位于近表面，利于电子传递。Cyt bc_1 其余方面的研究，详见 *Biochimica et Biophysica Acta*, 2013, Vol 1827, No. 11-12 以 *Mitochondrial complex* Ⅲ *and related* bc-*complexes* 为题的特别专刊。

底物泛醌有两个结合部位，如图 8.4.16(b) 示意的 UQ 和 UQH_2 所在位置。Q_o 位是 UQH_2 结合并氧化的部位 (“o” 是 oxidation 的首写字母)，Q_i 位是 Q-循环中 UQ 或 UQH˙ 结合并还原的部位 (早期研究发现该部位是抑制剂抗霉素 A 的结合部位，故用 inhibitor 的首写字母 “i” 标记)。现如今，根据它们靠近膜内、外侧的正、负电荷，又称为 Q_n(即 Q_i)、Q_p(即 Q_o)[404, 405]。在研究过程中，人们习惯将结合在 Q_o 位的电子传递抑制剂称为 I 类抑制剂，将结合在 Q_i 位的称为 Ⅱ 类抑制剂。I 类抑制剂如标桩菌素 (stigmatellin)、黏噻唑 (myxothiazol) 等，抑制 UQH_2 的氧化和阻断电子分岔传递；Ⅱ 类抑制剂如常用的抗霉素 A(antimycin A)，阻断电子自 cyt b_H 向 UQ 或 $UQH^{-\cdot}$ 的传递。线粒体内膜厚度恰好覆盖自血

红素 b_L 到血红素 b_H 的外侧间距，Q_n、Q_p 分别位于线粒体内膜 n-、p-侧的近表面 [406]，如图 8.4.6 所示。

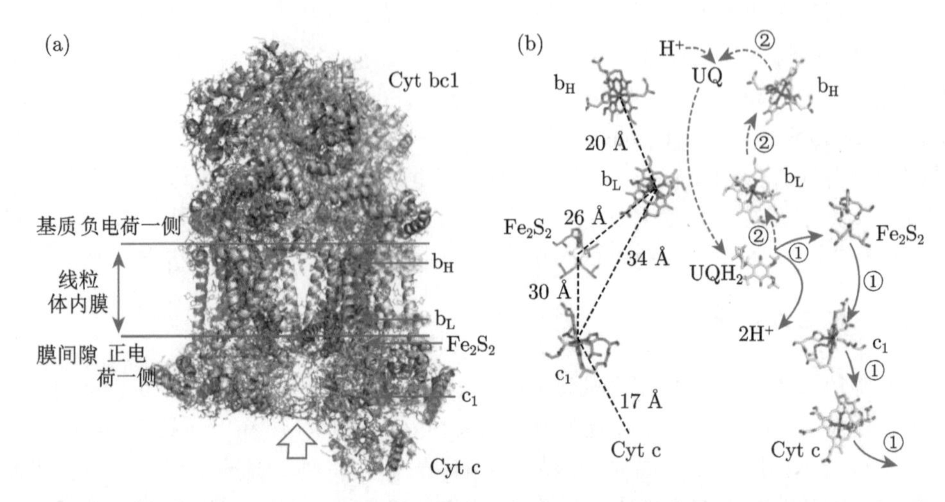

图 8.4.6　(a) 酵母细胞色素 bc_1 二聚体和细胞色素 c 共结晶的结构和所含电子递体 (PDB 3cx5)，蓝色标识各个电子递体在蛋白中的分布位置，空心箭头示意类似于图 8.3.14(a) 中的空隙。(b) 细胞色素 bc_1 二聚体的电子递体和电子分岔传递过程。①、②标识结合到 Q_o 位的 UQH_2 被氧化时所释放出两个电子的分岔传递，①高电势途径，②低电势途径。UQ 在 Q_i 位被还原，其余详见正文描述

每个单体含有两个不同氧还电势的血红素 b、一个 Rieske 型 $[Fe_2S_2]$、一个血红素 c_1 等四个电子递体 (图 8.4.6(b))。血红素 b 分布在跨膜区域内，卟啉铁离子是双组氨酸配位，配体是 N_ε 原子，根据氧还电势 (或分布于膜的内外侧、吸收波长等) 称为低电势血红素 b_L(细菌、E_m～−90 mV，牛、E_m～−30 mV，又 b_p 或 b_{566}) 和高电势血红素 b_H(细菌、E_m～+50 mV，牛、E_m～+100 mV，又 b_n 或 b_{562})。L、H 分别表示低、高氧还电势，p、n 表示靠近膜的正、负电性侧，566、562 是还原牛细胞色素 bc_1 的最大吸收波长 (nm)。Rieske 型铁硫簇 (细菌、E_m ～ +285 mV，牛、E_m～+250 mV) 和血红素 c_1 分布在 Cyt bc_1 伸向膜间隙的结构域内。Rieske 型铁硫簇与血红素 c_1 间距 ～30 Å，远大于电子隧穿的极限距离 ～14 Å。这表明，铁硫簇在 Cyt bc_1 中的位置并不是固定不变的，而是根据生理需要在 Q_o 与血红素 c_1 间发生往返移动；这也体现在不同实验室所制备的单晶中，铁硫簇的位置有较大范围的波动。铁硫簇靠近血红素 b_L 的位置称为 b_L 位，相应地，还有中间位 (图 8.4.6(b) 所示位置) 和靠近血红素 c_1 的 c_1 位。血红素 c_1 的下游电子受体 Cyt c 是单亚基的水溶性球蛋白，c_1 和 c 的轴向配位是组氨酸-甲硫氨酸对，图 8.2.2(b) 和 8.4.8(b)。

在氧化态的细胞色素 bc_1 中，血红素 b_L、b_H、c_1 等顺磁性电子递体，都是标准的六配位，呈低自旋；另外两个电子递体 $[Fe_2S_2]^{2+}$ 和 UQ，均是抗磁性，接受一个还原电子后才转变成顺磁性。这些血红素的特征 g_z 是牛心脏 $g_z\sim3.49(b_L)$、$g_z\sim3.44(b_H)$，如图 8.4.7(a) 所示，酵母 $g_z\sim3.76(b_L)$、$g_z\sim3.60(b_H)$，接近于 4.0，另外两个吸收峰 g_x、g_y 均小于 1.8 且难以辨析 [404, 406]。这些结果表明，血红素 b 的 g_z 越大，晶体场越弱，氧还电势 E_m 越低，与铁硫簇相似 (8.3.6.1 节)。图 8.4.7(a) 还展示了血红素 b_H 的 $g_z\sim3.49$ 与血红素 c_1 的 $g_z\sim3.35$ 重叠，用维生素 C 处理减去氧化态所得差谱，才能获得血红素 c_1 的完整谱图。常规的高、低自旋血红素 c 的特征 EPR，详见 7.2.5 节。在 Cyt bc_1、Cyt c 共结晶的复合体中，血红素 c_1 和 c 的卟啉环间距比较短，两个 C 环间距仅 ~9.5 Å(图 8.2.6)，C 环侧链的边到边间距仅 ~4.5 Å，Fe—Fe 间距 ~17.4 Å(图 8.4.6(b))。血红素 c_1、c 均为 π-阳离子，在疏水环境中通过非极性力相互作用，使电子在如此近距离的两个卟啉环间通过 $\pi-\pi$ 相互作用而直接传递。这和 Cyt c 向 Cu_A 双核铜结合与传递有明显差别，后者是亲水环境中通过酸、碱氨基酸的静电荷相互作用 (6 个氢键和盐桥) 而结合在一起，并传递电子。

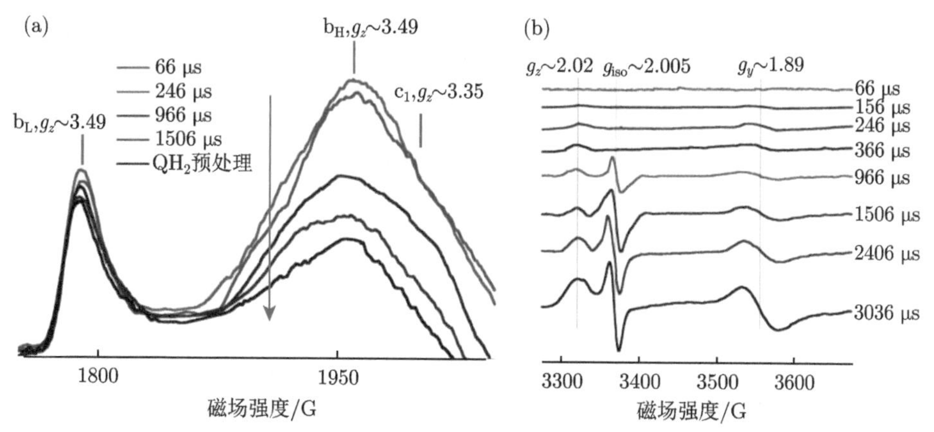

图 8.4.7 将超快微流混合技术和冷冻捕捉技术相结合的快速停流技术，原位跟踪氧化态牛 Cyt bc_1 被底物 UQH_2 还原的动力学。(a) 氧化态血红素 $b_L(g_z\sim3.76)$、$b_H(g_z\sim3.49)$、$c_1(g_z\sim3.35)$ 的 EPR 信号强度随着还原剂 UQH_2 处理时间的延长而逐渐下降，(b) 被还原而成的 $[Fe_2S_2]^{+1}(g_z\sim2.02$、$g_z\sim1.89$，$g_z\sim1.80$ 参考图 8.3.15 和表 8.3.6) 和半醌自由基 ($UQH^{-\cdot}$，$g_{iso}\sim2.005$) 的信号强度均随着 UQH_2 还原处理时间的延长而逐渐上升。第一电子受体血红素 b_L 的下降动力学和 $[Fe_2S_2]^{+1}$ 的增长动力学半饱和时间均为 $t_{1/2}\sim250$ μs，第二电子受体 b_H 与 c_1 的 $t_{1/2}$ 分别是 1.7 ms 和 4.2 ms(图 8.4.6(b))。频率 9.45 GHz，温度 6 K，调幅 6.3 G。图例引自文献 [346]

用 UQH_2 作为还原剂处理氧化态的 Cyt bc_1 时，原先顺磁性的三个电子递体会逐一得电子被还原成抗磁性中间态，致使它们原有 EPR 信号强度的下降和消失，而原先抗磁性的电子递体得电子后被还原成顺磁性，它们的 EPR 信号从无到有，强度逐渐增强。这个关联过程业已被将超快微流混合技术和冷冻捕捉技术相结合的快速停流技术 (stop-flow technique) 所原位跟踪，表现为不同电子递体 EPR 信号动态变化过程，如图 8.4.7 所示 [346, 407–409]。当 UQH_2 在 Q_o 位 (位于血红素 b_L 和铁硫簇间) 发生一步氧化 (concerted oxidation) 时，将两个电子分岔分别传递给 Rieske 型铁硫簇 $[Fe_2S_2]^{+2}$ 和血红细素 $b_L(Fe^{3+})$，如同 8.4.6(b) 的①、②所示，两个质子被释放到膜间隙中。这一步反应体现在 $[Fe_2S_2]^{+1}$ 和 cyt b_L 的还原速度都是一样的，反应时间 $t_{1/2} \sim 250$ μs(如图 8.4.7(b) 及其图例说明)。接着电子继续向下游分别传递给血红素 c_1 和 b_H，$t_{1/2}$ 分别是 1.7 ms 和 4.2 ms。电子自 $UQH_2(E_m \sim +110$ mV) 经 Rieske 型铁硫簇、血红素 c_1(细菌、$E_m \sim +265$ mV，牛、$E_m \sim +230$ mV) 到血红素 c($E_m \sim +260$ mV) 的过程，氧还电势 E_m 逐渐升高，故称为高电势途径，如图 8.4.6(b) 的①所示；相应地，电子经 $b_L(E_m \sim -90$ mV)、$b_H(E_m \sim +50$ mV) 到 $UQ/UQH^{-\cdot}$ 的过程，氧还电势 E_m 逐渐先下降再逐渐升高，故称为低电势途径，驱动 UQ 循环。如图 8.4.6(b) 的②所示，$UQH^{-\cdot}(g_{iso} \sim 2.005)$ 在反应进行至 500 μs 以后才开始有积累 (图 8.4.6(b))。这个实验也是读者学习如何将快速停流技术、冷冻捕捉、EPR 检测等三种方法相结合研究反应动力学的范例。与 Cyt b_6f 二聚体跨膜区域有一个供质醌 PQ 循环的空隙类似 (图 8.3.14(a) 的箭头)，Cyt bc_1 二聚体跨膜区域也有类似空间 (图 8.4.6(a) 的虚框箭头所示)，供泛醌循环。在 Cyt b_6f 中，该空隙有三个 PQ，可维持醌循环的正常进行 (图 8.3.14)，而在 Cyt bc_1 单晶中仅发现两个 UQ，这是否足够维持醌循环的高效运转，目前不得而知。

8.4.2.4　细胞色素 c 氧化酶，氧分子的还原循环

细胞色素 c 氧化酶 (cytochrome c oxidase)，又称复合体 IV，负责将四个还原态细胞色素 $c(Fe^{2+})$ 传来的电子将一个分子氧还原成两个水分子，同时将四个质子跨膜运输至膜间隙。它是呼吸链最末端的酶，又习惯称为末端氧化酶 (terminal oxidase)。哺乳动物细胞色素 c 氧化酶以同源二聚体存在，分子量 ~420 kDa，单体是 13 个亚基，如图 8.4.8(a) 所示 [346]。每个单体含有的电子递体是 Cu_A(双核铜)，血红素 a 与 $a_3(aa_3)$，Cu_B(单核铜) 和分子氧 O_2(或过氧桥—O_2—)，详见图 8.4.8(b)、(c)。此外，每个单体含 Mg^{2+}、Zn^{2+} 各一个，功能不详，可能参与产物水的释放。图 8.4.9 示意了血红素 a 的可见光吸收谱和 ~605 nm 的特征吸收峰。细胞色素 c 氧化酶中电子递体的数量貌似较少，然而，如 8.4.2 节的反应式 (3) 所示，一个分子氧的四电子还原同时与 8 个质子运输耦联 (4 个跨膜、4 个形成产物

水)，使整个反应变得极其复杂，参考 8.3.3.2 节放氧光合作用的 S 循环 [410]。在某些微生物中，细胞色素 c 氧化酶的血红素构成和数量会有所变化，由高等生物的 aa_3 变成 ba_3 或 cbb_3 [411−413]。本节只讨论含 aa_3 的细胞色素 c 氧化酶。

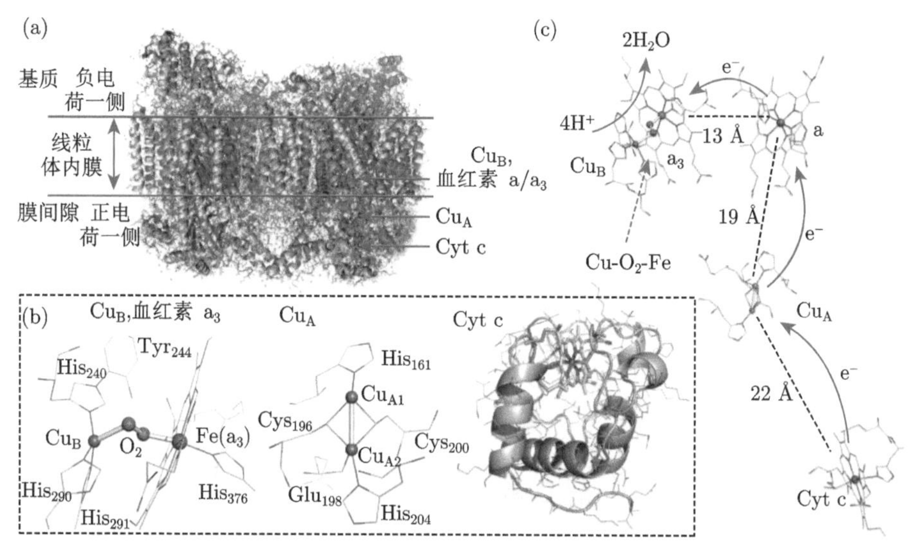

图 8.4.8 (a) 牛心脏细胞色素 c 氧化酶和马心脏细胞色素 c 复合物共结晶的二聚体结构 (PDB 5iy5)。(b) Cu_B-O_2-Fe(a_3)-Tyr 的复合结构，Cu—Fe 间距 ~4.8 Å；双核铜 Cu_A 的局部结构 (Cu—Cu 间距 ~2.4 Å)，与图 (c) 中的相应结构呈上下颠倒；细胞色素 c 的结构。(c) 电子自底物细胞色素 c 到分子氧 O_2 的传递途径，虚线表示各个电子递体的中心间间距，Cu_B-O_2-Fe(a_3) 和 Cu_A 的局部结构见图 (b)

细胞色素 c 氧化酶催化中心由 Cu_B、血红素 a_3 和 Tyr 三者一起构成，将分子氧还原成水的过程耦联四个质子的跨膜运输；血红素 a 与 Cu_A 一起接力，将还原电子从 Cyt c 传递至催化中心。在还原的马心脏细胞色素 c 氧化酶单晶中，Cu_B 离子与血红素 a_3 的铁离子间有一过氧桥—O_2—，Cu_B 与 Fe_{a_3} 间距 ~4.8 Å(图 8.4.8(b))。Cu_B 的氨基酸配位是三个组氨酸的咪唑环，分别是两个 N_ε(His_{209}、His_{291}) 和一个 N_δ(His_{240})。与众不同的是，His_{240} 咪唑环的 N_ε 与 Tyr_{244} 的 C_ε 形成一个非常罕见的 C—N 共价键，这种特殊的 Tyr-His 对，有利于 Tyr_{244} 将线粒体基质的质子运输至酶催化中心。这使质子、电子分别是从 Tyr-His 对、Fe_{a_3} 两个不同方向传递给 [Cu_B-O_2-Fe_{a_3}] 复合体，最终将 O_2 还原成产物水并释放。除了过氧桥，Fe_{a_3} 离子的另外一个轴向配位是组氨酸，这使该 Fe_{a_3} 离子处于一个弱场的配位环境，呈高自旋。非竞争性呼吸抑制剂如 CO、CN^-、N_3^- 等与 Fe_{a_3} 配位后，使 Fe_{a_3} 离子稳定于 +3 价而失去活性，即使用强还原剂连二亚硫酸钠亦无法再将其还原成 +2 价 [414–416]。血红色 a_3 的上游电子供体是距其 ~13 Å 之外的血红素 a，Fe_a 离子轴向两个配体均是组氨酸的 N_ε，处于一个标准的强配位场，呈低自旋。故，血红素 a_3 和血红素 a 又被称为高、低自旋血红素 a。双核 Cu_A 负责将电子从 Cyt c 传递给血红素 a，局部结构如图 8.4.8(b) 所示。Cu_{A1} 的氨基酸配位是 His_{161}、Cys_{196} 和 Cys_{200}；Cu_{A2} 的氨基酸配位是 Cys_{196}、Glu_{198}、Cys_{200} 和 His_{204}，组氨酸均以 N_δ 配位。Cu_A 与 Cyt c、Cu_A 与血红素 a 的间距分别 ~22 Å、~19 Å。Cu_A 与 Cyt c 的电子传递，需分布于彼此之间的一至多个酪氨酸和酪氨酸-组氨酸对作为中间递体参与，才能正常进行 [417, 418]。在牛心脏细胞色素 c 氧化酶和马心脏 Cyt c 的共结晶中 (PDB 5iy5)，Cyt c 的阳离子氨基酸 (Lys_8、Gln_{12}、Lys_{13}、Lys_{87}) 与细胞色素 c 氧化酶的阴离子氨基酸 (Tyr_{105}、Ser_{117}、Asp_{119}、Tyr_{121}、Asp_{139}) 等的长钡链连接在一起，形成一个可快速缔合-解离 (rapid association/dissociation) 的可逆蛋白-蛋白相互作用复合结构 [410]。

生理情况下，细胞色素 c 氧化酶内的电子传递途径是 Cyt c → Cu_A→a→[a_3-Cu_B] → O_2→ H_2O，各个电子递体的氧还电势是细胞色素 c、E_m ~ +260 mV，Cu_A、E_m ~ +245 mV，血红素 a 和 a_3、E_m ~380 mV，Cu_B、E_m ~ +390 mV 或 520 mV，O_2/H_2O、$E_{m,7.0}$ ~ +815 mV[410]。天然制备的细胞色素 c 氧化酶，处于氧化态，所含的铁、铜离子均为顺磁性 [413]。① 酶活性中心的 Cu_B^{II}(S= 1/2) 与 $Fe_{a_3}^{III}$(S= 5/2) 反铁磁耦合形成异双核复合体 (Cu-Fe heterodinuclear complex，参考图 7.2.7 的肌红蛋白)，$J \leqslant 200\ cm^{-1}$，当酶处于氧化态时无法开展 EPR 研究。② 血红素 a 的 Fe_a^{III} 呈低自旋态，g_z~3.02、g_y~ 2.23、g_x~1.45，图 8.4.9(参考图 4.2.4、图 7.2.8 等)；高自旋血红素 a_3，g_z^{eff}~2.0、g_y^{eff}~6.03、g_x^{eff}~5.97，$E/D<0.002$ [62, 63]。③ 双核铜 Cu_A 的铜离子间存在一金属键，两个铜离子的化合价均为 +1.5 价，即 $Cu^{1.5+}$—$Cu^{1.5+}$，基态 S_{total}=1/2，等效于由 Cu_{A1}-$2S_{Cys}$-Cu_{A2} 构成的离域 π-金属有机自由基 [419]。因此，氧化态细的胞色素 c 氧化酶只具有②和③两组特征 EPR 信号，如图 8.4.9 所示。图 8.2.11(b) 示意了氧化态 Cu_A 的特征 EPR 谱，以 g_z 为中心的 7 重超精细分裂表明两个铜离子具有相同的 A_z，即同价双核；若混价双核，则每个铜离子有各个特征的 g_z、A_z。一般制备的天然细胞色素 c 氧化酶，Cu_A 的 EPR 谱呈缺少超精细分裂的包络吸收峰，g_z~2.18、g_y~ 2.03、g_x~1.99，如图 8.4.9 所示，或参考文献 [420]。双核铜 Cu_A 以 g_z 为中心的超精细分裂，只有在 20 K 以下低温才在一氧化二氮还原酶中被解析 (详见 8.2.2.3 节)，这个温度相关特性表明 $Cu_2^{1.5+,1.5+}$ 复合体内存在一个自由离域的传导电子，即存在 Cu—Cu 金属键 [63, 421–425]。在电子传递过程，氧化态的 Cu_A 从 Cyt c 获得一个电子而还原后，形成一个高能的、不稳定的同价双核 $Cu_2^{I,I}$ 复合体。

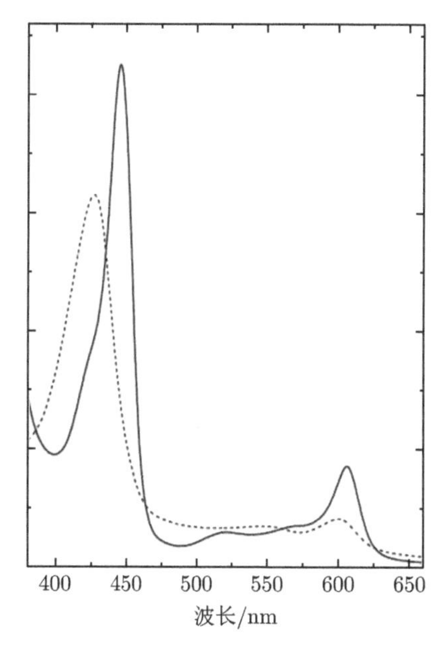

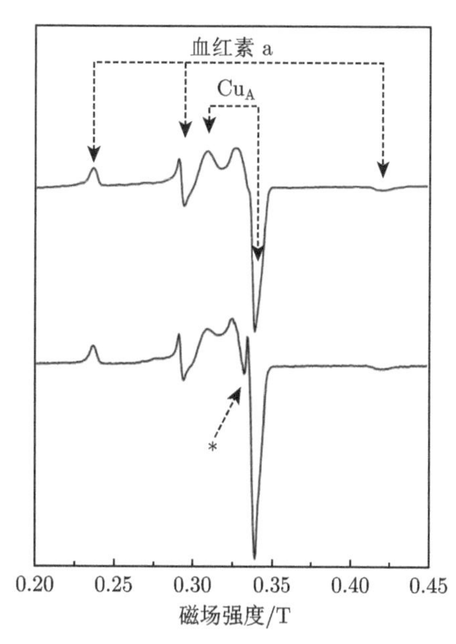

图 8.4.9 脱氮副球菌细胞色素 c 氧化酶的可见光吸收谱和 EPR 谱。(左图) 可见光吸收谱，实线是还原态，虚线是氧化态；(右图)EPR 谱，上谱是氧化态，虚线箭头示意低自旋细胞色素 a 和 Cu_A 的特征吸收峰，下谱是经 H_2O_2 处理，“*”示意所形成的酪氨酸自由基。实验见文献 [424–427]，图例引自 [422]

如前文提到，细胞色素 c 氧化酶处于氧化态时会形成一个 [heme a_3-Cu_B] 反铁磁耦合的复合体，需要还原处理后才可以开展研究。实验上，常用的细胞色素 c 氧化酶电子供体或还原试剂是 NADH、连二亚硫酸钠预还原的 Cyt c、维生素 C、四甲基对苯二胺 (3, 6-Diaminodurene，DAD)、吩嗪硫酸甲酯 (phenazine methosulfate，PMS) 等，常用的电子受体或氧化试剂是氧气、铁氰化钾 $K_3[Fe(CN)_6]$ 等。维生素 C 和 DAD(又 tetramethyl-p-phenylenediamine) 一起能还原全部电子递体，NADH 和 PMS 一起则还原 Cu_A 除外的电子递体。这些还原态的细胞色素 c 氧化酶，经 CO 饱和处理后，CO 与 $Fe^{II}_{a_3}$、Fe^{II}_{a} 形成强场配位而使 Fe^{II} 失去再氧化成 Fe^{III} 的活性并阻止电子向 Cu^{I}_{B} 传递，再于 250 K 或更低温度用氧气选择性地把 Cu^{I}_{B} 氧化成 Cu^{II}_{B}，并迅速冷冻捕捉，然后单独研究 Cu^{II}_{B} 的电子结构。Cu^{II}_{B} 的特征是 $g_z = 2.278$、$g_y= 2.109$、$g_x= 2.052$，$A_z= 102$ G、$A_{x,y}= 0$ G，三个等性配位 ^{14}N 形成以 $g_{\perp}$ 为中心的 7 重超精细分裂，$A_{14N}\sim 15$ G[105]。

氧分子 O_2 是非极性分子，能在质膜内迅速扩散，人体组织内氧气浓度由 5 mmol/L 至 25 mmol/L 不等，仅为空气饱和水中溶氧量 258 mmol/L(25 ℃) 的 1/10，甚至更少 (参考 8.2.1 节 1. 血红素的血红素蛋白)。生物体所消耗的氧气中，~90%由细胞色素 c 氧化酶所完成。每个 O_2 还原成两个 H_2O，需要从线粒体基质中获取 4 个 H^+ 和从膜间隙的四个 Cyt c 中夺取 4 个电子，耦联 4 个 H^+ 跨膜运输至膜间隙，即线粒体基质总共消耗 8 个 H^+，总反应式是

$$4Fe^{II}(Cyt\,c) + O_2 + 8H_n^+ \longrightarrow 4Fe^{III}(Cyt\,c) + 2H_2O + 4H_p^+ \tag{8.4.1}$$

下标 “n” 和 “p” 分别是线粒体基质和膜间隙。在此过程中，细胞色素 c 氧化酶的每一个电子传递都耦联一个质子被泵入膜间隙，酶活性中心 Cu_B、Fe_{a_3} 和 Tyr_{244} 历经了一个如图 8.4.10 所示的循环 [428]。在深入分析该循环之前，读者务必先了解在这类铜-血红素构成的异双核氧化酶中 (Cu-Heme oxidases，参考图 7.2.7 的肌红蛋白)，铜离子具有优先于铁离子先氧化或还原的活性特征 [412, 413, 422, 425, 429, 430]。

细胞色素 c 氧化酶处于还原态 (R 态) 时，三配位的 Cu_B 和五配位的 Fe_{a_3} 分别处于 +1 价和 +2 价，酪氨酸残基呈中性，如图 8.4.10(b) 及其中间虚框所示。与血红蛋白、肌红蛋白等类似，高自旋 $Fe_{a_3}^{II}$ 与分子氧 O_2 的结合非常迅速，形成 $Fe_{a_3}^{II}$ 与 O_2 反铁磁耦合成抗磁性的氧合亚铁复合体，转变成 A 态 (这个过程是可逆的)。因 $Fe_{a_3}^{II}$-O_2 与 $Fe_{a_3}^{III}$-$O_2^{-\cdot}$ 的相互转变，不同文献中 A 态的结构示意有两种形式。$Fe_{a_3}^{II}$-O_2 向 $Fe_{a_3}^{III}$-$O_2^{-\cdot}$ 转变时，$Fe_{a_3}^{II}$、Cu_B^{I} 和酪氨酸等会自氧化成 $Fe_{a_3}^{IV}$、Cu_B^{II} 和 $Tyr^{\cdot}$ 自由基，从而衰变至 P_M 态；若 A 态从上游获得一个还原电子然后再发生类似的自氧化，则形成一个类似结构的 P_R 态，但酪氨酸变成了阴离子 Tyr^-，而非自由基。在 P_M 态，Cu_B^{II} 和 $Tyr^{\cdot}$ 反铁硫耦合成抗磁性，P_R 态 Cu_B^{II} 以未耦合形式存在，故 P_R 态呈顺磁性 [431]。P_M 和 P_R 态均可继续还原成高价态铁离子 $Fe_{a_3}^{IV}$ 的 F 态。F 态接受一个电子和一个质子后，Cu_B^{II} 被还原成 Cu_B^{I}、$Fe_{a_3}^{IV}$-O 质子化成 $Fe_{a_3}^{III}$-OH，转变成 O_H 态，同时第一个产物 H_2O 形成但尚未释放。此后，O_H 态再接受一个电子和一个质子，$Fe_{a_3}^{III}$-OH 发生还原并质子化成 $Fe_{a_3}^{III}$-OH^-，并释放第一个产物 H_2O，转变成电子化的 E_H 态。E_H 态在接受电子和质子后，$Fe_{a_3}^{III}$-OH^- 分成 $Fe_{a_3}^{II}$ 和 H_2O，在后者被释放后，细胞色素 c 氧化酶的酶活中心重新回到初始的还原态 R 态，构成了一个完整的循环。在这些中间态中，R 态的单晶已被解析 (PDB 3eh3 [432])；其他中间态特征的共振拉曼振动峰是 A 态，Fe^{II}-O_2、571 cm^{-1}；P 态，Fe^{IV}= O、804 cm^{-1}；F 态，Fe^{IV}= O、785 cm^{-1}；O_H 态，Fe^{III}-OH、450 cm^{-1}。目前，O_H 和 E_H 态尚存争议。在此循环中，质子、电子分别是从 Fe_{a_3}、Tyr-His-Cu_B 两个不同方向传入细胞色素 c 氧化酶的活性中心，酪氨酸通过氧化-还原的循环完成质子的运输，膜间隙的电子则一步步从细胞色素 c 经 Cu_A、血红素 a 传递至 a_3(图 8.4.8(b))。在整个过程中，酪氨酸起到防止活性氧形成的抗逆生理功能。

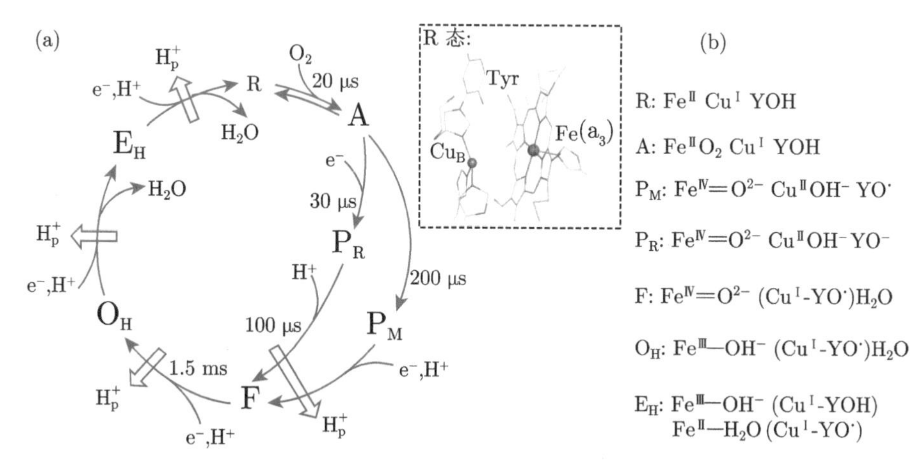

图 8.4.10 (a) 根据实验推测的细胞色素 c 氧化酶催化氧分子还原成水的循环过程，(b) 酶活性中心 Fe_{a_3}、Cu_B、YOH(Tyr-OH) 和底物 O_2 的动态变化 (PDB 3eh3)。跨膜转运质膜间隙的质子用 H_P^+ 表示，耦联的反应步骤用虚箭头示意。用于描述该循环的各个中间态的术语是：R 态，还原态 (reduced state)，$Fe_{a_3}^{Ⅱ}$，结构如中间虚框所示；A 态，五配位 $Fe_{a_3}^{Ⅱ}$ 与 O_2 结合成氧合亚铁 (oxyferrous state or compound A)；P 态，过氧化态 (peroxide state)，有两个不同的形成过程，P_M 态由 A 态衰减而自发形成，P_R 态则是 A 态单电子还原成的 EPR 活跃态；F 态，高价铁中间态 (ferryl state)，$Fe_{a_3}^{Ⅳ}$；O 和 O_H 态，全氧化的和质子化的氧化细胞色素 c，$Fe_{a_3}^{Ⅲ}$；E 和 E_H 态，电子化的 O 和 O_H 态。图例描述和参考文献，详见正文

8.4.2.5 跨膜质子动力势，ATP 合酶，溶氧测定

生理情况下，线粒体内膜的跨膜质子动力势 ~200 mV，受 ADP 的调节：ADP 缺乏时，可升至 ~220 mV；ADP 过量时，细胞会促使 ATP 合酶将 ADP 磷酸化成 ATP，从而降至 ~150 mV。线粒体 ATP 合酶与叶绿体 ATP 合酶，同属于 F 型 ATP 酶，F-ATPase，简写 F_OF_1(F, phosphorylation factor)。其他类型的 ATP 酶是：V/A 型 (vacuolar-type) 分布于内吞小体、溶酶体、高尔基体、植物液泡等细胞器外膜上，负责质子跨膜运输，维持液泡的 pH 值；P 型 (proton-type)，分布广泛，负责 H^+、H^+/K^+、Na^+/K^+、Ca^{2+} 等的主动运输；A 型 (archaea)，分布于古细菌中；E 型 (extracellular)，主要分布于神经细胞，往胞外泵离子。

在线粒体内膜上，F_OF_1-ATP 合酶呈同源二聚体，这样可以充分利用内膜向内弯曲的嵴褶表面 [433]。图 8.4.11 比较了酵母和绿藻 F_OF_1-ATP 合酶的单体结构，它们具有三个相同的特征结构域，即包括中央柄在内的头部 (即 F_1 复合体)、外周柄和 c-形环状的膜结合基部 (即 F_O 复合体)，相关文字描述参考 8.3.7 节的 CF_OCF_1-ATP 合酶。不同物种来源的 F_OF_1-ATP 合酶，如酶的宏观结构 (图 8.4.11) 和辅助亚基的种类、数量、分布与功能等，存在一些差别，这与细胞的生

活环境、生理功能等密切相关。

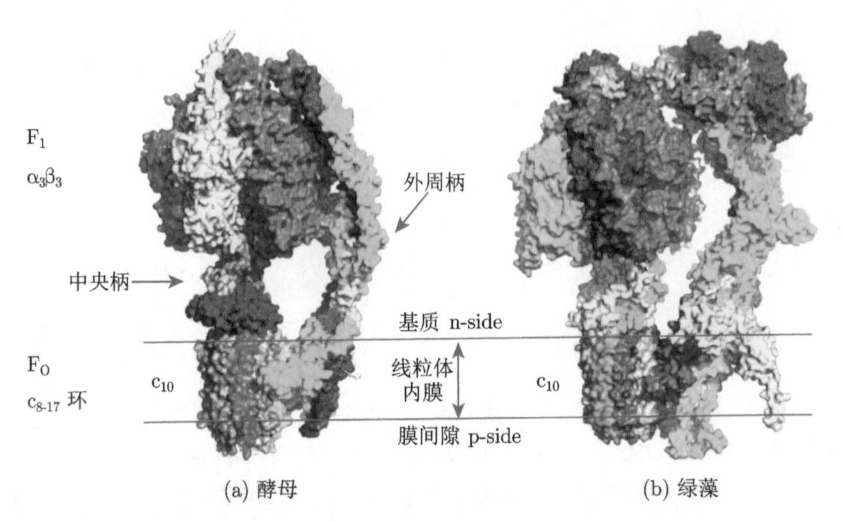

图 8.4.11　两种线粒体 F_OF_1-ATP 合酶的比较结构，(a) 酵母 (PDB 6cp6)，(b) 绿藻 (PDB 6rd4)。哺乳动物的 c-形环状由 8 个亚基构成，即 c_8

在呼呼链上，每两个 NADH 提供四个电子，最终将一个分子氧 O_2 还原成两个产物分子水，同时有 20 个质子被耦联泵入膜间隙。与此同时，每四个电子还能推动复合体 Ⅲ 发生一次 Q 循环，将另外两个质子泵入膜间隙。因此，与两个 NADH 耦联的质子总数将增加至 22 个。有氧条件下，每个葡萄糖分子的彻底分解，将产生 8 个 NADH，一共能直接耦联 80 个质子 (或 88 个，即含 8 个由 Q 循环所耦联的质子)。如果还考虑复合体 Ⅱ 所提供的 UQH_2，膜间隙所累积的耦联质子数量实际会略多于 80(或 88) 个。线粒体 ATP 合酶合成一个 ATP，需要 3.7 个质子，即 $H^+/ATP = 3.67$(或 ~3.7)，ATP 从基质经反向转运器跨膜运输到细胞质时还会再往膜间隙泵入一个 H^+，这等效于每形成一个分子 ATP 实际只需要 2.7 个 H^+。最终，一个葡萄糖分子在有氧条件下的彻底分解，通过耦联至少 80(或 88) 个质子，从而产生至少 30(或 33) 个 ATP 分子，供细胞生理活动所需的能量。

在呼吸作用中，电子能否有效地在呼吸链中传递，还受到最终电子受体氧气的含量和与电子传递耦联而产生的跨膜质子梯度的调控。结合氮氧自由基的自旋标记方法，EPR 同样可以检测局部 pO_2 和 pH 的动态变化 [434]。氧分子 O_2 是含有两个未配对电子的、基态是三重态顺磁性分子。在溶液中，已溶解的可自由扩散的 O_2 与其他顺磁性物质发生碰撞时发生能量交换，这种能量交换导致 EPR 谱图发生展宽效应。因此，利用 O_2 与 3-氨基甲酰基-2, 2, 5, 5-四甲基-3-吡咯啉-1-氧

基自由基 (3-carbamoyl-2, 2, 5, 5-tetra-methyl-3-pyrroline-1-yloxyl，CTPO，结构如图 8.4.12(a) 所示) 的碰撞，从而检测到溶液中的 pO_2。CTPO 在无氧溶液中的 EPR 谱如图 8.4.12(b) 所示。以中间 $M_I=0$ 的超精细分裂峰 (8.4.12(c)) 的强度关系，即 $K=(b+c)/2a$，直接反映溶液中的溶氧量 [435]。在氮氧自由基中，NO 键的极性能灵敏地反映其氢键的变化，从而影响到 N 原子的超精细耦合常数的大小：当 O 原子形成氢键或处于极性溶液中时，氮原子的超精细耦合常数 A_N 将增大；反之，A_N 将减小 (详见 3.4.1.1 节)。实际上，利用与 CTPO 结构类似的其他氮氧自由基，也可用来探测局部环境的 pH。

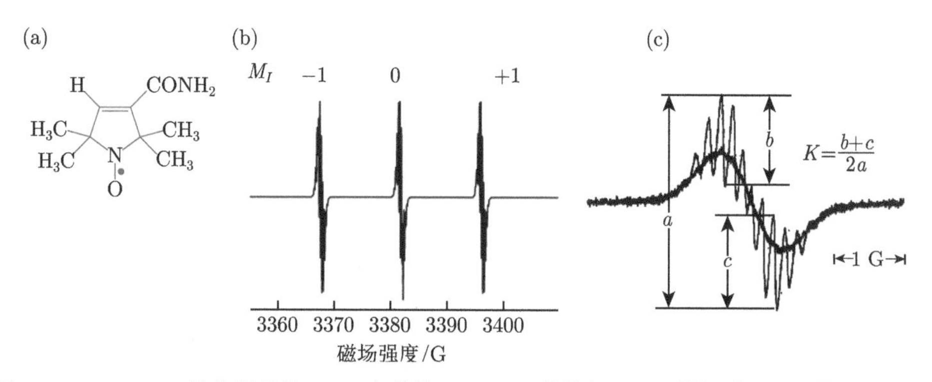

图 8.4.12 CTPO 的化学结构 (a)、完整的 9.5 GHz 的特征 EPR 模拟谱 (b)、中间 $M_I=0$ 超精细分裂峰的局部放大 (c)。超精细耦合常数，$A_N=14.3\,G$、$A_H=0.25\,G$。图 (c) 中，无氧时，可检测到超精细分裂 (细线谱)；氧气饱和时，超精细分裂因展宽而无法分辨 (粗线谱)。图例引自文献 [436, 437]

参 考 文 献

本章参考的主要专著和教材：

∗ 详见专著和数据库目录

沈允钢，施教耐，许大全. 动态光合作用. 北京：科学出版社，1998.

王小菁. 植物生理学. 8 版. 北京：高等教育出版社，2019.

石津和彦. 实验电子自旋共振简明教程. 王者福，穆远转，译. 天津：南开大学出版社，1992.

许大全. 光合作用学. 北京：科学出版社，2013.

朱圣庚，徐长法. 生物化学. 4 版. 北京：高等教育出版社，2017.

Aartsma T J, Matysik J. Biophysical Techniques in Photosynthesis, Vol Ⅱ. Dordrecht: Springer，2008.

Amesz J, Hoff A J. Biophysical Techniques in Photosynthesis. New York: Kluwer Academic Publishers, 1996.

Crichton R R, Louroitor R O. Practical Approaches to Biological Inorganic Chemistry. 2nd ed. Amsterdam: Elsevier, 2020.

Drescher M, Jeschke G. EPR Spectroscopy: Applications in Chemistry and Biology. Berlin: Springer, 2014.

Frey P A, Hegeman A D. Enzymatic Reaction Mechanisms. New York: Oxford University Press, 2007.

Hagen W R. Biomolecular EPR Spectroscopy. Boca Raton: CRC Press, 2008.

Hille R, Miller S, Palfey R. Handbook of Flavoproteins, Vol 1&2. Berlin: De Gruyter, 2013.

Ingraham L L, Meyer D L. Biochemistry of Dioxygen. New York: Plenum Press, 1985.

Karlin K D, Itoh S. Copper-Oxygen Chemistry. Hoboken: John Wiley & Sons, 2014.

King RB, Crabtree R H, Lukehart C M, Atwood D A, Scott R A. Encyclopedia of Inorganic Chemistry. 2nd ed. New York: John Wiley & Sons, 2006.

Kretsinger R H, Uversky V N, Permyakov E A. Encyclopedia of Metalloproteins. New York: Springer, 2013.

Laher I. Systems Biology of Free Radicals and Antioxidants. Berlin: Springer, 2014.

Liu H W, Begley T P. Comprehensive Natural Products Ⅲ (Vol 4 & 5: Enzymes and Enzyme Mechanisms). Oxford: Elsevier Science, 2020.

Liu H W, Mander L. Comprehensive Natural Products Ⅱ (Vol 7: Cofactors & Vol 8 : Enzymes and Enzyme Mechanisms). Oxford: Elsevier Science, 2010.

Lundblad R L, Macdonald F M.Handbook of Biochemistry and Molecular Biology. 5th. Boca Raton: CRC Press, 2018.

McCleverty J A, Meyer T J. Comprehensive Coordination Chemistry Ⅱ. Amsterdam: Elsevier, 2003.

Möbius K, Savitsky A. High-Field EPR Spectroscopy on Proteins and Their Model Systems. Cambrigde: RSC Publishing, 2008.

Nordberg G F, Fowler B A, Nordberg M. Handbook on the Toxicology of Metals. 4th. London: Academic Press, 2015.

Palfey P A. New Approaches for Flavin Catalysis (Methods in Enzymology 620). Cambridge: Elsevier 2019.

Rappoport Z. The Chemistry of Phenols. West Sussex: John Wiley & Sons, 2003.

Renger G. Primary Processes of Photosynthesis, Part 1 & 2. Cambridge: RSC publishing, 2008.

Shukla A K. Electron Magnetic Resonance - Applications in Physical Sciences and Biology. Cambridge: Academic Press, 2019.

Sigel A, Sigel H, Sigel R. Metal Ions in Life Sciences, Vol 5 (Metallothioneins and Related Chelators). Cambridge: RSC Publishing, 2009.

Sykes A G. Iron-Sulfur Proteins (Advances in Inorganic Chemistry, Vol 47). San Diego: Academic Press, 1999.

Telser J. Paramagnetic Resonance of Metallobiomolecules. Washingtong: American Chemical Society, 2003.

Warren M J, Smith A G. Tetrapyrroles: Birth, Life and Death. Austin: Springer, 2009.

Weber S, Schleicher E. Flavins and Flavoproteins : Methods and Protocols. New York: Springer, 2014.

主要参考文献:

[1] LUBITZ W, CHRYSINA M, COX N. Water oxidation in photosystem Ⅱ [J]. Photosynthesis Research, 2019, 142(1): 105-125.

[2] COX N, PANTAZIS D A, LUBITZ W. Current understanding of the mechanism of water oxidation in photosystem Ⅱ and tts relation to XFEL data [J]. Annual Review of Biochemistry, 2020, 89: 795-820.

[3] MOSER C C, FARID T A, CHOBOT S E, et al. Electron tunneling chains of mitochondria [J]. Biochimica et Biophysica Acta, 2006, 1757(9-10): 1096-1109.

[4] BLUMBERGER J. Recent advances in the theory and molecular simulation of biological electron transfer reactions [J]. Chemical Reviews, 2015, 115(20): 11191-1238.

[5] HAMMES-SCHIFFER S, STUCHEBRUKHOV A A. Theory of coupled electron and proton transfer reactions [J]. Chemical Reviews, 2010, 110(12): 6939-6960.

[6] WEINBERG D R, GAGLIARDI C J, HULL J F, et al. Proton-coupled electron transfer [J]. Chemical Reviews, 2012, 112(7): 4016-4093.

[7] ROVA U, ADRAIT A, POTSCH S, et al. Evidence by mutagenesis that Tyr^{370} of the mouse ribonucleotide reductase R2 protein is the connecting link in the intersubunit radical transfer pathway [J]. Journal of Biological Chemistry, 1999, 274(34): 23746-23751.

[8] KOLBERG M, STRAND K R, GRAFF P, et al. Structure, function, and mechanism of ribonucleotide reductases [J]. Biochimica et Biophysica Acta, 2004, 1699(1-2): 1-34.

[9] MINNIHAN E C, NOCERA D G, STUBBE J. Reversible, long-range radical transfer in *E. coli* class Ia ribonucleotide reductase [J]. Accounts of Chemical Research, 2013, 46(11): 2524-2535.

[10] LONG M J C, VAN HALL-BEAUVAIS A, AYE Y. The more the merrier: how homo-oligomerization alters the interactome and function of ribonucleotide reductase [J]. Current Opinion in Chemical Biology, 2020, 54: 10-18.

[11] YANG L, NELSON R S, BENJDIA A, et al. A radical transfer pathway in spore photoproduct lyase [J]. Biochemistry, 2013, 52(18): 3041-3050.

[12] HAYES E C, JIAN Y, LI L, et al. EPR study of UV-irradiated thymidine microcrystals supports radical intermediates in spore photoproduct formation [J]. Journal of Physical Chemistry B, 2016, 120(42): 10923-10931.

[13] BUCKEL W, THAUER R K. Flavin-based electron bifurcation, a new mechanism of biological energy coupling [J]. Chemical Reviews, 2018, 118(7): 3862-3886.

[14] ZANELLO P. Structure and electrochemistry of proteins harboring iron-sulfur clusters of different nuclearities. Part Ⅲ. [4Fe-4S], [3Fe-4S] and [2Fe-2S] iron-sulfur proteins [J]. Journal of Structural Biology, 2018, 202(3): 264-274.

[15] MONKS T J, HANZLIK R P, COHEN G M, et al. Quinone chemistry and toxicity [J]. Toxicology and Applied Pharmacology, 1992, 112(1): 2-16.

[16] EL-NAJJAR N, GALI-MUHTASIB H, KETOLA R A, et al. The chemical and biological activities of quinones: overview and implications in analytical detection [J].

Phytochemistry Reviews, 2011, 10(3): 353.

[17] MACMILLAN F, LENDZIAN F, RENGER G, et al. EPR and ENDOR investigation of the primary electron acceptor radical anion QA˙ -in iron-depleted photosystem Ⅱ membrane fragments [J]. Biochemistry, 1995, 34(25): 8144-8156.

[18] MACMILLAN F, LENDZIAN F, LUBITZ W. EPR and ENDOR characterization of semiquinone anion radicals related to photosynthesis [J]. Magnetic Resonance in Chemistry, 1995, 33(13): S81-S93.

[19] SNYDER S W, RUSTANDI R R, BIGGINS J, et al. Direct assignment of vitamin K_1 as the secondary acceptor A_1 in photosystem I [J]. P. Natl. Acad. Sci. USA, 1991, 88(21): 9895-9896.

[20] RUSTANDI R R, SNYDER S W, FEEZEL L L, et al. Contribution of vitamin K_1 to the electron spin polarization in spinach photosystem I [J]. Biochemistry, 1990, 29(35): 8030-8032.

[21] BOWMAN M K, THURNAUER M C, NORRIS J R, et al. Characterization of free radicals from vitamin K_1 and menadione by 2 mm-band EPR, ENDOR and ESEEM [J]. Applied Magnetic Resonance, 1992, 3(2): 353.

[22] KONOVALOVA T A, KISPERT L D, REDDING K. Photo-and chemically-produced phylloquinone biradicals: EPR and ENDOR study [J]. Journal of Photochemistry and Photobiology A: Chemistry, 2004, 161(2): 255-260.

[23] TK Č A, SCOTT G. The β-carotene dilemma: ESR study with coordinated peroxyl radicals [J]. Chemical Papers, 2006, 60(3): 179.

[24] ROSTAS A, EINHOLZ C, ILLARIONOV B, et al. Long-lived hydrated FMN radicals: EPR characterization and iImplications for catalytic variability in flavoproteins [J]. Journal of the American Chemical Society, 2018, 140(48): 16521-16527.

[25] DUDYLINA A L, IVANOVA M V, KALATANOVA A V, et al. The generation of superoxide radicals by cardiac mitochondria and the antioxidant effect of the water-soluble form of ubiquinol-10 [J]. Biophysics, 2019, 64(2): 203-208.

[26] LUDWIG M L, PATTRIDGE K A, METZGER A L, et al. Control of oxidation-reduction potentials in flavodoxin from *Clostridium beijerinckii*: the role of conformation changes [J]. Biochemistry, 1997, 36(6): 1259-1280.

[27] OHNISHI T. Iron-sulfur clusters/semiquinones in complex I [J]. Biochimica et Biophysica Acta, 1998, 1364(2): 186-206.

[28] RWERE F, XIA C, IM S, et al. Mutants of cytochrome P_{450} reductase lacking either Gly-141 or Gly-143 destabilize its FMN semiquinone [J]. Journal of Biological Chemistry, 2016, 291(28): 14639-14661.

[29] JOSEPHY P D, ELING T, MASON R P. The horseradish peroxidase-catalyzed oxidation of 3,5,3′,5′-tetramethylbenzidine. Free radical and charge-transfer complex intermediates [J]. Journal of Biological Chemistry, 1982, 257(7): 3669-3675.

[30] AMORATI R, PEDULLI G F, VALGIMIGLI L. Kinetic and thermodynamic aspects of the chain-breaking antioxidant activity of ascorbic acid derivatives in non-aqueous

media [J]. Organic & Biomolecular Chemistry, 2011, 9(10): 3792-3800.

[31] BECCONSALL J K, CLOUGH S, SCOTT G. Electron magnetic resonance of phenoxy radicals [J]. Transactions of the Faraday Society, 1960, 56: 459-472.

[32] SIPE H J, LARDINOIS O M, MASON R P. Free radical metabolism of methyleugenol and related compounds [J]. Chemical Research in Toxicology, 2014, 27(4): 483-489.

[33] KUWABARA K, SAKURAI Y, SANUKI H, et al. Application of a stopped-flow EPR method for the detection of short-lived flavonoid semiquinone radicals produced by oxidation using ^{15}N-labeled nitrosodisulfonate radical (Fremy's Salt) [J]. Applied Magnetic Resonance, 2018, 49(8): 911-924.

[34] HOFBAUER W, ZOUNI A, BITTL R, et al. Photosystem Ⅱ single crystals studied by EPR spectroscopy at 94 GHz: the tyrosine radical $Y_D^{\cdot}$ [J]. P. Natl. Acad. Sci. USA, 2001, 98(12): 6623-6628.

[35] JOSEPHY P D, ELING T E, MASON R P. Oxidation of *p*-aminophenol catalyzed by horseradish peroxidase and prostaglandin synthase [J]. Molecular Pharmacology, 1983, 23(2): 461.

[36] TALCOTT C L, MYERS R J. Electron spin resonance spectra of the radical anions of pyridine and related nitrogen heterocyclics [J]. Molecular Physics, 1967, 12(6): 549-567.

[37] TANIGUCHI H, HASUMI H, HATANO H. Electron spin resonance study of amino acid radicals produced by fenton's reagent [J]. Bulletin of the Chemical Society of Japan, 1972, 45(11): 3380-3383.

[38] GILCHRIST M L, BALL J A, RANDALL D W, BRITT D. Proximity of the manganese cluster of photosystem Ⅱ to the redox-active tyrosine YZ[J]. Proc. Natl. Acad. Sci. USA,1995, 92: 9545-9549.

[39] DENES F, PICHOWICZ M, POVIE G, et al. Thiyl radicals in organic synthesis [J]. Chemical Reviews, 2014, 114(5): 2587-2693.

[40] WOOD P M. The potential diagram for oxygen at pH 7 [J]. Biochemical Journal, 1988, 253(1): 287-289.

[41] PIERRE J L. Chemistry of Dioxygen and its Activated Species [M]//FAVIER A E, CADET J, KALYANARAMAN B, et al. Analysis of Free Radicals in Biological Systems. Basel: Birkhäuser Basel. 1995: 1-10.

[42] WONG L L, BELL S G. Iron: Heme Proteins, Mono- & Dioxygenases Based in part on the article Iron: Heme Proteins, Mono- & Dioxygenases by Masanori Sono & John H. Dawson which appeared in the Encyclopedia of Inorganic Chemistry, First Edition [M]//Encyclopedia of Inorganic and Bioinorganic Chemistry. West Sussex: John Wiley & Sons Inc, 2011.

[43] PIERRE J L, FONTECAVE M. Iron and activated oxygen species in biology: the basic chemistry [J]. Biometals, 1999, 12(3): 195-199.

[44] ROESSLER M M, SALVADORI E. Principles and applications of EPR spectroscopy in the chemical sciences [J]. Chemical Society Reviews, 2018, 47(8): 2534-2553.

[45] MILLER A F. Superoxide dismutases: ancient enzymes and new insights [J]. FEBS

Letters, 2012, 586(5): 585-595.

[46] SHENG Y, ABREU I A, CABELLI D E, et al. Superoxide dismutases and superoxide reductases [J]. Chemical Reviews, 2014, 114(7): 3854-3918.

[47] ZOPPELLARO G, BREN K L, ENSIGN A A, et al. Review: studies of ferric heme proteins with highly anisotropic/highly axial low spin ($S = 1/2$) electron paramagnetic resonance signals with bis-histidine and histidine-methionine axial iron coordination [J]. Biopolymers, 2009, 91(12): 1064-1082.

[48] WALKER F A. Models of the bis-histidine-ligated electron-transferring cytochromes. Comparative geometric and electronic structure of low-spin ferro- and ferrihemes [J]. Chemical Reviews, 2004, 104(2): 589-615.

[49] ASTASHKIN A V, RAITSIMRING A M, WALKER F A. Two- and four-pulse ESEEM studies of the heme binding center of a low-spin ferriheme protein: the importance of a multi-frequency approach [J]. Chemical Physics Letters, 1999, 306(1): 9-17.

[50] GADSBY P M A, THOMSON A J. Assignment of the axial ligands of ferric ion in low-spin hemoproteins by near-infrared magnetic circular dichroism and electron paramagnetic resonance spectroscopy [J]. Journal of the American Chemical Society, 1990, 112(13): 5003-5011.

[51] WU L B, YUAN H, GAO S Q, et al. Regulating the nitrite reductase activity of myoglobin by redesigning the heme active center [J]. Nitric Oxide, 2016, 57: 21-29.

[52] HE C, HOWES B D, SMULEVICH G, et al. Nitrite dismutase reaction mechanism: kinetic and spectroscopic investigation of the interaction between nitrophorin and nitrite [J]. Journal of the American Chemical Society, 2015, 137(12): 4141-4150.

[53] LUCHSINGER B P, WALTER E D, LEE L J, et al. EPR Studies of the Chemical Dynamics of NO and Hemoglobin Interactions [M]//BERLINER L, HANSON G. High Resolution EPR: Applications to Metalloenzymes and Metals in Medicine. New York: Springer, 2009: 419-438.

[54] ZHONG F, PAN J, LIU X, et al. A novel insight into the heme and NO/CO binding mechanism of the alpha subunit of human soluble guanylate cyclase [J]. Journal of Biological Inorganic Chemistry, 2011, 16(8): 1227-1239.

[55] SUGIURA Y. Monomeric cobalt(Ⅱ)-oxygen adducts of bleomycin antibiotics in aqueous solution. A new ligand type for oxygen binding and effect of axial Lewis base [J]. Journal of the American Chemical Society, 1980, 102(16): 5216-5221.

[56] GUPTA R, FU R, LIU A, et al. EPR and Mössbauer spectroscopy show inequivalent hemes in tryptophan dioxygenase [J]. Journal of the American Chemical Society, 2010, 132(3): 1098-1109.

[57] CRAMER W A, KALLAS T. Cytochrome Complexes: Evolution, Structures, Energy Transduction, and Signaling [M]. Dordrecht: Springer Netherlands, 2016.

[58] REEDY C J, GIBNEY B R. Heme protein assemblies [J]. Chemical Reviews, 2004, 104(2): 617-649.

[59] LIN Y W. Structure and function of heme proteins regulated by diverse post-translational

modifications [J]. Arch. Biochem. Biophys., 2018, 641: 1-30.

[60] DURHAM B, MILLETT F S. Iron: Heme Proteins & Electron Transport [M]//Encyclopedia of Inorganic and Bioinorganic Chemistry. West Sussex: John Wiley & Sons Inc, 2011.

[61] YONETANI T. Studics on cytochrome oxidase: I. Absolute and difference absorption spectra [J]. Journal of Biological Chemistry, 1960, 235(3): 845-852.

[62] VAN GELDER B F, BEINERT H. Studies of the heme components of cytochrome c oxidase by EPR spectroscopy [J]. Biochimica et Biophysica Acta, 1969, 189(1): 1-24.

[63] AASA R, ALBRACHT S P J, FALK K E, et al. EPR signals from cytochrome c oxidase [J]. Biochimica et Biophysica Acta, 1976, 422(2): 260-272.

[64] YRUELA I, GARC A-RUBIO I, RONCEL M, et al. Detergent effect on cytochrome b_{559} electron paramagnetic resonance signals in the photosystem Ⅱ reaction centre [J]. Photochemical & Photobiological Sciences, 2003, 2(4): 437-442.

[65] FEYZIYEV Y, DE K Z, STYRING S, et al. Electron transfer from Cyt b_{559} and tyrosine-D to the S_2 and S_3 states of the water oxidizing complex in photosystem Ⅱ at cryogenic temperatures [J]. Journal of Bioenergetics and Biomembranes, 2013, 45(1): 111-120.

[66] TRAN Q M, ROTHERY R A, MAKLASHINA E, et al. *Escherichia coli* succinate dehydrogenase variant lacking the heme b [J]. P. Natl. Acad. Sci. USA, 2007, 104(46): 18007-18012.

[67] HOUSEMAN A L, DOAN P E, GOODIN D B, et al. Comprehensive explanation of the anomalous EPR spectra of wild-type and mutant cytochrome c peroxidase compound ES [J]. Biochemistry, 1993, 32(16): 4430-4443.

[68] SHENG Y, STICH T A, BARNESE K, et al. Comparison of two yeast MnSODs: mitochondrial *Saccharomyces cerevisiae* versus cytosolic *Candida albicans* [J]. Journal of the American Chemical Society, 2011, 133(51): 20878-20889.

[69] IAKOVLEVA O, PARAK F, RIMKE T, et al. An interpretation of EPR spectra of azide ligated superoxide dismutase from *Propionibacterium shermanii* [J]. European Biophysics Journal, 1995, 24(2): 65-68.

[70] CAMPBELL K A, YIKILMAZ E, GRANT C V, et al. Parallel polarization EPR characterization of the Mn(Ⅲ) center of oxidized manganese superoxide dismutase [J]. Journal of the American Chemical Society, 1999, 121(19): 4714-4715.

[71] BRITT R D, PELOQUIN J M, CAMPBELL K A. Pulsed and parallel-polarization EPR characterization of the photosystem Ⅱ oxygen-evolving complex [J]. Annual Review of Biophysics and Biomolecular Structure, 2000, 29: 463-495.

[72] BOLLINGER J M, JIANG W, GREEN M T, et al. The manganese(Ⅳ)/iron(Ⅲ) cofactor of *Chlamydia trachomatis* ribonucleotide reductase: structure, assembly, radical initiation, and evolution [J]. Current Opinion in Structural Biology, 2008, 18(6): 650-657.

[73] LUBITZ W, OGATA H, RUDIGER O, et al. Hydrogenases [J]. Chemical Reviews,

2014, 114(8): 4081-4148.

[74] CHONGDAR N, BIRRELL J A, PAWLAK K, et al. Unique spectroscopic properties of the H-cluster in a putative sensory [FeFe] hydrogenase [J]. Journal of the American Chemical Society, 2018, 140(3): 1057-1068.

[75] MITIĆ N, SCHENK G, HANSON G R. Binuclear Non-Heme Iron Enzymes [M]// BERLINER L, HANSON G. High Resolution EPR: Applications to Metalloenzymes and Metals in Medicine. New York: Springer, 2009: 269-395.

[76] ROUAULT T, ANDRADE S L A, ADAMS M W W, et al. Iron-Sulfur Clusters in Chemistry and Biology [M]. Berlin: De Gruyter, 2014.

[77] HANSON G, BERLINER L. Metals in Biology: Applications of High-Resolution EPR to Metalloenzymes [M]. New York: Springer, 2010.

[78] MICHAEL K. JOHNSON, SMITH A D. Iron-Sulfur Proteins [M]//Encyclopedia of Inorganic and Bioinorganic Chemistry. West Sussex: John Wiley & Sons Inc, 2011.

[79] LIU J, CHAKRABORTY S, HOSSEINZADEH P, et al. Metalloproteins containing cytochrome, iron-sulfur, or copper redox centers [J]. Chemical Reviews, 2014, 114(8): 4366-4469.

[80] CECCHINI G, SCHR DER I, GUNSALUS R P, et al. Succinate dehydrogenase and fumarate reductase from *Escherichia coli* [J]. Biochimica et Biophysica Acta, 2002, 1553(1): 140-157.

[81] PAPINI C, SOMMER C, PECQUEUR L, et al. Bioinspired artificial [FeFe]-hydrogenase with a synthetic H-cluster [J]. ACS Catalysis, 2019, 9(5): 4495-4501.

[82] KENT T A, EMPTAGE M H, MERKLE H, et al. Mössbauer studies of aconitase. Substrate and inhibitor binding, reaction intermediates, and hyperfine interactions of reduced 3Fe and 4Fe clusters [J]. Journal of Biological Chemistry, 1985, 260(11): 6871-6881.

[83] FLICK P K. Novel application of affinity chromatography with chaotropic elution from Blue Dextran-Sepharose for the purification of β-hydroxydecanoyl thioester dehydrase from *Escherichia coli* [J]. Journal of Biochemical and Biophysical Methods, 1982, 5(6): 341-342.

[84] HOPPE A, PANDELIA M E, GARTNER W, et al. [Fe_4S_4]- and [Fe_3S_4]-cluster formation in synthetic peptides [J]. Biochimica et Biophysica Acta, 2011, 1807(11): 1414-1422.

[85] BEINERT H, KENNEDY M C, STOUT C D. Aconitase as iron-sulfur protein, enzyme, and iron-regulatory protein [J]. Chemical Reviews, 1996, 96(7): 2335-2374.

[86] FABRIZI D E BIANI F, ZANELLO P. The competition between chemistry and biology in assembling iron-sulfur derivatives. Molecular structures and electrochemistry. Part Ⅳ. {[Fe_3S_4]($S^{\gamma}Cys)_3$}proteins [J]. Inorganica Chimica Acta, 2017, 455: 319-328.

[87] LINK T A. The Structures of Rieske and Rieske-Type Proteins [M]//SYKES A G. Advances in Inorganic Chemistry. San Diego: Academic Press. 1999: 83-157.

[88] ROESSLER M M, KING M S, ROBINSON A J, et al. Direct assignment of EPR spectra to structurally defined iron-sulfur clusters in complex I by double electron-

electron resonance [J]. P. Natl. Acad. Sci. USA, 2010, 107(5): 1930-1935.

[89] VASSILIEV I R, ANTONKINE M L, GOLBECK J H. Iron-sulfur clusters in type I reaction centers [J]. Biochimica et Biophysica Acta, 2001, 1507(1): 139-160.

[90] GOLDSTEIN S, MEYERSTEIN D, CZAPSKI G. The Fenton reagents [J]. Free Radical Biology and Medicinc, 1993, 15(4): 435-445.

[91] LEWIN A, BRUN N L E, MOORE G R. Iron Proteins for Storage & Transport & Their Synthetic Analogs [M]//Encyclopedia of Inorganic and Bioinorganic Chemistry. West Sussex: John Wiley & Sons Inc, 2011.

[92] WANG P, CHEN S, GUO M, et al. Nanoscale magnetic imaging of ferritins in a single cell [J]. Science Advances, 2019, 5(4): eaau8038.

[93] SOLOMON E I, HEPPNER D E, JOHNSTON E M, et al. Copper active sites in biology [J]. Chemical Reviews, 2014, 114(7): 3659-3853.

[94] CHOI M, DAVIDSON V L. Cupredoxins: a study of how proteins may evolve to use metals for bioenergetic processes [J]. Metallomics, 2011, 3(2): 140-151.

[95] HOLM R H, KENNEPOHL P, SOLOMON E I. Structural and functional aspects of metal sites in biology [J]. Chemical Reviews, 1996, 96(7): 2239-2314.

[96] ROBERTS J E, CLINE J F, LUM V, et al. Comparative ENDOR study of six blue copper proteins [J]. Journal of the American Chemical Society, 1984, 106(18): 5324-5330.

[97] MANESIS A C, O′CONNOR M J, SCHNEIDER C R, et al. Multielectron chemistry within a model nickel metalloprotein: mechanistic implications for acetyl-CoA synthase [J]. Journal of the American Chemical Society, 2017, 139(30): 10328-10338.

[98] LANCASTER K M, ZABALLA M E, SPROULES S, et al. Outer-sphere contributions to the electronic structure of type zero copper proteins [J]. Journal of the American Chemical Society, 2012, 134(19): 8241-8253.

[99] LANCASTER K M. Copper Protein Variants: "Type Zero" Sites [M]//Encyclopedia of Inorganic and Bioinorganic Chemistry. West Sussex: John Wiley & Sons Inc, 2014: 1-6.

[100] HOUGH M A, HASNAIN S S. Structure of fully reduced bovine copper zinc superoxide dismutase at 1.15 Å [J]. Structure, 2003, 11(8): 937-946.

[101] BERTINI I, MANGANL S, VIEZZOLI M S. Structure and Properties of Copper-Zinc Superoxide Dismutases [M]//SYKES A G. Advances in Inorganic Chemistry. San Diego: Academic Press. 1998: 127-250.

[102] LIU Z J, CHEN M, HUANG S W, et al. Electronic and functional structure of copper in plant Cu/Zn superoxide dismutase with combined site-directed mutagenesis and electron paramagnetic resonance [J]. Chinese Journal of Analytical Chemistry, 2019, 47(2): e19021-e19026.

[103] ZHAO H, JOSEPH J, ZHANG H, et al. Synthesis and biochemical applications of a solid cyclic nitrone spin trap: a relatively superior trap for detecting superoxide anions and glutathiyl radicals [J]. Free Radical Biology and Medicine, 2001, 31(5): 599-606.

[104] SAKATA K, HASHIMOTO M, KASHIWAMURA T, et al. Preparation and characterization of 7,16-dibenzoylated tetraaza[14]annulene copper(Ⅱ) complexes [J]. Synthesis and Reactivity in Inorganic and Metal-Organic Chemistry, 1997, 27(6): 797-809.

[105] KRONECK P M H. Walking the seven lines: binuclear copper A in cytochrome *c* oxidase and nitrous oxide reductase [J]. Journal of Biological Inorganic Chemistry, 2018, 23(1): 27-39.

[106] RIESTER J, ZUMFT W G, KRONECK P M. Nitrous oxide reductase from *Pseudomonas stutzeri.* Redox properties and spectroscopic characterization of different forms of the multicopper enzyme [J]. European Journal of Biochemistry, 1989, 178(3): 751-762.

[107] BROWN K, DJINOVIC-CARUGO K, HALTIA T, et al. Revisiting the catalytic CuZ cluster of nitrous oxide (N_2O) reductase. Evidence of a bridging inorganic sulfur [J]. Journal of Biological Chemistry, 2000, 275(52): 41133-41136.

[108] JOHNSTON E M, DELL'ACQUA S, PAULETA S R, et al. Protonation state of the Cu_4S_2 Cu_Z site in nitrous oxide reductase: redox dependence and insight into reactivity [J]. Chemical Science, 2015, 6(10): 5670-5679.

[109] GHOSH S, GORELSKY S I, CHEN P, et al. Activation of N_2O reduction by the fully reduced μ_4-sulfide bridged tetranuclear Cu_Z cluster in nitrous oxide reductase [J]. Journal of the American Chemical Society, 2003, 125(51): 15708-15709.

[110] 杜震环, 井健. 血蓝蛋白分子结构与生物学功能 [J]. 生物过程, 2015, 5(3): 30-37.

[111] HAKULINEN N, GASPARETTI C, KALJUNEN H, et al. The crystal structure of an extracellular catechol oxidase from the ascomycete fungus *Aspergillus oryzae* [J]. Journal of Biological Inorganic Chemistry, 2013, 18(8): 917-929.

[112] SOLOMON E I, SUNDARAM U M, MACHONKIN T E. Multicopper oxidases and oxygenases [J]. Chemical Reviews, 1996, 96(7): 2563-2606.

[113] WINKLER M E, LERCH K, SOLOMON E I. Competitive inhibitor binding to the binuclear copper active site in tyrosinase [J]. Journal of the American Chemical Society, 1981, 103(23): 7001-7003.

[114] VAN GASTEL M, BUBACCO L, GROENEN E J J, et al. EPR study of the dinuclear active copper site of tyrosinase from *Streptomyces antibioticus* [J]. FEBS Letters, 2000, 474(2-3): 228-232.

[115] BUBACCO L, VAN GASTEL M, GROENEN E J, et al. Spectroscopic characterization of the electronic changes in the active site of *Streptomyces antibioticus* tyrosinase upon binding of transition state analogue inhibitors [J]. Journal of Biological Chemistry, 2003, 278(9): 7381-7389.

[116] NGUYEN H H, SHIEMKE A K, JACOBS S J, et al. The nature of the copper ions in the membranes containing the particulate methane monooxygenase from *Methylococcus capsulatus* (Bath) [J]. Journal of Biological Chemistry, 1994, 269(21): 14995-15005.

[117] ROSS M O, MACMILLAN F, WANG J, et al. Particulate methane monooxygenase contains only mononuclear copper centers [J]. Science, 2019, 364(6440): 566-570.

[118] SAMYGINA V R, SOKOLOV A V, BOURENKOV G, et al. Rat ceruloplasmin: a new labile copper binding site and zinc/copper mosaic [J]. Metallomics, 2017, 9(12): 1828-1838.

[119] CHEN M, WANG L, TAN T, et al. Radical mechanism of laccase-catalyzed catechol ring-opening [J]. Acta Physico-Chimica Sinica, 2017, 33(3): 620-626.

[120] VAN WONDEREN J H, KNIGHT C, OGANESYAN V S, et al. Activation of the cytochrome cd_1 nitrite reductase from *Paracoccus pantotrophus*. Reaction of oxidized enzyme with substrate drives a ligand switch at heme c [J]. Journal of Biological Chemistry, 2007, 282(38): 28207-28215.

[121] ANTONYUK S V, STRANGE R W, SAWERS G, et al. Atomic resolution structures of resting-state, substrate- and product-complexed Cu-nitrite reductase provide insight into catalytic mechanism [J]. P. Natl. Acad. Sci. USA, 2005, 102(34): 12041-12046.

[122] HAN C, WRIGHT G S, FISHER K, et al. Characterization of a novel copper-haem c dissimilatory nitrite reductase from *Ralstonia pickettii* [J]. Biochemical Journal, 2012, 444(2): 219-226.

[123] COURTADE G, CIANO L, PARADISI A, et al. Mechanistic basis of substrate-O_2 coupling within a chitin-active lytic polysaccharide monooxygenase: an integrated NM-R/EPR study [J]. P. Natl. Acad. Sci. USA, 2020, 117(32): 19178-19189.

[124] SILVA L A, ANDRADE J B D, MANGRICH A S. Use of Cu^{2+} as a metal ion probe for the EPR study of metal complexation sites in the double sulfite $Cu^{I2}SO^{3}.Cd^{II}SO_3{\cdot}2H_2O$ [J]. Journal of the Brazilian Chemical Society, 2007, 18: 607-610.

[125] COYLE C L, ZUMFT W G, KRONECK P M, et al. Nitrous oxide reductase from denitrifying *Pseudomonas perfectomarina*. Purification and properties of a novel multicopper enzyme [J]. European Journal of Biochemistry, 1985, 153(3): 459-467.

[126] TRAMMELL R, RAJABIMOGHADAM K, GARCIA-BOSCH I. Copper-promoted functionalization of organic molecules: from biologically relevant Cu/O_2 model systems to organometallic transformations [J]. Chemical Reviews, 2019, 119(4): 2954-3031.

[127] MILLER A F. 8.19 - Superoxide Processing [M]//MCCLEVERTY J A, MEYER T J. Comprehensive Coordination Chemistry Ⅱ. Oxford: Pergamon, 2003: 479-506.

[128] WANG X, WEI C, SU J H, et al. A chiral ligand assembly that confers one-electron O_2 reduction activity for a Cu^{2+} -selective metallohydrogel [J]. Angewandte Chemie - International Edition, 2018, 57(13): 3504-3508.

[129] FUKUZUMI S, LEE Y M, NAM W. Structure and reactivity of the first-row d-block metal-superoxo complexes [J]. Dalton Transactions, 2019, 48(26): 9469-9489.

[130] HOFFMAN B M, DIEMENTE D L, BASOLO F. Electron paramagnetic resonance studies of some cobalt(Ⅱ) Schiff base compounds and their monomeric oxygen adducts [J]. Journal of the American Chemical Society, 1970, 92(1): 61-65.

[131] TOVROG B S, KITKO D J, DRAGO R S. Nature of the bound oxygen in a series of cobalt dioxygen adducts [J]. Journal of the American Chemical Society, 1976, 98(17): 5144-5153.

[132] DUBE H, KASUMAJ B, CALLE C, et al. Direct evidence for a hydrogen bond to bound dioxygen in a myoglobin/hemoglobin model system and in cobalt myoglobin by pulse-EPR spectroscopy [J]. Angewandte Chemie - International Edition, 2008, 47(14): 2600-2603.

[133] PIETRZYK P, SOJKA Z. Co^{2+}/Co^{0} redox couple revealed by EPR spectroscopy triggers preferential coordination of reactants during SCR of NO_x with propene over cobalt-exchanged zeolites [J]. Chemical Communications, 2007, 19: 1930-1932.

[134] GUIDO CRISPONI, NURCHI V M. Metal Ion Toxicity [M]//SCOTT R A. Encyclopedia of Inorganic and Bioinorganic Chemistry. West Sussex: John Wiley & Sons Inc, 2015: 1-14.

[135] IRVING H, WILLIAMS R J P. Order of stability of metal complexes [J]. Nature, 1948, 162(4123): 746-747.

[136] IRVING H, WILLIAMS R J P. The stability of transition-metal complexes [J]. Journal of the Chemical Society (Resumed), 1953, 8: 3192-3210.

[137] LINDER M C. Ceruloplasmin and other copper binding components of blood plasma and their functions: an update [J]. Metallomics, 2016, 8(9): 887-905.

[138] GUINDI M. Wilson disease [J]. Seminars in Diagnostic Pathology, 2019, 36(6): 415-422.

[139] LEONG S L, BARNHAM K J, MULTHAUP G, et al. Amyloid Precursor Protein [M]//SCOTT R A. Encyclopedia of Inorganic and Bioinorganic Chemistry. West Sussex: John Wiley & Sons Inc, 2011.

[140] SULE K, UMBSAAR J, PRENNER E J. Mechanisms of Co, Ni, and Mn toxicity: From exposure and homeostasis to their interactions with and impact on lipids and biomembranes [J]. Biochimica et Biophysica Acta, 2020, 1862(8): 183250.

[141] GLUSKER J P. Cation-Activated Enzymes [M]//KING R H C, LUKEHART C M, ATWOOD D A, SCOTT R A. Encyclopedia of Inorganic Chemistry. West Sussex: John Wiley & Sons Inc, 2005.

[142] GOHARA D W, DI CERA E. Molecular mechanisms of enzyme activation by monovalent cations [J]. Journal of Biological Chemistry, 2016, 291(40): 20840-20848.

[143] DISMUKES G C. Manganese enzymes with binuclear active sites [J]. Chemical Reviews, 1996, 96(7): 2909-2926.

[144] MUS F, EILERS B J, ALLEMAN A B, et al. Structural basis for the mechanism of ATP-dependent acetone carboxylation [J]. Scientific Reports, 2017, 7(1): 7234.

[145] BUGG T D H, LIN G. Solving the riddle of the intradiol and extradiol catechol dioxygenases: how do enzymes control hydroperoxide rearrangements? [J]. Chemical Communications, 2001, 11: 941-952.

[146] FIELDING A J, LIPSCOMB J D, QUE L. A two-electron-shell game: intermediates of the extradiol-cleaving catechol dioxygenases [J]. Journal of Biological Inorganic Chemistry, 2014, 19(4-5): 491-504.

[147] KOVALEVA E G, LIPSCOMB J D. Crystal structures of Fe^{2+} dioxygenase superoxo, alkylperoxo, and bound product intermediates [J]. Science, 2007, 316(5823): 453-457.

[148] GUNDERSON W A, ZATSMAN A I, EMERSON J P, et al. Electron paramagnetic resonance detection of intermediates in the enzymatic cycle of an extradiol dioxygenase [J]. Journal of the American Chemical Society, 2008, 130(44): 14465-14467.

[149] BAUMGARTEN M, WINSCOM C J, LUBITZ W. Probing the surrounding of a cobalt (Ⅱ) porphyrin and its superoxo complex by EPR techniques [J]. Applied Magnetic Resonance, 2001, 20(1): 35-70.

[150] FIELDING A J, LIPSCOMB J D, QUE L. Characterization of an O_2 adduct of an active cobalt-substituted extradiol-cleaving catechol dioxygenase [J]. Journal of the American Chemical Society, 2012, 134(2): 796-799.

[151] MBUGHUNI M M, CHAKRABARTI M, HAYDEN J A, et al. Trapping and spectroscopic characterization of an $Fe^{Ⅲ}$-superoxo intermediate from a nonheme mononuclear iron-containing enzyme [J]. P. Natl. Acad. Sci. USA, 2010, 107(39): 16788-16793.

[152] KHANGULOV S V, PESSIKI P J, BARYNIN V V, et al. Determination of the metal ion separation and energies of the three lowest electronic states of dimanganese(Ⅱ,Ⅱ) complexes and enzymes: Catalase and liver arginase [J]. Biochemistry, 1995, 34(6): 2015-2025.

[153] KANYO Z F, SCOLNICK L R, ASH D E, et al. Structure of a unique binuclear manganese cluster in arginase [J]. Nature, 1996, 383(6600): 554-557.

[154] KHANGULOV S V, SOSSONG T M, ASH D E, et al. L-Arginine binding to liver arginase requires proton transfer to gateway residue His_{141} and coordination of the guanidinium group to the dimanganese(Ⅱ,Ⅱ) center [J]. Biochemistry, 1998, 37(23): 8539-8550.

[155] CALDWELL R W, RODRIGUEZ P C, TOQUE H A, et al. Arginase: a multifaceted enzyme important in health and disease [J]. Physiological Reviews, 2018, 98(2): 641-665.

[156] CALDWELL R B, TOQUE H A, NARAYANAN S P, et al. Arginase: an old enzyme with new tricks [J]. Trends in Pharmacological Sciences, 2015, 36(6): 395-405.

[157] COX N, OGATA H, STOLLE P, et al. A tyrosyl-dimanganese coupled spin system is the native metalloradical cofactor of the R2F subunit of the ribonucleotide reductase of *Corynebacterium ammoniagenes* [J]. Journal of the American Chemical Society, 2010, 132(32): 11197-11213.

[158] VAN DER DONK W A, STUBBE J, GERFEN G J, et al. EPR investigations of the inactivation of *E. coli* ribonucleotide reductase with 2′-Azido-2′-deoxyuridine 5′-diphosphate: evidence for the involvement of the thiyl radical of C225-R1 [J]. Journal of the American Chemical Society, 1995, 117(35): 8908-8916.

[159] FRITSCHER J, ARTIN E, WNUK S, et al. Structure of the nitrogen-centered radical formed during inactivation of *E. coli* ribonucleotide reductase by 2′-azido-2′-deoxyuridine -5′-diphosphate: trapping of the 3′-ketonucleotide [J]. Journal of the American Chemical Society, 2005, 127(21): 7729-7738.

[160] BENNATI M, ROBBLEE J H, MUGNAINI V, et al. EPR distance measurements support a model for long-range radical initiation in *E. coli* ribonucleotide reductase [J].

Journal of the American Chemical Society, 2005, 127(43): 15014-15015.

[161] BIGLINO D, SCHMIDT P P, REIJERSE E J, et al. PELDOR study on the tyrosyl radicals in the R2 protein of mouse ribonucleotide reductase [J]. Physical Chemistry Chemical Physics, 2006, 8(1): 58-62.

[162] RAGSDALE S W. Nickel Enzymes & Cofactors [M]//SCOTT R A. Encyclopedia of Inorganic and Bioinorganic Chemistry. West Sussex: John Wiley & Sons Inc, 2011.

[163] ALFANO M, CAVAZZA C. Structure, function, and biosynthesis of nickel-dependent enzymes [J]. Protein Science, 2020, 29(5): 1071-1089.

[164] KR UTLER B. Cobalt: B12 Enzymes and Coenzymes [M]//SCOTT R A. Encyclopedia of Inorganic and Bioinorganic Chemistry. West Sussex: John Wiley & Sons Inc, 2021.

[165] COCKLE S A. Electron-paramagnetic-resonance studies on cobalt(Ⅱ) carbonic anhydrase. Low-spin cyanide complexes [J]. Biochemical Journal, 1974, 137(3): 587-596.

[166] NAKANE D, KUWASAKO S I, TSUGE M, et al. A square-planar Ni(Ⅱ) complex with an N_2S_2 donor set similar to the active centre of nickel-containing superoxide dismutase and its reaction with superoxide [J]. Chemical Communications, 2010, 46(12): 2142-2144.

[167] MCAULEY A, MACARTNEY D H, OSWALD T. The rate of the self-exchange reaction of Ni^{II} cyclam^{2+}/Ni^{III} cyclam^{3+} measured using ^{61}Ni e.s.r. and a marcus cross correlation reaction [J]. Journal of the Chemical Society, Chemical Communications, 1982, 5: 274-275.

[168] FLORES M, AGRAWAL A G, VAN GASTEL M, etal. Electron-electron double resonance-detected NMR to measure metal hyperfine interactions: ^{61}Ni in the Ni-B state of the [NiFe] hydrogenase of *Desulfovibrio vulgaris* Miyazaki F [J]. Journal of the American Chemical Society, 2008, 130(8): 2402-2403.

[169] GROVE D M, VAN KOTEN G, MUL P, et al. Syntheses and characterization of unique organometallic nickel(Ⅲ) aryl species. ESR and electrochemical studies and the X-ray molecular study of square-pyramidal [Ni{$C_6H_3(CH_2NMe_2)_2$-*o*, *o*′}I_2] [J]. Inorganic Chemistry, 1988, 27(14): 2466-2473.

[170] VAN GASTEL M, SHAW J L, BLAKE A J, et al. Electronic structure of a binuclear nickel complex of relevance to [NiFe] Hydrogenase [J]. Inorganic Chemistry, 2008, 47(24): 11688-11697.

[171] YOUN H D, KIM E J, ROE J H, et al. A novel nickel-containing superoxide dismutase from *Streptomyces spp* [J]. Biochemical Journal, 1996, 318 (Pt 3): 889-896.

[172] CHOUDHURY S B, LEE J W, DAVIDSON G, et al. Examination of the nickel site structure and reaction mechanism in *Streptomyces seoulensis* superoxide dismutase [J]. Biochemistry, 1999, 38(12): 3744-3752.

[173] RYAN K C, GUCE A I, JOHNSON O E, et al. Nickel superoxide dismutase: structural and functional roles of His_1 and its H-bonding network [J]. Biochemistry, 2015, 54(4): 1016-1027.

[174] BARONDEAU D P, KASSMANN C J, BRUNS C K, et al. Nickel superoxide dismutase

structure and mechanism [J]. Biochemistry, 2004, 43(25): 8038-8047.

[175] BROERING E P, TRUONG P T, GALE E M, et al. Synthetic analogues of nickel superoxide dismutase: a new role for nickel in biology [J]. Biochemistry, 2013, 52(1): 4-18.

[176] NAKANE D, WASADA-TSUTSUI Y, FUNAHASHI Y, et al. A novel square-planar Ni(II) complex with an amino-carboxamido-dithiolato-type ligand as an active-site model of NiSOD [J]. Inorganic Chemistry, 2014, 53(13): 6512-6523.

[177] JAUN B, PFALTZ A. Coenzyme F_{430} from methanogenic bacteria: reversible one-electron reduction of F_{430} pentamethyl ester to the nickel(I) form [J]. Journal of the Chemical Society, Chemical Communications, 1986, 17: 1327-1329.

[178] RAGSDALE S W. 67 - Biochemistry of Methyl-CoM Reductase and Coenzyme F_{430} [M]//KADISH K M, SMITH K M, GUILARD R. The Porphyrin Handbook. Amsterdam: Academic Press, 2003: 205-228.

[179] WARREN M J, SMITH A G. Tetrapyrroles : Birth, Life, and Death [M]. New York: Springer Science & Business Media, 2009.

[180] ZHENG K, NGO P D, OWENS V L, et al. The biosynthetic pathway of coenzyme F_{430} in methanogenic and methanotrophic archaea [J]. Science, 2016, 354(6310): 339-342.

[181] MOORE S J, SOWA S T, SCHUCHARDT C, et al. Elucidation of the biosynthesis of the methane catalyst coenzyme F_{430} [J]. Nature, 2017, 543(7643): 78-82.

[182] THAUER R K. Methyl (Alkyl)-coenzyme M reductases: Nickel F-430-containing enzymes involved in anaerobic methane formation and in anaerobic oxidation of methane or of short chain alkanes [J]. Biochemistry, 2019, 58(52): 5198-5220.

[183] HOLLIGER C, PIERIK A J, REIJERSE E J, et al. A spectroelectrochemical study of factor F_{430} nickel(II/I) from methanogenic bacteria in aqueous solution [J]. Journal of the American Chemical Society, 1993, 115(13): 5651-5656.

[184] MAHLERT F, GRABARSE W, KAHNT J, et al. The nickel enzyme methyl-coenzyme M reductase from methanogenic archaea: in vitro interconversions among the EPR detectable MCR-red1 and MCR-red2 states [J]. Journal of Biological Inorganic Chemistry, 2002, 7(1-2): 101-112.

[185] PISKORSKI R, JAUN B. Direct determination of the number of electrons needed to reduce coenzyme F_{430} pentamethyl ester to the Ni(I) species exhibiting the electron paramagnetic resonance and ultraviolet-visible spectra characteristic for the MCR_{red1} state of methyl-coenzyme M reductase [J]. Journal of the American Chemical Society, 2003, 125(43): 13120-13125.

[186] JAUN B. Coenzyme F_{430} from methanogenic bacteria: Oxidation of F_{430} pentamethyl ester to the Ni(III) form [J]. Helvetica Chimica Acta, 1990, 73(8): 2209-2217.

[187] TELSER J, DAVYDOV R, HORNG Y C, et al. Cryoreduction of methyl-coenzyme M reductase: EPR characterization of forms, MCR_{ox1} and MCR_{red1} [J]. Journal of the American Chemical Society, 2001, 123(25): 5853-5860.

[188] HARMER J, FINAZZO C, PISKORSKI R, et al. Spin density and coenzyme M co-

ordination geometry of the ox1 form of methyl-coenzyme M reductase: a pulse EPR study [J]. Journal of the American Chemical Society, 2005, 127(50): 17744-17755.

[189] GOENRICH M, DUIN E C, MAHLERT F, et al. Temperature dependence of methyl-coenzyme M reductase activity and of the formation of the methyl-coenzyme M reductase red2 state induced by coenzyme B [J]. Journal of Biological Inorganic Chemistry, 2005, 10(4): 333-342.

[190] WONGNATE T, SLIWA D, GINOVSKA B, et al. The radical mechanism of biological methane synthesis by methyl-coenzyme M reductase [J]. Science, 2016, 352(6288): 953-958.

[191] TSAI C H, TUNG J Y, CHEN J H, et al. Crystal of *meso-p*-tolyl-porphyrinato copper (Ⅱ) Cu(tptp) and di-cation ion-pair complex $[H_4tptp]^{2+}[CF_3SO_3]^{2-}$ formation during the reaction of $Cu(CF_3SO_3)_2$ with *meso-p*-tolyl-porphyrin in $CDCl_3$ [J]. Polyhedron, 2000, 19(6): 633-939.

[192] NGUYEN T, H KANSSON P, EDGE R, et al. EPR based distance measurement in Cu-porphyrin-DNA [J]. New Journal of Chemistry, 2014, 38(11): 5254-5259.

[193] CASTRO K A, SILVA S, PEREIRA P M, et al. Galactodendritic porphyrinic conjugates as new biomimetic catalysts for oxidation reactions [J]. Inorganic Chemistry, 2015, 54(9): 4382-4393.

[194] RICHERT S, KUPROV I, PEEKS M D, et al. Quantifying the exchange coupling in linear copper porphyrin oligomers [J]. Physical Chemistry Chemical Physics, 2017, 19(24): 16057-16061.

[195] MATLACHOWSKI C, SCHWALBE M. Synthesis and characterization of mono- and dinuclear phenanthroline-extended tetramesitylporphyrin complexes as well as UV-Vis and EPR studies on their one-electron reduced species [J]. Dalton Transactions, 2013, 42(10): 3490-3503.

[196] ADAMS C J, BEDFORD R B, CARTER E, et al. Iron(I) in Negishi cross-coupling reactions [J]. Journal of the American Chemical Society, 2012, 134(25): 10333-10336.

[197] CRAFT J L, HORNG Y C, RAGSDALE S W, et al. Nickel oxidation states of F_{430} cofactor in methyl-coenzyme M reductase [J]. Journal of the American Chemical Society, 2004, 126(13): 4068-4069.

[198] DEY M, TELSER J, KUNZ R C, et al. Biochemical and spectroscopic studies of the electronic structure and reactivity of a methyl-Ni species formed on methyl-coenzyme M reductase [J]. Journal of the American Chemical Society, 2007, 129(36): 11030-11032.

[199] CEDERVALL P E, DEY M, LI X, et al. Structural analysis of a Ni-methyl species in methyl-coenzyme M reductase from *Methanothermobacter marburgensis* [J]. Journal of the American Chemical Society, 2011, 133(15): 5626-5628.

[200] KAMPA M, PANDELIA M E, LUBITZ W, et al. A metal-metal bond in the light-induced state of [NiFe] hydrogenases with relevance to hydrogen evolution [J]. Journal of the American Chemical Society, 2013, 135(10): 3915-3925.

[201] RAGSDALE S W, KUMAR M. Nickel-containing carbon monoxide dehydrogenase/

acetyl-CoA Synthase [J]. Chemical Reviews, 1996, 96(7): 2515-2540.

[202] RAGSDALE S W. Life with carbon monoxide [J]. Critical Reviews in Biochemistry and Molecular Biology, 2004, 39(3): 165-195.

[203] CAN M, ARMSTRONG F A, RAGSDALE S W. Structure, function, and mechanism of the nickel metalloenzymes, CO dehydrogenase, and acetyl-CoA synthase [J]. Chemical Reviews, 2014, 114(8): 4149-4174.

[204] LOKE H K, BENNETT G N, LINDAHL P A. Active acetyl-CoA synthase from *Clostridium thermoaceticum* obtained by cloning and heterologous expression of *acsAB* in *Escherichia coli* [J]. P. Natl. Acad. Sci. USA, 2000, 97(23): 12530-12535.

[205] LINDAHL P A, M NCK E, RAGSDALE S W. CO dehydrogenase from *Clostridium thermoaceticum*. EPR and electrochemical studies in CO_2 and argon atmospheres [J]. Journal of Biological Chemistry, 1990, 265(7): 3873-3879.

[206] DEROSE V J, TELSER J, ANDERSON M E, et al. A multinuclear ENDOR study of the C-cluster in CO dehydrogenase from *Clostridium thermoaceticum*: evidence for H_xO and histidine coordination to the $[Fe_4S_4]$ Center [J]. Journal of the American Chemical Society, 1998, 120(34): 8767-8776.

[207] DARNAULT C, VOLBEDA A, KIM E J, et al. Ni-Zn-$[Fe_4$-$S_4]$ and Ni-Ni-$[Fe_4$-$S_4]$ clusters in closed and open α subunits of acetyl-CoA synthase/carbon monoxide dehydrogenase [J]. Nature Structural Biology, 2003, 10(4): 271-279.

[208] SVETLITCHNYI V, DOBBEK H, MEYER-KLAUCKE W, et al. A functional Ni-Ni-[4Fe-4S] cluster in the monomeric acetyl-CoA synthase from *Carboxydothermus hydrogenoformans* [J]. P. Natl. Acad. Sci. USA, 2004, 101(2): 446-451.

[209] CAN M, GILES L J, RAGSDALE S W, et al. X-ray absorption spectroscopy reveals an organometallic Ni-C bond in the CO-treated form of acetyl-CoA synthase [J]. Biochemistry, 2017, 56(9): 1248-1260.

[210] GEORGE S J, SERAVALLI J, RAGSDALE S W. EPR and infrared spectroscopic evidence that a kinetically competent paramagnetic intermediate is formed when acetyl-coenzyme A synthase reacts with CO [J]. Journal of the American Chemical Society, 2005, 127(39): 13500-13501.

[211] GRAHAME D A. Methods for analysis of acetyl-CoA synthase applications to bacterial and archaeal systems [J]. Methods in Enzymology, 2011, 494: 189-217.

[212] TAN X, MARTINHO M, STUBNA A, et al. Mössbauer evidence for an exchange-coupled $\{[Fe_4S_4]^{1+}\ Ni_p^{1+}\}$A-cluster in isolated alpha subunits of acetyl-coenzyme A synthase/carbon monoxide dehydrogenase [J]. Journal of the American Chemical Society, 2008, 130(21): 6712-6713.

[213] BRUNOLD T C, CONRAD K S, LIPTAK M D, et al. Spectroscopically validated density functional theory studies of the B_{12} cofactors and their interactions with enzyme active sites [J]. Coordination Chemistry Reviews, 2009, 253(5): 779-794.

[214] KR UTLER B. Cobalt: B12 Enzymes and Coenzymes [M]//SCOTT R A. Encyclopedia of Inorganic and Bioinorganic Chemistry. West Sussex: John Wiley & Sons Inc, 2020:

1-26.

[215] BANERJEE R V, HARDER S R, RAGSDALE S W, et al. Mechanism of reductive activation of cobalamin-dependent methionine synthase: an electron paramagnetic resonance spectroelectrochemical study [J]. Biochemistry, 1990, 29(5): 1129-1135.

[216] MATTES T A, DEERY E, WARREN M J, et al. Cobalamin Biosynthesis and Insertion [M]//SCOTT R A. Encyclopedia of Inorganic and Bioinorganic Chemistry. West Sussex: John Wiley & Sons Inc, 2017: 1-24.

[217] FRANK S, DEERY E, BRINDLEY A A, et al. Elucidation of substrate specificity in the cobalamin (vitamin B_{12}) biosynthetic methyltransferases: structure and function of the c_{20} methyltransferase (CbiL) from *methanothermobacter thermautotrophicus* [J]. Journal of Biological Chemistry, 2007, 282(33): 23957-23969.

[218] ZHAO J, PENG Q, WANG Z, et al. Proton mediated spin state transition of cobalt heme analogs [J]. Nature Communications, 2019, 10(1): 2303.

[219] PALLARES I G, MOORE T C, ESCALANTE-SEMERENA J C, et al. Spectroscopic studies of the EutT Adenosyltransferase from *Salmonella enterica*: mechanism of four-coordinate Co(Ⅱ)Cbl formation [J]. Journal of the American Chemical Society, 2016, 138(11): 3694-3704.

[220] ZAMANI S, CARTER E, MURPHY D M, et al. Probing differences in binding of methylbenzylamine enantiomers to chiral cobalt(Ⅱ) salen complexes [J]. Dalton Transactions, 2012, 41(22): 6861-6870.

[221] STICH T A, SERAVALLI J, VENKATESHRAO S, et al. Spectroscopic studies of the corrinoid/iron-sulfur protein from *Moorella thermoacetica* [J]. Journal of the American Chemical Society, 2006, 128(15): 5010-5020.

[222] WEI Y, ZHU X, ZHANG S, et al. Structural and functional insights into corrinoid iron-sulfur protein from human pathogen *Clostridium difficile* [J]. Journal of Inorganic Biochemistry, 2017, 170: 26-33.

[223] HILLE R. The mononuclear molybdenum enzymes [J]. Chemical Reviews, 1996, 96(7): 2757-2816.

[224] JOHNSON M K, REES D C, ADAMS M W. Tungstoenzymes [J]. Chemical Reviews, 1996, 96(7): 2817-2840.

[225] HILLE R, HALL J, BASU P. The mononuclear molybdenum enzymes [J]. Chemical Reviews, 2014, 114(7): 3963-4038.

[226] 谭天, 陈明, 苏吉虎, 等. 利用 EPR 研究三氧化钼中氧还活性位点形成的温度依赖性 [J]. 化学物理学报, 2019, 32(6): 657-660.

[227] HOWARD J B, REES D C. Structural basis of biological nitrogen fixation [J]. Chemical Reviews, 1996, 96(7): 2965-2982.

[228] EINSLE O, REES D C. Structural enzymology of nitrogenase enzymes [J]. Chemical Reviews, 2020, 120(12): 4969-5004.

[229] LUQUE F, PAU R N. Transcriptional regulation by metals of structural genes for *Azotobacter vinelandii* nitrogenases [J]. Molecular & General Genetics, 1991, 227(3):

481-487.

[230] SMITH B E. Structure, Function, and Biosynthesis of the Metallosulfur Clusters in Nitrogenases [M]//SYKES A G. Advances in Inorganic Chemistry. San Diego: Academic Press, 1999: 159-218.

[231] SICKERMAN N S, RIBBE M W, HU Y. Nitrogenase cofactor assembly: an elemental inventory [J]. Accounts of Chemical Research, 2017, 50(11): 2834-2841.

[232] RUTLEDGE H L, TEZCAN F A. Electron transfer in nitrogenase [J]. Chemical Reviews, 2020, 120(12): 5158-5193.

[233] VAN STAPPEN C, DECAMPS L, CUTSAIL G E, et al. The spectroscopy of nitrogenases [J]. Chemical Reviews, 2020, 120(12): 5005-5081.

[234] LANZILOTTA W N, SEEFELDT L C. Changes in the midpoint potentials of the nitrogenase metal centers as a result of iron protein-molybdenum-iron protein complex formation [J]. Biochemistry, 1997, 36(42): 12976-12983.

[235] LOWERY T J, WILSON P E, ZHANG B, et al. Flavodoxin hydroquinone reduces *Azotobacter vinelandii* Fe protein to the all-ferrous redox state with a $S=0$ spin state [J]. P. Natl. Acad. Sci. USA, 2006, 103(46): 17131-17136.

[236] SPATZAL T, EINSLE O, ANDRADE S L. Analysis of the magnetic properties of nitrogenase FeMo cofactor by single-crystal EPR spectroscopy [J]. Angewandte Chemie-International Edition, 2013, 52(38): 10116-10119.

[237] SEEFELDT L C, YANG Z Y, LUKOYANOV D A, et al. Reduction of substrates by nitrogenases [J]. Chemical Reviews, 2020, 120(12): 5082-5106.

[238] GRAHAM J E, WANTLAND N B, CAMPBELL M, et al. Chapter Fourteen - Characterizing Bacterial Gene Expression in Nitrogen Cycle Metabolism with RT-qPCR [M]//KLOTZ M G, STEIN L Y. Methods in Enzymology. San Diego: Academic Press, 2011: 345-372.

[239] KALIMUTHU P, PETITGENET M, NIKS D, et al. The oxidation-reduction and electrocatalytic properties of CO dehydrogenase from *Oligotropha carboxidovorans* [J]. Biochimica et Biophysica Acta, 2020, 1861(1): 148118.

[240] HANZELMANN P, MEYER O. Effect of molybdate and tungstate on the biosynthesis of CO dehydrogenase and the molybdopterin cytosine-dinucleotide-type of molybdenum cofactor in *Hydrogenophaga pseudoflava* [J]. European Journal of Biochemistry, 1998, 255(3): 755-765.

[241] GREMER L, KELLNER S, DOBBEK H, et al. Binding of flavin adenine dinucleotide to molybdenum-containing carbon monoxide dehydrogenase from Oligotropha carboxidovorans: structural and functional analysis of a carbon monoxide dehydrogenase species in which the native flavoprotein has been replaced by its recombinant counterpart produced in *Escherichia coli* [J]. Journal of Biological Chemistry, 2000, 275(3): 1864-1872.

[242] COLEMAN J E. Zinc proteins: enzymes, storage proteins, transcription factors, and replication proteins [J]. Annual Review of Biochemistry, 1992, 61: 897-946.

[243] AULD D S. Zinc Enzymes [M]//SCOTT R A. Encyclopedia of Inorganic and Bioinorganic Chemistry. West Sussex: John Wiley & Sons Inc, 2011.

[244] MARET W. Zinc biochemistry: from a single zinc enzyme to a key element of life [J]. Advances in Nutrition 2013, 4(1): 82-91.

[245] HERNANDEZ-CAMACHO J D, VICENTE-GARCIA C, PARSONS D S, et al. Zinc at the crossroads of exercise and proteostasis [J]. Redox Biology, 2020, 35: 101529.

[246] WEVER R, RENIRIE R, HASAN Z. Vanadium in Biology [M]//SCOTT R A. West Sussex: John Wiley & Sons Inc, Encyclopedia of Inorganic and Bioinorganic Chemistry. 2011.

[247] REHDER D. The role of vanadium in biology [J]. Metallomics, 2015, 7(5): 730-742.

[248] CHASTEEN N D. Vanadium in Biological Systems: Physiology and Biochemistry [M]. Dordrecht, The Netherlands ; Boston: Kluwer Academic Publishers, 1990.

[249] TRACEY A S, WILLSKY G R, TAKEUCHI E. Vanadium: Chemistry, Biochemistry, Pharmacology, and Practical Applications [M]. Boca Raton: CRC Press, 2007.

[250] FEDIN M, GROMOV I, SCHWEIGER A. Absorption line CW EPR using an amplitude modulated longitudinal field [J]. Journal of Magnetic Resonance, 2004, 171(1): 80-89.

[251] HEALY M R, CARTER E, FALLIS I A, et al. EPR/ENDOR and computational study of outer sphere interactions in copper complexes of phenolic oximes [J]. Inorganic Chemistry, 2015, 54(17): 8465-8473.

[252] CLARK K M, YU Y, MARSHALL N M, et al. Transforming a blue copper into a red copper protein: engineering cysteine and homocysteine into the axial position of azurin using site-directed mutagenesis and expressed protein ligation [J]. Journal of the American Chemical Society, 2010, 132(29): 10093-10101.

[253] ROSS M O, MACMILLAN F, WANG J, et al. Particulate methane monooxygenase contains only mononuclear copper centers [J]. Science, 2019, 364(6440): 566.

[254] BERTHOLD D A, BABCOCK G T, YOCUM C F. A highly resolved, oxygen-evolving photosystem II preparation from spinach thylakoid membranes [J]. FEBS Letters, 1981, 134(2): 231-234.

[255] MILLER A F, BRUDVIG G W. A guide to electron paramagnetic resonance spectroscopy of Photosystem II membranes [J]. Biochimica et Biophysica Acta, 1991, 1056(1): 1-18.

[256] BRITT R D, CAMPBELL K A, PELOQUIN J M, et al. Recent pulsed EPR studies of the Photosystem II oxygen-evolving complex: implications as to water oxidation mechanisms [J]. Biochimica et Biophysica Acta, 2004, 1655: 158-171.

[257] HADDY A. EPR spectroscopy of the manganese cluster of photosystem II [J]. Photosynthesis Research, 2007, 92(3): 357-368.

[258] DUYSENS L N M, AMESZ J. Function and identification of two photochemical systems in photosynthesis [J]. Biochimica et Biophysica Acta, 1962, 64(2): 243-260.

[259] DU YSENS L N. The discovery of the two photosynthetic systems: a personal account [J]. Photosynthesis Research, 1989, 21(2): 61-79.

[260] SHEVELA D, BJÖRN L O, GOVINDJEE. Photosynthesis [M]. Singapore: World Scientific, 2017.

[261] TOMMOS C, BABCOCK G T. Proton and hydrogen currents in photosynthetic water oxidation [J]. Biochimica et Biophysica Acta, 2000, 1458(1): 199-219.

[262] ULAS G, BRUDVIG G W. Photosynthesis: Energy Conversion [M]//SCOTT R A. Encyclopedia of Inorganic and Bioinorganic Chemistry. West Sussex: John Wiley & Sons Inc, 2011.

[263] FEYZIYEV Y, ROTTERDAM B J V, BERN T G, et al. Electron transfer from cytochrome b_{559} and tyrosine$_D$ to the S_2 and S_3 states of the water oxidizing complex in photosystem Ⅱ [J]. Chem. Phys., 2003, 294(3): 415-431.

[264] SHINOPOULOS K E, BRUDVIG G W. Cytochrome b_{559} and cyclic electron transfer within photosystem Ⅱ [J]. Biochimica et Biophysica Acta, 2012, 1817(1): 66-75.

[265] BERNAL-BAYARD P, PUERTO-GALAN L, YRUELA I, et al. The photosynthetic cytochrome c_{550} from the diatom *Phaeodactylum tricornutum* [J]. Photosynthesis Research 2017, 133(1-3): 273-287.

[266] CASPY I, NELSON N. Structure of the plant photosystem I [J]. Biochemical Society Transactions, 2018, 46(2): 285-294.

[267] LENDZIAN F, MOBIUS K, LUBITZ W. The pheophytin a anion radical. ^{14}N and ^{1}H endor and triple resonance in liquid solution [J]. Chemical Physics Letters, 1982, 90(5): 375-381.

[268] BUDIL D E, THURNAUER M C. The chlorophyll triplet state as a probe of structure and function in photosynthesis [J]. Biochimica et Biophysica Acta, 1991, 1057(1): 1-41.

[269] HOFF A J, DEISENHOFER J. Photophysics of photosynthesis. Structure and spectroscopy of reaction centers of purple bacteria [J]. Physics Reports, 1997, 287(1): 1-247.

[270] LUBITZ W. Pulse EPR and ENDOR studies of light-induced radicals and triplet states in photosystem Ⅱ of oxygenic photosynthesis [J]. Physical Chemistry Chemical Physics, 2002, 4(22): 5539-5545.

[271] LENDZIAN F, BITTL R, TELFER A, et al. Hyperfine structure of the photoexcited triplet state $^{3}P_{680}$ in plant PS Ⅱ reaction centres as determined by pulse ENDOR spectroscopy [J]. Biochimica et Biophysica Acta, 2003, 1605(1): 35-46.

[272] FEYZIEV Y M, YONEDA D, YOSHii T, et al. Formate-induced inhibition of the water-oxidizing complex of photosystem Ⅱ studied by EPR [J]. Biochemistry, 2000, 39(13): 3848-3855.

[273] DELIGIANNAKIS Y, RUTHERFORD A W. Reaction centre photochemistry in cyanide-treated photosystem Ⅱ [J]. Biochimica et Biophysica Acta, 1998, 1365(3): 354-362.

[274] ZHANG C, BOUSSAC A, RUTHERFORD A W. Low-temperature electron transfer in photosystem Ⅱ: a tyrosyl radical and semiquinone charge pair [J]. Biochemistry, 2004, 43(43): 13787-13795.

[275] FEIKEMA W O, GAST P, KLENINA I B, et al. EPR characterisation of the triplet state in photosystem Ⅱ reaction centers with singly reduced primary acceptor Q_A [J].

Biochimica et Biophysica Acta, 2005, 1709(2): 105-112.

[276] KAMMEL M, KERN J, LUBITZ W, et al. Photosystem Ⅱ single crystals studied by transient EPR: the light-induced triplet state [J]. Biochimica et Biophysica Acta, 2003, 1605(1): 47-54.

[277] VAN DER EST A, PRISNER T, BITTL R, et al. Time-resolved X-, K-, and W-band EPR of the radical pair state of photosystem I in comparison with in bacterial reaction centers [J]. Journal of Physical Chemistry B, 1997, 101(8): 1437-1443.

[278] PRISNER T, ROHRER M, MACMILLAN F. Pulsed EPR spectroscopy: biological applications [J]. Annual Review of Physical Chemistry, 2001, 52: 279-313.

[279] LEVANON H, NORRIS J R. The photoexcited triplet state and photosynthesis [J]. Chemical Reviews, 1978, 78(3): 185-198.

[280] BITTL R, SCHLODDER E, GEISENHEIMER I, et al. Transient EPR and absorption studies of carotenoid triplet formation in purple bacterial antenna complexes [J]. Journal of Physical Chemistry B, 2001, 105(23): 5525-5535.

[281] LUBITZ W, LENDZIAN F, BITTL R. Radicals, radical pairs and triplet states in photosynthesis [J]. Accounts of Chemical Research, 2002, 35(5): 313-320.

[282] BRATT P J, POLUEKTOV O G, THURNAUER M C, et al. The *g*-factor anisotropy of plant chlorophyll $a^{\cdot+}$ [J]. Journal of Physical Chemistry B, 2000, 104(30): 6973-6977.

[283] LAKSHMI K V, REIFLER M J, BRUDVIG G W, et al. High-field EPR study of carotenoid and chlorophyll cation radicals in photosystem Ⅱ [J]. Journal of Physical Chemistry B, 2000, 104(45): 10445-10448.

[284] PRISNER T F, MCDERMOTT A E, UN S, et al. Measurement of the g-tensor of the ${P_{700}}^{+\cdot}$ signal from deuterated cyanobacterial photosystem I particles [J]. P. Natl. Acad. Sci. USA, 1993, 90(20): 9485-9488.

[285] BRATT P J, ROHRER M, KRZYSTEK J, et al. Submillimeter high-field EPR studies of the primary donor in plant hotosystem I $P_{700}^{\cdot+}$ [J]. Journal of Physical Chemistry B, 1997, 101(47): 9686-9689.

[286] WEBBER A N, LUBITZ W. P_{700}: the primary electron donor of photosystem I [J]. Biochimica et Biophysica Acta, 2001, 1507(1): 61-79.

[287] FALLER P, MALY T, RUTHERFORD A W, et al. Chlorophyll and carotenoid radicals in photosystem Ⅱ studied by pulsed ENDOR [J]. Biochemistry, 2001, 40(2): 320-326.

[288] O'MALLEY P J. Hybrid density functional studies of pheophytin anion radicals: Implications for initial electron transfer in photosynthetic reaction centers [J]. Journal of Physical Chemistry B, 2000, 104(9): 2176-2182.

[289] SUGIURA M, RAPPAPORT F, BRETTEL K, et al. Site-directed mutagenesis of *Thermosynechococcus elongatus* photosystem Ⅱ: the O_2-evolving enzyme lacking the redox-active tyrosine D [J]. Biochemistry, 2004, 43(42): 13549-13563.

[290] SUGIURA M, OGAMI S, KUSUMI M, et al. Environment of Tyr_Z in photosystem Ⅱ from *Thermosynechococcus elongatus* in which PsbA2 is the D1 protein [J]. Journal of Biological Chemistry, 2012, 287(16): 13336-13347.

[291] MESSINGER J, RENGER G. Chapter 17 Photosynthetic Water Splitting [M]. Primary Processes of Photosynthesis, Part 2: Principles and Apparatus. The Royal Society of Chemistry. 2008: 291-349.

[292] UN S, BOUSSAC A, SUGIURA M. Characterization of the tyrosine-Z radical and its environment in the spin-coupled $S_2Tyr_Z\cdot$ state of photosystem Ⅱ from *Thermosynechococcus elongatus* [J]. Biochemistry, 2007, 46(11): 3138-3150.

[293] SIDABRAS J W, DUAN J, WINKLER M, et al. Extending electron paramagnetic resonance to nanoliter volume protein single crystals using a self-resonant microhelix [J]. Science Advances, 2019, 5(10): eaay1394.

[294] SU J H, HAVELIUS K G, MAMEDOV F, et al. Split EPR signals from photosystem Ⅱ are modified by methanol, reflecting S state-dependent binding and alterations in the magnetic coupling in the $CaMn_4$ cluster [J]. Biochemistry, 2006, 45(24): 7617-7627.

[295] HAVELIUS K G V, SU J H, FEYZIYEV Y, et al. Spectral resolution of the split EPR signals induced by illumination at 5 K from the S_1, S_3, and S_0 states in photosystem Ⅱ [J]. Biochemistry, 2006, 45(30): 9279-9290.

[296] SU J H, HAVELIUS K G V, HO F M, et al. Formation spectra of the EPR split signals from the S_0, S_1, and S_3 states in photosystem Ⅱ induced by monochromatic light at 5 K [J]. Biochemistry, 2007, 46(37): 10703-10712.

[297] TEUTLOFF C, PUDOLLEK S, KESSEN S, et al. Electronic structure of the tyrosine D radical and the water-splitting complex from pulsed ENDOR spectroscopy on photosystem Ⅱ single crystals [J]. Physical Chemistry Chemical Physics, 2009, 11(31): 6715-6726.

[298] JOLIOT P, BARBIERI G, CHABAUD R. Un nouveau modele des centres photochimiques du systeme Ⅱ [J]. Photochemistry and Photobiology, 1969, 10(5): 309-329.

[299] KOK B, FORBUSH B, MCGLOIN M. Cooperation of charges in photosynthetic O_2 Evolution-I. A linear four step mechanism [J]. Photochemistry and Photobiology, 1970, 11(6): 457-475.

[300] INOUE Y, SHIBATA K. Oscillation of thermo luminescence at medium-low temperature [J]. FEBS Letters, 1978, 85(2): 193-197.

[301] RADMER R, KOK B. Energy capture in photosynthesis: photosystem Ⅱ [J]. Annual Review of Biochemistry, 1975, 44: 409-433.

[302] CHENAIE G M. Manganese binding sites and presumed manganese proteins in chloroplasts [M]//SAN PIETRO A. Methods in Enzymology. San Diego: Academic Press, 1980: 349-363.

[303] DISMUKES G C, SIDERER Y. EPR spectroscopic observations of a manganese center associated with water oxidation in spinach chloroplasts [J]. FEBS Letters, 1980, 121(1): 78-80.

[304] DISMUKES G C, SIDERER Y. Intermediates of a polynuclear manganese center involved in photosynthetic oxidation of water [J]. P. Natl. Acad. Sci. USA, 1981, 78(1): 274-278.

[305] HANSSON Ö, ANDR ASSON L E. EPR-detectable magnetically interacting manganese ions in the photosynthetic oxygen-evolving system after continuous illumination [J]. Biochimica et Biophysica Acta, 1982, 679(2): 261-268.

[306] BRUDVIG G W, CASEY J L, SAUER K. The effect of temperature on the formation and decay of the multiline EPR signal species associated with photosynthetic oxygen evolution [J]. Biochimica et Biophysica Acta, 1983, 723(3): 366-371.

[307] BOUSSAC A, SUGIURA M, RUTHERFORD A W, et al. Complete EPR spectrum of the S_3-state of the oxygen-evolving photosystem Ⅱ [J]. Journal of the American Chemical Society, 2009, 131(14): 5050-5051.

[308] DEBUS R J. The manganese and calcium ions of photosynthetic oxygen evolution [J]. Biochimica et Biophysica Acta, 1992, 1102(3): 269-352.

[309] GEIJER P, PETERSON S, ÅHRLING K A, et al. Comparative studies of the S_0 and S_2 multiline electron paramagnetic resonance signals from the manganese cluster in Photosystem Ⅱ [J]. Biochimica et Biophysica Acta, 2001, 1503(1): 83-95.

[310] KULIK L V, EPEL B, LUBITZ W, et al. Electronic structure of the Mn_4O_xCa cluster in the S_0 and S_2 states of the oxygen-evolving complex of photosystem Ⅱ based on pulse ^{55}Mn-ENDOR and EPR spectroscopy [J]. Journal of the American Chemical Society, 2007, 129(44): 13421-13435.

[311] PELOQUIN J M, CAMPBELL K A, RANDALL D W, et al. ^{55}Mn ENDOR of the S_2-state multiline EPR signal of photosystem Ⅱ: Implications on the structure of the tetranuclear Mn cluster [J]. Journal of the American Chemical Society, 2000, 122(44): 10926-10942.

[312] PELOQUIN J M, BRITT R D. EPR/ENDOR characterization of the physical and electronic structure of the OEC Mn cluster [J]. Biochimica et Biophysica Acta, 2001, 1503(1): 96-111.

[313] HADDY A, LAKSHMI K V, BRUDVIG G W, et al. Q-band EPR of the S_2 state of photosystem Ⅱ confirms an $S = 5/2$ origin of the X-band $g = 4.1$ signal [J]. Biophysical Journal, 2004, 87(4): 2885-2896.

[314] MESSINGER J, NUGENT J H, EVANS M C. Detection of an EPR multiline signal for the S_0* state in photosystem Ⅱ [J]. Biochemistry, 1997, 36(37): 11055-11060.

[315] MESSINGER J, ROBBLEE J H, YU W O, et al. The S_0 state of the oxygen-evolving complex in photosystem Ⅱ is paramagnetic: detection of an EPR multiline signal [J]. Journal of the American Chemical Society, 1997, 119(46): 11349-11350.

[316] ÅHRLING K A, PETERSON S, STYRING S. An oscillating manganese electron paramagnetic resonance signal from the S_0 state of the oxygen evolving complex in photosystem Ⅱ [J]. Biochemistry, 1997, 36(43): 13148-13152.

[317] COX N, RETEGAN M, NEESE F, et al. Photosynthesis. Electronic structure of the oxygen-evolving complex in photosystem Ⅱ prior to O-O bond formation [J]. Science, 2014, 345(6198): 804-808.

[318] UMENA Y, KAWAKAMI K, SHEN J R, et al. Crystal structure of oxygen-evolving

photosystem Ⅱ at a resolution of 1.9 Å [J]. Nature, 2011, 473(7345): 55-60.

[319] COX N, RAPATSKIY L, SU J H, et al. Effect of Ca^{2+}/Sr^{2+} substitution on the electronic structure of the oxygen-evolving complex of photosystem Ⅱ: a combined multifrequency EPR, ^{55}Mn-ENDOR, and DFT study of the S_2 state [J]. Journal of the American Chemical Society, 2011, 133(10): 3635-3648.

[320] LOHMILLER T, COX N, SU J H, et al. The basic properties of the electronic structure of the oxygen-evolving complex of photosystem Ⅱ are not perturbed by Ca^{2+} removal [J]. Journal of Biological Chemistry, 2012, 287(29): 24721-24733.

[321] BOUSSAC A, RAPPAPORT F, CARRIER P, et al. Biosynthetic Ca^{2+}/Sr^{2+} exchange in the photosystem Ⅱ oxygen-evolving enzyme of *Thermosynechococcus elongatus* [J]. Journal of Biological Chemistry, 2004, 279(22): 22809-22819.

[322] KOUA F H, UMENA Y, KAWAKAMI K, et al. Structure of Sr-substituted photosystem Ⅱ at 2.1 Å resolution and its implications in the mechanism of water oxidation [J]. P. Natl. Acad. Sci. USA, 2013, 110(10): 3889-3894.

[323] SU J H, COX N, AMES W, et al. The electronic structures of the S_2 states of the oxygen-evolving complexes of photosystem Ⅱ in plants and cyanobacteria in the presence and absence of methanol [J]. Biochimica et Biophysica Acta, 2011, 1807(7): 829-840.

[324] LI Y, YAO R, CHEN Y, et al. Mimicking the catalytic center for the water-splitting reaction in photosystem Ⅱ [J]. Catalysts, 2020, 10(2): 185.

[325] SU J H, MESSINGER J. Is mn-bound substrate water protonated in the S_2 state of photosystem Ⅱ? [J]. Applied Magnetic Resonance, 2010, 37(1-4): 123-136.

[326] KERN J, CHATTERJEE R, YOUNG I D, et al. Structures of the intermediates of Kok′s photosynthetic water oxidation clock [J]. Nature, 2018, 563(7731): 421-425.

[327] SHEVELA D, MESSINGER J. Probing the turnover efficiency of photosystem Ⅱ membrane fragments with different electron acceptors [J]. Biochimica et Biophysica Acta, 2012, 1817(8): 1208-1212.

[328] ANANYEV G, GATES C, DISMUKES G C. The oxygen quantum yield in diverse algae and cyanobacteria is controlled by partitioning of flux between linear and cyclic electron flow within photosystem Ⅱ [J]. Biochimica et Biophysica Acta, 2016, 1857(9): 1380-1391.

[329] SU J H, SHEN Y K. Influence of state-2 transition on the proton motive force across the thylakoid membrane in spinach chloroplasts [J]. Photosynthesis Research, 2005, 85(2): 235-245.

[330] ZHANG C, STYRING S. Formation of split electron paramagnetic resonance signals in photosystem Ⅱ suggests that $tyrosine_Z$ can be photooxidized at 5 K in the S_0 and S_1 states of the oxygen-evolving complex [J]. Biochemistry, 2003, 42(26): 8066-8076.

[331] HAVELIUS K G V, SJ HOLM J, HO F M, et al. Metalloradical EPR signals from the Y_Z • S-State Intermediates in Photosystem Ⅱ [J]. Applied Magnetic Resonance, 2009, 37(1): 151.

[332] MINO H, KAWAMORI A. EPR studies of the water oxidizing complex in the S_1 and

the higher S states: the manganese cluster and Y_Z radical [J]. Biochimica et Biophysica Acta, 2001, 1503(1): 112-122.

[333] VASS I, STYRING S. pH-dependent charge equilibria between tyrosine-D and the S states in photosystem Ⅱ. Estimation of relative midpoint redox potentials [J]. Biochemistry, 1991, 30(3): 830-839.

[334] YACHANDRA V K, SAUER K, KLEIN M P. Manganese cluster in photosynthesis: where plants oxidize water to dioxygen [J]. Chemical Reviews, 1996, 96(7): 2927-2950.

[335] MUKHOPADHYAY S, MANDAL S K, BHADURI S, et al. Manganese clusters with relevance to photosystem Ⅱ [J]. Chemical Reviews, 2004, 104(9): 3981-4026.

[336] ZHANG C, CHEN C, DONG H, et al. Inorganic chemistry. A synthetic Mn_4Ca-cluster mimicking the oxygen-evolving center of photosynthesis [J]. Science, 2015, 348(6235): 690-693.

[337] BARBER J, RUBAN A V, NIXON P J. Oxygen Production and Reduction in Artificial and Natural Systems [M]. Singapore: World Scientific, 2018.

[338] MALONE L A, QIAN P, MAYNEORD G E, et al. Cryo-EM structure of the spinach cytochrome b_6f complex at 3.6 Å resolution [J]. Nature, 2019, 575(7783): 535-539.

[339] CAPE J L, BOWMAN M K, KRAMER D M. Understanding the cytochrome bc complexes by what they don′t do. The Q-cycle at 30 [J]. Trends in Plant Science, 2006, 11(1): 46-55.

[340] CRAMER W A, HASAN S S, YAMASHITA E. The Q cycle of cytochrome *bc* complexes: a structure perspective [J]. Biochimica et Biophysica Acta, 2011, 1807(7): 788-802.

[341] MUNEKAGE Y, HASHIMOTO M, MIYAKE C, et al. Cyclic electron flow around photosystem I is essential for photosynthesis [J]. Nature, 2004, 429(6991): 579-582.

[342] SHIKANAI T. Regulatory network of proton motive force: contribution of cyclic electron transport around photosystem I [J]. Photosynthesis Research, 2016, 129(3): 253-260.

[343] TRUMPOWER B L. Cytochrome bc_1 complexes of microorganisms [J]. Microbiological Reviews, 1990, 54(2): 101-129.

[344] ZHANG H, CARRELL C J, HUANG D, et al. Characterization and crystallization of the lumen side domain of the chloroplast Rieske iron-sulfur protein [J]. Journal of Biological Chemistry, 1996, 271(49): 31360-31366.

[345] SAREWICZ M, BUJNOWICZ L, BHADURI S, et al. Metastable radical state, nonreactive with oxygen, is inherent to catalysis by respiratory and photosynthetic cytochromes bc_1/b_6f [J]. P. Natl. Acad. Sci. USA, 2017, 114(6): 1323-1328.

[346] ZHU J, EGAWA T, YEH S R, et al. Simultaneous reduction of iron-sulfur protein and cytochrome b_L during ubiquinol oxidation in cytochrome bc_1 complex [J]. P. Natl. Acad. Sci. USA, 2007, 104(12): 4864-4869.

[347] ZATSMAN A I, ZHANG H, GUNDERSON W A, et al. Heme-heme interactions in the cytochrome b_6f complex: EPR spectroscopy and correlation with structure [J]. Journal of the American Chemical Society, 2006, 128(44): 14246-14247.

[348] CRAMER W A. Structure-function of the cytochrome b_6f lipoprotein complex: a scientific odyssey and personal perspective [J]. Photosynthesis Research, 2019, 139(1-3): 53-65.

[349] GUSS J M, HARROWELL P R, MURATA M, et al. Crystal structure analyses of reduced (Cu^I) poplar plastocyanin at six pH values [J]. Journal of Molecular Biology, 1986, 192(2): 361-387.

[350] SAKURAI T. The alkaline transition of blue copper proteins, *Cucumis sativus* plastocyanin and *Pseudomonas aeruginosa* azurin [J]. FEBS Letters, 2006, 580(7): 1729-1732.

[351] KOHZUMA T, INOUE T, YOSHIZAKI F, et al. The structure and unusual pH dependence of plastocyanin from the fern *Dryopteris crassirhizoma*. The protonation of an active site histidine is hindered by π-π interactions [J]. Journal of Biological Chemistry, 1999, 274(17): 11817-11823.

[352] WASTL J, PURTON S, BENDALL D S, et al. Two forms of cytochrome c_6 in a single eukaryote [J]. Trends in Plant Science, 2004, 9(10): 474-476.

[353] CHIDA H, YOKOYAMA T, KAWAI F, et al. Crystal structure of oxidized cytochrome c_{6A} from *Arabidopsis thaliana* [J]. FEBS Letters, 2006, 580(15): 3763-3768.

[354] GABILLY S T, HAMEL P P. Maturation of plastid c-type cytochromes [J]. Frontiers in Plant Science, 2017, 8: 1313.

[355] REUTER W, WIEGAND G. Cytochrome c_6 [M]//SCOTT R A. Encyclopedia of Inorganic and Bioinorganic Chemistry. West Sussex: John Wiley & Sons Inc, 2011.

[356] FROMME P. Photosynthetic Protein Complexes: A Structural Approach [M]. Weinheim: Wiley-VCH, 2008.

[357] BRETTEL K. Electron transfer and arrangement of the redox cofactors in photosystem I [J]. Biochimica et Biophysica Acta, 1997, 1318(3): 322-373.

[358] GOLBECK J H. The binding of cofactors to photosystem I analyzed by spectroscopic and mutagenic methods [J]. Annual Review of Biophysics and Biomolecular Structure, 2003, 32: 237-256.

[359] BIGGINS J, TANGUAY N A, FRANK H A. Electron transfer reactions in photosystem I following vitamin K_1 depletion by ultraviolet irradiation [J]. FEBS Letters, 1989, 250(2): 271-274.

[360] JAGANNATHAN B, GOLBECK J H. F_X, F_A, and F_B Iron-Sulfur Clusters in Type I Photosynthetic Reaction Centers [M]//LENNARZ W J, LANE M D. Encyclopedia of Biological Chemistry 2nd ed. Waltham: Academic Press, 2013: 335-342.

[361] KAMLOWSKI A, ZECH S G, FROMME P, et al. The radical pair state in photosystem I single crystals: orientation dependence of the transient spin-polarized EPR spectra [J]. Journal of Physical Chemistry B, 1998, 102(42): 8266-8277.

[362] ZECH S G, VAN DER EST A J, BITTL R. Measurement of cofactor distances between $P_{700}^{\cdot+}$ and $A_1^{\cdot-}$ in native and quinone-substituted photosystem I using pulsed electron paramagnetic resonance spectroscopy [J]. Biochemistry, 1997, 36(32): 9774-9779.

[363] BITTL R, ZECH S G. Pulsed EPR Study of spin-coupled radical pairs in photosyn-

thetic reaction centers: measurement of the distance between and in photosystem I and between and in bacterial reaction centers [J]. Journal of Physical Chemistry B, 1997, 101(8): 1429-1436.

[364] BITTL R, ZECH S G, FROMME P, et al. Pulsed EPR structure analysis of photosystem I single crystals: localization of the phylloquinone acceptor [J]. Biochemistry, 1997, 36(40): 12001-12004.

[365] MOTOMURA T, ZUCCARELLO L, SETIF P, et al. An alternative plant-like cyanobacterial ferredoxin with unprecedented structural and functional properties [J]. Biochimica et Biophysica Acta, 2019, 1860(11): 148084.

[366] KURISU G, KUSUNOKI M, KATOH E, et al. Structure of the electron transfer complex between ferredoxin and ferredoxin-NADP$^+$ reductase [J]. Nature Structural Biology, 2001, 8(2): 117-121.

[367] SHINOHARA F, KURISU G, HANKE G, et al. Structural basis for the isotype-specific interactions of ferredoxin and ferredoxin: NADP$^+$ oxidoreductase: an evolutionary switch between photosynthetic and heterotrophic assimilation [J]. Photosynthesis Research, 2017, 134(3): 281-289.

[368] KUBOTA-KAWAI H, MUTOH R, SHINMURA K, et al. X-ray structure of an asymmetrical trimeric ferredoxin-photosystem I complex [J]. Nature Plants, 2018, 4(4): 218-224.

[369] CARRILLO N, CECCARELLI E A. Open questions in ferredoxin-NADP$^+$ reductase catalytic mechanism [J]. European Journal of Biochemistry, 2003, 270(9): 1900-1915.

[370] MULO P, MEDINA M. Interaction and electron transfer between ferredoxin-NADP$^+$ oxidoreductase and its partners: structural, functional, and physiological implications [J]. Photosynthesis Research, 2017, 134(3): 265-280.

[371] PELTIER G, ARO E M, SHIKANAI T. NDH-1 and NDH-2 plastoquinone reductases in oxygenic photosynthesis [J]. Annual Review of Plant Biology, 2016, 67: 55-80.

[372] 苏吉虎, 沈允钢. 大豆叶片状态转换过程中跨膜质子动力势的变化 [J]. 科学通报, 2003, 48(0023-074X): 694.

[373] TIKHONOV A N, AGAFONOV R V, GRIGOR'EV I A, et al. Spin-probes designed for measuring the intrathylakoid pH in chloroplasts [J]. Biochimica et Biophysica Acta, 2008, 1777(3): 285-294.

[374] VOINOV M A, SMIRNOV A I. Spin labels and spin probes for measurements of local pH and electrostatics by EPR [M]. Electron Paramagnetic Resonance: Volume 22. Cambridge: The Royal Society of Chemistry, 2011: 71-106.

[375] TIKHONOV A N. Photosynthetic electron and proton transport in chloroplasts: EPR study of ΔpH generation, an overview [J]. Cell Biochem Biophys, 2017, 75(3-4): 421-432.

[376] JUNGE W, NELSON N. ATP synthase [J]. Annual Review of Biochemistry, 2015, 84: 631-657.

[377] GUO H, RUBINSTEIN J L. Cryo-EM of ATP synthases [J]. Current Opinion in Struc-

tural Biology, 2018, 52: 71-79.

[378] NEUPANE P, BHUJU S, THAPA N, et al. ATP synthase: structure, function and inhibition [J]. Biomolecular Concepts, 2019, 10(1): 1-10.

[379] HAHN A, VONCK J, MILLS D J, et al. Structure, mechanism, and regulation of the chloroplast ATP synthase [J]. Science, 2018, 360(6389): eaat4318.

[380] VOLLMAR M, SCHLIEPER D, WINN M, et al. Structure of the c_{14} rotor ring of the proton translocating chloroplast ATP synthase [J]. Journal of Biological Chemistry, 2009, 284(27): 18228-18235.

[381] BRAENDEN R, NILSSON T, STYRING S. An intermediate formed by the copper^{2+}-activated ribulose-1,5-bisphosphate carboxylase/oxygenase in the presence of ribulose 1,5-bisphosphate and oxygen [J]. Biochemistry, 1984, 23(19): 4378-4382.

[382] STYRING S, BRAENDEN R. Identification of ligands to the metal ion in copper (Ⅱ)-activated ribulose 1, 5-bisphosphate carboxylase/oxygenase by the use of electron paramagnetic resonance spectroscopy and ^{17}O-labeled ligands [J]. Biochemistry, 1985, 24(21): 6011-6019.

[383] ALBERTSSON P Å. A quantitative model of the domain structure of the photosynthetic membrane [J]. Trends in Plant Science, 2001, 6(8): 349-354.

[384] JOHNSON M P, WIENTJES E. The relevance of dynamic thylakoid organisation to photosynthetic regulation [J]. Biochimica et Biophysica Acta, 2020, 1861(4): 148039.

[385] 苏吉虎, 沈允钢. 珊瑚树阳生和阴生叶片光合特性和状态转换的比较 [J]. 植物生理与分子生物学报, 2003, 29(5): 6.

[386] FIEDORCZUK K, LETTS J A, DEGLIESPOSTI G, et al. Atomic structure of the entire mammalian mitochondrial complex I [J]. Nature, 2016, 538(7625): 406-410.

[387] GALEMOU YOGA E, ANGERER H, PAREY K, et al. Respiratory complex I - Mechanistic insights and advances in structure determination [J]. Biochimica et Biophysica Acta, 2020, 1861(3): 148153.

[388] AGIP A A, BLAZA J N, FEDOR J G, et al. Mammalian respiratory complex I through the lens of Cryo-EM [J]. Annual Review of Biophysics, 2019, 48: 165-184.

[389] SAZANOV L A. A giant molecular proton pump: structure and mechanism of respiratory complex I [J]. Nature Reviews Molecular Cell Biology, 2015, 16(6): 375-388.

[390] SAZANOV L. A Structural Perspective on Respiratory Complex I: Structure and Function of NADH: Ubiquinone Oxidoreductase [M]. Dordrecht, The Netherlands: Springer, 2012.

[391] SCHULLER J M, BIRRELL J A, TANAKA H, et al. Structural adaptations of photosynthetic complex I enable ferredoxin-dependent electron transfer [J]. Science, 2019, 363(6424): 257-260.

[392] OHNISHI T, NAKAMARU-OGISO E. Were there any “misassignments” among iron-sulfur clusters N4, N5 and N6b in NADH-quinone oxidoreductase (complex I)? [J]. Biochimica et Biophysica Acta, 2008, 1777(7-8): 703-710.

[393] OHNISHI T, OHNISHI S T, SALERNO J C. Five decades of research on mitochondrial

NADH-quinone oxidoreductase (complex I) [J]. Biological Chemistry, 2018, 399(11): 1249-1264.

[394] CHANG C W, HE T F, GUO L, et al. Mapping solvation dynamics at the function site of flavodoxin in three redox states [J]. Journal of the American Chemical Society, 2010, 132(36): 12741-12747.

[395] ZANELLO P. Structure and electrochemistry of proteins harboring iron-sulfur clusters of different nuclearities. Part I. [4Fe-4S]+[2Fe-2S] iron-sulfur proteins [J]. Journal of Structural Biology, 2017, 200(1): 1-19.

[396] MAKLASHINA E, CECCHINI G, DIKANOV S A. Defining a direction: electron transfer and catalysis in *Escherichia coli* complex Ⅱ enzymes [J]. Biochimica et Biophysica Acta, 2013, 1827(5): 668-678.

[397] WALDECK A R, STOWELL M H, LEE H K, et al. Electron paramagnetic resonance studies of succinate:ubiquinone oxidoreductase from *Paracoccus denitrificans*. Evidence for a magnetic interaction between the 3Fe-4S cluster and cytochrome b [J]. Journal of Biological Chemistry, 1997, 272(31): 19373-19382.

[398] IVERSON T M, LUNA-CHAVEZ C, CROAL L R, et al. Crystallographic studies of the *Escherichia coli* quinol-fumarate reductase with inhibitors bound to the quinol-binding site [J]. Journal of Biological Chemistry, 2002, 277(18): 16124-16130.

[399] BEINERT H. Spectroscopy of succinate dehydrogenases, a historical perspective [J]. Biochimica et Biophysica Acta, 2002, 1553(1): 7-22.

[400] GREEN J, BENNETT B, JORDAN P, et al. Reconstitution of the [4Fe-4S] cluster in FNR and demonstration of the aerobic-anaerobic transcription switch *in vitro* [J]. Biochemical Journal, 1996, 316 (Pt 3): 887-892.

[401] KHOROSHILOVA N, BEINERT H, KILEY P J. Association of a polynuclear iron-sulfur center with a mutant FNR protein enhances DNA binding [J]. P. Natl. Acad. Sci. USA, 1995, 92(7): 2499-2503.

[402] MAKLASHINA E, ROTHERY R A, WEINER J H, et al. Retention of heme in axial ligand mutants of succinate-ubiquinone xxidoreductase (complex Ⅱ) from *Escherichia coli* [J]. Journal of Biological Chemistry, 2001, 276(22): 18968-18976.

[403] XIA D, ESSER L, TANG W K, et al. Structural analysis of cytochrome bc_1 complexes: implications to the mechanism of function [J]. Biochimica et Biophysica Acta, 2013, 1827(11-12): 1278-1294.

[404] GAO X, WEN X, ESSER L, et al. Structural basis for the quinone reduction in the bc_1 complex: a comparative analysis of crystal structures of mitochondrial cytochrome bc_1 with bound substrate and inhibitors at the Q_i site [J]. Biochemistry, 2003, 42(30): 9067-9080.

[405] SOLMAZ S R, HUNTE C. Structure of complex Ⅲ with bound cytochrome *c* in reduced state and definition of a minimal core interface for electron transfer [J]. Journal of Biological Chemistry, 2008, 283(25): 17542-17549.

[406] ESSER L, ZHOU F, YU C A, et al. Crystal structure of bacterial cytochrome bc_1

in complex with azoxystrobin reveals a conformational switch of the Rieske iron-sulfur protein subunit [J]. Journal of Biological Chemistry, 2019, 294(32): 12007-12019.

[407] DE VRIES S, ALBRACHT S P J, LEEUWERIK F J. The multiplicity and stoichiometry of the prosthetic groups in QH_2 : Cytochrome c oxidoreductase as studied by EPR [J]. Biochimica et Biophysica Acta, 1979, 546(2): 316-333.

[408] SALERNO J C. Cytochrome electron spin resonance line shapes, ligand fields, and components stoichiometry in ubiquinol-cytochrome c oxidoreductase [J]. Journal of Biological Chemistry, 1984, 259(4): 2331-2336.

[409] MCCURLEY J P, MIKI T, YU L, et al. EPR characterization of the cytochrome b-c_1 complex from *Rhodobacter sphaeroides* [J]. Biochimica et Biophysica Acta, 1990, 1020(2): 176-186.

[410] SHIMADA S, SHINZAWA-ITOH K, BABA J, et al. Complex structure of cytochrome c-cytochrome c oxidase reveals a novel protein-protein interaction mode [J]. EMBO Journal, 2017, 36(3): 291-300.

[411] FERGUSON-MILLER S, BABCOCK G T. Heme/copper terminal oxidases [J]. Chemical Reviews, 1996, 96(7): 2889-2908.

[412] YOSHIKAWA S, SHIMADA A. Reaction mechanism of cytochrome c oxidase [J]. Chemical Reviews, 2015, 115(4): 1936-1989.

[413] WIKSTROM M, KRAB K, SHARMA V. Oxygen activation and energy conservation by cytochrome c oxidase [J]. Chemical Reviews, 2018, 118(5): 2469-2490.

[414] SOULIMANE T, BUSE G, BOURENKOV G P, et al. Structure and mechanism of the aberrant ba_3-cytochrome *c* oxidase from *Thermus thermophilus* [J]. EMBO Journal, 2000, 19(8): 1766-1776.

[415] TIEFENBRUNN T, LIU W, CHEN Y, et al. High resolution structure of the ba_3 cytochrome c oxidase from *Thermus thermophilus* in a lipidic environment [J]. PLoS One, 2011, 6(7): e22348.

[416] BUSCHMANN S, WARKENTIN E, XIE H, et al. The structure of cbb_3 cytochrome oxidase provides insights into proton pumping [J]. Science, 2010, 329(5989): 327-330.

[417] VANNESTE W H. The stoichiometry and absorption spectra of components a and a_3 in cytochrome c oxidase [J]. Biochemistry, 1966, 5(3): 838-848.

[418] YOSHIKAWA S. Cytochrome c Oxidase [M]. Advances in Protein Chemistry. San Deigo: Academic Press, 2002: 341-395.

[419] ANEMULLER S, BILL E, SCHAFER G, et al. EPR studies of cytochrome aa_3 from *Sulfolobus acidocaldarius*. Evidence for a binuclear center in archaebacterial terminal oxidase [J]. European Journal of Biochemistry, 1992, 210(1): 133-138.

[420] KRONECK P M H, ANTHOLINE W E, KASTRAU D H W, et al. Multifrequency EPR evidence for a bimetallic center at the Cu_A site in cytochrome *c* oxidase [J]. FEBS Letters, 1990, 268(1): 274-276.

[421] CLORE G M, ANDREASSON L E, KARLSSON B, et al. Characterization of the intermediates in the reaction of mixed-valence state soluble cytochrome oxidase with oxygen

at low temperatures by optical and electron-paramagnetic-resonance spectroscopy [J]. Biochemical Journal, 1980, 185(1): 155-167.

[422] MACMILLAN F, KANNT A, BEHR J, et al. Direct evidence for a tyrosine radical in the reaction of cytochrome c oxidase with hydrogen peroxide [J]. Biochemistry, 1999, 38(29): 9179-9184.

[423] CLORE G M, ANDREASSON L E, KARLSSON B, et al. Characterization of the low-temperature intermediates of the reaction of fully reduced soluble cytochrome oxidase with oxygen by electron-paramagnetic-resonance and optical spectroscopy [J]. Biochemical Journal, 1980, 185(1): 139-154.

[424] REINHAMMAR B, MALKIN R, JENSEN P, et al. A new copper(Ⅱ) electron paramagnetic resonance signal in two laccases and in cytochrome c oxidase [J]. Journal of Biological Chemistry, 1980, 255(11): 5000-5003.

[425] VON DER HOCHT I, VAN WONDEREN J H, HILBERS F, et al. Interconversions of P and F intermediates of cytochrome c oxidase from *Paracoccus denitrificans* [J]. P. Natl. Acad. Sci. USA, 2011, 108(10): 3964-3969.

[426] BEINERT H. Copper A of cytochrome c oxidase, a novel, long-embattled, biological electron-transfer site [J]. European Journal of Biochemistry, 1997, 245(3): 521-532.

[427] PEZESHK A, TORRES J, WILSON M T, et al. The EPR spectrum for Cu_B in cytochrome c oxidase [J]. Journal of Inorganic Biochemistry, 2001, 83(2): 115-119.

[428] KANNT A, MICHEL H. Bacterial Cytochrome c Oxidase [M]//SCOTT R A. Encyclopedia of Inorganic and Bioinorganic Chemistry. West Sussex: John Wiley & Sons Inc, 2011.

[429] WIKSTROM M, SHARMA V. Proton pumping by cytochrome c oxidase - a 40 year anniversary [J]. Biochimica et Biophysica Acta, 2018, 1859(9): 692-698.

[430] RICH P R. Mitochondrial cytochrome c oxidase: catalysis, coupling and controversies [J]. Biochemical Society Transactions, 2017, 45(3): 813-829.

[431] BHAGI-DAMODARAN A, MICHAEL M A, ZHU Q, et al. Why copper is preferred over iron for oxygen activation and reduction in haem-copper oxidases [J]. Nature Chemistry, 2017, 9(3): 257-263.

[432] MORGAN J E, VERKHOVSKY M I, PALMER G, et al. Role of the PR intermediate in the reaction of cytochrome c oxidase with O_2 [J]. Biochemistry, 2001, 40(23): 6882-6892.

[433] LIU B, CHEN Y, DOUKOV T, et al. Combined microspectrophotometric and crystallographic examination of chemically reduced and X-ray radiation-reduced forms of cytochrome ba_3 oxidase from *Thermus thermophilus*: structure of the reduced form of the enzyme [J]. Biochemistry, 2009, 48(5): 820-826.

[434] DAVIES K M, ANSELMI C, WITTIG I, et al. Structure of the yeast F_1F_O-ATP synthase dimer and its role in shaping the mitochondrial cristae [J]. P. Natl. Acad. Sci. USA, 2012, 109(34): 13602-13607.

[435] MAO J, ZHANG Q, SHI F, et al. Mitochondria respiratory chain studied by elec-

tron paramagnetic resonance spectroscopy [J]. Chinese Science Bulletin, 2020, 65(0023-074X): 339.

[436] LAI C S, HOPWOOD L E, HYDE J S, et al. ESR studies of O_2 uptake by Chinese hamster ovary cells during the cell cycle [J]. P. Natl. Acad. Sci. USA, 1982, 79(4): 1166-1170.

[437] HYDE J S, SUBCZYNSKI W K. Simulation of ESR spectra of the oxygen-sensitive spin-label probe CTPO [J]. Journal of Magnetic Resonance, 1984, 56(1): 125-130.

附表 1　部分基本物理量和数学常数的名称、符号和值

量的名称	符号	国际单位制 (SI) 的值
真空光速	c	299792458 m/s
普朗克常数	h	$6.62607015 \times 10^{-34}$ J·s
	$\hbar = h/(2\pi)$	$1.05457182 \times 10^{-34}$ J·s
玻尔兹曼常数	k_B (k)	1.380649×10^{-23} J·K^{-1} 或 69.50348 m^{-1}·K^{-1}
基本电子电荷	e	$1.602176634 \times 10^{-19}$C
电子静止质量	m_e	$9.1093837015 \times 10^{-31}$ kg
质子静止质量	m_p	$1.67262192369 \times 10^{-27}$ kg
质子-电子质量比	m_p/m_e	1836.15267344
中子静止质量	m_n	$1.674927211 \times 10^{-27}$ kg
原子质量单位	m_u	$1.660538782 \times 10^{-27}$ kg
电子磁矩	μ_e/μ_s	$-9.28476377 \times 10^{-24}$J/T
质子磁矩	μ_p	$1.410606662 \times 10^{-26}$J/T
电子-质子磁矩比	μ_e/μ_p	-658.21068482
电子磁旋比	$\gamma_e = 2\mu_e/h$	$1.760859770 \times 10^{-11}$ s^{-1} · T^{-1}
	$\gamma_e/(2\pi)$	28.0249514242 GHz /T
质子磁旋比	γ_p	$2.675222099 \times 10^{-11}$ s^{-1} · T^{-1}
玻尔磁子	$\mu_B(\beta_e)$	$9.2740100783 \times 10^{-24}$J/T
核磁子	$\mu_N(\beta_N)$	$5.050783699 \times 10^{-27}$J/T
自由电子的朗德因子	g_e	-2.00231930436256
真空磁导率	μ_0	$4\pi \times 10^{-7}$ H/m
真空磁化率	ε_0	$8.854187817 \times 10^{-12}$ F/m
气体常数	R	8.31441 J/(mol·K)
玻尔半径	$r_0(a_0)$	$5.29177210903 \times 10^{-11}$ m
阿伏伽德罗常量	N_0	$6.02214076 \times 10^{23}$ mol^{-1}
圆周率	π	3.14159266359
自然对数的底数	e	2.71828182846

注：此表引自国际科学技术数据委员会 (CODATA)2018 年推荐数值。

部分能量的换算公式：

$$E(\mathrm{J}) = h\nu = hc/\lambda = hc\tilde{\nu} = kT = mc^2 = g_e\mu_B B_0$$

$$E(\mathrm{eV}) = h\nu/e = hc/e\lambda = hc\tilde{\nu}/e = kT/e = mc^2/e$$

g 因子换算 (详见 1.3.4 节或 4.2.4 节，ν 是每条谱的实际测试频率，B_0 是磁场强度)：

$$g = 0.7144773506 \times \frac{\nu(\mathrm{MHz})}{B_0(\mathrm{G})}，或\ g = 0.07144773506 \times \frac{\nu\,(\mathrm{MHz})}{B_0(\mathrm{mT})}$$

附表 2　磁性同位素，按核自旋量子数 *I* 由小到大排列

磁性核	I	磁性核	I	磁性核	I	磁性核	I	磁性核	I
^{1}n	1/2	^{187}Os	1/2	^{75}As	3/2	^{101}Ru	5/2	^{147}Sm	7/2
^{1}H	1/2	^{195}Pt	1/2	^{79}Br	3/2	^{105}Pd	5/2	^{149}Sm	7/2
^{3}He	1/2	^{199}Hg	1/2	^{81}Br	3/2	^{121}Sb	5/2	^{165}Ho	7/2
^{13}C	1/2	^{203}Tl	1/2	^{87}Rb	3/2	^{127}I	5/2	^{167}Er	7/2
^{15}N	1/2	^{205}Tl	1/2	^{131}Xe	3/2	^{141}Pr	5/2	^{175}Lu	7/2
^{19}F	1/2	^{207}Pb	1/2	^{135}Ba	3/2	^{151}Eu	5/2	^{177}Hf	7/2
^{29}Si	1/2			^{137}Ba	3/2	^{153}Eu	5/2	^{181}Ta	7/2
^{31}P	1/2	^{2}H	1	^{155}Gd	3/2	^{161}Dy	5/2		
^{57}Fe	1/2	^{6}Li	1	^{157}Gd	3/2	^{163}Dy	5/2	^{73}Ge	9/2
^{69}Ga	1/2	^{14}N	1	^{159}Tb	3/2	^{173}Yb	5/2	^{83}Kr	9/2
^{77}Se	1/2			^{189}Os	3/2	^{185}Re	5/2	^{87}Sr	9/2
^{89}Y	1/2	^{7}Li	3/2	^{191}Ir	3/2	^{187}Re	5/2	^{93}Nb	9/2
^{103}Rh	1/2	^{9}Be	3/2	^{193}Ir	3/2			^{113}In	9/2
^{107}Ag	1/2	^{11}B	3/2	^{201}Hg	3/2	^{10}B	3	^{115}In	9/2
^{109}Ag	1/2	^{21}Ne	3/2					^{179}Hr	9/2
^{111}Cd	1/2	^{23}Na	3/2	^{17}O	5/2	^{43}Ca	7/2	^{209}Bi	9/2
^{113}Cd	1/2	^{33}S	3/2	^{25}Mg	5/2	^{45}Sc	7/2		
^{113}Sn	1/2	^{35}Cl	3/2	^{27}Al	5/2	^{49}Ti	7/2	^{138}La	5
^{117}Sn	1/2	^{37}Cl	3/2	^{47}Ti	5/2	^{51}V	7/2		
^{119}Sn	1/2	^{39}K	3/2	^{55}Mn	5/2	^{59}Co	7/2	^{50}V	6
^{123}Te	1/2	^{41}K	3/2	^{67}Zn	5/2	^{123}Sb	7/2		
^{125}Te	1/2	^{53}Cr	3/2	^{85}Rb	5/2	^{133}Cs	7/2	^{176}Lu	7
^{129}Xe	1/2	^{61}Ni	3/2	^{91}Zr	5/2				
^{169}Tm	1/2	^{63}Cu	3/2	^{95}Mo	5/2	^{139}La	7/2	^{180}Ta	9
^{171}Yb	1/2	^{65}Cu	3/2	^{97}Mo	5/2	^{143}Nd	7/2		
^{183}W	1/2	^{70}Ga	3/2	^{99}Ru	5/2	^{145}Nd	7/2